3회독 플래너

SMART

토목직 토목설계

스스로 마스터하는 트렌디한 수험서

CHAPTER	SECTION	1회독	2회독	3회독
01. 총론	1. 토[illegible]	1일	1일	1일
	적[illegible]			
02. 보의 휨 해석과 설계	1. [illegible]	2일	2일	2일
	4. [illegible]	3일		
	6. 복철근 직사각형보의 해석 ~ 7.단철근 T형 단면보의 해석	4일		
	적중 예상문제	5일	3일	
		6일		
03. 보의 전단과 비틀림 해석	1. 보의 전단응력과 거동 ~ 2. 전단설계	7일	4일	3일
	3. 특수한 경우의 전단설계 ~ 4. 비틀림 설계	8일		
	적중 예상문제	9일	5일	
04. 철근의 정착과 이음	1. 철근의 부착과 정착 ~ 2. 철근의 이음	10일	6일	4일
	적중 예상문제	11일		
05. 사용성과 내구성	1. 일반사항 ~ 5. 내구성 설계	12일	7일	
	적중 예상문제	13일		
06. 휨과 압축을 받는 부재	1. 기둥의 기본 개념 ~ 3. 기둥의 설계	14일	8일	5일
	적중 예상문제	15일		
07. 슬래브의 설계	1. 슬래브의 개론 ~ 3. 2방향 슬래브의 설계	16일	9일	6일
	적중 예상문제			
08. 옹벽 구조물의 설계	1. 옹벽설계 일반 ~ 2. 옹벽의 설계	17일		
	적중 예상문제			
09. 확대기초의 설계	1. 확대기초의 일반 ~ 2. 독립 기초판의 설계	18일	10일	
	적중 예상문제			
10. 암거 아치 벽체	1. 암거 ~ 3. 벽체	19일		
	적중 예상문제			
11. 프리스트레스트 콘크리트 설계	1. PSC 일반사항 ~ 2. PSC 재료	20일	11일	7일
	3. 프리스트레스의 도입 ~ 4. 프리스트레스의 손실	21일		
	5. PSC 부재의 해석과 설계	22일		
	적중 예상문제	23일		
12. 강구조물의 설계 (허용응력설계법)	1. 강구조의 일반사항 ~ 5. 교량의 설계	24일	12일	8일
	적중 예상문제	25일		
13. 강구조물의 설계 (한계상태설계법)	1. 한계상태설계법의 개요 ~ 10. 구조물의 내진설계 개념	28일	13일	9일
	적중 예상문제	29일	14일	
부록. 과년도 출제문제	최근 기출문제 풀이	30일	15일	10일
		30일 완성!	15일 완성!	10일 완성!

“수험생 여러분을 성안당이 응원합니다!”

스스로 체크하는 3회독 플래너

SMART

토목직 토목설계

스스로 마스터하는 트렌디한 수험서

CHAPTER	SECTION	1회독	2회독	3회독
01. 총론	1. 토목구조물의 특성 ~ 11. 용어 설명			
	적중 예상문제			
02. 보의 휨 해석과 설계	1. 강도설계법의 기본 개념 ~ 3. 변형률 한계			
	4. 지배 단면 ~ 5. 단철근 직사각형보의 해석			
	6. 복철근 직사각형보의 해석 ~ 7.단철근 T형 단면보의 해석			
	적중 예상문제			
03. 보의 전단과 비틀림 해석	1. 보의 전단응력과 거동 ~ 2. 전단설계			
	3. 특수한 경우의 전단설계 ~ 4. 비틀림 설계			
	적중 예상문제			
04. 철근의 정착과 이음	1. 철근의 부착과 정착 ~ 2. 철근의 이음			
	적중 예상문제			
05. 사용성과 내구성	1. 일반사항 ~ 5. 내구성 설계			
	적중 예상문제			
06. 휨과 압축을 받는 부재	1. 기둥의 기본 개념 ~ 3. 기둥의 설계			
	적중 예상문제			
07. 슬래브의 설계	1. 슬래브의 개론 ~ 3. 2방향 슬래브의 설계			
	적중 예상문제			
08. 옹벽 구조물의 설계	1. 옹벽설계 일반 ~ 2. 옹벽의 설계			
	적중 예상문제			
09. 확대기초의 설계	1. 확대기초의 일반 ~ 2. 독립 기초판의 설계			
	적중 예상문제			
10. 암거 아치 벽체	1. 암거 ~ 3. 벽체			
	적중 예상문제			
11. 프리스트레스트 콘크리트 설계	1. PSC 일반사항 ~ 2. PSC 재료			
	3. 프리스트레스의 도입 ~ 4. 프리스트레스의 손실			
	5. PSC 부재의 해석과 설계			
	적중 예상문제			
12. 강구조물의 설계 (허용응력설계법)	1. 강구조의 일반사항 ~ 5. 교량의 설계			
	적중 예상문제			
13. 강구조물의 설계 (한계상태설계법)	1. 한계상태설계법의 개요 ~ 10. 구조물의 내진설계 개념			
	적중 예상문제			
부록. 과년도 출제문제	최근 기출문제 풀이			

“수험생 여러분을 성안당이 응원합니다!”

일 완성! 일 완성! 일 완성!

9급 공무원 시험 완벽 대비!

토목직 토목설계

고영주·임성묵 지음

BM (주)도서출판 성안당

■ 도서 A/S 안내

성안당에서 발행하는 모든 도서는 저자와 출판사, 그리고 독자가 함께 만들어 나갑니다.

좋은 책을 펴내기 위해 많은 노력을 기울이고 있습니다. 혹시라도 내용상의 오류나 오탈자 등이 발견되면 "좋은 책은 나라의 보배"로서 우리 모두가 함께 만들어 간다는 마음으로 연락주시기 바랍니다. 수정 보완하여 더 나은 책이 되도록 최선을 다하겠습니다.

성안당은 늘 독자 여러분들의 소중한 의견을 기다리고 있습니다. 좋은 의견을 보내주시는 분께는 성안당 쇼핑몰의 포인트(3,000포인트)를 적립해 드립니다.

잘못 만들어진 책이나 부록 등이 파손된 경우에는 교환해 드립니다.

내용 문의 : http://www.pass100.co.kr(게시판 이용)

본서 기획자 e-mail : coh@cyber.co.kr(최옥현)

홈페이지 : http://www.cyber.co.kr 전화 : 031) 950-6300

머리말

토목분야의 기술이 나날이 발전함에 따라 토목설계는 구조물의 계획, 설계, 시공을 위한 기초학문으로서 많은 이해가 필요한 과목이다. 따라서 시험 대비에 도움을 주기 위해 다음과 같이 구성하였다.

- 실무에서의 주 내용인 철근콘크리트, PS콘크리트, 강구조, 교량설계실무의 내용을 수록하였으며, 2016년부터 적용되는 한계상태설계법의 설계기준도 요약정리하였다.
- 토목설계의 문제풀이를 위해서는 기본개념 및 설계기준상의 구조세목을 파악하고 있어야 한다. 특히 수업생들의 경우 실무경험이 없어 설계기준 구조세목의 용어 등을 이해하기 어려우므로 반드시 강의를 접하여 이해력을 증진시켜야한다.
- 각종 문제풀이는 최근 기출내용을 위주로 분석, 수록하였으며, 기출문제를 통한 출제문제의 경향이나 중요내용을 반복 학습하여 고득점을 획득할 수 있도록 하였다.

필자의 많은 강의 경험과 정성을 담아 집필하였으나 아직 부족한 점이 많으리라 생각된다. 지속적인 수정과 개선을 통해 보완할 것을 약속하며, 이 책을 통해 많은 사람들이 소기의 목적을 달성하기를 기원한다.

끝으로 이 책이 만들어지기까지 많은 노력을 기울여준 관계자분께 감사의 마음을 전한다.

저자 씀

시험안내

토목직 공무원은 도로, 교량, 철도, 댐, 항만 건설부터 일반하수, 상하수도, 오수, 하천관계시설, 도장 등의 관련 분야까지 그 범위가 매우 광범위하며 공사계획, 건설공사, 설계시공감독, 유지보수 관련 업무를 하게 된다. 일반토목, 수도토목, 농업토목 등으로 구분하며, 이 중 농업토목의 경우 농지의 개량 및 확대를 위한 조사, 계획, 설계, 측량제도와 공사시공 등에 관한 전문적이고 기술적인 업무를 수행한다.

1. 시험일정

구분		원서접수	필기시험		합격자 발표	인성검사	면접시험	최종 합격자 발표
국가직	9급	2.21.~2.24.	4.17.		5.27.		8.4.~8.14.	8.26.
	7급	5.24.~5.27.	1차	7.10.	8.18.		11.14.~11.17.	11.29.
			2차	9.11	10.13.			
지방직	9급	3.29.~4.2.	6.5.		7월 말		8월 중	8월 말
	7급	7.5.~7.9.	10.16.		11월 말		11월 중	11월 말
서울시	9급	3월 초	6.5.			7월 말	8월 중~9월 중	9월 말
	7급	8월 초	(1 · 2차 병합) 10.16.			11월 말	12월 중	12월 말

※ 지방직과 서울시의 필기시험일은 동일하나, 그 외 일정은 변동이 있을 수 있음

2. 시험과목

과목당 20문제, 객관식이며 한 문제당 5점

① 9급 : 국어, 영어, 한국사, 응용역학개론, 토목설계

② 7급

- 1차 : PSAT, 한국사검정, 영어검정
- 2차 : 물리학개론, 응용역학, 수리수문학, 토질역학

③ 영어검정 안내

구분	TOEFL		TOEIC	TEPS (2018.5.12. 전 시험)	TEPS (2018.5.12. 이후 시험)	G-TELP	FLEX
	PBT	IBT					
7급 공채시험 (외무영사직렬 제외)	530	71	700	625	340	65(level 2)	625
7급 공채시험 (외무영사직렬)	567	86	790	700	382	77(level 2)	700

• 영어능력검정시험 인정범위
 - 2016.1.1. 이후 국내에서 실시된 시험으로서, 제1차 시험 시행예정일 전날까지 점수(등급)가 발표된 시험으로 한정하며 기준점수 이상으로 확인된 시험만 인정
 - 2016.1.1. 이후 외국에서 응시한 TOEFL, 일본에서 응시한 TOEIC, 미국에서 응시한 G-TELP는 제1차 시험 시행예정일 전날까지 점수(등급)가 발표된 시험으로 한정하며 기준점수 이상으로 확인된 시험만 인정
 - 다만, 자체 유효기간이 2년인 시험(TOEIC, TOEFL, TEPS, G-TELP)의 경우에는 유효기간이 경과되면 시행기관으로부터 성적을 조회할 수 없어 진위 여부확인 불가. 따라서 해당 능력검정시험의 유효기간이 만료될 예정인 경우 반드시 유효기간 만료 전 별도 안내하는 기간에 사이버국가고시센터(www.gosi.kr)를 통해 사전등록을 해야 함

④ 한국사검정 안내
• 기준점수(등급) : 한국사능력검정시험(국사편찬위원회) 2급 이상
• 인정범위 : 2016.1.1. 이후 실시된 시험으로서 제1차 시험 시행예정일 전날까지 점수(등급)가 발표된 시험으로 한정하며 기준점수 이상으로 확인된 시험만 인정

3. 응시자격

(1) 2021년 시험제도 개편에 따른 원서접수 안내

2021년 시험부터는 동일 날짜에 시행되는 지방직 공무원 7급 및 8·9급 공개경쟁 및 경력경쟁임용 필기시험의 응시원서는 1개 지방자치단체만 접수 가능하며 중복접수가 불가하다.

(2) 응시결격사유

해당 시험의 최종시험 시행예정일(면접시험 최종예정일) 현재를 기준으로 국가공무원법 제33조의 결격사유에 해당하거나, 국가공무원법 제74조(정년)에 해당하는 자 또는 공무원임용시험령 등 관계법령에 따라 응시자격이 정지된 자는 응시할 수 없다.

① 국가공무원법 제33조(결격사유)
• 피성년후견인 또는 피한정후견인
• 파산선고를 받고 복권되지 아니한 자
• 금고 이상의 실형을 선고받고 그 집행이 종료되거나 집행을 받지 아니하기로 확정된 후 5년이 지나지 아니한 자
• 금고 이상의 형을 선고받고 그 집행유예 기간이 끝난 날부터 2년이 지나지 아니한 자
• 금고 이상의 형의 선고유예를 받은 경우에 그 선고유예 기간 중에 있는 자

- 법원의 판결 또는 다른 법률에 따라 자격이 상실되거나 정지된 자
- 공무원으로 재직기간 중 직무와 관련하여 형법 제355조 및 제356조에 규정된 죄를 범한 자로서 300만원 이상의 벌금형을 선고받고 그 형이 확정된 후 2년이 지나지 아니한 자
- 성폭력범죄의 처벌 등에 관한 특례법 제2조에 규정된 죄를 범한 사람으로서 100만원 이상의 벌금형을 선고받고 그 형이 확정된 후 3년이 지나지 아니한 사람
- 미성년자에 대하여 성폭력범죄의 처벌 등에 관한 특례법 제2조에 따른 성폭력범죄, 아동·청소년의 성보호에 관한 법률 제2조 제2호에 따른 아동·청소년대상 성범죄를 저질러 파면·해임되거나 형 또는 치료감호를 선고받아 그 형 또는 치료감호가 확정된 사람(집행유예를 선고받은 후 그 집행유예기간이 경과한 사람을 포함)
- 징계로 파면처분을 받은 때부터 5년이 지나지 아니한 자
- 징계로 해임처분을 받은 때부터 3년이 지나지 아니한 자

② 국가공무원법 제74조(정년)

- 공무원의 정년은 다른 법률에 특별한 규정이 있는 경우를 제외하고는 60세로 한다.
- 공무원은 그 정년에 이른 날이 1월부터 6월 사이에 있으면 6월 30일에, 7월부터 12월 사이에 있으면 12월 31일에 각각 당연히 퇴직된다.

(3) 응시연령

① 9급 : 18세 이상

② 7급 : 20세 이상

(4) 학력 및 경력

제한없음

(5) 거주지 제한

국가직, 서울시, 인천시, 경기 시험은 거주지 제한이 없으나, 다른 지방직 시험은 거주지 제한이 있다.

① 부산, 대구, 광주, 대전, 강원, 충북, 충남, 전남, 전북, 경북, 경남, 제주

- 시험 당해년도 1월 1일 이전부터 최종 시험일(면접시험)까지 계속하여 해당 시·도에 주민등록상 거주자

  ※ 같은 기간 중 주민등록의 말소 및 거주불명으로 등록된 사실이 없어야 함
- 시험 당해년도 1월 1일 이전까지 해당 시·도의 주민등록상 주소지를 두고 있었던 기간을 모두 합산하여 총 3년 이상인 자

② 세종

- 시험 당해년도 1월 1일 이전부터 최종 시험일(면접시험 최종일)까지 계속하여 본인의 주민등록상 주소지가 세종특별자치시로 되어 있는 자
  ※ 같은 기간 중 말소 및 거주불명으로 등록된 사실이 없어야 함
- 시험 당해년도 1월 1일 이전까지 본인의 주민등록상 주소지가 세종특별자치시 관할 행정구역 내로 되어 있었던 기간이 모두 합하여 3년 이상인 사람

▶ 직렬별로 거주지 제한규정이 다를 수 있으니 공고문을 반드시 확인할 것!

4. 가산점

(1) 가산점 적용대상자 및 가산비율

구 분	가산비율
취업지원대상자	과목별 만점의 10% 또는 5%
의사상자 등(의사자 유족, 의상자 본인 및 가족)	과목별 만점의 5% 또는 3%
직렬별 가산대상 자격증 소지자	과목별 만점의 3~5%(1개의 자격증만 인정)

※ 취업지원대상자 가점과 의사상자 등 가점은 1개만 적용

※ 취업지원대상자/의사상자 등 가점과 자격증 가산점은 각각 적용

※ 직렬 공통으로 적용되었던 통신·정보처리 및 사무관리분야 자격증 가산점은 2017년부터 폐지됨

(2) 기술직(전산직 제외)

각 과목 만점의 40% 이상 득점한 자에 한하여 각 과목별 득점에 각 과목별 만점의 일정비율(다음 표에서 정한 가산비율)에 해당하는 점수를 가산한다.

구 분	7급		9급	
	기술사, 기능장, 기사 [시설직(건축)의 건축사 포함]	산업기사	기술사, 기능장, 기사, 산업기사 [시설직(건축)의 건축사 포함]	기능사 [농업직(일반농업)의 농산물품질관리사 포함]
가산비율	5%	3%	5%	3%

차 례

제1장 총 론

제2장 보의 휨 해석과 설계

제3장 보의 전단과 비틀림 해석

제4장 철근의 정착과 이음

제5장 사용성과 내구성

제6장 휨과 압축을 받는 부재

제7장 슬래브의 설계

제8장 옹벽 구조물 설계

제9장 확대기초의 설계

제10장 암거·아치·벽체

제11장 프리스트레스트 콘크리트(PSC) 설계

제12장 강구조물의 설계(허용응력설계법)

제13장 강구조물의 설계(한계상태설계법)

부록 과년도 출제문제

Chapter 01

총 론

1 토목구조물의 특성

2 철근콘크리트의 기본 개념

3 콘크리트 재료의 구성

4 시멘트의 일반사항

5 골재 일반사항

6 혼화재료

7 응력-변형률 선도와 탄성계수

8 콘크리트의 강도 특성

9 철근의 강도 및 구조세목

10 구조물 설계방법

11 용어 설명

CHAPTER 01

총 론

KEY NOTE

1 토목구조물의 특성

1. 토목구조물의 특징

① 구조물의 내구연한(공용기간)이 길다.

② 사회적 필요에 의하여 건설된다.

③ 대규모 공사로서 많은 건설비용과 시간이 소요된다.

④ 공공의 목적으로 건설되므로 사회의 감시와 비판을 받는다.

⑤ 자연파괴가 불가피하므로 환경문제가 초래된다.

⑥ 역사적 유산이나 지역의 명소가 될 가능성이 있다.

2. 토목구조물의 종류

1) 역학적 거동에 따른 분류

① 보(beam)

② 라멘(rahmen), 아치(arch), 케이블(cable)

③ 트러스(truss)

④ 기둥(column)

⑤ 판(plate), 셸(shell)

2) 사용 재료에 따른 분류

① 목구조

② 조적구조(석조, 벽돌조, 블록조)

③ 콘크리트구조

무근콘크리트구조	① 콘크리트 재료만을 사용한 구조물 ② 압축강도 높음, 인장강도 약함 ③ 중력식 댐, 중력식 옹벽 등에 사용
철근콘크리트구조	① 콘크리트와 철근을 사용한 구조물 ② 콘크리트의 인장강도 보완, 철근 하단부 인장균열 문제 ③ 일반적으로 많은 분야에 사용
프리스트레스 콘크리트(PSC)구조	① 콘크리트와 고강도 PS강재를 사용한 구조물 ② PSC 거더교, PSC 사장교, PSC 침목, PSC 말뚝 등에 사용

KEY NOTE

④ 강구조

- 강재로 구성된 구조물로서 재료의 강도가 커서 장대교량에 유리하다.
- 콘크리트에 비하여 재료의 품질관리가 용이하고, 공사기간이 단축된다.

⑤ 합성구조

- 강재와 콘크리트의 장점을 취하여 만든 구조
- 플랜지 단면 축소로 경제적인 구조
- 양질의 콘크리트 사용 필요
- 슬래브 콘크리트의 건조수축과 크리프 별도 검토 필요

⑥ 철골철근콘크리트구조(SRC)

- 철골의 둘레 철근 배근 및 콘크리트 타설하여 일체로 하중에 저항하도록 한 구조
- 작은 단면에서도 많은 강재 사용이 가능하여 강성이 큰 부재 제작 가능

3) 사용 장소 및 용도에 따른 분류

① 도로, 철도 : 교량 상부(보, 트러스, 아치 등), 교량 하부(교대, 교각, 기초 등), 옹벽 등

② 하천, 항만 : 호안, 갑문, 암거, 제방, 방파제, 안벽 등

③ 상·하수도 : 수로, 침전지, 배수지, 정수 설비, 오수 처리 등

④ 발전수력 : 압력관, 조압수조, 통문, 취수 설비 등

⑤ 철도 : 궤도, 수도, 교량, 정차장 등

⑥ 관개 : 양수장, 저수지, 보, 수로교, 낙차공, 유입공, 암거 등

2 철근콘크리트(R.C, Reinforced Concrete)의 기본 개념

1. 철근콘크리트의 정의

① 콘크리트는 압축에 강하고 인장에 약하다. 인장력에 강한 철근을 인장측에 배치하여, 압축은 콘크리트가, 인장은 철근이 부담하도록 한 일체식 구조를 철근콘크리트(R.C)라고 한다.
② 부재의 휨 인장응력을 철근이 부담하도록 한다.
③ 취성재인 콘크리트는 압축 부담, 연성재인 철근은 인장을 부담한다.
④ 철근콘크리트는 철근과 콘크리트의 서로 다른 재료가 일체로 거동하여 외력에 저항한다.

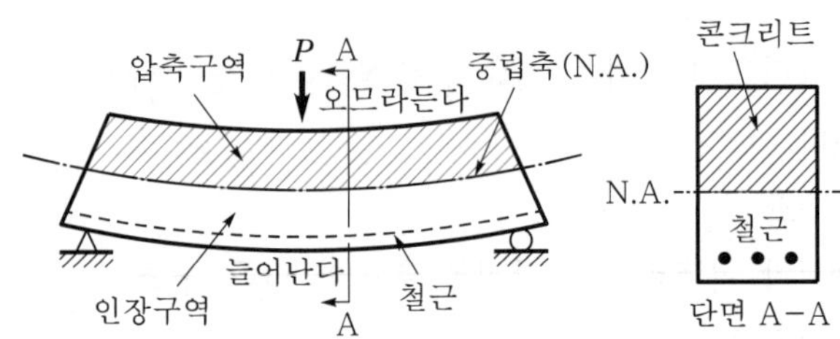

[그림 1-1] 철근콘크리트 구조

KEY NOTE

철근콘크리트의 성립 이유
① 부착강도
② 철근은 부식되지 않는다
③ 열팽창 계수가 거의 같다.
④ 연성파괴를 유도

열팽창 계수
① 철근 : 0.00012/℃
② 콘트리트 : 0.0001~0.00013/℃

2. 철근콘크리트의 성립 이유

① 철근과 콘크리트 사이의 부착강도가 크다.
② 콘크리트 속의 철근은 부식되지 않는다. → 콘크리트의 불투수성
③ 철근과 콘크리트 두 재료의 열팽창 계수가 거의 같다.

$$\varepsilon_c = (1.0 \sim 1.3)\times 10^{-5}/℃\,,\ \varepsilon_t = 1.2\times 10^{-5}/℃$$

④ 콘크리트는 취성적인 파괴를 보이는 반면 철근은 연성거동하여 콘크리트와 결합하며 구조부재의 연성파괴를 유도할 수 있다.

3. 철근콘크리트구조의 장단점

1) 장점

① 내구성, 내화성, 내진성을 가진다.
② 임의의 형태, 모양, 크기, 치수의 시공이 가능하다.
③ 구조물의 유지, 관리가 쉽다.
④ 일체식 구조와 강성이 큰 재료로 만들 수 있다.

⑤ 강구조에 비해 경제적이다.
⑥ 압축강도가 크다.

2) 단점

① 콘크리트에 균열이 발생한다.
② 중량이 비교적 크다.
③ 부분적(국부적)인 파손이 일어나기 쉽다.
④ 구조물의 시공 후에 검사, 개조, 보강, 해체하기가 어렵다.
⑤ 시공이 조잡해지기 쉽다.
⑥ 인장강도가 낮다.

3 콘크리트 재료의 구성

1. 콘크리트 구성 요소

① 시멘트풀 =	시멘트 + 물 + (혼합재료)를 반죽한 것
② 모르타르 =	시멘트 + 물 + 잔골재(S, 모래) + (혼화재료)를 반죽한 것
③ 콘크리트 =	시멘트 + 물 + 잔골재(S, 모래) + 굵은 골재(G, 자갈) + 혼합재료)를 반죽한 것

2. 콘크리트 구성 재료

① 시멘트	• 보통 포틀랜드시멘트를 많이 사용(비중 : 3.15) • 물과 함께 수화반응을 통해 콘크리트의 응결, 경화를 일으킨다.
② 물	• 상수도, 공업용수, 지하수 및 하천수 등에서 식용수로 사용할 수 있을 정도의 깨끗한 물을 사용하는 것이 바람직하다. • 해수는 철근을 부식시킬 염려가 있으므로 철근콘크리트의 혼합수로 사용해서는 안 된다.
③ 잔골재	5mm체(No. 4체)를 거의 통과하고(약 85% 이상 통과), 0.08mm체(No.200체)에 거의 남는 골재(모래)
④ 굵은 골재	5mm체(No. 4체)에 거의 다 남는 골재(약 85% 이상 잔류)(자갈)
⑤ 혼화제	• 사용량이 적어서(1% 내외)콘크리트 배합설계 시 무시 • AE제(공기연행제), 경화촉진제, 감수제, 지연제, 촉진제, 분산제, 급결제, 발포제, 방청제, 방수제
⑥ 혼화재	• 사용량이 많아서(5% 이상) 콘크리트 배합설계 시 반영 • 천연산 포졸란 : 화산재, 규조토, 규산백토 • 인공산 포졸란 : 고로슬래그, 소성점토, 플라이애시

KEY NOTE

잔골재
5mm체(No. 4체)를 거의 통과하고 (약 85% 이상 통과), 0.08mm체 (No.200체)에 거의 남는 골재(모래)

굵은 골재
5mm체(No. 4체)에 거의 다 남는 골재(약 85% 이상 잔류)(자갈)

혼화제 종류
AE제(공기연행제), 경화촉진제, 감수제, 지연제, 촉진제, 분산제, 급결제, 발포제, 방청제, 방수제

혼화재 종류
화산재, 규조토, 규산백토, 고로슬래그, 소성점토, 플라이애시

KEY NOTE

4 시멘트의 일반사항

1. 시멘트(cement)의 제조

① 물질과 물질을 접합시키는 성질을 가진 모든 재료(무기질 결합재)를 시멘트라고 한다.

② 시멘트의 주원료 : 석회석, 점토, 규석 슬래그 및 석고

③ 주요 화학성분 : 실리카(SiO_2), 알루미나(Al_2O_2), 석회(CaO)

④ 제조방법
- ㉠ 건식법(가장 일반적, 원료를 건조한 후 분쇄)
- ㉡ 반건식법(건조상태 원료 + 10% 물)
- ㉢ 습식법(슬러지 상태 원료 사용, 약 40%의 물을 가한 후 분쇄)

2. 시멘트의 일반적 성질

① 수화반응 : 물과 시멘트의 화학반응

수화열
수화에 의하여 발생하는 열(125 cal/g)로, 균열 발생의 원인이 된다.

② 수화열 : 수화에 의하여 발생하는 열(125cal/g)로, 균열 발생의 원인이 된다.

③ 응결 : 수화에 의하여 유동성과 점성을 상실하고 고화하는 현상을 말한다. (1~10시간)

④ 응결속도

응결이 빨라지는 경우	응결이 지연되는 경우	
① 고분말도 ② 고온도 ③ 고습도	① 저분말도 ③ 저습도 ⑤ 시멘트 풍화	② 저온도 ④ 큰 W/C비 ⑥ 많은 석고량

⑤ 경화 : 응결 이후 젤(gel)의 생성이 증대하여 시멘트의 입자 사이가 치밀하게 채워지는 현상으로, 시간에 따라 강도가 증가된다.

⑥ 풍화 : 공기 중의 수분 및 이산화탄소를 흡수하여 일으키는 가벼운 수화반응을 말한다.

⑦ 수축 : 건조수축

⑧ 비중 : 한국산업규격에 3.05 이상으로 규정, 포틀랜드 시멘트(3.14~3.16, 평균 3.15)

⑨ 분말도 : 입자의 굵고 가는 정도를 비교면적 또는 표준체(No. 200체)의 잔분으로 표시한다.

3. 시멘트(cement)의 분류

1) M. Spendel의 분류 방법

① 기경성 시멘트(non-hydraulic cement) : 공기 중에서 경화
② 수경성 시멘트(hydraulic cement) : 수분에 의해서 경화

2) 수경성 시멘트의 종류

① 포틀랜드 시멘트(portland cement)
② 혼합 시멘트(blend cement)
③ 특수 시멘트(special cement)

5 골재 일반사항

1. 골재의 분류

1) 골재란 보강과 중량을 목적으로 사용되는 모래, 자갈, 부순돌, 슬래그, 기타 재료를 말한다.

2) 골재의 분류

① 입경 크기에 의한 분류 → 잔골재(모래), 굵은 골재(자갈)
② 산지 또는 제조에 의한 분류 → 천연골재, 인공골재
③ 비중에 의한 분류
경량골재(비중이 2.50 이하)
보통골재(비중이 2.50~2.65)
중량골재(비중이 2.70 이상)
④ 용도에 의한 분류 → 모르타르용, 콘크리트용, 포장콘크리트용, 경량콘크리트용 등

2. 골재의 일반적 성질

1) 골재로서 일반적으로 요구되는 성질

① 깨끗하고 유해물질(먼지, 흙, 유기불순물, 염화물 등)을 포함하지 않을 것
② 물리, 화학적으로 안정하고 내구성이 클 것
③ 내화성을 가질 것
④ 모양이 입방체 또는 구형에 가깝고 부착력이 큰 표면조직일 것
⑤ 입도가 적당할 것

KEY NOTE

골재로서 요구 항목
① 깨끗하고 유해물질(먼지, 흙, 유기불순물, 염화물 등)을 포함하지 않을 것
② 물리, 화학적으로 안정하고 내구성이 클 것
③ 내화성을 가질 것
④ 모양이 입방체 또는 구형에 가깝고 부착력이 큰 표면조직일 것
⑤ 입도가 적당할 것

KEY NOTE

⑥ 소요의 중량을 가질 것

⑦ 콘크리트 강도를 확보할 만큼 충분한 강성을 가질 것

⑧ 마모에 대한 저항이 클 것

2) 유해물질이 콘크리트에 미치는 영향

① 응결, 경화 지연

② 잔 입자는 균열, 강도 및 내구성 저하

③ 염분은 철근의 부식

3) 입도

① 골재의 작고 큰 입자의 혼합된 정도

② 입도가 좋은 형태 : 간극이 적어 시멘트가 절약되며 강도 증가

③ 입도가 나쁜 형태 : 간극이 크고 워커빌리티가 좋지 않아 재료분리 증대, 강도 저하

3. 골재의 함수

1) 골재의 비중(표면건포화상태의 비중을 기준)

① 잔골재 → 2.50~2.65

② 굵은 골재 → 2.55~2.70

③ 비중이 클수록 치밀하고 흡수량 작고, 내구성 및 강도 커짐

2) 골재의 함수상태

① 절대건조상태(로건조상태, 절건상태)
110℃ 정도의 온도에서 24시간 이상 건조시킨 상태로서 골재 속의 빈틈에 있는 물이 전부 제거된 상태(a)

② 공기중 건조상태(기건상태)
공기 중에서 자연 건조시킨 것으로서 공극 일부에는 수분이 있지만 표면에는 수분이 없는 상태(b)

③ 표면건조포호상태(표건상태)
골재의 표면수는 없고 골재 속의 빈틈이 물로 차 있는 상태(c)

④ 습윤상태
골재 속의 빈틈이 물로 차 있고 골재의 표면에 표면수가 있는 상태(d)

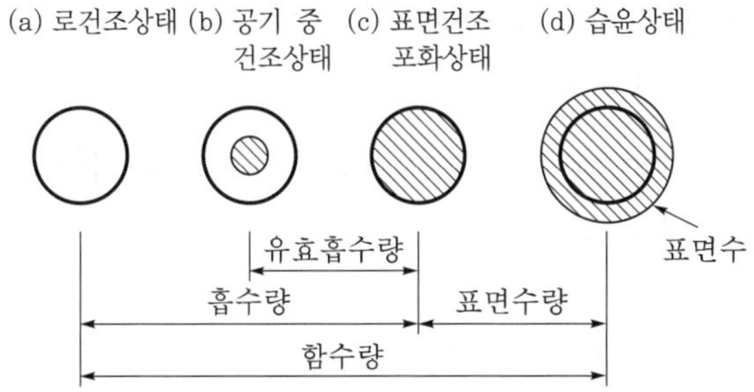

(a) 로건조상태 (b) 공기 중 건조상태 (c) 표면건조 포화상태 (d) 습윤상태

유효흡수량
흡수량
표면수량
함수량
표면수

[그림 1-2] 골재의 함수상태

⑤ 절건, 기건상태의 골재 사용 시, 콘크리트 제조할 때 물의 일부를 흡수하여 시공성을 저하시키고, 수화반응이 지연된다.

⑥ 습윤상태의 골재 사용 시, 콘크리트를 제조할 때 단위 수량을 증가시키는 역할을 하여 W/C비를 상승시켜 원하는 품질의 콘크리트를 얻지 못할 수 있다.

6 혼화재료

1. 혼화재료 일반

1) 혼화재료(admixture, additive)

콘크리트의 제 성질을 개선, 향상시킬 목적으로 사용되는 재료로 혼화재와 혼화제가 있다.

2) 혼화재료의 일반적인 사용 목적

① 콘크리트의 워커빌리티 개선
② 강도 및 내구성의 증진
③ 응결, 경화시간 조절
④ 발열량 저감
⑤ 수밀성 증진 및 철근의 부식 방지

2. 혼화재

1) 혼화재의 종류

① 포졸란(pozzolan)
② 플라이애시(fly ash)
③ 고로슬래그(blast furnace slag)

KEY NOTE

혼화재료 사용 목적
① 콘크리트의 워커빌리티 개선
② 강도 및 내구성의 증진
③ 응결, 경화시간 조절
④ 발열량 저감
⑤ 수밀성 증진 및 철근의 부식 방지

KEY NOTE

④ 팽창재(expansive producing admixtures)

⑤ 실리카퓸(silica fume)

2) 포졸란(pozzolan)을 사용한 콘크리트의 특성 및 사용 효과

① 워커빌리티가 좋아진다.

② 블리딩이 감소한다.

③ 초기강도는 작으나 장기강도, 수밀성 및 화학저항성이 크다.

④ 발열량이 적어지므로 단면이 큰 콘크리트에 적합하다.

⑤ 입자, 모양 및 표면상태가 좋지 않거나 조립이 많은 것 등은 단위수량을 증가시키므로 건조수축이 크다.

3. 혼화제

1) 혼화제의 종류

① AE제(air-entraining admixtures)

② 감수제(water-reducing admixtures)

③ 유동화제(superplasticizer)

④ 촉진제, 지연제, 급결제

⑤ 방수제, 발포제, 방청제

2) AE제(혼화제)를 사용한 콘크리트의 특성 및 사용 효과

① 연행공기에 의해 워커빌리티를 개선한다.

② 슬럼프가 증가한다.

③ 블리딩을 감소시킨다.

④ 콘크리트의 동결융해에 대한 내구성을 크게 증가시킨다.

⑤ 물·시멘트비가 일정할 경우, 공기량에 따라 콘크리트의 강도는 감소한다.

7 응력-변형률 선도와 탄성계수

1. 응력-변형률 선도

1) 콘크리트의 응력-변형률선도

① 초기에는 거의 직선(탄성)으로 거동한다.

② 변형률 0.002에서 최대응력을 나타낸다.

③ 파괴 시 변형률은 0.003~0.005 범위에 있다.

KEY NOTE

④ 변형률 0.002에서의 최대응력을 콘크리트 재령 28일 압축강도(f_{28}) 또는 콘크리트의 설계기준압축강도(f_{ck})라 한다.

⑤ 콘크리트 극한 변형률은 콘크리트 강도에 관계없이 0.003으로 가정한다.

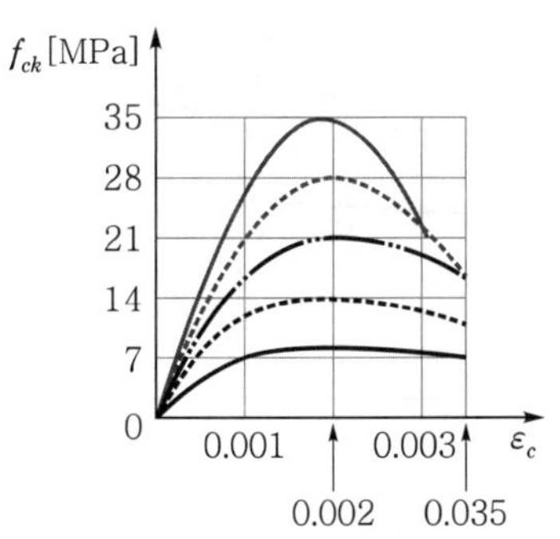

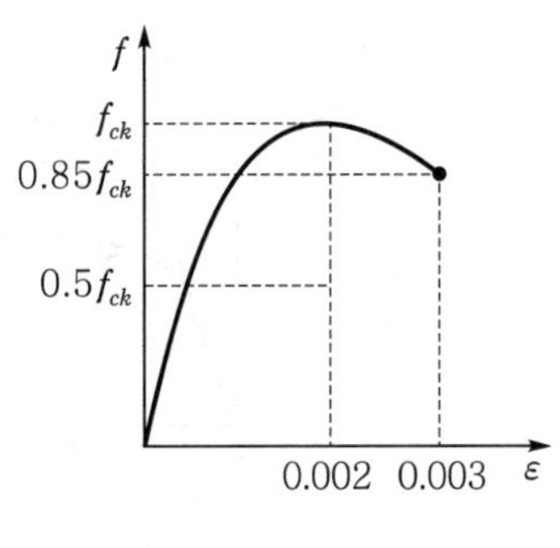

[그림 1-3] 콘크리트 응력-변형률 선도

2) 철근의 응력-변형률 선도

① 비례한도(P) : 응력과 변형률이 직선비례하는 후크의 법칙이 성립하는 점

② 탄성한도(E) : 외력을 제거하면 영구변형을 남기지 않고 원상태로 복귀되는 응력의 최고 한계

③ 상·하 항복점(Y, Y') : 외력의 증가 없이 변형률이 급격히 증가하고 잔류 변형을 일으킨다.

$$\text{철근의 변형률 } \varepsilon_s = \varepsilon_y = \frac{\sigma_y}{E_s}$$

④ 극한강도(U) : 최대응력, 즉 인장강도

⑤ 파괴점(B) : U점을 지나면 응력은 감소하나 변형은 증가

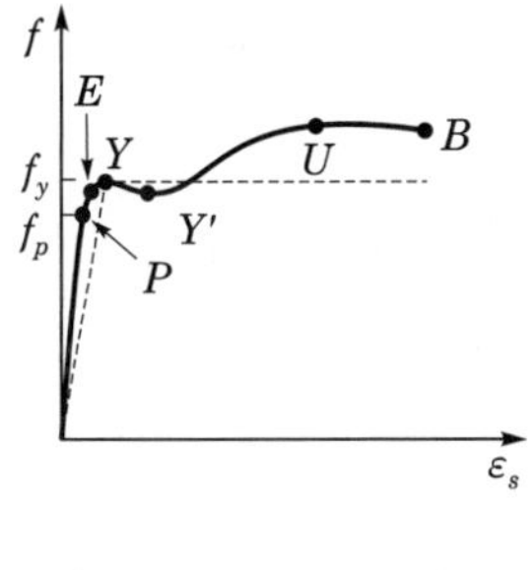

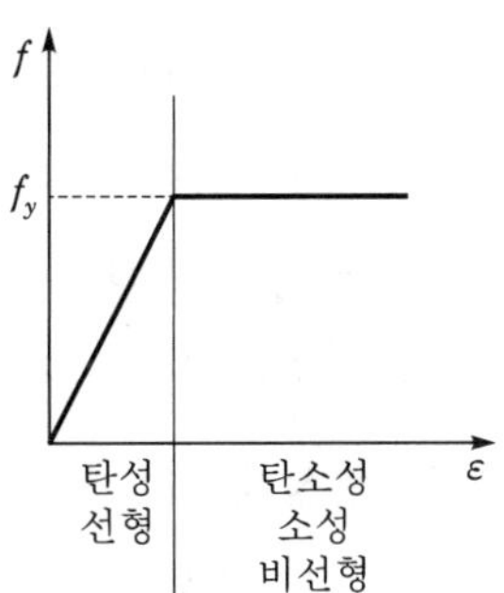

[그림 1-4] 철근의 응력-변형률 선도

KEY NOTE

3) PS강재의 응력-변형률 선도

① 뚜렷한 항복점이 없다.

② 항복점 : 0.2%의 잔류변형률을 나타내는 응력

③ 탄성한도 : 0.02%의 잔류변형률을 나타내는 응력

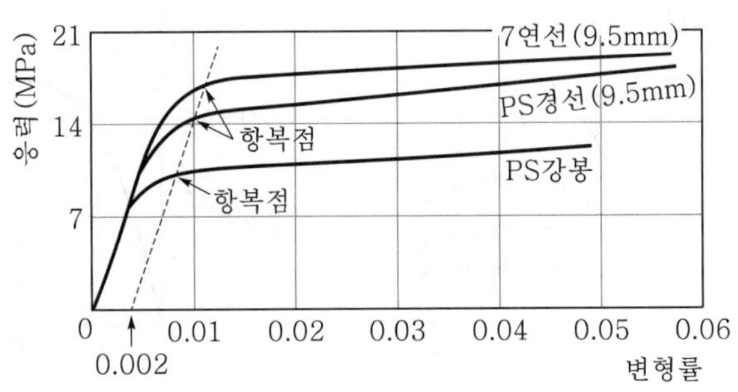

[그림 1-5] PS강재의 응력-변형률 선도

2. 탄성계수

1) 정의 : 응력-변형률 선도의 기울기를 말한다.

2) 콘크리트 탄성계수

(1) 할선탄성계수(시컨트 계수, E_c)

콘크리트를 설계할 때 적용하는 탄성계수로 시컨트(secant) 계수라고도 하며, 일반적으로 콘크리트 탄성계수는 할선탄성계수를 말한다. 콘크리트의 할선탄성계수는 콘크리트의 단위질량 m_c의 값이 1,450~2,500kg/m^{3}인 콘크리트의 경우 다음 식에 따라 계산할 수 있다.

$$\therefore E_c = 0.077 m_c^{1.5} \sqrt[3]{f_{cu}}\,[\text{MPa}] \quad \cdots\cdots (1.4)$$

여기서, $m_c = 2{,}300\text{kg/m}^3$(보통중량골재를 사용한 콘크리트)이면

$$\therefore E_c = 8{,}500 \sqrt[3]{f_{cu}}\,[\text{MPa}] \quad \cdots\cdots (1.5)$$

여기서, $f_{cu} = f_{ck} + 4(\text{MPa})$ $(f_{ck} \le 40\text{MPa})$

$f_{cu} = 1.1 f_{ck}[\text{MPa}]$ $(40\text{MPa} < f_{ck} < 60\text{MPa})$

$f_{cu} = f_{ck} + 6(\text{MPa})$ $(f_{ck} \ge 60\text{MPa})$

(2) 초기접선탄성계수(E_{ci})

응력-변형률 곡선에서 원점과 곡선의 접선이 이루는 기울기를 초기접선탄성계수라 한다. 콘크리트의 탄성계수와 초기접선탄성계수의 관계는 다음과 같다.

콘크리트 탄성계수

① $E_c = 0.077 m_c^{1.5} \sqrt[3]{f_{cu}}\,[\text{MPa}]$

② $E_c = 8{,}500 \sqrt[3]{f_{cu}}\,[\text{MPa}]$

$f_{cu} = f_{ck} + 4(\text{MPa})$ $(f_{ck} \le 40\text{MPa})$

$f_{cu} = 1.1 f_{ck}[\text{MPa}]$ $(40\text{MPa} < f_{ck} < 60\text{MPa})$

$f_{cu} = f_{ck} + 6(\text{MPa})$ $(f_{ck} \ge 60\text{MPa})$

$$E_{ci} = 1.18E_c = 1.18(8,500\sqrt[3]{f_{cu}}) = 10,030\sqrt[3]{f_{cu}} \quad \cdots \ (1.6)$$

여기서, E_{ci} : 초기접선탄성계수

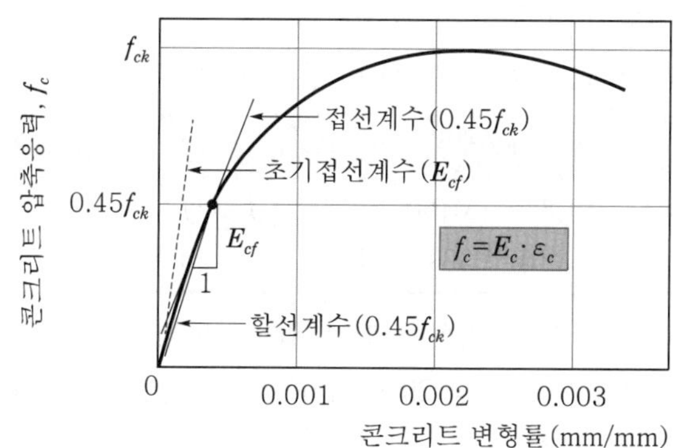

[그림 1-6] 콘크리트의 압축응력-변형률 곡선과 탄성계수의 결정

8 콘크리트의 강도 특성

1. 콘크리트 강도

1) 공시체

설계기준압축강도 (평균압축강도, f_{ck})		① 설계할 때 기준으로 하는 압축강도 ② 재령 28일 압축강도 측정
원주형 공시체	표준공시체	① 150×300mm(높이=2×지름) ② 단면적 A=17,671mm^2
	작은 단면 공시체 (일반 공시체)	① 100×200mm 공시체 사용 시 강도보정계수 0.97 사용 ② 단면적 A=7,854mm^2 ③ 작은 단면 공시체의 압축강도는 표준형보다 크다.
입방형 공시체		① 유럽에서 사용 ② 영국 : 150mm입방체, 독일 : 200mm입방체 ③ 입방체 공시체 강도 ≫ 원주형 공시체 ④ 보정계수 • 150mm 입방형 공시체 : 0.8 • 200mm 입방형 공시체 : 0.83

2) 배합강도(f_{cr})

① 배합설계 시 목표로 하는 압축강도이다.

KEY NOTE

콘크리트 강도

① 표준 공시체(150×300mm)
② 작은 공시체(100×200mm)
• 강도보정계수 0.97

배합강도(f_{cr})의 의미

설계기준강도(f_{ck})를 만족시키기 위해서 강도목표치를 약간 상회해서 배합하는 강도로 현장관리상태에 따라 목표치가 다르다.

② 표준편차(s) 설정(시험기록이 있는 경우)

- 재료, 품질관리 절차와 조건, 배합비 등이 실제 현장상황과 유사할 것
- 설계기준강도와 같거나 7Mpa 이내의 차이를 가진 콘크리트를 사용
- 최소한 30회 이상 연속시험

③ 시험횟수 30회 이상, 기록이 있는 경우(두 식 중 큰 값 사용)

f_{ck} ≤ 35MPa인 경우	f_{ck} > 35MPa인 경우
$f_{cr}=f_{ck}+1.34s$ (MPa) $f_{cr}=(f_{ck}-3.5)+2.33s$ (MPa)	$f_{cr}=f_{ck}+1.34s$ (MPa) $f_{cr}=0.9f_{ck}+2.33s$ (MPa)

여기서, s : 30회 이상 시험한 압축강도의 계산된 표준편차

④ 시험횟수가 15회 이상 29회 이하(기록이 있는 경우)인 경우의 표준편차에 대한 보정

- 보정된 표준편차(s_1)=표준편차(s)×보정계수

시험횟수	15회	20회	25회	30회 이상
보정계수	1.16	1.08	1.03	1.00

- 기타횟수는 직선보간 한다.

⑤ 시험횟수가 14회 미만이고, 기록이 없는 경우

f_{ck}	21 미만	20~35	35 초과
f_{cr}	f_{ck}+7.0MPa	f_{ck}+8.5MPa	1.1f_{ck}+5.0MPa

2. 압축강도

1) 압축강도에 영향을 미치는 요인

① 물-시멘트비(W/C)가 낮을수록 강도가 높다.(가장 큰 영향)

② 시멘트 종류 및 골재에 따라 달라짐

③ 재령(양생이 경과된 시간)이 길수록 강도가 높아진다.

④ 수중양생 시 강도가 높아진다.(표준양생 : 20±3℃, 28일, 습윤양생)

⑤ 재하속도가 빠를수록 강도는 크게 측정된다.(재하속도 : 0.15~0.35Mpa/sec)

⑥ 형상비(L/D, L : 공시체 높이, D : 공시체 지름)가 작을수록 강도가 커진다.

2) 압축시험 목적

① 콘크리트의 설계강도 측정을 위한 실험

② 일축압축시험으로 하며 변형률과 탄성계수 결정

KEY NOTE

배합 강도(f_{cr})

① 시험횟수 30회 이상, 기록이 있는 경우(두 식 중 큰 값 사용)

f_{ck} ≤ 35MPa인 경우
$f_{cr}=f_{ck}+1.34s$ (MPa) $f_{cr}=(f_{ck}-3.5)+2.33s$ (MPa)
f_{ck} > 35MPa인 경우
$f_{cr}=f_{ck}+1.34s$ (MPa) $f_{cr}=0.9f_{ck}+2.33s$ (MPa)

여기서, s : 30회 이상 시험한 압축강도의 계산된 표준편차

② 시험횟수가 15회 이상 29회 이하(기록이 있는 경우)인 경우의 표준편차에 대한 보정

- 보정된 표준편차(s_1) = 표준편차(s)×보정계수

시험횟수	15회	20회	25회	30회 이상
보정계수	1.16	1.08	1.03	1.00

- 기타횟수는 직선보간 한다.

③ 시험횟수가 14회 미만이고, 기록이 없는 경우

f_{ck}	21 미만	20~35	35 초과
f_{cr}	f_{ck}+ 7.0MPa	f_{ck}+ 8.5MPa	1.1f_{ck}+ 5.0MPa

압축강도에 영향을 미치는 요인

① 물-시멘트비(W/C)
② 시멘트 종류 및 골재
③ 재령
④ 수중양생
⑤ 재하속도
⑥ 형상비

3) **시험 방법**

① 배합설계용 시험 : 한 배합에 30회 연속

② 압축강도 관리용 시험

$$f_c = \frac{P}{A} = f_{28} = f_{ck}$$

$$f_{28} = -21.0 + 21.5 \cdot c/w$$

3. 인장강도(쪼갬, 할렬)

1) 150mm×300mm 원주형 공시체를 횡방향으로 높여 압축 시 할렬파괴 응력

2) **할렬 인장강도**

$$f_{sp} = \frac{2P}{\pi dl} = 0.56\lambda\sqrt{f_{ck}}\ (\text{Mpa})$$

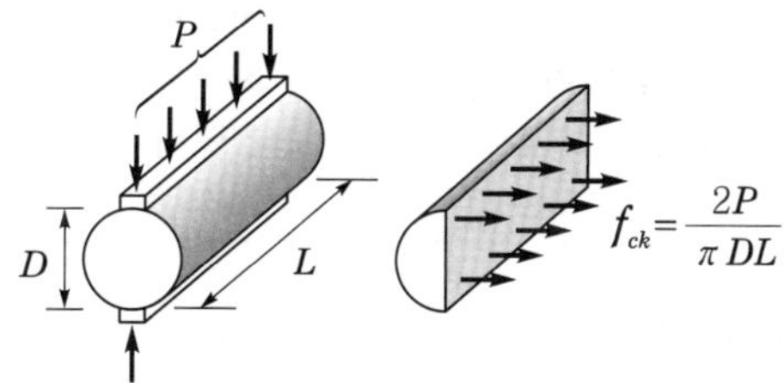

[그림 1-6] 할렬 인장강도시험

4. 휨인장강도와 전단강도

1) **휨인장 시, 균열이 시작될 때의 인장응력**

2) **휨인장강도(파괴계수)**

$$f_r = 0.63\lambda\sqrt{f_{ck}}\ [\text{Mpa}],\ \lambda\text{는 경량콘크리트계수}$$

3) **전단강도 → 인장강도보다 20 ~ 30% 더 큰 값을 갖는다.**

4) **경량콘크리트계수(λ)**

① 보통중량콘크리트 λ=1.0

② f_{sp}값이 규정되어 있지 않은 경우

- 전경량콘크리트 λ=0.75
- 모래경량콘크리트 λ=0.85

KEY NOTE

휨인장강도 시험방법

구분	중앙점재하	3등분재하
하중 저하	P, $\frac{l}{2}$, $\frac{l}{2}$	$\frac{P}{2}$, $\frac{P}{2}$, $\frac{l}{3}$, $\frac{l}{3}$, $\frac{l}{3}$
균열 모멘트	$M_{cr} = \frac{PL}{4}$	$M_{cr} = \frac{PL}{6}$
f_r	$f_r = \frac{M_{cr}}{I_g}$	$y_t = \frac{M_{cr}}{Z}$

KEY NOTE

③ f_{sp}값이 주어진 경우 $\lambda = \dfrac{f_{sp}}{(0.56\sqrt{f_{ck}})} \leq 1.0$

④ 보통잔골재, 경량굵은골재를 사용한 콘크리트의 경우, λ=0.85

⑤ 보통굵은골재를 사용한 콘크리트의 경우, λ=1.0

⑥ 부분 경량 굵은골재가 섞인 경우는 직선보간

5. 콘크리트의 크리프

1) 탄성변형 이후 지속하중으로 인하여 콘크리트에 일어나는 소성적 장기 변형을 크리프(creep)라고 한다.

콘크리트 크리프 영향 요인(大)
① 재하응력(하중)
② 단위시멘트량
③ W/C비
④ 온도
⑤ 재하기간

2) 크리프의 영향 요인

비례적 요인	반비례적 요인
① 재하응력(하중)이 클수록 크리프는 크다. ② 단위시멘트량이 많을수록 크리프는 크다. ③ W/C비가 클수록 크리프는 크다. ④ 온도가 높을수록 크리프는 크다. ⑤ 재하기간이 길수록 크리프는 크다.	① 습도가 낮을수록 크리프는 크다. ② 재령이 작을수록 크리프는 크다. ③ 부재치수가 작을수록 크리프는 크다. ④ 콘크리트 강도가 클수록 크리프는 작다. ⑤ 철근비가 높을수록 크리프는 작다. ⑥ 고온 증기 양생을 하면 크리프는 작다.

크리프 계수(ϕ)
① 옥내 : 3.0
② 옥외 : 2.0
③ 수중 : 1.0

3) 크리프 계수(ϕ)

$$\phi = \frac{\text{크리프 변형률}}{\text{탄성 변형률}} = \frac{\varepsilon_c}{\varepsilon_e} = \frac{\varepsilon_c}{\left(\dfrac{f_c}{E_c}\right)} \quad \cdots\cdots (1.7)$$

(옥내 구조물 : ϕ=3.0, 옥외 구조물 : ϕ=2.0, 수중 구조물 : ϕ=1.0 적용)
여기서, E_c는 콘크리트의 탄성계수로 크리프 변형을 계산할 때 적용하는 콘크리트의 초기접선탄성계수 E_{ci}와의 관계는 다음과 같다.

$$E_{ci} = 10{,}030\sqrt[3]{f_{cu}} \quad \cdots\cdots (1.8)$$

f_{ck}	18	21	28	30	35	40
$f_{cu}(=f_{ck}+\Delta f)$	22	25	32	34	39	44
E_c	23.000	25.000	27.000	28.000	29.000	30.000

4) 크리프 변형률(ε_c)과 탄성 변형률(ε_e)의 관계

크리프 변형률은 탄성 변형률보다 1~3배 크며, 크리프 변형의 증가비율은 재하시간이 경과함에 따라 감소한다.

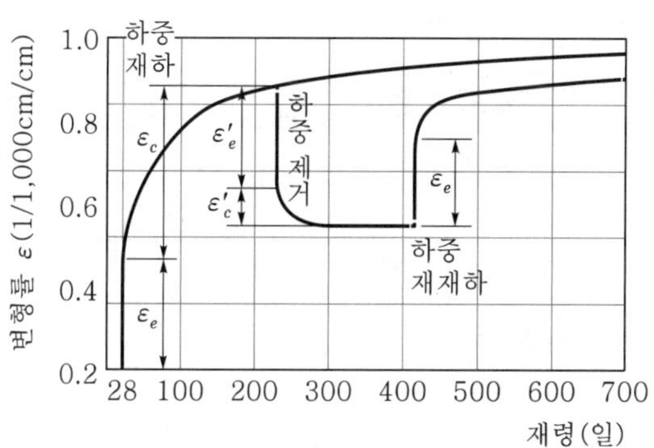

[그림 1-7] 콘크리트의 크리프 변형률

KEY NOTE

6. 콘크리트의 수축

1) 콘크리트의 수축의 종류

구분	내용
소성수축	① 경화 전 시멘트풀이 경화하기 시작할 때 콘크리트의 표면으로부터 물이 증발함에 따라 발생 ② 주위의 온도, 상대습도, 바람 등의 영향 받음 ③ 콘크리트 부재의 표면에는 불규칙한 균열 발생
자기수축	시멘트 입자가 수화되기 시작하면서 물이 간극에서 빠져 나감에 따라 시멘트 풀의 체적이 감수하면서 발생하는 수축 → 인장응력 유발
탄산염수축	물 속의 수산화칼슘과 대기 중의 이산화탄소가 반응하여 발생하는 열에 의한 수축 현상
건조수축	① 경화된 콘크리트 속에 남아 있는 물이 대기 중으로 증발되어 수축되는 현상 ② 하중작용과 상관없이 발생하며 콘크리트의 인장균열을 유발함

2) 콘크리트의 건조수축

① 습기(자유수)가 증발함에 따라 콘크리트가 수축하는 현상이다.

② 건조수축의 영향 요인

비례적 요인	반비례적 요인
① 단위수량(W)이 많으면 건조수축이 크게 일어난다. ② 단위시멘트량(C)이 많으면 건조수축이 크게 일어난다. ③ W/C비가 클수록 건조수축은 크다.	① 골재입자의 크기가 작으면 건조수축은 크다. ② 습윤양생하면 공기중 양생보다 건조수축이 작다. ③ 직경이 작은 철근을 많이 사용할수록 건조수축은 작아진다.

콘크리트 건조수축 영향 요인(大)
① 단위수량(W)
② 단위시멘트량(C)
③ W/C비

KEY NOTE

③ 콘크리트의 건조수축 변형률

구조물의 종류		건조수축 변형률
라멘		0.00015
아치	철근량 0.5% 이상	0.00015
	철근량 0.1%~0.5%	0.00020

④ 콘크리트의 수축응력

㉠ 철근에서 압축응력이 일어나고 콘크리트에는 인장응력이 일어난다.

㉡ 철근에 일어나는 압축응력

$$f_{sc} = \frac{\varepsilon_{sh} E_s}{1 + \dfrac{nA_s}{A_c}}$$

㉢ 콘크리트에 일어나는 수축응력

$$f_{ct} = \frac{A_g}{A_c} f_{sc}$$

9 철근의 강도 및 구조세목

1. 철근의 종류

1) 모양에 의한 분류

① 원형 철근(SR)

② 이형 철근(SD)

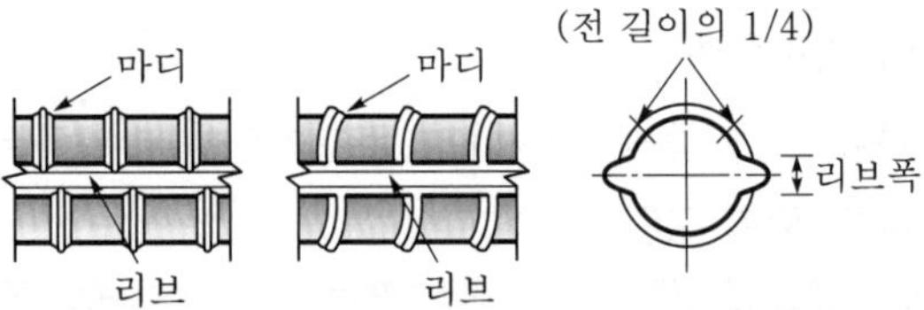

[그림 1-8] 이형 철근의 마디와 리브

③ 이형 철근(SD)은 원형 철근(SR)에 비해 부착력이 증대되고 균열 폭을 작게 한다.

④ 공칭 값 : 동일한 길이, 동일한 중량의 원형 철근의 지름, 단면적, 둘레로 환산한 값(강의 비중 : 7.85)

⑤ 철근의 종류, 기계적 성질(KS D 3504)

종류	기호	용도	항복강도 또는 0.2% 내력(N/mm^2), (Mpa)	인장강도 내력(N/mm^2), (Mpa)
원형 철근	SR 240 SR 300	일반용	240 이상 300 이상	390 이상 440 이상
이형 철근	SD 300 SD 350 SD 400 SD 500 SD 600 SD 700	일반용	300 이상 350 이상 400 이상 500 이상 600 이상 700 이상	440 이상 490 이상 560 이상 620 이상 710 이상 800 이상
	SD 400W SD 500W	용접용	400 이상 500 이상	

2) 용도에 의한 분류

① 주철근 : 설계하중에 의해 그 단면적이 정해지는 철근
　정철근, 부철근, 사인장(전단)철근

② 보조철근 : 배력철근, 조립용철근, 가외철근, 띠철근, 나선철근

③ 배력철근의 역할
- 응력을 골고루 분산시켜 균열 폭을 최소화
- 주철근의 간격 유지
- 건조수축이나 크리프 변형, 신축을 억제

2. 철근의 간격 및 피복 두께

1) 보(주철근)

수평 순간격	연직 순간격
• 25mm 이상 • $\frac{4}{3}G_{max}$ (G_{max} : 굵은골재 최대치수) • 철근의 공칭지름 이상	• 25mm 이상 • 동일 연직면 내에 위치

2) 기둥

축방향 철근	띠철근	나선철근
• 40mm 이상 • $\frac{4}{3}G_{max}$ (G_{max} : 굵은골재 최대치수) • [1.5×철근의 공칭지름] 이상	• 부재 최소치수 이하 • [16×축방향 철근지름] 이하 • [48×띠철근 지름] 이하	25mm~ 75mm 이하

KEY NOTE

- 이형철근 : SD(8종류)
- 원형철근 : SR(2종류)
- SD400 : 숫자는 항복점응력 표시
- SD 500W : W는 용접용을 의미

주철근 간격
- 위험단면 : 슬래브 두께 2배, 30cm 이하
- 기타단면 : 슬래브 두께 3배, 45cm 이하

배력철근 : 슬래브 두께 5배, 45cm 이하

KEY NOTE

3) 슬래브(주철근)

- 최대 휨모멘트 발생 단면 : $2t$ 이하 또는 30cm 이하

  ∴ t : 슬래브 두께
- 기타 단면 : $3t$ 이하 또는 45cm 이하

  ※ 수축 및 온도철근(배력철근) : $5t$ 이하 또는 45cm 이하

4) 철근의 피복 두께

① 콘크리트 표면과 그에 가장 가까이 배근된 철근 표면 사이의 콘크리트 두께

② 피복 두께의 역할

- 철근의 녹방지
- 부착력 확보
- 단열 작용(열로부터 철근 보호)

③ 현장치기 콘크리트의 최소 피복 두께 규정

<table>
<tr><th colspan="3">조건</th><th>최소 피복 두께</th></tr>
<tr><td colspan="3">수중에서 치는 콘크리트</td><td>100mm</td></tr>
<tr><td colspan="3">흙에 접하여 콘크리트를 친 후 영구히 흙에 묻혀 있는 콘크리트</td><td>80mm</td></tr>
<tr><td rowspan="3">흙에 접하거나 옥외의 공기에 직접 노출되는 콘크리트</td><td colspan="2">D29 이상의 철근</td><td>60mm</td></tr>
<tr><td colspan="2">D25 이하의 철근</td><td>50mm</td></tr>
<tr><td colspan="2">D16이하의 철근,
지름 16mm 이하의 철선</td><td>40mm</td></tr>
<tr><td rowspan="4">옥외의 공기나 흙에 직접 접하지 않는 콘크리트</td><td rowspan="2">슬래브, 벽체, 장선 구조</td><td>D35 초과하는 철근</td><td>40mm</td></tr>
<tr><td>D35 이하의 철근</td><td>20mm</td></tr>
<tr><td colspan="2">보, 기둥</td><td>40mm</td></tr>
<tr><td colspan="2">셸, 절판부재</td><td>20mm</td></tr>
</table>

④ 프리스트레스트 부재의 현장치기 콘크리트의 최소 피복 두께

<table>
<tr><th>조건</th><th colspan="3">최소 피복 두께</th></tr>
<tr><td>흙에 접하여 콘크리트를 친 후 영구히 흙에 묻혀 있는 콘크리트</td><td colspan="3">80mm</td></tr>
<tr><td rowspan="2">흙에 접하거나 옥외의 공기에 직접 노출되는 콘크리트</td><td colspan="2">벽체, 슬래브 장선 구조</td><td>30mm</td></tr>
<tr><td colspan="2">기타 부재</td><td>40mm</td></tr>
<tr><td rowspan="5">옥외의 공기나 흙에 직접 접하지 않는 콘크리트</td><td colspan="2">슬래브, 벽체, 장선</td><td>20mm</td></tr>
<tr><td rowspan="2">보, 기둥</td><td>주철근</td><td>40mm</td></tr>
<tr><td>띠철근, 스터럽, 나선철근</td><td>30mm</td></tr>
<tr><td rowspan="2">셸, 절판부재</td><td>D19 이상</td><td>d_b</td></tr>
<tr><td>D16 이하의 철근
지름 16mm 이하의 철선</td><td>10mm</td></tr>
</table>

KEY NOTE

⑤ 프리캐스트 콘크리트의 철근의 최소 피복 두께

조건	프리캐스트 콘크리트		
흙에 접하거나 옥외의 공기에 직접 노출되는 콘크리트	벽체	D35 초과 철근. 지름 40mm 초과 긴장재	40mm
		D35 이하 철근, 지름 40mm 이하 긴장재, 지름 16mm 이하 철선	20mm
	기타 부재	D35초과 철근, 지름 40mm 초과 긴장재	50mm
		D19~D35 철근, 지름 16mm 초과, 40mm 이하 긴장재	40mm
		D16 이하 철근, 지름 16mm 이하의 철선과 긴장재	30mm
옥외의 공기나 흙에 직접 접하지 않는 콘크리트	슬래브 벽체, 장선	D35 초과 철근, 지름 40mm 초과 긴장재	30mm
		D35 이하 철근, 지름 40mm 이하 긴장재	20mm
		지름 16mm 이하 철선	15mm
	보, 기둥	주철근[1]	d_b[2]
		띠철근, 스터럽, 나선철근	10mm
	셸, 절판부재	긴장재	20mm
		D19 이상 철근	15mm
		D16 이하, 지름 16mm 이하 철선	10mm

1) 15mm 이상이어야 하고, 40mm 이상일 필요는 없다.

2) d_b는 주철근의 지름이다.

3. 철근에 대한 규정

1) 철근의 표면 상태

① 콘크리트를 칠 때 철근의 표면에는 부착을 저해하는 흙, 기름 또는 비금속 도막이 없어야 한다. 단, 아연도금 또는 에폭시수지를 도막한 철근은 사용할 수 있다.

② 긴장재를 제외하고 철근의 녹이나 가공 부스러기 또는 그 조합은 마디의 높이를 포함하는 철근의 최소 치수와 철근의 녹이나 가공 부스러기 또는 그 조합은 마디의 높이를 포함하는 철근의 최소 치수와 중량에 미달하지 않는 한 특별히 제거할 필요는 없다.

③ 긴장재의 표면은 청결하게 유지하여야 하며 기름, 먼지, 가공 부스러기, 흠집 및 과도한 녹이 없어야 한다. 다만, 강도에 영향을 주지 않는 경미한 녹은 허용할 수 있다.

2) 철근의 설계기준항복강도

① 휨철근의 설계기준항복강도 : $f_y \leq 600$Mpa

② 전단철근의 설계기준항복강도 : $f_y \leq 500$Mpa

◎ KEY NOTE

다발 철근의 규정

① 2개 이상의 철근을 묶어서 사용하는 다발철근은 이형 철근으로, 그 개수는 4개 이하이어야 하며, 이들은 스터럽이나 띠철근으로 둘러싸여져야 한다.
② 휨부재의 경간 내에서 끝나는 한 개의 다발 철근 내의 개개 철근은 $40d_b$ 이상 서로 엇갈리게 끝나야 한다.
③ 다발철근의 간격과 최소 피복 두께를 철근 지름으로 나타낼 경우, 다발철근의 지름은 등가단면적으로 환산된 한 개의 철근지름으로 보아야 한다.
④ 보에서 D35를 초과하는 철근은 다발로 사용할 수 없다.

③ 용접 이형철망을 사용하는 전단철근의 설계기준항복강도 : $f_y \leq 600$Mpa
④ 비틀림철근의 설계기준항복강도 : $f_y \leq 500$Mpa
⑤ 전단마찰철근의 설계기준항복강도 : $f_y \leq 500$Mpa
⑥ 나선철근의 설계기준항복강도 : $f_{yt} \leq 700$Mpa, 400Mpa을 초과하는 경우에는 겹침이음을 할 수 없다.

3) 다발 철근의 규정

① 2개 이상의 철근을 묶어서 사용하는 다발철근은 이형 철근으로, 그 개수는 4개 이하이어야 하며, 이들은 스터럽이나 띠철근으로 둘러싸여져야 한다.
② 휨부재의 경간 내에서 끝나는 한 개의 다발 철근 내의 개개 철근은 $40d_b$ 이상 서로 엇갈리게 끝나야 한다.
③ 다발철근의 간격과 최소 피복 두께를 철근 지름으로 나타낼 경우, 다발철근의 지름은 등가단면적으로 환산된 한 개의 철근지름으로 보아야 한다.
④ 보에서 D35를 초과하는 철근은 다발로 사용할 수 없다.

4) 철근의 분류

(1) 주철근

설계하중에 의해 단면적이 결정되는 철근으로 정철근, 부철근, 축방향철근, 전단철근(사인장철근), 비틀림철근 등이 있다.

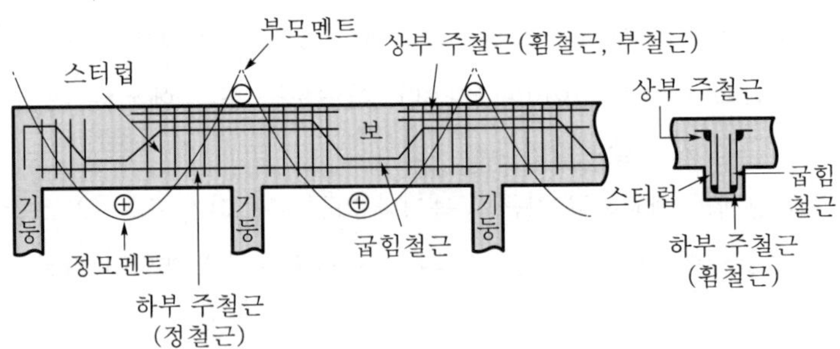

[그림 1-9] 단면도

① **정철근** : 정(+) 휨모멘트에 의해 생기는 인장응력을 받도록 부재의 하부에 배치한 주철근
② **부철근** : 부(−) 휨모멘트에 의해 생기는 인장응력을 받도록 부재의 상부에 배치한 주철근
③ **전단(보강)철근(사인장철근, 복부철근)** : 콘크리트의 사인장응력이 인장강도를 초과하면 사인장 균열(전단균열)이 발생하므로 이 균열에 저항

하기 위해 배치한 주철근이다. 스터럽(90°의 수직스터럽, 45° 이상의 경사스터럽)과 정철근 또는 부철근의 일부를 30° 이상 구부린 절곡철근(굽힘철근)이 있다.

④ **축방향 철근** : 부재의 축방향으로 배치한 철근으로 주로 기둥의 주철근이다.

(2) 보조철근

① **수축 및 온도철근(배력철근)** : 응력을 분포시키기 위해 주철근에 직각 또는 직각에 가까운 방향으로 배치한 보조적인 철근

② **나선철근** : 축방향 철근의 위치를 확보하고 좌굴을 방지하기 위해 축방향 철근을 나선형으로 둘러싼 철근

③ **띠철근** : 축방향 철근의 위치를 확보하고 좌굴을 방지하기 위해 축방향 철근을 일정한 간격으로 둘러감은 횡방향 철근

④ **조립용 철근** : 철근을 조립할 때 철근의 위치를 확보하기 위해 사용하는 보조적인 철근

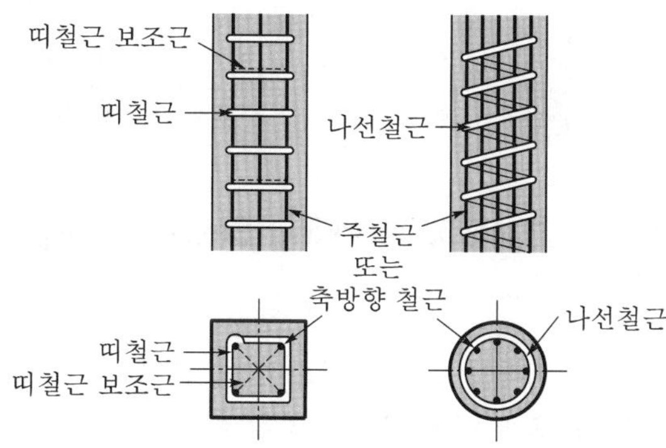

[그림 1-10] 띠철근 기둥과 나선철근 기둥

KEY NOTE

10 구조물 설계방법

1. 해석과 설계

1) 해석(analysis)

설계 단면치수 및 철근량, 설계하중이 주어진 상태에서 구조물의 안전여부를 판단하는 과정

2) 설계(design)

설계하중 또는 일부 단면이 주어진 상태에서 단면치수 및 철근량을 산출하는 과정

KEY NOTE

2. 구조물 설계 시 고려사항

1) 안전성	① 구조물의 부재강도가 외력에 충분히 저항하게 함으로써 파괴로부터 안전성을 확보한다. ② 극한하중(계수하중, 소요하중)을 설계하중으로 하는 강도설계법은 안전성 중심의 설계방법이다.
2) 사용성	① 구조물 사용 시 불안감, 불편함 등을 해소하여 사용성을 확보한다. ② 사용성 확보사항 : 처짐, 회전, 진동, 균열 등 ③ 사용하중(실제하중)을 설계하중으로 하는 허용응력설계법은 사용성 중심의 설계방법이다.
3) 내구성	① 사용수명 동안 구조물 본래 기능을 잃지 않고, 오랫동안 유지하도록 한다.
4) 미관성	① 주위 환경과 경관에 잘 어울리는 구조가 되도록 한다. ② 구조물의 종류와 사용 용도에 따라 미관성(쾌적성, 세련미 등)을 고려하여 설계한다.
5) 기타	① 구조물의 건설계획 및 사용 목적에 적합해야 한다. ② 경제적이어야 한다. ③ 시공이 용이해야 한다. ④ 완성 후 유지관리가 편리해야 한다.
6) 구조물 설계 3원칙	① 안전성 ② 사용성 ③ 내구성

3. 허용응력 설계법(WSD, Working Stress Design Method)

1) 설계 원리

탄성이론에 의해 철근콘크리트 구조가 탄성거동을 한다는 가정 하에 사용하중 작용 시 부재 내에 발생하는 응력을 계산하고, 이를 허용응력과 비교하여 구조물의 안전 여부를 판별하는 설계방법이다. 이때 안전율은 파괴(극한)하중을 허용응력으로 나누어서 얻을 수 있다.

2) 설계 조건

① 응력 ≤ 허용응력

② 사용하중에 의해 발생된 모멘트 ≤ 단면의 저항모멘트

$$f_c \le f_{ca} = \frac{f_{ck}}{F \cdot S} \qquad f_s \le f_{sa} = \frac{f_y}{F \cdot S}$$

3) 설계 가정

① 휨을 받기 전에 평면인 단면은 변형된 후에도 평면이 유지된다고 가정한다. (베르누이의 가정 → 평면보존의 법칙)

KEY NOTE

② 콘크리트의 압축응력은 변형률에 비례한다. (후크의 법칙)

③ 콘크리트 단면 내 임의 점의 응력은 중립축으로부터 거리에 비례한다.

④ 콘크리트의 인장응력은 무시한다. (인장 변형은 고려)

4) 허용응력

① 콘크리트의 허용응력

응력	부재 또는 그 밖의 조건	허용응력(MPa)
휨압축응력	휨부재	$0.40f_{ck}$
전단응력	보, 1방향 슬래브 및 확대기초	$0.08\sqrt{f_{ck}}$
	2방향 슬래브 및 확대기초	$0.08\left(1+\dfrac{2}{\beta_c}\right)\sqrt{f_{ck}} \le 0.16\sqrt{f_{ck}}$
지압응력	전체 단면에 재하될 경우	$0.25f_{ck}$
	부분적으로 재하될 경우	$0.25f_{ck}\sqrt{\dfrac{A_2}{A_1}}\left(\sqrt{\dfrac{A_2}{A_1}} \le 2\right)$
휨인장응력	무근의 확대기초 및 벽체	$0.13\sqrt{f_{ck}}$

② 철근의 허용응력

철근의 종류 또는 그 밖의 조건	허용응력(MPa)
SD30	150
SD35	175
SD40	180
지간 4m 미만의 1방향 슬래브에 배근된 지름 10mm 이하의 휨철근	$0.5f_y \le 200$

5) 허용응력 설계법의 장점과 단점

① 장점

- 설계 계산이 간편하다.
- 설계 계산이 편리하다.
- 사용성 중심의 설계법이다.

② 단점

- 부재의 강도를 알기 어렵다.
- 파괴에 대한 두 재료의 안전도를 일정하게 하기가 어렵다.
- 성질이 다른 하중들의 영향을 설계에 반영할 수 없다.
- 재료의 낭비가 심하다.

KEY NOTE

4. 강도 설계법(SDM, Strength Design Method)

1) 설계 원리

소성이론에 의해 철근콘크리트를 소성체로 보고 그 부재의 계수강도를 알아내 안전성을 확보하는 설계법이다. 극한강도 설계법(USD, Ultimate strength design method) 또는 하중계수 설계법(LFD, Load Factor Design Method)이라고도 한다.

2) 설계 조건

① 설계강도 ≥ 소요강도(극한강도)

$$S_d = \phi S_n \geq S_u$$

② 공칭강도(S_n) : 강도 설계법의 규정과 가정에 따라 계산된 부재 또는 단면의 강도를 말한다.

③ 소요강도(S_u) : 외력에 견딜 수 있도록 필요한 강도로 사용하중에 하중계수를 곱한 강도이다.

④ 설계강도(S_d) : 극한 외력으로 설계된 부재의 공칭강도에 강도감소계수(ϕ)를 곱한 강도이다.

3) 강도 설계법은 하중증가계수와 강도감소계수를 곱해줌으로써 안전성을 확보하는 설계법이다.

5. 한계상태 설계법(LSD, Limit State Design Method)

1) 이상적인 설계법

구조물에 작용하는 하중과 재료의 실제값은 어떤 형태의 분포를 가지는 확률량이다. 따라서 하중 작용 및 재료 강도의 변동을 고려하여 확률론적으로 구조물의 안전성을 평가하는 것이 가장 이상적인 설계법이다.

2) 개념

한계상태설계법은 안전성의 척도를 구조물이 파괴될 확률(파괴확률) 또는 신뢰성 이론에 의해 구조물이 파괴되지 않을 확률(신뢰성)로 나타내는 설계법이다. 즉 구조물이 한계상태로 되는 확률을 구조물의 모든 부재에 대하여 일정한 값이 되도록 하려는 설계법이다.

3) 종류

① 사용한계상태 : 처짐, 균열, 진동 등

② 극한한계상태 : 재료강도 초과, 부재의 피로파괴, 좌굴 등

③ 피로한계상태

KEY NOTE

4) 적용

신뢰성 이론에 의한 확률론을 적용하려면 하중 작용이나 재료 강도 등에 대한 충분한 통계자료가 있어야 한다. 그러나 현 단계에서 그런 자료가 충분하지 못하므로 영국의 경우 부분안전계수를 도입하여 만든 한계상태 설계법을 적용하고 있다.

5) 장점과 단점

① 하중과 재료의 특성 모두를 설계에 반영하는 것이 가능하다.

② 안전성과 사용성을 극한한계상태와 사용한계상태로 검토할 수 있다.

③ 하중의 특성과 재료의 특성에 대한 통계자료 불충분하다.

6. 하중저항계수 설계법(LRFD, Load and Resistance Factor Design Method)

한계상태 설계법과 동일한 설계원리로서, 구조신뢰성 이론에 근거한 확률론적 한계상태 설계법으로, 구조물에 작용하는 하중과 재료의 저항과 관련된 모든 불확실성을 신뢰성 이론으로 보정함으로써 적정한 안전율을 갖도록 하는 설계법이다.

11 용어 설명

① **원형철근** : 표면에 리브 또는 마디 등의 돌기가 없는 원형 단면의 봉강으로, KS D 3504에 규정되어 있는 철근

② **이형철근** : 콘크리트와의 부착을 위하여 표면에 리브와 마디 등의 돌기가 있는 봉강으로, KS D 3504에 규정되어 있는 철근 또는 이와 동등한 품질과 형상을 가지는 철근

③ **주철근** : 설계 하중에 의하여 그 단면적이 정해지는 철근

④ **정철근** : 슬래브 또는 보에서 정(+)의 휨모멘트에 의해서 일어나는 인장 응력을 받도록 배치한 주철근

⑤ **부철근** : 슬래브 또는 보에서 부(-)의 휨모멘트에 의해서 일어나는 인장 응력을 받도록 배치한 주철근

⑥ **배력철근** : 응력을 분포시킬 목적으로 정철근과 부철근에 직각, 또는 직각에 가까운 방향으로 배치한 보조철근

⑦ **축방향 철근** : 부재의 축방향으로 배치한 철근

KEY NOTE

⑧ 사인장철근 : 사인장 응력을 받는 철근을 말하며 전단 보강철근이라고 도 한다.

⑨ 비틀림철근 : 비틀림응력이 크게 일어나는 부재에서 이에 저항하기 위하여 배치하는 철근

⑩ 스터럽 : 정철근 또는 부철근을 둘러싸고 이에 직각되게 또는 경사지게 배치한 복부 철근

⑪ 굽힘철근(절곡철근) : 정철근 또는 부철근을 올리거나 또는 구부려 내린 복부 철근

⑫ 띠철근 : 축방향 철근을 소정의 간격마다 둘러싼 횡방향의 보조직 철근

⑬ 나선철근 : 축방향 철근을 나선형으로 둘러싼 철근

⑭ 조립용 철근 : 철근을 조립할 때 철근의 위치를 확보하기 위하여 쓰는 보조적인 철근

⑮ 가외철근 : 콘크리트의 건조수축, 온도 변화, 기타의 원인에 의하여 콘크리트에 일어나는 인장응력에 대비해서 가외로 더넣는 보조적인 철근

⑯ 반죽질기(consistency) : 물량의 다소에 따른 반죽질기의 정도

⑰ 워커빌리티(workability) : 반죽에 따른 작업의 난이 정도

⑱ 성형성(plasticity) : 반죽을 거푸집에 쉽게 다져 넣을 수 있는 정도

⑲ 피니셔빌리티(finishability) : 반죽된 콘크리트를 마무리하기 쉬운 정도

⑳ 유효 깊이 : 압축측 콘크리트 표면에서부터 정철근 또는 부철근 단면의 도심까지의 거리

㉑ 크리프 : 지속 하중으로 인하여 콘크리트에 일어나는 소성 변형

㉒ 피복 두께(덮개) : 철근의 표면과 콘크리트 표면 사이의 콘크리트 최소 두께

㉓ 1방향 슬래브 : 1방향으로만 정철근 또는 부철근을 배치한 슬래브

㉔ 2방향 슬래브 : 직교하는 두 방향으로 정철근 또는 부철근을 배치한 슬래브

㉕ 플랫 슬래브 : 슬래브와 이것을 지지하는 기둥이 강결된 철근콘크리트 구조로 드롭 패널이나 기중 머리가 있는 슬래브

㉖ 기둥 : 지붕, 바닥 등의 상부 하중을 받아서 토대 및 기초에 전달하고 벽체의 골격을 이루는 수직 구조체

㉗ 받침대 : 연직 또는 연직에 가까운 압축재로서 그 높이가 단면의 최소 치수의 3배 미만인 것(pedestal)

㉘ 정착길이 : 설계 단면에서 철근의 설계 강도를 전달하기 위하여 필요한, 철근의 묻어 넣은 길이

㉙ 기둥머리(column capital) : 플랫 슬래브나 플랫 플레이트를 지지하는 기둥의 상단에서 단면적이 증가된 부분

㉚ 긴장재(prestressing tendon) : 단독 또는 몇 개의 다발로 사용되는 프리스트레싱 강선, 강봉, 강연선

㉛ 긴장재의 릴렉세이션(relaxation of prestressing tendon) : 긴장재에 인장력을 주어 변형률을 일정하게 하였을 때 시간의 경과와 함께 일어나는 응력의 감소

㉜ 깊은보(deep beam) : 순경간(l_n)이 부재 깊이의 4배 이하이거나 하중이 받침부로부터 부재 깊이의 2배 거리 이내에 작용하는 보

㉝ 반T형 단면(T-beam) : 보와 슬래브를 일체로 친 슬래브가 한쪽으로만 플랜지를 이루는 보

㉞ 발주자(owner, client) : 구조물의 설계나 시공을 의뢰하는 개인 또는 단체로서, 민간 구조물의 경우에는 건축주, 공공 구조물의 경우에는 발주 기관의 장

㉟ 부분 균열등급(transitional cracked section : class T) : 프리스 트레스된 휨부재에서 사용 하중에 의한 인장측 연단 응력(f_t)이 $0.63\sqrt{f_{ck}}$ 보다 크고 $1.0\sqrt{f_{ck}}$ 이하로서 비균열 단면과 균열 단면의 중간 수준으로 거동하는 단면($0.63\sqrt{f_{ck}} < f_t \le 1.0\sqrt{f_{ck}}$)

㊱ 비균열 등급(uncracked section : class U) : 프리스트레스된 휨부재에서 사용 하중에 의한 인장측 연단 응력(f_t)이 $0.63\sqrt{f_{ck}}$ 이하로서 균열이 발생하지 않는 단면($f_t \le 0.63\sqrt{f_{ck}}$)

㊲ 스프링잉(springing) : 아치 부재의 양단부

㊳ 압축대(compression strut) : 주압축응력이 작용하는 콘크리트 부재 내부의 경로로서 폭이 일정한 스트럿이나 중앙부에 폭이 넓은 병모양으로 이루어진 스트럿-타이 모델의 압축 부재

㊴ 압축지배단면(compression-controlled section) : 공칭강도에서 최외단 인장철근의 순인장 변형률이 압축지배 변형률 한계 이하인 단면

㊵ 완전 균열 등급(cracked section : class C) : 프리스트레스된 휨부재에서 사용하중에 의한 인장측 연단응력(f_t)이 $1.0\sqrt{f_{ck}}$ 를 초과하며 균열이 발생하는 단면($f_t > 1.0\sqrt{f_{ck}}$)

㊶ 인장지배단면(tension-controlled section) : 공칭강도에서 최외단 인장철근의 순인장 변형률이 인장지배 변형률 한계 이상인 단면

㊷ 인장 타이(tension tie) : 스트럿-타이 모델에서 주인장력 경로로 선택되어 철근이나 긴장재가 배치되는 인장 부재

KEY NOTE

KEY NOTE

㊸ 장선 구조(joist construction) : 슬래브를 지지하는 작은 보 구조 시스템으로서, 장선의 폭은 100mm 이상, 깊이는 장선 최소 폭의 3.5배 이하. 장선 사이의 순간격은 750mm 이하. 2방향 장선으로 배치된 경우를 2방향 장선 구조 또는 와플(waffle)구조라고 함

㊹ 주각(pedestal) : 기초 위에 돌출된 압축부재로서 단면의 평균 최소 치수에 대한 높이의 비율이 3 이하인 부재

㊺ 지속 하중(sustained load) : 장기간에 걸쳐서 지속적으로 작용하는 하중

㊻ 철근의 설계기준항복강도(specified yield strength of rein-forcing bar) : 철근콘크리트 부재를 설계할 때 기준이 되는 철근의 항복강도

㊼ 콘크리트용 순환 골재(recycled aggregate for concrete) : 폐콘크리트의 파쇄·처리를 거쳐 생산된 재생골재 중에서 국토해양부장관이 정한 콘크리트용 품질기준을 만족하는 골재

㊽ 콘크리트의 설계기준압축강도(specified compressive strength of concrete) : 콘크리트 부재를 설계할 때 기준이 되는 콘크리트의 압축강도

㊾ T형 단면(T-beam) : 보와 슬래브를 일체로 친 슬래브가 양쪽 플랜지를 이루는 보

㊿ 표피 철근(skin reinforcement, surface reinforcement) : 전체 깊이가 90mm를 초과하는 휨부재 복부의 양 측면에 부재 축방향으로 배치하는 철근

CHAPTER 01 적중 예상문제

01 콘크리트의 재료 특성에 관한 설명으로 옳지 않은 것은?

① 콘크리트의 크리프의 물시멘트비, 시멘트량 및 수화율이 감소할수록 감소한다.
② 콘크리트의 크리프는 재령보다 해당 재령에서의 수화율에 따라 더 큰 영향을 받는다.
③ 온도가 상승함에 따라 수축에 미치는 영향은 온도가 올라가기 전에 콘크리트의 함수상태, 온도 증가 후의 수분 손실 등에 따라 크게 변화한다.
④ 콘크리트의 건조수축은 물시멘트비와 시멘트량이 감소할수록 수축도 감소한다.

해설 ① 수화율이 낮을수록 크리프는 증가하고 수화율이 높을수록 크리프는 작아진다.

02 콘크리트의 설계기준강도(f_{ck})가 25MPa일 때 보통 골재를 사용한 콘크리트($\omega_c = 2300\text{kg/m}^3$)의 탄성계수($E_c$)[MPa]는?

① 2.05×10^4 ② 2.35×10^4
③ 2.65×10^4 ④ 2.95×10^4

해설 ③ $E_c = 8500\sqrt[3]{f_{ck} + \Delta f}$
$= 8500 \times \sqrt[3]{25+4}$
$= 26,115\text{MPa}$

03 콘크리트의 크리프에 대한 설명으로 옳은 것은?

① 탄성한도 내에서 콘크리트의 크리프 변형률은 작용하는 응력에 비례하고 탄성 계수에 반비례한다.
② 콘크리트의 크리프 계수는 옥외 구조물이 옥내 구조물보다 크다.
③ 증가되는 응력을 장시간 받았을 경우, 시간의 경과에 따라 탄성 변형이 증가하는 현상을 크리프라 한다.
④ 일시적으로 재하되는 하중에 대하여 설계할 때에도 크리프의 영향을 고려하여 설계해야 한다.

04 콘크리트의 압축강도에 대한 설명으로 옳지 않은 것은?

① 물-시멘트비(W/C : W는 물, C는 시멘트가 클수록 압축강도는 작아진다.
② 공시체에 하중 가력 속도가 빠를수록 압축강도는 커진다.
③ 양생방법, 운반, 다짐방법 등에 따라 압축강도는 달라진다.
④ 형상비(H/D : H는 공시체의 높이, D는 공시체의 지름)가 클수록 압축강도는 커진다.

해설 ④ 형상비가 클수록 압축강도는 작아진다.

05 콘크리트의 설계기준압축강도 $f_{ck} = 40\text{MPa}$일 때, 콘크리트의 배합강도 f_{ck}[MPa]은? (단, 압축강도 시험 횟수는 14회이고, 표준편차 $s = 2.0$이며, 2012년도 콘크리트구조기준을 적용한다.)

① 46 ② 47
③ 49 ④ 51

해설 f_{ck}=1.1f_{ck}+5.0=1.1×40+5.0=49MPa

정답 01 ① 02 ③ 03 ① 04 ④ 05 ③

06 콘크리트와 관련된 설명 중 옳지 않은 것은?

① 콘크리트 배합에 사용되는 물은 청결한 것으로서 일반적으로 산, 기름, 알칼리, 염분, 유기물, 그리고 콘크리트 및 철근에 유해한 물질을 포함하지 않아야 한다.

② 콘크리트의 공시체를 제작할 때 압축강도용 공시체는 $\phi 150 \times 300$mm를 기준으로 하되, $\phi 100 \times 200$mm의 공시체를 사용할 경우 강도보정계수 0.87을 사용한다.

③ 콘크리트 친 후 28일 이내에 부재의 원래 설계하중이나 응력을 받지 않은 경우, 부재의 압축강도는 책임기술자의 승인하에 재령에 따른 증가계수를 곱할 수 있다.

④ 굵은 골재 최대 치수는 철근을 적절히 감싸주고 또한 콘크리트가 허니콤(honey comb) 모양의 공극을 최소화하기 위해 제한하고 있다.

해설 ② 강도 보정계수 0.97 적용

07 콘크리트의 크리프 및 건조수축을 설명한 것으로 옳은 것만을 모두 고르면?

> ㄱ. 콘크리트의 물-시멘트비가 작을수록 크리프 변형률은 증가한다.
> ㄴ. 콘크리트의 재령이 클수록 크리프 변형률의 증가비율은 증가된다.
> ㄷ. 콘크리트의 주위 습도가 높을수록 건조수축 변형률은 감소한다.
> ㄹ. 콘크리트의 물-시멘트비가 작을수록 건조수축 변형률은 감소한다.

① ㄱ, ㄴ　　② ㄱ, ㄷ
③ ㄴ, ㄹ　　④ ㄷ, ㄹ

08 보통의 골재를 사용한 콘크리트의 설계기준강도 $f = 18$MPa일 때 콘크리트의 탄성계수[MPa]는?

① 20.487　　② 22.681
③ 25.500　　④ 37.051

해설 $E_c = 8500 \cdot \sqrt[3]{f_{ck} + \Delta f}$

09 철근콘크리트가 성립할 수 있는 이유로 옳지 않은 것은?

① 철근과 콘크리트 사이의 부착강도가 커서 일체식 구조 형성이 가능하다.

② 철근을 감싸는 콘크리트가 철근의 부식을 막아준다.

③ 철근과 콘크리트의 탄성 계수가 비슷하여 변형률이 비슷하다.

④ 철근과 콘크리트의 일팽창 계수가 거의 동일하여 온도에 대한 신축이 거의 같다.

10 설계기준압축강도 f_{ck}가 30MPa이며, 현장에서 배합강도 결정을 위한 연속된 시험 횟수가 20회인 콘크리트의 배합강도 f_{cr}을 결정하는 수식은? (단, s는 시험 횟수에 따른 보정계수 적용 이전의 압축강도 표준편차이다.)

① 두 값 중 큰 값

$$\begin{cases} f_{cr} = f_{ck} + 1.34(1.00 \times s) \\ f_{cr} = (f_{ck} - 3.5) + 2.33(1.00 \times s) \end{cases}$$

② 두 값 중 큰 값

$$\begin{cases} f_{cr} = f_{ck} + 1.34(1.00 \times s) \\ f_{cr} = 0.9 f_{ck} + 2.33(1.16 \times s) \end{cases}$$

③ 두 값 중 큰 값

$$\begin{cases} f_{cr} = f_{ck} + 1.34(1.08 \times s) \\ f_{cr} = (f_{ck} - 3.5) + 2.33(1.08 \times s) \end{cases}$$

④ 두 값 중 큰 값

$$\begin{cases} f_{cr} = f_{ck} + 1.34(1.00 \times s) \\ f_{cr} = 0.9 f_{ck} + 2.33(1.08 \times s) \end{cases}$$

정답 06 ② 07 ④ 08 ③ 09 ③ 10 ③

11 보통콘크리트의 설계기준강도가 f_{ck}=19MPa일 때, 유효숫자 2자리로 계산한 철근과 콘크리트의 탄성 계수비는? (단, 콘크리트의 단위질량 m_c=2,300kg/m^3, 철근의 탄성계수 E_c = 2.0×10^{4}MPa이며, 2012년도 콘크리트구조설계기준을 적용한다.)

① 7.8 ② 8.0
③ 8.3 ④ 8.8

해설 $E_c = 8500\sqrt[3]{f_{cu}} = 8500 \cdot \sqrt[3]{f_{ck}+\Delta f}$
$= 8500 \times \sqrt[3]{19+4}$
$= 24172$Mpa
$n = \dfrac{E_s}{E_c} = \dfrac{2\times10^5}{24172} = 8.27$

12 다음 괄호 안에 들어갈 단어로서 옳지 않은 것은?

> 강도설계법은 계수하중 및 단면의 (㉠) 강도를 토대로 하여 구조부재의 단면 크기를 결정하는 설계법으로, 계수하중은 작용하중에 (㉡)를 곱하여 구하고, 단면의 (㉠) 강도는 콘크리트의 균열 발생 후 철근의 (㉢)이 일어나는 조건하에서 구한다. 강도설계법에서 우선시 하는 것은 (㉣)이다.

① ㉠ : 허용 ② ㉡ : 하중계수
③ ㉢ : 항복 ④ ㉣ : 안전성

13 보통골재를 사용한 콘크리트의 설계기준강도가 f_{ck}=23MPa일 때, 콘크리트의 탄성계수 E_c[MPa]는?

① 2.35×10^4 ② 2.45×10^4
③ 2.55×10^4 ④ 2.65×10^4

해설 $E_c = 8500 \cdot \sqrt[3]{f_{cu}}$
$= 8500 \cdot \sqrt[3]{f_{ck}+\Delta f}$
$= 8500 \times \sqrt[3]{23+4}$
$= 2.55\times10^4$MPa

14 콘크리트가 압축을 받아 발생한 탄성응력이 f_c=9MPa일 때, 장기하중으로 인한 크리프 변형률 ε_{cr}은? (단, 콘크리트 탄성계수 E_c = 30,000MPa, 크리프계수 C_u =2이다)

① 0.0003 ② 0.0004
③ 0.0005 ④ 0.0006

해설 $\varepsilon_{cr} = C_u \cdot \varepsilon_e = C_u \times \dfrac{f_c}{E_c}$
$= 2\times\dfrac{9}{30000}$
$= 0.0006$

15 강도설계법에서 콘크리트 응력 블록의 깊이는 $a = \beta_1 c$로 정의된다. 콘크리트 설계기준강도가 f_{ck}=58MPa일 때, β_1은? (단, c는 콘크리트 압축부 상단으로부터 중립축까지 거리이다)

① 0.63 ② 0.64
③ 0.65 ④ 0.66

해설 f_{ck}가 56MPa를 초과하므로 β_1=0.65

16 철근의 피복 두께에 대한 설명으로 옳은 것은?

① 띠철근 기둥에서 피복 두께는 띠철근 표면으로부터 콘크리트 표면까지의 최단거리이다.
② 수직스터럽이 있는 보에서 피복 두께는 스터럽 철근의 중심으로부터 콘크리트 표면까지의 최단거리이다.
③ 나선철근 기둥에서 피복 두께는 축방향 철근의 중심으로부터 콘크리트 표면까지의 최단거리이다.
④ 수직스터럽이 있는 보에서 피복 두께는 주철근의 표면으로부터 콘크리트 표면까지의 최단거리이다.

해설 철근피복 : 콘크리트 표면에서 그에 가까이 배근된 철근 표면 사이의 콘크리트 두께

정답 11 ③ 12 ① 13 ③ 14 ④ 15 ③ 16 ①

17 철근콘크리트 구조물 부재 설계 시 사용되는 강도감소계수(ϕ)에 대한 설명으로 옳지 않은 것은? (단, 2012년도 콘크리트 구조기준을 적용한다.)

① 긴장재 묻힘길이가 정착길이보다 작은 프리텐션 부재의 휨단면에서 부재의 단부부터 전달길이 단부까지의 강도감소계수는 0.75를 적용한다.

② 포스트텐션 정착구역의 강도감소계수는 0.85를 적용한다.

③ 무근콘크리트의 휨모멘트, 압축력, 전단력, 지압력에 대한 강도감소계수는 0.55를 적용한다.

④ 스트럿-타이 모델에서 스트럿, 절점부 및 지압부의 강도 감소계수는 0.65를 적용한다.

해설 스트럿-타이 모델에서 강도감소계수는 0.75

정답 17 ④

Chapter 02

보의 휨 해석과 설계

CHAPTER 02

보의 휨 해석과 설계

◎ KEY NOTE

◆ 설계방법

① 허용응력설계법(W.S.D)
- 탄성이론에 의한 설계법으로 콘크리트 응력 및 철근의 응력이 허용응력을 초과하지 않도록 설계하는 방법
- 사용성(처짐, 균열, 진동, 피로 등)에 강점
- 설계하중 : 실제하중(실하중, 사용하중) 적용

② 강도설계법(U.S.D)
- 소성이론에 의한 설계법으로 극한하중상태에서 구조물의 파괴형성을 예측하는 설계법
- 안전성에 강점(하중계수 α, 강도감소계수 ϕ 적용)
- 설계하중 : 계수하중(소요하중, 극한하중 적용)

③ 한계상태설계법(LRFD)
- 구조물이 사용목적에 적합하지 않게 되는 어떤 한계에 도달되는 확률을 허용한도 이하로 되게 하려는 설계법
- 한계상태(극한한계, 사용한계, 피로한계)
- 확률론적 신뢰성 이론에 의한 안전성 확보

1 강도설계법의 기본 개념

1. 개념 정의

구조물이 파괴시점에 있을 때 철근콘크리트 부재를 탄소성체로 탄소성 이론에 의하여 계수하중 작용 시 파괴에 대해 안전하도록 부재를 설계하는 방법으로 안전성에 초점을 둔 극한강도설계법(Ultimate Strength Method, U.S.D)이다.

2. 하중 형태 및 부재별 설계 조건

극한강도 ≤ [강도감소계수×공칭강도]=설계강도

휨부재	전단 부재	비틀림 부재	축방향 부재
$M_u \le \phi M_n = M_d$	$V_u \le \phi V_n = V_d$	$T_u \le \phi T_n = T_d$	$P_u \le \phi P_n = P_d$

1) **극한강도(소요강도)** : M_u, V_u, T_u, P_u

계수 하중에 의한 위험단면의 극한강도로, 실제 작용하는 하중에 하중계수를 적용함으로써 모든 극한조건을 반영한 외부에서 작용한다고 가정된 강도이다.

2) **공칭강도** : M_n, V_n, T_n, P_n

외력이 작용할 때 강도설계법의 가정에 따라 계산된 이론상 저항할 수 있는 강도로, 부재치수 및 형상에 따라 저항능력이 변화하는 강도이다. 따라서 적정한 설계강도를 확보하기 위해서는 공칭강도의 산정과 변화가 중요하다고 할 수 있다.

3) **설계강도** : M_d, V_d, T_d, P_d

극한조건을 고려한 극한강도가 외력으로 작용할 때 부재의 저항강도인 공칭강도에 강도감소계수 ϕ를 곱하여 산정하며, 설계에 적용되는 부재의 강도이다.

3. 강도설계법 가정사항

1) 철근과 콘크리트의 변형률은 중립축으로부터의 거리에 비례한다.

극한강도 상태에서도 베르누이(Bernoulli)의 평면보존의 법칙이 성립함

2) 압축측 연단에서 콘크리트의 극한 변형률은 0.003으로 가정한다.

$(\varepsilon_c = 0.003)$

3) 극한상태에서 강도를 계산할 때 콘크리트의 인장강도는 무시한다.

콘크리트는 인장에 약하기 때문에 인장측 연단의 응력이 파괴계수를 넘으면 균열이 발생하여 인장에 저항하지 못한다고 가정

4) 항복강도 f_y 이하에서의 철근의 응력은 그 변형률의 E_s배로 취한다.

$(f_s = E_s \cdot \varepsilon_s)$

항복강도 f_y에 해당하는 변형률보다 더 큰 변형률에 대해서도 철근의 응력은 그 변형률에 관계없이 f_y로 하여야 한다.

① 휨설계 : 철근의 구조기준 항복강도 $f_y \leq 600\text{MPa}$

② 전단 설계 : 철근의 구조기준 항복강도 $f_y \leq 500\text{MPa}$

5) 극한강도 상태에서 콘크리트의 응력은 그 변형률에 비례하지 않는다.

6) 콘크리트의 압축응력 분포를 등가 직사각형 응력 블록으로 보고, 크기 및 깊이를 다음과 같이 가정한다.

① 등가직사각형 응력분포의 크기 : $0.85f_{ck}$

② 등가직사각형 응력분포의 깊이 : $a = \beta_1 \cdot c$

계수 β_1 결정법	
• $f_{ck} \leq 28\text{MPa}$	$\beta_1 = 0.85$
• $f_{ck} > 28\text{MPa}$	$\beta_1 = 0.85 - 0.007 \times (f_{ck} - 28) \geq 0.65$

4. 강도감소계수 (ϕ)

이론상의 강도인 공칭강도 산정 시 부재가 갖는 실제 강도와의 오차를 고려하여 설계에 적용하는 설계강도는 안전상 1보다 작은 계수를 공칭강도에 곱하여 적용한다. 이는 부재의 강도를 낮게 평가함으로써 안전성을 확보하기 위한 것으로, 이때 적용하는 1보다 작은 계수를 강도감소계수라 한다.

KEY NOTE

- $\varepsilon_c = 0.003$(콘크리트파괴 시 최대변형률)
- $\varepsilon_y = \dfrac{f_y}{E_s}$(철근의 항복 변형률)

강도감소계수 적용 목적

① 재료 공칭강도와 실제 강도와의 차이

② 부재를 제작/시공할 때 설계도와의 차이

③ 부재강도의 추정과 해석 시 불확실성을 고려

KEY NOTE

출제된 ϕ값

① 나선철근 $\phi=0.70$, 띠철근 $\phi=0.65$
② 전단력과 비틀림 모멘트 $\phi=0.75$
③ 포스트텐션 정착 구역 $\phi=0.85$
④ 무근콘크리트 $\phi=0.55$

ϕ 적용이 필요한 설계강도

① 휨강도
② 전단강도
③ 비틀림강도
④ 기둥 축하중강도
주) 철근 정착길이 계산 : ϕ 불필요

부재 또는 부재간의 연결부 및 각 부재 단면력에 대한 설계강도			강도감소계수(ϕ)
1. 휨부재 휨+축력을 받는 부재	인장지배 단면		0.85
	변화구간 단면[1]	나선철근 부재	0.70~0.85
		그 외의 부재	0.65~0.85
	압축지배 단면	나선철근 부재	0.70
		그 외의 부재	0.65
2. 전단력, 비틀림 모멘트			0.75
3. 콘크리트의 지압력(포스트텐션 정착부 및 스트럿-타이 모델은 제외)			0.65
4. 포스트텐션 정착 구역			0.85
5. 스트럿-타이 모델과 그 모델에서 스트럿-타이, 절점부 및 지압부			0.75
6. 프리텐션 부재의 휨단면 (긴장재 묻힘길이 < 정착길이)	(부재 단부 ~ 전달길이 단부)까지		0.75
	(전단길이 단부 ~ 정착길이 단부) 사이		0.75~0.85
7. 무근콘크리트(휨모멘트, 압축력, 전단력, 지압력)			0.55

주1) 공칭강도에서 최외단 인장철근의 순인장 변형률(ε_t)이 인장지배와 압축지배 단면 사이일 경우에는 순인장 변형률(ε_t)이 압축지배 변형률 한계에서 0.005로 증가함에 따라 강도감소계수(ϕ)값을 압축지배 단면에 대한 값에서 0.85까지 증가시킨다.

나선철근 사용	띠철근 등 기타
$\phi=0.70+0.15\left(\dfrac{\varepsilon_t-\varepsilon_y}{0.005-\varepsilon_y}\right)$	$\phi=0.65+0.20\left(\dfrac{\varepsilon_t-\varepsilon_y}{0.005-\varepsilon_y}\right)$

5. 하중계수 (α)

하중계수(α) 적용 목적

① 하중의 이론값과 실제하중의 차이
② 하중을 외력으로 고려할 때 해석상의 불확실성
③ 환경적용 등의 변동요인 고려

1) 정의

부재에 작용하는 하중은 예측한 하중이므로 실제하중보다 하중이 초과하여 작용하는 것을 대비하여 사용하중에 곱해주는 1보다 큰 안전계수를 하중계수라 한다.

하중조합	계수하중
고정하중 D, 유체하중 F 작용	$U=1.4(D+F)$
온도 T, 적설하중 S, 강우하중 R, 풍하중 W 작용	$U=1.2(D+F+T)+1.6(L+\alpha_H H_V+H_h)+0.5(L_r,\ S,\ R)$
	$U=1.2D+1.6(L_r,\ S,\ R)+(1.0L,\ 0.65W)$
	$U=1.2D+1.3W+1.0L+0.5(L_r,\ S,\ R)$
	$U=1.2(D+F+T)+1.6(L+\alpha_H H_V)+0.8H_h+0.5(L_r,\ S,\ R)$
	$U=0.9(D+H_v)+1.3W+(1.6H_h$ 또는 $0.8H_h)$
지진하중 E 작용	$U=1.2(D+H_v)+1.0L+1.0E+0.2S+(1.0H_h$ 또는 $0.5H_h)$
	$U=0.9(D+H_v)+1.0E+(1.0H_h$ 또는 $0.5H_h)$

여기서, U : 소요강도
D : 고정하중, L : 활하중, W : 풍하중, E : 지진하중, R : 강우하중,
F : 유체하중, S' : 적설하중, H_c : 연직방향 하중, T : 온도, L_r : 지붕활하중,
H_h : 수평방향 하중
α_H : 토피두께 보정계수
$(h \le 2\text{m} \rightarrow \alpha_H = 1.0.\ h > 2\text{m} \rightarrow \alpha_H = 1.05 - 0.025h \ge 0.875)$

2) 하중계수의 적용

① 유체하중 F 및 연직하중 H_v가 작용하지 않는 경우 ; $U = 1.4D$

② 활하중과 사하중만 고려하는 경우 ;
기본하중 조합 $U = 1.2D + 1.6L \ge 1.4D$(큰 값 사용)

③ 사용수준 지지력을 사용하는 경우 ; 지진하중의 하중계수는 강도 수준의 $1.0E$ 대신 $1.4E$ 사용

④ 활하중 L에 대한 보정계수 $1.0L$에서 0.5 감소 가능
(예외; 차고, 공공집회장소, $L \ge 5.0\text{kN/m}^2$ 이상인 장소)

6. 철근비 (steel ratio)

철근콘크리트 부재의 단면에서 철근의 단면적과 콘크리트 단면적의 비로 다음과 같이 표현한다.

$$\rho = \frac{A_s}{bd} \qquad (2.1)$$

여기서, A_s : 철근 단면적, b : 단면의 폭, d : 단면의 유효깊이

7. 최대철근비 ($\rho_{\max}$)

균형철근비보다 적게 철근을 배치하여 철근콘크리트가 파괴될 때 철근이 먼저 항복하여 연성파괴가 되도록 하기 위한 철근비, 즉 인장철근비의 상한값으로 최소 허용인장변형률에 해당하는 철근비

8. 최소철근비 ($\rho_{\min}$)

단면의 치수가 크게 설계되는 경우 너무 적은 철근이 배근되어 철근이 예상보다 일찍 파괴되는 것을 막기 위한 최소한계의 철근비를 말한다.

KEY NOTE

- 고정하중 D, 활하중 L, 집중하중 작용 시 계수하중(U)
  $U = 1.2D + 1.6L$ ┐ 큰 값 사용
  $U = 1.4D$ ┘
- 고정하중 w_d, 활하중 w_l 등분포하중 작용 시 계수하중(w_u)
  $\therefore w_u = 1.2w_d + 1.6w_l$
- 계수모멘트(M_u)
  $\therefore M_u = \dfrac{w_u \cdot l^2}{8}$
- $\rho = \dfrac{A_s}{bd}$

최대철근비($\rho_{\max}$)
인장철근비의 상한선으로 인장철근의 항복 변형률이 최소 허용인장 변형률인 철근비($\varepsilon_y \rightarrow \varepsilon_{t\cdot\min}$)

연성파괴 거동
$\rho_{\min} \le \rho \le \rho_{\max}$

KEY NOTE

보의 파괴 형태
① 저보강보(과소 철근보)
- 연성파괴(철근 먼저 항복)
- 중립측 상승

② 균형보(평형보)
- 평형 파괴(철근과 콘크리트 동시 파괴)

③ 과보강보(과다 철근보)
- 취성파괴(콘크리트 먼저 항복)
- 중립축 하강

- $\varepsilon_c = 0.003$(콘크리트 변형률)
- $\varepsilon_y = \dfrac{f_y}{E_s}$(철근 변형률)

저보강보
철근이 적음⇒철근 먼저 파괴⇒철근변형률도 증가⇒중립축 상승

과보강보
철근이 많음⇒콘크리트 먼저 파괴⇒콘크리트 변형률도 증가⇒중립축 하강

2 철근비에 따른 보의 종류

1. 저보강보 ($\rho < \rho_b$ 상태)

1) 정의

평형철근비보다 적은 철근을 사용한 보로, 저보강보 또는 과소 철근보라 한다. 이 상태에서는 철근이 먼저 항복한 후에 콘크리트가 큰 변형을 일으키며 서서히 파괴되는데, 이를 연성파괴라 한다.

2) 특징 요약

① $\rho < \rho_b$인 상태로 $\rho_{\min} \le \rho \le \rho_{\max}$ 범위를 갖는다.
② 철근이 먼저 항복한다. (콘크리트 변형률 ε_c=0.003일 때 $\varepsilon_s > \varepsilon_y$)
③ 파괴가 서서히 진행되는 연성파괴가 발생한다.
④ 중립축이 상승한다.
⑤ 유효깊이(d)가 증가한다.
⑥ 인장지배 단면으로 인장파괴(연성파괴)가 발생한다.
⑦ 강도설계법이 추구하는 바람직한 설계조건이다.

2. 균형보 ($\rho = \rho_b$ 상태)

1) 정의

평형철근비와 같은 철근비를 갖는 보로 평형보 또는 균형보라 한다. 이때는 철근과 콘크리트가 동시에 파괴된다. 따라서, 과소 철근보에 비해 많은 철근이 필요하므로 비경제적인 설계라고 할 수 있다.

2) 특징 요약

① $\rho = \rho_b$인 상태
② 철근과 콘크리트가 동시에 파괴된다.(평형파괴)
③ 가장 이상적인 설계 조건이나, 실제 설계에 적용할 때는 연성파괴를 위해 과소 철근보로 설계한다.

3. 과보강보 ($\rho > \rho_b$ 상태)

1) 정의

평형철근비보다 많은 철근을 사용한 보로, 과보강보 또는 과다 철근보라 한다. 이때는 철근이 항복하기 전에 콘크리트가 극한응력에 도달하여 갑작스런 파괴가 발생하며, 이를 취성파괴라고 한다.

2) 특징 요약

① $\rho > \rho_b$인 상태

② 콘크리트가 먼저 항복한다.

③ 갑작스런 파괴가 진행되는 취성파괴가 발생한다.

④ 중립축이 하강한다.

⑤ 유효깊이(d)가 감소한다.

⑥ 압축지배 단면으로 압축파괴(취성파괴)가 발생한다.

⑦ 현행 설계법에서 금지하고 있는 설계 조건이다.

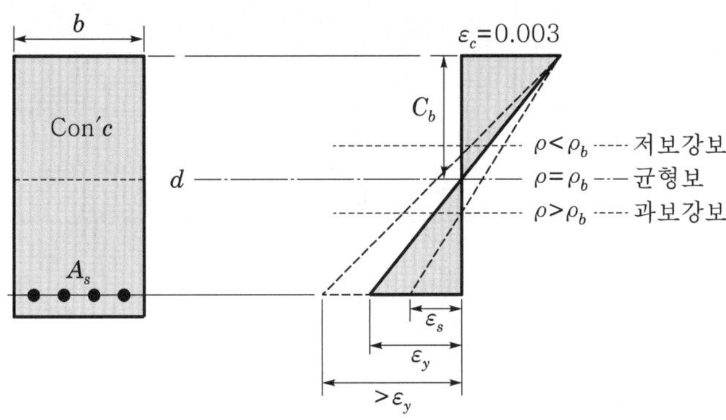

[그림 2-1] 단면과 변형률도

3 변형률 한계(강도설계법)

1. 균형 변형률 상태

인장철근의 설계기준 항복강도 f_y에 대응하는 변형률에 도달하고 동시에 압축 콘크리트가 가정된 극한 변형률인 0.003에 도달할 때 그 단면을 균형 변형률 상태라고 한다.

2. 압축지배 변형률 한계(ε_y)

균형 변형률 상태에서 철근의 항복 변형률(ε_y)을 압축지배 변형률 한계로 본다. 프리스트레스 콘크리트(PSC)의 경우에는 최외단 긴장재의 순인장 변형률(ε_t)을 기준으로 하며, 압축지배 변형률 한계는 0.002로 한다.

3. 인장지배 변형률 한계(0.005 또는 $2.5\varepsilon_y$)

철근의 항복강도가 400MPa 이하인 경우 인장지배 변형률 한계는 0.005

KEY NOTE

압축지배 변형률 한계 : ε_y

인장지배 변형률 한계
① 0.005($f_y \le$400MPa)
② $2.5\varepsilon_y$(f_y >400MPa)

압축지배 단면 : $\varepsilon_1 \le \varepsilon_y$

인장지배 단면
① $\varepsilon_t \ge 0.005$($f_y \le$400MPa)
② $\varepsilon_t \ge 2.5\varepsilon_y$($f_y$ >400MPa)

KEY NOTE

휨설계 일반 원칙
① 휨부재
② $P_u < 0.1 f_{ck} \cdot A_g$인 휨부재
상기부재는 $\varepsilon_t \geq 0.004$, $\varepsilon_t \geq 2.0 \varepsilon_y$조건을 충족해야 한다.

- **균형파괴 변형률**
  $\varepsilon_s \to \varepsilon_y$: d 기준
- **압축지배 변형률**
  인장지배 변형률
  $\varepsilon_t \to \varepsilon_n$: d_t 기준

이고, 항복강도가 400MPa를 초과하는 경우에는 철근 항복 변형률의 2.5배($2.5\varepsilon_y$)를 인장지배 변형률 한계로 본다.

4. 휨부재 또는 계수축력 $P_u < 0.10 f_{ck} \cdot A_g$인 휨부재(휨모멘트 + 축력)

ε_t(순인장 변형률)≥ 0.004 또는 $\varepsilon_t \geq 2.0\varepsilon_y$ 조건을 만족해야 최소한의 연성을 확보하여 인장파괴를 유도한다.

[강재 종류별 변형률 한계]

구분	강재 종류	압축지배 변형률 한계	인장지배 변형률 한계	휨부재의 최소 허용 변형률
RC	SD 400 이하	철근 항복 변형률(ε_y)	0.005	0.004
	SD 400 초과	철근 항복 변형률(ε_y)	$2.5 \times \varepsilon_y$	$2.0 \times \varepsilon_y$
PSC	PS강재	0.002	0.005	–

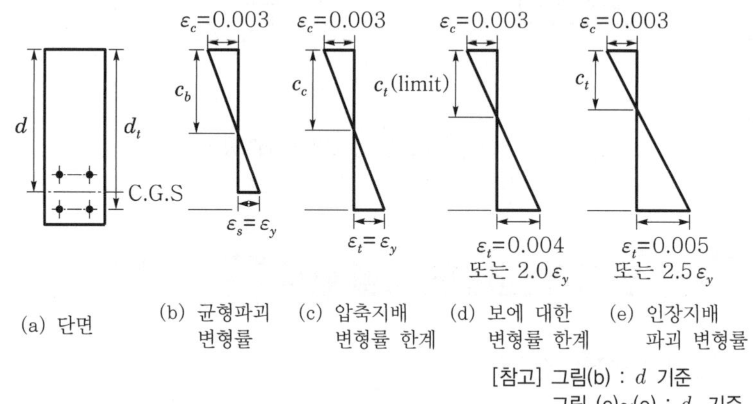

[그림 2-2] 균형 파괴, 압축지배, 보 한계(beam limit), 인장지배 단면

4 지배 단면(강도설계법)

1. 개념

최외단 인장철근(인장측 연단에 가장 가까운 철근)의 순인장 변형률(ε_t)에 따라 압축지배 단면, 인장지배 단면, 변화구간 단면으로 구분하고, 지배 단면에 따라 강도감소계수(ϕ)를 달리 적용해야 한다.

2. 순인장 변형률(ε_t)

공칭강도에서 최외단 인장철근의 인장 변형률 또는 긴장재의 인장 변형률을 말한다.
(프리스트레스, 크리프, 건조수축, 온도변화에 의해 변형률은 포함하지 않는다)

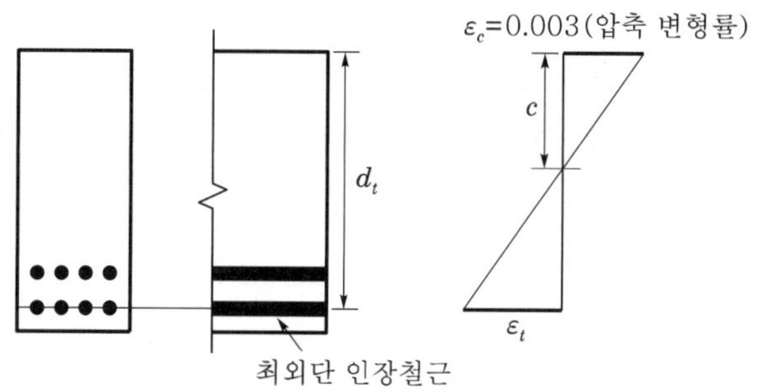

[그림 2-3] 변형률 분포와 순인장 변형률(ε_t)

여기서, c : ε_c=($d_t - c$) : ε_t이므로

$$\therefore \text{ 순인장 변형률 } \varepsilon_t = \varepsilon_c \cdot \left(\frac{d_t - c}{c}\right) = \varepsilon_c \cdot \left(\frac{d_t\beta_1 - a}{a}\right) \cdots\cdots (2.2)$$

여기서, d_t : 압축연단~최외단 인장철근 도심까지의 거리

c : 중립축 거리

3. 압축지배 단면(과보강 단면) : 압축파괴

① 압축 콘크리트가 가정된 극한 변형률인 0.003에 도달할 때 최외단 인장철근의 순인장 변형률 ε_t가 압축지배 변형률 한계(ε_y) 이하인 단면을 말한다.

② 압축지배 변형률 한계는 균형 변형률 상태에서의 인장철근의 순인장 변형률과 같다.

∴ 압축지배 단면 조건 : $\varepsilon_t \leq$압축지배 변형률 한계 = 철근의 항복 변형률(ε_y)

③ 철근의 항복강도 f_y=400MPa인 경우(예시)

$$\varepsilon_y = \frac{f_y}{E_s} = \frac{400}{2.0 \times 10^5} = 0.002 \text{이므로 } \therefore \ \varepsilon_t \leq 0.002 \text{이다.}$$

KEY NOTE

순인장 변형률 ε_t

인장철근에서 가장 바깥쪽에 위치한 철근의 변형률 값

철근의 인장 변형률 ε_s

↔ 보의 유효깊이 d

철근의 순인장 변형률 ε_t

↔ 보의 유효깊이 d_t

- $\varepsilon_t = \varepsilon_c \cdot \frac{(d_t - c)}{c}$
  $[c : \varepsilon_c = (d_t - c) : \varepsilon_t]$
  여기서,
  $c = \frac{a}{\beta_1} = \frac{1}{\beta_1} \cdot \frac{f_y A_s}{0.85 f_{ck} b}$
- $\varepsilon_y = \varepsilon_c \cdot \frac{d - c}{c}$
  여기서,
  $c = \frac{a}{\beta_1} = \frac{f_y \cdot A_s}{0.85 f_{ck} b \times \beta_1}$
  $\varepsilon_c = 0.003$
- 압축지배 단면 조건 : $\varepsilon_t \leq \varepsilon_y$

KEY NOTE

인장지배 단면 조건

① $f_y \leq 400\text{MPa}$: $\varepsilon_t \geq 0.005$
② $f_y > 400\text{MPa}$: $\varepsilon_t \geq 2.5\varepsilon_y$

4. 인장지배 단면(저보강 단면) : 인장파괴

① 철근의 항복강도 f_y가 400MPa 이하인 경우 압축 콘크리트가 가정된 극한 변형률인 0.003에 도달할 때 최외단 인장철근의 순인장 변형률 ε_t가 0.005의 인장지배 변형률 한계 이상인 단면을 인장지배 단면이라고 한다.

∴ 철근의 항복강도 $f_y \leq 400\text{MPa} \rightarrow \varepsilon_t \geq 0.005$

② 철근의 항복강도 f_y>400MPa인 경우에는 최외단 인장철근의 순인장 변형률 ε_t가 철근의 항복 변형률 ε_y의 2.5배 이상인 단면을 인장지배 단면이라고 한다.

∴ 철근의 항복강도 $f_y > 400\text{MPa} \rightarrow \varepsilon_t \geq 2.5 \times \varepsilon_y$

5. 변화구간 단면

변화구간 단면 조건

① $f_y \leq 400\text{MPa}$: $\varepsilon_y < \varepsilon_t < 0.005$
② $f_y > 400\text{MPa}$: $\varepsilon_y < \varepsilon_t < 2.5\varepsilon_y$

① 순인장 변형률 ε_t가 압축지배 변형률 한계(ε_y)와 인장지배 변형률 한계(0.005 또는 $2.5 \times \varepsilon_y$) 사이인 단면을 변화구간 단면이라고 한다.

철근의 항복강도 $f_y \leq 400\text{MPa} \rightarrow \varepsilon_y < \varepsilon_t < 0.005$
철근의 항복강도 $f_y > 400\text{MPa} \rightarrow \varepsilon_y < \varepsilon_t < 2.5\varepsilon_y$

② 일반적으로 휨부재는 인장지배 단면이고, 압축부재는 압축지배 단면을 가지는데, 다음의 경우에는 변화구간 단면이 존재한다.

㉠ 휨부재 : 인장철근의 단면적이 큰 경우
㉡ 압축부재 : 휨모멘트가 큰 경우

③ 철근의 항복강도 $f_y = 400\text{MPa}$인 경우(예시)

$f_y = 400\text{MPa}$인 경우, 철근의 항복 변형률 $\varepsilon_y = 0.002$이므로 순인장 변형률 ε_t가 $0.002 < \varepsilon_t < 0.005$ 범위에 있으면 변화구간 단면이다.

$\varepsilon_t \geq 0.005 \rightarrow \phi = 0.85$

나선철근 $\phi = 0.70$
띠철근 $\phi = 0.65$

[지배 단면에 따른 순인장 변형률(ε_t) 조건과 강도감소계수(ϕ)]

지배 단면 구분	순인장 변형률(ε_t)조건	강도감소계수(ϕ)
압축지배 단면	$\varepsilon_t \leq \varepsilon_y$	띠 철 근 : 0.65 나선철근 : 0.70
변화구간 단면	• $f_y \leq 400\text{MPa} \rightarrow \varepsilon_y < \varepsilon_t < 0.005$ • $f_y > 400\text{MPa} \rightarrow \varepsilon_y < \varepsilon_t < 2.5\varepsilon_y$	띠 철 근 : 0.65~0.85 나선철근 : 0.70~0.85
인장지배 단면	• $f_y \leq 400\text{MPa} \rightarrow \varepsilon_t \geq 0.005$ • $f_y > 400\text{MPa} \rightarrow \varepsilon_t \geq 2.5 \times \varepsilon_y$	0.85

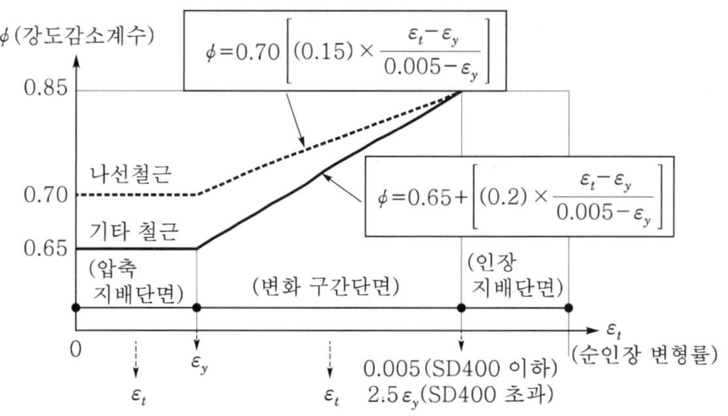

[그림 2-4] 지배 단면에 따른 강도감소계수(ϕ)

6. 순인장 변형률(ε_t)과 c/d_t

① 순인장 변형률 한계는 c/d_t의 비율로 나타낼 수 있다. 여기서, c는 공칭강도에서 중립축의 깊이이며, d_t는 최외단 압축연단에서 최외단 인장철근까지의 거리이다.

② 철근의 항복강도 f_y=400MPa인 경우 순인장 변형률 ε_t와 c/d_t의 비율로 표현하면 그림과 같다.

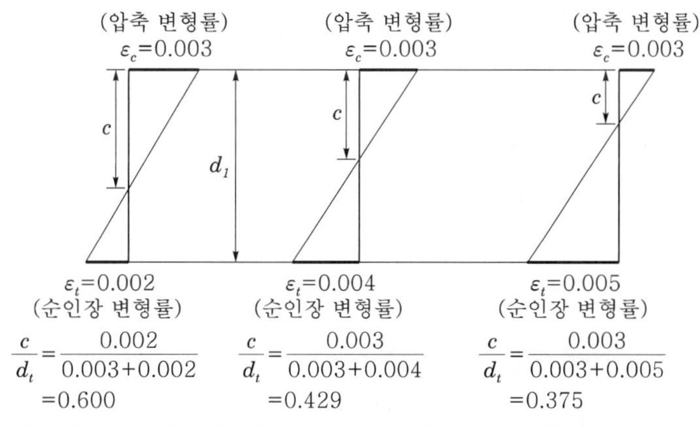

[그림 2-5] 순인장 변형률(ε_t)과 c/d_t

7. 강도감소계수(ϕ) 적용(예)

[철근의 항복강도 f_y=400MPa인 경우 강도감소계수(ϕ)의 적용]

휨부재의 최소 허용 변형률은 0.004이므로 ∴ ε_t=0.004이고, 항복 변형률

KEY NOTE

띠철근(기타)

$\phi=0.65+0.2\left(\frac{\varepsilon_t-\varepsilon_y}{0.005-\varepsilon_y}\right)$

나선철근

$\phi=0.70+0.15\left(\frac{\varepsilon_t-\varepsilon_y}{0.005-\varepsilon_y}\right)$

KEY NOTE

ε_y=0.002를 다음 식에 대입하여 변화 구간의 강도감소계수를 산정한다.

1) 나선철근의 강도감소계수

$$\phi = 0.70 + (\varepsilon_t - \varepsilon_y) \times \left(\frac{0.15}{0.005 - \varepsilon_y} \right)$$

$$= 0.70 + (0.004 - 0.002) \times 50 = 0.80$$

2) 띠 철근 등 기타 철근의 강도감소계수

$$\phi = 0.65 + (\varepsilon_t - \varepsilon_y) \times \left(\frac{0.2}{0.005 - \varepsilon_y} \right)$$

$$= 0.65 + (0.004 - 0.002) \times \frac{200}{3} = 0.78$$

8. 변형률 한계 및 철근비(ρ), 강도감소계수(ϕ)

철근 종류	압축지배			인장지배			휨부재(보, 슬래브) 허용값			
	항복 변형률 (ε_y)	ϕ		변형률 한계(ε_t)	휨부재 해당 철근비 (ρ)	ϕ	최소 허용변형률 (ε_t, min)	해당 철근비	ϕ	
		기타	나선 철근						기타	나선 철근
SD300	0.0015	0.65	0.70	0.005	$0.563\rho_b$	0.85	0.004	$0.643\rho_b$	0.79	0.81
SD350	0.00175	0.65	0.70	0.005	$0.594\rho_b$	0.85	0.004	$0.679\rho_b$	0.79	0.80
SD400	0.002	0.65	0.70	0.005	$0.625\rho_b$	0.85	0.004	$0.714\rho_b$	0.78	0.80
SD500	0.0025	0.65	0.70	0.00625 ($2.5\varepsilon_y$)	$0.595\rho_b$	0.85	0.005 ($2.0\varepsilon_y$)	$0.688\rho_b$	0.78	0.80

주 1) 균형철근비 $\rho_b = (0.85\beta_1) \cdot \left(\frac{f_{ck}}{f_y}\right) \cdot \left(\frac{\varepsilon_c}{\varepsilon_c + \varepsilon_y}\right)$

2) $\varepsilon_{t \cdot \min}$에 해당하는 철근비 $\rho_{\max} = (0.85\beta_1) \cdot \left(\frac{f_{ck}}{f_y}\right) \cdot \left(\frac{\varepsilon_c}{\varepsilon_c + \varepsilon_{t \cdot \min}}\right)$

$$\therefore \frac{\rho_{\max}}{\rho_b} = \left(\frac{\varepsilon_c + \varepsilon_y}{\varepsilon_c + \varepsilon_{t \cdot \min}}\right)$$

여기서, $\varepsilon_{t \cdot \min} = 0.004(f_y \le 400\text{MPa}$인 경우).

SD400 철근의 항복 변형률 $\varepsilon_y = \frac{f_y}{E_s} = \frac{400}{2 \times 10^5} = 0.002$

ε_c=0.003을 대입하여 정리하면 $\frac{p_{\max}}{p_b} = \left(\frac{0.003 + 0.002}{0.003 + 0.004}\right) = \frac{5}{7} = 0.714$

$\therefore$ $\rho_{\max} = 0.714p_b$

균형철근비(ρ_b)

$\rho_b = (0.85\beta_1) \cdot \left(\frac{f_{ck}}{f_y}\right) \cdot \left(\frac{\varepsilon_c}{\varepsilon_c + \varepsilon_y}\right)$

여기서, 철근의 항복 변형률 ε_y가 최소 허용 변형률 $\varepsilon_{t \cdot \min}$일 때 최대철근비($\rho_{\max}$)가 된다.

최대철근비(pmax)

$\rho_{\max} = (0.85\beta_1) \cdot \frac{f_{ck}}{f_y} \cdot \left(\frac{\varepsilon_c}{\varepsilon_c + \varepsilon_{t \cdot \min}}\right)$

5 단철근 직사각형보의 해석

1. 휨 해석

1) 단철근 직사각형보는 직사각형 단면보에서 인장응력을 받고 있는 곳에만 철근을 배치하여 보강한 보를 말한다. 기본 가정에 의하여 다음과 같이 나타낼 수 있다.

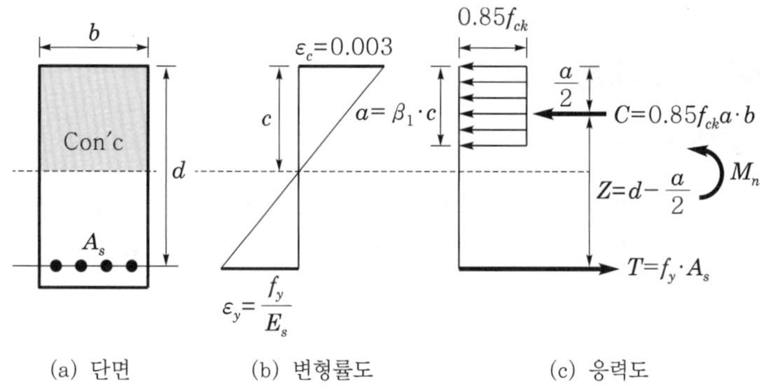

[그림 2-6] 단철근 직사각형 단면보

2) 등가사각형 깊이 (a)

균형 상태로부터 $C=T$에서

$$0.85f_{ck}\,ab=A_s f_y$$

$$\therefore\ a=\frac{A_sf_y}{0.85f_{ck}b}=\frac{\rho df_y}{0.85f_{ck}}$$

이고, 중립축의 위치 c는 $a=\beta_1 c$로부터

$$\therefore\ c=\frac{a}{\beta_1}=\frac{A_sf_y}{0.85f_{ck}b\beta_1}$$

3) 공칭휨강도 (M_n)

공칭휨강도(공칭휨모멘트강도, 우력모멘트)는 내부의 우력모멘트가 외력에 의한 모멘트를 저항한다고 보는 개념으로 $M_n=C\cdot z=T\cdot z$로부터

$$M_n=0.85f_{ck}ab(d-\frac{a}{2})$$
$$=A_sf_y\left(d-\frac{a}{2}\right)$$

이다. 여기에 등가깊이 a와 철근비 ρ를 대입하여 정리하면

KEY NOTE

소성중심

• 콘크리트 전단면이 균등하게 f_{ck}의 응력을 받고 철근도 균등하게 항복응력 f_y를 받는다고 가정했을 때 전응력의 합력의 작용점

균형보에서 중립축 위치 c

① $c=\frac{\varepsilon_c}{\varepsilon_c+\varepsilon_y}\times d$

$\rightarrow \frac{c}{d}=\frac{\varepsilon_c}{\varepsilon_c+\varepsilon_y}$

② $c=\frac{600}{600+f_y}\times d$

③ $c=\frac{0.003}{0.003+\frac{f_y}{E_s}}\times d$

KEY NOTE

단철근 직사각형보 설계휨강도
$M_d = \phi M_n = \phi A_s f_y\left(d - \frac{a}{2}\right)$

균형철근비(ρ_b)
$\rho_b = \frac{0.85 f_{ck}\beta_1}{f_y} \cdot \frac{\varepsilon_c}{\varepsilon_c + \varepsilon_y} = \frac{0.85 f_{ck}\beta_1}{f_y} \cdot \frac{600}{600 + f_y}$

최대 철근비 개념
- 인장철근비의 최대값
- 인장철근의 항복 변형률 ε_y가 최소 허용 인장 변형률 $\varepsilon_{t,\min}$인 경우

① f_y≤400Mpa : $\varepsilon_{t,\min}$=0.004
② f_y≥400Mpa인 경우는 $\varepsilon_{t,\min}$= 2 · ε_y

$$M_n = A_s f_y d\left(1 - 0.59\rho\frac{f_y}{f_{ck}}\right)$$

$$= f_{ck} q b d^2 (1 - 0.59q) \qquad \text{여기서, } q = \rho\frac{f_y}{f_{ck}}$$

4) 설계휨강도

$$M_d = \phi M_n = \phi A_s f_y\left(d - \frac{a}{2}\right)$$

2. 철근비의 제한

1) 균형철근비(ρ_b)

① 균형 단면의 철근비를 균형(평형)철근비라 한다. 즉, 콘크리트의 압축 연단의 압축 변형률이 0.003에 도달함과 동시에 철근의 응력이 항복 응력에 도달하는 경우의 철근비를 말한다.

② 균형상태 $C = T$로부터

$$0.85 f_{ck} a b = A_s f_y$$

이다. $a = \beta_1 c$, $A_s = \rho_b b d$를 대입하여 정리하면

$$\therefore \ \rho_b = \frac{0.85 f_{ck}\beta_1}{f_y} \cdot \frac{\varepsilon_c}{\varepsilon_c + \varepsilon_y} = \frac{0.85 f_{ck}\beta_1}{f_y} \cdot \frac{600}{600 + f_y}$$

2) 최대 철근비 제한

① 휨부재의 최대 철근비는 최외단 인장철근의 순인장 변형률을 최소 허용변형률 조건으로 규정하고 있다.

② 최대 철근비는 보의 연성파괴 유도 또는 취성파괴 방지를 위해 제한한다. 철근비의 상한은

$$\rho_{\max} = \frac{0.85 f_{ck}\beta_1}{f_y} \cdot \frac{\varepsilon_c}{\varepsilon_c + \varepsilon_{t,\min}}$$

이고, 균형철근비와의 관계로 나타내면

$$\rho_{\max} = \frac{\varepsilon_c + \varepsilon_y}{\varepsilon_c + \varepsilon_{t,\min}}\rho_b$$

여기서, $f_y \le$400Mpa인 경우는 $\varepsilon_{t,\min} = 0.004$, $f_y >$ 400Mpa인 경우는 $\varepsilon_{t,\min} = 2 \cdot \varepsilon_y$이다.

③ 휨부재의 최소 허용변형률에 해당하는 철근비

철근의 종류	휨부재 허용값		
	최소 허용 변형률($\varepsilon_{t,\min}$)	해당 철근비	강도감소계수(ϕ)
SD 300	0.004	$0.643\rho_b$	0.79
SD 350	0.004	$0.679\rho_b$	0.79
SD 400	0.004	$0.714\rho_b$	0.78
SD 500	$0.005(2\varepsilon_y)$	$0.688\rho_b$	0.78
SD 600	$0.006(2\varepsilon_y)$	$0.667\rho_b$	0.78
SD 700	$0.007(2\varepsilon_y)$	$0.650\rho_b$	0.78

④ SD400 철근의 최대 철근비는 $\varepsilon_c = 0.003$, $\varepsilon_{t,\min} = 0.004$이므로

$$\rho_{\max} = \frac{0.85 f_{ck}\beta_1}{f_y}\frac{0.003}{0.003+0.004} = 0.3643\beta_1\frac{f_{ck}}{f_y}$$

이다. 이를 균형철근비로 나타내면

$$\rho_{\max} = \frac{\varepsilon_c + \varepsilon_y}{\varepsilon_c + \varepsilon_{t,\min}}\rho_b = \frac{0.003+0.002}{0.003+0.004}\rho_b = 0.7143\rho_b$$

⑤ 최대 철근량은

$A_{s_1\max} = \rho_{\max} b \cdot d$

3) 최소 철근비의 제한

① 최소 철근비는 너무 작은 철근이 배근되는 것을 막기 위한 규정으로, 인장측 콘크리트의 갑작스런 취성파괴의 방지를 위한 제한한다.

② 콘크리트구조기준의 최소 철근비의 규정은 다음 식의 두 값 중 큰 값으로 한다.

$$\rho_{\min} = \frac{0.25\sqrt{f_{ck}}}{f_y} \geq \frac{1.4}{f_y}$$

- $f_{ck} \leq 31\text{MPa}$: $\rho_{\min} = \dfrac{1.4}{f_y}$
- $f_{ck} > 31\text{MPa}$: $\rho_{\min} = \dfrac{0.25\sqrt{f_{ck}}}{f_y}$

③ 최소 철근량은

$A_{s_1\min} = \rho_{\min} b \cdot d$

④ 부재의 모든 단면에서 해석에 의해 필요한 철근량보다 1/3 이상 인장철근이 더 배근되는 경우에는 최소 철근량 규정을 적용하지 않을 수 있다.

KEY NOTE

휨부재 최소 철근비

$$\rho_{\min} = \frac{0.25\sqrt{f_{ck}}}{f_y} \geq \frac{1.4}{f_y}$$

- $f_{ck} \leq 31\text{MPa}$: $\rho_{\min} = \dfrac{1.4}{f_y}$
- $f_{ck} > 31\text{MPa}$: $\rho_{\min} = \dfrac{0.25\sqrt{f_{ck}}}{f_y}$

KEY NOTE

3. 단면 설계

1) 단면 설계의 기본 원리

$$M_d = \phi M_n \geq M_u$$

여기서, M_u : 극한 휨모멘트(휨강도)

M_d : 설계 휨모멘트(휨강도)

M_n : 공칭 휨모멘트(휨강도)

ϕ : 강도감소계수(휨부재 ϕ=0.85)

2) 균형 단면보의 중립축 위치(c_b)

균형 단면보 변형률의 비례식을 이용하면 c_b : ε_c=$(d-c_b)$: ε_y에서

$$c_b = \frac{\varepsilon_c}{\varepsilon_c + \varepsilon_y} \cdot d$$

$\varepsilon_c = 0.003$, $\varepsilon_y = \dfrac{f_y}{E_s}$를 대입하여 정리하면

$$\therefore c_b = \frac{0.003}{0.003 + f_y/E_s} \cdot d = \frac{600}{600 + f_y} \cdot d \quad (\because E_s = 2.0 \times 10^5 \text{MPa})$$

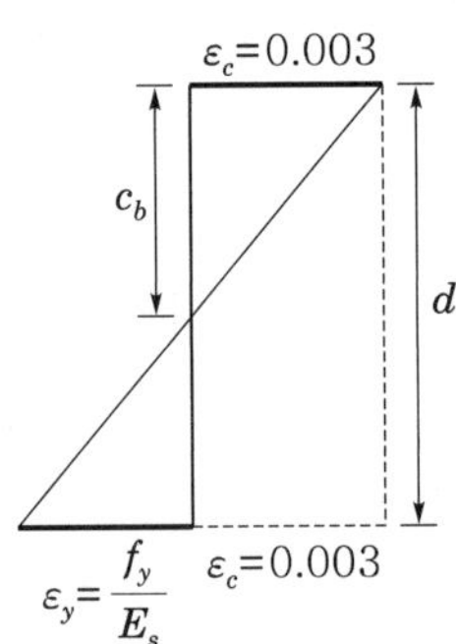

[그림 2-7] 변형률도

3) 철근량 계산

$M_u = M_d = \phi M_n = \phi A_s f_y\left(d - \dfrac{a}{2}\right)$로부터

$$\therefore A_s = \frac{M_n}{f_y\left(d - \frac{a}{2}\right)} = \frac{M_u}{\phi f_y\left(d - \frac{a}{2}\right)}$$

6 복철근 직사각형보의 해석

1. 복철근보의 개요

1) 인장철근비(ρ)가 균형철근비(ρ_b)보다 크면 복철근 해석이 필요하다. 이 경우 보의 인장측뿐만 아니라 압축측에도 철근을 배치하여 철근과 콘크리트가 압축 응력을 받도록 만든 보를 말한다.

2) 복철근 직사각형보를 사용하는 경우

① 보의 높이가 제한된 경우
② 교대하중(교번하중, 정(+), 부(−) 모멘트 등)이 작용하는 경우
③ 크리프, 건조수축으로 인한 장기 처짐을 최소화하기 위한 경우
④ 연성을 극대화하기 위한 경우
⑤ 보의 강성이 증대된다.
⑥ 철근 조립(시공성)을 쉽게 한다.

3) 압축철근의 항복 여부 검토

① 복철근 직사각형보의 경우 압축철근의 항복 여부를 검토하여, 압축철근이 항복한 경우와 항복하지 않은 경우를 달리 해석해야 한다.
그림 2-8에서 비례식을 적용하면,
$c : \varepsilon_c = (c-d') : \varepsilon_s{}'$ 로부터

$$\varepsilon_s{}' = \varepsilon_c \frac{(c-d')}{c}$$

0.003, $\varepsilon_s{}'$, d', c, $\varepsilon_s = \dfrac{f_y}{E_s}$

[그림 2-8] 비례식

② 항복 여부의 판별

조건	항복 여부	철근의 사용 응력
$\varepsilon_s{}' \geq \varepsilon_y$	압축철근이 항복한 경우	$f_y = f_y{}'$
$\varepsilon_s{}' < \varepsilon_y$	압축철근이 항복하기 전	$f_s = f_s{}'$

③ 압축철근이 먼저 항복하는 경우는 발생하지 않아야 한다.
압축철근이 먼저 항복하면 취성파괴가 발생하기 때문이다.

4) 인장철근이 항복 여부 검토

인장철근의 항복 검토는 단철근보와 같다. $\varepsilon_s \geq \varepsilon_y$이면 인장철근이 항복한 경우이므로 $f_s = f_y$가 된다.

5) 복철근보의 철근비 검토

① $\rho \leq \rho_{\max}$이면 단철근보로 해석한다.

KEY NOTE

유효높이 d 계산

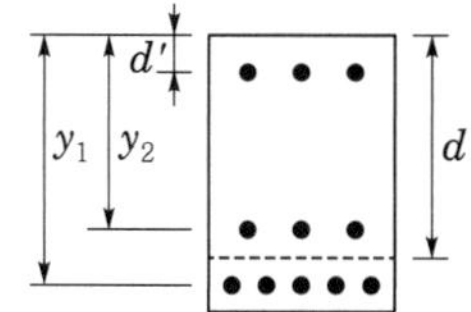

[바리롱의 정리]
$8As \cdot f_s(d) = 5As \cdot f_s(y_1) + 3As \cdot f_s(y_2)$

$$\therefore d = \frac{5y_1 + 3y_2}{8}$$

② $\rho > \rho_{max}$ 이면 복철근보로 해석한다.

③ 복철근보의 인장철근의 최대철근비와 최소철근비는 단철근보와 같다. 다음 조건을 만족해야 한다.

$$\rho_{min} \leq (\rho - \rho') \leq \rho_{max}$$

2. 압축철근이 항복한 경우의 복철근보 해석

이 경우 $\varepsilon_s' \geq \varepsilon_y$이므로 압축철근이 항복한 경우이다. 따라서 $f_s' = f_y'$가 된다. 균형상태 $C = T$에서 압축력 C를 콘크리트가 부담하는 압축력(C_c)과 압축철근이 부담하는 압축력(C_s)으로 나누어 생각한다. 즉, 중첩의 원리를 적용하여 해석한다.

$A_s = A_{s1} + A_{s2}$이고, $A_{s2} = A_s'$이면 $A_s = A_{s1} + A_s'$ 이다.

따라서 $A_{s1} = A_s - A_{s2} = A_s - A_s'$이 되고, $M_n = M_{n1} + M_{n2}$가 된다.

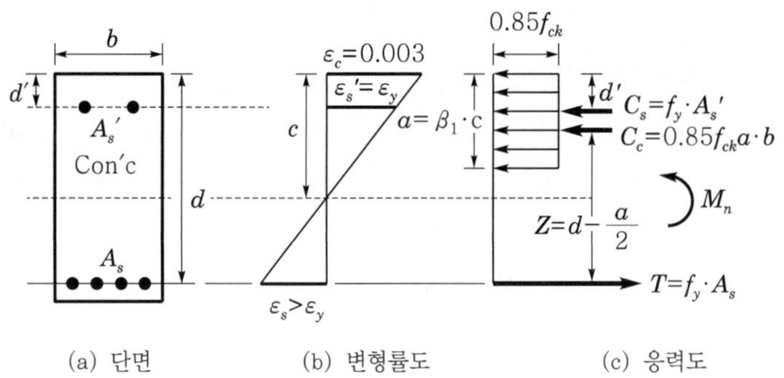

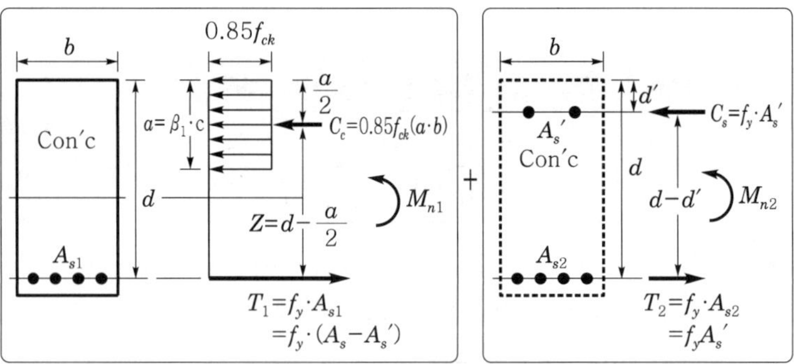

[그림 2-9] 복철근 직사각형 단면도

1) 등가사각형 깊이(a)

$C_c = T_1$에서

$$\therefore\ 0.85 f_{ck} ab = (A_s - A_s')f_y$$

◎ KEY NOTE

➲ 등가사각형 길이 a

$$\therefore\ a = \frac{f_y(A_s - A_s')}{0.85 f_{ck} \cdot b} = \frac{f_y \cdot d(\rho - \rho')}{0.85 f_{ac}}$$

$$\left(\rho = \frac{A_s}{bd},\ \rho' = \frac{A_s'}{b \cdot d}\right)$$

➲ 중립축 위치

$a = \beta_1 \cdot c$

$$\rightarrow c = \frac{a}{\beta_1} = \frac{f_y(A_s - A_s')}{0.85 f_{ck} b \cdot \beta_1}$$

$$\therefore\ a = \frac{(A_s - A_s{}')f_y}{0.85f_{ck}b} = \frac{(\rho - \rho')df_y}{0.85f_{ck}}$$

여기서, 인장철근비 $\rho = \dfrac{A_s}{bd}$, 압축철근비 $\rho' = \dfrac{A_s{}'}{bd}$ 이고, 중립축의 위치는 c는 $a = \beta_1 c$ 로부터

$$\therefore\ c = \frac{a}{\beta_1} = \frac{(A_s - A_s{}')f_y}{0.85f_{ck}b\beta_1}$$

2) 공칭휨강도(M_n)

① 콘크리트의 압축력(C_c)과 이에 해당하는 인장철근의 인장력(T_1)에 의한 우력모멘트 M_{n1}은

$$M_{n1} = C_c \cdot z = 0.85f_{ck}ab\left(d - \frac{a}{2}\right)$$
$$= T_1 \cdot z = (A_s - A_s{}')f_y\left(d - \frac{a}{2}\right)$$

② 압축철근의 압축력(C_s)과 이에 해당하는 인장철근의 인장력(T_2)에 의한 우력모멘트 M_{n2}는

$$M_{n2} = C_s \cdot z = T_2 \cdot z = A_s{}' \cdot f_y(d - d')$$

③ 공칭휨강도

$$M_n = M_{n1} + M_{n2}$$
$$= (A_s - A_s{}')f_y\left(d - \frac{a}{2}\right) + A_s{}' \cdot f_y(d - d')$$

3) 설계휨강도

$$M_d = \phi M_n$$
$$= \phi\left[(A_s - A_s{}')f_y\left(d - \frac{a}{2}\right) + A_s{}'f_y(d - d')\right]$$

4) 압축철근이 항복하는 경우의 철근비

① 복철근보의 균형철근비($\overline{\rho_b}$)

균형상태 $T = C = C_c + C_s$ 로부터 $T = A_s f_y$, $C_c = 0.85f_{ck}ab$, $C_s = A_s{}'f_y$를 대입하여 정리하면

$$A_s f_y = 0.85f_{ck}ab + A_s{}'f_y = (A_s - A_s{}')f_y + A_s{}'f_y$$

KEY NOTE

공칭휨강도(M_n)

$$M_n = M_{n1} + M_{n2}$$
$$= (A_s - A_s{}')f_y\left(d - \frac{a}{2}\right) + A_s{}' \cdot f_y(d - d')$$

설계휨강도(ϕM_n)

$$M_d = \phi M_n$$
$$= \phi\left[(A_s - A_s{}')f_y\left(d - \frac{a}{2}\right) + A_s{}'f_y(d - d')\right]$$

압축철근 변형률($\varepsilon_s{}'$)

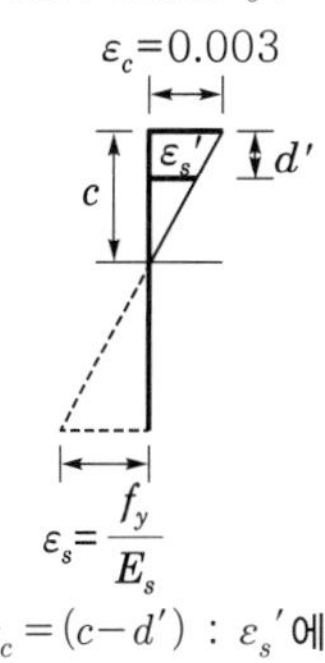

$c : \varepsilon_c = (c - d') : \varepsilon_s{}'$에서

① $c = \left(\dfrac{\varepsilon_c}{\varepsilon_c - \varepsilon_s{}'}\right)d'$
$= \left(\dfrac{600}{600 - f_y}\right)d$

② $\varepsilon_s{}' = \varepsilon_c\left(\dfrac{c - d'}{c}\right)$
$= 0.003\left(\dfrac{d - d'}{c}\right)$

KEY NOTE

복철근 직사각형보 균형철근비 : $\overline{\rho_b}$

① 압축철근 항복(O) : $\overline{\rho_b}=\rho_b+\rho'$
② 압축철근 항복(×)

$$\overline{\rho_b}=\rho_b+\rho'\left(\frac{f_s'}{f_y}\right)$$

여기서, ρ_b : 단철근 직사각형보 균형철근비
f'_s: 압축철근응력
ρ' : 압축철근비($\frac{A'_s}{bd}$)

인장철근비 $\overline{\rho_b}=\frac{A_s}{bd}$, 압축철근비 $\rho'=\frac{A_s'}{bd}$를 대입하면

$$\overline{\rho_b}bdf_y=0.85f_{ck}(\beta_1 c)b+\rho' bdf_y$$

$$\overline{\rho_b}=\frac{0.85f_{ck}\beta_1}{f_y}\frac{c}{d}+\rho'$$

$$\therefore\ \overline{\rho_b}=\frac{0.85f_{ck}\beta_1}{f_y}\frac{\varepsilon_c}{\varepsilon_c+\varepsilon_y}+\rho'=\frac{0.85f_{ck}\beta_1}{f_y}\frac{600}{600+f_y}+\rho'$$

$$=\rho_b+\rho'$$

여기서, ρ_b는 단철근 직사각형보의 균형철근비와 같다.

② 복철근보의 최대철근비($\overline{\rho}_{\max}$)

$$\overline{\rho}_{\max}=\rho_{\max}+\rho'$$

③ 압축철근이 항복하기 위한 인장철근비의 하한은 최소철근비($\overline{\rho}_{\min}$)이다.

$$\overline{\rho}_{\min}=\frac{0.85f_{ck}\beta_1}{f_y}\frac{c}{d}+\rho'$$

에서, 압축단면의 비례식으로부터 $c:\varepsilon_c=(c-d'):\varepsilon_y'$을 정리하면

$$\therefore\ c=\frac{0.003}{0.003-\frac{f_y}{E_s}}\cdot d'=\frac{0.003E_s}{0.003E_s-f_y}d'=\frac{600}{600-f_y}d'$$

이다. 이를 위 식에 대입하면

$$\therefore\ \overline{\rho}_{\min}=\frac{0.85f_{ck}\beta_1}{f_y}\frac{d'}{d}\frac{\varepsilon_c}{\varepsilon_c-\varepsilon_y}+\rho'$$

3. 압축철근이 항복하지 않는 경우의 해석

이 경우 $\varepsilon_s'<\varepsilon_y$이므로 압축철근이 항복하지 않은 경우이다. 따라서 $f_s'<f_y'$가 된다.

1) 공칭휨강도

$$M_n=0.85f_{ck}ad\left(d-\frac{a}{2}\right)+A_s'f_s'(d-d')$$

KEY NOTE

2) 설계휨강도

$$M_d = \phi M_n$$
$$= \phi\left[0.85 f_{ck}\, ab\left(d - \frac{a}{2}\right) + A_s' f_s'(d - d')\right]$$

3) 압축철근의 응력 (f_s')

비례식은 $\varepsilon_s' = \varepsilon_c \dfrac{(c-d')}{c}$ 이고, Hooke의 법칙은 $f_s' = E_s \varepsilon_s'$ 이므로 압축철근의 응력은

$$f_s' = E \cdot {}_s\varepsilon_s' = E_s \cdot \varepsilon_c \frac{(c-d')}{c}$$

4) 압축철근이 항복하지 않은 경우의 철근비

① 복철근보의 균형철근비($\overline{\rho_b}$)

균형상태 $T = C = C_c + C_s$ 로부터 $T = A_s f_y$, $C_c = 0.85 f_{ck}\, ab$, $C_s = A_s' f_s'$를 대입하여 정리하면

$$A_s f_y = 0.85 f_{ck}\, ab + A_s' f_s' = (A_s - A_s') f_s' + A_s' f_s'$$

인장철근비 $\overline{\rho_b} = \dfrac{A_s}{bd}$, 압축철근비 $\rho' = \dfrac{A_s'}{bd}$ 를 대입하면

$$\overline{\rho_b} bd f_y = 0.85 f_{ck}(\beta_1 c) b + \rho' bd f_s'$$

$$\overline{\rho_b} = \frac{0.85 f_{ck} \beta_1}{f_y} \frac{c}{d} + \rho'\left(\frac{f_s'}{f_y}\right)$$

$$\therefore\ \overline{\rho_b} = \frac{0.85 f_{ck} \beta_1}{f_y} \frac{\varepsilon_c}{\varepsilon_c + \varepsilon_y} + \rho'\left(\frac{f_s'}{f_y}\right)$$
$$= \frac{0.85 f_{ck} \beta_1}{f_y} \frac{600}{600 + f_y} + \rho'\left(\frac{f_s'}{f_y}\right) = \rho_b + \rho'\left(\frac{f_s'}{f_y}\right)$$

여기서, ρ_b는 단철근 직사각형보의 균형철근비와 같다.

② 복철근보의 최대철근비($\overline{\rho}_{\max}$)

$$\overline{\rho}_{\max} = \rho_{\max} + \rho'\left(\frac{f_s'}{f_y}\right)$$

③ 압축철근이 항복하기 위한 인장철근비의 하한은 최소철근비($\overline{\rho}_{\min}$)이다.

$$\overline{\rho}_{\min} = \frac{0.85 f_{ck} \beta_1}{f_y} \frac{c}{d} + \rho'\left(\frac{f_s'}{f_y}\right)$$

KEY NOTE

이고, 압축단면의 비례식으로부터 $c : \varepsilon_c = (c-d') : \varepsilon_y{}'$을 정리하면

$$\therefore\ c = \frac{0.003}{0.003 - \dfrac{f_y}{E_s}} \cdot d' = \frac{0.003E_s}{0.003E_s - f_y}d' = \frac{600}{600-f_y}d'$$

이다. 이를 위 식에 대입하면

$$\therefore\ \bar{\rho}_{\min} = \frac{0.85 f_{ck}\beta_1}{f_y}\frac{d'}{d}\frac{\varepsilon_c}{\varepsilon_c - \varepsilon_y} + \rho'\left(\frac{f_s{}'}{f_y}\right)$$

7 단철근 T형 단면보의 해석

1. T형보의 판별

1) 중립축의 위치에 따라 달리 해석한다. 설계 가정에서 인장측 콘크리트 강도는 무시하므로 압축측 콘크리트 단면만 유효한 단면이다.

2) 정(+)의 휨모멘트를 받는 경우(a)

① 중립축이 ①−①에 있으면, 플랜지 폭 b를 폭으로 하는 직사각형 단면으로 해석한다.

② 중립축이 ②−②에 있으면, 복부 폭 b_w를 폭으로 하는 T형 단면으로 해석한다.

3) 부(−)의 휨모멘트를 받는 경우(b)

① 중립축이 ③−③에 있으므로 복부 폭 b_w를 폭으로 하는 직사각형 단면으로 해석한다.

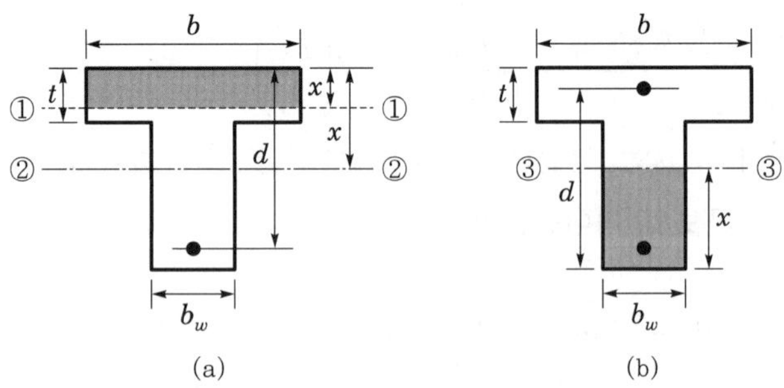

[그림 2-10] T형보의 판별

4) 정(+)의 휨모멘트를 받는 경우 T형보의 판별

① 플랜지와 복부의 접합면을 기준으로 중립축의 위치를 파악하여 중립축의 위치가 플랜지 내에 있으면 단철근 직사각형보로 해석하고, 중립축의 위치가 복부 내에 있으면 단철근 T형보로 해석한다.

② 폭이 b인 단철근 직사각형 단면보의 등가응력 직사각형의 깊이로 해석하여 판별한다.

$$a = \frac{A_s f_y}{0.85 f_{ck} b}$$

- $a \le t$: 폭이 b인 단철근 직사각형보로 해석
- $a > t$: 폭이 b_w인 단철근 T형 단면보로 해석

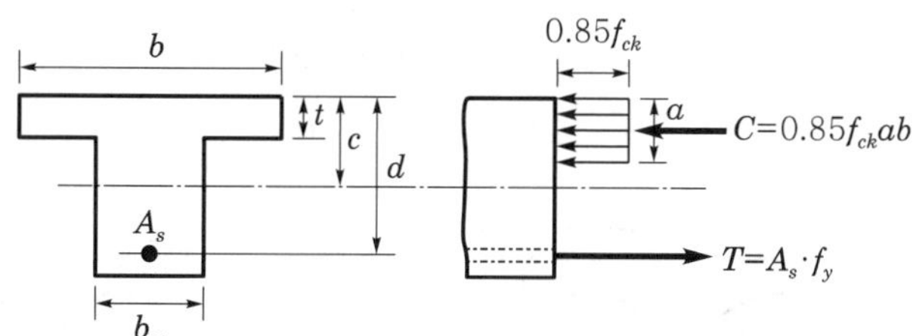

[그림 2-11] T형보의 판별

2. 플랜지의 유효 폭

① 슬래브와 일체로 친 T형 단면에서 슬래브 부분을 플랜지(flange), 보의 부분을 복부(web)라고 한다. 이때 이 T형보의 플랜지는 서로 직교하는 두 방향의 휨모멘트를 받는다. 따라서 복부로부터 멀어질수록 플랜지의 압축응력은 감소한다.

② 설계 계산에서 이 응력 분포는 실용적이지 못하므로, 플랜지의 폭을 적당히 감소시켜서 플랜지가 폭 방향으로 압축응력을 균일하게 받는다고 가정하여 계산한다.

③ 플랜지의 유효 폭은 플랜지가 폭 방향으로 균일하게 압축응력을 받는다고 가정할 수 있는 한계의 플랜지 폭을 말한다.

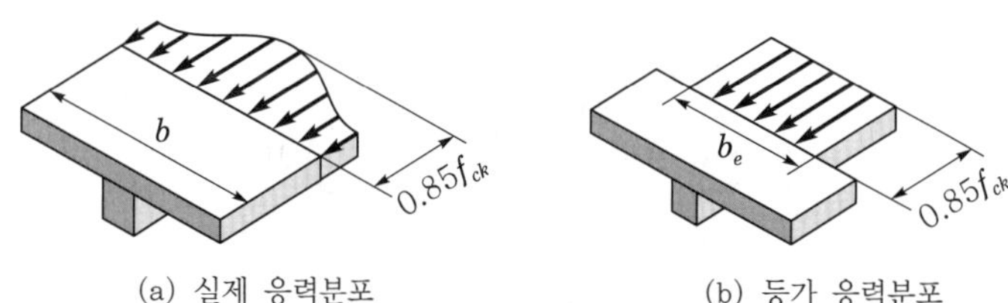

(a) 실제 응력분포 (b) 등가 응력분포

[그림 2-12] T형보의 압축응력 분포

◎ KEY NOTE

T형보의 판별(+M)

- $a \le t$: 폭이 b인 단철근 직사각형보로 해석
- $a > t$: 폭이 b_w인 단철근 T형 단면보로 해석

KEY NOTE

플랜지의 유효 폭 산정

① 대칭인 경우
- $16t_f + b_w$
- 슬래브 중심간 거리
- 보의 경간의 1/4

② 비대칭인 경우
- $16t_f + b_w$
- 보의 경간의 $1/12 + b_w$
- 인접보와의 내측 거리의 $1/2 + b_w$

④ 콘크리트구조기준에 의한 플랜지의 유효 폭(다음 중 작은 값)

T형보(대칭)	반T형보(비대칭)
• $16t_f + b_w$ • 슬래브 중심간 거리 • 보의 경간의 1/4	• $16t_f + b_w$ • 보의 경간의 $1/12 + b_w$ • 인접보와의 내측 거리의 $1/2 + b_w$

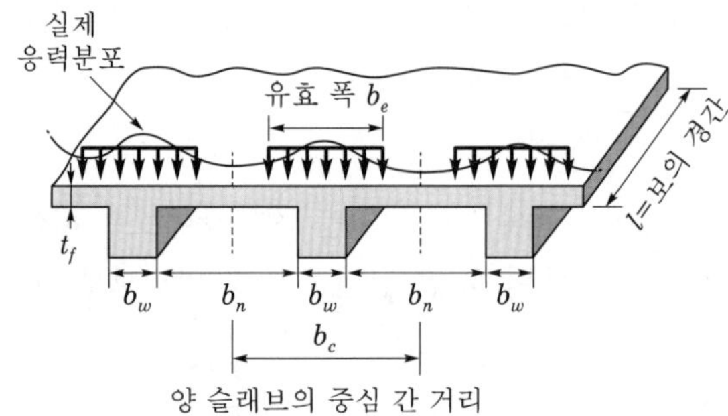

(a) 슬래브의 중심 간 거리와 경간

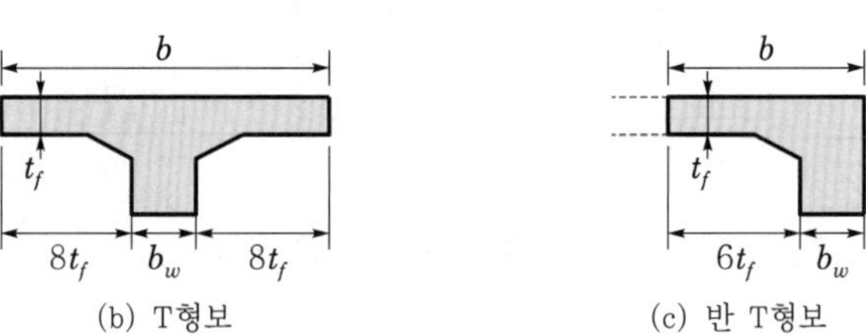

(b) T형보　　(c) 반 T형보

[그림 2-13] T형보의 유효 폭

3. T형 단면보의 해석

균형상태 $C = T$에서 압축력 C를 플랜지 부분의 콘크리트가 부담하는 압축력(C_f)과 복부 부분의 콘크리트가 부담하는 압축력(C_w)으로 나누어 생각한다. 즉, 복철근보의 해석방법과 같이 중첩의 원리를 적용하여 해석한다.

$A_s = A_{sf} + A_{sw}$이면, $A_{sw} = A_s = A_{sf}$가 되고, $M_n = M_{nf} + M_{nw}$가 된다.

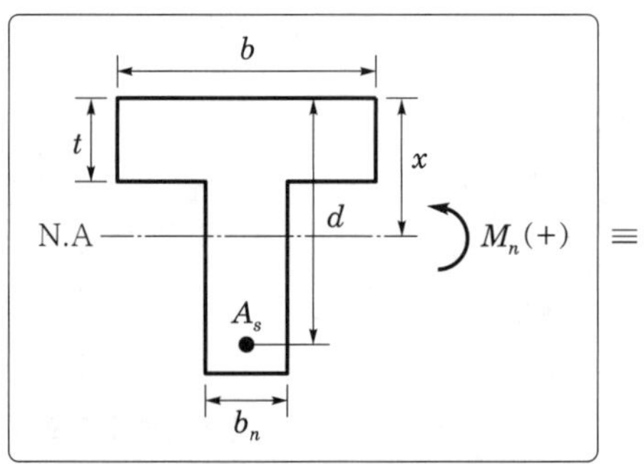

KEY NOTE

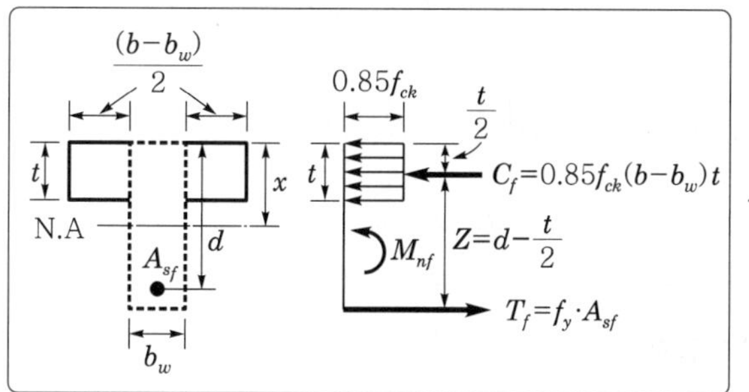

+

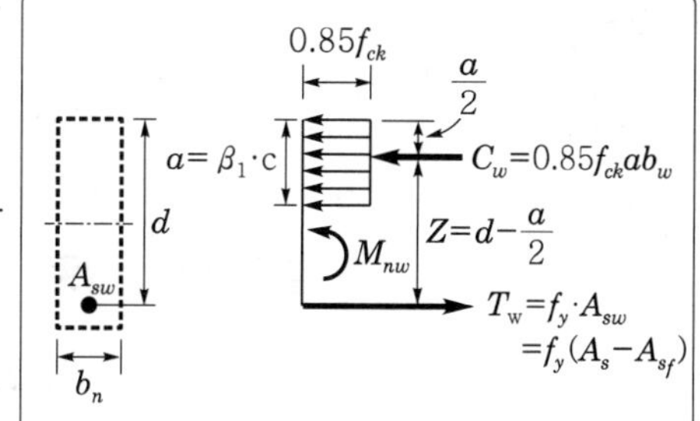

1) 등가응력 직사각형의 깊이 (a)

$C_w = T_w$로부터

$$\therefore 0.85f_{ck}ab_w = A_{sw}f_y = (A_s - A_{sf})f_y$$

$$\therefore a = \frac{(A_s - A_{sf})f_y}{0.85f_{ck}b_w}$$

$C_f = T_f$로부터

$$\therefore A_{sf}f_y = 0.85f_{ck}(b - b_w)t$$

$$\therefore A_{sf} = \frac{0.85f_{ck}(b - b_w)t}{f_y}$$

2) 공칭휨강도 (M_n)

$$M_{nf} = T_f \cdot z = C_f \cdot z$$

$$= A_{sf} \cdot f_y\left(d - \frac{t}{2}\right) = 0.85f_{ck}t(b - b_w)\left(d - \frac{t}{2}\right)$$

$$M_{nw} = T_w \cdot z = C_w \cdot z$$

$$= (A_s - A_{sf})f_y\left(d - \frac{a}{2}\right) = 0.85f_{ck}ab_w\left(d - \frac{a}{2}\right)$$

$$\therefore M_n = M_{nf} + M_{nw}$$

$$= A_{sf}f_y\left(d - \frac{t}{2}\right) + (A_s - A_{sf})f_y\left(d - \frac{a}{2}\right)$$

여기서, M_{nf} : 플랜지에 작용하는 압축력(C_f)과 그것에 대응되는 인장철근(A_{sf})의 인장력에 의한 우력 모멘트

M_{nw} : 복부에 작용하는 압축력(C_w)과 그것에 대응되는 인장철근($A_s - A_{sf}$)의 인장력에 의한 우력 모멘트

등가응력 길이

$\therefore a = \frac{f_y(A_s - A_{sf})}{0.85f_{ck} \cdot b}$

중립축 거리

$\therefore c = \frac{a}{\beta_1}$

플랜지 철근량

$\therefore A_{sf} = \frac{0.85f_{ck} + (b - b_w)}{f_y}$

KEY NOTE

T형보의 설계휨강도

$M_d=\phi M_n$
$=\phi\left[A_{sf}f_y\left(d-\frac{t}{2}\right)+(A_s-A_{sf})f_y\left(d-\frac{a}{2}\right)\right]$

T형보의 균형철근비

$\therefore\ \overline{\rho_b}=\frac{b_w}{b}(\rho_b+\rho_f)$

여기서, ρ_b : 단철근 직사각형보 균형철근비
ρ_f : 플랜지 철근비 $\left(\frac{A_{sf}}{b_w d}\right)$

3) 설계휨강도

$$M_d=\phi M_n$$
$$=\phi\left[A_{sf}f_y\left(d-\frac{t}{2}\right)+(A_s-A_{sf})f_y\left(d-\frac{a}{2}\right)\right]$$

4. 철근비의 검토

1) 인장철근의 항복 여부 검토

① 인장철근의 항복 검토는 단철근보와 같다. $\varepsilon_s \geq \varepsilon_y$이면 인장철근이 항복한 경우이므로 $f_s=f_y$가 된다.

② T형보의 인장철근의 최대철근비와 최소철근비는 단철근보와 같다. 다음 조건을 만족해야 한다.

$$\rho_{\min} \leq (\rho_w-\rho_f) \leq \rho_{\max}$$

2) T형 단면의 균형철근비($\overline{\rho_b}$)

균형상태 $T=C=C_f+C_w$로부터 $T=A_sf_y$, $C_f=A_{sf}f_y$, $C_w=(A_s-A_{sf})f_y=0.85f_{ck}ab_w$를 대입하여 정리하면

$$A_sf_y=0.85f_{ck}ab_w+A_{sf}f_y=(A_s-A_{sf})f_y+A_{sf}f_y$$

이 되고, $\overline{\rho_b}=\frac{A_s}{bd}$, $\rho_f=\frac{A_{sf}}{b_wd}$를 대입하면

$$\overline{\rho_b}bdf_y=0.85f_{ck}(\beta_1c)b_w+\rho_fb_wdf_y$$

$$\therefore\ \overline{\rho_b}=\frac{0.85f_{ck}\beta_1}{f_y}\frac{c}{d}\frac{b_w}{b}+\rho_f\frac{b_w}{b}$$

이다. $c=\frac{\varepsilon_c}{\varepsilon_c+\varepsilon_y}d$를 대입하여 정리하면

$$\overline{\rho_b}=\frac{b_w}{b}\left(\frac{0.85f_{ck}\beta_1}{f_y}\frac{\varepsilon_c}{\varepsilon_c+\varepsilon_y}+\rho_f\right)$$

$$\therefore\ \overline{\rho_b}=\frac{b_w}{b}\left(\frac{0.85f_{ck}\beta_1}{f_y}\frac{600}{600+f_y}+\rho_f\right)=\frac{b_w}{b}(\rho_b+\rho_f)$$

여기서, ρ_b는 단철근 직사각형보의 균형철근비와 같다.

CHAPTER 02 적중 예상문제

01 다음 중 폭 b=300mm, 유효깊이 d=550mm, 인장철근 A_s=2040mm^{2}인 단철근 직사각형 단면의 공칭휨모멘트강도[kN · m]는? (단, f_{ck}=24MPa, f_y=300MPa)

① 26 ② 30.6
③ 260 ④ 306

해설 등가깊이

$$a=\frac{f_y \cdot A_s}{0.85 f_{ck} \cdot b}=\frac{300\times 2040}{0.85\times 24\times 300}=100\text{mm}$$

$$M_n=A_s\cdot f_y\left(d-\frac{a}{z}\right)=2040\times 300\times\left(550-\frac{100}{2}\right)$$

$$=306\text{kN.m}$$

02 강도설계법으로 설계 시 f_{ck}=30MPa, f_y=300MPa인 단철근 직사각형보의 균형철근비는? (단, β_1 =0.48)

① 0.0176 ② 0.0276
③ 0.0376 ④ 0.0476

해설

$$\rho_b=0.85\beta_1\frac{f_{ck}}{f_y}\cdot\frac{600}{600+f_y}$$

$$=0.85\times 0.84\times\frac{30}{300}\times\frac{600}{600+300}=0.0476$$

03 그림과 같은 직사각형보에서 f_{ck}=30MPa, f_y=300MPa, a=150mm일 때, 콘크리트가 부담하는 압축력[kN]은?

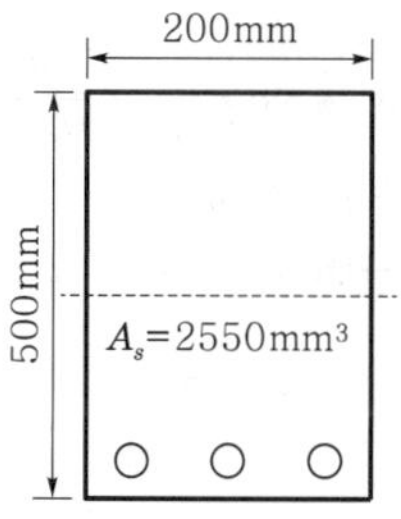

① 565 ② 665
③ 765 ④ 865

해설 $c=0.85f_{ck}\cdot a\cdot b=0.85\times 30\times 150\times 300=765$kN

04 강도설계법으로 설계할 때 f_{ck}=35MPa, f_y=400MPa인 단철근 직사각형보의 균형철근비에 가장 가까운 것은?

① 0.034 ② 0.036
③ 0.038 ④ 0.040

해설

$$\rho_b=0.85\cdot\beta_1\frac{f_{ck}}{f_y}\cdot\frac{600}{600+f_y}$$

$$=0.85\times 0.8\times\frac{35}{400}\times\frac{600}{600+400}$$

$$=0.0357$$

05 다음 그림과 같은 단철근 직사각형보에서 f_{ck}=21MPa, f_y=300MPa일 때 철근량 A_s [cm^2]는?

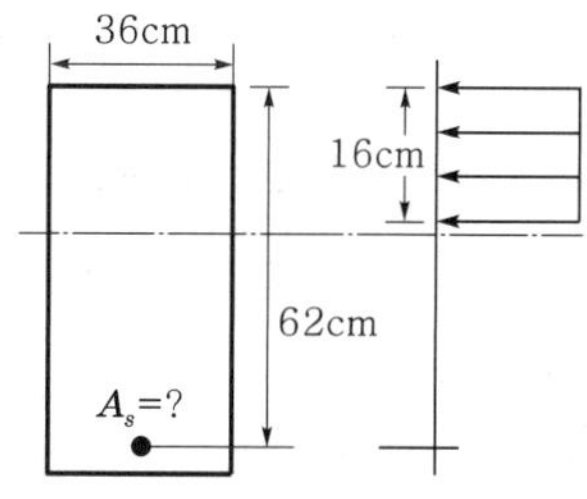

① 31.2 ② 32.3
③ 33.1 ④ 34.3

해설 $a=\frac{f_y\cdot A_s}{0.85 f_{ck}\cdot b}$에서

$$A_s=\frac{0.85\cdot f_{ck}\cdot a\cdot b}{f_y}$$

$$=\frac{0.85\times 210\times 16\times 36}{3000}=34.3$$

정답 01 ④ 02 ④ 03 ③ 04 ② 05 ④

06 폭 b=300mm, 유효높이 d=400mm인 단철근 직사각형보에서 콘크리트에 의한 공칭전단강도[kN]는? (단, f_{ck}=36MPa)

① 100　　② 120
③ 140　　④ 160

해설 $V_c = \frac{1}{6} \cdot \lambda \cdot \sqrt{f_{ck}} \cdot b_w \cdot d$
$= \frac{1}{6} \times 1.0 \times \sqrt{36} \times 300 \times 400 = 120\text{kN}$

07 복철근보와 단철근 T형보에 대한 설명으로 옳지 않은 것은?

① 복철근보는 보의 높이가 제한을 받거나 단면이 정(+)·부(−)의 휨모멘트를 교대로 받는 경우 적합하다.
② 복철근보의 압축철근은 지속하중에 의한 장기처짐을 감소시키는 효과가 있다.
③ 정(+)의 휨모멘트가 작용하는 T형보의 단면에서 중립축이 복부에 있을 때는 T형보를 보고 해석한다.
④ 부(−)의 휨모멘트가 작용하는 T형보의 단면에서 중립축이 복부에 있을 때는 유효플랜지 폭과 동일한 폭을 갖는 직사각형 단면으로 보고 해석한다.

해설 ④ 복부폭을 동일한 폭으로 갖는 직사각형

08 SD400철근을 사용한 단철근 직사각형보에서 인장지배 단면에 대한 설명으로 옳은 것은?

① 압축콘크리트가 극한 변형률 0.003에 도달할 때 최외단 인장 철근의 순인장 변형률이 0.005 이상인 단면
② 압축콘크리트가 극한 변형률 0.002에 도달할 때 최외단 인장 철근의 순인장 변형률이 0.005 이상인 단면
③ 압축콘크리트가 극한 변형률 0.003에 도달할 때 최외단 인장 철근이 항복 변형률에 도달한 단면
④ 압축콘크리트가 극한 변형률 0.002에 도달할 때 최외단 인장철근이 항복 변형률에 도달한 단면

09 그림과 같은 단철근 직사각형보를 대상으로 할 때, 콘크리트구조설계기준에서 허용한 최대 철근량($A_{s\max}$)을 계산하는 식은? (단, f_{ck}=30MPa, f_y=300MPa, 보는 프리스트레스를 가하지 않은 휨부재임)

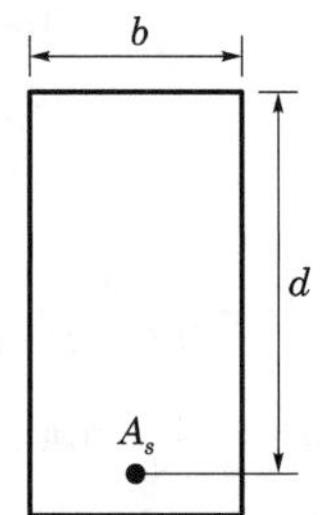

① $A_{s\max} = 0.85 \times 0.85 \times 0.85 \frac{f_{ck}}{f_y} \frac{600}{600+f_y} bd$

② $A_{s\max} = 0.643 \times 0.85 \times 0.85 \frac{f_{ck}}{f_y} \frac{600}{600+f_y} bd$

③ $A_{s\max} = 0.643 \times 0.85 \times 0.836 \frac{f_{ck}}{f_y} \frac{600}{600+f_y} bd$

④ $A_{s\max} = 0.75 \times 0.85 \times 0.85 \frac{f_{ck}}{f_y} \frac{600}{600+f_y} bd$

해설 최대 철근비 제한

- $\rho_{\max} = \frac{0.85 f_{ck} \cdot \beta_1}{f_y} \frac{\varepsilon_c}{\varepsilon_c + \varepsilon_{t\max}} = \frac{\varepsilon_c + \varepsilon_y}{\varepsilon_c + \varepsilon_{t\max}} \cdot \rho_b$
$= \frac{0.003+0.0015}{0.003+0.004} \cdot \rho_b = 0.643\rho_b$
- $\beta_1 = 0.85 - 0.007(f_{ck} - 28)$
$= 0.85 - 0.007(30-28) = 0.836$
- $\rho_b = 0.85 \cdot \beta_1 \frac{f_{ck}}{f_y} \cdot \frac{600}{600+f_y}$
$= 0.85 \times 0.883 \times \frac{f_{ck}}{f_y} \cdot \frac{600}{600+f_y}$
- $A_{s\max} = \rho_{\max} b \cdot d$
$= 0.643 \cdot \rho_b b \cdot d$
$= 0.643 \times 0.85 \times 0.836 \times \frac{f_{ck}}{f_y} \times \frac{600}{600+f_y}$

정답 06 ② 07 ④ 08 ① 09 ③

10 단철근 직사각형보가 폭 b=400mm, 유효깊이 d=700mm, 인장철근 단면적 A_t=1.445mm^2, 콘크리트 설계기준강도 f_{ck}=20MPa, 철근의 항복강도 f_y=400MPa일 때, 설계휨강도 M_d[kN · m]는?

① 287 ② 323
③ 356 ④ 380

해설 • 등가압축응력깊이

$$a=\frac{A_sf_y}{0.85f_{ck}b}=\frac{1445\times400}{0.85\times20\times400}=85\text{mm}$$

• 중립축 위치

$$c=\frac{a}{\beta_1}=\frac{85}{0.85}=100\text{mm}$$

• 순인장 변형률

$$\varepsilon_t=0.003\left(\frac{d_t-c}{c}\right)=0.003\times\frac{700-100}{100}=0.018$$

f_y=400MPa일 때 인장지배 변형률 한계값

$\varepsilon_{t\cdot td}=0.005$

$\varepsilon_t>\varepsilon_{t\cdot t_d}$이므로 인장지배단면

$\phi=0.85$

• $M_d=\phi M_n=\phi A_s\cdot f_y\left(d-\frac{a}{2}\right)$

$$=0.85\times1445\times400\times\left(700-\frac{85}{2}\right)$$

$$=323\text{kN}\cdot\text{m}$$

11 그림과 같은 철근콘크리트 T형보의 휨강도 계산 시 플렌지 상면에서 중립축까지의 거리와 가장 가까운 값[mm]은? (단, 콘크리트 압축강도 f_{ck}=25MPa, 철근의 항복강도 f_y=300MPa, 철근 단면적 A_s=5,000mm^{2}이다.)

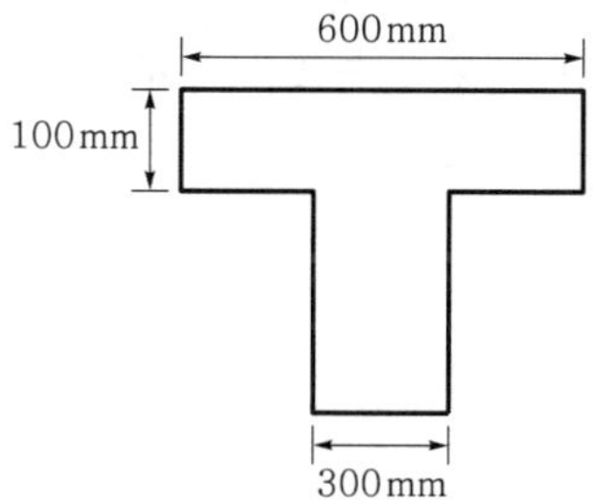

① 130 ② 140
③ 150 ④ 160

해설 • T형보 검토

$C_f=0.85f_{ck}b\cdot t_f=0.85\times25\times600\times400$

$=1275000\text{N}$

$T=A_sf_y=500\times300=1500000\text{N}$

$T>C_f\rightarrow$T형보

• A_{sf} 계산

$$A_{sf}=\frac{0.85f_{ac}\cdot t_f(b-b_w)}{f_y}$$

$$=\frac{0.85\times25\times100\times(600-300)}{300}$$

$$=2125\text{mm}^2$$

• 응력깊이

$$a=\frac{(A_s-A_f)\cdot f_y}{0.85\cdot f_{ck}\cdot b_w}=\frac{(5000-2125)\times300}{0.85\times25\times300}$$

$=135.3\text{mm}$

• $c=\frac{a}{\beta_1}=\frac{135.3}{0.85}=159\text{mm}$

12 그림과 같은 단철근 직사각형보의 균열모멘트 M_{cr}[kN · m]은? (단, 콘크리트 설계기준강도 f_{ck}=25MPa이다.)

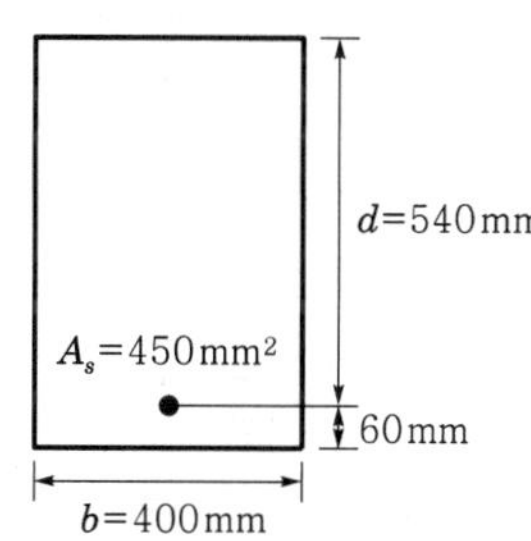

① 55.7 ② 61.2
③ 75.6 ④ 81.3

해설

$$M_{cr}=\frac{I_g}{y_t}\cdot f_r=Z\cdot f_r$$

$$=\frac{bh^2}{6}\times(0.63\times\sqrt{f_{ck}})$$

$$=\frac{400\times600^2}{6}\times0.63\times1.0\times\sqrt{25}$$

$=75.6\text{kN.m}$

정답 10 ② 11 ④ 12 ③

13 콘크리트 구조설계기준에서 다음과 같은 휨부재의 최소 철근량을 적용하는 이유로 타당한 것은?

$$A_{s\cdot\min} = \frac{1.4}{f_y} b_w d,\ A_{s\cdot\min} = \frac{0.25\sqrt{f_{ck}}}{f_y} b_w d$$

① 두 값 중에 큰 값을 사용하며 취성파괴 방지
② 인장철근량의 감소를 통한 경제성의 확보
③ 두 값 중에 작은 값을 사용하여 연성파괴 확보
④ 인장철근의 균등한 배치에 따른 균형단면의 형성

14 그림과 같은 복철근 직사각형보의 설계휨강도 M_d[kN.m]는? (단, 콘크리트 설계기준강도 f_{ck}=20MPa, 철근 항복강도 f_y=400MPa, 안장철근 단면적 A_s=7,890mm^3, 압축철근 단면적 $A_s{}'$=5,000mm^{3}이다.)

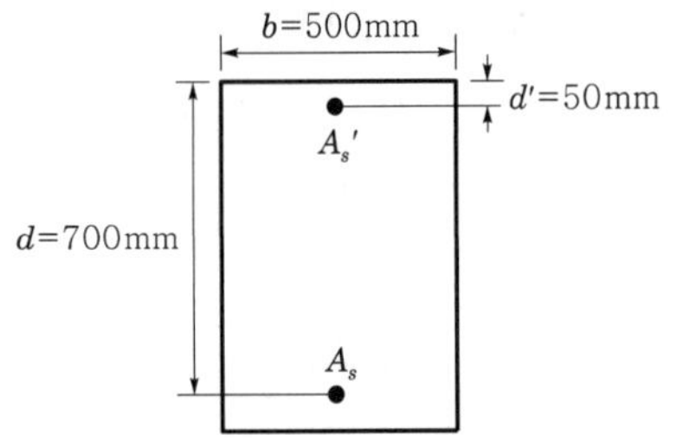

① 1,452 ② 1,726
③ 2,074 ④ 2,480

해설
• 등가압축응력길이
$$a = \frac{(A_s - A_s{}')\cdot f_y}{0.85 f_{ck}\cdot b} = \frac{(7890-5000)\times 400}{0.85\times 20\times 500} = 136\text{mm}$$
• 중립축 위치
$$c = \frac{a}{\beta_1} = \frac{136}{0.85} = 160\text{mm}$$
• 순인장 변형률
$$\varepsilon_t = 0.003\left(\frac{d_t - c}{c}\right) = 0.003\times\frac{700-160}{160}$$
f_y=40MPa → 인장지배 변형률 한계값 $\varepsilon_{t\cdot td}$=0.005
$\varepsilon_t > \varepsilon_t,\ t_d$ → 인장지배 단면이므로
ϕ=0.85
• 설계휨강도
$$M_d = \phi M_u$$
$$= \phi\left[(A_s - A_s{}')f_y\left(d - \frac{a}{2}\right) + A_s{}' f_y (d-d')\right]$$
$$= 1726\text{kN.m}$$

15 강도설계법에 관한 내용 중 옳지 않은 것은?

① 하중계수, 강도감소계수, 재료의 허용 응력을 사용하여 설계한다.
② 압축 측 연단에서의 극한 변형률은 0.003으로 가정한다.
③ 철근과 콘크리트의 변형률은 중립축부터 거리에 비례하는 것으로 가정할 수 있다. (단, 깊은 보는 제외한다.)
④ 철근의 응력이 설계기준항복강도 f_y 이하일 때 철근의 응력은 그 변형률에 E_s를 곱한 것으로 한다.

16 압축철근의 역할 중 옳지 않은 것은?

① 연성을 증가시킨다.
② 진단철근의 조립을 편리하게 한다.
③ 지속하중으로 인한 처짐을 감소시킨다.
④ 압축지배 단면에서 파괴가 일어나도록 유도한다.

17 복철근 직사각형보에 하중이 작용하여 10mm의 순간처짐이 발생하였다. 1년 후의 총 처짐량[mm]은? (단, 압축철근비 ρ'는 0.02이며, 2012년도 콘크리트 구조기준을 적용한다.)

① 17 ② 18
③ 19 ④ 20

해설
• 추가처짐=순간처짐$\times\dfrac{\xi}{1+50\rho'}$
$$= 10\times\frac{1.4}{1+50\times 0.02} = 7\text{mm}$$
• 총처짐량=10+7.0=17mm

정답 13 ① 14 ② 15 ① 16 ① 17 ①

18 인장지배 단면인 직사각형보의 공칭휨강도 M_n은 320kNm이다. 이 직사각형보에 고정하중으로 인한 휨모멘트 M_d=160kNm가 작용할 때, 연직 활하중에 의한 휨모멘트 M_l의 허용 가능한 최대값[kN · m]은? (단, 보에는 고정하중과 활하중만 작용하며, 2012년도 콘크리트 구조기준을 적용한다.)

① 50　　② 80
③ 112　　④ 160

해설 $\phi M_n \geq M_u = 1.2M_d + 1.6M_l$

$$M_l \leq \frac{\phi M_n - 1.2M_l}{1.6}$$

$$= \frac{(0.85\times 320 - 1.2\times 160)}{1.6} = 50\text{kN.m}$$

19 다음 그림과 같은 휨부재 단철근 직사각형보에 대한 내용으로 옳지 않은 것은? (단, c_b : 균형보의 중립축 거리, ρ_b : 균형철근비, $\rho_{\max}$: 최대철근비, $\varepsilon_{t\cdot\min}$: 최소 허용 변형률, ε_y : 철근의 항복 변형률, M_n : 공칭휨강도, f_{ck} : 콘크리트의 설계기준압축강도(Mpa), f_y : 철근의 설계기준항복강도(MPa), E_s : 철근의 탄성계수(=2.0×10^5MPa), 2012년도 콘크리트 구조기준을 적용한다.)

① $c_b = \dfrac{600}{600+f_y}d$

② $\rho_b = \dfrac{0.85f_{ck}\beta_1}{f_y}\dfrac{600}{600+f_y}$

③ f_y>400MPa인 철근에 대해서는 $\varepsilon_{t\cdot\min}$=0.004이고, $f_y\leq$400MPa인 철근에 대해서는 $\varepsilon_{t\cdot\min}=2\varepsilon_y$이다.

④ $\varepsilon_{t\cdot\min}$=0.004인 경우, $\rho_{\max}\dfrac{600+f_y}{1,400}\rho_b$

20 다음 그림과 같은 단철근 T형보의 공칭휨강도 M_n 및 철근량 A_{sf}를 구하는 식으로 옳은 것은? (단, 중립축은 복부에 위치하고, $A_{sw}=A_s-A_{sf}$, f_{ck} : 콘크리트의 설계기준압축강도, f_y : 철근의 설계기준항복강도이다.)

① $M_n = f_yA_{sf}\left(d-\dfrac{t_f}{2}\right)+f_yA_{sw}\left(d-\dfrac{a}{2}\right)$,
$A_{sf} = \dfrac{0.85f_{ck}t_f(b-b_w)/2}{f_y}$

② $M_n = f_yA_{sf}\left(d-\dfrac{t_f}{2}\right)+f_yA_s\left(d-\dfrac{a}{2}\right)$,
$A_{sf} = \dfrac{0.85f_{ck}t_f(b-b_w)}{f_y}$

③ $M_n = f_yA_{sf}\left(d-\dfrac{t_f}{2}\right)+f_yA_{sw}\left(d-\dfrac{a}{2}\right)$,
$A_{sf} = \dfrac{0.85f_{ck}t_f(b-b_w)}{f_y}$

④ $M_n = f_yA_{sf}\left(d-\dfrac{t_f}{2}\right)+f_yA_s\left(d-\dfrac{a}{2}\right)$,
$A_{sf} = \dfrac{0.85f_{ck}t_f(b-b_w)/2}{f_y}$

해설
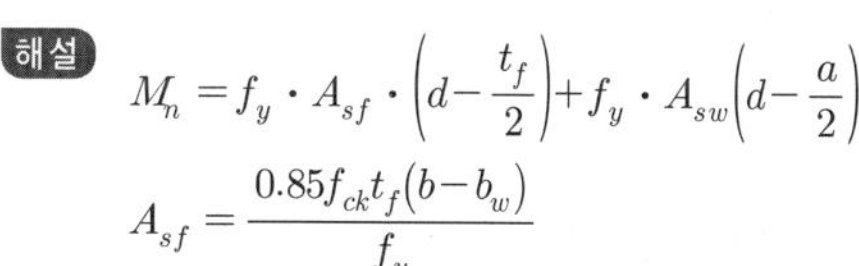

$$M_n = f_y\cdot A_{sf}\cdot\left(d-\frac{t_f}{2}\right)+f_y\cdot A_{sw}\left(d-\frac{a}{2}\right)$$

$$A_{sf} = \frac{0.85f_{ck}t_f(b-b_w)}{f_y}$$

21 보의 경간이 10m이고 양쪽 슬래브의 중심간 거리가 2.0m인 T형보에서 유효플랜지 폭[mm]은? (단, 복부폭 b_w=500mm, 플랜지 두께 t_f=100mm이다)

① 2,000　　② 2,100
③ 2,500　　④ 3,000

해설 • T형보의 유효폭
① $16t_f+b_w=16\times100+500=2100$mm
② 양쪽 슬래브 중심거리=2000mm
③ 보의 경간의 $\frac{1}{4}=\frac{10,000}{4}=2500$mm 중 작은 값

정답 18 ① 19 ③ 20 ③ 21 ①

22 다음 그림과 같이 정(+)의 휨모멘트가 작용하는 T형보 설계 시 $b(=800\text{mm})$를 폭으로 하는 직사각형보로 취급할 수 있는 철근량 A_s의 한계값[mm^2]은? (단, 콘크리트의 설계기준압축강도 $f_{ck}=20\text{MPa}$, 철근의 설계기준항복강도 $f_y=400\text{MPa}$이다.)

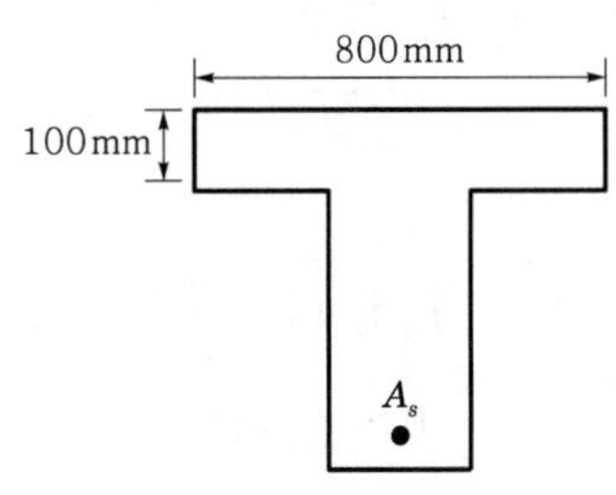

① 3,400　② 3,600
③ 3,800　④ 4,000

해설 $a \le t_f$일 경우에 해당

$$a=\frac{A_s f_y}{0.85 f_{ck}\cdot b}\le t_f$$

$$A_s \le \frac{0.85\cdot f_{ck}\cdot b\cdot t_f}{f_y}=\frac{0.85\times 20\times 800\times 100}{400}=3400\text{mm}^2$$

23 강도설계법에 따라 단철근 직사각형 단면의 공칭모멘트 강도를 구할 때 압축콘크리트의 등가직사각형 응력 블록의 깊이 [mm]는? (단, 콘크리트 단면이 폭 300mm, 유효깊이 450mm, 철근량 $2{,}550\text{mm}^2$이고 콘크리트의 설계기준강도는 30MPa, 철근의 항복 강도는 300MPa이다)

① 70　② 85
③ 100　④ 125

해설 $$a=\frac{f_y\cdot A_s}{0.85\cdot f_{ck}\cdot b}=\frac{300\times 2550}{0.85\times 30\times 300}=100\text{mm}$$

24 다음 그림과 같은 T형보에서 플랜지 내민 부분의 압축력과 균형을 이루기 위해 철근 단면적 A_{sf}[cm^2]는? (단, 강도 설계법에 의하고, $f_{ck}=20\text{MPa}$, $f_y=400\text{MPa}$, $b=80\text{cm}$, $b_w=30\text{cm}$, $d=90\text{cm}$, $t_f=20\text{cm}$, $A_s=80\text{cm}^2$라고 가정한다.)

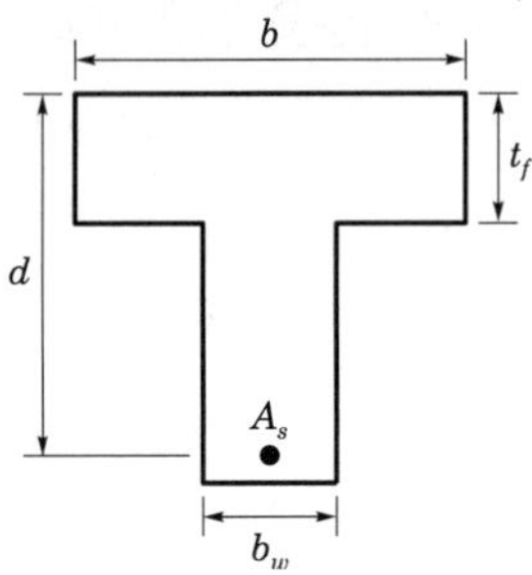

① 21.3　② 42.5
③ 85.0　④ 120

해설 $$A_{sf}=\frac{0.85 f_{ck} t_f (b-b_w)}{f_y}=\frac{0.85\times 100\times 20\times (80-30)}{4000}=42.5\text{cm}^2$$

25 철근콘크리트보의 설계에서 철근의 간격에 대한 설명 중 옳지 않은 것은?

① 동일 평면에서 평행한 철근 사이의 수평 순간격은 25mm 이상
② 동일 평면에서 평행한 철근 사이의 수평 순간격은 철근의 공칭지름 이상
③ 기둥의 축방향 철근의 순간격은 40mm 이상
④ 기둥의 축방향 철근의 순간격은 철근의 공칭지름 이상

해설 ④ 기둥의 축방향 철근의 순간격은 철근의 공칭지름의 1.5배

정답 22 ① 23 ③ 24 ② 25 ④

26 극한상태에서 콘크리트의 압축응력분포를 다음과 같이 가정할 때, 등가 직사각형 응력 블록 $(k \cdot f_{ck})$의 깊이 a[mm]는? (단, f_{ck} 콘크리트의 설계기준압축강도, $k>0$으로 가정)

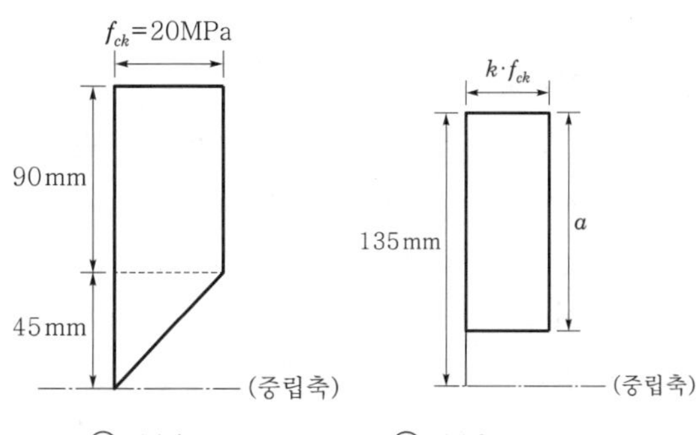

① 114 ② 116
③ 118 ④ 120

해설 ① A와 B의 압축응력은 같다.

$c = c_1 + c_2 = (90 \times 20) + \left(\frac{1}{2} \times 20 \times 45\right) = 2250\text{mm}$

② 중립축에 대한 모멘트의 값도 같다.

$c_1 \times y_1 + c_2 y_2 = c \times \left(135 - \frac{a}{2}\right)$

$(90 \times 20) \times (45 \times 45) + \left(\frac{1}{2} \times 20 \times 45\right) \times \left(\frac{2}{3} \times 45\right)$

$= 2250 \times \left(135 - \frac{a}{2}\right)$

$162000 + 135000 = 2250 \times \left(135 - \frac{a}{2}\right)$

$a = 114\text{mm}$

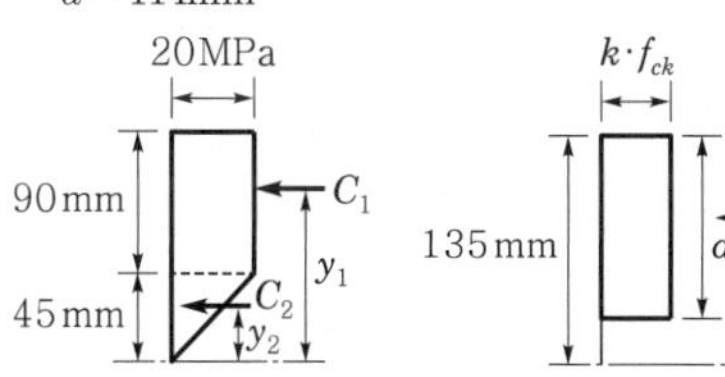

27 단순보에 등분포 활하중 w_n만 작용하고 있다. 강도설계법에서 강도감소계수와 하중계수를 1.0으로 가정할 때, 보가 부담할 수 있는 최대 등분포 활하중의 크기는? (f_{ck}: 콘크리트의 설계기준 압축강도, f_y: 철근의 설계기준항복강도, A_s: 인장철근의 단면적)

① $w_n = \frac{4A_s f_y}{l^2}\left(d - \frac{1}{2} \times \frac{A_s f_y}{0.85 f_{ck} b}\right)$

② $w_n = \frac{8A_s f_y}{l^2}\left(d - \frac{1}{2} \times \frac{1}{0.85 f_{ck} b}\right)$

③ $w_n = \frac{8A_s f_y}{l^2}\left(d - \frac{1}{2} \times \frac{A_s f_y}{0.85 f_{ck} b}\right)$

④ $w_n = \frac{4A_s f_y}{l^2}\left(d - \frac{1}{2} \times \frac{1}{0.85 f_{ck} b}\right)$

해설 ① 등가압축응력깊이

$a = \frac{A_S \cdot f_y}{0.85 f_{ck} \cdot b}$

② 최대 등분포 활하중

$M_d = \phi M_n \geq M_u$

$1.0 \times A_s f_y \left(d - \frac{a}{2}\right) \geq \frac{w_n l^2}{8}$

$w_n \leq \frac{8 \cdot A_s \cdot f_y}{l^2}\left(d - \frac{1}{2} \times \frac{A_s f_y}{0.85 f_{ck} \cdot b}\right)$

28 강도설계법에 따른 다음 단철근 직사각형보의 설계휨강도 [kN · m]는?

- 인장지배단면으로 가정
- 유효깊이 d=450mm
- 등가 직사각형 응력 블록의 깊이 a=100mm
- 인장철근의 단면적 A_s=1,000mm²
- 철근의 설계기준항복강도 f_y=400MPa

① 104 ② 136
③ 160 ④ 188

해설 $M_d = \phi M_n = 0.85 \cdot A_s \cdot f_y \left(d - \frac{a}{2}\right)$

$= 0.85 \times 1000 \times 400 \times \left(450 - \frac{100}{2}\right)$

$= 136\text{kN.m}$

정답 26 ① 27 ③ 28 ②

29 강도감수계수(ϕ)에 대한 설명으로 옳지 않은 것은?

① 설계 및 시공상의 오차를 고려한 값이다.
② 응력의 종류와 부재의 중요도 등에 따라 값이 달라진다.
③ 인장지배단면에 대한 강도감소계수는 0.85이다.
④ 콘크리트 지압력에 대한 강도감소계수는 0.70이다.

해설 ④ 콘크리트 지압력에 대한 강도감소개수는 0.65

30 철근의 설계기준 항복강도와 지배단면 변형률 한계 사이의 관계가 옳지 않은 것은?

① 철근의 항복강도가 300MPa일 때, 압축지배 변형률 한계는 0.0015이고, 인장지배 변형률 한계는 0.005이다.
② 철근의 항복강도가 350MPa일 때, 압축지배 변형률 한계는 0.00175이고, 인장지배 변형률 한계는 0.005이다.
③ 철근의 항복강도가 400MPa일 때, 압축지배 변형률 한계는 0.002이고, 인장지배 변형률 한계는 0.005이다.
④ 철근의 항복강도가 500MPa일 때, 압축지배 변형률 한계는 0.0025이고, 인장지배 변형률 한계는 0.005이다.

해설
- $\varepsilon_y = \dfrac{f_y}{E_s} = \dfrac{500}{2\times10^5} = 0.0025$
- 인장지배 변형률 한계
$2.5\varepsilon_y = 2.5\times0.0025 = 0.00625$

강재 종류	압축지배 변형률 한계	인장지배	휨부재 최소허용 변형률
SD 400 이하	ε_y	0.005	0.004
SD 400 초과	ε_y	$2.5\varepsilon_y$	$2.0\varepsilon_y$

31 콘크리트구조설계기준의 강도감소계수 규정에 대한 설명으로 옳지 않은 것은?

① 압축 콘크리트가 가정된 극한 변형률 0.003에 도달할 때, 최외단 인장철근의 순인장 변형률이 인장지배 변형률 한계 이상인 인장지배 단면은 0.85이다.
② 무근콘크리트의 휨모멘트, 압축력, 전단력, 지압력을 받는 단면은 0.66이다.
③ 전단과 비틀림모멘트를 받는 단면은 0.75이다.
④ 압축 콘크리트가 가정된 극한 변형률 0.003에 도달할 때, 최외단 인장철근의 순인장 변형률이 압축지배 변형률 한계 이하인 압축지배 단면 중 나선철근 규정에 따라 나선철근으로 보장된 철근콘크리트 부재는 0.70이다.

해설 ② 무근콘크리트의 휨모멘트, 압축력, 전단력, 지압력을 받는 단면은 0.55

32 공칭휨강도 M_n=85kN·m 이상인 철근콘크리트 단철근 직사각형보를 강도설계법으로 설계하려고 한다. 콘크리트의 설계기준강도는 20MPa, 철근의 항복강도는 400MPa인 경우, 필요한 단면의 최소폭[mm]은? (단, 철근량은 850mm^2, 유효깊이는 275mm이다.)

① 200 ② 300
③ 400 ④ 500

해설 ① 등가깊이 a

$$M_n = T\cdot Z = A_s f_y\left(d-\frac{a}{2}\right)$$

$$a = 2\cdot\left(d-\frac{M_n}{A_s f_y}\right) = 2\left(275-\frac{85\times10^6}{850\times400}\right)$$

$= 50\text{mm}$

② 단면폭

$$a = \frac{f_y\cdot A_S}{0.85 f_{ck}\cdot b} = \frac{850\times400}{0.85\times20\times50}$$

$= 400\text{mm}$

정답 29 ④ 30 ④ 31 ② 32 ③

33 다음 그림과 같은 T형보에서 인장철근의 단면적이 A_s=4,250mm^{2}일 때, 등가직사각형 응력 블록의 깊이 a[mm]는? (단, 콘크리트 설계기준강도 f_{ck}=20MPa, 철근의 항복강도 f_y=400MPa이다.)

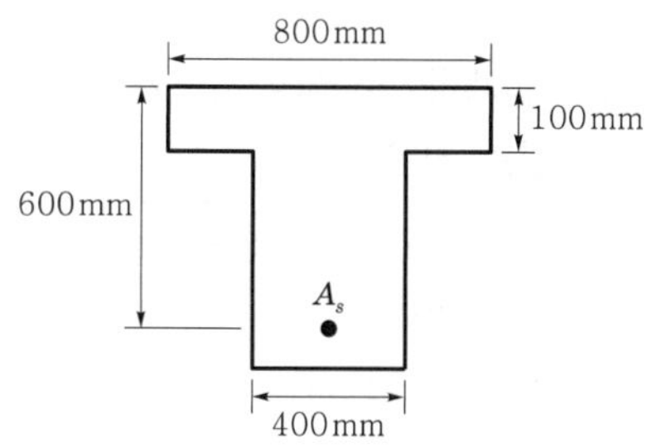

① 100 ② 150
③ 200 ④ 250

해설 ① T형보의 검토

$c_f = 0.85 f_{ck} b \cdot t_f = 0.85 \times 20 \times 800 \times 100$
$= 1360000\text{N}$

$T = A_s \cdot f_y = 4250 \times 400 = 1700000\text{N}$

$T > c_f$ 이므로 T형보

② A_{sf} 계산

$$A_{sf} = \frac{0.85 f_{ck} \cdot t_f (b - b_w)}{f_y} = \frac{0.85 \times 20 \times 100 \times (800-400)}{400} = 1700\text{mm}^2$$

③ 등가응력깊이

$$a = \frac{(A - A_{sf}) \cdot f_y}{0.85 f_{ck} \cdot b_w} = \frac{(4250-1700) \times 400}{0.85 \times 20 \times 400} = 150\text{mm}$$

34 다음 그림과 같은 복철근 직사각형보에서 인장철근량 A_s=2,000mm^2, 압축철근량 A_s'=800mm^{2}일 때, 인장철근비 ρ'는 $\rho'_{min} \le \rho' \le \rho'_{max}$를 만족한다면 압축측의 총압축력 C[kN]는? (단, 콘크리트 설계기준강도 f_{ck}=20MPa, 철근의 항복강도 f_y=300MPa, ρ'_{min}는 복철근보의 최소철근비, ρ'_{max}는 복철근보의 최대철근비이다)

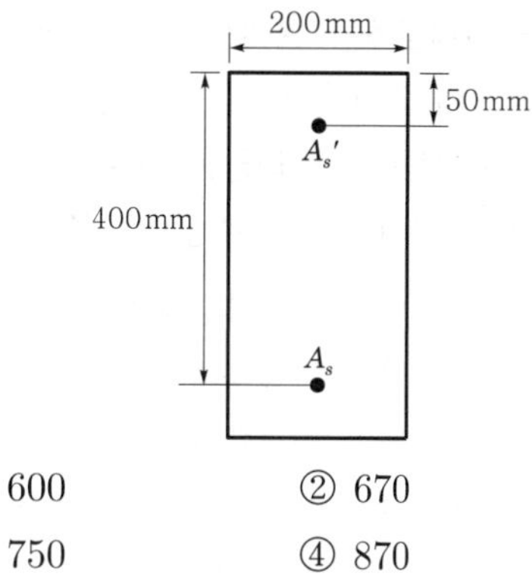

① 600 ② 670
③ 750 ④ 870

해설 $C = T = A_s \cdot f_y$
$= 2000 \times 300 = 600\text{kN}$

35 다음 그림과 같은 단철근 직사각형보가 최대철근비를 만족하는 철근량 $A_{s \cdot max}$[mm^2]는? (단, 콘크리트 설계기준강도 f_{ck}=21MPa, 철근의 항복강도 f_y=300MPa이다)

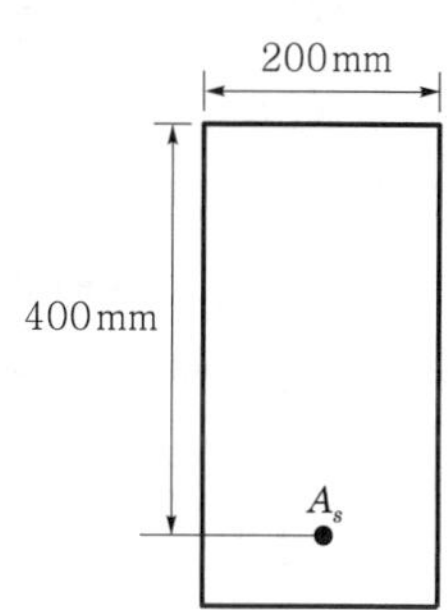

① 1,517 ② 1,734
③ 2,023 ④ 2,601

해설 ① 최대철근비

$$\rho_{max} = 0.85\beta_1 \frac{f_{ck}}{f_y} \cdot \frac{0.003}{0.003 + \varepsilon_{t \cdot min}}$$

$f_{ck} \le 28\text{MPa}$, $f_y = 400\text{MPa}$이므로

$$\rho_{max} = 0.85 \cdot \beta_1 \frac{f_{ck}}{f_y} \cdot \frac{0.003}{0.003 + 0.004}$$
$$= 0.3643\beta_1 \frac{f_{ck}}{f_y} = 0.3096 \frac{f_{ck}}{f_y}$$
$$= 0.3096 \times \frac{21}{300} = 0.0217$$

② 최대철근량

$A_{s \cdot max} = \rho_{max} \cdot b \cdot d$
$= 0.0217 \times 200 \times 400$
$= 1736\text{mm}^2$

정답 33 ② 34 ① 35 ②

36 강도설계법에서 플랜지가 휨압축응력을 받는 T형보의 휨설계 시 $a \le t$인 경우 직사각형보로 해석하는 가장 타당한 이유는? (단, a는 등가압축 응력깊이, t는 플랜지 두께이다.)

① 복부의 폭이 플랜지의 유효폭보다 작기 때문
② 직사각형보로 설계해야 더 안전하기 때문
③ 콘크리트의 인장응력을 고려하기 위하여
④ 플랜지 유효폭×a의 면적 이외에는 압축응력이 작용하지 않는다는 가정 때문

37 단면의 폭 b=40cm, 유효깊이 d=60cm, 인장측 철근의 단면적 A_s=9cm^{2}인 직사각형보를 강도설계법으로 검토했을 때, 발생할 수 있는 파괴 형태에 대한 설명으로 옳은 것은? (단, 균형철근비 ρ_b=0.0321, 최소철근비 ρ_{min}=0.0047, 최대철근비 ρ_{max}=0.0206이다.)

① 압축측 콘크리트와 인장측 철근이 동시에 항복한다.
② 부재는 연성파괴 형태로 파괴된다.
③ 압축측 콘크리트가 먼저 파괴된다.
④ 무근콘크리트의 파괴와 유사한 거동을 나타낼 수 있다.

해설 철근비 $\rho = \dfrac{A_s}{b \cdot d} = \dfrac{9}{40 \times 60} = 0.00375$

$\rho < \rho_{min}$ 이므로 인장측 콘크리트의 취성파괴 가능성이 커진다.

38 경간 L=12m인 교량의 단면이 그림과 같은 경우, 대칭 T형보의 플랜지 유효폭[mm]은?

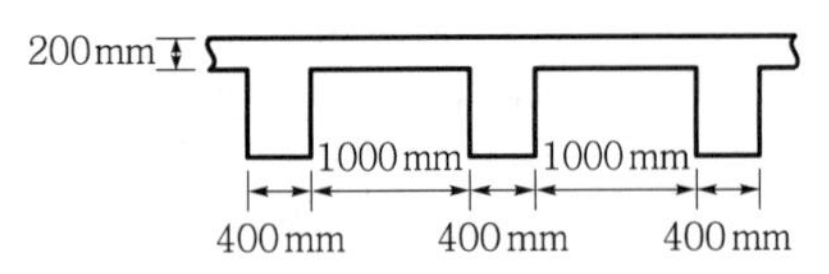

① 1,400　　② 2,100
③ 3,000　　④ 3,600

해설 ① $16t_f + b_w$
② 양쪽 슬래브 중심길이
③ 보경간의 $\dfrac{1}{4}$
①, ②, ③ 중 작은 값

39 강도설계법에서 적용하는 기본 가정에 해당되지 않는 것은?

① 철근과 콘크리트의 변형률은 중립축에서부터의 거리에 비례한다.
② 압축측 콘크리트의 극한 변형률은 0.003으로 가정한다.
③ 휨설계에서 콘크리트의 인장측 면적은 무시한다.
④ 철근과 콘크리트는 모두 후크(Hooke)의 법칙에 따른다.

40 폭 b=40cm, 전체높이 h=60cm, 유효깊이 d=55cm인 단철근직사각형 단면의 공칭모멘트[kN·m]는? (단, 콘크리트의 설계기준 강도 f_{ck}=30MPa, 철근의 항복강도 f_y=300MPa, 인장측 철근의 단면적 A_c=34cm^{2}이고, 철근비(ρ)는 $\rho_{min} \le \rho \le \rho_{max}$를 만족한다.)

① 510　　② 561
③ 610　　④ 661

해설 ① $a = \dfrac{1}{0.85} \cdot \dfrac{f_y \cdot A_s}{f_{ck} \cdot b}$
$= \dfrac{20}{17} \times \dfrac{300 \times 3400}{30 \times 400}$
$= 100\text{mm}$

② $M_n = A_s f_y \left(d - \dfrac{a}{2}\right)$
$= 3400 \times 300 \times \left(550 - \dfrac{100}{2}\right)$
$= 510\text{kN} \cdot \text{m}$

정답 36 ④ 37 ④ 38 ① 39 ④ 40 ①

41 그림과 같은 균형단면의 단철근 직사각형보에서 콘크리트의 설계기준강도 f_{ck}가 60MPa이라면, 계수 β_1은?

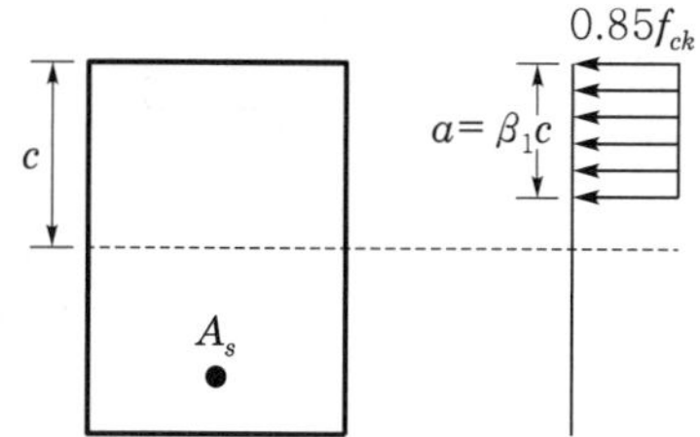

① 0.626
② 0.65
③ 0.75
④ 0.85

해설 f_{ck}=56MPa 이상인 60MPa이므로 $\beta_1=0.65$

42 단철근 직사각형보(축력이 없는 띠철근 휨부재)에서 콘크리트의 설계기준강도 f_{ck}=28MPa, 철근의 항복강도 f_y=400MPa, 인장측 철근의 단면적 $A_s=850\text{mm}^2$, 등가직사각형의 응력깊이 a=85mm, 유효깊이 d= 200mm이다. 콘크리트구조 설계기준(2007)에 의거하여 설계휨강도를 계산할 때, 강도감소계수 ϕ는?

① 0.717 ② 0.75
③ 0.783 ④ 0.85

해설 ① 순인장 변형률 결정

$$c=\frac{a}{\beta_1}=\frac{85}{0.85}=100\text{mm}$$

$$\varepsilon_t=0.003\left(\frac{d_t-c}{d}\right)$$

$$=0.003\left(\frac{200-100}{100}\right)=0.003$$

$\varepsilon_{t\min}$=0.004이므로 순인장 변형률은 0.004

② 강도감소계수

$$\phi=\frac{\varepsilon_t-\varepsilon_y}{\varepsilon_{t.td}-\varepsilon_y}$$

$$=0.65+0.2\times\frac{0.004-0.002}{0.005-0.002}$$

$$=0.78$$

43 강도설계법으로 그림과 같은 복철근 직사각형 단면을 설계할 때, 등가직사각형의 깊이 a[mm]는? (단, 콘크리트의 설계기준강도 f_{ck}= 25MPa, 철근의 항복강도 f_y=400MPa이다.)

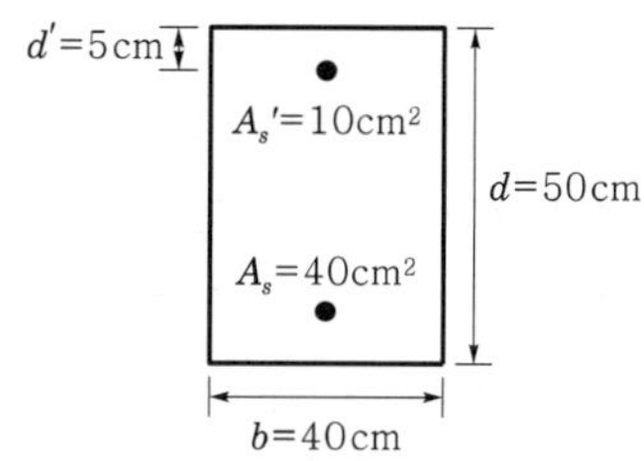

① 127.8 ② 141.2
③ 176.5 ④ 210.6

해설
$$a=\frac{(A_s-A_s')\cdot f_y}{0.85\cdot f_{ck}\cdot b}$$

$$=\frac{(4000-1000)\times 400}{0.85\times 25\times 400}$$

$$=141.2\text{mm}$$

44 다음 그림과 같은 T형보에서 플랜지 내민 부분의 압축력과 균형을 이루기 위한 철근 단면적 $A_{sf}(\text{cm}^2)$는? (단, 강도설계법에 의하고, f_{ck}=20MPa, f_y=400MPa, b=70cm, b_w= 20cm, d=65cm, t_f=15cm, $A_s=47.65\text{cm}^2$라고 가정한다.)

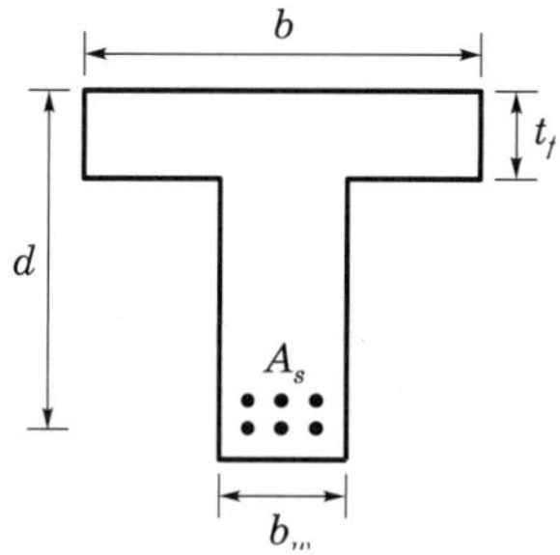

① 31.875cm² ② 52cm²
③ 65.275cm² ④ 85cm²
⑤ 110cm²

정답 41 ② 42 ③ 43 ② 44 ①

해설
$$A_{sf}=\frac{0.85f_{ck}(b-b_w)\cdot t_f}{f_y}$$
$$=\frac{0.85\times20\times(700-200)\times150}{400}$$
$$=3187.5\text{mm}^2=31.875\text{cm}^2$$

45 양단 고정단보 지간 중앙에 집중 활하중 P만 작용하고 있다. 콘크리트구조기준(2012)을 적용한 단철근 보에 작용 가능한 최대 집중활하중의 크기 P[kN]는? (단, 인장지배 단면 가정, 고정하중 무시, 인장철근 단면적 A_s=1,000mm^2, 철근의 설계기준항복강도 f_y=400MPa, 유효깊이 d=450mm, 등가 직사각형 응력 블록의 깊이 a=100mm, 고정단보 지간길이 L=85m, 강도감소계수 ϕ=0.85를 적용한다.)

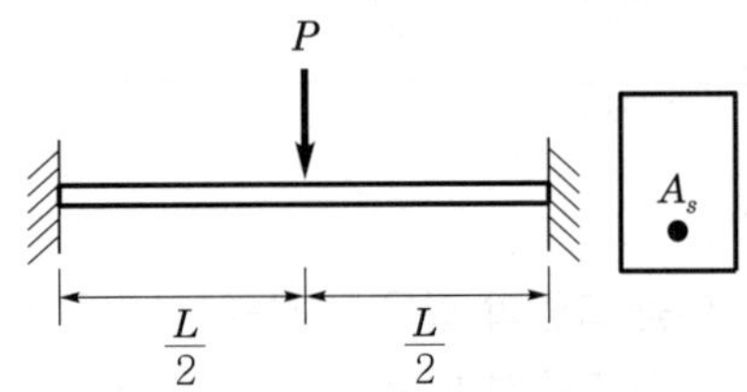

① 50 ② 80
③ 120 ④ 160

해설 $M_d=\phi M_n\geq M_u$
$$\phi A_sf_y\left(d-\frac{a}{2}\right)\geq1.6\times\frac{pl}{8}$$
$$0.85\times1000\times400\times\left(450-\frac{100}{2}\right)\geq1.6\times\frac{p\times8.5\times10^3}{8}$$
$P\leq80000\text{N}=80\text{kN}$

46 그림과 같은 철근콘크리트 T형보를 직사각형보로 설계해도 되는 인장철근량[mm^2]을 모두 고른 것은? (단, 철근의 설계기준항복강도 f_y=400MPa, 콘크리트의 설계기준압축강도 f_{ck}=25MPa이다)

ㄱ. 1,200	ㄴ. 1,500
ㄷ. 1,800	ㄹ. 2,100

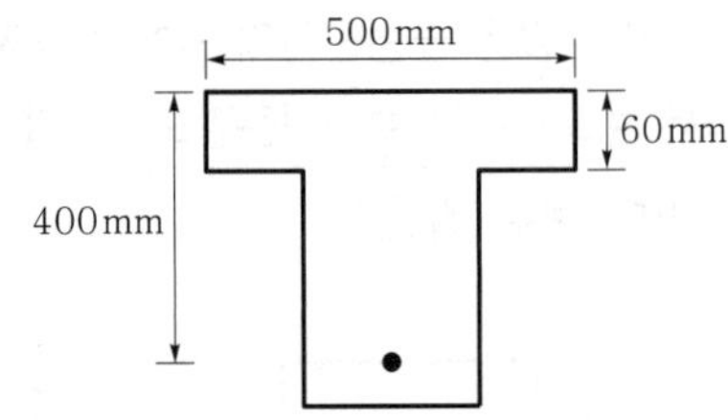

① ㄱ ② ㄱ, ㄴ
③ ㄱ, ㄴ, ㄷ ④ ㄱ, ㄴ, ㄷ, ㄹ

해설 $a\leq t_f,\ 0.85f_{ck}b\,t_f\geq A_sf_y$
$$A_s\leq\frac{0.85f_{ck}b\cdot t_f}{f_y}$$
$$=\frac{0.85\times25\times40\times60}{400}$$
$$=1593.75\text{mm}^2$$

47 그림과 같은 단철근 직사각형보를 강도설계법으로 검토했을 때, 발생될 수 있는 파괴 형태에 대한 설명으로 옳은 것은? (단, 균형철근비 ρ_b=0.0321, 최소철근비 $\rho_{\min}$=0.0047, 최대철근비 $\rho_{\max}$=0.0206이다.)

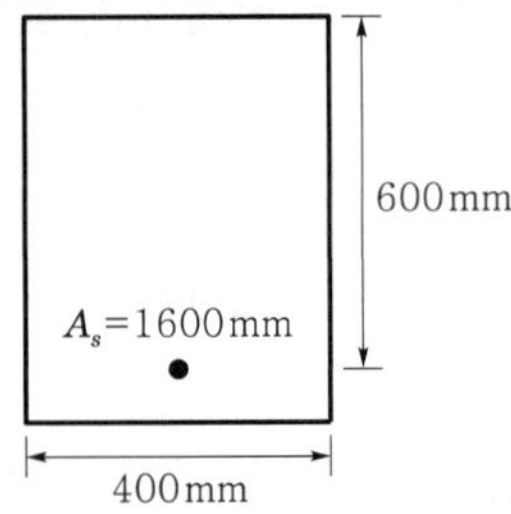

① 압축측 콘크리트와 인장측 철근이 동시에 항복한다.
② 무근콘크리트의 파괴와 유사한 거동을 나타낸다.
③ 부재는 연성파괴된다.
④ 압축측 콘크리트가 먼저 파괴된다.

해설
$$\rho=\frac{A_S}{b\cdot d}=\frac{1600}{400\times600}=0.0067$$
$\rho_{\max}>\rho>\rho_{\min}$

정답 45 ② 46 ② 47 ③

48 철근콘크리트 단면에서 인장철근의 순인장 변형률(ε_t)이 0.003일 경우 강도감소계수(ϕ)는? (단, f_y=400MPa, 나선철근 부재이고, 2012년도 콘크리트구조기준을 적용한다.)

① 0.70 ② 0.75
③ 0.80 ④ 0.85

해설

$$\phi = 0.7 + 0.15\frac{\varepsilon_t - \varepsilon_y}{0.005 - \varepsilon_y}$$
$$= 0.7 + 0.15 \times \left(\frac{0.003 - 0.002}{0.005 - 0.002}\right)$$
$$= 0.75$$

49 다음 그림과 같은 단철근 직사각형보에서 인장철근의 단면적이 A_s=2,890mm^{2}일 때, 휨 설계를 위한 강도감소계수 ϕ는? (단, 콘크리트 설계기준강도 f_{ck}=20MPa, 철근의 항복강도 f_y=300MPa, 철근의 탄성계수 E_s=200,000MPa이다)

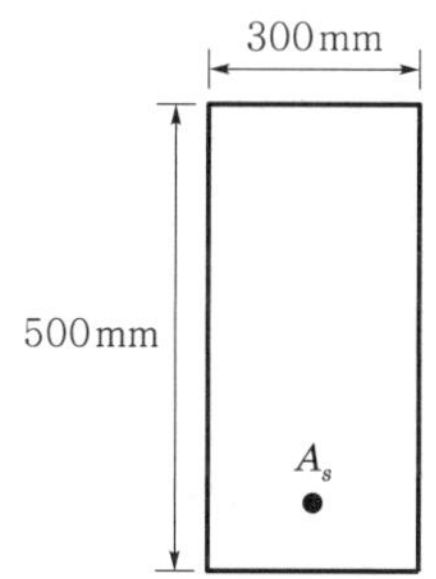

① 0.783 ② 0.821
③ 0.845 ④ 0.850

해설 ① 순인장 변형률

• $a = \frac{A_s fy}{0.85 f_{ck} \cdot b} = \frac{2890 \times 300}{0.85 \times 20 \times 300}$
$= 170\text{mm}$

• 중립축 $c = \frac{a}{\beta_1} = \frac{170}{0.85} = 200\text{mm}$

• $\varepsilon_t = 0.003\left(\frac{d_t - c}{c}\right) = 0.003\left(\frac{500-200}{200}\right) = 0.0045$

• $f_y = 300\text{MPa}$이므로

$\varepsilon_{t,td} = 0.005$, $\varepsilon_{t,ccl} = \varepsilon_y = \frac{f_y}{E_s} = \frac{300}{200000} = 0.0015$

$\therefore\ \varepsilon_{t,td} > \varepsilon_t > \varepsilon_{t,ccl}$

② 강도감소계수

$\varepsilon_t = 0.0045 > \varepsilon_{t,\min}(0.004) \rightarrow \varepsilon_t = 0.0045$

$$\phi = 0.65 + 0.2\frac{\varepsilon_t - \varepsilon_{t,ccl}}{\varepsilon_{t,td} - \varepsilon_{t,ccl}}$$
$$= 0.65 + 0.2 \times \frac{0.0045 - 0.0015}{0.005 - 0.0015}$$
$$= 0.65 + 0.171 = 0.821$$

50 단철근 철근콘크리트 직사각형보의 폭 b=400mm, 유효깊이 d=450mm이며, 인장철근 단면적 A_s=1,700mm^2, 콘크리트 설계기준압축강도 f_{ck}=20MPa, 철근의 설계기준항복강도 f_y=400MPa일 때, 공칭휨강도 M_n[kN · m]은? (단, 인장철근은 1단 배근되어 있다.)

① 192 ② 232
③ 272 ④ 312

해설

① $a = \frac{A_s f_y}{0.85 f_{ck} \cdot b_w} = \frac{1700 \times 400}{0.85 \times 20 \times 400} = 100\text{mm}$

② $M_n = A_s f_y\left(d - \frac{a}{2}\right) = 1700 \times 400 \times \left(450 - \frac{100}{2}\right)$
$= 272 \times 10^6\text{N.mm} = 272\text{kN.m}$

51 콘크리트구조기준(2012)에 따라 철근콘크리트 휨부재의 모멘트 강도를 계산하기 위하여 사용하는 등가직사각형 응력 블록에 대한 설명으로 옳지 않은 것은? (단, a는 등가직사각형 응력 블록의 깊이, b는 단면의 폭, f_{ck}는 콘크리트의 설계기준압축강도이다.)

① 콘크리트의 실제 압축응력분포의 면적과 등가직사각형 응력 블록의 면적은 같다.
② 등가직사각형 응력 블록의 도심과 실제 압축응력분포의 도심은 일치하지 않는다.
③ 등가직사각형 응력 블록에 의한 콘크리트가 받는 압축응력의 합력은 $0.85f_{ck}$ab로 계산한다.
④ 등가직사각형 응력 블록을 정의하는 주요 변수 값은 콘크리트 압축강도에 따라 달라진다.

정답 48 ② 49 ② 50 ③ 51 ②

52 유효깊이 d=480mm,압축연단에서 중립축까지의 거리 c=160mm인 단철근 철근콘크리트 직사각형보의 휨파괴 시 인장철근 변형률은? (단, 인장철근은 1단 배근되어 있고, 파괴 시 압축연단 콘크리트의 변형률은 0.003이다.)

① 0.003 ② 0.004
③ 0.005 ④ 0.006

해설 $\varepsilon_s = 0.003\dfrac{d-c}{c} = 0.003 \times \dfrac{480-160}{160} = 0.006$

53 철근콘크리트 T형보의 설계에 대한 설명으로 옳지 않은 것은?

① 독립 T형보의 추가 압축 면적을 제공하는 플랜지의 두께는 복부폭의 1/2 이상이어야 한다.
② 독립 T형보의 추가 압축 면적을 제공하는 플랜지의 유효폭은 복부폭의 4배 이하여야 한다.
③ 정(+)의 휨모멘트를 받는 T형 단면의 중립축이 플랜지 안에 있으면, T형 단면으로 고려하여 설계하여야 한다.
④ 장선구조를 제외한 T형보의 플랜지로 취급되는 슬래브에서 주철근이 보의 방향과 같을 때, 횡방향 철근의 간격은 슬래브 두께의 5배 이하로 하여야 하고, 또한 450mm 이하로 하여야 한다.

54 다음 그림과 같은 박스형 단면을 갖는 철근콘크리트 보의 공칭휨강도 M_n[kN.m]은? (단, f_{ck}=20MPa, f_y=400MPa, f_{ck}는 콘크리트의 설계기준압축강도, f_y는 철근의 설계기준항복강도이다.)

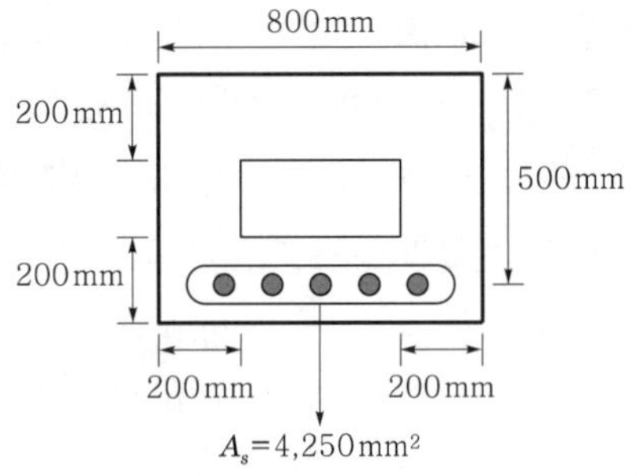

① 523.75 ② 633.75
③ 743.75 ④ 853.75

해설 ① 등가압축응력 작용면적

$0.85f_{ck} \cdot A_c = A_s f_y$

$A_c = \dfrac{A_s f_y}{0.85 f_{ck}} = \dfrac{4250 \times 400}{0.85 \times 20} = 100{,}000\text{mm}^2$

② 등가압축응력깊이

100000=800×a

a=125mm

③ 공칭휨강도

$M_n = A_s f_y\left(d - \dfrac{a}{2}\right) = 4250 \times 400 \times \left(500 - \dfrac{125}{5}\right)$

$= 743.75\text{kN}$

55 휨부재 설계에 대한 설명으로 옳지 않은 것은? (단, 2012년도 콘크리트구조기준을 적용한다)

① 휨부재의 최소 허용변형률은 철근의 항복강도가 400MPa 이하인 경우 0.002로 하고, 철근의 항복강도가 400MPa을 초과하는 경우 철근 항복 변형률의 1.5배로 한다.
② 압축연단 콘크리트가 가정된 극한 변형률인 0.003에 도달할 때 최외단 인장철근의 순인장변형률 ε_t가 0.005의 인장지배변형률 한계 이상인 단면을 인장지배단면이라고 한다.
③ 휨부재 설계 시 보의 횡지지 간격은 압축플랜지 또는 압축면의 최소 폭의 50배를 초과하지 않도록 하여야 한다.
④ 휨부재의 강도를 증가시키기 위하여 추가 인장철근과 이에 대응하는 압축철근을 사용할 수 있다.

해설 ① 0.004, 2.0배 이하

정답 52 ④ 53 ③ 54 ③ 55 ①

Chapter 03

보의 전단과 비틀림 해석

CHAPTER 03

보의 전단과 비틀림 해석

KEY NOTE

1 보의 전단응력 및 거동

1. 보의 전단응력

1) 균질보의 휨응력과 전단응력 분포

① 휨응력은 보의 지점부에서 0이고, 중앙부근으로 갈수록 커지며, 보의 중립축에서는 0이고 상·하면으로 갈수록 커진다.

② 전단응력은 보의 지점부에서 최대이고, 중앙 부근으로 갈수록 작아지며, 보의 중립축에서는 최대이고, 상·하면으로 갈수록 작아진다.

③ 휨응력은 중립축으로부터 거리에 비례하고, 전단응력은 중립축으로부터 거리에 곡선으로 변화한다.

2) 철근콘크리트(RC)보의 휨응력과 전단응력 분포

① 인장측 콘크리트의 휨응력은 무시한다.

② 전단응력은 평균전단응력을 사용한다.

③ 철근콘크리트보의 전단응력은 중립축에서 최대이고, 중립축 이하에서는 최대값이 계속된다.

구분	휨응력	전단응력	전단응력 분포도
균질보	$\sigma = \frac{M}{I}y$	$r = \frac{S}{A} = \frac{S \cdot G}{I \cdot b}$	b, h, τ
RC보	$f = \frac{M}{I}y$	$v = \frac{V}{bd} = \frac{V}{b_w d}$	b, x_1, x, d, A_s, x_1, x, v_{max}

3) RC보의 전단응력 일반식

① 전단응력 일반식

$$v = \frac{V\left(x^2 - x_1^2\right)}{bx^2\left(d - \frac{x}{3}\right)}$$

② 최대 전단응력($x_1 = 0$일 때 최대)

$$v_{\max} = \frac{V}{bjd} = \frac{V}{b\left(d - \frac{x}{3}\right)}$$

③ 평균 전단응력

$$v = \frac{V}{bd} = \frac{V}{b_w d}$$

④ 부등 단면변화의 전단응력

$$v = \frac{V_1}{bd} = \frac{1}{bd}\left\{V - \frac{M}{d}(\tan\alpha + \tan\beta)\right\}$$

여기서, V : 전단력(절대값)

M : 휨모멘트(절대값)

α, β의 부호 : $|M|$이 증가함에 따라 d가 증가하는 경우에는 (+), 감소하는 경우에는(－)

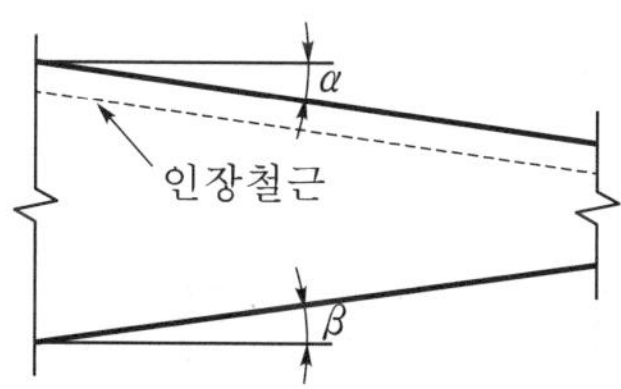

[그림 3-1] 부등 단면보

2. 보의 사인장 응력

1) 주응력과 주응력면 기울기의 일반식

① 주응력의 크기

$$f_{\substack{1\\2}} = \frac{f_x + f_y}{2} \pm \sqrt{\left(\frac{f_x - f_y}{2}\right)^2 + v^2}$$

② 주응력면의 기울기

$$\tan 2\theta = \frac{2v}{f_x - f_y}$$

KEY NOTE

전단에 대한 위험단면
- 보, 1방향슬래브 및 기초 : d
- 2방향 슬래브 : $0.5d$
- 2방향 기초 슬래브 : $0.15d$

위험단면 전단력

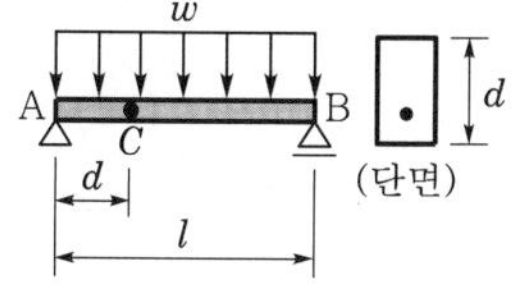

- 지점에서 d만큼 떨어진 c점 전단력

$\therefore\ V = \frac{wl}{2} - (w \cdot d)$

KEY NOTE

2) 중립면 내의 미소요소 A의 경우

① 이 경우 RC보를 균등질보로 볼 수 있고, 탄성거동을 보인다. 중립면 내의 미소요소 A는 $f_y=0$, $v=v_{max}$이므로 주응력의 크기는

$$f_{\frac{1}{2}} = \frac{f_x}{2} \pm \sqrt{\left(\frac{f_x}{2}\right)^2 + v^2}$$

∴ 주 인장응력 $f_1 = v = v_{max}$, 주 압축응력 $f_2 = -v = -v_{max}$

② 주응력면의 기울기는

$$\tan 2\theta = -\frac{2v}{f_x} = -\frac{2v_{max}}{0} = -\infty$$

$2\theta=90°$ 또는 $270°$이므로

∴ $\theta=45°$ 또는 $135°$이다.

3) 인장측의 미소요소 B의 경우

① 콘크리트에 인장균열이 발생하기 전에는 $f\neq0$이므로 주 인장응력 f_1은 주 압축응력 f_2보다 절대값이 커진다.

② 콘크리트에 인장균열이 발생할 경우는 $f=0$으로 되어 요소 A와 같게 된다.

③ 보통의 사용 상태에 있는 철근콘크리트 보의 인장측에 일어나는 주응력의 크기는 전단응력과 같고, 보의 축에 대하여 45°의 경사로 작용한다.

④ 주 인장응력(f_1)은 크기가 전단응력 v와 같기 때문에 전단응력이라고도 하며, 또 보의 축에 대하여 45°의 경사로 작용하기 때문에 사인장 응력이라고도 한다.

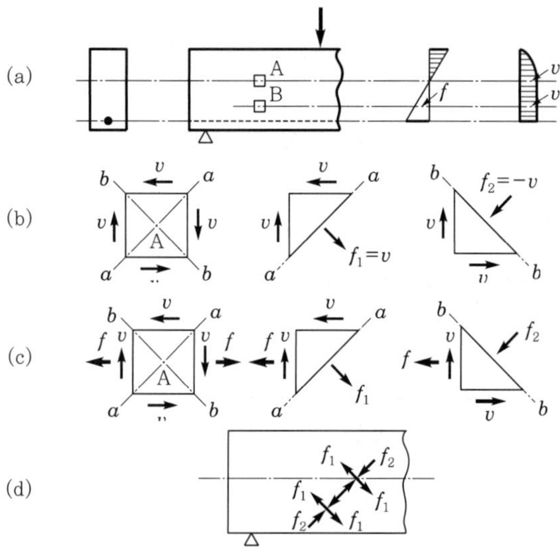

[그림 3-2] RC보의 주응력도

3. 보의 사인장균열

1) 휨균열과 전단균열

① 휨균열은 보의 하단의 중앙부에서 발생하는 균열이다.

② 전단균열은 보의 중립축 근처의 지점부에서 발생하는 균열이다.

2) 복부전단균열

① 휨응력은 작고 전단응력이 큰 지점부 가까이의 중립축 근처에서 발생하는 경사 균열

② I형 단면과 같이 얇은 복부에서 발생

③ 복부전단균열 시 콘크리트의 최대 전단응력

$$v_{cr} = \frac{V_{cr}}{bd} = 0.29\lambda\sqrt{f_{ck}}\,[\mathrm{MPa}]$$

3) 휨전단균열

① 휨모멘트에 의해 부재에 수직 균열이 먼저 발생

② 전단에 유효한 비균열 단면감소

③ 전단응력 증가

④ 수직 균열 끝에 발생하는 경사균열(사인장균열)로 발전

⑤ 휨모멘트가 크고 전단력도 큰 단면에서 발생

⑥ 휨전단균열 시 콘크리트의 최대 전단응력

$$v_{cr} = \frac{V_{cr}}{bd} = 0.16\lambda\sqrt{f_{ck}}\,[\mathrm{MPa}]$$

⑦ 휨전단균열을 일으키는 전단력은 복부전단균열을 일으키는 전단력의 1/2 정도이다.

4) 균열에 의한 전단파괴

복부전단 균열파괴	휨전단 균열파괴
• 사인장파괴 • 전단인장파괴 • 전단압축파괴 • 사압축파괴(복부파쇄파괴)	• 사인장파괴 • 전단인장파괴 • 전단압축파괴

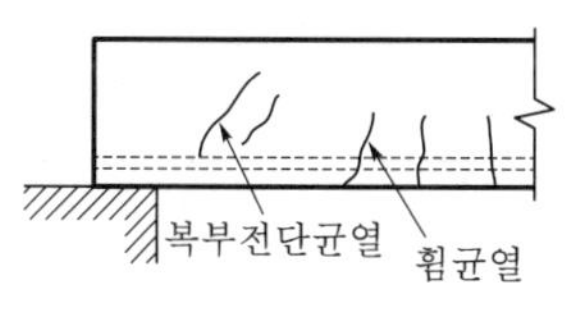

(a) 복부전단균열

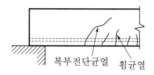

복부전단균열 휨균열

(b) 휨전단균열

[그림 3-3] 철근콘크리트보의 사인장균열

KEY NOTE

균열의 형태 및 종류

① 휨균열
보하단 중앙부에서 발생

② 전단균열
보 중립축 근처 지점부에서 발생

③ 휨-전단균열
보 중앙부와 지점부 사이에 발생

콘크리트의 최대 전단응력

① 휨전단균열
$\therefore V_{cr} = 0.16 \cdot \lambda\sqrt{f_{ck}}\,[\mathrm{MPa}]$

② 복부전단균열
$\therefore V_{cr} = 0.29 \cdot \lambda\sqrt{f_{ck}}\,[\mathrm{MPa}]$

KEY NOTE

- 전단경간(a)
  지점에서 집중하중 작용점까지의 거리
- 전단 경간비(a/d)
  $\frac{a}{d}$에 따라 휨균열이 전단균열로 발전

4. 보의 전단강도 거동

1) 전단경간(a/d)

① RC보에서는 휨전단균열이 문제이고, 휨전단균열은 $\frac{V}{M}$ 또는 $\frac{v}{f}$에 좌우된다.

② 전단응력은 $v = k_1 \frac{V}{bd}$, 휨응력은 $f = k_2 \frac{M}{bd^2}$ 이다.

이들 관계식으로부터

$$\frac{v}{f} = \frac{k_1}{k_2} \frac{Vd}{M}$$

이고, 전단경간 $a = \frac{M}{V}$을 대입하면

$$\therefore \frac{f}{v} = \frac{k_2}{k_1} \cdot \frac{a}{d}$$

여기서, k_1 : 주로 휨균열의 높이에 좌우되는 상수
k_2 : 균열의 상태에 따라 정해지는 상수
a : 전단경간(전단지간)

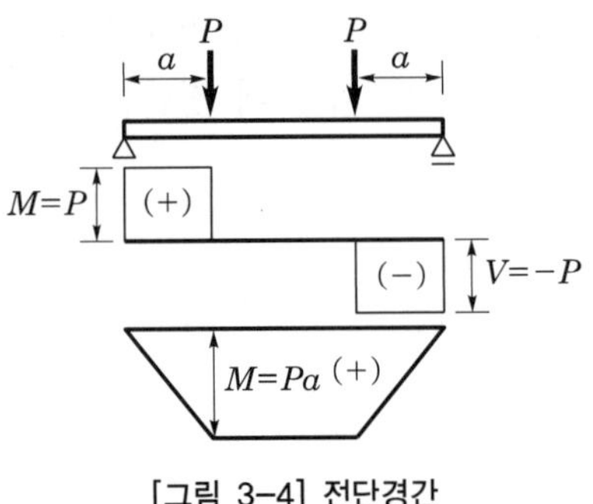

[그림 3-4] 전단경간

2) 전단경간에 따른 전단강도의 변화

① $\frac{a}{d} \leq 1$인 경우

높이가 큰 보(깊은 보, $l_n/d \leq 4$)로 보의 강도가 전단력에 의해 지배된다. 철근콘크리트보의 아치작용이 발생한다.

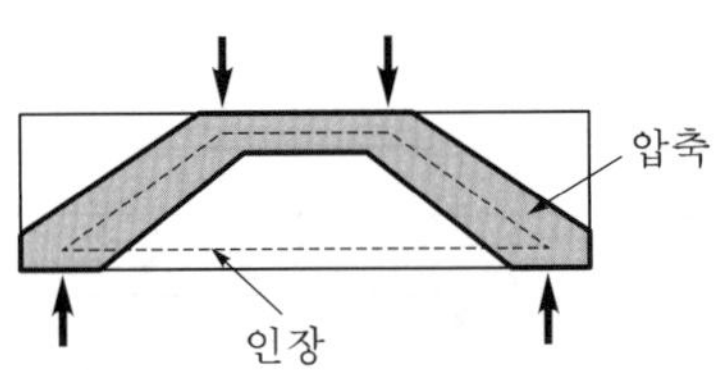

[그림 3-5] 깊은 보의 아치작용

② $1 < \frac{a}{d} \le 2.5$인 경우 : 깊은 보에 있어서도 전단강도가 사인장 균열강도보다 크기 때문에 전단파괴(전단 인장파괴, 전단 압축파괴)가 나타난다.

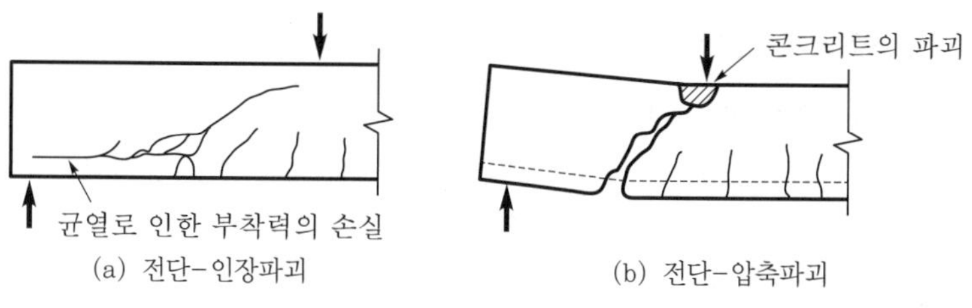

[그림 3-6] 짧은 보의 전단파괴

③ $2.5 < \frac{a}{d} \le 6$인 경우 : 보통의 보로 전단강도가 사인장균열 강도와 같아서 사인장파괴가 나타난다.

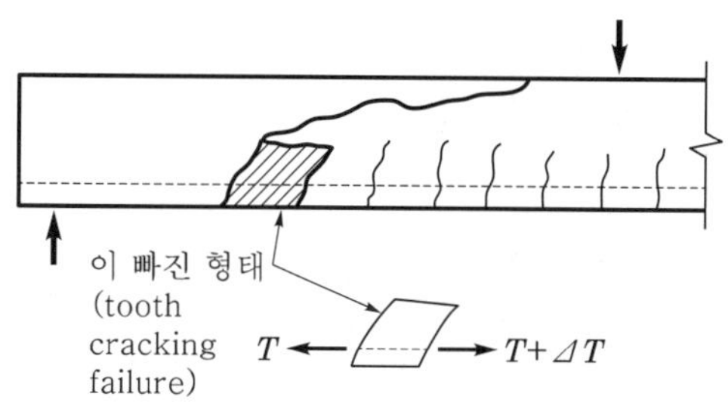

[그림 3-7] 보통 보의 사인장파괴

④ $\frac{a}{d} > 6$인 경우 : 경간이 큰 보로 전단강도보다 휨강도에 지배되므로 휨에 의한 파괴가 나타난다.

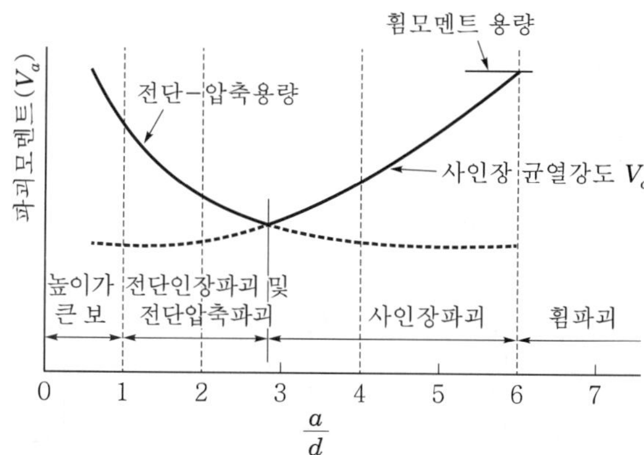

[그림 3-8] $\frac{a}{d}$에 따른 전단 강도의 변화

KEY NOTE

보의 파괴형태

① $\frac{a}{d} \le 1.0$: 전단력이 지배 → 아치작용

② $1 < \frac{a}{d} \le 2.5$: 전단강도>사인장강도 → 전단파괴

③ $2.5 < \frac{a}{d} \le 6$: 전단강도=사인장강도 → 사인장파괴

④ $\frac{a}{d} > 6$: 휨력이 지배

KEY NOTE

전단철근의 종류
① 굽힘철근
② 수직스터럽
③ 경사스터럽
④ 용접철망
⑤ 스터럽과 굽힙철근의 병용
⑥ 나선철근, 띠철근

5. 전단철근(사인장철근)

1) 전단철근은 전단보강철근으로 복부철근 또는 사인장철근이라고도 하며, 전단력으로 인해 발생하는 경사균열(사인장균열)을 막기 위해 배치한다.

2) 전단철근의 종류

① 굽힘철근(bent-up bar, 절곡철근)
주철근을 30° 이상의 각도로 구부려 올린 사인장철근으로, 보통은 45°의 경사로 구부려 올리거나 구부려 내린다.

② 수직스터럽(vertical stirrup)
주철근에 직각으로 배치된 전단철근이다.

③ 경사스터럽(inclined stirrup)
주철근에 45° 이상의 각도로 설치되는 스터럽이다.

④ 부재의 축에 직각으로 배치된 용접철망

⑤ 스터럽과 굽힘철근의 병용(조합)

⑥ 나선철근, 원형 띠철근 또는 후프철근

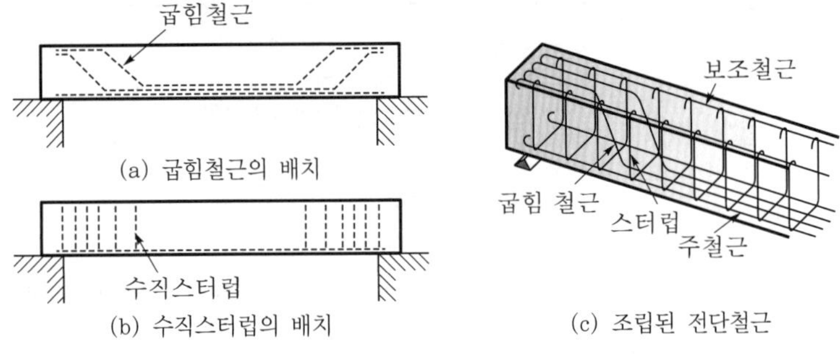

[그림 3-9] 전단철근의 종류

3) 스터럽의 종류

① U형 스터럽
② 폐합(폐쇄) 스터럽
③ 복U형(W형) 스터럽

[그림 3-10] 스터럽의 종류

2 전단설계

1. 설계의 원칙

1) 설계원리

휨과 전단을 받는 단면의 전단설계는 다음 식에 기초를 둔다.

$$V_d = \phi V_n = \phi(V_c + V_s) \geq V_u$$

여기서, V_d : 설계전단강도

V_n : 공칭전단강도

V_c : 콘크리트가 부담하는 전단강도

V_s : 전단철근이 부담하는 전단강도

V_u : 계수전단력(계수전단강도, 소요전단강도)

2) 전단에 대한 위험단면

① 철근콘크리트 부재의 전단에 대한 위험단면은 받침부 내면으로부터 경간 중앙쪽으로 유효깊이 d만큼 떨어진 단면으로 본다. 위험단면에서 구한 계수전단력 V_u를 사용한다.

② 보 및 1방향 슬래브, 1방향 확대기초는 지점에서 d만큼 떨어진 곳이다.

③ 2방향 슬래브는 지점에서 $d/2(0.5d)$만큼 떨어진 곳이다.

④ 2방향 확대기초(footing)는 지점에서 $3d/4(0.75d)$만큼 떨어진 곳이다.

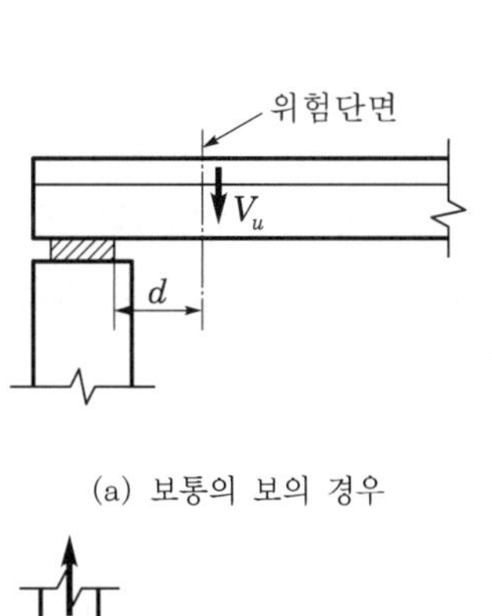

(a) 보통의 보의 경우

위험단면
V_u
V_u
d
d

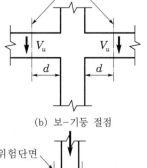

(b) 보-기둥 절점

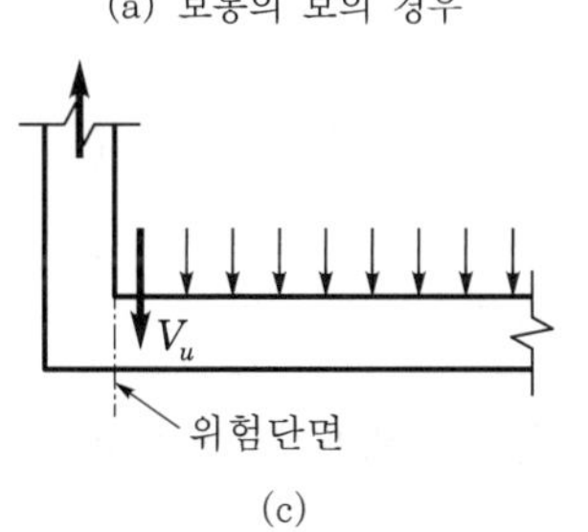

(c)

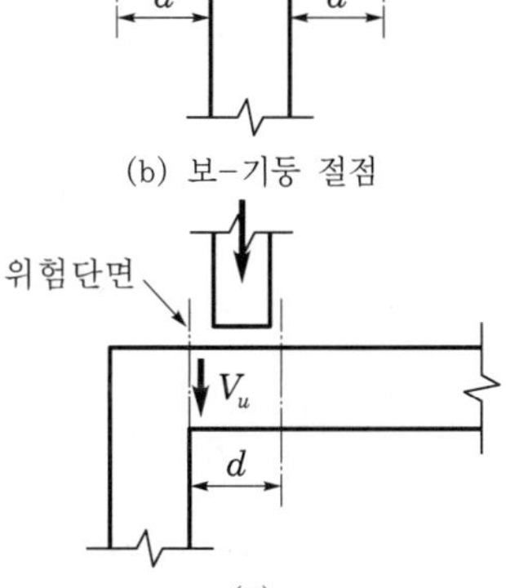

(d)

[그림 3-11] 전단에 대한 위험단면

KEY NOTE

전단철근 전단강도 V_s

$V_u = \phi(V_c + V_s)$

$\therefore V_s = \dfrac{V_u}{\phi} - V_c$

여기서 $V_c = \dfrac{1}{6}\lambda\sqrt{f_{ck}}\, b_w \cdot d$

$V_u = \dfrac{wl}{2} - w \cdot d$(단순보)

$\phi = 0.75$

공칭전단강도 V_n

$V_n = V_c + V_s$

여기서 $V_c = \dfrac{1}{6}\lambda\sqrt{f_{ck}}\, b_w \cdot d$

$V_s = \dfrac{d}{s} \cdot A_v \cdot f_y$

(수직스터럽)

⑤ 인장을 받는 지지부재와 일체로 된 부재는 받침부 내면의 계수전단력 V_u를 사용한다. (c)

⑥ 지지부 가까이 집중하중을 받는 보에서는 받침부 내면의 계수전단력 V_u를 사용한다. (d)

2. 전단강도 산정식

1) 콘크리트가 부담하는 전단강도

◎ KEY NOTE

➲ V_c(콘크리트 부담 전단강도)

- $V_c = \frac{1}{6}\lambda\sqrt{f_{ck}}\,b_w d$
- $V_c = \left(0.16\lambda\sqrt{f_{ck}} + 17.6\rho_w \frac{V_u d}{M_u}\right)b_w d$

① 전단강도 V_c를 결정할 때, 구속된 부재에서 크리프와 건조수축으로 인한 축방향 인장력의 영향을 고려하여야 하며, 깊이가 일정하지 않은 부제의 경사진 휨압축력의 영향도 고려하여야 한다.

② 이 장에서 사용된 $\sqrt{f_{ck}}$는 8.4Mpa를 초과하지 않도록 해야 한다. 이는 압축강도가 70Mpa 이상의 고강도 콘크리트에 대한 자료의 부족으로 신뢰성이 떨어지기 때문이다.

③ 실용식(상세한 계산 계산을 하지 않는 경우)

$$V_c = \frac{1}{6}\lambda\sqrt{f_{ck}}\,b_w d$$

④ 정밀식(상세한 계산 필요 시)

$$V_c = \left(0.16\lambda\sqrt{f_{ck}} + 17.6\rho_w \frac{V_u d}{M_u}\right)b_w d \le 0.29\lambda\sqrt{f_{ck}}\,b_w d$$

여기서, V_c : 소요 전단강도

M_u : 계수휨모멘트 $\left(\frac{V_u d}{M_u} \le 1,\ \rho_w = \frac{A_s}{b_w d}\right)$

⑤ 축방향력을 받는 휨부재에 축방향 압축이 작용하면 부재의 전단강도가 증가하고, 축방향 인장이 작용하면 감소한다. 축방향 압축력 N_u가 작용하는 휨부재의 전단강도는

$$V_c = \frac{1}{6}\left(1 + \frac{N_u}{14A_g}\right)\lambda\sqrt{f_{ck}}\,b_w d$$

이고, 부재가 현저한 축방향 인장력 N_u를 받을 경우에 전단강도는

$$V_c = \frac{1}{6}\left(1 + \frac{N_u}{3.5A_g}\right)\lambda\sqrt{f_{ck}}\,b_w d$$

이다. 그러나 V_c=0으로 보고, 모든 전단력을 전단철근이 받도록 설계하기도 한다.

2) 전단철근이 부담하는 전단강도, 철근상세

① 수직스터럽을 사용한 경우

$$V_s = \frac{A_v f_{yt} d}{s} = \frac{V_u - \phi V_c}{\phi} \leq \frac{2}{3}\sqrt{f_{ck}}\, b_w d$$

여기서, A_v는 거리 s 내의 전단철근의 전체 단면적이며, f_{yt}는 전단철근의 설계기준항복강도이다.

② 경사스터럽을 사용한 경우

$$V_s = \frac{A_v f_{yt} d}{s}(\sin\alpha + \cos\alpha) \leq \frac{2}{3}\sqrt{f_{ck}}\, b_w d$$

여기서, α는 경사스터럽과 부재축의 사이각이며, s는 종방향 철근과 평행한 방향의 철근간격이다.

③ 전단철근이 1개의 굽힘철근 또는 받침부에서 모두 같은 거리에서 구부린 평행한 1조의 철근으로 구성될 경우

$$V_s = A_v f_{yt} \sin\alpha$$

다만, V_s는 $0.25\sqrt{f_{ck}}\, b_w d$를 초과할 수 없으며, α는 굽힘철근과 부재축의 사이 각이다.

④ 굽힘철근을 전단철근으로 사용할 때는 그 경사길이의 중앙 3/4만이 전단철근으로서 유효하다고 본다.

⑤ 여러 종류의 전단철근이 부재의 같은 부분을 보강하기 위해 사용되는 경우의 전단강도 V_s는 각 종류별로 구한 V_s를 합한 값으로 하여야 한다.

⑥ 전단철근이 부담하는 전단강도 V_s는 $\frac{2}{3}\sqrt{f_{ck}}\, b_w d$ 이하이어야 한다.

3) 전단강도

① 공칭전단강도

$$V_n = V_c + V_s$$

② 설계전단강도

$$V_d = \phi V_n = \phi(V_c + V_s)$$

③ 전단철근이 부담할 최소전단강도

$$V_s \geq \frac{V_u}{\phi} - V_c$$

◎ KEY NOTE

수직스터럽 전단강도 V_s

$\therefore V_s = \frac{d}{s} A_V \cdot f_{yt}$

여기서 수직스터럽 단면적

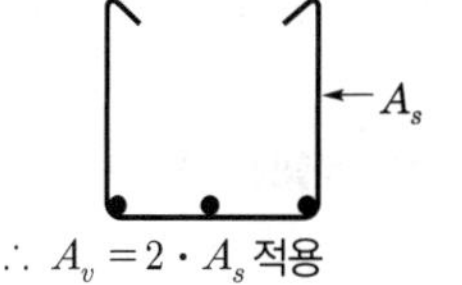

$\therefore A_v = 2 \cdot A_s$ 적용

전단철근 간격

$\therefore S = \frac{d}{V_s} \cdot A_v \cdot f_{yt}$

전단철근 간격 s는 전단강도 V_s에 반비례한다.

경사스터럽 전단강도 V_s

$\therefore V_s = \frac{d}{s} \cdot A_v \cdot f_{yt}(\sin\alpha + \cos\alpha)$

KEY NOTE

전단강도의 최대값

$V_c \le \frac{2}{3}\lambda\sqrt{f_{ck}}b_w d$[N]

여기서, $V_c \le \frac{2}{3}\lambda\sqrt{f_{ck}}b_w d$가 되면 단면($b_w \cdot d$)을 증가시켜야 한다.

전단철근 불필요 시 단면($b_w \cdot d$) 계산

- $V_u = \frac{1}{2}\phi V_c$
  $= \frac{1}{2}\phi\left(\frac{1}{6}\lambda\sqrt{f_{ck}}b_w \cdot d\right)$
  $\therefore b_w d = \frac{12V_u}{\phi\lambda\sqrt{f_{ck}}}$

전단철근 불필요 시 유효깊이(d) 계산

- $V_u = \frac{1}{2}\phi\left(\frac{1}{6}\lambda\sqrt{f_{ck}}b_w \cdot d\right)$
  $\therefore d = \frac{12V_u}{\phi\lambda\sqrt{f_{ck}} \cdot b_w}$

최소 전단철근량 $A_{s.\min}$

① $A_{s.\min} = 0.0625\sqrt{f_{ck}}\frac{b_w s}{f_{yt}}$

② $A_{s.\min} = 0.35\frac{b_w \cdot s}{f_{yt}}$

①과 ② 중 큰 값을 최소 전단철근량으로 규정

3. 전단철근의 설계

1) 전단철근의 배치

① $\phi V_c \le V_u$인 경우 전단철근을 배치하여야 한다.

② $V_u \le \frac{1}{2}\phi V_c$인 경우는 계산상, 안전상 전단철근이 필요 없다.

③ $\frac{1}{2}\phi V_c < V_u \le \phi V_c$인 경우에는 이론적으로는 전단철근이 필요 없지만, 최소한의 전단철근으로 보강하여야 한다. 다만, 다음의 경우에는 최소 전단철근의 규정을 적용하지 않는다.

참고

최소 전단철근의 예외 규정

- 전체 높이가 250mm 이하인 경우
- I형보, T형보의 높이가 플랜지 두께의 2.5배 또는 복부폭의 1/2 중 큰 값 이하인 보
- 슬래브 및 기초판(확대기초)
- 콘크리트 장선구조
- 교내 벽체 및 날개벽, 옹벽의 벽체, 암거 등과 같이 휨이 주거동인 판 부재
- 전단철근이 없어도 계수 휨모멘트와 전단력에 저항할 수 있다는 것을 실험에 의해 확인할 수 있는 경우

④ $V_u \ge \phi V_c$인 경우에는 필요 전단철근량을 계산하여 철근을 배치하여야 한다.

전단철근의 필요 유무	구간
전단철근 불필요	$V_u \le \frac{1}{2}\phi V_c$
최소 전단철근 배치	$\frac{1}{2}\phi V_c < V_u \le \phi V_c$
계산된 전단철근 배치	$V_u \ge \phi V_c$

2) 전단철근량 산정

① 최소 전단철근량

$$A_{s.\min} = 0.0625\sqrt{f_{ck}}\frac{b_w s}{f_{yt}} \ge 0.35\frac{b_w s}{f_{yt}}$$

여기서, $A_{s.\min}$: 최소 전단철근량

s : 전단철근 간격(mm)

b_w : 복부 폭(mm)

② 필요 전단철근량

$V_u = \phi V_n = \phi(V_c + V_s) = \phi V_c + \phi V_s$ 로부터

$$V_s = \frac{1}{\phi}(V_u - \phi V_c) = \frac{A_v f_y d}{s}$$

$$\therefore A_v \geq \frac{V_s \cdot s}{f_y d} = \frac{(V_u - \phi V_c) \cdot s}{\phi f_y d}$$

③ 전단철근 간격계산

$$V_s = \frac{1}{\phi}(V_u - \phi V_c) = \frac{A_v f_y d}{s}$$

$$\therefore s \leq \frac{A_v f_y d}{V_s} = \frac{\phi A_v f_y d}{V_u - \phi V_c}$$

3) 전단철근 간격 조건

① 수직스터럽의 간격은 $0.5d$ 이하, 600mm 이하라야 한다. 즉, $s \leq \frac{d}{2}$, $s \leq 600\text{mm}$

② 경사스터럽과 굽힘철근은 부재 중간 높이 $0.5d$에서 반력점 방향으로 주인장철근까지 연장된 45°선과 한 번 이상 교차되도록 배치하여야 한다.

③ $V_s > \frac{1}{3}\lambda\sqrt{f_{ck}}b_w d$인 경우 ①, ②의 최대 간격을 1/2로 한다. 즉, $s \leq \frac{d}{4}$, $s \leq 300\text{mm}$

[수평 및 수직전단철근 간격 및 배치 철근량]

전단철근	간격(s)	전단철근량
수직전단철근	$\frac{d}{5}$ 이하, 300mm 이하	$A_v \geq 0.0025 b_w s$
수평전단철근		$A_{vh} \geq 0.0015 b_w s$

④ 사인장 균열선이 인장철근의 중심에서 45° 방향으로 발생한다고 가정하면, 이 균열과 한 번 이상 교차되도록 전단철근의 간격을 정하며, 전단철근의 전단강도(V_s)가 콘크리트가 부담하는 전단강도(V_c)의 2배를 초과하는 경우 간격은 1/2로 감소시킨다.

KEY NOTE

전단철근의 간격

$$s = \frac{A_v \cdot f_{yt} \cdot d}{V_s} = \frac{\phi A_v \cdot f_{yt} \cdot d}{V_u - \phi V_c}$$

수평 및 수직전단철근 규정

전단철근	간격(s)	전단철근량
수직전단철근	$\frac{d}{5}$ 이하, 300mm 이하	$A_v \geq 0.0025 b_w s$
수평전단철근		$A_{vh} \geq 0.0015 b_w s$

KEY NOTE

[전단철근 간격 기준]

전단철근		$V_s \le \frac{1}{3}\lambda\sqrt{f_{ck}}b_w d$ ($V_s \le 2V_c$)	$\frac{1}{3}\lambda\sqrt{f_{ck}}b_w d < V_s \le \frac{2}{3}\lambda\sqrt{f_{ck}}b_w d$ ($2V_c < V_s \le 4V_c$)
수직 스터럽	RC	$\frac{d}{2}$ 이하, 600mm 이하	$\frac{d}{4}$ 이하, 300mm 이하
	PSC	$0.75h$ 이하, 600mm 이하	$\frac{3h}{8}$ 이하, 300mm 이하
경사스터럽 굽힘철근		$\frac{3d}{4}$ 이하	$\frac{3d}{8}$ 이하

4) 철근의 설계기준항복강도 기준

① 휨부재 휨철근 : f_y=600Mpa 이하

② 전단철근 : f_y=500Mpa 이하

단, 용접 이형철망을 사용하는 전단철근의 설계기준항복강도 : $f_y \le$ 600Mpa

③ 전단마찰철근, 비틀림철근 : f_y=500Mpa 이하

3 특수한 경우의 전단설계

1. 전단마찰

◆ 전단마찰철근의 설계기준
항복강도는 500MPa 이하이어야 함.

1) 전단마찰을 고려하여 설계해야 하는 경우

① 굳은 콘크리트와 여기에 이어친 콘크리트와의 접합면

② 기둥과 브래킷(bracket) 또는 내민 받침(corbel)과의 접합면

③ 프리캐스트 구조에서 부재요소의 접합면

④ 콘크리트와 강재와의 접합면

◆ 전단마찰 설계
① 전단면에 수직인 경우
- 공칭전단강도 $V_n = \mu A_{vf} f_y$
- 설계전단강도 $V_d = \phi V_n = \phi\mu A_{vf} f_y$
- 전단마찰 철근단면적 $A_{vf} = \frac{V_u}{\phi\mu f_y}$

2) 전단마찰 설계

① 균열은 해당 단면 전체에서 발생한다고 가정한다.

② 전단마찰 철근이 전단면에 수직한 경우(a, b)

- 공칭전단강도 $V_n = \mu A_{vf} f_y$
- 설계전단강도 $V_d = \phi V_n = \phi\mu A_{vf} f_y$
- 전단마찰 철근단면적 $A_{vf} = \dfrac{V_u}{\phi\mu f_y}$

여기서, V_n : 전단강도($0.2f_{ck}A_c$ 또는 $5.5A_c(N)$ 이하)

A_{vf} : 전단마찰 철근 단면적

μ : 균열면의 마찰계수

ϕ : 강도감소계수(0.75)

③ 전단마찰 철근이 전단면과 경사진 경우(c)

- 공칭전단강도 $V_n = A_{vf}f_y(\mu \sin\alpha_f + \cos\alpha_f)$
- 설계전단강도 $V_d = \phi V_n = \phi A_{vf}f_y(\mu \sin\alpha_f + \cos\alpha_f)$
- 전단마찰 철근단면적 $A_{vf} = \dfrac{V_u}{\phi f_y(\mu \sin\alpha_f + \cos\alpha_f)}$

여기서, α_f : 전단마찰 철근과 전단면 사이의 각

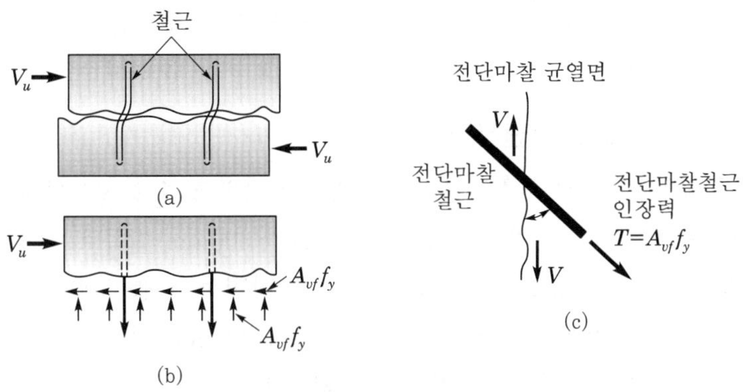

[그림 3-12] 전단마찰 철근

3) 전단마찰 철근의 상세

① 보통 콘크리트의 마찰 계수 μ의 값

- 일체로 친 콘크리트 : $\mu = 1.4\lambda$
- 표면을 거칠게 처리한 굳은 콘크리트에 이어진 콘크리트 : $\mu = 1.0\lambda$
- 표면을 거칠게 처리하지 않은 굳은 콘크리트에 이어진 콘크리트 : $\mu = 0.6\lambda$
- 구조용 강재에 정착된 콘크리트 : $\mu = 0.7\lambda$

② 전단마찰 철근의 설계기준항복강도는 500Mpa 이하이어야 한다.

2. 깊은 보

1) 깊은 보의 설계일반

① 보의 높이가 경간에 비하여 보통의 보보다 높은 보로서, 한쪽 면이 하중을 받고 반대쪽 면이 지지되어 하중과 받침부 사이에 압축대가 형성되는 구조 요소를 깊은 보(deep beam)라고 한다.

KEY NOTE

② 전단면에 경사진 경우
- 공칭전단강도
  $V_n = A_{vf}f_y(\mu \sin\alpha_f + \cos\alpha_f)$
- 설계전단강도
  $V_d = \phi V_n = \phi A_{vf}f_y(\mu \sin\alpha_f + \cos\alpha_f)$
- 전단마찰 철근단면적
  $A_{vf} = \dfrac{V_u}{\phi f_y(\mu \sin\alpha_f + \cos\alpha_f)}$

KEY NOTE

깊은 보의 공칭전단강도

$\therefore V_n = \frac{5}{6}\lambda\sqrt{f_{ck}}b_w \cdot d$

(최대값)

② 깊은 보의 강도는 전단에 지배된다. 그 전단강도는 보통의 식으로 계산되는 값보다 크다.

③ 깊은 보에 대한 전단설계는 깊은 보에 대한 전단설계 규정에 따라야 한다.

④ 깊은 보는 비선형 변형률 분포를 고려하여 설계하거나 스트럿-타이 모델에 의해 설계하여야 하며, 횡좌굴을 고려하여야 한다.

⑤ 깊은 보의 공칭전단강도(V_n)는 $\frac{5}{6}\lambda\sqrt{f_{ck}}b_w d$ 이하이어야 한다.

2) 콘크리트구조기준에 의한 깊은 보

① 순경간(l_n)이 부재 깊이의 4배 이하인 보($l_n/d \leq 4$)

② 하중이 받침부로부터 부재 깊이의 2배 거리 이내에 작용하는 보

3) 깊은 보의 최소 전단철근량

① 휨인장철근과 직각인 수직전단철근의 단면적 A_v를 $0.0025b_w s$ 이상으로 하여야 하며, s를 $d/5$ 이하, 또란 300mm 이하로 하여야 한다.

② 휨인장철근과 평향한 수평전단철근의 단면적 A_v를 $0.0015b_w s_h$ 이상으로 하여야 하며, s를 $d/5$ 이하, 또한 300mm 이하로 하여야 한다.

③ 위의 최소 전단철근 대신 스트럿-타이 모델을 만족하는 철근을 배치할 수 있다.

④ 실험에 의하면 수직전단철근이 수평전단철근보다 전단저항에 효과적이다.

⑤ 최소 휨인장철근량은 보의 경우와 같다.

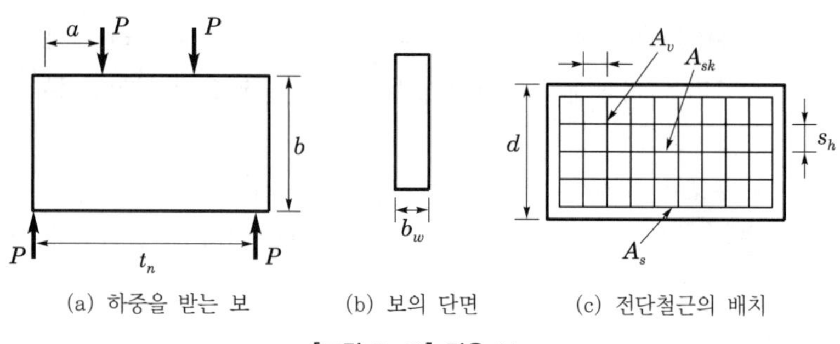

[그림 3-13] 깊은 보

3. 브래킷과 내민받침

1) 설계 일반

① 브래킷(bracket) 또는 내민받침(corbel)이란 기둥, 벽채 등으로부터 돌출되어 보 등 다른 구조물을 받치는 구조물을 말한다.

KEY NOTE

② 이 규정은 전단경간에 대한 깊이의 비가 $\frac{a}{d} \leq 1.0$이고, V_u보다 크지 않은 수평인장력 N_{uc}를 받는 브래킷과 내민받침의 설계에 적용하여야 한다. $\frac{a}{d} \leq 1.0$이므로 전단으로 지배된다.

③ 설계기준에서는 $\frac{a}{d} < 2$인 경우에는 스트럿-타이 모델을 이용하여 설계하도록 하고 있다.

④ d는 기둥면에서 측정된 값이고, 지압면의 외단에서 브래킷의 깊이는 $0.5d$ 이상이라야 한다.

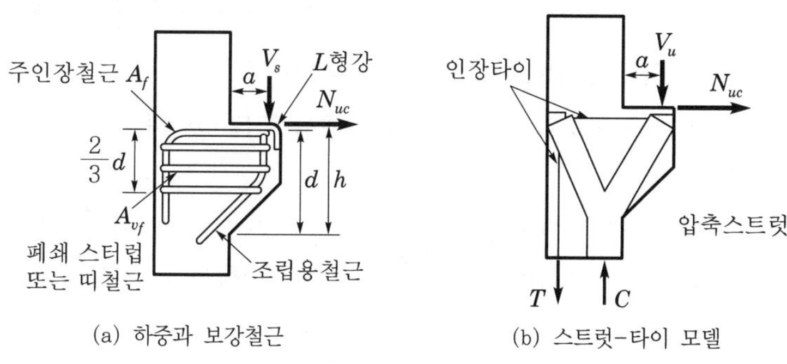

(a) 하중과 보강철근　　　(b) 스트럿-타이 모델

[그림 3-14] 철근콘크리트 브래킷

2) 설계 단면력의 계산

① 브래킷은 초과 하중하에서는 균열이 발생하고, 하중이 더 증가하면 기둥면에 따라 직접전단에 의해 파괴된다. 따라서 전단 마찰철근 A_{vf}를 배치하여야 한다. A_{vf}는 보통 폐쇄스터럽으로 한다.

② 받침부면의 계수전단력 V_u와 계수휨모멘트 $[V_u a + N_{uc}(h-d)]$ 및 계수수평인장력 N_{uc}를 동시에 견디도록 설계하여야 한다.

③ 이 설계에서 사용되는 강도감소계수 ϕ는 전단강도에 사용되는 강도감소계수 0.75를 취한다.

④ 계수휨모멘트 $[V_u a + N_{uc}(h-d)]$에 저항할 철근 A_f는 휨철근량의 규정에 따라 계산하여야 한다.

⑤ 계수인장력 N_{uc}에 저항할 철근량 A_n은 $N_{uc} \leq \phi A_n f_y$로 결정하여야 한다. 이때 인장력 N_{uc}는 크리프, 건조수축 또는 온도 변화에 기인한 경우라도 활하중으로 간주하여야 한다.

⑥ 브래킷 상부에 배치되는 주인장철근의 단면적 A_s는 $(A_f + A_n)$와 $\left(\frac{2A_{vf}}{3} + A_n\right)$ 중 큰 값을 사용한다.

KEY NOTE

3) 철근 상세

① 주인장 철근량 A_s와 나란한 폐쇄스터럽이나 띠철근의 전체 단면적 A_n는 $0.5(A_s - A_n)$이상이어야 하고, A_s에 인접한 유효깊이의 $\frac{2}{3}$ 내에 균등하게 배치하여야 한다.

② 주인장 철근의 최소 철근비 $\frac{A_s}{bd}$를 $0.04 \times \frac{f_{ck}}{f_y}$ 이상으로 하여야 한다.

③ 브래킷 또는 내민받침상에서 하중이 작용하는 지압면은 주인장철근 A_s의 직선부분보다 나와 있지 않아야 하며, 또 횡방향 정착철근이 사용되는 경우는 이 철근의 내측면보다 나와있지 않아야 한다.

4) 스트럿-타이 모델(strut-and-tie model)

① 구조부재가 하중을 받으면 하중의 흐름은 B-영역과 D-영역으로 구분할 수 있다.

② B-영역은 응력 비교란 영역으로서 평면보존의 법칙이 적용되는 영역으로, 단면에 응력이 균일하게 분포하며 변형률을 선형적으로 분포하는 영역이다.

③ D-영역은 응력 교란영역으로서 평면보존의 법칙이 적용되지 않는 영역으로, 보의 이론이 적용되지 않는다. 따라서 변형률이 비선형적으로 분포하게 되어 단면에 응력분포가 불균일하며, 정확한 해석 방법이 없다.

④ D-영역의 해석 방법으로 유한요소법이 있으나 많은 시간과 노력이 소요되고, 많은 제약이 따르게 된다.

⑤ 이와 같이 보의 이론을 적용할 수 없는 구조부재(깊은 보, 브래킷, 내민받침, 집중하중이 작용하는 부분, 지점반력이 작용하는 부분 등)에 적용할 수 있는 설계방법이 스트럿-타이 모델이다.

⑥ 스트럿-타이 모델은 D-영역의 설계에 적용되는 모델이다.

4 비틀림 설계

1. 비틀림 설계 일반

1) 비틀림 설계 조건

① 비틀림 응력은 그 성질이 전단응력과 같기 때문에 설계에서는 비틀림을 전단에 포함시켜서 생각하는 것이 보통이다.

② 설계원리

$$T_d = \phi T_n \geq T_u$$

여기서, T_u : 계수 비틀림모멘트

T_n : 부재의 공칭비틀림강도

ϕ : 비틀림에 대한 강도감소계수(=0.75)

2) 균열비틀림모멘트

① 비틀림모멘트가 균열단면의 비틀림모멘트보다 클 때 균열이 발생하는 것으로 한다.

② 직사각형단면의 균열비틀림모멘트

$$T_{cr} = \frac{1}{3}\lambda\sqrt{f_{ck}}\,\frac{A_{cp}^2}{p_{cp}}$$

여기서, T_{cr} : 균열에 의한 단면의 비틀림모멘트

A_{cp} : 콘크리트 단면에서 외부 둘레로 둘러싸인 면적($=b\times h$)

P_{cp} : 콘크리트 단면의 외부 둘레길이($=2(b+h)$)

③ 보와 슬래브가 일체로 된 부재의 균열비틀림모멘트

보와 슬래브가 완전 일체로 된 경우에 보의 단면을 슬래브 부분으로 더 연장하는 경우로, 그 연장길이는 슬래브에서 내민 부분 깊이 중 큰 값만큼 더 연장하되, 슬래브 두께의 4배 이하가 되도록 한다.

④ 계수비틀림모멘트의 산정

$$T_u = \phi T_{cr} = \phi\left(\frac{1}{3}\lambda\sqrt{f_{ck}}\,\frac{A_{cp}^2}{p_{cp}}\right)$$

3) 비틀림을 고려하지 않아도 되는 경우

① 계수비틀림모멘트 T_u가 균열비틀림모멘트 T_{cr}의 1/4보다 작으면 큰 영향을 미치지 못하므로 이를 무시할 수 있다.

② 철근콘크리트 부재의 경우

$$T_u < \phi\left(\frac{1}{12}\lambda\sqrt{f_{ck}}\right)\frac{A_{cp}^2}{p_{cp}}$$

2. 비틀림 부재의 설계방법

1) 박벽관(thin-walled tube) 이론

① 비틀림을 받는 속찬 부재와 속빈 부재에서, 균열이 발생하기 전에는

KEY NOTE

비틀림 영향 무시조건

- $T_u < \phi\left(\frac{1}{12}\lambda\sqrt{f_{ck}}\right)\cdot\frac{A_{cp}^2}{p_{cp}}$

여기서, $\phi=0.75$

- 최소 비틀림 모멘트

$\frac{1}{4}T_{cr} = \frac{1}{12}\lambda\sqrt{f_{ck}}\frac{A_{cp}^2}{p_{cp}}$

비틀림철근 종류

① 부재축에 수직인 폐쇄스터럽
② 부재축에 수직인 폐쇄 용접철망
③ 철근콘트리크에서 나선철근
④ 종방 철근 또는 종방향 긴장재

횡방향 비틀림철근 간격

$\left[\frac{p_h}{8},\ 300\text{mm}\right]_{\min}$

스터럽 모서리에 1개 이상(각 모서리에 4개 이상) 종방향철근 배치

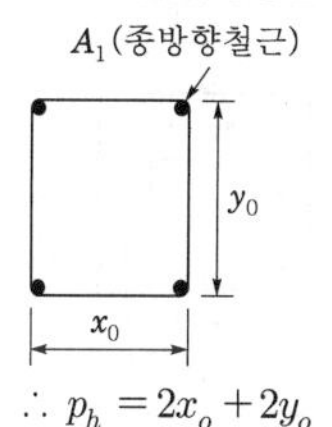

$\therefore\ p_h = 2x_o + 2y_o$

◎ KEY NOTE

비틀림모멘트 작용 시 스터럽 요구단면적 $\frac{A_f}{s}$

$T_u = \phi T_n = \phi\left(\frac{2A_o A_t f_{yt}}{8}\right)\cot\theta$

$\therefore \frac{A_f}{s} = \frac{T_u}{\phi 2A_o f_{yt}\cot\theta}$

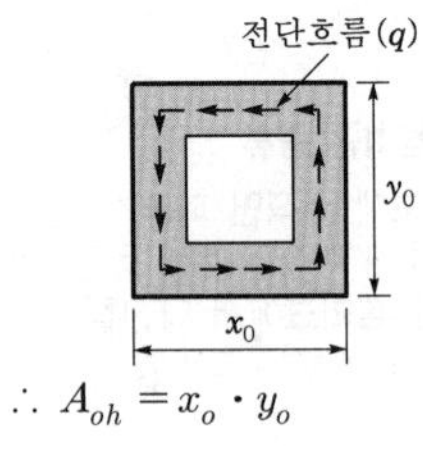

$\therefore A_{oh} = x_o \cdot y_o$

균열 비틀림모멘트 T_{cr}

$\therefore T_{cr} = \frac{1}{3}\lambda\sqrt{f_{ck}}\frac{A_{cp}^2}{p_{cp}}$

여기서, p_{cp} : 콘크리트 단면 둘레길이
A_{cp} : 콘크리트 단면 면적

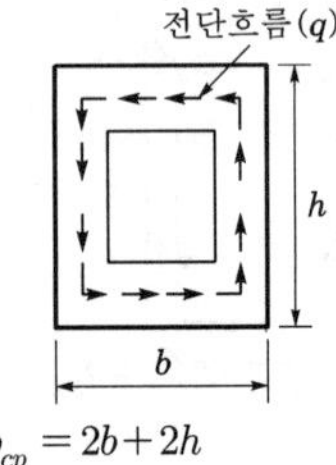

$\therefore p_{cp} = 2b + 2h$
$A_{cp} = b \cdot h$

속찬 부재의 강도가 속빈 부재의 강도보다 크지만 균열 후에는 두 부재의 거동이 유사하게 나타난다.

② 균열이 발생한 후에 내부 콘크리트는 비틀림에 큰 저항을 하지 못한다는 의미이므로 무시하여 속찬 단면을 등가 튜브 단면으로 간주할 수 있다.

③ 박벽관 이론은 속찬 단면이더라도 속빈 단면으로 비틀림설계를 하는 것을 말한다.

2) 소성 공간트러스(plastic space truss) 이론

① 트러스 이론은 평형방정식, 적합방정식, 구성방정식 등에 의해 전단과 비틀림에 대한 통합설계의 기초이론이다.

② 비틀림모멘트에 의해 균열이 발생한 후에 콘크리트 단면의 응력과 스터럽의 설계에 적용한다.

③ 공간트러스 해석은 단면에서 발생하는 인장응력선에 철근을 배치하는데 폐쇄스터럽에 의한 횡방향 인장타이와 종방향 철근에 의한 인장현으로 하여 인장재 트러스 부재로 균열면 사이의 콘크리트는 압축을 받는 콘크리트 스트럿의 압축재 트러스 부재로 하여 해석하는 방법이다.

④ 비틀림 설계 시에 속찬 단면이더라도 속빈 단면의 경우로 하여 공간트러스 이론으로 해석한다.

3. 비틀림철근의 설계

1) 공칭비틀림강도

① 수직철근(횡방향철근)의 공칭비틀림강도

$$T_n = \frac{2A_o A_t f_{yt}}{s}\cot\theta$$

여기서, A_o=$0.85A_oh$: 전단흐름에 의해 닫혀진 단면적

θ : 압축 경사각(30° 이상~60° 이하)

② 종방향 철근의 공칭비틀림강도

$$T_n = \frac{2A_o A_f f_y}{P_h \cot\theta}$$

KEY NOTE

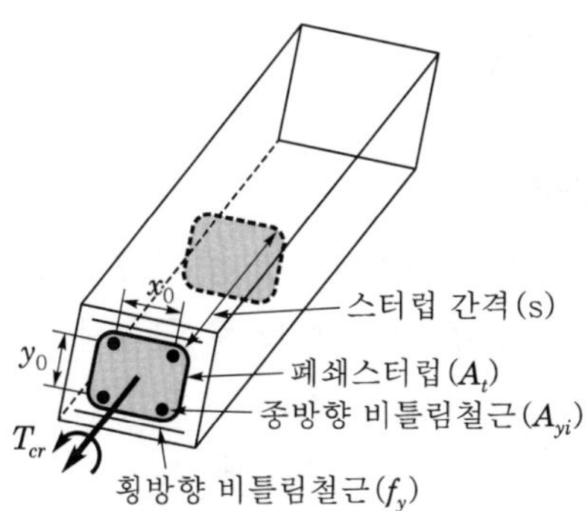

[그림 3-15]

2) 비틀림철근량 산정

① 종방향 철근의 단면적(A_l)

$$A_l = \frac{A_t}{s} P_h \left(\frac{f_{yt}}{f_y} \right) \cot^2\theta$$

여기서, A_t : 폐쇄스터럽 한 가닥의 단면적

f_y : 종방향 비틀림철근의 설계기준항복강도(Mpa)

f_{yt} : 횡방향 비틀림철근의 설계기준항복강도(Mpa)

P_h : 횡방향 폐쇄스터럽 주심선의 둘레

s : 비틀림 철근의 간격

② 폐쇄스터럽의 단면적(A_t)

$$A_t \geq \frac{T_u \cdot s}{2\phi A_o f_{yt} \cot\theta}$$

3) 최소 비틀림철근량

① 횡방향 폐쇄스터럽의 최소 면적

$$(A_v + 2A_t) \geq 0.0625 \sqrt{f_{ck}} \frac{b_w s}{f_{yt}} \geq 0.35 \frac{b_w s}{f_{yt}}$$

여기서, A_v : 간격 s 내의 전단철근의 단면적(mm^2)

A_t : 간격 s 내의 비틀림에 저항하는 폐쇄스터럽 한 가닥의 단면적(mm^2)

② 종방향 비틀림철근의 최소 전체 면적

$$A_{l,\min} = \frac{0.42\sqrt{f_{ck}} A_{cp}}{f_y} - \left(\frac{A_t}{s} \right) P_h \frac{f_{yt}}{f_y}$$

KEY NOTE

단, $\frac{A_t}{s}$는 $0.175\frac{b_w}{f_{yt}}$ 이상으로 취해야 한다.

4) 비틀림철근의 종류

① 부재축에 수직인 폐쇄스터럽 또는 폐쇄 띠철근

② 부재축에 수직인 횡방향 강선으로 구성된 폐쇄 용접철망

③ 철근콘크리트보에서 나선 철근

④ 종방향 철근 또는 종방향 긴장재

5) 비틀림철근 상세

① 횡방향 철근의 배치

- 횡방향 철근의 간격은 $\frac{P_h}{8}$ 이하, 300mm 이하로 한다.
- 횡방향 철근은 종방향 철근 주위로 135° 표준 갈고리에 의해 정착한다.
- 계산상 필요한 거리를 넘어(b_t+d) 이상의 거리까지 연장시켜 배치한다.

  여기서, b_t : 폐쇄스터럽이 배치된 단면의 폭

② 종방향 철근의 배치

- 종방향 철근은 폐쇄스터럽의 둘레를 따라 300mm 이하의 간격으로 배치한다.
- 종방향 철근은 폐쇄스터럽의 내부에 배치하며, 모서리에는 하나 이상의 종방향 철근을 배치한다(스터럽 각 모서리에는 4개 이상).
- 종방향 철근의 직경은 스터럽 간격(s)의 1/24 이상, D10 이상으로 한다.
- 계산상 필요한 거리를 넘어(b_t+d) 이상의 거리까지 연장시켜 배치한다.

CHAPTER

03 적중 예상문제

01 비틀림을 받는 부재를 보강하기 위하여 사용하는 종방향 철근 또는 긴장재와 함께 사용하는 횡방향 철근으로 적당하지 않은 것은?

① 부재축에 수직인 폐쇄스터럽 또는 폐쇄 띠철근
② 부재축에 수직인 횡방향 강선으로 구성된 폐쇄용접 철망
③ 프리스트레싱되지 않은 부재에서 나선철근
④ 두개의 U형 스터럽을 거꾸로 겹쳐서 만든 철근

해설 비틀림철근의 종류

02 다음 그림과 같이 등분포하중을 받고 있는 철근콘크리트보의 중립축에 있는 미소 요소에 대한 설명으로 옳지 않은 것은?

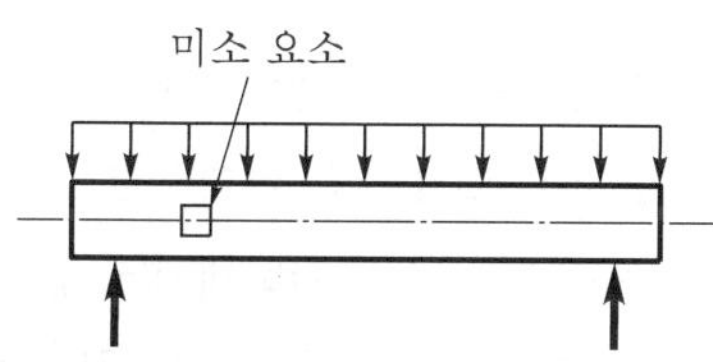

① 콘크리트의 휨 응력은 0이다.
② 단면에서의 전단응력이 최대가 된다.
③ 휨변형과 전단변형이 일어난다.
④ 사인장균열이 발생한다.

해설 중립축상 휨변형은 일어나지 않는다.

03 길이(ℓ)가 6m이고 작사각형 단면(유효깊이 d=400mm)의 철근콘크리트 단순보에 계수분포하중(w_u) 32kN/m가 작용하고 있다 강도설계법으로 설계 시 이 단면의 콘크리트가 부담하는 공칭 전단강도(V_c)가 70kN인 경우, 전단철근이 부담해야 하는 공칭절단강도(V_c)의 최소값[kN]은?

① 22 ② 28
③ 34 ④ 40

해설
- 위험단면(d) 계수전단강도(V_u)

$$V_u = R_A - (w_u \cdot d) = \frac{32\times6}{2} - (32\times0.4)$$

$$= 96 - 12.8 = 83.2\text{kN}$$

- $V_d = \phi V_n \geq V_u$

$$\phi(V_c + V_s) \geq V_u$$

$$V_s \geq \frac{V_u}{\phi} - V_c = \frac{83.2}{0.75} - 70 = 41\text{kN}$$

04 전단철근에 대한 설명으로 옳은 것은?

① 용접 이형철망을 사용할 경우 전단철근의 설계기준 항복강도는 400MPa를 초과할 수 없다.
② 전단철근의 전단강도는 $V_s = \frac{2}{3}\sqrt{f_{ck}}b_w d$ 이상이어야 한다.
③ 종방향 철근을 구부려 전단철근으로 사용할 때는 그 경사길이의 중앙 3/4만이 전단철근으로서 유효하다고 보아야 한다.
④ 부재축에 직각으로 배치된 전단철근의 간격을 프리스트레스트 콘크리트 부재일 경우 0.5h 이하, 또는 600mm 이하로 하여야 한다.

해설 ① 600MPa 이하
② V_s는 $\frac{2}{3}\lambda\sqrt{f_{ck}}b_w d$ 이하
④ 0.95h 이하

정답 01 ④ 02 ③ 03 ④ 04 ③

05 철근콘크리트 부재에서 스터럽의 단면적이 A_v=600mm^2, 스터럽이 부담해야 하는 전단력이 V_s=400kN일 때 스터럽의 최대 간격[mm]은? (단, f_y=400MPa, b_w=380mm, d=500mm이다)

① 228
② 250
③ 300
④ 600

해설
- $S \le \dfrac{A_v \cdot f_g \cdot d}{V_s} = \dfrac{600 \times 400 \times 500}{400 \times 10^3} = 300\text{mm}$
- $\dfrac{d}{2} = \dfrac{500}{2} = 250\text{mm}$, 600mm 이하

06 다음 중 b=200mm이고, h=200mm인 사각형 단면에 균열을 일으키는 비틀림모멘트 T_{cr}[kN · m]은?

① 3　　② 4
③ 5　　④ 6

해설
- $T_{cr} = \dfrac{1}{3} \times \sqrt{f_{ck}} \times \dfrac{A_{cp}^2}{P_{cp}}$
  $= \dfrac{1}{3} \times 1.0 \times \sqrt{36} \times \dfrac{(200 \times 200)^2}{4 \times 200}$
  $= 4\text{kN}$
- P_{cp} : 외부둘레길이, A_{cp} : 단면적

07 전단마찰철근이 단면적이 4,000mm^{2}이고, 설계기준항복강도가 300MPa이다. 전단마찰철근이 예상 균열면에 수직한 경우 공칭전단강도[kN]는? (단, 일체로 친 일반 콘크리트이다.)

① 1,280　　② 1,480
③ 1,680　　④ 1,880

해설 전단마찰철근이 전단면에 수록
$V_u = \mu \cdot A_{rf} \cdot f_y$
$= 1.4 \times 4000 \times 300$
$= 1680\text{kN}$

08 다음 그림과 같은 보통 중량콘크리트를 사용한 철근콘크리트 테두리보의 균열비틀림모멘트 T_{cr}[kN · m]은? (단, f_{ck}=29.16MPa, $\sqrt{29.16} = 5.4$)

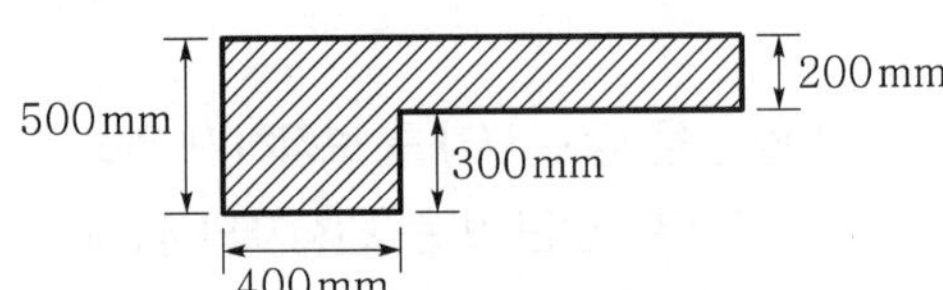

① 30.7　　② 40.7
③ 50.7　　④ 60.7

해설
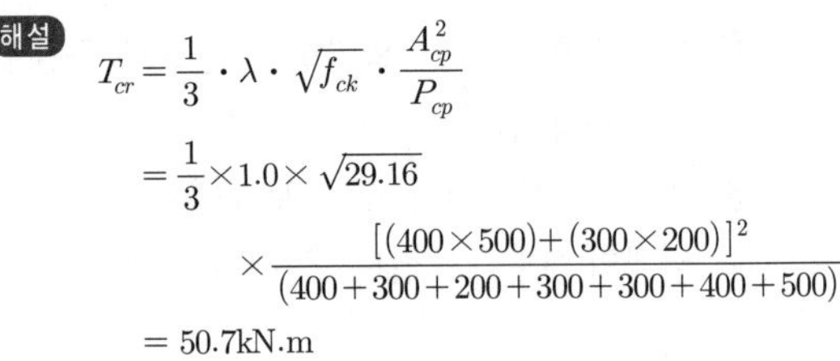
$T_{cr} = \dfrac{1}{3} \cdot \lambda \cdot \sqrt{f_{ck}} \cdot \dfrac{A_{cp}^2}{P_{cp}}$
$= \dfrac{1}{3} \times 1.0 \times \sqrt{29.16}$
$\times \dfrac{[(400 \times 500) + (300 \times 200)]^2}{(400 + 300 + 200 + 300 + 300 + 400 + 500)}$
$= 50.7\text{kN.m}$

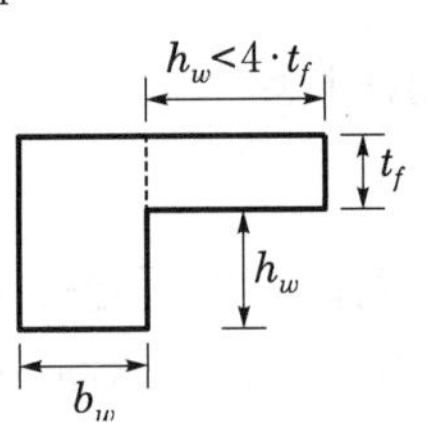

09 계수전단력 V_u가 콘크리트에 의한 설계전단강도 ϕV_c의 1/2을 초과하고 ϕV_c 이하인 모든 철근콘크리트 휨부재에는 최소전단철근을 배치한다. 이에 대한 예외규정으로 옳지 않은 것은?

① 슬래브와 기초판
② 콘크리트 장선 구조
③ I형부, T형보에서 그 깊이가 플랜지 두께의 3.5배 또는 복부폭 중 큰 값 이하인 보
④ 교대 벽체 및 날개벽, 옹벽의 벽체, 암거 등과 같이 휨이 주 거동인 판 부재

해설 ③ 플랜지 두께 2.5배 복부폭의 $\dfrac{1}{2}$ 중 큰값 이하인 보

정답 05 ② 06 ② 07 ③ 08 ③ 09 ③

10 길이가 10m인 캔틸레버보에 지중을 포함한 계수하중 w_u=20kN/m가 작용할 때 전단철근이 필요한 구간 x[m]는? (단, 최소전단철근 배근구간은 제외한다. 그리고 폭 b=400mm, 유효깊이 d=600mm, f_{ck}=25MPa이다.)

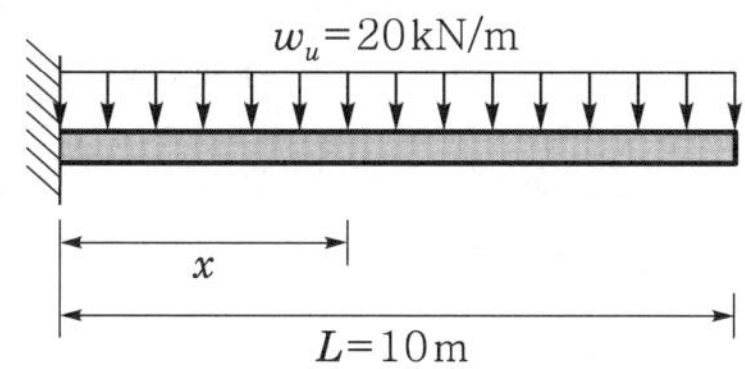

① 2.5 ② 3.0
③ 3.5 ④ 4.0

해설 전단철근 배치는 $\phi V_c < V_u$

$\phi = 0.75$

$V_c = \frac{1}{6} \cdot \lambda \cdot \sqrt{f_{ck}} \cdot b_w \cdot d$

$= 200\text{kN}$

$V_u = R_a - W_{u \cdot x}$

$= (20 \times 10) - 20 \cdot x = 200 - 20x$

$\therefore 0.75 \times 200 \times 200 - 20x$

$x < 2.5$

11 철근콘크리트 구조물의 전단과 비틀림 설계에 대한 설명으로 옳지 않은 것은?

① 받침부로부터 d 이내에 위치한 단면은 d에서 구한 계수전단력 V_u의 값으로 설계할 수 있다.

② 철근콘크리트 부재에서 계수 비틀린 모멘트 T_u가 $\phi\left(\frac{1}{12}\sqrt{f_{ck}}\right)\frac{A_{cp}^2}{P_{cp}}$보다 작으면 비틀림의 영향을 무시할 수 있다.

③ 비틀림에 지향하기 위해서는 폐쇄스터럽만 필요하고 종방향 철근은 고려하지 않는다.

④ 비틀림 설계 시에 폐쇄스터럽은 비틀림과 전단에 대한 스터럽 필요량을 함께 고려한다.

12 계수 전단력 V_u=480kN을 받는 직사각형 콘트리트 부재의 단면이 폭 b=400mm, 유효깊이 d=600mm이다. 강도설계법에 의한 전단철근을 배근할 경우, 규정에 따른 수직스터럽의 최대 간격 s[mm]는? (단, 콘트리트 설계기준강도 f_{ck}=25MPa이다.)

① 150 ② 250
③ 300 ④ 600

해설
- $V_c = \frac{1}{6}\lambda\sqrt{f_{ck}} \cdot b_w \cdot d$

  $= \frac{1}{6} \times 1.0 \times \sqrt{25} \times 400 \times 600 = 200\text{kN}$
- $V_s = \frac{V_u}{\phi} - V_c = \frac{480}{0.75} - 200 = 440\text{kN}$
- 전단철근 간격

  $V_s > \frac{1}{3}\lambda\sqrt{f_{ck}} \cdot b_w \cdot d$일 경우

  철근 간격은 $\frac{d}{4}$, 300mm 중 작은값

  $\frac{1}{3} \cdot \lambda \cdot \sqrt{f_{ck}} \cdot b_w \cdot d = 400\text{kN}$이므로

  간격은 $\frac{d}{4} = \frac{600}{4} = 150\text{mm}$이하, 300mm 이하

13 보통중량콘크리트를 사용한 휨부재인 철근콘크리트 직사각형보가 폭이 600mm, 유효깊이가 800mm일 때 전단철근을 배치하지 않으려고 한다. 이때 위험단면에 작용하는 계수전단력(V_u)은 최대 얼마 이하의 값[kN]인가? (단, 직사각형보는 슬래브, 기초관, 장선 구조, 관부재에 해당되지 않으며, 콘크리트의 설계기준압축강도 f_{ck}=25MPa, 철근의 절계기준항복강도 f_y=300MPa, 2012년도 콘크리트구조기준을 적용한다.)

① 150 ② 170
③ 300 ④ 340

해설 $V_u \le \frac{1}{2}\phi V_c = \frac{1}{2} \cdot \phi\left(\frac{1}{6} \cdot \lambda\sqrt{f_{ck}} \cdot b_w \cdot d\right)$

$= \frac{1}{2} \times 0.75 \times \frac{1}{6} \times 1.0 \times \sqrt{25} \times 600 \times 800$

$= 150{,}000\text{N} = 150\text{kN}$

정답 10 ① 11 ③ 12 ③ 13 ①

14 휨을 받는 철근콘크리트 직사각형보의 전단철근 설계에 대한 설명으로 옳지 않은 것은?

① 여러 종류의 전단철근이 부재의 같은 부분을 보강하기 위해 사용되는 경우의 전단강도 V_s는 각 종류별로 구한 전단강도 V_s를 합한 값으로 하여야 한다.

② 계수전단력 V_u가 콘크리트에 의한 설계전단강도 ϕV_c 이하이고, $\frac{1}{2}\phi V_c$를 초과하는 경우는 이론상으로는 전단철근이 필요하지 않으나, 보의 전체 깊이가 250mm를 초과한 경우에는 최소 전단철근량을 배치하도록 콘크리트구조설계기준에서 규정하고 있다.

③ $\frac{1}{3}\sqrt{f_{ck}}b_w d < V_s < \frac{2}{3}\sqrt{f_{ck}}b_w d$이고, 수직스터럽을 설치할 경우 전단철근의 최대간격은 $0.5d$ 이하, 600mm 이하로 하여야 한다.

④ 경사스터럽과 굽힘철근은 부재의 중간 높이인 $0.5d$에서 반력점 방향으로 주인장철근까지 연장된 45°선과 한 번 이상 교차되도록 배치하여야 한다.

해설 ③ 전단철근의 최대 간격은 $0.5d$ 이하, 300mm 이하로 하여야 한다.

15 다음과 같은 철근콘크리트보의 전단 경간 a의 영향에 대한 설명으로 옳지 않은 것은?

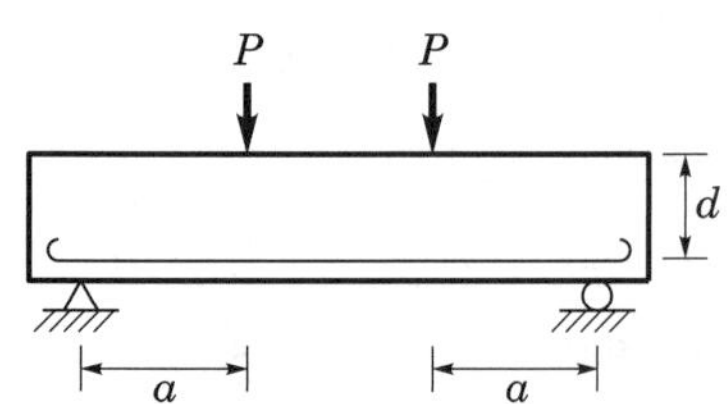

① 전단 경간 a와 보의 유효깊이 d의 비 (a/d)를 전단 경간비라고 한다.

② a/d가 큰 경우는 경간이 긴 경우를 의미하며, 휨모멘트의 영향이 커져서 휨파괴가 일어나기 쉽다.

③ a/d가 작은 경우는 경간에 비해 보의 깊이가 큰 경우를 의미하며, 아치거동의 파괴가 쉽게 나타난다.

④ a/d가 7보다 큰 보에서는 휨균열보다 전단균열이 먼저 발생하여 사인장균열 파괴를 일으키기 쉽다.

해설 ④ 휨균열 파괴를 일으키기 쉽다.

16 강도설계법에 따라서 그림과 같은 단면에 전단철근을 충분히 사용하는 경우, 단면이 부담할 수 있는 최대 설계전단강도[kN]는? (단, 콘크리트에 의한 전단강도(V_c)는 간략식에 의하여 계산, 콘크리트의 설계기준압축강도 f_{ck}=36MPa, 횡방향 철근의 설계기준항복강도 f_{yt}=400MPa, 경량콘크리트계수 λ=1.0)

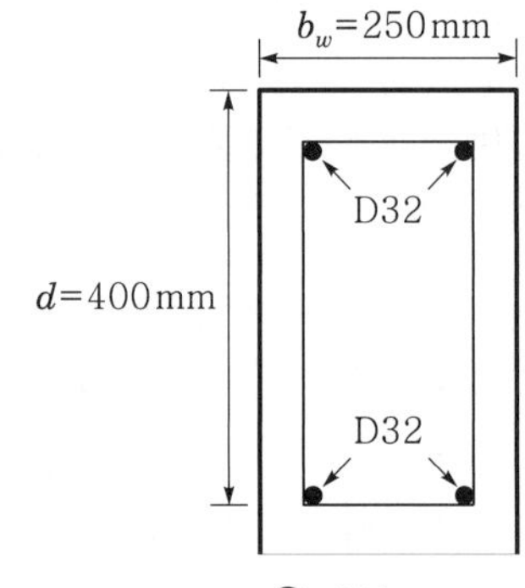

① 500 ② 450
③ 425 ④ 375

해설
① $V_c = \frac{1}{6}\cdot\lambda\sqrt{f_{ck}}\cdot b_w\cdot d$
$= \frac{1}{6}\times 1.0\times\sqrt{36}\times 250\times 400 = 100\text{kN}$

② $V_s = \frac{A_v\cdot f_{yt}\cdot d}{s} \le \frac{2}{3}\lambda\sqrt{f_{ck}}b_o\cdot d$
$= \frac{2}{3}\times 1.0\times\sqrt{36}\times 250\times 400$
$= 400\text{kN}$

③ 최대설계전단강도
$V_d = \phi V_n = \phi(V_c + V_s) = 0.75(100+400) = 375\text{kN}$

정답 14 ③ 15 ④ 16 ④

17 전단력이 연직방향으로 작용할 때 동일방향으로 균열이 예상되는 콘크리트 집합면에 계수전단력 V_u=540kN이 작용하였다. 이때 전단면(균열면)에 수직하게 배치되는 전단마찰철근량 A_{vf}[mm^2]는? (단, 전단면(균열면)의 마찰계수 μ=0.6, 콘크리트의 설계기준압축강도 f_{ck}=20MPa, 철근의 설계기준항복강도 f_y =400MPa, 2012년도 콘크리트구조기준을 적용한다)

① 1,800 ② 2,647
③ 2,812 ④ 3,000

해설 전단마찰철근이 전단면에 수직한 경우

$V_d = \phi V_n > V_u$

$\phi \cdot \mu \cdot A_{vf} \cdot f_y \geq V_u$

$$A_{vf} \geq \frac{V_u}{\phi \cdot \mu \cdot f_y} = \frac{540 \times 10^3}{0.75 \times 0.6 \times 400} = 3000\text{mm}^2$$

18 보통중량콘크리트를 사용한 휨부재인 철근콘크리트 직사각형보에 계수전단력 V_u=750kN이 작용할 때, 콘크리트가 부담하는 전단강도 V_c=600kN일 경우 전단철근량[mm^2]은? (단, 수직전단철근을 적용하고, 철근의 설계기준항복강도 f_y=300MPa, 전단철근의 간격 s=300mm, 보의 유효깊이 d=1,000mm이며, 2012년도 콘크리트구조기준을 작용한다.)

① 200 ② 300
③ 400 ④ 500

해설 ① 전단철근의 전단강도

$V_d = \phi V_n = \phi(V_c + V_s) \geq V_u$

$$V_s \geq \frac{V_u}{\phi} - V_c = \frac{750}{0.75} - 600 = 400\text{kN}$$

② 전단철근량

$$\frac{A_v f_y \cdot d}{s} = V_s$$

$$A_v = \frac{V_s \cdot s}{f_y \cdot d} = \frac{400 \times 10^3 \times 300}{300 \times 1000} = 400\text{mm}^2$$

19 단순보의 지간이 9m이고 단면의 형상이 그림과 같은 경우, 부재축과 수직인 U형 전단철근의 최대 간격 s[mm]는? (단, 콘크리트의 설계기준강도 f_{ck}=25MPa, 철근의 항복강도 f_y =400MPa, 설계등분포하중 w_u=50kN/m, 사용 전단철근 1본의 단면적 A_v=100mm^{2}이다)

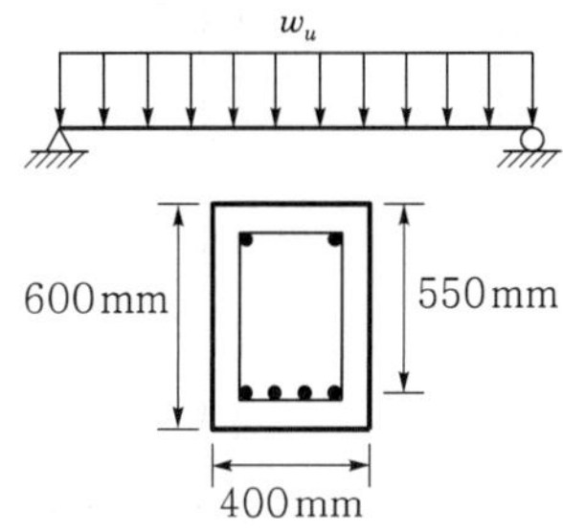

① 137.5 ② 275
③ 412.5 ④ 550

해설 ① $V_c = \frac{1}{6} \cdot \lambda \cdot \sqrt{f_{ck}} \cdot b_w \cdot d$

$= \frac{1}{6} \times 1.0 \times \sqrt{25} \times 400 \times 550$

$= 183.3\text{kN}$

② $V_u = \frac{w_u \cdot L}{2} - w_u \cdot d$

$= \frac{50 \times 9}{2} - (50 \times 55)$

$= 197.5\text{kN}$

③ $V_s \geq \frac{V_u}{\phi} - V_c = \frac{197.5}{0.75} - 183.3$

$= 80.03\text{kN}$

④ 철근 간격 검토

$V_s < \frac{1}{3} \cdot \sqrt{f_{ck}} b_w \cdot d = 366.6\text{kN}$이므로

수직전단철근 간격 $s \leq \frac{d}{2}$, 600mm 이하

$\frac{d}{2} = \frac{550}{2} = 275\text{mm}$ 이하

$s = \frac{A_v \cdot f_y \cdot d}{V_s}$

$= \frac{2 \times 100 \times 400 \times 550}{80.03 \times 10^3}$

$= 550\text{mm}$

정답 17 ④ 18 ③ 19 ②

20 다음 그림과 같은 직사각형 단면의 콘크리트가 전단력과 휨모멘트만을 받을 때, 보통골재를 사용한 콘크리트가 부담할 수 있는 공칭전단강도 V_c[kN]는? (단, 콘크리트 설계기준강도 f_{ck}=25MPa이다)

① 120
② 130
③ 140
④ 150

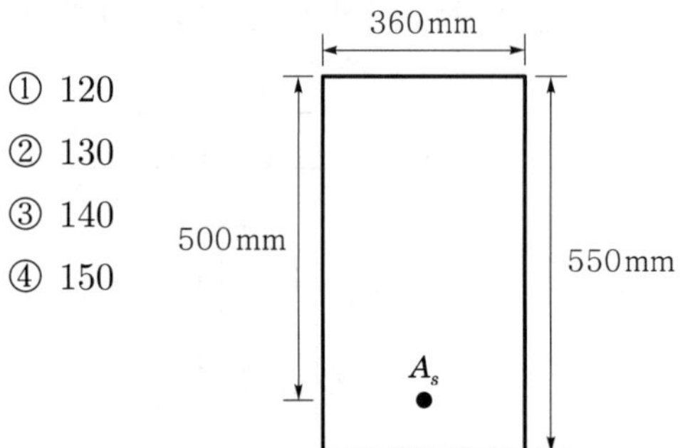

해설

$$V_c = \frac{1}{6}\cdot\lambda\cdot\sqrt{f_{ck}}\cdot b_w\cdot d$$
$$= \frac{1}{6}\times1.0\times\sqrt{25}\times360\times500$$
$$= 150\text{kN}$$

21 다음 그림에서 폭 b=300mm, 유효깊이 d=400mm, 전체높이 h=450mm인 직사각형 단면의 캔틸레버보가 최소전단철근 및 전단철근 없이 계수하중 w_u=10kN/m를 지지할 수 있는 최대 길이 L[mm]은? (단, 휨에 대한 고려는 하지 않으며, 콘크리트의 설계기준강도 f_{ck}=25MPa이다.)

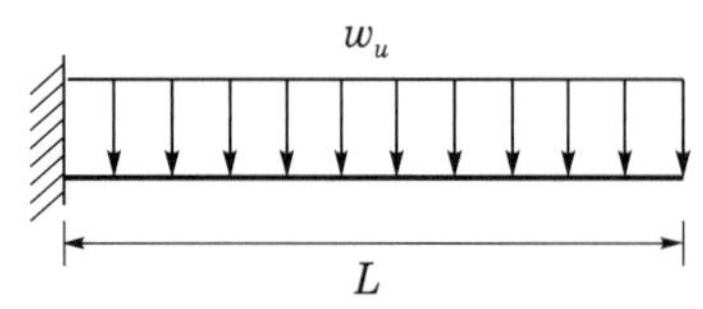

① 3,400 ② 3,650
③ 3.900 ④ 4,150

해설

$$V_c = \frac{1}{6}\cdot\lambda\cdot\sqrt{f_{ck}}\cdot b_w\cdot d$$
$$= \frac{1}{6}\times1.0\times\sqrt{25}\times300\times400$$
$$= 100\text{kN}$$

$\frac{1}{2}\phi V_c \geq V_u \rightarrow$ 철근비배치 조건

$$\frac{1}{2}\times0.75\times100 \geq R_A - W_u\cdot d$$
$$= 10L - 10\times0.4$$
$$37.5 \geq 10L - 4$$
$$L \leq \frac{375+4}{10} = 4.15\text{m} = 4150\text{mm}$$

22 다음 그림과 같이 수직 전단철근 면적이 A_v=300mm^2(=2×150mm^2)이고 전단철근이 부담해야 할 공칭전단력이 V_s=300kN일 때, 전단철근 규정을 만족하는 최대간격 $s_{\max}$[mm]는? (단, 보통골재 콘크리트를 적용한 콘크리트 설계기준강도 f_{ck}=25MPa, 철근의 항복강도 f_y=400MPa이다)

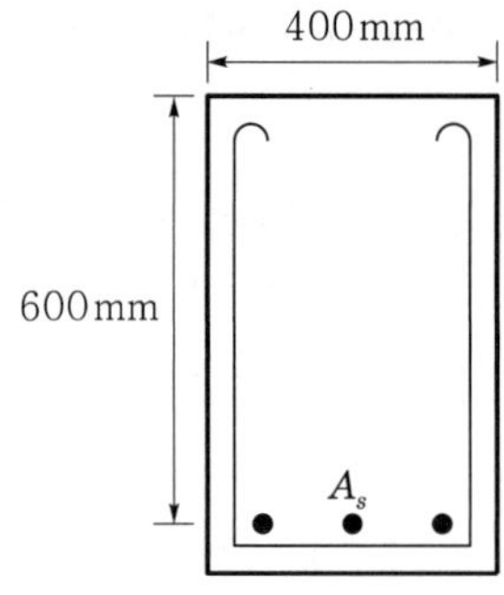

① 150 ② 240
③ 300 ④ 600

해설 ① V_s 검토

$$\frac{1}{3}\cdot\lambda\cdot\sqrt{f_{ck}}\cdot b_o d$$
$$= \frac{1}{3}\times1.0\times\sqrt{25}\times400\times600$$
$$= 400\text{kN} > V_s$$

전단철근 간격 : $\frac{d}{2}$ 이하, 600mm 이하

② 간격 계산

$$s \leq \frac{A_v\cdot f_y\cdot d}{V_s} = \frac{300\times400\times600}{300\times10^3}$$
$$= 240\text{mm}$$
$$\therefore \frac{d}{2} = \frac{600}{2} = 300\text{mm},\ 600\text{mm 이하}$$

정답 20 ④ 21 ④ 22 ②

23 최소전단철근 및 전단철근을 배근하지 않아도 되는 직사각형 단면의 최소 유효깊이 d[mm]는? (단, 소요전단력 V_u=75kN, 콘크리트의 설계기준강도 f_{ck}=360MPa, 단면의 폭 b=400mm이다.)

① 450　　② 500

③ 550　　④ 600

해설 $\frac{1}{2}\phi V_c > V_u$

$\frac{1}{2}\phi V_c = \left(\frac{1}{2}\times\phi\times\frac{1}{6}\lambda\cdot\sqrt{f_{ck}}\cdot b_w\cdot d\right)$

$= \frac{\phi\cdot\lambda\cdot\sqrt{f_{ck}}}{12}b_w\cdot d \geq V_u$

$d \geq \frac{12\cdot V_u}{\phi\cdot\lambda\cdot\sqrt{f_{ck}}\cdot b_w}$

$= \frac{12\times75\times10^3}{0.75\times1.0\times\sqrt{36}\times400}$

$= 500\text{mm}$

24 비틀림모멘트가 작용하는 부재의 설계 조건으로 옳은 것은? (단, T_u=계수 비틀림모멘트, T_n=공칭비틀림강도, Φ= 비틀림에 대한 강도 감소계수)

① $T_n \leq 0.75\Phi T_u$

② $T_u \leq 0.75\Phi T_n$

③ $T_u \leq 0.85\Phi T_n$

④ $T_u \leq \Phi T_n$

⑤ $T_n \leq \Phi T_u$

25 철근콘크리트 보의 전단설계에 대한 설명으로 옳지 않은 것은? (단, V_s는 전단철근에 의한 공칭전단강도, V_c는 콘크리트에 의한 공칭전단강도, V_c는 계수전단력, ϕ는 강도감소계수, d는 유효깊이이다)

① $\phi V_c \leq V_u$인 경우에는 전단철근을 보강할 필요가 없다.

② $V_s \leq \frac{1}{3}\sqrt{f_{ck}}\cdot b_w\cdot d$인 경우에 수직 스터럽의 간격은 $d/2$ 이하, 600mm 이하라야 한다.

③ $V_s \leq \frac{2}{3}\sqrt{f_{ck}}\cdot b_w\cdot d$인 경우에는 콘크리트 단면의 크기를 변경해야 한다.

④ 전단철근은 시공상의 이유로 경사스터럽보다는 수직스터럽의 사용이 보편적이다.

해설 $\frac{1}{2}\cdot\phi\cdot V_c \geq V_u$인 경우 전단철근이 필요없다.

26 전단철근의 설계에 대한 설명으로 옳지 않은 것은? (단, 2012년도 콘크리트구조기준을 적용한다.)

① 철근콘크리트 부재의 경우 주인장 철근에 45° 이상의 각도로 설치되는 스터럽을 전단철근으로 사용할 수 있다.

② 철근콘크리트 부재의 경우 주인장 철근에 30° 이상의 각도로 구부린 굽힘철근을 전단철근으로 사용할 수 있다.

③ 전단철근의 설계기준항복강도는 500MPa을 초과할 수 없다. 다만, 용접 이형철망을 사용할 경우 전단철근의 설계기준 항복강도는 600MPa을 초과할 수 없다.

④ 부재축에 직각으로 배치된 전단철근의 간격은 철근콘크리트 부재일 경우와 프리스트레트 콘크리트 부재일 경우 모두 700mm 이하로 하여야 한다.

해설 ④ 철근콘크리트 : $\frac{d}{2}$

PSC보 : 0.75h, 600m 이하

정답 23 ② 24 ④ 25 ① 26 ④

27 단철근 철근콘크리트 직사각형보의 폭 $b=$ 400mm, 유효깊이 $d=$600mm이며, 전단철근 단면적 $A_v=200\text{mm}^2$이고, 전단철근간격 s =300mm일 때, 보의 계수전단력 V_s[kN]는? (단, $\lambda\sqrt{f_{ck}}=5\text{MPa}$, $f_{yt}=400\text{MPa}$, λ는 경량콘크리트 계수, f_{ck}는 콘크리트의 설계기준압축강도, f_{yt}는 횡방향철근의 설계기준항목 강도이다)

① 270 ② 360
③ 420 ④ 540

해설
① $V_c=\frac{1}{6}\cdot\lambda\cdot\sqrt{f_{ck}}\cdot b_w\cdot d$
$=\frac{1}{6}\times5\times400\times600$
$=200000\text{N}=200\text{kN}$
② 전단철근
$V_s=\frac{A_r\cdot f_{yt}\cdot d}{s}=\frac{200\times400\times600}{300}$
$=160000\text{N}=160\text{kN}$
③ 계수전단력
$V_d=\phi V_n=\phi(V_c+V_s)\geq V_u$
$=0.75(200+160)=270\text{kN}$

28 비틀림철근의 상세에 대한 설명으로 옳지 않은 것은? (단, 2012년도 콘크리트구조기준을 작용한다.)

① 종방향 비틀림철근은 양단에 정착하여야 한다.
② 횡방향 비틀림철근은 종방향 철근 주위로 90° 표준 갈고리에 의하여 정착하여야 한다.
③ 비틀림철근은 종방향 철근 또는 종방향 긴장재와 부재축에 수직인 폐쇄스터럽 또는 폐쇄띠철근으로 구성될 수 있다.
④ 비틀림철근은 종방향 철근 또는 종방향 긴장재와 부재축에 수직인 횡방향 강신으로 구성된 폐쇄용 접철망으로 구성될 수 있다.

해설 ② 135° 갈고리 사용

29 철근콘크리트의 전단설계에 관한 설명으로 옳은 것은? (단, s는 전단철근의 간격, A_v는 전단철근의 단면적, f_{yt}는 횡방향 철근의 설계기준항복강도, d는 유효깊이, α는 경사스터럽과 부재축 사이의 각도를 나타낸다.)

① 계수전단력 V_u가 콘크리트가 부담하는 전단력 ϕV_c보다 크지 않은 구간에서는 이론상 전단철근이 필요 없으므로, 실제 설계에서도 전단철근을 배근하지 않는다.
② 교대 벽체 및 날개벽, 옹벽의 벽체, 암거 등과 같이 휨이 주거동인 판부재에서는 최소 전단철근을 배근하지 않아도 된다.
③ 경사스터럽을 전단철근으로 사용하는 경우에 스터럽이 부담하는 전단강도 $V_s=\frac{A_v f_{yt} d(\sin\alpha)}{s}$이다.
④ 수직스터럽의 간격은 $0.5d$ 이하, 800mm 이하로 하여야 한다.

해설
① ϕV_c에서 $\frac{1}{2}\phi V_c$구간까지 최소 전단철근 배치
③ $V_s=\frac{A_v\cdot f_{yt}\cdot d(\sin\alpha+\cos\alpha)}{s}$
④ 600mm 이하

정답 27 ① 28 ② 29 ②

Chapter 04

철근의 정착과 이음

CHAPTER 04

철근의 정착과 이음

KEY NOTE

1 철근의 부착과 정착

1. 부착과 정착 일반

1) 정의

① 부착(bond)이란 철근과 콘크리트 경계면에서 활동에 저항하는 성질을 말한다.

② 정착(anchorage)이란 철근이 콘크리트로부터 빠져나오는 것에 저항하는 성질을 말하고, 정착의 효과는 부착력에 의해 확보된다.

2) 철근과 콘크리트의 부착작용

① 시멘트 풀과 철근 표면의 교착 작용

② 콘크리트와 철근 표면의 마찰 작용

③ 이형철근 표면의 요철에 의한 기계적 작용

3) 부착작용의 효과 원인

① 교착작용 : 점착성의 시멘트풀이 철근 표면에서 경화함으로써 얻어지는 작용

② 마찰작용 : 콘크리트와 철근 표면의 마찰에 의한 작용으로 얻어지는 작용

③ 기계적 작용 : 콘크리트와 철근 마디와의 맞물림 효과에 의한 작용

철근 부착에 영향 미치는 요인
① 철근의 표면 상태
② 콘크리트의 강도
③ 철근의 묻힌 위치 및 방향
④ 피복 두께
⑤ 다짐 정도
⑥ 철근의 직경

4) 부착에 영향을 미치는 요인

① 철근의 표면 상태

원형 철근보다 이형 철근이 부착 강도가 크며, 약간 녹이 슬어 거친 표면을 갖는 철근이 부착에 유리하다.

② 콘크리트의 강도

- 고강도일수록 부착에 유리하다. 부착강도가 압축강도에 비례해서 커지는 것은 아니다.
- 부착은 콘크리트의 인장강도와 밀접한 관계가 있다.

③ 철근의 묻힌 위치 및 방향

블리딩(bleeding)현상 때문에 수평철근보다는 연직철근이 부착에 유리하며, 수평철근이라도 하부철근이 상부철근보다 부착에 유리하다.

④ 피복 두께

철근이 부착강도를 제대로 발휘하기 위해서는 충분한 두께의 피복 두께가 필요하다. 피복 두께가 부족하면 콘크리트의 할렬로 인해서 부착파괴를 유발하는 경우가 있다.

⑤ 다짐 정도

콘크리트의 다지기가 불충분해도 부착강도가 저하된다.

⑥ 철근의 직경

동일한 철근비를 사용할 경우, 굵은 철근보다는 직경이 작은 철근을 여러 개 사용하는 것이 부착에 유리하다.

5) 부착의 종류

① 휨부착

휨모멘트에 대하여 철근과 콘크리트 경계면에 철근의 축방향으로 발생하는 부착응력을 휨부착 응력이라고 한다. 휨부착 응력은 허용응력 설계법에서 휨부착을 검토해왔으나 강도설계법에서는 사용되지 않고 있다.

② 정착부착

콘크리트 속에 철근이 정착하므로 얻어지는 부착을 말한다. 보의 모멘트 저항능력은 철근의 단면적과 철근의 양 끝을 잡아주는 철근의 묻힘길이(매입길이)에 관계한다.

2. 철근의 정착 일반

1) 철근의 정착 일반

① 정착길이 개념은 철근의 묻힘길이 구간에 대하여 발생하는 평균 부착응력에 기초한다.

② 부착응력은 묻힘길이, 갈고리, 기계적 정착 또는 이들의 조합에 의하여 발휘되도록 철근을 정착하여야 한다.

③ 이때 갈고리는 압축철근의 정착에 있어서는 유효하지 않는 것으로 본다.

④ 이 장에 사용되는 $\sqrt{f_{ck}}$ 값은 8.4Mpa를 초과하지 않아야 한다.

⑤ 강도감소계수 ϕ는 고려하지 않는다.

KEY NOTE

콘크리트의 블리딩 현상

- 굳지 않은 콘크리트에서 물이 상승하는 현상
- 상부에 위치한 철근이 물의 상승으로 부착에 약하며, 물과 접촉 비표면적이 큰 수평철근이 부착에 불리하다.

부착의 대소관계

① 이형철근 > 원형철근
② 고강도 콘크리트 > 저강도 콘크리트
③ 직경 작은 철근 > 직경 큰 철근
④ 피복 두께 大 > 피복 두께 小
⑤ 연직배치철근 > 수평배치철근
⑥ 하부 수평철근 > 상부 수평철근
⑦ 콘크리트 다짐 大 > 콘크리트 다짐 小

KEY NOTE

철근 정착방법
① 매입길이에 의한 방법
② 표준 갈고리에 의한 방법
③ T형 용접 등 기계적 방법

인장 이형철근 기본정착길이
$l_{db} = \dfrac{0.6d_b \cdot f_y}{\lambda\sqrt{f_{ck}}}$
여기서, λ : 경량콘크리트 계수

인장 이형철근 소요정착길이
$l_d = l_{db} \times$보정계수$\geq$300mm
여기서, l_{db} : 기본정착길이

철근배치 위치계수(α)
상부철근 $\alpha = 1.3$

에폭시 도막계수(β)
기타 에폭시 도막철근 $\beta = 1.2$

2) 철근의 정착방법

① 매입길이(묻힘길이, 정착길이)에 의한 방법
② 갈고리에 의한 방법
③ 철근의 가로방향에 T형이 되도록 용접하는 방법
④ 특별한 정착장치를 사용하는 방법

3) 인장 이형철근의 정착길이

① 인장 이형철근의 정착길이 l_d는 기본정착길이에 보정계수를 곱하여 구한다.
② 정착길이 l_d는 300mm 이상이어야 한다.

- 기본정착길이 : $l_{db} = \dfrac{0.6d_b f_y}{\lambda\sqrt{f_{ck}}}$
- 정착길이 : l_d =기본정착길이(l_{db})×보정계수≥300mm

③ 보정계수(α)

조건 \ 철근지름	D19 이하	D22 이상
(1) 철근 순간격 : d_b 이상 (2) 피복 두께 : d_b 이상 (3) 최소철근량 이상의 스터럽 또는 띠철근 배치 ∴ 3가지 조건 충족	$0.8\alpha\beta\lambda$	$\alpha\beta\lambda$
(1) 철근 순간격 : $2d_b$ 이상 (2) 피복 두께 : d_b 이상 ∴ 2가지 조건 충족		

④ α, β, λ 계수값

구분	조건	적용값
α (철근배치 위치계수)	상부철근	1.3
	기 타	1.0
β (에폭시 도막계수)	피복 두께 $3d_b$ 미만 또는 순간격 $6d_b$ 미만인 에폭시 도막철근	1.5
	기타 에폭시 도막철근	1.2
	도막되지 않은 철근	1.0
λ (경량콘크리트 계수)	f_{sp}가 주어지지 않는 경량콘크리트	1) 전 경량콘크리트 : 0.75 2) 부분 경량콘크리트 : 0.85
	f_{sp}가 주어진 경량콘크리트	$\dfrac{f_{sp}}{0.56\sqrt{f_{ck}}} \leq 1.0$
	일반 콘크리트 (보통중량 골재 콘크리트)	1.0

* f_{sp} : 콘크리트의 평균 쪼갬 인장강도(MPa)

4) 압축 이형철근의 정착길이

① 압축 이형철근의 정착길이 l_d는 기본정착길이에 보정계수를 곱하여 구한다.

② 정착길이 l_d는 200mm 이상이어야 한다.

- 기본정착길이 : $l_{db} = \dfrac{0.25 d_b f_y}{\lambda \sqrt{f_{ck}}} \geq 0.043 d_b f_y$
- 정착길이 : l_d=기본정착길이(l_{db})×보정계수≥200mm

③ 보정계수

조 건	보정계수
철근량을 초과 배근한 경우	$\dfrac{\text{소요 } A_s}{\text{배근 } A_s}$
(1) 나선철근(D6 이상, 간격 100mm 이하) 또는 (2) 띠철근(D13, 간격 100mm 이하)으로 감겨진 압축 이형철근	0.75

5) 표준 갈고리를 갖는 인장 정착길이

① 표준 갈고리를 갖는 인장 이형철근의 정착길이 l_{dh}는 기본정착길이에 보정계수를 곱하여 구한다.

② 정착길이 l_{dh}는 $8d_b$ 이상, 150mm 이상이어야 한다.

- 기본정착길이 : $l_{hb} = \dfrac{0.24 \beta d_b f_y}{\lambda \sqrt{f_{ck}}}$
- 정착길이 : l_{dh}=기본정착길이(l_{hd})×보정계수≥$8d_b$ 이상, 150mm 이상

③ 보정계수

조 건	보정계수
$f_y \neq 400$MPa인 경우	$\dfrac{f_y}{400}$
경량콘크리트	1.3
에폭시 도막된 갈고리 철근	1.2
(띠철근 또는 스터럽) D35 이하 철근에서 갈고리를 포함한 전체 정착길이(l_d) 구간에 $3d_b$ 이하 간격으로 띠철근 또는 스터럽이 둘러싼 경우	0.8
(콘크리트 피복 두께) D35 이하 철근에서 갈고리 평면에 수직 방향인 측면 피복 두께가 70mm 이상이며, 90° 갈고리에 대해서는 갈고리를 넘어선 부분의 철근 피복 두께가 50mm 이상인 경우	0.7
휨철근이 소요 철근량 이상 배치된 경우	$\dfrac{\text{소요 } A_s}{\text{배근 } A_s}$

KEY NOTE

압축철근
- 기본정착길이
$l_{db} = \left[\dfrac{0.25 d_b f_y}{\lambda \sqrt{f_{ck}}},\ 0.043 d_b f_y\right]_{max}$
∴ 두 개의 값 중 큰 값 사용
- 소요정착길이
$l_d = l_{db}$×보정계수≥200mm

표준 갈고리(인장철근)
- 기본정착길이
∴ $l_{hb} = \dfrac{0.24 \beta d_b f_y}{\lambda \sqrt{f_{ck}}}$
(단, f_y=400MPa)
- 소요정착길이
∴ $l_d = l_{db}$×보정계수≥$8d_b$
≥150mm

KEY NOTE

정철근 연장 철근량

① 단순부재

(전체 철근량)× $\frac{1}{3}$ 이상

② 연속부재

(전체 철근량)× $\frac{1}{4}$ 이상

③ 보 : 150mm 이상

6) 휨철근의 정착

휨철근은 휨인장과 휨압축에 저항하기 위해 배치한 철근으로 부재의 위치 및 부재의 거동에 따라 정착위치를 다르게 한다.

① 휨철근의 정착일반

- 휨부재의 최대 응력점과 인장철근이 끝나거나, 굽혀진 위험단면 : 철근의 정착에 대한 안전 검토
- 위험단면을 지나 휨철근이 필요치 않는 지점에서 연장되는 길이 : d와 $12d_b$ 중 큰 값 이상
- 연속철근의 경우 휨 저항이 필요치 않는 지점에서 연장되는 묻힘길이 : l_d 이상
- 휨철근은 원칙적으로 전체 철근량의 50%를 초과하여 한 단면에서 절단하지 않아야 하며, 압축부에서 끝내는 것을 원칙으로 한다.

② 정철근의 정착

- 정철근을 받침부까지 연장해야 하는 철근량

단순부재	연속부재	보
$\frac{1}{3}$×(전체 정철근량) 이상	$\frac{1}{4}$×(전체 정철근량) 이상	150mm 이상

- 받침부로 연장되어야 할 정철근은 받침부의 전면에서 설계기준 항복강도 f_y를 발휘하도록 정착한다.

③ 부철근의 정착

받침부의 부(−) 휨모멘트에 배근된 전체 인장철근량의 1/3 이상은 다음 중 가장 큰 값 이상의 묻힘길이가 확보되어야 한다.

- 반곡점을 지나 부재의 유효깊이(d)
- $12d_b$
- $\frac{1}{16}l_n$

여기서, l_n : 순경간, d_b : 철근 직경(mm)

반곡점 : 휨모멘트의 부호가 바뀌는 점

3. 철근의 구조세목

1) 표준 갈고리

① 철근을 정착하기 위해 철근의 단부에 갈고리를 둘 수 있다.

② 갈고리는 압축 구역에서는 두지 않고, 인장철근에만 둔다. 단, 원형 철근에는 반드시 갈고리를 두어야 한다.

③ 주철근의 표준 갈고리

- 90° 표준 갈고리는 구부린 끝에서 $12d_b$ 이상 더 연장해야 한다.
- 180° 표준 갈고리는 구부린 반원 끝에서 $4d_b$ 이상, 60mm 이상 더 연장해야 한다.

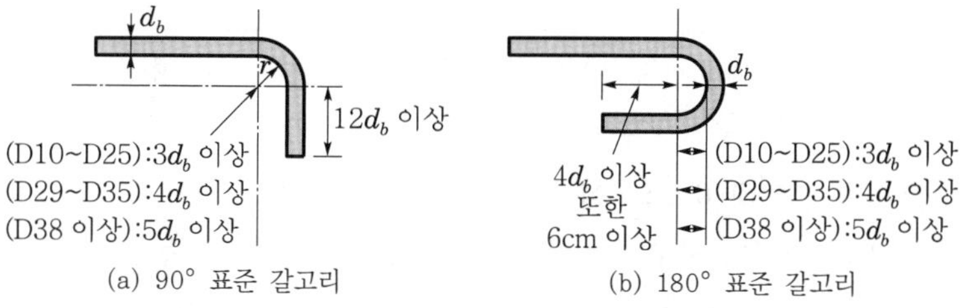

[그림 4-1] 주철근의 표준 갈고리

④ 스터럽과 띠철근의 표준 갈고리

- 90° 표준 갈고리 D16 이하의 철근은 구부린 끝에서 $6d_b$ 이상 더 연장해야 하고, D19, D22 및 D25 철근은 구부린 끝에서 $12d_b$ 이상 더 연장해야 한다.
- 135° 표준 갈고리 D25 이하의 철근은 구부린 끝에서 $6d_b$ 이상 더 연장해야 한다.

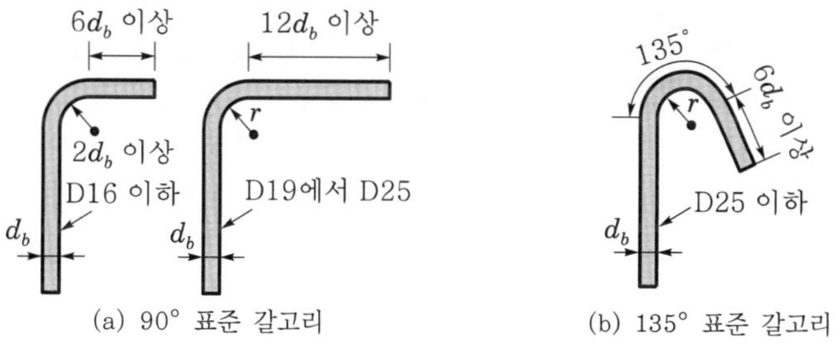

[그림 4-2] 주철근의 표준 갈고리

2) 최소 구부림의 내면 반지름

① 주철근용 표준 갈고리 : 90°, 180°

철근 지름	최소 내면 반지름
• D10 ~ D25	$3d_b$
• D29 ~ D35	$4d_b$
• D38 이상	$5d_b$

KEY NOTE

표준 갈고리

압축구역에는 효과가 없어 표준 갈고리를 하지 않으나, 원형철근과 인장철근은 반드시 갈고리를 하여야 한다.

정착길이(l)

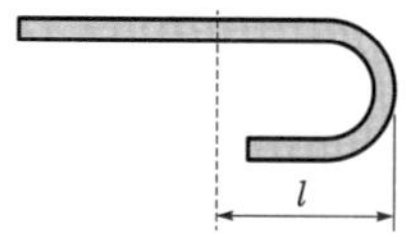

KEY NOTE

② 스터럽 및 띠철근용 표준 갈고리

철근지름	최소 내면 반지름
• D16 이하 • D19 이상 • 용접철망 : 7mm 이하 기타	$2d_b$ 이상 주철근용 표준 갈고리 기준 적용 $2d_b$ 이상 d_b 이상

* 구부리는 내면 반지름이 $4d_b$보다 작은 경우 : 용접 교차점에서 $4d_b$ 이상의 거리에서 철망을 구부린다.

③ 표준 갈고리 이외의 철근

기타 철근의 구부리는 내면 반지름은 주철근용 표준 갈고리의 경우와 같다. 그러나 큰 응력을 받는 곳에서 철근을 구부릴 때는 구부리는 내면 반지름을 더 크게 하여 철근 반지름 내부의 콘크리트가 파쇄되는 것을 방지한다.

종 류	최소 구부림 내면 반지름(r)
• 스터럽, 띠철근 • 굽힘철근 • 라멘구조의 모서리 외측 부분	d_b $5d_b$ $10d_b$

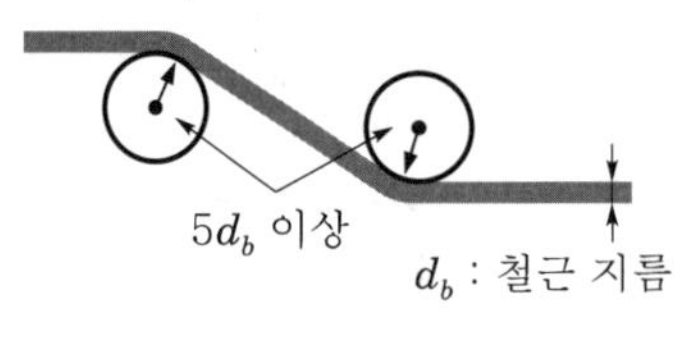

(a) 굽힘 철근의 구부림 반지름

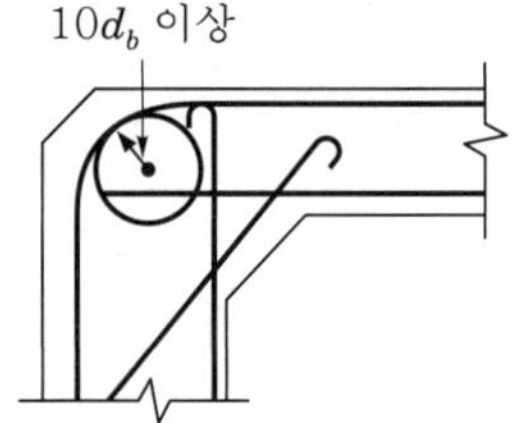

(b) 라멘구조 접합부 외측부 철근의 구부림 반지름

[그림 4-3] 철근 구부리기

철근이음방법
① 겹침이음법(D35 이하)
② 용접이음법(D35 이상)
③ 기계적 이음법

2 철근의 이음

1. 이음 일반

1) 철근의 겹이음

① 이어대지 않는 것을 원칙으로 한다. 단, 설계 도면에 표시, 시방서에 기재, 감독관 승인이 있을 경우에는 이어 댈 수 있다.

② 최대 인장응력이 작용하는 곳에서는 이음을 하지 않는 것이 좋다.

③ 이음부는 한 곳에 집중시키지 말고, 엇갈리게 두는 것이 좋다.

철근이음 원칙
① 이음 위치
인장응력의 최소인 곳
② 이음 조건
이음 후 강도$=f_y\times125$(%)
③ 겹침이음 순간격(l_n)
$l_n \le [1/5l_d,\ 150\text{mm}]$
여기서, l_d : 겹침이음길이
④ D35 초과 철근
용접 맞댐이음(겹이음 불가)

④ 직경 35mm를 초과하는 철근은 겹이음을 해서는 안 된다. 이 경우 용접에 의한 맞댐 이음을 해야 하고, 이때 이음부의 인장력은 f_y의 125% 이상이어야 한다.

⑤ 철근 다발의 겹이음은 다발 내의 각 철근에 요구되는 겹이음 길이에 따라 결정하고, 다발내의 각 철근의 겹이음 길이는 서로 중첩되어서는 안 된다.

⑥ 다발철근의 겹이음 길이는 3개의 다발철근은 20%, 4개의 다발철근은 33% 증가시킨다.

⑦ 겹이음으로 이어진 철근의 순간격은 겹이음 길이의 1/5 이하, 150mm 이하가 되도록 한다.

2. 이형철근의 겹이음 길이

1) 인장 이형철근의 겹이음 길이

① 인장 이형철근의 최소 겹이음 길이는 300mm 이상이어야 한다.

- A급 이음 : $1.0l_d$ 이상, 300mm 이상
- B급 이음 : $1.3l_d$ 이상, 300mm 이상

② A급 이음은 배근된 철근량이 소요 철근량의 2배 이상이고, 겹이음된 철근량이 총 철근량의 1/2 이하인 경우이다. 즉, (배근 A_s)/(소요 A_s)$\geq$이다.

③ B급 이음은 A급 이외의 이음이다.

④ 서로 다른 직경의 철근을 겹이음하는 경우의 이음 길이는, 크기가 큰 철근의 정착길이와 크기가 작은 철근의 정착길이 중 큰 값을 기준으로 한다.

A급 이음	$\dfrac{겹침이음된\ A_s}{전체\ A_s} \leq \dfrac{1}{2}$ 이고, $\dfrac{배근된\ A_s}{소요\ A_s} \geq 2\left(\dfrac{겹침이음\ A_s}{전체\ A_s} \leq 50\%,\ \dfrac{소요\ A_s}{배근\ A_s} \leq 50\%\right)$
B급 이음	A급 이음 조건이 아닌 경우

2) 압축 이형철근의 겹이음 길이

① 압축철근의 겹이음 길이는 다음과 같이 구할 수 있다.

$$l_s = \left(\frac{1.4f_y}{\lambda\sqrt{f_{ck}}} - 52\right)d_b$$

② 산정된 이음길이는 $f_y \leq 400\text{MPa}$인 경우 $0.072f_yd_b$보다 길 필요는 없다.

KEY NOTE

A급 이음($1.0l_d$ 이상)

① 겹이음 철근량≤(총철근량)×$\frac{1}{2}$

② 배근철근량≥(소요철근량)×2

∴ 상기 2개 조건 충족하는 이음

(인장 이형철근) 겹이음 길이 최소값 : 300mm

기둥철근 이음의 특별규정

① 계수하중에 의해 철근이 압축력을 받는 경우 압축이형철근겹이음길이를 따라야 하며, 해당되는 경우 다음의 경우도 따라야 한다.

- 띠철근 압축부재의 경우 겹침이음길이 전체에 걸쳐서 띠철근이 유효단면적이 각 방향 모두 $0.0015hs$ 이상이면 겹침이음길이에 계수 0.83을 곱할 수 있다. 그러나 겹침이음길이는 300mm 이상이어야 한다. 여기서, 유효단면적은 부재 치수 h에 수직한 띠철근 가닥의 전체 단면적이다.
- 나선철근 압축부재의 경우 나선철근으로 둘러싸인 축방향 철근의 겹침이음길이에 계수 0.75를 곱할 수 있다. 그러나 겹침이음길이는 300mm 이상이어야 한다.

② 계수하중이 작용할 때 철근이 $0.5f_y$ 이하의 인장응력을 받고 어느 한 단면에서 전체 철근의 1/2을 초과하는 철근이 겹침이음되면 B급 이음으로, 전체철근의 1/2 이하가 겹침이음되고 그 겹침이음이 교대로 l_d 이상 서로 엇갈려 있으면 A급 이음으로 하여야 한다.

③ 계수하중이 작용할 때 철근이 $0.5f_y$보다 큰 인장응력을 받는 경우 겹침이음이 B급 이음으로 하여야 한다.

④ 단부 지압이음에서 기둥 각면에 배치된 연속철근은 그 면에 배근된 수직 철근량에 설계기준항복강도 f_y의 25%를 곱한 값 이상의 인장강도를 가져야 한다.

KEY NOTE

③ 산정된 이음길이는 $f_y > 400\text{Mpa}$ 인 경우에는 $(0.13f_y - 24)d_b$보다 길 필요는 없다.

④ 이때 겹이음 길이는 300mm 이상이어야 한다.

⑤ 콘크리트의 설계기준강도가 21Mpa 미만인 경우는 겹이음 길이를 1/3 증가시켜야 한다.

⑥ 압축철근의 겹이음 길이는 인장철근의 겹이음 길이보다 길 필요는 없다.

⑦ 서로 다른 직경의 철근을 겹이음하는 경우의 이음길이는, 크기가 큰 철근의 정착길이와 크기가 작은 철근의 정착길이 중 큰 값을 기준으로 한다.

$f_{ck} \geq 21\text{MPa}$인 경우	
$f_y \leq 400\text{MPa}$일 때	$f_y > 400\text{MPa}$일 때
• $l_s = \left[\left(\dfrac{1.4f_y}{\lambda\sqrt{f_{ck}}} - 52\right)d_b,\ (0.072f_y)d_b\right]_{\min}$ 이상	• $l_s = \left[\left(\dfrac{1.4f_y}{\lambda\sqrt{f_{ck}}} - 52\right)d_b,\ (0.072f_y)d_b\right]_{\min}$ 이상
• 300mm 이상	• 300mm 이상

단, $f_{ck} < 21\text{MPa}$인 경우 : 상기의 계산 값에서 (계산 값×$\frac{1}{3}$)만큼 겹침이음 길이를 더 증가시킨다.

3. 다발철근

다발철근 겹이음 길이 증가량
① 3개의 철근 다발 : 20% 증가
② 4개의 철근 다발 : 33% 증가

① 2개 이상의 철근을 묶어서 사용하는 다발철근은 이형철근으로서 그 개수는 4개 이하이며, 스터럽이나 띠철근으로 감싸야 한다.

② 휨부재의 경간 내에서 끝나는 한 다발철근 내의 개개 철근은 $40d_b$ 이상 서로 엇갈리게 끝내야 한다.

③ 다발철근의 간격과 최소 피복 두께를 철근지름으로 나타낼 경우, 다발철근의 지름은 등가 단면적으로 환산된 한 개의 철근 지름으로 보아야 한다.

④ 다발철근의 간격은 굵은 골재 최대치수 규정을 만족하도록 한다.

다발철근의 정착
① 3개 철근 다발 : 20% 증가
4개 철근 다발 : 33% 증가
② 다발철근 전체와 동등한 단면적과 도심을 가지는 하나의 철근으로 취급

⑤ 다발철근의 겹침이음은 다발 내의 개개 철근에 대한 겹침이음 길이를 기본으로 하여 결정하며, 3개 다발은 20%, 4개 다발은 33%를 증가시킨다. 그러나 한 다발 내에서 각 철근의 이음은 한 곳에서 중복되지 않아야 하며, 2개 다발철근을 개개 철근처럼 겹침이음하지 않는다.

⑥ 다발철근에 대해 겹침이음 길이를 증가시키는 것은 콘크리트와 접하는 철근표면적이 감소하는 것을 고려한 것이다.

CHAPTER

04 적중 예상문제

01 현장치기 콘크리트인 경우, 철근의 최소 피복 두께에 관한 설명으로 옳지 않은 것은? (단, 책임기술자의 승인을 받아 피복 두께를 변경하지 않고, 철근의 정착길이가 피복 두께에 영향을 주지 않음)

① D16 이하인 철근이 배치된 흙에 접하거나 옥외의 공기에 직접노출되는 콘크리트의 최소 피복 두께의 40mm이다.

② 수중에서 타설하는 콘크리트의 최소 피복 두께는 100mm이다.

③ 흙에 접하여 콘크리트를 친 후 영구히 흙에 묻혀있는 콘크리트의 최소 피복 두께는 80mm이다.

④ 슬래브에 D35를 초과하는 철근이 배치된 옥외의 공기나 흙에 직접 접하지 않는 콘크리트의 최소 피복 두께는 30mm이다.

해설 ④ 콘크리트의 최소 피복 두께는 40mm

02 철근 또는 강연선의 간격에 대한 설명으로 옳은 것은? (단, d_b는 철근, 철선 또는 프리스트레싱 강연선의 공칭지름)

① 나선철근과 띠철근 기둥에서 축방향 철근의 순간격은 30mm 이상, 또한 철근 공칭지름의 1.5배 이상, 굵은 골재 최대치수 4/3배 이상이다.

② 벽체 또는 슬래브에서 휨 주철근의 간격은 벽체나 슬래브 두께의 4배 이하이어야 하고, 또한 450mm 이하이다. 단, 콘크리트 장선구조는 제외한다.

③ 휨부재의 경간 내에서 끝나는 한 다발철근 내의 개개 철근은 $40d_b$ 이상 서로 엇갈리게 끝나야 한다.

④ 콘크리트 압축강도가 28MPa보다 작은 경우, 부재단에서 프리텐셔닝 긴장재의 중심간격은 강선의 경우 $4d_b$, 강연선의 경우 5 d_b 이상이어야 한다.

해설 ① 철근순간격은 40mm
② 벽체나 슬래브 두께의 3배 이상
④ 강선의 경우 $5d_b$, 강연선의 경우 $4d_b$

03 에폭시 도막된 180° 표준 갈고리를 갖는 인장 이형철근(D35)을 기둥 속으로 연장하여 정착시키려고 한다. 갈고리 평면에 수직방향인 측면 피복 두께가 80mm이고, 배근철근량은 소요철근량과 같을 때, 표준 갈고리의 최소 정착길이를 계산한 값[mm]은? (단, f_{ck}=25MPa, f_r=400MPa이다)

① 588 ② 700
③ 490 ④ 840

해설
• 표준 갈고리 정착길이
• 기본정착길이 $l_{hb} = \frac{0.24 \cdot \beta \cdot d_b \cdot f_y}{\lambda \cdot \sqrt{f_{ck}}}$
• 정착길이 $l_{dh} = l_{hb} \times$보정계수$\geq 8d_b$ 이상 · 150m 이상
• 보정계수 ① $\frac{소요 A_s}{배근 A_s}$
② 경량콘크리트 1.3
③ 에폭시 도막철근 1.2

$$\frac{0.24 \times 1.2 \times 35 \times 400}{1.0 \times \sqrt{25}} \times 0.7 = 565\text{mm}$$

정답 01 ④ 02 ③ 03 ①

04 콘크리트 설계기준강도 f_{ck}=24MPa인 철근 콘크리트 구조물의 압축 이형철근에 대한 최소 겹침이음길이[mm]는? (단, 겹침이음에 사용되는 두 철근은 항복강도 f_y=300MPa인 D13 [공칭직경 d_b=13mm로 가정]을 사용한다)

① 150　　② 200
③ 250　　④ 300

해설
- $l_s = \left(\dfrac{1.4f_y}{\lambda \cdot \sqrt{f_{ck}}} - 52\right) \cdot d_b$
  $= \left(\dfrac{1.4 \times 300}{1 \times \sqrt{24}} - 52\right) \times 13$
  $= 439\text{mm}$
- $f_y \le 400$MPa이므로 $0.072f_y \cdot d_b = 0.072 \times 300 \times 13 = 280.8$ 보다 길 필요가 없다. 이때 겹이음 길이는 300mm 이상

05 표준 갈고리에 대한 설명으로 옳지 않은 것은?

① 주철근의 경우 180° 표준 갈고리는 구부린 반원 끝에서 $4d_b$ 이상, 또한 40mm 이상 더 연장해야 한다.
② 주철근의 경우 90° 표준 갈고리는 구부린 끝에서 $12d_b$ 이상 더 연장해야 한다.
③ 스터럽 또는 띠철근의 경우 135° 표준 갈고리에서 D25 이하의 철근은 구부린 끝에서 $6d_b$ 이상 더 연장해야 한다.
④ 스터럽 또는 띠철근의 경우 90° 표준 갈고리에서 D16 이하의 철근은 구부린 끝에서 $6d_b$ 이상 더 연장해야 한다.

해설 ① 60mm 이상 더 연장해야 한다.

06 콘크리트 구조설계기준에 의한 현장치기 콘크리트의 최소 피복 두께에 대한 설명으로 옳지 않은 것은?

① 흙에 접하여 콘크리트를 친 후 영구히 흙에 묻혀 있는 콘크리트의 피복 두께는 80mm 이상이다.
② 흙에 접하거나 옥외의 공기에 직접 노출되는 콘크리트로 D29 이상의 철근을 사용하는 경우의 피복 두께는 60mm 이상이다.
③ 옥외의 공기나 흙에 직접 접하지 않는 콘크리트로 슬래브나 벽체에서 D35를 초과하는 철근을 사용하는 경우의 피복 두께는 60mm 이상이다.
④ 수중에 타설하는 콘크리트의 피복 두께는 100mm 이상이다.

해설 ③ 슬래브, 벽체, 장선의 경우 D35를 초과하는 경우 40mm

07 인장을 받는 이형철근의 직경 d_b=25mm일 때, 기본정착길이 l_{db}[mm]는? (단, 콘크리트의 설계기준강도 f_{ct}=25MPa, 철근의 항복강도 f_y=400MPa이다)

① 625　　② 850
③ 1,200　　④ 1,400

해설 $l_{db} = \dfrac{0.6d_bf_y}{\lambda \cdot \sqrt{f_{ck}}} = \dfrac{0.6 \times 25 \times 400}{1.0 \times \sqrt{25}} = 1200\text{mm}$

08 보통중량콘크리트에서 압축을 받는 이형철근 D25를 정착시키기 위해 소요되는 기본정착길이 l_{db}[mm]는? (단, 콘크리트의 설계기준압축강도 f_{ck}=25MPa, 철근의 설계기준항복강도 f_y=300MPa, 이형철근 D25의 직경(d_b)은 25mm로 고려하고, 2012년도 콘크리트구조기준을 적용한다.)

① 188　　② 375
③ 450　　④ 900

해설
$l_{db} = \dfrac{0.25 \cdot d_b \cdot f_y}{\lambda \cdot \sqrt{f_{ck}}} \ge 0.043d_b \cdot f_y \ge 300\text{mm}$

$l_{db} = \dfrac{0.25 \times 25 \times 300}{1.0 \times \sqrt{25}} = 375\text{mm}$

정답 04 ④ 05 ① 06 ③ 07 ③ 08 ②

09 콘크리트의 설계기준압축강도를 $\frac{1}{4}$로 줄이고 인장철근의 공칭지름을 $\frac{1}{3}$로 줄였을 때, 기본정착길이는 원래 기본정착길이에 비해 어떻게 변하는가? (단, 2012년도 콘크리트구조기준을 적용한다)

① 변화없다.

② $\frac{1}{3}$로 줄어든다.

③ $\frac{2}{3}$로 줄어든다.

④ $\frac{1}{4}$로 줄어든다.

해설 인장 이형철근의 기본 정착길이

$l_{db} = \frac{0.6 d_b f_y}{\sqrt{f_{ck}}}$ 에서

$$l_{db} \propto \frac{d_b}{\sqrt{f_{ck}}} = \frac{\frac{1}{3}d_b}{\sqrt{\frac{1}{4}f_{ck}}} = \frac{2}{3} \times \frac{d_b}{\sqrt{f_{ck}}}$$

10 철근의 이음에 관한 설명으로 옳지 않은 것은?

① 휨부재에서 서로 접촉되지 않게 겹침이음된 철근은 횡방향으로 소요 겹침길이의 1/5 또는 150mm 중 작은 값 이상 떨어지지 않아야 한다.

② 용접이음은 철근의 설계기준항복강도의 125% 이상 발휘할 수 있는 완전용접이어야 한다.

③ 콘크리트 설계기준압축강도가 21MPa 미만인 경우, 압축철근의 겹침이음 길이를 1/3 증가시켜야 한다.

④ 다발철근의 이음 시 다발 내에서 각 철근은 같은 위치에서 겹침이음을 한다.

11 「콘크리트구조기준(2012)」에 따른 표준 갈고리의 기본정착길이[mm]는? (단, 콘크리트의 설계기준압축강도 f_{ck}=25MPa, 철근의 설계기준항복강도 f_y=400MPa, 철근의 공칭지름 d_b=25mm, 경량콘크리트계수 λ=1.0, 철근 도막계수 β=1.0)

① 500 ② 480

③ 460 ④ 440

해설
$$l_{hb} = \frac{0.24 \cdot \beta \cdot d_b \cdot f_y}{\lambda \cdot \sqrt{f_{ck}}} = \frac{0.24 \times 1.0 \times 25 \times 400}{1.0 \times \sqrt{25}} = 480$$

12 철근의 정착에 대한 설명으로 옳은 것은? (단, d_b=철근의 공칭지름이고, 2012년도 콘크리트 구조기준을 적용한다.)

① 인장 또는 압축을 받는 하나의 다발철근 내에 있는 개개철근의 정착길이 l_d는 다발철근이 아닌 경우의 각 철근의 정착길이와 같게 하여야 한다.

② 압축 이형철근의 정착길이 l_d는 적용 가능한 모든 보정계수를 곱하여 구하여야 하며, 항상 300mm 이상이어야 한다.

③ 단부에 표준 갈고리가 있는 인장 이형철근의 정착길이 l_{db}는 항상 $8d_b$ 이상, 또한 150mm 이상이어야 한다.

④ 휨철근은 휨모멘트를 지항하는 데 더 이상 철근을 요구하지 않는 짐에서 부재의 유효깊이 d 또는 $6d_b$ 중 큰 값 이상으로 더 연장하여야 한다. (단, 단순경간의 받침부와 캔틸레버의 자유단에서는 적용하지 않는다)

해설 ① 3개의 철근으로, 구성된 다발철근 20% 4개의 철근으로 구성된 다발철근 33% 증가
② 200mm 이상이어야 함
④ 유효값이 d 또는 $12d_b$ 중 큰 값

정답 09 ③ 10 ④ 11 ② 12 ③

13 휨부재의 철근 배근에 대한 설명 중 옳지 않은 것은?

① 휨부재에서 최대 응력점과 경간 내에서 인장철근이 끝나거나 굽혀진 위험단면에서 철근의 정착에 대한 안전을 검토하여야 한다.

② 휨철근은 휨모멘트를 저항하는 데 더 이상 철근을 요구하지 않는 점에서 부재의 유효깊이 d 또는 $12d_b$ 중 큰 값 이상으로 더 연장하여야 한다.

③ 연속철근은 구부러지거나 절단된 인장철근이 휨을 저항하는 데 더 이상 필요하지 않은 점에서 정착길이 l_d 이상의 묻힘길이를 확보하여야 한다.

④ 인장철근은 구부려서 복부를 지나 정착하거나 부재의 반대측에 있는 철근 쪽으로 연속하여 정착시켜야 한다.

⑤ 철근응력이 직접적으로 휨모멘트에 비례하는 휨부재의 인장철근은 적절한 정착을 마련하여야 한다.

해설 • 휨철근은 압축측에서 끝내는 것을 원칙으로 한다.
• 특정 조건 중 하나를 만족할 경우 인장구역에서 끊어내도 좋다.
그러나 전체 철근의 50%를 초과하여 한단면에서 끊어내서는 안 된다.

14 철근의 이음에 관한 설명으로 옳지 않은 것은?

① D35를 초과하는 철근은 겹침이음을 해야 한다.

② 휨부재에서 서로 직접 접촉되지 않게 겹침이음된 철근은 횡방향으로 소요 겹침이음길이의 1/5 또는 150mm 중 작은 값 이상 떨어지지 않아야 한다.

③ 기계적 이음은 철근의 설계기준항복강도의 125% 이상을 발휘할 수 있는 완전 기계적 이음이어야 한다.

④ 다발철근의 겹침이음은 다발 내의 개개 철근에 대한 겹침이음길이를 기본으로 하여 결정하여야 한다.

⑤ 용접이음은 용접용 철근을 사용해야 하며 철근의 설계기준항복강도의 125% 이상을 발휘할 수 있는 완전용접이어야 한다.

해설 D35 이상은 겹이음하지 않는다.

15 철근과 콘크리트 사이의 부착에 영향을 미치는 요인이 아닌 것은?

① 철근의 강도
② 철근 표면상태
③ 철근의 묻힌 위치 및 방향
④ 피복 두께
⑤ 다지기

16 철근의 이음에 대한 설명으로 옳지 않은 것은?

① 배치된 철근량이 이음부 전체 구간에서 해석결과 요구되는 소요철근량의 2배 이상이고 소요 겹침이음길이 내 겹침이음된 철근량이 전체 철근량의 $\frac{1}{2}$ 이하인 경우가 A급 이음이다.

② 철근의 이음은 설계도에서 요구하거나 설계기준에서 허용하는 경우, 또는 책임기술자의 승인 하에서만 할 수 있다.

③ D35를 초과하는 철근끼리는 겹침이음을 할 수 있다.

④ 3개의 철근으로 구성된 다발철근의 겹침이음 길이는 다발내의 개개 철근에 대하여 다발철근이 아닌 경우의 각 철근의 겹침이음 길이보다 20% 증가시킨다.

해설 ③ D35를 초과하는 철근끼리는 겹이음을 할 수 없다.

정답 13 ⑤ 14 ① 15 ① 16 ③

17 강도설계법에서 이형철근을 보통골재 콘크리트에 정착시키는 경우, 인장을 받는 직선 철근의 기본정착길이 l_{db}[mm]는? (단, 철근의 직경 d_b=10mm, 콘크리트 설계기준강도 f_{ck}=25MPa, 철근의 항복강도 f_y=300MPa이다)

① 150 ② 210
③ 360 ④ 800

해설

$$l_{db}=\frac{0.6\cdot d_b\cdot f_y}{\lambda\cdot\sqrt{f_{ck}}}=\frac{0.6\times10\times300}{1.0\times\sqrt{25}}=360\text{mm}$$

18 철근콘크리트보에서 철근의 이음에 대한 설명으로 옳은 것은? (단, 2012년도 콘크리트구조기준을 적용한다)

① 휨부재에서 서로 직접 접촉하지 않게 겹침이음된 철근은 횡방향으로 소요 겹침 이음길이의 $\frac{1}{10}$ 또는 150mm 중 작은 값 이상 떨어지지 않아야 한다.
② 휨부재에서 서로 직접 접촉되지 않게 겹침이음된 철근은 횡방향으로 소요 겹침 이음길이의 $\frac{1}{5}$ 또는 100mm 중 작은 값 이상 떨어지지 않아야 한다.
③ 용접이음은 철근의 설계기준항복강도 f_y의 135% 이상을 발휘할 수 있는 완전용접이어야 한다.
④ 기계적 이음은 철근의 설계기준항복강도 f_y의 125% 이상을 발휘할 수 있는 완전기계적 이음이어야 한다.

해설

① 소요겹침 이음길이의 $\frac{1}{5}$
② 소요겹침 이음길이의 150mm
③ 용접이음은 15% 이상

19 그림과 같이 압축 이형철근 4-D25가 배근된 교각이 확대기초로 축 압축력을 전달하는 경우에 확대기초 내 다우얼(dowel)의 정착길이 l_{db}[mm]는? (단, f_{ck}=25MPa, f_y=400MPa, 압축부재에 사용되는 띠철근의 설계기준에 따라 배근된 띠철근 중심간격은 100mm, 다우얼 철근의 배치량은 소요향과 동일, D25 이형철근의 공칭지름 d_b=25mm로 가정하고, 경량콘크리트계수 λ는 고려하지 않으며, 2012년도 콘크리트구조기준을 적용한다.)

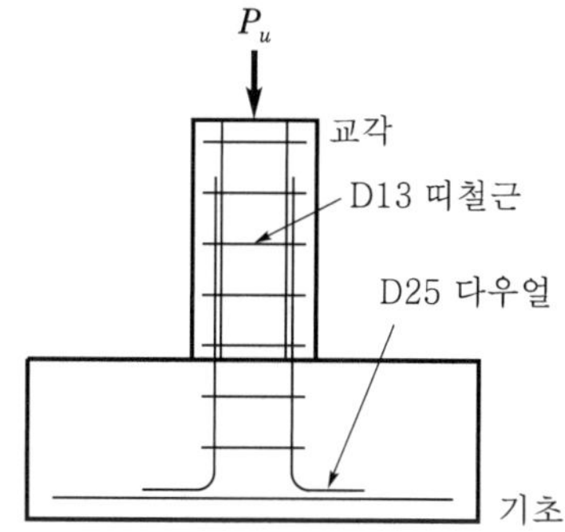

① 200mm
② 275mm
③ 300mm
④ 375mm

해설

① 이형압축철근 정착길이

$$l_{db}=\frac{0.25d_b\cdot f_y}{\lambda\cdot\sqrt{f_{ck}}}\geq 0.043d_b\cdot f_y$$

$f_{ck}=25\text{Mpa}\leq 35\text{MPa}$이므로

$$l_{db}=\frac{0.25d_b\cdot f_y}{\lambda\cdot\sqrt{f_{ck}}}=\frac{0.25\times25\times400}{\sqrt{25}}=500\text{mm}$$

② 정착길이는 D13의 띠철근 간격이 100mm이므로 보정계수×0.75

$l_d=500\times0.75=375\text{mm}$

정답 17 ③ 18 ④ 19 ④

20 콘크리트구조기준(2012)에 따른 확대머리 이형철근의 인장에 대한 정착길이 계산식을 적용하기 위한 조건으로 옳지 않은 것은?

① 철근의 설계기준항복강도는 400MPa 이하이어야 한다.

② 콘크리트의 설계기준압축강도는 40MPa 이하이어야 한다.

③ 철근의 지름은 40mm 이하이어야 한다.

④ 확대머리의 순지압면적은 철근 1개 단면적의 4배 이상이어야 한다.

해설 ② 철근지름은 35mm 이하

정답 20 ③

Chapter 05

사용성과 내구성

1 일반사항

2 처짐 계산

3 균열

4 피로

5 내구성 설계

CHAPTER 05

사용성과 내구성

KEY NOTE

1 일반사항

구조물을 사용하는 데 있어서 지장을 초과하는 경우가 있으며, 구조물의 안전성은 계수하중에 의하여 검토하지만 사용성은 사용하중에 의하여 검토한다.

부재의 처짐이나 균열, 피로 등은 보통의 사용상태에 문제가 되기 때문이다.

1. 설계 시 필수 검토사항

1) 사용성(Serviceability)

사용하기에 불편함 또는 불안감 등을 해소할 수 있는 정도를 나타내며, 검토 수단으로는 사용하중에 의한 처짐, 균열, 피로, 진동 등이 있다.

2) 내구성(Durability)

구조물이 본래의 기능을 지속적으로 유지하는 정도를 말하고, 환경조건을 고려하여 내구성 검토가 이루어진다.

3) 안전성(Safety)

구조물의 파괴에 대한 안전을 확보하는 정도로서 극한하중(계수하중)을 사용한다.

4) 설계방법에 따른 사용성과 내구성

설계방법	설계하중과 중점사항	사용성과 내구성의 검토
• 허용응력 설계법	사용하중에 의한 사용에 중점을 둔 설계법	처짐이나 균열에 대하여 자동적으로 사용성과 안전성을 확보
• 강도 설계법	계수하중에 의한 안전성에 중점을 둔 설계법	사용하중에 의한 처짐이나 균열 또는 피로에 대한 사용성을 별도로 검토해야 함
• 한계상태 설계법	안전성과 사용성을 하나의 설계체계 속에서 다루려는 설계법으로, 사용성과 안전성을 확보	

2 처짐 계산

1. 탄성처짐

단순 지지된 보에 발생하는 최대처짐($\delta_{\max}$)

① 집중하중 P가 경간 중앙에 작용할 때 $\delta_{\max} = \dfrac{Pl^3}{48EI}$

② 등분포하중 w가 경간 전체에 작용할 때 $\delta_{\max} = \dfrac{5wl^4}{384EI}$

여기서, l:경간, EI : 휨강성

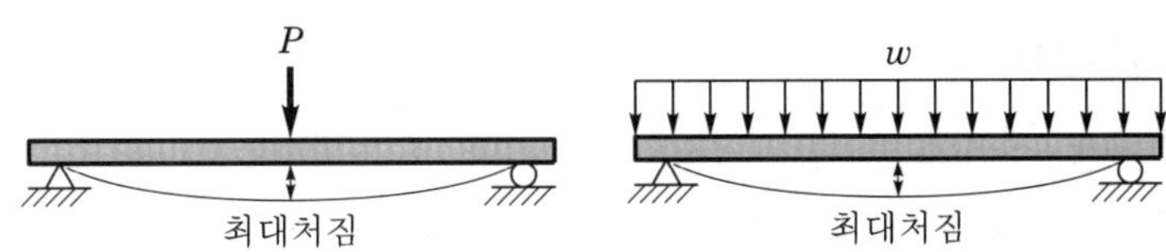

[그림 5-1]

③ 최대처짐($\delta_{\max}$)에서 단면 2차모멘트 I의 규정

구분	적용 사유	단면 2차모멘트 I의 적용
비균열 단면	전단면이 유효	총 단면 2차모멘트 $I_g = \dfrac{bh^3}{12}$
균열 단면 (인장측균열)	철근 환산 단면적 고려	균열 환산단면 2차모멘트 $I_{cr} = \dfrac{bx^3}{3} + nA_s(d-x)^2$
유효단면	실제 단면과 유사 (설계 적용)	유효 환산단면 2차모멘트 $I_e = \left(\dfrac{M_{cr}}{M_a}\right)^3 I_g + \left[1-\left(\dfrac{M_{cr}}{M_a}\right)^3\right] I_{cr}$ 여기서, M_a : 보의 최대 휨모멘트$\left(=\dfrac{wl^2}{8}\right)$ M_{cr} : 균열모멘트$\left(=f_r\dfrac{I_g}{y_t}\right)$ • $f_r = 0.63\lambda\sqrt{f_{ck}}$: 휨 파괴계수 • y_t : 중립축~인장측 연단 거리

④ 단면 2차모멘트의 크기 비교 : $I_{cr} < I_e < I_g$

KEY NOTE

유효단면 2차모멘트(I_e)

• $I_e = \left(\dfrac{M_{cr}}{M_a}\right)^3 I_g + \left[1-\left(\dfrac{M_{cr}}{M_a}\right)^3\right] I_{cr}$

여기서, $M_{cr} = \dfrac{I_g}{y_t}\cdot f_r$

M_a : 최대모멘트

• 휨인장강도(파괴계수)

$f_r = 0.63\lambda\sqrt{f_{ck}}$

• 최대모멘트(M_a)

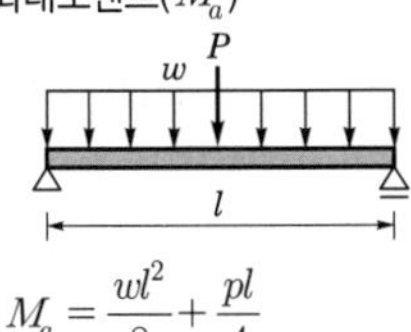

$\therefore M_a = \dfrac{wl^2}{8} + \dfrac{pl}{4}$

균열모멘트 M_{cr}

• $M_{cr} = \dfrac{I_g}{y_t} \times 0.63\lambda\sqrt{f_{ck}}$

콘크리트 설계기준강도 f_{ck}

• 균열모멘트 M_{cr}에서 f_{ck} 구하기

$\therefore f_{ck} = \left(M_{cr}\cdot\dfrac{y_t}{I_g\times 0.63\lambda}\right)^2$

KEY NOTE

장기처짐량

$\delta_l = \delta_i \times \lambda_\Delta$

여기서, δ_i : 탄성처짐

장기처짐계수

$\lambda_\Delta = \dfrac{\xi}{1+50\rho'}$

여기서, ρ' : 압축철근비
ξ : 시간계수

최종처짐

$\delta_t = \delta_i + \delta_l$

여기서, δ_i : 탄성처짐
δ_l : 장기처짐($\delta_i \times \lambda_\Delta$)

2. 장기처짐

① 장기처짐량=탄성처짐량×장기처짐계수(λ_Δ)

여기서, $\lambda_\Delta = \dfrac{\xi}{1+50\rho'}$ 이고, $\rho' = \dfrac{A_s'}{bd}$ (압축철근비)

② 재하기간에 따른 시간경과계수(ξ)

- 3개월 : 1.0
- 6개월 : 1.2
- 1년 : 1.4
- 5년 이상 : 2.0

3. 최종처짐

총처짐=탄성처짐+장기처짐
=탄성처짐+(탄성처짐×장기처짐계수)
=탄성처짐(1+장기처짐계수)

4. 최대 허용처짐

부재의 형태		고려해야 할 처짐	처짐 한계
과도한 처짐에 의한 손상되기 쉬운 비구조 요소를 지지 또는 부착하지 않은	평지붕 구조	활하중 L에 의한 순간처짐	$\dfrac{l}{180}$
	바닥구조	활하중 L에 의한 순간처짐	$\dfrac{l}{360}$
과도한 처짐에 의해 손상되기 쉬운 비구조 요소를 지지 또는 부착한	지붕, 바닥구조	전체 처짐 중에서 비구조 요소가 부착된 후에 발생하는 처짐(지속하중에 의한 장기처짐+추가 활하중에 의한 탄성처짐)	$\dfrac{l}{480}$
과도한 처짐에 의해 손상될 염려가 없는 비구조 요소를 지지 또는 부착한	지붕, 바닥구조		$\dfrac{l}{240}$

여기서, l : 보 또는 스래브의 경간(cm)

5. 처짐의 제한

1) 처짐을 계산하지 않아도 되는 경우는 구조물이 충분한 강성을 확보해야 하므로 구조물의 최소 두께와 높이를 규정하고 있다.

2) 처짐을 계산하지 않는 경우의 보 또는 1방향 슬래브의 최소 두께

부 재	최소 두께(h)			
	캔틸레버 지지	단순 지지	일단 연속	양단 연속
• 1방향 슬래브	$\frac{l}{10}$	$\frac{l}{20}$	$\frac{l}{24}$	$\frac{l}{28}$
• 보 • 리브가 있는 1방향 슬래브	$\frac{l}{8}$	$\frac{l}{16}$	$\frac{l}{18.5}$	$\frac{l}{21}$

여기서, l : 경간길이(cm). f_y=400MPa 철근을 사용한 경우의 값

① 경량콘크리트 보정 : 계산된 $h\times(1.65-0.00031w_c)\geq1.09$

② $f_y\neq$400MPa인 경우 보정 : 계산된 $h\times\left(0.43+\frac{f_y}{700}\right)$

3 균열

1. 균열발생의 원인 및 형태

1) 시공상의 원인	2) 설계상의 원인
① 조기재령에서 부족한 양생 ② 재료분리, cold joint에 의한 균열 ③ 불균일한 타설 및 다짐	① 철근 상세의 오류 ② 응력집중에 대한 검토 누락 ③ 기초의 설계 오류
3) 재료상의 원인	**4) 환경조건의 원인**
① 시멘트 수화열 ② 알칼리 골재반응 ③ 큰 W/C비에 의한 건조수축 ④ 콘크리트의 침하와 블리딩	① 온도 변화 ② 건·습의 반복 ③ 동결 융해 ④ 화학 작용
5) 균열의 형태	
① 휨균열 ② 전단균열 ③ 비틀림균열 ④ 부착균열	

2. 경화 전 균열의 종류

1) 소성수축 균열

① 응결·경화 과정에서 비교적 조기에 생기는 균열

② 요인 : 콘크리트 타설 후 슬래브 등에서 갑자기 낮은 습도의 대기나 바람에 노출된 경우 노출된 표면에서 수분 증발이 콘크리트의 블리딩보다 빠르게 일어날 경우

③ 대책 : 표면의 수분 증발을 막아 방지

KEY NOTE

1방향 슬래브 최소 두께(h)

① 캔틸레버 형태 : $l/10$
② 단순지지 형태 : $l/20$
여기서, l : 경간
f_y =400MPa 철근

보정계수($f_y\neq$400MPa 철근)

• $\left(0.43+\frac{f_y}{700}\right)$을 곱해준다.

(예) $h=\frac{l}{20}\times\left(0.43+\frac{f_y}{700}\right)$
(단순지지)

보의 최소 두께(h)

① 캔틸레버 형태 : $l/8$
② 단순지지 형태 : $l/16$
여기서, l : 경간
f_y =400MPa 철근

보정계수($f_y\neq$400MPa 철근)

• $\left(0.43+\frac{f_y}{700}\right)$을 곱해준다.

(예) $h=\frac{l}{16}\times\left(0.43+\frac{f_y}{700}\right)$
(단순지지)
$h=\frac{l}{8}\times\left(0.43+\frac{f_y}{700}\right)$
(캔틸레버 지지)

2) 침하균열

① 콘크리트의 침강 수축과 구조적 이동에 의해 발생하는 균열
② 요인 : 철근직경이 클수록, 슬럼프가 클수록, 피복 두께가 작을수록 균열 증가
③ 대책 : 거푸집의 정확한 설계와 시공 시 충분한 다짐, 슬럼프 최소화

3) 경화 전 균열의 특성

① 콘크리트 타설 후 1~3시간 정도에 발생
② 균열 폭은 최대 3mm
③ 균열의 길이는 2~3m
④ 균열의 깊이는 50mm 이하

KEY NOTE

균열 일반사항
- 철근 부식방지를 위해 몇 개의 넓은 폭 균열보다 많은 미세한 균열이 바람직함
- 균열제어를 위해 동일 단면적을 갖는 여러 개의 가는 철근 배치가 효과적임.
- 수밀성을 요하고, 미관이 중요한 구조는 허용 균열폭을 설정하여 균열검토 가능함.

3. 경화 후 균열의 종류

구분	정의	균열 종류
비구조적 균열	구조물의 안전성 저하는 없으나 내구성 저하와 사용성 저하를 초래할 수 있는 균열	① 소성침하균열 ② 소성수축균열 ③ 초기온도수축균열 ④ 장기건조수축균열 ⑤ 불규칙한 미세균열 ⑥ 염화물에 의한 철근부식에 의한 균열 ⑦ 알칼리 골재 반응에 의한 균열
구조적 균열	구조물 또는 구조부재에 사용하중의 작용으로 인한 발생한 균열	① 설계오류로 인한 균열 ② 외부하중에 의한 균열 ③ 단면 및 철근량의 부족에 의한 균열

1) 건조수축으로 인한 균열

① 콘크리트가 건조하기 시작하면 외부는 수축하려하면서 내부의 구속을 받아 인장응력이 발생하게 되고 이로 인해 균열을 일으키는 현상이다.
② 단위수량이 클수록 건조수축균열은 커진다.
③ 수축줄눈의 설치 및 적절한 철근 배치로 방지한다.

2) 온도 균열(열응력으로 인한 균열)

① 콘크리트 수화작용에 의한 수화열이나 대기의 온도 변화로 인한 콘크리트의 부등 체적변화로 인한 발생되는 균열을 말한다.
② 내부 온도 증가를 억제함으로써 방지한다.

3) 화학적 반응으로 인한 균열

① 알칼리-실리카 반응이나 알칼리-탄소골재 반응으로 인해 발생하는 균열이다.

② 저알칼리 시멘트 및 포졸란을 사용함으로써 방지한다.

4) 자연(기상작용)으로 인한 균열

① 동결 융해의 반복

② 기온 습도의 변화

③ 구조물의 반복적인 건습

④ 화재 표면 가열

4. 균열일반

1) 허용균열폭

(1) 수밀성을 갖고, 미관이 중요한 구조부재는 해석에 의해 허용균열폭을 설정하고 다음 식을 만족시켜야 한다.

$$\therefore\ w_k \leq w_a$$

여기서, w_k : 지속하중 작용 시 계산된 균열폭

w_a : 내구성, 누수 및 미관에 관련된 허용균열폭

(2) 내구성 확보를 위한 허용균열폭 w_a(mm)

강재의 종류	건조 환경	습윤 환경	부식성 환경	고부식성 환경
철근	0.4mm와 $0.006c_c$ 중 큰 값	0.3mm와 $0.005c_c$ 중 큰 값	0.3mm와 $0.004c_c$ 중 큰 값	0.3mm와 $0.0035c_c$ 중 큰 값
프리스트레싱 긴장재	0.2mm와 $0.005c_c$ 중 큰 값	0.2mm와 $0.004c_c$ 중 큰 값	–	–

여기서, c_c : 최외단 주철근의 표면~콘크리트 표면 사이의 최소 피복 두께(mm)

2) 설계 균열폭 계산

$$\therefore\ w_k = l_{s,\max}(\varepsilon_{sm} - \varepsilon_{cm} - \varepsilon_{cs})$$

여기서, $l_{s,\max}$: 철근과 콘크리트 사이에 미끄럼이 발생하는 길이

ε_{sm} : 평균 철근 변형률($l_{s,\max}$ 구간)

ε_{cm} : 평균 콘크리트 변형률($l_{s,\max}$ 구간)

ε_{cs} : 수축에 의한 콘크리트 변형률

KEY NOTE

내구성 허용균열폭 w_a

① 건조환경 : $[0.4\text{mm},\ 0.006c_c]_{max}$

② 습윤환경 : $[0.3\text{mm},\ 0.005c_c]_{max}$

여기서, c_c : 최소 피복 두께

KEY NOTE

표피철근 간격 s(작은 값)

① $s = 375\left(\frac{k_{cr}}{f_s}\right) - 2.5c_c$

② $s = 300\left(\frac{k_{cr}}{f_s}\right)$

여기서, k_{cr} =280(건조)

k_{cr} =210(건조)

$f_s = \frac{2}{3}f_y$(근사값)

표피철근 배치

보 깊이가 900mm 초과 시 $h/2$까지 배치

3) 휨인장철근 간격

① 휨인장철근의 간격제한으로 균열을 제어하기 위해 다음 계산값 중 작은 값 이하로 부재단면의 최대 휨인장 영역 내에 배치하여야 한다. (종전기준 : 균열폭을 계산하여 허용균열폭을 초과하지 않도록 철근을 배치함)

콘크리트 인장연단에 가장 가까이 배치되는 철근의 중심간격(s)
[균열 폭 0.3mm를 기본으로 하여 철근의 간격으로 표현] 1) $s = 375\left(\frac{k_{cr}}{f_s}\right) - 2.5c_c$ 2) $s = 300\left(\frac{k_{cr}}{f_s}\right)$: 둘 중 작은 값 이하로 배치 여기서, c_c : 인장철근 또는 긴장재의 표면~콘크리트 표면 사이의 최소 두께 (철근이 1개 배치된 경우 : 인장연단의 폭을 s로 한다.) f_s : 인장연단 부근의 철근 응력(근사값 : $\frac{2}{3}f_y$ 사용) k_{cr}=280(건조환경), k_{cr}=210(기타 환경)

② T형보 구조의 플랜지가 인장을 받는 경우에는 휨 인장철근을 유효플랜지 폭이나 경간의 1/10의 폭 중에서 작은 폭에 걸쳐서 분포시켜야 한다. 만일 유효 플랜지 폭이 경간의 1/10을 넘는 경우에는 종방향 철근을 플랜지 바깥부분에 추가로 배치하여야 한다.

4) 보, 장선의 표피철근

① 보, 장선의 깊이 h가 900mm를 초과하면 종방향 표피철근을 인장연단으로부터 $h/2$ 지점까지 부재 양쪽 측면을 따라 균일하게 배치하여야 한다.

② 표피철근의 크기보다는 간격이 균열제어에 더 영향을 주므로 철근의 간격을 기준으로 설계한다.

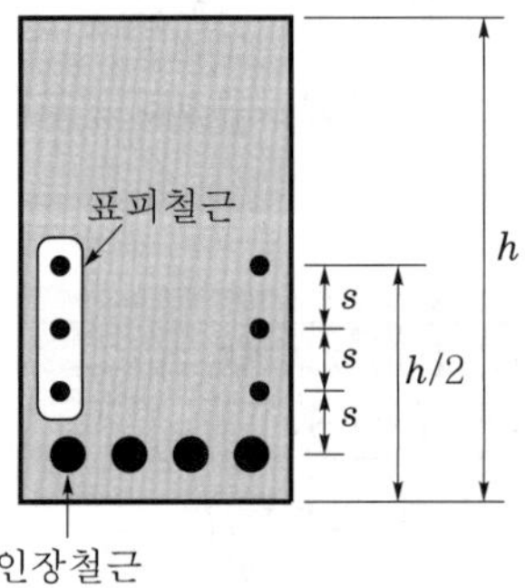

[그림 5-2]

4 피로

1. 피로의 일반

1) 피로강도

① 콘크리트는 금속과 달라서 피로한도를 가지지 않는다. 반복하중의 반복횟수를 기준으로 피로한도를 정한다. 콘크리트의 피로한도는 보통 100만회이다.

② 콘크리트의 압축에 대한 피로한도는 정적강도의 50~55% 범위에 있다.

③ 콘크리트의 휨강도에 대한 피로한도는 정적강도의 30~60% 범위에 있다.

2) 피로 적용범위

① 하중 중에서 변동하중이 차지하는 비율이 크거나 작용빈도가 크기 때문에 피로에 대한 안정성 검토를 필요로 하는 경우에 적용하여야 한다.

② 보 및 슬래브의 피로는 휨 및 전단에 대하여 검토해야 한다.

③ 기둥의 피로는 검토하지 않아도 좋다. 다만, 휨모멘트나 축인장력의 영향이 특히 큰 경우에는 보에 준하여 검토해야 한다.

2. 피로의 검토

1) 충격을 포함한 사용활하중에 의한 철근 및 PS 긴장재의 응력 범위가 다음 조건을 만족할 경우에는 피로를 고려하지 않아도 된다.

2) 피로를 고려하지 않아도 되는 철근과 긴장재의 응력 범위

강재의 종류와 위치		철근 또는 긴장재의 응력 변동 범위(MPa)
이형 철근	SD 300	130
	SD 350	140
	SD 400 이상	150
PS 긴장재	연결부 또는 정착부	140
	기타부위	160

3) 반복하중에 의한 철근의 응력이 위의 값을 초과하여 피로의 검토가 필요할 경우는 합리적 방법으로 피로에 대한 안전을 검토해야 한다.

4) 피로의 검토가 필요한 구조 부재는 높은 응력을 받는 부분에서 철근을 구부리지 않도록 한다.

KEY NOTE

적용범위
① 하중에서 변동하중이 차지하는 비율이 큰 부재
② 보, 슬래브의 피로는 휨 및 전단에 대체 검토
③ 기둥의 피로는 검토 불필요
④ 피로 안정성 검토 시 활하중의 충격도 고려

피로 검토가 필요 없는 철근 응력 범위 : 130~150MPa
① SD 300≤130MPa
② SD 350≤140MPa
③ SD 400≤150MPa

KEY NOTE

5 내구성 설계

1. 설계 일반

① 콘크리트 구조는 주어진 주변환경 조건에서 설계 공영기간 동안에 안전성, 사용성, 내구성, 미관을 갖도록 설계, 시공, 유지관리하여야 한다.

② 설계 착수 전에 구조물 발주자와 설계자는 구조물의 중요도, 환경조건, 구조거동, 유지관리방법 등을 고려하여야 한다.

2. 내구성 설계기준

① 해풍, 해수, 황산염 및 기타 유해물질에 노출된 콘크리트는 내구성 허용기준의 조건을 만족하는 콘크리트를 사용하여야 한다.

② 설계자는 구조물의 내구성을 확보할 수 있는 적절한 설계기법을 결정하여야 한다.

③ 설계 초기 단계에서 구조적으로 환경에 민감한 구조 배치를 피하고, 유지관리 및 점검을 취하여 접근이 용이한 구조 형상을 선정하여야 한다.

④ 구조물이나 부재의 외측 표면에 있는 콘크리트의 품질이 보장될 수 있도록 하여야 한다. 다지기와 양생이 적절하여 밀도가 크고, 강도가 높고, 투수성이 낮은 콘크리트를 시공하고 피복 두께를 확보하여야 한다.

⑤ 구조물의 모서리나 부재 연결부 등의 건전성 확보를 위한 철근콘크리트 및 프리스레스트 콘크리트 구조 요소의 구조 상세가 적절하여야 한다.

⑥ 고부식성 환경조건에 있는 구조는 표면을 보호하여 내구성을 증진시켜야 한다.

⑦ 설계자는 내구성에 관련된 콘크리트 재료, 피복 두께, 철근과 긴장재, 처짐, 균열, 피로 및 기타 사항에 대한 제반 규정을 모두 검토하여야 한다.

⑧ 책임구조기술자는 구조용 콘크리트 부재에 대한 예측되는 노출 정도를 고려하여 노출 등급을 정하여야 한다.

CHAPTER 05 적중 예상문제

01 저속하중에 의한 탄성처짐이 20mm 발생한 캔틸레버보의 5년간의 장기처짐을 포함한 총처짐[mm]은? (단, 보의 인장철근비는 0.05, 압축철근비는 0.02 저속하중의 재하기간에 따른 계수는 2.0이다)

① 20　② 30
③ 40　④ 50

해설 총처짐=탄성처짐+추가처짐

추가처짐 $\delta_L = \delta_i \times \dfrac{\varepsilon}{1+50\rho'}$

$= 20 \times \dfrac{2}{1+(50\times 0.02)}$

$= 20\text{mm}$

$\delta = \delta_i + \delta_l = 20+20 = 40\text{mm}$

ε : 3개월−1.0
1년−1.4
6개월−1.2
5년−2.0

02 철근콘크리트 구조물의 내구성 설계기준에 대한 설명 중 옳지 않은 것은?

① 다지기와 양생이 적절하여 밀도가 크고, 강도가 높고, 투수성이 높은 콘크리트를 시공하고, 피복 두께가 확보되어야 한다.
② 구조의 모서리나 부재 연결부 등의 건전성 확보를 위한 철근콘크리트 및 프리스트레스트 콘크리트 구조요소의 구조상세가 적절하여야 한다.
③ 고부식성 환경 조건에 있는 구조는 표면을 보호하여 내구성을 증진시켜야 한다.
④ 철근의 부식방지를 위하여 굳지 않은 콘크리트의 총 염화물 이온량은 원칙적으로 0.3kg/m^3 이하로 하여야 한다.

해설 ① 투수성이 낮은 콘크리트로 시공

03 그림과 같은 콘크리트로 된 기둥(단추)에 하중 P가 도심에 작용하여 A부분에 압축응력 $f_A=$ 5MPa, B부분에 압축응력 $f_B=$3MPa가 각 부재에 일정하게 발생하였다. 이들 응력을 5년 이상의 장기하중으로 받을 때, 탄성 변형 및 크리프 변형에 의한 총 압축변위[mm]는? (단, 콘크리트의 설계기준강도 $f_{ck}=$19MPa, 크리프 계산을 위한 콘크리트의 탄성계수 $E_c=$ 25×10^4MPa, 자중은 무시하며, 기둥은 옥외에 있다.)

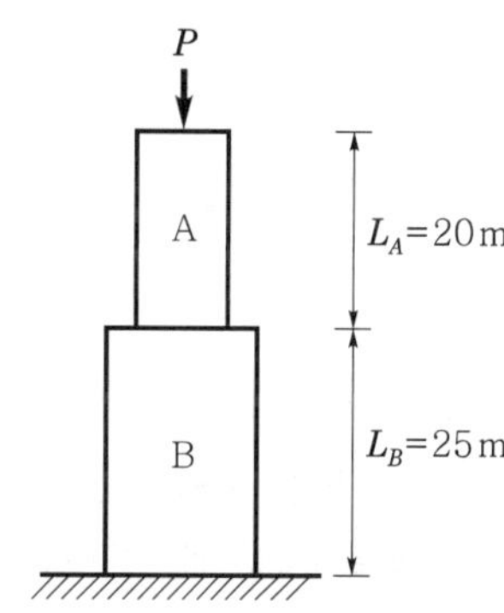

① 1.5　② 1.8
③ 2.1　④ 2.4

해설 • 탄성 변형량

$\delta_e = \Sigma \dfrac{f\cdot L}{E} = \dfrac{1}{2.5\times10^4}\times(5\times2000+3\times1500)$

$= 0.7\text{mm}$

• 크리프 변형량

$\delta_c = \lambda\cdot\delta_e = \dfrac{\varepsilon}{1+50p'}\times\delta_e = \dfrac{2}{1+50\times0}\times0.7$

$= 1.4\text{mm}$

• 총변형량

$f_t = \delta_e + \delta_c = 0.7+1.4 = 2.1\text{mm}$

정답 01 ③　02 ①　03 ③

04 그림과 같은 단철근 직사각형보에 균열이 발생하여 중립축의 깊이가 20mm가 된 경우 균열단면의 단면2차모멘트 계산식으로 옳은 것은? (단, 탄성계수비 $n=7$)

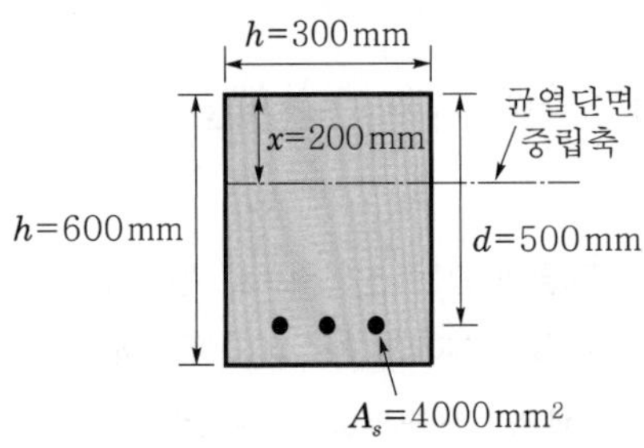

① $I_{cr}=\dfrac{(300)(500)^3}{3}+(4{,}000)(7-1)^2$

② $I_{cr}=\dfrac{(300)(200)^3}{3}+(7)(4{,}000)(500-200)^2$

③ $I_{cr}=\dfrac{(300)(500)^3}{3}+(7)(4{,}000)(500-200)^2$

④ $I_{cr}=\dfrac{(300)(200)^3}{3}+(4{,}000)(500-300)^2$

해설 균열 단면에 대한 단면 2차모멘트

$$I_{cr}=\frac{bx^3}{3}+n\cdot A_s(d-x)^2$$
$$=\frac{300\times300^3}{3}+7\times4000\times(500-200)^2$$

05 지간 중앙에서 집중하중이 작용하고 균열이 발생하지 않은 단순 지지된 탄성상태인 직사각형 철근콘크리트보에서의 부재력과 응력에 대한 설명으로 옳지 않은 것은?

① 지간 중앙 단면에서 휨에 의한 응력의 절대값은 중립축에서 멀수록 증가한다.
② 지간 중앙 단면에서 부재 하부표면의 사인장응력값은 0이 된다.
③ 지간 중앙 단면에서 휨에 의한 응력의 절대값은 단면2차모멘트(I)값이 클수록 증가한다.
④ 지간 중앙 단면에서 상부 표면에서의 전단응력은 0이 된다.

06 철근콘크리트 구조물의 사용성 및 내구성에 대한 검토 및 대책으로 적절하지 않은 것은?

① 구조물 또는 부재의 사용기간 중 충분한 기능과 성능을 유지하기 위하여 사용하중을 받을 때 사용성을 검토하여야 한다.
② 처짐을 계산할 때 하중의 작용에 의한 순간처짐은 부재강성에 대한 균열과 철근의 영향을 고려할 필요가 없다.
③ 철근콘크리트 부재는 하중에 의한 균열을 제어하기 위해 필요한 철근 외에도 필요에 따라 온도 변화, 건조수축 등에 의한 균열을 제어하기 위한 추가적인 철근을 배치하여야 한다.
④ 균열 제어를 위한 철근은 필요로 하는 부재 단면의 주변에 분산시켜 배치하여야 하고, 이 경우 철근의 지름과 간격을 가능한 한 작게 하여야 한다.

해설 ② 인장측의 균열 영역에 따라 철근의 영향을 반영한다.

07 다음과 같이 복철근 단면을 갖는 부재에서 지속하중에 의한 탄성처짐이 15mm 발생하였다면 10년 후 이 지속하중에 의한 추가 장기처짐을 고려한 총 처짐[mm]은? (단, 압축철근량 $A_s'=1{,}200\text{mm}^2$이다.)

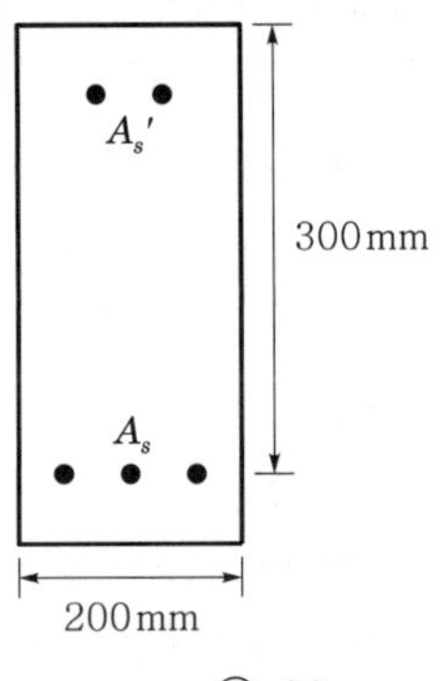

① 15　② 30
③ 45　④ 60

정답 04 ② 05 ③ 06 ② 07 ②

해설 $\delta_e = 15\text{mm}$

$$\delta_l = \delta_e \times \lambda = \delta_e \times \frac{\xi}{1+50\rho'}$$

$$= 15 \times \frac{2}{1+50\times\left(\frac{1200}{200\times300}\right)}$$

$$= 15\text{mm}$$

∴ 총처짐량

$$\delta_t = \delta_e + \delta_e = 15 + 15 = 30\text{mm}$$

08 강재와 콘크리트 재료를 비교하였을 때, 강재의 특성에 대한 설명으로 옳지 않은 것은?

① 단위체적당 강도가 크다
② 재료의 균질성이 뛰어나다.
③ 인성이 크고 소성변형능력이 우수하다.
④ 내식성에는 약하지만 내화성에는 강하다.

09 단순지지된 보의 지간 중앙단면의 압축철근비 $\rho'=0.01$일 때, 5년 후의 장기처짐을 추정하기 위한 계수 λ의 값은? (단, λ는 장기처짐을 추정하기 위해 지속하중에 의한 탄성처짐에 곱하는 계수이다)

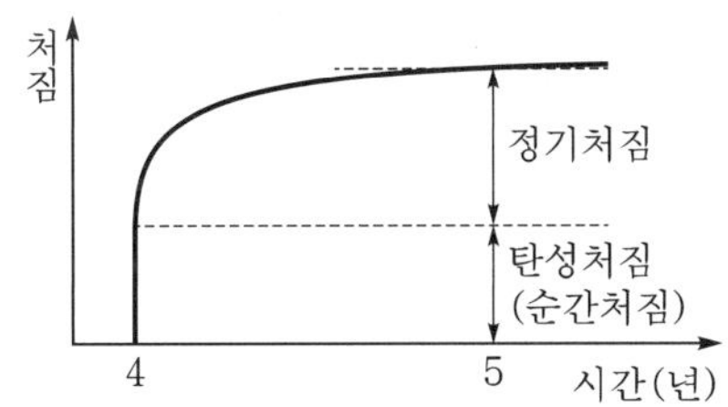

① $\frac{2}{3}$　② 1
③ $\frac{4}{3}$　④ $\frac{5}{3}$

해설 $\lambda = \frac{\xi}{1+50\rho'}$

5년 후이므로 시간계수 $\varepsilon=2.0$

$$\lambda = \frac{2}{1+50\times0.01} = \frac{4}{3}$$

10 매스콘크리트에서의 수화열 균열에 대한 설명으로 옳지 않은 것은?

① 콘크리트를 타설한 후 파이프 쿨링 등을 통해 온도 상승을 억제하는 것은 수화열에 의한 균열 발생 저감에 효과적일 수 있다.
② 단위시멘트량을 적게 하고 굵은 골재의 최대치수를 크게 하는 것은 수화열에 의한 균열발생 저감에 효과적일 수 있다.
③ 플라이애시 시멘트나 중용열 포트랜드 시멘트를 사용하는 것은 수화열에 의한 균열 발생 적감에 효과적일 수 있다.
④ 매스콘크리트를 필요로 하는 구조물 설계 시 신축이음이나 수축이음을 계획하면 수화열에 의한 균열 발생이 심해지고 균열 제어가 어려우므로 주의를 요한다.

11 콘크리트구조기준(2012)에 따른 처짐을 계산하지 않는 경우의 철근콘크리트 1방향 슬래브의 최소 두께로 옳지 않은 것은? (단, 슬래브는 큰 처짐에 의해 손상되기 쉬운 칸막이벽이나 기타 구조물을 지지 또는 부착하지 않은 부재이고, 부재의 길이는 l이다.)

① 1단 연속 1방향 슬래브 : $l/24$
② 양단 연속 1방향 슬래브 : $l/28$
③ 단순지지 1방향 슬래브 : $l/16$
④ 캔틸레버 1방향 슬래브 : $l/10$

해설 ③ 단순지지 1방향 슬래브 : $\frac{l}{20}$

정답 08 ④ 09 ③ 10 ④ 11 ③

Chapter 06

휨과 압축을 받는 부재

CHAPTER 06

휨과 압축을 받는 부재

KEY NOTE

1 기둥의 기본 개념

1. 정의

축방향 압축이나 편심에 의해 축방향 압축과 휨을 동시에 받는 구조물로서, 부재의 높이가 단면 최소 치수의 3배 이상인 것을 기둥이라 하고, 3배 미만인 것을 받침대라 한다.

2. 기둥의 종류

1) 띠철근 기둥

축방향 철근을 적당한 간격의 띠철근으로 보강한 기둥으로, 주로 사각형 단면에 사용한다.

2) 나선철근 기둥

축방향 철근을 나선철근으로 둘러 감은 기둥으로, 주로 원형 단면에 사용한다.

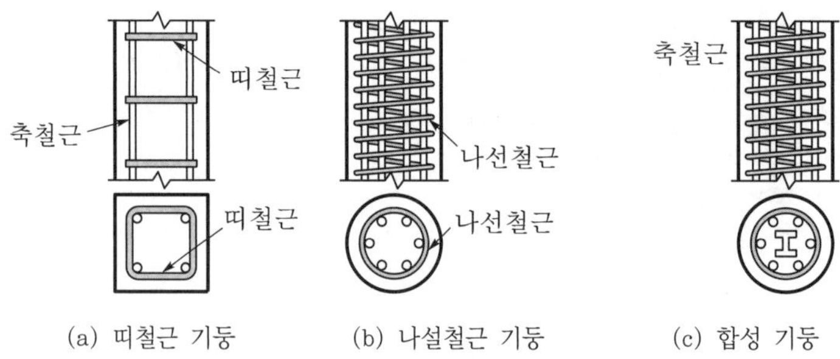

[그림 6-1] 철근콘크리트 기둥의 종류

3. 구조세목

1) 축방향 철근(주철근)

구분		띠철근 기둥	나선철근 기둥
축방향 철근 (주철근)	단면 치수	• 최소단면(d) ≥200mm (2003년 기준) • 단면적(A) ≥60.000mm^2 (2003년 기준)	• 심부지름(D) ≥200mm (2003년 기준) • f_{ck} ≥21MPa (2003년 기준)
	개수	○, □ 단면 : 16mm 이상, 4개 이상 △ 단면 : 16mm 이상, 3개 이상	○ 단면 : 16mm 이상, 6개 이상
	간격	$s \geq \max(40\text{mm}, \frac{4}{3}G_{\max}, 1.5d_b)$ $G_{\max}$: 굵은 골재 최대치수, d_b : 철근 지름	
	철근비	$1\% \leq \rho_g \leq 8\%$	

2) 띠철근, 나선철근(보조철근)

구 분		띠철근 기둥	나선철근 기둥
띠철근, 나선철근 (보조철근)	간격	• 축방향 철근지름의 16배 • 띠철근 지름의 48배 • 단면 최소치수 이하	• 25mm 이상~75mm 이하
	지름	• D32 이하 축방향 철근 →D10 이상의 띠철근 사용 • D35 이상의 축방향 철근 →D13 이상의 띠철근 사용	• 10mm 이상
	기타	-	• 정착길이 : 끝에서 1.5회전 이상 연장 • 겹침이음 길이 : $48d_b$ 또는 30cm 이상(원형철근 : $72d_b$ 또는 30cm 이상)

KEY NOTE

축방향 철근 간격(최대값)
① $s = 40\text{mm}$ 이상
② $s = \frac{4}{3}G_{\max}$ 이상
③ $s = 1.5d_b$ 이상

나선철근 기둥
축방향 철근은 16mm로 6개 이상 배치

띠철근 수직 간격(최소값)
① 축방향 철근지름×16 이하
② 띠철근 지름×48 이하
③ 기둥단면 최소치수 이하

나선철근
① 순간격 : 2.5~7.5cm
② 정착길이 : 끝에서 1.5회전 이상 연장
③ 겹침이음 길이 : $48d_b$ 또는 30cm 이상(원형 : $70d_b$, 30cm)
④ 철근 지름 : 10mm 이상

KEY NOTE

나선철근비 ρ_s

$\therefore \rho_s = 0.45\left(\frac{A_g}{A_{ch}} - 1\right)\frac{f_{ck}}{f_{yt}}$

여기서, A_{ch} : 심부 단면적

A_g : 기둥 단면적

나선철근 간격 s

$\therefore s = \frac{4A_s}{D_c \cdot \rho_s}$

여기서, ρ_s : 나선철근비

D_c : 심부 지름

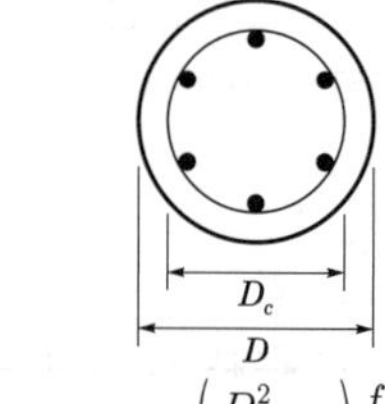

$\therefore \rho_s = 0.45\left(\frac{D^2}{D_c^2} - 1\right)\frac{f_{ck}}{f_{yt}}$

4. 나선철근비(체적비)

$$\rho_s = \frac{\text{나선철근체적}}{\text{심부체적}} = \frac{\left(\frac{\pi d_b^2}{4}\right) \cdot (\pi D_c)}{\left(\frac{\pi D_c^2}{4}\right) \cdot s} = 0.45\left(\frac{A_g}{A_{ch}} - 1\right)\frac{f_{ck}}{f_{yt}} \quad \cdots\cdots (7.1)$$

$$\therefore s = \frac{4A_s}{D_c \cdot \rho_s} \quad \cdots\cdots (7.2)$$

여기서, ρ_s : 나선철근비, D_c : 심부 지름(200mm 이상)

s : 나선철근 간격(25~75mm), d_b : 나선철근 지름(10mm 이상)

A_g : 기둥의 총 단면적, A_{ch} : 심부 단면적(나선철근 바깥 지름)

A_s : 나선철근 단면적$\left(\frac{\pi d_b^2}{A}\right)$

f_{yt} : 나선철근의 항복강도(700MPa 이하)

단, 400MPa 초과 시 : 용접이음(○), 겹침이음(×)

5. 축방향 철근(주철근, ρ_{st})

$$\rho_{st} = \frac{\text{축방향철근량}(A_{st})}{\text{총 단면적}(A_g)} \times 100(\%) = 1\% \text{ 이상} \sim 8\% \text{ 이하}$$

1) 최소 축방향 철근비(1%) 규정 이유

① 예상 외의 편심하중에 의한 휨에 저항하기 위해

② 콘크리트의 크리프 및 건조수축의 영향을 감소시키기 위해

③ 콘크리트의 부분적인 결함을 철근으로 보완하기 위해

④ 너무 적으면 배치효과가 없으므로

2) 최대 축방향 철근비(8%) 규정 이유

① 철근량이 많아 조밀하게 배치되면 콘크리트 타설에 지장을 초래

② 필요 이상의 철근 사용으로 비경제적임

2 기둥의 판정

1. 세장비(λ)

장주와 단주를 구분하는 기준으로 사용한다.

$$\lambda = \frac{kl_u}{r_{min}} \qquad (7.3)$$

여기서, r_{min} : 최소 회전 반지름$\left(r_{min} = \sqrt{\frac{I_{min}}{A}}\right)$

- 직사각형 단면 : $r = 0.3t$
- 원형 단면 : $r = 0.25t$(t : 단면의 최소치수)

k : 유효길이 계수

l_u : 기둥의 비지지 길이(기둥에서 균일한 단면 부분만의 길이)

2. 기둥의 유효길이(l_r)와 유효길이 계수(k)

지지 조건	1단 고정, 타단 자유	양단 힌지	1단 고정, 타단 힌지	양단 고정
좌굴 곡성 (탄성 곡선)	l_u			
$l_r = kl_u$ (유효길이)	$2l_u$	l_u	$0.7l_u$	$0.5l_u$
k (유효길이계수)	2	1	0.7	0.5
n (강성계수)	$\frac{1}{4}$(1)	1(4)	2(8)	4(16)

* 횡방향 상대변위가 방지된 경우 : $k=1$
  횡방향 상대변위가 방지되지 않은 경우 : $k>1$

◎ KEY NOTE

세장비(λ)

- 장주와 단주의 구분 기준
- $\lambda = \frac{l_r}{r_{min}}$

여기서, $l_r = kl_u$

최소 회전 반지름

$r_{min} = \sqrt{\frac{I_{min}}{A}}$

$r = 0.3t$(□)

$r = 0.25t$(○)

기둥의 유효길이(l_r)

$l_r = K \cdot l_u$

◎ KEY NOTE

➲ 장 · 단주 조건

① 단주 조건

$\therefore \lambda \le \left(34-12\frac{M_1}{M_2}\right)(\triangle H=0)$

M_1

$M_2>M_1$

M_2

$\therefore \lambda \le 22(\triangle H \ne 0)$

② 장주 조건

$\therefore \lambda > 100$

➲ 기둥의 설계

$P_u \le P_d = \phi P_n$

여기서, $\phi=0.70$(나선철근)

$\phi=0.65$(띠철근 등 기타)

➲ 최소 편심거리 $e_{\min}$

① 나선철근 기둥

$e_{\min}=0.05t$

② 띠철근 기둥

$e_{\min}=0.10t$

여기서, t : 단면 최소치수

3. 단주 조건

1) 횡방향 상대변위가 구속된 경우

$$\therefore \lambda \le \left(34-12\frac{M_1}{M_2}\right) \cdots\cdots (7.4)$$

여기서, M_1 : 압축부재의 계수 단모멘트 중 작은 값

M_2 : 압축부재의 계수 단모멘트 중 큰 값

2) 횡방향 상대변위가 구속되지 않은 경우

$$\therefore \lambda \le 22 \cdots\cdots (7.5)$$

4. 장주 조건

$\lambda > 100$ 또는 단주의 조건을 만족하지 못한 경우 ⋯ (7.6)

3 기둥의 설계

1. 설계 원칙

$$P_u \le P_d = \phi P_n \cdots\cdots (7.7)$$

여기서, P_u : 계수 축강도, P_d : 설계 축강도, P_n : 공칭 축강도

ϕ : 강도감소계수(나선철근 기둥 : 0.70, 띠철근 기둥 : 0.65)

2. 축하중–모멘트 상관도($P-M$ 상관도)

1) 최소 편심거리

기둥은 순수 축방향 하중이 작용하면 압축거동을 보이지만, 편심 축방향 하중이 작용하면 압축과 휨을 동시에 받는 구조부재이다. 이때 편심이 작아서 축방향 하중만 작용한다고 볼 수 있는 편심거리(편심거리 무시)를 최소 편심거리라 한다.

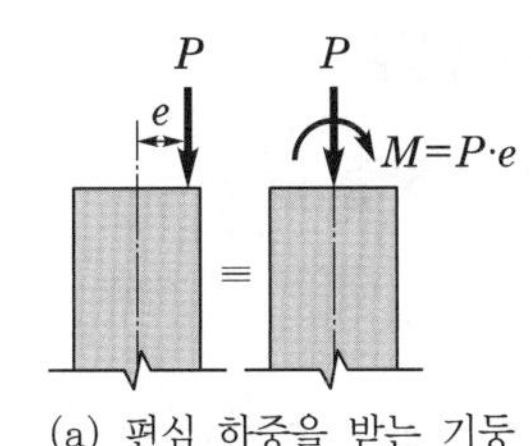

(a) 편심 하중을 받는 기둥

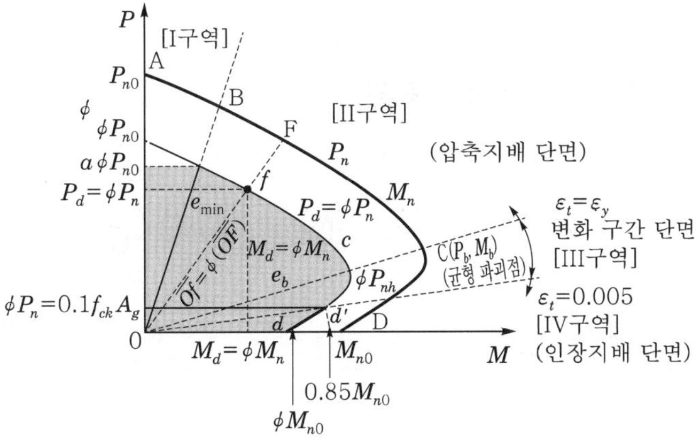

(b) 기둥 상관도($P-M$ 상관도)

[그림 6-2] $P-M$ 상관도

- 나선철근 기둥 : $e_{\min} = 0.05t$
- 띠철근 기둥 : $e_{\min} = 0.10t$

여기서, t : 단면 최소치수

2) 평형편심거리(e_b)

축방향 압축과 휨을 받아 콘크리트의 변형률이 0.003, 철근의 인장응력이 항복응력(f_y)에 동시 도달하는 상태로 평형파괴되며, 이때의 편심거리를 평형편심이라 한다.

3) 편심거리에 따른 파괴 형태

- $e = e_b$, $P_u = P_b$: 평형파괴
- $e > e_b$, $P_u < P_b$: 인장파괴(철근이 먼저 항복)
- $e < e_b$, $P_u > P_b$: 압축파괴(콘크리트가 먼저 항복)

KEY NOTE

기둥의 파괴 형태

① $e = e_b$, $P_u = P_b$: 평형파괴
② $e > e_b$, $P_u < P_b$: 인장파괴
③ $e < e_b$, $P_u > P_b$: 압축파괴

3. 중심 축하중을 받는 단주

1) 나선철근 기둥의 최대 축하중 강도

$$P_d = \phi P_n = P_{max}$$

$$\therefore\ P_{max} = \alpha \cdot \phi P_n = 0.85\phi\left[0.85 f_{ck}(A_g - A_{st}) + f_y A_{st}\right] \quad \cdots\cdots (7.8)$$

2) 띠철근 기둥의 최대 축하중 강도

$$P_d = \phi P_n = P_{max}$$

$$\therefore\ P_{max} = \alpha \cdot \phi P_n = 0.80\phi\left[0.85 f_{ck}(A_g - A_{st}) + f_y A_{st}\right] \quad \cdots\cdots (7.9)$$

구 분	나선철근	띠철근
α	0.85	0.80
∅	0.70	0.65

4. 중심 축하중을 받는 장주

중심 축하중을 받는 장주는 좌굴에 의해 파괴되므로 오일러(Euler)의 장주 공식에 의해 좌굴하중(임계하중)을 결정한다.

1) 좌굴하중

$$P_{cr} = \frac{n\pi^2 EI}{l_u^2} = \frac{\pi^2 EI}{l_r^2}\,(l_r = kl_u) \quad \cdots\cdots (7.10)$$

2) 좌굴응력

$$f_{cr} = \frac{P_{cr}}{A} = \frac{n\pi^2 E}{\lambda^2} \quad \cdots\cdots (7.11)$$

여기서, EI : 휨강성, l_u : 기둥의 비지지 길이

l_r : 기둥의 유효길이, k : 유효길이 계수

n : 기둥의 강성$\left(\frac{1}{k^2}\right)$

KEY NOTE

공칭 축강도 P_n'

$\therefore P_n' = \alpha \cdot P_n$
$= 0.85\left[0.85 f_{ck} A_c + f_y A_{st}\right]$

여기서, $A_c = A_g - A_{st}$

공칭 축강도 P_n'

$\therefore P_n' = \alpha \cdot P_n$
$= 0.80\left[0.85 f_{ck} A_c + f_y A_{st}\right]$

여기서, A_c : 콘크리트 단면적

띠철근 기둥의 $\phi = 0.65$보다 나선철근 기둥의 $\phi = 0.70$으로 크게 적용하는 이유는 나선철근 기둥의 연성이 크기 때문이다.

좌굴하중, 좌굴응력

① 좌굴하중

$$P_{cr} = \frac{\pi^2 EI}{l_r^2} = \frac{\pi^2 EI}{(kl_u)^2} = \frac{n\pi^2 EI}{l_u^2}$$

여기서, $n = \frac{1}{k^2}$

② 좌굴응력

$$f_{cr} = \frac{P_{cr}}{A} = \frac{n\pi^2 EI}{A \cdot l_u^2} = \left(\frac{I}{A \cdot l_u^2}\right) \cdot n\pi^2 E = \left(\frac{r}{l_u}\right)^2 \cdot n\pi^2 E = \left(\frac{l}{\lambda^2}\right) \cdot n\pi^2 E$$

여기서, $\lambda = \frac{l_u}{r}$

$r = \sqrt{\frac{I}{A}}$

CHAPTER 06 적중 예상문제

01 축력과 휨모멘트를 받는 기둥의 축력-휨모멘트 상관도를 그림과 같이 A, B, C, D 4개의 영역으로 구분하였다. 어떤 영역에 포함되도록 기둥을 설계하는 것이 가장 바람직한가?

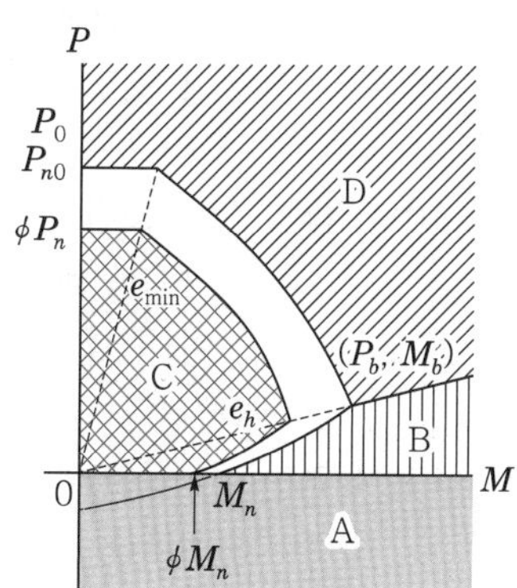

① A　　② B
③ C　　④ D

해설 기둥의 설계는
$P_u < \phi P_n$
$M_u < \phi M_n$

02 지름이 800mm인 철근콘크리트 원형단면 비횡구속 골조의 기둥 양단이 고정되어 있는 경우, 단주로 볼 수 있는 기둥의 최대 높이[m]는? (단, $k = 1.1$)

① 4　　② 5
③ 6　　④ 7

해설 $\frac{kl_u}{r} \le 22$
원형단면 $r = 0.25d$
$= 0.25 \times 800$
$= 200\text{mm}$

$l_u = \frac{22 \cdot r}{k} = \frac{22 \times 100}{1.1} = 4000\text{mm} = 4\text{m}$

03 나선철근 기둥의 심부 지름이 300mm이고, 기둥 단면의 지름이 400mm인 기둥의 최소 나선철근비는? (단, $f_{ck} = 30\text{MPa}$, $f_y = 300\text{MPa}$)

① 0.020　　② 0.025
③ 0.030　　④ 0.035

해설 나선철근비

$$\rho_s = 0.45\left(\frac{A_g}{f_{ck}} - 1\right) \cdot \frac{f_{ck}}{f_y}$$

$$= 0.45 \times \left[\frac{\frac{\pi \times D^2}{4}}{\frac{\pi \times D_c^2}{4}} - 1\right] \times \frac{f_{ck}}{f_y}$$

$$= 0.45\left(\frac{D^2}{D_c^2} - 1\right) \cdot \frac{f_{ck}}{f_y} = 0.035$$

04 휨과 압축을 받는 직사각형 단주의 설계에 대한 설명으로 옳지 않은 것은?

① 균형상태는 압축측 연단의 콘크리트 변형률이 0.003에 도달함과 동시에 철근의 응력이 항복강도 f_y에 도달되는 상태를 말한다.

② 균형상태에서 중립축 위치 $C_b = \left(\frac{0.003}{0.003 + \frac{f_y}{E_s}}\right)d$ 이고, 압축부 콘크리트의 등가응력사각형 깊이 $a_b = \beta_b C_b$이다.

③ 압축지배인 경우에 띠철근 기둥의 강도감소계수는 0.70이고, 나선철근 기둥의 강도감소계수는 0.75이다.

④ 기둥강도상관도(P-M 상관도)에서 편심(e) < 균형편심(e_b)이면 기둥 강도는 콘크리트의 압축으로 지배된다.

해설 ③ 띠철근 기둥 $\phi = 0.65$
나선철근 기둥 $\phi = 0.70$

정답 01 ③ 02 ① 03 ④ 04 ③

05 압축과 휨을 받는 띠철근 기둥(단주)이 그림과 같은 변형률 분포를 나타낼 때 도심으로부터 편심을 갖는 공칭 축하중강도 $P_n[kN]$는? (단, $f_{ck} = \dfrac{20}{0.85^2}$MPa, $f_y = 300$MPa, $A_s = A_s' = 2,500\text{mm}^2$, $E_s = 2.0\times10^5$MPa이다. 또한 압축철근은 항복한 것으로 가정하고, 철근의 압축력 $C_s = A_s' f_y$를 사용한다.)

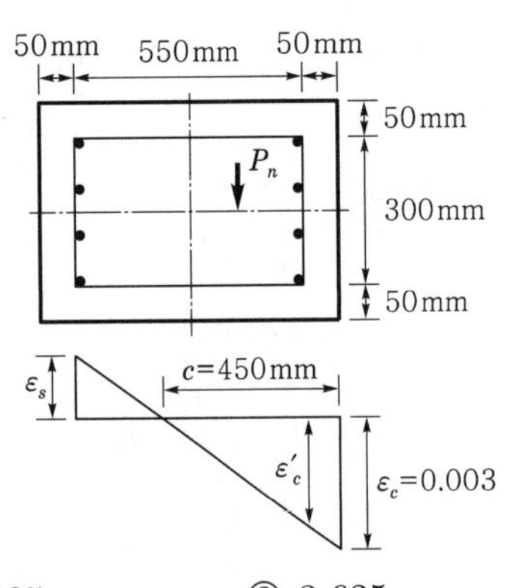

① 3,125 ② 3,625

③ 3,850 ④ 4,125

해설 $a=\beta_1 c = 0.85\times450$

- $C_c = 0.85 f_{ck} ab$
  $= 0.85\times\dfrac{20}{0.85^2}\times0.85\times450\times400$
  $= 3600\text{kN}$
- $C_s = A_s'\cdot f_y = 2500\times300 = 750\text{kN}$
- T_S(인장철근 인장력)
  $\varepsilon_s = 0.003\dfrac{d-c}{c} = 0.003\times\dfrac{600-450}{450}$
  $= 0.001 < \varepsilon_y = 0.0015$

∴ 인장철근 항복하지 않는다.

$T_s = A_s\cdot f_s = A_s(\varepsilon_s\cdot E_s)$
$= 2500\times(0.001\times2\times10^5)$
$= 500\text{kN}$

∴ $P_n = C_c + C_s - T_s$
$= 3600+750-500$
$= 3850\text{kN}$

06 띠철근으로 보강된 사각형 기둥의 압축지배구간에서는 강도감소계수 ϕ=(㉠), 나선철근으로 보강된 원형기둥의 압축지배구간에서는 강도감소계수 ϕ=(㉡)로 규정하였다. 강도감소계수를 다르게 적용하는 주된 이유는 (㉢) 이다. ㉠, ㉡, ㉢ 안에 들어갈 내용은? (단, 2012년도 콘크리트구조기준을 적용한다.)

	㉠	㉡	㉢
①	0.65	0.70	같은 조건(콘크리트 단면적, 철근 단면적)에서 사각형 기둥이 원형기둥보다 큰 하중을 견딜 수 있기 때문
②	0.70	0.65	같은 조건(콘크리트 단면적, 철근 단면적)에서 사각형 기둥이 원형기둥보다 큰 하중을 견딜 수 있기 때문
③	0.65	0.70	나선철근을 사용한 기둥은 띠철근을 사용한 기둥에 비하여 충분한 연성을 확보하고 있기 때문
④	0.70	0.65	나선철근을 사용한 기둥은 띠철근을 사용한 기둥에 비하여 충분한 연성을 확보하고 있기 때문

07 띠철근으로 D10을 사용하는 기둥에서 축방향 철근으로 D29를 4가닥 사용하고, 기둥단면의 크기가 가로 400mm, 세로 300mm일 때 시방서(콘크리트구조설계기준, 2012) 규정에 따른 띠철근의 최대 수직간격[mm]은?

① 300 ② 400

③ 480 ④ 580

해설 띠철근 최대 간격

① 축방향 철근지름 16배 이하 : $16\times29 = 464\text{mm}$

② 띠철근 지름의 48배 이하 : $48\cdot d_b = 48\times10 = 480\text{mm}$

③ 기둥단면 최소치수 이하 : 300mm

정답 05 ③ 06 ③ 07 ①

08 다음 그림과 같이 띠철근이 배근된 비합성 압축부재에서 축방향 주철근량[mm^2]의 범위는? (단, 축방향 주철근은 겹침이음이 되지 않으며, 2012년도 콘크리트구조기준을 적용한다.)

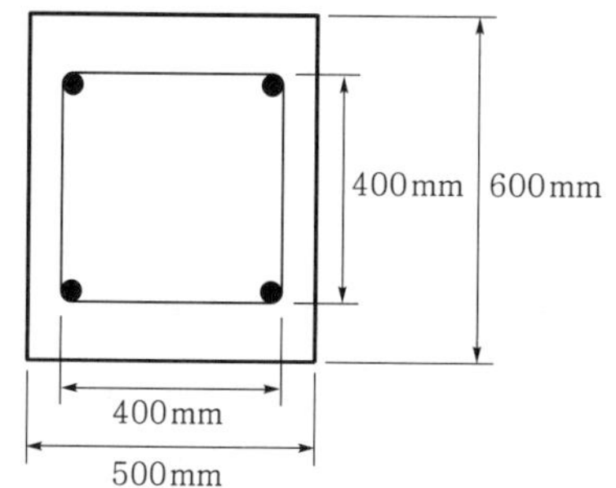

① 1.000~8.000
② 1,600~12,800
③ 3,000~24,000
④ 4,000~32,000

해설 비합성 압축부재 축방향 주철근량은 단면적의 0.01배 이상, 0.08배 이하

09 단면이 500mm×500mm인 띠철근 압축부재가 있다. 8개의 축방향 철근이 적절한 간격의 띠철근으로 둘러싸여 있으며 횡방향 상대변위가 없는 단주이다. 이 압축부재에서 고정하중에 의한 축력 900kN, 활하중에 의한 축력 800kN, 활하중에 의한 휨모멘트 40kN·m가 작용한다. 다음 설명 중 옳지 않은 것은? (단, 최소 편심은 $0.1h$로 본다)

① 단면에 작용하는 계수축력은 2,360kN이다.
② 단면에 작용하는 계수휨모멘트는 48kN·m이다.
③ 축하중 편심거리는 약 27mm이다.
④ 이 부재의 단면 내에는 압축응력만 발생한다.

해설 ① 계수축력 $P_u = 1.2P_d + 1.6P_l$
$= 1.2 \times 900 + 1.6 \times 800$
$= 2360\text{kN}$

② 계수휨모멘트 $M_u = 1.6M_l = 1.6 \times 40 = 64\text{kN} \cdot \text{m}$

③ 편심거리 $e = \dfrac{M_u}{P_u} = \dfrac{64}{2360} = 27.1\text{mm}$

④ $e_{\min} = 0.1h = 0.1 \times 500 = 50\text{mm}$
$e < e_{\min}$이므로 압축응력

10 다음과 같은 정사각형 띠철근 기둥(600mm×600mm)에 대한 축방향 철근의 총단면적 $A_{st} = 10,000\text{mm}^2$이다. 축방향 하중의 편심 e와 최소편심 $e_{\min}$의 관계가 $e \le e_{\min}$인 경우에 설계 축방향 압축강도 P_d[kN]와 균형상태($e = e_b$, e_b는 균형편심)인 경우에 가장 바깥쪽 압축철근의 축방향 변형도 $\varepsilon_s{}'$는? (단, 콘크리트 설계기준강도 $f_{ck} = 20\text{MPa}$, 철근의 항복강도 $f_y = 300\text{MPa}$, 폭 $b = 600\text{mm}$, 유효깊이 $d = 540\text{mm}$, 압축 철근의 깊이 $d' = 60\text{mm}$이다.)

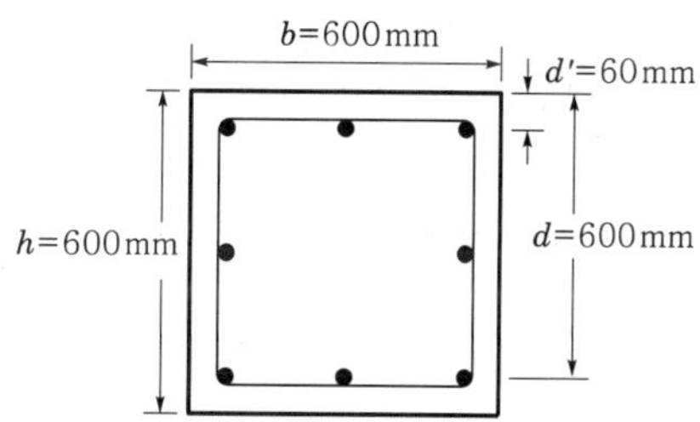

① $P_d = 4,654$, $\varepsilon_s{}' = 0.0023$
② $P_d = 4,654$, $\varepsilon_s{}' = 0.0025$
③ $P_d = 7,362$, $\varepsilon_s{}' = 0.0023$
④ $P_d = 7,362$, $\varepsilon_s{}' = 0.0025$

해설 ① 설계 축방향 압축강도
$P_{d\max} = \alpha \cdot \phi P_n$
$= 0.8 \times 0.65[0.85f_{ck}(A_g - A_{st}) + f_y A_{st}]$
$= 0.52 \times [0.85 \times 20 \times (600 \times 600 - 10000) + 300 \times 10000]$
$= 4654\text{kN}$

정답 08 ③ 09 ② 10 ②

② 압축철근 변형도

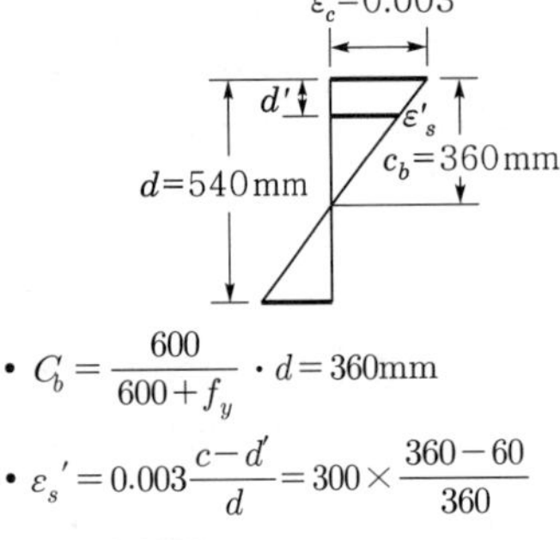

- $C_b = \frac{600}{600+f_y} \cdot d = 360\text{mm}$
- $\varepsilon_s' = 0.003\frac{c-d'}{d} = 300 \times \frac{360-60}{360}$

  $= 0.0025$

11 기둥에서 장주와 단주의 구별에 대한 설명으로 옳지 않은 것은?

① 횡구속 골조구조에서 $\frac{kl_u}{r} \le 34 - 1(M_1/M_2)$ 조건을 만족하는 경우에는 단주로 간주할 수 있다.

② ①번 항목에서 $[34-12(M_1/M_2)]$ 값은 40을 초과할 수 없다.

③ M_1/M_2의 값은 기둥이 단일 곡률일 때 양(+)으로 이중곡률일 때 음(−)으로 취하여야 한다.

④ 비횡구속 골조구조의 경우 $\frac{kl_u}{r} < 22$조건을 만족하는 경우에는 장주로 간주할 수 있다.

해설 ④ 비횡구속 골조구조의 경우 $\frac{kl_u}{r} < 22$ 조건을 만족하는 경우 단주로 간주

12 단면의 크기가 500mm×600mm이고, 축방향 철근(D29)을 6개 사용한 띠철근(D13) 기둥이 슬래브를 지지하고 있을 때, 슬래브의 최하단 수평철근 아래에 배치되는 첫 번째 띠철근의 최대 수직간격[mm]은? (단, D29의 지름은 30mm, D13의 지름은 13mm이다.)

① 312 ② 480
③ 240 ④ 500

해설 슬래브나 드롭패널에 배치된 최하단 수평철근 이내에 배치되는 띠철근 간격을 계산된 일반 띠철근 간격의 $\frac{1}{2}$ 이하에 배치

① 축방향 최소지름의 16배 이하 : $16 \times 30 = 480$
② 띠철근 지름의 48배 이하 : $48 \times 13 = 624$
③ 단면 최소치수 이하 : 500

$\therefore\ 480 \times \frac{1}{2} = 240\text{mm}$

13 다음 중 압축배재의 철근량 제한 규정에 대한 설명으로 옳지 않은 것은?

① 최소 철근량은 지속적인 압축응력을 받을 때, 콘크리트의 크리프 및 건조수축의 영향을 줄이기 위해 필요하다.

② 최소 철근량은 휨의 유무에 관계없이 발생할 수 있는 휨에 대한 지향성을 제공하기 위해 필요하다.

③ 비합성 압축부재의 축방향 주철근 단면적은 전체 단면적의 0.10배 이상, 0.15배 이하로 한다.

④ 최대 철근량은 경제성과 콘크리트 타설의 요구사항을 고려한 실질적인 상한선으로 볼 수 있다.

해설 ③ 비합성 압축부재 축방향 주철근 단면적은 전체 단면적의 0.10배 이상, 0.08배 이하로 한다.

14 RC 기둥에 대한 설명으로 옳지 않은 것은?

① 기둥의 횡방향 철근에는 나선철근과 띠철근이 있다.

② 기둥의 세장비가 클수록 지진 시 전단파괴가 발생하기 쉽다.

③ 기둥의 좌굴하중은 경계조건의 영향을 받는다.

④ 축방향 철근의 순간격은 축방향철근 지름의 1.5배 이상이어야 한다.

정답 11 ④ 12 ③ 13 ③ 14 ②

15 압축부재의 설계에 대한 설명으로 옳지 않은 것은?

① 압축부재의 유효세장비를 구할 때, 회전반지름 r은 직사각형의 경우 좌굴안정성이 고려되는 방향에 관계없이 단면치수에 0.3배로 사용할 수 있다.
② 압축부재의 비지지 길이는 바닥슬래브, 보, 기타 고려하는 방향으로 횡지지할 수 있는 부재들 사이의 순길이로 취하여야 한다.
③ 장주효과를 고려할 때, 압축부재는 2계 비선형해석방법 또는 휨모멘트 확대계수법과 같은 근사해법에 의하여 설계할 수 있다.
④ 압축부재의 유효세장비를 구할 때, 회전반지름 r은 원형의 경우 지름의 0.25배로 사용할 수 있다.

16 압축부재의 철근에 대한 설명으로 옳지 않은 것은?

① 비합성 압축부재의 축방향 주철근의 철근량은 전체 단면적의 1% 이상, 10% 이하이어야 한다.
② 암축부재의 축방향 주철근은 사각형 띠철근으로 둘러싸인 경우 4개 이상으로 배근하여야 한다.
③ 압축부재의 축방향 주철근은 나선철근으로 둘러싸인 경우 6개 이상으로 배근하여야 한다.
④ 횡철근으로 사용되는 나선철근의 정착은 나선철근의 끝에서 추가로 15회전만큼 더 확보하여야 한다.

해설 ① 비합성 압축부재의 축방향 주철근량은 전체 단면적의 1% 이상 8% 이하이어야 한다.

17 직사각형 단면(400mm×300mm)을 갖는 길이 6m의 기둥을 설계하려고 할 때 사용되는 유효세장비(λ)는? (단, 기둥은 양단이 힌지로 지지되어 있고, 회전반지름은 공식으로 계산한다.)

① $30\sqrt{3}$ ② $40\sqrt{3}$
③ $60\sqrt{3}$ ④ $80\sqrt{3}$

해설

$$\lambda = \frac{kl}{r} = \frac{k \cdot L}{\frac{h}{2 \cdot \sqrt{3}}} = \frac{1.0 \times 6000}{\frac{300}{2\sqrt{3}}} = 40\sqrt{3}$$

18 압축부재에 사용되는 나선철근이 나선철근으로서의 역할을 하기 위하여 설계 시 전제되어야 할 사항으로 옳지 않은 것은?

① 나선철근의 순간격은 25mm 이상이어야 하고 95mm 이하이어야 한다.
② 현장치기 콘크리트 공사에서 나선철근 지름은 10mm 이상이어야 한다.
③ 나선철근의 정착은 나선철근의 끝에서 추가로 1.5회전만큼 더 확보하여야 한다.
④ 나선철근은 확대기초판 또는 기초 슬래브의 윗면에서 그 위에 지지된 부재의 최하단 수평철근까지 연장되어야 한다.

해설 ① 나선철근의 순간격은 25mm 이상이어야 하고 75mm 이하이어야 한다.

19 철근콘크리트 장주에서 횡구속된 기둥의 상하단에 모멘트 $M_1 = 300\text{kN}\cdot\text{m}$, $M_2 = 400\text{kN}\cdot\text{m}$와 계수 축력 $P_u = 3{,}000\text{kN}$이 작용하고 있다. 오일러 좌굴하중 $P_{cr} = 20{,}000\text{kN}$일 때, 모멘트 확대계수는? (단, 2012년도 콘크리트 구조기준을 적용한다.)

① $\frac{4}{3}$ ② $\frac{6}{5}$
③ $\frac{9}{8}$ ④ $\frac{10}{9}$

정답 15 ① 16 ① 17 ② 18 ① 19 ③

해설 ① C_m 계수

$$C_m = 0.6 + 0.4\frac{M_1}{M_2} = 0.6 + \left(0.4 \times \frac{300}{400}\right) = 0.9 \geq 0.4$$

② 모멘트 확대계수

$$\delta_{ns} = \frac{C_m}{1 - \frac{P_u}{0.75P_c}} = \frac{0.9}{1 - \frac{3000}{0.75 \times 20000}} = \frac{0.9}{1-0.2} = \frac{9}{8}$$

20 그림과 같은 트러스 형태(활절 연길 구조)의 띠철근콘크리트 기둥이 있다. 기둥은 좌굴의 영향이 없는 단주이며, 기둥단면이 그림 오른쪽과 같을 때 구조물이 지지할 수 있는 극한하중 P[kN]는? (단, 기둥의 하중은 무시하고, 축방향 철근의 단면적 $A_s = 100\text{cm}^2$, 콘크리트의 설계기준강도 $f_{ck} = 20\text{MPa}$, 철근의 항복강도 $f_y = 400\text{MPa}$이다)

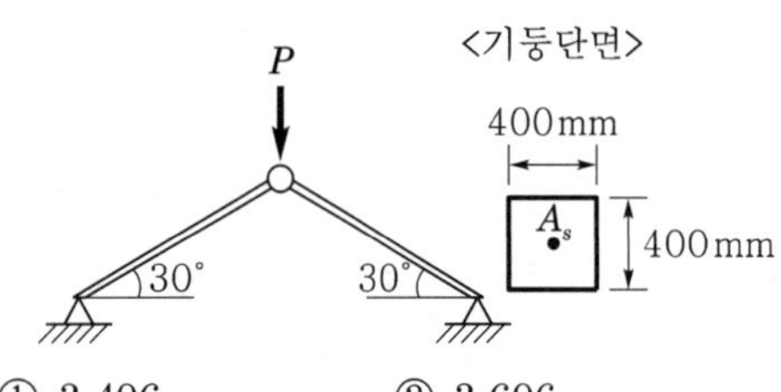

① 3,406 ② 3,606
③ 3,806 ④ 4,006

해설 ① 공칭축하중 강도(P_n)

$$P_n = 0.85f_{ck}(A_g - A_{st}) + A_{st} \cdot f_y = 0.85 \times 20 \times (400 \times 400 - 10000) + (400 \times 10000) = 6550\text{kN}$$

② 극한하중 P

외력 P가 작용하는 점에서 3개의 힘이 평형을 이루므로 부재력은 외력 P와 같다.

$$\therefore\ P = P_u = \alpha \cdot \phi \cdot P_n = 0.8 \times 0.65 \times 6550 = 3406\text{kN}$$

21 다음 그림과 같이 원형단면을 갖는 캔틸레버 기둥의 지름이 $d = 80\text{mm}$일 때, 유효좌굴계수 k를 고려한 유효세장비 λ_e는?

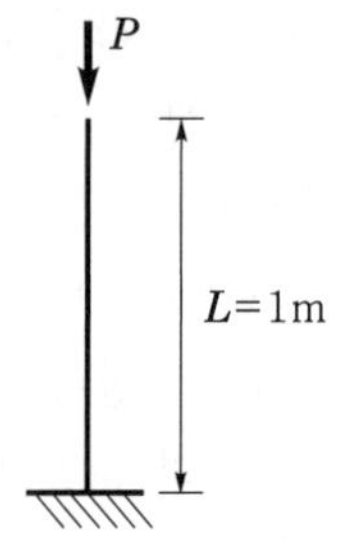

① 25 ② 38
③ 50 ④ 100

해설 $\lambda_e = \frac{k \cdot L}{r} = \frac{2 \times 1000}{\frac{d}{4}} = 100$

22 다음 그림과 같은 띠철근 기둥의 설계중심축하중 P_d[kN]는? (단, 단주이며 압축철근의 총 단면적 $A_{st} = 25{,}000\text{mm}^2$, 콘크리트 설계기준강도 $f_{ck} = 20\text{MPa}$, 철근의 항복강도 $f_y = 400\text{MPa}$이다)

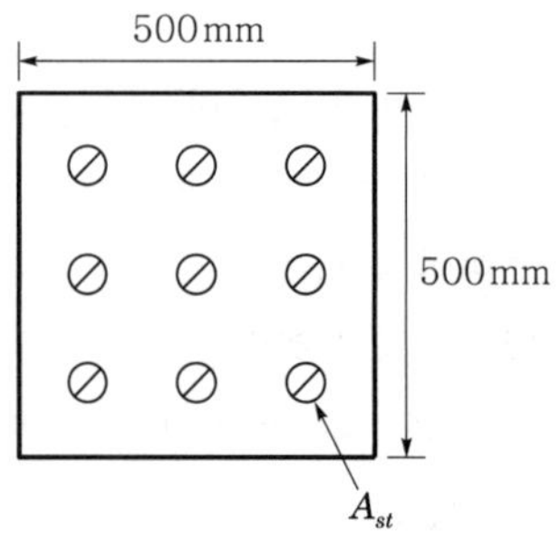

① 7,189 ② 7,638
③ 7,742 ④ 8,813

해설

$$\begin{aligned}P_d &= \alpha\phi P_n = \alpha \cdot \phi[0.85f_{ck}(A_g - A_{st}) + f_y A_{st}] \\ &= 0.80 \times 0.65 \times [0.85f_{ck}(A_g - A_{st}) + f_y A_{st}] \\ &= 0.8 \times 0.65 \times [0.85 \times 20 \times (500 \times 500) - 25000] + (400 \times 25000) \\ &= 0.8 \times 0.65 \times 13825000 \\ &= 7189000N = 7189\text{kN}\end{aligned}$$

정답 20 ① 21 ④ 22 ①

23 그림과 같이 압축부재인 띠철근 기둥의 단면 크기와 철근을 결정하였다. D13 철근을 띠철근으로 사용할 경우 띠철근의 수직간격[mm]은? (단, 종(축)방향 철근으로서 4개의 D29를 사용하며, 2012년도 콘크리트구조기준을 적용한다.)

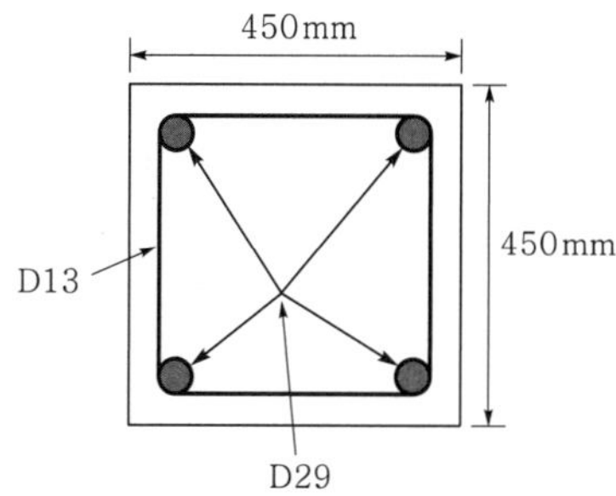

① 450mm　　② 464mm
③ 500mm　　④ 624mm

해설 띠철근의 수직간격
① 축방향 철근지름 16배 이하 : 16×29=464mm
② 띠철근 지름의 48배 : 48×13=624mm
③ 단면의 최소치수 이하 : 450mm
∴ 450mm

정답 23 ①

Chapter 07

슬래브의 설계

CHAPTER 07

슬래브의 설계

KEY NOTE

1 슬래브의 개론

1. 슬래브의 정의

① 구조물의 바닥이나 천장을 구성하고 있는 판 형상의 구조로서, 두께에 비하여 폭이 넓은 판모양의 보를 슬래브(slab)라고 한다.

② 수평하게 놓인 넓은 평판으로 상하면이 서로 나란하거나 거의 나란한 것을 말하며, 보, 콘크리트 벽체, 강재 부재, 기둥 또는 지반에 의해 지지된다.

2. 슬래브의 종류

1) 구조에 따른 분류

주철근 배치에 따라 1방향 슬래브, 2방향 슬래브, 다방향 슬래브로 분류한다.

① 1방향 슬래브

주철근을 1방향으로 배치한 슬래브로, 마주보는 두 변에 의하여 지지되는 슬래브이다. 이때 주철근은 단변방향으로만 배치된다. 이는 단변방향의 하중분담률이 크기 때문이다.

$$\frac{L}{S} \geq 2.0$$

② 2방향 슬래브

주철근을 2방향으로 배치한 슬래브로 네 변으로 지지되는 슬래브로서, 서로 직교하는 두 방향으로 주철근을 배치한 슬래브이다.

$$1 \leq \frac{L}{S} < 2,\ 1 \geq \frac{S}{L} > 0.5$$

③ 다방향 슬래브

주철근을 3방향 이상으로 배치한 슬래브를 말한다.

슬래브 구분

① 1방향 슬래브

$\frac{L}{S} \geq 2.0$

② 2방향 슬래브

$1.0 \leq \frac{L}{S} < 2.0$

여기서,

슬래브

L

S

④ 플랫 슬래브(Flat slab)
- 보 없이 기둥만으로 지지된 슬래브
- 받침판(drop panel, 지판)과 기둥머리(column capital)가 있다.
- 기둥 주위의 전단력과 부휨모멘트에 의해 유발되는 큰 응력을 감소시키기 위해 설치한다.

⑤ 평판 슬래브(Flat plate slab)
- 순수하게 기둥만으로 지지된 슬래브
- 받침판(지판)과 기둥머리가 없다.
- 하중이 크지 않거나 경간이 짧은 경우에 사용된다.

⑥ 격자 슬래브(워플 슬래브)
- 격자 모양으로 비교적 작은 리브가 붙은 철근콘크리트 슬래브이다.
- 슬래브의 자중을 줄이기 위해 사각형 모양의 빈 공간을 갖는 2방향 장선구조로 되어 있다.

⑦ 장선 슬래브는 좁은 간격의 보(장선, rib)와 슬래브가 강결되어 있는 슬래브이다.

KEY NOTE

2) 슬래브 지지조건에 따른 분류

① 단순 슬래브
② 고정 슬래브
③ 연속 슬래브

3) 지지 변수에 따른 분류

① 1변 지지 슬래브(캔틸레버 슬래브)
② 2변 지지 슬래브
③ 3변 지지 슬래브
④ 4변 지지 슬래브

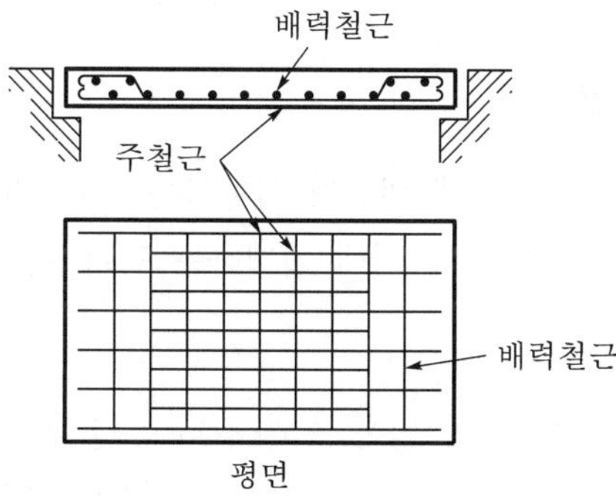

[그림 7-1] 단순지지의 1방향 슬래브

KEY NOTE

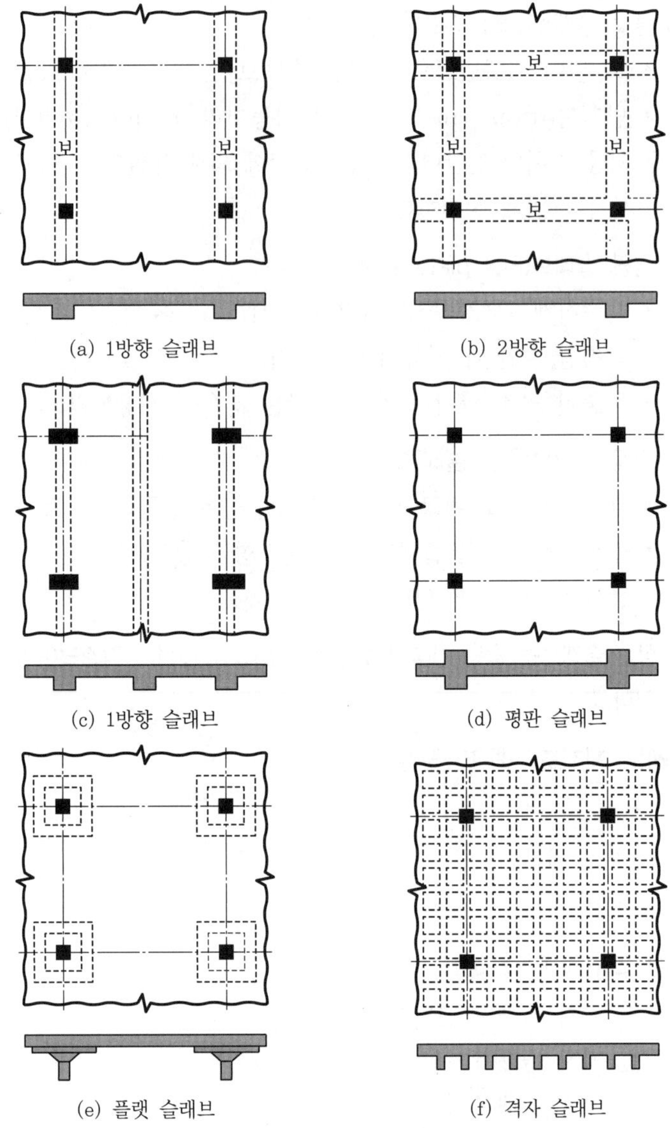

(a) 1방향 슬래브
(b) 2방향 슬래브
(c) 1방향 슬래브
(d) 평판 슬래브
(e) 플랫 슬래브
(f) 격자 슬래브

[그림 7-2] 슬래브의 종류

3. 슬래브의 설계방법

1) 판 이론(plate theory)에 의하여 설계하는 것이 원칙이지만 너무 복잡하기 때문에 근사 해법에 의해 설계하는 것이 보통이다.

1방향 슬래브
단변을 경간으로 폭 1m인 직사각형보

2) 1방향 슬래브

① 1방향 슬래브는 폭이 넓은 보와 같다고 생각하고 보로서 설계한다.

② 단변을 경간으로 하는 폭이 1m인 직사각형 단면의 보로 보고 설계한다.

3) 2방향 슬래브

① 허용응력 설계법에서는 근사해법에 의해 설계해왔다.

② 강도설계법에서는 직접 설계법(direct design method) 또는 등가 골조법(equivalent ftame method, 등가 뼈대법)에 의해 설계하도록 하고 있다.

4) 슬래브의 경간

① 단순교량의 경간은 받침부 중심간 거리로 한다.

② 받침부와 일체로 되어 있지 않은 슬래브에서는 순경간에 슬래브 중앙의 두께를 더한 값을 경간으로 하되, 그 값이 받침부 중심간 거리를 넘어서는 안 된다.

③ 골조 또는 연속부재는 받침부(지지부) 중심간 거리로 한다.

④ 연속 슬래브의 응력계산에서 휨모멘트를 구할 때는 받침부 중심간 거리를 경간으로 하되 단면설계에서는 순경간 내면에서의 휨모멘트를 사용한다.

⑤ 지지보와 일체로 된 3m 이하의 순경간을 갖는 슬래브는 지지 폭이 없는 것으로 보고, 순경간을 경간으로 하는 연속보로 설계한다.

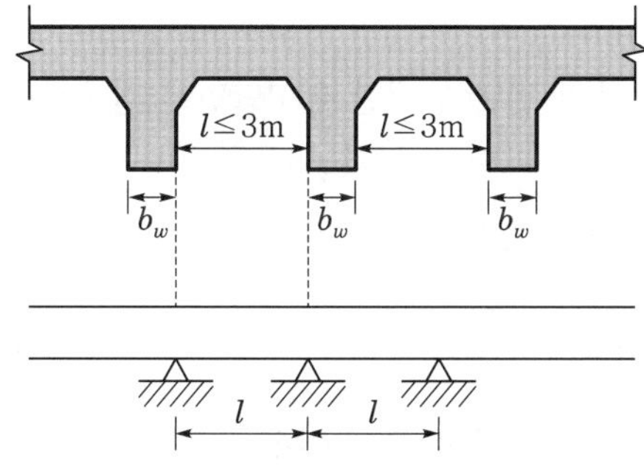

[그림 7-3] 3m 이하인 연속슬래브의 계산경간

4. 슬래브의 전단

1) 1방향 슬래브의 전단

① 슬래브의 휨설계는 단변을 경간으로 하고, 폭이 1m인 직사각형 단면의 보로 설계한다. 그러므로 전단에 대한 검사방법도 보는 경우에 준한다.

② 일반적으로 슬래브에서 전단이 설계를 지배하는 일은 거의 없다.

③ 1방향 슬래브의 전단에 대한 위험단면은 보의 경우에 준한다. 즉, 지점에서 d만큼 떨어진 주변이다.

KEY NOTE

1방향 슬래브, 보의 전단 위험단면
: 지점에서 d 떨어진 지점

1방향 슬래브의 최소 두께는 10cm 이상이어야 한다.

1방향 슬래브 정철근 및 부철근 중심 간격
① 최대 휨모멘트 발생단면 : 슬래브 두께 2배 이하, 300mm 이하
② 기타 단면 : 슬래브 두께 3배 이하, 450mm 이하

수축 및 온도 철근간격, 철근비
① 간격 : 슬래브 두께 5배 이하, 450mm 이하
② 철근비 : 0.0014 이상

KEY NOTE

2방향 슬래브, 2방향 확대기초 전단 위험단면 : 지점에서 $d/2$ 떨어진 곳

2방향 슬래브 주철근 배치
- 위험단면 : 슬래브 두께 2배 이하 300mm 이하
- 단변방향 철근을 슬래브 바닥에 가깝게 배근

④ 1방향 슬래브의 전단응력은 보와 동일하고, 1방향 슬래브는 사인장 전단파괴가 발생한다.

$$v = \frac{V}{bd} = \frac{V}{b_w d}$$

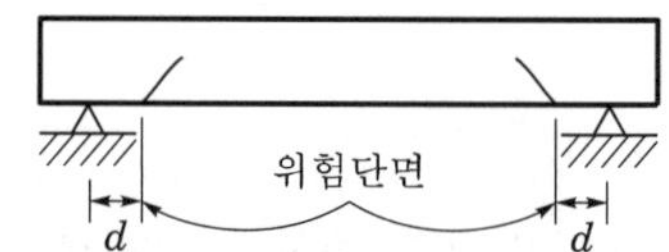

[그림 7-4] 1방향 슬래브의 전단에 대한 위험단면

2) 2방향 슬래브의 전단

① 등분포하중을 받는 2방향 슬래브가 보 또는 벽체로 지지되어 있을 때는 보의 경우에 따른다. 이와 같은 2방향 슬래브는 전단응력이 작으며 특히 4변 지지인 경우에는 거의 전단보강이 필요하지 않다.

② 2방향 슬래브가 플랫 슬래브나 또는 평판 슬래브와 같이 보 없이 기둥으로 지지되거나, 확대기초와 같이 집중하중을 받는 경우에는 기둥 둘레의 전단력이 매우 크고 복잡하다.

③ 2방향 슬래브의 전단파괴는 펀칭 전단파괴(punching shear failure)가 일어난다.

④ 2방향 슬래브의 전단에 대한 위험단면은 집중하중이나 집중반력을 받는 면의 $d/2$만큼 떨어진 주변이다.

⑤ 2방향 슬래브의 전단응력은 다음과 같다.

$$v = \frac{V}{bd} = \frac{V}{b_w d} = \frac{V}{b_0 d}$$

여기서, b_0 : 위험단면 둘레길이($b_0 = 2(x+d) + 2(y+d) = 4(t+d)$)

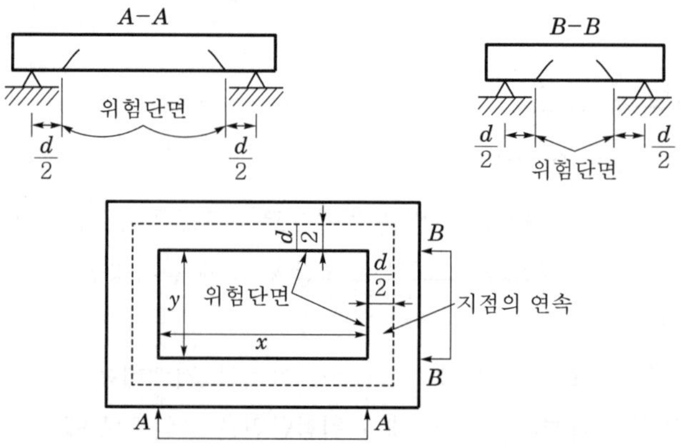

[그림 7-5] 2방향 슬래브의 전단에 대한 위험단면

2 1방향 슬래브의 설계

KEY NOTE

1. 모멘트 계수

1) 1방향 슬래브는 탄성이론에 의한 정밀해석으로 휨모멘트를 구해야 하지만, 설계기준에서는 설계의 편의를 위해 근사적인 모멘트와 전단력을 주고 있다.

2) 다만, 이 값들은 활하중이 사하중의 3배 이하인 계수 등분포하중 w_u를 받는 2경간 이상의 연속보 또는 1방향 슬래브에 적용되며, 단면의 크기가 일정한 경우에 한하여 적용된다.

① 모멘트 계수 : $M_u = C \cdot w_u \cdot l_n^2$

<table>
<tr><th colspan="3">모멘트를 구하는 위치 및 조건</th><th>C</th></tr>
<tr><td rowspan="3">경간 내부
(정모멘트)</td><td rowspan="2">최외측 경간</td><td>외측 단부가 구속되지 않은 경우</td><td>$\frac{1}{11}$</td></tr>
<tr><td>외측 단부가 받침부와 일체로 된 경우</td><td>$\frac{1}{14}$</td></tr>
<tr><td colspan="2">내부경간</td><td>$\frac{1}{16}$</td></tr>
<tr><td rowspan="6">지점부
(부모멘트)</td><td rowspan="2">받침부와 일체로 된 최외측 지점</td><td>받침부가 테두리보다 구형인 경우</td><td>$-\frac{1}{24}$</td></tr>
<tr><td>받침부가 기둥인 경우</td><td>$-\frac{1}{16}$</td></tr>
<tr><td rowspan="2">첫 번째 내부지점 외측 경간부</td><td>2개의 경간일 때</td><td>$-\frac{1}{9}$</td></tr>
<tr><td>3개 이상의 경간일 때</td><td>$-\frac{1}{10}$</td></tr>
<tr><td colspan="2">내측지점(첫 번째 내부 지점 내측 경간부 포함)</td><td>$-\frac{1}{11}$</td></tr>
<tr><td colspan="2">경간이 3m 이하인 슬래브의 내측 지점</td><td>$-\frac{1}{12}$</td></tr>
</table>

② 전단력 계수

- 첫 번째 내부 받침부 외측면의 전단력 : $1.15\frac{w_u l_n}{2}$
- 이 외의 받침부의 전단력 : $\frac{w_u l_n}{2}$

KEY NOTE

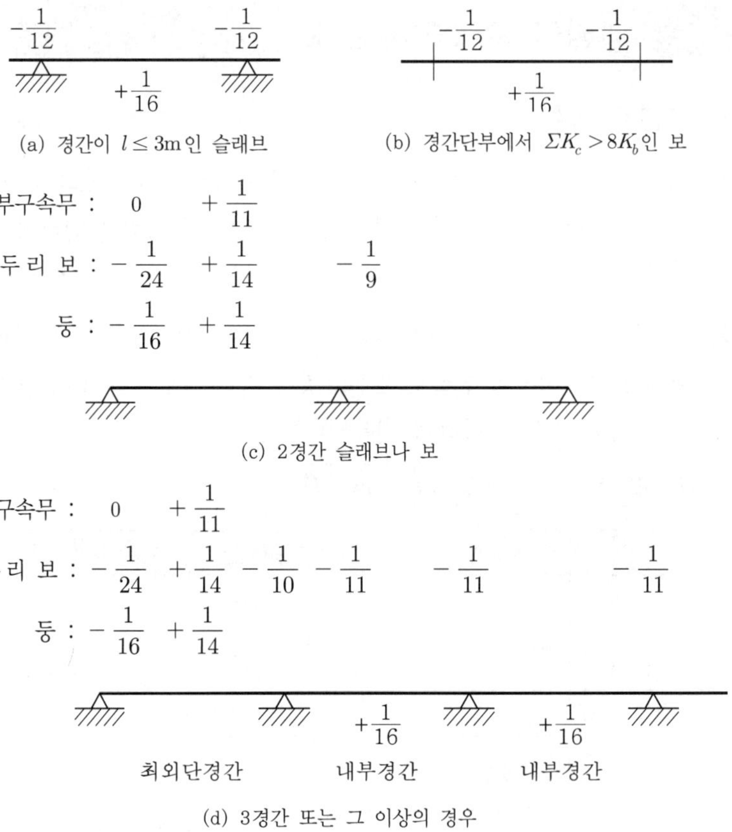

$-\frac{1}{12}$ $-\frac{1}{12}$

$+\frac{1}{16}$

(a) 경간이 $l \le 3$m인 슬래브

$-\frac{1}{12}$ $-\frac{1}{12}$

$+\frac{1}{16}$

(b) 경간단부에서 $\Sigma K_c > 8K_b$인 보

단부구속무 : 0 $+\frac{1}{11}$

테 두 리 보 : $-\frac{1}{24}$ $+\frac{1}{14}$ $-\frac{1}{9}$

기 둥 : $-\frac{1}{16}$ $+\frac{1}{14}$

(c) 2경간 슬래브나 보

단부구속무 : 0 $+\frac{1}{11}$

테 두 리 보 : $-\frac{1}{24}$ $+\frac{1}{14}$ $-\frac{1}{10}$ $-\frac{1}{11}$ $-\frac{1}{11}$ $-\frac{1}{11}$

기 둥 : $-\frac{1}{16}$ $+\frac{1}{14}$

$+\frac{1}{16}$ $+\frac{1}{16}$

최외단경간 내부경간 내부경간

(d) 3경간 또는 그 이상의 경우

[그림 7-6] 모멘트 계수

3) 계산된 모멘트 값의 수정

① 활하중에 의한 경간 중앙의 부모멘트는 산정된 값의 1/2만 취한다.

② 경간 중앙의 정모멘트는 양단고정으로 보고 계산한 값 이상으로 취해야 한다.

③ 순경간의 3.0m를 초과하는 경우, 순경간 내면의 모멘트는 순경간을 경간으로 하여 계산한 고정단 휨모멘트 이상으로 적용해야 한다.

4) 슬래브 양단부의 보의 처짐이 서로 다를 때에는 그 영향을 고려하여야 한다.

2. 1방향 슬래브의 구조상세(구조세목)

1) 1방향 슬래브의 두께는 과다 처짐 방지하거나 해로운 처짐을 피하기 위하여 다음 값 이상이어야 하고, 또 100mm 이상이어야 한다.

① 1방향 슬래브의 최소두께

부 재	캔틸레버	단순지지	일단연속	양단연속
1방향 슬래브	$\frac{l}{10}$	$\frac{l}{20}$	$\frac{l}{24}$	$\frac{l}{28}$

l : 경간 길이(단위 : mm)
보통 골재를 사용한 콘크리트와 항복강도 $f_y = 400\text{Mpa}$ 철근을 사용한 경우의 값

② $f_y = 400\text{Mpa}$ 이외의 경우는 계산된 값에 다음을 곱하여 구한다.

$$h \times \left(0.43 + \frac{f_y}{700}\right)$$

③ 경량콘크리트에 대해서는 $h \times (1.65 - 0.00031m_c)$으로 구한다.
단, $(1.65 - 0.0031m_c) \geq 1.09$이어야 한다.

2) 주철근(정 · 부 철근)의 간격

① 최대모멘트 발생 단면 : 슬래브 두께의 2배 이하, 300mm 이하
② 기타 단면 : 슬래브 두께의 3배 이하, 450mm 이하

3) 정 · 부 모멘트 철근에 직각 방향으로 수축 · 온도철근을 배치하여야 한다. 수축 · 온도 철근이 배치 간격은 슬래브 두께의 5배 이하, 450mm 이하이다.

4) 수축 · 온도 철근으로 배근되는 이형 철근의 철근비는 다음 값 이상이어야 한다.

① 설계기준 항복강도가 400Mpa 이하인 이형 철근을 사용한 슬래브 : 0.0020
② 항복 변형률이 0.0035일 때 철근의 설계기준 항복강도가 400Mpa를 초과한 슬래브

$$0.0020 \times \frac{400}{f_y}$$

③ 어느 경우에도 0.0014 이상

5) 슬래브 끝의 단순받침부에서도 내민 슬래브에 의하여 부모멘트가 일어나는 경우에는 이에 사용하는 철근을 배치하여야 한다.

6) 슬래브의 단변방향 보의 상부에 부모멘트로 인해 발생하는 균열을 방지하기 위하여 슬래브의 장변방향으로 슬래브 상부에 철근을 배치하여야 한다.

KEY NOTE

1방향 슬래브 구조세목
① 최소두께 규정
② 주철근 간격
③ 수축 · 온도철근 배치 간격
④ 수축 · 온도철근 철근비

◎ KEY NOTE

3 2방향 슬래브의 설계

1. 2방향 슬래브의 설계 절차

1) 설계대의 구분

① 주열대(column strip)와 중간대(middle strip)로 나누어 각 대에 각각 균일한 크기의 모멘트가 작용하는 것으로 생각하여 설계한다.

② 주열대 : 주열대는 기둥 중심선 양쪽으로 $0.25l_2$와 $0.25l_1$ 중 작은 값을 한쪽의 폭으로 하는 슬래브의 영역을 가리킨다. 받침부 사이의 보는 주열대에 포함한다.

③ 중간대 : 중간대는 두 주열대 사이의 슬래브 영역을 가리킨다.

직접설계법 제한사항

① 각 방향으로 3경간 이상 연속
② 기둥 이탈은 경간의 최대 10%까지 허용
③ 모든 하중은 연직하중으로 슬래브판 전체에 등분포
④ 활하중은 고정하중의 2배 이하
⑤ 경간길이의 차이는 긴 경간의 1/3 이하
⑥ 슬래브판 틀은 직사각형으로 단변과 장변의 비가 2 이하

2) 해석 및 설계방법

① 횡방향 변위가 발생하는 골조의 횡력해석을 위한 부재의 강성은 철근과 균열의 영향을 고려하여야 한다.

② 슬래브 시스템이 횡하중을 받는 경우 횡력해석과 연직하중의 해석 결과를 조합하여야 한다.

③ 슬래브와 보가 있을 경우 받침부 사이의 보는 모든 단면에서 발생하는 계수휨모멘트에 저항할 수 있도록 설계하여야 한다.

④ 설계기준에서는 보의 유무에 관계없이 모든 2방향 슬래브는 직접 설계법 또는 등가 골조법(등가 뼈대법)에 의해 설계하도록 하고 있다.

집중하중 P 작용

$$P_L = \left(\frac{S^3}{L^3+S^3}\right)\cdot P$$

$$P_S = \left(\frac{L^3}{L^3+S^3}\right)\cdot P$$

여기서, P_L : 긴변 부담하중
P_S : 짧은변 부담하중

등분포하중 w 작용

$$w_L = \left(\frac{S^4}{L^4+S^4}\right)\cdot w$$

$$w_S = \left(\frac{L^4}{L^4+S^4}\right)\cdot w$$

여기서, w_S : 짧은변 부담하중
w_L : 긴변 부담하중

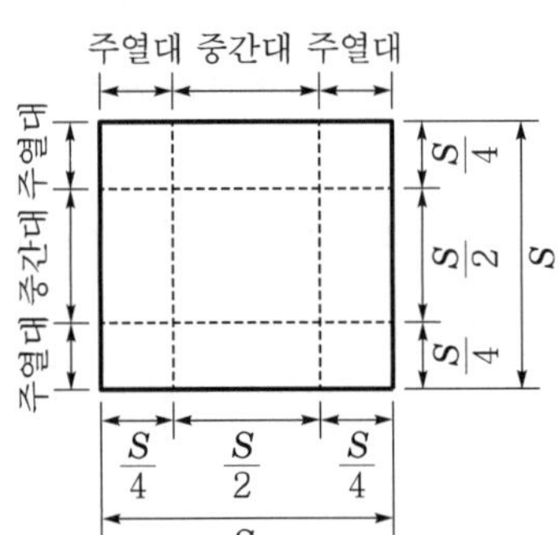

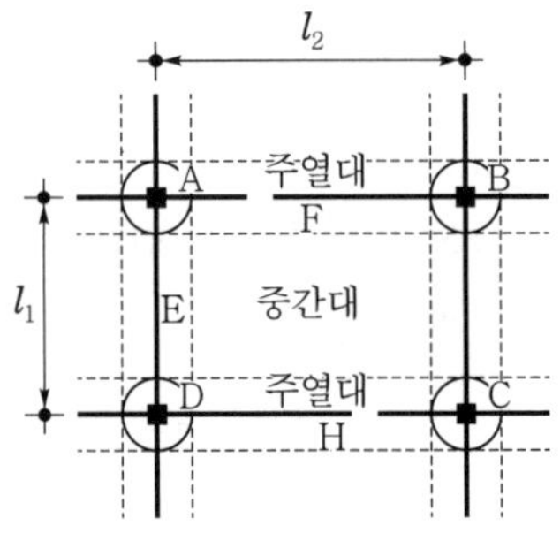

[그림 7-7] 주열대와 중간대

3) 2방향 슬래브의 하중분배

서로 직교하는 두 슬래브대의 교차점 e의 처짐은 같다.

① 등분포하중이 작용하는 경우

$$w_L = \frac{w\cdot S^4}{L^4+S^4},\ w_S = \frac{w\cdot L^4}{L^4+S^4}$$

② 집중하중이 작용하는 경우

$$P_L = \frac{P \cdot S^3}{L^3 + S^3},\ P_S = \frac{P \cdot L^3}{L^3 + S^3}$$

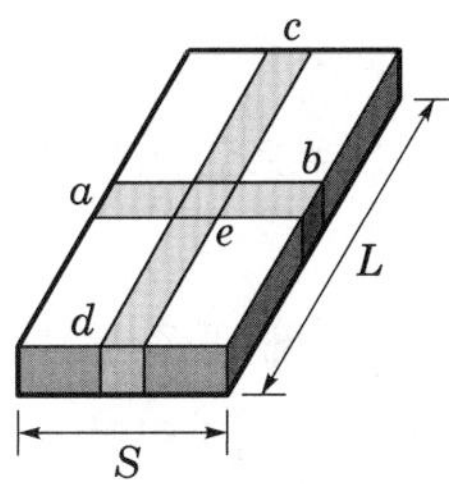

[그림 7-8] 2방향 슬래브의 하중분배

4) 2방향 슬래브의 지지보가 받는 하중의 환산

2방향 직사각형 슬래브의 지지보에 작용하는 등분포하중은 네 모서리에서 변과 45°의 각을 이루는 선과 슬래브의 장변에 평행한 중심선의 교차점으로 둘러싸인 삼각형 또는 사다리꼴의 분포하중을 받는 것으로 환산한다.

① 단경간(S)에 대하여 $w_s{}' = \dfrac{wS}{3}$

② 장경간(L)에 대하여 $w_L{}' = \dfrac{wS}{3}\left(\dfrac{3-m^2}{2}\right),\ m = \dfrac{S}{L}$

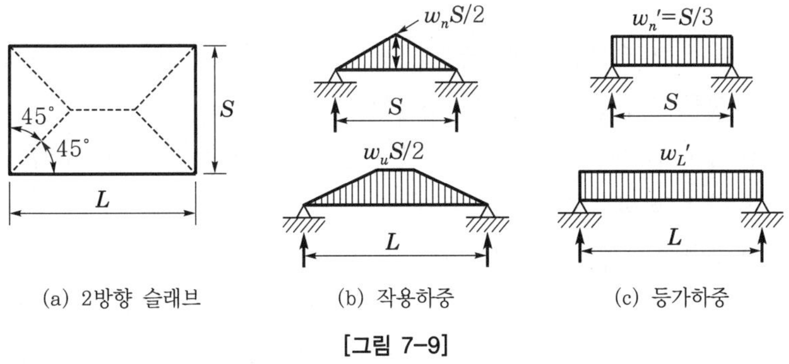

[그림 7-9]

2. 2방향 슬래브의 직접설계법

1) 직접설계법의 제한사항

다음의 규정을 만족하는 슬래브 시스템은 직접설계법을 사용하여 설계할 수 있다.

KEY NOTE

연속휨부재의 부모멘트 재분배

- 인장철근의 순인장 변형률
  ① $\varepsilon_t \geq 0.0075$: 부모멘트 재분배 가능
  ② 재분배율 : $1000\varepsilon_t < 20\%$ 이하
- 연속 휨부재 해석 시 부모멘트를 증가 또는 감소시키면서 재분해할 수 있는 경우 → 하중을 적용하여 탄성이론에 의하여 산정한 경우

KEY NOTE

① 각 방향으로 3경간 이상 연속되어야 한다.

② 슬래브 판들은 단변경간에 대한 장변경간의 비가 2 이하인 직사각형 단면이어야 한다.

③ 각 방향으로 연속한 받침부 중심간 경간 차이는 긴 경간의 1/3 이하이어야 한다.

④ 연속한 기둥 중심선을 기준으로 기둥의 어긋남은 그 방향 경간의 10% 이하이어야 한다.

⑤ 모든 하중은 슬래브판 전체에 걸쳐 등분포된 연직하중이어야 하며, 활하중은 고정하중의 2배 이하이어야 한다.

⑥ 모든 변에서 보가 슬래브를 지지할 경우 직교하는 두 방향에서 보의 상대강성은 다음을 만족하여야 한다.

$$0.2 \leq \frac{\alpha_1 l_2^2}{\alpha_2 l_1^2} \leq 5.0$$

2) 전체 정적 계수 휨모멘트

① 각 경간의 전체 정적 계수 휨모멘트는 받침부 중심선 양측의 슬래브 판 중심선을 경계로 하는 설계대 내에서 산정하여야 한다.

② 정계수 휨모멘트와 평균 부계수 휨모멘트의 절대값의 합은 어느 방향에서나 다음 값 이상으로 하여야 한다.

$$M_o = \frac{w_u l_2 l_n^2}{8}$$

③ 받침부 중심선 양측 슬래브 판의 직각방향 경간이 다른 경우, l_2는 이들 횡방향 두 경간의 평균값으로 하여야 한다.

④ 가장자리에 인접하고 그에 평행한 경간의 l_2는 가장자리부터 슬래브 판 중심선까지 거리로 하여야 한다.

⑤ 순경간 l_n은 기둥, 기둥머리, 브래킷 또는 벽체의 내면 사이의 거리이다. l_n은 $0.65l_1$ 이상으로 하여야 한다. 원형이나 정다각형 받침부는 같은 단면적의 정사각형 받침부로 취급하여야 한다.

3) 정 및 부계수 휨모멘트

① 부계수 휨모멘트는 직사각형 받침부 면에 위치하는 것으로 한다. 원형이나 정다각형 받침부는 같은 단면적의 정사각형 받침부로 취급할 수 있다.

② 내부 경간에서는 전체 정적 계수 휨모멘트 M_o를 다음과 같은 비율로 분배하여야 한다.

- 부계수 모멘트 : $0.65M_o$(65% 분배)
- 정계수 모멘트 : $0.35M_o$(35% 분배)

③ 단부 경간에서는 전체 정적 계수 휨모멘트 M_o를 다음에 따라 분배하여야 한다.

구분	(1) 구속되지 않은 외부 받침부	(2) 모든 받침부 사이에 보가 있는 슬래브	(3) 내부 받침부 사이에 보가 없는 슬래브: 테두리 보가 없는 경우	(4) 내부 받침부 사이에 보가 없는 슬래브: 테두리 보가 있는 경우	(5) 완전 구속된 외부 받침부
내부 받침부의 부계수 휨모멘트	0.75	0.70	0.70	0.70	0.65
정계수 휨모멘트	0.63	0.57	0.52	0.50	0.35
외부 받침부의 부계수 휨모멘트	0	0.16	0.26	0.30	0.65

KEY NOTE

2방향 슬래브 구조세목
① 소요철근량 및 간격
② 철근의 정착
③ 외부 모퉁이의 보강철근 배치
④ 주철근 배치

3. 2방향 슬래브의 구조상세(구조세목)

1) 소요철근량과 간격

① 2방향 슬래브 시스템의 각 방향의 철근 단면적은 위험단면의 휨모멘트에 의해 결정하며, 요구되는 최소철근량은 다음 값 이상이어야 한다. 1방향 슬래브와 같다.

- 설계기준 항복강도가 400Mpa 이하인 이형 철근을 사용한 슬래브 : 0.0020
- 항복 변형률이 0.0035일 때 철근의 설계기준 항복강도가 400Mpa를 초과한 슬래브 : $0.0020 \times \frac{400}{f_y}$
- 어느 경우에도 0.0014 이상

② 위험단면에서 철근의 간격은 슬래브 두께의 2배 이하, 또한 300mm 이하로 하여야 한다. 다만 와플구조나 리브구조로 된 부분은 예외로 한다.

2) 철근의 정착

① 불연속 단부에 직각방향인 정모멘트에 대한 철근은 슬래브의 끝까지 연장하여 직선 또는 갈고리로 150mm 이상 테두리보, 기둥 또는 벽체 속에 묻어야 한다.

② 불연속 단부에 직각방향인 정모멘트에 대한 철근은 구부림, 갈고리 또는 다른 방법으로, 받침부 면에서 테두리보, 기둥 또는 벽체 속으로 정착하여야 한다.

KEY NOTE

③ 불연속 단부에서 슬래브가 테두리보나 벽체로 지지되어 있지 않은 경우 또는 슬래브가 받침부를 지나 캔틸레버로 되어 있는 경우에는 철근을 슬래브 내부에 정착할 수 있다.

3) 외부 모퉁이의 보강철근

① 외부 모퉁이 슬래브를 α값이 1.0보다 큰 테두리보가 지지하는 경우, 모퉁이 부분의 슬래브 상, 하부에 모퉁이 보강철근을 배치하여야 한다.

② 슬래브 상, 하부에 배치하는 특별 보강철근은 슬래브 단위폭당 최대 정모멘트와 같은 크기의 휨모멘트에 견딜만큼 충분하여야 한다.

③ 특별 보강철근은 모퉁이부터 장변의 1/5길이만큼 각 방향에 대치하여야 한다.

④ 특별 보강철근은 슬래브 상부철근에서 대각선 방향, 하부철근의 경우 대각선의 직각방향으로 배치하여야 한다. 또는 양변에 평행한 철근을 상하면에 배치할 수 있다.

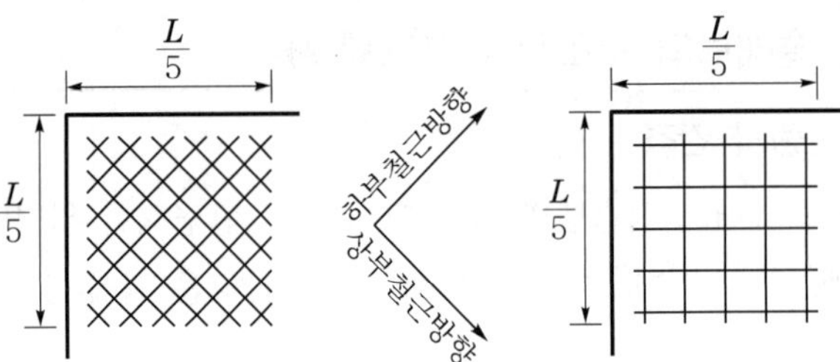

[그림 7-10] 슬래브 모퉁이의 보강철근

4) 2방향 슬래브의 주철근의 배치

짧은 경간 방향의 하중 분담률이 크기 때문에, 짧은 경간 방향의 주철근을 슬래브 바닥에 가장 가깝게 놓는다.

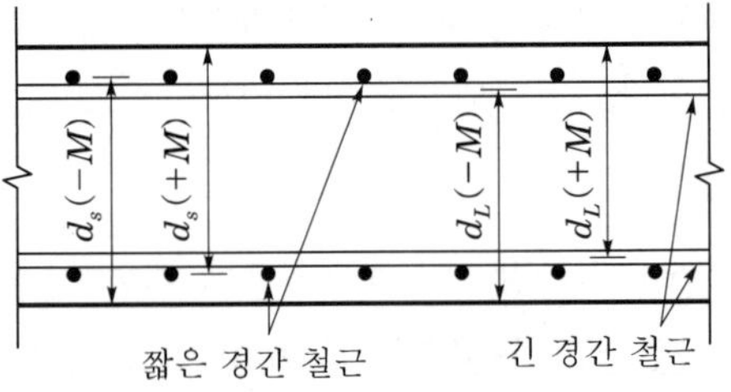

[그림 7-11] 2방향 슬래브의 주철근의 배치

CHAPTER

07 적중 예상문제

01 2방향 슬래브에서 직접설계법을 적용할 수 있는 제한 조건 중 옳지 않은 것은?

① 모든 하중은 연직하중으로 등분포하게 작용하며, 활하중은 고정하중의 2배 이하이어야 한다.

② 각 방향으로 2경간 이상 연속되어야 한다.

③ 슬래브 판들은 단변 경간에 대한 장변 경간의 비가 2 이하인 직사각형이어야 한다.

④ 각 방향으로 연속한 받침부 중심간 경간 차이는 긴 경간의 $\frac{1}{3}$ 이하이어야 한다.

해설 ② 각방향으로 3경간 이상 연속되어야 한다.

02 1방향 슬래브에 대한 설명으로 옳지 않은 것은? (단, 2012년도 콘크리트구조기준을 적용한다.)

① 슬래브의 단변방향 보의 상부에 부모멘트로 인해 발생하는 균열을 방지하기 위하여 슬래브의 단변방향으로 슬래브 상부에 철근을 배치하여야 한다.

② 슬래브 끝의 단순받침부에서도 내민슬래브에 의하여 부모멘트가 일어나는 경우에는 이에 사용하는 철근을 배치하여야 한다.

③ 슬래브의 정모멘트 철근 및 부모멘트 철근의 중심 간격은 위험단면을 제외한 기타 단면에서는 슬래브 두께의 3배 이하이어야 하고, 또한 450mm 이하로 하여야 한다.

④ 처짐을 계산하지 않기 위한 단순지지된 1방향 슬래브의 두께는 $l/20$ 이상이어야 하며, 최소 100mm 이상으로 하여야 한다.

해설 ③ 기타 단면부는 슬래브 두께 3배, 450mm 이하

03 『도로교설계기준(2010)』에 따른 도로교의 교량 바닥판 설계 시 철근콘크리트 바닥판에 배근되는 배력철근에 대한 설계기준을 설명한 내용으로 옳지 않은 것은?

① 배근되는 배력철근량은 온도 및 건조수축에 대한 철근량 이상이어야 하며, 이때 바닥판 단면에 대한 온도 및 건조수축 철근량의 비는 10%이다.

② 배력철근의 양은 정모멘트 구간에 필요한 주철근에 대한 비율로 나타낸다.

③ 배력철근의 양은 주철근이 차량진행방향에 평행할 경우는 $55/\sqrt{L}\%$(L: 바닥판의 지간(m))와 50% 중 작은 값 이상으로 한다.

④ 집중하중으로 작용하는 활하중을 수평방향으로 분산시키기 위해 바닥판에는 주철근의 직각방향으로 배력철근을 배치하여야 한다.

해설 ① 바닥판 단면에 대한 온도 및 건조수축 철근량비는 0.2%

04 캔틸레버로 지지된 1방향 슬래브의 지간이 6m일 때, 처짐을 계산하지 않기 위한 슬래브의 최소 두께[mm]는? (단, 보통중량 콘크리트를 사용하였고 철근의 설계기준항복강도는 400MPa이며, 2012년도 콘크리트구조기준을 적용한다.)

① 300　　② 400

③ 500　　④ 600

해설 1방향 슬래브 캔틸레버 최소두께

$\frac{l}{10}=\frac{6000}{10}=600$

정답 01 ② 02 ③ 03 ① 04 ④

05 연속보 또는 1방향 슬래브가 2경간 이상, 인접 2경간의 차이가 짧은 경간의 20% 이하, 등분포하중 작용, 활하중이 고정하중의 3배를 초과하지 않고, 부재의 단면이 일정하다는 조건으로 휨모멘트를 근사식으로 구하고자 한다. 다음 중 옳지 않은 것은? (단, w_u : 등분포하중, l_a : 지간)

① 정모멘트에서 불연속 단부가 구속되지 않은 경우의 최외측 경간 값 : $w_u l_a^2/11$

② 정모멘트에서 불연속 단부가 받침부와 일체로 된 경우의 최외측 경간 값 : $w_u l_a^2/14$

③ 부모멘트에서 2개의 경간일 때 첫번째 내부 받침부 외측면에서의 값 : $w_u l_a^2/9$

④ 부모멘트에서 3개 이상의 경간일 때 첫번째 내부 받침부 외측면에서의 값 : $w_u l_a^2/16$

해설 ④ 부모멘트부에서 3개 이상의 경간일 때 첫번째 내부 받침부 외측면에서 값 $\frac{w_u l_n^2}{10}$

06 지간 8m인 단순보에 고정하중에 의한 등분포하중 20.0kN/m와 활하중에 의한 등분포하중 25.0kN/m만 작용할 때 현행 기준(콘크리트 구조설계기준, 2007)에 따라 휨부재를 설계하는 경우 계수휨모멘트 [kN・m]는?

① 212　　② 312
③ 412　　④ 512

해설 $w_u = (1.2\times20 + 1.6\times25) = 64$

$M_u = \frac{w_u \cdot l^2}{8} = \frac{64\times8^2}{8} = 512$

07 1방향 슬래브에 대한 설명으로 옳지 않은 것은?

① 수축・온도철근의 간격을 슬래브 두께의 3배 이하, 450mm 이하로 한다.

② 슬래브 두께는 지지조건과 경간에 따라 다르나 100mm 이상이어야 한다.

③ 최대 휨모멘트가 일어나는 위험단면에서 주철근 간격은 슬래브 두께의 2배 이상, 300mm 이하로 한다.

④ 슬래브 두께는 과다한 처짐이 발생하지 않을 정도의 두께가 되어야 한다.

해설 ① 1방향 슬래브에서 수축・온도철근의 간격은 슬래브 두께의 5배 이하

08 다음 중 1방향 슬래브의 설계기준으로 옳지 않은 것은?

① 건조수축과 온도변화에 따른 균열의 방지를 위해 정철근 및 부철근의 직각방향으로 배력철근을 배치하여야 한다.

② 위험단면에서 슬래브의 정철근 및 부철근의 중심간격을 슬래브 두께의 3배 이하, 400mm 이하로 하여야 한다.

③ 건조수축 및 온도철근의 콘크리트 총 단면적에 대한 철근비는 0.0014 이상이어야 한다.

④ 배력철근의 간격은 슬래브 두께의 5배 이하, 450mm 이하이어야 한다.

해설 ② 위험단면에서 슬래브의 부철근의 중심간격은 슬래브 두께의 2배 이하, 300mm 이하로 하여야 한다.

09 단순지지된 경계조건 하에서 장면 $L = 4\text{m}$, 단변 $S = 2\text{m}$ 인 슬래브 중앙에 집중하는 P가 수직으로 36kN 작용할 때, 장변이 부담하는 하중 P_L[kN]은?

① 4　　② 8
③ 16　　④ 32

해설 $P_L = \frac{S^3}{L^3 + S^3}P$

$= \frac{2^3}{4^3 + 2^3}\times36 = 4\text{kN}$

정답 05 ④ 06 ④ 07 ① 08 ② 09 ①

10 경간이 12m, 양쪽의 슬래브 중심 간의 거리가 3.1m, 복부 폭이 440mm인 내칭 T형보를 설계하려고 한다. 경간에 의하여 플랜지 유효폭을 결정할 수 있는 슬래브의 최소 두께[mm]는?

① 150　　② 160

③ 170　　④ 180

해설 ① $16t_f + b_w = 16t_f + 440$

② 양쪽 슬래브 중심간격 : 3100

③ 보경간의 $\frac{1}{4}$: $\frac{12000}{4} = 3000$

$t_f \geq \frac{3000-440}{16} = 160\text{mm}$

11 2방향 콘크리트 슬래브의 중앙에 집중하중 175kN이 작용할 때 장경간이 부담하는 하중[kN]은? (단, 장경간은 3m, 단경간은 2m이다)

① 40　　② 50

③ 60　　④ 70

해설 $P_L = \frac{S^3}{L^3+S^3} \cdot P = \frac{2^3}{3^3+2^3} \times 175 = 40\text{kN}$

12 슬래브의 설계방법에 대한 설명으로 옳지 않은 것은?

① 2방향 슬래브는 직접설계법 또는 등가골조법에 의해 설계할 수 있다.

② 4변에 의해 지지되는 2방향 슬래브 주에서 단변에 대한 장변의 비가 2배를 넘으면 1방향 슬래브로 해석한다.

③ 1방향 슬래브는 슬래브의 직간방향으로 주 철근을 배치한다.

④ 1방향 슬래브의 부모멘트 철근에는 직사가 형으로 수축・온도 철근을 배치할 필요가 없다.

해설 ④ 콘크리트 단면적비 0.0014 이상

정답 10 ② 11 ① 12 ④

Chapter 08

옹벽 구조물 설계

CHAPTER 08

옹벽 구조물 설계

KEY NOTE

1 옹벽설계 일반

1. 옹벽의 정의 및 종류

1) 옹벽의 정의

① 횡토압을 지지하기 위하여 무근이나 철근콘크리트를 사용한 흙막이 구조물이다.

② 토압에 대하여 옹벽의 자중 또는 배면토의 중량으로 안정을 유지하는 구조물이다.

2) 옹벽의 종류

옹벽의 종류는 다음과 같다.

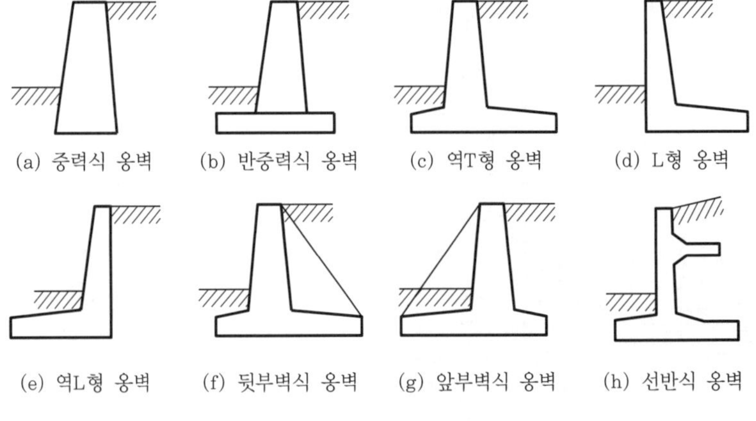

[그림 8-1] 옹벽의 종류

옹벽의 3대 안정조건
① 전도(안전율 2.0)
② 활동(안전율 1.5)
③ 침하(안전율 1.0)

2. 옹벽의 안정 조건

1) 전도에 대한 안정($Fs = 2.0$)

$$\frac{M_r}{M_o} = \frac{\overline{W} \cdot x}{H \cdot y} \geq 2.0$$

① 옹벽의 앞굽 끝을 기준으로 한다.
② 전도에 대한 안전율은 2.0 이상이다.
③ 모든 외력의 합력이 저판의 중앙 $\frac{1}{3}$ 안에 들어오도록 설계한다.

2) 활동에 대한 안정 ($Fs = 1.5$)

$$\frac{H_r}{H} = \frac{f \cdot \overline{W}}{H} \geq 1.5$$

① 저항력을 키우기 위해 옹벽의 폭을 크게 하거나, 활동 방지벽을 두기도 한다. 이 경우 활동방지벽과 저판을 일체로 만들어야 한다.
② 활동에 대한 안전율은 1.5 이상이다.

3) 지반지지력 침하에 대한 안정 ($Fs = 1.0$)

① 지반에 작용하는 최대 지반 반력이 기초 지반의 허용 지지력보다 작아야 한다.
② 침하에 대한 안전율은 1.0이다.

$$\therefore \; q_{\frac{1}{2}} \leq q_a$$

③ 최대, 최소 지반반력

$$\therefore \; q_{\frac{1}{2}} = \frac{V}{B}\left(1 \pm \frac{6e}{B}\right)$$

④ 편심거리에 따른 최대 지반반력

$e < \frac{B}{6}$	$e = \frac{B}{6}$	$e > \frac{B}{6}$
$q_{max} = \frac{V}{B}\left(1 + \frac{6e}{B}\right)$	$q_{max} = \frac{2V}{B}$	$q_{max} = \frac{2V}{3a}$

여기서, a는 앞굽에서 하중 작용점까지의 거리이고, 옹벽 저판에 발생하는 인장응력은 무시한다.

⑤ 지반의 지지력은 지반공학적 방법 중 선택 적용할 수 있으며, 지반의 내부마찰각, 점착력 등과 같은 특성으로부터 지반의 극한 지지력을 추정할 수 있다. 다만, 이 경우에 허용지지력 q_a 값은 $q_u/3$으로 취하여야 한다.

KEY NOTE

옹벽의 지반반력 산정

$e < \frac{B}{6}$	$q_{max} = \frac{V}{B}\left(1 + \frac{6e}{B}\right)$
$e = \frac{B}{6}$	$q_{max} = \frac{2V}{B}$
$e > \frac{B}{6}$	$q_{max} = \frac{2V}{3a}$

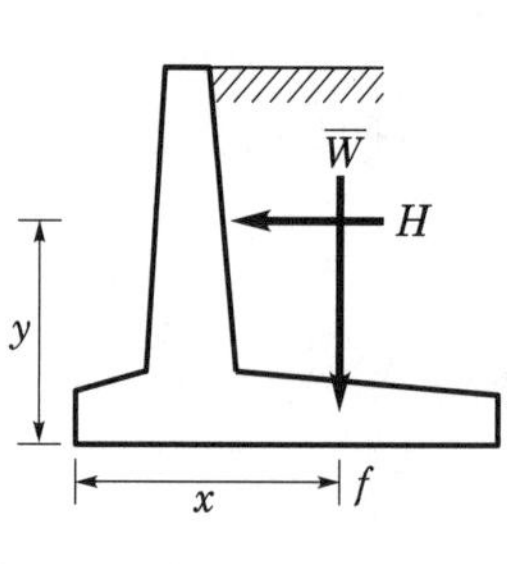

[그림 8-2] 옹벽의 안정

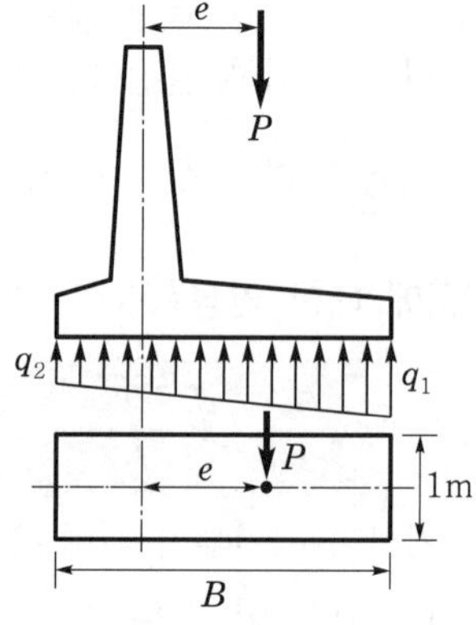

[그림 8-3] 옹벽의 지반반력

2 옹벽의 설계

1. 옹벽의 설계원칙

1) 옹벽은 상재하중, 뒤채움 흙의 중량, 옹벽의 자중 및 옹벽에 작용되는 토압, 수압에 견디도록 설계하여야 한다.

2) 무근콘크리트 옹벽은 자중에 의하여 저항력을 발휘하는 중력식 형태로 설계하여야 한다.

3) 일반적으로 옹벽에 작용하는 토압은 Coulomb 토압을 적용하되 역T형 옹벽 또는 부벽식 옹벽과 같이 토압이 뒷굽에서부터 위로 연직하게 세운 가상배면에 작용할 때는 Rankine 토압을 적용한다.

① Rankine의 주동토압계수

$$K_A = \frac{1-\sin\phi}{1+\sin\phi} = \tan^2\left(45^\circ - \frac{\phi}{2}\right) \text{ (만약, } \phi = 30^\circ \text{ 이면 } K_A = \frac{1}{3}\text{)}$$

② Rankine의 주동토압

$$P_A = \frac{1}{2}K_A\gamma H^2 \quad P_A = \frac{1}{2}K_A\gamma H^2 + K_A q_s H$$

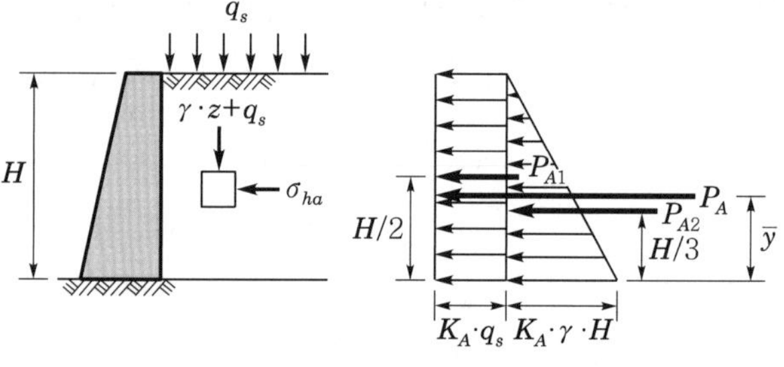

[그림 8-4] 상재하중 작용 시 토압 분포도

KEY NOTE

저판설계

① 캔틸레버 옹벽 저판 : 수직벽(전면벽)으로 지지된 캔틸레버
② 부벽식 옹벽 저판 : 부벽간 거리를 경간으로 고정보(연속보)

전면벽

① 캔틸레버 옹벽 전면벽 : 저판에 지지된 캔틸레버
② 부벽식 옹벽 전면벽 : 3변 지지된 2방향 슬래브

- 뒷부분 설계 : T형보(인장철근)
- 앞부분 설계 : 직사각형보(압축철근)

4) 옹벽은 활동이나 지반의 지지력에 대하여 안정해도 지반 내부에 연약층이 있다면 침하 및 활동에 의한 파괴가 발생하게 된다. 따라서 옹벽의 안정성 검사에는 먼저 옹벽의 뒤채움 흙 및 기초지반을 포함한 전체에 대하여 실시하고 옹벽의 활동 지반의 지지력 및 전도에 대하여 소요의 안전율을 갖는지 조사하여야 한다.

5) 저판의 설계는 기초판의 규정에 따라 수행하여야한다.

2. 옹벽의 구조해석

1) 옹벽의 구조해석 방법

옹벽의 종류	설계 위치	설계 방접
캔틸레버식 옹벽	전면벽 저판	캔틸레버보로 가정 캔틸레버보로 가정
뒷부벽식 옹벽	전면벽 저판 뒷부벽	3변 지지된 2방향 슬래브 고정보 또는 연속보 T형보
앞부벽식 옹벽	전면벽 저판 앞부벽	3변 지지된 2방향 슬래브 고정보 또는 연속보 직사각형보

2) 저판의 설계

① 저판의 뒷굽판은 좀 더 정확한 방법이 사용되지 않는 한 위에 재하되는 모든 하중을 지지하도록 설계되어야 한다.

② 캔틸레버 옹벽의 저판은 수직벽에 의해 지지된 캔틸레버로 설계할 수 있다.

③ 뒷부벽식 옹벽 및 앞부벽식 옹벽의 저판은 뒷부벽 또는 앞부벽 간의 거리를 경간으로 보고 고정보 또는 연속보로 설계할 수 있다.

3) 전면벽의 설계

① 캔틸레버 옹벽의 전면벽은 저판에 지지된 캔틸레버로 설계할 수 있다.

② 뒷부벽식 옹벽 및 앞부벽식 옹벽의 전면벽은 3변 지지된 2방향 슬래브로 설계할 수 있다.

③ 전면벽은 철근을 충분히 사용하여 뒷부벽 또는 앞부벽에 정착이 잘 되어야 한다.

4) 앞부벽 및 뒷부벽

① 앞부벽은 직사각형보로 보고 설계되어야 하고, 뒷부벽은 T형보의 복부로 보고 설계한다.

KEY NOTE

옹벽의 구조해석 방법

옹벽의 종류	설계 위치	설계 방접
캔틸레버식 옹벽	전면벽 저판	캔틸레버보로 가정 캔틸레버보로 가정
뒷부벽식 옹벽	전면벽 저판 뒷부벽	3변 지지된 2방향 슬래브 고정보 또는 연속보 T형보
앞부벽식 옹벽	전면벽 저판 앞부벽	3변 지지된 2방향 슬래브 고정보 또는 연속보 직사각형보

KEY NOTE

② 이 경우, 배치된 철근은 앞부벽은 압축철근이고, 뒷부벽은 인장철근이다.

5) 옹벽에 배치된 주철근은 인장측에 배근되며, 나머지 철근은 배력철근이다.

3. 옹벽의 구조상세

1) 옹벽의 전면벽 경사

옹벽 연직벽의 전면은 1:0.02 정도의 경사를 뒤로 두어 시공 오차나 지반 침하에 의해서 벽면이 앞으로 기우는 것을 방지한다.

2) 배력철근

① 뒷부벽식 옹벽은 전면벽과 저판에 의해서 부벽에 전달되는 옹벽을 지탱할 수 있도록 필요한 철근을 부벽에 정착하여야 한다.

② 전면벽과 저판에는 인장철근의 20% 이상의 배력철근을 두어야 한다.

- 수축이음 간격 : 9m 이하
- 신축이음 간격 : 30m 이하

3) 수축이음

① 옹벽 연직벽의 표면에는 연직 방향으로 V형 홈의 수축 이음을 두어야 한다. 그 간격은 9m 이하라야 한다.

② 수축이음에서는 철근을 끊어서는 안 된다.

③ 이러한 V형 홈의 수축 이음을 설치하면 벽 표면의 건조 수축으로 인한 균열을 V형 홈에서 받아들이게 되어 균열 방지가 된다.

4) 신축이음

① 옹벽의 연장이 30m 이상 될 경우에는 신축이음을 두어야 한다. 신축이음은 30m 이하의 간격으로 설치하되 완전히 끊어서 온도 변화와 지반의 부등 침하에 대비해야 한다.

② 신축이음에서는 철근도 끊어야 하며, 콘크리트가 서로 물리게 하는 것이 바람직하다.

[그림 8-5] 수축이음과 신축이음

5) 피복 두께

벽의 노출면에서의 피복 두께는 30mm 이상이라야 하고, 흙에 접하는 곳에서의 피복 두께는 80mm 이상이라야 한다.

6) 배수 구멍

① 옹벽에는 쉽게 배수될 수 있는 높이에 65mm 이상의 지름의 배수 구멍을 4.5m 정도의 간격으로 설치해야 한다.

② 뒷부벽식 옹벽에서는 부벽의 각 격간에 1개 이상의 배수 구멍을 두어야 한다.

③ 옹벽의 뒤채움 속에는 배수 구멍으로 물이 잘 모이도록 배수층을 두어야 한다.

④ 배수층에는 조약돌, 부순돌 또는 자갈을 사용하며, 배수층의 두께는 30~40cm 정도로 한다.

7) 수직, 수평철근의 배치

① 수축과 온도 변화에 의한 균열을 방지하기 위하여 벽의 노출면에 가깝게 수평, 수직 두 방향으로 철근을 배치해야 한다.

② 이 철근은 될 수 있는 대로 가는 것을 좁은 간격으로 배치하는 것이 좋다.

8) 수평으로 배치되는 건조 수축 및 온도 철근의 콘크리트 총 단면에 대한 최소비의 설계기준

① 지름 16mm 이하, $f_y \geq 400\text{MPa}$인 이형 철근 : 0.0020

② 그 밖의 이형 철근 : 0.0025

③ 지름이 16mm 이하인 용접 철망 : 0.0020

④ 수평 철근의 간격은 벽체 두께의 3배 이하, 450mm 이하이어야 한다.

KEY NOTE

옹벽벽체 건조수축 및 온도 철근비

① 지름 16mm 이하, $f_y \geq 400\text{MPa}$인 이형 철근 : 0.0020

② 그 밖의 이형 철근 : 0.0025

③ 지름이 16mm 이하인 용접 철망 : 0.0020

④ 수평 철근의 간격은 벽체 두께의 3배 이하, 450mm 이하이어야 한다.

CHAPTER 08 적중 예상문제

01 옹벽에 관한 설명으로 틀린 것은?

① 옹벽은 자중과 저판 위의 뒷채움 흙의 무게에 의해서 토압에 저항한다.
② 뒷부벽식 옹벽은 앞부벽식보다 전면 공간의 활용도가 높다.
③ 중력식 옹벽은 자중에 의해서 토압에 견디는 것으로 옹벽 자체의 인장응력을 무시할 수 있다.
④ 호안, 방조제, 흙채음을 지지하는 교량의 교대나 기초벽에는 적용할 수 없다.

해설 옹벽은 흙막이벽, 호안, 방조제, 채움흙에 의해서 지지하는 교량의 교대, 기초벽 등에 이용된다.

02 다음 옹벽 중에서 중력식으로 하는 경우는?

① 무근콘크리트 옹벽
② 캔틸레버식 옹벽
③ 뒷부벽식 옹벽
④ L형 옹벽

해설 중력식 옹벽이란 옹벽의 자중에 의해서 안정을 유지하는 것으로 석공옹벽, 무근콘크리트 옹벽이 있다.

03 캔틸레버 옹벽의 재원에 대한 내용으로 틀린 것은?

① 기초저판의 폭은 옹벽 높이의 대략 $\frac{1}{2} \sim \frac{2}{3}$ 정도로 한다.
② 기초저판의 두께는 옹벽 높이의 대략 15~20% 정도로 한다.
③ 기초의 앞굽판 폭은 $\frac{1}{3} \sim \frac{1}{4}$ 정도로 한다.
④ 벽체 하부의 두께는 옹벽 높이의 10~12% 정도이다.

해설 기초저판의 두께는 옹벽 높이의 대략 7~10% 정도로 한다.

04 높이 9m 이상의 옹벽을 설치할 때 경제적인 옹벽은?

① 중력식 옹벽 ② 벽체식 옹벽
③ 뒷부벽식 옹벽 ④ 캔틸레버 옹벽

해설 높이가 큰 경우에는 뒷부벽식 옹벽을 많이 사용한다.

05 뒷부벽식 옹벽의 부벽 간의 간격은 옹벽 높이의 얼마 정도로 하는가?

① 1~1/2 ② 1/2~1/3
③ 1/3~1/4 ④ 1~2

해설 뒷부벽 간의 간격은 옹벽 높이의 $\frac{1}{2} \sim \frac{1}{3}$ 정도로 한다. 일반적으로 $\frac{1}{2}$ 정도로 많이 하고 있다.

06 일반적인 옹벽설계 순서에 해당하지 않는 것은?

① 말뚝 수량을 계산한다.
② 옹벽에 작용하는 토압을 계산한다.
③ 안정 계산을 하고 결정한 단면에 대한 응력을 검토한다.
④ 옹벽 단면의 형상 및 치수를 가정한다.

해설 옹벽의 설계순서
㉠ 옹벽의 단면형상과 치수 가정
㉡ 옹벽의 자중, 토압, 상재하중을 계산
㉢ 옹벽의 안정검토
㉣ 옹벽의 저판 및 전면벽의 설계

정답 01 ④ 02 ① 03 ② 04 ③ 05 ② 06 ①

07 옹벽의 토압 및 설계일반에 대한 설명 중 옳지 않은 것은?

① 토압은 토질역학의 기본원리에 의한 공식으로 산정하되 필요한 계수는 측정을 통하여 정해야 한다.
② 석공 옹벽과 무근콘크리트 옹벽은 중력식을 취한다.
③ 옹벽에 작용하는 하중으로 상재하중, 뒷채움 흙의 무게, 옹벽의 자중, 옹벽에 작용하는 토압 등은 고려하나 수압, 양압력, 침투압 등을 고려하지 않는다.
④ 캔틸레버식 옹벽, 부벽식 옹벽 및 앞부벽식 옹벽 등은 철근콘크리트 옹벽이다.

해설 옹벽은 상재하중, 뒷채움 흙의 무게, 옹벽의 자중, 옹벽에 작용하는 토압, 필요에 따른 수압, 양압력, 침투압 등에 견디도록 설계하여야 한다.

08 부벽식 옹벽에 대한 설명 중 틀린 것은?

① 뒷부벽식 옹벽의 높이는 대개 7.5m 이상이 된다.
② 앞부벽식 옹벽의 부벽은 인장타이(tension tie)로 작용하고 뒷부벽식 옹벽의 부벽은 압축스터럿(compression strut)으로 작용한다.
③ 뒷부벽식 옹벽에서 부벽 간의 간격은 옹벽 높이의 1/2~1/3 정도이다.
④ 앞부벽식 옹벽은 옹벽 전면의 공간의 여유가 있을 때 사용하고 뒷부벽식 옹벽은 옹벽 전면의 공간의 여유가 없을 때 사용된다.

해설 뒷부벽식 옹벽의 부벽은 인장타이(tension tie)로 작용하고 앞부벽식 옹벽의 부벽은 압축스터럿(compression strut)으로 작용한다.

09 옹벽설계에 대한 일반적인 설명이다. 틀린 것은?

① 강도설계법에서 옹벽의 안정검토는 계수하중에 의한다.
② 앞굽판에 작용하는 수동토압을 무시하는 것이 설계에 있어서 안전하다.
③ 전면벽에 작용하는 주동토압을 구하기 위해서 주동토압계수를 알아야 한다.
④ 옹벽의 노출벽면에 경사를 붙이는 것이 좋다.

해설 강도설계법이더라도 옹벽의 안정검토에서는 사용하중을 사용한다.

10 다음은 강도설계법에 의한 옹벽의 안정과 설계에 대한 내용이다. 틀린 것은?

① 옹벽은 옹벽의 안정검토 후에 단면의 설계가 진행된다.
② 옹벽의 안정검토와 설계는 모두 사용하중에 의한다.
③ 일반적으로 옹벽의 작용토압은 쿨롱(Coulomb) 토압을 적용한다.
④ 옹벽의 안정검토는 전도, 활동, 지반반력에 대하여 이루어진다.

해설 옹벽의 안정검토는 사용하중에 의하고 옹벽의 설계는 계수하중에 의한다.

11 옹벽의 설계에 대한 설명이다. 틀린 것은?

① 옹벽의 설계 시에는 옹벽의 자중을 무시하고 토압만 고려하여 설계한다.
② 철근콘크리트 옹벽의 종류에는 캔틸레버식 옹벽, 뒷부벽식 옹벽, 앞부벽식 옹벽 등이 있다.
③ 무근콘크리트 옹벽은 중력식으로 콘크리트의 자중으로 견디도록 설계한다.
④ 옹벽설계 시 전도에 대한 안전율은 2 이상이어야 한다.
⑤ 옹벽의 안정검토는 사용하중에 의하여 검토한다.

해설 옹벽의 설계 시에는 옹벽의 자중, 옹벽배면의 토압, 뒷채움 흙의 무게, 지반반력, 상재하중 수압, 양압력, 침투압 등을 고려한다.

정답 07 ③ 08 ② 09 ① 10 ② 11 ①

12 옹벽의 구조해석에 대한 설명 중 틀린 것은?

① 캔틸레버식 옹벽의 저판은 전면벽과 접합부를 고정단으로 간주한 캔틸레버로 가정하여 단면을 설계할 수 있다.
② 뒷부벽식 옹벽 및 앞부벽식 옹벽의 저판을 정확한 방법이 사용되지 않는 한 뒷부벽 또는 앞부벽 간의 거리를 경간으로 가정하여 고정보 또는 연속보로 설계할 수 있다.
③ 뒷부벽은 T형보, 앞부벽은 직사각형보로 각각 설계한다.
④ 뒷부벽식 옹벽 및 앞부벽식 옹벽의 전면벽은 3변 지지된 1방향 슬래브로 설계할 수 있다.

해설 뒷부벽식 및 앞부벽식 옹벽의 전면벽은 3변 지지된 2방향슬래브로 설계

13 옹벽 각부 설계에 대한 설명 중 옳지 않은 것은?

① 캔틸레버 옹벽의 저판은 수직벽에 의해 지지된 캔틸레버로 설계되어야 한다.
② 뒷부벽식 옹벽 및 앞부벽식 옹벽의 저판은 뒷부벽 또는 앞부벽 간의 거리를 경간으로 보고 고정보 또는 연속보로 설계되어야 한다.
③ 전면벽의 하부는 연속 슬래브로서 작용한다고 보아 설계하지만 동시에 벽체 또는 캔틸레버로서도 작용하므로 상당한 양의 추가철근을 넣어야 한다.
④ 뒷부벽은 직사각형보로 앞부벽은 T형보로 설계되어야 한다.

해설 뒷부벽은 T형보, 앞부벽은 직사각형보로 설계

14 앞부벽식 옹벽은 부벽을 어떠한 보로 설계하는가?

① 단순보
② 연속보
③ T형보
④ 구형보

해설 앞부벽식 옹벽의 부벽은 직사각형보(구형보)로 설계

15 옹벽에서 T형보로 설계하여야 하는 부분은?

① 앞부벽식 옹벽의 앞부벽
② 뒷부벽식 옹벽의 전면벽
③ 앞부벽식 옹벽의 저판
④ 뒷부벽식 옹벽의 뒷부벽

해설 뒷부벽식 옹벽의 뒷부벽은 T형보로 설계

16 옹벽설계 시 구조해석에 대한 설명으로 옳지 않은 것은?

① 캔틸레버식 옹벽의 전면벽과의 접합부를 고정단으로 간주한 캔틸레버로 가정하여 단면을 설계할 수 있다.
② 부벽식 옹벽의 저판은 정밀한 해석이 사용되지 않는 한 부벽 간의 거리를 경간으로 가정한 고정보 또는 연속보로 설계할 수 있다.
③ 캔틸레버식 옹벽의 전면벽은 저판에 지지된 캔틸레버로 설계할 수 있다.
④ 부벽식 옹벽의 전면벽은 2변 지지된 2방향 슬래브로 설계할 수 있다.

해설 부벽식 옹벽의 전면벽은 3변 지지된 2방향 슬래브로 설계

정답 12 ④ 13 ④ 14 ④ 15 ④ 16 ④

17 부벽식 옹벽에 대한 설명이다. 틀린 것은?

① 뒷부벽과 앞부벽은 기초저판의 상면을 고정지점으로 하는 캔틸레버보로 설계한다.

② 부벽식 옹벽의 전면벽은 3변 지지된 2방향 슬래브로 설계할 수 있다.

③ 부벽식 옹벽의 전면벽에는 부벽 간의 거리가 먼 경우에는 수평방향으로 배력철근을 배근한다.

④ 부벽식 옹벽의 저판은 정밀한 해석을 사용하지 않는 한 부벽 간을 경간으로 거리로 가정한 고정보 또는 연속보로 설계할 수 있다.

해설 ③ 부벽식 옹벽에서 부벽 간의 거리가 먼 경우에는 연직방향으로 배력철근을 배근한다.

18 옹벽설계 시 고려하여야 할 사항 중 옳은 것은?

① 뒷부벽은 T형 보로 설계하여야 하며, 앞부벽은 직사각형보로 설계하여야 한다.

② 활동에 대한 저항력은 옹벽에 작용하는 수평력의 2.0배 이상이어야 한다.

③ 저판의 뒷굽판은 정확한 방법이 사용되지 않는 한, 뒷굽판 하부에 재하되는 모든 하중을 지지하도록 설계하여야 한다.

④ 전도에 대한 저항모멘트는 횡토압에 의한 전도휨모멘트의 1.5배 이상이어야 한다.

해설 ② 활동에 대한 저항력은 옹벽에 작용하는 수평력의 1.5배 이상이어야 한다.
③ 저판의 뒷굽판은 정확한 방법이 사용되지 않는 한, 뒷굽판 상부에 재하되는 모든 하중을 지지하도록 설계한다.
④ 전도에 대한 저항모멘트는 횡방향 토압에 의한 전도휨모멘트의 2.0배 이상이어야 한다.

19 다음 T형 옹벽에 관한 설명 중 옳지 않은 것은?

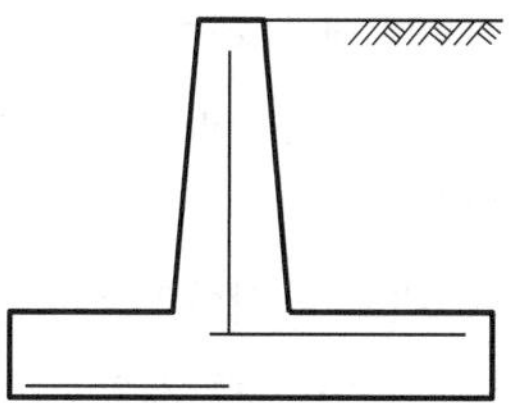

① 활동에 대한 안전율 1.5 이상, 전도에 대한 안전율은 2.0 이상이라야 한다.

② 저판의 뒷굽판(heel)은 주로 저판 위의 활하중, 흙의 자중에 의해서 설계된다.

③ 그림과 같은 옹벽에서도 중력식 옹벽의 경우와 같이 외력의 합력이 기초저폭의 중앙 1/3 이내에 들도록 하는 것이 바람직하다.

④ 줄기(stem)부분은 벽체에 작용하는 주동토압에 의하여 설계되고 기초저판의 앞굽판(toe)은 주로 저판의 자중 및 토압의 연직분력에 의해서 설계된다.

해설 전면벽(stem)인 벽체는 배면토의 주동토압에 의해 설계되고 기초저판의 앞굽판은 지반반력을 하중으로 하여 설계된다. 이때 흙의 중량과 저판의 자중은 무시한다.

20 옹벽의 전도에 대한 안정을 검토할 경우에 대한 설명이다. 틀린 것은?

① 전도에 대한 안전율은 2 이상으로 한다.

② 전도모멘트는 저항모멘트 산정시 앞부리를 기준으로 결정한다.

③ 전도모멘트는 횡방향 토압과 지반반력을 동시에 고려하여 결정한다.

④ 저항모멘트는 자중, 상재하중, 뒷채움흙의 무게 등을 고려한 수직력에 대하여 결정한다.

해설 전도모멘트는 횡방향 토압을 고려하지 지반반력을 고려하는 것은 아니다.

정답 17 ③ 18 ① 19 ④ 20 ③

21 철근콘크리트 옹벽 설계는 다음과 같은 사항을 알아야 하는데, 이들 중에서 해당되지 않는 것은?

① 흙의 단위중량과 내부마찰각
② 지반 지지력
③ 콘크리트와 지반과의 마찰계수
④ 벽체의 수동토압계수

해설 옹벽의 설계 시에 안전성 측면에서 옹벽의 벽체에 작용하는 수동토압은 일반적으로 무시된다.

22 다음 중 옹벽의 안정조건이 아닌 것은?

① 수축에 대한 안정
② 전도에 대한 안정
③ 활동에 대한 안정
④ 침하에 대한 안정

해설 옹벽의 안정조건
㉠ 전도에 대한 안정
㉡ 활동에 대한 안정
㉢ 침하에 대한 한정(지지력에 대한 안정)

23 옹벽의 안정조건이 아닌 것은?

① 온도변화에 대한 신축성이 커야 한다.
② 활동에 대해 안전해야 한다.
③ 침하에 대해 안전해야 한다.
④ 전도에 대해 안전해야 한다.

해설 옹벽의 안정조건 : 전도, 활동, 침하

24 옹벽설계 시의 안정조건이 아닌 것은?

① 전도에 대한 안정
② 마찰력에 대한 안정
③ 활동에 대한 안정
④ 지반 지지력에 대한 안정

해설 옹벽의 안정조건
㉠ 전도(overturning)에 대한 안정
㉡ 활동(sliding)에 대한 안정
㉢ 지지력에 대한 안정(침하에 대한 안정)

25 옹벽에서 활동에 대한 안정 조건식으로 옳은 것은? (단, H_r : 옹벽 밑면과 지반 사이에서 일어나는 마찰 저항력, H : 옹벽에 작용하는 수평력)

① $\frac{H_r}{H} \geq 1.5$ ② $\frac{H_r}{H} \leq 1.5$
③ $\frac{H_r}{H} \geq 1.0$ ④ $\frac{H_r}{H} \geq 2$
⑤ $\frac{H_r}{H} \leq 2$

해설 옹벽의 활동에 대한 안정조건
$$F_s = \frac{H_r}{H} \geq 1.5$$

26 전도에 대한 안정에서 안정되기 위한 조건은?

① 저항모멘트가 회전모멘트의 1.5배 이상
② 회전모멘트가 저항모멘트의 1.5배 이상
③ 저항모멘트가 회전모멘트의 2.0배 이상
④ 회전모멘트가 저항모멘트의 2.0배 이상

해설 전도에 대한 저항모멘트는 횡토압에 의한 전도모멘트의 2.0배 이상, 활동에 대한 저항력은 수평력의 1.5배 이상, 지지지반에 작용하는 최대 압력은 지반의 허용지지력 이하이다.

27 옹벽의 전도와 활동에 대한 안전율로 옳은 것은?

① 전도에 대한 안전율은 1.5 이상이어야 하고, 활동에 대한 안전율은 2.0 이상이어야 한다.
② 전도에 대한 안전율은 2.0 이상이어야 하고, 활동에 대한 안전율은 1.5 이상이어야 한다.
③ 전도에 대한 안전율은 2.0 이상이어야 하고, 활동에 대한 안전율은 2.0 이상이어야 한다.
④ 전도에 대한 안전율은 1.5 이상이어야 하고, 활동에 대한 안전율은 1.5 이상이어야 한다.

해설 전도에 대한 안전율은 2.0 이상이어야 하고, 활동에 대한 안전율은 1.5 이상이어야 한다.

정답 21 ④ 22 ① 23 ① 24 ② 25 ① 26 ③ 27 ②

28 철근콘크리트 옹벽에서 전도(over turn)에 대하여 부족할 때 다음과 같이 한다. 해당되지 않는 것은 어느 것인가?

① 뒷굽판 슬래브를 길게 한다.
② 앞굽 슬래브를 앞으로 연장한다.
③ 수동토압이 작용하도록 활동방지벽을 설치한다.
④ Earth Anchor를 설치한다.

해설 활동방지벽 설치의 1차 목적은 활동(sliding)에 대한 안전성을 높이기 위해서이다.

29 다음은 옹벽 안정에 대한 설명이다. 틀린 것은?

① 전도에 대한 저항모멘트(ΣMr)는 횡토압에 의한 전도모멘트(ΣM)의 2.0배 이상이어야 한다.
② 활동에 대한 저항력은 옹벽에 작용하는 수평력의 1.5배 이상이어야 한다.
③ 기초지반에 작용하는 외력의 합력이 옹벽 높이의 1/3 이내 들어오도록 해야 한다.
④ 지반에 작용하는 최대압력이 지반 허용지지력을 넘어서는 안 된다.

해설 기초지반에 작용하는 외력의 합력은 옹벽저면 폭의 중앙 1/3 이내에 적용하도록 한다.

30 옹벽에 대한 설명 중 틀린 것은?

① 뒷부벽식 옹벽의 뒷부벽은 T형보로 설계한다.
② 활동에 대한 저항력은 옹벽에 작용하는 수평력의 2.0배 이상이어야 한다.
③ 지반에 작용하는 최대 압력이 지반 허용지지력을 넘어서는 안 된다.
④ 캔틸레버식 옹벽의 저판은 전면벽과 접합부를 고정단으로 간주한 캔틸레버로 가정하여 단면을 설계할 수 있다.

해설 활동에 대한 저항력은 옹벽에 작용하는 수평력의 1.5배 이상이어야 한다.

31 옹벽에 대한 설명으로 옳지 않은 것은?

① 옹벽은 상재하중, 뒤채움 흙의 중량, 옹벽의 자중 및 옹벽에 작용하는 토압, 경우에 따라서는 수압에 견디도록 설계되어야 한다.
② 뒷부벽은 직사각형보로 설계하여야 하며, 앞부벽은 T형보로 설계하여야 한다.
③ 부벽식 옹벽의 전면벽은 3변 지지된 2방향 슬래브로 설계할 수 있다.
④ 저판과 전면벽의 접합부를 고정단으로 간주하여, 각각을 캔틸레버로 보고 설계한다.

해설 ② 뒷부벽은 T형보로 설계하여야 하며, 앞부벽은 직사각형보로 설계하여야 한다.

32 옹벽의 전도에 대한 안정에서 저항모멘트 $\Sigma M_r = 700\text{kN} \cdot \text{m}$이고 회전모멘트 $\Sigma M = 200\text{kN} \cdot \text{m}$일 때 전도에 대한 안전율은?

① 0.3 ② 1.3
③ 2.0 ④ 3.5

해설 $F \cdot S = \frac{700}{200} = 3.5$

33 다음 직사각형의 무근콘크리트 옹벽이 활동에 대하여 안정하려면 허용수평토압은? (단, 콘크리트와 지반 사이의 마찰계수 0.3, 옹벽의 자중이 200kN이다)

① 10kN/m ② 20kN/m
③ 30kN/m ④ 40kN/m

해설 옹벽의 활동에 대한 안전율로부터

$F \cdot S = \frac{F}{P_a} \geq 1.5$

허용수평토압 P_a는

$P_a \leq \frac{F}{1.5} = \frac{\mu \times W}{1.5} = \frac{0.3 \times 200}{1.5} = 40\text{kN/m}$

정답 28 ③ 29 ③ 30 ② 31 ② 32 ④ 33 ④

34 콘크리트 옹벽의 뒷면에서 단위 m당 수평력의 합력이 20kN 작용할 때, 활동에 대해 안정하려면 활동저항력의 최소값[kN]은?

① 20 ② 30
③ 40 ④ 50

해설 $F \cdot S = \frac{F}{H} \geq 1.5$에서 활동의 저항력 F는
$F \geq 1.5H = 1.5 \times 20 = 30\text{kN}$

35 다음은 옹벽의 안정에 대한 설명이다. 틀린 것은?

① 활동에 대한 저항력은 옹벽에 작용하는 수평력의 1.5배 이상이어야 한다.
② 전도에 대한 저항모멘트는 횡토압에 의한 전도모멘트의 2.0배 이상이라야 한다.
③ 기초지반에 작용하는 외력의 합력이 기초저면의 1/2 이내에 들어오도록 해야 한다.
④ 지지지반에 작용하는 최대압력이 지반의 허용지지력을 넘어서는 안 된다.

해설 외력의 합력은 기초저면의 중앙 1/3 이내에 들어오도록 한다.

36 옹벽의 안정조건에 대한 설명 중 옳지 않은 것은?

① 작용외력의 합력이 옹벽 저판의 중앙 1/3 이내에 있어야 한다.
② 옹벽이 전도되지 않아야 한다.
③ 마찰력이 적어야 한다.
④ 지반이 침하하지 않아야 한다.

해설 활동에 대한 저항성이 크게 하도록 하기 위해서는 옹벽 지면과 지면 사이에 마찰력이 커야 한다.

37 옹벽의 전도를 방지하기 위한 방법으로 틀린 것은?

① 저판의 길이를 길게 한다.
② 합력의 작용위치를 가능한 한 저판의 중앙의 1/3 내에 들도록 한다.
③ 저판과 지반 사이의 마찰계수를 증가시킨다.
④ 옹벽의 배면에 earth anchor를 설치한다.

해설 저판과 지반 사이의 마찰계수를 크게 하여 마찰력을 증가시키는 것은 활동에 대한 저항성을 높이고자 하는 것이다.

38 옹벽의 활동에 대한 설명이다. 틀린 것은?

① 활동에 대한 저항성을 높이기 위해서 활동방지벽을 설치한다.
② 활동에 대한 저항성을 높이기 위해서 횡방향 앵커를 설치한다.
③ 활동방지벽에 작용하는 주동토압이 활동의 저항성을 크게 한다.
④ 활동에 대한 저항성을 높이기 위해서 저판 아래의 흙을 마찰계수가 큰 지반으로 개량한다.

해설 활동방지벽에 작용하는 수동토압이 활동의 저항성에 기여한다.

39 옹벽기초 지반의 지지력을 극한지지력으로 추정할 때 안전율은?

① 1.0 ② 1.5
③ 2.0 ④ 3.0

해설 $q_{max} \leq \frac{q_u}{3}$ q_{max} : 최대지반 지지력 q_u : 극한지지력

40 옹벽의 안정에 대한 설명으로 틀린 것은?

① 전도에 대한 저항모멘트는 전도모멘트의 2배 이상되어야 한다.
② 활동에 대한 저항력은 활동력에 1.5배 이상되어야 한다.
③ 최대 지반반력이 허용지지력의 2배 이하이어야 한다.
④ 활동에 대한 저항력을 높이기 위해 활동방지벽을 저판과 일체로 한다.

해설 지반반력의 안정 검토는 최대 지반반력이 허용지지력 이하가 되어야 한다.

정답 34 ② 35 ③ 36 ③ 37 ③ 38 ③ 39 ④ 40 ③

41 옹벽의 안정조건에 대한 설명으로 옳지 않은 것은?

① 활동에 대한 저항력은 옹벽에 작용하는 수평력의 1.5배 이상이어야 한다.

② 지반 침하에 대한 안정성 검토에서 지반의 최대 지반반력은 지반의 극한지지력 이하가 되어야 하며, 지반의 허용지지력은 지반의 극한지지력의 1/3이어야 한다.

③ 전도 및 지반지지력에 대한 안정조건은 만족하지만, 활동에 대한 안정조건만을 만족하지 못할 경우에는 활동방지벽 혹은 횡방향 앵커 등을 설치하여 활동저항력을 증대시킬 수 있다.

④ 전도에 대한 저항휨모멘트는 횡토압에 의한 전도모멘트의 2.0배 이상이어야 한다.

해설 ② 지반 침하에 대한 안정성 검토에서 지반의 최대 지반반력은 지반의 허용지지력 이하가 되어야 하며, 지반의 허용지지력은 지반의 극한지지력의 1/3이어야 한다.

42 옹벽의 안정검토에 대한 설명으로 옳지 않은 것은? (단, ΣH는 수평력의 합, y는 기초저판 아래면에서 수평력 작용점까지의 높이, ΣV는 수직력의 합, x는 기초저판 앞면에서 수직력 작용점까지의 거리, μ는 마찰계수, B는 기초저판의 폭이다)

① 전도모멘트 $M_o = (\Sigma H)y$이고, 저항모멘트 $M_r = (\Sigma V)x$이면, 전도안전율$= \dfrac{M_r}{M_o} \geq 2.0$이다.

② 저판의 밑면과 지반 사이에 발휘될 수 있는 마찰저항력 $H_r = \mu(\Sigma V)$이고, $H_o = \Sigma H$이면, 활동안전율$= \dfrac{H_r}{H_o} \geq 1.5$이다.

③ 지반의 허용지지력을 극한지지력 q_u로부터 구하는 경우, 지반의 허용지지력 $q_a = \dfrac{q_u}{3}$을 취한다.

④ 편심거리 $e \leq \dfrac{B}{6}$이면, 최대 지반반력 $q_{\max} = \dfrac{\Sigma V}{B}\left(1 - \dfrac{3e}{B}\right) \leq q_a$이다.

해설 ④ 편심거리 $e \leq \dfrac{B}{6}$이면, 최대 지반반력 $q_{\max} = \dfrac{\Sigma V}{B}\left(1 + \dfrac{6e}{B}\right) \leq q_a$이다.

43 그림과 같은 옹벽의 안정검토를 위해 적용되는 수식으로 옳지 않은 것은? (단, W_1=저판 위의 토압수직분력, W_2=옹벽자체 중량, P_h=수평토압의 합력, ΣW=연직력 합, ΣH=수평력합, R=연직력과 수평력의 합, e=편심거리, $d = O$점에서 합력 작용점까지 거리, f=기초지반과 옹벽 기초 사이의 마찰계수, ΣM_r=저항모멘트, ΣM_o=전도모멘트, B=옹벽저판의 폭, q_a=지반의 허용지지력이며, 옹벽저판과 기초지반 사이의 부착은 무시한다)

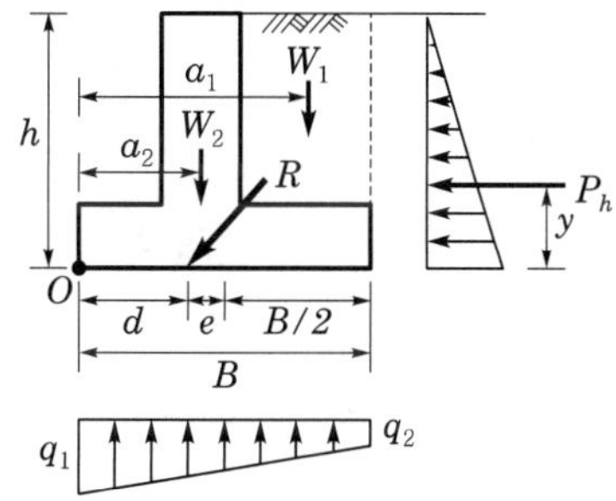

① $\Sigma W = W_1 + W_2$, $\Sigma H = P_h$, $\Sigma M_r = W_1 a_1 + W_2 a_2$, $\Sigma M_o = P_h y$

② 전도안전율$= \dfrac{\Sigma M_o}{\Sigma M_r} \geq 2.0$, 활동안전율$= \dfrac{\Sigma H}{f(\Sigma W)} \geq 1.5$

③ 편심거리 $e = \dfrac{B}{2} - d = \dfrac{B}{2} - \dfrac{\Sigma M_r - \Sigma M_o}{\Sigma W}$

④ $q_{1 \cdot 2} = \dfrac{\Sigma W}{B}\left(1 \pm \dfrac{6e}{B}\right) \leq q_a$(단, $e \leq \dfrac{B}{6}$)

정답 41 ② 42 ④ 43 ②

해설 ② 전도안전율$=\frac{\Sigma M_r}{\Sigma M_o}\geq 2.0$, 활동안전율$=\frac{f(\Sigma W)}{\Sigma H}$ ≥ 1.5이어야 한다.

44 다음은 캔틸레버 옹벽이다. 옳은 것은? (단, 옹벽저면과 지반 사이의 마찰계수는 0.4이다)

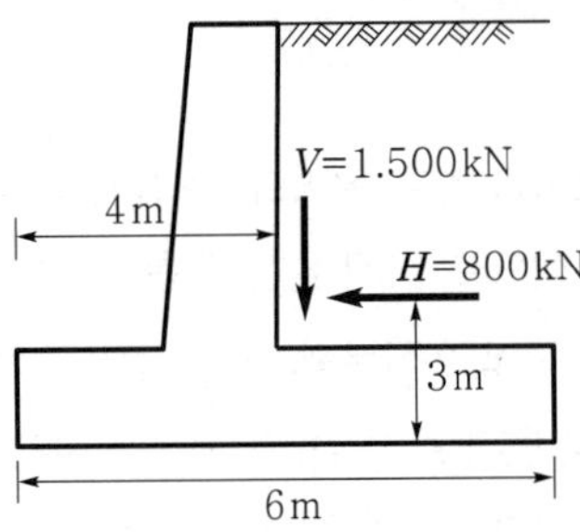

① 넘어지고, 미끄러진다.
② 넘어지나 미끄러지지 않는다.
③ 넘어지지 않으나 미끄러진다.
④ 넘어지지 않고 미끄러지지도 않는다.
⑤ 알 수 없다.

해설 ① 전도에 대한 안정

$$F_s=\frac{\text{저항모멘트}}{\text{전도모멘트}}=\frac{(1{,}500\times4)}{(800\times3)}=2.5\geq 2.0$$

② 활동에 대한 안정

$$F_s=\frac{\text{저항력}}{\text{활동력}}=\frac{\text{수직력}\times\text{마찰계수}}{\text{활동력}}$$

$$=\frac{1500\times0.4}{800}=0.75\leq 1.5$$

③ 넘어지지 않으나 미끄러진다.

45 다음의 옹벽에서 최대 지반반력은 얼마인가?

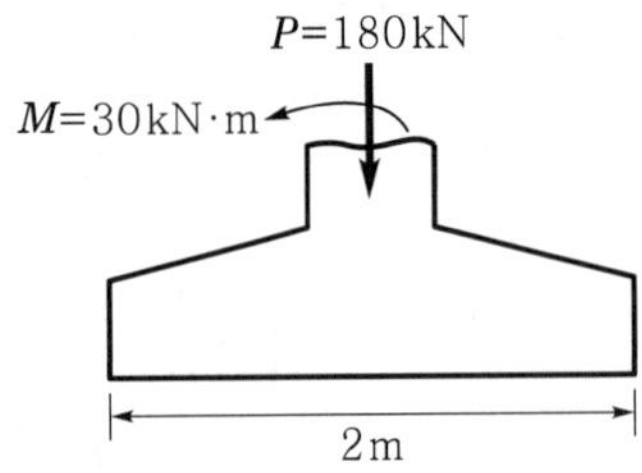

① 90kN/m^2 ② 120kN/m^2
③ 135kN/m^2 ④ 145kN/m^2

해설 $q_{max}=\frac{P}{A}+\frac{M}{Z}=\frac{P}{bh}+\frac{6M}{b^2h}$

$$=\frac{180}{2\times1}+\frac{6\times30}{2^2\times1}$$

$$=90+45=135\text{kN/m}^2$$

46 철근콘크리트 옹벽에서 지반의 단위길이에 생기는 반력의 크기는? (단, 집중하중의 편심의 결과 편심모멘트가 80kN·m이 작용한다)

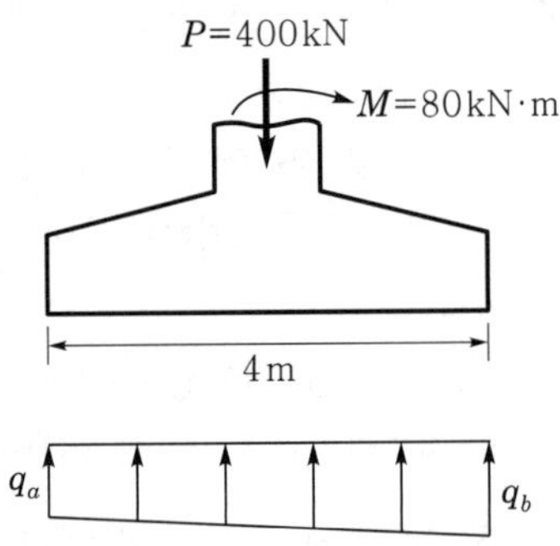

	$q_a(\text{kN/m}^2)$	$q_b(\text{kN/m}^2)$
①	80	200
②	70	130
③	50	150
④	90	110

해설 편심거리$(e)=\frac{M}{P}=\frac{80}{400}=0.2\text{m}$

$\therefore\ e=0.2\text{m}<\frac{B}{6}=\frac{4}{6}=0.67\text{m}$

합력의 작용점은 중앙 3등분 내에 든다.

$$q_{b\cdot a}=\frac{V}{B}\left(1\pm\frac{6e}{B}\right)=\frac{400}{4}\left(1\pm\frac{6\times0.2}{4}\right)$$

$=130$ 또는 70kN/m^2

47 옹벽 저면에 작용하는 합력의 작용점이 중앙 3분점 내에 있을 때 지반반력의 분포는?

① 3각형
② 사다리꼴
③ 직4각형
④ 한쪽은 인장, 다른 쪽은 압축력이 생긴다.

정답 44 ③ 45 ③ 46 ② 47 ②

해설 합력작용점의 편심거리(e)에 따른 지반반력의 분포 현상

㉠ $e<\frac{B}{6}$(중앙 3분점 내) : 사다리꼴 분포

㉡ $e=\frac{B}{6}$(중앙 3분점) : 삼각형 분포

㉢ $e>\frac{B}{6}$(중앙 3분점 외) : 한쪽은 인장, 한쪽은 압축

48 옹벽 저판의 지반반력 분포가 사다리꼴의 형태로 나타나는 경우의 수평력과 수직력의 합력의 작용위치는? (단, B는 저판의 폭이고, e는 저판의 도심으로부터 편심거리이다)

① $e<\frac{B}{3}$　② $e>\frac{B}{3}$

③ $e=\frac{B}{6}$　④ $e<\frac{B}{6}$

해설 $e<\frac{B}{6}$: 사다리꼴 분포(인장응력 없음)

$e=\frac{B}{6}$: 삼각형 분포(인장응력 없음)

$e>\frac{B}{3}$: 인장응력 발생

49 그림과 같은 옹벽에서 최대 지압력은?

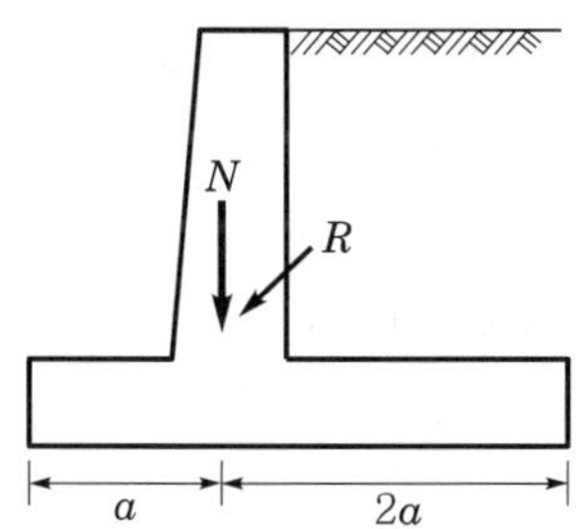

① $\frac{2N}{3a}$　② $\frac{2R}{3a}$

③ $\frac{N}{3a}(1+6/3a)$　④ $\frac{R}{3a}(1+6/3a)$

해설 합력 R이 중앙 3분점에 작용하므로

$$q_{\max}=\frac{V}{B}\left(1+\frac{6e}{B}\right)=\frac{N}{3a}\left(1+\frac{6\times\frac{3a}{6}}{3a}\right)$$
$$=\frac{N}{3a}(1+1)=\frac{2N}{3a}$$

50 그림과 같은 옹벽에 토압(자중 포함) P가 작용할 때 옳지 않은 것은?

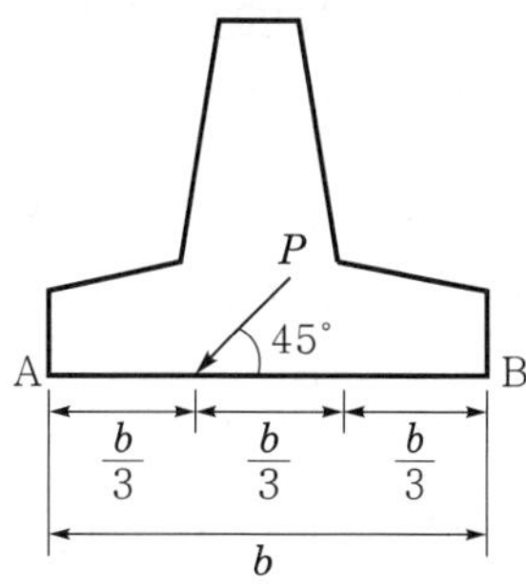

① A점의 지반반력은 $\frac{2P}{b}$이다.

② A점의 지반반력은 $\frac{\sqrt{2}P}{b}$이다.

③ A점의 지반반력은 최대 지반반력이다.

④ B점의 지반반력은 0이다.

해설 A점의 지반반력은 최대가 되며 그 값은

$$q_{\max}=\frac{V}{B}\left(1+\frac{6e}{B}\right)=\frac{P\cdot\sin45}{b}\left(1+\frac{6\times\frac{b}{6}}{b}\right)$$
$$=\frac{P}{\sqrt{2}b}\times(1+1)=\frac{\sqrt{2}P}{b}$$

51 그림과 같은 캔틸레버 옹벽의 최대 지반반력은?

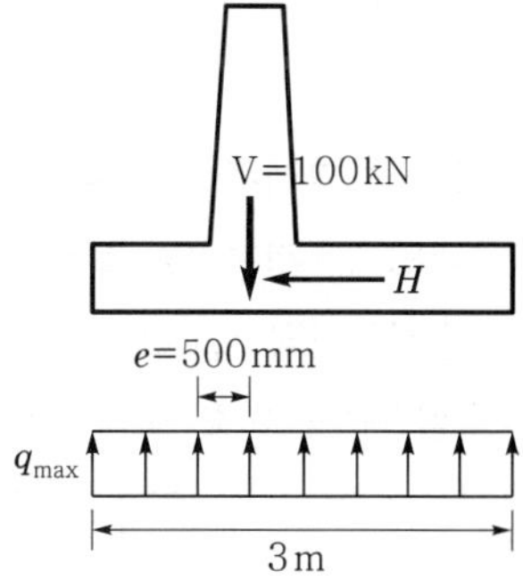

① 102kN/m^2　② 205kN/m^2

③ 66.7kN/m^2　④ 33.3kN/m^2

해설 $e=500\text{mm}=\frac{B}{6}$이므로 B=3m

$$\therefore\ q_{\max}=\frac{2V}{B}=2\times\frac{100}{3}=\frac{200}{3}=66.7\text{kN/m}^2$$

정답 48 ④ 49 ① 50 ① 51 ③

52 다음 직사각형의 무근콘크리트 옹벽이 활동에 대하여 안정하려면 밑쪽 l의 값은? (단, 토압은 Rankine공식으로 구하고 주동 토압 계수 $K_a = 1/3$, 콘크리트와 지반 사이의 마찰계수 0.3, 콘크리트 단위중량 20kN/m^3, 흙의 단위중량 20kN/m^3이다)

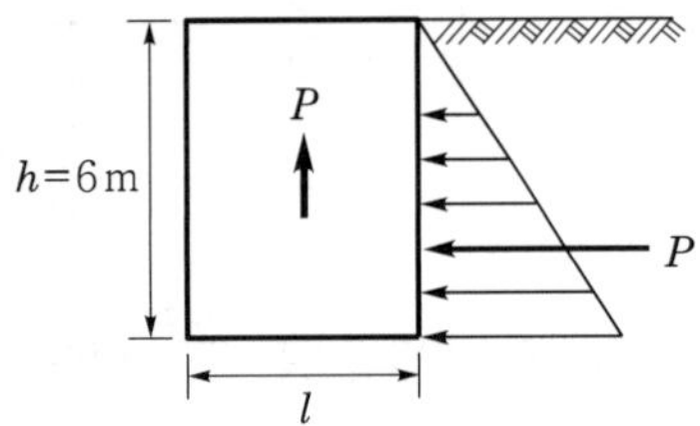

① 2.9m ② 3.3m
③ 4.6m ④ 5.0m

해설 ㉠ 주동토압(P_a)

$$P_a = \frac{1}{2}K_a\gamma_t h^2 = \frac{1}{2}\times\frac{1}{3}\times 20\times 6^2 = 120\text{kN/m}$$

㉡ 옹벽과 저면 사이의 마찰력(F)

$$F = \mu W = \mu(\gamma h l) = 0.3\times(20\times 6\times l) = 36l$$

㉢ 활동의 안전율

$$F\cdot S = \frac{F}{P_a} \geq 1.5$$

$$\frac{36l}{120} \geq 1.5$$

$$t \geq \frac{1.5\times 120}{36} = 5\text{m}$$

53 캔틸레버 옹벽에서 배면흙의 단위 중량 20kN/m^3일 때 전면벽에 작용하는 계수휨모멘트는 단위길이당 얼마[kN·m/m]인가? (단, 주동토압계수는 0.3으로 한다)

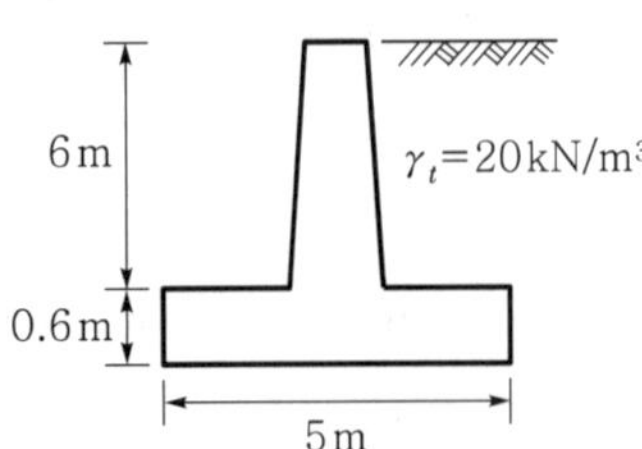

① 388.8 ② 345.6
③ 324.4 ④ 302.4

해설 저판상단에서의 수평토압

$$f_h = K_A\gamma_1 h = 0.3\times 20\times 6 = 36\text{kN/m}^2$$

수평토압

$$H_h = P_A = \frac{1}{2}f,\ h = \frac{1}{2}\times 36\times 6 = 108\text{kN/m}$$

계수수평토압에 의한 계수휨모멘트

$$M_u = 1.6H_h\times y_0 = 1.6\times 108\times\frac{6}{3} = 345.6\text{kN}\cdot\text{m/m}$$

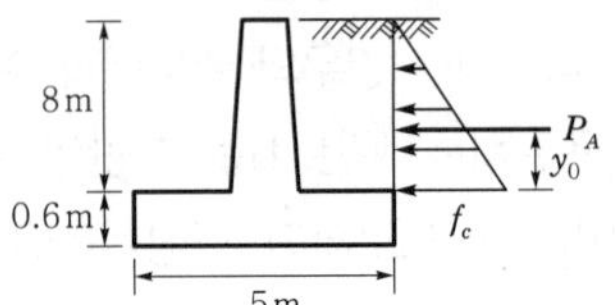

54 다음 그림과 같이 뒤채움흙이 성질이 다른 2개 층으로 이루어진 옹벽에서 주동토압의 크기는 얼마인가? (단, 뒷채움의 흙의 내부마찰각은 30°이다)

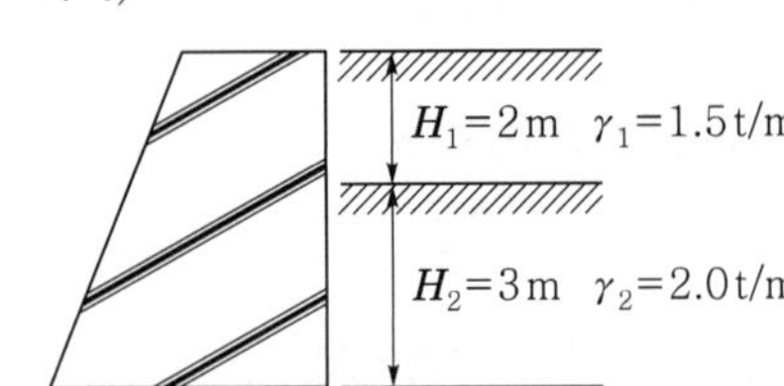

① 4t/m ② 7t/m
③ 12t/m ④ 15t/m
⑤ 19t/m

해설 ㉠ 주동토압계수(K_A)

$$K_A = \tan^2(45° - \frac{\phi}{2})$$

$$= \tan^2(45° - \frac{30°}{2}) = \frac{1}{3}$$

㉡ 주동토압(P_A)

$$P_A = \frac{1}{2}K_A\gamma_1 H_1^2 + K_A\gamma_1 H_1 H_2 + \frac{1}{2}K_A\gamma_2 H_2^2$$

$$= \frac{1}{2}\times\frac{1}{3}\times 1.5\times 2^2 + \frac{1}{3}\times 1.5\times 2\times 3 + \frac{1}{2}\times\frac{1}{3}\times 2\times 3^2$$

$$= 7\text{t/m}$$

정답 52 ④ 53 ② 54 ②

55 그림과 같은 캔틸레버식 옹벽에서 주철근이 가장 바르게 된 것은 어느 것인가?

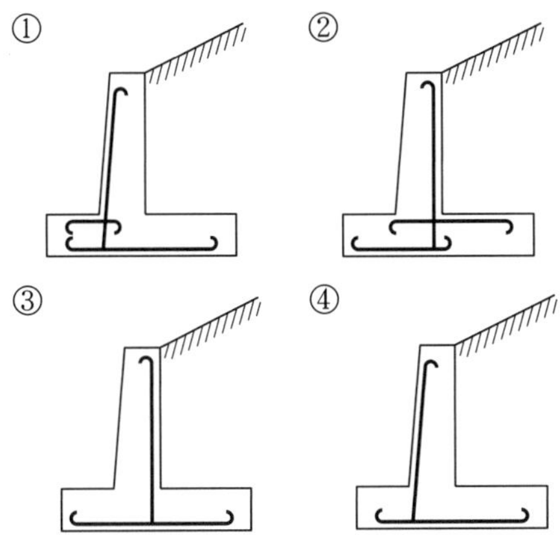

해설 ㉠ 캔틸레버 옹벽의 전면벽은 옹벽 배면토압을 하중으로 하고 벽체와 저판의 집합부를 고정단으로 하는 캔틸레버보로 설계
㉡ 앞굽판은 앞굽판 저면의 지반반력을 하중으로 하고 전면벽의 연장선을 고정단으로 하는 캔틸레버보로 설계
㉢ 뒷굽판은 뒷굽판 위의 뒷채움흙의 무게를 하중으로 하고 벽체의 배면벽의 연장선을 고정단으로 하는 캔틸레버보로 설계

56 다음의 뒷부벽식 옹벽에 표시된 철근은?

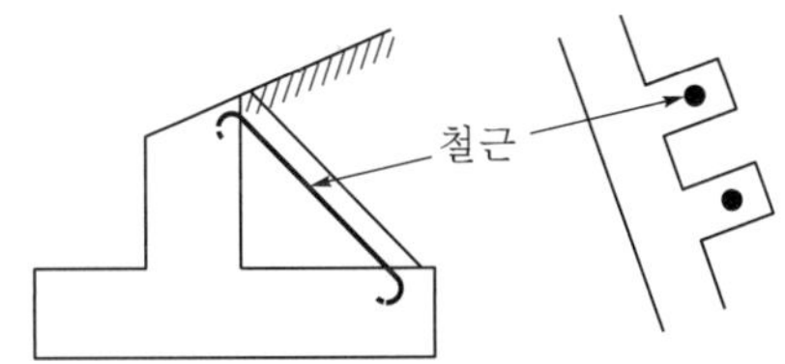

① 인장철근 ② 배력근
③ 보조철근 ④ 복철근

해설 뒷부벽은 T형보로 설계한다. 따라서 뒷부벽은 T형보의 복부(web)에 해당되므로 뒷부벽에 배근되는 철근은 인장철근이 된다.

57 옹벽설계에 대한 설명으로 틀린 것은?

① 활동에 대한 저항력은 옹벽에 작용하는 수평력의 1.5배 이상이어야 한다.
② 전도에 대한 저항모멘트는 횡토압에 의한 전도모멘트의 2.0배 이상이라야 한다.
③ 활동방지벽을 만들 때 길게 만들면 불안정하다.
④ 지지지반에 작용하는 최대압력이 지반의 허용지지력을 넘어서는 안 된다.

해설 활동방지벽은 길게 할수록 유리하나 활동에 저항할 정도의 수평력이 발생하도록 하는 것이 좋다.

58 앞부벽식 옹벽의 전면벽에는 인장철근의 얼마 이상의 배력철근을 두어야 하는가?

① 10% 이상
② 20% 이상
③ 30% 이상
④ 40% 이상

해설 전면벽과 저면에서 인장철근의 20% 이상의 배력철근을 둔다.

59 옹벽의 신축이음에 대한 설명 중 잘못된 것은?

① 옹벽의 신축이음은 그대로 두어야 한다.
② 신축이음에서는 철근을 자를 수 있다.
③ 신축이음이 있는 위치의 난간도 신축이음을 둔다.
④ 부벽식 옹벽에서는 부벽 위치에서 끊어서 신축이음으로 한다.

해설 부벽의 위치에서는 전단력이 크기 때문에 신축이음을 두어서는 안 되며 부벽 간의 벽체 중앙에 신축이음을 둔다.

정답 55 ② 56 ① 57 ③ 58 ② 59 ④

60 옹벽에 관련된 설명 중에서 옳지 않은 것은?

① 옹벽이란 토압에 저항하여 토사의 붕괴를 방지하기 위하여 축조한 구조물의 일종이다.

② 옹벽에 작용하는 하중에 대하여 전도(over-turning), 활동(sliding) 및 지반 지지력(bearing power)에 대하여 안정해야 한다.

③ 활동에 대한 저항을 크게 하기 위하여 돌출부(base shear key)를 설치할 때 돌출부와 저판을 별개의 구조물로 만들어야 한다.

④ 신축이음은 일반적으로 중력식 옹벽에서는 10m 이하, 캔틸레버식 옹벽과 부벽식 옹벽은 15~20m 이하의 간격으로 배치한다.

해설 활동방지벽(base shear key)은 저판의 하부에 저판과 일체가 되도록 만들어서 활동(sliding)에 저항하게 한다.

정답 60 ③

Chapter 09

확대기초의 설계

CHAPTER 09

확대기초의 설계

KEY NOTE

1 확대기초(기초판)의 일반

1. 정의 및 종류

1) 정의

① 상부 구조물에서 전달된 하중을 지반에 안전하게 전달시켜주는 철근콘크리트판 구조물을 말한다.

② 기초 저면에서 일어나는 최대 반력이 지반의 허용지지력을 넘지 않도록 기초 저면적을 확대하여 만든 기초판을 말한다.

2) 종류

① 독립기초판

기둥 1개를 받도록 단독으로 설치된 기초판으로 정사각형, 직사각형 또는 원형 단면으로 만들어진다.

② 벽의 기초판

벽체로부터 오는 하중을 확대 분포시켜 받는 기초판으로, 일방향 거동을 보이며, 3개 이상의 기둥을 1개의 기초판으로 지지하는 기초판은 연속기초라고도 한다.

③ 연결기초판

2개 이상의 기둥을 1개의 기초판으로 받도록 만든 기초판으로 복합기초라고도 한다.

④ 전면기초판

기초 지반이 연약한 경우에 많이 설계되는 기초이다. 모든 기둥을 하나의 연속된 기초판으로 지지하도록 만든 구조로서 매트기초라고도 한다.

⑤ 캔틸레버기초판

2개의 독립 기초판을 보로 연결한 것으로 연결보는 단순보로 해석한다.

⑥ 말뚝기초

기둥하중을 말뚝에 의해 지반에 전달하는 기초를 말한다.

KEY NOTE

2. 설계를 위한 기본 가정

1) 기본 가정 사항

① 확대기초 저면의 압력 분포를 선형으로 가정한다.

② 확대기초 저면과 기초지반 사이에는 압축력만 작용한다.

③ 연결 확대기초에서는 하중을 기초 저면에 등분포 시키는 것을 원칙으로 한다.

④ 연결 확대기초에서는 휨모멘트의 일부 또는 전부를 연결보에 부담시키고, 확대기초는 연직 하중만을 받는 것으로 한다.

2) 기초판(확대기초)의 저면적(A_f)

① 사용하중과 허용지지력을 사용하여 구한다.

$$A_f \geq \frac{P}{q_a}$$

여기서, A_f : 확대 기초 저면적(m^2)
P : 사용 하중(N)
P_u : 계수 하중(N)
q_a : 지반의 허용지지력($\mathrm{N/m}^2$)
q_u : 지반의 극한지지력($\mathrm{N/m}^2$)

② 기초판(확대기초) 지반의 극한지지력

$$q_u = \frac{P_u}{A}$$

2 독립 기초판(확대기초)의 설계

1. 휨설계

1) 기초판 각 단면의 휨모멘트

① 기초판 각 단면의 휨모멘트는 기초판을 수직하게 자른 면에서 그 수직면의 한쪽 면의 면적에 작용하는 지지력에 대하여 계산한다.

② 저판(저면)의 지지력을 하중으로 재하시켜 위험단면에서 휨모멘트를 계산한다.

2) 휨모멘트에 대한 위험단면

① 철근콘크리트 기둥을 지지하는 확대기초는 기둥의 전면으로 본다. (그림 (a))

② 원형 단면 기둥을 지지하는 확대기초는 같은 단면적을 갖는 정사각형 단면의 기둥의 전면으로 본다. (그림 (b))

③ 석벽공을 지지하는 확대 기초는 벽의 중심선과 그의 전면과의 중간선으로 본다. (그림 (c))

④ 저판을 통해 강재 기둥을 지지하는 확대기초는 기둥 전면과 저판 연단의 중간선으로 본다. (그림 (d))

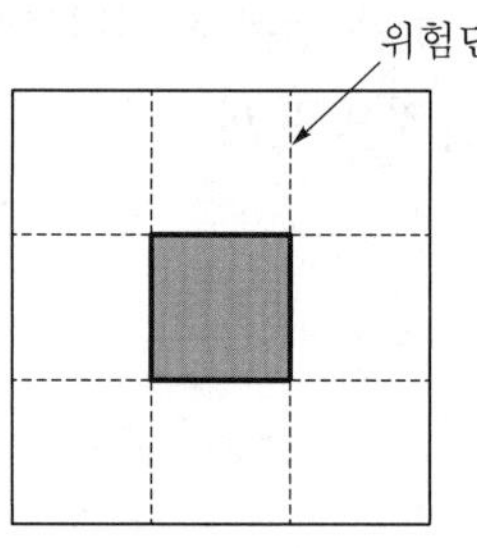

(a) 콘크리트 기둥(직사각형)

위험단면

a

a

r

$a^2=\pi\cdot r^2$

(b) 콘크리트 기둥(원형)

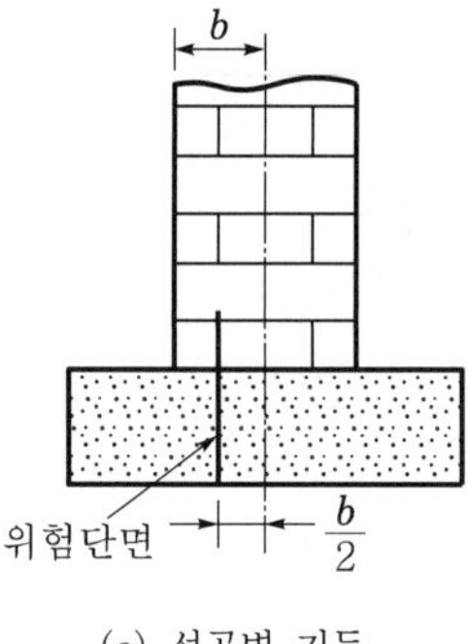

(c) 석공벽 기둥

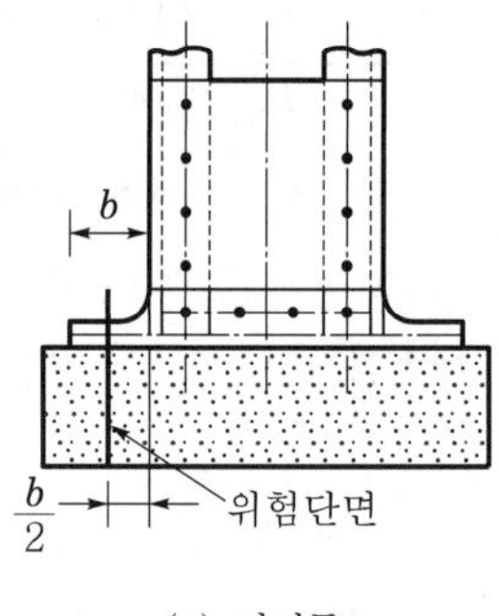

(d) 강기둥

[그림 9-1] 확대기초의 휨모멘트에 대한 위험 단면

3) 위험단면에서의 휨모멘트

① 확대기초 단면의 외측 부분을 캔틸레버로 보고 계수하중에 의한 지반 반력에 대한 휨모멘트 계산한다.

② 위험단면에서의 휨모멘트

• a-a 단면(단변 방향) $M_a = q_u \cdot \frac{1}{2}(L-t) \cdot S \cdot \frac{1}{4}(L-t)$

$$= \frac{1}{8} q_u S(L-t)^2$$

• b-b 단면(장변 방향) $M_b = q_u \cdot \frac{1}{2}(S-t) \cdot L \cdot \frac{1}{4}(S-t)$

$$= \frac{1}{8} q_u L(S-t)^2$$

KEY NOTE

휨모멘트

$M_u = \frac{1}{8} q_u \cdot S(L-t)^2$

여기서, S : 짧은 변

L : 긴 변

t : 기둥 두께

그림추가

KEY NOTE

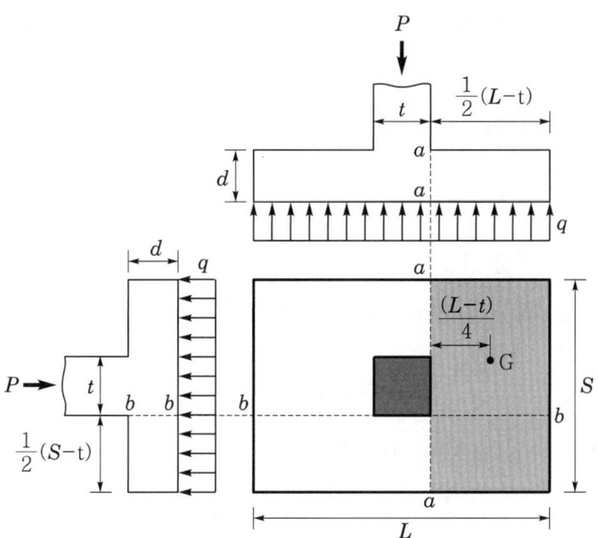

[그림 9-2] 확대기초의 위험단면에서의 휨모멘트

2. 전단설계

1) 기초판의 전단설계 일반

① 기초판의 전단강도는 슬래브의 규정에 따라야 한다.

② 기둥, 받침대 또는 벽체를 지지하는 기초판과 조적조 기둥을 지지하는 기초판의 전단에 대한 위험단면은 휨설계에 위험단면을 기준으로 산정한다.

③ 강재를 지지하는 기둥 또는 받침대를 지지하는 기초판의 전단에 대한 위험단면은 휨설계의 위험단면을 기준으로 산정한다.

2) 전단설계

① 1방향 작용일 경우의 확대기초의 전단설계는 보의 경우와 같다.

② 2방향 작용일 경우의 확대기초의 전단설계는 집중하중을 받는 2방향 슬래브의 전단설계와 같다.

③ 2방향 작용에 대한 전단검토는 전단철근을 두지 않는 것이 보통이므로 콘크리트만에 의한 전단설계를 한다.

$$\phi V_c \geq V_u$$

여기서, V_c는 보의 전단설계와 같다.

3) 전단에 대한 위험단면

① 1방향 기초판의 전단에 대한 위험단면은 기둥전면에서 d만큼 떨어진 지점으로 본다.

KEY NOTE

② 2방향 기초판의 전단에 대한 위험단면은 기둥전면에서 $0.75d$ 만큼 떨어진 단면으로 본다.

4) 위험단면에서의 전단력

① 1방향 작용 $V_u = q_u\left(\frac{L-t}{2} - d\right)S$

② 2방향 작용 $V_u = q_u(SL - B^2)$ 여기서, $B = t + 1.5d$

③ 2방향 작용의 전단응력은 슬래브와 동일하다.

$$v = \frac{V}{bd} = \frac{V}{b_w d} = \frac{V}{b_o d}$$

여기서, b_0 : 위험단면 둘레길이

$(b_o = 2(x+1.5d) + 2(y+1.5d) = 4(t+1.5d))$

위험단면 전단력(2방향 기초)

$V_u = q_u(SL - B^2)$

여기서, $q_u = \frac{P}{A}$

$B = t + d$

위험단면 둘레길이

$b_o = 4B = 4(t+d)$

여기서, t : 기둥 두께

d : 유효깊이

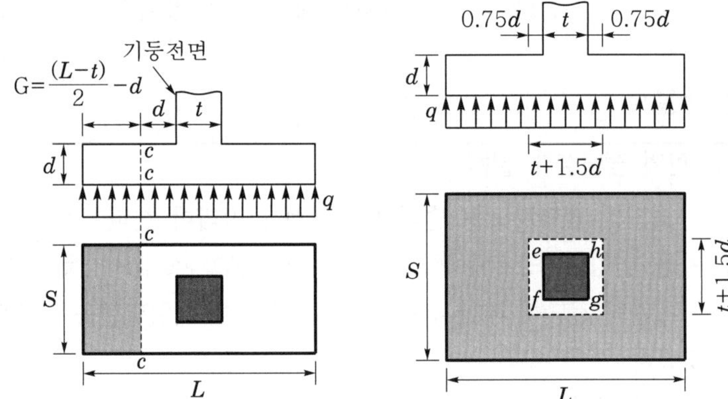

[그림 9-3] 확대기초의 위험단면에서의 전단력

3. 기초판(확대기초)의 구조세목

① 철근의 정착에 대한 위험단면은 휨모멘트에 대한 위험단면과 같은 위치로 정한다.

② 확대기초의 하단 철근부터 상부까지의 높이는 확대 기초가 흙 위에 놓은 경우는 150mm 이상, 말뚝 기초 위에 놓이는 경우에는 300mm 이상이라야 한다.

③ 기둥 또는 받침대 저부에 작용하는 힘과 모멘트는 콘크리트의 지압과 철근, 연결 철근 및 기계적 연결쇠에 의해 이를 지지하는 받침대 또는 확대기초에 전달되어야 한다.

④ 직접 설계법은 연결 확대기초 및 전면기초의 설계에 사용될 수 없다.

⑤ 무근콘크리트는 말뚝 위에 놓이는 확대기초에서 사용해서는 안 된다.
⑥ 무근콘크리트 확대기초의 높이는 200mm 이상이라야 한다.
⑦ 무근콘크리트 확대기초의 최대 응력은 콘크리트의 지압강도를 초과할 수 없다.

KEY NOTE

CHAPTER

09 적중 예상문제

01 확대기초에 대한 설명 중 틀린 것은?

① 독립확대기초는 기둥이나 받침 1개를 지지하도록 단독으로 만든 기초를 말한다.
② 벽의 확대기초란 벽으로부터 가해지는 하중을 확대 보호하기 위하여 만든 확대기초를 말한다.
③ 연결확대기초란 2개 이상의 기둥 또는 받침을 2개 이상의 확대기초로 지지하도록 만든 기둥을 말한다.
④ 전면기초란 기초지반이 비교적 약하며 어느 범위의 전면적을 두꺼운 슬래브를 기초판으로 하여 모든 기둥을 지지하도록 한 연속보와 같은 기초이다.

해설 연결확대기초는 2개 이상의 기둥을 1개의 확대기초로 지지하는 것이다.

02 기둥 또는 받침대 2개 이상을 받칠 수 있도록 되어있는 확대기초는?

① 연결확대기초 ② 독립확대기초
③ 벽의 확대기초 ④ 전면기초

해설 ㉠ 독립확대기초 : 1개의 기둥을 지지함
㉡ 연결확대기초 : 2개 이상의 기둥을 지지함
㉢ 벽의 확대기초 : 벽체를 지지함
㉣ 전면기초 : 모든 기둥을 하나의 연속된 확대기초로 지지함

03 바닥틀을 거꾸로 하여 슬래브가 밑에 있고 보가 위에 있는 형식의 기초를 무엇이라 하는가?

① 전면기초 ② 독립확대기초
③ 벽의 확대기초 ④ 연결확대기초
⑤ 잡석기초

해설 전면기초의 형식은 슬래브가 밑에 있고 보가 위에 있는 모양의 기초이다.

04 확대기초에 관한 설명 중 옳지 않은 것은?

① 벽, 기둥, 교각 등의 하중을 안전하게 지반에 전달하기 위하여 전면을 확대하여 만든 기초를 말한다.
② 확대기초라 함은 독립확대기초, 벽의 확대기초, 연결확대기초, 전면기초를 말한다.
③ 확대기초는 단순보, 연속보, 캔틸레버 및 라멘 또는 이들이 결합된 구조로 보고 설계해야 한다.
④ 기초 저면에 일어나는 최대압력이 지반의 허용지지력을 넘지 않도록 기초저면을 확대하여 만든 기초를 말한다.

해설 확대기초 저면의 설계는 일반적으로 캔틸레버로 설계하고, 연결확대기초의 연결보는 단순보 또는 연속보로 설계한다. 확대기초는 라멘으로 설계하지 않는다.

05 확대기초의 설계 시에 가정으로 틀린 것은?

① 기초저면의 지반반력은 직선 분포한다.
② 기초저면과 지반 사이에 압축응력만 분포한다.
③ 연결확대기초에서는 하중의 합력을 기초의 도심에 작용시켜 하중을 등분포시킨다.
④ 캔틸레버 확대기초에서 연결보는 전단력의 일부 또는 전부를 부담한다.

해설 캔틸레버 확대기초의 연결보는 휨모멘트의 일부 또는 전부를 부담하고 확대기초는 연직하중만 받는다.

정답 01 ③ 02 ① 03 ① 04 ③ 05 ④

06 확대기초 설계 시의 가정사항으로 틀린 것은?

① 확대기초의 저면의 지반반력은 직선 분포한다.
② 캔틸레버 확대기초의 연결보는 휨모멘트의 일부 또는 전부를 부담한다.
③ 확대기초 저면과 지반 사이에는 압축력과 전단력이 분포한다.
④ 연결확대기초에서 하중의 합력을 기초의 도심에 작용시켜 하중을 등분포시킨다.

해설 확대기초의 저면과 지반 사이에는 상향의 힘인 압축력이 분포하는 것으로 한다.

07 자연상태 함수비 15%인 세립토에 대해 에터버그한계를 평가한 결과, 수축한계 3%, 소성한계 25%, 액성한계 45%로 평가되었다. 이 흙의 소성지수(PI)는 얼마로 결정되는가?

① 10% ② 20%
③ 22% ④ 30%
⑤ 42%

해설 ② 소성지수는 흙의 소성상태로 존재할 수 있는 함수비의 범위를 말한다.
소성지수(PI)=액성한계(WL)−소성한계(WP)
=45%-25%=20%

08 확대기초에 대한 다음 설명 중 틀린 것은?

① 강도설계법에 의한 확대기초의 저면적 계산 시에 계수하중(factored load)을 사용한다.
② 강도설계법에 의한 극한지지력 계산 시에 계수하중을 사용한다.
③ 무근콘크리트의 확대기초 높이는 200mm 이상이어야 한다.
④ 말뚝 위에 놓이는 확대기초는 무근콘크리트를 사용해서는 안 된다.

해설 강도설계법에 의하더라도 확대기초의 저면적은 하중계수를 곱하지 않은 사용하중을 사용한다.

09 독립확대기초 저면적을 $A = \dfrac{P}{q_a}$로 표시할 때 q_a는 무엇인가?

① 기초에 작용하는 지진계수
② 지반에 있어서 허용지지력
③ 지반에 작용하는 전단응력
④ 지반에 작용하는 총연직하중

해설 q_a : 기초지반의 허용지지력

10 고정하중 $P=800\text{kN}$만 확대기초의 도심에 작용하고 있을 때 필요한 기초의 저면적은? (단, 허용지지력은 $q_a = 200\text{kN/m}^2$이다)

① 2m^2 ② 4m^2
③ 5m^2 ④ 6m^2

해설 $A = \dfrac{P}{q_a} = \dfrac{800}{200} = 4\text{m}^2$

11 위의 문제 10번에서 극한지지력은 얼마인가?

① 240kN/m^2 ② 260kN/m^2
③ 280kN/m^2 ④ 300kN/m^2

해설 $q_u = \dfrac{P_u}{A} = \dfrac{1.4P}{A} = \dfrac{1.4\times 800}{4}$
$= 280\text{kN/m}^2$

12 독립확대기초가 기둥의 연직하중 1,250kN을 받을 때 정사각형 기초판으로 설계하고자 한다. 경제적인 단면은 다음 중 어느 것인가? (단, 지반의 허용지지력 q_a=200kN/m²로 하고 기초판의 무게는 무시함)

① 2m×2m ② 2.5m×2.5m
③ 3m×3m ④ 3.5m×3.5m

해설 $A = \dfrac{P}{q_a} = \dfrac{1,250}{200} = 6.25\text{m}^2 = 2.5\text{m}\times 2.5\text{m}$

정답 06 ③ 07 ② 08 ① 09 ② 10 ② 11 ③ 12 ②

13 P=1,000kN(자중 포함)의 수직하중을 받는 독립확대기초에서 허용지지력 q_a=250kN/m^{2}일 때 경제적인 기초의 한 변의 길이는 얼마인가? (단, 정방형일 때)

① 2m　② 3m
③ 4m　④ 5m

해설 $A=\frac{P}{q_a}=\frac{1,000}{250}=4\text{m}^2=2\text{m}\times2\text{m}$

14 벽의 확대기초에서 허용지지력 q_a=150kN/m^{2}이며, P=1,350kN(자중 포함)의 수직하중을 받을 때 경제적인 기초의 한 변의 길이는? (단, 정방형일 때)

① 1.0m　② 2.0m
③ 3.0m　④ 4.0m

해설 $A=\frac{P}{q_a}=\frac{1,350}{150}=9\text{m}^2=3\text{m}\times3\text{m}$

15 정사각형 확대기초의 중앙에 기초판의 자중을 포함한 축방향압축력 P=5,000kN이 사용하중으로 작용할 때, 가장 경제적인 정사각형 기초의 한 변의 길이[m]는? (단, 기초지반의 허용지지력 q_a=200kN/m^{2}이다)

① 4.0　② 4.5
③ 5.0　④ 5.5

해설 $A=\frac{P}{q_a}=\frac{5,000}{200}=25\text{m}^2=5\text{m}\times5\text{m}$
따라서 정사각형의 한 변의 길이는 5m가 된다.

16 고정하중의 축하중 1,000kN, 지반 흙의 허용지지력 $q_a=200\text{kN/m}^2$인 정사각형 확대기초의 극한지지력은?

① 240kN/m^2　② 250kN/m^2
③ 280kN/m^2　④ 300kN/m^2

해설 $A=\frac{P}{q_a}=\frac{1,000}{200}=5\text{m}^2$

$q_u=\frac{P_u}{A}=\frac{1.4P}{A}=\frac{1.4\times1,000}{5}=280\text{kN/m}^2$

17 독립확대기초에서 기초에 작용하는 총연직하중 P=100kN, 지반의 허용지지력 q_a=5,000Pa이면 기초에 필요한 최소 밑면적 A는?

① 30m^2　② 20m^2
③ 10m^2　④ 5m^2

해설 $A=\frac{P}{q_a}=\frac{100\times10^3}{5,000}=20\text{m}^2$

18 허용지지력이 $q_a=300\text{kN/m}^2$이고 확대기초의 저면적의 지름이 20mm일 때 힘은?

① 785.5N　② 822.9N
③ 862.7N　④ 94.2N

해설 $P=q_a\cdot A=(300\times10^3)\times\frac{\pi\times20^2\times10^{-6}}{4}=94.2\text{N}$

19 독립확대기초의 크기 2m×3m이고 지반의 허용지지력이 200kN/m^{2}일 때 이 기초가 받을 수 있는 하중의 크기는?

① 600kN　② 800kN
③ 1,200kN　④ 1,500kN

해설 $P=q_a\times A=200\times(2\times3.0)=1,200\text{kN}$

20 독립확대기초의 크기가 3m×4m이고, 허용지지력이 180kN/m^{2}일 때 기초가 받을 수 있는 하중의 크기는?

① 2,160kN　② 2,250kN
③ 2,420kN　④ 2,500kN

해설 $P=q_a\times A=180\times(3\times4)=2,160\text{kN}$

정답 13 ① 14 ③ 15 ③ 16 ③ 17 ② 18 ④ 19 ③ 20 ①

21 다음은 확대기초의 조건에서 확대기초의 저면적(A)과 극한지지력(q_u)은 얼마인가? (단, 실제 허용지지력을 중심으로 한다)

> ㉠ 고정하중 : 2,400kN
> ㉡ 허용지지력 : 200kN/m²
> ㉢ 확대기초의 자중과 기초 위의 흙의 무게 : 40kN/m²

① $A = 15\text{m}^2,\ q_u = 224\text{kN/m}^2$
② $A = 15\text{m}^2,\ q_u = 160\text{kN/m}^2$
③ $A = 16.8\text{m}^2,\ q_u = 143\text{kN/m}^2$
④ $A = 16.8\text{m}^2,\ q_u = 200\text{kN/m}^2$

해설 ㉠ 저면적

$$A = \frac{P}{q_a - q'} = \frac{2,400}{200-40} = 15\text{m}^2$$

㉡ 극한지지력

$$q_u = \frac{P_u}{A} = \frac{1.4 \times 2,400}{15} = 224\text{kN/m}^2$$

22 얕은기초의 설계를 위한 극한지지력 산정 시 지하수위가 그림과 같이 기초에 근접해 있을 경우, Terzaghi 지지력 공식에서 지하수위를 고려하는 방안에 대한 설명으로 옳지 않은 것은? (단, Terzaghi 지지력 공식(띠, 연속기초) $q_{ult} = cN_c + qN_q + \frac{1}{2}\gamma BN_\gamma$이고, 지지력 공식에서 q_{ult}=극한지지력, B=기초의 폭, c=흙의 점착력, $q=\gamma D_f$, γ=흙의 단위중량, γ_t=습윤단위중량, γ'=수중단위중량, γ_{sat}=포화단위중량, γ_w=물의 단위중량, N_c, N_q, N_γ는 지지력계수이다. 또한 D_w=지하수위의 깊이, D_f=기초의 근입깊이이고, 지하수의 흐름은 없는 것으로 가정한다)

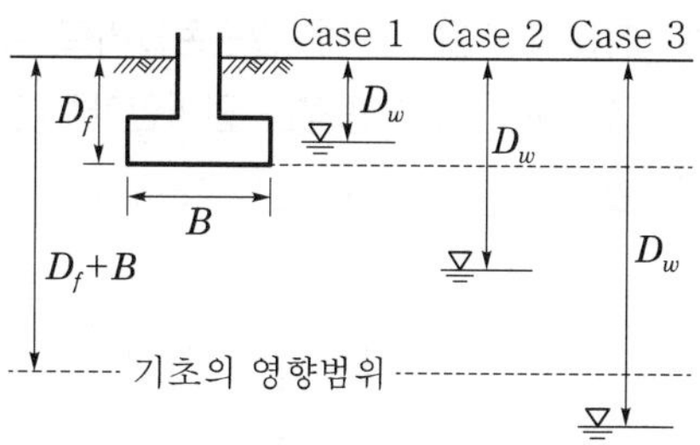

① 지하수위가 기초 바닥 위에 존재하는 경우(Case 1), 지하수위 위쪽 지반의 단위중량은 습윤단위중량 γ_t를 사용하고, 지하수위 아래쪽 지반의 단위중량은 수중단위중량 $\gamma'(=\gamma_{sat}-\gamma_w)$을 사용하여 극한지지력을 산정한다.

② 지하수위가 기초 바닥 위에 존재하는 경우(Case 1), Terzaghi 지지력 공식은 $q_{ult} = cN_c + [\gamma_t D_w + \gamma'(D_f - D_w)]N_q + \frac{1}{2}\gamma BN_\gamma$와 같이 수정하여 적용한다.

③ 지하수위가 기초 바닥 아래와 기초의 영향범위 사이에 존재하는 경우(Case 2), Terzaghi 지지력 공식에서 $q=\gamma_t D_f$를 사용하고, $\frac{1}{2}\gamma BN_\gamma$는 $\frac{1}{2}(\gamma_{sat}-\gamma_w)BN_\gamma$로 수정하여 극한지지력을 산정한다.

④ 지하수위가 기초의 영향범위 아래에 존재하는 경우(Case 3), 지하수위가 기초의 영향범위(D_f+B)보다 깊게 위치하여 지하수위에 대한 영향을 고려할 필요가 없으므로 흙의 단위중량은 습윤단위중량 γ_t를 사용하여 극한지지력을 산정한다.

해설 ③ 지하수위가 기초 바닥 아래와 기초의 영향범위 사이에 존재하는 경우(Case 2), Terzaghi 지지력 공식에서 $q=\gamma_t D_f$를 사용하고 $\frac{1}{2}\gamma BN_\gamma$는 $\frac{1}{2}\left[\frac{1}{B}(\gamma_t(D_w-D_f)+\gamma(B-(D_w-D_f))\right]BN_\gamma$로 수정하여 극한지지력을 산정한다.

정답 21 ① 22 ③

23 다음과 같은 단면을 철근콘크리트로서 시공하였을 때 1m당 중량은 얼마인가? (단, 철근콘크리트 단위 무게=24kN/m^2)

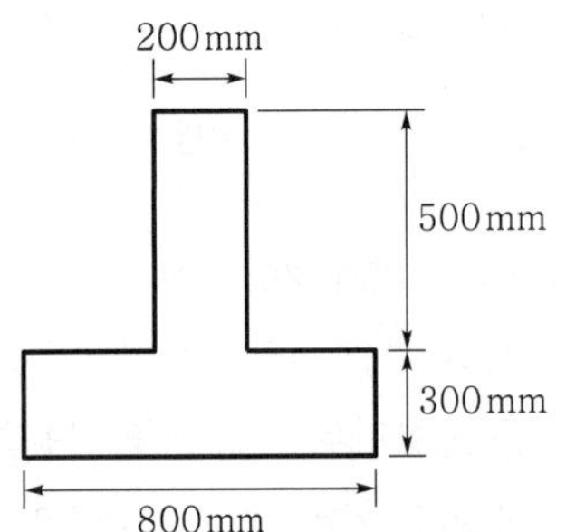

① 3.4kN ② 8.16kN
③ 11.5kN ④ 18.4kN

해설 W=24×(0.2×0.5+0.8×0.3)×1
=8.16kN

24 허용 지지력이 $q_a = 200\text{kN/m}^2$의 지반에 80kN의 자중을 포함한 하중을 받는 벽의 확대기초의 최소폭은?

① B=0.4m
② B=0.8m
③ B=1.2m
④ B=1.6m

해설 벽의 확대기초는 단위길이당으로 계산한다.

$$A = \frac{P}{q_a} = \frac{80}{200} = 0.4\text{m}^2$$

따라서 최소폭은 B=0.4m가 된다.

25 그림과 같이 콘크리트 기초판과 기둥의 중심에 수직하중과 모멘트가 작용하고 있다. 콘크리트 기초판과 기초 지반 사이에 인장응력이 작용하지 않도록 하기 위한 최소 수직하중[kN]은? (단, 자중에 의한 하중 효과는 무시하고, 하중계수는 고려하지 않는다.)

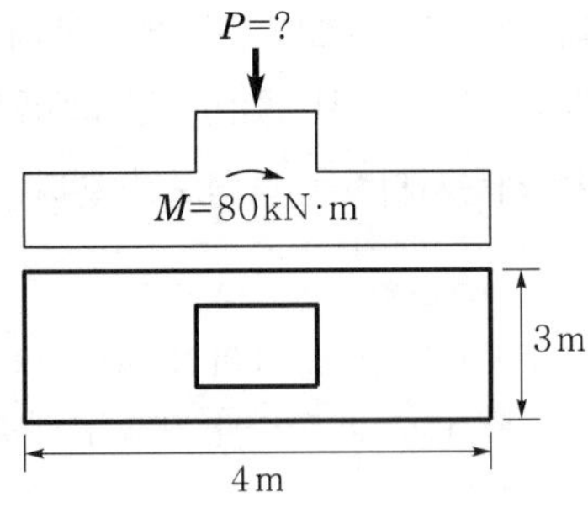

① 110 ② 120
③ 130 ④ 140

해설 ② 인장응력이 발생하지 않기 위해서는 합력이 중앙 3등분 점에 위치할 때이다. 그 때의 연직하중의 편심거리 e는 다음과 같다.

$$e = \frac{B}{6} = \frac{4}{6} = \frac{2}{3}\text{m}$$

$$M = Pe$$

$$P = \frac{M}{e} = \frac{80}{\frac{2}{3}} = 120\text{kN}$$

26 계수 축방향력 200kN, 계수 모멘트 20kN·m가 작용하는 독립확대기초의 최대지반반력은 얼마인가?

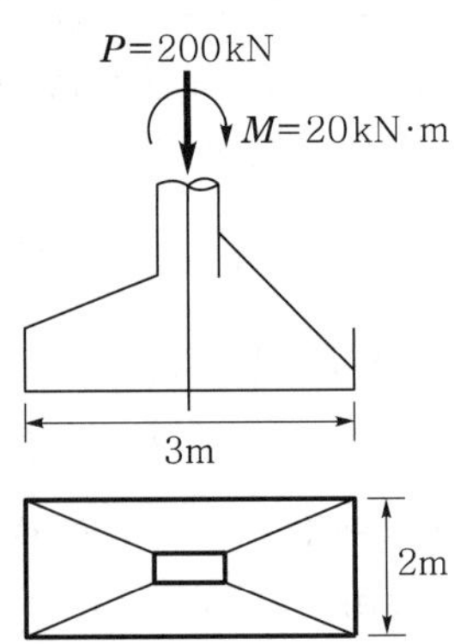

① 30kN/m^2 ② 40kN/m^2
③ 50kN/m^2 ④ 60kN/m^2

해설

$$q_{\max} = \frac{P}{A} + \frac{M}{I}y = \frac{P}{A} + \frac{6M}{bh^2} = \frac{1}{A}\left(P + \frac{6M}{h}\right)$$

$$= \frac{1}{2\times3}\left(200 + \frac{6\times20}{3}\right)$$

$$= \frac{1}{6}\times240 = 40\text{kN/m}^2$$

정답 23 ② 24 ① 25 ② 26 ②

27 다음 그림과 같은 연직하중과 모멘트가 작용하는 철근콘크리트 확대기초의 최대 지반응력 [kN/m^2]은? (단, 기초의 자중은 무시한다)

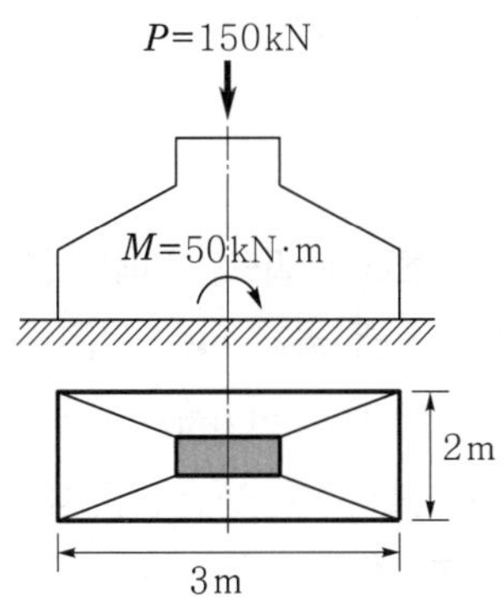

① 37 ② 50
③ 65 ④ 93

해설 ② 기초의 최대 지반반력은 다음과 같다.

$$q_{\max}=\frac{P}{A}+\frac{M}{Z}=\frac{1}{A}\left(P+\frac{6M}{h}\right)$$
$$=\frac{1}{3\times2}\left(200+\frac{6\times50}{3}\right)$$
$$=50\text{kN/m}^2$$

28 그림과 같은 계수 축하중과 계수 휨모멘트가 작용하는 철근콘크리트 확대기초의 최대지반 반력은 얼마인가?

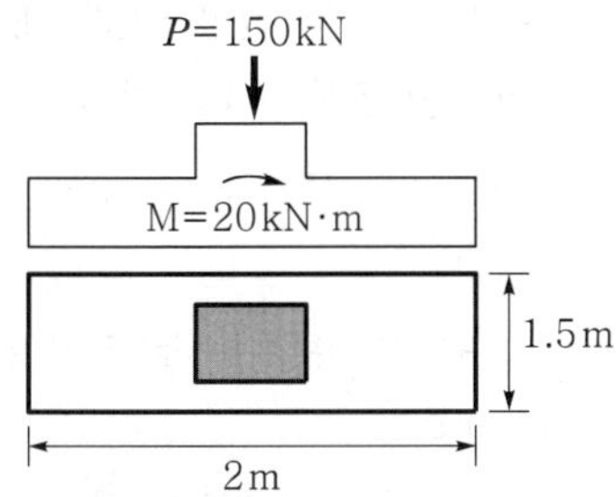

① 54kN/m^2 ② 70kN/m^2
③ 88kN/m^2 ④ 102kN/m^2

해설
$$q_{\max}=\frac{P}{A}+\frac{M}{Z}=\frac{1}{A}\left(P+\frac{6M}{h}\right)$$
$$=\frac{1}{2\times1.5}\left(150+\frac{6\times20}{2}\right)$$
$$=70\text{kN/m}^2$$

29 그림과 같이 바닥판과 기둥의 중심에 수직하중 P=580kN과 모멘트 M=40kN·m가 작용하는 철근콘크리트 확대기초의 최대 지반반력 [kN/m^2]은?

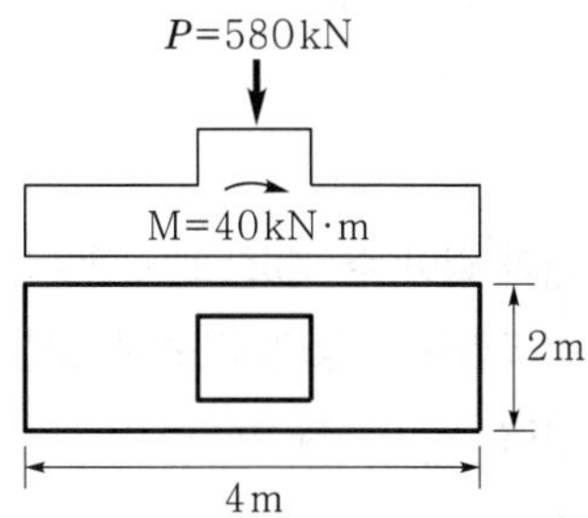

① 65.0 ② 80.0
③ 87.5 ④ 90.0

해설
$$q_{\max}=\frac{P}{A}+\frac{M}{Z}=\frac{1}{A}\left(P+\frac{6M}{h}\right)$$
$$=\frac{1}{4\times2}\left(580+\frac{6\times40}{4}\right)$$
$$=80\text{kN/m}^2$$

30 다음 그림의 철근콘크리트 사각형 확대기초에 생기는 지반반력의 크기는? (단, 폭은 1m이고, 하중은 계수하중이다)

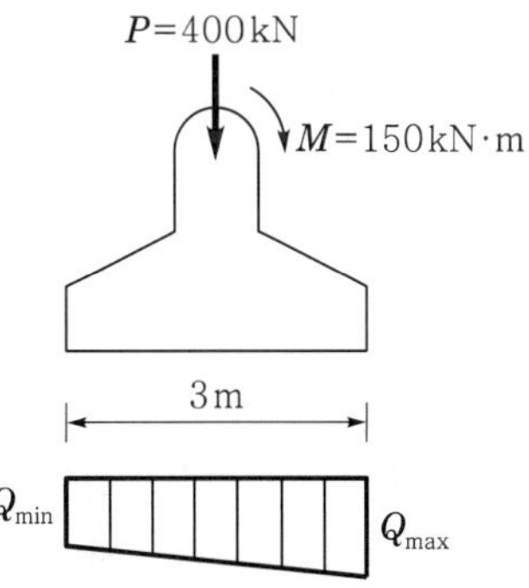

① $Q_{\min}$: 63kN/m^2, $Q_{\max}$: 233kN/m^2
② $Q_{\min}$: 33kN/m^2, $Q_{\max}$: 273kN/m^2
③ $Q_{\min}$: 63kN/m^2, $Q_{\max}$: 273kN/m^2
④ $Q_{\min}$: 33kN/m^2, $Q_{\max}$: 233kN/m^2

정답 27 ② 28 ② 29 ② 30 ④

해설

$$q = \frac{P}{A} \pm \frac{M}{I_y}x$$
$$= \frac{400}{3\times1} \pm \frac{150}{1\times3^3/12}\times1.5$$
$$= 133.3 \pm 100$$
$$q_{max} = 233.3\text{kN/m}^2$$
$$q_{min} = 33.3\text{kN/m}^2$$

31 그림과 같이 수직하중과 모멘트가 작용하는 철근콘크리트 원형확대기초에 발생하는 최대 지반반력 $q_{max}[\text{kN/m}^2]$는? (단, 여기서 π는 원주율이다)

① $\frac{1,000}{\pi}$

② $\frac{1,100}{\pi}$

③ $\frac{1,200}{\pi}$

④ $\frac{1,300}{\pi}$

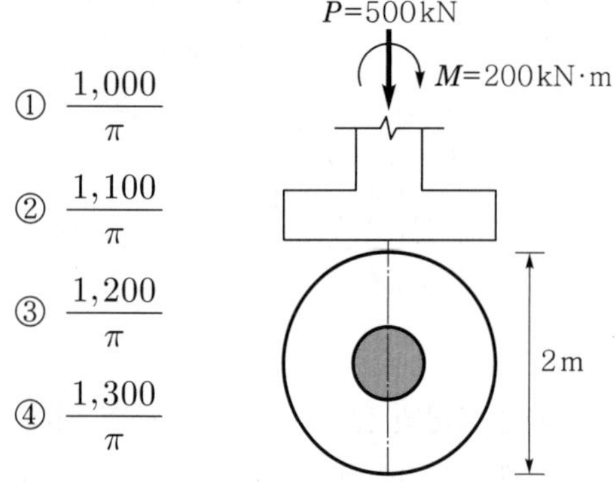

해설

$$q_{u\cdot max} = \frac{P}{A} + \frac{M}{Z} = \frac{4P}{\pi D^2} + \frac{32M}{\pi D^3}$$
$$= \frac{4\times500}{\pi\times2^2} + \frac{32\times200}{\pi\times2^3} = \frac{1,300}{\pi1}$$

32 다음은 독립확대기초의 휨설계에 대한 설명이다. 틀린 것은?

① 기초판의 각 단면의 휨모멘트는 기초판을 자른 수직면의 양쪽 전체 면적에 대해 계한산다.

② 휨설계는 계수하중에 의한 극한지지력을 기준으로 한다.

③ 콘크리트 기둥, 받침대, 벽체를 지지하는 확대기초의 휨과 대한 위험단면은 기둥, 받침대, 벽체의 외면으로 한다.

④ 강재 베이스 플레이트를 통하여 강제기둥을 지지하는 확대기초 휨에 대한 위험단면은 강재 베이스 플레이트 단부와 기둥외면관의 중간선으로 한다.

해설 ① 한 쪽 단면에 대해서 설계한다.

33 확대기초에서 휨모멘트에 대한 위험단면을 설명한 것 중 옳지 않은 것은?

① 강재기둥을 지지하는 확대기초에서는 위험단면을 기둥 또는 받침대 또는 전면으로 본다.

② 철근콘크리트기둥이 원형일 때는 등가 정사각형으로 환산하여 그 전면을 위험단면으로 본다.

③ 철근콘크리트기둥을 지지하는 확대기초의 위험단면은 기둥의 전면으로 본다.

④ 조적조를 지지하는 확대기초에서는 위험단면을 벽의 중심선과 그 전면과의 중간선으로 본다.

해설 강재기둥을 지지하는 확대기초의 휨에 대한 위험단면은 강철저판의 연단과 기둥전면과의 중간선이다.

34 독립확대기초에서 위험단면에 대한 계수휨강도를 계산할 경우에 어떻게 하는가?

① 위험단면을 힌지단으로 하여 단순보로 계산한다.

② 위험단면을 자유단으로 하여 캔틸레버보로 계산한다.

③ 위험단면을 고정단으로 하여 캔틸레버보로 계산한다.

④ 위험단면을 고정단으로 하여 양단고정보로 계산한다.

해설 위험단면을 고정단으로 하여 캔틸레버보로 계수휨강도를 계산한다.

정답 31 ④ 32 ① 33 ① 34 ③

35 철근콘크리트 확대기초에 대한 설명 중 옳지 않은 것은?

① 독립확대기초 및 벽확대기초의 휨모멘트는 단순보로서 산출하여야 한다.

② 확대기초는 부재로서 필요한 두께를 확보함과 동시에 강체로서 취급되는 두께를 가져야함을 원칙으로 한다.

③ 휨설계에서 연속확대기초의 캔틸레버로서 작용하는 부분은 독립확대기초와 같이 설계하여야 한다.

④ 확대기초는 캔틸레버보, 단순보, 고정보 등 보 부재로서 설계하여야 한다.

해설 독립확대기초의 휨모멘트는 위험단면을 고정단으로 하는 캔틸레버보로 설계하며 벽의 확대기초는 폭이 1m인 1방향 슬래브로 설계한다.

36 그림과 같은 콘크리트로 된 정사각형 기둥의 독립확대기초 저면에 작용하는 극한지지력이 160kN/m^2일 때 휨에 대한 위험단면의 모멘트는?

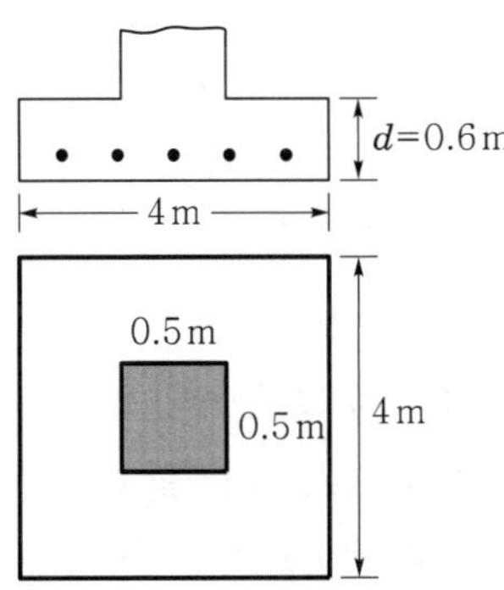

① 980kN·m　　② 720kN·m

③ 700kN·m　　④ 630kN·m

해설 $M_u = \frac{q_u}{8}(L-t)^2B = \frac{160}{8}\times(4-0.5)^2\times4$

$= 980\text{kN}\cdot\text{m}$

37 다음 그림과 같이 계수하중 $P_u = 1{,}960\text{kN}$이 독립확대기초에 작용할 때, 위험단면의 설계휨모멘트 크기[kN·m]는?

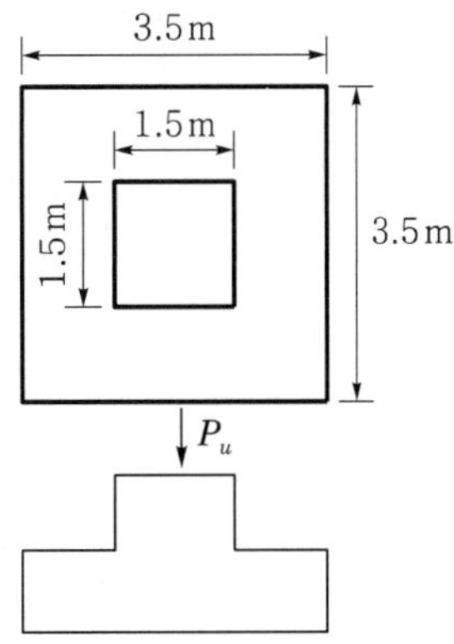

① 200　　② 280

③ 300　　④ 320

해설 $q_u = \frac{P_u}{A} = \frac{1{,}960}{3.5\times3.5} = 160\text{kN/m}^2$

$M_u = \frac{q_u}{8}(L-t)^2B = \frac{160}{8}\times(3.5-1.5)^2\times3.5$

$= 280\text{kN}\cdot\text{m}$

38 독립확대기초에서 휨철근의 배치에 대한 설명으로 틀린 것은?

① 1방향 기초판은 전폭에 걸쳐 균등한 간격으로 배치한다.

② 2방향 정사각형 기초판은 전폭에 걸쳐 균등한 간격으로 배치한다.

③ 2방향 직사각형 기초판에서는 장변방향으로는 전폭에 걸쳐 균등한 간격으로 배치한다.

④ 2방향 직사각형 기초판에서는 단변방향으로는 전폭에 걸쳐 균등한 간격으로 배치한다.

해설 2방향 직사각형 기초판에서는 단변방향의 철근은 $A_{sc} = \frac{2}{\beta+1}A_{ss}$에 해당되는 철근량을 유효폭 내에 균등하게 배치하고, 나머지 철근량을 이 유효폭 이외의 부분에 균등히 배치시킨다. 여기서, 유효폭은 기둥이나 받침대의 중심선이 유효폭의 중심이 되도록 하며, 기초판의 단변길이로 취한다.

정답 35 ① 36 ① 37 ② 38 ④

39 그림의 철근콘크리트벽 확대기초에서 벽 길이 1m당 위험단면의 휨모멘트는? (단, 하중은 계수 하중이다)

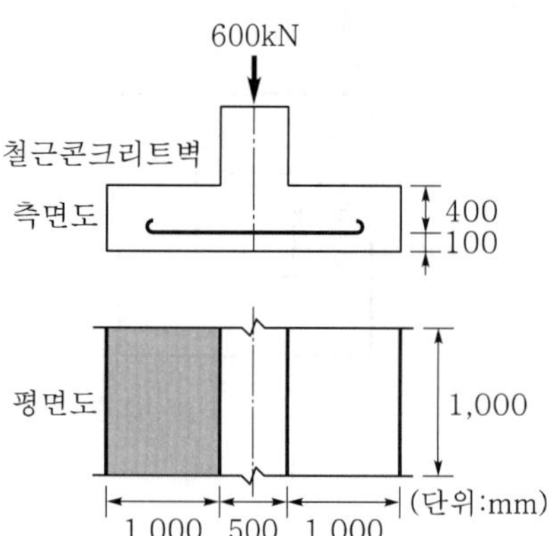

① 30kN · m ② 43kN · m

③ 77kN · m ④ 120kN · m

해설 ㉠ 극한지지력(q_u)

$$q_u = \frac{P_u}{A} = \frac{600}{2.5 \times 1} = 240\text{kN/m}^2$$

㉡ 위험단면의 휨모멘트(M_u)

$$M_u = \frac{q_u}{8}(L-t)^2 B = \frac{240}{8} \times (2.5-0.5)^2 \times 1$$
$$= 120\text{kN} \cdot \text{m}$$

또는 $M_u = 240 \times 1 \times 1 \times \frac{1}{2} = 120\text{kN} \cdot \text{m}$

40 2방향 독립확대기초에서 휨철근의 배근에 대한 설명 중 틀린 것은?

① 장변방향으로는 기초의 전폭에 걸쳐 등간격 배치한다.

② 단변방향으로 철근량 $A_{sc} = \frac{2}{\beta+1} A_{ss}$를 유효폭에 해당하는 장변의 중앙구간에 균등히 배치한다.

③ $\beta = \frac{\text{단변의 길이}}{\text{장변의 길이}}$로 나타낸다.

④ 2방향 정사각형 확대기초의 경우 전폭에 걸쳐 균등하게 배근한다.

해설 $\beta = \frac{\text{장변의 길이}}{\text{단변의 길이}}$로 나타낸다.

41 장변 L, 단변 B인 직사각형 독립확대기초에서 단변방향으로 배근할 철근량 A_{ss}일 때 장변의 중앙구간에 단변 폭만큼 단변방향으로 배근할 철근량(A_{sc})은?

① $\frac{2B}{L+B} A_{ss}$ ② $\frac{2L}{L+B} A_{ss}$

③ $\frac{B}{2L+B} A_{ss}$ ④ $\frac{L}{L+2B} A_{ss}$

해설 $A_{sc} = \frac{2}{B+1} A_{ss} = \frac{2}{\frac{L}{B}+a} A_{ss} = \frac{2B}{L+B} A_{ss}$

42 직사각형 확대기초에서 단변방향으로 중앙구간에 배근할 철근량은? (단, A_{ss} : 단변방향으로 배치할 철근량, $\beta = \frac{\text{장변의 길이}}{\text{단변의 길이}}$)

① $A_{sc} = \frac{1}{\beta+2} A_{ss}$

② $A_{sc} = \frac{1}{\beta-2} A_{ss}$

③ $A_{sc} = \frac{2}{\beta+1} A_{ss}$

④ $A_{sc} = \frac{2}{\beta-1} A_{ss}$

해설 위의 문제 해설 참고

43 장변이 3m이고, 단변이 2m인 독립확대기초에서 단변방향으로 배치할 총철근량 2,000mm^{2}이다. 단변방향으로 단변의 폭만큼 중앙구간에 등간격으로 배치할 철근량[mm^2]은?

① 1,000 ② 1,200

③ 1,400 ④ 1,600

해설 $A_{sc} = \frac{2}{\beta+1} A_{ss} = \frac{2}{\frac{L}{S}+1} A_{ss}$

$$= \frac{2}{\frac{3}{2}+1} \times 2,000 = 1,600\text{mm}^2$$

정답 39 ④ 40 ③ 41 ① 42 ③ 43 ④

44 독립확대기초의 전단설계에 대한 설명으로 틀린 것은?

① 기초판의 전단강도는 슬래브의 전단강도에 따른다.
② 콘크리트의 기둥을 지지하는 기초판의 전단에 대한 위험단면은 위의 휨설계의 위험단면을 기준으로 산정한다.
③ 강재 베이스 플레이트를 갖는 기둥 또는 받침대를 지지하는 기초판의 전단에 대한 위험단면은 강재 베이스 플레이트 연단을 기준으로 산정한다.
④ 1방향 기초판의 전단의 위험단면은 기둥 외면에서 d만큼 떨어진 단면이다.

해설 강재 베이스 플레이트를 갖는 기둥 또는 받침대를 지지하는 기초판의 전단에 대한 위험단면은 휨설계의 위험단면을 기준으로 산정하여야 한다.

45 1방향 작용을 하는 독립확대기초의 위험단면은 기둥 전면에서 얼마만큼 떨어진 단면인가?

① $d/2$ ② $d/3$
③ $d/4$ ④ d

해설 위험단면은 기둥 전면(前面)에서 d만큼 떨어진 단면이다.

46 독립확대기초의 휨설계와 전단설계에 대한 설명으로 틀린 것은?

① 확대기초에서 휨에 대한 위험단면은 기둥 또는 받침대의 전면으로 본다.
② 확대기초의 저면에 작용하는 지지력은 사용하중을 사용하여 구한다.
③ 확대기초의 전단거동은 1방향 작용 전단과 2방향 작용 전단을 고려하여 이들 두 가지 영향 중 큰 것을 고려한다.
④ 1방향 작용 전단시 위험단면은 기둥 전면에서 확대기초의 유효 높이 d만큼 떨어진 거리에 위치한 단면이다.

해설 확대기초의 저면적은 사용하중을 사용하여 구하나 지지력은 계수하중을 사용하여 구한다.

47 일반적으로 정사각형 확대기초에서 전단에 위험한 단면은?

① 기둥의 외면
② 기둥의 외면에서 d만큼 떨어진 면
③ 기둥의 외면에서 $d/2$만큼 떨어진 면
④ 기둥의 외면에서 기둥두께만큼 안쪽으로 떨어진 면

해설 정사각형 확대기초는 2방향 슬래브로 설계한다. 따라서 전단에 대한 위험단면은 기둥 외면에서 $0.75d$ 떨어진 단면이다.

48 확대기초의 전단파괴(punching shear)가 일어나는 점은? (단, d는 유효깊이)

① 지점에서 d되는 점
② 지점
③ 지점에서 $d/2$되는 점
④ 지점에서 $3/4d$되는 점

해설 펀칭전단의 위험단면은 지점에서 $0.75d$ 떨어진 단면이다.

49 그림과 같은 확대기초에서 위험단면에 대한 휨모멘트는?

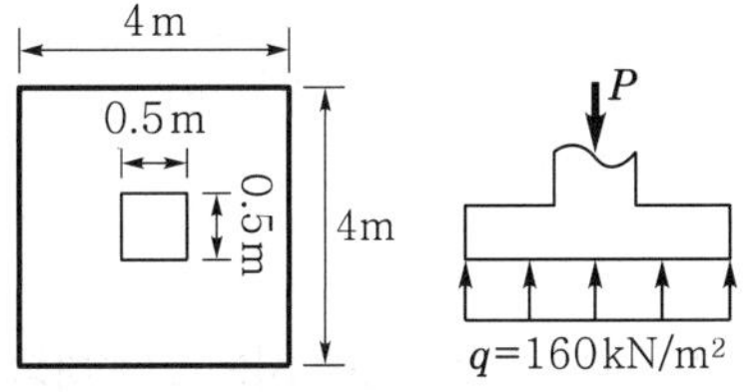

① 980kN·m ② 720kN·m
③ 700kN·m ④ 630kN·m

해설 기둥 전면을 고정단으로 간주하여 구한다.

$$M=\frac{q_u}{2}\left(\frac{L-t}{2}\right)^2 B=\frac{160}{2}\left(\frac{4-0.5}{2}\right)^2\times 4$$
$$=980\text{kN}\cdot\text{m}$$

정답 44 ③ 45 ④ 46 ② 47 ③ 48 ④ 49 ①

50 위의 문제 49번에서 전단에 대한 위험단면의 주변장은? (단, 기초의 유효깊이는 500mm로 한다)

① 1m
② 2m
③ 3m
④ 5m

해설 두 변의 비가 1:1이므로 2방향 슬래브 작용을 하게 되므로 전단에 대한 위험단면은 기둥의 전면으로부터 $0.75d$만큼 떨어진 주변 단면에서 발생한다. 전단의 위험단면의 한 변의 길이는 기둥 단면치수를 t, 유효깊이 d라면

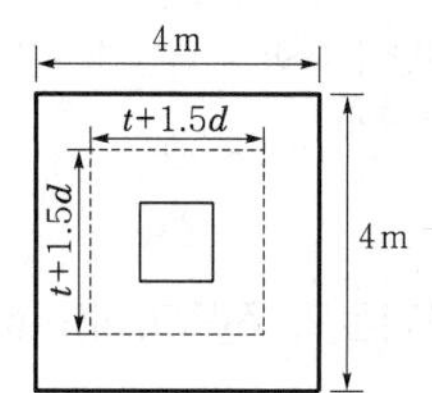

$b_0 = 4(t+1.5d) = 4\times(0.5+1.5+0.5) = 5\,\text{m}$

51 위의 문제 49번에서 위험단면에서의 전단력은? (단, 기초의 유효깊이는 500mm로 한다)

① 2,010kN
② 2,220kN
③ 2,310kN
④ 2,800kN

해설 2방향 작용 시 전단에 대한 위험단면에서의 계수전단력은

$t+1.5d = 0.5+1.5\times0.5 = 1.25\text{mm}$

$V_u = q_u(B\times L-(t+1.5d)^2) = 160\times[4\times4-1.25^2]$
$= 2{,}310\text{kN}$

52 철근콘크리트기둥에 사용 고정하중에 의한 축력 200kN이 작용하고 있으며, 이 기둥을 지지하고 있는 독립확대기초에서 위험단면에서의 계수전단력은 얼마[kN]인가? (단, 2방향 작용에 의해 편칭전단이 일어난다고 가정하고 확대기초의 유효깊이는 600mm이다)

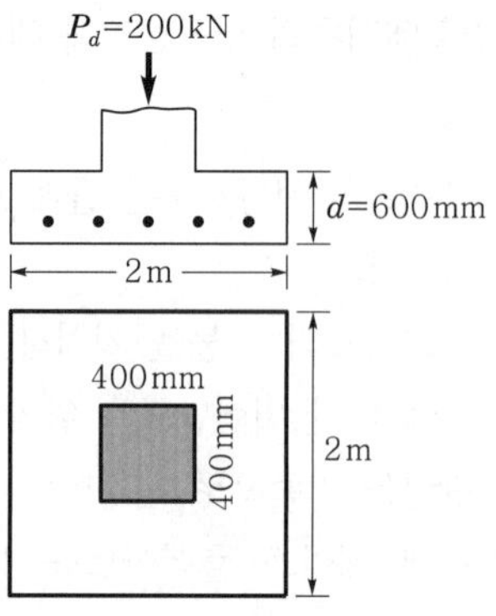

① 161.7　　② 280
③ 320　　④ 340

해설 ㉠ 계수축력(P_u)

$P_u = 1.4P_d = 1.4\times200 = 280\text{kN}$

㉡ 계수지반반력(q_a)

$$q_a = \frac{P_u}{A} = \frac{280}{2\times2} = 70\text{kN/m}^2$$

㉢ 계수전단력

$V_u = q_u[B\times L-(t+1.5d)^2]$
$= 70\times[2\times2-(0.4+1.5+0.6)^2] = 161.7\text{kN}$

53 다음과 같은 기초판에 자중을 포함한 계수 축방향하중 $P_u = 900\text{kN}$이 콘크리트 기둥 도심에 편심없이 작용할 때, 직사각형 확대기초의 2방향 전단에 대한 위험단면에서의 계수전단력 V_u[kN]는?

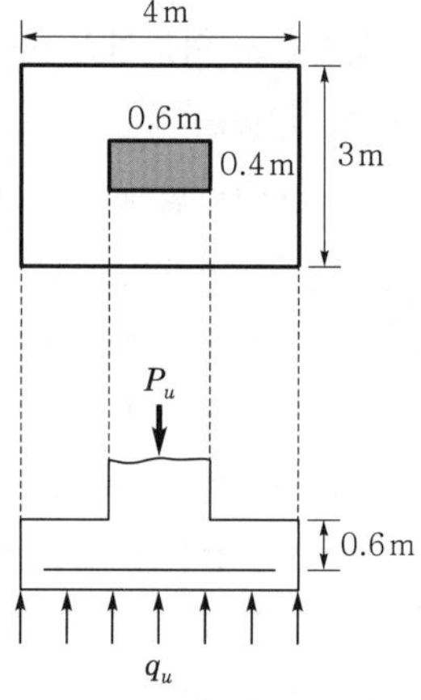

① 745　　② 753.75
③ 845　　④ 910

정답 50 ④ 51 ③ 52 ① 53 ②

해설 ㉠ 극한지지력

$$q_u = \frac{P_u}{A} = \frac{900}{4 \times 3} = 75\text{kN/m}^2$$

㉡ 계수전단력

위험단면은 기둥외면에서 $d/2$만큼 떨어진 단면이므로 따라서 위험단면 한 변의 길이는 각각

$0.6 + 1.5d = 0.6 + 1.5 \times 0.6 = 1.5\text{m}$,

$0.4 + 1.5d = 0.4 + 1.5 \times 0.6 = 1.3\text{m}$가 된다.

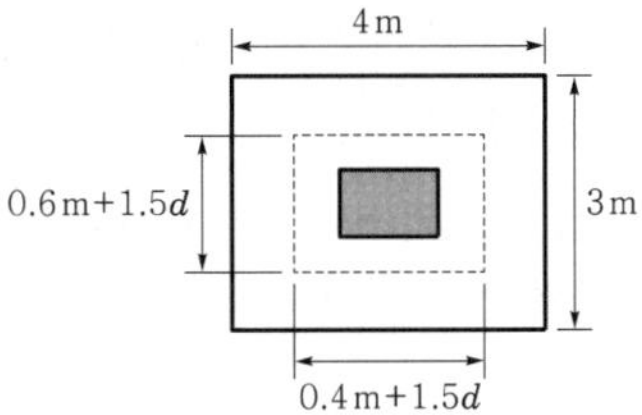

$$V_u = q_u(A_0 - A_1) = 75 \times (4 \times 3 - 1.5 \times 1.3) = 753.75\text{kN}$$

54 콘크리트 기초판 설계 시 고려하여야 할 사항으로 옳지 않은 것은?

① 말뚝기초에서 임의 단면에 대한 전단력은 말뚝 중심이 그 단면에서 $d_{\text{pile}}/2$ 이상 내측에 있는 경우, 말뚝의 반력은 전단력으로 작용하는 것으로 하여야 한다.

② 기초판에서 휨모멘트, 전단력 및 철근정착에 대한 위험단면의 위치를 정할 경우, 원형 또는 정다각형인 콘크리트 기둥이나 받침대는 같은 면적의 정사각형 부재로 취급할 수 있다.

③ 기초판 상연에서부터 하부 철근까지의 깊이는 흙에 놓이는 기초의 경우는 150mm 이상, 말뚝기초의 경우는 300mm 이상으로 하여야 한다.

④ 1방향 기초판 또는 2방향 정사각형 기초판에서 철근은 기초판 전체 폭에 걸쳐 균등하게 배치하여야 한다.

해설 말뚝의 중심이 그 단면에서 $\frac{d_{\text{pile}}}{2}$ 이상 외측에 있는 경우에는 말뚝의 전체 반력이 그 단면에 전단력으로 작용하는 것으로 보아야 한다. 그러나 말뚝의 중심이 그 단면에서 $\frac{d_{\text{pile}}}{2}$ 이상 내측에 있는 경우에는 말뚝의 반력은 그 단면에 전단력으로 작용하지 않는 것으로 보아야 한다.

55 구조물 기초설계 시 말뚝 본체의 허용압축하중 결정 시 고려해야 하는 사항으로 옳지 않은 것은?

① 허용압축하중을 산정하기 위한 강말뚝 본체의 유효단면적은 구조물 사용기간 중의 부식을 공제한 값으로 한다.

② 현장타설 콘크리트말뚝 본체의 허용압축하중은 콘크리트와 보강재로 구분하여 허용압축하중을 각각 산정한 다음, 이 두 값 중 작은 값으로 결정한다.

③ RC말뚝 본체의 허용압축하중은 콘크리트의 허용압축응력에 콘크리트의 단면적을 곱한 값에 장경비 및 말뚝이음에 의한 지지하중 감소를 고려하여 결정한다.

④ 현장타설 콘크리트말뚝 보강재의 허용압축하중은 보강재의 허용압축응력에 보강재의 단면적을 곱한 값으로 한다.

해설 ② 현장타설 콘크리트말뚝 본체의 허용압축하중은 콘크리트와 보강재료 구분하여 허용압축하중을 각각 산정한 다음, 이 두 값을 합하여 결정한다.

56 연결확대기초 설계 시 기둥으로부터 전달된 하중들의 합력이 저판의 도심과 일치되도록 설계하는 이유는?

① 지반반력이 삼각형이 되도록

② 지반반력이 사다리꼴이 되도록

③ 지반반력이 생기지 않도록

④ 지반반력이 직사각형이 되도록

해설 기둥에서 전달되는 하중의 합력을 기초저판의 도심과 일치시키면 지반반력이 직사각형의 등분포로 된다. 하중이 전단면에 걸쳐 골고루 분포하게 되면 그렇치 않는 경우보다 $q_{\max}$가 작아져서 경제적이 된다.

정답 54 ① 55 ② 56 ④

57

그림과 같은 독립확대기초에서 전단에 대한 위험단면의 주변길이는 얼마인가? (단, 2방향 작용에 의해 펀칭전단이 일어난다고 가정하고 확대기초의 유효깊이는 600mm이다)

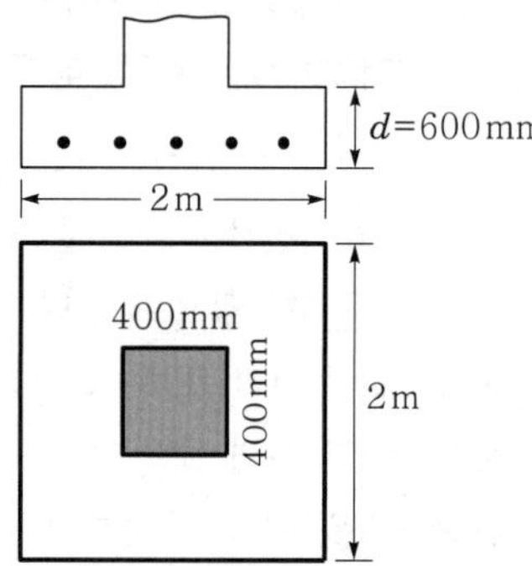

① 1,600mm ② 2,800mm
③ 5,200mm ④ 8,000mm

해설 정사각형 기둥의 한 변의 길이를 t, 기초의 유효깊이는 d라고 하면 주변장

$b_o = 4(t+1.5d) = 4 \times (400+1.5\times600) = 5,200\text{mm}$

58

흙 위에 놓인 철근콘크리트 확대기초의 하단 철근부터 단면 상부까지의 높이는?

① 600mm 이상 ② 450mm 이상
③ 300mm 이상 ④ 150mm 이상

해설 흙 위에 놓이는 경우 150mm 이상, 말뚝기초 위에 놓이는 경우 300mm 이상으로 한다.

59

확대기초에 대한 설명으로 틀린 것은?

① 벽의 확대기초는 폭이 1m인 2방향 슬래브로 설계한다.
② 연결확대기초에서 두 기둥하중의 합력은 연결확대기초의 도심을 통과하도록 한다.
③ 캔틸레버 확대기초는 2개의 독립확대기초를 연결보로 연결한 것이다.
④ 기둥저면이 견딜 수 있는 콘크리트의 공칭지압강도는 $0.85f_{ck}$이다.

해설 벽의 확대기초는 폭이 1m인 1방향 슬래브로 설계한다.

60

연결확대기초로 해야 할 경우에 해당하지 않는 것은?

① 2개의 기둥 사이가 아주 좁은 경우
② 두 기초가 겹치는 경우
③ 토지 경계선 등에 의해 외측 기둥의 확대기초를 대칭으로 만들 수 없는 경우
④ 독립확대기초로 하면 기초의 저면적이 너무 클 경우

해설 독립확대기초로 하면 기초의 저면적이 너무 클 경우에는 캔틸레버 확대기초로 한다.

61

그림과 같이 콘크리트 기초판과 기둥의 중심에 수직하중과 모멘트가 작용하고 있다. 콘크리트 기초판과 기초 지반 사이에 인장응력이 작용하지 않도록 하기 위한 최소 수직하중[kN]은? (단, 자중에 의한 하중 효과는 무시하고, 하중계수는 고려하지 않는다.)

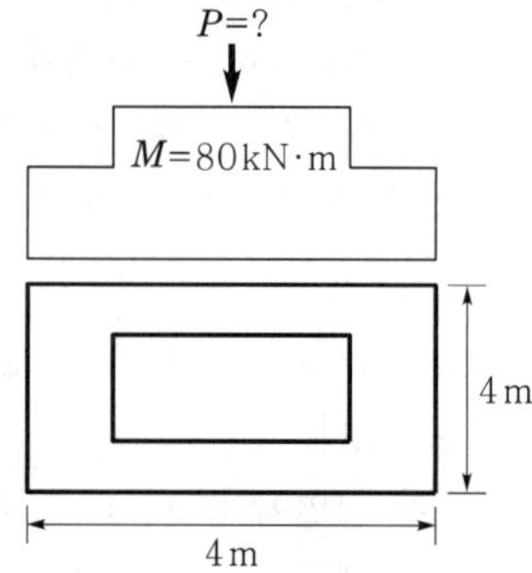

① 110 ② 120
③ 130 ④ 140

해설 단면의 핵

$e = \frac{13}{6} = \frac{4}{6} = \frac{2}{3}\text{m}$

$M = P \cdot e$에서 $P = \frac{M}{e} = \frac{80}{\frac{2}{3}} = 120\text{kN}$

정답 57 ③ 58 ④ 59 ① 60 ④ 61 ②

62 캔틸레버 확대기초에 대한 설명 중 틀린 것은?

① 두 기둥 사이가 너무 떨어져 있는 경우에 캔틸레버 확대기초로 한다.
② 외측기초는 연결보는 벽체로 하는 벽의 확대기초로 설계한다.
③ 내측기초는 독립확대기초로 한다.
④ 연결보는 외측기초 저면의 상향의 지지력 하중과 양쪽기둥의 중심선에서 하향의 반력을 받는 연속보로 설계한다.

해설 캔틸레버 확대기초의 연결보는 외측기초 저면의 상향의 지지력 분포하중과 양쪽 기둥의 중심선에 하향의 반력을 받는 단순보로 설계한다.

63 그림과 같이 바닥판과 기둥의 중심에 수직하중 P=580kN과 모멘트 M=40kN·m가 작용하는 철근콘크리트 확대기초의 최대 지반반력 [kN/m^2]은?

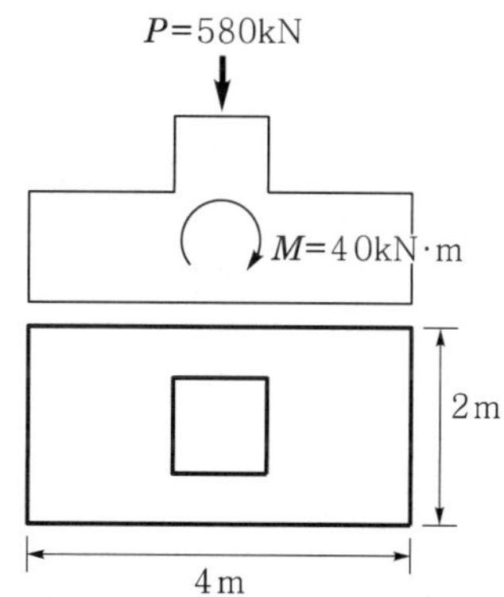

① 66.0 ② 80.0
③ 87.5 ④ 90.0

해설
$$q_{max}=\frac{P}{A}+\frac{M}{Z}=\frac{1}{A}\left(P+\frac{6M}{h}\right)$$
$$=\frac{1}{4\times2}\times\left(580+\frac{6\times40}{4}\right)=80\text{kN/m}^2$$

64 현장치기 시공에서 종방향 주철근을 받침부재인 받침대 또는 기초판까지 연장시키거나 다우얼 철근으로 연결시켜야 한다. 현장치기 기둥과 받침대의 경우, 양 부재 접촉면 사이의 철근 단면적은 지지되는 부재 단면적의 몇 배 이상이어야 하는가?

① 0.001 ② 0.002
③ 0.003 ④ 0.005

해설 현장치기 기둥과 받침대의 경우, 양 부재 접촉면 사이의 철근 단면적은 지지되는 부재 단면적의 0.005배 이상으로 하여야 한다.

65 그림과 같이 3.5m×16m인 독립확대기초에서 시하중 500kN이 500mm×500mm의 기둥에 작용한다. 이 독립확대기초에서 1방향 배근 시 전단력에 대한 위험단면의 위치로 나타내는 거리(c)[m]는? 단, 유효놀이(d)는 450mm이다)

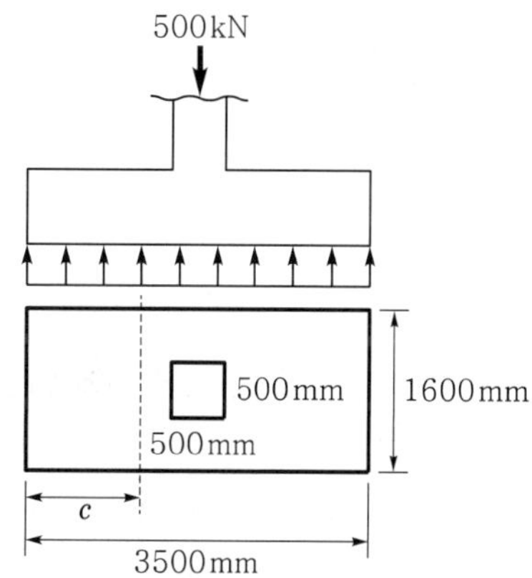

① 1.00 ② 1.05
③ 1.10 ④ 1.15

해설 전단에 대한 위험단면은 기둥전면에서 d만큼 떨어진 위치
$$C=\frac{L}{2}-\left[\frac{t}{2}+d\right]=\frac{3500}{2}-\left[\frac{500}{2}+450\right]=1.05\text{m}$$

정답 62 ④ 63 ② 64 ④ 65 ②

66 다음과 같은 기초판에 자중을 포함한 계수 축 방향하중 $P_u = 900\text{kN}$ 이 콘크리트 기둥 도심에 관심없이 작용할 때, 직사각형 확대기초의 2방향 전단에 대한 위험단면에서의 계수 전단력 $V_u[\text{kN}]$ 는?

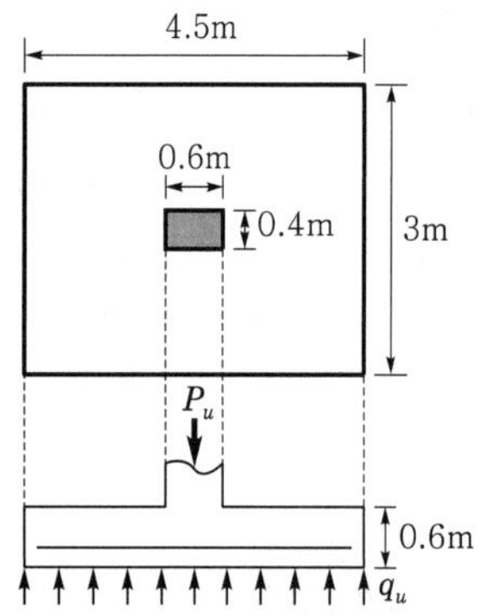

① 745 ② 810
③ 845 ④ 910

해설 ① 극한 지지력

$$q_u = \frac{P_u}{A} = \frac{900}{4\times3} = 75\text{kN/m}^2$$

② 전단위험단면
기둥전면에서 $0.5d$

③ $V_u = q_u(A_0 - A_1)$
$= 75\times[(4\times3)-(1.2\times1.0)]$
$= 810\text{kN}$

67 철근콘크리트 기초판의 설계에 대한 설명으로 옳지 않은 것은?

① 독립확대기초의 휨모멘트는 기초판을 자른 수직면에서 그 수직면의 한쪽 전체 면적에 작용하는 힘에 대해 계산하여야 한다.
② 콘크리트 기둥, 받침대 또는 벽체를 지지하는 기초판의 최대 계수휨모멘트를 계산할 때 위험단면은 기둥, 받침대 또는 벽체의 외면으로 한다.
③ 2방향 직사각형 기초판에서 철근은 장변 및 단변 방향으로 전체 폭에 균등하게 배치하여야 한다.
④ 말뚝기초의 기초관 설계에서 말뚝의 반력은 각 말뚝의 중심에 집중된다고 가정하여 휨모멘트와 전단력을 계산할 수 있다.

해설 ① 장변 방향으로는 기초의 전폭에 전체균등배분
② 단변 방향 철근은 $A_{sc} = \frac{2}{\beta+1}A_{ss}$ 만큼의 철근량을 유효폭 내에 초등배치, 나머지 철근량을 유효폭 이외에 균등배치
A_{sc} : 중앙구간에 배치할 철근량
A_{ss} : 짧은 변 방향으로 배치할 천근량
$\beta : \frac{\text{장변의 길이}}{\text{단변의 길이}}$

68 그림과 같이 수직하중과 모멘트가 작용하는 철근콘크리트 원형 확대기초에 발생하는 최대 지반반력 $q_{max}[\text{kN/m}^2]$ 는? (단, 여기서 π는 원주율이다)

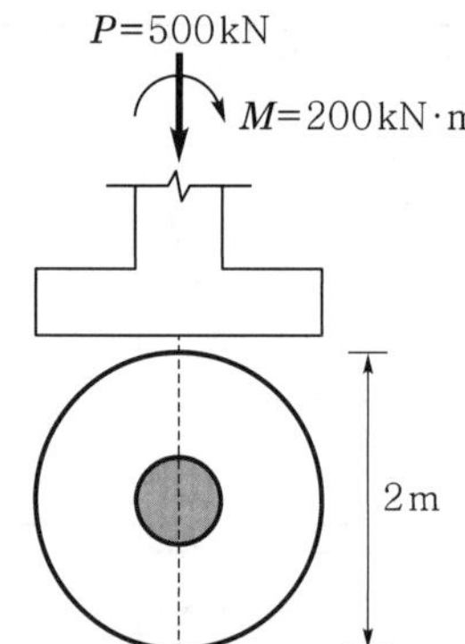

① $\frac{1,000}{\pi}$ ② $\frac{1,100}{\pi}$
③ $\frac{1,200}{\pi}$ ④ $\frac{1,300}{\pi}$

해설

$$q_{max} = \frac{P}{A} + \frac{M}{Z} = \frac{4P}{\pi\cdot D^2} + \frac{32M}{\pi D^3} = \frac{4\times500}{\pi\times2^2} + \frac{32\times200}{\pi\times2^3} = \frac{1300}{\pi}$$

정답 66 ② 67 ③ 68 ④

69 철근콘크리트 옹벽에서 지반의 단위길이에 발생하는 반력의 크기[kN/m^2]는? (단, 옹벽의 자중은 무시한다)

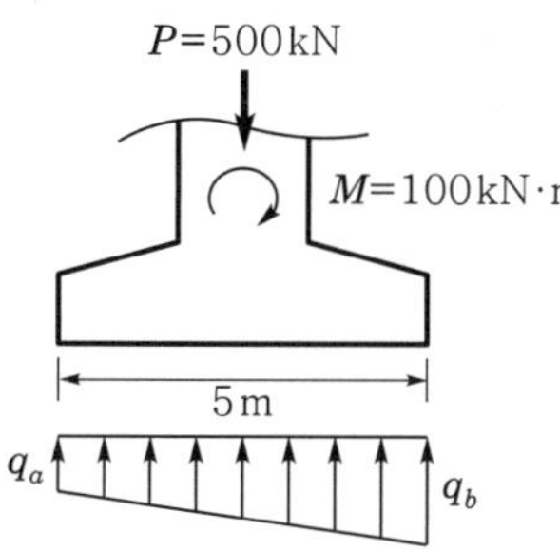

q_a	q_t
① 68	117
② 76	124
③ 82	149
④ 91	169

해설 $q_{\substack{max\\min}} = \frac{P}{B} \pm \frac{6M}{B^2}$

$= \frac{500}{5} \pm \frac{6 \times 100}{5^2} = 100 \pm 24$

$= 124kN/m^2, 76kN.m^2$

70 다음 그림과 같은 정방형 독립확대기초 지면에 작용하는 지압력이 $q_u = 100kN/m^2$일 때, 위험단면에서의 소요휨모멘트 $M_u[kN \cdot m]$는?

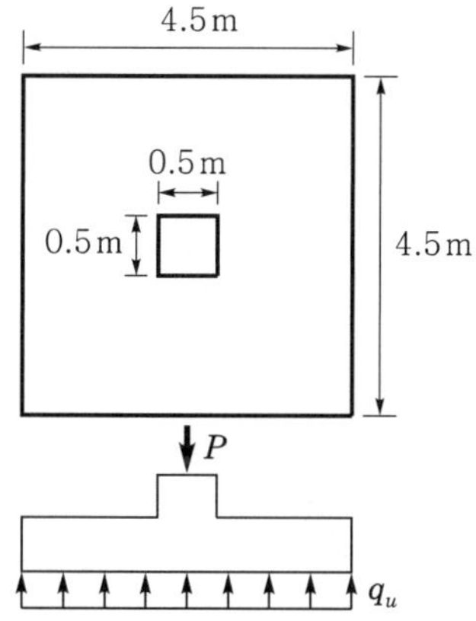

① 200
② 450
③ 900
④ 1,800

해설 2방향거동이므로

$M_u = \frac{q_u}{2}\left(\frac{L-t}{2}\right)^2 \times B$

$= \frac{100}{2}\left(\frac{4.5-0.5}{2}\right)^2 \times 4.5$

$= 900kN \cdot m$

71 다음 그림의 철근콘크리트 확대기초에서 유효깊이 $d = 550mm$, 지압력 $q_y = 0.3MPa$일 때, 1방향 전단에 대한 위험단면에 작용하는 전단력[kN]은?

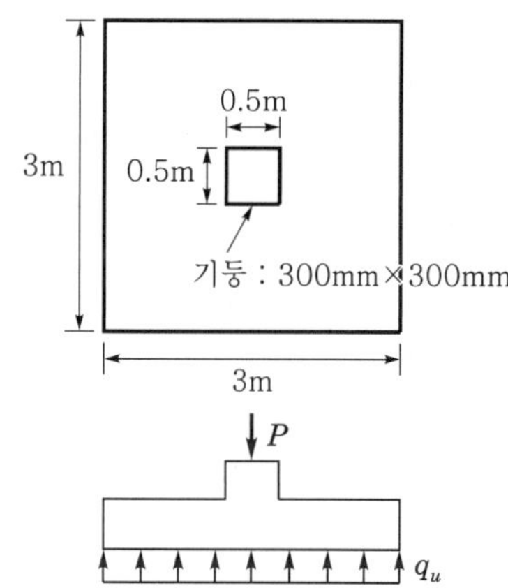

① 420
② 520
③ 620
④ 720

해설 1방향 전단계수전단력

$V_u = q_u\left[\frac{L-(t+2d)}{2}\right] \times B$

$= 0.3 \times \left[\frac{3000-(300+2\times550)}{2}\right] \times 3000$

$= 720,000N$

$= 720kN$

72 콘크리트 기초판에 수직력 P와 모멘트 M이 동시에 작용하고 있다. A 지점에 압축응력이 발생하기 위한 최소 수직력 P[kN]는?

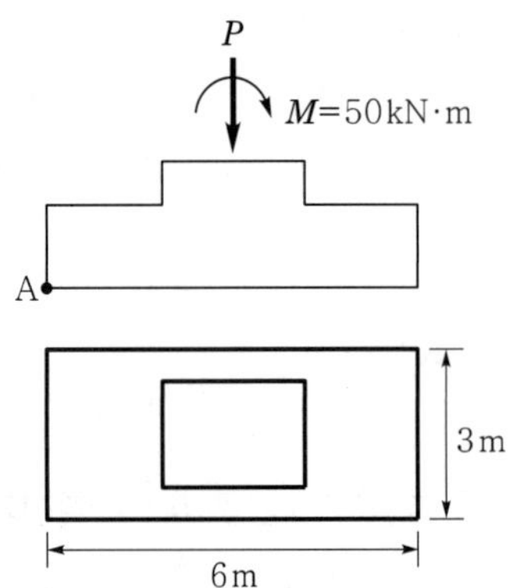

① 20 ② 30
③ 40 ④ 50

해설 $\frac{P}{A} \geq \frac{M}{Z}$

$P \geq \frac{M \cdot A}{Z} = \frac{6M}{h} = \frac{6 \times 50}{6} = 50\text{kN}$

정답 72 ④

Chapter 10

암거 · 아치 · 벽체

CHAPTER

10 암거 · 아치 · 벽체

KEY NOTE

1 암거

1. 암거 일반

암거(Culvert)란 과거에는 땅 속에 묻힌 비교적 작은 통수로를 의미하였지만, 최근에는 사람이나 차량의 통행목적으로 많이 이용된다. 적은 수량의 통수를 위해서는 작은 단면의 암거로 RC관이나 PC관을 많이 쓰지만 많은 수량의 통수를 위해 문형라멘이나 박스라멘을 주로 사용한다.

2. 암거의 종류와 선정

1) 관암거(Pipe Culvert)

① 형태 : 원형의 관암거가 많이 사용된다.

② 용도 : 유량이 적을 때 사용된다.

2) 박스(구형)암거(Box Culvert)

① 형태 : 기초 콘크리트 위에 암거에 해당하는 구체 콘크리트를 만든다. 정판, 측벽, 저판으로 이루어져 있다.

② 종류 : 1연암거, 2연암거, 슬래브암거, 라멘암거 등이 있다.

③ 용도 : 유량이 많을 때 사용된다. 암거 상부에 여유가 없을 때 사용된다.

3) 아치암거(Arch Culvert)

① 형태 : 저판을 수평으로 하고 측벽과 정판을 아치모양으로 만든 암거

② 용도 : 유량이 많을 때 사용된다. 암거의 상부에 충분한 여유 공간이 있을 때 사용된다.

역학적 특성	암거 명칭	일반적인 단면형	사용재료
강성 암거	구형암거 (box culvert)		철근콘크리트
	문형암거 (portal culvert)		철근콘크리트
	아치암거 (arch culvert)		무근콘크리트 또는 철근콘크리트
	관암거 (pipe culvert)		철근콘크리트 관 원심력식 철근콘크리트 관 PS 철근콘크리트 관
처짐성 암거	코러게이트 파이프암거		코러게이트 메탈 (corrugated metal sheet)

4) 원형관은 공장제품이 많이 쓰이나, 구형(box)암거는 공장제품으로 운반하면 운반중에 균열이 가기 쉽고, 또한 거푸집도 극히 간단하므로 대개는 현장제품을 쓰고 있다.

5) 암거 형식의 선정에 있어서는 설치장소의 지형, 토질, 시공조건, 주변구조물 등의 검토와 장래의 유지관리를 고려하여 형식을 선정해야 한다.

6) 사용 목적에 의한 분류

① **수로암거** : 구형암거와 원형암거가 일반적으로 사용된다.

② **통로암거** : 사람이나 차 통행을 위하여 도로 아래 횡단통로로서 구형암거가 사용된다.

③ **공동구** : 전화, 전기, 가스, 상수도 등의 공사에서 관이나 케이블을 함께 사용하기 위하여 도시의 노면 아래에 축조한 것으로 구형암거가 잘 쓰인다.

KEY NOTE

KEY NOTE

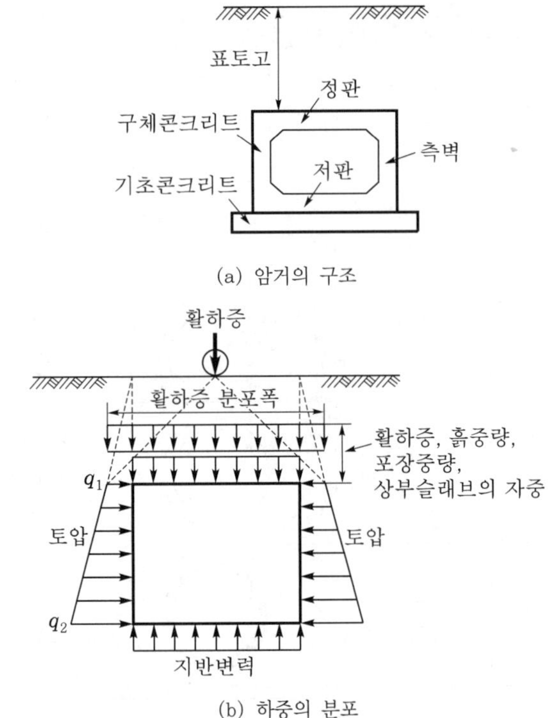

[그림 10-1] 암거의 구조 및 하중의 분포

3. 암거에 작용하는 하중 및 설계순서

1) 암거에 작용하는 하중

① 정판 상부의 흙의 무게에 의한 연직압력(연직토압)
② 지표면의 상재하중에 의한 연직압력, 충격하중을 포함한 활하중
③ 수평방향으로 작용하는 수평토압
④ 유량에 의한 하중, 암거의 자중
⑤ 온도변화, 지진의 영향
⑥ 수압, 부력 또는 양압력

암거에 작용하는 하중
① 정판 상부의 흙의 무게에 의한 연직압력(연직토압)
② 지표면의 상재하중에 의한 연직압력, 충격하중을 포함한 활하중
③ 수평방향으로 작용하는 수평토압
④ 유량에 의한 하중, 암거의 자중
⑤ 온도변화, 지진의 영향
⑥ 수압, 부력 또는 양압력

2) 수로암거의 설계순서

① 유수량 결정, 매입 깊이 결정
② 단면의 가정(단면 두께 등)
③ 작용하중 산정(고정하중, 활하중, 토압, 수압 등)
④ 단면의 결정(단면검토, 사용성 검토 등)
⑤ 지반반력 및 암거의 안전성 검토(지지력, 침하, 부력)

3) 수로암거에서 내부수압의 고려

① 단면 검토 시에는 지반반력과 상쇄되므로 설계 시 단면에 불리한 하중 조합으로서 내부수압을 고려하지 않으며, 지반반력 검토를 위해서는 암거내부의 물의 무게를 고려하여야 한다.

② 암거의 설계통수량을 단면 최대 통수량의 80%로 한다.

설계통수량=(최대 통수량/0.8)

③ 암거내부수압의 적용은 암거 내공 높이에 80% 정도 물이 찼을 경우를 가정하여 내공높이(H)×80%×10kN/m^{2}로 계산한다.

KEY NOTE

2 아치

1. 아치의 종류 및 아치교의 구조

1) 아치의 종류

① 아치는 주로 축방향력을 받는 부재로 축선이 곡선으로 되어 있다.

② 정정구조물로, 강재로 된 3힌지 아치는 지간이 180m 이내인 교량에 많이 쓰인다.

③ 1차 부정정구조물로, 강재로 된 2힌지 아치는 지간이 180~270m인 교량에 많이 쓰인다.

④ 3차 부정정구조물로, RC로 된 양단고정아치의 경우는 지간이 30m~120m인 교량에 사용된다.

2) 아치교의 구조

① 아치크라운(arch crown) ② 스프링깅(springing)

③ 라이즈(rise) ④ 아치 리브(arch rib)

⑤ 압축력선(thrust line) ⑥ 아치의 축선(arch axis line)

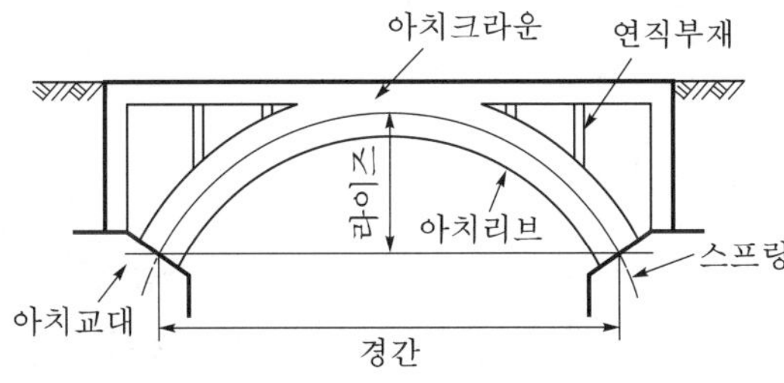

[그림 10-2] 아치교의 구조

아치구조 용어 설명

① 아치크라운(arch crown)
② 스프링깅(springing)
③ 라이즈(rise)
④ 아치 리브(arch rib)
⑤ 압축력선(thrust line)
⑥ 아치의 축선(arch axis line)

KEY NOTE

2. 아치의 설계 및 좌굴 검토

1) 아치의 설계 일반

① 아치의 축선을 고정하중에 의한 압축력선이나 또는 고정하중과 등분포 활하중의 1/2이 재하된 상태하의 압축력선과 일치하도록 설계하여야 한다.

② 경간이 긴 아치의 경우, 휨좌굴, 휨 및 비틀림을 동시에 받아 일어나는 좌굴 등에 대한 안전도 검사를 반드시 수행하여야 한다.

③ 아치리브에 발생하는 단면력은 축선 이동의 영향을 받지만 일반적인 경우 그 영향이 작아서 미소변형이론에 의하여 단면력을 계산할 수 있다.

④ 아치의 축선은 아치리브의 단면 도심을 연결하는 선으로 한다.

⑤ 부정정력을 계산할 때 아치리브의 단면 변화를 고려한다.

2) 아치의 좌굴 검토

① 아치리브를 설계할 때는 응력 검토뿐만 아니라 면내 및 면외 방향의 좌굴에 대한 안정성을 세장비(λ)에 의해 검토해야 한다.

- $\lambda \le 20$: 좌굴검사는 필요치 않음
- $20 < \lambda \le 70$: 유한 변형에 의한 영향을 편심하중에 의한 휨모멘트로 치환하여 발생 모멘트에 더하여 단면의 계수 휨모멘트에 대한 안정성을 검토하여야 한다.
- $70 < \lambda \le 200$: 유한변형에 의한 영향을 대하여, 철근콘크리트 부재의 재료의 비선형성에 의한 영향을 고려하여 좌굴에 대한 안정성을 검토하여야 한다.
- $200 < \lambda$: 아치구조물로서 적합하지 않다.

② 아치의 면외좌굴에 대해서는 아치 리브를 직선기둥으로 가정하고, 이 기둥이 아치리브 단부에 발생하는 수평반력과 같은 축력을 받는다고 가정할 수 있다. 이 경우 기둥의 길이는 원칙적으로 아치경간과 같다고 가정하여야 한다.

3. 아치의 구조상세

아치 축방향 철근량

아치리브 폭 1m당 600mm^2 이상, 또는 상하면의 철근을 합하여 콘크리트 단면적의 0.15% 이상 배근

① 철근콘크리트 아치는 상·하면에 따라서 가능하면 대칭인 축방향 철근을 배치하여야 한다. 이 축방향 철근은 아치리브 폭 1m당 600mm^2 이상, 또는 상하면의 철근을 합하여 콘크리트 단면적의 0.15% 이상 배근하여야 한다.

② 아치리브의 상·하면에 축방향 철근에 직각인 횡방향 철근을 배치하여야만 한다. 이 횡철근은 D13 이상을 사용하되 그 간격은 축방향 철근 지름의 15배 이하, 또한 300mm 이하로 해야 한다. 또한 아치리브 단면의 최소 치수 이하로 하여야 한다.

③ 아치에서의 상하의 축방향 철근의 위치를 고정시키거나 아치축에 직각인 방향의 2차 응력에 대비하기 위하여 또는 축방향 철근의 좌굴을 방지하기 위하여 띠철근 또는 연결철근을 배근하여야 한다. 이러한 경우에 띠철근 및 결속철근의 지름은 10mm 이상, 또한 철근 지름의 1/4 이상으로 하여 기둥에 준하여 배치하여야 한다.

④ 폐복식 아치에서는 기공점과 위치에 있는 측벽에 신축이음을 두어야 한다.

KEY NOTE

3 벽체

1. 벽체의 일반

1) 벽체는 공간을 수직적으로 수획하는 철근콘크리트 벽의 형식으로 만들어진 구조체이다.

2) 설계기준에서는 벽체를 계수연직축력이 $0.4A_gf_{ck}$ 이하이고, 공칭강도에 도달할 때 인장철근의 변형률이 0.004 이상이어야 한다.

여기서, A_g=전체 단면적(mm^2), f_{ck}=콘크리트 설계기준강도(Mpa)이다.

3) 하중 전달부재로서 벽체는 수직 압축부재로 주로 수직하중과 휨모멘트, 전단력을 받는다.

2. 벽체 설계 일반 및 구조상세

1) 벽체의 규정은 휨모멘트의 작용여부에 관계없이 축력을 받는 벽체의 설계에 적용하여야 한다.

2) 정밀한 구조해석에 의하지 않는 한, 각 집중하중에 대한 벽체의 유효수평길이는 하중간의 중심거리, 또한 하중 지지폭에 벽체 두께의 4배를 더한 길이를 초과하지 않는 값으로 하여야 한다.

3) 수직 및 수평철근의 간격

벽체 두께의 3배 이하, 또한 450mm 이하이어야 한다.

KEY NOTE

벽체의 철근 비규정

1) 수직철근비
   ① 벽체의 전체 단면적에 대한 최소 수직철근비는 다음 조건을 따라야 한다.
   ② 설계기준항복강도 400MPa 이상으로서 D16 이하의 이형철근 : 0.0012 이상
   ③ 기타 이형철근 : 0.0015 이상
   ④ 지름 16mm 이하의 용접철망 : 0.0012 이상

2) 수평철근비
   ① 벽체의 전체 단면적에 대한 최소 수평철근비는 다음 조건을 따라야 한다.
   ② 설계기준항복강도 400Mpa 이상으로서 D16 이하의 이형철근 : 0.0020 이상
   ③ 기타 이형철근 : 0.0025 이상
   ④ 지름 16mm 이하의 용접철망 : 0.0020 이상

4) 최소 수직철근비

① 벽체의 전체 단면적에 대한 최소 수직철근비는 다음 조건을 따라야 한다.

② 설계기준항복강도 400MPa 이상으로서 D16 이하의 이형철근 : 0.0012 이상

③ 기타 이형철근 : 0.0015 이상

④ 지름 16mm 이하의 용접철망 : 0.0012 이상

5) 최소 수평철근비

① 벽체의 전체 단면적에 대한 최소 수평철근비는 다음 조건을 따라야 한다.

② 설계기준항복강도 400Mpa 이상으로서 D16 이하의 이형철근 : 0.0020 이상

③ 기타 이형철근 : 0.0025 이상

④ 지름 16mm 이하의 용접철망 : 0.0020 이상

6) 개구부의 철근 배치

모든 창이나 출입구 등의 개구부 주위에는 최소 배근 이외에도 D16 이상의 철근을 2개 이상 배치하여야 하며, 그 철근은 개구부 모서리에서 600mm 이상 연장하여 정착하여야 한다.

CHAPTER 10 적중 예상문제

01 암거설계 계산에 있어서 가장 먼저 해야 할 일은?

① 최대 수량을 가정하여 유수량을 산정한다.
② 매설 깊이를 결정한다.
③ 단면의 두께를 가정한다.
④ 기초 지반의 안전도를 검사한다.

해설 최대 수량으로 가정하여 유수량, 즉 배수 송수할 물의 유수 단면적을 결정한다.

02 암거설계 계산에 있어서 가장 먼저 해야 할 일은?

① 기초 지반의 안전도를 검사한다.
② 철근과 콘크리트량을 계산한다.
③ 단면의 두께를 가정한다.
④ 매설 깊이를 결정한다.
⑤ 배수 또는 송수량에 의한 유수 단면을 결정한다.

03 정판슬래브 설계 시에 고려하는 하중이 아닌 것은?

① 정판 위의 연직압력
② 정판슬래브의 자중
③ 상재하중을 등분포시킨 하중
④ 유량에 의한 무게

해설 유량에 의한 무게는 저판 설계 시에 고려한다.

04 암거의 측벽에 작용하는 토압의 분포형태로 옳은 것은?

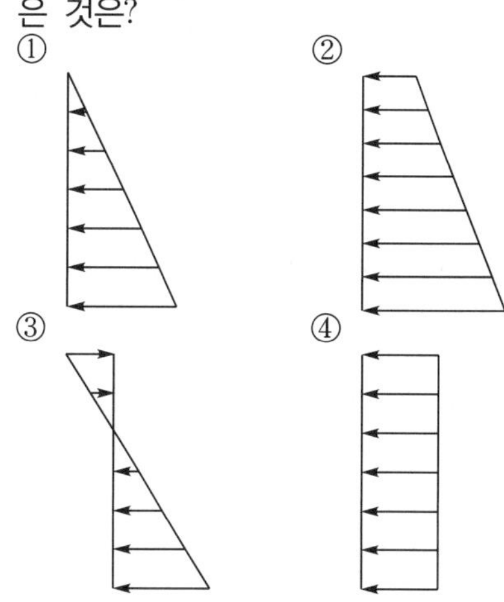

해설

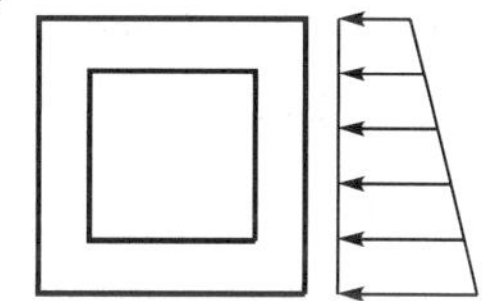

암거의 측벽에 작용하는 토압(q)

$q = K_A \cdot \gamma \cdot z$

토압은 지표면의 깊이가 증가할수록 커진다. 정판 위의 흙은 상판에 연직토압으로 작용한다. 따라서 측벽에 작용하는 토압은 사다리꼴 분포가 된다.

05 기둥과 보의 연결점들이 일체로 된 구조물을 무엇이라 하는가?

① 아치
② 암거
③ 라멘
④ 연속보

해설 라멘의 각 결점들은 보와 기둥이 강절되어 있고 절점의 연속성으로 인하여 라멘의 각 부재는 휨모멘트, 전단력, 축방향력을 받는다.

정답 01 ① 02 ⑤ 03 ④ 04 ② 05 ③

06 라멘 구조물에서 기둥과 보의 접합부에 헌치를 두게 되는데, 헌치부분의 응력을 검토할 때 헌치의 유효부분은 접합되는 부재에 설치된 헌치 높이의 얼마를 유효부분으로 고려하는가?

① $\frac{1}{2}$ ② $\frac{1}{3}$

③ $\frac{1}{4}$ ④ $\frac{1}{6}$

해설 접합부에서 헌치높이의 1/3을 헌치의 유효부분으로 간주한다.

07 라멘 구조물의 설계일반사항에 대한 설명 중 틀린 것은?

① 라멘 접합부의 모서리에는 헌치를 두는 것이 원칙이다.

② 헌치의 경사가 60° 이상의 경우의 강성역은 헌치의 시점부터 부재 두께의 1/4 안쪽 점에서부터 절점까지로 해야 한다.

③ 등단면의 부재 단부가 다른 부재와 접합될 때의 강성역은 그 부재단에서 부재두께의 1/3 안쪽 점에서부터 절점까지로 해야 한다.

④ 보 또는 기둥의 단면 크기가 경간과 비교하여 상대적으로 매우 큰 경우에 부재의 휨변형과 전단변형을 모두 고려하여 라멘 구조로 해석해야 한다.

⑤ 헌치는 경사면에 연하여 보강철근을 추가로 배치하여야 한다.

해설 ③ 등단면의 부재 단부가 다른 부재와 접합될 대의 강성역은 그 부재단에서 부재두께의 1/4 안쪽 점에서부터 절점까지로 해야 한다.

08 다음 그림에서 슬래브의 모멘트에서 지지보의 내면에서의 모멘트가 M_1, M_2일 때 이 값은 $\frac{wl^2}{12}$에서 다음 어느 값만큼 뺀 것이다. 다음 중 어느 값은? (단, $V=\frac{wl}{2}$이다)

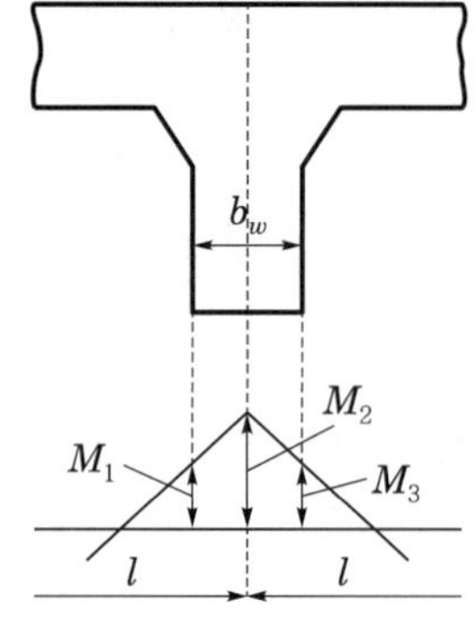

① $V\times\frac{b_w}{2}$

② $V\times\frac{b_w}{3}$

③ $V\times\frac{b_w}{4}$

④ $V\times\frac{b_w}{5}$

해설 골조 또는 연속구조물의 해석에서 휨모멘트를 구할 때 받침부 중심간의 거리를 사용해서 구한다. 이때 받침부 중심의 휨모멘트가 $\frac{wl^2}{12}$ 인데 받침부와 일체로 시공된 보의 경우 받침부 전면(前面)의 휨모멘트를 사용하므로 그 값은 $\frac{wl^2}{12}$에서 $\frac{Vb}{3}$만큼 감소시킨다.

09 라멘 구조물에서 기둥과 보의 접합부에서 부재의 높이 변화를 고려하여 수평부재인 보의 지점에서 휨모멘트를 수정한다. 이때 기둥 중심선의 휨모멘트와 기둥 전면(前面)의 휨모멘트 값의 차이는 얼마인가? (단, V는 기둥 중심선에서의 전단력, t는 기둥의 두께이다)

① $\frac{Vt}{2}$ ② $\frac{Vt}{3}$

③ $\frac{Vt}{4}$ ④ $\frac{Vt}{5}$

해설 기둥 중심선과 기둥 전면 사이의 휨모멘트 값의 차이는 $\frac{Vt}{3}$로 본다.

정답 06 ② 07 ③ 08 ② 09 ②

10 라멘 구조물의 구조상세에 대한 설명으로 틀린 것은?

① 라멘 모서리의 접합부에 헌치(haunch)를 두는 것이 원칙이다.
② 헌치는 경사면에 연하여 보강철근을 추가로 배치한다.
③ 부재의 접합부 및 그 부근의 주철근에 대하여 이음을 둔다.
④ 헌치에는 계산상 필요로 하지 않아도 보강철근을 배치한다.

해설 부재의 접합부 및 그 부근에서는 주철근을 이어대지 않는다.

11 다음은 아치구조를 나타낸 그림이다. 옳게 연결된 것은?

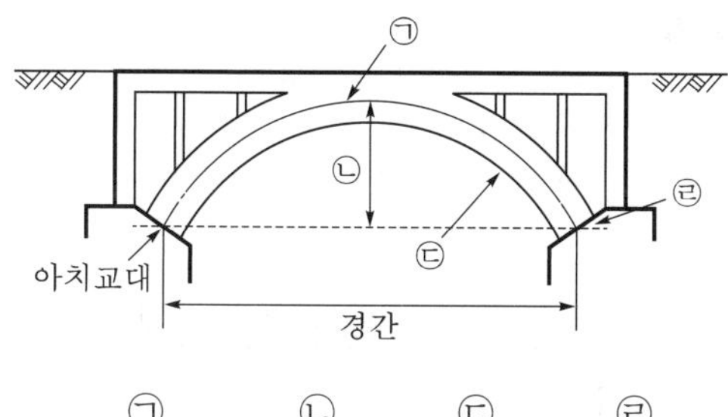

	㉠	㉡	㉢	㉣
①	스프링잉	아치크라운	아치리브	라이즈
②	스프링잉	아치리브	라이즈	아치크라운
③	아치크라운	스프링잉	라이즈	아치리브
④	아치크라운	라이즈	아치리브	스프링잉

해설

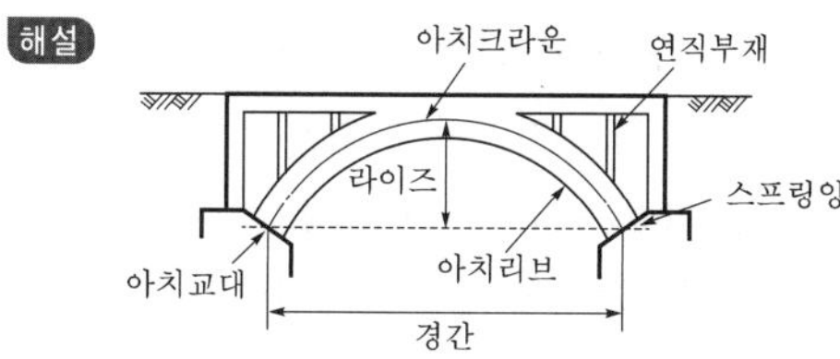

12 아치의 설계일반 사항에서 틀린 것은?

① 아치의 축선은 아치리브의 단면도심을 연결한 선으로 한다.
② 경간이 긴 아치의 경우, 휨좌굴, 휨 및 비틀림을 동시에 받아 일어나는 좌굴의 안전에 대한 검토를 반드시 수정한다.
③ 아치의 축선을 고정하중에 의한 압축력선이나 고정하중과 등분포활하중의 1/2이 재하된 상태하의 압축력선과 일치하도록 설계한다.
④ 부정정력을 계산할 때 아치리브의 단면변화는 고려하지 않는다.

해설 부정정력 계산 시 아치리브의 단면변화를 고려한다.

13 아치리브를 설계할 때 면내 및 면외좌굴을 세장비(λ)에 의해 검토한다. 좌굴에 대한 안정성을 검사할 필요가 있는 세장비의 한계는?

① $\lambda \le 20$　② $20 \le \lambda \le 70$
③ $70 < \lambda \le 200$　④ $\lambda > 200$

해설 세장비가 $70<\lambda\le200$일 때 철근콘크리트 부재의 재료의 비선형성에 의한 영향을 고려하여 좌굴에 대한 안정성을 검토하여야 한다.

14 다음의 아치의 구조세목에 대한 설명이다. 틀린 것은?

① 철근콘크리트 아치는 상·하면에 따라서 가능하면 대칭인 축방향 철근을 배치한다.
② 아치의 상·하면에 축방향 철근에 직각인 횡방향 철근을 배치하여야 한다.
③ 축방향 철근은 아치폭 1m당 400mm^2 이상 또는 상·하면의 철근을 합하여 콘크리트 단면적의 1.5% 이상 배근하여야 한다.
④ 아치의 횡방향 철근은 D13 이상을 사용하고, 그 간격은 축방향 철근지름의 15배 이하 또한 300mm 이하로 해야 한다.

해설 아치의 축방향 철근은 아치폭 1m당 600mm^2 이상 또는 상·하면의 철근을 합하여 콘크리트 단면적의 0.15% 이상 배근하여야 한다.

정답 10 ③ 11 ④ 12 ④ 13 ③ 14 ③

15 철근콘크리트 아치의 구조 상세 중 옳지 않은 것은?

① 아치리브의 상·하면 축방향 철근에 직각인 횡방향 철근을 배치하여야 한다. 이 횡방향 철근은 D13 이상, 축방향 철근 지름의 $\frac{1}{3}$ 이상을 사용하되 그 간격은 축방향 철근 지름의 15배 이하, 300mm 이하, 아치리브 단면의 최소치수 이하로 하여야 한다.

② 철근콘크리트 아치는 아치의 상·하면에 따라서 가능하면 대칭인 축방향 철근을 배치하여야 한다. 이 축방향 철근은 아치리브 폭 1m당 400mm^2 이상, 또 상·하면의 철근을 합하여 콘크리트 단면적의 0.15% 이상 배치하여야 한다.

③ 폐복식 아치에서는 스프링잉과 측벽의 적당한 위치에 신축이음을 두어야 한다.

④ 아치리브가 박스단면인 경우에 연직재가 붙는 곳에 격벽을 설치하여야 한다.

해설 ② 철근콘크리트 아치는 상·하면에 따라서 가능하면 대칭인 축방향 철근을 배치하여야 한다. 이 축방향 철근은 아치폭 1m당 600mm^2 이상, 또는 상·하면의 철근을 합하여 콘크리트 단면적의 0.15% 이상 배근하여야 한다.

16 철근콘크리트 아치는 상·하면을 따라서 종방향 철근을 아치 폭 1m당 얼마 이상을 배근하는가?

① 300mm^2 ② 400mm^2

③ 500mm^2 ④ 600mm^2

해설 축방향 철근을 아치폭 1m당 600mm^2 이상, 상·하면의 철근을 합하여 콘크리트 단면적의 0.15% 이상 배근한다.

17 아치의 상·하면에 배치되는 횡방향 철근의 종류는?

① D10 이상, 축방향철근 지름의 1/3 이상

② D13 이상, 축방향철근 지름의 1/3 이상

③ D16 이상, 축방향철근 지름의 1/4 이상

④ D19 이상, 축방향철근 지름의 1/4 이상

해설 아치의 상·하면에 축방향 철근에 직각인 횡방향 철근은 D13 이상, 축방향 철근지름의 1/3 이상을 사용한다.

18 아치의 횡방향 철근의 간격은?

① 종방향 철근지름의 15배 이하, 300mm 이하, 아치 리브의 최소 단면치수 이하

② 종방향 철근지름의 20배 이하, 400mm 이하, 아치 리브의 최대 단면치수 이하

③ 종방향 철근지름의 50배 이하, 300mm 이하, 아치 리브의 최대 단면치수 이하

④ 종방향 철근지름의 30배 이하, 400mm 이하, 아치 리브의 최소 단면치수 이하

해설 아치의 배력철근의 간격
㉠ 축방향 철근지름의 15배 이하
㉡ 300mm 이하
㉢ 아치리브의 최소 단면치수 이하

19 철근콘크리트 벽체의 철근배근에 대한 다음 설명 중 잘못된 것은?

① 벽체의 최소 수직철근비가 최소 수평철근비보다 크다.

② 두께 250mm 이상의 벽체에 대해서는 수직 수평방향으로 벽면에 평행하게 양면으로 배근하여야 한다.

③ 수직 및 수평철근의 간격은 벽두께의 3배 이하, 또한 450mm 이하로 하여야 한다.

④ 수직철근의 그 철근량이 벽체 단면적의 1% 이하인 경우에는 횡방향 띠철근으로 감싸지 않아도 된다.

해설 철근콘크리트 벽체의 최소 수직철근비는 0.0012이고, 최소 수평철근비는 0.0020이므로 최소 수직철근비가 최소 수평철근비보다 작다.

정답 15 ② 16 ④ 17 ② 18 ① 19 ①

20 다음은 벽체에 대한 정의로 옳은 것은? (단, A_g=전체 단면적(mm^2), f_{ck}=콘크리트의 설계기준강도이다)

① 벽체는 계수연직축력이 $0.2A_gf_{ck}$ 이하이고, 공칭강도에 도달할 때 인장철근의 변형률이 0.004 이상이어야 한다.

② 벽체는 계수연직축력이 $0.2A_gf_{ck}$ 이하이고, 공칭강도에 도달할 때 인장철근의 변형률이 0.005 이상이어야 한다.

③ 벽체는 계수연직축력이 $0.4A_gf_{ck}$ 이하이고, 공칭강도에 도달할 때 인장철근의 변형률이 0.004 이상이어야 한다.

④ 벽체는 계수연직축력이 $0.4A_gf_{ck}$ 이하이고, 공칭강도에 도달할 때 인장철근의 변형률이 0.005 이상이어야 한다.

해설 벽체는 계수연직축력이 $0.4A_gf_{ck}$ 이하이고, 공칭강도에 도달할 때 인장철근의 변형률이 0.004 이상이어야 한다.

21 지하실 외벽 및 기초의 벽체 두께는 얼마 이상이어야 하는가?

① 100mm ② 200mm

③ 300mm ④ 400mm

해설 지하실 외벽 및 기초의 벽체 두께는 최소한 200mm 이상이어야 한다.

22 항복강도 f_y =400MPa인 D13 철근을 내력벽체의 수평철근으로 사용하고자 할 경우에 최소 수직철근량과 최소 수평철근량은? (단, 벽체 수직면의 전체단면적은 400,000mm^2)

① 480mm^2, 600mm^2

② 600mm^2, 480mm^2

③ 480mm^2, 800mm^2

④ 800mm^2, 480mm^2

해설 f_y = 400MPa이고, D16 이하의 철근으로 배근된 벽체의 철근량은

㉠ 최소 수직철근량 : 최소 수직철근비가 0.0012이므로 최소 수직철근량은 $400,000 \times 0.0012 = 480mm^2$

㉡ 최소 수평철근량 : 최소 수평철근비가 0.0020이므로 최소 수평철근량은 $400,000 \times 0.0020 = 800mm^2$

정답 20 ③ 21 ② 22 ③

Chapter 11

프리스트레스트 콘크리트(PSC) 설계

CHAPTER 11

프리스트레스트 콘크리트(PSC) 설계

KEY NOTE

1 PSC 일반사항

1. 프리스트레스트 콘크리트의 특징

1) 프리스트레스트 콘크리트(PSC)의 정의

① 철근콘크리트의 결함인 균열을 방지하여 전단면을 유효하게 이용할 수 있도록 사용하중 작용 시 발생하는 인장응력을 소정의 한도까지 상쇄할 수 있도록 미리 인위적으로 그 응력의 크기와 분포를 정하여 내력을 준 콘크리트를 프리스트레스트 콘크리트(prestressed concrete)라고 한다.

② PSC의 가장 큰 이점은 RC 구조의 단점인 균열방지와 유효단면 증가이다.

PSC의 이점

PSC는 전단면을 유효하게 이용할 수 있으며, 균열방지가 가장 큰 장점이다.

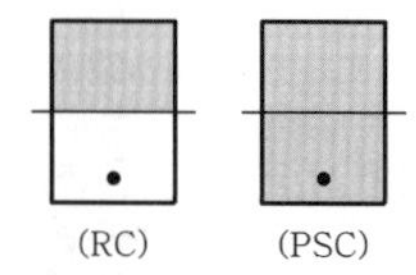

2) PSC 장점

PSC의 장점

① 고강도 콘크리트를 사용하므로 내구성이 좋다.

② RC보에 비하여 복부의 폭을 얇게 할 수 있어서 부재의 자중이 줄어든다.

③ RC보에 비하여 탄성적이고 복원성이 높다.

④ 전단면을 유효하게 이용한다.

⑤ 조립식 강철구조로 시공이 용 이하고, 거푸집 및 동바리 등이 필요하지 않다.

⑥ 연결시공, 분할시공, 현장타설 시공이 가능하다.

⑦ 부재에 확실한 강도와 안전율을 갖게 한다.

⑧ PSC 부재는 파괴의 전조가 뚜렷하고, 처짐이 작다.

3) PSC 단점

PSC의 단점

① RC에 비하여 휨강성(EI)이 작아 변형이 크고 진동하기 쉽다.

② 열에 약하여 내화성이 불리하다. 400℃ 이상 온도에서 화해를 받는다.

③ 공사가 복잡하므로 고도의 기술을 요하고, 공사비가 고가이다.

④ 부속 재료 및 그라우팅의 비용 등 공사비가 증가된다.

⑤ 응력이나 처짐에 대한 세심한 안전성 검토가 필요하다.

2. PSC의 기본 3개념

1) 응력 개념(균등질 보의 개념)

① 취성재료인 콘크리트에 프리스트레스가 가해지면 PSC부재는 탄성체로 전환되어, 이의 해석은 탄성이론으로 가능하다는 개념으로 가장 널리 통용되고 있는 PSC의 기본적인 개념이다.

일반적으로 PSC에서는 압축을 (+), 인장을 (−)로 가정한다.

② 긴장재를 직선으로 도심에 배치한 경우

프리스트레스 긴장력에 의해 콘크리트 단면에서 축응력(수직응력, f_{c1})이 생기고, 하중에 의해 휨응력(f_{c2})이 생긴다. 이때, 콘크리트 단면에서 전단응력의 감소 효과는 없다.

$$f_{\substack{c\\t}} = f_{c1} + f_{c2} = \frac{P}{A} \pm \frac{M}{I}y$$

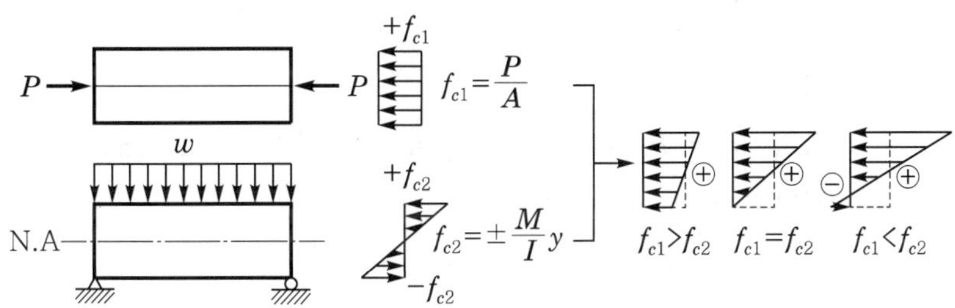

[그림 11-1] 긴장재를 직선으로 도심에 배치한 경우

③ 긴장재를 직선으로 편심 배치한 경우

프리스트레스 긴장력에 의해 콘크리트 단면에서 축응력(f_{c1})과 휨응력(f_{c2})이 생기고, 하중에 의해 휨응력(f_{c3})이 생긴다. 이때, 콘크리트 단면에서 전단응력의 감소 효과는 없다.

$$f_{\substack{c\\t}} = f_{c1} + f_{c2} + f_{c3} = \frac{P}{A} \mp \frac{P \cdot e}{I}y \pm \frac{M}{I}y$$

KEY NOTE

PSC의 3대 개념

① 응력 개념(탄성 개념)
② 강도 개념(RC와 동일)
③ 하중평형 개념

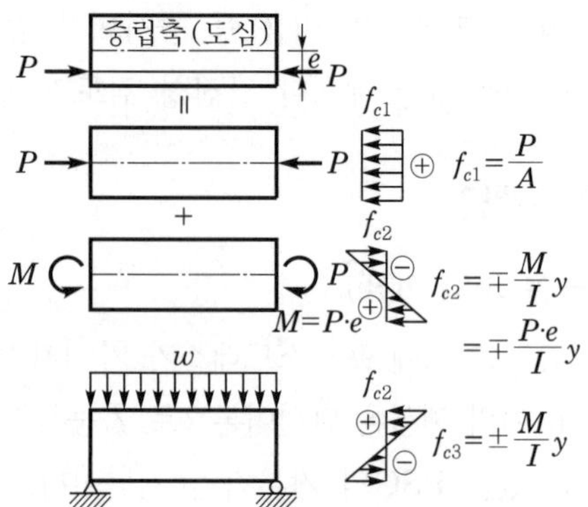

[그림 11-2] 긴장재를 직선으로 편심 배치한 경우

④ 긴장재를 절곡 또는 곡선으로 배치한 경우

프리스트레스 긴장력에 의해 콘크리트 단면에서 축응력(f_{c1})과 휨응력(f_{c2})이 생기고, 하중에 의해 휨응력(f_{c3})이 생긴다. 이때, 콘크리트 단면에서 전단응력은 감소된다.

- 콘크리트 단면의 응력

$$f_{\substack{c\\t}}=f_{c1}+f_{c2}+f_{c3}=\frac{P}{A}\mp\frac{P\cdot e}{I}y\pm\frac{M}{I}y$$

- 임의 점의 단면력

축력 $N_x=P\cos\theta\fallingdotseq P$(여기서, θ는 미소하므로 $\cos\theta\fallingdotseq 1$)

전단력 $S_x=R_A-P\cdot\sin\theta$

휨모멘트 $M_x=(P\cdot\cos\theta)\cdot e_x=P\cdot e_x$

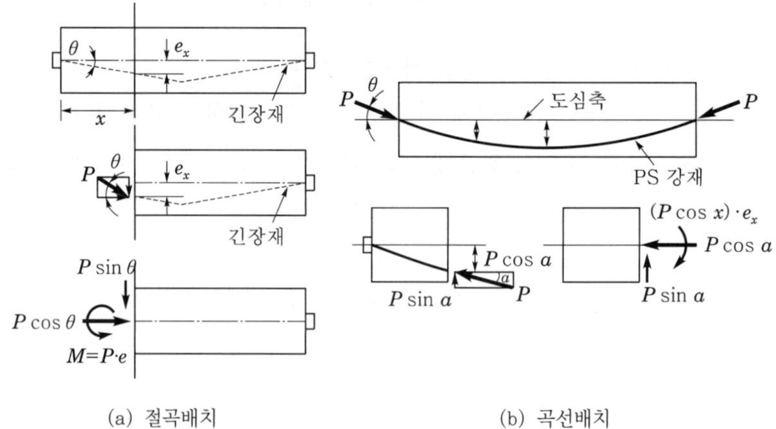

(a) 절곡배치 (b) 곡선배치

[그림 11-3] 긴장재를 절곡 또는 곡선으로 배치한 경우

2) 강도 개념(내력모멘트 개념)

① PSC 보를 RC보처럼 생각하여, 콘크리트는 압축력을 받고 긴장재는 인장력을 받게 하여, 두 힘의 우력모멘트로 외력에 의한 휨모멘트에 저항시킨다는 개념을 강도개념(내력모멘트 개념)이라 한다.

② 휨모멘트(우력모멘트)는 $C=T=P$에서

$$M=C\cdot z=T\cdot z=P\cdot z$$

이고, 작용점간 거리(팔 길이)는

$$z=\frac{M}{C}=\frac{M}{T}$$

③ 콘크리트 단면의 응력

$$f_c=\frac{C}{A}\pm\frac{C\cdot e}{z}y=\frac{P}{A}\pm\frac{P\cdot e}{z}y$$

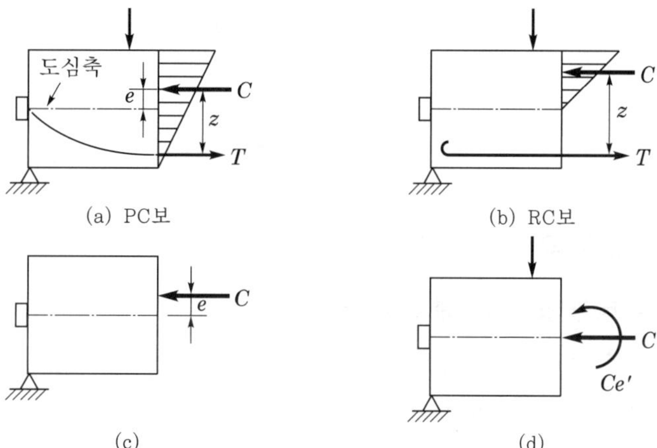

[그림 11-4] 강도 개념(내력모멘트 개념)

3) 하중평형 개념(등가하중 개념)

① 프리스트레싱의 긴장력에 의한 상향력과 부재에 작용하는 하중(외력)을 평형이 되도록 하자는 개념이다.

② 긴장재를 포물선으로 배치한 경우 상향력은 보의 중앙점에서 $\Sigma M=0$으로부터

$$M=P\cdot s=\frac{ul^2}{8}$$

$$\therefore\ u=\frac{8P\cdot s}{l^2}$$

KEY NOTE

강도 개념=RC와 동일
- 압축력 → 콘크리트
- 인장력 → 긴장재

(긴장재 포물선 배치) 상향력 u

상향력 $u=\frac{8P\cdot s}{l^2}$

여기서, P : 프리스트레스 힘
s : 보 중앙에서 콘크리트 도심-긴장재 도심거리
l : 보 경간
u : 상향력

프리스트레스 힘

$\therefore\ P=\frac{wl^2}{8s}$

등분포하중 w 작용 시

$\therefore$ 순하향력$=w-u$

(긴장재 절곡 배치) 상향력 u
- 상향력 $u=2P\sin\theta$
- 하향력 F=상향력 u인 경우 $u=2P\sin\theta-F$

$\therefore\ P=\frac{F}{2\sin\theta}$

③ 긴장재를 절곡하여 배치한 경우 상향력은 힘의 평형조건 $\Sigma V=0$으로부터

$$\therefore\ u=2T\sin\theta$$

KEY NOTE

긴장재 절곡지점 휨모멘트, 전단력

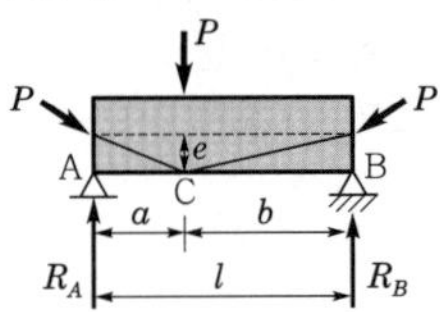

$\therefore\ M_c=R_A\cdot a-P\cdot e$

여기서, $R_A=\dfrac{P\cdot b}{l}$

$\therefore\ S_{A-C}=R_A-P\sin\theta$

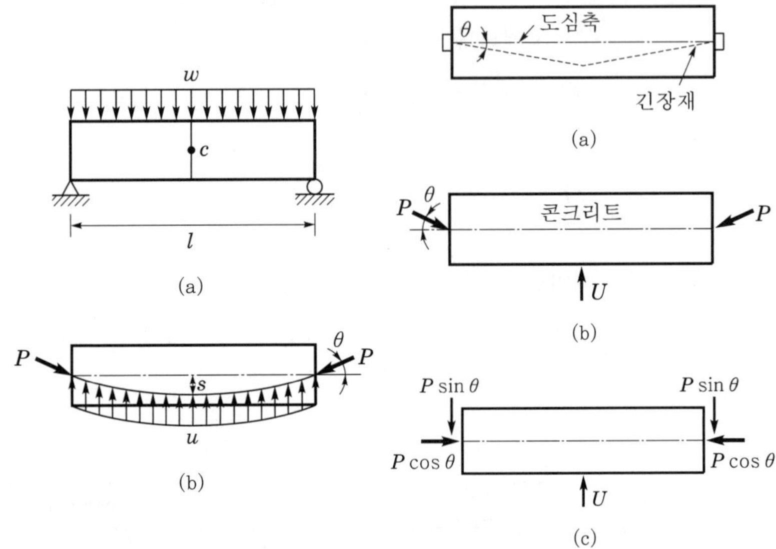

[그림 11-5] 하중평형 개념

3. PSC의 분류

1) 프리스트레싱의 방법에 의한 분류

① 내적 프리스트레싱

PS강재를 긴장하여 콘크리트 속에 정착시키는 가장 일반적인 방법으로, 내부 긴장재, 내부케이블 등을 사용한다.

② 외적 프리스트레싱

구조물의 지점반력을 외적으로 조절하여 긴장재를 콘크리트 부재 밖에 배치하여 프리스트레스를 도입하는 방법으로, 외부 긴장재, 외부케이블 등을 사용하고, 기존 구조물의 보강에도 사용 가능하다.

③ 내적, 외적을 병용하는 방법도 있다.

2) 구조물의 형상에 의한 분류

① 선형 프리스트레싱

PSC보, PSC 슬래브와 같은 직선부재에 프리스트레싱하는 방법이다.

② 원형 프리스트레싱

PSC 원형탱크, PSC 사일로(silo), PSC 관과 같은 원형구조물에 프리스트레싱하는 방법이다.

KEY NOTE

3) 프리스트레싱의 도입 정도에 의한 분류

① 완전 프리스트레싱(full prestressing)
콘크리트의 전단면에서 인장응력이 발생하지 않도록 프리스트레스를 가하는 방법이다.

② 부분 프리스트레싱(partial prestressing)
콘크리트 단면의 일부에 어느 정도의 인장응력이 발생하는 것을 허용하는 방법이다.

4) 긴장재의 부착 여부에 따른 분류

① 부착시킨 긴장재(bonded tendon)
프리텐션 방식의 긴장재와 포스트텐션 방식에서 그라우팅 작업을 한 긴장재는 콘크리트와 부착이 이루어진다.

② 부착시키지 않은 긴장재(unbonded tendon)
포스트텐션 방식에서 그라우팅 작업을 하지 않은 긴장재는 부착이 이루어지지 않는다.

5) 단부 정착장치의 유무(도입 시기)에 따른 분류

① 정착장치가 있는 긴장재(end-anchored tendon)
일반적으로 포스트텐셔닝의 방법으로 정착장치에 의해 긴장력을 전달시키는 방법으로, 콘크리트가 굳은 뒤에 긴장재를 긴장하는 방법이다.

② 정착장치가 없는 긴장재(nonend-anchored tendon)
일반적으로 프리텐셔닝의 방법으로 콘크리트와의 부착에 의해 긴장력을 전달시키는 방법으로, 콘크리트를 치기 전에 미리 긴장재를 긴장해 두는 방법이다.

4. 프리캐스트, 현장치기 및 합성구조

1) 프리캐스트

① 프리캐스트팅(precasting)이란 부재의 최종 사용위치가 아닌 곳에서 콘크리트를 쳐서 부재를 만드는 것을 말한다. 제조공장이나 현장 근처에서 부재를 제조해서 최종 위치에 운반하여 설치하는 것이다.

② 프리캐스트팅은 대량생산이 가능하며, 품질관리가 잘 되고 또 일반적으로 경제적이다.

2) 현장치기 콘크리트

① 구조물의 설치 위치에 직접 콘크리트를 타설하여 부재를 만드는 것을 말한다.

KEY NOTE

② 거푸집과 동바리를 필요로 하지만, 운반 및 가설비를 절약할 수 있다.

③ 현장치기 콘크리트(cast-in-place)는 크고 무거운 부재에 적당하다.

3) 합성구조(합성부재)

① 구조물의 일부는 프리캐스트로 제작하여 가설하고, 나머지 부분은 현장치기 콘크리트로 하여 구조물을 완성하는 구조를 말한다.

② 합성구조는 전체 구조물을 현장치기 콘크리트로 할 경우보다 거푸집과 동바리가 훨씬 절약된다.

③ 합성구조에서 가장 중요한 것은 완전한 합성작용(composite action)을 확보하는 것이다. 즉, 두 콘크리트가 일체로 작용하여 완전한 부착이 확보되어야 한다.

4) 합성구조의 경제적 이점

① 프리캐스트 부재는 공장에서 생산되므로 균일한 품질의 PSC 부재를 이용할 수 있다.

② 현장에서 거푸집과 동바리를 크게 줄일 수 있다.

③ 현장작업이 간단하여 공사기간을 단축할 수 있다.

④ 단면의 인장측만을 PSC 구조로 할 수 있다.

2 PSC 재료

1. 콘크리트

1) 품질의 요구사항

① 압축강도가 높아야 한다.

② 건조수축과 크리프가 작아야 한다. 물-시멘트비는 될 수 있는 대로 작게 하되, $w/c = 45\%$ 이하로 하여야 한다.

③ 단위 시멘트량은 필요한 범위 내에서 최소로 하고, 시공이 가능한 범위 내에서 사용수량을 될 수 있는 대로 적게 한다.

④ 알맞은 입도를 갖는 양질의 골재를 사용한다.

2) 설계기준 강도

① 프리텐션 부재는 긴장재와 콘크리트의 부착에 의해 긴장력을 전달시키기 때문에 콘크리트의 강도가 커야 한다.

$$f_{ck} \geq 35\text{Mpa}$$

② 포스트텐션 부재

$$f_{ck} \geq 30\text{Mpa}$$

3) 프리스트레스 도입 시 콘크리트의 압축강도

① 프리스트레스를 도입할 때 콘크리트에 요구되는 압축강도는 다음 두 조건을 만족해야 한다.

② 프리스트레스 도입 시 안전과 충분한 부작강도를 위한 강도

$$f_{ci} \geq 1.7 f_{ct}$$

여기서, f_{ci} : 프리스트레스를 도입할 때 부재 본체의 콘크리트 압축강도

f_{ct} : 프리스트레스를 도입 직후, 콘크리트에 발생하는 최대압축 응력

③ 프리텐션 부재 : $f_{ci} \geq 30\text{Mpa}$

④ 포스트텐션 부재

- 여러 개의 강연선 : $f_{ci} \geq 28\text{Mpa}$
- 단일 강연선이나 강봉 : $f_{ci} \geq 17\text{Mpa}$

4) 콘크리트의 탄성계수

RC에서와 같은 방법으로 계산한다.

$$E_c = 0.077 m_c^{1.5} \sqrt[3]{f_{cu}} = 8{,}500 \sqrt[3]{f_{cu}}\,[\text{Mpa}]$$

여기서, 평균압축강도, $f_{cu} = f_{ck} + \triangle f[\text{Mpa}]$

5) PS강재와 직접 부착되는 콘크리트나 그라우트에는, PS강재를 부식시킬 수 있는 염화칼슘을 사용해서는 안 된다.

6) 굵은 골재 최대치수는 25mm를 표준으로 하며, 단위수량은 45% 이하여야 하고, 고온증기로 양생하여야 한다.

2. PS강재

1) PS강재 품질의 요구사항

① 인장강도가 높아야 한다. 고강도일수록 긴장력의 손실률이 적다.

② 항복비가 커야 한다. 항복비란 인장강도에 대한 항복강도의 비를 말하고, 80% 이상이어야 한다.

③ 릴렉세이션(relaxation)이 작아야 한다.

④ 적당한 연성과 인성을 가져야 한다.

⑤ 응력부식에 대한 저항성이 커야 한다.

KEY NOTE

콘크리트 강도

① 프리텐션 공법 : f_{ck} =35MPa
② 포스트텐션 공법 : f_{ck} =30MPa

PS강재 품질 요구사항

① 인장강도 大
② 항복비 大
③ 릴렉세이션 小
④ 부착강도 大
⑤ 부식저항성 大
⑥ 피로저항성 大

◎ KEY NOTE

⑥ 부착시켜 사용하는 PS강재는 콘크리트와의 부착강도가 좋아야 한다.
⑦ 어느 정도의 피로강도를 가져야 한다.
⑧ 곧게 잘 펴지는 직선성(신직성)이 좋아야 한다.

2) PS강재의 탄성계수

PS강재의 탄성계수는 강도에 비해 비교적 작아 $1.9 \times 10^5 \sim 2.1 \times 10^5$MPa 정도이다. 시험에 의해 정하는 것을 원칙으로 하되, 시험에 의하지 않을 경우에는 다음 값으로 해석해도 된다.

$$E_{ps} = 2.0 \times 10^5 \text{MPa}$$

PS강재의 종류
① PS강선
② PS강봉
③ PS강연선(PS strand)

3) PS강재의 종류

① PS강선

- 원형 PS강선 : 지름 2.9~9mm의 원형 강선, 하나 또는 여러 개를 나란히 놓아 다발로 긴장재를 구성, 프리텐션 방식, 포스트텐션 방식에 사용된다.
- 이형 PS강선 : 콘크리트와의 부착 강도를 높이기 위해 표면에 돌기(凸부) 또는 곰보(凹부)를 연속 또는 일정 간격으로 붙인 것. 주로 프리텐션 방식에 사용된다.

② PS강봉

- 원형 PS강봉 : 지름 9.2~32mm의 주로 포스트텐션 방식에 사용된다.
- 이형 PS강봉 : 지름 7.4~13mm, 표면에 돌기(凸부) 또는 곰보(凹부)를 연속 또는 일정 간격으로 붙인 것. 전조 나사 등을 사용하여 쉽게 정착한다. 릴렉세이션이 비교적 작다.
- 끝부분을 가공하거나 커플러(coupler) 등으로 연결하여 사용할 수 있다.

③ PS강연선(PS strand)

- 여러 개의 강선을 꼬아서 만든 것으로 2연선, 7연선이 많이 쓰이며 19연선, 37연선도 사용된다.
- 작은 지름의 PS강연선은 프리텐션 방식, 포스트텐션 방식에 모두 사용된다. 큰 지름의 PS강연선은 포스트텐션 방식에 많이 쓰인다.

4) PS강재의 특성

① PS 강선의 인장 강도는 고강도 철근의 4배, PS강봉의 약 2배 정도이다.
② 인장강도의 크기는 PS강봉<PS강선<PS강연선 순이다.

③ 지름이 작은 것일수록 인장 강도나 항복점 응력은 커지고 파단 시의 연신율은 작아진다.

④ 뚜렷한 항복점이 없다. KS 규정에서 뚜렷한 항복점이 없을 시 0.2%의 잔류 변형률을 나타내는 응력을 항복점으로 하고, 0.02%의 잔류 변형률을 나타내는 응력을 탄성한도로 한다.

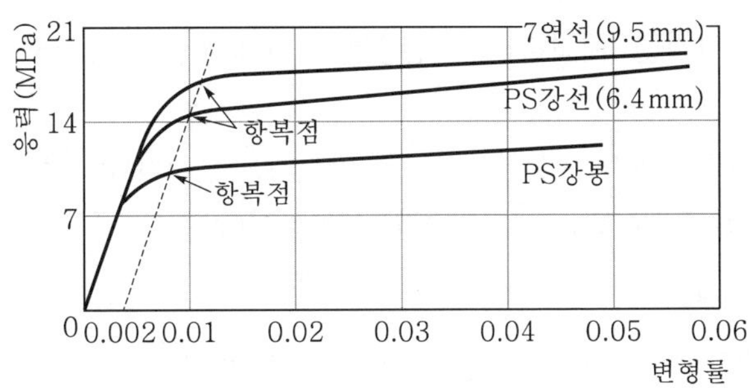

[그림 11-6] PS강재의 응력-변형률 곡선

KEY NOTE

PS강재 탄성계수

$E_p = 2.0 \times 10^5$MPa

5) PS강재의 릴렉세이션

① PS강재를 긴장한 채 일정한 길이로 유지해 두면 시간의 경과와 더불어 인장 응력이 감소하는 현상. 즉, 긴장력이 느슨해지는 현상을 말한다.

② 순 릴렉세이션 인장 응력의 감소량을 PS강재의 초기 인장응력에 대한 백분율로 나타낸 것을 말한다.

③ 겉보기 릴렉세이션

콘크리트의 건조수축이나 크리프에 의한 PS강재의 인장변형감소를 고려하여 구한 PS강재의 릴렉세이션 값을 말한다.

④ PS강재의 릴렉세이션은 온도에 따라 다르며 높은 온도하에서는 매우 커진다.

포스트텐션 공법 적용재료

① 쉬스
② 그라우트

6) 강재의 순간격

① 프리텐션 부재

강선은 $5d_b$ 이상, 스트랜드는 $4d_b$ 이상이어야 한다.

② 프리텐션 부재의 경간 중앙부

수직 간격을 부재 끝단보다 좁게 사용하거나 다발로 사용해도 좋다.

7) 덕트의 순간격

포스트텐션 부재에서 덕트를 다발로 사용해도 좋으며, 이때 덕트의 순간격은 굵은 골재 최대치수의 1.3~1배 또는 25mm 이상이다.

KEY NOTE

3. 기타 보조재료

1) 도관(sheath, 쉬스)

포스트텐션 방식에서 콘크리트를 타설할 때 덕트(duct)를 형성하기 위해 쓰이는 파상모양의 얇은 강관을 말한다.

2) 철근

① 사인장철근, 배력철근, 조립용철근, 보강철근 등이 PSC 부재에 사용된다.

② 도로교설계기준에서는 철근의 항복강도가 500Mpa를 초과하지 않도록 하고 있으며, 이형철근을 사용하여야 한다.

3) 덕트(duct)

콘크리트 부재 속에 긴장재를 배치하기 위해 뚫어 놓은 구멍(공간)을 말한다.

4) 정착장치

포스트텐션 방식에서 긴장재를 긴장한 후 그 끝을 콘크리트에 정착시키는 기구를 말한다.

5) 접속장치

PS강재와 PS강재를 접속하는 기구로 주로 나사를 많이 사용한다.

그라우팅

① 포스트텐션 공법에만 사용
② PS강재의 부식방지
③ 그라우트의 요구조건
- 팽창률 : 10% 이하
- 블리딩 : 0%
- 재령 28일의 압축강도(f_{ck}) : 20Mpa 이상
- 물-시멘트비(w/c) : 45% 이하
- 주입 압력 : 0.3MPa 이상
- 주입 완료까지의 시간은 30분이 표준

6) PSC그라우트(grout)

① 포스트텐션 방식에서 강재의 부식을 방지하고, 동시에 콘크리트와 부착시키기 위해서 쉬스안에 시멘트풀 또는 모르터를 주입한다. 이런 목적으로 만든 시멘트풀 또는 모르타르(모르터)를 그라우트라 하고, 그라우트를 주입하는 작업을 그라우팅(grouting)이라고 한다.

② 그라우트의 요구조건
- 팽창률 : 10% 이하
- 블리딩 : 0%
- 재령 28일의 압축강도(f_{ck}) : 20Mpa 이상
- 물-시멘트비(w/c) : 45% 이하
- 주입 압력 : 0.3MPa 이상
- 주입 완료까지의 시간은 30분을 표준으로 한다.

7) 접합재료

① 프리케스트 부재를 이어대고 프리스트레스를 도입하여 일체로 작용하는 PSC 구조물을 만들 때, 접합이음에 쓰이는 재료를 접합재료라고 한다.

② 접합재료의 종류와 품질은 주로 구조물의 종류, 접합부의 구조, 설계 조건 및 시공조건 등에 따라 정해진다.

③ 접합재료
- 콘크리트
- 모르타르
- 접착제 : 에폭시 수지계가 가장 많이 쓰인다.

KEY NOTE

3 프리스트레스의 도입

1. 프리스트레싱 방법

1) 용어의 정의

① 프리스트레스(prestress)
외력에 의한 인장응력을 상쇄하기 위하여 미리 인위적으로 콘크리트에 준 응력이다.

② 프리스트레싱(prestressing)
콘크리트의 프리스트레스를 주는 일이다.

③ 프리스트레스 힘(prestress force)
프리스트레싱에 의하여 부재단면에 작용하고 있는 힘을 말한다.

파셜 프리스트레싱 개념
파셜 프리스트레싱(Partial Prestressing) : 콘크리트 단면 일부에 어느 정도 인장응력 발생을 허용

2) 프리스트레싱의 종류

① 완전 프리스트레싱과 부분 프리스트레싱이 있다.

② 완전 프리스트레싱(Full Prestressing)
사용하중 재하 시 부재 내에 인장응력이 전혀 발생하지 않도록 완전하게 프리스트레싱하는 방법이다.

③ 부분적 프리스트레싱(Partial Prestressing)
사용하중 재하 시 부재 내에 허용범위 내에서 인장응력의 발생을 허용하며, 인장을 받는 부분에 철근을 사용하도록 설계하는 프리스트레싱하는 방법이다.

2. PSC 제작공법

1) 프리텐션 공법

① 콘크리트를 타설하기 전에 긴장재를 미리 긴장하여 인장대에 긴장해 두는 방법이다. 공장제품에 유리하다.

② 한쪽은 고정 정착판으로, 다른 한쪽은 가동 정착판으로 되어 있다.

KEY NOTE

③ 작업순서

인장대 설치 → 철근배근 및 강재배치와 긴장 → 거푸집 설치 → 콘크리트 타설 → 양생 → 긴장력 도입 → 강재 절단

④ 공법

- 롱라인공법(long line method, 연속식) : 1회 긴장력에 2부재 이상 제조
- 단일몰드공법(individual mold method, 단독식) : 1회 긴장력에 1부재만 제조

⑤ 장 · 단점

- 대량으로 제조 가능하고, 시스와 정착장치 등이 불필요하다.
- 곡선배치가 어려워 대형구조물에 부적합하고, 단부에 PS긴장력이 도입되지 않는다.

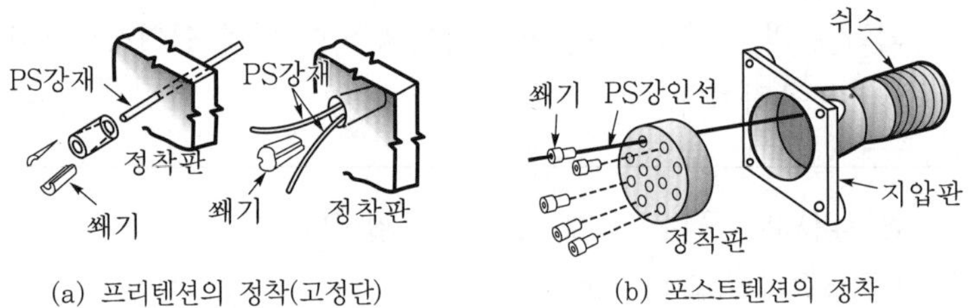

(a) 프리텐션의 정착(고정단)　　(b) 포스트텐션의 정착

[그림 11-7] PS긴장재의 정착

2) 포스트텐션 공법

① 콘크리트를 타설하고 경화한 후에 도관(쉬스) 속에 긴장재를 넣고 나중에 긴장하는 공법으로 현장 제작에 유리하다.

② 작업순서

철근배근, 도관(쉬스) 설치, 거푸집 제작 → 콘크리트 타설 → 양생→ 경화 후 도관 속에 PS강재 삽입 → 단부에 정착 → 도관 속 그라우팅

③ 장 · 단점

- 곡선배치가 가능하여, 대형구조물에 유리하다. 거푸집 자체를 지지대로 사용하므로 지지대가 불필요하다.
- 파괴강도가 낮고 균열 폭이 커진다. 특수한 긴장방법과 정착장치 필요하다.

④ PSC그라우트(grout)

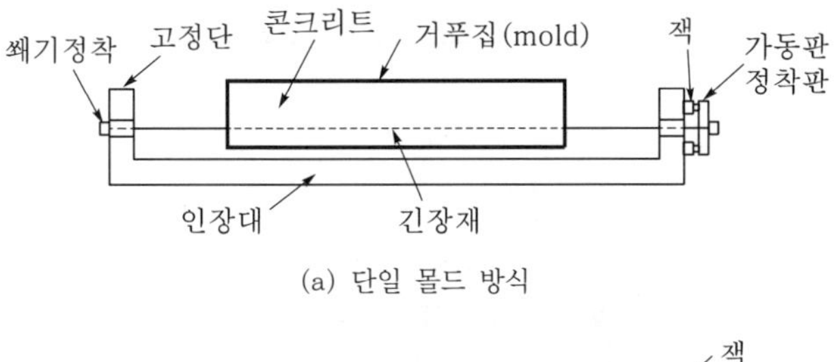

(a) 단일 몰드 방식

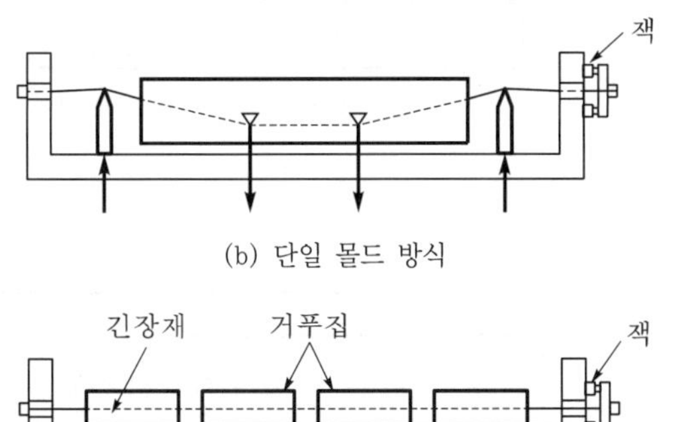

(b) 단일 몰드 방식

긴장재 거푸집 잭

(c) 롱 라인 방식

[그림 11-8] 프리텐션 방식

3) PS긴장재의 긴장방법

① 기계적 방법

잭(jack)을 사용하여 강재를 긴장하여 정착시키는 방법이며, 가장 보편적으로 쓰이는 방법이다.

② 화학적 방법

팽창성 시멘트를 이용하여 강재를 긴장시키는 방법이다. 팽창 시멘트를 사용한 콘크리트는 초기 재령에서 팽창한다. 이때 강재로 구속시켜 놓으면 강재는 긴장되고 콘크리트는 압축된다.

③ 전기적 방법

강재에 전류를 흘려서 가열하여 늘어난 강재를 콘크리트에 정착하는 방법이다.

④ 프리플렉스(preflex) 방법

고강도 강재로 된 보에 실제 작용할 하중보다 작은 하중을 가하여 휘게 한 상태에서 콘크리트를 친 후, 콘크리트가 충분한 강도에 도달하면 하중을 제거하여 콘크리트에 압축응력을 도입하는 방법이다.

KEY NOTE

PS긴장재의 긴장방법
① 기계적 방법
② 화학적 방법
③ 전기적 방법
④ 프리플렉스(preflex) 방법

KEY NOTE

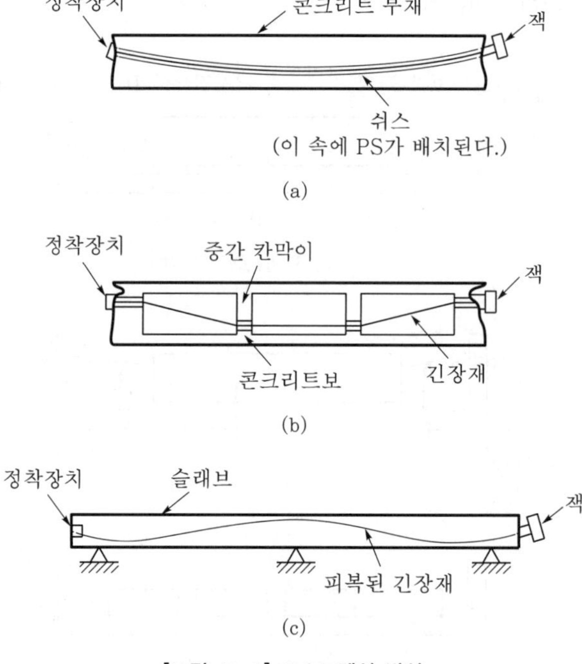

[그림 11-9] 포스트텐션 방식

PS강재의 정착방법
① 쐐기식 공법
② 지압식 공법
③ 루프식 공법

3. PS강재의 정착방법

1) 쐐기식 공법

PS강재와 정착 장치 사이의 마찰력을 이용한 쐐기 작용으로 PS강재를 정착하는 방법으로 PS강선, PS강연선의 정착에 주로 쓰인다.

① 프레시네 공법(Freyssinet 공법, 프랑스)
12개의 PS강선을 같은 간격의 다발로 만들어 하나의 긴장재를 구성, 한 번에 긴장하여 1개의 쐐기로 정착하는 공법이다.

② VSL공법(Vorspann System Losiger 공법, 독일)
지름 12.4mm 또는 지름 12.7mm의 7연선 PS스트랜드를 앵커헤드의 구멍에서 하나씩 쐐기로 정착하는 공법. 접속 장치에 의해 PC케이블을 이어나갈 수 있고, 재 긴장도 가능하다.

③ CCL공법(영국)

④ Magnel공법(벨기에)

2) 지압식 공법

① 리벳머리식
PS강선 끝을 못머리와 같이 제두 가공하여 이것을 지압판으로 지지하게 하는 방법

- BBRV공법(스위스) : 리벳머리식 정착의 대표적인 공법으로 보통 지름 7mm의 PS강선 끝을 제두기라는 특수한 기계로 냉간 가공하여 리벳머리를 만들고 이것을 앵커헤드로 지지시키는 방법

② 너트식

PS강봉 끝의 선조된 나사에 너트를 끼워서 정착판에 정착하는 방법으로 PS 강봉의 정착에 주로 쓰임. Dywidag공법, Lee-McCall공법이 대표적이다.

- 디비닥공법(Dywidag공법, 독일) : PS강봉 단부의 전조나사에 특수강재 너트를 끼워 정착판에 정착하는 방법으로 커플러(coupler)를 사용하여 PS강봉을 쉽게 이어나갈 수 있다.
  → 장대교 가설에 많이 이용 → 캔틸레버 가설법 가능

3) 루프식 공법

루프(loop)모양으로 가공한 PS강선 또는 강연선을 콘크리트 속에 묻어 넣어 콘크리트와의 부착 또는 지압에 의해 정착하는 방법

① Leobe 공법

② Baur-Leonhardt 공법 : 정착용 가동 블록 이용

4. PSC 제작공법의 특징 및 교량가설공법

1) PSC 제작공법의 특징

특성의 종류	프리텐션	포스트텐션
제작 시 공장설비	필요, 공작제작에 유리	불필요, 현장 제작에 유리
콘크리트 품질	양호	프리텐션보다 떨어짐
생산량	대량 생산	소량 생산
부재길이	짧은 부재	긴 부재
PS강재 배치	직선 배치	곡선, 절곡 배치
콘크리트 강도	상대적으로 고강도	상대적으로 저강도
긴장력의 도입 방식	부착	정착
보조재료	불필요	정착장치, 도관, 그라우트 필요

2) PSC 교량가설공법

현장타설공법	프리캐스트 공법
• ILM(increment launching method, 연속압출공법) • FCM(free cantilever method, 캔틸레버공법) • MSS(movable scaffolding method, 이동지보공법) • FSM(full staging method, 동바리공법)	• PSM(precast segment method) 공법 • PGM(precast girder method) 공법

KEY NOTE

◎ KEY NOTE

4 프리스트레스의 손실

1. 프리스트레스의 손실 원인과 감소량

1) PS강재에 준 인장응력은 여러 가지 원인에 의해 감소한다. PS강재의 인장응력이 감소함에 따라 콘크리트에 도입된 프리스트레스가 감소하는 현상을 프리스트레스의 감소 또는 프리스트레스의 손실이라 한다.

2) 프리스트레스를 도입할 때 발생하는 손실(도입 시 손실, 즉시 손실)

① 콘크리트의 탄성 변형(탄성 수축, elastic shortening)

② PS강재와 쉬스 사이의 마찰(포스트텐션 방식에만 발생)

③ 정착 장치의 활동(anchorage slip, anchorage set)

◆ 프리스트레스 손실의 종류
- 프리스트레스 도입 시 손실 3가지
- 프리스트레스 도입 후 손실 3가지
- PS강재와 쉬스 사이 마찰 손실 : 포스트텐션 방식에서 발생

3) 프리스트레스 도입 후에 발생하는 손실(도입 후 손실, 시간적 손실)

① 콘크리트의 크리프

② 콘크리트의 건조 수축(프리텐션 방식>포스트텐션 방식)

③ PS강재의 릴렉세이션(relaxation)

4) 유효율

① 유효율

$$R = \frac{\text{유효 프리스트레스}}{\text{초기 프리스트레스}} \times 100(\%)$$

$$P_e = R \cdot P_i$$

$$R = 1 - \frac{P_i - P_e}{P_i}$$

◆ 유효 프리스트레스

$P_e = R \cdot P_i$

여기서, R : 유효율

R_i : 초기 프리스트레스

◆ 초기 프리스트레스

$P_i = \frac{P_e}{R}$

여기서, $P_e = f \cdot A = E \cdot \varepsilon \cdot A$

② 감소율

$$\text{감소율} = \frac{\text{감소량}}{\text{초기 프리스트레스}} \times 100(\%) = \frac{\Delta P}{P_i} = \frac{P_i - P_e}{P_i}$$

여기서, P_i : 즉시 손실 발생 후 인장력(초기 프리스트레스, $P_i = 0.9P_j$)

P_e : 시간적 손실 발생 후 인장력으로 유효 프리스트레스 힘 (effective prestress force)

P_j : 최초에 긴장재에 준 인장력(jacking force, 재킹 힘)

5) 프리스트레스 도입 시 손실(즉시 손실)과 감소량

손실 원인	손실량(감소량)
① 콘크리트의 탄성변형	• 프리텐션 방식 : $\Delta f_p = nf_{ci}$ • 포스트텐션 방식 : $\Delta f_p = \frac{1}{2}nf_{ci}\frac{N-1}{N}$
② 긴장 시 도관(쉬스)과의 마찰 (포스트텐션에서만 발생)	• $\Delta P = P_o - P_x = P_o(kl + \mu\alpha)$ • 손실률$= \Delta P / P_o = (kl + \mu\alpha)$
③ 정착장치의 활동	• 일단 정착 $\Delta f_p = E_{ps}\frac{\Delta l}{l}$ • 양단 정착 $\Delta f_p = E_{ps}\frac{\Delta l}{l} \times 2$

④ 실험에 의한 정착장치의 활동량
- 쐐기식 : 3~6mm 정도
- 지압식 : 1mm 정도

6) 프리스트레스 도입 후 손실(시간적 손실)과 감소량

손실 원인	손실량(감소량)
① 건조수축	• $\Delta f_p = E_{ps} \cdot \varepsilon_{cs}$
② 크리프	• $\Delta f_p = nf_{ci}\phi_t$
③ 긴장재의 릴렉세이션	• 강선, 강연선 : 5% • 강봉 : 3%

7) 유효율과 감소율(유효율+감소율=100(%))

유효율(R)	손실률(감소율)
$R = \frac{P_e}{P_i} \times 100(\%)$	감소율$= \frac{\Delta P}{P_i} \times 100(\%)$

8) 유효율 R의 대략값과 가장 큰 감소 원인

① 프리텐션 방식 $R = 0.80$

② 포스트텐션 $R = 0.85$

③ 가장 큰 감소 원인은 건조수축과 크리프이다.

2. 프리스트레스의 감소량

1) 콘크리트의 탄성 변형에 의한 손실

① 프리텐션 방식

부재의 강재와 콘크리트는 일체로 거동하므로 강재의 변형률 ε_p와 콘크리트의 변형률 ε_c는 같아야 한다.

KEY NOTE

정착장치 활동 손실응력

$\Delta f_{pa} = E_p \cdot \varepsilon = E_p \frac{\Delta l}{l}$

손실된 힘

$\Delta P = \Delta f_{pa} \times A_p$

여기서, A_p : 강재단면적

마찰손실률

$= (kl + u\alpha) \times 100(\%)$

탄성변형 손실응력

프리텐션 공법 $\Delta f_{pe} = nf_{ci}$

$\therefore f_{ci} = \frac{P_i}{A} = \frac{f_{pi} \cdot A_p}{A}$

여기서, f_{pi} : 초기 프리스트레스 응력

A_p : 강선 단면적

$\therefore f_p = f_{pi} - \Delta f_{pe}$

크리프 손실률

크리프 손실률$= \frac{\Delta f_{pc}}{P_i} \times 100(\%)$

KEY NOTE

$$\Delta f_{pe} = E_p \varepsilon_p = E_p \varepsilon_c = E_p \cdot \frac{f_{ci}}{E_c} = n \cdot f_{ci}$$

여기서, f_{ci} : 프리스트레스 도입 후 강재 둘레 콘크리트의 응력

n : 탄성계수비

② 포스트텐션 방식

- 강재를 전부 한꺼번에 긴장할 경우는 응력의 감소가 없다. 콘크리트 부재에 직접 지지하여 강재를 긴장하기 때문이다.
- 순차적으로 긴장할 때는 제일 먼저 긴장하여 정착한 PC강재가 가장 많이 감소하고 마지막으로 긴장하여 정착한 긴장재는 감소가 없다. 따라서, 프리스트레스의 감소량을 계산하려면 복잡하므로 제일 먼저 긴장한 긴장재의 감소량을 계산하여 그 값의 1/2을 모든 긴장재의 평균 손실량으로 한다.

$$\Delta f_{pe} = \frac{1}{2} n f_{ci} \frac{N-1}{N}$$

여기서, N : 긴장재의 긴장 횟수

f_{ci} : 프리스트레싱에 의한 긴장재 도심 위치에서의 콘크리트 압축 응력

2) 마찰에 의한 손실

강재의 인장력은 쉬스와의 마찰로 인하여 긴장재의 끝에서 중심으로 갈수록 작아지며, 포스트텐션 방식에만 해당된다.

① 곡률마찰과 파상마찰을 동시에 고려할 때

$$P_x = P_0 \cdot e^{-(kl + \mu\alpha)}$$

여기서, P_x : 인장 단으로부터 x거리에서 긴장재의 인장력

P_0 : 인장 단에서 긴장재의 인장력

l : 인장 단으로부터 고려하는 단면까지의 긴장재의 길이(m)

k : 파상마찰계수　　μ : 곡률마찰계수　　α : 각 변화(radian)

② 근사식

l이 40m 이내이고, 긴장재의 각변화(α)가 30° 이하인 경우이거나 $\mu\alpha + kl \le 0.3$인 경우에는 근사식으로 계산할 수 있다.

$$P_x = P_0(1 - kl - \mu\alpha)$$

긴장력의 손실량 $\Delta P = P_0 - P_x$

$$\therefore \text{손실률} = \frac{\Delta P}{P_0} = \mu\alpha + kl$$

KEY NOTE

3) 정착 장치에 의한 손실

① 프리텐션 방식은 고정 지주의 정착 장치에서 발생한다.

② 포스트텐션 방식의 경우(1단 정착일 경우)

$$\triangle f_{pa} = E_p \cdot \varepsilon = E_p \frac{\Delta l}{l}$$

여기서, E_p : 강재의 탄성계수($E_p = 2.0 \times 10^5 \text{MPa}$)

l : 긴장재의 길이

Δl : 정착 장치에서 긴장재의 활동량

4) 건조수축과 크리프에 의한 손실

① 콘크리트의 건조수축에 의한 손실

$$\triangle f_{ps} = E_p \cdot \varepsilon_{cs}$$

여기서, ε_{cs} : 강재가 있는 곳의 콘크리트 건조 수축 변형률

② 콘크리트의 크리프에 대한 손실

$$\triangle f_{pc} = n f_{ci} \phi$$

여기서, ϕ : 크리프 계수(수중 $\phi \le 1.0$, 옥외 $\phi = 2.0$, 옥내 $\phi = 3.0$)

5) 강재의 릴렉세이션에 의한 손실

① 포스트텐션 부재의 경우

$$\triangle f_{pr} = f_{pi} \cdot \frac{\log t}{10}\left(\frac{f_{pi}}{f_{py}} - 0.55\right)$$

② 프리텐션 부재의 경우

$$\triangle f_{pr} = f_{pi} \cdot \left(\frac{\log t_n - \log t_r}{10}\right)\left(\frac{f_{pi}}{f_{py}} - 0.55\right)$$

여기서, f_{pi} : 프리스트레스 도입 직후의 긴장재의 인자응력

f_{py} : 긴장재의 항복강도

t : 프리스트레싱 후 크리프로 인한 손실 계산까지의 시간(hr)

③ 강재의 릴렉세이션에 의한 손실의 근사식

$$\triangle f_{pr} = r f_{pi}$$

여기서, 강선, 강연선 : $r = 5\%$

강봉 : $r = 3\%$

KEY NOTE

5 PSC 부재의 해석과 설계

1. 휨을 받는 보의 일반적 거동

1) PSC보는 하중단계에 따라 그 거동이 변화함으로, 하중단계에 따라 검토해야 한다.

① 프리스트레스 도입 직후, 초기 프리스트레스 힘(P_i)만이 작용할 경우

② 초기 프리스트레스 힘과 부재자중이 작용할 때

③ 초기 프리스트레스 힘과 전체 사하중(고정하중)이 작용할 때

④ 유효 프리스트레스 힘(P_i)과 사용하중(사하중+활하중)이 작용할 때

⑤ 사용하중에 하중계수를 곱한 하중, 즉 계수하중이 작용할 때

2) PSC보는 균열발생 전과 균열발생 후의 거동이 매우 다르다.

3) 설계일반

① 프리스트레스트 콘크리트 부재의 설계는 프리스트레스를 도입할 때부터 구조물의 수명기간 동안에 모든 재하단계의 강도 및 사용조건에 따른 거동에 근거하여야 한다.

② 프리스트레스에 의해 발생되는 응력집중은 설계를 할 때 검토되어야 한다.

③ 프리스트레스에 의해 발생되는 부재의 탄·소성변형, 처짐, 길이 변화 및 비틀림 등에 의해 인접한 구조물에 미치는 영향을 고려하여야 한다. 이 경우 온도와 건조수축의 영향도 고려하여야 한다.

④ 덕트의 치수가 과대하여 긴장재와 덕트가 부분적으로 접촉하는 경우, 접촉하는 위치 사이에 있어서 부재 좌굴과 얇은 복부 및 플랜지의 좌굴이 발생할 가능성을 검토하여야 한다.

⑤ 긴장재가 부착되기 전의 단면 특성을 계산할 경우 덕트로 인한 단면적의 순실을 고려하여야 한다.

4) 균열발생 전의 응력 해석상의 가정

① 단면의 변형률은 중립축으로부터의 거리에 비례한다.

② 콘크리트와 PS강재 및 보강철근은 탄성체로 본다.

③ 콘크리트의 총 단면을 유효하다고 본다.

④ 긴장재를 부착시키기 전의 단면의 계산에 있어서는 덕트의 단면적을 공제한다. 부착시킨 긴장재 및 보강철근의 단면적은 콘크리트 단면으로 환산한다.

2. 하중에 의한 PS강재의 응력

1) 하중에 의해 증가되는 부착 PS긴장재의 응력

부착이므로 변형률이 서로 같다. $\varepsilon_c = \varepsilon_p$로부터 $\dfrac{f_c}{E_c} = \dfrac{f_p}{E_p}$

$$\therefore\ f_p = \frac{E_p}{E_c} f_c = n f_c$$

PS강재 도심 위치에서의 콘크리트 응력은 $f_c = \dfrac{M}{I} e_p$이므로

$$\therefore\ f_p = n f_c = n \frac{M}{I} e_p$$

여기서, M : 하중에 의한 휨모멘트

e_p : 단면 도심으로부터 PS강재 도심까지의 거리

2) 하중에 의해 증가되는 비부착 PS긴장재의 중앙단면에서 응력

비부착이므로 응력이 비례하지 않는다. $\varepsilon_c = \dfrac{f_c}{E_c} = \dfrac{Me_p}{E_c I}$ 로부터 PS강재의 평균응력은

$$f_p = E_P \frac{\Delta l}{l} = \int \frac{E_p M e_p}{l E_c I} dx = \frac{n}{l} \int \frac{M e_p}{I} dx$$

이다. I가 보의 전 길이에 걸쳐 일정하면

$$f_p = \frac{8}{15} n \frac{M e_p}{I} \fallingdotseq \frac{1}{2} n \frac{M e_p}{I}$$

3) 비부착 PS강재의 중앙단면에서 응력 증가량은 부착된 그것의 약 절반(1/2) 정도이다.

3. 균열 정도에 따른 등급

1) 설계기준에서, 구분된 균열등급에 따라 응력 및 사용성을 검토해야 한다.

2) 균열 정도에 따른 등급의 구분

① 비균열 등급($f_t \le 0.63\sqrt{f_{ck}}$, 비균열 단면)

사용하중 하에서 총 단면으로 계산한, 미리 압축을 가한 인장구역에서의 인장연단응력 f_t가 콘크리트 파괴계수(f_r) 이하이므로 균열이 발생하지 않는다. 따라서 응력이나 처짐을 계산할 때, 총 단면에 대한 단면2차모멘트 I_g를 사용하여 계산한다.

◎ KEY NOTE

○ PS강재 긴장 시 허용인장응력

○ 프리스트레스 도입 후 허용인장응력

○ (PS강선 편심 배치) 상·하연 응력

상·하연 응력

$$f_{\substack{ci\\ti}} = \frac{P_i}{A_g} \mp \frac{P_i \cdot e}{I} y \pm \frac{M}{I} y$$

여기서, $M = \dfrac{wl^2}{8}$

○ (PS강선 도심배치) 하연응력=0

• 상·하연 응력

$$f_{\substack{ci\\ti}} = \frac{P_i}{A_g} \pm \frac{M}{I} y$$

• $f_{ti} = 0$; $f_{ti} = \dfrac{P_i}{A_g} - \dfrac{M}{I} y = 0$

$\therefore\ P_i = \dfrac{6M}{h}$ $\left(M = \dfrac{wl^2}{8}\right)$

$\therefore\ M = \dfrac{P_i \cdot h}{6}$ $(P_e = P_i \times R)$

여기서, 손실률 발생하면 P_e 사용

KEY NOTE

균열 정도에 따른 등급분류
① 비균열 등급 ($f_t \le 0.63\sqrt{f_{ck}}$)
② 부분균열 등급 ($0.63\sqrt{f_{ck}} < f_t \le 1.0\sqrt{f_{ck}}$)
③ 완전균열 등급($f_t > 1.0\sqrt{f_{ck}}$)

② 부분균열 등급($0.63\sqrt{f_{ck}} < f_t \le 1.0\sqrt{f_{ck}}$, 부분균열 단면)

비균열 등급과 완전균열 등급의 중간수준으로 거동한다. 사용하중이 작용할 때의 응력은 총 단면으로 계산한다. 그러나 처짐은 균열 환산단면에 기초하여 2개의 직선으로 구성되는 모멘트-처짐 관계를 사용하여 계산하거나 또는 유효단면2차모멘트 I_e를 사용하여 계산한다.

③ 완전균열 등급($f_t > 1.0\sqrt{f_{ck}}$, 완전균열 단면)

사용하중이 작용할 때의 응력은 균열 환산단면을 사용하여 계산한다. 처짐은 균열 환산단면 해석에 기초하여 2개의 직선으로 구성되는 모멘트-처짐 관계를 사용하여 계산하거나 또는 유효단면2차모멘트 I_e를 사용하여 계산한다.

3) 프리스트레스된 2방향 슬래브는 $f_t \le 0.50\sqrt{f_{ck}}$를 만족하는 비균열 단면부재로 설계해야 한다.

4. 콘크리트의 허용 휨응력

1) 프리스트레스 도입 직후 시간에 따른 프리스트레스 손실이 일어나기 전의 응력은 다음 값을 초과해서는 안 된다.

① 휨 압축응력 : $0.60f_{ci}$

② 단순지지 부재 단부 이외 곳의 휨 인장응력 : $0.25\sqrt{f_{ci}}$

③ 단순지지 부재 단부에서의 휨 인장응력 : $0.50\sqrt{f_{ci}}$

여기서, f_{ci} : 프리스트레스를 도입할 때 콘크리트 압축강도(MPa)

2) 모든 프리스트레스의 손실이 일어난 후 사용하중이 작용할 때의 콘크리트 휨 응력은 다음 값을 초과해서는 안 된다.

① 긴장력과 지속하중이 작용할 때의 휨 압축응력 : $0.45\sqrt{f_{ck}}$

② 긴장력과 전체하중이 작용할 때의 휨 인장응력 : $0.60\sqrt{f_{ck}}$

5. PS강재의 허용응력

1) 긴장을 할 때 긴장재의 인장응력

$0.80f_{pu}$ 또는 $0.94f_{py}$ 중 작은 값 이하

2) 프리스트레스 도입 직후

① 프리텐션 : $0.74f_{pu}$ 또는 $0.82f_{py}$ 중 작은 값

② 포스트텐션 : $0.70f_{pu}$

여기서, f_{py} : 강재의 설계기준항복강도(Mpa)

f_{pu} : 강재의 설계기준인장강도(Mpa)

6. PSC보의 휨강도

1) 균열모멘트

① 인장측 콘크리트에 휨 균열을 발생시키는 크기의 모멘트를 균열모멘트라고 한다. 콘크리트의 휨 인장강도(파괴계수)에 도달한 순간으로 가정한다.

② 휨 균열은 인장측 콘크리트가 받는 인장응력이 휨 인장강도를 넘어설 때 발생한다.

$$M_{cr} = P \cdot e + \frac{PI}{Ay} + \frac{I}{y} f_r = P\left(e + \frac{r^2}{y}\right) + \frac{I}{y} f_r$$

여기서, 휨 인장강도(파괴계수) : $f_r = 0.63\lambda\sqrt{f_{ck}}$(Mpa)

2) 콘크리트 단면 상하연의 응력(응력개념)

$$f_{\substack{c\\t}} = \frac{P_i}{A_c} \mp \frac{P_i e}{I} y \pm \frac{M}{I} y$$

3) 보의 휨강도 해석(PS강재와 콘크리트가 부착된 경우)

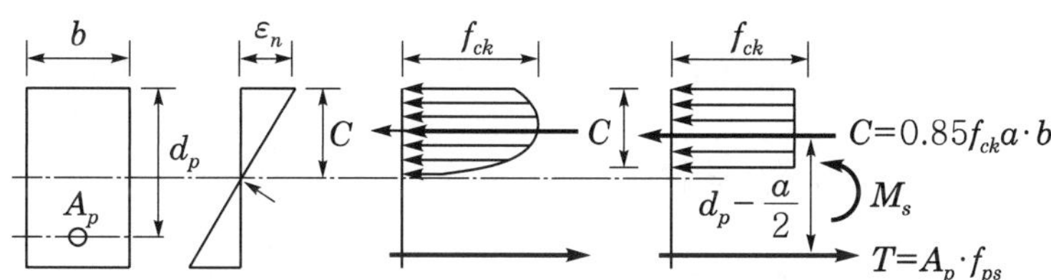

[그림 11-10] 콘크리트 응력의 분포

① 파괴 때의 PS강재의 응력

$$f_{ps} = E_p \varepsilon_{ps}$$

여기서, ε_{ps} : PS강재의 축변형률($= \varepsilon_1 + \varepsilon_2 + \varepsilon_3$)

② 등가깊이

$C = T$로부터, $0.85 f_{ck} ab = A_p f_{ps}$

$$\therefore\ a = \frac{A_p f_{ps}}{0.85 f_{ck} b}$$

KEY NOTE

균열모멘트 M_{cr}

$M_{cr} = P \cdot e + \frac{P}{A}\frac{I}{y} + (f_r)\frac{I}{y}$

여기서, $f_r = 0.63\lambda\sqrt{f_{ck}}$

KEY NOTE

③ 공칭휨강도

$$M_n = C \cdot Z = T \cdot Z = A_p f_{ps}(d_p - \frac{a}{2})$$

④ 설계휨강도

$$M_d = \phi M_n = \phi A_p f_{ps}(d_p - \frac{a}{2})$$

⑤ 부착 긴장재의 인장응력(f_{ps})

$$f_{ps} = f_{pu}\left\{1 - \frac{\gamma_p}{\beta_1}\left[\rho_p \frac{f_{pu}}{f_{ck}} + \frac{d}{d_p}(w - w')\right]\right\}$$

여기서, γ_p : 긴장재의 종류에 따른 계수(강봉=0.55, 중이완=0.40, 저이완=0.28)

w : 인장철근 강재지수($w = \rho \frac{f_y}{f_{ck}}$)

w' : 압축철근 강재지수($w' = \rho' \frac{f_y}{f_{ck}}$)

ρ_p : 긴장재비($\rho_p = \frac{A_{ps}}{bd_p}$)

⑥ 비부착 긴장재의 인장응력(f_{ps})

- $L/h \le 35$인 경우

$$f_{ps} = f_{pe} + 70 + \frac{f_{ck}}{100\rho_p} \le f_{py} \text{ or } (f_{pe} + 420)(\text{Mpa})$$

- $L/h > 35$인 경우

$$f_{ps} = f_{pe} + 70 + \frac{f_{ck}}{300\rho_p} \le f_{py} \text{ or } (f_{pe} + 210)(\text{Mpa})$$

여기서, f_{pe} : 긴장재의 유효프리스트레스 응력($f_{pe} = \frac{F_{pe}}{A_{sp}}$)

7. 보의 전단 해석과 설계

1) 콘크리트가 부담하는 전단강도

① 휨철근 인장강도의 40% 이상의 유효 프리스트레스 힘이 작용하는 부재의 경우, 콘크리트의 공칭전단강도 실용식은

$$V_c = \left(0.05\lambda\sqrt{f_{ck}} + 4.9\frac{V_u d_p}{M_u}\right)b_w d$$

KEY NOTE

② 조건

$\frac{V_u d_p}{M_u} \le 1.0$이고, 콘크리트의 공칭전단강도 V_c는 $\frac{1}{6}\lambda\sqrt{f_{ck}}b_w d \le V_c \le \frac{5}{12}\lambda\sqrt{f_{ck}}b_w d$라야 한다.

2) 전단철근이 부담하는 전단강도

① 부재축에 직각으로 전단철근이 배치되는 경우

$$V_s = \frac{A_v f_y d}{s}$$

② V_s는 $\frac{2}{3}\sqrt{f_{ck}}b_w d$ 이하이어야 한다.

3) 전단강도

① 공칭전단강도는 콘크리트의 공칭전단강도와 철근의 공칭전단강도를 합하여 구한다.

$$V_n = V_c + V_s$$

② 설계전단강도

$V_d = \phi V_n \ge V_u$이고,

$V_u = \phi V_n = \phi(V_c + V_s) = \phi(V_c + \frac{A_v f_y d}{s})$로부터

1개의 소요스터럽의 단면적은

$$\therefore\ A_v = \frac{(V_u - \phi V_c)s}{\phi f_y d}$$

전단철근의 간격은

$$\therefore\ s = \frac{\phi A_v f_y d}{V_u - \phi V_c}$$

4) 최소 전단철근량

① 일반적인 경우

$$A_{v \cdot \min} = 0.0625\sqrt{f_{ck}}\frac{b_w s}{f_{yt}} \ge 0.35\frac{b_w s}{f_{yt}}$$

② 휨 철근 인장강도의 40% 이상의 유효 프리스트레스가 작용하는 경우

$$A_{v \cdot \min} = \frac{A_{ps}}{80}\frac{f_{pu}}{f_y}\frac{s}{d}\sqrt{\frac{d}{b_w}}$$

여기서, A_{ps} : PS강재의 단면적, f_{pu} : PS강재의 인장강도

CHAPTER 11 적중 예상문제

01 프리스트레스 손실은 프리스트레스를 도입할 때 발생하는 즉시 손실과 프리스트레스 도입 후에 발생하는 시간적 손실로 크게 나눌 수 있다. 다음 중 프리스트레스 도입 후에 발생하는 시간적 손실로 묶여 있는 것은?

① 정착 장치의 활동, 콘크리트의 탄성변형, PS강재와 쉬스 사이의 마찰
② PS강재의 릴렉세이션, 콘크리트의 건조수축, 정착 장치의 활동
③ 콘크리트의 건조수축, PS강재의 릴렉세이션, 콘크리트의 크리프
④ 콘크리트의 크리프 PS강재와 쉬스 사이의 마찰, 콘크리트의 탄성변형

해설 시간적 손실의 원인으로는 콘크리트의 크리프, 콘크리트의 건조수축, PS강재의 릴렉세이션에 의한 손실 등이 있다.

02 프리스트레트 콘크리트에서 발생되는 프리스트레스의 손실에 대한 설명으로 옳은 것은?

① 프리텐션 방식에서는 긴장재와 쉬스 사이의 마찰에 의한 손실을 고려하고 있다.
② 포스트텐션 방식에서 여러 개의 긴장재에 프리스트레스를 순차적으로 도입하는 경우에는 콘크리트의 탄성수축으로 인한 손실은 발생되지 않는다.
③ 프리스트레스의 도입 후, 시간이 경과함에 따라 발생되는 시간적 손실은 콘크리트의 탄성수축, 콘크리트의 건조수축 및 크리프에 의해 발생된다.
④ 프리스트레스 도입 후, 시간이 경과함에 따라 발생되는 시간적 손실은 프리텐션 방식이 포스트텐션 방식보다 일반적으로 더 크다

해설 ① 긴장재와 쉬스 사이의 마찰에 의한 손실은 포스트텐션 형식에서만 발생하기 때문에 프리텐션 방식에서는 고려하고 있지 않다.
② 포스트텐션 방식에서 여러 개의 긴장재와 프리스트레스를 순차적으로 도입하는 경우에는 콘크리트의 탄성수축으로 인한 손실을 발생된다.
③ 프리스트레스의 도입 후, 시간이 경과함에 따라 발생되는 시간적 손실은 콘크리트의 크리프 콘크리트의 건조수축, 긴장재의 릴렉세이션에 의해 발생된다. 콘크리트의 탄성수축에 의한 손실은 즉시손실에 해당된다.

03 일단 정착하는 프리스트레스트 콘크리트 포스트텐션 부재에서 일단의 정착부 활동이 2mm 발생하였다. PS강선의 길이가 20m, 초기 프리스트레스 $f_t = 1,200\text{MPa}$일 때 PS강선과 쉬스 사이에 마찰이 없는 경우 정착부 활동으로 인한 프리스트레스 손실량[MPa]은? (단, PS강선 탄성계수 $E_{ps} = 200,000\text{MPa}$, 콘크리트 탄성계수 $E_c = 28,000\text{MPa}$이다)

① 1.2 ② 2.8
③ 20 ④ 40

해설 정착단의 활동에 의한 손실량

$$\Delta f_p = \frac{\Delta L}{L} \times E_{ps} = \frac{2}{20\times10^2} \times 2\times10^2 = 20\text{MPa}$$

정답 01 ③ 02 ④ 03 ③

04 프리스트레스트 콘크리트 부재에 프리스트레스 도입으로 인한 콘크리트 압축응력 $f_{cs}=$ 5MPa이고, 콘크리트 크리프계수 $C_u=2.0$, 탄성계수비 $n=6$일 때, 콘크리트 크리프에 의한 PS강재의 프리스트레스 감소량[MPa]은?

① 40 ② 50
③ 60 ④ 70

해설 $\Delta f_p = n \cdot f_{cs} \cdot C_u = 6\times5\times2 = 60\text{MPa}$

05 프리스트레스 콘크리트 부재에서 긴장재의 인장응력 $f_p=1{,}000\text{MPa}$, 콘크리트의 압축응력 $f_{cs}=6\text{MPa}$, 콘크리트의 크리프 계수 $C_u=2.5$, 탄성계수비 $n=6$일 때, 콘크리트 크리프에 의한 PS강재의 프리스트레스 감소량은?

① 30MPa
② 45MPa
③ 60MPa
④ 75MPa
⑤ 90MPa

해설 ⑤ 콘크리트의 크리프에 의한 프리스트레스의 감소량은 다음과 같다.
$\Delta f_p = C_u \cdot n \cdot f_{cs} = 2.5\times6\times6 = 90\text{MPa}$

06 프리스트레싱 방법 중 포스트텐션 방식에 대한 설명으로 옳지 않은 것은?

① 프리스트레스 힘은 PS강재와 콘크리트 사이의 부착에 위해서 도입된다.
② 부재를 제작하기 위한 별도의 인장대(tensioning bed)가 필요하지 않다.
③ 프리캐스트 PSC 부재의 결합과 조합에 편리하게 이용된다.
④ PS강재를 곡선 형상으로 배치할 수 있어 대형 구조물 제작에 적합하다.

해설 ① 포스트텐션 방식은 프리스트레스 힘이 부재단의 정착장치에 의해서 부재의 단면에 전달된다. 반면에 프리텐션 방식은 PS강재와 콘크리트 사이의 부착에 프리스트레스 힘이 도입된다.

07 프리텐션 방식의 프리스트레싱에 대한 다음의 설명 중 옳지 않은 것은?

① 일반적으로 설비를 갖춘 공장 내에서 제조되기 때문에 제품의 품질에 대한 신뢰성이 높다.
② 같은 모양의 콘크리트 공장제품을 대량으로 생산할 수 있다.
③ PS강재를 곡선으로 배치하는 것이 용이하다.
④ 쉬스(Sheath), 정착장치가 필요하지 않다.
⑤ 정착구역에는 소정의 프리스트레스가 도입되지 않기 때문에 설계상 주의가 필요하다.

해설 ③ 프리텐션 방식을 PS강재를 곡선으로 배치하는 것이 곤란하다.

08 다음 그림은 단순 PSC보를 나타낸 것이다. 자중을 포함한 등분포 하중 $w=40\text{kN}$, 프리스트레스힘 P=800kN이 작용할 때 프리스트레스에 의한 상향력과 이 등분포 하중이 비기기 위해서는 단순 PSC보의 길이 L을 몇 m로 해야 하는가?

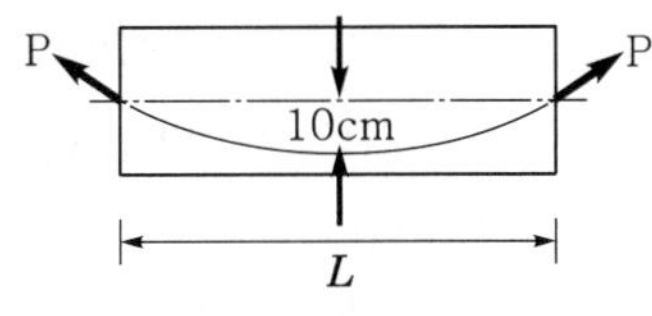

① 4 ② 5
③ 6 ④ 7

해설
$$u=\frac{P.S}{L^2}=40$$
$$L^2=\frac{8\times800\times0.1}{40}=16\text{m}^2$$
$$L=4\text{m}$$

정답 04 ③ 05 ⑤ 06 ① 07 ③ 08 ①

09 다음과 같이 긴장재가 포물선으로 배치된 PSC보의 자중이 포함된 등분포하중 $w=50\text{kN/m}$, 프리스트레스 힘 $P=1,600\text{kN}$이 작용하고 있다. 등분포하중과 프리스트레스에 의한 상향력이 같기 위한 긴장재 편심량 $e(\text{m})$의 값은?

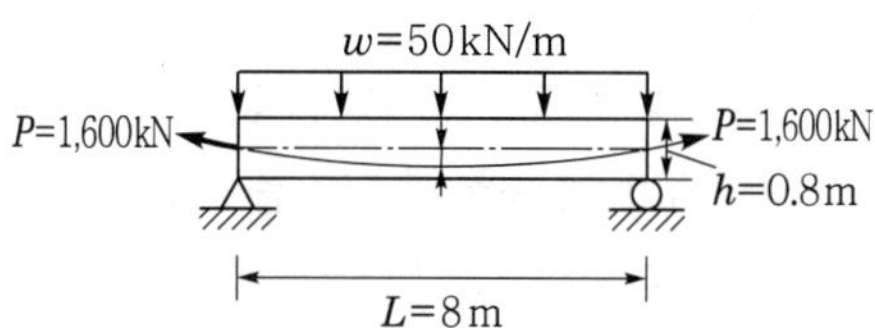

① 0.2m ② 0.25m
③ 0.3m ④ 0.35m
⑤ 0.4m

해설 ② 프리스트레싱에 의한 등분포상향력, $u=\dfrac{8PS}{l^2}$와 w를 같게 하여 구한다. 따라서

$w=\dfrac{8PS}{l^2}$

$S=\dfrac{wl^2}{8P}=\dfrac{50\times8^2}{8\times1,600}=0.25\text{m}$

10 다음 설명은 프리스트레스트 콘크리트(PSC)보와 철근콘크리트(RC)보에 관한 설명이다. 이 중 옳지 않은 것은?

① RC보에 비해 PSC보는 고강도의 강재와 콘크리트를 사용한다.
② PSC보는 설계하중 하에서 균열이 생기지 않으므로 내구성이 뛰어나다.
③ PSC보는 RC보에 비해 단정적이고 복원력이 우수하다.
④ RC보에 비해 PSC보는 화재 손상에 대한 내구성이 뛰어난 특성을 보인다.
⑤ 같은 하중에 대한 단면에서 PCS보는 RC보에 비해 자중을 경감시킬 수 있다.

해설 ④ PSC보는 화재에 대해 내구성이 떨어진다.

11 다음과 같은 긴장재가 포물선으로 배치된 프리스트레스트 콘크리트 단순보에 프리스트레스 $P=600\text{kN}$이 가해졌다. 하중평형법에 의해 상향력과 상쇄되고 남은 순하향 하중[kN/m]은? (단, 자중을 포함한 등분포하중 $w=15\text{kN/m}$가 작용하고 있으며, 프리스트레스의 손실은 무시하고, $s=0.2\text{m}$이다)

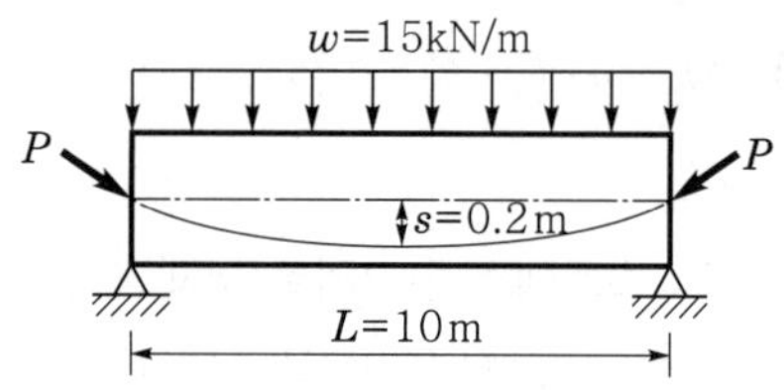

① 2.4 ② 3.4
③ 4.4 ④ 5.4

해설 ㉠ 등분포상향력(u)

$u=\dfrac{8Ps}{L^2}=\dfrac{8\times600\times0.2}{10^2}=9.6\text{kN/m}$

㉡ 순 하향의 등분포하중

$w=15-9.6=5.4\text{kN/m}$

12 지간 40m인 PSC단순보에 자중을 포함한 등분포 하중(w)이 20kN/m로 하향으로 작용하고, PS강선에 프리스트레스 힘 4,000kN이 중앙에서 편심 $e=400\text{mm}$, 지점에서 편심없이 포물선으로 작용할 때 PS강선에 의한 등분포 상향력[kN.m]과 PSC단순보에 작용하는 순 하향의 등분포 하중[kN・m]크기는?

	등분포상향력	순 하향의 등분포하중
①	4	16
②	8	12
③	10	10
④	12	8

해설 ① 등분포하중 상향력(u)

$u=\dfrac{8Ps}{l^2}=\dfrac{8\times4000\times0.4}{40^2}=8\text{kN/m}$

② 하향 등분포하중

$w=20-8=12\text{kN/m}$

정답 09 ② 10 ④ 11 ④ 12 ②

13 단면 300mm×400mm이고, 150mm²의 PS 강선 4개를 단면 도심축에 배치한 프리텐션 부재가 있다. 초기 프리스트레스 1,000MPa일 때 콘크리트의 탄성수축에 대한 프리스트레스의 손실량은? (단, $n=5$)

① 25MPa ② 20MPa
③ 26.5MPa ④ 23MPa

해설
$$\Delta f_p = n \cdot \frac{P_t}{A_c} = 5 \times \frac{150 \times 4 \times 1000}{300 \times 400} = 25\text{MPa}$$

14 PSC 콘크리트의 손실 중 가장 큰 것은?

① 정착단의 활동
② 콘크리트의 건조수축
③ 포스트텐션 긴장재와 덕트 사이의 마찰
④ PS강재의 릴렉세이션

해설 콘크리트의 건조수축에 의한 프리스트레스의 손실량이 가장 크게 나타난다.

15 PS긴장재에 인장력을 가하면 재하순간에는 탄성변형을 하나 그 후 PS강재의 일정한 길이를 오랫 동안 유지하면 처음에 가한 인장응력은 시간의 경과와 함께 감소한다. 이러한 현상을 무엇이라 하는가?

① 탄성손실 ② 건조수척
③ 릴렉세이션 ④ 포스트텐션

해설 PS긴장재를 인장하여 일정한 길이로 유지해두면 시간의 경과에 따라 긴장재의 인장응력이 감소하는 현상을 릴렉세이션(relaxation)이라고 한다.

16 다음 중 프리스트레스 손실의 원인이 아닌 것은?

① 시스 사이의 마찰
② 릴렉세이션
③ 강선의 수축
④ 콘크리트의 탄성수축

해설 ③ 강선의 수축은 프리스트레스의 손실원인과 관계없다.

17 프리스트레스트 콘크리트(PSC)보에 프리스트레스를 도입할 때 다음 중 콘크리트의 탄성변형으로 인한 손실이 발생하지 않는 경우는?

① 하나의 긴장재로 이루어진 PSC보가 프리텐션 공법으로 제작되었을 때
② 여러 가닥의 긴장재료 이루어진 PSC보가 프리텐션 공법으로 제작되었을 때
③ 프리스트레스를 순차적으로 도입하는 여러 가닥의 긴장재로 이루어진 PSC보가 포스트텐션 공법으로 제작되었을 때
④ 하나의 긴장재로 이루어진 PSC보가 포스트텐션 공법으로 제작되었을 때

18 PC강봉을 사용하여 특수강재 너트로서 정착을 하는 방법은 무슨 방법인가?

① VSL 공법
② 프레시네 공법
③ 디비닥 공법
④ 마그빌 공법

해설 디비닥 공법은 독일에서 개발된 방법으로 PC 강봉의 끝에 전조나사를 만들어 특수강재 너트로 끼었다.

19 그림과 같이 단면의 중심에 PS강선에 배치된 부재에 자중을 포함한 하중 $w=20\text{kN/m}$가 작용한다. 부재의 연단에 인장응력이 발생하지 않으려면 PC강선에 도입되어야 할 긴장력은 최소 얼마 이상인가?

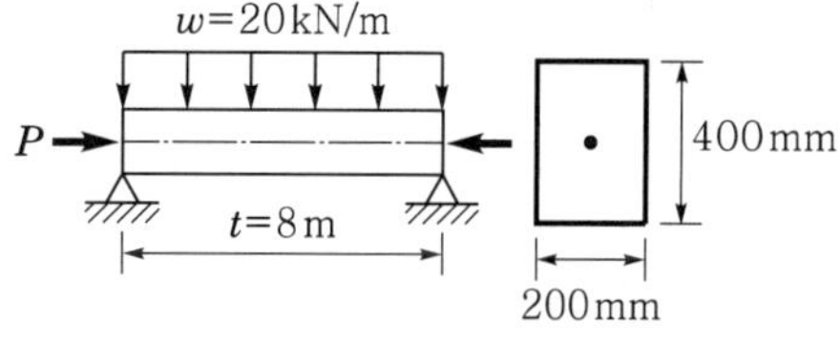

① 1,800kN ② 2,000kN
③ 2,200kN ④ 2,400kN

정답 13 ① 14 ② 15 ③ 16 ③ 17 ④ 18 ③ 19 ④

해설 ㉠ 자간 중앙의 휨모멘트

$$M=\frac{wl^2}{8}=\frac{1}{8}\times 20\times 8^2=160\text{kN}\cdot\text{m}$$

㉡ 긴장력

$$f=\frac{P}{A}-\frac{M}{J}y=0$$

$$P=\frac{M\cdot A}{I}y=\frac{M\cdot A}{I/y}-\frac{M\cdot A}{Z}$$

$$=\frac{M\cdot(bh)}{(bh^2/?)}=\frac{6M}{b}=\frac{6\times 160}{0.4}=2,400\text{kN}$$

20 PS강재가 양 지점부에서는 중립축, 경간 중앙부에서는 편심 $e=100\text{mm}$로 포물선 배치된 직사각형 단면 프리스트레스트 콘크리트보의 유효 프리스트레스 힘이 $P_e=600\text{kN}$일 때, 경간 중앙에서 단면 상연의 응력이 0이 되기 위하여 작용시켜야 할 휨모멘트[kN · m]? (단, 단면적 $A=60,000\text{mm}^2$, 단면 2차 모멘트 $I=450,000,000\text{mm}^4$이다)

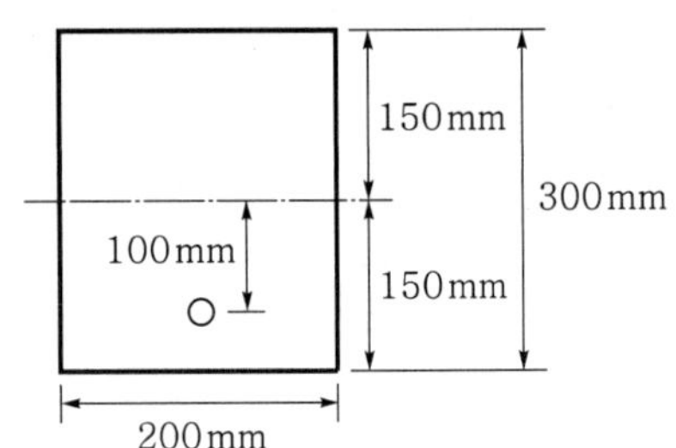

① 30 ② 45
③ 60 ④ 90

해설 상연의 응력, $f=\frac{P_e}{A}-\frac{P_e\cdot e_p}{I}y+\frac{M}{I}y=0$

$$\frac{600\times 10^3}{60,000}-\frac{(600\times 10^3)\times(100)}{45\times 10^7}\times 150+\frac{M}{45\times 10^7}\times 150=0$$

$$10-20+\frac{M}{3\times 10^6}=0$$

$$30\times 10^6-60\times 10^6+M=0$$

$$M=30\times 10^6\text{N}\cdot\text{mm}$$

$$=30\text{kN}\cdot\text{mm}$$

21 그림과 같이 긴장재를 포물선으로 배치한 프리스트레스트 콘크리트보를 하중평형의 개념으로 해설할 때, 긴장재를 긴장한 후 양끝을 콘크리트에 정착하려면 프리스트레싱에 의한 등분포 상향력[kN/m]은? (단, 유효프리스트레스 힘은 2,000kN이다)

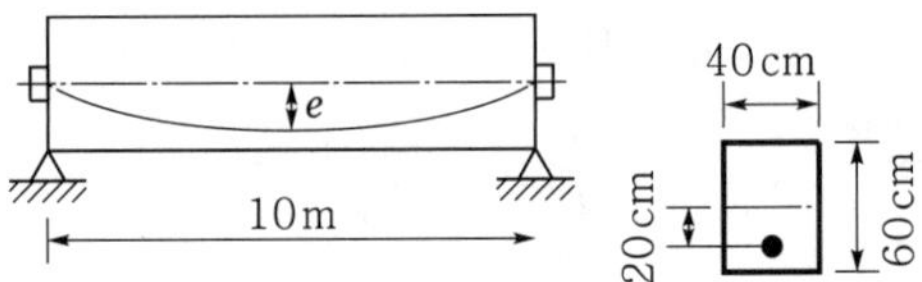

① 24 ② 28
③ 32 ④ 36

해설 ③ 등분포상향력은 다음과 같다.

$$u=\frac{8Ps}{L^2}=\frac{8\times 2,000\times 0.2}{10^2}=32\text{kN/m}$$

22 다음 그림과 같이 PS강재를 포물선으로 배치한 PSC보에 등분포하중(자중포함) $w=16\text{kN/m}$가 작용할 경우, 경간 중앙의 단면에서 상연응력과 하연응력이 동일하였다. 이때 경간 중앙에서의 PS강재의 편심거리 e[m]는? (단, 프리스트레스 힘 P=2,500kN이 도입된다)

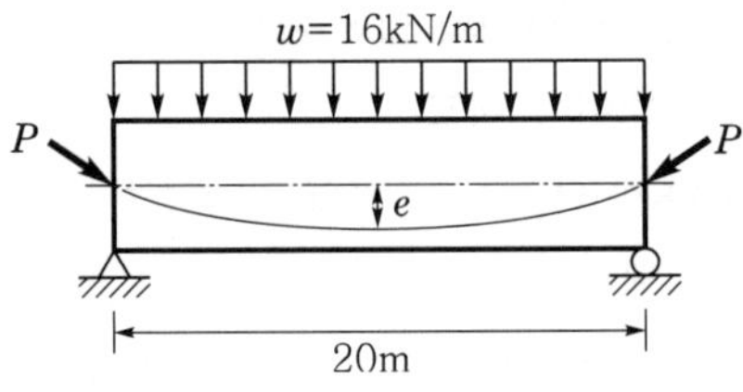

① 0.26 ② 0.28
③ 0.30 ④ 0.32

해설 ④ 상연과 하연의 응력이 동일하다고 하는 것은 하향의 등분포하중과 프리스트레싱에 의한 상연의 등분포하중의 크기가 같다는 의미가 된다. 이럴 때, 축방향의 응력이 부재 전체 높이에 걸쳐 일정하게 분포하게 된다.

$$\frac{u=8P.S}{L^2}=w$$

$$s=\frac{wL^2}{8P}=\frac{16\times 20^2}{8\times 2,500}=0.32\text{m}$$

정답 20 ① 21 ③ 22 ④

23 그림과 같이 긴장재를 포물선으로 배치한 프리스트레스트 콘크리트보를 하중평형의 개념으로 해석할 때, 긴장재를 긴장한 후 양끝을 콘크리트에 정착하면 압축력 외에 등분포의 상향력이 작용하게 된다. 이때 콘크리트보의 중앙단면에서 유효 프리스트레스힘에 의해 발생되는 부(−)모멘트[kN·m]는? (단, 유효 프리스트레스힘은 4,000kN이다)

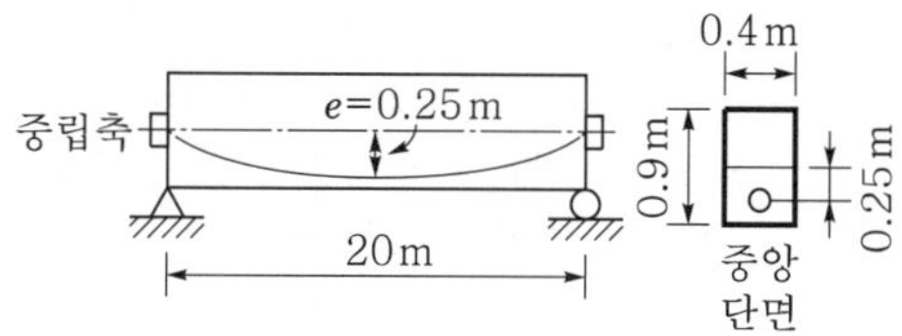

① 100 ② 200
③ 500 ④ 1,000

해설
$u=\frac{8\cdot Ps}{l^2}=\frac{8\times4000\times0.25}{20^2}=20\text{kN/m}$

$M=\frac{ul^2}{8}=\frac{20\times20^2}{8}=1000\text{kN.m}$

24 다음 그림에서 보의 길이(L)가 10m이고, 긴장력(F)이 200kN인 경우, 보 중앙의 강선(tendon)꺾인 점에서의 상향력 U(kN)는? (단, 강선의 경사각(θ)은 30도이다)

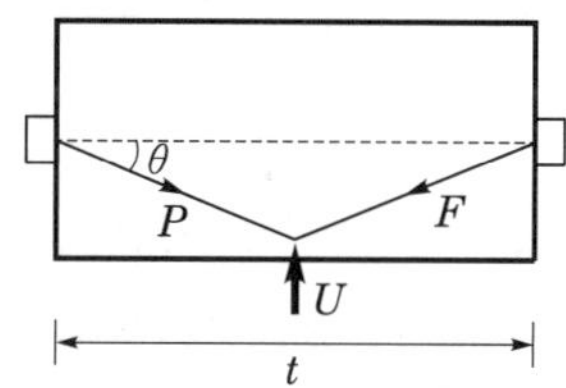

① 100 ② 150
③ 200 ④ 250

해설 $U=2P\sin\theta$
$=2\times200\times\sin30°$
$=200\text{kN}$

25 다음 중에서 프리스트레스트 콘크리트(PSC)와 철근콘크리트(RC) 보의 비교에 관한 설명이다. 옳지 않은 것은?

① PSC보는 RC보에 비하여 고강도의 콘크리트와 강재를 사용한다.
② 긴장재를 곡선으로 배치한 PSC보에서는 긴장재 인장력의 연직분력만큼 전단력이 감소하므로 같은 전단력을 받는 RC보에 비하여 복부의 폭을 얇게 할 수 있다.
③ PSC보는 RC보에 비해 더욱 탄성적이고 복원성이 크다.
④ 탄성응력상태 RC보에서는 하중이 증가함에 따라 철근의 인장력(T)과 콘크리트의 압축력(C)이 커지고 우력의 팔길이(z)는 감소한다.

해설 ④ PSC와 RC는 우력 모멘트에 저항한다는 점에서 같으나 그 저항모멘트의 발생기구는 다르다. 하중이 증가하면 RC보에서는 T와 C가 커지고 우력팔의 길이 z는 변하지 않지만 PSC보에서는 z가 커지고 PS강재의 응력은 조금밖에 늘지 않는다.

26 다음 그림은 프리스트레스트 콘크리트 긴장재의 응력-변형률 곡선이다. 긴장재의 항복점응력을 측정하기 위하여 사용하는 영구신율 A의 값은?

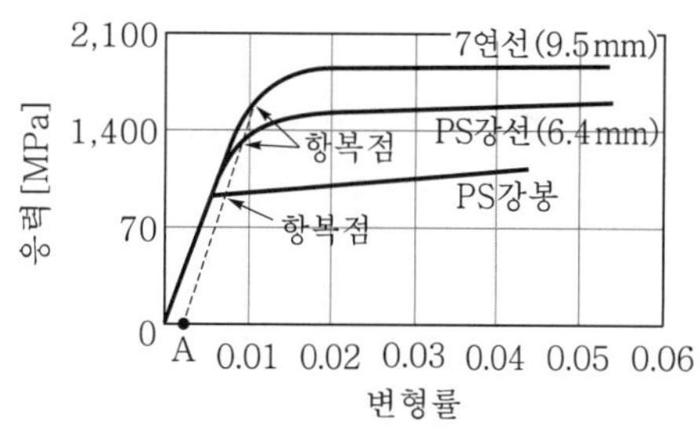

① 0.001 ② 0.002
③ 0.003 ④ 0.004

해설 PS강재는 뚜렷한 항복점을 나타내지 않는다. PS강재의 항복응력을 측정하는 방법으로 옵셋(off-set)방법을 사용한다. 우리나라의 KS에서는 0.2%의 영구변형률(잔류변형도)을 나타내는 응력을 PS강재의 항복강도(f_{py})로 한다. 따라서 영구변형률 0.002에 해당되는 응력이 PS강재의 항복응력에 해당된다.

27 PSC보에 휨모멘트 $M = 700\text{kN}\cdot\text{m}$(자중포함)이 작용하고 있다. 프리스트레스 힘 $P = 3{,}500\text{kN}$이 가해질 때, 내력모멘트의 팔길이(m)는?

① 0.1m ② 0.2m
③ 0.3m ④ 0.4m
⑤ 0.5m

해설 $Z = \dfrac{M}{P} = \dfrac{700}{3500} = 0.2\text{m}$

28 프리스트레스(PS) 콘크리트구조물에 사용되는 PS강재의 바람직한 특성이 아닌 것은?

① 인장강도가 높아야 한다.
② 적당한 연성과 인성이 있어야 한다.
③ 항복비(=항복응력/인장강도)가 작아야 한다.
④ 릴렉세이션이 작아야 한다.
⑤ 적절한 피로강도를 가져야 한다.

해설 ③ 항복비(=항복응력/인장강도)가 커야 한다.

29 다음 중 프리스트레스트 콘크리트 설계원칙 및 시방 관련 내용으로 옳지 않은 것은?

① 프리스트레스트 콘크리트 그라우트의 물-결합재 비는 45% 이상으로 하며, 소요의 반죽질기가 얻어지는 범위 내에서 될 수 있는 대로 크기 할 필요가 있다.
② 프리스트레스 콘크리트 슬래브 설계에 있어 등분포하중에 대하여 배치하는 긴장재의 간격은 최소한 1방향으로는 슬래브 두께의 8배 또는 1.5m 이하로 하여야 한다.
③ 포스트텐션 덕트에 있어 그라우트 시공 등의 용이성을 위해 그라우트되는 다수의 강선, 강연선 또는 강봉을 배치하기 위한 덕트는 내부 단면적이 긴장재 단면적의 2배 이상이어야 한다.
④ 그리우트 시공은 프리스트레싱이 끝나고 8시간이 경과한 다음 가능한 한 빨리 하여야하며, 어떠한 경우에도 프리스트레싱이 끝난 후 7일 이내에 실시하여야 한다.

해설 ① 프리스트레스트 콘크리트 그라우트의 물-결합재 비는 45% 이하로 하며, 소요의 반죽질기가 얻어지는 범위 내에서 될 수 있는대로 작게 할 필요가 있다.

30 길이 10m인 포스트텐션 프리스트레스트 콘크리트보의 강선이 1,000MPa의 인장응력을 도입한 후 정착하였더니 정착장치에서 활동량의 합이 3mm였다. 이때 프리스트레스의 감소율[%]은? (단, PS강재의 탄성계수 $E_{ps} = 2.0 \times 10^5\text{MPa}$이다)

① 3 ② 4
③ 5 ④ 6

해설 $\Delta f_p = E_{ps} \cdot \dfrac{\Delta l}{L} = 2.0 \times 10^5 \times \dfrac{3}{10{,}000} = 60\text{MPa}$

$\therefore$ 감소율$= \dfrac{60}{1{,}000} \times 100\% = 6\%$

31 길이 $L = 10\text{m}$인 포스트텐션 프리스트레스트 콘크리트보의 강선에 1,000MPa의 인장력을 가했다. 정착 장치에 의한 강선의 활동량이 5mm일 경우, 정착장치 활동에 의한 프리스트레스 손실[MPa]은? (단, 1단 정착이며, PS강재의 탄성계수 $E_p = 2.0 \times 10^5\text{MPa}$이다)

① 100 ② 120
③ 140 ④ 160

해설 $\Delta f = \dfrac{\Delta L}{L} E_p = \dfrac{5}{10 \times 10^3} \times 2 \times 10^5 = 100\text{MPa}$

정답 27 ② 28 ③ 29 ① 30 ④ 31 ①

32 다음 그림과 같은 포스트텐션보에서 PS강재가 단부A에서만 인장력 P_o로 일단 긴장될 때, 마찰 손실을 고려한 단면 C, D위치에서 PS강재의 인장력은? (단, AB, DE : 곡선구간, BC, CD : 직선구간, PS강재의 곡률마찰계수 $\mu = 0.3(/\text{rad})$, PS강재의 파상마찰계수 $k = 0.004(/\text{m})$, 마찰손실을 제외한 다른 손실은 고려하지 않는다)

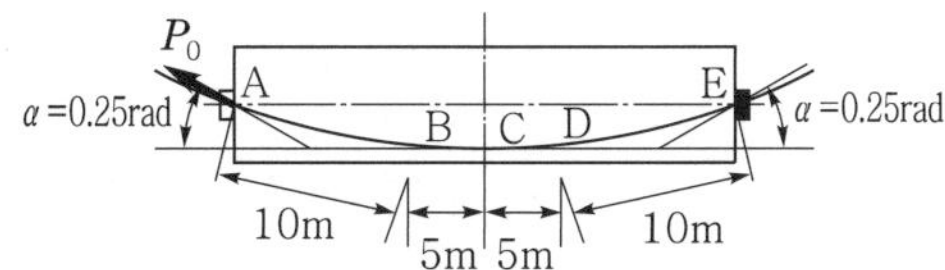

① 단면 $C(P_C)$: $P_oe^{-(0.3\times0.25+0.004\times15)}$
단면 $D(P_D)$: $P_oe^{-(0.3\times0.25+0.004\times10)}$

② 단면 $C(P_C)$: $P_oe^{-(0.3\times0.25+0.004\times15)}$
단면 $D(P_D)$: $P_oe^{-(0.3\times0.25+0.004\times20)}$

③ 단면 $C(P_C)$: $P_oe^{-(0.3\times0.25+0.004\times5)}$
단면 $D(P_D)$: $P_oe^{-(0.3\times0.25+0.004\times10)}$

④ 단면 $C(P_C)$: $P_oe^{-(0.3\times0.25+0.004\times5)}$
단면 $D(P_D)$: $P_oe^{-(0.3\times0.25+0.004\times20)}$

해설 ② 곡률마찰손실은 각도변화에 따른 프리스트레스 손실이고, 파상마찰손실은 부재길이에 따른 프리스트레스 손실이다. 현재 주어진 문제는 A단에서 인장력으로 긴장하고 있으므로 각도변화합과 부재길이는 A단을 기준으로 결정한다. 임의 위치에서 프리스트레스 인장력 $P_x = P_oe^{-(\mu_1\alpha_{px}+Kl_{px})}$가 된다.

㉠ C단면에서 인장력, P_C
C단면까지 각도변화의 총합, $\alpha = 0.25\text{rad}$
C단면까지의 부재길이, $l = 15\text{m}$
$P_C = P_oe^{-(0.3\times0.25+0.004\times15)}$

㉡ D단면에서 인장력, P_D
D단면까지 각도변화의 총합은 BCD 구간은 직선구간이므로 $\alpha = 0.25\text{rad}$
D단면까지의 부재길이, $l = 20\text{m}$
$P_D = P_oe^{-(0.3\times0.25+0.004\times20)}$

33 아래 PSC보에서 PS강재를 포물선으로 배치하여 프리스트레스 힘 P=2,000kN이 주어질 때 프리스트레스에 의한 상향력 u는? (단, b=400mm, h=600mm, s=0.25m)

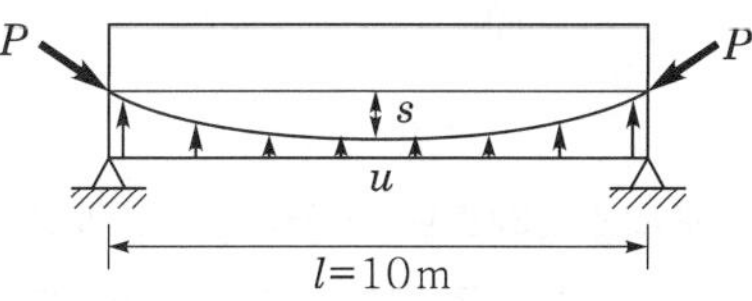

① 70kN/m ② 60kN/m
③ 50kN/m ④ 40kN/m

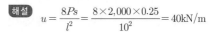

해설 $u = \dfrac{8Ps}{l^2} = \dfrac{8\times2{,}000\times0.25}{10^2} = 40\text{kN/m}$

34 다음과 같이 긴장재를 포물선으로 배치한 PSC보의 프리스트레스 힘(P)은 1,000kN, 경간 중 양단면에서의 긴장재 편심량(e)은 0.3m이다. 하중평형의 개념을 적용할 때 콘크리트에 발생하는 등분포상향력[kN/m]은?

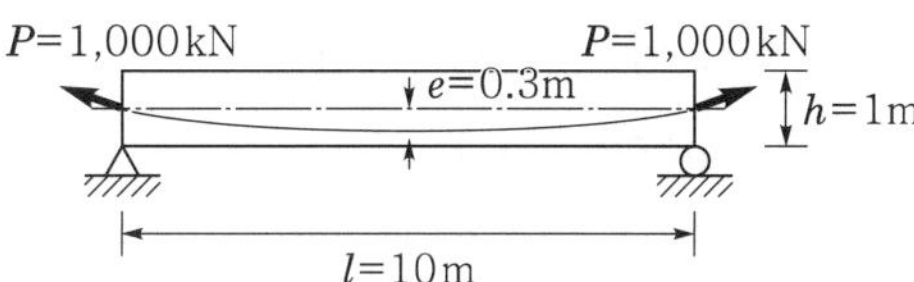

① 24 ② 30
③ 36 ④ 42

해설 $u = \dfrac{8Ps}{l^2} = \dfrac{8\times1{,}000\times0.3}{10^2} = 24\text{kN/m}$

35 PS강재의 탄성계수 $E_{ps} = 2\times10^5\text{MPa}$이고 콘크리트의 건조수축률 $\varepsilon_{sh} = 25\times10^{-5}$일 때, 콘크리트 건조수축에 의한 PS강재의 프리스트레스 감소율을 5%로 제어하기 위한 초기 프리스트레스 값[MPa]은?

① 1,000 ② 2,000
③ 3,000 ④ 4,000

정답 32 ② 33 ④ 34 ① 35 ①

해설 ① 감소율은 초기 프리스트레스에 대한 프리스트레스의 감소량의 비이다.

$$감소율 = \frac{\Delta f_p}{f_i} = \frac{\varepsilon_{sh} E_{ps}}{f_i} = 0.05$$

$$f_i = \frac{\varepsilon_{sh} E_{ps}}{0.05} = \frac{25 \times 10^{-5} \times 2 \times 10^5}{0.05} = 1,000\text{MPa}$$

36 프리스트레스트 콘크리트 부재의 설계원칙으로 옳지 않은 것은? (단, 2012년도 콘크리트구조기준을 적용한다)

① 프리스트레스를 도입할 때부터 구조물의 수명주기 동안에 모든 재하단계의 강도 및 사용조건에 따른 거동에 근거하여야 한다.

② 프리스트레스에 의해 발생되는 부재의 탄·소성변형, 처짐, 길이변화 및 비틀림 등에 의해 인접한 구조물에 미치는 영향을 고려하여야 한다. 이때 온도와 건조수축의 영향도 고려하여야 한다.

③ 긴장재가 부착되기 전의 단면 특성을 계산할 경우 덕트로 인한 단면적의 손실을 고려하여야 한다.

④ 덕트의 치수가 과대하여 긴장재와 덕트가 부분적으로 접촉하는 경우, 접촉하는 위치 사이에 있어서 부재 좌굴과 얇은 복부 및 플랜지의 좌굴 가능성에 대한 검토는 생략할 수 있다.

해설 ④ 덕트의 치수가 과대하여 긴장재와 덕트가 부분적으로 접촉하는 경우, 접촉하는 위치 사이에 있어서 부재 좌굴과 얇은 복부 및 플랜지의 좌굴이 발생할 가능성을 검토하여야 한다.

정답 36 ④

Chapter 12

강구조물의 설계 (허용응력설계법)

CHAPTER 12

강구조물의 설계 (허용응력설계법)

KEY NOTE

1 강구조의 일반사항

1. 강구조의 정의

강철로 제작된 구조물로서 주로 교량에 사용되며, 철골, 철탑, 탱크, 수문 등의 부재로서 많이 사용되고 있다.

2. 구조재로서의 강재의 장·단점

1) 장점

① 강재는 다른 구조재에 비해서 단위면적당의 강도가 대단히 크다.
② 재료가 균질성을 가지고 있다.
③ 강재는 다른 구조재보다 탄성적이며 설계가정에 가깝게 거동한다.
④ 강재는 내구성이 우수하다.
⑤ 강재는 커다란 변형에 저항할 수 있는 연성을 가지고 있다.
⑥ 강구조는 손쉽게 구조변경을 할 수 있다.
⑦ 강재는 리벳, 볼트, 용접 등 연결재를 사용하여 체결할 수 있다.
⑧ 사전 조립이 가능하며 가설 속도가 빠르다
⑨ 강재는 다양한 형상과 치수를 가진 구조로 만들 수 있다.
⑩ 강재는 재사용이 가능하며. 고철 등으로도 재활용이 가능하다.

2) 단점

① 대부분의 강재는 부식되기 쉽고 정기적으로도 도장을 해야하므로 유지비용이 많이 든다.
② 강재는 내화성이 약하다.
③ 압축재로 사용한 가재는 강도가 크기 때문에 좌굴 위험성이 많다.
④ 반복하중에 의해 피로(fitigue)가 발생하여 강도의 감소 또는 파괴가 일어날 수 있다.

3. 강재의 재질

1) 강재의 일반적인 표시기호

SMA 490 B W N ZC
① ② ③ ④ ⑤ ⑥

① 강재의 명칭
- SS : 일반구조용(Steel Structure)
- SM : 용접구조용 압연강재(Steel Marine)
- SMA : 용접구조용 내후성 열간 압연강재(Steel Marine Atmosphere)
- SN : 건축구조용 압연강재(Steel New)
- FR : 건축구조용 내화강재(Fire Resistance)
- SCW : 용접구조용 원심력 주강관

② 강재의 인장강도

400 : 400Mpa($F_y = 2.4\text{tf/cm}^2$)

490 : 400Mpa($F_y = 3.3\text{tf/cm}^2$)

520 : 400Mpa($F_y = 3.6\text{tf/cm}^2$)

570 : 400Mpa($F_y = 4.3\text{tf/cm}^2$)

③ 샤르피 흡수에너지 등급

A : 별도 조건 없음

B : 일정수준 충격치 요구, 27J(0℃) 이상

C : 우수한 충격치 요구, 47J(0℃) 이상

④ 내후성 등급

W : 녹안정화 처리

P : 일반도장 처리 후 사용

⑤ 열처리 등급

N : 소둔(Normalizing)

QT : Quenching Tempering

TMC : 열가공 제어(Thermo Mechanical Control)

⑥ 내라멜라테어 등급

ZA : 별도 보증 없음

ZB : Z방향 15% 이상

ZC : Z방향 25% 이상

KEY NOTE

강재의 표시기호

SMA 490 B W N ZC
① ② ③ ④ ⑤ ⑥

① 강재의 명칭
② 강재의 인장강도
③ 샤르피 흡수에너지 등급
④ 내후성 등급
⑤ 열처리 등급
⑥ 내라멜라테어 등급

KEY NOTE

2) 구조용 강재 기준표

종류	규격번호	명칭	강종
구조용 강재	KS D 3503	일반 구조용 압연강재	SS 400
	KS D 3515	용접 구조용 압연강재	SM 400A, B, C SM 400A, B, C, TMC SM 490YA, YB SM 520B, C, TMC SM 570
	KS D 3529	용접 구조용 내후성 열간 압연강재	SMA 400AW, BW, CW SMA 400AP, BP, CP SMA 490AW, BW, CW SMA 400AP, BW, CP
	KS D 3861	건축 구조용 압연강재	SN 400A, B, C SN 490B, C
	KS D 4108	용접 구조용 원심력 주강관	SCW 490-CF
냉간 가공재 및 주강	KS D 3530	일반 구조용 경량 형강	SSC 400
	KS D 3558	일반 구조용 용접 경량 H형강	SWH 400, SWH 400L
	KS D 3566	일반 구조용 탄소 강관	SWH 400, SWH 490
	KS D 3568	일반 구조용 각형 강관	SPSR 400, SPSR 490
	KS D 3602	강재 갑판(데크 플레이트)	SDP 1, 2, 3
	KS D 4106	용접 구조용 주강품	SCW 410, SCW 480
용접하지 않는 부분에 사용되는 강재	KS D 3503	일반 구조용 압연강재	SS 490, SS 540
	KS D 3710	탄소강 단강품	SF 490, SF 540
	KS D 4101	탄소강 주강품	SC 450, SC 480

3) 연결용 재료

① 볼트, 고력볼트, 턴버클 등 사용

② 연결용 재료의 제품규격

규격 번호	명칭	종류
KS B 1002	6각 볼트	보통형
KS B 1010	마찰접합용, 고장력 6각 볼트, 6각 볼트, 평와셔의 세트	F8T, F10(F8), F35 F10T,F10, F35
KS B 1012	6각 너트	보통형
KS B 1324	스프링 와셔	
KS B 1326	평 와셔	
KS F 4512 KS F 4512	mm건축용 턴버클 볼트 건축용 턴버클 몸체	S, E, D ST, PT
KS F 4521	건축용 턴버클	

KEY NOTE

4. 강재의 강도

1) 구조용 강재의 강도

강 종			판두께(mm)	항복강도 F_y(Mpa)	인장강도 F_y(Mpa)
일반 구조용 압연강재	SS400		$t \le 40$ $40 < t \le 100$	235 215	400
용접 구종용 압연강재	SM400 SN400	A B C	$t \le 40$ $40 < t \le 100$	235 215	400
	SM490 SN490	A B C	$t \le 40$ $40 < t \le 100$	325 295	490
	SM490	YA YB	$t \le 40$ $40 < t \le 75$ $75 < t \le 100$	360 335 325	490
	SM520	B C	$t \le 40$ $40 < t \le 75$ $75 < t \le 100$	360 355 355	520
	SM570		$t \le 40$ $40 < t \le 75$ $70 < t \le 100$	460 430 420	570
용접 구조용 내후성 열간 압연강재	SMA400	A B C	$t \le 40$ $40 < t \le 50$	240 215	400
	SMA490	A B C	$t \le 40$ $40 < t \le 50$	360 335	490
	SMA570		$t \le 40$ $40 < t \le 50$	460 430	570

※ SN490 강재는 SN490B, SN490C 강재만 해당됨
SM490 TMC : 두께 80mm까지 최소항복강도 325Mpa
SM490 TMC : 두께 80mm까지 최소항복강도 355Mpa

2) 접합재료의 강도

강종 / 강도	고력볼트의 강도(Mpa)			볼트의 강도(Mpa)
	F8T, B8T	F10T, B10T	F13T, B13T	SS 400, SM 400의 중볼트
항복강도 F_y(Mpa)	640	900	1,170	240
인장강도 F_u(Mpa)	800	1,000	1,300	400

KEY NOTE

강재표시기준

① 강판
수량~PLS 폭(mm)×두께(mm)×길이(m)
② 봉강
ϕ지름(mm)×길이(m)
③ 평강
수량~PLS 폭(mm)×두께(mm)×길이(m)
④ 형강
A(mm)×B(mm)×t(mm)×l(mm)

강재이음 일반사항

강재이음 시 부재의 변형에 대한 영향을 고려해야 한다.

3) 강재의 재료정수

정수 / 자료	탄성계수 E_y(Mpa)	전단탄성계수 G(Mpa)	포아송비 ν	선팽창계수 α(1/℃)
강 재	205,000	79,000	0.3	0.000012

5. 교량에 사용되는 강재

1) 강판

① 두께가 3mm 이상인 철판 제품을 말한다.

② 표시 : 수량~PLS 폭(mm)×두께(mm)×길이(m)

2) 봉강

① 주로 철근콘크리트에 사용하며 환강, 각강이 있다.

② 표시 : ϕ지름(mm)×길이(m)

3) 평강

① 폭이 25~300mm, 두께가 4.5~25mm인 장방향 단면의 철강 제품을 말한다.

② 표시 : 수량~PLS 폭(mm)×두께(mm)×길이(m)

4) 형강

① 형강의 종류 : H형강, I형강, T형강, ㄷ형강(channel, 구형강), L형강(angel, 산형강) 등

② 표시 : A(mm)×B(mm)×t(mm)×l(mm)

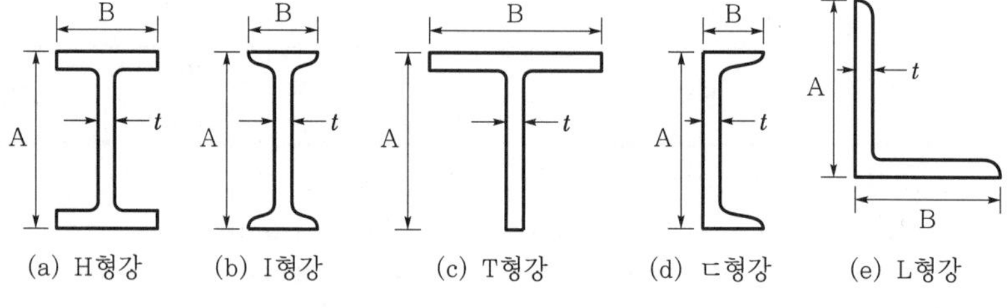

[그림 12-1] 형강의 종류

6. 강재의 이론(연결) 방법

1) 연결의 일반사항

① 부재의 연결은 작용응력에 대하여 설계하는 것을 원칙으로 한다.

② 주요 부재의 연결은 ①의 규정을 따르는 외에, 적어도 모재의 전 강도의 75% 이상의 강도를 갖도록 설계하여한다. 단, 전단력에 대해서는

작용응력을 사용하여 설계해도 좋다.

③ 부재의 연결부 구조는 다음 사항을 만족해야한다.

㉠ 연결부의 구조가 단순하여, 응력의 전달이 확실한 것

㉡ 구성하는 각 재편에 있어서, 가급적 편심이 일어나지 않도록 할 것

㉢ 해로운 응력집중이 생기지 않도록 할 것

㉣ 해로운 잔류응력이나 2차 응력이 생기지 않도록 할 것

2) 연결방법의 병용

(1) 용접과 고장력볼트를 병용할 경우

① 각각 응력을 분담하는 경우 : 분담 상태에는 충분히 검토함

㉠ 홈용접을 사용한 맞대기이음과 고장력볼트 마찰이음의 병용하는 경우

㉡ 응력방향에 평행한 필릿용접과 고장력볼트 마찰이음을 병용하는 경우

② 병용 불가

㉠ 응력방향과 직각을 이루는 필릿용접과 고장력볼트 마찰이음

㉡ 용접과 고장력볼트 지압이음

(2) 용접이 모든 응력을 부담하는 경우

한 연결부에 용접과 리벳을 병용할 경우

(3) 고장력볼트와 리벳을 병용할 경우

한 연결부에 고장력볼트와 리벳을 병용하는 경우에는 연결부의 변형상태와 응력부담에 대하여 충분한 검토를 하여야 한다.

KEY NOTE

연결방법의 병용

- 한 이음부에 용접과 리벳을 병용하는 경우에는 용접이 모든 응력을 부담하는 것으로 본다.
- 홈용접을 사용한 맞대기 이음+고장력볼트 마찰이음과 응력방향과 나란한 필릿용접+고장력볼트 마찰이음을 병용하는 경우 각 이음이 응력을 부담하는 것으로 본다.
- 응력과 직각을 이루는 필릿용접+고장력볼트 마찰이음을 병용해서는 안 된다.
- 용접과 고장력볼트 지압 이음을 병용해서는 안 된다.

2 리벳이음

1. 리벳의 종류

① 리벳의 지름은 6mm~40mm까지 10종류가 있으며 19mm, 22mm, 25mm 리벳이 교량에서 주로 사용한다.

② 리벳의 머리모양에 따라 둥근리벳, 접시리벳, 평리벳이 있다.

2. 리벳의 이음

① 겹대기 이음 : 모재를 겹쳐서 이음

② 맞대기 이음 : 모재를 맞대어서 이음

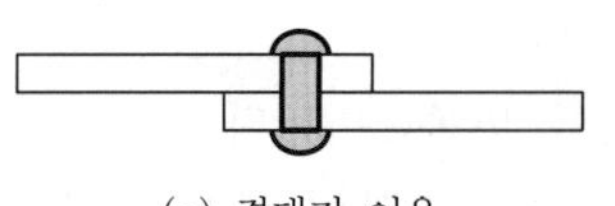

(a) 겹대기 이음

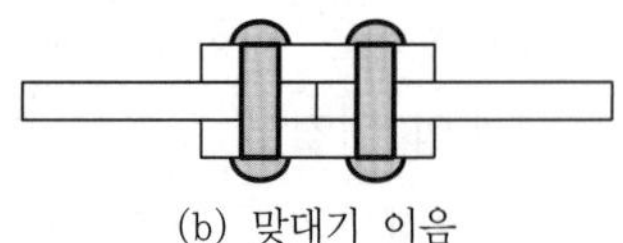

(b) 맞대기 이음

[그림 12-2] 리벳의 이음 종류

3. 리벳의 응력

리벳강도(전단강도)

1면 전단

① $P_s = v_a \cdot \left(\frac{\pi d^2}{4}\right)$

② $P_b = f_{ba} \cdot (d \cdot t)$

①과 ② 중 작은 값이 리벳강도

1) 전단응력(v)

① 단전단 : 전단면이 1개인 경우

$$v = \frac{P}{A} \quad \cdots\cdots (12\text{-}1)$$

② 복전단 : 전단면이 2개인 경우

$$v = \frac{P}{2A} \quad \cdots\cdots (12\text{-}2)$$

여기서, A는 리벳의 단면적$\left(= \frac{\pi d^2}{4}\right)$이다. n개의 리벳으로 이음할 경우 1개의 리벳에 발생하는 전단응력은 개수 n으로 나눈다.

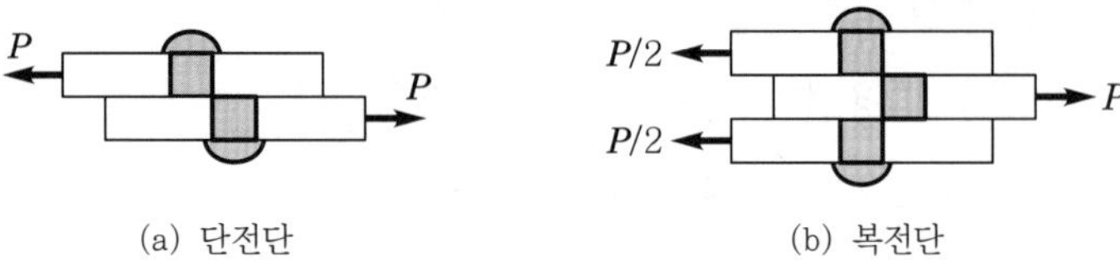

(a) 단전단 (b) 복전단

[그림 12-3] 전단파괴

2) 지압응력(f_b)

$$f_b = \frac{P}{A} = \frac{P}{dt} \quad \cdots\cdots (12\text{-}3)$$

여기서 t는 t_1과 $t_2 + t_3$값 중 작은 값을 사용한다.

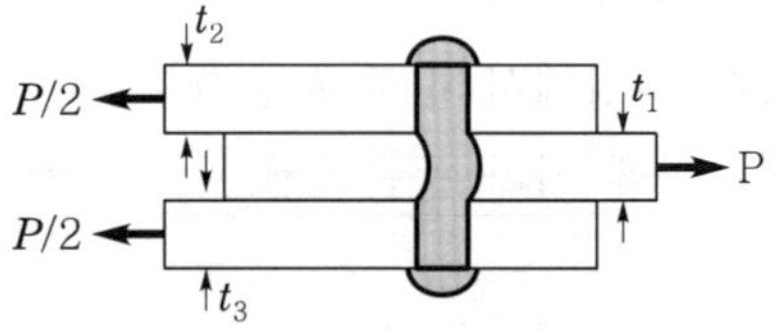

[그림 12-4] 지압파괴

4. 리벳의 강도

1) 허용전단강도(ρ_s)

$$\text{단전단} : \rho_s = v_a \times A = v_a \times \frac{\pi d^2}{4} \quad \cdots\cdots (12\text{-}4)$$

$$\text{복전단} : \rho_s = v_a \times A \times 2 = v_a \times \frac{\pi d^2}{4} \times 2 \quad \cdots\cdots (12\text{-}5)$$

여기서, v_a :리벳의 허용전단응력, d :리벳의 지름

2) 허용지압강도(ρ_b)

$$\rho_b = f_{ba} \cdot d \cdot t \quad \cdots\cdots (12\text{-}6)$$

여기서, f_{ba} : 허용지압응력, d : 리벳의 지름, t : 강판의 두께

3) 리벳강도 결정

허용전단강도(ρ_s)와 허용지압강도(ρ_b) 중에서 작은 값을 리벳의 강도(ρ)로 결정한다.

5. 소요리벳의 개수

$$n = \frac{P}{\rho} \quad \cdots\cdots (12\text{-}7)$$

여기서, n : 소요리벳의 개수, ρ : 리벳강도, P : 작용외력

6. 부재의 순단면적

1) 압축재

압축을 받는 부재의 순단면적은 그 부재의 총단면적이다.

$$P = f_a \cdot A_g \quad \cdots\cdots (12\text{-}8)$$

여기서, P : 허용 압축력, f_a: 허용 압축응력, A_g :부재의 총단면적

2) 인장재

인장을 받는 부재의 순단면적은 리벳구멍의 크기를 공제한 순폭에 부재의 두께를 곱한 값이다.

① 순단면적

$$A_n = b_n \times t \quad \cdots\cdots (12\text{-}9)$$

여기서, A_n : 순단면적, b_n : 순폭, t : 두께

KEY NOTE

리벳개수(n)

리벳개수 $n = \frac{\text{부재강도}}{\text{리벳강도}}$

순단면적(A_n)

$A_n = b_n \cdot t$

KEY NOTE

② 순폭의 계산

㉠ 일직선으로 배치된 리벳

$$b_n = b_g - nd \quad \cdots\cdots (12\text{-}10)$$

여기서, b_n : 순폭 b_y : 총폭

d : 리벳 구멍의 지름(리벳지름+3mm) n : 리벳의 개수

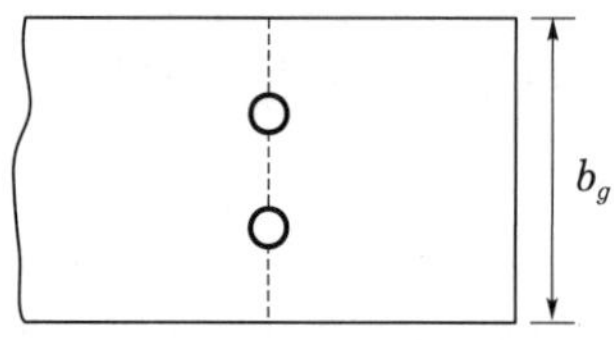

[그림 12-5] 일직선 배치

㉡ 지그재그로 배치된 리벳

순폭은 고려하는 단면의 총폭에서 최초의 리벳구멍의 지름을 빼고, 순차적으로 각 리벳의 구멍에 대해 다음 식의 w를 공제한다.

ⓐ 공제폭(ω)

$$\omega = d - \frac{p^2}{4g} \quad \cdots\cdots (12\text{-}11)$$

여기서, d : 리벳구멍의 지름(리벳지름+3mm)

p : 리벳의 응력방향의 간격(pitch)

g : 리벳의 응력에 직각방향의 간격(gauge)

ⓑ 리벳의 순폭 결정 : 아래의 각 단면의 산정된 값 중에서 가장 작은 값을 순폭으로 한다.

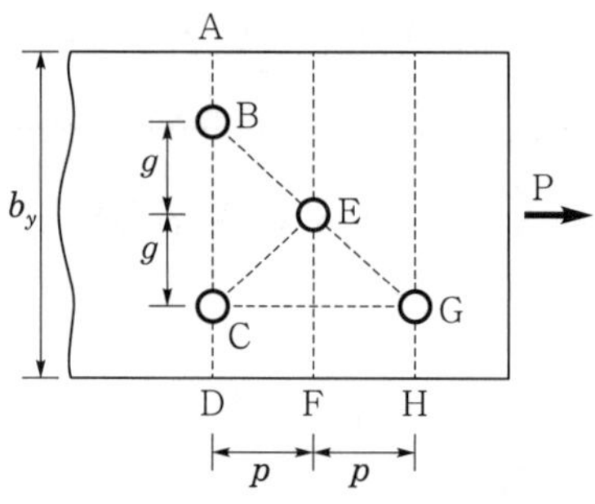

[그림 12-6] 지그재그 배치

ABCD 단면 : $b_n = b_g - d - d$ ABECD 단면 : $b_n = b_g - d - 2\omega$

ABEF 단면 : $b_n = b_g - d - \omega$ ABEGH 단면 : $b_n = b_g - d - 2\omega$

> $\omega = d - \frac{p^2}{4g}$
> 여기서, p : 피치(수평거리)
> g : 직각방향 리벳선 간 길이
> $\therefore p = \sqrt{4gd}$

> **L형강 총폭** b_g
> $b_g = b_1 + b_2 - t$
> 여기서, $t = \frac{1}{2}(t_1 + t_2)$

3) L형강

① $\omega \le 0$인 경우 : $d \le \dfrac{p^2}{4g}$인 경우

공제폭을 무시한다.

$$b_n = b_g - d \quad \cdots\cdots (12\text{-}12)$$

② $\omega > 0$인 경우 : $d \le \dfrac{p^2}{4g}$인 경우

공제폭을 고려한다.

$$b_n = b_g - d - w \quad \cdots\cdots (12\text{-}13)$$

$b_g = b_1 + b_2 - t$

$g = g' - t(g' = b_1' + b_2')$

$w = d - \dfrac{p^2}{4g}$

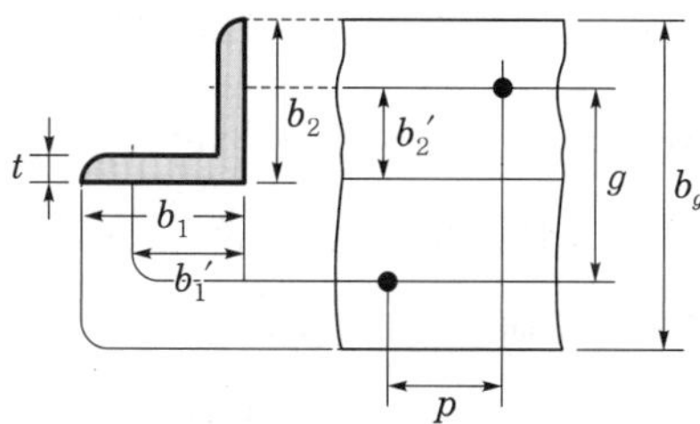

[그림 12-7] L형강

3 용접이음

1. 용접이음의 종류

1) 홈용접(groove weld)

① 홈용접은 양쪽 강판 사이에 홈을 두서 서로 맞대거나 T형 이음에서 양쪽 모재 사이의 홈에 용접금속을 넣는 방법으로 목두께의 방향이 적어도 모재의 표면과 직각 또는 거의 직각을 이루게 하여야 한다.

② 모재(母材) 사이에 홈을 만들어 용접하는 것으로 맞댄 용접(완전용입 홈용접), 부분용입 용접(부분용입 홈용접)이 있다. 홈용접은 홈의 형상에 따라 I형, V형, U형, X형, K형, H형 등이 있다.

KEY NOTE

용접이음 종류
① 홈용접
② 필릿용접
③ 플러그 용접

KEY NOTE

2) 필릿용접(filet weld)

필릿용접은 형강이나 강판 등의 겹대기 이음, T자 이음, 단부이음, 모서리 이음 등에 있어서 교차하는 두 모재의 모서리부를 용접하는 삼각형상의 단면을 갖는 용접이다.

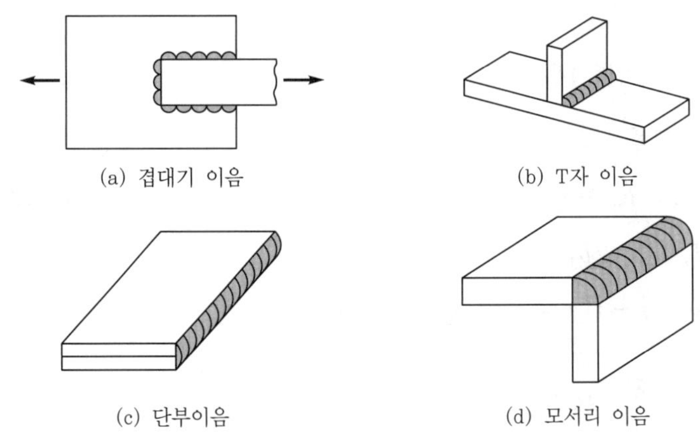

[그림 12-8] 필릿용접의 이음형태

① 전면 필릿용접 : 용접선의 방향이 응력전달 방향과 직각

② 측면 필릿용접 : 용접선이 방향이 응력전달 방향과 평행

3) 플러그(plug) 용접과 슬롯(slot) 용접

플러그 용접과 슬롯 용접은 주요 부재에서는 사용하지 않는 것이 원칙이다.

① 플러그 용접 : 둥근 구멍을 뚫어서 판표면까지 구멍을 용접금속으로 가득 메움

② 슬롯 용접 : 긴 구멍에 가득 메우는 용접

2. 용접의 특성

장점	단점
① 재료의 절약 ② 단면 구조의 간단 ③ 리벳구멍으로 인한 단면적의 감소가 없어 강도의 저하가 없다. ④ 소음이 적다.	① 용접부의 냉각 후에는 변형이나 응력이 남는다. ② 내부검사가 어렵다. ③ 응력집중현상의 가능성이 있다. ④ 반복하중으로 인한 피로에 약하다.

3. 용접부의 강도와 용접 면적

용접부의 강도 = 용접 면적 × 허용응력 ·············· (12-14)

용접 면적 = 목두께 × 유효길이 ························· (12-15)

4. 용접부의 유효두께(목두께)

1) 홈용접의 목두께

① 전단면용입 홈용접의 목두께

[그림 12-9]와 같이 취하고 용접부의 부재의 두께가 다를 경우에는 얇은 부재의 두께를 목두께로 한다.

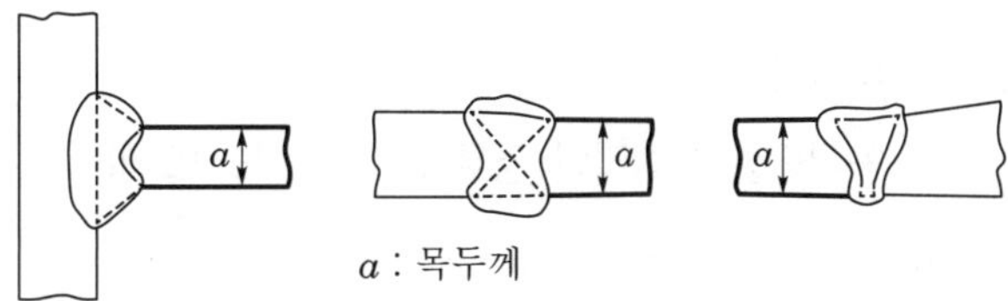

[그림 12-9] 전단면용입 홈용접의 목두께

② 부분용입 홈용접의 목두께

부분용입 홈용접에서는 용접깊이를 목두께로 한다.

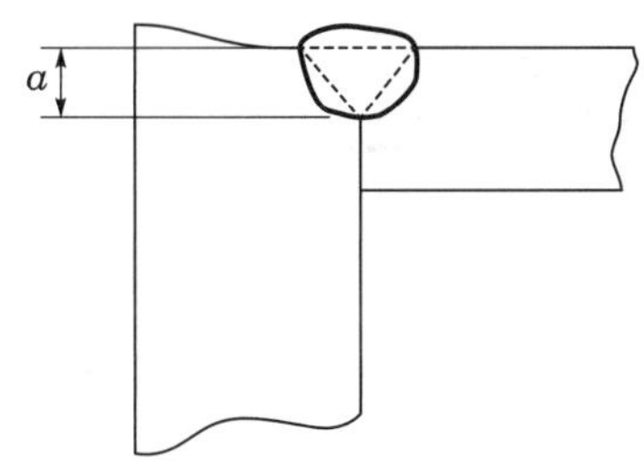

[그림 12-10] 부분용입 홈용접의 목두께

2) 필릿용접의 목두께

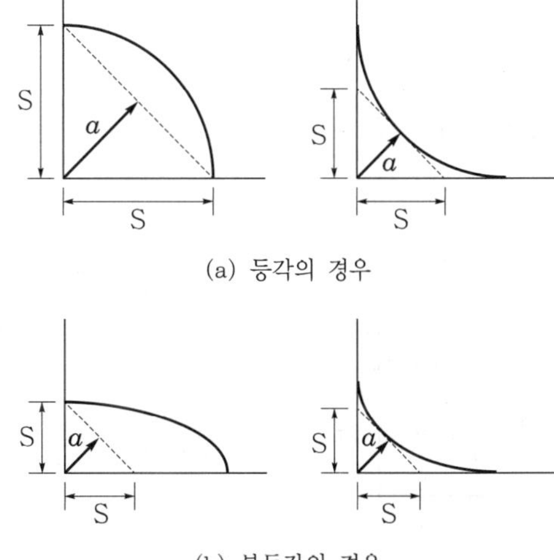

[그림 12-11] 필릿용접의 목두께

KEY NOTE

필릿용접 목두께

$\therefore a = \frac{1}{\sqrt{2}} \cdot s = \frac{\sqrt{2}}{2} \cdot s$
$= 0.707s$

이음의 루트(root)를 꼭지점으로 하는 이등변삼각형의 높이로 한다.

$$목두께,\ a = \frac{S}{\sqrt{2}} = 0.707S \quad \cdots\cdots (12\text{-}16)$$

5. 용접부의 유효길이

용접부의 유효길이는 이론상의 목두께를 가지는 용접부의 길이로 한다.

1) 홈용접의 유효길이

① 용접선이 응력방향에 직각인 경우 : [그림 12-12]의 (a)

$$유효길이,\ l_e = l \quad \cdots\cdots (12\text{-}17)$$

② 용접선이 응력방향에 직각이 아닌 경우 : [그림 12-12]의 (b)

이 경우에는 유효길이를 응력에 직각방향에 투영한 길이로 한다.

$$유효길이,\ l_e = l_1 \sin\alpha \quad \cdots\cdots (12\text{-}18)$$

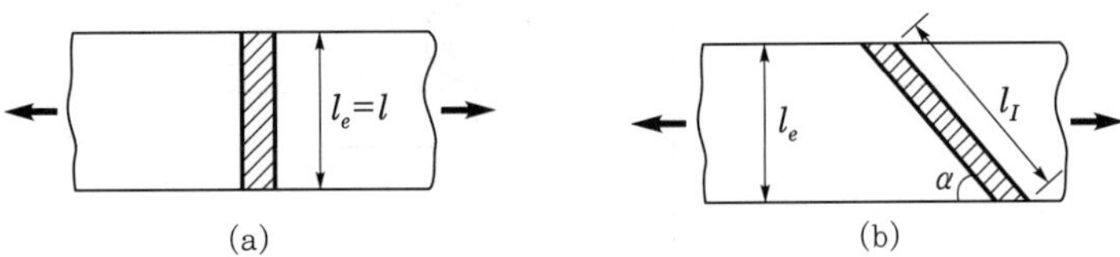

[그림 12-12] 홈용접의 유효길이

2) 필릿용접의 유효길이

① 전면 및 측면 필릿용접 : [그림 12-13] (a)

$$유효길이,\ l_e = l_1 + 2l_2 \quad \cdots\cdots (12\text{-}19)$$

② 측면 필릿용접 : [그림 12-13]의 (b)

$$유효길이,\ l_e = l_1 + l_2 \quad \cdots\cdots (12\text{-}20)$$

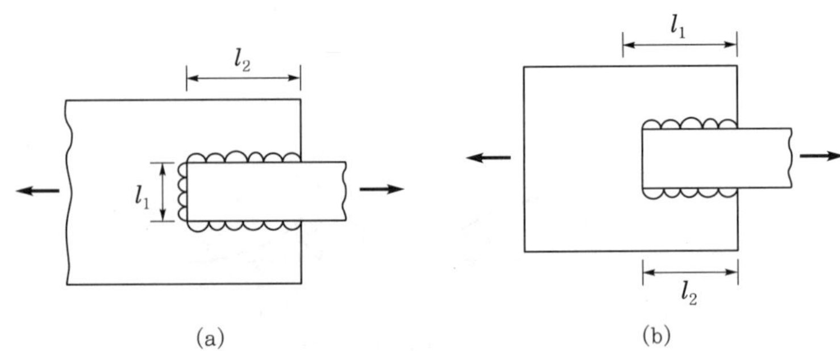

[그림 12-13] 필릿용접의 유효길이

KEY NOTE

유효길이
$\therefore\ l_e = l \cdot \sin\theta$
여기서, l : 용접 사선길이

용접부 응력(f_a)
$f_a = \dfrac{P}{\Sigma a l_e}$
여기서, $\Sigma a l_e$: 용접부 유효단면적 합
P : 이음부에 작용하는 힘

6. 필릿용접의 치수와 최소 유효길이

① 필릿용접은 등치수로 하는 것을 원칙으로 한다.

② 주요부재의 응력을 전달하는 필릿용접의 치수는 다음표의 최소치수 이상, 용접부의 얇은쪽 모재 두께 미만의 범위로 한다.

두꺼운 쪽 모재 두께	최소 필릿용접 치수
20mm 이하	6mm
20mm 초과	8mm

③ 주요 부재의 필릿용접의 유효길이는 용접치수의 10배 이상, 80mm 이상으로 하여야 한다.

7. 축방향력 또는 전단력을 받는 용접이음의 응력

① 이음에 축방향력 또는 전단력이 작용하는 경우에 용접부에 생기는 응력은 다음 식으로 산출한다.

$$f = \frac{P}{\sum} al \quad \cdots\cdots (12\text{-}21)$$

② 단, 필릿용접 및 부분용입 홈용접의 경우에 생기는 응력은, 작용하는 힘의 종류에 관계없이 항상 전단응력을 받는 것으로 보고 식 (12-22)로 계산한다.

$$v_s = \frac{P}{\sum al} \quad \cdots\cdots (12\text{-}22)$$

여기서, f : 용접부에 생기는 수직응력(Mpa)

v_s : 용접부에 생기는 전단응력(Mpa)

P : 용접부에 작용하는 외력(mm)

l : 용접부의 유효길이(mm)

a : 용접의 유효두께(목두께)(mm)

8. 휨모멘트를 받는 용접이음부의 응력

1) 전단면용입 홈용접의 응력

$$f = \frac{M}{I} y \quad \cdots\cdots (12\text{-}23)$$

2) 필릿용접의 응력

$$f = \frac{M}{I} y \quad \cdots\cdots (12\text{-}24)$$

KEY NOTE

KEY NOTE

여기서, f : 이음부에 생기는 수직응력(Mpa)

M : 이음부 설계에 쓰이는 휨모멘트(Mpa)

I : 목두께를 이음면에 전개한 단면의 중립축 둘레의 단면 2차 모멘트(mm^4)

y : 목두께를 이음면에 전재한 단면의 중립축에서 응력을 계산하는 점까지의 거리(mm)

9. 용접이음부의 합성응력의 검토

축박향력, 휨모멘트 및 전단력을 동시에 받는 용접이음에서는, 식 (12-25) 또는 식 (12-26)을 만족하여야 한다.

1) 전단면용입 홈용접

$$\left(\frac{f}{f_a}\right)^2 + \left(\frac{v_s}{v_a}\right)^2 \leq 1.2 \quad \cdots\cdots (12\text{-}25)$$

2) 필릿용접

$$\left(\frac{v_b}{v_a}\right)^2 + \left(\frac{v_s}{v_a}\right)^2 \leq 1.0 \quad \cdots\cdots (12\text{-}26)$$

여기서, f : 축방향력과 휨모멘트에 의한 수직응력(Mpa)

v_b : 축방향력과 휨모멘트에 의한 전단응력(Mpa)

v_s : 전단력에 의한 전단응력(Mpa)

f_a : 허용인장응력(Mpa)

v_a : 허용전단응력(Mpa)

10. 용접부의 결함

용접결함의 종류

① 오버랩(over lap)
② 언더컷(under cut)
③ 크랙(crack)
④ 다리길이 부족
⑤ 용접두께 부족

1) 변형과 균열

① 가열된 용접부위가 냉각되어 수축함으로써 용접이음한 부분이 용접선 방향, 용접선에 수직인 방향으로 용접변형을 일으킨다.

② 용접부 주변보다 온도가 낮은 부분이 용접부의 수축을 구속하면 수축하려는 부분에 인장잔류응력이 생기며, 이 인장응력의 결과로써 균열이 발생한다.

2) 오버랩(over lap)

① 용접 토부분에서 모재가 융합하지 않고 겹쳐진 상태를 말한다.

② 원인은 과소 또는 과대전류, 용접봉의 부적당에 기인한다. 응력집중, 부식촉진 등의 약점이 발생한다.

3) 언더컷(under cut)

① 용접 토우부분에서 모재가 과다하게 녹아서 홈이 만들어진 상태를 말한다.

② 원인은 과대전류, 용접속도가 느릴 때에 기인한다.

4) 용착금속부 형상의 불량

용착금속의 표면의 과다한 덧붙이기 표면이 볼록하거나 오목한 것 등을 말한다.

5) 슬래그의 잠입

슬래그는 아크 용접 시 피복제가 용융되어 용융금속의 표면에 떠오르는 것으로서 용착금속이 급속히 냉각할 경우 슬래그의 일부가 떠오르지 않고 내부로 말려 들어가는 현상

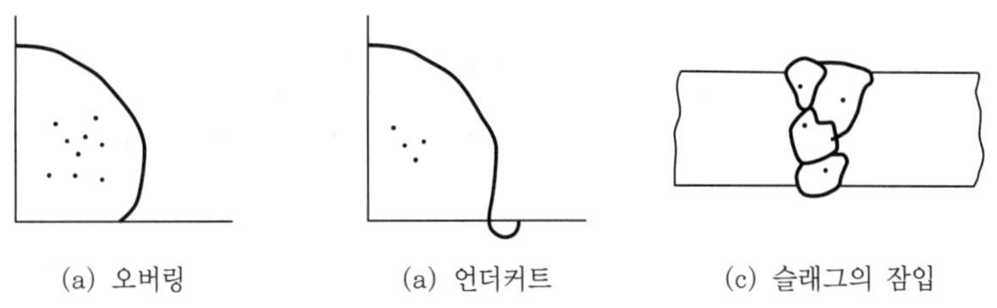

[그림 12-14] 용접부의 결함

KEY NOTE

11. 용접의 일반사항

용접의 일반사항

① 응력을 전달하는 용접이음에는 전단면용입 홈용접, 부분용입 홈용접 또는 연속 필릿용접을 쓰도록 한다.

② 용접선에 대해 직각 방향으로 인장응력을 받는 이음에는, 전단면용입 홈용접을 사용함을 원칙으로 하며, 부분용입 홈용접을 써서는 안 된다.

③ 플러그(plug) 용접과 슬롯(slot)용접은 주요 부재에 사용해서는 안 된다. 부득이 쓸 경우에는 응력의 전달을 고려하여야 한다.

④ 단면이 서로 다른 주요부재의 맞대기 이음에 있어서는 두께 및 폭을 서서히 변화시켜, 길이 방향의 경사가 1/2.5 이하로 되도록 하여야 한다.

⑤ 응력을 전달하는 겹침이음에는, 두 줄 이상의 필릿용접을 사용함을 원칙으로 하고, 얇은 쪽의 강판두께의 5배 이상 겹치게 하여야 한다.

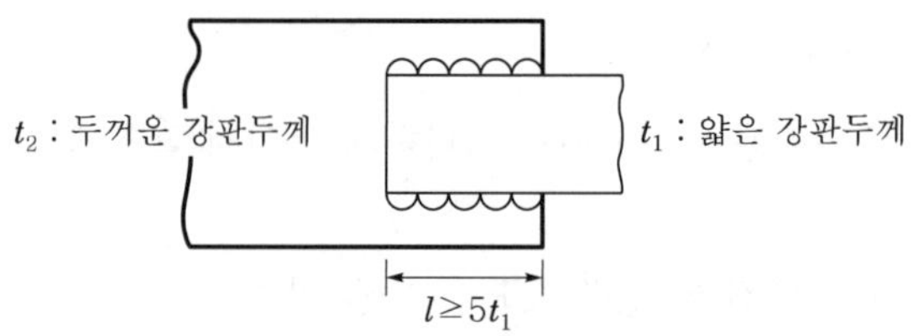

[그림 12-15] 강판의 겹침길이

⑥ 축방향력을 받는 부재의 겹침이음에서, 측면 필릿용접만을 사용한 경우에는, 다음의 규정을 만족시켜야 한다.

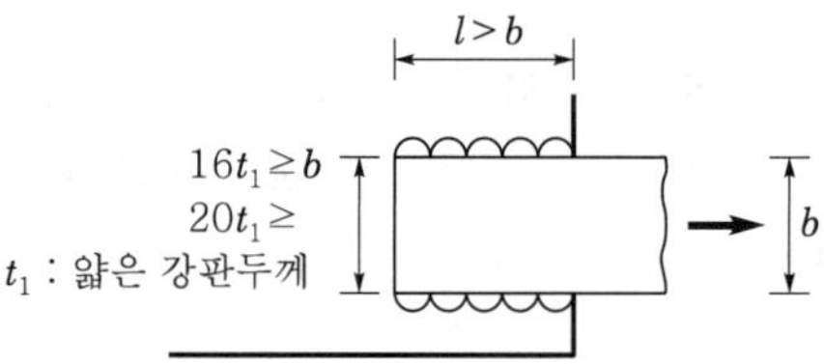

[그림 12-16] 용접선 간격과 필릿용접 길이

㉠ 용접선의 간격은 얇은 쪽의 강판두께의 16배 이하로 하여야 한다. 단, 인장력만을 받는 경우에는, 위의 값을 20배로 한다.

㉡ 필릿용접의 길이는 용접선의 간격보다 크게 하여야 한다.

⑦ T이음에 쓰이는 필릿용접 또는 부분용입 홈용접은, 이음의 양쪽에 배치하여야 한다. 단, 횡방향의 변형에 대해서 저항할 수 있는 구조일 때는 한쪽만으로도 좋다.

⑧ 재편의 교각이 60° 미만이거나, 또는 120°를 초과하는 T이음에서는 전단면용입 홈용접을 쓰는 것을 원칙으로 한다. 필릿용접 또는 부분용입 홈용접을 사용하는 경우에는, 응력의 전달을 기대할 수 없다.

4 고장력볼트이음

1. 볼트의 이음형식

고장력볼트이음
① 마찰이음(기본)
② 지압이음
③ 인장이음

고장력볼트이음은 응력의 전달방법에 따라 마찰이음, 지압이음, 인장이음 등이 있다.

1) 마찰이음

마찰이음은 하중의 전달이 볼트 체결에 의해서 발생하는 연결 부재 간의 마찰에 의해서만 이루어지고 미끄러짐에 의한 볼트의 지압이음은 발생하지 않는 연결방법이다.

2) 지압이음

지압이음은 하중의 전달이 연결 부재의 미끄러짐이 발생하여 연결 부재 간의 지압에 의해서 이루어지는 연결방법이다.

3) 인장이음

인장이음은 볼트의 축방향의 저항력에 의하여 연결부의 응력이 전달되는 이음이다.

2. 볼트 연결부의 파괴유형

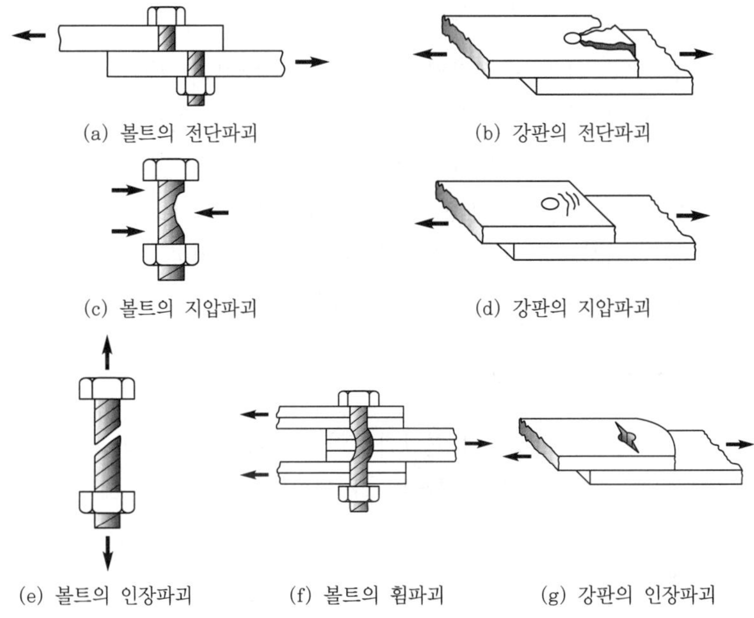

[그림 12-17] 볼트 연결부의 파괴 유형

3. 볼트의 종류

① 도로교설계기준에서는 볼트, 너트 및 와셔로 구성되어 있는 제1종 및 제2조의 M20, M22, M24를 표준으로 한다.

② 마찰이음용 볼트의 종류로는 F8T와 F10T가 있다.

③ 지압이음용 볼트의 종류로는 B8T와 F10T가 있다.

4. 볼트의 제원과 중심간격

① 볼트의 최소 중심간격은 [표 12-1]에 따르면 부득이한 경우에는 볼트 지름의 3배까지 작게 할 수 있다.

KEY NOTE

볼트 연결부 설계 시 고려항목

① 지압응력
② 볼트의 전단응력
③ 부재의 항복응력

두 강판을 볼트 연결 시 파괴모드

① 볼트의 전단파괴
② 볼트의 지압파괴
③ 강판의 지압파괴

복전단 고장력볼트 개수(n)

볼트개수 $n=\dfrac{P}{2\times P_a}$

여기서, P_a : 마찰이음 허용력(kN)
P : 부재 인장력(kN)

[참고]
$P_a=\tau_a\cdot A$(응력×볼트면적)

$\therefore\ n=\dfrac{P}{2\cdot\tau_a\cdot A}$

여기서, τ_a : 마찰이음 허용응력(MPa)
A : 볼트 단면적$\left(\dfrac{\pi d^2}{4}\right)$

KEY NOTE

[표 12-1] 고장력볼트의 제원과 중심간격

볼트 호칭	공칭 지름	최소 중심간격	최대중심간격		
			힘의 작용방향(p)		힘의 작용방향의 직각(g)
M20	20mm	65mm 이상	130mm 이하	$12t$ 지그재그 배치 시는 $15t - \frac{3}{8}g \leq 12t$	$24t$와 300mm 중 작은 값 이하
M22	22mm	75mm 이상	150mm 이하		
M24	24mm	85mm 이상	170mm 이하		

t : 외측의 판 또는 형각의 두께(mm)
p : 볼트의 응력방향의 간격(mm)
g : 볼트의 응력에 직각방향의 간격(mm)

② 볼트의 최대 중심간격은 힘의 작용방향의 볼트 최대 중심간격 p(pitch)와 힘이 작용방향과 직각방향의 볼트의 최대 중심간격 g(gauge)는 [표 12-1]에 따른다.

③ 단, 힘의 작용방향의 볼트 최대 중심간격, p는 $12t$(강재의 두께, mm)를 넘어서는 안 되며, 지그재그로 볼트를 배치한 경우에는 ($15t$-3/8g)와 $12t$ 중에서 작은 값을 넘어서는 안 된다.

5. 연단까지의 최대거리

볼트 구멍 중심으로부터 연단까지의 최대거리는 표면의 판두께의 8배로 한다. 단, 150mm를 넘어서는 안 된다.

6. 기 타

① 볼트의 순단면적 계산방법은 리벳이음의 경우와 같다.
② 한 이음에서는 2개 이상이 고장력볼트를 사용해야 한다.

7. 고장력볼트의 장점

① 리벳연결에 비해서
  ㉠ 리벳연결에 비해서
  ㉠ 소요작업 인원이 적고
  ㉡ 동일 강도에 대한 소요개수가 작고
  ㉢ 소음이 거의 없다.
② 용접 및 리벳연결에 비해서
  ㉠ 고도의 숙련자를 필요치 않고
  ㉡ 화재의 위험이 작다.

KEY NOTE

③ 장비가 저렴하여 경제적이다.
④ 리벳연결보다 큰 피로강도를 가지며 용접연결의 피로강도 이상이다.
⑤ 연결부의 증설 및 변경이 쉽다.

8. 고장력볼트의 지압이음

1) 허용지압강도

$$\rho_b = f_{ba} \cdot d \cdot t \quad \cdots\cdots (12\text{-}27)$$

여기서, ρ_b : 볼트의 허용지압강도
f_{ba} : 볼트의 허용지압응력
t : 부재 또는 연결판의 두께

2) 허용전단강도

$$\rho_s = v_a \cdot A_b \quad \cdots\cdots (12\text{-}28)$$

여기서, ρ_s : 볼트의 허용전단강도
v_a : 볼트의 허용전단응력
A_b : 볼트의 공칭단면적

위의 식 (12-27)와 (12-28)을 모두 만족하도록 볼트의 개수를 구하기 위해 먼저 허용전단강도에 의해 볼트의 개수를 구하고 허용지압강도에 의해 볼트의 개수를 검토한다.

9. 고장력볼트의 마찰이음

$$N = \alpha \cdot f_y \cdot A_s \quad \cdots\cdots (12\text{-}29)$$

여기서, N : 설계 볼트축력
α : 항복강도에 대한 비율(F8T는 0.85, F10T는 0.75)
f_y : 볼트의 항복강도
A_s : 볼트의 응력 단면적(나사부의 유효단면적)

마찰이음 볼트 1개의 마찰면 하나에 대한 허용강도 ρ_s

$$\rho_s = \frac{\mu \cdot N}{S} \quad \cdots\cdots (12\text{-}30)$$

여기서, μ : 마찰계수(0.4)
S : 이음의 미끄러짐에 대한 안전율(1.7)

KEY NOTE

10. 고장력볼트의 인장이음

$$\rho_t = f_r \cdot A_b \quad \cdots\cdots (12\text{-}31)$$

여기서, ρ_t : 볼트 1개당 축강도

f_r : 볼트의 허용인장응력

A_b : 볼트의 공칭 단면적

5 교량의 설계

1. 교량의 구조

1) 상부구조

상부구조는 교대 및 교각 상부의 모든 구조를 총칭하며, 바닥과 바닥틀, 주형(girder) 과 트러스, 브레이싱(bracing), 받침 등이 있다.

① 바닥과 바닥틀

㉠ 바닥(floor)은 교통하중을 직접 지지하는 부분이다. 도로교에서는 교면과 그 밑에 있는 바닥판을 말한다.

㉡ 바닥틀(floor system)은 바닥에 작용하는 하중을 주형 또는 트러스에 전달하는 부분을 말한다. 바닥틀은 주형 또는 트러스와 직각방향으로 지지되는 횡방향 거더인 가로보(cross beam)와 가로보 사이에 연결되어 있는 종방향의 거더인 세로보(stringer)로 구성되어 있다.

② 주형과 트러스

㉠ 바닥틀을 통하여 오는 하중을 주형 또는 트러스가 부담하고 이를 다시 받침부에 전달한다.

㉡ 거더교는 2개 이상의 주형을 사용하고, 트러스교는 양측의 트러스가 상부구조의 주체가 된다.

2) 하부구조

① 하부구조란 상부구조로부터 전달되는 하중을 기초지반으로 전달하는 구조부분으로서 교대나 교각 및 그들의 기초를 말한다.

② 교대(abutment), 교각(pier)과 말뚝기초를 포함한다.

2. 교량의 등급

1) 1등교

① 1등교는 DB-24로 설계하는 교량을 말한다.

② 고속국도 및 자동차 전용도로상의 교량은 1등교로 한다. 다만, 교통량이 많고 중차량의 통과가 불가피한 도로, 국방상 중요한 도로상에 가설하는 교량, 장대교량은 1등교로 할 수 있다.

2) 2등교

① 2등교는 DB-18로 설계하는 교량을 말한다.

② 일반국도, 특별시도와 지방도상의 교통량이 적은 교량은 2등교로 한다. 또한 시도 및 군도 중에서 중요한 도로상에 가설하는 교량은 원칙적으로 2등교로 한다.

3) 3등교

① 3등교는 DB-13.5로 설계하는 교량을 말한다.

② 산간벽지에 있는 지방도와 시도 군도 중에서 교통량이 극히 적은 곳에 가설하는 교량은 3등교로 한다.

KEY NOTE

DB 하중
① 1등급교 : DB-24
② 2등급교 : DB-18
③ 3등급교 : DB-13.5

DB-24의 총중량 : 43.2tonf

3. 도로교 하중의 종류

도로교 설계기준에 따른 설계하중은 다음과 같다.

1) 주하중

주하중이란 교량의 주요 구조부를 설계하는 경우에 항상 떠는 자주 작용하여 내하력 결정적인 영향을 미치는 하중이다.

① 고정하중(D)
② 활하중(L)
③ 충격(I)
④ 프리스트레스(PS)
⑤ 콘크리트의 크리프의 영향(CR)
⑥ 콘크리트의 건조수축의 영향(SH)
⑦ 토압(H)
⑧ 수압(F)
⑨ 부력 또는 양압력(B)

2) 부하중

부하중이란 교량의 주요 구조부를 설계하는 경우에 항상 또는 자주 작용하지 않지만 내하력에 영향을 미칠 수 있고, 통상 하중과 동시에 작용하는 하중으로서 하중의 조합에서 반드시 고려하여야 하는 하중이다.

도로교 하중의 종류
① 주하중
② 부하중
③ 주하중의 상당하는 특수하중
④ 부하중에 상당하는 특수하중

KEY NOTE

① 풍하중(W)
② 온도변화와 영향(T)
③ 지진의 영향(E)

3) 주하중의 상당하는 특수하중

특수하중이란 교량의 주요 구조부를 설계하는 경우에 교량의 종류, 구조형식, 가설지점의 상황 등의 조건에 따라 특별히 고려해야 하는 하중이다.

① 설하중(SW)
② 지반변동의 영향(GD)
③ 지점이동의 영향(SD)
④ 파압(WP)
⑤ 원심하중(CF)

4) 부하중에 상당하는 특수하중

① 제동하중(BK)
② 가설시하중(ER)
③ 충돌하중(CO)
④ 기타

4. 고정하중의 단위중량

재 료	단위중량	재 료	단위중량
강재, 주강, 단강	7,850	콘크리트	2,350
주 철	7,250	시멘트 모르터	2,150
알루미늄	2,800	목 재	800
철근콘크리트	2,500	역청재(방수용)	1,100
프리스트레스트 콘크리트	2,500	아스팔트 포장	2,300

5. 활하중

도로교 설계기준에 따른 활하중은 자동차하중, 즉 표준트럭하중(DB하중) 또는 차선하중(DL하중), 보도 등의 등분포하중 및 궤도의 차량하중이 있다.

[표 12-2] DB하중

교량 등급	하중 등급	중량 W(kN)	총중량 1.8W(kN)	전륜하중 0.1W (kN)	후륜하중 0.4W (kN)	차륜 접지길이 (mm)	전륜폭 (mm)	후륜폭 (mm)
1등교	DB-24	240	432	24	96	200	125	500
2등교	DB-18	180	324	18	72	200	125	500
3등교	DB-13.5	135	243	13.5	54	200	125	500

[표 12-3] DL하중

교량 등급	하중 등급	중량 W(kN)	집중하중 P(kN/lane)		등분포하중 W(kN/m/lane)
			휨모멘트 계산 시	전단력 계산 시	
1등교	DL-24	240	108	155	12.7
2등교	DL-18	180	81	117	9.5
3등교	DL-13.5	135	87.8	87.8	7.1

1) 바닥판과 바닥틀을 설계하는 경우의 활하중

① 차도부분에는 DB하중을 [표 12-2]와 [그림 12-18]과 같이 재하한다. DB하중은 한 개의 교량에 종방향으로는 차선당 1대를 원칙으로 하고, 횡방향으로는 재하 가능한 대수를 재하하되 설계부재에 최대응력이 일어나도록 재하한다. 교축 직각방향으로 볼 때, DB하중의 최외측 차륜중심의 재하위치는 차도부분의 단부로부터 300mm로 한다.
지간이 특히 긴 세로보나 슬래브교는 DL하중으로도 검토하여 불리한 응력을 주는 하중을 사용하여 설계한다.

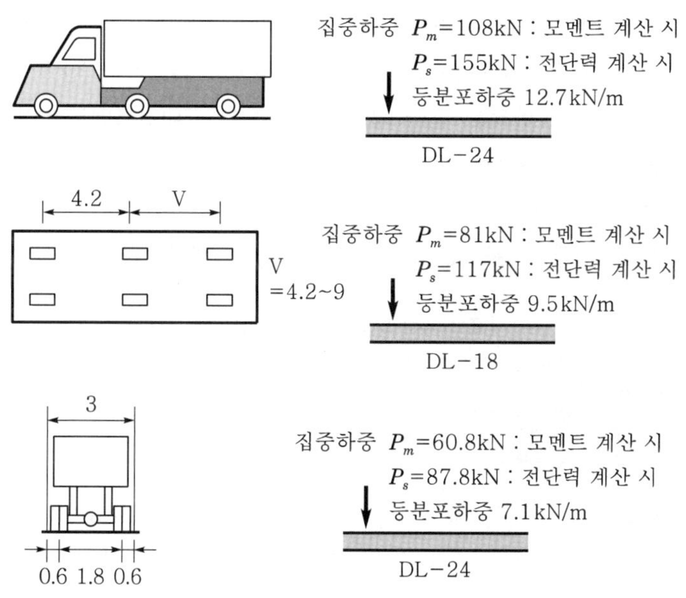

[그림 12-18] DB와 DL하중(단위 : m)

② 보도 등에는 5×10^{-3}MPa(500kgf/m^2)의 등분포하중을 재하한다.

③ 궤도에는 궤도의 차량하중과 DL하중 가운데 설계부재에 불리한 응력을 주는 것을 재하한다. 궤도의 차량 수에 제한이 없는 것으로 보고 설계부재에 가장 불리한 응력을 주도록 재하한다. 차량의 점유폭과 하중은 해당 궤도의 규정을 따른다.

KEY NOTE

활하중의 재하 방법

1) 바닥판과 바닥틀을 설계
  ① DB하중은 한 개의 교량에 종방향으로는 차선당 1대를 원칙으로 하고, 횡방향으로는 재하 가능한 대수를 재하하되 설계부재에 최대응력이 일어나도록 재하한다. 교축 직각방향으로 볼 때, DB하중의 최외측 차륜중심의 재하위치는 차도부분의 단부로부터 300mm로 한다.
  ② 보도에는 5×10^{-3}MPa 등분포하중 재하
  ③ 궤도에는 궤도의 차량하중과 DL하중 가운데 설계부재에 불리한 응력을 주는 것을 재하

KEY NOTE

2) 주형을 설계할 경우
① 차도부분에는 교축방향으로 차선당 1대의 DB하중 또는 1차선분의 DL하중
② DB하중이나 이 하중의 점유폭은 3m
원칙적으로 표준차선폭 3.6m
③ 3차로 90%
4차로 이상 75%
④ 연속보에서 DL하중으로 최대 부모멘트 구할 때는 고려하는 지점의 좌우 두 지간에 [그림 12-18]에 표시된 등분포 차로하중과 두 지간에서 가장 불리한 위치에 같은 크기의 집중하중을 각각 두어야 하며, 한 지간 건너씩 등분포 차로하중을 재하
⑤

지간장 L(m)	하중(MPa)
$L \le 80$	3.5×10^{-3}
$80 < L \le 130$	$(4.3-0.01L)\times10^{-3}$
$L > 130$	3×10^{-3}

2) 주형을 설계하는 경우의 활하중

① 차도부분에는 교축방향으로 차선당 1대의 DB하중 또는 1차선분의 DL하중 가운데 설계부재에 불리한 응력을 주는 것을 재하한다.

② DB하중이나 이 하중의 점유폭은 3m로 본다. 설계 시에 이 하중은 원칙적으로 표준차선폭 3.6m 안에 두어야 한다.

③ 어느 설계부재의 최대응력이 3차로 이상의 활하중 동시 재하로 인해 발생하는 경우에는 그 활하중 응력을 다음 백분율로 감소시킨다.

3차로 90%
4차로 이상 75%

가로보에 대한 하중의 감소율은 주트러스나 주거더의 경우와 마찬가지로 취하는데, 가로보에 최대응력을 일으키게 하는 하중이 놓이는 차로폭을 써서 그 감소율을 정하여야 한다.

④ 연속보에서 DL하중으로 최대 부모멘트 구할 때는 고려하는 지점의 좌우 두 지간에 [그림 12-18]에 표시된 등분포 차로하중과 두 지간에서 가장 불리한 위치에 같은 크기의 집중하중을 각각 두어야 하며, 한 지간 건너씩 등분포 차로하중을 재하하여야 한다. 한편, 어떤 단면의 최대정모멘트를 구할 때는 차로하중을 최대정모멘트가 발생하도록 불연속으로 재하하고, 고려하고 있는 단면의 위치에 한 개의 집중 하중을 놓는다.

⑤ 보도 등에는 [표 12-4]의 등분포하중을 재하한다.

[표 12-4] 보도 등에 재하하는 등분포하중

지간장 L(m)	$L \le 80$	$80 < L \le 130$	$L > 130$
하중(MPa)	3.5×10^{-3}	$(4.3-0.01L)\times10^{-3}$	3×10^{-3}

⑥ 활하중은 충격을 일으키는 것으로 본다. 그러나 보도 등에 재하하는 등분포하중, 현수교의 주케이블 및 보강형에 작용하는 활하중에 대하여서는 충격을 고려하지 아니한다.

⑦ 상부구조의 충격계수는 다음 식으로부터 산출하며 0.3을 초과할 수 없다.

$$I = \frac{15}{40+L} \le 0.3 \quad \cdots\cdots (12\text{-}32)$$

여기서 L은 원칙적으로 활하중이 등분포하중인 경우에는 설계부재에 최대응력이 일어나도록 활하중이 재하된 지간부분의 길이(m)이다.

⑧ 하부구조의 설계에 사용하는 상부구조 반력에는 활하중에 의한 충격을 고려하지 않아도 된다. 그러나 받침부 및 콘크리는 또는 강재로 된 기둥형의 교각 또는 이와 유사한 경량의 구채를 가지는 하부구조의 구체부분에는 이것을 고려하여야 한다.

6. 바닥판의 설계 휨모멘트

단순판과 연속판의 폭 1m에 대한 활하중 휨모멘트는 다음과 같이 계산한다. 다음은 주철근의 방향이 차량진행 방향에 직각인 경우

① 다음의 식은 지간이 0.6m~7.3m인 경우에 적용하며, 충격하중은 포함되지 않기 때문에 별도로 고려한다.

② 바닥판이 3개 이상의 지점을 가진 연속슬래브의 정·부의 휨모멘트의 크기는 다음의 값의 0.8배를 취한다.

$$DB-24: \frac{L+0.6}{9.6}P(\mathrm{kN \cdot m/m})$$

$$DB-18: \frac{L+0.6}{9.6}P(\mathrm{kN \cdot m/m}) \quad \cdots\cdots (12\text{-}33)$$

$$DB-13.5: \frac{L+0.6}{9.6}P(\mathrm{kN \cdot m/m})$$

여기서, L : 바닥판의 지간(m)

P : 트럭의 1후륜하중(kN)

P_{24} : DB-24 하중등급에 대하여 96kN

P_{18} : DB-18 하중등급에 대하여 72kN

$P_{13.5}$: DB-13.5 하중등급에 대하여 54kN

7. 배력철근

① 하부 배력철근은 정모멘트의 크기에 따라 설계된 주철근에 대한 백분율로 다음과 같이 배근된다.

주철근이 차량진행에 직각일 때 : $\frac{120}{\sqrt{L}}$과 67% 중 작은 값 이상 ⋯⋯ (12-34)

주철근이 차량진행에 평행일 때 : $\frac{55}{\sqrt{L}}$과 50% 중 작은 값 이상 ⋯⋯ (12-35)

여기서, L : 유효지간 길이(mm)

KEY NOTE

바닥판의 설계 휨모멘트

$DB-24: \frac{L+0.6}{9.6}P(\mathrm{kN \cdot m/m})$

$DB-18: \frac{L+0.6}{9.6}P(\mathrm{kN \cdot m/m})$

$DB-13.5: \frac{L+0.6}{9.6}P(\mathrm{kN \cdot m/m})$

바닥판의 배력철근 규정

$\frac{120}{\sqrt{L}}$과 67% 중 작은 값 이상

$\frac{55}{\sqrt{L}}$과 50% 중 작은 값 이상

KEY NOTE

바닥판의 최소두께

① 최소 220mm

②

판의 구분	바닥판 지간의 방향	
	차량 진행방향에 직각	차량 진행방향에 평행
단순판	$40L+130$	$65L+150$
연속판	$30L+130$	$50L+150$
캔틸레버판	$0<L\leq 0.25$ $280L+180$ $L>0.25$ $8L+230$	$240L+150$

② 바닥판의 최소두께 : 차도부분 바닥판의 최소두께는 [표 12-5]로부터 얻어지는 값과 220mm 중에서 큰 값으로 한다.

[표 12-5] 차도부분의 바닥판의 최소두께(mm)

판의 구분	바닥판 지간의 방향		
	차량 진행방향에 직각		차량 진행방향에 평행
단순판	$40L+130$		$65L+150$
연속판	$30L+130$		$50L+150$
캔틸레버판	$0<L\leq 0.25$	$280L+180$	$240L+150$
	$L>0.25$	$8L+230$	

여기서, L : 하중에 대한 바닥판의 지간(m)

8. 교량의 종류

1) 지지형식에 따른 구분

① 단순교

㉠ 단순 지지된 형식의 교량구조물이다.

㉡ 단순교는 각 지간 또는 경간의 주형이 분리된 교량이다.

㉢ 단순교는 정정구조물이라서 설계가 비교적 쉽고, 시공이 간편하다.

㉣ 단순교는 지간을 길게 하기 곤란하여 일반적으로 24m~45m 정도이다.

② 게르버교

㉠ 게르버교는 부정정 연속교를 내부힌지절점을 넣어서 정정구조물로 만든 교량이다.

㉡ 게르버교는 최대 휨모멘트를 줄이면서 상대적으로 지간길이를 길게 할 수 있어 연약한 지반에 유리한 편이다.

㉢ 게르버교는 정정구조물로서 설계가 쉬운 편이다.

㉣ 게르버교는 적지간에서 과다한 처짐이 발생할 수 있어서 내부힌지부분이 취약할 수가 있다.

③ 연속교

㉠ 연속보로 된 교량을 구조물을 말한다.

㉡ 연속교는 각 지간의 주형이 연속된 교량이다.

㉢ 연속교를 단순교에 비해서 처짐이 상대적으로 작으며 지간을 길게 할 수 있는 장점이 있다.

㉣ 연속교는 부정정구조물이라서 단순교에 비해서 설계계산이 어려운 점이 있다.

KEY NOTE

2) 구조형식에 따른 분류

① 슬래브교

㉠ 주부재가 슬래브로 된 교량을 말한다.

㉡ 슬래브교는 지간이 대략 3m~12m 정도의 짧은 것이 일반적이다.

㉢ 슬래브교는 지간이 길면 커지게 되어 비경제적이다.

㉣ 슬래브교를 중공 슬래브교를 사용하면 지간이 조금 더 길게 할 수 있다. 중공 슬래브교에서는 단순교는 10m~20m, 연속교는 15m~30m 정도가 경제적이다.

② 거더교

주부재가 거더(girder)인 교량으로 거더의 재료와 모양에 따라 아래와 같이 구분된다.

㉠ T형교

ⓐ T형교는 주거더가 T형보의 형태로 되어 있으며 이는 지간 30m 정도이며 주로 콘크리트 T형교가 사용된다.

ⓑ 콘크리트 바닥판은 T형인 주형과 일체로 되어 있으며 가로방향을 지간으로 하는 슬래브로 작용하는 동시에 주형에 대해서는 플랜지로 작용한다.

㉡ 판형교

ⓐ 판형교(plate girder bridge)는 강판으로 I형의 거더로 그 위의 콘크리트 슬래브를 받치고 있는 형태이다.

ⓑ I형 판형교는 비교적 많이 사용되는 교량으로 일반적으로 그 지간이 50m 정도이다.

ⓒ I형 판형교는 단면 형상이 간단하여 응력이 복잡하지 않고, 유지관리가 쉬운 편이다.

ⓓ I형 판형교는 좌굴의 가능성이 크기 때문에 보강재를 필요로 한다.

㉢ 강상자형교(박스거더교)

ⓐ 강상자형교(steel box girder bridge)는 강판으로 제작된 박스 형태의 거더를 사용한다. 박스거더교라도도 한다.

ⓑ 강상자형교는 일반적 지간이 60m 정도이며 판형교와 함께 가장 많이 사용되는 교량형식 중 하나이다.

ⓒ 강상자형교는 I형교보다 휨강성을 크게 할 수 있어서 휨모멘트에 대한 저항성, 비틀림에 대한 저항성, 수평하중에 대한 저항성이 양호하다. 또한 I형 판형교보다 폭을 넓게 할 수 있어 미적으로 양호하다.

KEY NOTE

전단연결재

강판으로 제작된 거더와 콘크리트로 만들어진 상판 슬래브가 일체로 작용하여 하중에 저항하는 구조형식으로 거더와 상판 슬래브를 일체화하기 위해서 전단연결재(shear connector)

㉣ 강상판형교

ⓐ 강상판형교는 교량의 슬래브를 콘크리트가 아니라 강판으로 제작하여 자웅을 감소시킨 교량구조이다.

ⓑ 강상관형교는 공사비가 다소 고가이며 지간이 70m~80m 정도이다.

㉤ PSC 박스교

ⓐ PSC 박스교는 지간이 60~70m 정도이며, 그 가설 방법에 따라 FCM, ILM 등이 있다.

ⓑ PSC 박스교는 지간이 60~70m 정도이며, 그 가설 방법에 따라 FCM, FSM, ILM 등이 있다.

㉥ PC 거더교 : PC 거더교는 I형의 프리스트레스 콘크리트 거더 형식이며 지간은 일반적으로 20m~40m 정도이다.

3) 거더와 상판 연결 형태에 따른 분류

① 합성구조

강판으로 제작된 거더와 콘크리트로 만들어진 상판 슬래브가 일체로 작용하여 하중에 저항하는 구조형식으로 거더와 상판 슬래브를 일체화하기 위해서 전단연결재(shear connector)를 사용한다. 합성구조 형식의 교량은 비합성 구조형식의 교량에 비해 거더의 단면을 줄일 수 있는 장점이 있다.

② 비합성구조

강판으로 제작된 거더와 상판 슬래브가 일체로 작용하지 않는 형태의 구조형식으로 거더가 모든 하중을 받으므로 합성구조에 비해 거더의 단면이 커진다.

4) 재료에 따른 분류

사용재료에 따라 철근콘크리트교, PS콘크리트교, 강교 등이 있다.

5) 구조물의 종류에 따른 분류

① 트러스교(truss Bridge)

㉠ 트러스를 주형으로 한 교량을 트러스교라고 한다.

㉡ 트러스교는 축하중만을 받는 부재로 되어 있으므로 구조가 단순하고 확실하다.

㉢ 구조물의 강성이 큰 편이다.

㉣ 상현재를 노면의 위치와 일치되도록 가설하는 것이 가능하므로 상하의 더블-데크 형식도 가능하다.

KEY NOTE

[그림 12-19] 비렌딜트러스교

② 아치교(arch bridge)

㉠ 교량의 주체를 주로 축방향압축력을 지지하는 아치구조로 하며, 지점의 이동을 방지한 교량이다.

㉡ 지점의 수평반력에 의해 휨모멘트를 줄일 수 있어 단면을 감소시키게 되므로 미관이 좋다.

㉢ 장대지간의 교량에 유리하다.

㉣ 교량의 아래로 선박이 통과할 수 있도록 형하고를 확보하기가 쉽다.

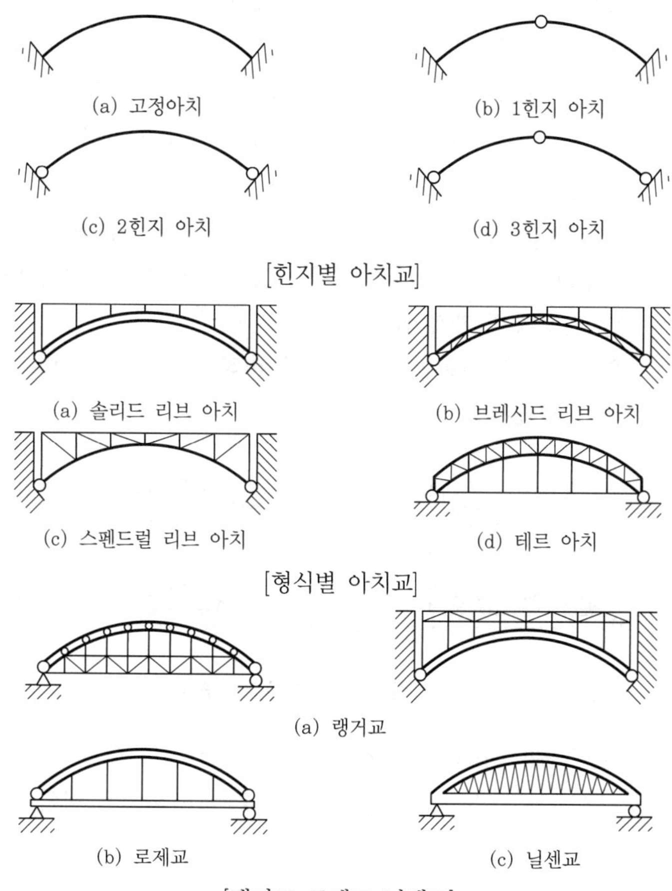

[그림 12-20] 아치교의 종류

KEY NOTE

③ 라멘교(rahmen bridge)

㉠ 라멘을 주체로 한 교량으로 상부구조와 하부구조의 연결점을 강절하게 됨으로써 구조를 전체의 강성을 높인다.

㉡ 지간 네에서 발생하는 휨모멘트를 교대나 교각이 부담할 수 있도록 함으로써 주형의 두께를 작게 할 수 있어 미관적이다.

㉢ 주로 단경간의 교량에 사용하며 경사교량에서 유리한 점이 있다.

㉣ 신축이음이 필요없어 유지관리가 편리하다.

④ 현수교(suspension bridge)

㉠ 현수교는 양단의 주탑(main tower)에 케이블을 걸고 케이블에 보강형 또는 보강형 트러스를 행어(hanger, suspension rod)로 메단 형식이다.

㉡ 블록정착식 현수교(block anchorage suspension bridge)는 케이블을 양단의 지중에 정착시키는 방식이다. 이를 타정식(earth anchorage)이라고도 한다. 타정식의 자정식보다 많다.

㉢ 자정식 현수교(self aanchorage suspension bridge)는 케이블을 보강형의 양단에 결합한 방식이다.

㉣ 현수교는 400m 이상의 장대지간의 교량에 유리하다.

㉤ 현수교는 수심이 깊은 곳이나 교량의 하부구조를 설치하기가 곤란한 지형에 효과적이다.

㉥ 활하중과 풍하중에 의한 진동과 변형을 방지하기 위한 상판의 보강이 필요하다.

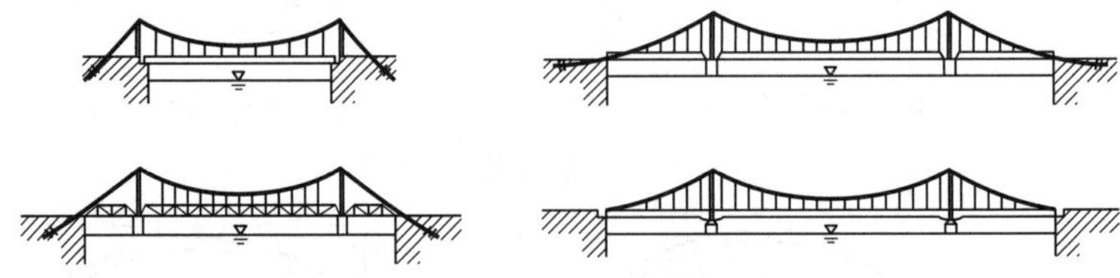

[그림 12-21] 현수교의 종류

⑤ 사장교(cable staved bridge)

㉠ 사장교는 연속경간의 중간교각에 주탑(pylon)을 설치하여 경사진 인장재로 주형을 지지하는 교량이다.

㉡ 현수교에 비해 케이블의 강성이 큰 편이다.

㉢ 강재의 중량이 가볍고 가설이 용이하다.

KEY NOTE

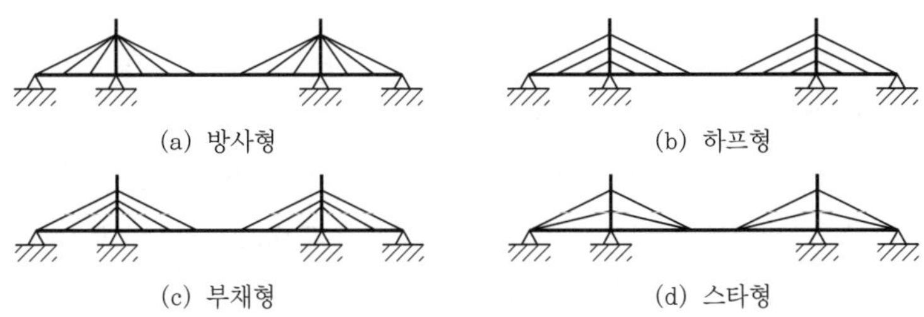

[그림 12-22] 사장교의 종류

9. 강교

1) 강교의 용어

① 강축 : 부재 단면상에서 휨에 대하여 강한 축

② 교량 거더 폭 : 주거더의 중심 간 거리

③ 니브레이스 : 수평재와 수직재가 만드는 모서리부를 보강하기 위해서 설치하는 사재

④ 다이아프램 : 박스형 단면 등의 폐단면부재 형상을 유지하기 위해서 내부에 부재축에 직각으로 배치하는 판, 휨을 받는 상자형 부재의 좌굴형상을 방지하고 비틀림에 대하여 단면형상을 유지하기 위하여 설치된다.

⑤ 다재하 경로구조 : 한 부재의 파괴로 인하여 전체적인 파괴가 일어나지 않도록 한 구조물

⑥ 단재하 경로구조물 : 한 부재의 파괴만으로 전체 구조가 붕괴되는 구조물

⑦ 맞대기 이음 : 둘 이상의 모재의 단과 단을 거의 동일한 평면 내에서 맞붙혀서 접합하는 이음

⑧ 모재 : 절단, 용접 등에 의해 가공되는 구조의 본체가 되는 재료

⑨ 목두께 : 용접부의 유효단면두께

⑩ 볼트의 선간거리 : 볼트의 인접선 간의 거리, L형 등의 형강의 뒷면으로부터 첫 번째 볼트선까지의 거리

⑪ 볼트의 순간격 : 인접한 볼트 구멍 가장자리 간의 거리

⑫ 볼트의 순연단거리 : 부재 끝에서 볼트 구멍 가장자리까지의 거리

⑬ 볼트의 연단거리 : 볼트 구멍의 중심에서 판의 연단까지의 거리

⑭ 볼트의 피치: 힘의 작용선 방향으로 잰 볼트 구멍 중심 간의 거리

⑮ 스터드 : 강재 주거더와 콘크리트 슬래브와의 전단연결재로서 머리부와 줄기로 이루어짐

KEY NOTE

2) 강재의 최소두께

① 강재의 두께는 8mm 이상으로 한다. 다만, I형강, ㄷ형강의 복부에서는 7.5mm 이상으로 할 수 있다.

② 난간용 재료, 채움재, 보도용 바닥판은 이 규정에 따르지 않아도 좋다.

③ 주용 부재로서 사용하는 강관의 두께는 7.9mm 이상으로 한다. 다만, 2차 부재로서 사용하는 강관의 두께는 6.9mm 이상으로 한다.

3) 부재의 세장비

부재의 세장비는 [표 12-6]에 따른다. 여기서 아이바, 봉강, 와이어 로프 등은 제외된다.

[표 12-6] 부재의 세장비

부 재		세장비(l/r)
압축부재	주요부재	120
	2차부재	150
인장부재	주요부재	200
	2차부재	240

l : 인장부재의 경우 골조길이, 압축부재의 경우 유효좌굴길이(mm)
r: 부재 총단면의 단면회전반경(mm)
주요부재란 주구조와 바닥틀을 말하며, 2차부재란 주요부재 이외의 2차적인 기능을 가진 부재를 말한다. 수직브레이싱 수평브레이싱은 주요부재로서의 기능을 부여하지 않을 때는 2차부재로 보아 설계해도 된다.

4) 보강재(sriffener)

① 복부판의 전단좌굴을 방지하기 위하여 소정의 간격으로 수직보강재를 설치한다.

② 지점부의 수직보강재와 플랜지는 용접한다.

③ 수직보강재는 복부판의 같은 쪽에 붙일 필요는 없지만 같은 쪽에 붙일 경우에는 수평보강재는 수직보강재 사이에서 되도록 폭넓게 붙이는 것이 좋다.

④ 보강재의 강종은 보강되는 판의 강종과 동등 이상의 것이라야 한다.

⑤ 수직보강재는 가급적 등간격으로 배치해야 한다.

5) 브레이싱(bracing)

① I형 단면의 판형에서 과대하중의 집중을 완화하고 주형간의 상대적 처짐을 억제하기 위하여 중간 수직 브레이싱(sway bracing)을 설치한다.

② I형 단면의 판형에서 횡하중에 저항하기 위하여, 구조물의 강성을 확보하기 위하여, 비틀림에 저항하기 위하여 수평 브레이싱(lateral bracing)을 설치한다.

③ 교량에서는 수직브레이싱과 수평브레이싱을 설치하는 것을 원칙으로 한다.

④ 고정하중으로 인한 주구조의 처짐이 큰 경우, 주구조의 변형이 수직브레이싱 및 수평브레이싱에 미치는 영향을 고려하는 것이 바람직하다.

⑤ 복사재 형식의 수직브레이싱 또는 수평브레이싱을 사용할 경우에는 부재의 교점을 서로 연결하여야 한다.

⑥ 수직 및 수평브레이싱에 쓰이는 L형강의 최소치수는 75mm×75mm로 한다.

⑦ 주구조를 평면구조물로 취급할 경우에, 수직브레이싱 또는 수평브레이싱을 트러스 구조로 할 경우, 그 세장비는 [표 12-6]에 구성된 2차부재의 규정을 사용해도 좋다.

⑧ 교량의 지점부에서는 원칙적으로 상부 수평브레이싱에 작용하는 전횡하중을 받침부에 원활하게 전달할 수 있는 지점부 수직브레이싱을 두어야 한다.

KEY NOTE

10. 판형교(Plate girder bridge)

1) 의의

교량의 지간이 길거나 매우 큰 하중이 작용하는 경우에 강판을 용접이음하여 대형의 I형 부재를 주형으로 사용한 것을 판형교라고 한다.

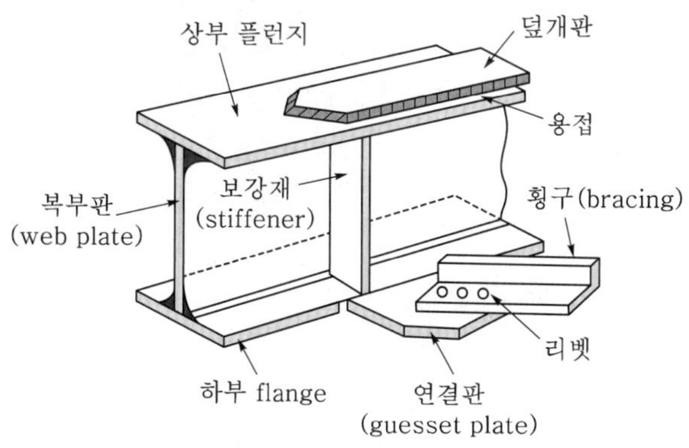

[그림 12-23] 판형교 구조

2) 판형의 응력

① 판형의 휨응력

$$f = \frac{M}{I}y \quad \cdots\cdots (12\text{-}36)$$

KEY NOTE

판형교 주형의 경제적인 높이(h)

$h = 1.1\sqrt{\frac{M}{f \cdot t}}$

여기서, f : 허용 휨응력
t : 복부판의 두께
M : 휨모멘트

전단 연결재

강합성 교량에서 콘크리트 슬래브와 강주형 상부 플랜지를 구조적으로 일체가 되도록 결합시킴.

여기서, f : 휨응력
M : 휨모멘트(N-mm)
I : 휨단면의 중립축에 대한 단면2차 모멘트(mm^4)
y: 중립축으로부터 거리(mm)

② 복부판의 전단응력

$$v_b = \frac{V}{A_a} \quad \cdots\cdots (12\text{-}27)$$

여기서, v_a : 휨모멘트에 따르는 전단응력(Mpa)
V : 휨모멘트에 따르는 전단력(N)
A_a : 복부판의 총단면($mm^{2)}$)

③ 경제적인 주형의 높이

$$h = 1.1\sqrt{\frac{M}{f \cdot t}} \quad \cdots\cdots (12\text{-}38)$$

여기서, f: 허용 휨응력, t : 복부판의 두께, M : 휨모멘트

④ 플랜지의 단면적

$$A_f = \frac{M}{f \cdot h} - \frac{A_w}{6} \quad \cdots\cdots (12\text{-}39)$$

여기서, f : 허용 휨응력, h : 주형의 높이

CHAPTER

12 적중 예상문제

01 일반구조용 압연강재는?

① SS재 ② SM재
③ SMA재 ④ SCW재

해설 ① 일반구조용 압연강재(SS)
② 용접구조용 압연강재(SM)
③ 용접구조용 내후성 열간 압연강재(SMA)
④ 용접구조용 원심력 주강관(SCW)

02 강재종류로 SM490이 의미하는 것은?

① 항복강도가 490MPa 이상인 용접구조용 압연강재
② 인장강도가 490MPa 이상인 용접구조용 압연강재
③ 항복강도가 490MPa 이상인 일반구조용 압연강재
④ 인장강도가 490MPa 이상인 일반구조용 압연강재

해설 SM490은 인장강도가 490MPa 이상인 용접구조용 압연강재를 의미한다.

03 다음은 강구조에 대한 설명이다. 틀린 것은?

① 철근콘크리트의 구조에 비해 강도가 크다.
② 철근콘크리트의 구조에 비해 인성과 연성이 떨어진다.
③ 철근콘크리트의 구조에 비해 좌굴가능성이 크다.
④ 철근콘크리트의 구조에 비해 비내화적이다.

해설 강구조는 철근콘크리트의 구조물에 비해 인성과 연성이 크다.

04 다음 중 강구조물의 특징이 아닌 것은?

① 구조물의 자중이 크다.
② 강도의 변동이 작다.
③ 장지간의 교량에 유리하다.
④ 부재를 개수하거나 보강이 쉽다.

해설 강구조물은 콘크리트 구조물에 비해 자중이 작다.

05 다음은 강구조의 단점이 아닌 것은?

① 불에 약하다.
② 좌굴하기 쉽다.
③ 피로가 발생하기 쉽다.
④ 지간을 길게 할 수 있다.

해설 ④ 지간을 길게 할 수 있는 것은 강구조의 장점에 해당된다.

06 다음 중 강구조물의 구조적 거동 특성으로 옳지 않은 것은?

① 강구조물은 박판보강 부재나 요소의 세장성에 따른 각종 좌굴 파괴모드가 구조내력을 지배한다.
② 강구조물 중 특히 강교량의 손상이나 파손의 대부분은 보강재나 연결부의 불량 접합부나 연결부에서 시작한다.
③ 강구조물의 경우 연결 상세부위에서의 피로파손으로 인한 피로균열의 성장에 따른 피로파괴가 강구조물의 붕괴를 촉발하는 원인이 되기도 한다.

정답 01 ① 02 ② 03 ② 04 ① 05 ④ 06 ④

④ 강구조물은 극심한 기후환경 하에서도 충분한 내구성을 확보하고 있기 때문에 장기간에 걸쳐 유지관리가 불필요하며 비교적 취성파괴에 강한 특성을 지니고 있다.

해설 ④ 강구조물은 극심한 기후환경에 취약한 편이기 때문에 장기적으로 유지관리가 필요하며 취성파괴에 대하여 약한 점을 가지고 있다.

07 다음은 I형강이다. 단면 표시방법으로 옳은 것은 어느 것인가?

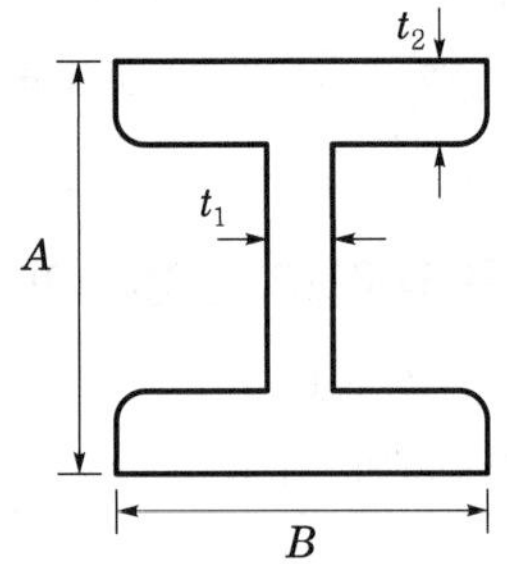

① $A \times B \times t_1 \times t_2 \times l$

② $A \times B \times t_2 \times t_1 \times l$

③ $B \times A \times t_1 \times t_2 \times l$

④ $B \times A \times t_2 \times t_1 \times l$

해설 단면 표시는 $A \times B \times t_1 \times t_2 \times l$로 나타낸다. 즉, 단면높이×플랜지폭×웨브두께×플랜지두께×부재길이 순으로 나타낸다.

08 강재의 연결보의 구조를 설명한 것이다. 이 중 잘못된 것은?

① 구성하는 각 재편에 가급적 편심이 생기도록 구성하는 것이 좋다.

② 응력의 전달이 확실해야 한다.

③ 부재에 해로운 응력집중이 없어야 한다.

④ 잔류응력이나 2차응력을 일으키지 않아야 한다.

해설 강재 연결의 일반사항

㉠ 연결부의 구조가 단순하여 응력전달이 확실한 것

㉡ 구성하는 각 재편에 가급적 편심이 일어나지 않도록 할 것

㉢ 해로운 응력집중현상이 생기지 않도록 할 것

㉣ 잔류응력이나 2차응력이 생기기 않도록 할 것

09 강재의 한 연결부에서 연결방법을 병용하는 경우에 대한 다음 사항 중 옳지 않은 것은?

① 용접과 리벳을 병용하는 경우에는 용접이 모든 응력을 부담하는 것으로 본다.

② 리벳과 고장력볼트를 병용하는 경우에는 고장력볼트가 모든 응력을 부담하는 것으로 본다.

③ 홈용접과 맞대기 이음을 병용하는 경우에는 각각 응력을 부담하는 것으로 본다.

④ 응력방향에 나란한 필릿용접과 고장력볼트의 마찰이음을 병용하는 경우에는 각 응력을 부담하는 것으로 본다.

해설 ② 리벳과 고장력볼트를 병용하는 경우 연결부의 변형상태와 응력 부담에 대하여 충분히 검토한다.

10 강부재의 유효 단면적을 계산할 경우 리벳(rivet) 또는 볼트(bolt)구멍에 의한 순단면적은 다음 중 어떤 경우를 택하는가?

① 인장재, 압축재의 구별없이 구멍의 면적을 공제한다.

② 인장재, 압축재의 전 구멍을 공제하지 않는다.

③ 인장재는 공제하고, 압축재는 공제하지 않는다.

④ 압축재는 공제하고, 인장재는 공제하지 않는다.

해설 강부재의 순단면적

㉠ 안장재는 리벳구멍의 크기를 공제한다.

㉡ 압축재는 리벳구멍의 크기를 공제하지 않는다.

정답 07 ① 08 ① 09 ② 10 ③

11 다음 리벳이음의 결점 중 옳지 않은 것은?

① 용접이음에 비해서 강재가 많이 소요된다.
② 압축재는 리벳구멍으로 인하여 압축강도가 저하된다.
③ 현장 리벳팅에서 잘못 박혀진 리벳은 쉽게 교환할 수 없다.
④ 공사 중 소음이 많이 난다.

해설 ② 압축재의 경우에 리벳구멍으로 인한 강도의 저하는 없다.

12 리벳의 전단세기를 계산하는 식은? (단, d는 리벳지름, v_a는 리벳의 전단강도)

① $\pi d^2/2$ ② $\pi d^2/v_a$
③ $(\pi d^2/4)\times v_a$ ④ $\pi d^2/4$

해설 리벳의 전단세기(ρ_s)

$$\rho_s = \frac{\pi d^2}{4}\times v_a$$

13 리벳의 값을 결정하는 방법 중 옳은 것은?

① 허용전단강도와 허용압축강도로 각각 결정한다.
② 허용전단강도와 허용압축강도 중 큰 것으로 한다.
③ 허용전단강도와 허용압축강도의 평균값으로 결정한다.
④ 허용전단강도와 허용압축강도 중 작은 것으로 한다.

해설 리벳의 강도는 허용전단강도와 허용지압강도를 계산하여 이 중에서 작은 값으로 한다.

14 부재의 순단면을 계산하는 경우 지름이 19mm의 리벳을 박을 때 리벳구멍의 지름은 얼마로 하는가?

① 20mm
② 21mm
③ 22mm
④ 23mm

해설 리벳구멍의 지름=리벳지름+3mm=19+3=22mm

15 리벳으로 연결된 부재에서 리벳이 상하 두 부분으로 절단되었다면 그 원인은?

① 연결부의 인장파괴
② 리벳의 압축파괴
③ 연결부의 지압파괴
④ 리벳의 전단파괴

해설 리벳의 전단파괴는 리벳이 상하로 절단되는 경우이다.

16 교량에 사용하는 리벳지름이 아닌 것은?

① 19mm ② 22mm
③ 25mm ④ 40mm

해설 교량에서 주로 사용되는 리벳은 19mm, 22mm, 25mm이다.

17 그림과 같은 리벳이음에서 리벳지름을 편의상 d=22mm, 강판두께 t=12mm, 허용전단응력 v_a=80MPa, 허용지압응력 f_{ba}=160MPa일 때 이 리벳의 강도는?

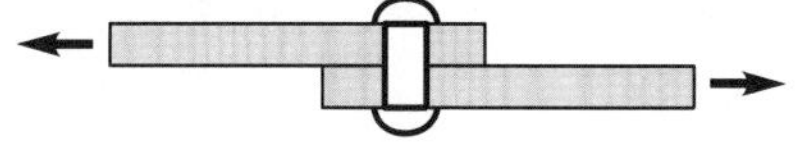

① 30.41kN ② 42.24kN
③ 60.80kN ④ 13kN

해설 리벳의 강도는 전단강도(ρ_s)와 지압강도(ρ_b) 중에서 작은 값으로 한다.

$$\rho_s = \frac{\pi d^2}{4}\times v_a = \frac{\pi \times 22^2}{4}\times 80 = 30,410\text{N}=30.41\text{kN}$$

$$\rho_b = f_{ba}\times d\times t = 160\times 22\times 12 = 42.240\text{N}=42.24\text{kN}$$

따라서 리벳의 강도는 30.41N이다.

정답 11 ② 12 ③ 13 ④ 14 ③ 15 ④ 16 ④ 17 ①

18 다음 그림과 같은 리벳이음에서 강판두께 t=12mm, 허용전단응력 v_a=100MPa, 허용 지압응력 f_{ba}=240MPa일 때 이 리벳의 강도는? (단, 리벳지름은 편의상 20mm로 한다)

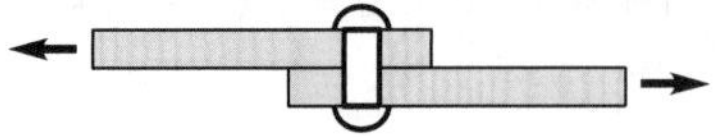

① 30.4kN
② 42.5kN
③ 57.6kN
④ 64.2kN

해설 리벳의 강도는 전단강도(ρ_s)와 지압강도(ρ_b) 중에서 작은 값으로 한다.

$$\rho_s = \frac{\pi d^2}{4} \times v_a = \frac{\pi \times 20^2}{4} \times 100 = 31.416\text{N} = 31.4\text{kN}$$

$$\rho_b = f_{ba} \times d \times t = 240 \times 20 \times 12 = 57.600\text{N} = 57.6\text{kN}$$

따라서 리벳의 강도는 31.4N이다.

19 다음과 같은 리벳이음에서 필요한 최소 리벳 수[개]는? (단, 리벳의 허용전단응력 v_{sa}= 200MPa, 허용지압응력 f_{ba}= 240MPa, 리벳 지름 d=19mm, 강판 두께 t=12mm이다)

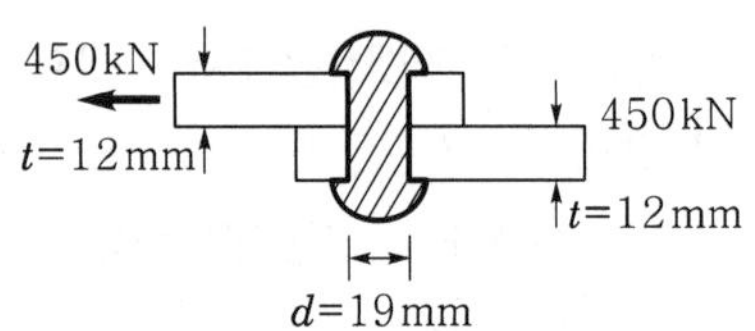

① 7　　② 8
③ 9　　④ 10

해설 ㉠ 리벳의 전단강도(ρ_s)

$$\rho_s = v_{sa} \times \frac{\pi d^2}{4} = 200 \times \frac{\pi \times 19^2}{4} = 56,706\text{N}$$

㉡ 리벳의 지압강도(ρ_b)

$$\rho_b = f_{ba} \cdot d \cdot t = 240 \times 19 \times 12 = 54,720\text{N}$$

㉢ 리벳의 소요개수

리벳의 강도 $\rho = \rho_b = 54,720\text{N}$

리벳의 개수 $n = \frac{P}{\rho} = \frac{450 \times 10^3}{54,720} = 8.2 \fallingdotseq 9$개

20 겹대기 이음에서 인장력 P=340kN이 작용할 때의 리벳의 개수는? (단, 허용전단응력 v_a =120MPa, 허용지압응력 f_{ba}=260MPa, 리벳의 지름은 22mm이다)

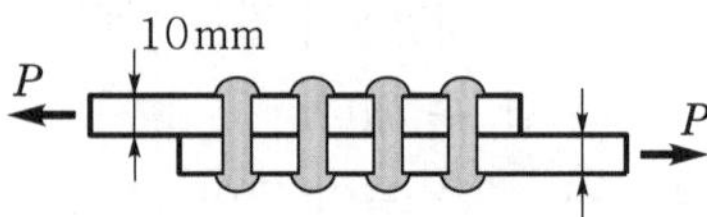

① 6개　　② 8개
③ 10개　　④ 12개

해설

$$\rho_s = \frac{\pi d^2}{4} \times v_a = \frac{\pi \times 22^2}{4} \times 120 = 45,616\text{N}$$

$$\rho_b = d \cdot t \cdot f_{ba} = 22 \times 10 \times 260 = 57.200\text{N}$$

따라서 리벳의 강도는 작은 값 45.616N이 된다. 리벳의 소요개수는

$$n = \frac{340 \times 10^3}{45.616} = 7.45 = 8\text{개}$$

21 그림과 같이 겹이음을 할 경우 필요한 리벳(rivet)의 개수는 몇 개인가? (단, 리벳의 지름 d= 19mm, 리벳의 허용전단응력 v_a=100MPa, 리벳의 허용지압응력 f_b=220MPa이다)

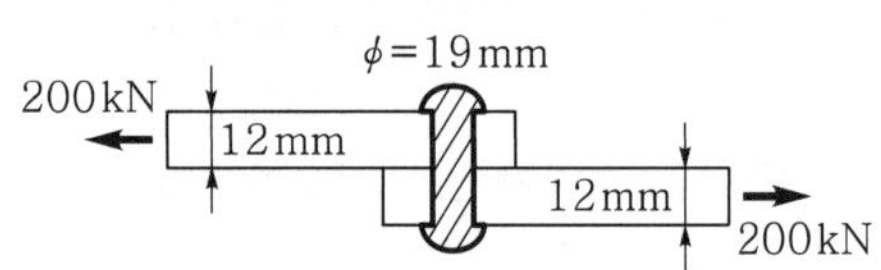

① 5개　　② 6개
③ 7개　　④ 8개

해설 ㉠ 리벳의 전단강도(ρ_s)

$$\rho_s = v_a \times \frac{\pi d^2}{4} = 100 \times \frac{\pi \times 19^2}{4} = 28,352\text{N}$$

㉡ 리벳의 지압강도(ρ_b)

$$\rho_b = f_b \cdot d \cdot t = 240 \times 19 \times 12 = 50,160\text{N}$$

㉢ 리벳의 소요개수

리벳의 강도 $\rho = 28,352\text{N}$

$$n = \frac{P}{\rho} = \frac{200 \times 10^3}{28,352} = 7.05 \fallingdotseq 8\text{개}$$

정답 18 ① 19 ③ 20 ② 21 ④

22 다음 그림과 같은 리벳으로 부재를 연결할 때 지압강도는? (단, f_{ba}=280MPa)

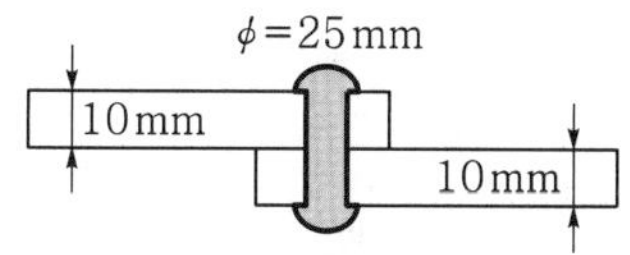

① 25kN ② 50kN
③ 70kN ④ 10kN

해설 $\rho_b = f_{ba} \times d \times t = 280 \times 25 \times 10 = 70,000\text{N} = 70\text{kN}$

23 그림과 같은 리벳접합의 허용강도는 다음 중 어느 것인가? (단, 리벳의 지름 d=19mm, 리벳의 허용전단응력 v_a=120MPa, 리벳의 허용지압응력 f_b=300MPa, 원주율은 3으로 한다)

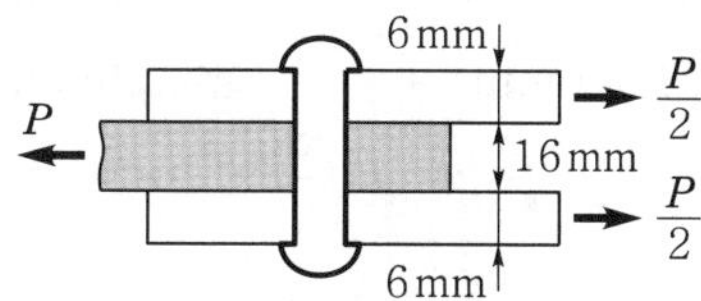

① 34.0kN ② 65.0kN
③ 68.4kN ④ 82.6kN

해설

$$\rho_s = v_a \times \frac{\pi \cdot d^2}{4} \times 2 = 120 \times \frac{3 \times 19^2}{4} = 64,980\text{N}$$

$\rho_b = f_b \cdot d \cdot t = 300 \times 19 \times 12 = 68.400\text{N}$

리벳의 허용강도는 64.980N=65kN이다.

24 그림과 같은 연결에서 볼트가 지지할 수 있는 인장력[kN]은? (단, 허용전단응력 v_{sa}=200MPa, 리벳의 허용지압응력 f_{ba}=300MPa, π=3으로 계산한다)

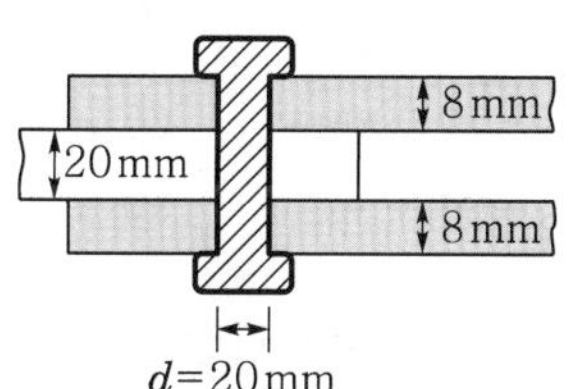

① 64 ② 96
③ 120 ④ 180

해설 ㉠ 허용전단응력 검토

2면 전단(복전단)이므로

$$P_a = v_a\left(\frac{\pi d^2}{4}\right) \times 2 = 200 \times \frac{3 \times 20^2}{4} \times 2$$

$= 120.000\text{N} = 120\text{kN}$

㉡ 허용지압응력 검토

강판의 두께가 다르기 때문에 연결판의 두께 t_1=20mm와 양쪽 강판의 두께의 합 $t_2 + t_3 = 8 + 8 = 16$mm 중 작은 값인 16mm를 강판의 두께로 한다.

$P_a = \rho_a dt = 300 \times 20 \times 16 = 96,000\text{N} = 96\text{kN}$

따라서 허용하중은 이 중에서 작은 값인 96kN이 된다.

25 그림과 같은 이음에서 리벳의 강도는 얼마인가? (단, 리벳의 지름 d=22mm, 리벳의 허용전단응력 v_a=100MPa, 리벳의 허용지압응력 f_b=250MPa)

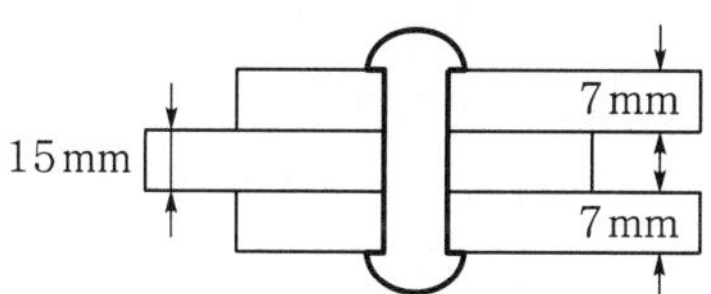

① 72.58kN ② 76.03kN
③ 77.00kN ④ 79.25kN

해설

$$\rho_s = v_a \times 2 \times \frac{\pi \cdot d^2}{4} = 100 \times 2 \times \frac{\pi \times 22^2}{4} = 76,026\text{N}$$

$\rho_b = f_{ba} \cdot d \cdot t = 250 \times 22 \times 14 = 77,000\text{N}$

따라서 리벳의 강도는 작은 값으로 결정

$\therefore\ \rho = \rho_s = 76,026\text{N} = 76.03\text{kN}$

26 부재의 순단면적 계산할 경우 지름 22mm의 리벳을 사용하였을 때 리벳구멍의 지름은 얼마인가?

① 22.5mm
② 25mm
③ 24mm
④ 23.5mm

해설 3mm를 더하면 25mm가 된다.

정답 22 ③ 23 ② 24 ② 25 ② 26 ②

27 그림과 같은 1-PL 180×10의 강판을 ϕ22mm의 리벳으로 이음할 때 강판의 허용인장력은 얼마인가? (단, 강판의 허용인장강도 F_{ta} = 150MPa)

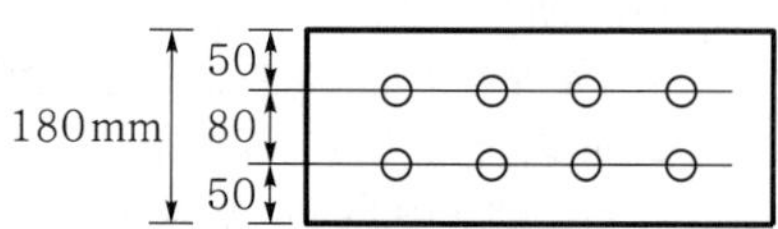

① 175kN ② 185kN

③ 195kN ④ 205kN

해설 $b_n = 180 - 2\times(22+3) = 130\text{mm}$

$A_n = b_n \times t = 130\times 10 = 1,300\text{mm}^2$

$P_a = A_n \times f_{ta} = 130\times 150 = 195,000\text{N} = 195\text{kN}$

28 다음 그림과 같이 리벳팅(riveting)한 강판의 인장 강도를 구하면 얼마인가? (단, 리벳지름 ϕ22mm, 허용인장강도 f_{ta}=140mm, 강판 두께는 10mm이다)

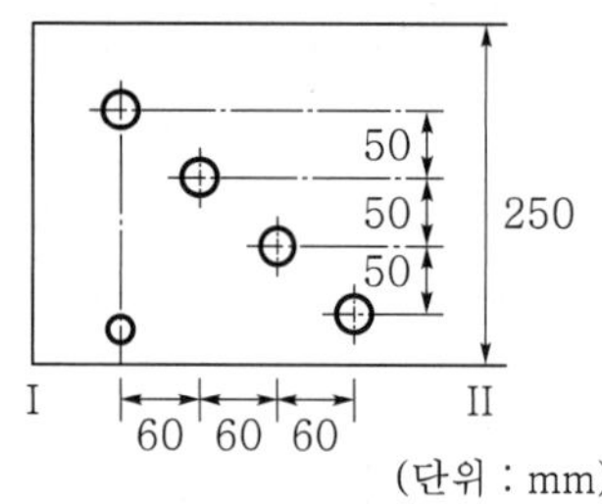

① 260kN ② 270kN

③ 280kN ④ 290kN

해설 지그재그 배치가 된 경우에 대하여 각각 적용하며 구하면 일렬배치 시 순폭이 가장 작게 계산된다. 이 경우의 순폭은

$b_n = b_g - 2d = 250 - 2\times(22+3) = 200\text{mm}$

인장강도(P)

$P = b_n \cdot t \cdot f_{ta} = 140\times 200\times 10 = 280,000\text{N} = 280\text{kN}$

29 강판을 리벳이음할 때 지그재그(zigzag)형으로 리벳을 배치하면 재편의 순폭은 생각하고 있는 최초의 리벳구멍에 대하여는 그 지름을 빼고 이하 순차적으로 다음의 값을 빼는데, 이때의 식은? (단, g : 리벳 선 간거리, p : 리벳피치)

① $d-\dfrac{g^2}{4p}$ ② $d-\dfrac{4p^2}{g}$

③ $d-\dfrac{p^2}{4g}$ ④ $d-\dfrac{4g^2}{4}$

해설 공제폭 $w = d - \dfrac{p^2}{4g}$

30 다음 그림과 같은 판(plate)에서 리벳지름 ϕ = 19mm일 때 순폭은 얼마인가?

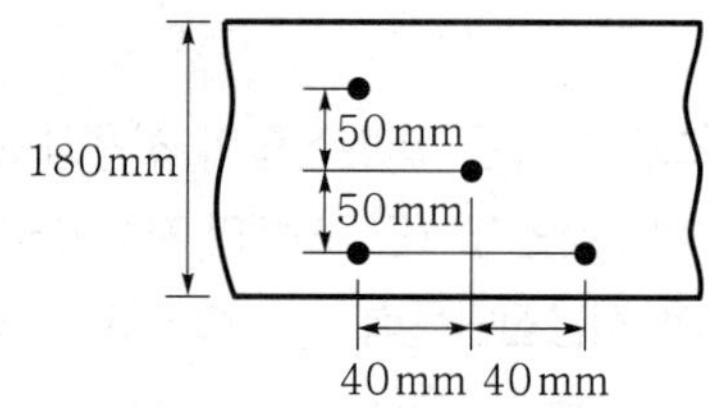

① 115mm ② 120mm

③ 126mm ④ 130mm

해설 ㉠ $b_n = b_g - 2d = 180 - 2\times(19+3) = 136\text{mm}$

㉡ $b_n = b_g - d - d\left(d - \dfrac{p^2}{4g}\right)$

$= 180 - 22 - 2\times\left(22 - \dfrac{40^2}{4\times 50}\right) = 130\text{mm}$

㉠과 ㉡ 중 작은 값을 순폭으로 한다.

31 순단면이 리벳의 구멍 하나를 제외한 단면 (즉 A-B-C 단면)과 같도록 피치(P)를 결정하면? (단, 리벳의 지름은 19mm이다)

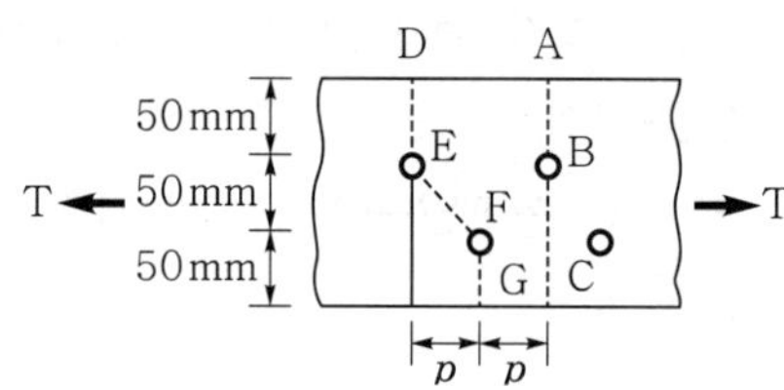

① s=114.9mm ② s=90.6mm

③ s=66.3mm ④ s=50mm

해설 $w = d - \dfrac{p^2}{4g} = 0$이어야 한다.

$\therefore\ p = \sqrt{d\times 4g} = \sqrt{22\times(4\times 50)} = 66.3\text{mm}$

정답 27 ③ 28 ③ 29 ③ 30 ④ 31 ③

32 그림과 같은 강판(두께 10mm)을 리벳으로 이음할 때 강판의 허용인장력[kN]은? (단, 리벳 구멍의 직경은 20mm이고, 강판의 허용인장응력 $f_{ta} = 200\text{MPa}$이다)

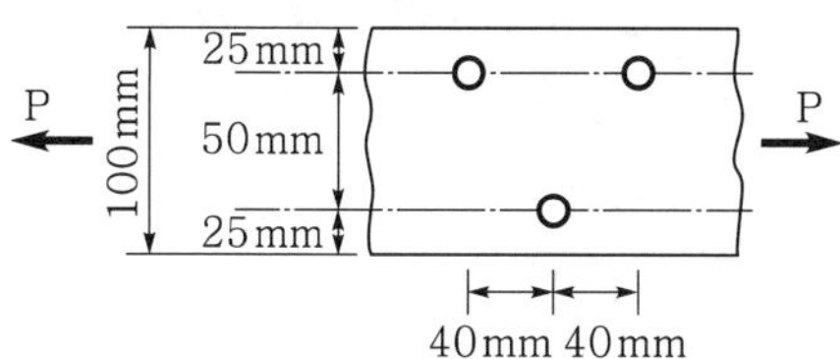

① 96 ② 121
③ 136 ④ 144

해설 순폭 결정

$b_n = b_g - d = 100 - 20 = 80\text{mm}$

$b_n = b_g - d - (d - \frac{p^2}{4g}) = 100 - (20 - \frac{40^2}{4 \times 50}) = 68\text{mm}$

따라서 순폭은 68mm이다

허용인장력은

$P_a = A_n f_{ta} = (b_n t) f_{tu} = (68 \times 10) \times 200$

$= 136.000\text{N} = 136\text{kN}$

33 다음 그림과 같은 판(plate)에서 리벳지름 $\phi = 22\text{mm}$일 때 순폭은 얼마인가?

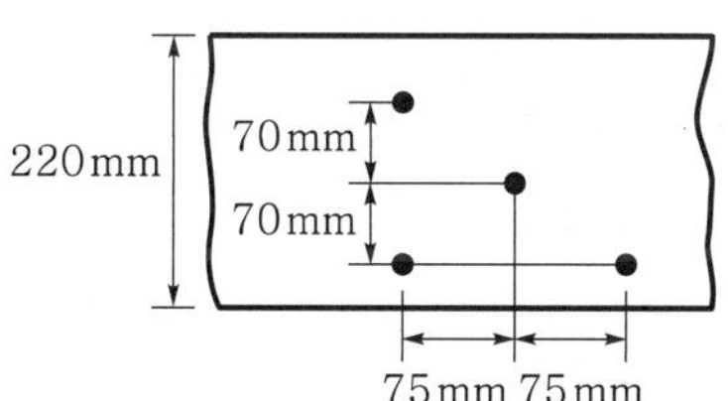

① 170mm ② 185mm
③ 190mm ④ 195mm

해설 ㉠ 일렬배치 상태의 순폭

$b_n = b_g - 2d = 220 - 2 \times (22+3) = 170\text{mm}$

㉡ 지그재그배치 상태의 순폭

공제폭 w를 2번 빼는 경우가 가장 작을 것이므로

$b_n = b_g - d - 2\left(d - \frac{p^2}{4g}\right)$

$= 220 - 25 - 2 \times \left(25 - \frac{75^2}{4 \times 70}\right) = 185.2\text{mm}$

따라서 순폭은 170mm가 된다.

34 다음 L형강에서의 순폭 계산에 대한 사항 중 옳지 않은 것은?

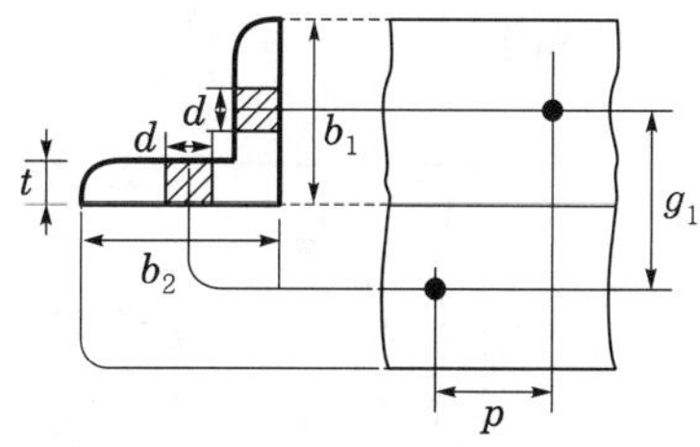

① 전체 총 폭은 $b = b_1 + b_2 - t$이다.

② 리벳선간 거리는 $g = g_1 - t$이다.

③ $p^2/4g < d$인 경우 순폭 $b_n = b - d - \frac{p^2}{4g}$ 이다.

④ $p^2/4g \geq d$인 경우 순폭 $b_n = b - d$ 이다.

해설 $d > \frac{p^2}{4g}$이면 $b_n = b - d - (d - \frac{p^2}{4g})$

35 $L - 150 \times 90 \times 12$인 형강(angle)의 순단면을 구하기 위하여 전개 총 폭 b_g는 얼마인가?

① 228mm ② 232mm
③ 240mm ④ 252mm

해설 $b_g = b_1 + b_2 - t = A + B - t$

$= 150 + 90 - 12 = 228\text{mm}$

36 그림과 같은 L형강에서 순단면적을 구하기 위한 전체 총폭은 얼마인가?

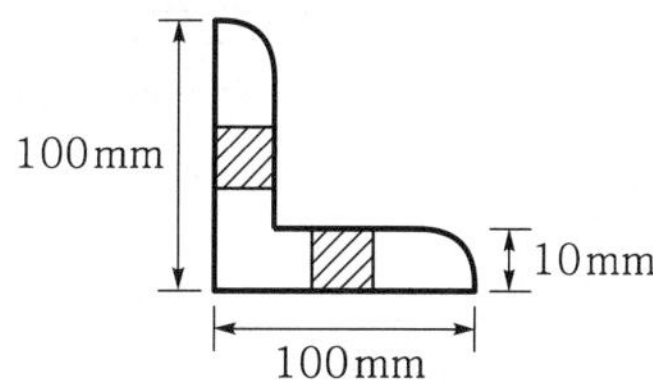

① 170mm ② 180mm
③ 190mm ④ 200mm

해설 $b_g = b_1 + b_2 - t = 100 + 100 - 10 = 190\text{mm}$

정답 32 ③ 33 ① 34 ③ 35 ① 36 ③

37 다음 그림에서 리벳 지름 ϕ22mm일 때 순폭은 얼마인가? (단, b_g=160mm, g=50mm, p=40mm)

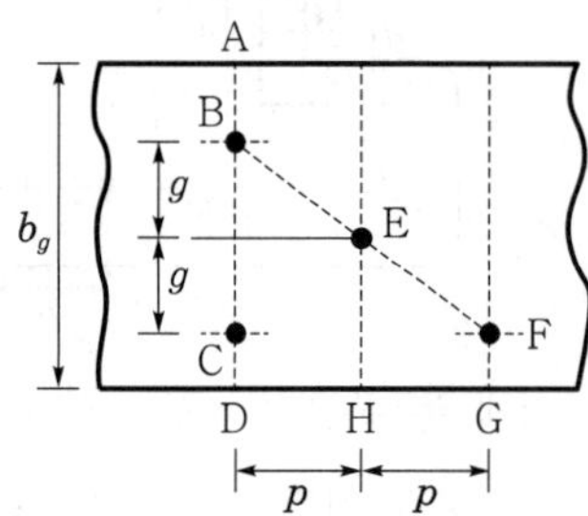

① 101mm ② 108mm
③ 110mm ④ 116mm

해설 ㉠ $b_n = b_g - 2d = 160 - 2\times 25 = 110\text{mm}$

㉡ $b_n = b_g - d - \left(d - \frac{p^2}{4g}\right)$

$= 160 - 25 - \left(25 - \frac{40^2}{4\times 50}\right) = 118\text{mm}$

㉢ $b_n = b_g - d - 2\left(d - \frac{p^2}{4g}\right) = 160 - 25 - 2\left(25 - \frac{40^2}{4\times 50}\right)$

$= 101\text{mm}$

가장 작은 값은 101mm이다.

38 두께가 18mm인 강판을 그림과 같이 ϕ19mm 리벳(rivet)으로 연결할 때 강판의 최대 허용 인장력 [kN]은? (단, f_{ta} = 120MPa)

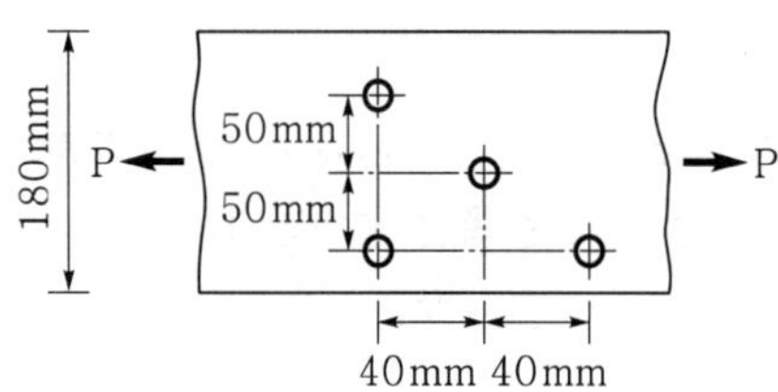

① 20.04 ② 22.52
③ 25.05 ④ 28.08

해설 ㉠ $b_n = b_g - 2d = 180 - 2\times(19+3) = 136\text{mm}$

㉡ $b_n = b_g - d - 2\left(d - \frac{p^2}{4g}\right)$

$= 180 - 22 - 2\times\left(22 - \frac{40^2}{4\times 50}\right)$

$= 130\text{mm}$

따라서 ㉠과 ㉡ 중 작은 값 130mm을 순폭으로 한다.

㉢ 최대 허용인장력

$P_t = A_n \cdot f_{ta} = 18\times 130\times 120$

$= 28{,}080\text{N} = 28.08\text{kN}$

39 다음 중 용접 시의 주의사항에 관한 설명으로 틀리는 것은?

① 용접의 열을 될 수 있는 대로 균등하게 분포시킨다.
② 용접부의 구속을 될 수 있는 대로 적게 하여 수축변형을 일으키더라도 해로운 변형이 남지 않도록 한다.
③ 평행한 용접은 같은 방향으로 동시에 용접하는 것이 좋다.
④ 주변에서 중심으로 향하여 대칭으로 용접해 나간다.

해설 ④ 용접은 중심에서 주변으로 해나간다.

40 보통강재의 용접에서 용접봉을 사용할 경우 용접자세에 대하여 적당한 것은?

① 상향 용접자세
② 하향 용접자세
③ 횡방향 용접자세
④ 눈높이와 같은 자세

해설 용접할 때 용접의 자세는 용접용액 때문에 하향의 자세를 취한다.

41 강구조물의 연결작업에서 용접이음이 리벳이음에 비해 가장 유리한 점은?

① 강재의 절약
② 소음의 방지
③ 내구성과 견고성
④ 공사기간의 단축

해설 강고조의 연결작업에서 용접은 부재를 직접 이을 수 있기 때문에 강재가 절약된다.

정답 37 ① 38 ④ 39 ④ 40 ② 41 ①

42 다음은 용접이음을 리벳이음과 비교할 때의 장점이다. 이 중 옳지 않은 것은?

① 리벳구멍으로 인한 인장측 단면 감소가 일어나지 않는다.
② 용접되는 부분은 연성도 크고 피로저항도 크다.
③ 작업에 따른 소음을 내지 않는다.
④ 리벳이음에 비하여 강제가 절약되므로 경제적이다.

해설 용접부의 단점
㉠ 용접부는 냉각 후에 변형이나 응력이 남는다.
㉡ 피로에 약하다.
㉢ 응력집중현상이 일어날 수 있다.

43 현장 용접 시 용접부의 허용응력은?

① 공장용접의 95%를 취한다.
② 공장용접의 90%를 취한다.
③ 공장용접의 85%를 취한다.
④ 공장용접의 80%를 취한다.

해설 현장용접의 허용응력은 공장용접의 90%를 취한다.

44 필릿용접에 관한 설명으로 틀린 것은?

① 필릿용접은 등치수로 하는 것이 원칙이다.
② 주요 부재의 필릿용접의 유효길이는 용접치수의 10배 이상, 80mm 이상으로 한다.
③ 필릿용접부의 용접치수는 두꺼운 쪽 모재 두께 미만으로 한다.
④ 두꺼운 쪽 모재가 20mm 이하인 경우의 최소 필릿용접 치수는 6mm로 한다.

해설 ③ 필릿용접부의 용접치수는 얇은 쪽 모재 두께 미만으로 한다.

45 두꺼운 쪽 모재가 20mm 초과할 경우에 필릿용접 시 용접치수의 범위로 옳은 것은? (단, S는 용접치수, t_1 : 얇은 쪽의 모재 두께, t_2 : 두꺼운 쪽의 모재 두께)

① $6\text{mm} \le s < t_1$　② $6\text{mm} \le s < t_2$
③ $8\text{mm} \le s < t_1$　④ $8\text{mm} \le s < t_2$

해설 두꺼운 쪽 모재가 20mm를 초과하는 경우의 용접치수는 최소 8mm 이상이어야 하고 얇은 쪽 모재 두께 t_1 미만이어야 한다.

46 다음 중 용접이음을 한 경우 용접부의 결함을 나타내는 용어가 아닌 것은?

① 언더컷(under cut)
② 오버랩(over lap)
③ 크랙(crack)
④ 필릿(fillet)

해설 언더 컷, 오버 랩, 크랙 등은 용접부의 결함을 나타내는 용어이고 필릿(fillet)은 용접이음의 한 종류이다.

47 다음 그림은 필릿용접의 결함을 나타낸 것이다. 이를 무엇이라 하는가?

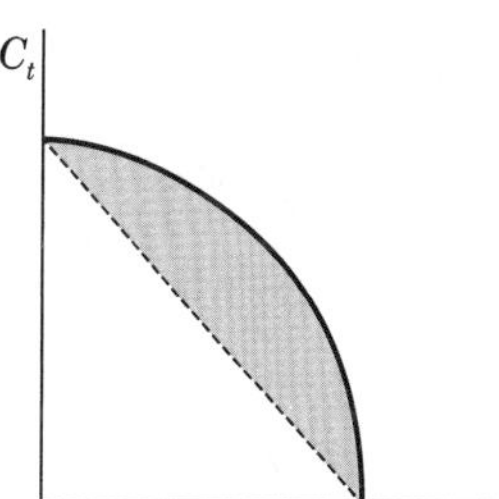

① 용접두께 부족　② 언더컷
③ 오버랩　④ 다리길이 부족

해설 ㉠ 언더컷(under cut) : 용접 토우부분에서 모재가 과대하게 녹아서 홈이 만들어진 상태를 나타낸다.
㉡ 오버랩(over lap) : 용접 토우부분에서 모재와 융합되지 않고 겹쳐진 상태를 나타낸다.

48 용접이음 중 V형 용접은 어느 이음법에 속하는가?

① 맞대기 용접이음　② 필릿용접이음
③ 플러그 용접이음　④ 겹대기 용접이음

정답 42 ② 43 ② 44 ③ 45 ③ 46 ④ 47 ③ 48 ①

해설 ㉠ 홈용접은 모재 사이에 홈을 만들어서 용접하는 것으로 맞대용접(완전 용입홈용접), 부분 용입홈용접이 있다. 홈의 형상에 따라 I형, V형, U형, X형, K형 등이 있다.
㉡ 필릿용접은 형강이나 강판 등을 겹대이음, t자 이음, 단부이음, 모서리이음 등으로 한다.

49 다음 그림은 어떤 용접을 나타낸 것인가?

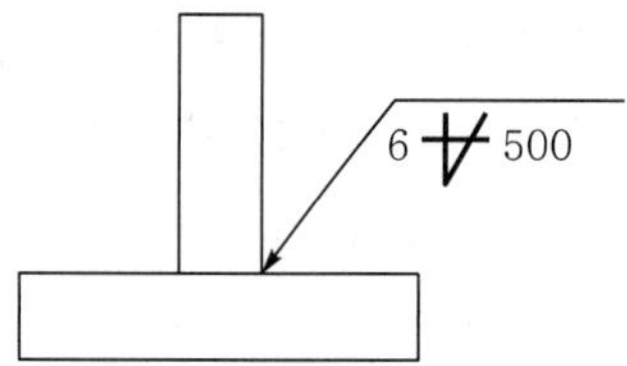

① 필릿용접, 연속, 다리길이 6mm, 용접길이 500mm
② 필릿용접, 단속, 다리길이 6mm, 용접길이 500mm
③ 맞대기용접, T형, 치수 6mm, 용접길이 500mm
④ 맞대기용접, T형, 다리길이 6mm, 용접길이 500mm

해설

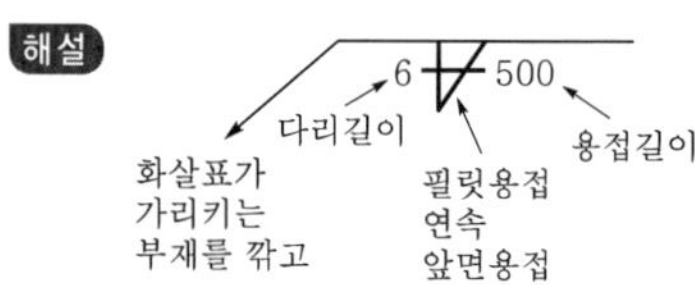

50 아래 용접기호를 바르게 나타낸 것은?

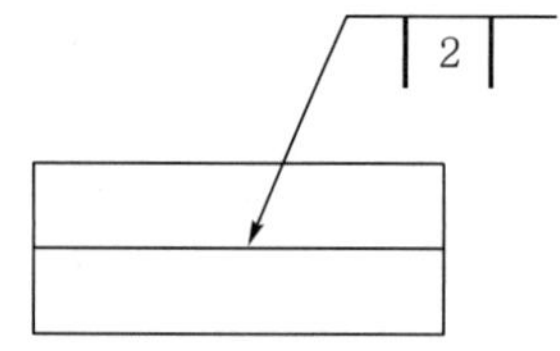

① I형 맞대기용접, 화살표 반대방향 루트간격 2mm
② I형 맞대기용접, 화살표 방향 루트간격 2mm
③ H형 맞대기용접, 홈깊이 2mm
④ U형 필릿용접, 다리길이 2mm

해설

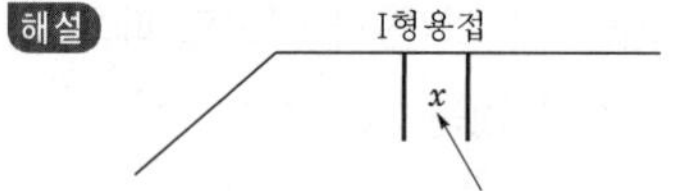

I형 맞대기용접으로 화살표 방향의 루트간격은 2mm이다.

51 아래 그림은 필릿(fillet)용접부의 표준 단면도이다. 목두께 a는 s의 몇 배인가?

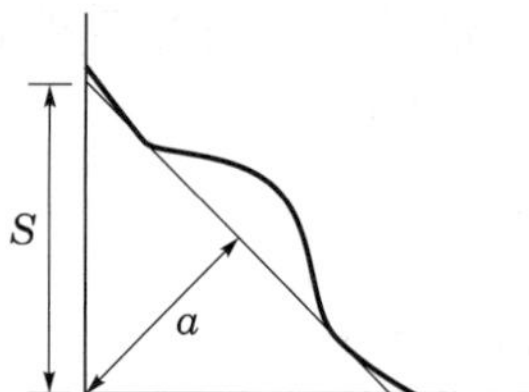

① 0.606배 ② 0.707배
③ 0.808배 ④ 0.909배

해설 목두께 $a = \frac{1}{\sqrt{2}}s = 0.707s$

52 다음 그림은 필릿용접한 것이다. 목두께 a를 표시한 것 중 옳은 것은?

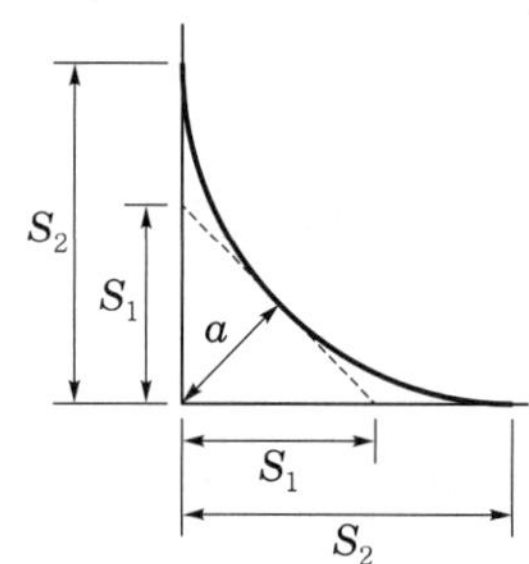

① $a = S_2 \times 0.707$ ② $a = S_1 \times 0.707$
③ $a = S_2 \times 0.606$ ④ $a = S_1 \times 0.606$

해설 위의 해설 참고

53 다음 중 필릿용접에서 s=9mm일 때 목두께 a의 값으로 적당한 것은?

① 5.46mm ② 6.36mm
③ 7.26mm ④ 8.16mm

해설 $a = 0.707s = 0.707 \times 9 = 6.36$mm

정답 49 ① 50 ② 51 ② 52 ② 53 ②

54 그림과 같은 용입홈용접에서 목두께 표시가 옳은 것은? (단, 단위는 mm이다)

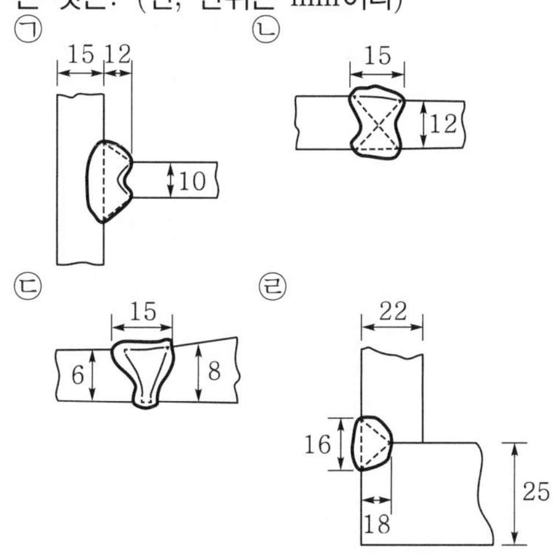

	㉠	㉡	㉢	㉣
①	12	15	10	18
②	15	12	8	25
③	10	12	6	18
④	12	12	6	16

해설 완전용입홈용접은 용접된 부재(㉠)의 두께를 취하여 ㉠은 목두께가 10mm이며, 부재의 두께가 다를 경우에는 얇은 부재(㉡ ㉢)의 두께를 취하는데 ㉡은 12mm이고, ㉢은 6mm이다. 부분용입홈용접(㉣)은 용접깊이를 목두께로 취하는데 ㉣은 18mm가 된다.

55 설계계산에서 용접부의 강도는?

① 목두께×유효길이×허용응력
② 목두께×치수×허용응력
③ 치수×유효길이×허용응력
④ 면적×유효길이×허용응력

해설 용접부의 강도=목두께×유효길이×허용응력

56 그림과 같은 용접길이의 유효길이는 얼마인가?

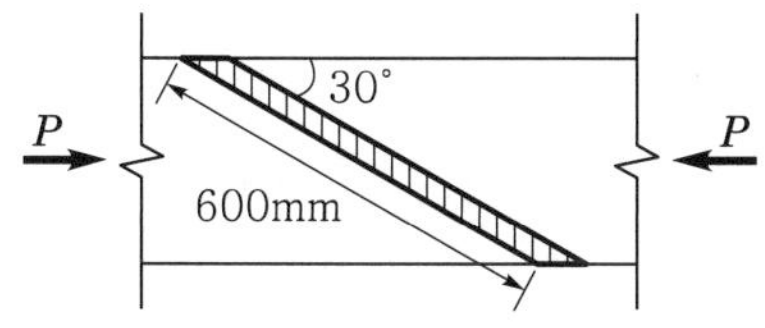

① 600mm ② 520mm
③ 400mm ④ 300mm

해설 용접부의 유효길이 l은 응력작용 방향에 수직한 결과이다.
$l = 600 \times \sin 30° = 300\text{mm}$

57 필릿용접에서 외력 P(인장력, 압축력 또는 전단력)에 의해 이음부에 생기는 응력은 다음 중 어느 것인가? (단, a : 용접의 목두께, l : 용접의 유효길이)

① $\dfrac{Pl}{\Sigma a}$ ② $\dfrac{l}{\Sigma Pa}$
③ $\dfrac{P}{\Sigma al}$ ④ $\dfrac{l}{\Sigma P}$

해설 $f = \dfrac{P}{\Sigma al}$

58 그림과 같은 맞대기용접의 인장응력은?

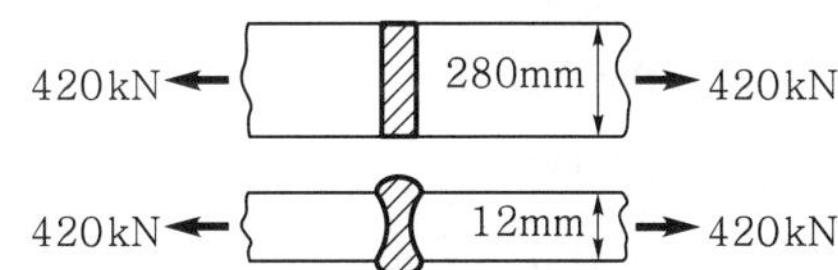

① 25MPa ② 250MPa
③ 12.5MPa ④ 125MPa

해설 $f = \dfrac{P}{\Sigma al} = \dfrac{420 \times 10^3}{12 \times 280} = 125\text{MPa}$

59 그림과 같은 맞대기용접의 용접부에 생기는 인장응력은 얼마인가?

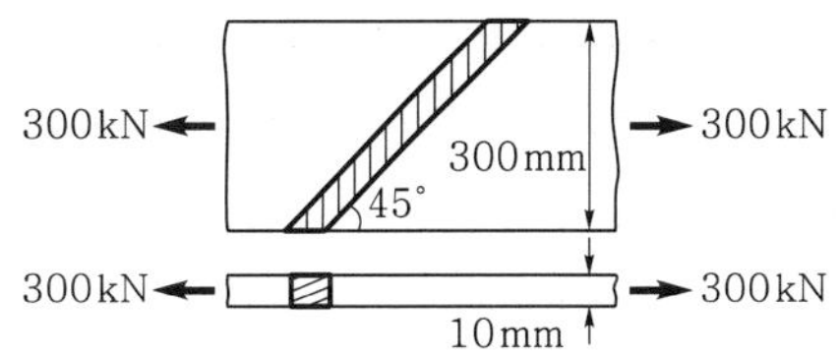

① 100MPa ② 700MPa
③ 800MPa ④ 900MPa

해설 $f = \dfrac{P}{\Sigma al} = \dfrac{300 \times 10^3}{10 \times 300} = 100\text{MPa}$

정답 54 ③ 55 ① 56 ④ 57 ③ 58 ④ 59 ①

60 다음과 같은 맞대기용접의 용접부에 발생하는 인장응력[MPa]은?

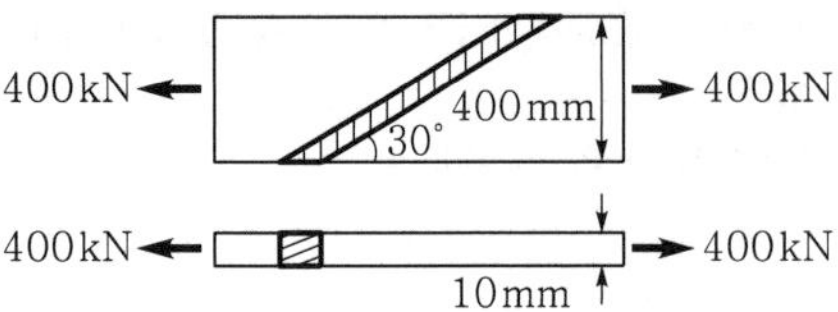

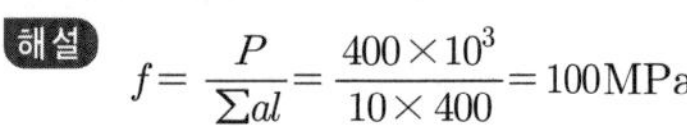

① 100 ② 150
③ 200 ④ 300

해설
$$f=\frac{P}{\Sigma al}=\frac{400\times10^3}{10\times400}=100\text{MPa}$$

61 그림과 같은 용접부의 인장응력은?

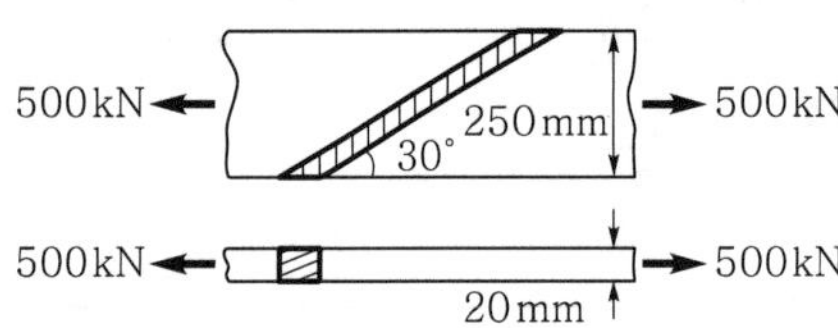

① 100MPa
② 150MPa
③ 200MPa
④ 220MPa

해설
$$f=\frac{P}{\Sigma al}=\frac{500\times10^3}{20\times250}=100\text{MPa}$$

62 주요부재의 필릿용접의 유효길이로 옳은 것은?

① 용접치수의 8배 이상, 80mm 이상
② 용접치수의 10배 이상, 80mm 이상
③ 용접치수의 10배 이상, 100mm 이상
④ 용접치수의 15배 이상, 100mm 이상
⑤ 용접치수의 20배 이상, 100mm 이상

해설 주요 부재의 필릿용접의 유효길이는 용접치수의 10배 이상, 80mm 이상으로 하여야 한다.

63 다음 그림과 같은 필릿용접에서 용접부의 전단응력은 얼마인가?

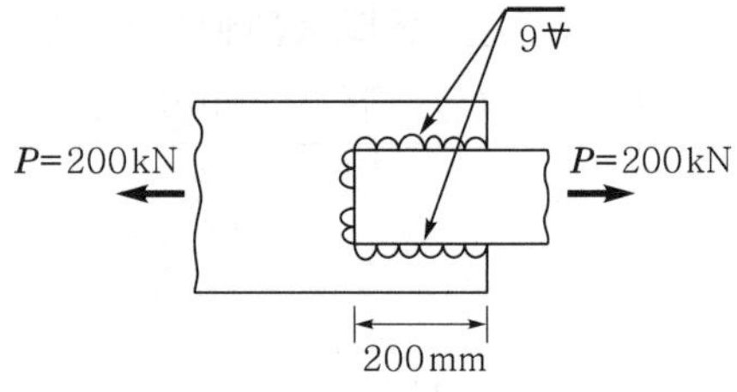

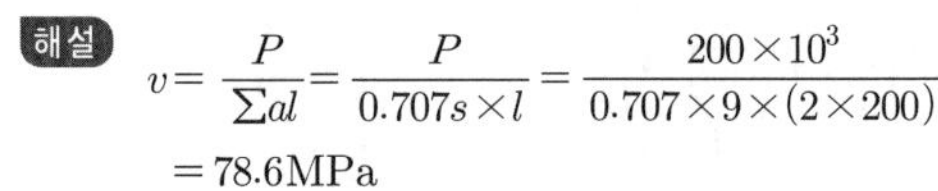

① 78.6MPa ② 79.2MPa
③ 80.5Mpa ④ 81.0MPa

해설
$$v=\frac{P}{\Sigma al}=\frac{P}{0.707s\times l}=\frac{200\times10^3}{0.707\times9\times(2\times200)}$$
$$=78.6\text{MPa}$$

64 필릿용접이음이 그림과 같은 경우 용접에 발생하는 전단응력의 값은?

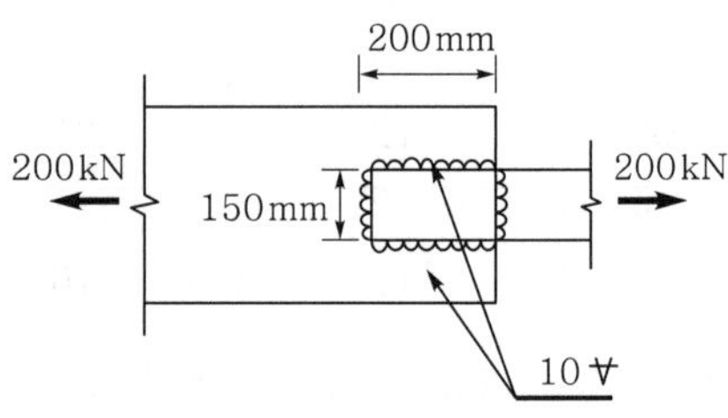

① 25.6MPa ② 40.4MPa
③ 68.9Mpa ④ 89.8MPa

해설 ㉠ 목두께(a)
$a=0.707S=0.707\times10=7.07\text{mm}$
㉡ 유효길이(l)
$l=2\times200+2\times150=700\text{mm}$
㉢ 전단응력(v)
$$v=\frac{P}{\Sigma al}=\frac{200\times10^3}{7.07\times700}=40.4\text{MPa}$$

65 필릿용접에서 인장력 P=120kN이고, 용접목두께 a=6mm이며, 용접유효길이 L=2m일 때, 용접부에 발생하는 응력[MPa]은?

① 10 ② 12
③ 14 ④ 16

해설
$$f=\frac{P}{\Sigma al}=\frac{120\times10^3}{6\times2{,}000}=10\text{MPa}$$

정답 60 ① 61 ① 62 ② 63 ① 64 ② 65 ①

66 필릿용접이음이 그림과 같은 경우 용접부에 발생하는 전단응력[MPa]은?

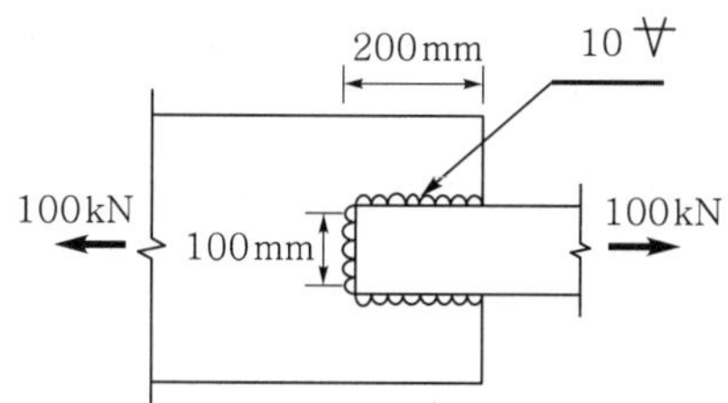

① 20　　② $20\sqrt{2}$
③ $25\sqrt{2}$　　④ 25

해설 $v=\dfrac{P}{\Sigma al}=\dfrac{P}{\dfrac{s}{\sqrt{2}}\times t}\times\dfrac{\sqrt{2}P}{s\times l}$

$=\dfrac{\sqrt{2}\times 100\times 10^3}{10\times(2\times 200+100)}$

$=20\sqrt{2}\,\text{MPa}$

67 휨모멘트를 받는 그림과 같은 용접 이음부의 연단응력은 얼마인가? (단, M=2,880,000N·mm)

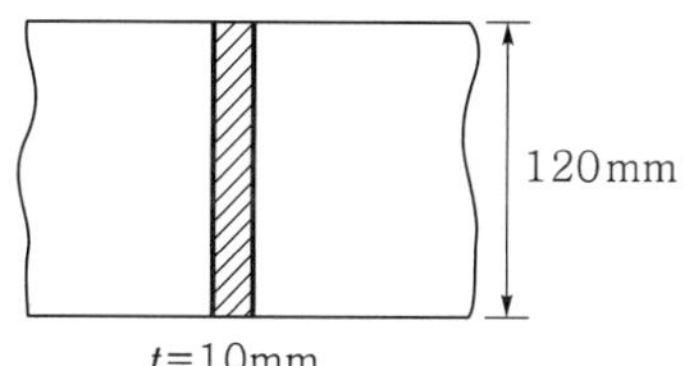

① 100MPa　　② 110MPa
③ 120Mpa　　④ 130MPa

해설 $f=\dfrac{M}{I}y=\dfrac{2,880,000}{\dfrac{10\times 120^3}{12}}\times 60=120\text{MPa}$

68 다음 그림과 같은 전단력 $P=$ 300kN이 작용하는 부재를 용접이음을 하고자 할 때 생기는 전단응력은?

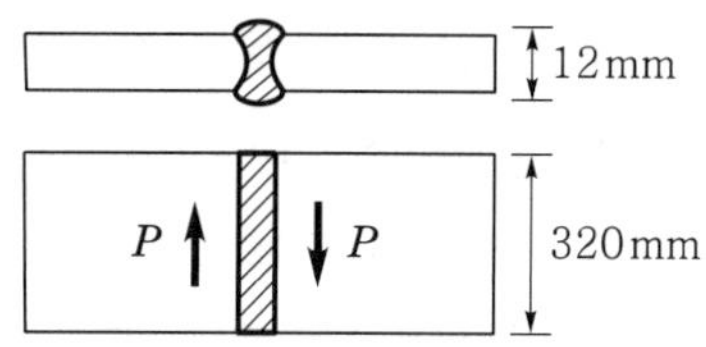

① 78.13MPa　　② 84.25MPa
③ 96.47Mpa　　④ 109.04MPa

해설 $v=\dfrac{300\times 10^3}{320\times 12}=78.13\text{MPa}$

69 아래와 같은 맞대기가 발생하는 응력의 크기는? (단, P=360kN, 강판두께 12mm)

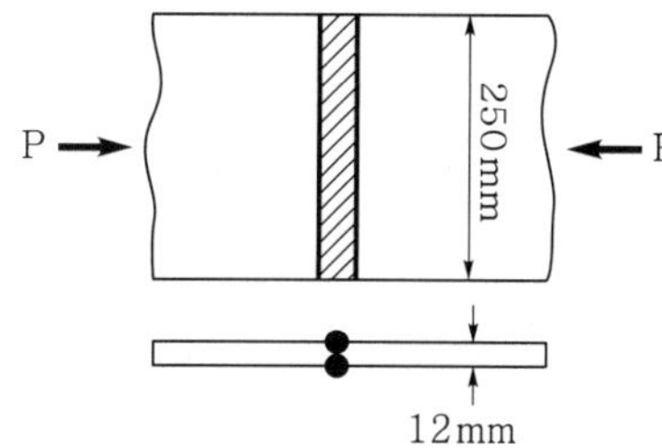

① 압축응력 $f_e=14.4\text{MPa}$
② 인장응력 $f_t=3,000\text{MPa}$
③ 전단응력 $v=150\text{MPa}$
④ 압축응력 $f_c=120\text{MPa}$

해설 $f_c=\dfrac{P}{A}=\dfrac{360,000}{12\times 250}=120\text{MPa}$

70 다음은 필릿용접에 대한 설명이다. 틀린 것은?

① 필릿용접은 등치수를 원칙으로 한다.
② 필릿용접은 한 줄 이상으로 하는 것을 원칙으로 한다.
③ 주요 부재의 필릿용접의 유효길이는 용접치수의 10배 이상, 80mm 이상으로 한다.
④ 홈용접의 강도는 필릿용접의 강도보다 일반적으로 크다.

해설 응력을 전달하는 겹침이음에는 필릿용접을 두 줄 이상으로 한다.

정답 66 ② 67 ③ 68 ① 69 ④ 70 ②

71 다음은 용접에 대한 일반사항으로 틀린 것은?

① 축력을 받는 겹침이음이나 측면필릿용접만을 사용한 경우에는 필릿용접의 길이는 용접선의 간격보다 크게 하여야 한다.
② 용접선에 대해 직각 방향으로 인장응력을 받는 이음에는, 전단면용입 홈용접 원칙으로 한다.
③ 단면이 다른 주요부재의 맞대기 이음은 최대단면을 기준으로 경사가 1/5 이하가 되도록 두께와 폭을 변화시킨다.
④ 플러그(plug)용접과 슬롯(slot)용접은 주요 부재에 사용해서는 안 된다.

해설 단면이 다른 주요부재의 맞대기 이음은 최소단면을 기준으로 경사가 1/2.5 이하가 되도록 폭을 변화시킨다.

72 다음 중 볼트의 이음의 종류로 틀린 것은?

① 마찰이음　② 인장이음
③ 압축이음　④ 지압이음

해설 볼트의 이음종류에는 마찰이음, 지압이음, 인장이음 등이 있으나 압축이음은 없다.

73 고장력볼트의 유효성은 다음 중 어느 것에 기인하는가?

① 마찰력　② 인장력
③ 압축력　④ 전단력

해설 고장력볼트는 재편 사이의 마찰력에 의해 응력을 전달한다.

74 다음은 볼트이음에 관한 설명이다. 틀린 것은?

① 마찰이음은 연결된 부재 간의 마찰력에 의해서만 볼트체결이 이루어지고 연결부재의 미끄러짐에 의한 볼트의 지압이음은 발생하지 않는 연결 방법이다.
② 지압이음은 연결 부재의 미끄러짐에 의해 하중이 전달되며 연결 부재 간의 지압에 의해서 볼트체결이 이루어지는 연결방법이다.
③ 인장이음은 볼트 자체의 축방향의 인장력에 의하여 연결부의 응력이 전달되는 이음이다.
④ 리벳이음에서 순단면적 산정 시에 공제폭 $w=d-\dfrac{p^2}{4g}$을 고려하나 볼트의 순단면적 계산방법은 이와 다르게 하다.

해설 볼트의 순단면적 계산방법 역시 리벳이음의 경우와 같이 공제폭 $w=d-\dfrac{p^2}{4g}$을 고려한다.

75 고장력볼트(High tension bolt)에 대한 설명 중 옳은 것은?

① 고장력볼트는 볼트 줄기의 전단강도에 의해 설계된다.
② 고장력볼트는 볼트 줄기의 지압강도에 의해 설계된다.
③ 고장력볼트는 볼트 줄기의 인장강도에 의해 설계된다.
④ 고장력볼트는 볼트 줄기의 휨모멘트에 의해 설계된다.

해설 고장력볼트의 줄기는 전단강도에 의해 설계한다.

76 그림과 같이 인장력을 받는 두 강판을 볼트로 연결할 경우 발생할 수 있는 파괴모드(failure mode)가 아닌 것은?

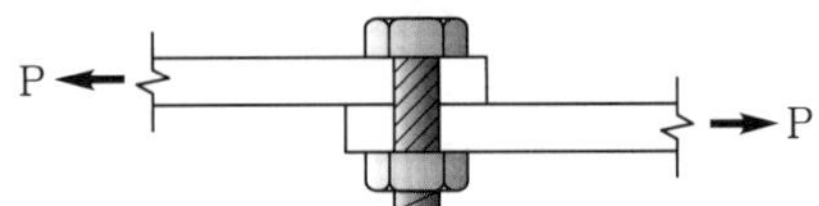

① 볼트의 전단파괴
② 볼트의 인장파괴
③ 볼트의 지압파괴
④ 강판의 지압파괴

해설 볼트의 인장파괴는 볼트 줄기의 축방향으로 외력이 작용할 경우에 일어날 수 있다.

정답 71 ③ 72 ③ 73 ① 74 ④ 75 ① 76 ②

77 볼트에 대한 설명이다. 틀린 것은?

① M20, M22, M24를 표준으로 한다.
② 한 이음에는 2개 이상의 볼트를 사용해야 한다.
③ 지압이음용 볼트의 종류로는 F8T와 F10T가 있다.
④ 리벳연결에 비해 소요작업 인원이 적다.

해설 마찰이음용 볼트의 종류로는 F8T와 F10T가 있다.

78 M22의 최소 중심간격과 힘의 작용방향의 최대 중심간격은?

① 65mm 이상, 130mm 이하
② 75mm 이상, 150mm 이하
③ 85mm 이상, 170mm 이하
④ 85mm 이상, 180mm 이하

해설

볼트 호칭	최소 중심간격	힘 작용방향의 최대 중심간격
M20	65mm 이상	130mm 이하
M22	75mm 이상	150mm 이하
M24	85mm 이상	170mm 이하

79 볼트 구멍 중심으로부터 연단까지의 최대거리는 표면의 판두께의 몇 배로 하는가?

① 2배　② 4배
③ 6배　④ 8배

해설 볼트 구멍 중심으로부터 연단까지의 최대거리는 표면의 판두께의 8배로 한다. 단, 150mm를 넘어서는 안 된다.

80 볼트로 연결된 인장부재의 인장력을 받는 유효단면적은?

① 볼트의 단면적을 빼고 계산한다.
② 볼트 단면적의 2배를 빼고 계산한다.
③ 볼트의 단면적을 빼지 않고 계산한다.
④ 볼트 단면적과 상관없다.

해설 인장재는 볼트의 단면적을 공제한 순단면적을 이용한다.

81 그림과 같이 t=5mm의 강판에 볼트 구멍이 배치된 경우, 순단면적[mm^2]은? (단, 볼트공칭직경 ϕ=19mm이다)

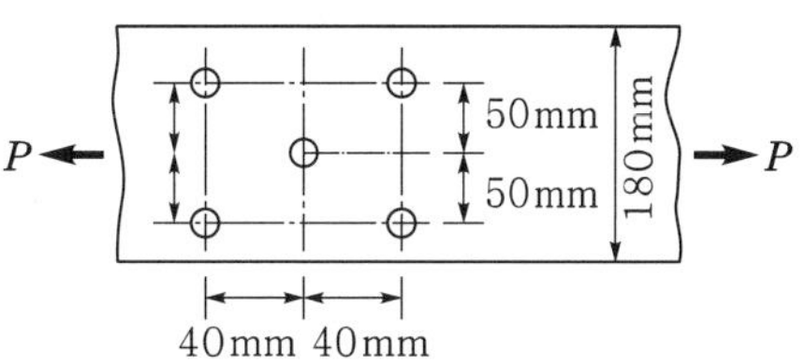

① 680　② 650
③ 720　④ 640

해설 ㉠ 일렬배치 상태의 순폭

$b_n = b_g - 2d = 180 - 2\times(19+3) = 136\text{mm}$

㉡ 지그재그배치 상태의 순폭

공제폭 w를 2번 빼는 경우가 가장 작을 것이므로

$$b_n = b_g - d - 2\left(d - \frac{p^2}{4g}\right)$$

$$= 180 - 22 - 2\times\left(22 - \frac{40^2}{4\times 50}\right) = 130\text{mm}$$

㉢ 순단면적

$A_n = b_n t = 130\times 5 = 650\text{mm}^2$

82 다음의 그림과 같이 강판을 지름 24mm의 리벳으로 연결할 경우, 이음부의 강도가 복전단 강도로 결정되는 t의 범위는? (단, 허용전단응력 v_{sa}=200MPa, 허용지압응력 f_{ba}=300MPa)

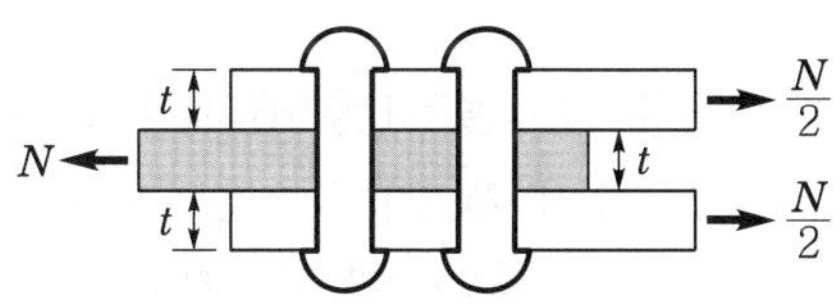

① 2.512cm보다 작아야 한다.
② 2.512cm보다 커야 한다.
③ 1.512cm보다 작아야 한다.
④ 2.512cm보다 커야 한다.
⑤ 0.628cm보다 커야 한다.

해설 ② 강도가 복전단에 의해서 지배된다는 의미는 복전단 강도가 지압강도보다 작은 경우를 말한다.

$$nf_{ba}dt > nv_{sa}\left(\frac{\pi d^2}{4}\right)\times 2$$

$$t > \frac{\pi v_{sa} d}{2f_{ba}} = \frac{\pi\times 200\times 24}{2\times 300} = 25.12\text{cm} = 2.512\text{mm}$$

정답 77 ③ 78 ② 79 ④ 80 ① 81 ② 82 ②

83 볼트연결에 대한 다음 설명 중 틀린 것은?

① 볼트연결은 용접에 비해 화재의 위험성이 적다.

② 볼트연결 작업은 기후의 영향을 용접보다 많이 받는다.

③ 볼트연결 작업은 소음이 거의 없다.

④ 볼트 개수는 허용전단강도에 의해 구하고 허용지압강도에 의해 검토한다.

해설 볼트연결 작업은 용접연결보다 기후의 영향을 적게 받는다.

84 M20(지름 20mm)을 사용한 복전단 고장력볼트(bolt)의 마찰이음에서 강판에 P=300kN이 작용할 때 볼트의 수는 몇 개가 필요한가? (단, 허용전단응력 v_a=120MPa이다)

① 4개 ② 5개

③ 6개 ④ 7개

해설 볼트의 전단강도

$$\rho = A \times v_a \times 2 = \frac{\pi \times 20^2}{4} \times 120 \times 2 = 75,360\text{N}$$

볼트의 개수

$$n = \frac{P}{\rho} = \frac{300,000}{75,360} = 3.98 = 4\text{개}$$

85 그림의 고장력볼트 마찰이음에서 필요한 볼트 개수는 최소 몇 개인가? (단, 볼트는 M22, F10T를 사용하며, 마찰이음의 허용력은 45kN이다.)

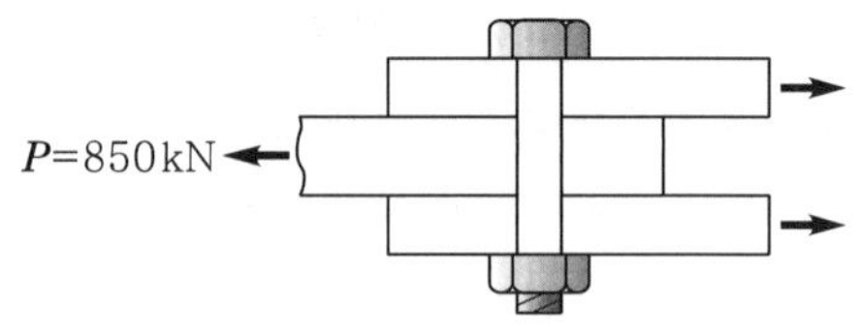

① 5 ② 6

③ 8 ④ 10

해설 마찰면이 2개이므로 2면 마찰이다. 따라서 볼트의 최소 개수는

$$n = \frac{P}{2\rho_s} = \frac{850}{2} \times 45 = 9.44\text{개} = 10\text{개}$$

86 다음 그림과 같은 지압형 연결부에 가할 수 있는 최대 허용인장력[kN]은? (단, M22(B10T) 볼트의 허용전단응력 190MPa, SM490Y가재의 허용지압응력 : 360MPa, 볼트는 4개이며, 볼트의 간격은 규정을 만족한다고 가정한다.)

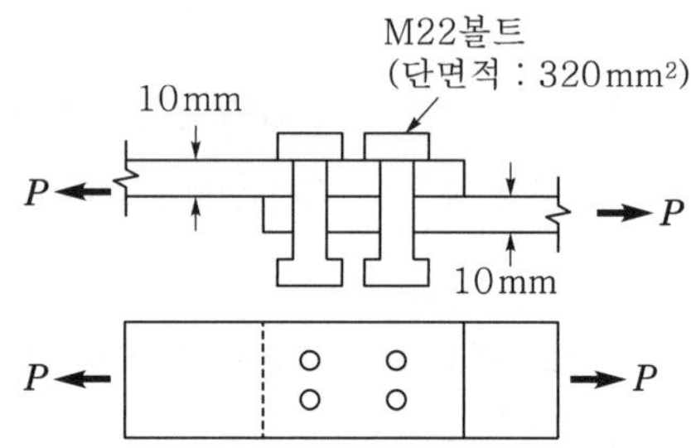

① 233.2 ② 243.2

③ 253.2 ④ 263.2

해설 ㉠ 볼트의 허용전단응력 검토

$$P_a = nv_aA_b = 4 \times 190 \times 320 = 243,200\text{N} = 243.2\text{kN}$$

㉡ 강판의 지압응력 검토

$$P_a = nv_adt = 4 \times 360 \times 22 \times 10 = 316,800\text{N} = 316.8\text{kN}$$

따라서 허용하중은 243.2kN이 된다.

87 M20(지름 20mm)을 사용한 1면 전단 고장력볼트의 마찰이음 시 강판에 628kN이 작용할 때 볼트의 최소 개수는? (단, 강판의 파괴는 무시하며, 볼트 허용전단응력 f_{va}=100MPa이고, π는 3.14로 한다)

① 10개 ② 14개

③ 20개 ④ 24개

해설 볼트의 전단강도(ρ_s)

$$\rho_s = f_{va} \times \frac{\pi d^2}{4} = 100 \times \frac{3.14 \times 20^2}{4} = 31,400\text{N} = 31.4\text{kN}$$

볼트의 개수(n)

$$n = \frac{P}{\rho_s} = \frac{628}{31.4} = 20\text{개}$$

정답 83 ② 84 ① 85 ④ 86 ② 87 ③

88 그림에서 4개의 볼트(지름 20mm)에 가할 수 있는 허용인장력 P[kN]는? (단, 볼트의 허용전단응력 v_{sa}=100MPa, 볼트의 허용지압응력 f_{ba}=200MPa, π는 원주율이다)

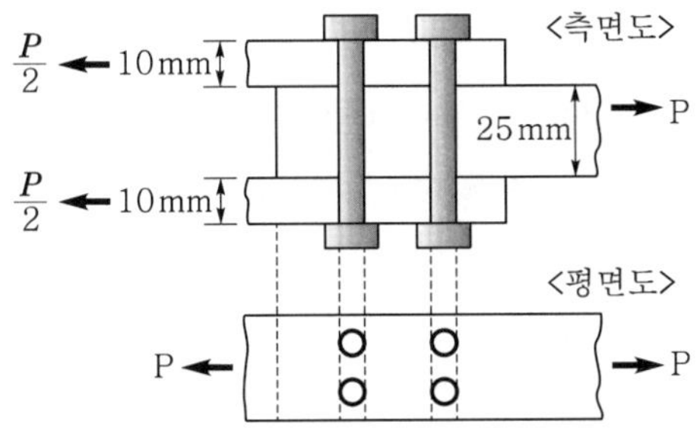

① 40π ② 160
③ 80π ④ 320

해설 ㉠ 볼트의 허용전단응력 검토

$$P_a = (nv_a A_b) \times 2 = 4 \times 100 \times \frac{\pi \times 20^2}{4} \times 2$$
$$= 80,000\pi\text{N} = 80\pi\text{kN}$$

㉡ 강판의 지압응력 검토

$$P_a = (nf_{ba}dt) = 4 \times 200 \times 20 \times 20 = 320,000\text{N}$$
$$= 320\text{kN}$$

따라서 허용하중은 80πkN이 된다.

89 다음은 교량의 구조에 대한 설명이다. 틀린 것은?

① 바닥은 교통하중을 직접 지지하는 구조이다.
② 바닥틀은 바닥에 작용하는 하중을 주형 또는 트러스에 전달한다.
③ 주형 또는 트러스는 바닥틀을 통하여 오는 하중을 부담하고 이를 다시 받침부에 전달한다.
④ 하부고조로 교대, 교각, 말뚝기초, 받침이 있다.

해설 교량의 상부구조에는 바닥, 바닥틀, 주형, 받침 등이 있고 하부구조로는 교대, 교각, 말뚝기초가 있다.

90 교량은 상부구조와 하부구조로 나뉘는데 상부구조가 아닌 것은?

① 바닥판 ② 주형
③ 교대 ④ 주트러스

해설 ㉠ 교량의 상부구조 : 바닥, 바닥틀, 브레이싱, 주형(girder), 주트러스, 받침 등
㉡ 교량의 하부구조 : 교대, 교각, 말뚝기초

91 교량은 상부구조와 하부구조로 구성되는데 다음 중 상부구조에 속하지 않는 것은?

① 바닥판
② 교대
③ 받침
④ 주형 또는 주트러스

해설 교대는 하부구조이다.

92 도로교설계기준에서 정하고 있는 고정하중의 단위중량(kg/m^3)을 틀린 것은?

① 강재, 주강, 단강 – 7,850
② 철근콘크리트 – 2,500
③ 프리스트레스트 콘크리트 – 2,500
④ 아스팔트포장 – 2,200

해설 아스팔트포장은 2,300kg/m^3이다.

93 다음은 교량의 등급에 대한 설명이다. 틀린 것은?

① 1등교는 DB-24로 설계하는 교량을 말한다.
② 고속도로, 일반국도, 자동차전용도로상의 교량은 1등교로 설계한다.
③ 산간 벽지의 지방도는 3등교로 설계한다.
④ 1등교는 총중량은 432kN으로 한다.

해설 일반국도상의 교량은 2등교로 설계한다.

정답 88 ③ 89 ④ 90 ③ 91 ② 92 ④ 93 ②

94 다음 중 도로교표준시방서에 따른 설계하중에서 주하중에 속하지 않는 것은?

① 고정하중
② 활하중
③ 콘크리트의 건조수축의 영향
④ 온도변화의 영향

해설 온도변화의 영향은 부하중에 속한다.

95 다음 중 도로교의 주하중에 속하지 않는 것은?

① 충격하중 ② 프리스트레스
③ 지진의 영향 ④ 토압

해설 지진의 영향은 부하중이다.

96 주하중에 속하지 않는 것은?

① 토압 ② 풍하중
③ 충격 ④ 활하중

해설 풍하중은 부하중에 속한다.

97 다음 중 도로교의 부하중이 아닌 것은?

① 콘크리트의 크리프 영향
② 풍하중
③ 온도변화의 영향
④ 지진의 영향

해설 콘크리트의 크리프 영향은 주하중에 속한다.

98 다음 중 주하중에 상당하는 특수하중이 아닌 것은?

① 설하중
② 파압
③ 부력
④ 지점이동의 영향

해설 부력 또는 양압력은 주하중에 속한다.

99 부하중에 상당하는 특수하중이 아닌 것은?

① 제동하중 ② 원심하중
③ 가설 시 하중 ④ 충돌하중

해설 원심하중은 주하중에 상당하는 특수하중이다.

100 다음 중 특수하중이 아닌 것은?

① 제동하중 ② 설하중
③ 충격하중 ④ 원심하중

해설 충격하중은 주하중에 속한다.

101 교량 설계 시 구조물에 지속적으로 작용하는 하중으로 설계에 포함되지 않는 하중은?

① 고정하중 ② 활하중
③ 충격하중 ④ 제동하중

해설 고정하중, 활하중, 충격하중, 주하중으로 설계 시에 고려하게 된다. 그러나 제동하중은 설계 시에 무시할 수 있다. 그러나 특별한 경우라든지 궤도가 있는 교량에서는 제동하중을 고려한다.

102 1등교 설계 시의 하중등급 DB - 24에 대한 내용으로 틀린 것은?

① 중량은 240kN이다.
② 총중량은 432kN이다.
③ 1개의 전륜하중은 24kN이다.
④ 1개의 후륜하중은 54kN이다.

해설 DB-24의 1개의 후륜하중은 96kN이다.

103 교량 설계에서 DB-24하중은 총중량이 얼마인가?

① 432kN ② 324kN
③ 243kN ④ 180kN

해설 표준트럭 하중의 총중량
㉠ DB-24 : 432kN
㉡ DB-18 : 324kN
㉢ DB-13.5 : 243kN

정답 94 ④ 95 ③ 96 ② 97 ① 98 ③ 99 ② 100 ③ 101 ④ 102 ④ 103 ①

104 1등교 설계 시의 하중등급 DB-24에 대한 설명으로 틀린 것은?

① 중량은 240kN이다.
② 휨모멘트 계산 시 집중하중을 108kN/lane을 사용한다.
③ 전단력 계산시 집중하중을 155kN/lane을 사용한다.
④ 등분포하중은 9.5kN/m/lane을 사용한다.

해설 DL-24의 등분포하중은 12.7N/m/lane을 사용한다.

105 다음은 바닥판과 바닥틀을 설계하는 경우의 활하중에 대한 설명이다. 틀린 것은?

① 표준트럭하중(DB 하중)은 한 개의 교량에 종방향으로는 차선당 1대를 원칙으로 한다.
② 횡방향으로는 재하 가능한 대수를 재하하되 설계부재에 최대응력이 일어나도록 재하한다.
③ 교축 직각방향으로 볼 때 DB하중의 최외측 차륜중심의 재하위치는 차도부분의 단부로부터 300mm로 한다.
④ 활하중을 3차선에 동시에 재하한 경우에 발생하는 부재의 최대응력의 75%를 취한다.

해설 ④ 활하중을 3차선 이상에 동시에 재하한 경우에 발생하는 부재의 최대응력은 일정한 비율로 감소시킨 응력을 사용하는데 3차선 동시 재하에 부재의 최대응력의 90% 응력값을 취하고, 4차선 이상 동시 재하 시에는 75%를 취한다.

106 차량 DB-24에 관한 설명으로 틀린 것은?

① 총중량은 240kN이다.
② 전륜과 중간후륜의 중심간격은 4.2m이다.
③ 차륜 간의 횡방향 중심간격은 1.8m이다.
④ 1등급 교량일 때의 표준트럭하중이다.

해설 DB-24하중의 총중량은 432kN이다.

107 다음은 도로교 활하중에 대한 설명이다. 틀린 것은?

① DB하중의 차륜의 접지길이는 20cm로 한다.
② DB-24의 총하중은 43.2ton으로 한다.
③ DB-24의 등분포하중은 한 차선당 1.27t/m로 한다.
④ 후륜과 후륜 사이의 거리는 350~700cm로 한다.

해설 ④ 후륜과 후륜 사이의 거리는 420~900cm로 한다.

108 우리나라 도로교 설계 시 적용하는 표준트럭에 관한 그림이다. 옳은 것은?(단위 : cm)

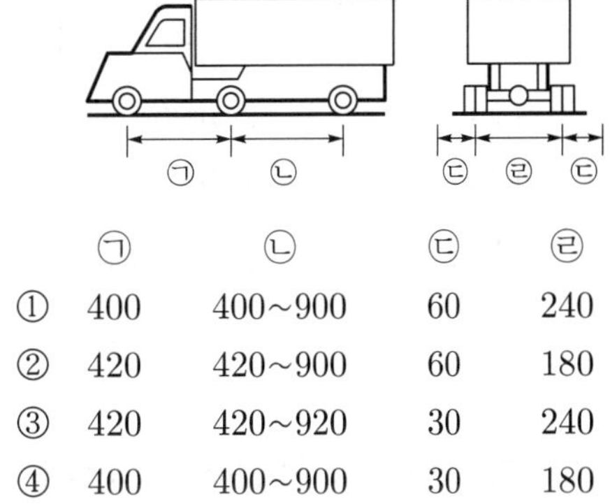

	㉠	㉡	㉢	㉣
①	400	400~900	60	240
②	420	420~900	60	180
③	420	420~920	30	240
④	400	400~900	30	180

해설 표준트럭 하중의 재원이다.

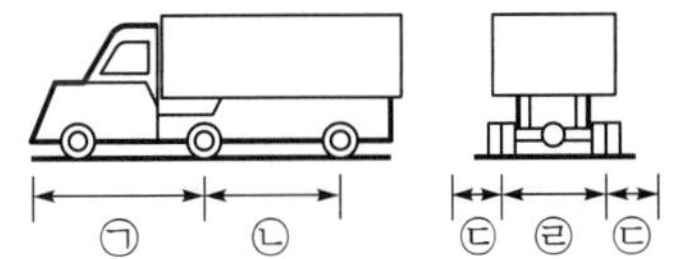

㉠ 전륜과 후륜 사이 거리 : 420(4.2m)
㉡ 후륜과 후륜 사이 거리 : 420~900cm(4.2~9m)
㉢ 차선과 차륜 중심 사이 거리 : 60cm(0.6m)
㉣ 차륜 중심 사이 수평거리 : 180cm(1.8m)

109 어떤 강교의 교량 경간이 20m일 때, 충격계수는?

① 0.29　② 0.8
③ 0.615　④ 0.25

해설 $I = \dfrac{15}{40+L} = \dfrac{15}{40+20} = 0.25 < 0.3$

정답 104 ④ 105 ④ 106 ① 107 ④ 108 ② 109 ④

110 다음 중에서 강으로 된 도로교 상부구조의 충격계수식으로 옳은 것은?

① $I=\dfrac{7}{20+L}$　② $I=\dfrac{10}{25+L}$

③ $I=\dfrac{15}{40+L}$　④ $I=\dfrac{20}{50+L}$

해설 교량 상부구조의 충격계수(I)

$I=\dfrac{15}{40+L}\leqq 0.3$

L : 지간길이(m)

111 강교의 지간이 같을 때 충격계수는 얼마인가?

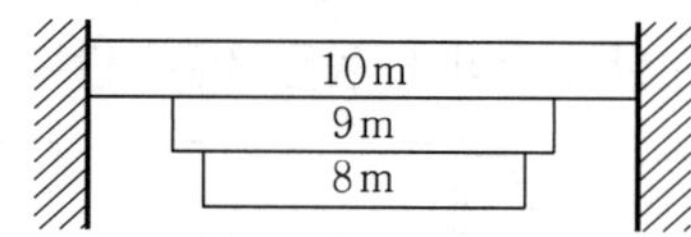

① 0.29　② 0.30

③ 0.33　④ 0.35

해설 $I=\dfrac{15}{40+L}=\dfrac{15}{40+10}=0.3$이다. 충격계수는 0.3 이하이어야 하므로 충격계수는 0.3이 된다.

112 다음의 연속보에서 첫 번째 내측지점에 작용하는 활하중에 대한 충격계수를 산정할 경우에 적용되는 지간길이는 어떻게 하는가?

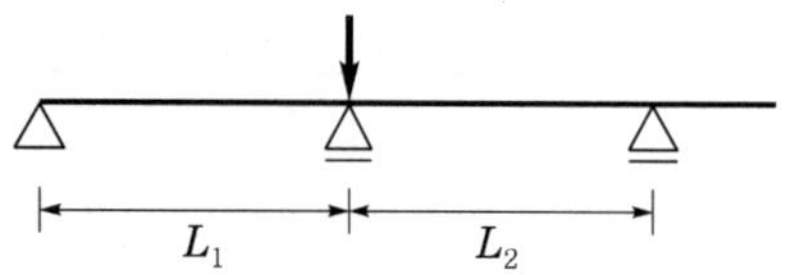

① L_1으로 한다.

② L_2으로 한다.

③ L_1과 L_2 중 큰 값으로 한다.

④ $\dfrac{L_1+L_2}{2}$으로 한다.

해설 연속보에서 지점 위에 작용하는 하중에 대한 충격계수는 양쪽 지간의 산술평균값을 취한다.

113 콘크리트교 바닥판 슬래브에 주철근이 차량 진행방향에 직각으로 배치한 경우에 단순 지지판의 활하중모멘트는 DB-24인 경우의 식[kN·m/m]으로 옳은 것은? (단, L은 바닥판의 지간길이(m)이다)

① $\dfrac{L+0.6}{9.6}\times 54$　② $\dfrac{L+0.6}{9.6}\times 72$

③ $\dfrac{L+0.6}{9.6}\times 96$　④ $\dfrac{L+0.6}{9.6}\times 240$

⑤ $\dfrac{L+0.6}{9.6}\times 432$

해설 ③ 콘크리트교의 바닥판 슬래브에 주철근이 차량 진행방향에 직각으로 배치한 경우에 단순 지지판의 활하중모멘트는 다음과 같다.

DB-24 : $M_L=\dfrac{L+0.6}{9.6}\times P_{24}$(kN·m/m)

DB-18 : $M_L=\dfrac{L+0.6}{9.6}\times P_{LS}$(kN·m/m)

DB-13.5 : $M_L=\dfrac{L+0.6}{9.6}\times P_{13.5}$(kN·m/m)

여기서, L : 바닥판의 지간(m)

P : DB하중 후륜 하나의 중량

$P_{24}=96$kN

$P_{18}=72$kN

$P_{13.5}=54$kN

114 강도로교 설계 시 1방향판에서 주철근의 방향이 차량 진행방향에 직각일 때(S=0.6~7.3m) 단순보의 폭 1m에 대한 활하중 휨모멘트의 계산식은? (단, P는 후륜하중)

① $\dfrac{S+0.6}{9.6}P$　② $\dfrac{S+0.6}{9.8}P$

③ $\dfrac{S+0.6}{0.8}P$　④ $\dfrac{S+0.6}{9.3}P$

해설 $M=\dfrac{S+0.6}{9.6}P$

이때 P는 1개의 후륜하중으로

1등교 : P=96kN

2등교 : P=72kN

3등교 : P=54kN

정답 110 ③ 111 ② 112 ④ 113 ③ 114 ①

115 지간이 4m인 단순 슬래브교에서 계수등분포 고정하중이 10kN이고, 계수활하중에 의한 휨모멘트가 120kN·m이다. 충격을 포함한 전체 계수휨강도[kN·m]는 얼마인가?

① 140 ② 156
③ 176 ④ 182

해설 ㉠ 고정하중에 의한 휨모멘트

$M_d = \frac{w_u l^2}{8} = 10 \times 4^2 = 20\text{kN}\cdot\text{m}$

㉡ 충격으로 인한 휨모멘트

$i = \frac{15}{40+L} = \frac{15}{40+4} = 0.34$이므로 충격계수는 0.3으로 한다.

$M_i = i \times M_l = 0.3 \times 120 = 36\text{kN}\cdot\text{m}$

㉢ 전체 계수휨모멘트

$M_u = M_d + M_l + M_i = 20 + 120 + 36 = 176\text{kN}\cdot\text{m}$

116 도로교설계기준의 강도로교 설계 시 1방향판의 주철근을 차량 진행방향에서 직각으로 배치할 때 단순 바다판의 단위폭당 활하중 모멘트[kgf·m/m]는? (단, 경간 L=4.2m, 트럭 1개의 후륜하중 P=5.400kgf, 3등교이다)

① 2,100 ② 2,300
③ 2,500 ④ 2,700

해설 $M = \frac{L+0.6}{9.6}P = \frac{4.2+0.6}{9.6} \times 5,400$

$= 2,700\text{kgf}\cdot\text{m/m}$

117 슬래브교에서 바닥판에서 주철근이 차량 진행방향에 직각일 때 배력철근의 주철근에 대한 백분율은 다음 중 어느 것인가? (단, L은 지간)

① $\frac{55}{\sqrt{L}}$ ② $\frac{88}{\sqrt{L}}$
③ $\frac{100}{\sqrt{L}}$ ④ $\frac{120}{\sqrt{L}}$

해설 배력철근의 주철근에 대한 백분율

㉠ 주철근이 차량진행에 직각일 때 $\frac{120}{\sqrt{L}}$과 67% 중 작은 값 이상

㉡ 주철근이 차량진행에 평행일 때 $\frac{55}{\sqrt{L}}$와 50% 중 작은 값 이상

118 도로교설계기준(2010)에 따른 도로교의 교량 바다판 설계 시 철근콘크리트 바닥판에 배근되는 배력철근에 대한 설계기준을 설명한 내용으로 옳지 않은 것은?

① 배근되는 배력철근량은 온도 및 건조수축에 대한 철근량 이상이어야 하며, 이때 바닥판 단면에 대한 온도 및 건조수축 철근량의 비는 1.0%이다.
② 배력철근의 양은 정모멘트 구간에 필요한 주철근에 대한 비율로 나타낸다.
③ 배력철근의 양은 주철근이 차량진행방향에 평행할 경우는, $55/\sqrt{L}$%(L: 바닥판의 지간(m))와 50% 중 작은 값 이상으로 한다.
④ 집중하중으로 작용하는 활하중을 수평방향으로 분산시키기 위해 바닥판에는 주철근의 직각방향으로 배력철근을 배치하여야 한다.

해설 ① 배근되는 배력철근량은 온도 및 건조수축에 대한 철근량 이상이어야 하며, 이때 바닥판 단면에 대한 온도 및 건조수축 철근량의 비는 0.2%이다.

119 휨모멘트가 180kM·m일 때 I형강(形鋼)의 결정단면은? (단, $f_{ca} = 120\text{MPa}$)

① 치수 350×150×9, 단면계수 871cm³
② 치수 350×150×12, 단면계수 1,280cm³
③ 치수 400×150×10, 단면계수 1,200cm³
④ 치수 400×150×12.5, 단면계수 1,580cm³

해설 $f = \frac{M}{I}y = \frac{M}{Z}$에서

$\therefore Z = \frac{M}{f} = \frac{180 \times 10^6}{120} = 1,500,000\text{mm}^3 = 1,500\text{cm}^3$

정답 115 ③ 116 ④ 117 ④ 118 ① 119 ④

120 다음 용어 중에서 강구조에 해당되지 않는 것은?

① Tie plate(타이플레이트)
② Knee brace(니브레이스)
③ Strut(스트럿)
④ Stirrup(스트럽)

해설 스터럽(stirrup)은 전단철근의 종류이다.

121 그림과 같은 철골보의 이름은 무엇인가?

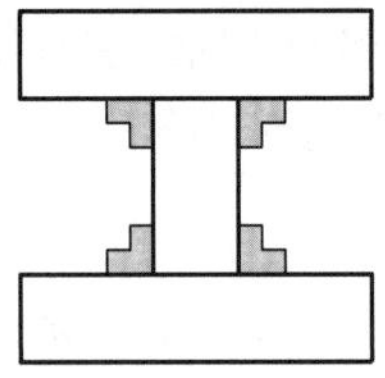

① Lattice(내티스)
② Open Web girder(오픈웹거더)
③ Plate girder(플레이트 거더)
④ Rolled steel beam(롤 스틸 빔)

해설 강판을 용접이음하여 대형의 I형 부재를 주형으로 사용한 것을 판형(plate gitder)이라고 한다.

122 합성보 교량에서 슬래브와 강(鋼)보 상부 플랜지를 떨어지지 않게 결합시키는 결합재로 사용되는 것은?

① 볼트 ② 전단 연결재
③ 합성철근 ④ 접착제

해설 강보와 콘크리트가 일체로 되어 작용하도록 상부 플랜지에 전단 연결재(shear con-nector)를 결합재로 사용한다.

123 다음 강구조 용어의 관계 중 옳지 않은 것은?

① angle-산형강(山形鋼)
② channel-구형강(溝形鋼)
③ web plate-복판(腹板)
④ stiffener-충전재(充塡財)

해설 stiffener는 보강재로서 판형의 복부좌굴을 방지하기 위하여 사용되는 것을 의미한다. 충전재는 filler라고 한다.

124 교량에 사용되는 고장력강으로서 요구되는 특성이 아닌 것은?

① 값이 싸야 할 것
② 용접성이 좋아야 할 것
③ 가공성(열간, 냉간)이 좋아야 할 것
④ 인장강도, 항복점이 커야 하고 피로강도가 작을 것

해설 고장력강은 인장강도, 항복점, 피로강도가 커야 한다.

125 그림과 같은 판형(plate girder)의 각부 명칭 중 틀리는 것은?

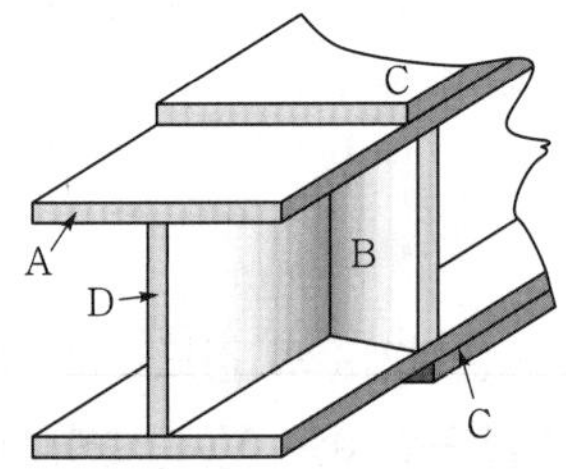

① A－상부판(flange)
② B－보강재(stiffener)
③ C－덮개판(cover plate)
④ D－횡구(bracing)

해설 D는 웨브판(web plate, 복부판)이다.

126 H형 보의 휨모멘트에 대한 저항력을 높이고자 할 경우에 적절한 대책은?

① 보의 웨브에 스티프너(stiffener)를 설치한다.
② 보의 플랜지에 브레이싱(bracing)을 설치한다.
③ 보의 웨브에 거셋 플레이트(gusset plate)를 설치한다.
④ 보의 플랜지에 커버 플레이트(cover plate)를 설치한다.

해설 커버 플레이트는 플랜지의 휨모멘트에 저항능력을 크게 하기 위해서 사용된다.

정답 120 ④ 121 ③ 122 ② 123 ④ 124 ④ 125 ④ 126 ④

127 판형교 단면의 경제적인 높이를 구하는 식은? (단, f_t : 총단면적에 대한 연응력도, t : 판의 두께, M : 휨모멘트)

① $1.8\sqrt{\dfrac{M}{f_t \cdot t}}$

② $1.1\sqrt{\dfrac{M}{f_t \cdot t}}$

③ $2.2\sqrt{\dfrac{f_t \cdot t}{M}}$

④ $2.5\sqrt{\dfrac{M}{f_t \cdot t}}$

해설 판형의 경제적인 높이(h)

$$h = 1.1\sqrt{\frac{M}{f_t \cdot t}}$$

128 플레이트 거더교의 경제적인 판형의 높이는 일반적으로 다음 어느 것으로 구하는가?

① 휨모멘트

② 전단력

③ 압축력

④ 사인장력

해설 판형교의 경제적인 높이(h)

$h = 1.1\sqrt{\dfrac{M}{f_t \cdot t}}$ 에서 h는 휨모멘트 M에 의해 결정된다.

129 모멘트 M, 복부의 두께 t일 때 식 $\sqrt{\dfrac{M}{f_t \cdot t}}$ 이 나타내는 것은?

① 판형의 플랜지 단면적

② 판형의 경제적인 평균 높이

③ 판형의 최대 모멘트 작용점의 단면 높이

④ 판형의 복부 높이

해설 주어진 식은 판형의 복부 높이를 의미하고, 판형의 경제적인 높이는 $1.1\sqrt{\dfrac{M}{f_t \cdot t}}$ 이다.

130 설계휨모멘트 M=80tonf-m을 받는 I형 단면의 판형고 높이 h를 구한 값은? (단, $f_{ca} = f_{ta} = 1{,}440/\text{cm}^3$, t=10mm)

① 약 820mm ② 약 940mm

③ 약 1,040mm ④ 약 1,140mm

해설 $h = 1.1\sqrt{\dfrac{M}{f_t \cdot t}} = 1.1\sqrt{\dfrac{80\times10^5}{1440\times1.0}}$ =820mm

131 도로교설계기준에 따른 판형교에서 복부판의 최대전단력 V=800kN이 작용할 때 전단응력은? (단, 복부판의 순단면적 A_{wn}= 9,000mm^2, 복부판의 총단면적 A_{wg}= 12,000mm^{2}이다)

① 67.17MPa

② 66.67MPa

③ 65.73MPa

④ 88.89MPa

해설 $v = \dfrac{V}{A_{wg}} = \dfrac{800{,}000}{12{,}000} = 66.67\text{MPa}$

132 리벳(Rivet) 이음 판형에서 플랜지의 단면적(A_f)을 계산하는 식은?

① $M/f + A_w/8$

② $M \cdot f + A_w/8$

③ $M \cdot f/h - A_w/6$

④ $M/f \cdot h - A_w/6$

해설

$$I = \frac{bh^3}{12} + A_f \cdot \left(\frac{h}{2}\right)^2 \times 2 = \frac{A_w \cdot h^2}{12} + \frac{A_f \cdot h^2}{2}$$

$$= \frac{h^2}{2}\left(A_f + \frac{A_w}{6}\right)$$

$$Z = \frac{I}{h/2} = \frac{\frac{h^2}{2}\left(A_f + \frac{A_w}{6}\right)}{h/2} = h\left(A_f + \frac{A_w}{6}\right)$$

$$\therefore\ f = \frac{M}{I}y = \frac{M}{Z} = \frac{M}{h\left(A_f + \frac{A_w}{6}\right)}$$

$$\therefore\ A_f = \frac{M}{f \cdot h} - \frac{A_w}{6}$$

정답 127 ② 128 ① 129 ④ 130 ① 131 ② 132 ④

133 압연형강의 복부판에 전단력 V=800kN이 작용할 때 전단응력은? (단, 복부판의 순단면적 A_{wn}=9,000mm^{2}이고, 총단면적 A_{wg}=12,000mm^{2}이다)

① 66.67MPa ② 87.89MPa
③ 88.89MPa ④ 89.89MPa

해설 압연형강의 복부판의 전단응력은 총단면적을 사용한다.

$$v = \frac{V}{A_{wg}} = \frac{800 \times 10^3}{12,000} = 66.67\text{MPa}$$

134 판형에 평균전단응력을 산정하게 되는데, 이에 전단응력분포의 내용으로 틀린 것은?

① 판형의 웨브는 주로 전단력에 저항하고 플랜지는 주로 휨모멘트에 저항한다.
② 압연형강은 평균전단응력 산정 시에 총단면적을 일반적으로 사용한다.
③ 조립형강은 평균전단응력 산정 시에 순단면적을 일반적으로 사용한다.
④ 설계 시의 평균전단응력값은 플랜지부분은 실제 응력보다 작게 된다.

해설 평균전단응력값은 플랜지부분은 실제 응력보다 크게 되고, 복부부분은 실제응력보다 작게 된다.

135 보강재에 대한 설명 중 옳지 않은 것은?

① 보강재는 복부판의 전단력에 따른 좌굴을 방지하는 역할을 한다.
② 보강재는 단보강재, 중간보강재, 수평보강재가 있다.
③ 수평보강재는 복부판의 두꺼운 경우에 주로 사용된다.
④ 보강재는 받침부, 상형, 대경구 등의 이음부분에 설치한다.

해설 ① 수직보강재는 전단좌굴에 대한 보강
② 수평보강재는 전단 및 휨에 의한 좌굴에 대한 보강
수평보강재는 복부판이 얇을 때 사용한다.

136 교량에서 브레이싱을 설치하는 목적으로 옳은 것은?

① 휨모멘트에 저항하기 위해
② 횡하중과 비틀림모멘트에 저항하기 위해
③ 교량의 상부구조와 하부구조를 연결하기 위해
④ 바닥판의 하중을 주형에 전달하기 위해
⑤ 구조물의 미적인 효과를 높이기 위해

해설 I형 단면의 판형에서 횡하중에 저항하기 위하여, 구조물의 강성을 확보하기 위하여, 비틀림에 저항하기 위하여 브레이싱을 설치한다.

137 이음시 플랜지와 복부를 결합하는 리벳은 주로 다음 중 어느 것에 의해 결정하는가?

① 휨모멘트 ② 전단력
③ 복부의 좌굴 ④ 보의 처짐

해설 플랜지와 복부를 L형강으로 이음을 하는 데 사용되는 리벳은 이음부의 전단력에 의해 결정한다.

138 판형교에서 복부판의 전단좌굴을 방지하기 위하여 소정의 간격으로 설치하는 부재는?

① 보강재 ② 브레이싱
③ 스터럽 ④ 스터드

해설 복부판(web plate)의 전단좌굴을 방지하기 위하여 보강재(stiffener)를 설치한다.

139 강판형(plate girder) 복부(web) 두께의 제한이 규정되어 있는 가장 큰 이유는?

① 좌굴의 방지
② 공비의 절약
③ 자중의 경감
④ 시공상의 난이

해설 웨브단면이 얇음으로 인해 전단력에 의한 좌굴의 가능성이 크기 때문에 두께의 제한을 둔다.

정답 133 ① 134 ④ 135 ③ 136 ② 137 ② 138 ① 139 ①

140 다음은 교량에서 브레이싱(bracing)의 목적을 설명한 것이다. 옳은 것은?

① 상부구조와 하부구조를 연결하기 위해서 사용한다.
② 횡방향의 하중과 비틀림을 막기 위하여 사용한다.
③ 바닥을 지지하여 바닥에 작용하는 하중을 주형에 전단한다.
④ 바닥팍의 하중을 주형에 전달하기 위해
⑤ 통상 교량에 사용되었기 때문에 사용한다.

해설 브레이싱은 횡방향 하중과 비틀림에 저항하도록 사용한다.

141 플레이트 거더의 보강재에 대한 설명으로 옳지 않은 것은?

① 수직보강재의 폭은 복부판 높이의 1/30에 50mm를 가산한 것보다 크게 잡는 것이 좋다.
② 수직보강재의 간격은 지점부에서 복부판 높이의 2.0배 이하, 그밖에는 2.5배 이하까지 허용되지만, 일반적으로 복부판 높이보다 작게 선택한다.
③ 수평보강재와 수직보강재는 복부판의 같은 쪽에 붙일 필요는 없지만 같은 쪽에 붙일 경우 수평 보강재는 수직보강재 사이에서 되도록 폭을 넓혀 붙인다.
④ 수평보강재를 1단 설치하는 경우에는 0.14h와 0.36h 부근에 설치하는 것을 원칙으로 한다.

해설 ② 수직보강재의 간격은 지점부에서 복부판 높이(상하 플랜지의 순간격)의 1.5배 이하, 그 밖에는 3.0배 이하까지 허용되지만, 일반적으로 복부판 높이보다 작게 선택한다.

142 박스거더교(box girder bridge)와 I형 형교에 대한 설명으로 틀린 것은?

① 박스거더교는 I형 형교보다 단면 2차모멘트가 작다.
② 박스거더교는 I형 형교보다 휨저항성이 크다.
③ 박스거더교는 I형 형교보다 비틀림저항성이 크다.
④ 박스거더교는 I형 형교보다 수평의 횡하중의 저항성이 크다.

해설 박스거더교는 I형 형교보다 단면 2차 모멘트가 커서 힘과 비틀림에 저항성이 크다.

143 다음의 설명에서 틀린 것은?

① 거더교(girder bridge)는 전단력에 충분히 저항할 수 있으므로 보강재가 필요없다.
② 트러스트(truss bridge)는 축하중만을 받는 부재로 되어 있으므로 구조가 단순하고 확실하다.
③ 아치교(arch bridge)는 교량의 아래로 선박이 통과할 수 있도록 형하고를 확보하기가 쉽다.
④ 사장교(cable stayed bridge)는 주탑과 교량의 상판을 케이블로 연결한 형식이다.

해설 거더교는 복부의 좌굴 가능성이 커서 보강재를 필요로 한다.

144 교량의 주체를 주로 축방향 압축력을 지지하는 아치구조로 하며, 지점의 이동을 방지한 교량으로 지점의 수평반력에 의해 휨모멘트를 줄일 수 있어 단면을 감소시키게 하는 교량은?

① 거더교　② 아치교
③ 트러스교　④ 라멘교

해설 아치교에 대한 설명이다.

정답 140 ② 141 ② 142 ① 143 ① 144 ②

145 타이드 아치와 랭거교를 결합한 형식의 교량은?

① 솔리드 리브 아치교
② 스팬드럴 브레이드 아치교
③ 로오제교
④ 현수교

해설 로오제교(Lohse bridge)는 타이드 아치의 타이 단면을 키워 수평반력에 상당하는 인장력 외에 휨모멘트와 전단력을 분담하도록 한 교량이다.

146 다음은 붕괴유발부재(FCM : fracture critical members)에 대한 설명이다. 틀린 것은?

① 붕괴유발부재란 부재 또는 요소 자체의 파괴가 구조물의 파괴를 유발시키는 인장부재 또는 인장요소를 말한다.
② 붕괴유발부재를 파악하기 위해서는 구조물의 여유도에는 하중경로 여유도(load path redundancy), 구조적 여유도(structural redundancy), 내적 여유도(internal redundancy) 등이 있다.
③ 단재하경로 구조물(nonredundant load path structural)은 하나의 인장을 받는 주 내하력요소(부재)의 파괴가 구조물 전체의 파괴를 유발시키는 하중을 받도록 설계된 구조물을 말한다.
④ 구조적 여유도(structural redundancy)란 주어진 하중경로에 대해 연속경간의 개수에 의해 결정되는 여유도를 말하는데, 단경간 구조물은 구조적 여유도 구조물이다.

해설 구조적 여유도(structural redundancy)란 주어진 하중경로에 대해 연속경간의 개수에 의해 결정되는 여유도를 말하는데 단경간 구조물은 구조적 비여유도 구조물이다.

147 트러스에 대한 설명 중 틀린 것은?

① $m=2p-3$일 때 외적 안정이다.
② 트러스는 휨모멘트를 계산하지 않는다.
③ 프랫트러스에서 상현재, 수직재는 압축을 받는다.
④ 하우트러스에서 하현재, 수직재는 인장력을 받는다.

해설 $m=2p-3$일 때 내적 정정이다. 프랫트러스는 하현재와 사재는 인장을 받고, 수직재와 상현재는 압축을 받고, 하우트러스는 하현재와 수직재가 인장을 받고, 상현재와 사재가 압축을 받는다.

148 양안에 철탑을 세우고 그 사이에 케이블을 걸고 여기에 보강형 또는 보강 트러스를 매어단 형식의 교량은?

① 연속교
② 게르버교
③ 현수교
④ 사장교

해설 ㉠ 현수교 : 주탑 사이에 케이블을 설치하고 케이블에 보강형 또는 보강형 트러스를 매어단 형식
㉡ 사장교 : 주탑과 교량의 상판을 케이블로 연결한 형식

149 연속교에 힌지를 넣고 부정정구조물을 정정구조물이 되게 한 교량은?

① 게르버교 ② 단순교
③ 아치 ④ 사장교

해설 부정정구조물인 연속교에 힌지를 넣어 정정구조물로 만든 교량을 게르버교라고 한다.

150 보와 기둥의 접합부가 일체가 되도록 결합한 것을 주형으로 사용하는 교량은?

① 단순교
② 게르버교
③ 아치교
④ 라멘교

해설 라멘교는 보아 기둥이 강절되어 일체로 작용하는 교량이다.

정답 145 ③ 146 ④ 147 ① 148 ③ 149 ① 150 ④

151 다음은 현수교에 대한 설명이다. 틀린 것은?

① 양단의 주탑에 연결되어 있는 케이블이 교량 상판에 직접 연결되어 있다.

② 블록정착식 현수교(block anchorage suspension bridge)는 케이블을 양단의 시중에 정착시키는 방식이다.

③ 자정식 현수교(self anchorage suspension bridge)는 케이블을 보강형의 양단에 결합한 방식이다.

④ 현수교는 400m 이상의 장대지간의 교량에 유리하다.

해설 현수교는 케이블이 직접 교량상판과 연결되어 있는 것이 아니라 보강형이나 보강형 트러스가 교량상판과 연결되어 있다.

152 다음은 강교의 용어들에 대한 설명이다. 틀린 것은?

① 볼트의 피치(pitch)는 힘의 작용선 방향으로 잰 볼트의 순간격을 말한다.

② 다재하 경로구조물은 한 부재의 파괴로 인하여 전체적인 파괴가 일어나지 않도록 한 구조물을 말한다.

③ 스터드(stud)는 강재 주거더와 콘크리트 슬래브와의 전단연결재로서 머리부와 줄기로 이러어져 있다.

④ 니브레이스(knee brace)는 수평재와 수직재가 만드는 목소리부를 보강하기 위해서 설치하는 사재를 말한다.

해설 ① 힘의 작용선 방향으로 잰 볼트 구멍 중심 간의 거리를 볼트의 피치(pitch)라고 하며 볼트의 게이지는 힘의 작용선과 직각방향으로 잰 볼트 구멍의 중심 간의 거리를 말한다.

153 다음은 지진 용어에 대한 설명이다. 틀린 것은?

① 규모(Magnitude)는 발생한 지진에너지의 크기를 나타내는 척도로 진원의 깊이와 진앙까지의 거리 등을 고려하여 지수로 나타낸 값을 의미한다.

② 진도(Intensity)는 어떤 장소에서 지반진동의 크기를 사람이 느끼는 감각, 주위의 물체, 구조물 및 자연계에 대한 영향을 계급별로 분류시킨 상대적 개념의 지지크기를 나타낸다.

③ 규모는 장소에 관계없이 절대적 개념의 크기이고, 진도는 정성적으로 표현된 지진의 피해는 역사적인 기록에서도 찾아낼 수 있으므로 역사적인 크기를 나타낼 때도 사용한다.

④ 어느 하나의 지진에 대하여 진도는 여러 지역에 걸쳐 동일한 수치이나 규모는 달라질 수 있다.

해설 어느 하나의 지진에 대하여 규모는 여러 지역에 걸쳐 동일한 수치이나 진도는 달라질 수 있다.

154 다음 중 도로교 내진설계 시 고려사항으로 옳지 않은 것은?

① 거더의 단부에서는 최소 받침지지길이가 확보되어야 한다.

② 상부구조의 여유간격은 지진 시의 지반에 대한 상부구조의 총변위량만으로 산정한다.

③ 최소 받침지지길이의 확보가 어려울 경우에 낙교방지를 위해 변위구속장치를 설치해야 한다.

④ 지진 시 상부구조와 교대 혹은 인접하는 상부구조 간의 충돌에 의한 주요 구조부재의 손상을 방지해야 한다.

해설 ② 상부구조의 여유 간격은 지진 시의 지반에 대한 상부구조의 총변위량뿐만 아니라 콘크리트의 건조수축에 의한 이동량, 콘크리트 크리프에 의한 이동량, 온도변화에 의한 이동량도 고려한다. 또한 교축직각방향의 지진 시 변위에 의한 인접상부구조 및 주요구조부재 간의 충돌가능성이 있을 때는 이를 방지하기 위한 여유 간격을 설치한다.

정답 151 ① 152 ① 153 ④ 154 ②

155 서울특별시와 경기도 지역에 있는 내진 1등급 교량의 가속도계수는 얼마로 하는가?

① 0.075 ② 0.098
③ 0.154 ④ 0.183

해설 가속도계수는 내진설계 시 설계 지진력을 계산하기 위한 계수로서 위험도계수(I)에다가 구역계수(Z)를 곱한다.
경기도지역과 서울지역은 지진구역이 I등급 지역이어서 지진구역계수 Z=0.11이고, 위험도계수는 내진1등급교량이므로 재현주기 1000년에 해당되므로 I=1.4이다.
따라서 가속도계수는 $A = Z \times I = 0.11 \times 1.4 = 0.154$이다.

정답 155 ③

Chapter 13

강구조물의 설계 (한계상태설계법)

CHAPTER 13

강구조물의 설계 (한계상태설계법)

KEY NOTE

1 한계상태설계법의 개요

1. 한계상태설계법의 설계원칙 일반사항

① 교량은 점검, 경제성 및 미관에 대해 적절히 고려를 하면서 시공성, 안전성 및 사용성의 목표를 달성할 수 있도록 규정된 한계상태에 대하여 설계되어야 한다.

② 적용 해석 방법과 관계없이 규정된 하중 효과와 그 조합에 대하여 식 (13-1)을 만족하여야 한다.

2. 한계상태의 일반사항

① 별도의 규정이 없는 한 교량의 각 구성요소와 연결부는 각 한계상태에 대하여 식 (13-1)을 만족하여야 한다.

② 사용한계상태에 대한 저항계수는 1.0을 적용하며, 극단상황한계상태에 대한 저항계수는 강교의 극단한계상태에 대한 저항계수는 볼트의 경우를 제외하고는 모두 1.0을 취한다. 내하력 설계에 의해 보호되지 않는 볼트 조인트는 극단한계상태에 대해 지압이음 형식으로 거동하는 것으로, 가정하며, 저항계수는 [표 13-24]에 주어진 볼트 지압력에 대한 값을 적용한다.

③ 모든 한계상태는 동등한 중요도를 갖는 것으로 고려해야 한다.

한계상태 설계조건
$\sum \eta_i \gamma_i Q_i \le R_r = \phi R_n$

$$\sum \eta_i \gamma_i Q_i \le R_r = \phi R_n \quad \cdots\cdots (13\text{-}1)$$

여기서,

- 최대하중계수가 적용되는 하중의 경우

$$\eta_i = \eta_D \eta_R \eta_I \ge 0.95 \quad \cdots\cdots (13\text{-}2)$$

- 최소하중계수가 적용되는 하중의 경우

$$\eta_i = \frac{1}{\eta_D \eta_R \eta_I} \le 1.0 \quad \cdots\cdots (13\text{-}3)$$

R_r : 계수저항 : 콘크리트부재에 대하여는 $R_r = R_r = \{\phi_i X_i\}$, 그 외에는 $R_r = \phi R_n$을 적용한다.(여기서, X_i는 제료의 기준강도)

Q_i : 하중 효과

R_n : 공칭저항 : 설계기준에 명시된 규격, 허용응력, 변형 또는 규정된 재료강도에 의해 산출되는 구성요소 또는 연결부의 하중영향에 대한 저항

γ_i : 하중계수 : 하중 효과에 적용하는 통계적 산출계수. 하중 효과에 곱하는 통계에 기반한 계수이며, 일차적으로 하중의 가변성, 해석정확도의 결여 및 서로 다른 하중의 동시 작용확률을 고려하여, 계수 보정과정을 통하여 저항의 통계와도 연관되어 있다.

ϕ : 저항계수 : 공칭저항에 적용하는 통계적 산출계수. 공칭저항에 곱하는 통계기반 계수이며, 일차적으로 재료특성과 구조물 치수 및 시공숙련도에 있어서는 변동성과 저항의 예측에 있어서의 불확실성을 고려하기 위한 계수이다. 보정과정을 통하여 하중의 통계특성과도 연관되어 있다.

η_i : 하중수정계수 : 연성, 여용성, 구조물의 중요도에 관련된 계수

η_D : 연성에 관련된 계수

η_R : 여용성에 관련된 계수

η_I : 구조물 중요도에 관련된 계수

3. 한계상태의 종류

한계상태란 교량 또는 구성요소가 사용성, 안전성, 내구성의 설계규정을 만족하는 최소한의 상태로서, 이 상태를 벗어나면 관련 성능을 만족하지 못하는 한계를 말한다. 도로교설계기준에서는 한계상태를 다음의 네 가지로 설명하고 있다.

1) 사용한계상태

① 사용한계상태란 균열, 처짐, 피로 등의 사용성에 관한 한계상태로서, 일반적으로 구조물 또는 부재의 특정한 사용 성능에 해당하는 상태를 말한다.

② 사용한계상태는 정상적인 사용조건 하에서 응력, 변형 및 균열폭을 제한하는 것으로 규정한다.

2) 피로와 파단한계상태

① 피로한계상테는 기대응력범위의 반복 횟수에서 발생하는 단일 피로설

KEY NOTE

한계상태의 종류

① 사용한계상태
② 피로와 파단한계상태
③ 극한한계상태
④ 극한상황한계상태

KEY NOTE

계트럭에 의한 응력범위를 제한하는 것으로 규정한다.

② 파단한계상태는 「KSD3515-용접구조물 압연강재」에 제시하고 있는 재료인성요구사항으로 규정한다.

3) 극한한계상태

① 극한한계상태란 항복, 소성힌지의 형성, 골조 또는 부재의 안정성, 인장파괴, 피로파괴 등 안전성과 최대하중 지지력에 대한 한계상태를 말한다.

② 극한한계상태는 교량의 설계수명 이내에 발생할 것으로 기대되는, 통계적으로 중요하다고 규정한 하중조합에 대하여 국부적 또는 전체적 강도와 안전성을 확보하는 것으로 규정한다. 강도한계상태라고도 한다.

4) 극단상황한계상태

① 극단상황한계상태란 교량의 설계수명을 초과하는 재현주기를 갖는 지진, 유빙하중, 차량과 선박의 충돌 등과 같은 사건과 관련한 한계상태를 말한다.

② 극단상황한계상태는 지진 또는 홍수 발생 시, 또는 세굴된 상황에서 선박, 차량 또는 유빙에 의한 충동 시 등의 상황에서 교량의 붕괴를 방지하는 것으로 규정하다.

4. 연성

① 교량구조계는 극한한계상태 및 극단상황한계상태에서 파괴 이전에 현저하게 육안으로 관찰될 정도의 비탄성 변형이 발생할 수 있도록 형상화 및 상세화되어야 한다.

② 콘크리트 구조의 경우 연결부의 저항이 인접구성요서의 비탄성 거동에 의해 발생하는 최대 하중 효과의 1.3배 이상이면 연성요구조건을 만족하는 것으로 간주할 수 있다.

③ 에너지 소산장치는 연성을 제공하는 방법으로 인정될 수 있다.

④ 연성계수는 다음과 같다.

㉠ 극한한계상태

비연성 구성요소의 및 연결부 : $\eta_D \geq 1.05$

설계기준에 부합하는 통상적인 설계 및 상세 : $\eta_D = 1.00$

설계기준이 요구하는 것 이외의 추가 연성보강장치가 규정되어 있는 구성요소 및 연결부 : $\eta_D \geq 0.95$

㉡ 기타 다른 한계상태 : $\eta_D = 1.00$

5. 여용성

① 특별한 이유가 없는 한 다재하-경로구조와 연속구조로 한다.
② 파괴 시 교량의 붕괴를 초래할 수 있는 주부재와 구성요소는 파괴임계부재 또는 요소로 지정하며, 관련 구조계는 비-여용구조계로 지정해야 한다. 인장파괴-임계부재는 파쇄임계부재로 지정할 수 있다.
③ 여용성계수는 다음과 같다.
㉠ 극한한계상태
비여용부재 : $\eta_R \geq 1.05$
통상적 여용수준 : $\eta_R = 1.00$
특별한 여용수준 : $\eta_R \geq 0.95$
㉡ 기타 다른 한계상태 : $\eta_R = 1.00$

6. 구조물의 중요도

① 이 내용은 극한한계상태와 극단상황한계상태에만 적용한다.
② 발주자는 특정교량 또는 그 교량의 구조요소 및 접합부를 중요한 구조로 지정할 수 있다.
③ 구조물 중요도계수는 다음과 같다.
㉠ 극한한계상태
중요 교량 : $\eta_I \geq 1.05$
인반 교량 : $\eta_I = 1.00$
상대적으로 중요도가 낮은 교량 : $\eta_i \geq 0.95$
㉡ 기타 한계상태 : $\eta_I = 1.00$

2 교량의 구조 요소

1. 상부구조

상부구조는 교대 및 교각 상부의 모든 구조를 총칭하며, 바닥과 바닥틀, 주형(girder)과 트러스, 브레이싱(bracing), 받침 등이 있다.

1) 바닥과 바닥틀

① 바닥(floor)은 교통하중을 직접 지지하는 부분이다. 도로교에서는 교면과 그 밑에 있는 바닥판을 말한다.

KEY NOTE

KEY NOTE

② 바닥틀(floor system) 은 바닥에 작용하는 하중을 주형 또는 트러스에 전달하는 부분을 말한다. 바닥틀은 주형 또는 트러스와 직각방향으로 지지되는 횡방향 거더인 가로보(cross beam)와 가로보 사이에 연결되어 있는 종방향의 거더인 세로보(stringer)로 구성되어 있다.

2) 주형과 트러스

① 바닥틀을 통하여 오는 하중을 주형 또는 트러스가 부담하고 이를 받침부에 전달한다.

② 거더교는 2개 이상의 주형을 사용하고, 트러스교는 양측의 트러스가 상부구조의 주체가 된다.

3) 받침

받침은 주형에 작용하는 하중을 교량의 하부구조로 전달하는 받침부이다.

2. 하부구조

① 하부구조란 상부구조로부터 전달되는 하중을 기초지반으로 전달하는 구조부분으로서 교대나 교각 및 그들의 기초를 말한다.

② 교대(abutment), 교각(pier)과 말뚝기초를 포함한다.

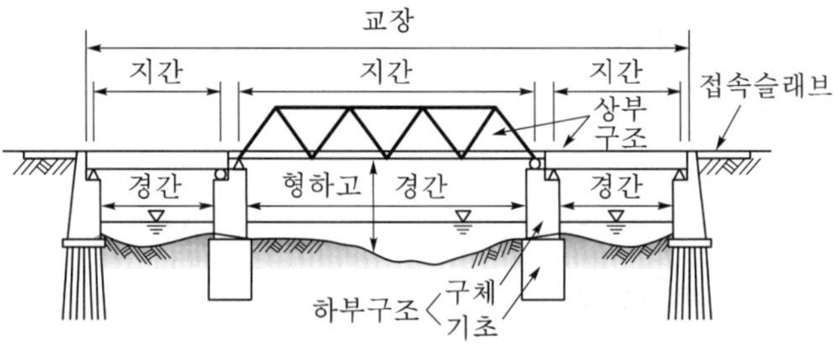

[그림 13-1] 교량의 일반적 구조

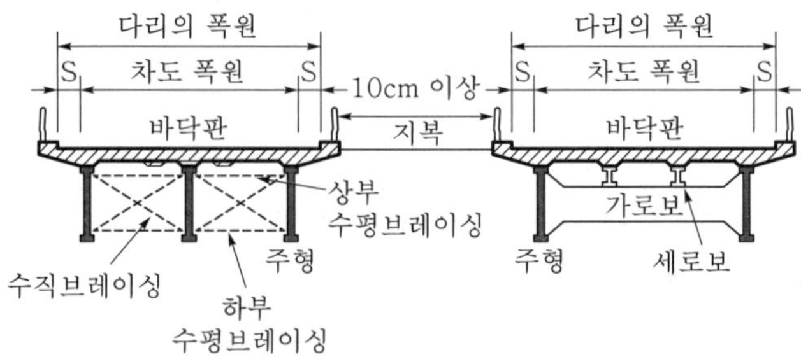

[그림 13-2] 교량의 바닥과 바닥틀

3 설계하중의 요약

KEY NOTE

하중의 종류
① 지속하중의 종류
② 변동하중의 종류

1. 하중의 종류

[표 13-1] 하중의 종류

지속하중	변동하중
① 고정하중	① 활하중
㉠ 구조부재와 비구조적 부착물의 중량(DC)	㉠ 차량활하중(LL)
㉡ 포장과 설비의 고정하중(DW)	㉡ 상재활하중(LS)
② 프리스트레스 힘(PS) : 포스트텐션에 의한 2차 하중 효과를 포함한, 시공과정 중 발생한 누적 하중 효과	㉢ 보도하중(PL)
③ 시공 중 발생하는 구속응력(EL)	② 충격(IM)
④ 콘크리트 크리프의 영향(CR)	③ 풍하중
⑤ 콘크리트 건조수축의 영향(SH)	㉠ 차량에 작용하는 풍하중(WL)
⑥ 토압	㉡ 구조물에 작용하는 풍하중(WS)
㉠ 수평토압(EH)	④ 온도변화의 영향
㉡ 상재토하중(ES)	㉠ 단면평균온도(TU)
㉢ 수직토압(EV)	㉡ 온도구배(TG)
㉣ 말뚝부마찰력(DD)	⑤ 지진의 영향(EQ)
	⑥ 정수압과 유수압(WA)
	⑦ 부력 또는 양압력(BP)
	⑧ 설하중 및 빙하중(IC)
	⑨ 지반변동의 영향(GD)
	⑩ 지점이동의 영향(SD)
	⑪ 파압(WP)
	⑫ 원심하중(CF)
	⑬ 제동하중(BR)
	⑭ 가설시하중(ER)
	⑮ 충돌하중
	㉠ 차량충돌하중(CT)
	㉡ 선박충돌하중(CV)
	⑯ 마찰력(FR)

2. 하중계수와 하중조합

1) 설계하중

하중계수를 고려한 총 설계하중은 식 (13-4)와 같이 결정된다.

$$Q = \sum \eta_i \gamma_i q_i \quad \cdots\cdots (13\text{-}4)$$

여기서, η_i : 하중수정계수(연성, 여용성, 구조물의 중요도에 관련된 계수), 식 (13-2), 식 (13-3)

q_i : 하중 또는 하중 효과

γ_i : 하중계수([표 13-2], [표 13-3] 참고)

KEY NOTE

한계상태 하중조합

① 극한한계상태 하중조합 Ⅰ
② 극한한계상태 하중조합 Ⅱ
③ 극한한계상태 하중조합 Ⅲ
④ 극한한계상태 하중조합 Ⅳ
⑤ 극한한계상태 하중조합 Ⅴ
⑥ 극한상황한계상태 하중조합 Ⅰ
⑦ 극한상황한계상태 하중조합 Ⅱ
⑧ 사용한계상태 하중조합 Ⅰ
⑨ 사용한계상태 하중조합 Ⅱ
⑩ 사용한계상태 하중조합 Ⅲ
⑪ 사용한계상태 하중조합 Ⅳ
⑫ 피로한계상태 하중조합

2) 한계상태

교량의 부재들과 연결부들은 다음의 각 한계상태에서 규정된 극한하중효과의 조합들에 대하여 식 (13-4)에 의해 검토하여야 한다.

① **극한한계상태 하중조합 Ⅰ** : 일반적인 차량통행을 고려한 기본하중조합, 이때 풍하중은 고려하지 않는다.

② **극한한계상태 하중조합 Ⅱ** : 발주자가 규정하는 특수차량이나 통행허가 차량을 고려한 하중조합, 풍하중은 고려하지 않는다.

③ **극한한계상태 하중조합 Ⅲ** : 풍속 90km/hr(25m/sec)를 초과하는 풍하중을 고려하는 하중조합

④ **극한한계상태 하중조합 Ⅳ** : 활하중에 비하여 고정하중이 매우 큰 경우에 적용하는 하중조합

⑤ **극한한계상태 하중조합 Ⅴ** : 90㎞/hr의 풍속과 일상적인 차량통행에 의한 하중 효과를 고려한 하중조합

⑥ **극단상황한계상태 하중조합 Ⅰ** : 지진하중을 고려하는 하중조합

⑦ **극단상황한계상태 하중조합 Ⅱ** : 빙하중, 선박 또는 차량의 충돌하중 및 감소된 활하중을 포함한 수리학적 사건에 관계된 하중조합. 이때 차량 충돌하중 CT의 일부분인 활하중은 제외된다.

⑧ **사용한계상태 하중조합 Ⅰ** : 교량의 정상 운용 상태에서 발생 가능한 모든 하중의 표준값과 25m/s의 풍하중을 조합한 하중상태이며, 교량의 설계 수명 동안 발생 확률이 매우 적은 하중조합이다. 이 하중조합은 철근콘크리트의 사용성 검증에 사용할 수 있다. 또한 옹벽과 사면의 안정성 검증, 매설된 금속구조물, 터널라이닝판과 열가소성 파이프에서의 변형제어에도 적용한다.

⑨ **사용한계상태 하중조합 Ⅱ** : 차량하중에 의한 강구조물의 항복과 마찰이음부의 미끄러짐에 대한 하중조합

⑩ **사용한계상태 하중조합 Ⅲ** : 교량의 정상 운용상태에서 설계 수명 동안 종종 발생 가능한 하중조합이다. 이 조합은 부착된 프리스트레스 강재가 배치된 상부구조의 균열폭과 인장응력 크기를 검증하는 데 사용한다.

⑪ **사용한계상태 하중조합 Ⅳ** : 설계수명 동안 종종 발생 가능한 하중조합으로 교량 특성상 하부구조는 연직하중보다 수평하중에 노출될 때 더 위험하기 때문에 연직 활하중 대신에 수평 풍하중을 고려한 하중조합니다. 따라서 이 조합은 부착된 프리스트레스 강재가 배치된 하부구조의 사용성 검증에 사용해야 하다. 물론 하부구조는 사용하중조합 Ⅲ에서의 사용성 요구조건도 동시에 만족하도록 설계하여야 한다.

KEY NOTE

⑫ 피로한계상태 하중조합 : 피로설계트럭하중을 이용하여 반복적인 차량 하중과 동적응답에 의한 피로파괴를 검토하기 위한 하중조합

3) 하중조합 검토

① 본 설계기준의 하중조합들에 적용되는 하중계수는 [표 13-2]에 정리되어 있다. 설계 시 적절한 모든 하중조합들에 대한 검토가 이루어져야 할 것이다. 각 하중조합에서 모든 하중들은 적절한 하중계수에 의해 보정되어야 하며, 필요시에는 [표 13-6]에 제시된 다차로 재하계수에 의해 보정되어야 한다.

② 보정된 하중들은 식 (13-2)에 의해 조합되고, 최종적으로 식 (13-2)와 식 (13-3)의 하중수정계수에 의해 보정되어야 한다.

③ 하중계수들은 최대하중조합효과가 계산되도록 선정되어야 하며, 각 하중조합에서 정과 부의 극한상태가 모두 검토되어야 한다. 한 하중이 다른 하중의 효과를 감소시키는 하중조합에서는 그러한 하중에 최소 하중계수를 적용하여야 한다.

④ 상시하중효과에 대해서는 [표 13-3]에 제시된 두 가지 하중계수 중에서 큰 하중조합효과를 주는 하중계수가 적용되어야 한다. 반면에 상시하중효과가 구조물의 안전성이나 내하성능의 증가를 가져오는 경우에는 최소 하중계수가 적용되어야 한다.

⑤ TU(단면평균온도), CR(콘크리트 크리프의 영향) 및 SH(콘크리트 건조수축의 영향)하중에 제시된 두 가지 하중계수 중에서 큰 값은 변형량 계산에 적용되며, 나머지 모든 경우에는 작은 값이 적용된다.

⑥ 뒷채움이나, 얕은 기초 또는 깊은 기초의 설치와 관계없이 사면의 전체 안전성은 확대기초의 사용한계상태와 확대기초의 극단상황한계상태에서 규정된 적절한 저항계수와 사용한계상태조합1에 근거하여 평가되어야 한다.

⑦ 온도구배에 대한 하중계수(γ_{TG})와 침하에 대한 하중계수(γ_{SE})는 공사별 특별시방에 의해 결정하여야 한다.

⑧ 공사별 하중계수값이 없는 경우에는 다음과 같이 결정하다.

㉠ 극한한계상태와 극한상황한계상태 조합 : 0.0(고려하지 않음)

㉡ 활하중이 고려되지 않는 사용한계상태조합 : 1.0

㉢ 활하중이 고려되는 사용한계상태조합 : 0.5

⑨ 세그먼트방식으로 가설되는 교량에서는 사용한계상태에 대하여 식 (13-5)의 하중조합이 고려되어야 한다.

$$DC+DW+EH+EV+ES+WA+CR+SH+TG+PS \cdots (13\text{-}5)$$

KEY NOTE

DC : 구조부재와 비구조적 부착물의 중량

DW : 포장과 설비의 고정하중

EH : 수평토압 EV : 수직토압

ES : 상재토하중 WA : 정수압과 유수압

CR : 콘크리트 크리프의 영향 SH : 콘크리트 건조수축의 영향

TG : 온도구배 PS : 프리스트레스 힘

⑩ 극단상황한계상태조합 I 에서의 활하중계수(γ_{EQ})는 공사별 특별시방에 의해 결정하여야 한다.

[표 13-2] 하중조합과 하중계수

하중 / 한계상태 하중조합	DC DD DW EH EV ES EL PS CR SH	LL IM CE BR PL LS CF	WA BP WP	WS	WL	FR	TU	TG	GD SD	이 하중들은 한번에 한 가지만 고려 γ_p			
										EQ	IC	CT	CV
극한 I	γ_p	1.80	1.00	–	–	1.00	0.50/1.20	γ_{TG}	γ_{SE}	–	–	–	–
극한 II	γ_p	1.40	1.00	–	–	1.00	0.50/1.20	γ_{TG}	γ_{SE}	–	–	–	–
극한 III	γ_p	–	1.00	1.40	–	1.00	0.50/1.20	γ_{TG}	γ_{SE}	–	–	–	–
극한 IV-EH, EV, ES, DW, DC만 고려	γ_p	–	1.00	–	–	1.00	0.50/1.20	–	–	–	–	–	–
극한 V	γ_p	1.40	1.00	0.40	1.0	1.00	0.50/1.20	γ_{TG}	γ_{SE}	–	–	–	–
극단상황 I	γ_p	γ_{EQ}	1.00	–	–	1.00	–	–	–	1.00	–	–	–
극단상황 II	γ_p	0.50	1.00	–	–	1.00	–	–	–	–	1.00	1.00	1.00
사용 I	1.00	1.00	1.00	0.30	1.0	1.00	1.00/1.20	γ_{TG}	γ_{SE}	–		–	–
사용 II	1.00	1.30	1.00	–	–	1.00	1.00/1.20	–	–	–		–	–
사용 III	1.00	0.80	1.00	–	–	1.00	1.00/1.20	γ_{TG}	γ_{SE}	–		–	–
사용 IV	1.00	–	1.00	0.70	–	1.00	1.00/1.20	–	1.0	–		–	–
피로-LL, IM & CE만 고려	–	0.75	–	–	–	–		–	–	–		–	–

KEY NOTE

[표 13-3] γ_p에 관한 하중계수

하중의 종류	하중계수	
	최대	최소
DC : 구조부재와 비구조적 부착물	1.25 1.50(극한한계 상태조합 Ⅳ 에서만	0.90
DD : 말뚝부마찰력	1.80	0.45
EH : 수평토압 • 주동 • 정지	 1.50 1.35	 0.90 0.90
EV : 연직토압 • 전체 안정 • 옹벽 및 교대 • 강성 암거(예 콘크리트 박스) • 뼈대형 강성구조물(예 라멘형) • 연성 암거(예 파형강관) • 박스형 연성 강재암거	 1.00 1.35 1.30 1.35 1.95 1.50	 - 1.00 0.90 0.90 0.90 0.90
ES : 상재토하중	1.50	0.75
EL : 시공중 발생하는 구속응력	1.0	1.0
PS : 프리스트레스 힘 • 세그멘탈콘크리트교량의 상부, 하부구조 • 비세그멘탈콘크리트교량 상부구조 • 비세그멘탈콘크리트교량 하부구조 – I_g를 사용하는 경우 – $I_{effective}$를 사용하는 경우 • 강재 하부구조	1.0 1.0 1.0 0.5 1.0	
CR, SH : 크리프, 건조수축 • 세그멘탈콘크리트교량의 상부, 하부구조 • 비세그멘탈콘크리트교량 상부구조 • 비세그멘탈콘크리트교량 하부구조 – I_g를 사용하는 경우 – $I_{effective}$를 사용하는 경우 • 강재 하부구조	 DC에 대한 γ_p사용 1.0 0.5 1.0 1.0	

3. 하중의 상세내용

1) 고정하중

① 구조부재와 비구조적 부착물의 중량(DC)

② 포장과 설비의 고정하중(DW) : 고정하중은 구조물의 자중 · 부속물과 그

KEY NOTE

곳에 부착된 제반설비, 토피, 포장, 장래의 덧씌우기와 계획된 확폭 등에 의한 모든 예측 가능한 중량을 포함한다. 고정하중을 산출할 때는 [표 13-4]에 나타낸 단위질량을 사용하여야 한다. 다만, 실질량이 명백한 것은 그 값을 사용한다.

[표 13-4] 재료의 단위질량

<table>
<tr><th>재료</th><th>단위질량(kg/m³)</th><th colspan="2">재료</th><th>단위중량(kg/m³)</th></tr>
<tr><td>강재. 주강. 단강</td><td>7,850</td><td colspan="2">시멘트 모르타르</td><td>2,150</td></tr>
<tr><td>주철. 주물강재</td><td>7,250</td><td colspan="2">역청재(방수용)</td><td>1,100</td></tr>
<tr><td>알루미늄 합금</td><td>2,800</td><td colspan="2" rowspan="2">아스팔트 포장재</td><td rowspan="2">2,300</td></tr>
<tr><td>철근콘크리트</td><td>2,500</td></tr>
<tr><td rowspan="2">프리스트레스트 콘크리트</td><td rowspan="2">2,500</td><td rowspan="2">목재</td><td>단단한 것</td><td>960</td></tr>
<tr><td>무른 것</td><td>800</td></tr>
<tr><td rowspan="2">콘크리트</td><td rowspan="2">2,350</td><td rowspan="2">용수</td><td>담수</td><td>1,000</td></tr>
<tr><td>해수</td><td>1,025</td></tr>
</table>

설계차로의 수

$W = \frac{W_c}{N} \le 3.6\text{m}$

2) 활하중

① 차량활하중(LL)

㉠ 설계차로의 수(N) : 연석간의 교폭 W_c에 따른 설계차로의 수 N은 [표 13-5]에 따라 결정한다. 이에 따른 설계차로폭 W는 식 (13-6)과 같이 정한다.

$$W = \frac{W_c}{N} \le 3.6\text{m} \quad \cdots\cdots (13\text{-}6)$$

[표 13-5] 설계차로의 수

W_c의 범위(m)	N	W_c의 범위(m)	N
$6.0 \le W_c < 9.1$	2	$23.8 \le W_c < 27.4$	7
$9.1 \le W_c < 12.8$	3	$27.4 \le W_c < 31.1$	8
$12.8 \le W_c < 16.4$	4	$31.1 \le W_c < 34.7$	9
$16.4 \le W_c < 20.1$	5	$34.7 \le W_c < 38.4$	10
$20.1 \le W_c < 23.8$	6		

㉡ 활화중의 동시재하

ⓐ 이 조항은 설계차로수에 관계없이 한 대의 피로설계트럭하중이 재하되는 피로설계에는 적용되지 않는다.

ⓑ 특별한 언급이 없는 한, 활하중의 최대 영향은 [표 13-6]의 다차

로재하계수를 곱한 재하차로의 모든 가능한 조합에 의한 영향을 비교하여 결정되어야 한다.

ⓒ 보도하중과 1차로 이상의 차량하중을 포함하는 하중조건의 경우에 보도하중을 하나의 재하차로도 취할 수 있다.

[표 13-6] 다차로재하계수

재하차로의 수	다차로재하계수 ['m']
1	1.0
2	0.9
3	0.8
4	0.7
5 이상	0.65

㉢ 설계 차량활하중

ⓐ 교량이나 이에 부수되는 일반구조물의 노면에 작용하는 차량활하중(KL-510)으로 명명함)은 [그림 13-3]에 규정된 표준트럭하중과 [표 13-7]에 규정된 표준차로 하중으로 이루어져 있다.

ⓑ 이 하중들은 설계차로내에서 횡방향으로 3,000mm의 폭을 점유하는 것으로 가정한다.

㉣ 표준트럭하중 : 표준트럭의 중량과 축간거리는 [그림 13-3]과 같다. 충격하중은 [그림 13-4]를 적용한다.

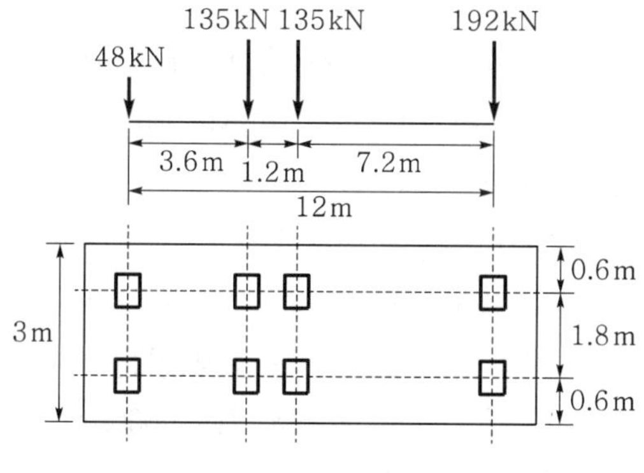

[그림 13-3] 표준트럭하중

㉤ 표준차로하중

ⓐ 표준차로하중은 종방향으로 균등하게 분포된 하중으로 [표 13-7]의 값을 적용한다.

ⓑ 횡방향으로는 3,000mm의 폭으로 균등하게 분포되어 있다.

ⓒ 표준차로하중의 영향에는 충격하중을 적용하지 않는다.

KEY NOTE

표준트럭하중(KL-510)

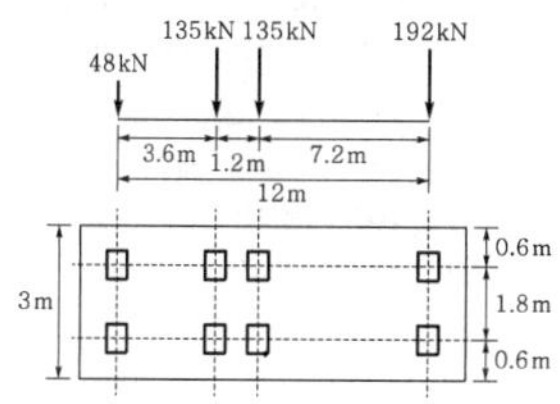

표준차로하중

$L \leq 60\text{m}$	$w = 12.7(\text{kN/m})$
$L > 60\text{m}$	$w = 12.7 \times \left(\frac{60}{L}\right)^{0.18}$ (kN/m)

[표 13-7] 표준차로하중

$L \le 60\text{m}$	$w = 12.7(\text{kN/m})$
$L > 60\text{m}$	$w = 12.7 \times \left(\frac{60}{L}\right)^{0.18} (\text{kN/m})$

L : 표준차로하중이 재하되는 부분의 지간

ⓗ 바닥판과 바닥틀을 설계하는 경우의 설계차량활하중

ⓐ 바닥판과 바닥틀을 설계하는 경우에는 차도부분에 표준트럭하중을 재하한다. 표준트럭하중은 종방향으로는 차로당 1대를 원칙으로 하고, 횡방향으로는 재하 가능한 대수를 재하하되 동시재하계수를 고려하여 설계부재에 최대응력이 일어나도록 재하한다. 교축직각방향으로 볼 때, 표준트럭하중의 최외측 차륜중심의 재하위치는 차도부분의 단부로부터 300mm로 한다.

ⓑ 차륜의 접지면은 표준트럭하중의 각 차륜에 대해 면적이 $\frac{12,500}{9}P(\text{mm}^2)$인 하나의 직사각형으로 간주하며 이 직사각형의 폭과 길이의 비는 2.5 : 1로 한다. 여기서, P는 차륜의 중량(kN)이다. 접지면이 연속적인 표면인 경우에 접지압은 규정된 접지면에 균일하게 분포하는 것으로 가정한다. 접지면이 단속적인 경우에는 접지압은 바퀴자국이 있는 실제의접촉면에 균등하게 분포되어 있으며 규정된 접지면과 실제 접지면의 비만큼 압력을 증가시킨다.

ⓢ 주거더를 설계하는 경우의 설계차량활하중

ⓐ 만약 다른 특별한 규정이 없다면 최대 하중영향은 아래의 경우 중 큰 값을 사용한다.

- 표준트럭하중의 영향
- 표준트럭하중의 영향의 75%와 표준차로하중의 영향의 합

ⓑ 최대 하중 효과에 영향을 주지 않는 바퀴는 무시해도 된다.

ⓒ 설계차로와 각 차로에 재하되는 3.000mm 폭은 최대 하중영향을 갖도록 배치되어야 한다.

ⓓ 표준트럭하중 최외측 차륜중심의 횡방향 재하위치는 차도부분의 단부로부터 600mm로 한다.

ⓞ 처짐 평가를 위한 하중재하 : 만약 발주자가 규정된 활하중에 대한 처짐의 허용기준을 요구할 때 처짐은 아래의 값 중 큰 값을 사용해야 한다.

◎ KEY NOTE

◐ 설계 차량활하중 재하

1) 바닥판과 바닥틀 설계 시
   ① 바닥판과 바닥틀을 설계하는 경우에는 차도부분에 표준트럭하중을 재하
   표준트럭하중은 종방향으로는 차로당 1대를 원칙으로 하고, 횡방향으로는 재하 가능한 대수를 재하
   표준트럭하중의 최외측 차륜중심의 재하위치는 차도부분의 단부로부터 300mm
   ② 차륜의 접지면은 표준트럭하중의 각 차륜에 대해 면적이 $\frac{12,500}{9}P(\text{mm}^2)$인 하나의 직사각형으로 간주하며 이 직사각형의 폭과 길이의 비는 2.5 : 1로 한다.
2) 주거더 설계 시
   ① 표준트럭하중의 영향
   표준트럭하중의 영향의 75%와 표준차로하중의 영향의 합
   ② 설계차로와 각 차로에 재하되는 3.000mm 폭은 최대 하중영향을 갖도록 배치
   ③ 횡방향 재하위치는 차도부분의 단부로부터 600mm

KEY NOTE

ⓐ 표준트럭하중만으로 얻은 처짐

ⓑ 표준차로하중과 조합된 표준트럭하중의 25%에 의해 얻은 처짐

② 피로하중

㉠ 피로 하중은 세 개의 축으로 이루어져 있으며 총중량을 351kN로 환산한 한 대의 설계트럭하중 또는 축하중이다([그림 13-4] 참고).

㉡ 충격하중도 피로하중에 적용된다.

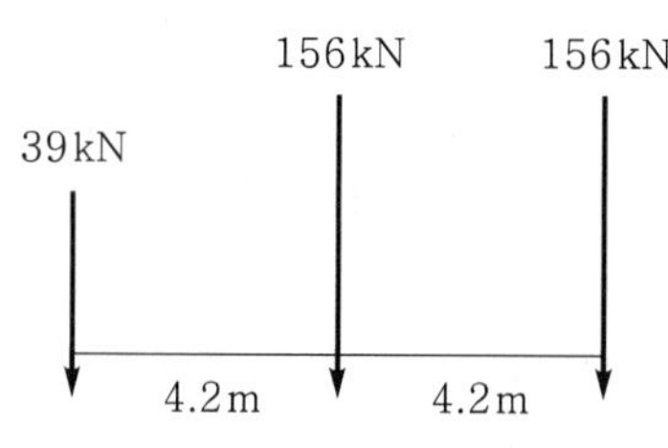

[그림 13-4] 피로설계트럭하중

③ 상재활하중(LS)

④ 보도하중(PL)

㉠ 바닥판과 바닥틀을 설계하는 경우에 보도 등에는 5×10^{-3}MPa의 보도하중이 설계차량활하중과 동시에 적용된다.

㉡ 주거더를 설계하는 경우에 보도 등에는 [표 13-8]의 등분포하중을 재하한다.

㉢ 보도나 보행자 또는 자전거용 교량에서 유지관리용 또는 이에 부수되는 차량통행이 예상되는 경우 이 하중은 설계에 고려되어야 한다. 이 차량에 대해 충격하중은 고려하지 않는다.

[표 13-8] 보도 등에 재하하는 등분포하중

지간장 L(m)	$L \le 80$	$80 < L \le 130$	$L > 130$
등분포하중의 크기	3.5×10^{-3}	$(4.3-0.01L)\times10^{-3}$	3.0×10^{-3}

3) 충격하중(IM)

① 일반사항

㉠ 매설된 부재와 목재부재에서 허용된 경우를 제외하고, 원심력과 제동력 이외의 표준트럭하중에 의한 정적 효과는 [표 13-9]에 규정된 충격하중의 비율에 따라 증가시켜야 한다.

KEY NOTE

충격하중계수
① 일반사항
$1+\frac{IM}{100}$
② 매설된 부재
$IM=40(1.0-4.1\times10^{-4}D_E) \geq 0\%$

[표 13-9] 충격하중계수(IM)

성분		IM
바닥판 신축이음장치 모든 한계상태		70%
모든 다른 부재	피로한계상태를 제외한 모든 한계상태	25%
	피로한계상태	15%

㉡ 정적 하중에 적용시켜야 할 충격하중계수는 다음 식 (13-7)과 같다.

$$1+\frac{IM}{100} \quad \cdots\cdots (13\text{-}7)$$

㉢ 충격하중은 보도하중이나 표준차로하중에는 적용되지 않는다.

㉣ 다음과 같은 경우에는 충격하중을 적용할 필요가 없다.

ⓐ 상부구조물로부터 수직반력을 받지 않는 옹벽

ⓑ 전체가 지표면 이하인 기초부재

㉤ 충격하중은 차량에 의한 진동(도로교설계기준 4.7.2.1)의 규정에 따라 충분한 증거에 의해 검증될 수 있다면 연결부를 제외한 다른 부재에 대하여 감소시킬 수 있다. 그러나 신축이음에 대한 충격계수는 감소시킬 수 없다.

② **매설된 부재** : 암거나 매설된 구조물에 대한 충격하중은 백분율로 식 (13-8)과 같다.

$$IM=40(1.0-4.1\times10^{-4}D_E) \geq 0\% \quad \cdots\cdots (13\text{-}8)$$

여기서, D_E : 구조물을 덮고 있는 최소깊이(mm)

③ **목재부재** : 목표나 교량의 목재부재에 대해서는 위의 피로하중에 규정된 충격하중을 [표 13-9]에 제시된 값의 50%로 줄일 수 있다.

4) 프리스트레스 힘(PS)

구조물에 프리스트레스 힘을 도입하는 경우에는 설계에 이를 고려하여야 한다. 프리스트레스트 콘크리트에 도입하는 프리스트레스 힘에 관해서는 다음과 같이 정한다.

① 설계 시에 고려하여야 할 프리스트레스 힘은 프리스트레싱 직후의 프리스트레스 힘과 유효프리스트레스 힘이다. 또 프리스트레스 힘에 의하여 부정정력이 일어나는 경우에는 이들도 고려하여야 한다.

② 프리스트레싱 직후의 프리스트레스 힘의 감소는 프리텐션 방식에서는 콘크리트의 탄성변형만을 고려하여야 하고, 포스트텐션 방식에서는 콘크리트의 탄성변형, PS강재와 쉬스의 마찰, 정착장치 및 정착부 내부의 마찰, 정착장치에서의 활동량을 고려하여야 한다.

③ 유효프리스트레스 힘은 ②항의 규정으로 산출한 프리스트레싱 직후의 프리스트레스 힘에 다음의 영향을 고려하여 산출한다.
㉠ 콘크리트의 크리프 : 이 경우에 고려하는 지속하중은 프리스트레스 힘과 고정하중이다.
㉡ 콘크리트의 건조수축
㉢ PS강재의 릴렉세이션

④ 일반적으로 프리스트레스 힘에 의해 보의 변형이 구속되어 이로 인하여 부정정력이 발생하게 되는데 단면의 응력을 검사할 경우에 이 부정정력을 고려하여야 한다. 유효프리스트레스 힘에 의한 부정정력은 PS강재 인장력의 유효계수를 부재 전체에 걸쳐 평균한 값을 프리스트레싱 직후의 부정정력에 곱하여 산출할 수 있다.

5) 콘크리트의 크리프(CR)

콘크리트와 목재의 크리프 변형도는 각각 콘크리트교와 강교의 규정에 따른다. 크리프로 인한 하중과 변형량을 결정하기 위하여 시간의존성과 압축응력의 변화를 고려하여야 한다.

6) 콘크리트의 건조수축(SH)

다른 재령과 재질의 콘크리트 사이, 콘크리트와 강재 또는 목재와의 사이에서 발생하는 부등건조수축에 의한 변형도는 일반적으로 콘크리트교의 규정에 따라 결정되어야 한다.

7) 토압(EH, ES, LS, DD)

① 토압은 구조물과 지반의 상대적인 변위와 관계하여 정지토압, 주동토압 및 수동토압으로 구분된다.

② 토압과 토압분포는 구조물과 지반과의 상대적인 변위, 구조물의 형태, 토질종류, 토층상태, 배면지형, 상재하중조건 등을 고려하여 산정한다.

③ 토압은 다음과 같은 요인에 의하여 영향을 받는다.

- 지반의 종류와 밀도
- 함수비
- 흙의 크리프 특성
- 다짐도
- 지하수위
- 지반-구조물 상호작용
- 상재하중
- 지진 효과
- 후면경사각
- 벽체 경사

8) 정수압과 유수압(WA), 부력(BP), 파압(WP)

① 정수압
㉠ 정수압은 수압을 지지하고 있는 구조물의 벽면에 직각으로 작용한

KEY NOTE

토압의 영향요인
- 지반의 종류와 밀도
- 함수비
- 흙의 크리프 특성
- 다짐도
- 지하수위
- 지반-구조물 상호작용
- 상재하중
- 지진 효과
- 후면경사각
- 벽체 경사

KEY NOTE

유수압
- 종방향 : $p=5.14\times10^{-4}C_D V^2$
- 횡방향 : $p=5.14\times10^{-4}C_L V^2$

다고 가정한다. 압력은 작용점으로부터 연직상방 수면까지의 거리에 물의 밀도와 중력가속도 (g)를 곱하여 계산된다.

㉡ 다양한 한계상태의 설계수위는 발주자에 의해 규정된 것이거나 승인받은 것이어야 한다.

② 유수압

㉠ 종방향 : 하부구조물에 종방향으로 작용되는 유수에 의한 압력은 식 (13-9)와 같이 구한다.

$$p=5.14\times10^{-4}C_D V^2 \qquad (13\text{-}9)$$

여기서, p : 유수압에 의한 압력(MPa)

C_D : [표 13-10]에 의해 주어지는 교각의 기하학적 형상에 따른 항력계수

V : 설계홍수 시의 설계유속(m/s)

[표 13-10] 항력계수

교각의 단면 형상	C_D
반원형(선단)교각	0.7
사각형 교각	1.4
부유물질이 부착 · 집적된 교각	1.4
쐐기형 선단 교각(선단각 90° 이하)	0.8

종방향 항력은 종방향 동수압과 흐름에 노출된 투영면적을 곱하여 구한다.

㉡ 횡방향 : 교각단면의 종축에 θ의 각도로 접근하는 흐름이 하부구조에 미치는 횡방향 등분포 압력은 식 (13-10)과 같이 구한다.

$$p=5.14\times10^{-4}C_L V^2 \qquad (13\text{-}10)$$

여기서, p : 횡방향 압력(Mpa)

C_L : [표 13-11]에 의해 주어지는 횡방향 항력계수

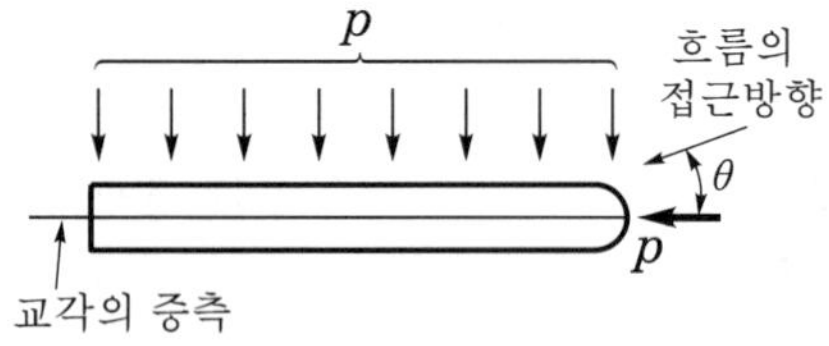

[그림 13-5] 동수압을 보여주는 교각의 평면도

[표 13-11] 횡방향 항력계수

흐름과 교각의 종축이 이루는 각도	C_L
0°	0.0
5°	0.5
10°	0.7
20°	0.9
≥ 30°	1.0

③ 부력(BP) : 부력은 양압력으로 간주되면, 위의 ①의 정수압에 기술된 바와 같이 설계수면고 하부의 모든 구조물에 작용하는 정수압의 연직 상방분력의 합으로 취한다.

④ 파압(WP) : 상당한 파력이 발생하는 지역에서 파랑에 노출된 교량구조물에 대해서는 이의 영향을 고려하여야 한다.

9) 풍하중

① 기본풍속

㉠ 기본풍속(V_{10})이란 재현기간 100년에 해당하는 개활지에서의 지상 10m의 10분 평균풍속을 말한다.

㉡ 기본풍속은 대상지역 인근 기상관측소의 장기풍속기록(태풍 또는 계절풍) 과 지역적 위치를 동시에 고려하여 극치 분포로부터 추정하거나 태풍자료의 시뮬레이션 등의 합리적인 방법으로 추정한다. 단 대상지역의 풍속자료가 가용치 못한 경우에는 [표 13-12]에 주어진 지역별 기본풍속을 사용할 수 있다.

[표 13-12] 지역별 기본풍속(V_{10})

구분	지역	지명	기본풍속
Ⅰ	내륙	서울, 대구, 대전, 춘천, 청주, 수원, 추풍령, 전주, 익산, 진주, 광주	30
Ⅱ	서해안	서산, 인천	35
Ⅲ	서남해안 남해안 동남해안	군산 여수, 충무, 부산 포항, 울산	40
Ⅳ	동해안 제주지역 특수지역	속초, 강릉 제주, 서귀포 목포	45
Ⅴ		울릉도	50

KEY NOTE

기본 풍속(V_{10})

구분	지역	지명	기본풍속
Ⅰ	내륙	서울, 대구, 대전, 춘천, 청주, 수원, 추풍령, 전주, 익산, 진주, 광주	30
Ⅱ	서해안	서산, 인천	35
Ⅲ	서남해안 남해안 동남해안	군산 여수, 충무, 부산 포항, 울산	40
Ⅳ	동해안 제주지역 특수지역	속초, 강릉 제주, 서귀포 목포	45
Ⅴ		울릉도	50

KEY NOTE

② 설계기준풍속

㉠ 일반 중소지간 교량의 설계기준풍속(V_{10})은 40m/s로 한다.

㉡ 태풍이나 돌풍에 취약한 지역에 위치한 중대지간 교량의 설계기준풍속(V_D)은 대상지역의 풍속기록과 구조물 주변의 지형 및 환경 그리고 교량상부구조의 지상 높이 등을 고려하여 합리적으로 결정한 10분 평균 풍속이다.

10) 온도변화

① 평균온도(TU)

㉠ 온도범위

ⓐ 온도에 관한 정확한 자료가 없을 때, 온도의 범위는 [표 13-13]에 나타낸 값을 사용한다.

ⓑ 온도에 의한 변형 효과를 고려하기 위하여 설계 시 기준으로 택했던 온도와 최저 혹은 최고 온도와의 차이 값이 사용되어야 한다.

[표 13-13] 온도 범위

기후	강교(강바닥판)	합성교(강거더와 콘크리트바닥판)	콘크리트교
보통	-10℃에서 50℃	-10℃에서 50℃	-5℃에서 35℃
한랭	-30℃에서 50℃	-20℃에서 40℃	-15℃에서 35℃

㉡ 가설 기준온도 : 교량이나 교량부재의 가설 기준온도는 가설 직전 24시간 평균값을 사용하여야 한다.

㉢ 계절별 온도 변화 : 계절별 온도 변화는 가설지점이나 가장 가까운 기상청의 자료를 사용할 수 있다.

② 온도경사(TG)

㉠ 바닥판이 콘크리트인 강재나 콘크리트 상부구조에서 수직온도경사는 [그림 13-6]과 같이 택한다. [그림 13-6]에서 "A"의 제원은 다음과 같다.

ⓐ 두께가 400mm 이상인 콘크리트 상부구조물의 경우 : $A=$300mm

ⓑ 400mm 이하의 콘크리트단면의 경우 : $A=$실제 두께보다 100mm 작은 값

ⓒ 강재로 된 상부구조물인 경우 : $A=$300mm, $t=$콘크리트 바닥판의 두께

㉡ 상부의 온도가 높을 때의 T_1과 T_2의 값은 [표 13-14]와 같다. 하부의 온도가 높을 때의 값은 [표 13-14]에 정해진 값에 콘크리트 포장에는 -0.3을, 아스팔트포장에는 -0.2를 곱하여 구한다.

KEY NOTE

㉢ 현장조사에 의하여 T_3의 값을 정하지 않는 경우, T_3의 값은 영(0℃)으로 하여야 한다. 그러나 3℃를 넘어서는 안 된다.

㉣ 온도경사를 고려할 때 양 또는 음의 온도변화에 의한 내부응력과 구조변형은 별도로 결정하여야 한다.

[표 13-14] 온도경사 기본값

T_1(℃)	T_2(℃)
23	6

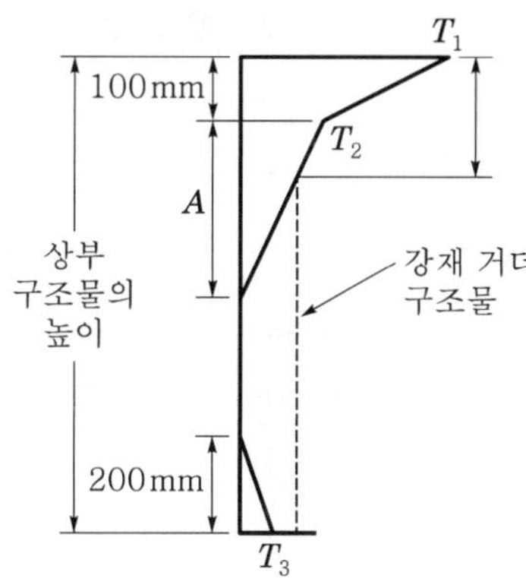

[그림 13-6] 콘크리트와 강재상부구조물에 발생하는 온도의 수직변화곡선

11) 지진의 영향(EG)

지진의 영향에 대해서는 내진설계에서 정하는 바에 따른다.

12) 설하중 및 빙하중(IC)

설하중 및 빙하중을 고려할 필요가 있는 지방에서는 가설지점의 실제 상황에 따라 적당한 값을 정하도록 한다.

13) 지반변동 및 지점이동의 영향(GD, SD)

하부 구조물들 사이 또는 하부구조물의 세부구조들 사이에서 발생하는 최대 부등침하에 의한 하중을 고려하여야 한다. 침하량의 산정은 별도의 규정에 따라 계산한다.

14) 원심하중 및 제동하중(CF, BR)

① 원심하중

㉠ 원심하중은 표준트럭하중의 축중량에 계수 C를 곱한 값이다. C는 식 (13-11)과 같다.

$$C = \frac{4}{3}\frac{v^2}{gR} \quad \cdots\cdots (13\text{-}11)$$

KEY NOTE

여기서, v : 도로 설계속도(m/s)

g : 중력가속도(m/s^2)

R : 통행차선의 회전반지름(m)

㉡ 도로 설계속도는 도로설계기준(2005)에서 규정된 값 [표 13-15]보다 적어서는 안 된다. [표 13-6]의 동시재하계수를 적용해야 한다.

[표 13-15] 도로의 기능별 구분에 따른 설계속도

도로의 기능별 구분		설계속도(km/h)			
		지방지역			도시지역
		평지	구릉지	산지	
고속도로		120	110	100	100
일반도로	주간선도로	80	70	60	80
	보조간선도로	70	60	50	60
	집산도로	60	50	40	50
	국지도로	50	40	40	40

㉢ 원심하중은 교면상 1,8000mm 높이에서 수평으로 작용하는 것으로 한다.

② 제동하중

㉠ 자동차의 제동하중 및 궤도차량의 제동하중은 극단적으로 가벼운 교량 및 궤도가 있는 교량 등 특별한 경우에 고려하는 것으로 한다.

㉡ 자동차의 제동하중은 최대하중 효과가 발생되도록 설계차로 위에 재하한 표준트럭하중의 10%로 하고 교면상 1,800mm되는 위치에서 자동차의 진행방향으로 작용하는 것으로 본다.

㉢ 궤도상의 제동하중은 윤하중 전체의 10%로 하고 레일면상 1,800mm 높이에서 차량의 진행방향으로 작용하는 것으로 한다.

15) 가설 시 하중(ER)

교량 가설 시에는 가설단계별 가설방법과 가설 중의 구조를 고려하여 자중, 가설장비, 기자재, 바람, 지진의 영향 등 모든 재하조건에 대한 안전도 검토를 수행하여야 한다.

16) 차량충돌하중(CT)

① 구조물의 보호

구조물이 아래와 같이 충돌로부터 보호된 경우 차량충돌하중을 적용시킬 필요가 없다.

- 제방
- 구조적으로 독립된, 충돌에 강한 높이 1,370mm가 넘는 방호울타리가 보호받아야 할 구조물로부터 3,000mm 내에 있는 경우

KEY NOTE

- 높이 1,070mm인 방호울타리가 보호받아야 할 구조물로부터 3,000mm 이상 떨어져 있는 경우 이러한 경우 방호울타리는 구조적, 기하적으로 '도로안전시설 설치 및 관리 지침'의 규정에 따라야 한다.

② **구조물과 차량이나 열차의 충돌**

위의 ①에서 허용된 경우를 제외하고 도로의 가장자리로부터 9,000mm 내에 위치하거나, 궤도의 중심선으로부터 15,000mm 거리 내에 위치한 교대나 교각은 1,800kN 크기의 등가정적 하중에 대해 설계된다. 이 하중은 노면상 1,200mm 높이에서 수평으로 임의의 방향으로 작용할 수 있다.

17) 선박충돌하중(CV)

선박충돌하중에 대한 일반사항은 다음과 같다.

① 설계 수심이 600mm 이상 되는 곳에 위치하며 배가 통행할 수 있는 수로에 건설된 교량의 모든 구조부재는 설계 시에 선박 충돌의 영향을 고려하여야 한다.

② 하부구조물의 설계를 위한 최소 설계충돌하중은 수로에서의 연평균유속과 같은 속도로 떠내려가는 빈 호퍼바지선을 기준으로 계산하여야 한다. 만일 교량 발주자에 의해서 특별히 승인된 것이 없다면, 설계 바지선은 화물을 싣지 않은 경우 중량이 200톤이고 10,700mm × 60,000mm 크기의 것으로 한다.

③ 교량이 깊은 수로를 가로지르며 놓여 있고 배와 부딪치는 것을 예방할 수 있을 만큼 높이 설치되어 있지 않은 경우에, 상부구조물에 가해지는 충격의 최소 설계값은 돛대의 충돌에 의한 충격하중을 사용할 수 있다.

④ 선박에 의한 충돌이 예상되는 하천에 건설되는 구조물은 다음의 사항을 만족하여야 한다.

㉠ 선박에 의한 충돌하중에 견딜 수 있게 설계되거나,

㉡ 방호물, 계선말뚝, 통로 또는 다른 안전을 위한 시설에 의해서 적절히 보호되어야 한다.

⑤ 선박과의 충돌에 의한 충격하중은 교량과 아래사항과의 관계를 고려하여 결정하여야 한다.

㉠ 수로의 기하하적 형상

㉡ 수로를 이용하는 선박의 크기. 형태, 하중조건, 통과빈도

㉢ 가용 수심

㉣ 선박의 속도와 방향

㉤ 충돌에 의한 교량의 구조적 거동

KEY NOTE

4 강구조물의 재료 특성

1. 강재의 종류

1) 표준강재의 종류

[표 13-16] 주요 구조용 강재의 규격 및 기호

강재종류	규격		강재기호
구조용 강재	KS D 3505D	일반구조용 압연강재	SS400
	KS D 3515	용접구조용 압연강재	SS400, SS490, SS490Y SS520, SS570
	KS D 3529	용접구조용 내후성 열간 압연강재	SMA400, SMA490, SMA570
	KS D 3868	교량구조용 압연강재	HSB500, HSB600, HSB800
	KS D 3566	일반구조용 탄소강관	STK400, STK490, STK500
	KS D 3568	일반구조용 각형강관	SPSR400, SPSR490
	KS D 3780	철탑용 고장력강 강관	STKT540, STKT590
	KS D 4108	용접구조용 원심력 주강관	SCW490-CF
	KS D 4602	강관말뚝	SKK400, SKK490
	KS D 4605	강관시트파일	SKY400, SKY490
	KS D 3530	일반구조용 경량형강	SSC400
	KS D 3558	일반구조용 용접경량 H형강	SWH400, S조400L
	KS D 3602	강제갑판(데크플레이트)	SDP1. 2. 3.
	KS D 3858	냉간성형 강널말뚝	SPY345, SPY345W, SPY450, SPY345M
	KS D 4603	H 형강말뚝	SHP400W, SHP490W
	KS D 4604	열간압연 강널말뚝	SY290, SY390
	KS D 3542	고내후성 압연강재	SPA-H, SPA-C

1) SS400의 교량적용은 비용접부재로 한정. 단, 판두께 22mm 이하의 SS400을 가설자재로 사용하거나, 2차부재의 형강이나 박판으로서 SM재 입수가 곤란한 경우에는 요접성에 문제가 없음을 확인한 후 사용가능하다.

2) 접합재료

일반볼트, 고장력볼트, 기초볼트와 턴버클 등은 [표 13-17]에 따라 적합한 것을 사용한다.

[표 13-17] 접합재료

번호	명칭	종류
KS B 1002	육각볼트	보통형
KS B 1010	마찰접합용, 고장력 육각볼트, 육각 너트, 평외셔의 세트	F8T, F10(F8), F35, F10T, F10, F35, F13T, F13, F35
KS B 1012	육각너트	보통형
KS B 1016	기초볼트	J형, L형
KS B 1324	스프링와셔	–
KS B 1326	평와셔	–

KEY NOTE

2. 강재의 단면형상과 표시방법

1) 일반형강

① ㄴ형강 : 등변 및 부등변 ㄴ형강, angle로 사용

② ㄷ형강 : channel 단면으로 사용

③ T형강 : T형보로 사용

④ I형강 : I형보로 사용

⑤ H형강 : H형보로 사용

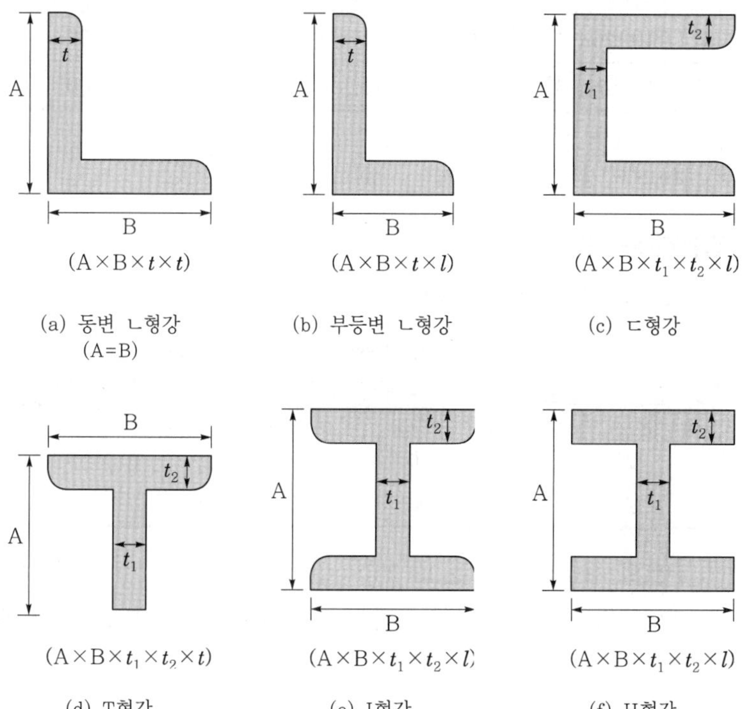

[그림 13-7] 일반형강의 종류와 표시방법

KEY NOTE

3. 재료의 강도

1) 강재의 강도

구조용 강재의 항복강도 F_y 및 인장강도 F_u는 [표 13-18]의 값으로 한다.

[표 13-18] 주요 구조용 강재의 재료강도(MPa)

강도	강재기호 / 판두께	SS400 SM400 SMA400	SM490 SMA490	SM520 SM490Y	SM570 SMA570
F_y	40mm 이하	235	315	355	450
	40mm 초과 75mm 이하	215	295	335	430
	75mm 초과 100mm 이하	215	295	325	420
F_u	100mm 이하	400	490	520 (490)[1]	570

[표 13-18] 주요 구조용 강재의 재료강도(MPa) (계속)

강도	강재기호 / 판두께	SM490C – TMC	SM520C – TMC	SM570C – TMC	HSB500	HSB600	HSB800
F_y	100mm 이하	315	355	450	380	450	690[2]
F_u	100mm 이하	490	520	570	500	600	800[2]

1) SM490Y의 인장강도는 490MPa
2) HSB800 경우 적용 판두께는 80mm 이하

2) 접합재료의 강도

① 고장력볼트의 재료강도는 [표 13-19]의 값으로 한다.

[표 13-19] 고장력볼트의 재료강도(MPa)

강도 \ 등급	F8T	F10T	F13T
F_y	640	900	1,170
F_u	800	1,000	1,300

② 볼트의 재료강도는 [표 13-20]의 값으로 한다. 표에서 규정하는 것 이외의 일반볼트에 대한 항복강도 및 인장강도는 "KS B 1002"에 정해진 항복강도 및 인장강도의 최소값으로 한다.

[표 13-20] 볼트의 재료강도(MPa)

강종	SS400, SM400의 일반볼트
F_y	235
F_u	400

③ 용접이음재료의 강도는 강재의 용접 후 모재의 재료강도 이상을 확보한다.

4. 물리상수

설계 계산에 사용되는 강재의 물리상수의 값은 [표 13-21]의 값을 사용한다.

[표 13-21] 강재의 물리상수

종류	물리상수의 값
강과 주강의 탄성계수(MPa)	205.000
PS강선, PS강연선, PS강봉의 탄성계수(MPa)	200.000
주철의 탄성계수(MPa)	100.000
강의 전단계수(MPa)	79.000
강과 주강의 포아송비	0.30
주철의 포아송비	0.25
강의 열팽창계수(/℃)	1.2×10^{-5}

5. 기타 강재

스터드 전단연결재의 줄기 지름은 19mm, 22mm 및 25mm를 표준으로 하며, 스터드 전단연결재의 항복강도는 235MPa 이상, 인장강도는 400Mpa 이상으로 한다.

6. 강구조의 특성

1) 장점

① 강도가 크다
② 내구적이다.
③ 균질하다.
④ 탄성적이다.
⑤ 연성(ductility)적이다.
⑥ 인성(toughness)이 크다.
⑦ 연결방법이 다양하다.
⑧ 구조의 형상을 다양하게 할 수 있다.
⑨ 재사용이 가능하다.
⑩ 조립이 가능하다.

KEY NOTE

KEY NOTE

2) 단점

① 좌굴의 가능성
② 피로발생
③ 유리관리비
④ 비내화적

5 강구조물의 한계상태법 적용

1. 일반사항

① 강재 또는 강재와 다른 재료를 결합시켜 만들어진 부재의 구조적 거동은 건설 중, 이동운반 중, 또는 가설시뿐만 아니라 그 구조물의 공용기간 동안 가장 큰 응력이 발생될 수 있는 모든 단계에 대해 검토해야 한다.

② 구조 부재는 극한한계상태, 극단상황한계상태, 사용한계상태 및 피로 한계상태에서 요구되는 조건을 적절히 만족시켜야 한다. 여기서는 사용한계상태와 극한한계상태에 대해서 설명한다.

2. 사용한계상태

1) 처짐

① 일반사항 : 처짐으로 인한 바람직하지 못한 구조적 또는 심리적 영향을 배제할 수 있도록 교량을 설계한다. 직교이방성 강바닥판을 제외하고 처짐과 높이의 제한이 선택적이라 하더라도 세장성과 처짐에 관한 기존의 성공적 실례와 많은 차이가 있을 경우에는 설계검토를 수행하여 교량의 적절한 기능 수행여부를 결정한다.

② 처짐기준

㉠ 아래 사항을 제외하고 이 장의 기준은 선택적인 것으로 간주해야 한다.

ⓐ 직교이방성 바닥판에 대한 규정은 필수적인 것으로 간주해야 한다.

ⓑ 격자 강바닥판, 기타 경량 강바닥판 및 경량콘크리트 바닥판은 사용한계상태에서는 바닥구조와 바닥틀을 전체 탄성 구조로 해석하고 바닥판의 과도한 변형과 처짐을 설계 시 고려해야 한다. 충격계수를 고려한 설계트럭하중 작용 시 바닥판의 허용처짐량은 다음과 같다.

KEY NOTE

• 보도부가 없는 바닥판 : $L/800$
• 보도부가 있는 바닥판 : $L/1,000$
• 보도부가 매우 중요한 바닥판 : $L/1,200$

여기서, L=바닥판 지지부재의 중심 간 거리

㉡ 이 기준을 적용하는 경우 차량 활하중에는 충격하중 효과를 포함해야 한다.

㉢ 기타 기준이 없는 경우, 아래의 처짐 제한을 강, 알루미늄 또는 콘크리트 구조물에 적용할 수 있다.

ⓐ 차량하중, 일반 : 지간/800
ⓑ 차량하중 또는 보행자하중 : 지간/1,000
ⓒ 내민보의 차량하중 : 지간/300
ⓓ 내민보의 차량하중 또는 보행자하중 : 지간/375

③ 경간-높이비에 대한 선택적 기준

발주자가 경간-높이비에 대한 제한을 고려할 것을 요구하는 경우 다른 기준이 없다면 [표 13-22]의 제한값을 적용할 수 있으며, 여기서 S는 슬래브 경간장, L은 경간장이며 모두 mm 단위이다. 언급이 없으면 [표 13-22]의 제한값은 전체높이에 적용하여야 한다.

[표 13-22] 일정단면 상부구조의 통상적 최소 높이

상부구조		최소높이(바닥판 포함) 변단면의 경우 정·부모멘트 단면의 상대 강성변화를 고려하여 조정할 수 있다.	
재료	형식	단경간	다경간
철근콘크리트	차량 진행방향의 주철근 배치 슬래브	$\frac{1.2(S+3,000)}{30}$	$\frac{s+3,000}{30} \geq 165\text{mm}$
	T형보	0.070L	0.065L
	박스형보	0.060L	0.055L
	보행자 구조물보	0.035L	0.033L
프리스트레스 콘크리트	슬래브	$0.030L \geq 165\text{mm}$	$0.027L \geq 165\text{mm}$
	현장타설 박스형보	0.045L	0.040L
	프리캐스트 I형보	0.045L	0.040L
	보행자 구조물보	0.033L	0.030L
	인접 박스형보	0.030L	0.025L
강재	합성형 I 형보의 전체높이	0.040L	0.032L
	합성형 I 형보에서 I 형보의 높이	0.033L	0.027L
	트러스	0.100L	0.100L

KEY NOTE

3. 극한한계상태와 저항계수

① 강도 및 안정성 검토 시 [표 13-2]에 규정된 적합한 극한한계상태 조합을 이용한다.

② 극한한계상태에 대한 저항계수 ϕ는 다음의 [표 13-23]의 값을 취한다.

[표 13-23] 저항계수

부재/이음방법		저항계수
휨		$\phi_f = 1.00$
전단		$\phi_v = 1.00$
축방향 압축력	강재	$\phi_c = 0.90$
	합성부재	$\phi_c = 0.90$
인장력	순단면적 적용 시 판단	$\phi_u = 0.80$
	총단면 적용 시 항복	$\phi_y = 0.95$
지압력	핀	$\phi_b = 1.00$
	볼트	$\phi_{bb} = 0.80$
전단연결재		$\phi_{sc} = 0.85$
인장력을 받는	고장력볼트 F8T, F10T, F13T	$\phi_t = 0.80$
	일반볼트	$\phi_t = 0.80$
전단력을 받는	고장력볼트 F8T, F10T, F13T	$\phi_t = 0.80$
	일반볼트	$\phi_s = 0.65$
블록전단		$\phi_{bs} = 0.80$
완전용입 그루브용접 시 용접금속에 대해	유효단면적에 대한 전단력	$\phi_{e1} = 0.85$
	유효단면적에 수직한 인장 또는 압축력	$\phi =$ 모재ϕ
	용접선에 평행한 인장 또는 압축력	$\phi =$ 모재ϕ
부분용입 그루브용접 시 용접금속에 대해	용접선에 평행한 전단력	$\phi_{e2} = 0.80$
	용접선에 평행한 인장 또는 압축력	$\phi =$ 모재ϕ
	유효단면적에 수직한 압축력	$\phi =$ 모재ϕ
	유효단면적에 수직한 인장력	$\phi_{e1} = 0.80$
필릿용접시에 용접금속에 대해	용접선에 평행한 방향의 인장 또는 압축력	$\phi =$ 모재ϕ
	용접금속의 목에 작용하는 전단력	$\phi_{e2} = 0.80$
관입상태가 불량한 지반으로 인한 영향을 받고 압축력을 받는 말뚝의 축방향력에 대해	H형 말뚝	$\phi_c = 0.50$
	강관 말뚝	$\phi_c = 0.60$

관입상태가 양호한 지반에서 압축력을 받는 말뚝의 축방향력에 대해	H형 말뚝	$\phi_c = 0.60$
	강관 말뚝	$\phi_c = 0.70$
비항타말뚝의 축방향력과 휨의조합에 대해	H형 말뚝의 축방향력	$\phi_c = 0.70$
	강관 말뚝의 축방향력	$\phi_c = 0.70$
	휨	$\phi_f = 1.00$
항타 시의 저항계수에 대해		$\phi = 1.00$

KEY NOTE

6 부재의 일반사항

1. 유효지간

지간은 받침부나 기타 지지부의 중심간격으로 한다.

2. 솟음

① 고정하중에 의한 처짐의 보정 및 현장에서의 원할한 부재조립을 위하여 부재의 제작 시 솟음을 설치해야 한다.

② 트러스교, 아치교 및 사장교에서 다음과 같은 경우에는 선택적으로 부재의 길이를 적절히 조절할 수 있다.

㉠ 고정하중에 의한 처짐으로 인하여 다른 부재들과의 연결이 곤란한 경우

㉡ 아치 리브가 고정하중에 의하여 줄어드는 것을 상쇄시킬 필요가 있는 경우

㉢ 부정정구조물에서 고정하중에 의한 휨모멘트도의 조절이 필요한 경우

3. 강재의 최소두께

① 수직브레이싱, 수평브레이싱 및 연결판을 포함한 모든 강재의 최소두께는 8.0mm 이상으로 한다. 단, 압연형강의 복부판, 강바닥판의 폐단면리브, 채움재 및 난간용 재료는 이 규정을 따르지 않아도 좋다.

② 압연형강이나 ㄷ형강의 복부판 및 강바닥판의 폐단면리브의 두께는 7.0mm 이상으로 한다.

③ 부식이 우려되는 곳에서는 부식방지 조치를 취하거나, 부식두께를 예측하여 그만큼 두께를 증가시켜야 한다.

KEY NOTE

4. 다이아프램 및 수직브레이싱의 일반사항

① 교량의 단부 및 내부지점과 지간 중간부에는 필요에 따라 다이아프램이나 수직브레이싱을 설치해야 한다. 여기서, 다이아프램이란 박스형 단면 등의 폐단면부재 형상을 유지하기 위하여 내부에 부재 축에 직각으로 배치하는 판, 휨을 받는 상자형부재의 좌굴형상을 방지하고, 비틀림에 대하여 단면형상을 유지하기 위하여 설치된다.

② 모든 시공단계 및 사용단계에서 다이아프램이나 수직브레이싱의 필요성을 다음과 같이 검토한다.

㉠ 주형의 아랫부분에서 바닥틀로, 그리고 바닥틀에서 받침부로 횡방향 풍하중의 전달

㉡ 모든 하중에 대한 압축플랜지의 안전성

㉢ 콘크리트 바닥판이 양생되기 이전의 상부압축플랜지의 안전성

㉣ 수직방향의 고정하중 및 활하중의 분배

③ 사용단계에서 필요한 다이아프램이나 수직브레이싱 이외에도 사공 중 필요 시에는 임시로 브레이싱을 설치한다.

④ 수직브레이싱이나 다이아프램이 하중을 받는 경우에는 이에 대응하도록 설계해야 한다. 적어도 다이아프램이나 수직브레이싱은 풍하중을 전달할 수 있도록 설계해야 하며, [표 13-26]의 인장부재의 세장비 제한 규정도 만족시켜야 한다. [표 13-28]의 압축부재의 세장비 제한 규정도 만족시켜야 한다.

⑤ 다이아프램과 수직브레이싱의 연결판은 다음을 만족시켜야 한다.

㉠ 연결 다이아프램이나 수직브레이싱(cross-frame)은 횡방향 연결판 또는 연결판으로서의 기능을 갖는 수직보강재에 부착해야 한다.

㉡ 내·외부 다이아프램이나 브레이싱은 횡방향 연결판 또는 연결판으로서의 기능을 갖는 수직보강재에 부착해야 한다.

㉢ 가로보는 횡방향 연결판 또는 연결판으로서의 기능을 갖는 수직보강재에 부착해야 한다. 특별한 조건이 주어지지 않는 한, 용접 및 볼트 연결은 직선교의 경우 90,000N의 횡하중에 저항하도록 설계해야 한다.

㉣ 교량 단부 및 슬래브의 이음부에는 다이아프램을 설치하거나 슬래브의 캔틸레버부가 지지되도록 한다.

⑥ 교량 단부 및 슬래브의 이음부에는 다이아프램을 설치하거나 슬래브의 캔틸레버부가 지지되도록 한다.

5. 수평브레이싱의 일반사항

① 모든 시공단계나 사용단계에서 수평브레이싱의 필요성을 반드시 검토하고, 필요 시 플랜지면 근처에 수평브레이싱을 설치한다.

② 수평브레이싱의 필요성을 검토할 때 다음 사항을 고려한다.

㉠ 횡방향 풍하중의 받침부로의 전달

㉡ 횡방향 하중의 전달

㉢ 제작, 가설, 및 바닥틀의 설치 시에 발생하는 변형 방지

③ 시공 후 필요치 않은 임시 수평브레이싱은 철거하여도 좋다.

④ 영구 수평브레이싱의 설계 시에는 적어도 [표 13-26]의 인장부재의 세장비 제한 규정도 만족시켜야 한다. [표 13-28]의 압축부재의 세장비 제한 규정도 만족시켜야 한다.

⑤ 수평브레이싱의 연결판은 다음을 만족시켜야 한다.

㉠ 플랜지에 수평연결판을 붙이는 것이 곤란할 경우에는, 보강된 복부판에 부착되는 수평 연결판은 플랜지에서 플랜지폭의 1/2 이상 떨어져야 한다. 비보강 복부판에 부착된 수평 연결판은 플랜지에서 150mm 이상 및 플랜지 폭의 1/2 이상 떨어져야 한다.

㉡ 수평연결판으로 연결된 수평브레이싱 부재의 끝은 복부판 및 수직보강재로부터 최소 100m의 거리를 유지해야만 한다.

㉢ 보강재가 사용된 복부판의 수평연결판은 보강재의 중심에 있어야 한다. 또한, 수평연결판은 보강재로써 복부판의 같은 면에 위치한다. 수평연결판과 보강재가 복부판의 같은 명에 위치한 경우에는 수평연결판을 보강재에 부착해야 한다. 이 경우에 수직보강재는 압축플랜지로부터 인장플랜지까지 연속된 판으로서 양쪽 플랜지 모두에 부착해야 한다.

⑥ 수평브레이싱의 내진설계 시에는 관련규정을 만족시켜야 한다.

KEY NOTE

수평브레이싱의 필요성

① 횡방향 풍하중의 받침부로의 전달
② 횡방향 하중의 전달
③ 제작, 가설, 및 바닥틀의 설치 시에 발생하는 변형 방지

수평브레이싱 연결판 조건

① 보강된 복부판에 부착되는 수평연결판은 플랜지에서 플랜지폭의 1/2 이상 떨어져야 한다. 비보강 복부판에 부착된 수평 연결판은 플랜지에서 150mm 이상 및 플랜지 폭의 1/2 이상 떨어져야 한다.
② 수평브레이싱 부재의 끝은 복부판 및 수직보강재로부터 최소 100m의 거리를 유지해야만 한다.
③ 보강재가 사용된 복부판의 수평연결판은 보강재의 중심에 있어야 한다.

7 인장부재의 설계

1. 일반사항

① 축방향인장을 받는 부재 및 이음재는 다음을 검토한다.

㉠ 식 (13-12)에 의한 전단면 항복

㉡ 식 (13-13)에 의한 순단면 파단

KEY NOTE

② 순단면은 다음 사항을 고려하여 구한다.

㉠ 감소계수가 적용되거나 단면적의 감소가 적용되는 전단면적

㉡ 설계단면에서 모든 구멍에 대한 감소분

㉢ 지그재그로 볼트 체결한 경우 볼트 구멍의 감소분에 대한 보정

㉣ 전단지연을 고려하기 위하여 이음부재에 적용되는 감소계수 U와 이음판 및 기타 이음재에 적용되는 감소계수(제9절 4,(2))

㉤ 인장의 연결요소(제9절 4,(2))에서 규정된 이음판 및 기타 이음재의 순단면적의 최대값은 전단면적의 85%를 초과할 수 없음.

③ 인장부재는 세장비 규정과 피로에 관한 규정을 만족해야 한다.

④ 연결부 끝부분에서 블록전단강도에 관한 검토를 수행해야 한다.

2. 인장강도

인장강도 P_r은 다음의 두 식 (13-12)와 (13-13) 중에서 작은 값으로 한다.

$$P_r = \phi_y P_{ny} = \phi_y f_y A_g \quad \cdots\cdots (13\text{-}12)$$

$$P_r = \phi_u P_{nu} = \phi_u f_u A_n U \quad \cdots\cdots (13\text{-}13)$$

여기서, P_{ny} : 전단면의 항복에 대한 공칭인장강도(N)

f_y : 항복강도(MPa)

A_y : 부재의 전단면적(mm^2)

P_{nu}: 순단면의 파단에 대한 공칭인장강도(N)

f_u : 인장강도(Mpa)

A_n = 부재의 순단면적(mm^2)

U : 전단지연을 고려하기 위한 감소계수(부재 내의 모든 요소에 인장력이 작용될 경우에는 1.0으로 하고, 기타의 경우에는 [표 13-25]에 따른다)

ϕ_y : 인장부재의 항복에 대한 저항계수($\phi_y = 0.95$)

ϕ_u : 인장부재의 항복에 대한 저항계수($\phi_u = 0.80$)

3. 단면적의 산정

1) 전단면적

부재의 전단면적(총단면적) A_g는 부재축의 직각방향으로 측정된 각 요소단면의 합이다.

KEY NOTE

$$A_g = b_g \times t \quad \cdots\cdots (13\text{-}14)$$

여기서, A_g : 전단면적, b_g : 총폭, t : 두께

2) 순단면적

① 인장부재의 순단면적 A_n은 각 요소의 가장 작은 순폭(b_n)과 두께(t)의 곱이다.

② 볼트 구멍의 지름은 볼트의 공칭지름에 3.2mm를 더한 값으로 한다.

③ 허용하고 있는 표준보다 큰 구멍이나 길쭉한 구멍의 경우 폭의 감소분은 [표 13-24]에 있는 볼트구멍의 크기에 1.6mm를 더한 값으로 한다.

[표 13-24] 볼트구멍의 최대크기(mm)

볼트 지름	표준볼트 구멍	과대볼트 구멍	짧은 슬롯	긴 슬롯
d	지름	지름	폭×길이	폭×길이
16	18.0	20.0	18.0×22.0	18.0×40.0
20	22.0	24.0	22.0×26.0	22.0×50.0
22	24.0	28.0	24.0×30.0	24.0×55.0
24	26.0	30.0	26.0×33.0	26.0×60.0
27	30.0	35.0	30.0×37.0	30.0×67.0
30	33.0	38.0	33.0×40.0	33.0×75.0

④ 순폭을 결정할 경우 응력방향과 직각 방향, 대각선 방향, 또는 지그재그로 배치된 모든 볼트선을 조사하여 가장 작은 값을 취한다.

㉠ 일직선 배치 시

ⓐ 순폭

$$b_n = b_g - nd_h \quad \cdots\cdots (13\text{-}15)$$

여기서, b_n : 순폭

b_g : 총폭

d_h : 볼트 구멍의 지름(볼트지름 + 3.2mm)

n : 파단선상의 구멍의 개수

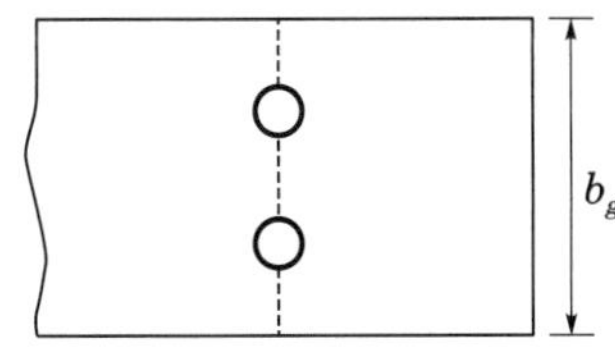

[그림 13-8] 일직선 배치

KEY NOTE

ⓑ 순단면적

$$A_n = b_n \times t = b_g \times - nd_h = A_g - nd_h t \cdots\cdots (13\text{-}16)$$

ⓛ 지그재그 배치 시 순폭 : 각각의 볼트선에 대한 순폭은, 점폭에서 조사선상에 있는 모든 구멍의 지름을 뺀 다음 인접한 지그재그로 배열된 인접한 두 개의 볼트 사이마다 구한 $\frac{s^2}{4g}$값을 더하여 구한다. 여기서,

s : 인접한 두 볼트 구멍의 응력방향 간격(mm)

g : 인접한 두 볼트구멍의 응력직각방향 간격(mm)

ⓐ 순폭 : 지그재그 배치 시의 순폭은 다음의 식 (13-17)로 표현할 수 있다.

$$b_n = b_g - nd_h + \Sigma \frac{s^2}{4g} \cdots\cdots (13\text{-}17)$$

만약에 [그림 13-9]와 같이 지그재그로 배치된 경우에는 다음의 값 중에서 작은 값으로 한다.

ABCD면 : $b_n = b_g - 2d_h$

ABECD면 : $b_n = b_g - 3d_h + 2\frac{s^2}{4g}$

ABEF면 : $b_n = b_g - 2d_h + \frac{s^2}{4g}$

ABEGH면 : $b_n = b_g - 3d_h + 2\frac{s^2}{4g}$

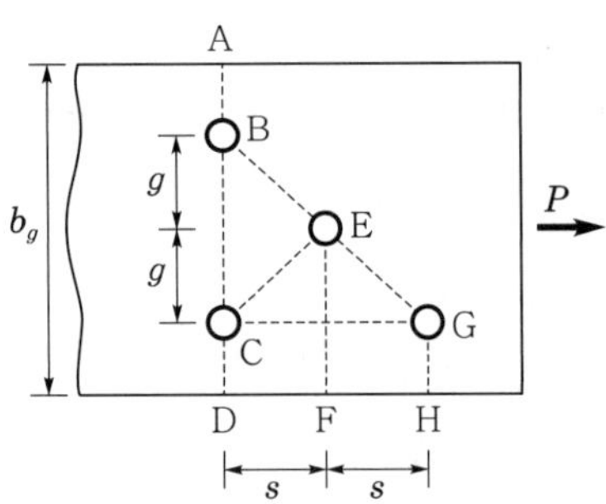

[그림 13-9] 지그재그 배치

ⓑ 순단면적 : 지그재그 배치 시의 순단면적은 다음 식 (13-18)로 표현할 수 있다.

$$A_n = A_g - nd_h t + \Sigma \frac{s^2}{4g} t \cdots\cdots (13\text{-}18)$$

KEY NOTE

[그림 13-9]와 같이 지그재그 배치된 경우에는 다음 중에서 작은 값이 순단면적이 된다.

ABCD면 : $A_n = b_n \times t = b_g t - 2d_h t = A_g - 2d_h t$

ABECD면 : $A_n = b_n \times t = b_g t - 3d_h t + 2\dfrac{s^2}{4g}t = A_g - 3d_h t + 2\dfrac{s^2}{4g}t$

ABEF면 : $A_n = b_n \times t = b_g t - 2d_h t + \dfrac{s^2}{4g}t = A_g - 2d_h t + \dfrac{s^2}{4g}t$

ABEGH면 : $A_n = b_n \times t = b_g t - 3d_h t + 2\dfrac{s^2}{4g}t = A_g - 3d_h t + 2\dfrac{s^2}{4g}t$

⑤ L형의 경우 볼트 구멍 중심 간 거리 g는 L형의 뒷면을 따라 잰 구멍의 중심간 거리에서 두께를 뺀 값으로 한다. 즉, L형강의 순단면적은 다리를 동일평면에 전개한 후 산정한다.
이 경우 전개된 인접한 두 면의 구멍의 게이지는 L형강의 뒷면으로부터 산정한 게이지들의 합에서 두께를 뺀 값이다. 즉, 다음과 같이 구한다.
$b_g = b_1 + b_2 - t$
$g = g_1 + g_2 - t$

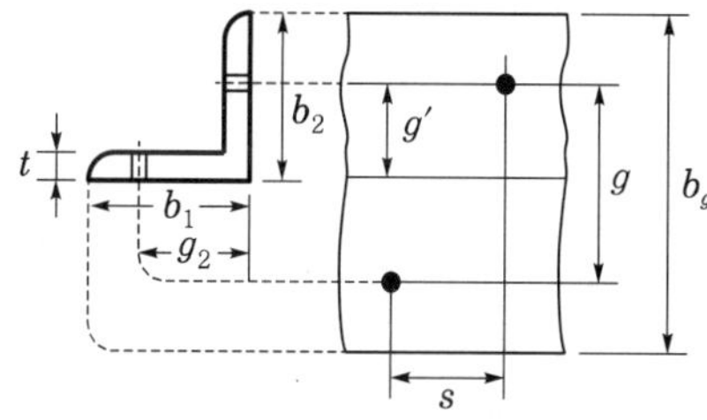

[그림 13-10] L형강

3) 유효순단면적

인장부재의 연결부의 특성에 따른 전단지연현상에 의해 응력집중현상이 나타나게 되며 이러한 현상을 반영하기 위해 편의상 유효순단면적을 사용한다.

① 유효순단면적 A_e는 순단면적 A_n에 감소계수 U를 곱하여 구한다. 감소계수 U는 정밀해석이나 실험에 의하지 않을 경우 설계기준에 근거한 값을 적용한다.

$$A_e = A_n U \quad \cdots\cdots (13\text{-}19)$$

여기서, U : 전단지연에 의한 감소계수

KEY NOTE

[표 13-25] 인장부재의 전단지연에 의한 감소계수

요소		감소계수 U	예
볼트나 용접 연결 단면 내에서 각 연결 요소에 직접적으로 인장력이 전달되는 단면의 경우		U=1.0	
볼트연결부에서	㉠ 플랜지폭이 복부판 높이의 2/3 이상인 압연 I형 단면 및 I형 단면으로부터 한쪽 플랜지가 제거된 T형 단면에서, 응력방향으로 한 접합선당 3개 이상 볼트로 플랜지에서 연결된 부재	U=0.90	$b \geq \frac{2}{3}h$
	㉠에 해당되지 않은 부재에서 응력방향으로 한 접합선당 3개 이상의 볼트를 사용한 부재	U=0.85	$b \geq \frac{2}{3}h$
	응력방향으로 한 접합선당 2개의 볼트를 사용한 모든 부재	U=0.75	

② 인장력이 단면 일부분의 필릿용접부로 전달되는 경우에는 용접강도로 설계한다.

4. 인장부재의 세장비 제한

아이바, 봉강, 케이블 및 판을 제외한 모든 인장부재의 세장비는 다음의 [표 13-26]을 만족해야 한다.

KEY NOTE

[표 13-26] 인장부재의 세장비 제한

부재	세장비(L/r)
교번응력을 받는 주부재	$L/r \leq 140$
교번응력을 받지 않는 주부재	$L/r \leq 200$
브레이싱 부재	$L/r \leq 240$

여기서, L : 비지지 길이(mm)(자굴 또는 뒤틀림에 저항하는 뒤 브레이싱 사이의 거리)

r : 단면회전반지름(mm)

5. 블록전단파괴

1) 의의

① 인장부재의 설계강도는 전단면 항복 또는 순단면 파단의 경우와 볼트 및 용접부의 강도 이외에 블록전단(block shear)에 의해서도 결정될 수 있다.

② 인장부재의 한 단면에서 인장과 전단이 작용하여 [그림 13-11]과 같이 수직으로 파열되는 현상을 블록전단이라고 한다.

③ [그림 13-11]에서 외력에 의해 부재에 인장력이 작용할 때 볼트연결 또는 용접연결에 의해 단면손실로 인한 취약한 부분에 응력집중현상이 발생한다. 이런 인장력이 계속하여 작용하면 취양한 부분의 응력집중이 계속 증가하여 항복하게 된다.

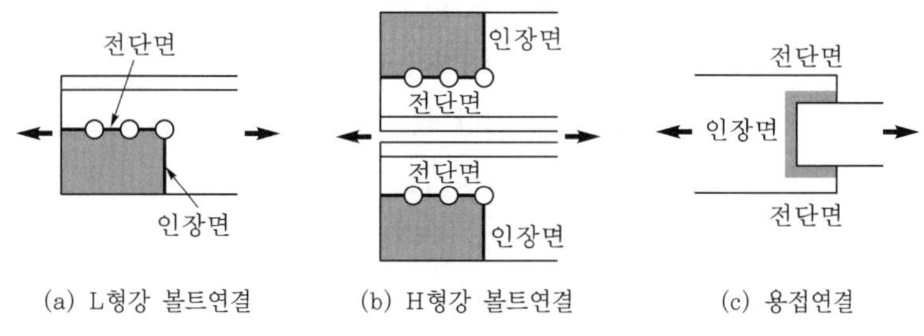

[그림 13-11] 블록전단

④ 블록전단의 형태는 다음과 같다.

㉠ 전단력을 받는 면적이 크고, 인장력을 받는 면적이 작은 경우(그림 13-12)의 (a))로 전단파괴-인장항복으로 표현한다.

㉡ 전단력을 받는 면적이 적고, 인장력을 받는 면적이 큰 경우(그림 13-12의 (b))로 전단항복-인장파괴로 표현한다.

KEY NOTE

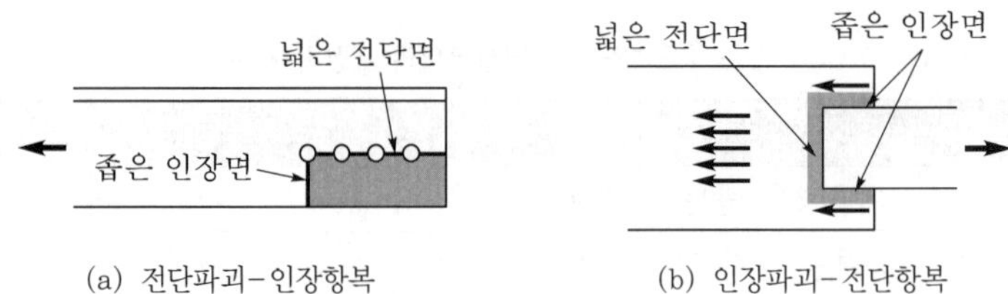

[그림 13-12] 블록전단의 형태

2) 설계강도

① 플랜지가 절취된 보의 복부판 연결부와 연결판, 이음판, 연결판을 포함한 모든 인장 연결부는, 설계강도가 발휘되도록 적절하게 부재가 연결되어 있는지를 검토해야 한다.

② 연결부는 부재나 연결판의 모든 가능한 파괴면에 대해서 검토해야 한다. 파괴면은 작용하중에 평행 또는 수직인 면을 포함해야 한다.

③ 작용하중에 평행인 면은 전단응력만 지지하도록 하고, 작용하중에 수직인 면은 인장응력만 지지하도록 한다.

④ 평행면과 수직면을 동시에 고려한 설계강도 R_r은 다음과 같다.

㉠ $A_{tn} \geq 0.58A_{vn}$인 경우 : 전단항복-인장파괴

$$R_r = \phi_{bs}(0.58F_yA_{vg} + F_uA_{tn}) \quad \cdots\cdots (13\text{-}20)$$

㉡ 그 외의 경우 : 전단파괴-인장항복

$$R_r = \phi_{bs}(0.58F_uA_{vn} + F_yA_{tg}) \quad \cdots\cdots (13\text{-}21)$$

여기서, A_{vg} : 전달력에 저항하는 단면의 전단면적(mm^2)
A_{vn} : 전단력에 저항하는 단면의 순단면적(mm^2)
A_{tg} : 인장력에 저항하는 단면의 전단면적(mm^2)
A_{tn} : 인장력에 저항하는 단면의 순단면적(mm^2)
F_y : 연결재의 최소항복강도(Mpa)
F_u : 연결재의 최소인장강도(Mpa)
ϕ_{bs} : 주어진 블록전단에 대한 저항계수($\phi_{bs} = 0.80$)

⑤ 전단면적은 면의 길이와 부재의 두께의 곱으로 결정한다.

⑥ 순단면적은 총단면적에서 (구멍 치수+2mm)×(구멍 개수)에 부재의 두께를 곱한 값을 뺀다.

⑦ 인장응력을 받는 예상 파단면의 순단면적을 결정함에 있어, 절단면 주위의 지그재그 배치된 구멍의 효과는 지그재그 배치에 따라 결정한다.

⑧ 전단응력에 대한 순단면적에서는 예상 파단면에서 지름 2배 내에 중심을 둔 총 유효지름을 감하고 그 이외의 구멍은 무시한다.

8 압축부재의 설계

KEY NOTE

1. 일반사항

이 규정은 최소한 하나의 대칭면을 갖고 횡방향 압축 또는 축방향 압축과 대칭축에 대한 휨을 동시에 받는 균일단면 강부재에 적용한다.

2. 압축강도

1) 설계압축강도

부재의 설계압축강도 P_r은 다음 식 (13-22)와 같이 산정한다.

$$P_r = \phi_c P_n \quad \cdots\cdots (13\text{-}22)$$

여기서, P_n : 공칭압축강도(N) ϕ_c : 압축에 관한 저항계수(($\phi_c = 0.90$)

2) 비합성단면의 공칭압축강도

① 비합성단면의 공칭압축강도 : 폭-두께비 규정을 만족시키는 부재에 대한 공칭압축강도 P_n은 식 (13-23)과 같다.

$$\lambda \le 2.25 : P_n = 0.66^{\lambda} F_y A_s \quad \cdots\cdots (13\text{-}23(a))$$

$$\lambda > 2.25 : P_n = \frac{0.88 F_y A_s}{\lambda} \quad \cdots\cdots (13\text{-}23(b))$$

단, 여기서 λ는 식 (13-24)로 한다.

$$\lambda = \left(\frac{kl}{r_s \pi}\right)^2 \frac{F_y}{E} \quad \cdots\cdots (13\text{-}24)$$

여기서, A_s : 전단면적(mm^2) F_y : 항복강도(MPa)
E : 탄성계수(Mpa) K : 유효좌굴길이계수
l : 비지지 길이(mm) r_s : 회전반지름(mm)

② 축방향 압축부재의 폭–두께비 제한

㉠ 압축부재에서 판의 폭-두께비가 너무 크면 국부좌굴이 발생할 수 있다. 이러한 국부좌굴을 방지하기 위해서 판의 세장비 $\frac{b}{t}$의 최대값을 다음 식 (13-25)로 제한한다.

$$\frac{b}{t} \le k\sqrt{\frac{E}{f_y}} \quad \cdots\cdots (13\text{-}25)$$

여기서, k : 판좌굴계수([표 13-27] 참고)
b : 판의 폭(mm)([표 13-27] 참고)
t : 판두께(mm)

KEY NOTE

[표 13-27] 폭-두께비의 제한

한쪽단이 지지된 판 (비구속요소판)	k	b	예
플랜지와 자유돌출판	0.56	I형 단면의 플랜지 폭의 반	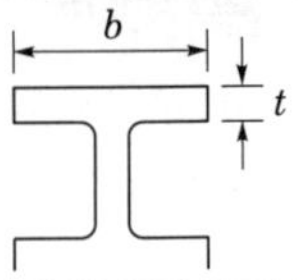
		ㄷ형 단면의 플랜지 전폭	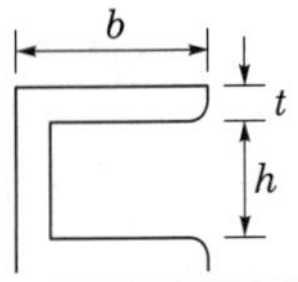
		자유단과 판의 첫 번째 볼트 연결선 또는 용접선 간의 거리	
		맞대어진 두 L형강에서 맞대어지지 않은 한 L형강의 다리길이	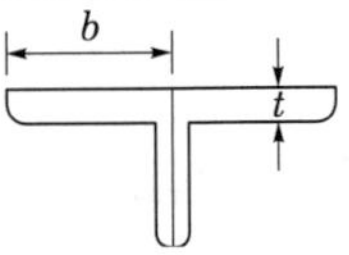
압연 T형각의 복부판	0.75	T형강	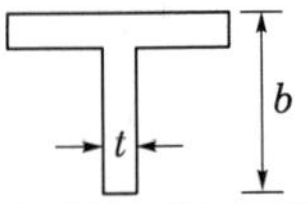
기타 돌출부재	0.45	단일 L형강 또는 분리재를 갖는 이중 L형강에 있어서 돌출 다리의 전체폭	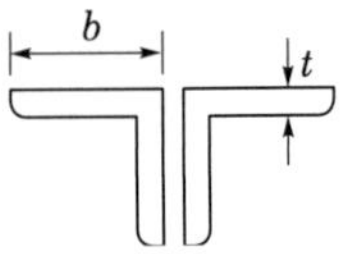
		기타 경우는 전 돌출폭	
양단이 지지된 판 (구속판요소)	**k**	**b**	**예**
박스거더 단면의 플랜지와 덮개판	1.40	박스거더 단면의 플랜지의 경우 복부판간 순간격에서 내부 모서리 반지름을 뺀 거리	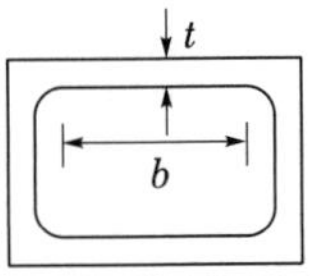
		플랜지 덮개판의 용접선 또는 볼트선 간 거리	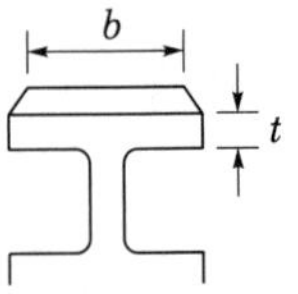
복부판과 기타 판요소	1.49	압연 보의 복부판에서 플랜지 간 순간격에서 필렛 반지름을 뺀 거리	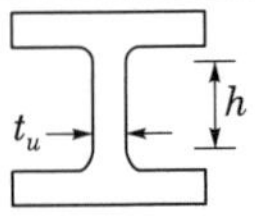
		기타의 모든 경우는 지지점 간 순간격	
유공덮개판 (cover plate)	1.86	지지점 간 순간격	

KEY NOTE

㉡ 강관단면의 두께는 다음을 만족시켜야 한다.

원형강관 : $\frac{D}{t} \leq 2.8\sqrt{\frac{E}{F_y}}$ ································· (13-26)

사각형관 : $\frac{b}{t} < 1.7\sqrt{\frac{E}{F_y}}$ ································· (13-27)

여기서, D : 강관의 지름(mm)

b : 강관의 폭(mm)

t : 강관의 두께(mm)

③ 압축부재의 세장비 제한 : 압축부재의 세장비는 [표 13-28]을 만족해야 한다.

[표 13-28] 압축부재의 세장비 제한

부재	세장비 $(\frac{Kl}{r})$
주부재	$\frac{Kl}{r} \leq 120$
브레이싱 부재	$\frac{Kl}{r} \leq 140$

여기서, K : 유효좌굴길이계수

l : 비지지 길이(mm)

r : 단면회전반지름(mm)

이 경우에 한해, 다음 경우의 회전반지름은 단면의 일부를 제외하고 계산할 수 있다.

㉠ 실제 단면과 회전반지름을 바탕으로 한 부재의 능력이 설계하중을 초과하고,

㉡ 부재의 면적을 감소시킨 유효단면과 그 회전반지름에 의한 부재의 능력이 설계하중을 초과할 경우

④ 유효좌굴길이계수

㉠ 회전과 병진운동에 대한 기둥의 양단 지지조건을 적절히 고려하기 위하여 유효길이계수 K를 기둥의 실제 길이에 곱해야 한다.

㉡ 이상화된 구속 조건이 실제 구속 조건을 완전히 충족시킬 수 없기 때문에 [표 13-29]에서 주어진 바와 같이 이상화된 구속 조건에 대한 K의 이론값보다 큰 값을 설계 시의 K값으로 사용한다.

KEY NOTE

[표 13-29] 유효길이계수

유효 길이 계수, K						
점선은 좌굴현상	(a)	(b)	(c)	(d)	(e)	(f)
K의 이론치	0.5	0.7	1.0	1.0	2.0	2.0
이상화된 지지 조건이 근사적으로 성립할 경우 K의 설계치	0.65	0.80	1.2	1.0	2.1	2.0
지지 조건		회전 변위 구속 수평 이동 구속 회전 변위 자유 수평 이동 구속 회전 변위 구속 수평 이동 자유 회전 변위 자유 수평 이동 자유				

9 연결부의 설계

1. 일반사항

① 주부재의 이음과 연결부는 다음의 2가지 하중조건 중 큰 값에 대해 극한한계상태로서 설계한다.

㉠ 연결부에서의 설계하중에 의한 단면력(휨모멘트, 전단력, 축방향력)과 이음되는 부재의 설계강도(설계휨강도, 설계전단강도, 설계축방향강도)의 평균값

㉡ 다이아프램, 수직 브레이싱, 수평 브레이싱 또는 직선 가로보의 단부 연결은 설계하중에 의한 부재력에 대해 설계한다.

② 다이아프램, 수직 브레이싱, 수평 브레이싱 또는 직선 가로보의 단부 연결은 설계하중에 의한 부재력에 대해 설계한다.

③ 연결은 가능한 한 부재의 축에 대칭이 되도록 한다. 난간 등을 제외한 이음부에서는 한볼트군당 2개 이상의 볼트 또는 이와 동등한 용접이

되도록 한다. 브레이싱을 포함한 부재는 편심연결이 되지 않도록 연결해야 한다. 편심연결이 불가피한 곳에서는 편심에 의해 생기는 전단과 모멘트를 고려하여 설계한다.

④ 부재단부의 전체 전단력을 전달하는 연결부의 경우는 연결된 요소의 전체 단면을 전체단면으로 취해야 한다.

⑤ 바닥판의 가로보와 거더의 단부연결용 L형강을 사용한다. 가설 시 지지용으로 사용될수 있는 브래킷 또는 받침용 L형강은 부재단부의 전단력에 대한 연결부 설계 시 고려하지 않는다.

⑥ 보, 거더, 및 바닥판의 가로보 등의 단부는 고장력볼트를 사용하여 연결해야 한다. 볼트연결이 불가능할 경우 용접연결도 허용된다. 용접연결은 전단력과 휨모멘트에 대하여 설계한다.

KEY NOTE

볼트의 연결

① 마찰연결
② 지압연결
③ 인장이음

2. 볼트연결

1) 일반사항

볼트연결부는 도장을 할 수도 있고, 안 할수도 있으며, 볼트를 체결한 뒤에는 견고하게 서로 맞아야 한다. 볼트 연결면의 먼지, 이물질 또는 느슨한 흑피 등은 제거해야 한다. 고장력볼트에 의한 연결은 마찰연결 또는 지압연결로 설계한다. 볼트의 연결부에는 강재만 사용한다.

① **마찰연결** : 마찰연결은 하중의 전달이 볼트 체결에 의해서 발생하는 연결 부재간의 마찰에 의해서만 이루어지고 미끄러짐에 의한 볼트의 지압이음은 발생하지 않는 연결방법이다.
도로교설계기준에서는 교번응력, 충격하중, 심한 진동을 받는 연결부는 마찰연결로 설계한다고 되어 있다. 마찰연결로 설계해야 하는 경우는 다음과 같다.

㉠ 연결부가 피로하중을 받는 경우
㉡ 정규 볼트 구멍보다 지름이 큰 구멍에 체결된 볼트가 전단력을 받는 경우
㉢ 슬롯에 체결된 볼트가 슬롯에 수직이 아닌 방향의 전단력을 받는 경우
㉣ 심한 교전하중을 받는 연결부
㉤ 볼트와 용접이 동일한 접합면에서 함께 힘을 전달하는 연결부
㉥ 볼트가 축방향 인장력 또는 동시에 축방향 인장력과 전단력을 받는 경우
㉦ 접촉연결 압축부재의 설계된 연결부를 제외한, 압축력만을 받는 연결부

KEY NOTE

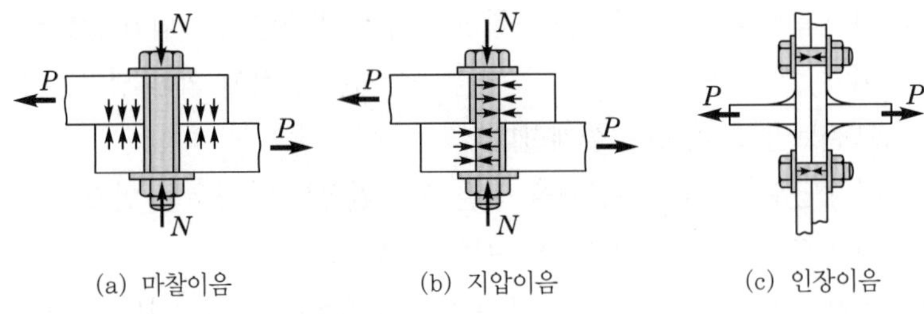

[그림 13-13] 볼트의 연결

ⓞ 구조물의 사용성을 확보하기 위하여 연결부의 미끄러짐이 발생하면 안 되는 경우

마찰연결은 [표 13-2]의 사용한계상태의 하중조합 Ⅱ에 대해 미끄러짐을 방지할 수 있도록 설계해야 한다. 또한, 극한한계상태의 하중조합에 대해 지압, 전단 및 인장력에 저항할 수 있어야 한다.

② 지압연결 : 지압연결은 하중의 전달이 연결 부재의 미끄러짐이 발생하여 연결 부재간의 지압에 의해서 이루어지는 연결방법이다. 도로교설계기준에서는 지압연결은 축방향 압축을 받는 연결부 또는 브레이싱 연결부에 대해서만 허용되며 극한한계상태에서 설계강도 R_r을 만족해야 한다고 되어 있다.

③ 인장이음 : 인장이음은 볼트의 축방향의 저항력에 의하여 연결부의 응력이 전달되는 이음이다.

2) 볼트의 설계강도

① 사용한계상태의 볼트의 설계강도 : 마찰연결의 경우 사용한계상태의 하중조합 Ⅱ 상태에서 볼트의 설계강도 R_r은 다음 식 (13-28)로 한다.

$$R_r = R_n \qquad (13\text{-}28)$$

여기서, R_n : 공칭강도(N)(식 13-33))

② 극한한계상태에서 볼트 연결부의 설계강도

극한한계상태에서 볼트 연결부의 설계강도는 식 (13-29)의 R_r과 식 (13-30)의 T_r 중 하나를 취한다.

$$R_r = \phi R_n \qquad (13\text{-}29)$$

$$T_r = \phi T_n \qquad (13\text{-}30)$$

여기서, R_n : 볼트 연결부의 공칭강도(N)

㉠ 볼트의 전단에 공칭강도 R_n은 식 (13-31) 또는 식 (13-32)에 따른다.

㉡ 연결부재의 지압에 대한 공칭강도, R_n은 식 (13-26)에서 식 (13-39)까지 따른다.

㉢ 연결부재의 인장 또는 전단에 대한 공칭강도, R_n은 연결요소와 인장 또는 식 (13-51)과 (13-52)에 따른다.

T_n : 볼트의 공칭강도(N)

㉠ 볼트의 축방향 인장력에 대한 공칭강도, T_n은 식 (13-40)에 따른다.

㉡ 볼트의 축방향 인장력과 전단력의 조합에 대한 공칭강도, T_n은 식 (13-42), (13-43)에 따른다.

ϕ : 볼트의 저항계수

ϕ_s : 전단력을 받는 볼트(ϕ_s=0.65)

ϕ_t : 인장력을 받는 볼트($\phi_t = 0.80$)

ϕ_{bb} : 지압력을 받는 볼트($\phi_{bb} = 0,80$)

ϕ_y, ϕ_u : 인장력을 받는 연결부재($\phi_y = 0.95$, $\phi_u = 0.80$)

ϕ_v : 전단력을 받는 연결부재(ϕ_v =1.00)

KEY NOTE

3) 볼트의 공칭전단강도

① 길이가 1,270mm 이하인 연결부에서 극한한계상태의 고장력볼트의 공칭전단강도는 식 (13-31)과 식 (13-32)와 같다.

㉠ 전단 단면에 나사산이 없을 경우

$$R_n = 0.48A_bF_{ub}N_s \quad \cdots\cdots (13\text{-}31)$$

㉡ 전단 단면에 나사산이 있을 경우

$$R_n = 0.38A_bF_{ub}N_s \quad \cdots\cdots (13\text{-}32)$$

여기서, A_b : 공칭지름에 의한 볼트 단면적(mm^2)

F_{ub} : 볼트의 최소인장강도(MPa) ([표 13-19], [표 13-20] 참고)

N_s : 볼트 1개당 전단 단면 수(1면 전단은 N_s=1,2면 전단은 N_s= 2)

② 길이가 1,270mm 이상인 연결부에서 볼트 1개당의 공칭전단강도는 위의 식 (13-31) 또는 식 (13-32)의 값에 0.8배한 것이다.

③ 전단 단면에 볼트의 나사산이 있는지를 판단할 경우, 나사부의 길이는 나사부의 공칭길이에 나사산 피치의 2배를 더한 것으로 한다.

④ 연결부의 전단 단면에 나사산이 있을 결우 전단 강도는 나사부의 값으로 계산한다.

볼트 전단강도

① 전단 단면에 나사산이 없을 경우
$R_n = 0.48A_bF_{ub}N_s$

② 전단 단면에 나사산이 있을 경우
$R_n = 0.38A_bF_{ub}N_s$

KEY NOTE

볼트 공칭마찰강도

$R_n = K_h K_s N_s P_t$

여기서, N_s : 볼트 1개당 미끄러짐면의 수

P_t : 볼트의 설계축력(N)

K_h : 볼트 연결부에서의 구멍크기계수

K_s : 볼트 연결부에서의 표면상태계수

4) 볼트의 공칭마찰강도

① 마찰연결에서 볼트의 공칭마찰강도는 식 (13-33)과 같다.

$$R_n = K_h K_s N_s P_t \quad \cdots\cdots (13\text{-}33)$$

여기서, N_s : 볼트 1개당 미끄러짐면의 수

P_t : 볼트의 설계축력(N)([표 13-31] 참고)

K_h : 볼트 연결부에서의 구멍크기계수([표 13-31])

K_s : 볼트 연결부에서의 표면상태계수([표 13-32] 참고)

[표 13-30] 볼트의 설계축력

볼트지름 mm	볼트축력 P_t(kN)		
	F8T	F10T	F13T
20	130	160	215
22	160	200	265
24	190	235	305
27	–[1]	310	–[1]
30	–[1]	375	–[1]

1) 현재 사용 가능하지 않음

[표 13-31] K_h의 값

표준구멍	1.0
과대볼트 구멍 또는 짧은 슬롯	0.85
재하 방향에 직각인 긴 슬롯	0.70
재하 방향에 평행인 긴 슬롯	0.60

[표 13-32] K_s의 값

등급 A 표면상태	0.33
등급 B 표면상태	0.40
등급 C 표면상태	0.33

등급 A : 페인트칠하지 않은 깨끗한 흑피 또는 녹을 제거하고 A등급 도장을 한 표면

등급 B : 도장을 하지 않고 녹을 제거한 깨끗한 표면, 녹을 제거한 표면에 등급 B 도장을 한 표면

등급 C : 응용 도금한 표면과 거친 표면

KEY NOTE

② 진 처리를 하지 않은 연결부의 경우 볼트 구멍연단에서 볼트지름 또는 25mm 이내의 구간 및 볼트배치부에는 도장을 하지 않도록 계약서에 명시해야 한다.

③ 도장을 하는 등급을 사용한 연결 면은 녹을 깨끗이 제거하고 실험에 합격한 등급의 도장을 사용하도록 계약서에 명시해야 한다.

④ 만일 평균 표면 상태 계수가 실험에 의해 정해졌고 책임구조기술자가 승인하는 경우에는 0.33보다 작은 값을 사용할수 있다. 이 경우 공칭 마찰강도는 실험에서 구한 표면상태계수의 값에 의해 계산한다.

⑤ 계약서에는 다음 사항을 규정해야 한다.

㉠ 도장한 접합면은 최소경화시간을 경과한 후에 조립해야 한다.

㉡ 도금 처리하도록 규정된 접합면은 용융아연도금을 해야 한다. 도금 후에 수동 와이어-브러시를 사용하여 표면을 거칠게 해주어야 하며, 자동 와이어-브러시는 사용해서는 안 된다.

5) 볼트 구멍의 공칭지압강도

① 볼트의 유효지압면적(식 13-34)은 볼트의 지름에 연결부재의 두께를 곱한 값과 같다.

$$\text{볼트의 유효지압면적}+\text{볼트의 지름}\times\text{연결부재의 두께}=d\times t \quad \cdots\cdots (13\text{-}34)$$

② 원추형 구멍을 갖는 연결부재의 유효두께는 연결부재의 두께에서 원추부 높이의 차의 절반을 뺀 값과 같다.

$$\begin{aligned}\text{볼트의 유효지압면적} &= \text{볼트의 지름}\times\text{연결부재의 유효두께}\\ &= d\times\left(t-\frac{\text{원추부 높이}}{2}\right) \quad \cdots\cdots (13\text{-}35)\end{aligned}$$

③ 표준구멍, 과대볼트 구멍, 짧은 슬롯과 지압력 방향에 평행한 긴 슬롯에 대해 안쪽 볼트 구멍과 가장자리 볼트 구멍의 공칭 지압강도 R_n은 극한한계상태에서 다음과 같다.

㉠ 볼트 구멍의 순간격, 또는 응력방향의 순연단거리가 $2d$ 이상으로 배열된 경우($L_c \geq 2d$)

$$R_n = 2.4dtF_u \quad \cdots\cdots (13\text{-}36)$$

㉡ 볼트 구멍들의 순간격, 또는 응력방향의 순연단거리가 $2d$보다 작은 경우($L_c < 2d$)

$$R_n = 1.2L_ctF_u \quad \cdots\cdots (13\text{-}37)$$

KEY NOTE

④ 지압력 방향에 수직인 긴 슬롯에 대해

㉠ 볼트 구멍의 순간격 및 순연단거리가 $2d$ 이상인 경우($L_c \geq 2d$)

$$R_n = 2.0dtF_u \cdots\cdots (13\text{-}38)$$

㉡ 볼트 구멍들의 순간격 또는 응력방향의 순연단거리가 $2d$보다 작은 경우 ($L_c < 2d$)

$$R_n = L_c t F_u \cdots\cdots (13\text{-}39)$$

여기서, d : 볼트 공칭직경(mm)

t : 연결부 두께(mm)

F_u : [표 13-19], [표 13-20]에 규정된 연결부재의 안장강도(MPa)

L_c : 구멍 사이의 순간격 또는 구멍과 부재의 응력방향의 순연단거리(mm)

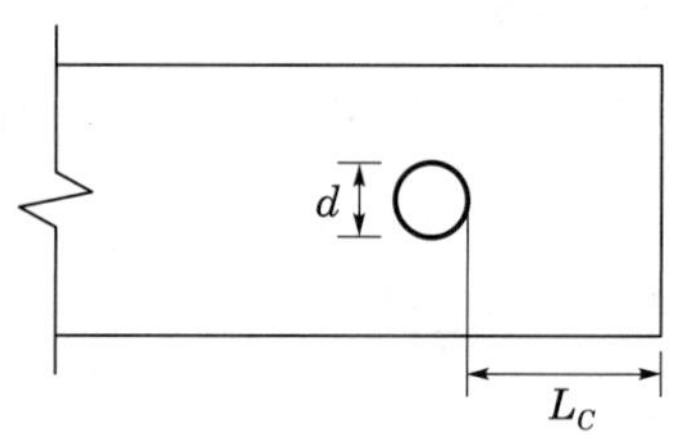

[그림 13-14] 순연단거리

6) 볼트의 공칭인장강도

① 일반사항

㉠ 고장력볼트에는 [표 13-30]에 규정된 인장력을 도입한다.

㉡ 작용 인장력은 설계하중에 의한 인장력과 인장부재 연결부의 변형에 따른 프라잉 작용에 의한 모든 인장력을 더한 값을 사용한다.

② 공칭인장강도

볼트의 공칭인장강도 T_n은 초기에 도입된 힘과 무관하게 다음 식 (13-40)으로 결정한다.

$$T_n = 0.76A_b F_{ub} \cdots\cdots (13\text{-}40)$$

여기서, A_b : 공칭지름에 대한 볼트의 단면적(mm^2)

F_{ub} : [표 13-19], [13-20]의 볼트의 인장강도(Mpa)

③ 프라잉작용

프라잉작용에 의한 인장력은 다음 식 (13-41)과 같다.

KEY NOTE

$$Q_u = \left(\frac{3b}{8a} - \frac{t^3}{328,000}\right)P_u \quad \cdots\cdots (13\text{-}41)$$

여기서, Q_u : 설계하중으로 인한 볼트 1개당 프라잉 인장력(N)으로서 압축인 경우는 0으로 한다.

P_u : 설계하중에 의한 볼트 1개당 인장력(N)

a : 볼트의 중심에서 연단까지 거리(mm)

b : 볼트의 중심에서 연결부의 필릿용접단까지 거리(mm)

t : 가장 얇은 연결부의 두께(mm)

④ 인장과 전단의 조합

㉠ 전단과 인장을 동시에 받는 볼트의 공칭인장강도는 다음 식 (13-42), (13-43)과 같다.

$$\frac{P_u}{R_n} \leq 0.33 \text{인 경우}: T_n = 0.76 A_b F_{ub} \quad \cdots\cdots (13\text{-}42)$$

$$\frac{P_u}{R_n} > 0.33 \text{인 경우}: T_n = 0.76 A_b F_{ub} \sqrt{1 - \left(\frac{P_u}{\phi R_n}\right)^2} \quad (13\text{-}43)$$

여기서, A_b : 공칭지름에 대한 볼트의 단면적(mm^2)

F_{ub} : [표 13-19], [표 13-20]의 볼트의 최소인장강도(Mpa)

P_u : 설계하중에 의한 볼트의 전단력(N)

R_n : 식 (13-31), (13-32)의 볼트의 공칭전단강도(N)

㉡ [표 12-2]에 규정된 사용한계상태조합 Ⅱ의 설계하중에 대해 인장과 전단이 동시에 작용할 때의 마찰연결 볼트의 공칭강도는 식 (13-33)의 공칭마찰강도에 아래의 계수를 곱한 값 이하여야 한다.

$$1 - \frac{T_u}{P_t} \quad \cdots\cdots (13\text{-}44)$$

여기서, T_u : 사용한계상태조합 Ⅱ에서 설계하중에 의한 인장력(N)

P_t : 볼트의 최소소요 인장력(N)

7) 볼트의 재원

① 볼트 구멍의 형식

㉠ 표준 볼트 구멍 : 별도의 규정이 없으면 고장력볼트를 이용한 연결에는 표준볼트 구멍을 사용한다.

㉡ 과대 볼트 구멍 : 마찰연결부에는 과대 볼트 구멍을 사용할 수 있으나 지압연결부에서는 사용하지 않는다.

KEY NOTE

㉢ 짧은 슬롯 : 짧은 슬롯은 마찰연결부 또는 지압연결부에 사용할 수 있다. 지압연결부의 경우에는 슬롯의 길이방향과 하중작용방향은 직각이 되도록 해야 한다.

㉣ 긴 슬롯 : 긴 슬롯은 가능한 한 연결부의 한쪽에만 사용한다. 마찰연결은 슬롯의 방향과 하중작용방향에 관계없이 사용할 수 있으나 지압연결은 슬롯의 길이방향과 하중작용방향이 직각이 되도록 해야 한다.

② **볼트 구멍의 크기** : 볼트 구멍의 크기는 [표 13-33]의 주어진 값들을 초과해서는 안 된다.

[표 13-33] 볼트 구멍의 최대 크기(mm)

볼트지름	표준볼트 구멍	과대볼트 구멍	짧은 슬롯	긴 슬롯
d	지름	지름	폭×길이	폭×길이
16	18.0	20.0	18.0 × 22.0	18.0 × 40.0
20	22.0	24.0	22.0 × 260	22.0 × 50.0
22	24.0	28.0	24.0 × 30.0	24.0 × 55.0
24	26.0	40.0	26.0 × 33.0	26.0 × 60.0
27	30.0	35.0	30.0 × 37.0	30.0 × 67.0
30	33.0	38.0	330 × 40.0	33.0 × 75.0

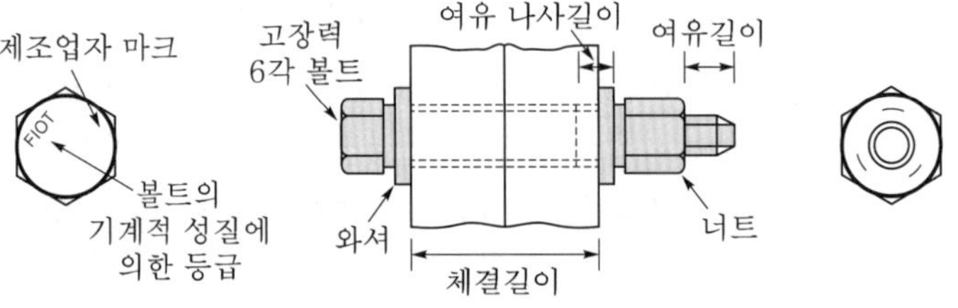

[그림 13-15] 볼트의 구조

③ **볼트 크기**

㉠ 볼트의 지름은 16mm 이상이어야 한다. 다리길이가 64mm인 L형강 및 연결부 상세에 대한 다른 규정을 만족시키기 위해 별도로 지름 16mm 볼트의 사용이 요구되는 경우를 제외하고는, 주부재에 지름 16mm의 볼트를 사용하지 않는다. 지름 16mm 볼트의 사용이 어려운 형강은 핸드레일에만 사용한다.

㉡ 구조계산에 의해 치수를 결정하지 않은 L형강에는 다음과 같은 볼트를 사용할 수 있다.

- 다리길이 50mm인 L형강 : 지름 16.0mm 볼트
- 다리길이 64mm인 L형강 : 지름 200mm 볼트
- 다리길이 75mm인 L형강 : 지름 24.0mm 볼트
- 다리길이 90mm인 L형강 : 지름 27.0mm 볼트

ⓒ 주부재로 사용된 L형강의 볼트 지름은 볼트 체결측 L형강 다리길이의 1/4보다 작게 한다.

④ 볼트 간격

㉠ 최소 중심간격 : 볼트의 최소중심간격은 볼트 지름의 3배보다 작아서는 안 된다.

㉡ 최소 순간격 : 과대볼트 구멍이나 슬롯의 경우 힘작용 방향 및 힘작용 방향에 수직인 방향으로 인접 구멍 간의 최소 순간격은 볼트지름의 2배 이상이어야 한다.

㉢ 봉합볼트의 최대피치

ⓐ 봉합볼트의 경우 외측 판 혹은 형강의 자유단에 인접한 볼트선의 볼트 간격은 다음을 만족해야 한다.

$$p \leq (100 + 40.t) \leq 175 \quad \cdots\cdots (13\text{-}45)$$

ⓑ 자유단에 인접한 두 볼트선의 게이지가 38+4.0t 미만이고, 볼트가 서로 균일하게 엇갈려서 배치된 경우 엇갈린 볼트의 피치, p는 다음을 만족해야 한다.

$$p \leq 100 + 4.0t - \left(\frac{3.0g}{4.0}\right) \leq 175 \quad \cdots\cdots (13\text{-}46)$$

ⓒ 엇갈린 볼트의 피치는 한 볼트선상의 간격에 대해 요구되는 최대값의 반절보다 작을 필요는 없다.

여기서, t : 외측판 또는 형강의 얇은 쪽 두께(mm)

g : 인접한 두 볼트선의 게이지(mm)

㉣ 누빔볼트의 최대간격

ⓐ 누빔볼트는 2개 이상의 판이나 형강을 볼트로 조립하여 만든 부재에 사용한다.

ⓑ 압축부재에서 누빔볼트의 피치는 12.0t를 초과해서는 안 된다.

ⓒ 인접한 두 볼트선의 게이지는 24.0t를 초과할 수 없다.

ⓓ 엇갈려 배치된 볼트의 엇갈린 피치는 다음을 만족해야 한다.

$$p \leq 15.0t - \left(\frac{3.0g}{8.0}\right) \leq 12.0t \quad \cdots\cdots (13\text{-}47)$$

KEY NOTE

KEY NOTE

ⓔ 인장부재에 대한 피치는 압축부재에 대해서 규정된 값의 2배를 초과해서는 안 된다.

ⓕ 인장부재에 대한 볼트선 게이지는 24.0t를 초과할 수 없다.

ⓖ 볼트를 사용한 조합 단면의 부재에서 최대 볼트 간격은 봉합볼트나 누빔 볼트에 애한 요건 중 작은 값을 초과해서는 안 된다.

㉤ 압축부재 단부의 누빔볼트 최대피치

ⓐ 압축부재를 연결하는 볼트의 피치는 압축부재 최대 폭의 1.5배 구간에 대해서는 볼트 지름의 4배를 초과할 수 없다.

ⓑ 이 구간을 지나서 압축부재 최대 폭의 1.5배에 달하는 구간에서는 위의 ㉣에 규정된 초대피치에 도달할 때까지 점차적으로 피치를 증가시킬 수 있다.

㉥ 힘방향의 연단거리

ⓐ 모든 형태의 볼트 구멍에 대해서 볼트 중심으로부터 힘작용 방향의 연단거리는 [표 13-34]에 규정된 거리 이상이어야 한다.

ⓑ 과대구멍 또는 슬롯이 사용된 경우에는 힘작용 방향의 최소 순연단거리가 볼트지름보다 커야한다.

ⓒ 힘 작용방향의 최대 연단거리는 가장 얇은 외측판 두께의 8배 또는 125mm 이하로 한다.

[표 13-34] 최소 연단거리

볼트의 호칭	전단 전단연, 수동가스절단연	압연연, 다듬질연, 다종가스 절단연
16	28	22
20	34	26
22	38	258
24	42	30
27	48	34
30	52	38

㉦ 힘 수직 방향의 연단거리

ⓐ 최소 연단거리는 [표 13-34]에 따른다.

ⓑ 최대 연단거리는 가장 얇은 최측판 두께의 8배 또는 125mm 이하로 한다.

3. 용접연결

1) 일반사항

① 용접에 관한 일반사항은 도로교표준시방서(2-4 용접)에 따른다.

② 그루브용접과 필릿용접에는 매칭 용접금속을 사용하여야 한다. 그러나 필릿용접의 상세를 정하는 데 있어서 건전한 용접이 이루어지도록 용접절차와 용접금속이 선정되어야 한다면 모재보다 낮은 강도의 용접봉 등급이 규정될 수 있다.

KEY NOTE

2) 완전용입 그루브용접 연결부의 설계강도

① 인장과 압축을 받는 완전용입 그루브용접 부재의 설계강도

유효면적에 직각으로 또는 용접축에 평행으로 인장 또는 압축을 받을 경우, 용접의 설계강도는 모재의 설계강도를 취한다.

② 전단을 받는 완전용입 그루브용접 부재의 설계강도

㉠ 유효면적에 전단력이 작용할 때 완전용입 그루브용접의 설계강도는 식 (13-48)의 값이나 모재의 인장에 대한 설계강도의 60% 중 작은 값을 사용한다.

$$R_r = 0.6\phi_{e1}F_{exx} \quad \cdots\cdots (13\text{-}48)$$

여기서, F_{exx} : 용접금속의 분류강도(Mpa)

ϕ_{e1} : [표 13-23]의 용접금속의 저항계수($\phi_{e1} = 0.85$)

완전용입 그루브용접 연결부의 설계강도

$R_r = 0.6\phi_{e1}F_{exx}$

3) 부분용입 그루브용접 연결부의 설계강도

① 인장 또는 압축을 받는 부분용입 그루브용접 연결부의 설계강도

㉠ 용접축에 평행으로 인장 또는 압축을, 또는 유효면적에 수직으로 압축을 받는 부분용입 그루브용접의 설계강도는 모재의 설계강도를 취한다.

㉡ 유효면적에 직각인 방향의 인장력에 대한 부분용입 그루브용접의 설계강도는 다음 식 (13-49)에서 주어진 값과 모재의 설계강도 중 작은 값으로 한다.

$$R_r = 0.6\phi_{e1}F_{exx} \quad \cdots\cdots (13\text{-}49)$$

여기서 ϕ_{e1} = [표 13-23]의 용접금속의 저항계수($\phi_{e1} = 0.85$)

② 전단을 받는 부분용입 그루브용접 연결부의 설계강도

용접축에 평행한 전단력에 대한 부분용입 그루브용접의 설계강도는 식 (13-52)와 식 (13-53)의 연결재료와 공칭설계강도와 다음 식 (13-49)에 의한 설계강도 중에서 작은값으로 정한다.

부분용입 그루브용접 연결부의 설계강도

$R_r = 0.6\phi_{e1}F_{exx}$

KEY NOTE

필릿용접 설계강도
$R_r = 0.6\phi_{e2}F_{exx}$

$$R_r = 0.6\phi_{e2}F_{exx} \quad \cdots\cdots (13\text{-}50)$$

ϕ_{e2}=[표 13-23]의 용접금속의 저항계수($\phi_{e2} = 0.80$)

4) 필릿용접 연결

① 인장과 압축을 받는 필릿용접 연결부의 설계강도
용접축에 평행한 압축이나 인장에 대한 필릿용접의 설계강도는 모재의 설계강도를 사용한다.

② 전단을 받는 필릿용접 연결부의 설계강도
매칭 또는 언더매칭 용접금속을 사용하고 전형적인 용접형상이며, 전단력을 받는 필릿용접 연결의 설계강도는 필릿용접부의 유효면적과 다음 식 (13-51)의 용접금속에 대한 강도를 곱하여 구한다.

$$R_r = 0.6\phi_{e2}F_{exx} \quad \cdots\cdots (13\text{-}51)$$

③ 필릿용접의 유효면적
㉠ 유효면적은 유효용접 길이에 유효 목두께를 곱한 값과 같다.
㉡ 유효목두께는 부재접합부 루트에서 용접면까지의 최단거리다.

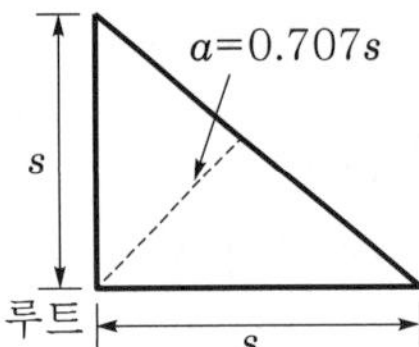

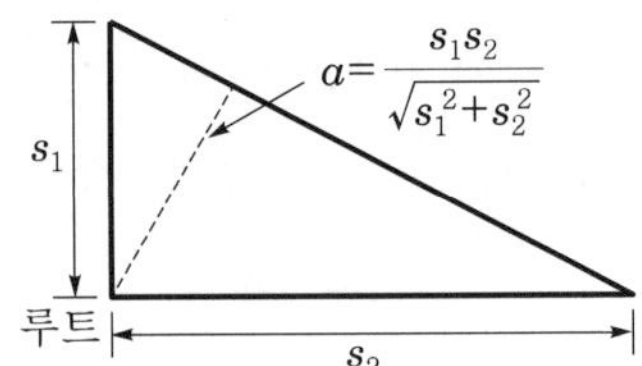

[그림 13-16] 필릿용접의 유효목두께

④ 필릿용접의 최대치수와 최소치수
㉠ 연결부의 설계 시 가정하는 필릿용접의 치수는 설계하중의 위의 필릿용접 시에 규정된 설계강도를 초과하지 않도록 정한다.
㉡ 연결되는 부재의 연단을 따라 용접한 필릿용접의 최대치수는 다음과 같다.
ⓐ 두께가 6mm 미만인 부재 : 그 부재의 두께
ⓑ 두께가 6mm 이상인 부재 : 계약서에 용접을 전체 목두께만큼 육성하도록 명시되지 않는 한 그 부재 두께보다 2mm 작은 값

KEY NOTE

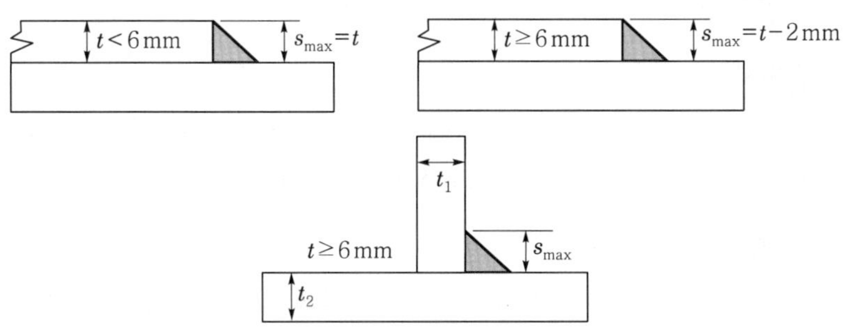

[그림 13-17] 필릿용접의 최대치수

㉢ 필릿용접의 최소치수는 [표 13-35]와 같다

[표 13-35] 필릿용접의 최소치수

연결부의 두꺼운 부재의 두께(T)(mm)	필릿용접의 최소치수(mm)
$T\leq 20$	6
$20<T$	8

㉣ 용접 크기는 연결부의 얇은 부재의 두께를 초과할 필요가 없다. 작용 응력의 크기와 적절한 예열이 함께 사용될 경우 더 작은 필릿용접 치수의 사용을 감독으로부터 승인 받을 수 있다.

⑤ 필릿용접의 최소 유효길이

필릿용접의 최소유효길이는 용접치수의 4배, 그리고 어떤 경우에도 40mm보다 길어야 한다.

⑥ 필릿용접 단부의 돌림용접

㉠ 용접 축에 평행하지 않게 작용하는 인장력을 지지하거나, 반복하중을 지지하도록 설계된 필릿용접은 부재 또는 요소의 모퉁이에서 끝나면 안 된다.

㉡ 동일평면에서 그런 모퉁이의 돌림이 이루어질 수 있는 곳에서는 같은 용접치수로 모퉁이를 돌아 용접치수의 2배의 길이만큼 연속해서 용접을 해야 한다.

㉢ 용접단부의 돌림은 설계도에 명시되어야 한다.

㉣ 두 부재가 서로 접촉하는 공유 평면의 서로 반대쪽에 용접되는 필릿용접은 양쪽 용접의 공통된 모퉁이에서 끝내야 한다.

KEY NOTE

4. 연결요소

1) 일반사항

다음의 사항은 인장이나 전단에 대한 연결판, 연결용 형강, 브래킷, 그 외 연결판과 같은 연결요소의 설계에 적용한다.

2) 인 장

① 인장에 대한 설계강도 R_r은 항복과 파괴에 대해서 각각 식 (13-12)와 식 (13-13)에 주어진 값과 블록전단파괴 강도 중에서 작은 값을 취한다.

② 식 (13-13)에 사용된 연결판의 순단면적 A_n은 판의 전단면적의 85%를 넘지 않도록 한다.

3) 전 단

전단에 대한 연결요소의 설계강도 R_r은 다음과 같다.

$$R_r - \phi_r R_n \quad \cdots\cdots (13\text{-}52)$$

$$R_n = 0.58 A_g F_y \quad \cdots\cdots (13\text{-}53)$$

여기서, R_n : 공칭전단강도(N)

A_g : 연결요소의 전단면적(mm^2)

F_y : 연결요소의 최소항복 강도(MPa)

ϕ_v : 전단에 대한 저항계수($\phi_v = 1.0$)

5. 이음

1) 볼트이음

① 일반

볼트이음은 극한한계상태에 대해 설계해야 한다.

② 인장부재

인장부재의 이음은 마찰연결과 같이 설계해야 한다.

③ 접촉연결 압축부재

㉠ 기계 가공한 단부를 서로 완전 접촉시켜 부재 단부 사이의 지압으로 힘이 전달되도록 한 압축부재의 이음은 연결되는 부재의 작은 쪽 설계강도의 50% 이상에 대해 설계해야 한다.

㉡ 트러스의 현재, 아치의 부재, 그리고 기둥의 이음은 되도록 절점에 가까이, 그리고 일반적으로 힘에 의한 효과가 작게 일어나는 쪽에 위치하도록 해야 한다.

KEY NOTE

ⓒ 판, L-형강, 또는 이음요소들은 이음부 부재의 모든 요소에 미쳐지는 힘의 효과에 대해 적합해야 한다.

④ 휨부재의 일반

㉠ 연속경간에서 이음은 고정하중에 의한 휨모멘트 방향의 변환점 또는 그 근처에 있도록 해야 한다.

㉡ 응력 작용방향이 변하는 복부판과 플랜지의 이음은 정과 부의 휨모멘트에 대해 모두 검토해야 한다. 복부판과 플랜지의 이음에서 이음 한쪽 편에 볼트를 2줄 미만으로 해서는 안 된다.

㉢ 과대구멍과 슬롯 구멍은 볼트 이음에서 부재나 이음관 어느 쪽에도 사용해서는 안 된다.

㉣ 휨부재의 볼트이음은 마찰이음으로 설계해야 한다. 강구조물의 가설과 바닥판의 콘크리트 타설 도중에 이음부에서 미끄러짐이 발생하지 않도록 설계해야 한다.

㉤ 이음점에서 극한한계상태에 대한 플랜지의 설계휨강도는 관련 조항을 만족시켜야 한다.

㉥ 이음점에서의 극한한계상태의 설계하중에 의한 휨응력과 볼트이음의 미끄러짐에 대한 검토를 위한 휨응력은 전체 단면을 사용하여 구한다.

㉦ 플랜지 L-형강 이음은 휨부재 양쪽 면에 각각 1개씩 2개의 L-형강을 사용해야 한다.

2) 용접이음

① 용접이음의 설계나 세부사항은 ASSI/AASHTO/AWS Bridge Welding Code D1.5의 최대신판이나 여기에 명시된 사항을 따른다.

② 용접이음은 설계모멘트, 설계전단력 혹은 설계축방향력에 저항하도록 설계해야 한다. 인장과 압축부재는 완전용입맞대기용접으로 이어질 수 있는데, 이때 이음판을 사용하지 않아도 된다.

③ 현장 용접이음은 상향자세를 피하도록 설계해야 한다.

④ 서로 다른 폭을 갖는 부재에 대한 맞대기 용접이음은 [그림 13-18]에서와 같은 대칭인 변화부를 가져야 한다.

⑤ 계약서에는 서로 다름 두께의 맞대기 용접이음부의 오프셋 표면 기울기가 1/25 이하가 되도록 규정해야 한다.

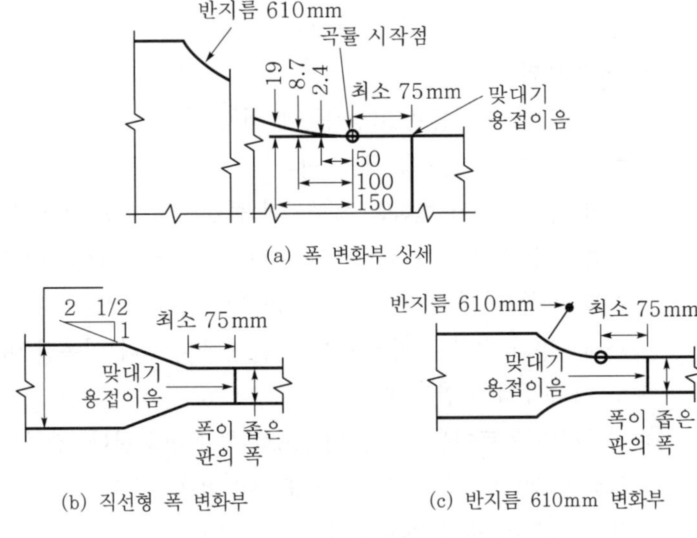

[그림 13-18] 용접 이음부 상세

10 구조물의 내진설계 개념

1. 지진의 기본개념

① 지진은 지각의 갑작스런 운동에 의해 발생하는 것으로 진앙에서 분출되는 에너지는 지반운동은 파상의 형태로 전달되며, 이를 지진파라고 한다.

② 지진파 중에서 P파(Primary wave)는 상하진동을 하는 것이고 S파(secondary wave)는 수평진동으로 구분된다.

③ 지진운동은 수평운동과 연직운동을 일으키는데 수평운동이 구조물에 미치는 영향이 지배적이다. 이유는 지진으로 인한 수평력이 연직력을 초과하기 때문이고 구조물은 주로 연직력에 대하여는 안전하도록 설계되기 때문이다.

2. 규모와 진도

1) 규모(magnitude)

① 발생한 지진에너지의 크기를 나타내는 척도로 진원의 깊이와 진앙까지의 거리 등을 고려하여 지수로 나타낸 값을 의미한다.

② 장소에 관계없는 절대적 개념의 크기를 갖는다.

2) 진도(Intensity)

① 지진의 크기를 나타내는 가장 오래된 척도를 나타낸다.

② 어떤 장소에서 지반진동의 크기를 사람이 느끼는 감각, 주위의 물체, 구조물 및 자연계에 대한 영향을 계급별로 분류시킨 상대적 개념의 지진 크기를 말한다.

③ 정성적으로 표현된 지진의 피해는 역사적인 기록에서도 찾아낼 수 있으므로 역사적인 크기를 나타낼 때에도 사용한다.

④ 지진 발생 시 지반의 운동정도를 평가하는 데 사용되며 정밀하지는 않지만 지형적으로 다른 지역의 지진효과의 비교, 지진피해 평가 등에 응용될 수 있다.

3. 도로교설계기준에 의한 용어의 정의

① **가속도계수**(acceleration coefficient) : 내진설계에 있어서 설계지진력을 산정하기 위한 계수로서 지진구역과 재현주기에 따라 그 값이 다르다.

② **내진등급** : 내진등급은 중요도에 따라서 교량을 분류하는 범주로서 내진Ⅱ등급, 내진Ⅰ등급으로 구분된다.

③ **다중모드스펙트럼해석법**(multimode spectral analysis method) : 여러 개의 진동모드를 사용하는 스펙트럼해석법

④ **단일보드스펙트럼해석법**(single mode spectral analysis) : 하나의 진동모드만을 사용하는 스펙트럼해석법

⑤ **액상화** : 진동하중에 의해 간극수압 상승과 유효응력 감소로 전단하중에 대한 전단저항을 상실하는 현상

⑥ **위험도계수** : 평균 재현주기별 지진구역계수의 비

⑦ **응답수정계수**(response modification factor) : 탄성해석으로 구한 각 요소의 내력으로부터 설계지진력을 산정하기 위한 수정계수

⑧ **지반계수**(site coefficient) : 지반상태가 탄성지진응답계수에 미치는 영향을 반영하기 위한 보정계수

⑨ **지반종류**(soil profile type) : 지진 시에 지반의 응답특성에 따라 공학적으로 분류하는 지반의 종류

⑩ **지진구역계수** : 우리나라의 지진재해도 해석결과에 근거한 지진구역에서의 평균재현주기 500년에 해당되는 암반상 지진지반운동의 세기를 나타내는 계수

⑪ **탄성지진응답계수**(elastic seismic response coefficient) : 모드스펙트럼해석법에서 등가 정적 지진하중을 구하기 위한 무차원량

KEY NOTE

내진설계 용어

① 가속도계수
② 내진등급
③ 다중모드스펙트럼해석법
④ 단일보드스펙트럼해석법
⑤ 액상화
⑥ 위험도계수
⑦ 응답수정계수
⑧ 지반계수
⑨ 지반종류
⑩ 지진구역계수
⑪ 탄성지진응답계수

KEY NOTE

4. 교량의 내진설계의 일반사항

1) 교량의 내진설계의 기본개념

① 인명피해를 최소화한다.

② 지진 시 교량 부재들의 부분적인 피해는 허용하나 전체적으로 붕괴는 방지한다.

③ 지진 시 가능한 한 교량의 기본 기능은 발휘할 수 있게 한다.

④ 교량의 정상수명 기간내에 설계지진력이 발생할 가능성은 희박하다.

⑤ 설계기준은 남한 전역에 적용될 수 있다.

⑥ 이 규정을 따르지 않더라도 창의력을 발휘하여 보다 발전된 설계를 할 경우에는 이를 인정한다.

⑦ 이러한 기본 개념을 구현하기 위해서는 낙교방지가 확보되어야 하며, 낙교방지는 가능하면 교각의 연성거동에 의한 연성파괴메커니즘을 유도하여 확보하고, 그렇지 않은 경우 낙교방지대책(전단키, 변위구속장치 등)을 제시하여 확보하여야 한다. 또한, 필요한 경우 지진격리시스템을 설치할 수 있다.

2) 설계지반운동의 일반사항

① 설계지반운동은 부지 정지작업이 완료된 지표면에서의 자유장 운동으로 정의한다.

② 국지적인 토질조건, 지질조건과 지표 및 지하 지형이 지반운동에 미치는 영향이 고려되어야 한다.

③ 설계지반운동은 흔들림의 세기, 주파수 내용 및 지속시간의 세 가지 측변에서 그 특성이 잘 정의 되어야 한다.

④ 설계지반운동은 수평 2축 방향 성분으로 정의되며 그 세기와 특성은 동일하다고 가정할 수 있다.

⑤ 모든 점에서 똑같이 가진하는 것이 합리적일 수 없는 특질을 갖는 교량 건설부지에 대해서는 지반운동의 공간적 변화모델을 사용해야 한다.

가속도계수
지진구역계수(Z)에 위험도계수(I)를 곱하여 구한다

3) 가속도계수(acceleration coefficient)

가속도계수는 중력가속도에 대한 최대지진가속도의 비를 의미하는데 설계기준에서는 설계가속도계수를 지진구역계수(Z)에 위험도계수(I)를 곱하여 구한다. 이 값을 교량의 중량에 곱하면 설계지진력이 된다. 이러한 가속도계수는 지역에 따라 다르다.

지진력(F)는 다음과 같이 산정한다.

$$F = \frac{W}{g} a = \frac{a}{g} W = A W$$

여기서, W : 중량

$W/g(=m)$: 질량

g : 중력가속도

a : 최대지진가속도

A : 가속도계수

$$\text{설계가속도계수}(A) = \text{지진구역계수}(Z) \times \text{위험도계수}(I) \quad \cdots\cdots (13\text{-}54)$$

① 지진구역계수(Z)

지진구역은 남한의 전지역을 2개의 지진구역으로 나누고 있다.

지진구역	행정구역5)		지진구역계수(Z)
I	시	서울특별시, 인천광역시, 대전광역시, 부산광역시, 대구광역시, 울산광역시, 광주광역시	0.11
	도	경기도 강원도 남부[1], 충청북도, 충청남도, 경상북도, 경상남도, 전라북도, 전라남도, 북동부[2]	
Ⅱ	도	강원도 북부[3], 전라남도 남서부[1], 제주도	0.07

1) 강원도 남부(군, 시) : 영월, 정선, 삼척시. 강릉시, 동해시, 원주시, 대백시
2) 전라남도 북동부(군, 시) : 장성, 담양, 곡성, 구례, 장흥, 보성, 화순, 광양시, 나주시, 여수시, 순천시
3) 강원도 북부(군, 시) : 무안, 신안, 완도, 영광, 진도, 해남, 영암, 강진, 고흥, 함평, 목포시
4) 전라북도 남서부(군, 시) : 무안, 신안, 완도, 영광, 진도, 해남, 영암, 강진, 고흥, 함평, 목포시
5) 행정구역 경계를 통과하는 교량에는 구역계수가 큰 것을 사용한다.

㉠ 여기서 지진구역계수는 각 지진구역에서의 평균 재현주기 500년에 해당하는 지진 지반 운동의 최대 지반가속도의 값을 중력가속도(g)로 나눈 값이다.

㉡ 평균 재현주기란 어떤 크기나 특성을 가지는 지진이 발생하는 평균 시간간력을 말한다.

② 위험도계수(I)

㉠ 구조물의 중요도에 따라 등급을 분류하고 여기에 따라 평균 재현주기 500년을 기준으로 고려한 것을 위험도계수라고 한다.

재현주기	500년	1,000년
위험도계수	1.0	1.4

KEY NOTE

지진구역계수

지진구역	행정구역5)		지진구역계수(Z)
I	시	서울특별시, 인천광역시, 대전광역시, 부산광역시, 대구광역시, 울산광역시, 광주광역시	0.11
	도	경기도 강원도 남부, 충청북도, 충청남도, 경상북도, 경상남도, 전라북도, 전라남도, 북동부	
Ⅱ	도	강원도 북부[3], 전라남도 남서부[1], 제주도	0.07

위험도계수

재현주기	500년	1,000년
위험도계수	1.0	1.4

◎ KEY NOTE

가속도계수

내진 등급	내진 Ⅱ 등급교		내진 Ⅰ 등급교	
재현주기	500년		1000년	
지진구역	Ⅰ	Ⅱ	Ⅰ	Ⅱ
가속도계수 (A)	0.11	0.07	0.154	0.098

㉡ 교량의 내진등급과 설계지진의 수준

교량의 내진등급은 교량의 중요도에 따라 분류한 것이다.

내진등급	교량	설계지진의 재현주기
내진 Ⅰ등급교	㉠ 고속도록, 자동차전용도로, 특별시도, 광역시도 또는 일반국도상의 교량 ㉡ 지방도 시도 및 군도 중 지역의 방재계획상 필요한 도록에 건설된 교량, 해당도로의 일일계획교통량을 기준으로 판단했을 때 중요한 교량 ㉢ 내진 Ⅰ등급교가 건설되는 도로 위를 넘어가는 고가교량	1,000년
내진 Ⅱ등급교	내진 Ⅰ등급교에 속하지 않는 교량	500년

③ 가속도계수(A)

가속도계수는 내진설계 시 설계지진력을 계산하기 위한 계수로서 위험도계수(I)에 구역계수(Z)를 곱한다.

내진등급	내진 Ⅱ등급교		내진 Ⅰ등급교	
재현주기	500년		1000년	
지진구역	Ⅰ	Ⅱ	Ⅰ	Ⅱ
가속도계수(A)	0.11	0.07	0.154	0.098

4) 지반계수(S)와 응답수정계수(R)

교량의 내진설계 시에 지반의 영향도 고려한다. 지반의 종류에 따라 응답특성이 다르기 때문이다. 지반에 따른 탄성지진 응답계수에 미치는 영향을 반영하기 위하여 보정계수를 지반계수라고 한다.

① 지반계수

지반분류와 지반계수는 다음과 같다.

지반종류	지반종류 호칭	지표면 아래 30m 토층에 대한 평균값			지반계수(S)
		전단과 속도(m/s)	표준관입시험(N치)	비배수전단강도(kPa)	
Ⅰ	경암지반 보통지반	760 이상	-	-	1.0
Ⅱ	매우 조밀한 토사지반 또는 연암지반	360~760	50 초과	100 초과	1.2
Ⅲ	단단한 토사지반	180~360	15~50	50~100	1.5
Ⅳ	연약한 토사지반	180 미만	15 미만	50 미만	2.0
Ⅴ	부지 고유의 특성 평가가 요구되는 지반				

KEY NOTE

② 응답수정계수(R)

㉠ 응답수정계수(response modification factor)는 탄성해석으로부터 구한 각 요소의 내력으로부터 실제 설계지진력을 산정하기 위해 탄성지진력을 응답수정계수로 나눈다.

㉡ 이는 하부구조의 경우에 축방향력과 전단력은 응답수정계수로 나누지 않는다.

$$M_d = \frac{M_e}{R}$$

여기서, M_d : 설계휨모멘트

M_e : 탄성해석의 휨모멘트

R : 응답수정계수

하부구조	R	연결부	R
벽식교각	2	상부구조와 교대	0.8
철근콘크리트 말뚝가구(bent)		상부구조의 한 지간 내의 신축이음	0.8
① 수직말뚝만 사용한 경우	3		
② 1개 이상의 경사말뚝을 사용한 경우	2		
단일기둥	3	기둥,교각 또는 말뚝가구와 캡빔 또는 상부구조	1.0
강재 또는 합성강재와 콘크리트 말뚝가구		기둥 또는 교각과 기초	1.0
① 수직말뚝만 사용한 경우	5		
② 1개 이상의 경사말뚝을 사용한 경우	3		
다주가구	5		

연결부는 부재 간에 전달력과 압축력을 전달하는 기구를 말하며 교량받침과 전단키가 이에 해당된다. 이 경우 응답수정계수는 구속된 방향으로 작용하는 탄성지진력에 대하여 적용된다.

CHAPTER 13 적중 예상문제

01 하중저항계수의 원칙을 나타내는 식으로 옳은 것은? (단, R_r은 계수저항, R_n은 공칭저항, ϕ는 저항계수, η_i는 하중저항계수, γ_i는 하중계수, Q_i는 하중 효과이다)

① $\sum \eta_i \gamma_i Q_i \le R_r = \phi R_n$
② $\sum \eta_i \gamma_i Q_i \ge R_r = \phi R_n$
③ $\sum \phi Q_i \le R_r = \eta_i \gamma_i R_n$
④ $\sum \phi Q_i \ge R_r = \eta_i \gamma_i R_n$

해설 ① 한계상태설계법.
하중저항계수법의 원칙은 $\sum \eta_i \gamma_i Q_i \le R_r = \phi R_n$ 이다.

02 하중수정계수에 대한 설명으로 옳은 것은?

① 하중 효과에 적용하는 통계적 산출계수
② 공칭저항에 적용하는 통계적 산출계수
③ 연성, 여용성, 구조물의 중요도에 관련된 계수
④ 재료강도에 의해 산출되는 구성요소 또는 연결부의 하중영향에 대한 저항

해설 ③ 하중수정계수(η_i)는 구조물의 연성, 여용성, 구조물의 중요도에 관련된 계수이다.

03 다음은 한계상태설계법에 대한 설명이다. 틀린 것은?

① 한계상태란 교란 또는 구성요소가 사용성, 안전성, 내구성의 설계규정을 만족하는 최소한의 상태로서, 이 상태를 벗어나면 관련 성능을 만족하지 못하는 한계를 말한다.
② 극한한계상태란 항복, 소성힌지의 형성, 골조 또는 부재의 안전성, 인장파괴, 피로파괴 등 안정성과 최대하중 지지력에 대한 한계상태를 말한다.
③ 사용한계상태에 대한 저항계수는 1.0보다 적은 값을 적용하며, 극단상황한계상태에 대한 저항계수는 강교의 극단한계상태에 대한 저항계수는 볼트의 경우를 제외하고는 모두 1.0을 취한다.
④ 극한한계상태는 교량의 설계수명 이내에 발생할 것으로 기대되는, 통계적으로 중요한다고 규정한 하중조합에 대하여 국부적 또는 전체적 강도와 안정성을 확보하는 것으로 규정한다. 강도한계상태라고도 한다.

해설 ③ 사용한계상태에 대한 저항계수는 1.0을 적용하며, 극단상황한계상태에 대한 저항계수는 강교의 극단한계상태에 대한 저항계수는 볼트의 경우를 제외하고는 모두 1.0을 취한다.

04 도로교설계기준(2012년 기준)에서 구분하고 있는 한계상태의 종류에 해당되지 않는 것은?

① 사용한계상태
② 허용한계상태
③ 극단상황한계상태
④ 극한한계상태

해설 ② 한계상태에는 사용한계상태, 피로 및 파단한계상태, 극한한계상태, 극단상황한계상태 등이 있다.

정답 01 ① 02 ③ 03 ③ 04 ②

05 하중저항계수법에서 교량의 설계수명 이내에 발생할 것으로 기대되는, 통계적으로 중요하다고 규정한 하중조합에 대하여 국부적 또는 전체적 강도와 안정성을 확보하기 위한 한계상태는?

① 사용한계상태
② 피로 및 파단한계상태
③ 극한한계상태
④ 극단상황한계상태

해설 ③ 극한한계상태란 항복, 소성힌지의 형성, 골조 또는 부재의 안정성, 인장파괴, 피로파괴 등 안정성과 최대 하중 지지력에 대한 한계상태를 말하며, 국부적 또는 전체적인 강도 및 안정성을 확보하는 한계상태를 말한다.

06 구조물의 정상적인 사용조건하에서 응력, 변형 및 균열폭을 제한하는 한계상태는?

① 사용한계상태
② 피로 및 파단한계상태
③ 극한한계상태
④ 극단상황한계상태

해설 ① 사용한계상태란 균열, 처짐, 피로 등의 사용성에 관한 한계상태로서, 일반적으로 구조물 또는 부재의 특정한 사용 성능에 해당하는 상태를 말한다.

07 하중수정계수(η_i)의 구성요소로 옳은 것은?

① 하중계수, 여용성계수, 연성계수
② 연성계수, 중요도계수, 하중계수
③ 하중계수, 여용성계수. 중요도계수
④ 연성계수, 여용성계수, 중요도계수

해설 ④ 하중수정계수는 연서, 여용성, 구조물의 중요도에 관련된 계수이다.

08 최대하중계수가 적용되는 하중인 경우에 하중수정계수로 옳은 것은? (단, η_D=연성에 관련된 계수, η_R=여용성에 관련된 계수, η_I=구조물중요도에 관련된 계수)

① $\eta_i = \eta_D \eta_R \eta_I \geq 0.95$
② $\eta_i = \eta_D \eta_R \eta_I < 0.95$
③ $\eta_i = \dfrac{1}{\eta_D \eta_R \eta_I} \leq 1.0$
④ $\eta_i = \dfrac{1}{\eta_D \eta_R \eta_I} > 1.0$

해설 ① 하중수정계수는 다음과 같다.
㉠ 최대하중계수가 적용되는 하중 :
$\eta_i = \eta_D \eta_R \eta_I \geq 0.95$
㉡ 최소하중계수가 적용되는 하중 :
$\eta_i = \dfrac{1}{\eta_D \eta_R \eta_I} \leq 1.0$

09 다음은 구조물 부재의 연성, 여용성, 중요도에 관한 설명이다. 틀린 것은?

① 극한한계상태의 비연성 구성요소 및 연결부의 연성계수는 1.05 이상이어야 한다.
② 에너지의 소산장치는 구조물 또는 요소의 연성을 감소시키는 역할을 한다.
③ 파괴가 되더라도 교량의 붕괴를 초래하지 않는 부재와 구성요소는 비파괴임계부재 또는 요소로 지정하며 관련 구조계는 여용구조계로 지정한다.
④ 구조물의 중요도는 극한한계상태와 극단상황한계상태에만 적용하며, 중요 교량인 경우에는 중요도계수는 1.05 이상이어야 한다.

해설 ② 에너지의 소산장치는 구조물 또는 요소의 연성을 증가시키는 역할을 한다.

10 다음 중 교량의 구조에서 상부구조에 해당되지 않는 것은?

① 바닥 ② 바닥틀
③ 주형 ④ 교각

해설 ④ 교량의 상부구조에는 바닥, 바닥돌, 주형, 받침 등이 있고, 하부구조에는 교대, 교각, 말뚝기초가 있다.

정답 05 ③ 06 ① 07 ④ 08 ① 09 ② 10 ④

11 다음은 교량에 대한 구조를 설명한 것이다. 틀린 것은?

① 바닥은 교통하중을 직접 지지하는 부분이다.
② 바닥틀은 바닥에 작용하는 하중을 주형에 전달하는 부분이다.
③ 주형은 바닥틀을 통해 전달되는 하중을 부담하고 이를 다시 교각이나 교대로 직접 전달한다.
④ 교대, 교각 등은 상부구조물을 통하여 오는 하중을 지반이나 말뚝기초로 전달한다.

해설 ③ 주형은 바닥틀을 통해 전달되는 하중을 부담하고 받침부로 전달하고 받침부에서 교각이나 교대로 전달한다. 주형과 교각이나 교대 사이에 받침부가 있다.

12 하중저항계수법에서 하중을 크게 지속하중과 변동하중으로 구분하는데, 다음에서 지속하중에 속하지 않는 것은?

① 고정하중
② 온도변화
③ 콘크리트 크리프 영향
④ 수평토압

해설 ② 온도변화는 변동하중에 속한다.

13 도로교설계기준(2012년 기준)에서 정하고 있는 변동하중에 속하지 않는 것은?

① 활하중　　② 충격
③ 지진의 영향　　④ 프리스트레스 힘

해설 ④ 프리스트레스 힘은 지속하중에 속한다.

14 다음은 극한한계상태별 하중조합에 대한 설명이다. 틀린 것은?

① 극한한계상태 하중조합 Ⅰ : 일반적인 차량통행을 고려한 기본하중조합. 이때 풍하중은 고려하지 않는다.
② 극한한계상태 하중조합 Ⅲ : 풍속 90km/hr (25/sec)를 초과하는 풍하중을 고려하는 하중조합
③ 극한한계상태 하중조합 Ⅳ : 고정하중에 비하여 활하중이 매우 큰 경우에 적용하는 하중조합
④ 극한한계상태 하중조합 Ⅴ : 90km/hr의 풍속과 일상적인 차량통행에 의한 하중 효과를 고려한 하중조합

해설 ③ 극한한계상태 하중조합 Ⅳ은 활하중에 비하여 고정하중이 매우 큰 경우에 적용하는 하중조합한 상태를 말한다.

15 다음 사용한계상태별 하중조합에 관한 설명을 틀린 것은?

① 사용한계상태 하중조합 Ⅰ : 교량의 정상 운용 상태에서 발생 가능한 모든 하중의 표준값과 25m/s의 풍하중을 조합한 하중 상태이며, 교량의 설계수명 동안 발생 확률이 매우 많은 하중조합이다.
② 사용한계상태 하중조합 Ⅱ : 차량하중에 의한 강구조물의 항복과 마찰이음부의 미끄러짐에 대한 하중조합이다.
③ 사용한계상태 하중조합 Ⅲ : 고량의 정상 운용 상태에서 설계수명 동안 종종 발생 가능한 하중조합이다.
④ 사용한계상태 하중조합 Ⅳ : 설계수명 동안 종종 발생 가능한 하중조합으로 교량 특성상 하부구조는 연직하중보다 수평하중에 노출될 때 더 위험하기 때문에 연직 활하중 대신에 수평 풍하중을 고려한 하중조합이다.

해설 ① 사용한계상태 하중조합 Ⅰ : 교량의 정상 운용 상태에서 발생 가능한 모든 하중의 표준값과 25m/s의 풍하중을 조합한 하중상태이며, 교량의 설계수명 동안 발생 확률이 매우 적은 하중조합이다.

정답 11 ③ 12 ② 13 ④ 14 ③ 15 ①

16 피로설계트럭하중을 이용하여 반복적인 차량하중과 동적 응답에 의한 피로파괴를 검토하기 위한 하중조합은 어떤 한계상태의 하중조합인가?

① 극한한계상태 하중조합 Ⅳ
② 사용한계상태 하중조합 Ⅰ
③ 피로한계상태 하중조합
④ 극단상황한계상태 하중조합 Ⅱ

해설 ③ 피로한계상태 하중조합은 피로설계트럭하중을 이용하여 반복적인 차량하중과 동적 응답에 의한 피로파괴를 검토하기 위한 하중조합이다.

17 다음은 하중저항계수법에 의한 하중조합 검토 시 설명이다. 틀린 것은?

① 각 하중조합에서 모든 하중들은 적절한 하중계수에 의해 보정되어야 하며, 필요 시에 다차로재하계수에 의해 보정되어야 한다.
② 하중계수들은 최대하중조합효가가 계산되도록 선정되어야 하며, 각 하중조합에서 정과부의 극한상태가 모두 검토되어야 한다.
③ 보정된 하중들은 조합한 경우라면, 최종적으로 하중수정계수에 의해 보정할 필요는 없다.
④ 한 하중이 다른 하중의 효과를 감소시키는 하중조합에서는 그러한 하중에 최소하중계수를 적용하여야 한다.

해설 ③ 보정된 하중들을 조합하고 최종적으로 하중수정계수에 의해 보정되어야 한다.

18 고정하중으로서 구조부재와 비구조적 부착물의 중량(DC)과 포장과 설비의 고정하중(DW), 차량활하중(LL)의 하중계수로 옳은 것은? (단, 극한한계상태의 하중조합 I이며, 하중계수는 최대값을 사용한다)

① 1.25DC + 1.25DW + 1.40LL
② 1.25DC + 1.50DW + 1.40LL
③ 1.25DC + 1.50DW + 1.80LL
④ 1.50DC + 1.50DW + 1.80LL

해설 ③ 고정하중으로서 DC와 DW, 활하중으로서 LLd의 극한한계상태 하중조합 I인 경우에 최대값을 사용한 하중계수는 1.25DC+1.50DW+1.80LL이다.

19 사용한계상태 하중조합 I에서 고정하중 활하중의 하중계수는 각각 얼마인가?

① 1.00과 1.00 ② 1.00과 1.30
③ 1.00과 0.80 ④ 1.30과 0.80

해설 ① 사용한계상태 하중조합 I인 경우에 고정하중과 활하중의 하중계수는 모두 1.00으로 한다.

20 극한한계상태 하중조합 Ⅳ에서 고정하중으로서 구조부재와 비구조적 부착물의 중량(DC)과 포장과 설비의 고정하중(DW)의 하중계수로 옳은 것은? (단, 하중계수는 최대값을 사용한다)

① 1.25DC + 1.25DW
② 1.25DC + 1.50DW
③ 1.50DC + 1.25DW
④ 1.50DC + 1.50DW

해설 ④ 극한한계상태 하중조합 Ⅳ에서 구조부재와 비구조적 부착물의 중량(DC)의 최대하중계수는 1.50이고, 포장과 설비의 고정하중(DW)의 하중계수는 1.50이다. 따라서 1.50DC+1.50DW가 된다.

21 다음 중에서 설계차로의 수로 옳은 것은? (단, W_c는 연석간의 교폭, N은 설계차로의 수, W는 설계차로폭이다)

① $W = \dfrac{W_c}{N} \leq 3.6\text{m}$

② $W = \dfrac{W_c}{N} \leq 4.0\text{m}$

③ $W = \dfrac{W_c}{N} \leq 4.2\text{m}$

④ $W = \dfrac{W_c}{N} \leq 4.6\text{m}$

정답 16 ③ 17 ③ 18 ③ 19 ① 20 ④ 21 ①

해설 ① 설계차로의 수 N은 다음과 같이 정한다.

$W=\frac{W_e}{N}\le 3.6\text{m}$로 한다.

22 교량에서 연석 간의 교폭이 15m일 때, 설계차로의 수는?

① 2　　② 3
③ 4　　④ 5

해설 ③ 15m는 $12.8\text{m}\le W_c<16.4\text{m}$에 속합으로 설계차로의 수 $N=4$차로로 한다.

23 재하차로 수가 4차로일 때, 다차로 재하계수(m)는 얼마인가?

① 1.0　　② 0.9
③ 0.8　　④ 0.7

해설 ④ 재하차로의 수가 4차로일 때, 다차로재하계수는 0.7이다.

24 2012년 개정된 도로교설계기준에 근거한 한계상태설계법에서 정한 표준트럭하중의 중량과 축간거리로 옳은 것은?

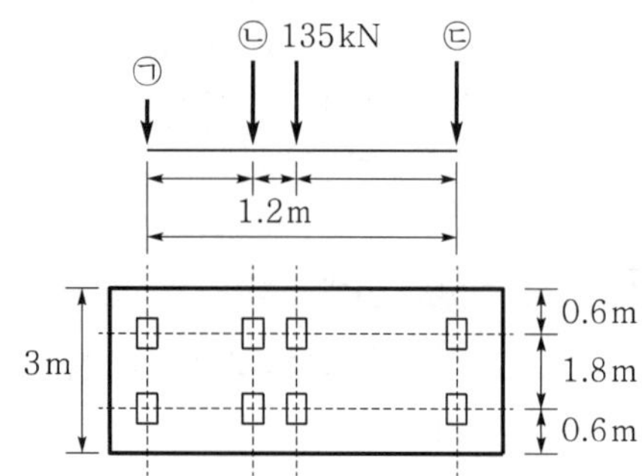

	㉠[kN]	㉡[kN]	㉢[kN]	㉣[m]	㉤[m]
①	48	135	192	3.6	7.2
②	36	145	192	4.2	9.0
③	48	135	182	3.6	7.2
④	36	145	182	4.2	9.0

해설 ③ 표준트럭의 중량과 축간거리는 다음과 같다.

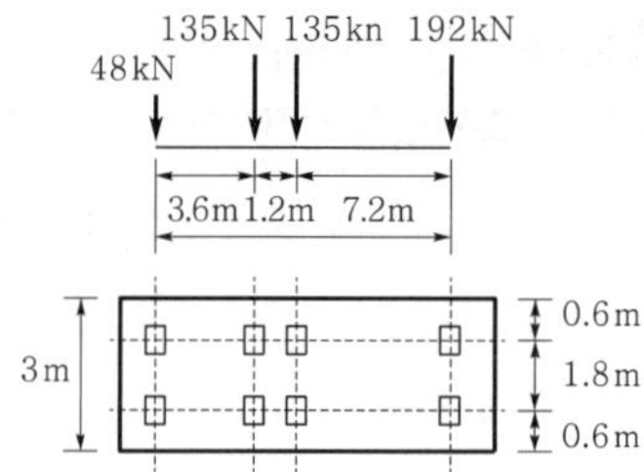

25 2012년 도로교설계기준에 근거한 교량에 작용하는 활하중에 관한 설명으로 틀린 것은?

① 표준트럭하중과 표준차로하중은 설계차로 내에서 횡방향으로 3,600mm의 폭을 점유하는 것으로 가정한다.
② 표준차로하중의 영향에는 충격하중을 적용하지 않는다.
③ 바닥판과 바닥틀을 설계하는 경우에 표준트럭하중은 종방향으로는 차로당 1대를 원칙으로 하고, 횡방향으로는 재하 가능한 대수를 재하하되 동시 재하계수를 고려하여 설계부재에 최대응력이 일어나도록 재하한다.
④ 바닥판과 바닥틀을 설계하는 경우에 교축직각방향으로 볼 때, 표준트럭하중의 최외측차륜중심의 재하위치는 차도부분의 단부로부터 300mm로 한다.

해설 ① 표준트럭하중과 표준차로하중은 설계차로내에서 횡방향으로 3.000mm의 폭을 점유하는 것으로 가정한다.

26 정적하중에 적용시켜야 할 충격하중계수는?

① $1+\frac{IM}{100}$　　② $2+\frac{IM}{100}$
③ $1+\frac{IM}{200}$　　④ $2+\frac{IM}{200}$

해설 ① 정적하중에 적용시켜야 할 충격하중계수는 $1+\frac{IM}{100}$이다.

정답 22 ③ 23 ④ 24 ① 25 ① 26 ①

27 표준차로하중이 재하되는 부분의 지간(L)이 60m 이하일 때, 표준차로하중 w[kN/m]는 얼마인가?

① 10.4
② 12.7
③ 14.2
④ $\omega = 12.7 \times \left(\dfrac{60}{L}\right)^{0.1s}$

해설 ② 표준차로하중은 다음과 같다,
$L \leq 60\text{m}$: $w = 12.7\text{kN/m}$
$L > 60\text{m}$: $w = 12.7 \times \left(\dfrac{60}{L}\right)^{0.18}$ kN/m

28 주거더를 설계할 경우에 적용되는 설계차량활하중값은?

① 표준트럭하중의 영향과 표준트럭하중 영향의 75%와 표준차로하중의 영향의 합 중에서 큰 값
② 표준차로하중의 영향과 표준트럭하중 영향의 75%와 표준차로하중의 영향의 합 중에서 큰 값
③ 표준트럭하중의 영향과 표준트럭하중 영향의 85%와 표준차로하중의 영향의 합 중에서 큰 값
④ 표준차로하중의 영향과 표준트럭하중 영향의 85%와 표준차로하중의 영향의 합 중에서 큰 값

해설 ① 주거더 설계 시의 설계차량활하중은 표준트럭하중의 영향과 표준트럭하중 영향의 75%와 표준차로하중의 영향의 합 중에서 큰 값을 사용한다.

29 피로하중의 총중량은 얼마로 하는가?

① 351kN ② 432kN
③ 480kN ④ 510kN

해설 ① 피로 하중은 세 개의 축으로 이루어져 있으며 총중량을 351kN로 환산한 한 대의 설계트럭하중 또는 축하중이다.

30 한계상태설계법에 의해 주거더 설계 시의 설계차량활하중의 설명으로 틀린 것은?

① 최대 하중 효과에 영향을 주지 않는 바퀴는 무시해도 된다.
② 표준트럭하중 최외측 차륜중심의 횡방향 재하위치는 차도부분의 단부로부터 300mm로 한다.
③ 설계차로와 각 차로에 재하되는 3,000mm 폭은 최대 하중영향을 갖도록 배치되어야 한다.
④ 다른 특별한 규정이 없다면 표준트럭하중의 영향, 표준트럭하중 영향의 75%와 표준차로하중의 영향의 합 중에서 큰 값을 사용한다.

해설 ② 표준트럭하중 최외측 차륜중심의 횡방향 재하위치는 차도부분의 단부로부터 600mm로 한다.

31 모든 한계상태에서 바닥판 신축이음장치에 대한 충격하중계수(IM)는 얼마인가?

① 1.4
② 1.5
③ 1.6
④ 1.7

해설 ④ $1 + \dfrac{IM}{100} = 1 + \dfrac{70}{100} = 1.7$

32 충격하중이 적용되지 않는 경우로 틀린 것은?

① 보도하중
② 표준트럭하중
③ 전체가 지표면 이하인 기초부재
④ 상부구조물로부터 수직반력을 받지 않는 옹벽

해설 ② 충격하중은 보도하중이나 표준차로하중에는 적용되지 않는다.

정답 27 ② 28 ① 29 ① 30 ② 31 ④ 32 ②

33 암거나 매설된 구조물에 대한 충격하중의 백분율에 관한 식으로 옳은 것은? (단, D_E : 구조물을 덮고 있는 최소깊이(mm)이다)

① $IM = 40(1.0 - 4.1^{-4}D_E) \geq 0\%$

② $IM = 50(1.0 - 4.1^{-4}D_E) \geq 0\%$

③ $IM = 60(1.0 - 4.1^{-4}D_E) \geq 0\%$

④ $IM = 70(1.0 - 4.1^{-4}D_E) \geq 0\%$

해설 ① 암거나 매설된 구조물에 대한 충격하중 백분율은 $IM = 40(1.0 - 4.1 \times 10^{-4}D_E) \geq 0\%$이다.

34 다음은 도로교설계기준 2014에서 규정하고 있는 프리스트레스 힘에 관한 설명이다. 틀린 것은?

① 설계 시에 고려하여야 할 프리스트레스 힘은 프리스트레싱 직후의 프리스트레스 힘과 유효프리스트레스 힘이다.

② 프리스트레싱 직후의 프리스트레스 힘의 감소는 프리텐션 방식에서는 콘크리트의 탄성변형, 정착장치에서의 활동량을 고려한다.

③ 프리스트레싱 직후의 프리스트레스 힘의 감소는 포스트텐션 방식에서는 콘크리트의 탄성변형. PS강재와 쉬스의 마찰, 정착장치 및 정착부 내부의 마찰. 정착장치에서의 활동량을 고려하여야 한다.

④ 유효프리스트레스 힘은 프리스트레싱 직후의 프리스트레스 힘에서 콘크리트의 크리프, 콘크리트의 건조수축, PS강재의 릴렉세이션의 영향을 고려한다.

해설 ② 프리스트레싱 직후의 프리스트레스 힘의 감소는 프리텐션 방식에서는 콘크리트의 탄성변형만을 고려한다.

35 다음은 정수압, 유수압, 부력, 파압에 관한 설명이다. 틀린 것은?

① 정수압은 수압을 지지하고 있는 구조물의 벽면에 직각으로 작용한다고 가정한다.

② 하부구조물에 종방향으로 작용되는 유수에 의한 압력은 $p = 5.14 \times 10^{-4C_D}V^2$ 이다. 여기서, C_D는 교각의 기하학적 형상에 따른 항력계수, V는 설계홍수 시의 설계유속(m/s)이다.

③ 부력은 양압력으로 간주되며, 설계수면고 하부의 모든 구조물에 작용하는 정수압의 연직하방분력의 합으로 취한다.

④ 상당한 파력이 발생하는 지역에서 파랑에 노출된 교량구조물에 대해서는 이의 영향을 고려하여야 한다.

해설 ③ 부력은 양압력으로 간주되며, 설계수면고하부의 모든 구조물에 작용하는 정수압의 연직상방분력의 합으로 취한다.

36 교량구조물의 설계 시 정의하는 초과홍수에 관한 설명이 옳은 것은?

① 유량이 50년 빈도 홍수보다 많고 100년 빈도 홍수보다 적은 홍수 또는 조석흐름

② 유량이 50년 빈도 홍수보다 많고 500년 빈도 홍수보다 적은 홍수 또는 조석흐름

③ 유량이 100년 빈도 홍수보다 많고 300년 빈도 홍수보다 적은 홍수 또는 조석흐름

④ 유량이 100년 빈도 홍수보다 많고 500년 빈도 홍수보다 적은 홍수 또는 조석흐름

⑤ 유량이 200년 빈도 홍수보다 많고 500년 빈도 홍수보다 적은 홍수 또는 조석흐름

해설 ④ 초과홍수는 유량이 100년 빈도 홍수보다 많고 500년 빈도 홍수보다 적은 홍수 또는 조석흐름을 말한다.

37 울릉도 지역의 기본풍속(m/s)은 얼마인가?

① 35 ② 40

③ 45 ④ 50

해설 ④ 울릉도 지역의 기본풍속은 50m/s이다.

정답 33 ① 34 ② 35 ③ 36 ④ 37 ④

38 교량의 내풍설계를 위한 기본풍속(V_{10})에 대한 설명이 옳은 것은?

① 재현기간 100년에 해당하는 개활지에서의 지상 10m의 5분간 평균 풍속
② 재현기간 100년에 해당하는 개활지에서의 지상 20m의 5분간 평균 풍속
③ 재현기간 100년에 해당하는 개활지에서의 지상 10m의 10분간 평균 풍속
④ 재현기간 100년에 해당하는 개활지에서의 지상 20m의 10분간 평균 풍속
⑤ 재현기간 100년에 해당하는 개활지에서의 지상 20m의 15분간 평균 풍속

해설 ③ 기본풍속은 재현기간 100년에 해당하는 개활지에서의 지상 10m의 10분간 평균 풍속을 말하는데, 대상지역 인근의 기상관측소의 장기풍속기록(태풍 또는 계절풍)과 지역적 위치를 고려하여 극치분포로부터 추정하거나 태풍자료의 시뮬레이션 등의 합리적인 방법으로 추정한다.

39 교량이나 교량부재의 가설 기준온도는 어떤 값을 사용하는가?

① 가설 직전 24시간 평균값을 사용하여야 한다.
② 가설 직전 48시간 평균값을 사용하여야 한다.
③ 가설 직전 72시간 평균값을 사용하여야 한다.
④ 가설 직전 96시간 평균값을 사용하여야 한다.

해설 ① 교량이나 교량부재의 가설 기준온도는 가설 직전 24시간 평균값을 사용하여야 한다.

40 보통 기후조건에서 강교의 강바닥판의 온도범위는 얼마인가?

① -5℃에서 35℃
② -15℃에서 35℃
③ -10℃에서 50℃
④ -30℃에서 50℃

해설 ③ 보통 기후 조건 하에서 강교 강바닥판의 온도범위는 -10℃에서 50℃이다.

41 원심하중은 표준트럭하중의 축중량에 계수 C를 곱한다. 이때 C에 관한 식으로 옳은 것은? (단, v : 도로 설계속도(m/s), g : 중력가속도(m/s^2), R : 통행차선의 회전반경(m))

① $C=\frac{1}{3}\frac{v^2}{gR}$　　② $C=\frac{2}{3}\frac{v^2}{gR}$
③ $C=\frac{4}{3}\frac{v^2}{gR}$　　④ $C=\frac{5}{3}\frac{v^2}{gR}$

해설 ③ 원심하중의 개수 $C=\frac{4}{3}\frac{v^2}{gR}$이다.

42 자동차의 제동하중의 크기와 작용방향에 대해서 옳은 것은?

① 표준트럭하중의 20%로 하고 교면상 1,800mm 되는 위치에서 자동차의 진행방향으로 작용하는 것으로 본다.
② 표준트럭하중의 10%로 하고 교면상 1,200mm 되는 위치에서 자동차의 진행방향으로 작용하는 것으로 본다.
③ 표준트럭하중의 20%로 하고 교면상 1,200mm 되는 위치에서 자동차의 진행방향으로 작용하는 것으로 본다.
④ 표준트럭하중의 20%로 하고 교면상 1,800mm 되는 위치에서 자동차의 진행방향으로 작용하는 것으로 본다.

해설 ④ 자동차의 제동하중은 최대하중 효과가 발생되도록 설계차로 위에 재하한 표준트럭하중의 10%로 하고 교면상 1,800mm되는 위치에서 자동차의 진행방향으로 작용하는 것으로 본다.

43 구조물과 차량이나 열차가 구조물, 즉 교대나 교각에 충돌 시 등가정적하중[kN]의 크기는?

① 1,600　　② 1,800
③ 2,000　　④ 2,200

해설 도로의 가장자리로부터 9,000mm 내에 위치하거나, 궤도의 중심선으로부터 15,000mm 거리 내에 위치한 교각은 1,800kN 크기의 등가정적하중에 대해 설계된다.

정답 38 ③ 39 ① 40 ③ 41 ③ 42 ④ 43 ②

44 도로설계에서 도로계획의 일반사항으로 옳지 않은 것은?

① 설계속도는 도로설계의 기초가 되는 자동차의 속도를 말하며, 도로의 기능별 구분과 지역 및 지형에 따라 결정한다.

② 도로의 기능은 크게 통행기능과 공간기능으로 구분한다.

③ 예측된 수요교통량을 설계될 기본 구간의 차도당 공급서비스 교통량으로 나누어서 차로수를 산정한다.

④ 소형차로도로는 대도시 및 도시 근교의 교통 과밀지역의 용량확대와 교통시설 구조개선 등 도로정비 차원에서 소형자동차만이 통행할 수 있는 도로다.

⑤ 지방지역 고속도로의 경우 설계서비스 수준으로 D를 사용하고 도시지역 고속도로 또는 일반도로의 경우 설계서비스 수준으로 C를 사용한다.

해설 ⑤ 도로의 설계서비스수준이란 도로를 계획하거나 설계할 때의 기준으로서 도로의 통행속도, 교통량과 교통량의 비율, 교통 밀도와 교통량 등에 따른 도로 운행 상태의 질을 말한다. 지방지역 고속도로의 경우 설계서비스 수준으로 C를 사용하고 도시지역 고속도로 또는 일반도로의 경우 설계서비스 수준으로 D를 사용한다.

45 다음 중에 주요강재의 기호가 잘못 연결된 것은?

① 일반구조용 압연강재 – SS

② 용접구조용 압연강재 – SM

③ 용접구조용 내후성 열간 압연강재 – SMA

④ 교량구조용 압연강재 – STK

해설 ④ 교량구조용 압연강재는 HSB로 표시한다. STK는 일반구조용 탄소강관을 나타낸다.

46 강재종류로 SM490이 의미하는 것은?

① 항복강도가 490MPa 이상인 용접구조용 압연강재

② 인장강도가 490MPa 이상인 용접구조용 압연강재

③ 항복강도가 490MPa 이상인 일반구조용 압연강재

④ 인장강도가 490MPa 이상인 일반구조용 압연강재

해설 ② SM490은 인장강도가 490MPa 이상인 용접구조용 압연강재를 사용한다.

47 다음은 I형강이다. 단면표시방법으로 옳은 것은?

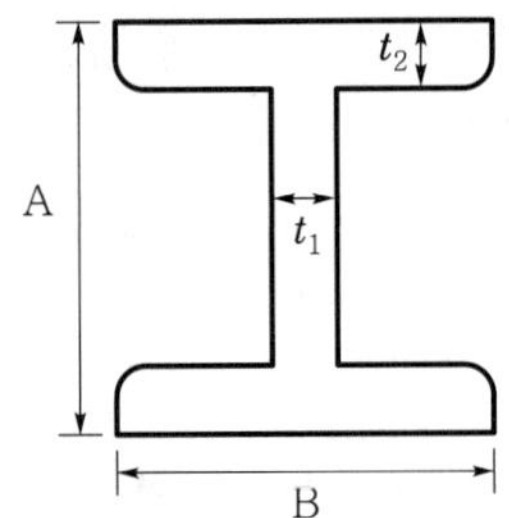

① $A \times B \times t_1 \times t_2 \times l$

② $A \times B \times t_2 \times t_1 \times l$

③ $B \times A \times t_1 \times t_2 \times l$

④ $B \times A \times t_2 \times t_1 \times l$

해설 단면표시는 $A \times B \times t_1 \times t_2 \times l$로 나타낸다. 즉, 단면높이×플랜지폭×웨브두께×플랜지두께×부재길이 순으로 나타낸다.

48 판의 두께가 40mm 이하인 SS400의 항복강도 F_y[Mpa]와 인장강도 F_u[Mpa]는 얼마인가?

	F_y[Mpa]	F_y[Mpa]
①	400	215
②	400	235
③	215	400
④	235	400

해설 ④ 판의 두께가 40mm 이하인 SS400의 항복강도 F_y =235Mpa, 인장강도 F_u =400Mpa이다.

정답 44 ⑤ 45 ④ 46 ② 47 ① 48 ④

49 고장력볼트 F13T의 항복강도 F_y[Mpa]와 인장강도 F_u[Mpa]는 얼마인가?

	F_y[Mpa]	F_u[Mpa]
①	900	1000
②	900	1,300
③	1300	1,170
④	1,170	1,300

해설 ④ 고장력볼트 F13T의 항복강도 $F_y = 1{,}170$Mpa, 인장강도 $F_u = 1{,}300$Mpa이다.

50 일반볼트 SM400의 항복강도 F_y[Mpa]와 인장강도 F_u[Mpa]는 얼마인가?

	F_y[Mpa]	F_u[Mpa]
①	400	215
②	400	235
③	215	400
④	235	400

해설 ④ 일반볼트 SM400의 항복강도 $F_y = 235$Mpa, 인장강도 $F_u = 400$Mpa이다.

51 다음은 강구조 재료에 관한 설명이다. 틀린 것은?

① 용접이음재료의 강도는 용접 후 모재의 재료강도 이상을 확보한다.
② 강과 주강의 탄성계수는 205,000Mpa이다.
③ 강의 전단탄성계수는 79,000Mpa이다.
④ 스터드 전단연결재의 항복강도는 215Mpa 이상, 인장강도는 490Mpa 이상으로 한다.

해설 ④ 스터드 전단연결재의 항복강도는 235Mpa 이상, 인장강도는 400Mpa 이상으로 한다.

52 다음은 강재의 물리상수에 관한 설명이다. 틀린 것은?

① 강의 탄성계수 – 205,000Mpa
② 강의 포아송비 – 0.25
③ 강의 열팽창계수 – 1.2×10^{-5} /℃
④ 강의 전단계수 – 79,000Mpa

해설 ② 강의 포아송비는 0.30이다.

53 다음은 강구조에 대한 설명이다. 틀린 것은?

① 철근콘크리트의 구조에 비해 강도가 크다.
② 철근콘크리트의 구조에 비해 인성과 연성이 떨어진다.
③ 철근콘크리트의 구조에 비해 좌굴가능성이 크다.
④ 철근콘크리트의 구조에 비해 비내화적이다.

해설 ② 강구조는 철근콘크리트 구조물에 비해 인성과 연성이 크다.

54 다음 중 강구조물의 특징이 아닌 것은?

① 구조물의 자중이 크다.
② 강도의 변동이 작다.
③ 장지간의 교량이 유리하다.
④ 부재를 개수하거나 보강이 쉽다.

해설 강구조물은 콘크리트 구조물에 비해 자중이 작다.

55 차량 진행방향의 주철근이 배치된 단경간 철근콘크리트 슬래브의 부재의 최소높이[mm]는? (단, S는 슬래브의 경간장이고, L은 경간장이다.)

① $\dfrac{1.2(S+3{,}000)}{30}$
② $\dfrac{S+3{,}000}{30} \geq 165\text{mm}$
③ $0.070L$
④ $0.065L$

해설 ① 차량 진행방향의 주철근이 배치된 단경간 철근콘크리트 슬래브의 부재의 최소높이는 $\dfrac{1.2(S+3{,}000)}{30}$로 하고, 다경간인 경우에는 $\dfrac{S+3{,}000}{30} \geq 165\text{mm}$이다.

정답 49 ④ 50 ④ 51 ④ 52 ② 53 ② 54 ① 55 ①

56 다음 중 강구조물의 구조적 거동 특성으로 옳지 않은 것은?

① 강구조물은 박판보강 부재나 요소의 세장성에 따른 각종 좌굴 파괴모드가 구조내력을 지배한다.
② 강구조물 중 특히 강교량의 손상이나 파손의 대부분은 보강재나 연결부의 불량 접합부나 연결부에서 시작한다.
③ 강구조물의 경우 연결 상세부위에서의 피로파손으로 인한 피로균열의 성장에 따른 피로파괴가 강구조물의 붕괴를 촉발하는 원인이 되기도 한다.
④ 강구조물은 극심한 기후환경 하에서도 충분한 내구성을 확보하고 있기 때문에 장기간에 걸쳐 유지관리가 불필요하며 비교적 취성파괴에 강한 거동 특성을 지니고 있다.

해설 ④ 강주조물은 극심한 기후환경에 취약한 편이기 때문에 장기적으로 유지관리가 필요하며 취성파괴에 대하여 약한 점을 가지고 있다.

57 다음은 강구조의 단점이 아닌 것은?

① 불에 약하다.
② 좌굴하기 쉽다
③ 피로가 발생하기 쉽다.
④ 지간을 길게 할 수 있다.

해설 지간을 길게 할 수 있는 것은 강구조의 장점에 해당된다.

58 강재와 콘크리트 재료를 비교하였을 때, 강재의 특성에 대한 설명으로 옳지 않은 것은?

① 단위체적당 강도가 크다
② 재료의 균질성이 뛰어나다.
③ 연성이 크고, 소성변형능력이 우수하다.
④ 내식성에는 약하지만 내화성에는 강하다.

해설 ④ 강재는 콘크리트에 비해 내화성에는 약하다.

59 강구조의 사용한계상태에 대한 설계검토에서 충격계수를 고려한 설계트럭하중 작용 시 보도부가 있는 바닥판의 허용처짐량으로 옳은 것은? (단, L은 바닥판 지지부재의 중심 간 거리이다.)

① $L/800$　　② $L/1,000$
③ $L/1,200$　　④ $L/1,400$

해설 보도부가 있는 바닥판은 $L/800$, 보도부가 없는 바닥판은 $L/1,000$, 보도부가 중요한 바닥판은 $L/1,200$이다.

60 일정 단면을 합성형 I형 강재보의 전체높이는 최소한 얼마로 하는가? (단, L은 경간장이고, 보는 다경간보이다)

① $0.040L$　　② $0.033L$
③ $0.032L$　　④ $0.027L$

해설 ③ 다경간이고, 일정단면의 합성형 I형 강재보의 상부구조의 최소높이는 $0.032L$이다.

61 다음은 극한한계상태에 대한 저항계수(ϕ)로 틀린 것은?

① 휨 - $\phi_f=1.00$
② 전단 - $\phi_v=1.00$
③ 축방향 압축력을 받는 강재 - $\phi_c=0.90$
④ 순단면적 적용 시 파단 인장재 - $\phi_u=0.80$

해설 ④ 순단면적 적용 시 파단되는 인장재의 저항계수는 $\phi_u = 0.80$이다.

62 완전용입 그루브용접 시 용접금속이 유효단면적에 대한 전단력을 받을 경우의 저항계수는?

① 0.80　　② 0.85
③ 0.90　　④ 모재의 저항계수

해설 ② 이 경우의 저항계수는 0.85이다.

정답 56 ④ 57 ④ 58 ④ 59 ② 60 ③ 61 ④ 62 ②

63 다음은 극한한계상태에서 볼트에 대한 저항계수이다. 틀린 것은?

① 인장력을 받는 고장력볼트 - $\phi_t = 0.80$
② 전단력을 받는 고장력볼트 - $\phi_t = 0.75$
③ 인장력을 받는 일반볼트 - $\phi_t = 0.80$
④ 전단력을 받는 일반볼트 - $\phi_t = 0.65$

해설 ② 전단력을 받는 고장력볼트의 저항계수 $\phi_t = 0.80$이다.

64 극한한계상태에서 완전용입 그루브용접 시 용접금속이 용접선에 평행한 인장 또는 압축력을 받는 경우의 저항계수는?

① 0.80 ② 0.85
③ 0.90 ④ 모재의 저항계수

해설 ④ 이 경우는 모재의 저항계수를 사용한다.

65 다음은 극한한계상태에 대한 저항계수(ϕ)로 틀린 것은?

① 총단면 적용 시 항복되는 인장재 - ϕ_y=0.90
② 지압력을 받는 볼트 - ϕ_{bb}=0.80
③ 전단연결재 - ϕ_{sc}=0.85
④ 블록전단 - ϕ_{bs}=0.80

해설 ① 총단면 적용 시 항복되는 인장재의 저항계수 ϕ_y = 0.95이다.

66 용접선에 평행한 인장 또는 압축력을 받는 부분용입 그루브용접 시 용접금속에 대한 저항계수는?

① 0.80 ② 0.85
③ 0.90 ④ 모재의 저항계수

해설 ④ 이 경우는 모재의 저항계수를 사용한다.

67 유효단면적에 수직한 인장력을 받는 부분용입 그루브용접 시 용접금속에 대한 저항계수는?

① 0.80 ② 0.85
③ 0.90 ④ 모재의 저항계수

해설 ① 이 경우의 저항계수는 0.80이다.

68 유효단면적에 수직한 압축력을 받는 부분용입 그루브용접 시 용접금속에 대한 저항계수는?

① 0.80 ② 0.85
③ 0.90 ④ 모재의 저항계수

해설 ② 이 경우의 저항계수는 0.80이다.

69 용접선에 평행한 방향의 인장 또는 압축력을 받는 필릿용접 시의 용접금속에 대한 저항계수는?

① 0.80 ② 0.85
③ 0.90 ④ 모재의 저항계수

해설 ④ 이 경우는 모재의 저항계수를 사용한다.

70 부재에 관한 일반사항의 설명이다. 틀린 것은?

① 지간은 받침부나 기타 지지부의 중심간격으로 한다.
② 수직브레이싱, 수평브레이싱 및 연결판을 포함한 모든 강재의 최소두께는 6.0mm 이상으로 한다.
③ 다이아프램이나 수직브레이싱은 풍하중을 전달할 수 있도록 설계해야 한다.
④ 연결 다이아프램이나 수직브레이싱(cross-frame)은 횡방향 연결판 또는 연결판으로서의 기능을 갖는 수직보강재에 부착해야 한다.

해설 ② 수직브레이싱, 수평브레이싱 및 연결판을 포함한 모든 강재의 최소두께는 8.0mm 이상으로 한다.

정답 63 ② 64 ④ 65 ① 66 ④ 67 ① 68 ④ 69 ④ 70 ②

71 용접금속의 목에 작용하는 전단력에 대한 필릿 용접 시의 용접금속에 대한 저항계수는?

① 0.80 ② 0.85
③ 0.90 ④ 모재의 저항계수

해설 ① 이 경우의 저항계수는 0.80이다.

72 다음은 수평브레이싱에 대한 일반사항이다. 틀린 것은?

① 수평브레이싱은 횡방향 풍하중에 저항한다.
② 플랜지에 수평연결판을 붙이는 것이 곤란할 경우에는, 보강된 복부판에 부착되는 수평연결판은 플래지에서 플랜지폭의 1/2 이상 떨어져야 한다.
③ 비보강 복부판에 부착된 수평연결판은 플랜지에서 200mm 이상 및 플랜지 폭의 1/4 이상 떨어져야 한다.
④ 수평연결판으로 연결된 수평브레이싱 부재의 끝은 복부판 및 수직보강재로부터 최소 100mm의 거리를 유지해야만 한다.

해설 ③ 비보강 복부판에 부착된 수평연결판은 플랜지에서 150mm 이상 및 플랜지 폭의 1/2 이상 떨어져야 한다.

73 인장부재에 관한 설명으로 틀린 것은?

① 인장부재의 순단면은 감소계수가 적용되거나 단면적의 감소가 적용되는 전단면적을 구한다.
② 인장부재의 순단면은 설계단면에서 모든 구멍에 대한 감소분을 고려하며, 지그재그로 볼트를 체결한 경우 볼트 구멍의 감소분에 대한 보정을 한다.
③ 순단면은 인장의 연결요소에서 규정된 이음판 및 기타 이음재의 순단면적 최대값은 전단면적의 80%를 초과할 수 없다.
④ 연결부 끝부분에서 블록전단강도에 관한 검토를 수행해야 한다.

해설 ③ 순단면은 인장의 연결요소에서 규정된 이음판 및 기타 이음재의 순단면적의 최대값은 전단면적의 85%를 초과할 수 없다.

74 두께가 10mm인 인장재 강판을 공칭지름 20mm인 고장력볼트로 연결할 때, 순단면적[mm^2]은 얼마인가? (단, 표준볼트 구멍을 사용한다)

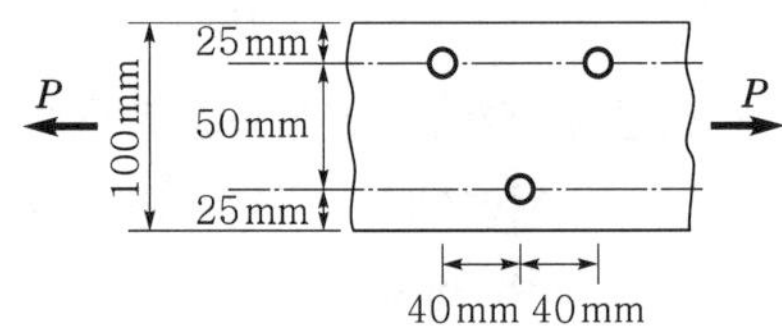

① 640 ② 720
③ 740 ④ 780

해설 ㉠ 표준볼트 구멍 적용 시
d=20mm의 고장력볼트의 표준볼트 구멍은 22mm이다.
지그재그 배치이므로 순폭은 다음과 같이 결정한다.
일직선 파단선 $b_{n1} = 100 - 22 = 78$mm이다.

$$\text{지그재그 파단선 } b_{n2} = b_g - nd_g + \Sigma\frac{s^2}{4g} = 100 - 2\times 22 + \frac{40^2}{4\times 50} = 64\text{mm}$$

따라서 순폭은 64mm가 되고, 순단면적은
$A_n = b_{n2}\times t = 64\times 10 = 640\text{mm}^2$
또는
$A_{n1} = A_g - d_h t = 100\times 10 - 22\times 10 = 780\text{mm}^2$

$$A_{n2} = A_g - 2d_h t + \frac{s^2}{4g}t = 100\times 10 - 2\times 10 + \frac{40^2}{4\times 50}\times 10 = 640\text{mm}^2$$

㉡ 일반볼트인 경우(d+3.2mm)
순폭은 다음과 같다.
일직선 파단선 $b_{y1} = 100 - (20+3.2) = 76.8$mm

$$\text{지그재그 파단선 } b_{n2} = b_g - nd_h + \Sigma\frac{s^2}{4g} = 100 - 2\times(20+3.2) + \frac{40^2}{4\times 50} = 61.6\text{mm}$$

따라서 순폭은 61.6mm가 된다.
순단면적 $A_n = b_n \times t = 61.6\times 10 = 616\text{mm}^2$

정답 71 ① 72 ③ 73 ③ 74 ①

75 그림과 같은 1－PL 180×10의 인장재 강판을 공칭지름 d=22mm의 고장력볼트로 이음할 때 순단면적 A_n[mm²]은 얼마인가? (단, 표준볼트 구멍을 사용한다.)

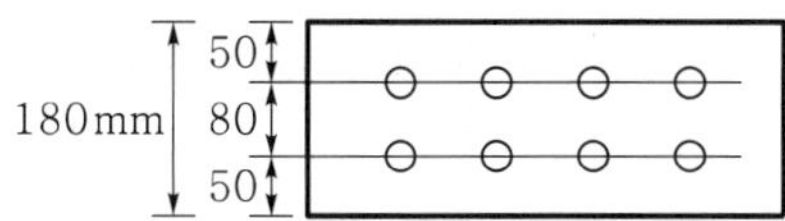

① 1,300　　② 1,320
③ 1,340　　④ 1,360

해설 ㉠ 표준볼트 구멍 적용 시
d=22mm의 고장력볼트의 표준볼트 구멍은 24mm이다.
순폭 $b_n = 180 - 2\times 24 = 132$mm
순단면적 $A_n = b_n \times t = 132\times 10 = 1,320\text{mm}^2$
또는 $A_n = b_n \times t = b_g \times t - nd_h \times t = A_g - nd_h t$
$= 180\times 10 - 2\times 24\times 10 = 1,320\text{mm}^2$
㉡ 일반볼트의 경우(d+3.2mm)
순폭 $b_n = 180 - 2\times(22+3.2) = 129.6$mm
순단면적 $A_n = b_n \times t = 129.6\times 10 = 1,296\text{mm}^2$
또는 $A_n = b_n \times t = b_g \times t - nd_h \times t = A_g - nd_h t$
$= 180\times 10 - 2\times(22+3.2)\times 10$
$= 1,296\text{mm}^2$

76 인장부재의 순단면적을 산정할 때, 볼트 구멍의 지름은 볼트의 공칭지름에 얼마를 더한 값으로 하는가?

① 2.8mm　　② 3.0mm
③ 3.2mm　　④ 3.4mm

해설 ③ 인장재의 순단면적의 산정 시 볼트 구멍의 지름은 볼트의 공칭지름에 3.2mm를 더한 값으로 한다.

77 L－150×90×12인 형강(angle)의 순단면을 구하기 위하여 전개 총 폭 b_g[mm]는 얼마인가?

① 228　　② 232
③ 240　　④ 252

해설 $b_g = b_1 + b_2 - t = A + B - t = 150 + 90 - 12 = 228$mm

78 두께가 10mm인 강판을 그림과 같이 공칭지름 d=30mm의 고장력볼트로 연결할 때 순단면적 [mm²]은? (단, 표준볼트 구멍을 사용한다.)

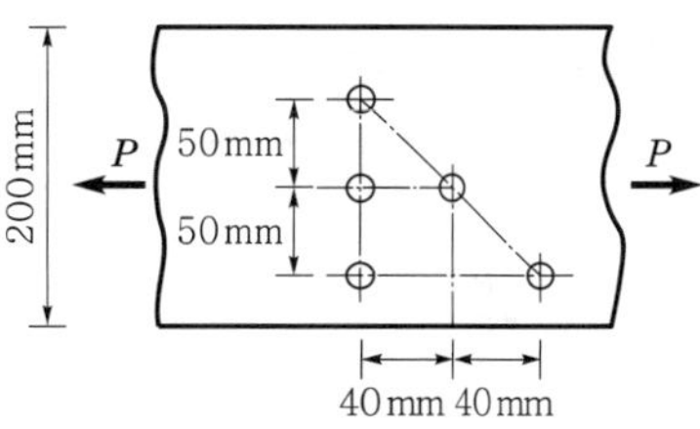

① 1,180　　② 1,220
③ 1,340　　④ 1,400

해설 ㉠ 일직선 파단선
$A_{n1} = b_{n1} \times t = b_g \times - nd_h \times t = A_g - 2d_{ht}$
$= 200\times 10 - 2\times 30\times 10 = 1,400\text{mm}^2$
㉡ 지그재그 파단선
$A_{n2} = A_g - 3d_h t + 2\dfrac{s^2}{4g}t$
$= 200\times 10 - 3\times 10 + \dfrac{40^2}{4}\times 50\times 10$
$= 1,180\text{mm}^2$
따라서 순단면적은 1,180mm²이다.

79 볼트 연결부에서 플랜지폭이 복부판 높이의 2/3 이상인 압연 I형 단면 및 I형 단면으로부터 한쪽 플랜지가 제거된 T형 단면에서, 응력방향으로 한 접합선당 3개 이상 볼트로 플랜지에서 연결된 부재의 전단지연 감소계수 U는?

① 0.75　　② 0.85
③ 0.90　　④ 1.0

해설 ③ 이 경우는 0.90이다.

80 볼트나 용접 연결 단면 내에서 각 연결요소에 직접적으로 인장력이 전달되는 단면의 경우의 전단지연에 의한 감소계수 U는?

① 0.75　　② 0.85
③ 0.90　　④ 1.0

해설 ④ 이 경우는 1.0이다.

정답 75 ② 76 ③ 77 ① 78 ① 79 ③ 80 ④

81 두께가 10mm인 강판을 그림과 같이 공칭지름 d=30mm의 고장력볼트로 연결할 때 유효순단면적 A_e[mm²]은 얼마인가? (단, 표준볼트 구멍을 사용한다.)

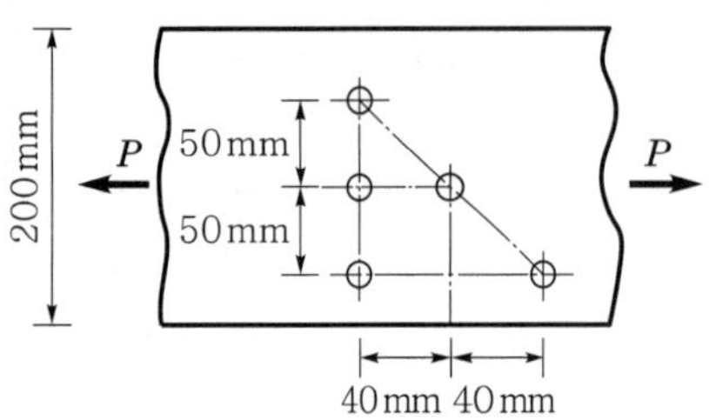

① 1,180 ② 2,220
③ 1,340 ④ 1,400

해설 ① 유효순단면적은 순단면적에 감소계수 U를 곱한 값이다.

㉠ 순단면적

일직선 파단선

$A_{n1} = b_{n1} \times t = b_g \times - nd_h \times t = A_g - 2d_{ht}$

$= 200 \times 10 - 2 \times 30 \times 10 = 1,400$mm2

지그재그 파단선

$A_{n2} = A_g - 3d_h t + 2\frac{s^2}{4g}t$

$= 200 \times 10 - 3 \times 10 + \frac{40^2}{4} \times 50 \times 10$

$= 1,180\text{mm}^2$

따라서, 순단면적은 1,180mm²

82 그림과 같은 인장을 받는 L형강의 한 변이 두 개의 고력볼트로 접합되어 있을 때, 사용된 인장재의 유효순단면적 A_e[mm²]은 얼마인가? (단, 고력볼트의 지름은 22mm이고, 표준볼트 구멍을 사용하고, $L-100 \times 100 \times 10$의 총단면적은 1,900mm²로 한다)

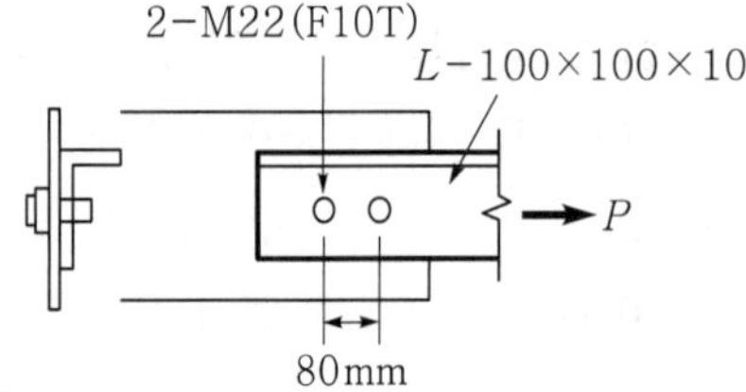

① 1,660 ② 1,494
③ 1,411 ④ 1,245

해설 ㉠ 표준볼트 구멍의 크기는 24mm이다.

㉡ 순단면적 $A_n = A_g - d_h t = 1,900 - 24 \times 10$

$= 1,600\text{mm}^2$

㉢ 이 경우의 감소계수 U=0.75이므로 유효순단면적

$A_e = A_n U = 1,600 \times 0.75 = 1,245\text{mm}^2$

83 그림과 같은 SM490인 1－PL 180×10의 인장재 강판을 공칭지름 d=22mm의 고장력볼트 F10T로 이음할 때 인장강도 P_r[kN]은 얼마인가? (단, 표준볼트 구멍을 사용한다)

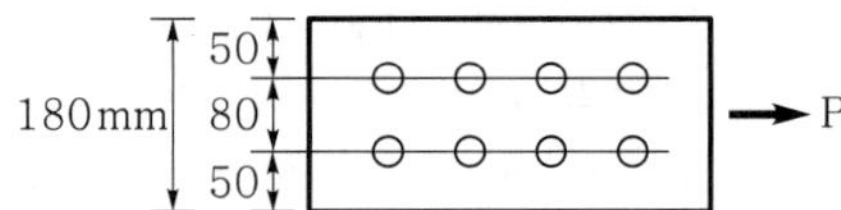

① 524.47 ② 538.65
③ 549.78 ④ 565.20

해설 ② 전단면 항복에 대한 인장강도와 순단면 파단에 대한 인장강도 중에서 작은 값을 취한다.

㉠ 전단면 항복에 대한 인장강도(P_r)

강판의 두께가 10mm로서 40mm 이하에 해당되므로 SM490의 항복강도는 315MPa이고, 인장부재의 항복에 대한 저항계수 $\phi_y = 0.95$이고, 전단면적 $A_y = 180 \times 10 = 1,800\text{mm}^2$이다.

따라서 전단면 항복에 대한 인장강도

$P_r = \phi_y P_{ny} = \phi_y f_y A_g$

$= 0.95 \times 315 \times 1,800 = 538,650\text{N} = 538.65\text{kN}$

㉡ 순단면 파단에 대한 인장강도(P_r)

SM490의 인장강도는 490Mpa, 인장부재의 파단에 대한 저항계수 ϕ_y=0.80

순단면적 $A_n = A_g - nd_h t = 180 \times 10 \times - 2 \times 24 \times 10$

$= 1,320\text{mm}^2$

전단지연 감소계수 U=1.0

따라서 순단면 파단에 대한 인장강도

$P_r = \phi_u P_\nu = \phi_u f_u A_n U$

$= 0.85 \times 490 \times 1,320 \times 1.0$

$= 549,780\text{N} = 549.78\text{kN}$

따라서 인장재의 인장강도는 작은 값인 538.65kN이다.

정답 81 ① 82 ④ 83 ②

84 강판의 두께가 40mm 이하인 SS400의 설계인장강도[kN]는 얼마인가? (단, 부재의 총단면적은 $A_g = 2,000\text{mm}^2$이고, 부재의 유효순단면적 $A_e = 1,500\text{mm}^2$이다)

① 446.5 ② 480.5
③ 510 ④ 520

해설 ① 강판의 두께가 40mm 이하인 SS400의 인장강도 $F_u = 400\text{MPa}$, 항복강도 $F_y = 235\text{MPa}$, 이다.
㉠ 전단면 항복에 대한 설계인장강도(P_r)
$P_r = \phi_y P_{ny} = \phi_y f_y A_g = 0.95 \times 235 \times 2,000$
$= 446,500\text{N} = 446.5\text{kN}$
㉡ 순단면 파단에 대한 인장강도(P_r)
$P_r = \phi_u P_{nu} = \phi_u f_u A_c = 0.85 \times 400 \times 1,500$
$= 510,000\text{N} = 510\text{kN}$
따라서 인장재의 인장강도는 작은 값인 446.5kN이다.

85 인장재로서 교번응력을 받는 주부재의 세장비 $\frac{L}{r}$의 제한으로 옳은 것은? (단, L은 비지지길이 [mm], r은 단면회전반지름[mm]이다)

① $\frac{L}{r} \le 120$ ② $\frac{L}{r} \le 140$
③ $\frac{L}{r} \le 200$ ④ $\frac{L}{r} \le 240$

해설 ② 인장재의 세장비 제안은 다음과 같다.
교번응력을 받는 주부재 : $L/r \le 140$
교번응력을 받지 주부재 : $L/r \le 200$
브레이싱 부재 : $L/r \le 240$

86 다음 그림과 같은 인장 접합재에서 설계블록전단강도[kN]는 얼마인가? (단, 고장력볼트 M20 (F10T)이고, 강재는 SM490이다)

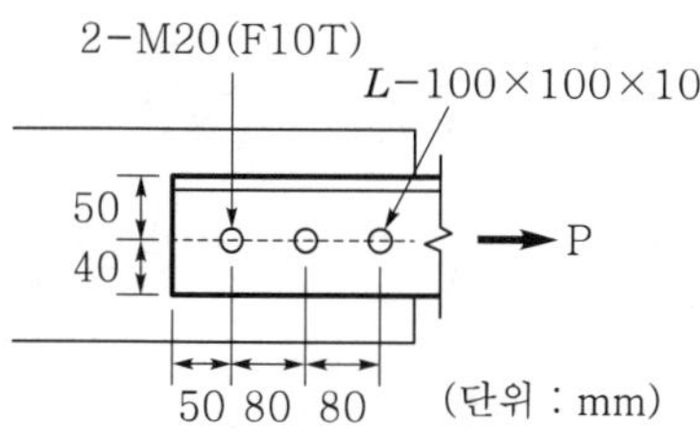

① 425.22 ② 448.52
③ 467.04 ④ 482.83

해설 ㉠ 인장력에 저항하는 단면의 순단면적(A_{tn})
$A_{tn} = [50 - 0.5 \times (22+2)] \times 10$
$= 380\text{mm}^2$
㉡ 전단력에 저항하는 단면의 순단면적(A_{vn})
$A_{rn} = [(50+80+80) - 2.5 \times (22+2)] \times 10$
$= 1,500\text{mm}^2$
따라서 $0.58A_{vn}(=870\text{mm}^2) > A_{tn}$이므로 전단파괴-인장항복이 연결부의 파괴강도를 지배한다.
㉢ 설계블록전단강도
SM490의 인장강도 $F_u = 490\text{MPa}$, 항복강도 $F_y = 315\text{MPa}$이다.
인장력에 저항하는 단면의 전단면적
$A_{tg} = 50 \times 10 = 500\text{mm}^2$
설계블록전단강도는
$R_r = \phi_{bs}(0.58F_u A_{vn} + F_y A_{tg})$
$= 0.8 \times (0.58 \times 490 \times 1,500 + 315 \times 500)$
$= 467,040\text{N} = 467.04\text{kN}$

87 폭-두께비 규정을 만족시키는 세장비 $\lambda \le 2.25$일 때, 비합성단면의 공칭압축강도 P_n으로 옳은 것은? (단, A_s= 전단면적(mm^2), F_y=항복강도(Mpa), λ=세장비이다)

① $P_n = 0.66^{\lambda} F_y A_s$
② $P_n = 0.88^{\lambda} F_y A_s$
③ $P_n = \frac{0.66 F_y A_s}{\lambda}$
④ $P_n = \frac{0.88 F_y A_s}{\lambda}$

해설 폭-두께비 규정을 만족시키는 부재에 대한 공칭압축강도 P_n는 다음과 같다.
$\lambda \le 2.25$: $P_n = 0.66^{\lambda} F_y A_s$
$\lambda > 2.25$: $P_n = \frac{0.88 F_y A_s}{\lambda}$

정답 84 ① 85 ② 86 ③ 87 ①

88 비합성단면 압축단면의 세장비 λ에 관한 식으로 옳은 것은? (단, K=유효좌굴길이계수, l=비지지 길이(mm), r_s=회전반지름(mm), F_y=항복강도(MPa), E=탄성계수(MPa))

① $\lambda=\left(\frac{Kl}{r_s\pi}\right)^2\frac{F_y}{E}$ ② $\lambda=\left(\frac{Kl}{r_s\pi}\right)^2\frac{E}{F_y}$

③ $\lambda=\left(\frac{r_s\pi}{Kl}\right)^2\frac{F_y}{E}$ ④ $\lambda=\left(\frac{r_s\pi}{Kl}\right)^2\frac{E}{F_y}$

해설 ① 비합성단면의 압축부재의 세장비 $\lambda=\left(\frac{Kl}{r_s\pi}\right)^2\frac{F_y}{E}$ 이다.

89 일반구조용강재 H형강을 사용한 길이 12m인 양단힌지로 된 기둥이 있다. 기둥의 중간길이가 측면지지 되어 있다. 강재는 SM400을 사용할 때, 압축재의 설계압축강도[kN]는 얼마인가? (단, H형강의 단면적 A=12,000mm^2, 회전반지름 r_x=120mm r_y=80mm으로 가정하고, 형강의 탄성계수 $E=2\times10^5$MPa, SM400의 항복강도 $F_y=235$MPa이고, 유효좌굴길이계수는 설계치를 사용하며, 편의상 $\pi=3$으로 한다)

① 1204.5 ② 1472.6

③ 1645.5 ④ 1832.7

해설 ㉠ 세장비

$\frac{K_x l}{r_x}=\frac{1.0\times12\times10^3}{120}=100<120$

$\frac{K_x l}{r_y}=\frac{1.0\times6\times10^3}{80}=75<120$

세장비가 강축방향이 더 크기 때문에 기둥은 강축에 대하여 좌굴된다.

㉡ 세장비모수

$\lambda=\left(\frac{Kl}{r_s\pi}\right)^2\frac{F_y}{E}=\left(\frac{100}{3}\right)^2\times\frac{235}{2\times10^5}$

$=1.31<2.25$

㉢ 공칭압축강도

$P_n=0.66^\lambda F_y A_s=0.66^{1.31}\times235\times12,000$

$=1,636,258\text{N}=1636.258\text{kN}$

㉣ 설계압축강도

$P_r=\phi_c P_n=\phi_c 0.66^\lambda F_y A_s$

$=0.90\times0.66^{1.31}\times235\times12,000$

$=1,472,631,796\text{N}=1472.6\text{kN}$

90 국부좌굴을 검토하기 위한 압축부재로 $H-500\times200\times10\times16$을 사용하는 경우 한쪽 단이 지지된 판의 폭-두께비로 옳은 것은? (단, 필릿용접부의 반지름 r=20이다)

① 4.25 ② 5.25

③ 6.25 ④ 31.25

해설 한쪽 단이 지지된 판의 폭-두께비는

$\frac{b}{t_f}=\frac{100}{16}=6.25$

91 국부좌굴을 검토하기 위한 압축부재로 $H-500\times200\times10\times16$을 사용하는 경우 양쪽 단이 지지된 판의 폭-두께비로 옳은 것은? (단, 필릿용접부의 반지름 $r=20$이다)

① 5.25 ② 6.25

③ 42.8 ④ 46.8

해설 양쪽 단이 지지된 판의 폭-두께비는

$\frac{h}{t_w}=\frac{500-2\times16-2\times20}{10}=42.8$

92 비합성압축부재의 국부좌굴을 방지하기 위해서 판의 세장비 $\frac{b}{t}$의 최대값으로 옳은 것은? (단, k=판좌굴계수, b=판의 폭(mm), t=판두께(mm), F_y=항복강도(Mpa), E=탄성계수(Mpa))

① $\frac{b}{t}\le k\sqrt{\frac{E}{f_y}}$ ② $\frac{b}{t}\le\frac{1}{k}\sqrt{\frac{E}{f_y}}$

③ $\frac{b}{t}\le k\sqrt{\frac{f_y}{E}}$ ④ $\frac{b}{t}\le\frac{1}{k}\sqrt{\frac{f_y}{E}}$

해설 ① 판의 세장비 $\frac{b}{t}\le k\sqrt{\frac{E}{f_y}}$ 이다.

정답 88 ① 89 ② 90 ③ 91 ③ 92 ①

93 I형강에서 한쪽 단이 지지된 플랜지의 국부좌굴을 방지하기 위한 판의 폭-두께비의 제한으로 옳은 것은? (단, b=판의 폭(mm), t=판 두께(mm), F_y=항복강도(Mpa), E=탄성계수(MPa))

① $\frac{b}{t} \le 0.56\sqrt{\frac{E}{f_y}}$ ② $\frac{b}{t} \le 0.75\sqrt{\frac{E}{f_y}}$

③ $\frac{b}{t} \le 1.40\sqrt{\frac{E}{f_y}}$ ④ $\frac{b}{t} \le 1.49\sqrt{\frac{E}{f_y}}$

해설 한쪽 단이 지지된 플랜지판 폭-두께비는

$\frac{b}{t} \le 0.56\sqrt{\frac{E}{f_y}}$

94 형강에서 양쪽 단이 지지된 복부판의 국부좌굴을 방지하기 위한 판의 폭-두께비의 제한으로 옳은 것은? (단, b=판의 폭(mm), t=판 두께(mm), F_y=항복강도(Mpa), E=탄성계수(Mpa))

① $\frac{b}{t} \le 0.56\sqrt{\frac{E}{f_y}}$ ② $\frac{b}{t} \le 0.75\sqrt{\frac{E}{f_y}}$

③ $\frac{b}{t} \le 1.40\sqrt{\frac{E}{f_y}}$ ④ $\frac{b}{t} \le 1.49\sqrt{\frac{E}{f_y}}$

해설 양쪽 단이 지지된 복부판의 폭-두께비는

$\frac{b}{t} \le 1.49\sqrt{\frac{E}{f_y}}$

95 원형강관단면의 두께 조건으로 옳은 것은? (단, D=강관의 지름(mm), t=강관의 두께(mm), F_y=항복강도(Mpa), E=탄성계수(MPa))

① $\frac{D}{t} \le 1.7\sqrt{\frac{E}{F_y}}$ ② $\frac{D}{t} \le 1.8\sqrt{\frac{E}{F_y}}$

③ $\frac{D}{t} \le 2.7\sqrt{\frac{E}{F_y}}$ ④ $\frac{D}{t} \le 2.8\sqrt{\frac{E}{F_y}}$

해설 강관단면의 두께는 원형단면인 경우에는 $\frac{D}{t} \le 2.8\sqrt{\frac{E}{F_y}}$ 를 만족시켜야 하고, 사각형관인 경우에는 $\frac{D}{t} \le 1.7\sqrt{\frac{E}{F_y}}$ 를 만족시켜야 한다.

96 비합성 압축부재로서 주부재의 세장비 제한으로 옳은 것은? (단, K=유효좌굴길이계수, l=비지지 길이(mm), r=단면회전반지름(mm))

① $\frac{Kl}{r} \le 100$ ② $\frac{Kl}{r} \le 100$

③ $\frac{Kl}{r} \le 120$ ④ $\frac{Kl}{r} \le 140$

해설 ③ 비합성단면의 압축재의 세장비 제한은 다음과 같다.

주부재 : $\frac{kl}{r} \le 120$

브레이싱부재 : $\frac{kl}{r} \le 140$

97 그림과 같이 양단고정압축부재의 유효좌굴길이계수로서 이론값과 설계값으로 옳은 것은?

	이론값	설계값
①	0.5	0.80
②	0.5	0.70
③	0.5	0.65
④	0.5	0.60

해설 ③ 양단고정 압축부재의 유효좌굴길이계수의 이론값은 K=0.5, 설계값은 K=0.65

정답 93 ① 94 ④ 95 ④ 96 ③ 97 ③

98 주부재의 이음과 연결부의 극한한계상태 설계시에 적용되는 하중값은?

① 연결부에서의 설계하중에 의한 단면력과 이음되는 부재의 설계강도의 평균값, 설계하중에 의한 단면력의 75% 중 큰 값
② 연결부에서의 설계하중에 의한 단면력과 이음되는 부재의 설계강도의 75%를 평균값, 부재의 설계강도 중 큰 값
③ 연결부에서의 설계하중에 의한 단면력의 75%와 이음되는 부재의 설계강도의 평균값, 부재의 설계강도 중 큰 값
④ 연결부에서의 설계하중에 의한 단면력과 이음되는 부재의 설계강도의 평균값, 부재의 설계강도의 75% 중 큰 값

해설 ④ 주부재의 이음과 연결부의 극한한계상태의 하중조건은 연결부에서의 설계하중에 의한 단면력과 이음되는 부재의 설계강도의 평균값, 부재의 설계강도의 75% 중 큰 값을 사용한다.

99 다음은 연결에 대한 일반사항이다. 틀린 것은?

① 다이아프램, 수직 브레이싱, 수평 브레이싱 또는 직선 가로보의 단부 연결은 설계하중에 의한 부재력에 대해 설계한다.
② 연결은 가능한 한 부재의 축에 대칭이 되도록 한다.
③ 바닥판 가로보와 거더의 단부연결은 한 개의 L형강을 사용한다.
④ 난간 등을 제외한 이음부에서는 한 볼트군당 2개 이상의 볼트 또는 이와 동등한 용접이 되도록 한다.

해설 ③ 바닥판 가로보와 거더의 단부연결은 두 개의 L형강을 사용한다.

100 연결에 관한 일반사항의 설명으로 틀린 것은?

① 바닥판의 가로보와 거더의 단부연결용 L형강의 두께는 7.5mm 이상으로 해야 한다.
② 브레이싱을 포함한 부재는 편심연결이 되지 않도록 연결해야한다.
③ 목재세로보가 강재가로보에 설치된 곳에서는 보강재가 있는 받침용 L형강이 총 반력을지지 할 수 있도록 설계한다.
④ 보, 거더 및 바닥판의 가로보 등의 단부는 고장력볼트를 사용하여 연결해야 한다.

해설 ① 바닥판의 가로보와 거더의 단부연결용 L형강의 두께는 9.5mm 이상으로 해야 한다.

101 다음은 볼트연결에서 마찰연결로 해야 하는 경우에 대한 설명이다. 틀린 것은?

① 연결부가 피로하중을 받는 경우
② 심한 교번하중을 받는 연결부
③ 구조물의 사용성을 확보하기 위하여 연결부의 미끄러짐을 허용하는 경우
④ 정규 볼트 구멍보다 지름이 큰 구멍에 체결된 볼트가 전단력을 받는 경우

해설 ③ 구조물의 사용성을 확보하기 위하여 연결부의 미끄러짐이 발생하면 안 되는 경우에 마찰연결로 한다.

102 볼트연결에 관한 설명으로 틀린 것은?

① 고장력볼트에 의한 연결은 마찰연결 또는 지압연결로 설계한다.
② 교번응력, 충격하중, 심한 진동을 받는 연결부는 마찰연결로 설계한다고 되어 있다.
③ 지압연결은 축방향 인장을 받는 연결부 또는 브레이싱 연결부에 대해서만 허용되며 극한한계상태에서 설계강도 R_r을 만족해야 한다고 되어 있다.
④ 인장이음은 볼트의 축방향의 저항력에 의하여 연결부의 응력이 전달되는 이음이다.

해설 ③ 지압연결은 축방향 압축을 받는 연결부 또는 브레이싱 연결부에 대해서만 허용되며, 극한계상태에서 설계강도 R_r을 만족해야 한다고 되어 있다.

정답 98 ④ 99 ③ 100 ① 101 ③ 102 ③

103 볼트이음의 형식이 아닌 것은?

① 마찰연결 ② 지압연결
③ 인장연결 ④ 압축연결

해설 ④ 볼트연결에는 마찰연결, 지압연결, 인장연결 등이 있으며 압축연결은 없다.

104 마찰연결의 경우 사용한계상태의 하중조합 Ⅱ 상태에서 볼트의 설계강도 R_r은? (단, R_n=공칭강도(N), N_s=볼트 1개당 미끄러짐면의 수, K_h=볼트 연결부에서의 구멍크기계수, K_s=볼트 연결부에서의 평면상태계수, P_t=볼트의 설계축력(N)이다)

① $R_n = K_h K_s N_s P_t$
② $\phi R_n = \phi K_h K_s N_s P_t$
③ $R_n = \dfrac{P_t}{K_h K_s N_s}$
④ $\phi R_n = \phi \dfrac{P_t}{K_h K_s N_s}$

해설 ① 사용한계상태 하중조합 Ⅱ에서는 저항계수를 고려하지 않으며, 이 경우에 볼트의 설계강도 R_r은 볼트의 공칭강도와 같다. $R_r = R_n = K_h K_s N_s P_t$이다.

105 극한한계상태의 볼트 연결부의 설계강도식으로 옳은 것은? (단, R_n=볼트 연결부의 공칭강도(N), T_n=볼트의 공칭강도(N), ϕ=볼트의 저항계수)

① $R_r = \phi R_n$와 $T_r = \phi T_n$ 중 큰 값
② $R_r = \phi R_n$와 $T_r = \phi T_n$ 중 작은 값
③ $R_r = \phi R_n$와 $T_r = \phi T_n$ 중 하나를 취함
④ $R_r = \phi R_n$와 $T_r = \phi T_n$ 중 평균한 값

해설 ③ 극한한계상태에서 볼트 연결부의 설계강도는 $R_r = \phi R_n$과 $T_r = \phi T_n$ 중 하나를 취한다.

106 다음은 볼트 연결부재와 볼트의 저항계수로 틀린 것은?

① 전단력을 받는 볼트 : ϕ_s=0.65
② 인장력을 받는 볼트 : ϕ_t=0.80
③ 지압력을 받는 볼트 : ϕ_{bb}=0.80
④ 전단력을 받는 연결부재 : ϕ_v=0.95

해설 ④ 전단력을 받는 연결부재의 저항계수 ϕ_v=1.00이다.

107 연결부의 길이가 1,270mm 이하, 극한한계상태에서 전단 단면에 나사산이 없는 고장력볼트의 공칭전단강도 R_n에 관한 설명이다. 옳은 것은? (단, A_b=공칭지름에 의한 볼트 단면적(mm^2), F_{ub}=볼트의 최소인장강도(Mpa), N_s=볼트 1개당 전단 단면수이다)

① $R_n = 0.18 A_b F_{ub} N_s$
② $R_n = 0.28 A_b F_{ub} N_s$
③ $R_n = 0.38 A_b F_{ub} N_s$
④ $R_n = 0.48 A_b F_{ub} N_s$

해설 ④ 길이가 1,270mm 이하인 연결부에서 극한한계상태의 전단 단면에 나사산이 없는 고장력볼트의 공칭전단강도 $R_n = 0.48 A_b F_{ub} N_s$이다.

108 연결부의 길이가 1,270mm 이하, 극한한계상태에서 전단 단면에 나사산이 있는 고장력볼트의 공칭전단강도 R_n에 관한 설명이다. 옳은 것은? (단, A_b=공칭지름에 의한 볼트 단면적(mm^2), F_{ub}=볼트의 최소인장강도(Mpa), N_s=볼트 1개당 전단 단면수이다)

① $R_n = 0.18 A_b F_{ub} N_s$
② $R_n = 0.28 A_b F_{ub} N_s$
③ $R_n = 0.38 A_b F_{ub} N_s$
④ $R_n = 0.48 A_b F_{ub} N_s$

정답 103 ④ 104 ① 105 ③ 106 ④ 107 ④ 108 ③

해설 ③ 길이가 1,270mm 이하인 연결부에서 극한한계상태의 전단 단면에 나사산이 있는 고장력볼트의 공칭전단강도 $R_n = 0.38A_bF_{ub}N_s$ 이다.

109 볼트의 전단강도에 대한 설명이다. 틀린 것은?

① 길이가 1,270mm 이상인 연결부에서 볼트 1개당의 공칭전단강도는 공칭강도값의 0.9배 한 것이다.

② 전단 단면에 볼트의 나사산이 있는지를 판단할 경우, 나사부의 길이는 나사부의 공칭길이에 나사산 피치의 2배를 더한 것으로 한다.

③ 연결부의 전단 단면에 나사산이 있을 경우 전단 강도는 나사부의 값으로 계산한다.

④ 전단 단면에 나사산이 없는 경우의 공칭전단강도값은 전단 단면에 나사산이 잇는 경우보다 크다.

해설 ① 길이가 1,270mm 이상인 연결부에서 볼트 1개당 공칭전단강도는 공칭강도값의 0.8배 한 것이다.

110 극한한계상태에서 볼트 구멍의 순간격 또는 응력방향의 순연단거리가 볼트 지름의 2배 이상인 볼트 구멍의 공칭지압강도 R_n은? (단, d= 볼트 공칭지름(mm), t=연결부재 두께(mm), F_u=연결부재의 인장강도(MPa), L_c=구멍 사이의 순간격 또는 구멍과 부재의 응력방향의 순연단 거리(mm))

① $R_n = 2.4dtF_u$　　② $R_n = 1.2L_ctF_u$

③ $R_n = 2.0dtF_u$　　④ $R_n = L_ttF_u$

해설 ① 볼트 구멍의 공칭지압강도는 다음과 같다.

$L_c \geq 2d$: $R_n = 2.4dtF_u$

$L_c < 2d$: $R_n = 1.2L_ctF_u$

지압력 방향에 수직인 긴 슬롯은 다음과 같다.

$L_c \geq 2d$: $R_n = 2.4dtF_u$

$L_c < 2d$: $R_n = L_ctF_u$

111 마찰연결의 경우 극한한계상태의 볼트의 공칭마찰강도 R_n은? (단, N_s= 볼트 1개당 미끄러짐 면의 수, K_h=볼트 연결부에서의 구멍크기계수, K_s=볼트 연결부에서의 표면상태계수, P_t= 볼트의 설계축력(N)이다)

① $R_n = K_hK_sN_sP_t$

② $\phi R_n = \phi K_hK_sN_sP_t$

③ $R_n = \dfrac{P_t}{K_hK_sN_s}$

④ $\phi R_n = \phi\dfrac{P_t}{K_hK_sN_s}$

해설 ① 극한한계상태 볼트의 공칭마찰강도 $R_n = K_hK_sN_sP_t$ 이다.

112 지름 22mm인 고장력볼트 F10T의 볼트 축력 P_t[kN]는 얼마인가?

① 130　　② 160

③ 200　　④ 215

해설 ③ 볼트 지름 22mm의 F10T 위 볼트축력 P_t =200kN이 된다.

113 볼트 연결부에서의 표면상태계수 K_s에 대한 설명으로 틀린 것은?

① 페인트칠하지 않은 깨끗한 흑피 또는 녹을 제거하고 A등급 도장을 한 표면은 등급 A 표면상태이다.

② 도장을 하지 않고 녹을 제거한 깨끗한 표면, 녹을 제거한 깨끗한 표면에 등급 B도장을 한 표면은 등급 B 표면상태이다.

③ 용융 도금한 표면과 거친 표면은 등급 C 표면상태이다.

④ 등급 A 표면상태의 표면상태계수 K_s = 0.40이다.

해설 등급 A 표면상태의 표면상태계수 K_s =0.33이다.

정답 109 ① 110 ① 111 ① 112 ③ 113 ④

114 볼트 연결부에서 구멍크기계수 K_h로 틀린 것은?

① 표준구멍 - 1.0
② 과대볼트 구멍 또는 짧은 슬롯 - 0.80
③ 재하 방향에 직각인 슬롯 - 0.70
④ 재하 방향에 평행인 긴 슬롯 - 0.60

해설 ② 과대볼트 구멍 또는 짧은 슬롯의 구멍크기계수 K_h = 0.85이다.

115 볼트의 공칭인장강도로 옳은 것은? (단, A_b= 공칭지름에 대한 볼트의 단면적(mm^2), F_{ub}= 볼트의 인장강도(MPa))

① $T_n = 0.54A_bF_{ub}$
② $T_n = 0.66A_bF_{ub}$
③ $T_n = 0.76A_bF_{ub}$
④ $T_n = 0.86A_bF_{ub}$

해설 ③ 볼트의 공칭인장강도 T_n은 초기에 도입된 힘과 무관하게 $T_n = 0.76A_bF_{ub}$이다.

116 다음은 볼트의 제원에 관한 설명이다. 틀린 것은?

① 별도의 규정이 없으면 고장력볼트를 이용한 연결에는 과대볼트 구멍을 사용한다.
② 마찰연결부에는 과대볼트 구멍을 사용할 수 있으나 지압연결부에서는 사용하지 않는다.
③ 짧은 슬롯은 마찰연결부 또는 지압연결부에 사용할 수 있다. 지압연결부의 경우에는 슬롯의 길이방향과 하중작용방향은 직각이 되도록 해야 한다.
④ 긴 슬롯은 가능한 한 연결부의 한쪽에만 사용해야 한다. 마찰연결은 슬롯의 방향과 하중작용방향에 관계없이 사용할 수 있으나 지압연결은 슬롯의 길이방향과 하중작용방향이 직각이 되도록 해야 한다.

해설 ① 별도의 규정이 없으면 고장력볼트를 이용한 연결에는 표준볼트 구멍을 사용한다.

117 다음은 볼트 지름, 볼트 구멍 지름, 과대볼트 구멍 지름을 연결한 것이다. 틀린 것은?

	볼트지름 d(mm)	표준볼트 구멍 지름(mm)	과대볼트 구멍지름(mm)
①	16	18.0	20.0
②	20	22.0	24.0
③	22	24.0	28.0
④	27	29.0	33.0

해설 ④ 볼트 지름 27mm인 경우에는 표준볼트 구멍 지름은 30.0mm, 과대볼트 구멍 지름은 35.0mm이다.

118 다음은 볼트의 간격에 대한 설명이다. 틀린 것은?

① 볼트의 최소중심간격은 볼트 지름의 2배보다 작아서는 안 된다.
② 과대볼트 구멍이나 슬롯의 경우 힘작용 방향 및 힘작용 방향에 수직인 방향으로의 인접구멍 간의 최소 순간격은 볼트 지름의 2배 이상이어야 한다.
③ 힘 수직 방향의 최대 연단거리는 가장 얇은 외측판 두께의 8배 또는 125mm 이하로 한다.
④ 힘 작용방향의 최대 연단거리는 가장 얇은 외측판 두께의 8배 또는 125mm 이하로 한다.

해설 ① 볼트의 최소중심간격은 볼트 지름의 3배보다 작아서는 안 된다.

119 봉합볼트의 경우 외측판 혹은 형강의 자유단에 인접한 볼트선의 볼트간격으로 옳은 것은? (단, t=외측판 또는 형강의 얇은 쪽 두께(mm)이다)

① $p \le (100 + 2.0t) \le 175$
② $p \le (100 + 2.0t) \le 185$
③ $p \le (100 + 4.0t) \le 175$
④ $p \le (100 + 4.0t) \le 185$

정답 114 ② 115 ③ 116 ① 117 ④ 118 ① 119 ③

해설 ③ 봉합볼트의 경우 외측판 혹은 형강의 자유단에 인접한 볼트선의 볼트간격은 $p \leq (100 + 4.0t) \leq 175$ 이어야 한다.

120 용접연결에 대한 일반사항이다. 틀린 것은?

① 그루브용접과 필릿용접에는 매칭 용접금속을 사용하여야 한다.

② 유효면적에 직각으로 또는 용접축에 평행으로 인장 또는 압축을 받을 경우, 완전용입 그루브용접의 설계강도는 모재의 설계강도를 취한다.

③ 용접축에 평행으로 인장 또는 압축을, 또는 유효면적에 수직으로 압축을 받는 부분용입 그루브용접의 설계강도는 모재의 설계강도를 취한다.

④ 유효면적에 직각인 방향의 인장력에 대한 부분용입 그루브용접의 설계강도는 모재의 설계강도를 취한다.

해설 ④ 유효면적에 직각인 방향의 인장력에 대한 부분용입 그루브용접의 설계강도는 $R_r = 0{,}6\phi_{el}F_{exx}$와 모재의 설계강도 중 작은 값으로 한다.

121 다음은 인장부재이다. 사용강재는 SS400이고, 연결부는 완전용입 그루브용접이다. 용접부의 설계강도[kN]는 얼마인가? (단, 강판두께 12mm이고, 용접의 유효길이는 250mm이다)

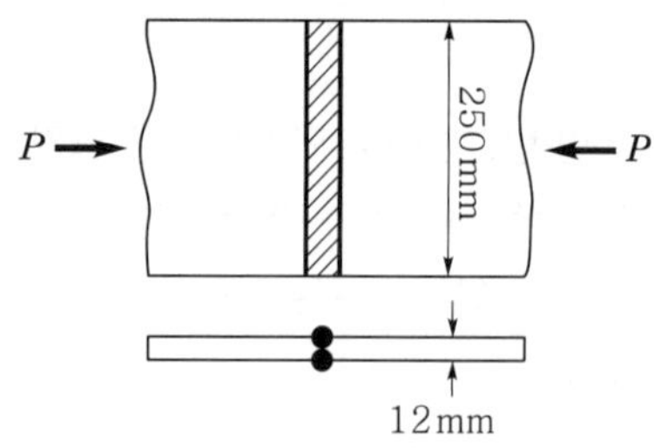

① 605.00 ② 628.54

③ 654.25 ④ 669.75

해설 ④ $R_r = \phi R_n = \phi F_y A_e = \phi F_y l_e t$
$= 0.95 \times 235 \times 250 \times 12$
$= 669{,}750\text{N} = 669.75\text{kN}$

122 유효면적에 전단력이 작용할 때 완전용입 그루브용접의 설계강도는 어떻게 정하는가?

① $R_r = 0.6\phi_{e1}F_{exx}$

② 모재의 인장에 대한 설계강도의 60% 중 작은 값

③ $R_r = 0.6\phi_{e1}F_{exx}$와 모재의 인장에 대한 설계강도의 60% 중 큰 값

④ $R_r = 0.6\phi_{e1}F_{exx}$와 모재의 인장에 대한 설계강도의 60% 중 작은 값

해설 ④ 유효면적에 전단력이 작용할 때 완전용입 그루브용접의 설계강도는 $R_r = 0.6\phi_{e1}F_{exx}$이나 모재의 인장에 대한 설계강도의 60% 중 작은 값을 사용한다.

123 다음 그림은 전단력을 받는 완전용입 그루브용접이다. 설계강도[kN]는 얼마인가? (단, 사용강재는 SS400, 용접금속의 분류강도 F_{exx}=400MPa이다)

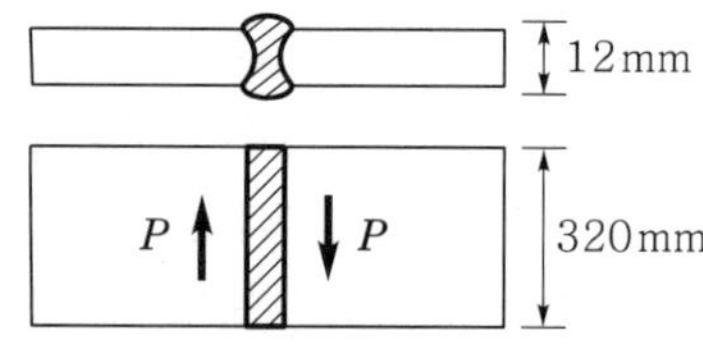

① 514.4 ② 654.5

③ 783.4 ④ 815.2

해설 ① 전단을 받는 완전용입 그루브용접 부재의 설계강도는 다음과 같이 구한다.

㉠ $R_r = 0.6\phi_{e1} \cdot F_{exx} \cdot A_e$
$= 0.6 \times 0.85 \times 400 \times (320 \times 12)$
$= 783.360\text{N} = 783.36\text{kN}$

㉡ 모재의 인장에 대한 설계강도의 60%를 취한다.
$0.6R_r = 0.60\phi R_n = 0.6\phi F_y A_e = 0.6\phi F_g l_e t$
$= 0.6 \times 0.95 \times 235 \times 320 \times 12$
$= 514.368\text{N} = 514.4\text{kN}$

따라서 전단에 대한 설계강도는 514.4kN이 된다.

정답 120 ④ 121 ④ 122 ④ 123 ①

124 필릿용접 연결에 관한 설명으로 틀린 것은?

① 용접축에 평행한 압축이나 인장에 대한 필릿용접의 설계강도는 $R_r = 0.6\phi_{e2}F_{exx}$를 사용한다.

② 전단을 받는 필릿용접은 매칭 또는 언더매칭 용접금속을 사용한다.

③ 필릿용접의 유효면적은 유효용접 길이에 유효 목두께를 곱한 값과 같다.

④ 필릿용접의 유효목두께는 부재접합부 루트에서 용접면까지의 최단거리다.

해설 ① 용접축에 평행한 압축이나 인장에 대한 필릿용접의 설계강도는 모재의 설계강도를 사용한다.

125 다음은 인장을 받는 필릿용접이다. 필릿용접의 설계강도[kN]은 얼마인가? (단, 사용강재는 SM490, 연결되는 부재는 120×10이다)

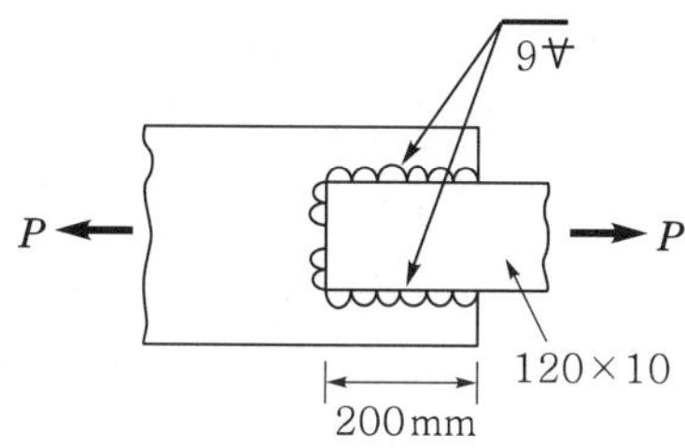

① 345.5 ② 370.5

③ 425.5 ④ 470.4

해설 ② 용접축에 평행한 압축이나 인장에 대한 필릿용접의 설계강도는 모재의 설계강도를 사용한다.

㉠ 강재의 재료강도

SM490의 인장강도 $F_u = 490\text{MPa}$, 항복강도 $F_y = 325\text{MPa}$

㉡ 단면적

전단면적 $A_g = 120\times10 = 1,200\text{mm}^2$

순단면적 $A_n = A_g = 1,200\text{mm}^2$

유효순단면적 $A_e = A_n U = 1,200\times1.0$
$= 1,200\text{mm}^2$

㉢ 필릿용접부의 설계인장강도

전단면 항복 시 설계인장강도

$P_r = \phi_y P_{ny} = \phi_y f_y A_g = 0.95\times325\times1,200$
$= 370.500\text{N} = 370.5\text{kN}$

유효순단면 파단 시 설계인장강도

$P_r = \phi_u P_{nu} = \phi_u f_u A_n U = \phi_u f_u A_e$
$= 0.80\times490\times1,200 = 470.400\text{N} = 470.4\text{kN}$

따라서 설계인장강도는 370.5kN이 된다.

126 필릿용접의 치수에 관한 설명으로 틀린 것은?

① 두께가 6mm 미만의 부재인 경우에는 필릿용접의 최대치수는 그 부재의 두께로 한다.

② 두께가 6mm 이상인 부재인 경우에는 계약서에 용접을 전체 목두께만큼 육성하도록 명시되지 않는 한 그 부재 두께보다 2mm 작은 값으로 한다.

③ 연결부의 두꺼운 부재의 두께가 20mm 이하인 경우에는 필릿용접의 최소치수는 6mm로 한다.

④ 연결부의 두꺼운 부재의 두께가 20mm 초과하는 경우에는 필릿용접의 최소치수는 10mm로 한다.

해설 ④ 연결부의 두꺼운 부재의 두께가 20mm 초과하는 경우에는 필릿용접의 최소치수는 8mm로 한다.

127 필릿용접에서 최대치수(s_{max})[mm]와 최소치수(s_{min})[mm]로 적절한 것은?

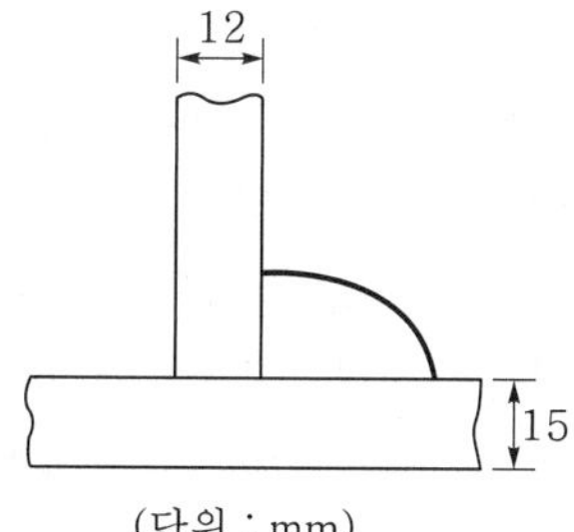

(단위 : mm)

	s_{max}[mm]	s_{min}[mm]
①	10	6
②	13	6
③	10	8
④	13	8

정답 124 ① 125 ② 126 ④ 127 ①

해설 ① 필릿용접의 최대치수는 연결부재의 두께가 12mm로 6mm 이상에 해당되므로 최대치수는 12－2=10mm가 된다. 그리고 필릿용접의 최소치수는 두꺼운 부재의 두께가 20mm 이하이므로 최소치수 6mm이다.

128 필릿용접의 최소유효길이로 옳은 것은?

① 필릿용접의 최소유효길이는 용접치수의 4배, 그리고 어떤 경우에도 40mm보다 길어야 한다.

② 필릿용접의 최소유효길이는 용접치수의 4배, 그리고 어떤 경우에도 80mm보다 길어야 한다.

③ 필릿용접의 최소유효길이는 용접치수의 8배, 그리고 어떤 경우에도 40mm보다 길어야 한다.

④ 필릿용접의 최소유효길이는 용접치수의 8배, 그리고 어떤 경우에도 80mm보다 길어야 한다.

해설 ④ 필릿용접의 최소유효길이(l_e)는 용접치수의 4배, 그리고 어떤 경우에도 40mm보다 길어야 한다.

129 강재 연결(이음)부 구조에 대한 설명으로 옳지 않은 것은?

① 연속경간에서 볼트이음은 고정하중에 의한 휨모멘트 방향의 변환점 또는 변환점 가까이 있는 곳에 있도록 해야 한다.

② 연결부 구조는 응력을 전달하지 않아야 한다.

③ 가급적 편심이 발생하지 않도록 해야 한다.

④ 가급적 잔류응력이나 응력집중이 없어야 한다.

해설 ② 연결부의 구조는 단순하여 응력 전달이 확실하여야 한다. 즉 연결부는 응력을 전달한다.

130 하중저항계수법의 강교 설계 시 콘크리트 바닥판의 배력철근량의 조건으로 옳은 것은? (단, 주철근이 차량진행에 수직일 때, S는 유효지간 길이(mm))

① $\dfrac{3,840}{\sqrt{S}} \leq 67\%$

② $\dfrac{1,750}{\sqrt{S}} \leq 50\%$

③ $\dfrac{3,840}{\sqrt{S}} \leq 50\%$

④ $\dfrac{1,750}{\sqrt{S}} \leq 67\%$

해설 ① 하중저항계수법의 강교 바닥판의 배력철근량은 다음과 같다.

주철근이 차량진행에 수직일 때 : $\dfrac{3,840}{\sqrt{S}} \leq 67\%$

주철근이 차량진행에 평행일 때 : $\dfrac{3,840}{\sqrt{S}} \leq 50\%$

131 다음은 붕괴유발부재(FCM : Fracture Critical Members)에 대한 설명이다. 틀린 것은?

① 붕괴유발부재란 부재 또는 요소 자체의 파괴가 구조물의 파괴를 유발시키는 인장부재 또는 인장요소를 말한다.

② 붕괴유발부재를 파악하기 위해서는 구조물의 여유도에는 하중경로 여유도(load path redundancy), 구조적 여유도(structural redundancy), 내적 여유도(internal redundancy) 등이 있다.

③ 단재하경로 구조물(nonredundant load path structure)은 하나의 인장을 받는 주 내하력요소(부재)의 파괴가 구조물 전체의 파괴를 유발시키는 하중을 받도록 설계된 구조물을 말한다.

④ 구조적 여유도(structural redundancy)란 주어진 하중경로에 대해 연속경간의 개수에 의해 결정되는 여유도를 말하는데, 단경간 구조물은 구조적 여유도 구조물이다.

해설 구조적 여유도(structural redundancy)란 주어진 하중경로에 대해 연속경간의 개수에 의해 결정되는 여유도를 말하는데, 단경간 구조물은 구조적 여유도 구조물이다.

정답 128 ① 129 ② 130 ① 131 ④

132 강교의 용어들에 대한 설명이다. 틀린 것은?

① 볼트의 피치(pitch)는 힘의 작용선 방향으로 잰 볼트의 순간격을 말한다.

② 다재하 경로구조물은 한 부재의 파괴로 인하여 전체적인 파괴가 일어나지 않도록 한 구조물을 말한다.

③ 스터드(stud)는 강재 주거더와 콘크리트 슬래브와의 전단연결재로서 머리부와 줄기로 이루어져 있다.

④ 니브레이스(knee brace)는 수평재와 수직재가 만드는 모서리부를 보강하기 위해서 설치하는 사재를 말한다.

해설 ① 힘의 작용선 방향으로 잰 볼트 구멍 중심 간의 거리를 볼트의 피치(pitch)라고 하며 볼트의 게이지는 힘의 작용선과 직각방향으로 잰 볼트 구멍의 중심 간의 거리를 말한다.

133 다음은 지진 용어에 대한 설명이다. 틀린 것은?

① 규모(Magnitude)는 발생한 지진에너지의 크기를 나타내는 척도로 진원의 깊이와 진앙까지의 거리 등을 고려하여 지수로 나타낸 값을 의미한다.

② 진도(Intensity) 는 어떤 장소에서 지반진동의 크기를 사람이 느끼는 감각, 주위의 물체, 구조물 및 자연계에 대한 영향을 계급별로 분류시킨 상대적 개념의 지진 크기를 나타낸다.

③ 규모는 장소에 관계없이 절대적 개념의 크기이고, 진도는 정서적으로 표현된 지진의 피해는 역사적인 기록에서도 찾아낼 수 있으므로 역사적인 크기를 나타낼 때도 사용한다.

④ 어느 하나의 지진에 대하여 진도는 여러 지역에 걸쳐 동일한 수치이나 규모는 달라질 수 있다.

해설 ④ 어느 하나의 지진에 대하여 규모는 여러 지역에 걸쳐 동일한 수치이나 진도는 달라질 수 있다.

134 우리나라 내진설계기준의 기본개념에 해당되지 않는 것은?

① 인명피해를 최소화한다.

② 지진 시 교량 부재들의 부분적인 피해는 방지한다.

③ 지진 시 가능한 한 교량의 기본 기능은 발휘할 수 있게 한다.

④ 교량의 정상수명 기간 내에 설계지진력이 발생할 가능성은 희박하다.

⑤ 설계기준은 남한 전역에 적용될 수 있다.

해설 ② 지진 시 교량 부재들의 부분적인 피해는 허용하지만 전체적 붕괴는 방지한다.

135 우리나라 지진재해도 해석결과에 근거한 지진구역에서의 평균 재현주기 500년에 해당되는 암반상 지진지반운동의 세기를 나타내는 계수는?

① 가속도계수

② 지진구역계수

③ 위험도계수

④ 응답수정계수

⑤ 지반계수

해설 ② 지진구역계수는 각 지진구역에서의 평균 재현주기 500년에 해당하는 지진 지반운동의 최대 지반가속도의 값을 중력가속도로 나눈 값이다.

136 서울특별시와 경기도 지역에 있는 내진 1등급 교량의 가속도계수는 얼마로 하는가?

① 0.075 ② 0.098

③ 0.154 ④ 0.183

해설 가속도계수는 내진설계 시 설계 지진력을 계산하기 위한 계수로서 위험도계수(I)에다가 구역계수(Z)를 곱한다. 경기도 지역과 서울지역은 지진구역이 I등급지역이어서 지진구역계수 $Z=0.11$이고, 위험도계수는 내진 1등급교량이므로 재현주기 1000년에 해당되므로 $I=1.4$이다.
따라서 가속도계수는 $A=Z\times I=0.11\times1.4=0.154$이다.

정답 132 ① 133 ④ 134 ② 135 ② 136 ③

137 다음 중 도로교 내진설계 시 고려사항으로 옳지 않은 것은?

① 거더의 단부에서는 최소 받침지지 길이가 확보되어야 한다.

② 상부구조의 여유간격은 지진 시의 지반에 대한 상부구조의 총변위량만으로 산정한다.

③ 최소 받침지지길이의 확보가 어려울 경우에 낙교방지를 위해 변위구속장치를 설치해야 한다.

④ 지진 시 상부구조와 교대 혹은 인접하는 상부구조 간의 충돌에 의한 주요 구조부재의 손상을 방지해야 한다.

해설 ② 상부구조의 여유간격은 지진 시의 지반에 대한 상부구조의 총변위량뿐만 아니라 콘크리트의 건조수축에 의한 이동량, 콘크리트 크리프에 의한 이동량, 온도변화에 의한 이동량도 고려하다. 또한 교축직각방향의 지진 시 변위에 의한 인한 인접상부구조 및 주요구조부재 간의 충돌 가능성이 있을 때는 이를 방지하기 위한 여유간격을 설치한다.

정답 137 ②

부록

과년도 출제문제

과년도 출제문제(2014년 국가직 9급)

01 보의 경간이 10m이고 양쪽 슬래브의 중심 간 거리가 2.0m인 T형보에서 유효플랜지 폭[mm]은? (단, 복부폭 $b_\omega = 500\text{mm}$, 플랜지 두께 $t_f = 100\text{mm}$이다.)

① 2,000　② 2,100
③ 2,500　④ 3,000

해설 대칭 T형보의 유효폭
㉠ $16t_f + b_w = 16 \times 100 + 500 = 2,100\text{mm}$
㉡ 양쪽 슬래브의 중심 간 거리 : 2,000mm
㉢ 보의 경간의 1/4 : $\dfrac{10,000}{4} = 2,500\text{mm}$
따라서 플랜지의 유효폭은 최솟값 2,000mm가 된다.

02 다음 그림과 같이 PS강재를 포물선으로 배치한 PSC보에 등분포하중(자중포함) $w = 16\text{kN/m}$가 작용할 경우, 경간 중앙의 단면에서 상연응력과 하연응력이 동일하였다. 이때 경간 중앙에서의 PS강재의 편심거리 e[m]는? (단, 프리스트레스 힘 P=2,500kN이 도입된다.)

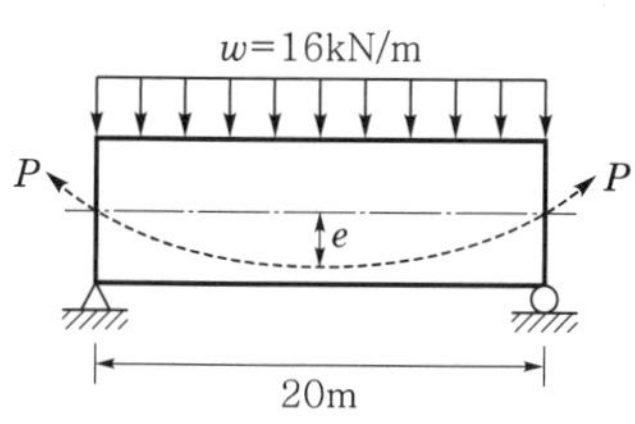

① 0.26　② 0.28
③ 0.30　④ 0.32

해설 상연과 하연의 응력이 동일하므로 하향력 등분포하중과 상향력 프리스트레싱 등분포하중의 크기는 같다.

$$u = \frac{8Ps}{L^2} = w$$

$$s = \frac{wL^2}{8P} = \frac{16 \times 20^2}{8 \times 2,500} = 0.32\text{m}$$

03 콘크리트의 크리프 및 건조수축을 설명한 것으로 옳은 것만을 모두 고르면?

> ㉠ 콘크리트의 물-시멘트비가 작을수록 크리프 변형률은 증가한다.
> ㉡ 콘크리트의 재령이 클수록 크리프 변형률의 증가비율은 증가한다.
> ㉢ 콘크리트의 주위 습도가 높을수록 건조수축 변형률은 감소한다.
> ㉣ 콘크리트의 물-시멘트비가 작을수록 건조수축 변형률은 감소한다.

① ㉠, ㉡　② ㉠, ㉢
③ ㉡, ㉣　④ ㉢, ㉣

해설 콘크리트의 물-시멘트비가 작을수록 크리프 변형률은 감소하고, 콘크리트의 재령이 클수록 크리프 변형률의 증가비율은 감소한다.

04 다음 그림과 같이 띠철근이 배근된 비합성 압축부재에서 축방향 주철근량[mm²]의 범위는? (단, 축방향 주철근은 겹칩이음되지 않으며, 2012년도 콘크리트구조기준을 적용한다.)

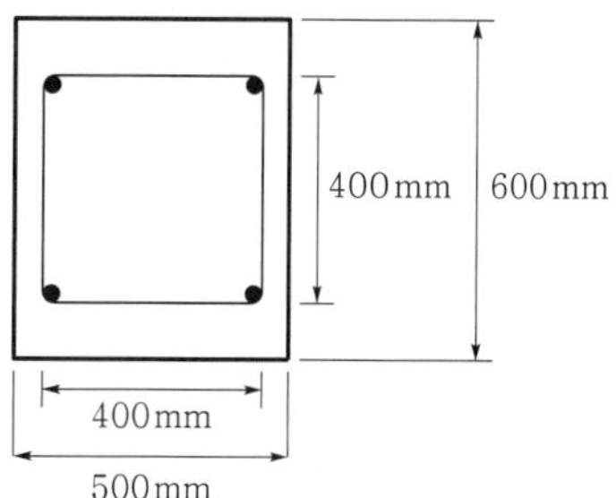

① 1,000~8,000　② 1,600~12,800
③ 3,000~24,000　④ 4,000~32,000

해설 비합성 압축부재의 축방향 철근량은 전체 단면적의 1% 이상, 8% 이하로 한다. 따라서

$$A_{st,\min} = \rho_{g.\min} bh = 0.01 \times 500 \times 600 = 3,000\text{mm}^2$$

$$A_{st,\max} = \rho_{g.\max} bh = 0.08 \times 500 \times 600 = 24,000\text{mm}^2$$

정답 01. ① 02. ④ 03. ④ 04. ③

05 2방향 슬래브에서 직접설계법을 적용할 수 있는 제한조건 중 옳지 않은 것은?

① 모든 하중은 연직하중으로 등분포하게 작용하며, 활하중은 고정하중의 2배 이하이어야 한다.

② 각 방향으로 2경간 이상 연속되어야 한다.

③ 슬래브판들은 단변 경간에 대한 장변 경간의 비가 2 이하인 직사각형이어야 한다.

④ 각 방향으로 연속한 받침부 중심 간 경간 차이는 긴 경간의 $\frac{1}{3}$ 이하이어야 한다.

해설 각 방향으로 3경간 이상 연속되어야 한다.

06 다음 그림과 같이 정(+)의 휨모멘트가 작용하는 T형보 설계 시 $b(=800\text{mm})$를 폭으로 하는 직사각형 보로 취급할 수 있는 철근량 A_s의 한계값[mm^2]은? (단, 콘크리트의 설계기준압축강도 $f_{ck}=20\text{MPa}$, 철근의 설계기준항복강도 $f_y=400\text{MPa}$이다.)

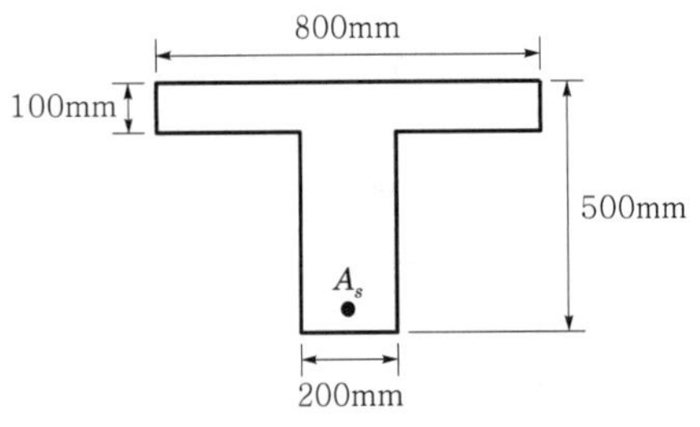

① 3,400 ② 3,600

③ 3,800 ④ 4,000

해설 T형보에서 플랜지폭을 단면폭으로 하는 직사각형보로 하기 위한 조건은 $a \le t_f$이다. 등가압축응력깊이 a는 b를 폭으로 하는 직사각형인 경우에 해당되는 값이다. 따라서 이 경우의 인장철근량은 다음과 같다.

$$a=\frac{A_s \cdot f_y}{0.85 f_{ck} b} \le t_f$$

$$A_s \le \frac{0.85 f_{ck} b t_f}{f_y}=\frac{0.85\times20\times800\times100}{400}$$

$$=3,400\text{mm}^2$$

07 전단력이 연직방향으로 작용할 때 동일한 방향으로 균열이 예상되는 콘크리트 접합면에서 계수전단력 $V_u=540\text{kN}$이 작용하였다. 이때 전단면(균열면)에 수직하게 배치되는 전단마찰철근량 $A_{vf}[\text{mm}^2]$는? [단, 전단면(균열면)의 마찰계수 $\mu=0.6$, 콘크리트의 설계기준압축강도 $f_{ck}=20\text{MPa}$, 철근의 설계기준항복강도 $f_y=400\text{MPa}$, 2012년도 콘크리트구조기준을 적용한다.]

① 1,800 ② 2,647

③ 2,812 ④ 3,000

해설 전단면에 수직한 전단마찰철근의 전단설계는

$$V_d=\phi V_n \ge V_u$$

$$\phi\mu A_{vf} f_y \ge V_u$$

$$A_{vf} \ge \frac{V_u}{\phi\mu f_y}=\frac{540\times10^3}{0.75\times0.6\times400}=3,000\text{mm}^2$$

08 옹벽의 안정조건에 대한 설명으로 옳지 않은 것은?

① 활동에 대한 저항력은 옹벽에 작용하는 수평력의 1.5배 이상이어야 한다.

② 지반침하에 대한 안정성 검토에서 지반의 최대 지반반력은 지반의 극한지지력 이하가 되어야 한며, 지반의 허용지지력은 지반의 극한지지력의 1/3이어야 한다.

③ 전도 및 지반지지력에 대한 안정조건은 만족하지만, 활동에 대한 안정조건만을 만족하지 못할 경우에는 활동방지벽 혹은 횡방향 앵커 등을 설치하여 활동저항력을 증대시킬 수 있다.

④ 전도에 대한 저항휨모멘트는 횡토압에 의한 전도모멘트의 2.0배 이상이어야 한다.

해설 지반침하에 대한 안정성에서 지반의 최대 지반반력은 지반의 허용지지력 이하가 되어야 한다.

정답 05. ② 06. ① 07. ④ 08. ②

09 다음 그림과 같은 포스트텐션보에서 PS강재가 단부 A에서만 인장력 P_o로 일단 긴장될 때, 마찰손실을 고려한 단면 C, D 위치에서 PS강재의 인장력은? [단, AB, DE : 곡선구간, BC, CD : 직선구간, PS강재의 곡률마찰계수 $\mu=0.3(/\text{rad})$, PS강재의 파상마찰계수 $\kappa=0.004(/\text{m})$, 마찰손실을 제외한 다른 손실은 고려하지 않는다.]

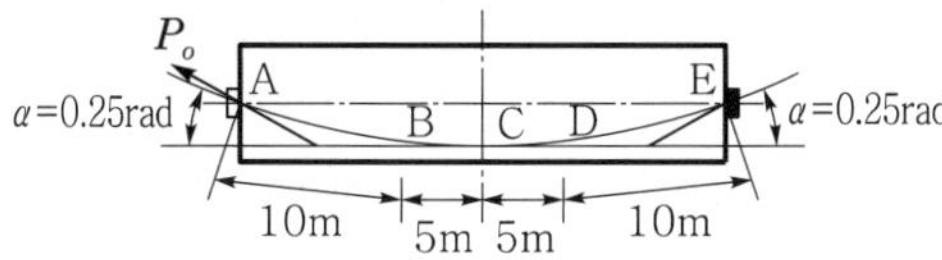

① 단면 C(P_C) : $P_o e^{-(0.3\times0.25+0.004\times15)}$
　단면 C(P_D) : $P_o e^{-(0.3\times0.25+0.004\times10)}$

② 단면 C(P_C) : $P_o e^{-(0.3\times0.25+0.004\times15)}$
　단면 C(P_D) : $P_o e^{-(0.3\times0.25+0.004\times20)}$

③ 단면 C(P_C) : $P_o e^{-(0.3\times0.25+0.004\times5)}$
　단면 C(P_D) : $P_o e^{-(0.3\times0.25+0.004\times10)}$

④ 단면 C(P_C) : $P_o e^{-(0.3\times0.25+0.004\times5)}$
　단면 C(P_D) : $P_o e^{-(0.3\times0.25+0.004\times20)}$

해설 곡률마찰손실은 각도 변화에 따른 프리스트레스트 손실이고, 파상마찰손실은 부재길이에 따른 프리스트레스트 손실이다.
임의의 위치에서 프리스트레스트 인장력은
$P_x=P_o e^{-(u\alpha+kl)}$이 된다.
㉠ C단면에서 인장력 : P_C
C단면까지 각도 변화의 총합 : $\alpha=0.25\text{rad}$
C단면까지 부재길이 : $l=15\text{m}$
$P_C=P_o e^{-(0.3\times0.25+0.004\times15)}$
㉡ D단면에서 인장력 : P_D
D단면까지 각도 변화의 총합은 BCD구간은 직선구간이므로 $\alpha=0.25\text{rad}$
D단면까지 부재길이 : $l=20\text{m}$
$P_D=P_o e^{-(0.3\times0.25+0.004\times20)}$

10 띠철근으로 보강된 사각형기둥의 압축지배구간에서는 강도감소계수 $\phi=$(㉠), 나선철근으로 보강된 원형기둥의 압축지배구간에서는 강도감소계수 $\phi=$(㉡)로 규정하였다. 강도감소계수를 다르게 적용하는 주된 이유는 (㉢)이다. ㉠, ㉡, ㉢ 안에 들어갈 내용은? (단, 2012년도 콘크리트구조기준을 적용한다.)

	㉠	㉡	㉢
①	0.65	0.70	같은 조건(콘크리트 단면적, 철근 단면적)에서 사각형기둥이 원형기둥보다 큰 하중을 견딜 수 있기 때문
②	0.70	0.65	같은 조건(콘크리트 단면적, 철근 단면적)에서 사각형기둥이 원형기둥보다 큰 하중을 견딜 수 있기 때문
③	0.65	0.70	나설철근을 사용한 기둥은 띠철근을 사용한 기둥에 비하여 충분한 연성을 확보하기 때문
④	0.70	0.65	나설철근을 사용한 기둥은 띠철근을 사용한 기둥에 비하여 충분한 연성을 확보하기 때문

해설 띠철근이 배치된 사각형 기둥의 압축지배구간에서는 강도감소계수 0.65, 나선철근으로 보강된 원형기둥의 압축지배구간에서는 강도감소계수 0.70이다.

11 압축철근의 역할 중 옳지 않은 것은?

① 연성을 증가시킨다.
② 전단철근의 조립을 편리하게 한다.
③ 지속하중으로 인한 처짐을 감소시킨다.
④ 압축지배 단면에서 파괴가 일어나도록 유도한다.

해설 전체 압축력은 압축철근을 배치함에 따라 콘크리트와 분담하므로 압축파괴를 억제한다.

정답 09. ② 10. ③ 11. ④

12 강도설계법에 관한 내용 중 옳지 않은 것은?

① 하중계수, 강도감소계수, 재료의 허용응력을 사용하여 설계한다.

② 압축측 연단에서의 극한변형률은 0.003으로 가정한다.

③ 철근과 콘크리트의 변형률은 중립축으로부터 거리에 비례하는 것으로 가정할 수 있다(단, 깊은 보는 제외한다).

④ 철근의 응력이 설계기준항복강도 f_y 이하일 때 철근의 응력은 그 변형률에 E_s를 곱한 것으로 한다.

해설 강도설계법은 재료의 항복응력을 적용한다.

13 그림과 같은 연직하중과 모멘트가 작용하는 철근콘크리트 확대 기초의 최대 지반응력[$kN \cdot m^2$]은? (단, 기초의 자중은 무시한다.)

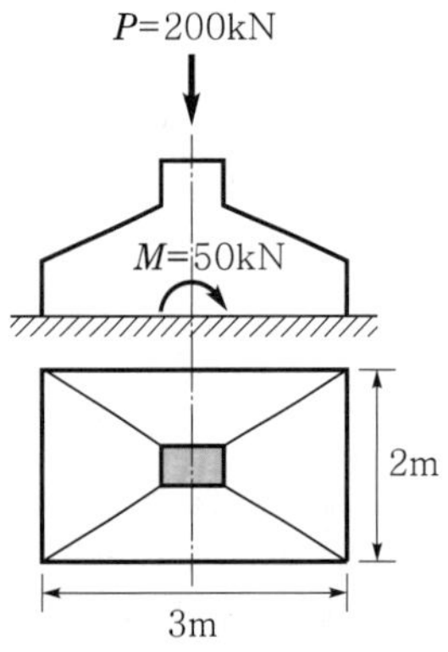

① 37　　② 50

③ 65　　④ 93

해설 기초의 최대 지반반력

$$q_{\max} = \frac{P}{A} + \frac{M}{Z}$$
$$= \frac{1}{A}\left(P + \frac{6M}{h}\right)$$
$$= \frac{1}{3\times 2}\left(200 + \frac{6\times 50}{3}\right)$$
$$= 50\text{kN/m}^2$$

14 프리스트레스트 콘크리트에서 발생되는 프리스트레스의 손실에 대한 설명으로 옳은 것은?

① 프리텐션 방식에서는 긴장재와 쉬스 사이의 마찰에 의한 손실을 고려하고 있다.

② 포스트텐션 방식에서 여러 개의 긴장재에 프리스트레스를 순차적으로 도입하는 경우에는 콘크리트의 탄성수축으로 인한 손실은 발생되지 않는다.

③ 프리스트레스의 도입 후, 시간이 경과함에 따라 발생되는 시간적 손실은 콘크리트의 탄성수축, 콘크리트의 건조수축 및 크리프에 의해 발생된다.

④ 프리스트레스의 도입 후, 시간이 경과함에 따라 발생되는 시간적 손실은 프리텐션 방식이 포스트텐션 방식보다 일반적으로 더 크다.

해설 ① 긴장재와 쉬스 사이의 마찰에 의한 손실은 포스트텐션 방식에서만 발생한다.
② 포스트텐션 방식에서 여러 개의 긴장재에 프리스트레스를 순차적으로 도입하는 경우에는 콘크리트의 탄성수축으로 인한 손실은 발생된다.
③ 시간적 손실은 콘크리트 크리프, 콘크리트의 건조수축, 긴장재의 릴랙세이션에 의해 발생된다. 탄성수축은 PS력 도입 직후 발생하는 즉시손실에 해당된다.

15 다음 그림과 같이 인장력이 작용하는 강판의 최소 순단면적[mm^2]은? (단, 볼트이음으로 볼트구멍의 지름은 20mm이며, 강판의 두께는 10mm이다.)

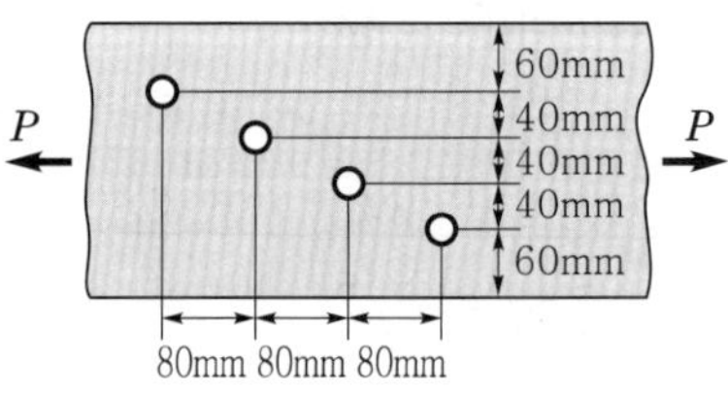

① 1,800　　② 1,900

③ 2,000　　④ 2,200

정답 12. ① 13. ② 14. ④ 15. ④

해설 볼트가 지그재그로 배치된 강판의 최소 순단면적은

㉠ 공제폭

$$w = d - \frac{p^2}{4g} = 20 - \frac{80^2}{4\times 40}$$
$$= 20 - 40 = -20\text{mm}$$

㉡ 순폭의 결정

공제폭이 (−)이므로 일렬배치와 같은 경우이다.

$b_n = b_g - d = 240 - 20 = 220\text{mm}$

㉢ 순단면적

$A_n = b_n \times t = 220 \times 10 = 2,200\text{mm}^2$

16 보통중량콘크리트에서 압축을 받는 이형철근 D25를 정착시키기 위해 소요되는 기본정착길이 l_{db}[mm]는? [단, 콘크리트의 설계기준압축강도 $f_{ck}=25\text{MPa}$, 철근의 설계기준항복강도 $f_y=300\text{MPa}$, 이형철근 D25의 지름(d_b)은 25mm로 고려하고, 2012년도 콘크리트구조기준을 적용한다.]

① 188 ② 375
③ 450 ④ 900

해설 압축이형철근의 기본정착길이는

$\frac{0.25 d_b f_y}{\lambda\sqrt{f_{ck}}} \geq 0.043 d_b f_y$, 200mm 이상이므로

여기서, $f_{ck} = 25\text{MPa} \leq 35\text{MPa}$이므로 압축이형출근의 기본정착길이는

$$l_{db} = \frac{0.25 d_b f_y}{\lambda\sqrt{f_{ck}}} = \frac{0.25\times 25\times 300}{1.0\times\sqrt{25}} = 375\text{mm}$$

17 다음 그림과 같은 휨부재 단철근 직사각형보에 대한 내용으로 옳지 않은 것은? [단, c_b : 균형보의 중립축거리, ρ_b : 균형철근비, ρ_{max} : 최대철근비, $\varepsilon_{t,\min}$: 최소 허용변형률, ϵ_y : 철근의 항복변형률, M_n : 공칭휨강도, f_{ck} : 콘크리트의 설계기준압축강도(MPa), f_y : 철근의 설계기준항복강도(MPa), E_s : 철근의 탄성계수($= 2.0\times 10^5$MPa), 2012년도 콘크리트구조기준을 적용한다.]

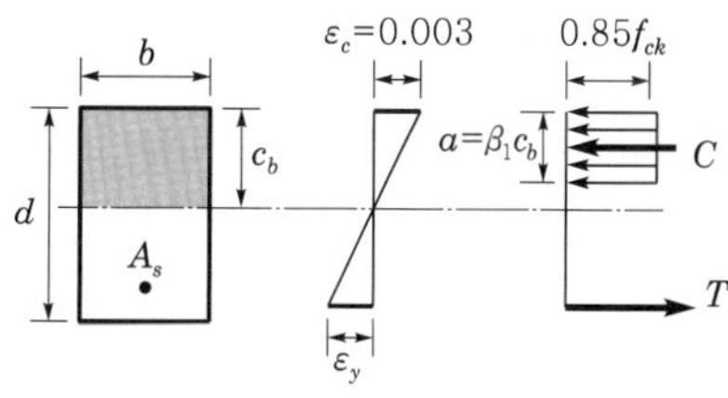

① $c_b = \frac{600}{600+f_y}d$

② $\rho_b = \frac{0.85 f_{ck}\beta_1}{f_y}\frac{600}{600+f_y}$

③ $f_y > 400\text{MPa}$인 철근에 대해서는 $\varepsilon_{t,\min} = 0.004$이고, $f_y \leq 400\text{MPa}$인 철근에 대해서는 $\varepsilon_{t,\min} = 2\varepsilon_y$이다.

④ $\varepsilon_{t,\min} = 0.004$일 경우, $\rho_{\max} = \frac{600+f_y}{1,400}\rho_b$

해설 ③ $f_y > 400\text{MPa}$인 철근에 대해서는 $\varepsilon_{t,\min} = 2\varepsilon_y$이고, $f_y \leq 400\text{MPa}$인 철근에 대해서는 $\varepsilon_{t\cdot\min} = 0.004$이다.

④ $\varepsilon_{t\cdot\min} = 0.004$일 경우, $\rho_{\max} = \frac{0.03+\varepsilon_y}{0.003+\varepsilon_{t,\min}}\rho_b$

$$= \frac{0.003+\frac{f_y}{E_s}}{0.003+0.004}\rho_b = \frac{0.003+f_y}{1,400}\rho_b$$

18 보통중량콘크리트를 사용한 휨부재인 철근콘크리트 직사각형 보가 폭이 600mm, 유효깊이가 800mm일 때 전단철근을 배치하지 않으려고 한다. 이때 위험단면에 작용하는 계수전단력(V_u)은 최대 얼마 이하의 값[kN]인가? (단, 직사각형 보는 슬래브, 기초판, 장선구조, 판부재에 해당되지 않으며, 콘크리트의 설계기준압축강도 $f_{ck}=25\text{MPa}$, 철근의 설계기준항복강도 $f_y=300\text{MPa}$, 2012년도 콘크리트구조기준을 적용한다.)

① 150
② 170
③ 300
④ 340

정답 16. ② 17. ③ 18. ①

해설 전단철근이 필요없는 경우는

$$V_u \le \frac{1}{2}\phi V_c = \frac{1}{2}\phi\left(\frac{1}{6}\lambda\sqrt{f_{ck}}\,b_w d\right)$$

$$= \frac{1}{2}\times 0.75\times\frac{1}{6}\times 1.0\times\sqrt{25}\times 600\times 800$$

$$= 150{,}000\text{N} = 150\text{kN}$$

19 인장지배 단면인 직사각형 보의 공칭휨강도 M_n은 320kN・m이다. 이 직사각형 보에 고정하중으로 인한 휨모멘트 M_d=160kN・m가 작용할 때, 연직 활하중에 의한 휨모멘트 M_l의 허용 가능한 최댓값[kN・m]은? (단, 보에는 고정하중과 활하중만 작용하며, 2012년도 콘크리트구조기준을 적용한다.)

① 50 ② 80
③ 112 ④ 160

해설 강도설계법에서

$\phi M_n \ge M_u = 1.2M_d + 1.6M_l$이므로

$$M_l \le \frac{\phi M_n - 1.2M_d}{1.6} = \frac{0.85\times 320 - 1.2\times 160}{1.6}$$

$$= 50\text{kN}\cdot\text{m}$$

20 다음 그림과 같은 단철근 T형보의 공칭휨강도 M_n, 철근량 A_{sf}를 구하는 식으로 옳은 것은? (단, 중립축은 복부에 위치하고, $A_{sw} = A_s - A_{sf}$, f_{ck} : 콘크리트의 설계기준압축강도, f_y : 철근의 설계기준항복강도이다.)

(b−b_w)/2, b, (b−b_w)/2, 0.85f_ck, 0.85f_ck, t_f, t_f, C_f, a, C_w, d, A_s, A_sf, A_sw, T_f, T_w, b_w

① $M_n = f_y A_{sf}\left(d - \frac{t_f}{2}\right) + f_y A_{sw}\left(d - \frac{a}{2}\right)$,
$A_{sf} = \frac{0.85 f_{ck} t_f (b - b_w)/2}{f_y}$

② $M_n = f_y A_{sf}\left(d - \frac{t_f}{2}\right) + f_y A_s\left(d - \frac{a}{2}\right)$,
$A_{sf} = \frac{0.85 f_{ck} t_f (b - b_w)}{f_y}$

③ $M_n = f_y A_{sf}\left(d - \frac{t_f}{2}\right) + f_y A_{sw}\left(d - \frac{a}{2}\right)$,
$A_{sf} = \frac{0.85 f_{ck} t_f (b - b_w)}{f_y}$

④ $M_n = f_y A_{sf}\left(d - \frac{t_f}{2}\right) + f_y A_s\left(d - \frac{a}{2}\right)$,
$A_{sf} = \frac{0.85 f_{ck} t_f (b - b_w)/2}{f_y}$

해설 단철근 T형보에서

$$M_n = f_y A_{sf}\left(d - \frac{t_f}{2}\right) + f_y A_{sw}\left(d - \frac{a}{2}\right)$$

$$A_{sf} = \frac{0.85 f_{ck} t_f (b - b_w)}{f_y}$$

정답 19. ① 20. ③

과년도 출제문제(2014년 지방직 9급)

01 강재와 콘크리트 재료를 비교하였을 때, 강재의 특성에 대한 설명으로 옳지 않은 것은?

① 단위체적당 강도가 크다.
② 재료의 균질성이 뛰어나다.
③ 연성이 크고, 소성변형능력이 우수하다.
④ 내식성에는 약하지만 내화성에는 강하다.

해설 강재는 내화성에 약한 구조재료이다.

02 프리스트레스트 콘크리트 부재의 설계원칙으로 옳지 않은 것은? (단, 2012년도 콘크리트구조기준을 적용한다.)

① 프리스트레스를 도입할 때부터 구조물의 수명주기 동안에 모든 재하단계의 강도 및 사용조건에 따른 거동에 근거하여야 한다.
② 프리스트레스에 의해 발생되는 부재의 탄·소성변형, 처짐, 길이 변화 및 회전 등에 의해 인접한 구조물에 미치는 영향을 고려하여야 하며, 이때 온도와 건조수축의 영향도 고려하여야 한다.
③ 긴장재가 부착되기 전의 단면 특성을 계산할 경우 덕트로 인한 단면적의 손실을 고려하여야 한다.
④ 덕트의 치수가 과대하여 긴장재와 덕트가 부분적으로 접촉하는 경우, 접촉하는 위치 사이에 있어서 부재 좌굴과 얇은 복부 및 플랜지의 좌굴 가능성에 대한 검토는 생략할 수 있다.

해설 긴장재와 덕트가 부분적으로 접촉하는 위치 사이에서 부재 좌굴과 얇은 복부 및 플랜지의 좌굴이 발생할 가능성을 검토해야 한다.

03 다음 설명에 모두 해당되는 PSC 교량의 가설공법은?

- 동바리가 필요하지 않아 깊은 계곡, 유량이 많은 하천, 선박이 항해하는 해상 등에 유용하게 사용되는 가설공법
- 교각에서 양측의 교축방향을 향하여 한 블록씩 콘크리트를 타설 또는 프리캐스트 콘크리트 블록을 순차적으로 연결하는 가설공법
- 각 시공 구분보다 오차의 수정이 가능한 가설공법

① PWS(Prefabricated Parallel Wire Stand) 공법
② FCM(Free Cantilever Method) 공법
③ FSM(Full Staging Method) 공법
④ ILM(Incremental Launching Method) 공법

해설 ① PSW 공법은 케이블 가설공법
③ FSM 공법은 동바리공법
④ ILM 공법은 압출공법

04 큰 처짐에 의해 손상되기 쉬운 칸막이벽이나 기타 구조물을 지지 또는 부착하지 않은 경간길이 5m인 단순지지 1방향 슬래브에서 처짐을 계산하지 않는 경우, 슬래브의 최소두께[mm]는? (단, 부재는 보통중량콘크리트와 설계기준항복강도 400MPa 철근을 사용한 리브가 없는 1방향 슬래브이고, 2012년도 콘크리트구조기준을 적용한다.)

① 250mm ② 300mm
③ 350mm ④ 400mm

해설 단순지지 1방향 슬래브에서 처짐을 고려하지 않을 부재의 최소두께

$h \geq \frac{L}{20} = \frac{5,000}{20} = 250\text{mm}$

정답 01. ④ 02. ④ 03. ② 04. ①

05 그림과 같은 옹벽의 안정검토를 위해 적용되는 수식으로 옳지 않은 것은? (단, W_1=저판 위의 토압수직분력, W_2=옹벽 자체 중량, P_h=수평토압의 합력, ΣW=연직력 합, ΣH=수평력 합, R=연직력과 수평력의 합력, e=편심거리, d = O 점에서 합력 작용점까지 거리, f=기초지반과 옹벽기초 사이의 마찰계수, ΣM_r=저항모멘트, ΣM_o=전도모멘트, B=옹벽저판의 폭, q_a=지반의 허용지지력이며, 옹벽저판과 기초지반 사이의 부착은 무시한다.)

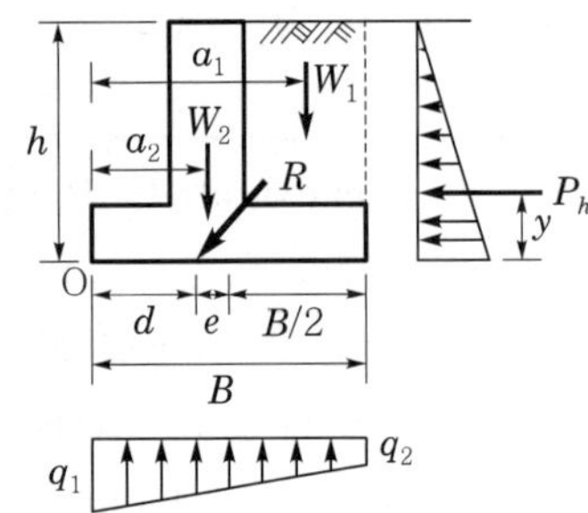

① $\Sigma W = W_1 + W_2$, $\Sigma H = P_h$,
$\Sigma M_r = W_1 a_1 + W_2 a_2$, $\Sigma M_0 = P_h y$

② 전도안전율$=\dfrac{\Sigma M_o}{\Sigma M_r} \geq 2.0$,
활동안전율$=\dfrac{\Sigma H}{f(\Sigma W)} \geq 1.5$

③ 편심거리 $e = \dfrac{B}{2} - d$
$= \dfrac{B}{2} - \dfrac{\Sigma M_r - \Sigma M_o}{\Sigma W}$

④ $q_{1,2} = \dfrac{\Sigma W}{B}\left(1 \pm \dfrac{6e}{B}\right) \leq q_a$
$\left(\text{단, } e \leq \dfrac{B}{6}\right)$

해설 전도안전율$=\dfrac{\Sigma M_r}{\Sigma M_o} \geq 2.0$,
활동안전율$=\dfrac{f(\Sigma W)}{\Sigma H} \geq 1.5$이어야 한다.

06 철근의 정착에 대한 설명으로 옳은 것은? (단, d_b=철근의 공칭지름이고, 2012년도 콘크리트구조기준을 적용한다.)

① 인장 또는 압축을 하나의 다발철근 내에 있는 개개 철근의 정착길이 l_d는 다발철근이 아닌 경우의 각 철근의 정착길이와 같게 하여야 한다.

② 압축 이형철근의 정착길이 l_d는 적용 가능한 모든 보정계수를 곱하여 구하여야 하며, 항상 300mm 이상이어야 한다.

③ 단부에 표준갈고리가 있는 인장 이형철근의 정착길이 l_{dh}는 항상 $8d_b$ 이상, 또한 150mm 이상이어야 한다.

④ 휨철근은 휨을 저항하는 데 더 이상 철근을 요구하지 않는 점에서 부재의 유효깊이 d 또는 $6d_b$ 중 큰 값 이상으로 더 연장하여야 한다(단, 단순경간의 받침부와 캔틸레버의 자유단에서 적용되지 않는다).

해설 ① 인장 또는 압축을 하나의 다발철근 내에 있는 개개 철근의 정착길이는 다발철근이 아닌 경우의 철근의 정착길이에 3개의 철근으로 구성된 다발철근에 대해서 20%, 4개의 철근으로 구성된 다발철근에 대해서 33%를 증가시켜야 한다.
② 압축 이형철근의 정착길이 l_d는 적용 가능한 모든 보정 계수를 곱하여 구하여야 하며, 항상 200mm 이상이어야 한다.
④ 휨철근은 휨을 저항하는 데 더 이상 철근을 요구하지 않는 점에서 부재의 유효깊이 d 또는 $12d_b$ 큰 값 이상으로 더 연장되어야 한다.

정답 05. ② 06. ③

07 H형강을 사용하여 길이가 5m인 기둥을 설계할 때 세장비(λ)는? (단, 기둥은 양단이 힌지로 지지되고, H형강 강축의 단면2차모멘트 $I_{xx}=20,000\text{cm}^4$, 약축의 단면2차모멘트 $I_{yy}=8,100\text{cm}^4$이며, 면적 $A=100\text{cm}^2$)

① 45.5 ② 55.6
③ 66.7 ④ 81.0

해설 양단힌지 조건기둥의 세장비
㉠ 회전반지름 $r=\sqrt{\frac{I_{yy}}{A}}=\sqrt{\frac{8,100}{100}}=9\text{cm}$
㉡ 유효좌굴길이 개수 $k=1.0$
$\lambda_e=\frac{kL}{r}=\frac{1.0\times500}{9}=55.6$

08 설계기준압축강도 f_{ck}가 30MPa이며, 현장에서 배합강도 결정을 위한 연속된 시험횟수가 20회인 콘크리트의 배합강도 f_{cr}을 결정하는 수식은? (단, s는 시험횟수에 따른 보정계수 적용 이전의 압축강도 표준편차이다.)

① 두 값 중 큰 값
$$\begin{cases} f_{cr}=f_{ck}+1.34(1.00\times s) \\ f_{cr}=(f_{ck}-3.5)+2.33(1.00\times s) \end{cases}$$
② 두 값 중 큰 값
$$\begin{cases} f_{cr}=f_{ck}+1.34(1.00\times s) \\ f_{cr}=0.9f_{ck}+2.33(1.16\times s) \end{cases}$$
③ 두 값 중 큰 값
$$\begin{cases} f_{cr}=f_{ck}+1.34(1.08\times s) \\ f_{cr}=(f_{ck}-3.5)+2.33(1.08\times s) \end{cases}$$
④ 두 값 중 큰 값
$$\begin{cases} f_{cr}=f_{ck}+1.34(1.00\times s) \\ f_{cr}=0.9f_{ck}+2.33(1.08\times s) \end{cases}$$

해설 ③ f_{ck}가 30MPa로 35MPa 이하에 해당되고 시험횟수가 20회이므로 이에 따른 표준편차의 보정계수는 1.08이다.
$$\begin{cases} f_{cr}=f_{ck}+1.34(1.08\times s) \\ f_{cr}=(f_{ck}-3.5)+2.33(1.08\times s) \end{cases}$$

09 휨부재 설계에 대한 설명으로 옳지 않은? (단, 2012년도 콘크리트구조기준을 적용한다.)

① 휨부재의 최소 허용변형률은 철근의 항복강도가 400MPa 이하인 경우 0.002로 하고, 철근의 항복강도가 400MPa을 초과하는 경우 철근 항복변형률의 1.5배로 한다.
② 압축연단 콘크리트가 가정된 극한변형률인 0.003에 도달할 때 최외단 인장철근의 순인장 변형률 ε_t가 0.005의 인장지배변형률 한계 이상인 단면을 인장지배단면이라고 한다.
③ 휨부재 설계 시 보의 횡지지 간격은 압축플랜지 또는 압축면의 최소 폭의 50배를 초과하지 않도록 한다.
④ 휨부재의 강도를 증가시키기 위하여 추가 인장철근과 이에 대응하는 압축철근을 사용할 수 있다.

해설 휨부재의 최소 허용변형률은 철근의 항복강도가 400MPa 이하인 경우 0.004로 하고, 철근의 항복강도가 400MPa을 초과하는 경우 철근 항복변형률의 2.0배로 한다.

10 비틀림철근의 상세에 대한 설명으로 옳지 않은 것은? (단, 2012년도 콘크리트구조기준을 적용한다.)

① 종방향 비틀림철근은 양단에 정착되어야 한다.
② 횡방향 비틀림철근은 종방향 철근 주위로 90°표준갈고리에 의하여 정착하여야 한다.
③ 비틀림철근은 종방향 철근 또는 종방향 긴장재와 부재축에 수직인 폐쇄스터럽 또는 폐쇄띠철근으로 구성될 수 있다.
④ 비틀림철근은 종방향 철근 또는 종방향 긴장재와 부재축에 수직인 횡방향 강선으로 구성된 폐쇄용접철망으로 구성될 수 있다.

정답 07. ② 08. ③ 09. ① 10. ②

해설 ② 횡방향 비틀림 철근은 종방향 철근 주위로 135° 표준갈고리에 의해 정착하는 것을 원칙으로 한다. 다만 정착부를 둘러싼 콘크리트가 슬래브나 플랜지 또는 기타 부재에 의하여 박리가 일어나지 않도록 방지되어 있으면 90°갈고리 사용이 가능하다.

11 프리스트레싱 방법 중 포스트텐션 방식에 대한 설명으로 옳지 않은 것은?

① 프리스트레스 힘은 PS강재와 콘크리트 사이의 부착에 의해서 도입된다.

② 부재를 제작하기 위한 별도의 인장대(tensioning bed)가 필요하지 않다.

③ 프리캐스트 PSC 부재의 결합과 조립에 편리하게 이용된다.

④ PS강재를 곡선 형상으로 배치할 수 있어 대형 구조물 제작에 적합하다.

해설 포스트텐션 방식은 프리스트레스 힘이 부재단의 정착장치에 의해서 부재의 단면에 전달된다. 반면에 프리텐션 방식은 PS강재와 콘크리트 사이의 부착에 프리스트레스 힘이 도입된다.

12 매스콘크리트에서의 수화열 균열에 대한 설명으로 옳지 않은 것은?

① 콘크리트를 타설한 후 파이프 쿨링 등을 통해 온도 상승을 억제하는 것은 수화열에 의한 균열 발생 저감에 효과적일 수 있다.

② 단위시멘트량을 적게 하고 굵은 골재의 최대치수를 크게 하는 것은 수화열에 의한 균열 발생 저감에 효과적일 수 있다.

③ 플라이애시 시멘트나 중용열 포틀랜드 시멘트를 사용하는 것은 수화열에 의한 균열 발생 저감에 효과적일 수 있다.

④ 매스콘크리트를 필요로 하는 구조물 설계 시 신축이음이나 수축이음을 계획하면 수화열에 의한 균열 발생이 심해지고 균열 제어가 어려우므로 주의를 요한다.

해설 매스콘크리트를 필요로 하는 구조물 설계 시 수화열에 의한 균열 발생이 최소화 될 수 있도록 신축이음이나 수축이음을 적용한다.

13 전단철근의 설계에 대한 설명으로 옳지 않은 것은? (단, 2012년도 콘크리트구조기준을 적용한다.)

① 철근콘크리트 부재의 경우 주인장철근에 45° 이상의 각도로 설치되는 스터럽을 전단철근으로 사용할 수 있다.

② 철근콘크리트 부재의 경우 주인장철근에 30° 이상의 각도로 구부린 굽힘철근을 전단철근으로 사용할 수 있다.

③ 전단철근의 설계기준항복강도는 500MPa을 초과할 수 없다. 다만, 용접 이형철망을 사용할 경우 전단철근의 설계기준항복강도는 600MPa을 초과할 수 없다.

④ 부재축에 직각으로 배치된 전단철근의 간격은 철근콘크리트 부재일 경우와 프리스트레스트 콘크리트 부재일 경우 모두 700mm 이하로 하여야 한다.

해설 부재축에 직각으로 배치된 전단철근 간격은 600mm 이하가 적용된다.

14 단순지지된 보의 지간 중앙단면의 압축철근비 $\rho'=0.01$일 때, 5년 후의 장기처짐을 추정하기 위한 계수 λ의 값은? (단, λ는 장기처짐을 추정하기 위해 지속하중에 의한 탄성처짐에 곱하는 계수이다.)

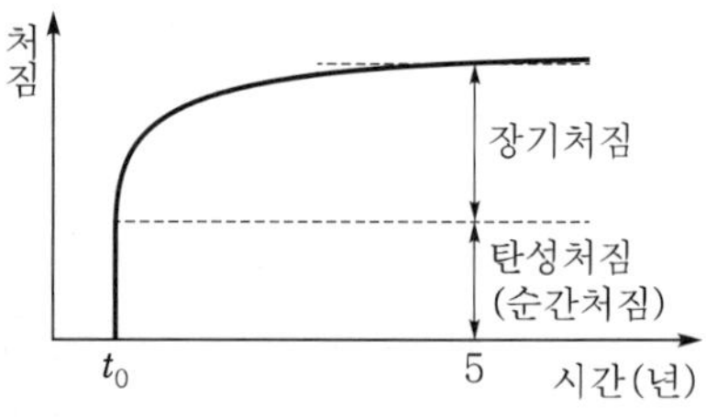

① $\dfrac{2}{3}$　② 1

③ $\dfrac{4}{3}$　④ $\dfrac{5}{3}$

정답 11. ① 12. ④ 13. ④ 14. ③

해설 $\lambda = \frac{\xi}{1+50\rho'}$ 에서 5년 후이므로 시간경과계수 ξ= 2.0이다.

$\lambda = \frac{\xi}{1+50\rho'} = \frac{2}{1+50\times1.01} = \frac{4}{3}$

15 철근콘크리트 구조물 부재 설계 시 사용되는 강도감소계수(ϕ)에 대한 설명으로 옳지 않은 것은? (단, 2012년도 콘크리트구조기준을 적용한다.)

① 긴장재 묻힘길이가 정착길이보다 작은 프리텐션 부재의 휨단면에서 부재의 단부부터 전달길이 단부까지의 강도감소계수는 0.75를 적용한다.

② 포스트텐션 정착구역의 강도감소계수는 0.85를 적용한다.

③ 무근콘크리트의 휨모멘트, 압축력, 전단력, 지압력에 대한 강도감소계수는 0.55를 적용한다.

④ 스트럿-타이 모델에서 스트럿, 절점부 및 지압부의 강도감소계수는 0.65를 적용한다.

해설 지압응력에 대한 감소계수는 0.65를 적용한다.

16 그림과 같이 압축 이형철근 4-D25가 배근된 교각이 확대기초로 축 압축력을 전달하는 경우에 확대기초 내 다우얼(dowel)의 정착길이 l_d[mm]는? (단, $f_{ck}=25$MPa, $f_y=400$MPa, 압축부재에 사용되는 띠철근의 설계기준에 따라 배근된 띠철근 중심간격은 100mm, 다우얼 철근의 배치량은 소요량과 동일, D25 이형철근의 공칭지름 d_b =25mm로 가정하고, 경량콘크리트계수 λ는 고려하지 않으며, 2012년도 콘크리트구조기준을 적용한다.)

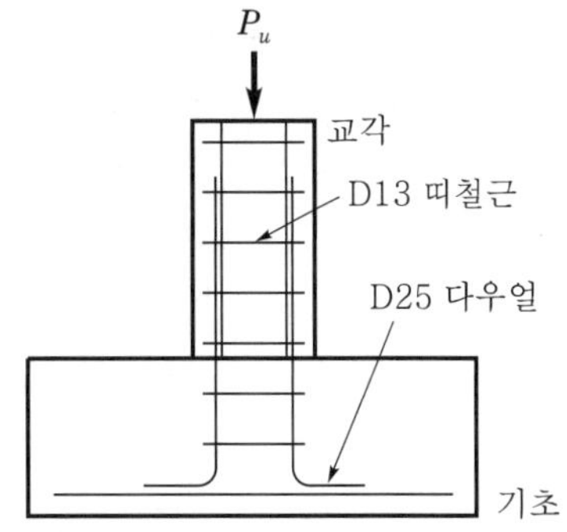

① 200mm ② 275mm

③ 300mm ④ 375mm

해설 다우얼 철근이 압축을 받고 있기 때문에 이형압축철근의 정착길이를 적용

㉠ 이형압축철근의 기본정착길이는

$f_{ck}=25\text{MPa} \le 35\text{MPa}$이므로 압축 이형철근의 기본정착길이는

$l_{db} = \frac{0.25 d_b f_y}{\lambda\sqrt{f_{ck}}} = \frac{0.25\times25\times400}{\sqrt{25}} = 500\text{mm}$

㉡ D13의 띠철근의 간격이 100mm이므로 보정계수 0.75를 적용하면

$l_d = 500\times0.75 = 375\text{mm}$

17 강재 연결(이음)부 구조에 대한 설명으로 옳지 않은 것은?

① 연속경간에서 볼트이음은 고정하중에 의한 휨모멘트 방향의 변환점 또는 변환점 가까이 있는 곳에 있도록 해야 한다.

② 연결부 구조는 응력을 전달하지 않아야 한다.

③ 가급적 편심이 발생하지 않도록 해야 한다.

④ 가급적 잔류응력이나 응력집중이 없어야 한다.

해설 연결부의 구조는 단순하며 응력전달이 확실하여야 한다.

정답 15. ④ 16. ④ 17. ②

18 그림과 같이 압축부재인 띠철근 기둥의 단면 크기와 철근을 결정하였다. D13 철근을 띠철근으로 사용할 경우 띠철근의 수직 간격[mm]은? [단, 종(축)방향 철근으로 4개의 D29를 사용하며, 2012년도 콘크리트구조기준을 적용한다.]

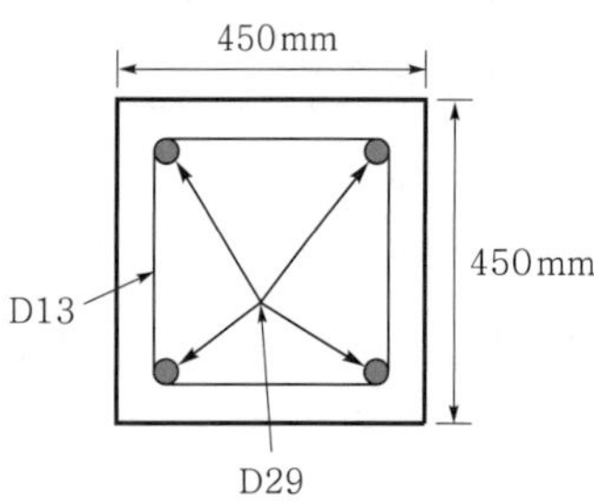

① 450mm ② 464mm
③ 500mm ④ 624mm

해설 ㉠ 축방향철근 지름 16배 이하 : 16×29=464mm 이하
㉡ 띠철근 지름 48배 이하 : 48×13=624mm 이하
㉢ 단면최소 치수 이하 : 450mm 이하
따라서 최솟값인 450mm가 최대수직간격이다.

19 얕은기초의 설계를 위한 극한지지력 산정 시 지하수위가 그림과 같이 기초에 근접해 있을 경우, Terzaghi 지지력 공식에서 지하수위를 고려하는 방안에 대한 설명으로 옳지 않은 것은? [단, Terzaghi 지지력 공식(띠, 연속기초) $q_{ult} = cN_c + qN_q + \frac{1}{2}\gamma BN_\gamma$이고, 지지력 공식에서 q_{ult}=극한지지력, B=기초의 폭, c=흙의 점착력, $q=\gamma D_f$, γ=흙의 단위중량, γ_t=습윤단위중량, γ'=수중단위중량, γ_{sat}=포화단위중량, γ_w=물의 단위중량이며 N_c, N_q, N_γ는 지지력계수이다. 또한 D_w=지하수위의 깊이, D_f=기초의 근입깊이이고, 지하수의 흐름은 없는 것으로 가정한다.]

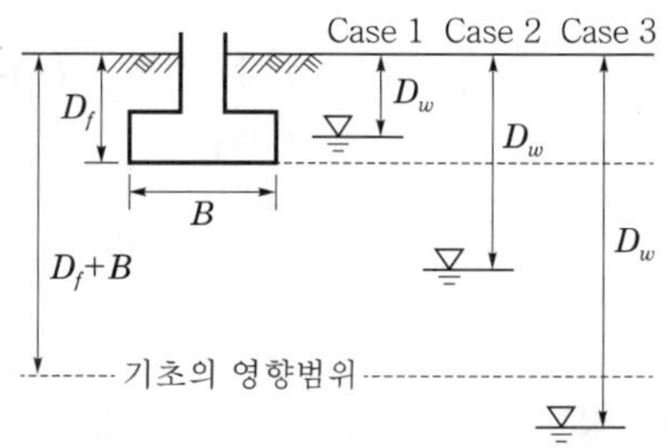

① 지하수위가 기초바닥 위에 존재하는 경우(Case1), 지하수위 위쪽 지반의 단위중량은 습윤단위중량 γ_t를 사용하고, 지하수위 아래쪽 지반의 단위중량은 수중단위중량 $\gamma'(=\gamma_{sat}-\gamma_w)$을 사용하여 극한지지력을 산정한다.
② 지하수위가 기초바닥 위에 존재하는 경우(Case 1), Terzaghi 지지력 공식은 $q_{ult} = cN_c + [\gamma_t D_w + \gamma'(D_f - D_w)]N_q + \frac{1}{2}\gamma' BN_r$와 같이 수정하여 적용한다.
③ 지하수위가 기초바닥 아래와 기초의 영향범위 사이에 존재하는 경우(Case 2), Terzaghi 지지력 공식에서 $q=\gamma_t D_f$를 사용하고 $\frac{1}{2}\gamma BN_\gamma$는 $\frac{1}{2}(\gamma_{sat}-\gamma_w)BN_\gamma$로 수정하여 극한지지력을 산정한다.
④ 지하수위가 기초의 영향범위 아래에 존재하는 경우(Case 3), 지하수위가 기초의 영향범위(D_f+B)보다 깊게 위치하여 지하수위에 대한 영향을 고려할 필요가 없으므로 흙의 단위중량은 습윤단위중량 γ_t를 사용하여 극한지지력을 산정한다.

해설 지하수위가 기초바닥 아래와 기초의 영향범위 사이에 존재하는 경우(Case 2), Terzaghi 지지력 공식에서 $q=\gamma_t D_f$를 사용하고, $\frac{1}{2}\gamma BN_\gamma$는 $\frac{1}{2}\left[\frac{1}{B}\{\gamma_t(D_w-D_f)+\gamma'(B-(D_w-D_f))\}\right]BN_\gamma$로 수정하여 극한지지력을 산정한다.

정답 18. ① 19. ③

20 철근콘크리트 T형보의 설계에 대한 설명으로 옳지 않은 것은?

① 독립 T형보의 추가 압축면적을 제공하는 플랜지의 두께는 복부폭의 1/2 이상이어야 한다.

② 독립 T형보의 추가 압축면적을 제공하는 플랜지의 유효폭은 복부폭의 4배 이하이어야 한다.

③ 정(+)의 휨모멘트를 받는 T형 단면의 중립축이 플랜지 안에 있으면, T형 단면으로 고려하여 설계하여야 한다.

④ 장선구조를 제외한 T형보의 플랜지로 취급되는 슬래브에서 주철근의 보의 방향과 같을 때, 횡방향 철근의 간격은 슬래브 두께의 5배 이하로 하여야 하고, 또한 450mm 이하로 하여야 한다.

해설 정(+)의 휨모멘트를 받는 T형 단면의 중립축이 플랜지 안에 있는 경우, 플랜지의 유효폭을 단면 폭으로 하는 직사각형 단면을 적용하여 해석해야 한다.

정답 20. ③

과년도 출제문제(2014년 서울시 9급)

01 교량의 내풍설계를 위한 기본풍속(V_{10})에 대한 설명이 옳은 것은?

① 재현기간 100년에 해당하는 개활지에서의 지상 10m의 5분간 평균 풍속
② 재현기간 100년에 해당하는 개활지에서의 지상 20m의 5분간 평균 풍속
③ 재현기간 100년에 해당하는 개활지에서의 지상 10m의 10분간 평균 풍속
④ 재현기간 100년에 해당하는 개활지에서의 지상 20m의 10분간 평균 풍속
⑤ 재현기간 100년에 해당하는 개활지에서의 지상 20m의 10분간 평균 풍속

해설 기본풍속(V_{10})은 재현주기 100년 개활지 지상 10m 10분간의 평균 풍속

02 다음과 같이 긴장재가 포물선으로 배치된 PSC보의 자중이 포함된 등분포하중 $w=50\text{kN/m}$, 프리스트레스트 힘 $P=1{,}600\text{kN}$이 작용하고 있다. 등분포하중과 프리스트레스에 의한 상향력이 같기 위한 긴장재 편심량 e(m)의 값은?

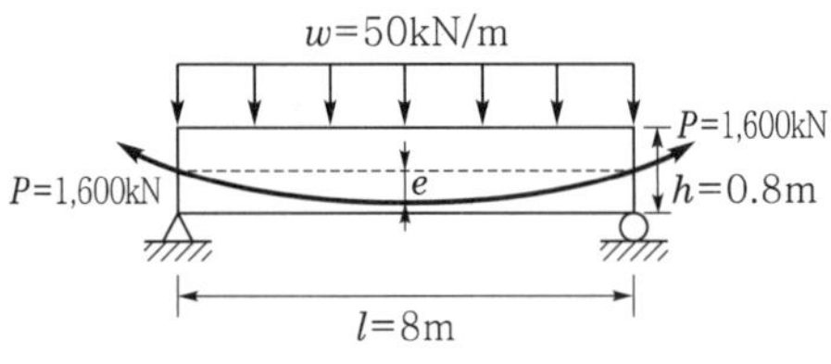

① 0.2m ② 0.25m
③ 0.3m ④ 0.35m
⑤ 0.4m

해설 프리스트레싱에 의한 등분포상향력, $u=\dfrac{8\cdot P\cdot e}{l^2}$와 w를 같게 하여 구한다. 따라서

$$w=\frac{8\cdot P\cdot e}{l^2}$$

$$e=\frac{wl^2}{8P}=\frac{50\times 8^2}{8}\times 1{,}600=0.25\text{m}$$

03 철근의 이음에 관한 설명으로 옳지 않은 것은?

① D35를 초과하는 철근은 겹침이음을 해야 한다.
② 휨부재에서 서로 접촉되지 않게 겹침이음된 철근은 횡방향으로 소요 겹침이음길이의 1/5 또는 150mm 중 작은 값 이상 떨어지지 않아야 한다.
③ 기계적 이음은 철근의 설계기준항복강도의 125% 이상을 발휘할 수 있는 완전 기계적 이음이어야 한다.
④ 다발철근의 겹침이음은 다발 내의 개개 철근에 대한 겹침이음길이를 기본으로 하여 결정하여야 한다.
⑤ 용접이음은 용접용 철근을 사용해야 하며 철근의 설계기준항복강도의 125% 이상을 발휘할 수 있는 완전용접이어야 한다.

해설 D35를 초과하는 철근은 용접이음을 원칙으로 한다.

04 철근과 콘크리트 사이의 부착에 영향을 미치는 요인이 아닌 것은?

① 철근의 강도
② 철근 표면상태
③ 철근의 묻힌 위치 및 방향
④ 피복두께
⑤ 다지기

해설 철근의 강도는 부착력에 아무런 영향을 주지 않는다.

정답 01. ③ 02. ② 03. ① 04. ①

05 프리텐션 방식의 프리스트레싱에 대한 다음의 설명 중 옳지 않은 것은?

① 일반적으로 설비를 갖춘 공장 내에서 제조되기 때문에 제품의 품질에 대한 신뢰성이 높다.
② 같은 모양의 콘크리트 공장제품을 대량으로 생산할 수 있다.
③ PS강재를 곡선으로 배치하는 것이 용이하다.
④ 쉬스(Sheath), 정착장치가 필요하지 않다.
⑤ 정착구역에는 소정의 프리스트레스가 도입되지 않기 때문에 설계상 주의가 필요하다.

해설 프리텐션 방식의 PS강재를 가급적 직선으로 배치하는 것이 좋다.

06 교량구조물의 설계 시 정의하는 초과홍수에 관한 설명이 옳은 것은?

① 유량이 50년 빈도 홍수보다 많고 100년 빈도 홍수보다 적은 홍수 또는 조속흐름
② 유량이 50년 빈도 홍수보다 많고 500년 빈도 홍수보다 적은 홍수 또는 조속흐름
③ 유량이 100년 빈도 홍수보다 많고 300년 빈도 홍수보다 적은 홍수 또는 조속흐름
④ 유량이 100년 빈도 홍수보다 많고 500년 빈도 홍수보다 적은 홍수 또는 조속흐름
⑤ 유량이 200년 빈도 홍수보다 많고 500년 빈도 홍수보다 적은 홍수 또는 조속흐름

해설 초과홍수는 유량이 100년 빈도 홍수보다 많고 500년 빈도 홍수보다 적은 홍수, 조속흐름을 말한다.

07 자연상태 함수비 15%인 세립토에 대해 에터버그한계를 평가한 결과, 수축한계 3%, 소성한계 25%, 액성한계 45%로 평가되었다. 이 흙의 소성지수(PI)는 얼마로 결정되는가?

① 10% ② 20%
③ 22% ④ 30%
⑤ 42%

해설 소성지수(PI)=액성한계(WL)−소성한계(WP)
=45%−25%=20%

08 다음 중 재하시험에 의한 평가와 관련된 내용으로 옳지 않은 것은?

① 재하시험의 목적은 구조물 또는 부재의 실제 내하력을 정량화하여 안전성을 평가하기 위함이다.
② 구조물의 일부분만을 재하할 경우, 내하력이 의심스러운 부분의 예상 취약 원인을 충분히 확인할 수 있는 적절한 방법으로 실시하여야 한다.
③ 해석적인 평가는 재하시험을 수행한 이후에 수행하여야 한다.
④ 책임구조기술자는 재하시험 전에 재하하중, 계측, 시험조건, 수치해석 등을 포함한 재하시험 계획을 수립하여 구조물의 소유주 또는 관리 주체의 승인을 받아야 한다.
⑤ 건물에서 부재의 안전성을 재하시험 결과에 근거하여 직접 평가할 경우에는 보, 슬래브 등과 같은 휨부재의 안전성 검토에만 적용할 수 있다.

해설 해석적인 평가는 재하시험을 하기 전에 실시하여야 한다.

정답 05. ③ 06. ④ 07. ② 08. ③

09 다음 그림과 같은 T형보에서 플랜지 내민 부분의 압축력과 균형을 이루기 위한 철근 단면적 $A_{sf}(\text{cm}^2)$는? (단, 강도설계법에 의하고, $f_{ck}=20\text{MPa}$, $f_y=400\text{MPa}$, $b_w=20\text{cm}$, $b=70\text{cm}$, $d=65\text{cm}$, $t_f=15\text{cm}$, $A_s=47.65\text{cm}^2$라고 가정한다.)

① 31.875cm^2
② 52cm^2
③ 62.725cm^2
④ 85cm^2
⑤ 110cm^2

b, t_f, d, A_s, b_w

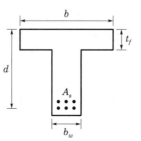

해설
$$A_{sf}=\frac{0.85f_{ck}(b-b_w)t_f}{f_y}$$
$$=\frac{0.85\times20\times(700-200)\times150}{400}$$
$$=3187.5\text{mm}^2=31.875\text{cm}^2$$

10 프리스트레스(PS) 콘크리트구조물에 사용되는 PS강재의 바람직한 특성이 아닌 것은?

① 인장강도가 높아야 한다.
② 적당한 연성과 인성이 있어야 한다.
③ 항복비(=항복응력/인장강도)가 작아야 한다.
④ 릴랙세이션이 작아야 한다.
⑤ 적절한 피로강도를 가져야 한다.

해설 항복비(=항복응력/인장강도)가 커야 한다.

11 우리나라 지진재해도 해석결과에 근거한 지진구역에서의 평균재현주기 500년에 해당되는 암반상 지진지반운동의 세기를 나타내는 계수는?

① 가속도계수 ② 지진구역계수
③ 위험도계수 ④ 응답수정계수
⑤ 지반계수

해설 각 지진구역에서의 평균 재현주기 500년에 해당되는 지진지반운동의 지반가속도의 값을 중력가속도로 나눈 값을 지진구역계수라 한다.

12 도로설계에서 도로계획의 일반사항으로 옳지 않은 것은?

① 설계속도는 도로설계의 기초가 되는 자동차의 속도를 말하며, 도로의 기능별 구분과 지역 및 지형에 따라 결정한다.
② 도로의 기능은 크게 통행기능과 공간기능으로 구분한다.
③ 예측된 수요교통량을 설계될 기본구간의 차도당 공급서비스 교통량으로 나누어서 차로수를 산정한다.
④ 소형차도로는 대도시 및 도시 근교의 교통 과밀지역의 용량확대와 교통시설 구조개선 등 도로정비 차원에서 소형자동차만이 통행할 수 있는 도로다.
⑤ 지방지역 고속도로의 경우 설계서비스 수준으로 D를 사용하고 도시지역 고속도로 또는 일반도로의 경우 설계서비스 수준으로 C를 사용한다.

해설 지방지역 고속도로의 경우 설계서비스 수준 C를 적용하고 도시지역 고속도로 또는 일반도로의 경우 설계서비스 수준 D를 적용한다.

13 PSC보에 휨모멘트 $M=700\text{kN}\cdot\text{m}$(자중 포함)이 작용하고 있다. 프리스트레스 힘 $P=3{,}500\text{kN}$이 가해질 때, 내력모멘트의 팔길이(m)는?

① 0.1m ② 0.2m
③ 0.3m ④ 0.4m
⑤ 0.5m

해설 내력모멘트 팔의 길이 z는
$$z=\frac{M}{P}=\frac{700}{3{,}500}=0.2\text{m}$$

정답 09. ① 10. ③ 11. ② 12. ⑤ 13. ②

14 우리나라 내진설계기준의 기본개념에 해당되지 않는 것은?

① 인명피해를 최소화한다.
② 지진시 교량 부재들의 부분적인 피해는 방지한다.
③ 지진시 가능한 한 교량의 기본기능은 발휘할 수 있게 한다.
④ 교량의 정상수명 기간 내에 설계지진력이 발생할 가능성은 희박하다.
⑤ 설계기준은 남한 전역에 적용될 수 있다.

해설 지진 시 교량 부재들의 부분적인 피해는 허용하며 전체적 붕괴는 방지한다.

15 휨부재의 철근배근에 대한 설명 중 옳지 않은 것은?

① 휨부재에서 최대 응력점과 경간 내에서 인장철근이 끝나거나 굽혀진 위험단면에서 철근의 정착에 대한 안전을 검토하여야 한다.
② 휨철근은 휨모멘트를 저항하는 데 더 이상 철근을 요구하지 않는 점에서 부재의 유효깊이 d 또는 $12d_b$ 중 큰 값 이상으로 더 연장하여야 한다.
③ 연속철근은 구부러지거나 절단된 인장철근이 휨을 저항하는 데 더 이상 필요하지 않은 점에서 정착길이 l_d 이상의 묻힘길이를 확보하여야 한다.
④ 인장철근은 구부려서 복부를 지나 정착하거나 부재의 반대측에 있는 철근쪽으로 연속하여 정착시켜야 한다.
⑤ 철근응력이 직접적으로 휨모멘트에 비례하는 휨부재의 인장철근은 적절한 정착을 마련하여야 한다.

해설 휨철근은 압축구역에서 끝내는 것을 원칙으로 한다. 인장구역에서 절단할 시 전체 철근량의 50%를 초과하여 한 단면에서 끊어내서는 안 된다.

16 다음의 그림과 같이 강판을 지름 24mm의 리벳으로 연결할 경우, 이음부의 강도가 복전단 강도로 결정되는 t의 범위는? (단, 허용전단응력 $v_{sa} = 200\text{MPa}$, 허용지압응력 $f_{ba} = 300\text{MPa}$)

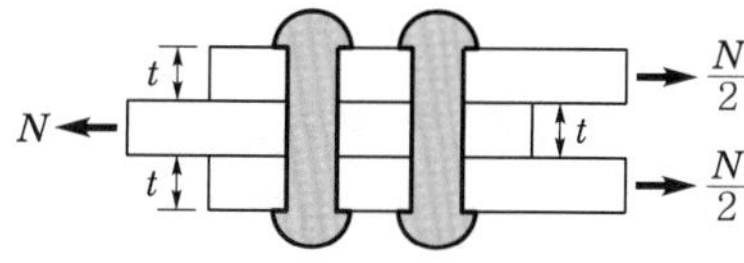

① 2.512cm보다 작아야 한다.
② 2.512cm보다 커야 한다.
③ 1.256cm보다 작아야 한다.
④ 1.256cm보다 커야 한다.
⑤ 0.628cm보다 커야 한다.

해설
$nf_{ba}dt > nv_{sa}\left(\frac{\pi d^2}{4}\right) \times 2$이므로

$t > \frac{\pi v_{sa} d}{2f_{ba}} = \frac{\pi \times 200 \times 24}{2 \times 300}$

$= 25.12\text{mm} = 2.512\text{cm}$

17 교량의 상부 구조물을 교대 후방에 미리 설치한 제작장에서 한 세그먼트(15~20m)씩 제작하여 교축 방향으로 밀어 점차적으로 교량을 가설하는 공법은?

① 이동식 비계공법(MSS)
② 프리캐스트 세그먼트 공법(PSM)
③ 지주지지식 동바리 공법
④ 압출공법(ILM)
⑤ 캔틸레버공법(FCM)

해설 압출공법(ILM)은 교대 후방의 제작장에서 상부구조물을 제작하여 교량의 축방향으로 상부 부재를 밀어 교량을 가설하는 공법

정답 14. ② 15. ⑤ 16. ② 17. ④

18 다음 설명은 프리스트레스 콘크리트(PSC)보와 철근콘크리트(RC)보에 관한 설명이다. 이 중 옳지 않은 것은?

① RC보에 비해 PSC보는 고강도의 강재와 콘크리트를 사용한다.
② PSC보는 설계하중 하에서 균열이 생기지 않으므로 내구성이 뛰어나다.
③ PSC보는 RC보에 비해 탄성적이고 복원력이 우수하다.
④ RC보에 비해 PSC보는 화재 손상에 대한 내구성이 뛰어난 특성을 보인다.
⑤ 같은 하중에 대한 단면에서 PSC보는 RC보에 비해 자중을 경감시킬 수 있다.

해설 RC보에 비해 PSC보는 화재에 약하다.

19 비틀림모멘트가 작용하는 부재의 설계조건으로 옳은 것은? (단, T_u=계수 비틀림모멘트, T_n=공칭 비틀림 강도, ϕ=비틀림에 대한 강도감소계수)

① $T_n \le 0.75\phi T_u$ ② $T_u \le 0.75\phi T_n$
③ $T_u \le 0.85\phi T_n$ ④ $T_u \le \phi T_n$
⑤ $T_n \le \phi T_u$

해설 비틀림부재의 강도설계법은 $T_u \le \phi T_n$이다.

20 프리스트레스 콘크리트 부재에서 긴장재의 인장응력 $f_p = 1{,}000\text{MPa}$, 콘크리트의 압축응력 $f_{cs} = 6\text{MPa}$, 콘크리트의 크리프 계수 $C_u = 2.5$, 탄성계수비 $n = 6$일 때, 콘크리트 크리프에 의한 PS강재의 프리스트레스 감소량은?

① 30MPa ② 45MPa
③ 60MPa ④ 75MPa
⑤ 90MPa

해설 콘크리트의 크리프에 의한 프리스트레스의 감소량은
$\Delta f_p = C_u \cdot n \cdot f_{cs} = 2.5 \times 6 \times 6 = 90\text{MPa}$이다.

정답 18. ④ 19. ④ 20. ⑤

과년도 출제문제(2015년 국가직 9급)

01 일반적인 옹벽의 안정에 대한 설명으로 옳은 것만을 모두 고른 것은?

> ㄱ. 지반에 유발되는 최대 지반반력은 지반의 허용지지력을 초과할 수 없다.
> ㄴ. 활동에 대한 저항력은 옹벽에 작용하는 수평력의 1.5배 이상이어야 한다.
> ㄷ. 전도 및 지반지지력에 대한 안정조건은 만족하지만, 활동에 대한 안정조건만을 만족하지 못할 경우에는 활동방지벽 혹은 횡방향 앵커 등을 설치하여 활동저항력을 증대시킬 수 있다.
> ㄹ. 전도에 대한 저항 모멘트는 횡토압에 의한 전도 모멘트의 1.5배 이상이어야 한다.

① ㄱ, ㄴ
② ㄴ, ㄷ
③ ㄱ, ㄴ, ㄷ
④ ㄱ, ㄷ, ㄹ

해설 전도에 대한 저항모멘트는 횡토압에 의한 전도 모멘트의 2.0 이상이다.

02 철근콘크리트보에서 철근의 이음에 대한 설명으로 옳은 것은? (단, 2012년도 콘크리트 구조기준을 적용한다.)

① 휨부재에서 서로 직접 접촉되지 않게 겹침 이음된 철근은 횡방향으로 소요 겹침 이음길이의 $\frac{1}{10}$ 또는 150mm 중 작은 값 이상 떨어지지 않아야 한다.
② 휨부재에서 서로 직접 접촉되지 않게 겹침 이음된 철근은 횡방향으로 소요 겹침 이음길이의 $\frac{1}{5}$ 또는 100mm 중 작은 값 이상 떨어지지 않아야 한다.
③ 용접이음은 철근의 설계기준항복강도 f_y의 135% 이상을 발휘할 수 있는 완전용접이어야 한다.
④ 기계적 이음은 철근의 설계기준항복강도 f_y의 125% 이상을 발휘할 수 있는 완전 기계적 이음이어야 한다.

해설
① 소요 겹침 이음길이의 $\frac{1}{5}$ 또는 150mm 중 작은 값 이상 떨어지지 않아야 한다.
② 소요 겹침 이음길이의 $\frac{1}{5}$ 또는 150mm 중 작은 값 이상 떨어지지 않아야 한다.
③ 용접이음은 철근의 설계기준항복강도 f_y의 125% 이상을 발휘할 수 있는 완전용접이어야 한다.

03 그림과 같은 단철근 직사각형 보를 강도설계법으로 검토했을 때, 발생될 수 있는 파괴형태에 대한 설명으로 옳은 것은? (단, 균형철근비 $\rho_b = 0.0321$, 최소철근비 $\rho_{\min} = 0.0047$, 최대철근비 $\rho_{\max} = 0.0206$이다.)

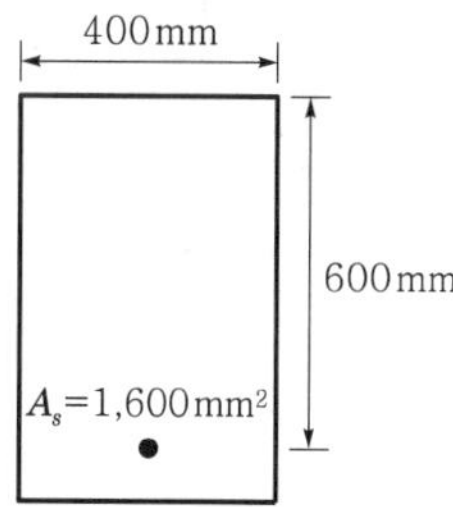

① 압축측 콘크리트와 인장측 철근이 동시에 항복한다.
② 무근콘크리트의 파괴와 유사한 거동을 나타낸다.
③ 부재는 연성파괴된다.
④ 압축측 콘크리트가 먼저 파괴된다.

정답 01. ③ 02. ④ 03. ③

해설 파괴형태를 예측하기 위해 철근비(ρ)를 산정하면

$$\rho = \frac{A_s}{bd} = \frac{1,600}{400 \times 600} = 0.0067$$

$\therefore$ 철근비가 $\rho_{max} > \rho > \rho_{min}$ 이므로 연성파괴 예측

04 철근콘크리트 단면에서 인장철근의 순인장 변형률(ε_t)이 0.003일 때 강도감소계수(ϕ)는? (단, $f_y = 400$MPa, 나선철근 부재이고, 2012년도 콘크리트구조기준을 적용한다.)

① 0.70 ② 0.75
③ 0.80 ④ 0.85

해설 계수축력이 $0.1f_{ck}A_g$보다 큰 경우

$$\phi = 0.70 + 0.15\frac{\varepsilon_t - \varepsilon_y}{\varepsilon_{t,\min} - \varepsilon_y}$$

$$= 0.70 + 0.15 \times \frac{0.003 - 0.002}{0.005 - 0.002}$$

$$= 0.70 + 0.15 \times \frac{1}{3} = 0.75$$

05 철근콘크리트 옹벽에서 지반의 단위길이에 발생하는 반력의 크기[kN·m²]는? (단, 옹벽의 자중은 무시한다.)

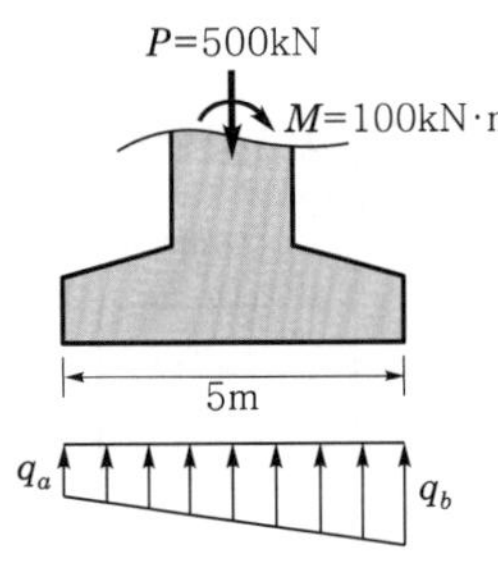

	q_a	q_b		q_a	q_b
①	68	117	②	76	124
③	82	149	④	91	169

해설

$$q_{\max,\ \min} = \frac{P}{B} \pm \frac{6M}{B^2} = \frac{500}{5} \pm \frac{6 \times 100}{5^2}$$

$$= 100 \pm 24 = 124\text{kN/m}^2,\ 76\text{kN/m}^2$$

06 그림과 같은 철근콘크리트 T형보를 직사각형 보로 설계해도 되는 인장철근량[mm²]을 모두 고른 것은? (단, 철근의 설계기준항복강도 $f_y = 400$MPa, 콘크리트의 설계기준압축강도 $f_{ck} = 25$MPa이다.)

ㄱ. 1,200	ㄴ. 1,500
ㄷ. 1,800	ㄹ. 2,100

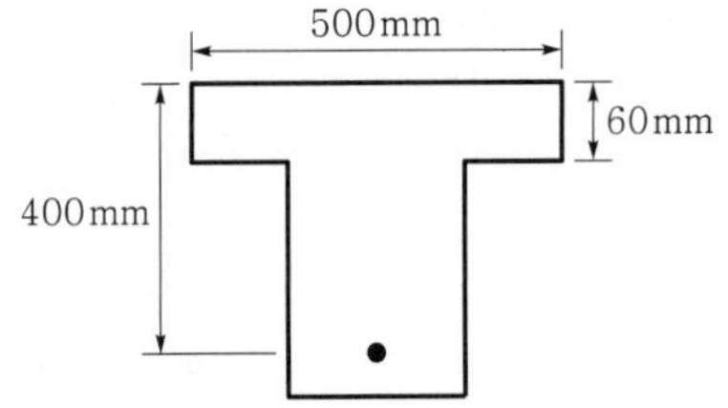

① ㄱ ② ㄱ, ㄴ
③ ㄱ, ㄴ, ㄷ ④ ㄱ, ㄴ, ㄷ, ㄹ

해설 직사각형보로 해석하기 위해서는 $a \le t_f$이거나 $0.85f_{ck}bt_f \ge A_sf_y$이어야 한다. 직사각형보로 해석하기 위한 필요한 최대의 인장철근량

$$A_s \le \frac{0.85f_{cf}bt_f}{f_y} = \frac{0.85 \times 25 \times 500 \times 60}{400}$$

$$= 1593.75\text{mm}^2$$

07 그림과 같이 자중을 포함한 등분포하중이 작용할 때, A점에서 응력이 영(zero)이 되기 위한 PS강재의 긴장력[kN]은? (단, P의 긴장력은 중심에 작용한다.)

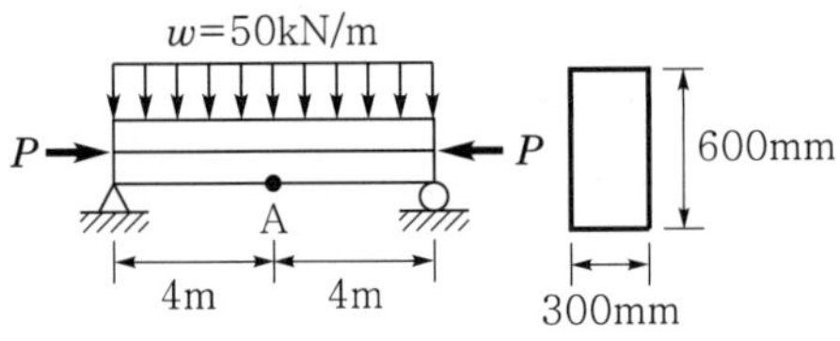

① 2,500 ② 3,000
③ 3,500 ④ 4,000

해설

$$f = \frac{P}{A} - \frac{M}{Z} = 0$$

$$P = \frac{M \cdot A}{Z} = \frac{6M}{h} = \frac{6\left(\frac{wL^2}{8}\right)}{h}$$

$$= \frac{3wL^2}{4h} = \frac{3 \times 50 \times 8^2}{4 \times 0.6} = 4,000\text{kN}$$

정답 04. ② 05. ② 06. ② 07. ④

08 한계상태설계법을 적용한 도로교설계기준(2012)에서 하중에 대한 설명으로 옳지 않은 것은?

① 설계 차량활하중은 표준트럭하중과 표준차로하중으로 이루어지며, 표준트럭하중의 전체 중량은 510kN이다.

② 표준차로하중은 횡방향으로 3m의 폭으로 균등하게 분포되어 있으며, 표준차로하중의 영향에는 충격하중을 적용하지 않는다.

③ 피로하중은 3개의 축으로 이루어져 있으며 총중량을 351kN으로 환산한 한 대의 설계트럭하중 또는 축하중이고, 충격하중도 피로하중에 적용된다.

④ 보도나 보행자 또는 자전거용 교량에서 유지관리용 또는 이에 부수되는 차량통행이 예상되는 경우 이 차량에 대해 충격하중을 설계에 고려하여야 한다.

해설 보도나 보행자 또는 자전거용 교량에서 유지관리용 또는 이에 부수되는 차량통행이 예상되는 경우 차량에 대해 충격하중은 고려하지 않는다.

09 1방향 연속슬래브에 등분포계수하중 $w_u = 24\text{kN/m}$가 작용하고 최외측 경간길이 $l_n = 5\text{m}$이다. 받침부가 테두리보로 되어 있을 때, 받침부와 일체로 된 최외단 받침부 내면의 단위폭당 발생하는 부모멘트[kN · m]는? (단, 2012년 콘크리트구조기준을 적용한다.)

① 25　② 37.5

③ 42.8　④ 54.5

해설 1방향 연속슬래브 받침부 내면 부모멘트

$$M = -\frac{w_u l^2{}_n}{24} = -\frac{24\times5^2}{24} = -25\text{kN}\cdot\text{m}$$

10 양단 고정단보 지간 중앙에 집중활하중 P만 작용하고 있다. 콘크리트구조기준(2012)을 적용한 단철근보에 작용 가능한 최대집중활하중의 크기 P[kN]는? (단, 인장지배단면 가정, 고정하중 무시, 인장철근 단면적 $A_s = 1{,}000\text{mm}^2$, 철근의 설계기준항복강도 $f_y = 400\text{MPa}$, 유효깊이 $d = 450\text{mm}$, 등가직사각형 응력블록의 깊이 $a = 100\text{mm}$, 고정단보 지간길이 $L = 8.5\text{m}$, 강도감소계수 $\phi = 0.85$를 적용한다.)

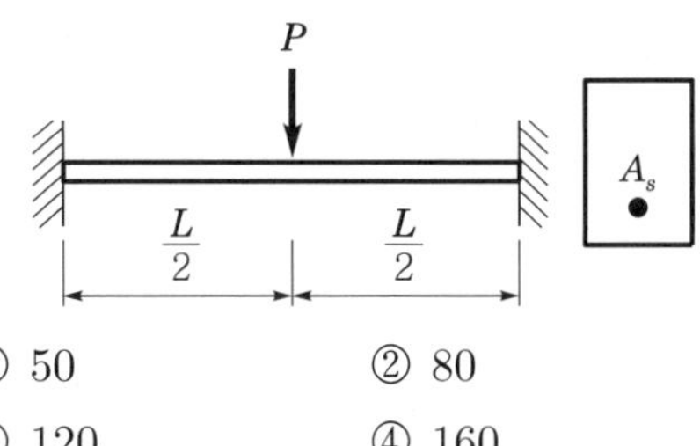

① 50　② 80

③ 120　④ 160

해설

$$M_d = \phi M_n \geq M_u$$

$$\phi A_s f_y\left(d - \frac{a}{2}\right) \geq 1.6\times\frac{PL}{8}$$

$$0.85\times1{,}000\times400\times\left(450 - \frac{100}{2}\right) \geq 1.6\times\frac{P\times8.5\times10^3}{8}$$

$$P \leq 80{,}000\text{N} = 80\text{kN}$$

11 콘크리트의 설계기준압축강도를 $\frac{1}{4}$로 줄이고 인장철근의 공칭지름을 $\frac{1}{3}$로 줄였을 때, 기본정착길이는 원래 기본정착길이에 비해 어떻게 변하는가? (단, 2012년 콘크리트구조기준을 적용한다.)

① 변화없다.　② $\frac{1}{3}$로 줄어든다.

③ $\frac{2}{3}$로 줄어든다.　④ $\frac{1}{4}$로 줄어든다.

정답 08. ④ 09. ① 10. ② 11. ③

해설 인장이형철근의 기본정착길이 $l_{db}=\dfrac{0.6d_b f_y}{\sqrt{f_{ck}}}$ 이므로

$$l_{db}\propto\frac{d_b}{\sqrt{f_{ck}}}=\frac{\frac{1}{3}d_b}{\sqrt{\frac{1}{4}f_{ck}}}=\frac{2}{3}\times\frac{d_b}{\sqrt{f_{ck}}}$$

12 복철근 직사각형 보에 하중이 작용하여 10mm의 순간처짐이 발생하였다. 1년 후의 총처짐량[mm]은? (단, 압축철근비 ρ'는 0.02이며, 2012년도 콘크리트구조기준을 적용한다.)

① 17 ② 18
③ 19 ④ 20

해설 1년 후의 총처짐량 : 순간처짐량+추가처짐량

$$\text{추가처짐}=\text{순간처짐}\times\frac{\xi}{1+50\rho'}$$
$$=10\times\frac{1.4}{1+50\times0.02}=\frac{10\times1.4}{1+1}=7\text{mm}$$

∴ 총처짐량$=10+7=17$mm

13 프리캐스트 콘크리트보의 평행한 철근 사이의 수평 순간격[mm]은? (단, 굵은 골재 최대치수는 21mm, 철근지름은 30mm이며, 2012년도 도로교설계기준을 적용한다.)

① 30 ② 35
③ 40 ④ 45

해설 철근의 수평순간격은
㉠ 철근의 공칭지름=30mm 이상
㉡ 굵은골재 최대치수의 $\frac{4}{3}$배$=21\times\frac{4}{3}$ ≒28mm 이상
㉢ 25mm 이상
∴ 수평 순간격은 30mm 이상으로 한다.

14 콘크리트의 설계기준압축강도 $f_{ck}=40$MPa일 때, 콘크리트의 배합강도 f_{cr}[MPa]은? (단, 압축강도 시험횟수는 14회이고, 표준편차 $s=2.0$이며, 2012년도 콘크리트구조기준을 적용한다.)

① 45 ② 47
③ 49 ④ 51

해설 압축강도 시험횟수는 14회이며 $f_{ck}=40\text{MPa}>35\text{MPa}$에 해당되므로 배합강도는
$f_{cr}=1.1f_{ck}+5.0=1.1\times40+5.0=49\text{MPa}$

15 캔틸레버로 지지된 1방향 슬래브의 지간이 6m일 때, 처짐을 계산하지 않기 위한 슬래브의 최소두께[mm]는? (단, 보통중량콘크리트를 사용하였고 철근의 설계기준항복강도는 400MPa이며, 2012년도 콘크리트구조기준을 적용한다.)

① 300 ② 400
③ 500 ④ 600

해설 캔틸레버로 지지된 1방향 슬래브의 처짐을 고려하지 않기 위한 부재의 최소높이 h는

$$h\geq\frac{l}{10}=\frac{6,000}{10}=600\text{mm}$$

16 보통중량콘크리트를 사용한 휨부재인 철근콘크리트 직사각형 보에 계수전단력 $V_u=750$kN이 작용할 때, 콘크리트가 부담하는 전단강도 $V_c=600$kN일 경우 전단철근량[mm²]은? (단, 수직전단철근을 적용하고, 철근의 설계기준항복강도 $f_y=300$MPa, 전단철근의 간격 $s=300$mm, 보의 유효깊이 $d=1,000$mm이며, 2012년 콘크리트구조기준을 적용한다.)

① 200 ② 300
③ 400 ④ 500

해설 ㉠ 수직스터럽이 부담할 전단강도 산정
$V_d=\phi V_n=\phi(V_c+V_s)\geq V_u$에서

$$V_s\geq\frac{V_u}{\phi}-V_c=\frac{750}{0.75}-600=400\text{kN}$$

㉡ 수직스터럽의 최소 철근량 산정

$$\frac{A_v f_{yt} d}{s}\geq\frac{V_u}{\phi}-V_c=V_s$$

$$A_v\geq V_s\times\frac{s}{f_{yt}d}=400\times10^3\times\frac{300}{300\times1,000}=400\text{mm}^2$$

정답 12. ① 13. ① 14. ③ 15. ④ 16. ③

17 1방향 슬래브에 대한 설명으로 옳지 않은 것은? (단, 2012년도 콘크리트구조기준을 적용한다.)

① 슬래브의 단변방향 보의 상부에 부모멘트로 인해 발생하는 균열을 방지하기 위하여 슬래브의 단변방향으로 슬래브 상부에 철근을 배치하여야 한다.

② 슬래브 끝의 단순받침부에서도 내민슬래브에 의하여 부모멘트가 일어나는 경우에는 이에 상응하는 철근을 배치하여야 한다.

③ 슬래브의 정모멘트 철근 및 부모멘트 철근의 중심 간격은 위험단면을 제외한 기타 단면에서는 슬래브 두께의 3배 이하이어야 하고, 또한 450mm 이하로 하여야 한다.

④ 처짐을 계산하지 않기 위한 단순 지지된 1방향 슬래브의 두께는 $l/20$ 이상이어야 하고, 최소 100mm 이상으로 하여야 한다.

해설 슬래브 장변방향 상부에 철근을 배치하여 균열발생을 억제한다.

18 그림과 같은 연결에서 볼트의 강도[kN]는? (단, 계산 시 $\pi=3$, 허용전단응력 $v_{sa}=$ 200MPa, 허용지압응력 $f_{ba}=300$MPa이다.)

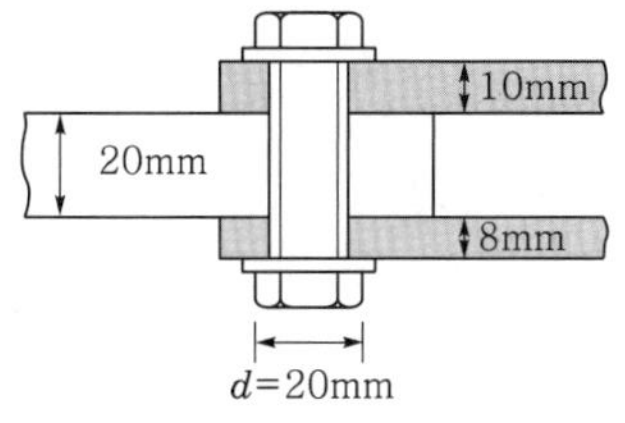

① 87

② 108

③ 120

④ 125

해설 볼트의 전단강도와 지압강도를 구하여 작은 값을 결정한다.

㉠ 허용전단응력 검토
2면 전단(복전단)

$$P_a = v_{sa}\left(\frac{\pi d^2}{4}\right)\times 2 = 20\times\frac{3\times 20^2}{4}\times 2$$
$$=120{,}000\text{N}=120\text{kN}$$

㉡ 허용지압응력 검토
연결판의 두께 t_1=20mm와 양쪽 강판의 두께의 합
$t_2+t_3=10+8=18$mm 중 작은 값인 18mm를 강판의 두께로 한다.

$$P_a=f_{ba}dt=300\times 20\times 18$$
$$=108{,}000\text{N}=108\text{kN}$$

∴ 허용하중은 작은 값인 108kN이다.

19 프리캐스트 콘크리트의 최소 피복두께에 대한 규정으로 옳지 않은 것은? (단, 2012년도 콘크리트구조기준을 적용한다.)

① 옥외의 공기나 흙에 직접 접하지 않는 콘크리트의 슬래브, 벽체, 장선구조에서 D35를 초과하는 철근 및 지름 40mm를 초과하는 긴장재 : 30mm

② 옥외의 공기나 흙에 직접 접하지 않는 콘크리트의 슬래브, 벽체, 장선구조에서 D35 이하의 철근 및 지름 40mm 이하인 긴장재 : 10mm

③ 흙에 접하거나 옥외의 공기에 직접 노출되는 콘크리트 벽체의 D35를 초과하는 철근 및 지름 40mm를 초과하는 긴장재 : 40mm

④ 흙에 접하거나 옥외의 공기에 직접 노출되는 콘크리트 벽체의 D35 이하의 철근, 지름 40mm 이하인 긴장재 및 지름 16mm 이하인 철선 : 20mm

해설 옥외의 공기나 흙에 직접 접하지 않는 콘크리트의 슬래브, 벽체, 장선구조에서 D35 이하의 철근 및 지름 40mm 이하인 긴장재의 최소 피복두께는 20mm이다.

정답 17. ① 18. ② 19. ②

20 철근콘크리트 장주에서 횡구속된 기둥의 상하단에 모멘트 $M_1 = 300\text{kN}\cdot\text{m}$, $M_2 = 400\text{kN}\cdot\text{m}$와 계수축력 $P_u = 3{,}000\text{kN}$이 작용하고 있다. 오일러 좌굴하중 $P_{cr} = 20{,}000\text{kN}$일 때, 모멘트 확대계수는? (단, 2012년 콘크리트구조기준을 적용한다.)

① $\frac{4}{3}$ ② $\frac{6}{5}$

③ $\frac{9}{8}$ ④ $\frac{10}{9}$

해설 확대계수모멘트는 $M_c = \delta_{ns} M_2$로 구한다.

모멘트 확대계수 $\delta_{ns} = \dfrac{C_m}{1 - \dfrac{P_u}{0.75P_c}} \geq 1.0$

㉠ C_m 계수

$$C_m = 0.6 + 0.4\frac{M_1}{M_2} = 0.6 + 0.4 \times \frac{300}{400} = 0.9 \geqq 0.4$$

㉡ 모멘트 확대계수

$$\delta_{ns} = \frac{C_m}{1 - \dfrac{P_u}{0.75P_c}} = \frac{0.9}{1 - \dfrac{3{,}000}{0.75 \times 20{,}000}} = \frac{0.9}{1 - 0.2} = \frac{9}{8}$$

정답 20. ③

과년도 출제문제(2015년 지방직 9급)

01 유효깊이 $d = 480\text{mm}$, 압축연단에서 중립축까지의 거리 $c = 160\text{mm}$인 단철근 철근콘크리트 직사각형 보의 휨파괴 시 인장철근 변형률은? (단, 인장철근은 1단 배근되어 있고, 파괴 시 압축연단 콘크리트의 변형률은 0.003이다.)

① 0.003 ② 0.004
③ 0.005 ④ 0.006

해설 단철근 직사각형의 변형률선도에서

$$\varepsilon_s = 0.003\frac{d-c}{c} = 0.003 \times \frac{480-160}{160} = 0.006$$

02 고장력볼트이음에 대한 설명으로 옳지 않은 것은?

① 고장력볼트는 너트회전법, 직접인장측정법, 토크관리법 등을 사용하여 규정된 설계볼트장력 이상으로 조여야 한다.
② 고장력볼트로 연결된 인장부재의 순단면적은 볼트의 단면적을 포함한 전체 단면적으로 한다.
③ 볼트의 최소 및 최대 중심간격, 연단거리 등은 리벳의 경우와 같다.
④ 마찰접합은 고장력볼트의 강력한 조임력으로 부재 간에 발생하는 마찰력에 의해 응력을 전달하는 접합형식이다.

해설 인장부재의 순단면적은 볼트구멍의 크기를 공제한 단면적으로 산정한다.

03 단철근 철근콘크리트 직사각형보의 폭 $b = 400\text{mm}$, 유효깊이 $d = 600\text{mm}$이며, 전단철근 단면적 $A_v = 200\text{mm}^2$이고, 전단철근 간격 $s = 300\text{mm}$일 때, 보의 계수전단력 V_u [kN]는? (단, $\lambda\sqrt{f_{ck}} = 5\text{MPa}$, $f_{yt} = 400\text{MPa}$, λ는 경량콘크리트계수, f_{ck}는 콘크리트의 설계기준압축강도, f_{yt}는 횡방향 철근의 설계기준항복강도이다.)

① 270 ② 360
③ 420 ④ 540

해설 보의 계수전단력
㉠ 콘크리트가 부담할 전단력(V_c)

$$V_c = \frac{1}{6}\lambda\sqrt{f_{ck}}\,b_w d = \frac{1}{6}\times 5\times 400\times 600$$
$$= 200{,}000\text{N} = 200\text{kN}$$

㉡ 전단철근이 부담하는 전단강도(V_s)

$$V_s = \frac{A_v f_{yt} d}{s} = \frac{200\times 400\times 600}{300}$$
$$= 160{,}000\text{N} = 160\text{kN}$$

㉢ 계수전단력

$$V_d = \phi V_n = \phi(V_c + V_s) \geq V_u$$
$$V_u \leq \phi(V_c + V_s) = 0.75(200+160) = 270\text{kN}$$

04 도로교설계기준(한계상태설계법, 2012)의 기반이 된 한계상태설계법에 대한 설명으로 옳지 않은 것은?

① 부분안전계수를 사용하여 하중 및 각 재료에 대한 특성이 고려된 설계법이다.
② 설계이론에서 재료는 선형탄성구간에 있는 것으로 가정한다.
③ 하중과 재료의 불확실성을 고려한 설계법으로 구조신뢰성 이론에 기반하고 있다.
④ 안정성과 사용성을 극한한계상태와 사용한계상태를 이용하여 확보한다.

해설 한계상태설계법은 선형탄성구간을 벗어난 비탄성해석을 원칙으로 한다.

정답 01. ④ 02. ② 03. ① 04. ②

05 축력, 휨모멘트, 전단력의 작용에 의해 부재 단면에 발생하는 응력에 관한 설명으로 옳지 않은 것은?

① 인장력이 단면의 도심에 작용할 때, 하중 작용점에서 충분히 멀리 떨어진 단면의 인장응력은 단면 내에 균등하게 분포된다.
② 휨모멘트가 작용할 때, 단면의 상하단 위치에서 최대압축 또는 최대인장응력이 발생한다.
③ 휨모멘트에 의한 휨응력은 단면의 단면2차 모멘트가 클수록 작아진다.
④ 전단력이 작용할 때, 직사각형 단면의 전단응력은 단면 내에 균등하게 분포된다.

해설 전단력이 작용할 때, 직사각형 단면의 전단응력은 곡선분포형상을 이루며 균질한 단면에서 단면 상하연에서 전단응력은 영이고 중립축에서 최대가 된다.

06 그림과 같이 설계축력이 200kN인 고장력볼트(F10T-M22 볼트) 5개를 이용하여 마찰이음 연결부를 설계할 때, 연결부의 공칭마찰강도[kN]는? [단, 도로교설계기준(한계상태설계법, 2012)에 따라 볼트의 공칭마찰강도는 $R_n = K_h K_s N_s P_t$로 계산하고, K_h는 구멍크기계수, K_s는 표면상태계수, N_s는 볼트 1개당 미끄러짐면의 수, P_t는 볼트의 설계축력을 나타내며, $K_h = 0.4$, $K_s = 0.6$이다.]

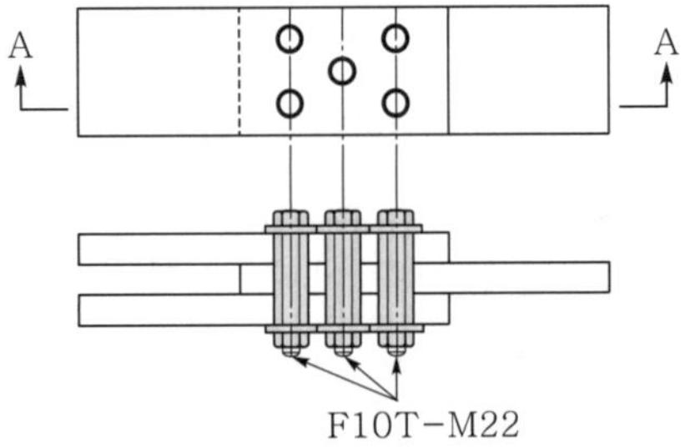

① 360 ② 480
③ 600 ④ 720

해설 공칭마찰강도
$R_n = K_h K_s N_s P_t$
$= 0.4 \times 0.6 \times 2 \times 200 \times 5 = 480\text{kN}$

07 양단이 고정되어 있는 길이 5m의 H형강(300×300×10×15)을 사용한 기둥의 오일러 좌굴하중[kN]은? (단, $\pi^2 = 10$으로 가정하고, H형강의 강축 및 약축의 단면2차모멘트 $I_{xx} = 2 \times 10^8 \text{mm}^4$, $I_{yy} = 5 \times 10^7 \text{mm}^4$, 탄성계수 $E = 2.0 \times 10^5 \text{MPa}$이다.)

① 16,000 ② 18,000
③ 20,000 ④ 22,000

해설 기둥의 오일러 좌굴하중
$$P_{cr} = \frac{n\pi^2 EI_{\min}}{L^2} = \frac{4 \times 10 \times 2 \times 10^5 \times 5 \times 10^7}{5{,}000^2}$$
$= 16{,}000{,}000\text{N} = 16{,}000\text{kN}$

08 그림과 같이 지간 $L = 8\text{m}$인 프리스트레스트 콘크리트 단순보의 지간 중앙에 집중하중 $Q = 240\text{kN}$이 작용하고 있다. 꺾인 직선 긴장재는 지간 중앙에 편심 $e = 0.3\text{m}$로 설치되었다. 하중평형법에 의해 집중하중 Q와 등가 상향력의 크기가 같아지도록 하는 프리스트레스의 크기 P[kN]는? (단, $\sin\theta = \frac{2e}{L}$로 가정하고, 프리스트레스의 손실은 무시하며, 집중하중은 자중을 포함하고 있다.)

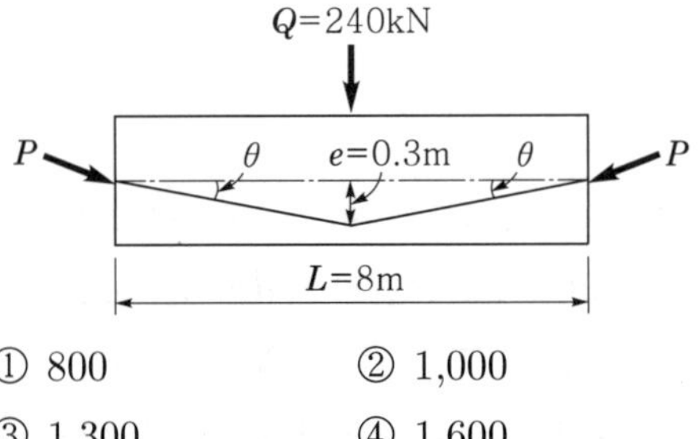

① 800 ② 1,000
③ 1,300 ④ 1,600

정답 05. ④ 06. ② 07. ① 08. ④

해설 프리스트레싱 힘 P는

$U=Q$, u는 상향력

$2P\sin\theta=Q$

$$P=\frac{Q}{2\sin\theta}=\frac{Q}{2\times\frac{2e}{L}}=\frac{QL}{4e}=\frac{240\times8}{4\times0.3}$$

$=1,600\text{kN}$

09 다음의 철근콘크리트 확대기초에서 유효깊이 $d=550\text{mm}$, 지압력 $q_u=0.3\text{MPa}$일 때, 1방향 전단에 대한 위험단면에 작용하는 전단력[kN]은?

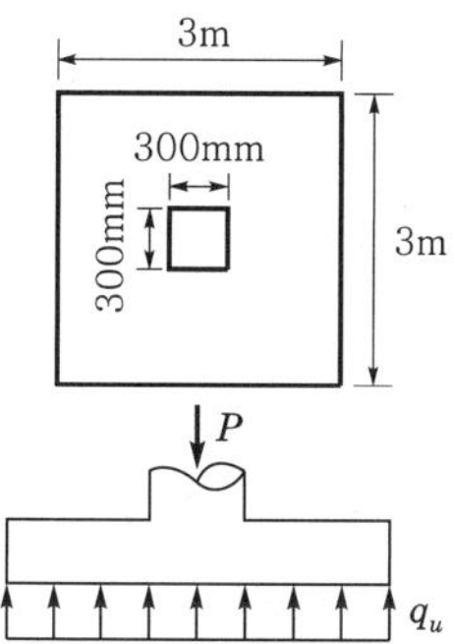

① 420

② 520

③ 620

④ 720

해설 1방향 전단에 대한 계수전단력

$$V_u=q_u\left[\frac{L-(t+2d)}{2}\right]\times B$$

$$=0.3\times\left[\frac{3,000-(300+2\times550)}{2}\right]\times3,000$$

$=720,000\text{N}=720\text{kN}$

10 도로교설계기준(한계상태설계법, 2012)에 따른 신축이음 설계에 관한 설명으로 옳지 않은 것은?

① 신축이음의 설계 연직하중은 표준트럭의 후륜하중으로 한다.

② 신축이음의 설계 수평하중은 설계 연직하중의 20%로 하고 신축이음에서의 바퀴접촉과 분포를 고려한다.

③ 강교량인 경우 노면 틈새 간격은 계수하중을 고려한 극한 이동상태에서 25mm 이상이어야 한다.

④ 각종 이동량 및 시공여유량 등을 모두 고려하여 차량 진행방향으로 산정한 신축이음 노면 최대 틈새 간격(W, mm)은 틈새가 하나(for single gap)인 경우 $W\leq120\text{mm}$를 만족하여야 한다.

해설 차량 진행방향으로 산정한 신축이음 노면 최대 틈새 간격(W, mm)은 틈새가 하나(for single gap)인 경우 $W\geq100\text{mm}$를 만족하여야 한다.

11 프리스트레스트 콘크리트 부재에서 프리스트레스의 감소 원인 중 프리스트레스 도입 후에 발생하는 시간적 손실의 원인에 해당하는 것은?

① 콘크리트의 크리프

② 정착장치의 활동

③ 콘크리트의 탄성수축

④ 긴장재와 덕트의 마찰

해설 프리스트레스 도입 후에 발생하는 시간적 손실원인에는 콘크리트의 크리프, 콘크리트의 건조수축, 긴장재의 릴랙세이션 등이 있다.

12 단철근 철근콘크리트 직사각형 보의 폭 $b=400\text{mm}$, 유효깊이 $d=450\text{mm}$이며, 인장철근 단면적 $A_s=1,700\text{mm}^2$, 콘크리트 설계기준압축강도 $f_{ck}=20\text{MPa}$, 철근의 설계기준항복강도 $f_y=400\text{MPa}$일 때, 공칭휨강도 M_n[kN · m]은? (단, 인장철근은 1단 배근되어 있다.)

① 192 ② 232

③ 272 ④ 312

정답 09. ④ 10. ④ 11. ① 12. ③

해설 단철근 직사각형 보 공칭휨강도

㉠ 등가압축응력깊이

$$a=\frac{A_s f_y}{0.85 f_{ck} b}=\frac{1,700\times 400}{0.85\times 20\times 400}$$

$$=100\text{mm}$$

㉡ 공칭휨강도

$$M_n=A_s f_y\cdot\left(d-\frac{a}{2}\right)$$

$$=1,700\times 400\times\left(450-\frac{100}{2}\right)$$

$$=272\times 10^6\text{N}\cdot\text{mm}$$

$$=272\text{kN}\cdot\text{m}$$

13 콘크리트 기초판에 수직력 P와 모멘트 M이 동시에 작용하고 있다. A지점에 압축응력이 발생하기 위한 최소 수직력 P[kN]는?

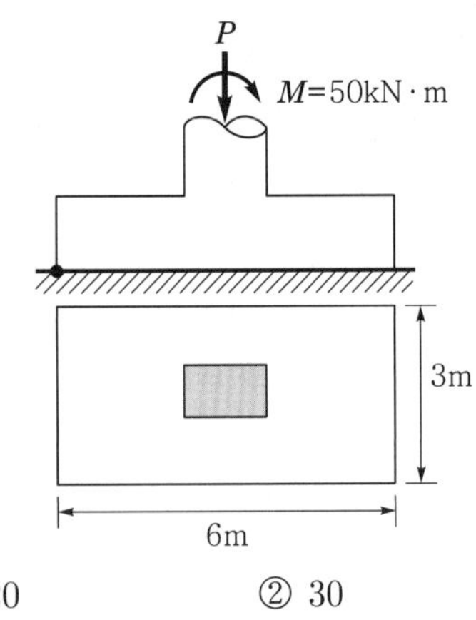

① 20 ② 30

③ 40 ④ 50

해설 기초판의 A점에 작용하는 압축응력$\left(\frac{P}{A}\right)$과 휨응력$\left(\frac{M}{Z}\right)$을 구해보면

$$\frac{P}{A}\geq\frac{M}{Z}$$

$$P\geq\frac{M\cdot A}{Z}=\frac{6M}{h}=\frac{6\times 50}{6}=50\text{kN}$$

14 콘크리트구조기준(2012)에 따라 철근콘크리트 휨부재의 모멘트 강도를 계산하기 위하여 사용하는 등가직사각형 응력블록에 대한 설명으로 옳지 않은 것은? (단, a는 등가직사각형 응력블록의 깊이, b는 단면의 폭, f_{ck}는 콘크리트의 설계기준압축강도이다.)

① 콘크리트의 실제 압축응력분포의 면적과 등가직사각형 응력블록의 면적은 같다.

② 등가직사각형 응력블록의 도심과 실제 압축응력분포의 도심은 일치하지 않는다.

③ 등가직사각형 응력블록에 의한 콘크리트가 받는 압축응력의 합력은 $0.85f_{ck}ab$로 계산한다.

④ 등가직사각형 응력블록을 정의하는 주요 변수값은 콘크리트 압축강도에 따라 달라진다.

해설 등가직사각형 응력블록의 도심과 압축응력분포의 도심은 일치한다.

15 프리스트레스트 콘크리트의 성질에 관한 설명으로 옳지 않은 것은?

① 포스트텐션 방식에서 긴장재의 인장력은 긴장재 끝에서 멀어질수록 감소한다.

② 프리텐션 방식은 덕트를 통하여 배치한 긴장재를 콘크리트가 굳은 다음에 긴장시켜 프리스트레스를 주는 방식이다.

③ 프리텐션 방식에서 프리스트레스를 도입하기 위하여 긴장재의 고정을 풀어주면 압축응력이 작용하여 콘크리트 부재는 단축되며, 긴장재의 인장응력은 감소한다.

④ 긴장재와 덕트가 완전히 직선인 것으로 가정할 경우, 긴장재의 파상마찰로 인한 손실은 일어나지 않는다.

해설 덕트를 통하여 배치한 긴장재를 콘크리트가 굳은 다음에 긴장시켜 프리스트레스를 주는 방식은 포스트텐션 방식이다.

정답 13. ④ 14. ② 15. ②

16 2방향 콘크리트 슬래브의 중앙에 집중하중 175kN이 작용할 때 장경간이 부담하는 하중[kN]은? (단, 장경간은 3m, 단경간은 2m이다.)

① 40
② 50
③ 60
④ 70

해설 2방향 슬래브의 집중하중에 의한 장경간의 부담하중

$$P_L = \frac{S^3}{L^3 + S^3} P$$
$$= \frac{2^3}{3^3 + 2^3} \times 175 = 40\text{kN}$$

17 철근콘크리트의 전단설계에 관한 설명으로 옳은 것은? (단, s는 전단철근의 간격, A_v는 전단철근의 단면적, f_{yt}는 횡방향 철근의 설계기준항복강도, d는 유효깊이, α는 경사스터럽과 부재축 사이의 각도를 나타낸다.)

① 계수전단력 V_u가 콘크리트가 부담하는 전단력 ϕV_c보다 크지 않은 구간에서는 이론상 전단철근이 필요 없으므로, 실제 설계에서도 전단철근을 배근하지 않는다.
② 교대 벽체 및 날개벽, 옹벽의 벽체, 암거 등과 같이 휨이 주거동인 판부재에서는 최소 전단철근을 배근하지 않아도 된다.
③ 경사스터럽을 전단철근으로 사용하는 경우에 스터럽이 부담하는 전단강도 $V_s = \dfrac{A_v f_{yt} d(\sin\alpha)}{s}$ 이다.
④ 수직스터럽의 간격은 $0.5d$ 이하, 800mm 이하로 하여야 한다.

해설 ① 계수전단력 V_u가 콘크리트가 부담하는 전단력 ϕV_c보다 크지 않은 구간에서는 ϕV_c에서 $\frac{1}{2}\phi V_c$ 구간까지는 최소 전단철근을 배근한다.

③ 경사스터럽의 경우 스터럽이 부담하는 전단강도 $V_s = \dfrac{A_v f_{yt} d(\sin\alpha) + \cos\alpha}{s}$ 이다.

④ 수직스터럽의 간격은 $0.5d$ 이하, 600mm 이하로 하여야 한다.

18 콘크리트구조기준(2012)에 따른 처짐을 계산하지 않는 경우의 철근콘크리트 1방향 슬래브의 최소두께로 옳지 않은 것은? (단, 슬래브는 큰 처짐에 의해 손상되기 쉬운 칸막이벽이나 기타 구조물을 지지 또는 부착하지 않은 부재이고, 부재의 길이는 l이다.)

① 1단 연속 1방향 슬래브 : $l/24$
② 양단 연속 1방향 슬래브 : $l/28$
③ 단순지지 1방향 슬래브 : $l/16$
④ 캔틸레버 1방향 슬래브 : $l/10$

해설 단순지지 1방향 슬래브인 경우에는 $l/20$ 이상이어야 한다.

19 콘크리트구조기준(2012)에 따른 확대머리 이형철근의 인장에 대한 정착길이 계산식을 적용하기 위한 조건으로 옳지 않은 것은?

① 철근의 설계기준항복강도는 400MPa 이하이어야 한다.
② 콘크리트의 설계기준항복강도는 40MPa 이하이어야 한다.
③ 철근의 지름은 40mm 이하이어야 한다.
④ 확대머리의 순지압면적은 철근 1개 단면적의 4배 이상이어야 한다.

해설 철근의 지름은 35mm 이하이어야 한다.

정답 16. ① 17. ② 18. ③ 19. ③

20 다음 그림과 같은 박스형 단면을 갖는 철근 콘크리트보의 공칭휨강도 M_n[kN · m]은? (단, $f_{ck} = 20\text{MPa}$, $f_y = 400\text{MPa}$, f_{ck}는 콘크리트의 설계기준압축강도, f_y는 철근의 설계기준항복강도이다.)

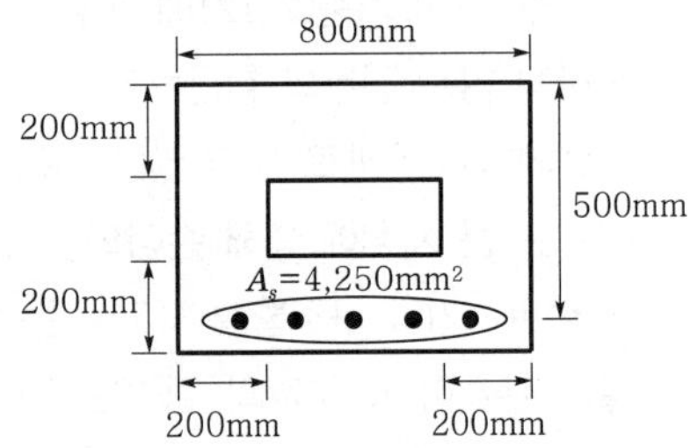

① 523.75　　② 633.75

③ 743.75　　④ 853.75

해설 공칭휨강도 M_n

㉠ 등가압축응력

$$0.85f_{ck}A_c = A_s f_y$$

$$A_c = \frac{A_s f_y}{0.85 f_{ck}} = \frac{4,250 \times 400}{0.85 \times 20} = 100,000\text{mm}^2$$

㉡ 등가압축응력깊이(a)

$$100,000 = 800 \times a$$

$$a = 125\text{mm}$$

㉢ 공칭휨강도(M_n)

$$M_n = A_s \cdot f_y \cdot \left(d - \frac{a}{2}\right)$$

$$= 4,250 \times 400 \times \left(500 - \frac{125}{2}\right)$$

$$= 743,750,000\text{N} \cdot \text{mm} = 743.75\text{kN} \cdot \text{m}$$

정답 20. ③

과년도 출제문제(2015년 서울시 9급)

01 철근콘크리트 구조물에서 탄성처짐이 30mm인 부재의 경우 하중의 재하기간이 7년이고 압축철근비가 0.002일 때, 추가적인 장기처짐을 고려한 최종 처짐량[mm]은 약 얼마인가?

① 80 ② 85
③ 90 ④ 95

해설 최종 처짐량=탄성처짐량+추가처짐량
탄성처짐량 $\delta_e = 30\text{mm}$
추가처짐량 $\delta_1 = \delta_e \times \lambda = \delta_e \times \dfrac{\xi}{1+50\rho'}$

$= 30 \times \dfrac{2.0}{1+50\times 0.002} = 55\text{mm}$

최종 처짐량 $\delta_t = \delta_t + \delta_t = 30 + 55 = 85\text{mm}$

02 지간이 9.6m이고 인접한 보와의 내측거리가 3m인 아래 그림과 같은 비대칭 T형 단면에 대한 플랜지의 유효폭[mm]은 얼마인가?

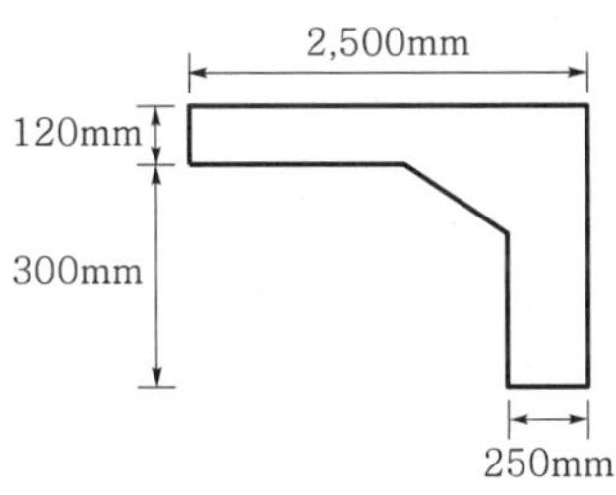

① 970
② 1,050
③ 1,300
④ 1,750

해설 비대칭 T형보의 플랜지의 유효폭은 다음 값 중에서 작은 값이다.
㉠ (한 쪽으로 내민 플랜지 두께의 6배)$+b_w$
$= 6\times 120 + 250 = 970\text{mm}$
㉡ $\left(\text{보의 경간의}\dfrac{1}{12}\right) + b_w = \dfrac{9{,}600}{12} + 250$
$= 1{,}050\text{mm}$
㉢ $\left(\text{인접보와의 내측거리의}\dfrac{1}{2}\right) + b_w = \dfrac{3{,}000}{2} + 250$
$= 1{,}750\text{mm}$

03 도로교설계기준 한계상태설계법에서 말하는 한계상태에 대한 설명 중 옳지 않은 것은?

① 극단상황한계상태는 지진 또는 홍수 발생 시 또는 세굴된 상황에서 선박, 차량 또는 유빙에 의한 충돌 시 등의 상황에서 교량의 붕괴를 방지하는 것으로 규정한다.
② 극한한계상태는 교량의 설계수명 이상에서 발생할 것으로 기대되는 하중조합에 대하여 국부적 · 전체적 강도와 안정성을 확보하는 것으로 규정한다.
③ 피로한계상태는 기대응력범위의 반복횟수에서 발생하는 단일 피로설계트럭에 의한 응력범위를 제한하는 것으로 규정한다.
④ 사용한계상태는 정상적인 사용조건하에서 응력, 변형 및 균열폭을 제한하는 것으로 규정한다.

해설 극한한계상태는 교량의 설계수명 이내에서 발생할 것으로 예상되는 하중조합에 대하여 국부적 · 전체적 강도와 안정성을 확보하는 것으로 규정한다.

04 수중에서 타설되는 콘크리트의 경우 철근의 최소 피복두께[mm]는 얼마인가? (단, 프리스트레스 하지 않은 현장치기 콘크리트이다.)

① 40 ② 60
③ 80 ④ 100

해설 현장치기 콘크리트로 수중에서 타설되는 경우의 철근의 피복두께는 100mm 이상이어야 한다.

정답 01. ② 02. ① 03. ② 04. ④

05 콘크리트구조물의 설계기준은 부착긴장재를 가지는 프리스트레스 콘크리트 휨부재의 공칭휨강도 계산에서 긴장재의 응력을 $f_{ps} = f_{pu}\left[1-\frac{\gamma_p}{\beta_1}\left\{\rho\frac{f_{pu}}{f_{ck}}+\frac{d}{d_p}(w-w')\right\}\right]$의 식을 통해 근사적으로 계산하는 것을 허용하고 있다. 그러나 이 식의 사용을 위해서는 긴장재의 유효응력이 얼마 이상이 될 것을 요구하고 있다. 긴장재의 설계기준인장강도 $f_{pu}=1,800\text{MPa}$일 때, 이 식을 사용하기 위해서는 프리스트레스 긴장재의 유효응력[MPa]은 얼마 이상이 되어야 하는가?

① 720 ② 810
③ 900 ④ 1,080

해설 주어진 근사식을 사용하기 위한 프리스트레스 긴장재의 유효응력은 다음 값 이상
$f_{pe} \geq 0.5f_{pu} = 0.5\times1,800 = 900\text{MPa}$

06 그림과 같이 지간 4m인 직사각형 단순보의 도심에 PS강재가 직선으로 배치되어 있고, 1,200kN의 프리스트레스 힘이 작용하고 있을 때, 보의 중앙단면 하연응력이 0(zero)이 되도록 하기 위한 등분포하중 w[kN/m]는? (단, 보의 자중은 고려하지 않는다.)

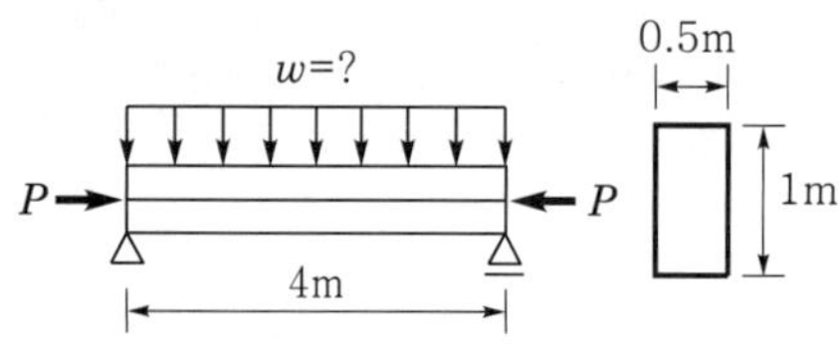

① 80 ② 87
③ 97 ④ 100

해설 긴장력과 외력에 의한 응력을 조합하여 구한다.
$f=\frac{P}{A}+\frac{M}{Z}=0$
$M=\frac{Ph}{6},\ \frac{wl^2}{8}=\frac{Ph}{6}$
$w=\frac{4Ph}{3l^2}=\frac{4\times1,200\times1}{3\times4^2}=100\text{kN/m}$

07 풍하중에 대한 설명으로 옳은 것은?

① 기본풍속(V_{10})이란 재현기간 100년에 해당하는 개활지에서의 지상 100m의 10분 평균 풍속을 말한다.
② 일반 중소지간 교량의 설계기준풍속(V_D)은 40m/s로 한다.
③ 중대지간 교량의 설계기준풍속(V_D)은 풍속기록과 구조물 주변의 지형, 환경 및 교량 상부구조의 지상높이 등을 고려하여 합리적으로 결정한 10분 최대풍속을 말한다.
④ 기본풍속(V_{10})과 설계기준풍속(V_D)은 반비례관계이다.

해설 ① 기본풍속(V_{10})이란 재현기간 100년에 해당하는 개활지에서의 지상 10m의 10분 평균 풍속을 말한다.
③ 중대지간 교량의 설계기준풍속(V_D)은 풍속기록과 구조물 주변의 지형, 환경 및 교량 상부구조의 지상높이 등을 고려하여 합리적으로 결정한 10분 평균 풍속을 말한다.
④ 기본풍속(V_{10})과 설계기준풍속(V_D)은 비례관계이다.

08 그림에 나타난 직사각형 단철근보에서 전단철근이 부담하는 전단력(V_s)[kN]은 약 얼마인가? [단, 철근 D13을 수직 스터럽(stirrup)으로 사용하며, 스터럽 간격은 200mm, D13 철근 1본의 단면적은 127mm², $f_{ck}=28$ MPa, $f_{yt}=350\text{MPa}$, 보통콘크리트 사용]

① 125
② 150
③ 200
④ 250

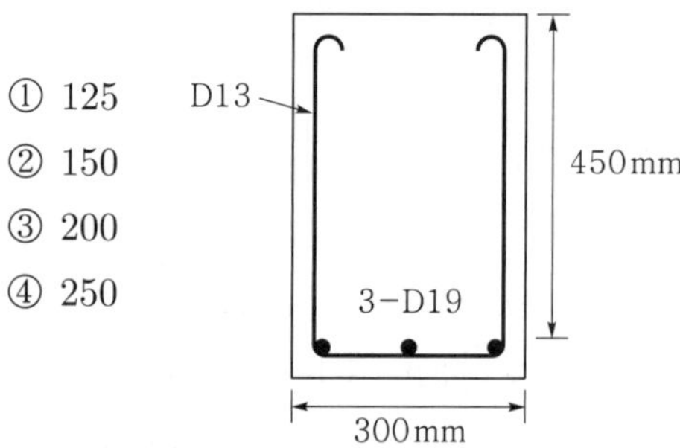

정답 05. ③ 06. ④ 07. ② 08. ③

해설 전단철근이 부담할 전단강도(V_s)는

$$V_s = \frac{A_v \cdot f_{yt} \cdot d}{s} = \frac{(2 \times 127) \times 350 \times 450}{200}$$
$$= 194{,}310\text{N} = 194.31\text{kN}$$

09 철근콘크리트보의 전단철근설계에 대한 다음 설명 중 옳지 않은 것은?

① 콘크리트가 부담하는 전단강도의 계산에서 특별한 경우 이외에는 f_{ck}는 70MPa을 초과하지 않도록 하여야 한다.

② 전단철근이 부담하는 전단강도는 $\frac{2}{3}\sqrt{f_{ck}}\,b_w d$ 이내이어야 한다.

③ 부재축에 직각으로 배치된 전단철근의 간격은 철근콘크리트 부재의 경우에 $d/2$ 이하이어야 하며, 또한 600mm 이하이어야 한다.

④ 보의 전체 높이가 250mm 이하인 경우에는 최소 전단철근을 배치하지 않아도 된다.

해설 전단철근이 부담하는 전단강도(V_s)는 $\frac{2}{3}\lambda\sqrt{f_{ck}}\,b_w d$ 이하이어야 한다.

10 내진설계에서의 설계지반운동에 대한 설명 중 옳은 것은?

① 설계지반운동은 부지 정지작업이 완료된 지표면에서의 자유장운동으로 정의한다.

② 국지적인 토질조건, 지질조건이 지반운동에 미치는 영향은 무시할 수 있다.

③ 설계지반운동은 1축 방향 성분으로 정의된다.

④ 모든 점에서 똑같이 가진하는 것이 합리적일 수 없는 특징을 갖는 교량 건설부지에 대해서는 지반운동의 시간적 변화모델을 사용해야 한다.

해설 ② 국지적인 토질조건, 지질조건과 지표 및 지하 지형이 지반운동에 미치는 영향이 고려되어야 한다.
③ 설계지반운동은 수평 2축 방향 성분으로 정의되며 그 세기와 특성은 동일하다고 가정할 수 있다.
④ 모든 점에서 똑같이 가진하는 것이 합리적일 수 없는 특징을 갖는 교량 건설부지에 대해서는 지반운동의 공간적 변화모델을 사용해야 한다.

11 휨부재의 최소 철근량에 관한 사항 중 옳지 않은 것은?

① $\frac{0.25\sqrt{f_{ck}}}{f_y} b_w d \geq \frac{1.4}{f_y} b_w d$를 만족해야 한다.

② 두께가 균일한 구조용 슬래브와 기초판의 최소 인장철근의 단면적은 수축·온도 철근량으로 한다.

③ 부재의 모든 단면에서 해석에 의해 필요한 철근량보다 1/3 이상 인장철근이 더 배치되는 경우에는 최소철근량 규정을 적용하지 않을 수 있다.

④ 정정구조물로서 플랜지가 인장상태인 T형 단면의 경우 최소철근량을 구하기 위한 식에서 b_w의 값은 플랜지의 유효폭 b와 $2b_w$ 중 큰 값을 사용한다.

해설 정정구조물로서 플랜지가 인장상태인 T형 단면의 경우 최소철근량을 구하기 위한 식에서 b_w의 값은 플랜지의 유효폭 b와 $2b_w$ 중 작은 값을 사용한다.

12 독립확대기초의 크기가 1.5m×1.5m이고 지반의 허용지지력이 200kN/m^{2}인 경우 기초가 받을 수 있는 하중의 크기[kN]는 얼마인가?

① 150 ② 300
③ 450 ④ 600

해설 기초의 허용축하중
$P = q_a A = 200 \times 1.5 \times 1.5 = 450\text{kN}$

정답 09. ② 10. ① 11. ④ 12. ③

13 프리스트레스 손실의 원인 가운데 프리스트레스 도입 후 발생하는 시간적 손실의 원인으로 옳지 않은 것은?

① 콘크리트 크리프
② PS강재의 릴랙세이션
③ PS강재와 시스 사이의 마찰
④ 콘크리트 건조수축

해설 ㉠ 즉시손실(도입시) 원인
정착장치의 활동, 포스트텐션강재와 덕트 사이의 마찰, 콘크리트의 탄성변형
㉡ 시간적 손실(도입 후 손실) 원인
콘크리트의 크리프, 콘크리트의 건조수축, PS강재의 릴랙세이션

14 다음 그림과 같은 플레이트 거더의 각부 명칭을 옳게 짝지은 것은?

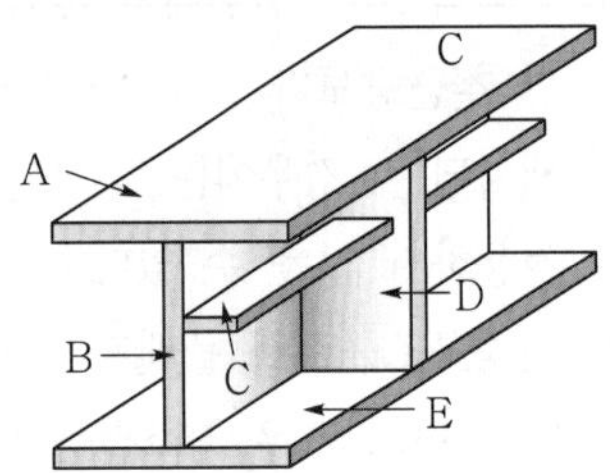

① A=상부플랜지, B=브레이싱, C=수직보강재, D=수평보강재, E=하부플랜지
② A=상부플랜지, B=브레이싱, C=수평보강재, D=수직보강재, E=하부플랜지
③ A=상부플랜지, B=복부판, C=브레이싱, D=수직보강재, E=하부플랜지
④ A=상부플랜지, B=복부판, C=수평보강재, D=수직보강재, E=하부플랜지

해설 판형교의 부재 명칭
A=상부플랜지(flange), B=복부판(web), C=수평보강재(stiffener), D=수직보강재(stiffener), E=하부플랜지(flange)

15 프리스트레스의 잭킹 응력 f_{pj}가 1,100MPa이고, 즉시 손실량이 100MPa, 시간적 손실량이 200MPa일 때, 유효율 R의 값으로 옳은 것은?

① $R=0.6$ ② $R=0.7$
③ $R=0.8$ ④ $R=0.9$

해설 유효율 $R=\dfrac{f_{pe}}{f_{pi}}=\dfrac{1,100-(100+200)}{1,100-100}$
$=\dfrac{800}{1,000}=0.80$

f_{pi}는 즉시손실 후의 인장력으로 초기프리스트레스 힘 또는 도입 직후의 프리스트레스이고, f_{pe}는 시간적 손실이 끝난 후의 최종적 인장력으로 유효 프리스트레스를 의미한다.

16 경량콘크리트 사용에 따른 영향을 반영하기 위해 사용하는 경량콘크리트 계수 λ의 설명 중 옳지 않은 것은?

① f_{sp}값이 규정되어 있지 않은 전경량콘크리트 경우 : 0.65
② f_{sp}값이 규정되어 있지 않은 모래경량콘크리트 경우 : 0.85
③ f_{sp}값이 주어진 경우 :
$f_{sp}/0.56\sqrt{f_{ck}} \leq 1.0$
④ 0.85에서 1.0사이의 값은 보통중량콘크리트의 굵은골재를 경량골재로 치환하는 체적비에 따라 직선보간한다.

해설 f_{sp}값이 규정되어 있지 않은 전경량콘크리트 경우 : 0.75

17 슬래브의 단변의 길이가 4m, 장변의 길이가 5m인 경우 모서리 보강길이는 얼마인가?

① 1.0m ② 1.1m
③ 1.2m ④ 1.3m

해설 모서리 보강은 $\dfrac{L}{5}=\dfrac{5}{5}=1\text{m}$이다.

정답 13. ③ 14. ④ 15. ③ 16. ① 17. ①

18 도로교 내진설계 시 설계변위에 대한 설명으로 옳지 않은 것은?

① 최소받침지지길이는 모든 거더의 단부에서 확보하여야 한다.

② 최소받침지지길이의 확보가 어렵거나 낙교방지를 보장하기 위해서는 변위구속장치를 설치해야 한다.

③ 지진 시에 교량과 교대 혹은 인접하는 교량간의 충돌에 의한 주요 구조부재의 손상을 방지해야 한다.

④ 교량의 여유간격은 가동받침의 이동량보다 작아야 한다.

해설 교량과 교량사이의 여유간격은 가동받침의 이동량보다 커야 한다.

19 콘크리트 구조물에 발생하는 균열에 대한 설명 중 옳지 않은 것은?

① 균열발생의 요인으로는 재료적 요인, 시공상의 요인, 설계상의 요인, 사용환경의 요인 등이 있다.

② 균열 폭에 영향을 미치는 요인으로는 철근의 종류, 철근의 응력 및 피복두께 등이 있다.

③ 구조물 내구성을 위해서는 많은 수의 미세한 균열보다 폭이 큰 몇 개의 균열이 바람직하다.

④ 균열은 구조적인 균열과 비구조적인 균열로 구분되기도 한다.

해설 구조물 내구성을 위해서는 큰 균열보다는 미세한 균열이 유리하다.

20 철근콘크리트보에서 철근의 항복강도 $f_y = 600\text{MPa}$인 경우 압축지배변형률과 인장지배변형률의 한계 및 최소 허용인장변형률은 각각 얼마인가?

① 압축지배변형률 : 0.002, 인장지배변형률 : 0.005, 최소 허용인장변형률 : 0.004

② 압축지배변형률 : 0.002, 인장지배변형률 : 0.0075, 최소 허용인장변형률 : 0.006

③ 압축지배변형률 : 0.003, 인장지배변형률 : 0.005, 최소 허용인장변형률 : 0.004

④ 압축지배변형률 : 0.003, 인장지배변형률 : 0.0075, 최소 허용인장변형률 : 0.006

해설 $f_y = 600\text{MPa}$에 대한 해당 변형률은 다음과 같다.

압축지배변형률 한계값

$$\varepsilon_{t,cd} = \varepsilon_y = \frac{f_y}{E_s} = \frac{600}{2\times10^5} = 0.003$$

인장지배변형률 한계값

$$\varepsilon_{td} = 2.5\varepsilon_y = 2.5\frac{f_y}{E_s} = 2.5\times\frac{600}{2\times10^5} = 0.0075$$

최소 허용인장변형률 한계값

$$\varepsilon_{t,\min} = 2.0\varepsilon_y = 2.0\frac{f_y}{E_s} = 2.0\times\frac{600}{2\times10^5} = 0.006$$

정답 18. ④ 19. ③ 20. ④

과년도 출제문제 (2016년 국가직 9급)

01 표준원주형공시체(ϕ150mm)가 압축력 675kN에서 파괴되었을 때, 콘크리트의 최대압축응력[MPa]은? (단, $\pi = 3$이다.)

① 10.0　　② 22.5
③ 40.0　　④ 90.0

해설 $G_c = \dfrac{P}{A} = \dfrac{675\text{kN}}{\dfrac{3 \times 0.15^2}{4}} = 40{,}000\text{kN/m}^2 = 40\text{MPa}$

02 옹벽의 설계에 대한 설명으로 옳지 않은 것은?

① 옹벽은 상재하중, 뒤채움 흙의 중량, 옹벽의 자중 및 옹벽에 작용하는 토압, 필요에 따라서는 수압에 견디도록 설계하여야 한다.
② 무근콘크리트 옹벽은 자중에 의하여 저항력을 발휘하는 중력식 형태로 설계하여야 한다.
③ 활동에 대한 저항력은 옹벽에 작용하는 수평력의 1.5배 이상이어야 한다.
④ 전도에 대한 저항휨모멘트는 횡토압에 의한 전도모멘트 이상이어야 한다.

해설 전도에 대한 안전율은 2.0 이상이다.

03 프리스트레스트하지 않는 현장치기 콘크리트 부재의 최소 피복두께 규정으로 옳지 않은 것은? (단, 2012년도 콘크리트구조기준을 적용한다.)

① 수중에서 치는 콘크리트 : 100m
② 흙에 접하여 콘크리트를 친 후 영구히 흙에 묻혀 있는 콘크리트 : 60mm
③ D25 이하의 철근 중 흙에 접하거나 옥외의 공기에 직접 노출되는 콘크리트 : 50mm
④ 옥외의 공기나 흙에 직접 접하지 않은 콘크리트보 또는 기둥 : 40mm

해설 흙에 묻혀 있는 콘크리트 피복 80mm

04 강구조에서 용접과 볼트의 병용에 대한 설명으로 옳지 않은 것은?

① 볼트접합은 원칙적으로 용접과 조합해서 하중을 부담시킬 수 없다. 이러한 경우 볼트가 전체 하중을 부담하는 것으로 한다.
② 볼트가 전단접합인 경우에는 예외적으로 용접과 하중을 부담하는 것이 허용된다.
③ 마찰볼트접합으로 기 시공된 구조물을 개축할 경우 고장력볼트는 기 시공된 하중을 받는 것으로 가정하고 병용되는 용접은 추가된 소요강도를 받는 것으로 용접설계를 병용할 수 있다.
④ 표준구멍과 하중방향에 직각인 단슬롯의 경우 볼트와 하중방향에 평행한 필릿용접이 하중을 각각 분담할 수 있다.

해설 볼트접합과 용접이음은 병용해서 사용할 수 있다.

05 큰 처짐에 의해 손상되기 쉬운 칸막이벽이나 기타 구조물을 지지하지 않는 지간 4m의 1방향 슬래브가 단순 지지되어 있을 때 처짐 검토를 생략할 수 있는 슬래브의 최소두께[mm]는? (단, 부재는 보통중량콘크리트와 설계기준항복강도 400MPa인 철근을 사용하고, 2012년도 콘크리트구조기준을 적용한다.)

① 400　　② 267
③ 200　　④ 167

정답 01. ③ 02. ④ 03. ② 04. ① 05. ③

해설 처짐을 제단하지 않는 최소두께는

$\frac{l}{20} = \frac{4}{20} = 0.2 = 200\text{mm}$

06 그림과 같은 유효길이를 갖는 필릿용접부가 받을 수 있는 인장력 P[N]는? (단, 필릿용접의 허용전단응력 $v_a = 80\text{MPa}$이다.)

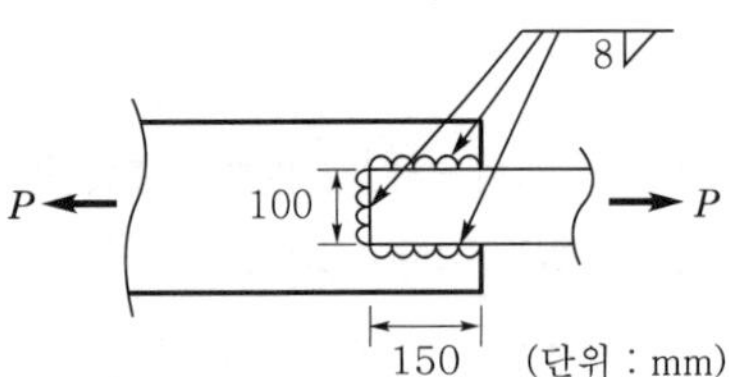

① $P = 80 \times \frac{8}{\sqrt{2}}(150 \times 2)$

② $P = 80 \times \frac{8}{\sqrt{2}}(150 \times 2 + 100)$

③ $P = 80 \times 8 \times (150 \times 2)$

④ $P = 80 \times 8 \times (150 \times 2 + 100)$

해설 $V_a = \frac{P}{\Sigma al}$에서

$P = V_a \cdot \Sigma al = 80 \times \left[\frac{8}{\sqrt{2}} \times (100 + 2 \times 150)\right]$

07 철근의 공칭지름 d_b=10mm일 때, 인장을 받는 표준갈고리의 정착길이[mm]는? (단, 도막되지 않은 이형철근을 사용하고 철근의 설계기준항복강도 $f_y = 300\text{MPa}$, 보통중량콘크리트의 설계기준압축강도 $f_y = 300\text{MPa}$, 보통중량콘크리트의 설계기준항복강도 $f_{ck} = 25\text{MPa}$이고, 2012년도 콘크리트구조기준을 적용한다.)

① 80 ② 144

③ 150 ④ 187

해설 표준갈고리 기본정착길이 $l_{hb} = \frac{0.24 \times \beta \cdot d_b \cdot f_y}{\lambda\sqrt{f_{ck}}}$

$= \frac{0.24 \times 1.0 \times 10 \times 300}{1.0 \times \sqrt{25}} = 144\text{mm} \geqq 8 \cdot d_b,\ 150\text{mm}$

08 유효길이 $l_u = 2.5\text{m}$, 지름 $d = 500\text{mm}$인 횡구속된 골조 압축부재의 유효 세장비는?

① 20 ② 35

③ 50 ④ 65

해설 $\lambda = \frac{kl}{r}$에서

$r = \sqrt{\frac{I}{A}} = \sqrt{\frac{\frac{\pi \times 0.5^4}{64}}{\frac{\pi \times 0.5^2}{4}}} = 0.126$

$\lambda = \frac{2.5}{0.126} = 19.84$

09 폭 $b = 200\text{mm}$, 유효깊이 $d = 400\text{mm}$, 인장철근 단면적 $A_s = 850\text{mm}^2$인 단철근 직사각형 보가 극한상태에 도달했을 때, 압축연단에서 중립축까지의 거리 c[min]는? (단, 철근의 설계기준항복강도 $f_y = 300\text{MPa}$, 콘크리트의 설계기준압축강도 $f_{ck} = 30\text{MPa}$이고, 2012년도 콘크리트구조기준을 적용한다.)

① $\frac{50}{0.85}$ ② $\frac{50}{0.836}$

③ $\frac{59}{0.85}$ ④ $\frac{59}{0.836}$

해설

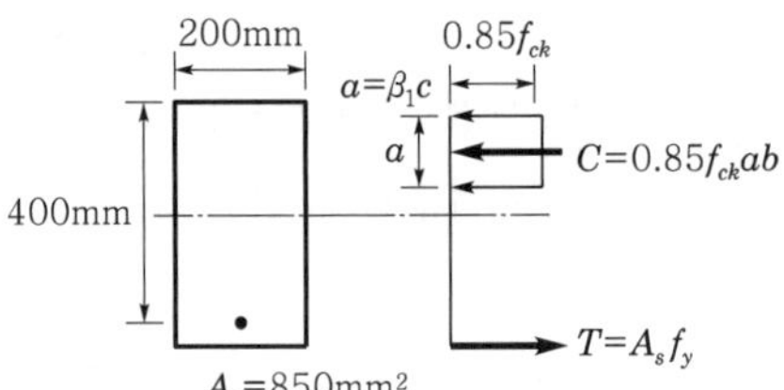

$C = T$에서

$a = \frac{A_s \cdot f_y}{0.85 f_{cc \cdot b}} = \frac{8.5 \times 10^{-4} \times 300}{0.85 \times 30 \times 0.2}$

$= 0.05 = 50\text{mm}$

β_1은 $0.85 - 0.007 \times (30 - 28) = 0.836$

$c = \frac{50}{0.836}$

정답 06. ② 07. ③ 08. ① 09. ②

10 긴장재의 배치형상에 따른 프리스트레싱 효과에 의하여 콘크리트에 발생하는 휨모멘트를 나타낸 것으로 옳지 않은 것은?

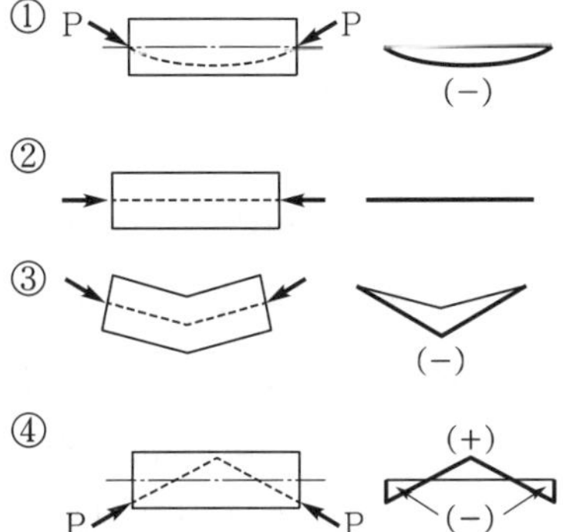

해설 ③항은 부재도심에 긴장재를 배치하였으므로 휨모멘트가 발생하지 않는다.

11 강도설계법에서 강도감소계수(ϕ)를 사용하는 이유로 옳지 않은 것은?

① 재료 강도와 치수가 변동할 수 있으므로 부재 강도의 저하확률에 대비한다.
② 부정확한 설계 방정식에 대비한 여유를 반영한다.
③ 구조물에서 차지하는 부재의 중요도를 반영한다.
④ 예상을 초과한 하중 및 구조해석의 단순화로 인하여 발생되는 초과요인에 대비한다.

해설 ④항은 하중계수에 대한 설명이다.

12 프리스트레스트 콘크리트보에서 긴장재의 허용응력에 대한 기준으로 옳은 것은? (단, f_{pu}는 긴장재의 인장강도, f_{py}는 긴장재의 항복강도이고, 2012년도 콘크리트구조기준을 적용한다.)

① 긴장할 때 긴장재의 인장응력 : $0.84f_{pu}$와 $0.92f_{py}$ 중 작은 값 이하
② 긴장할 때 긴장재의 인장응력 : $0.82f_{pu}$와 $0.94f_{py}$ 중 작은 값 이하
③ 프리스트레스 도입 직후의 인장응력 : $0.74f_{pu}$와 $0.82f_{py}$ 중 작은 값 이하
④ 프리스트레스 도입 직후의 인장응력 : $0.72f_{pu}$와 $0.84f_{py}$ 중 작은 값 이하

해설 긴장할 때 긴장재 인장응력 $0.8f_{fu}$, $0.94f_{py}$ 중 작은 값
프리스트레스트 도입 직후
㉠ 프리텐션 $0.74f_{pu}$, $0.82f_{py}$ 중 작은 값
㉡ 포스트텐션 $0.7f_{pu}$

13 한계상태설계법을 채택한 도로설계기준(2012)에 제시된 한계상태로서 옳지 않은 것은?

① 파괴 이전에 현저하게 육안으로 관찰될 정도의 비탄성 변형이 발생하지 않도록 제한하는 변형한계상태
② 기대응력범위의 반복 횟수에서 발생하는 단일 피로설계트럭에 의한 응력범위를 제한하는 피로한계상태
③ 정상적인 사용조건하에서 응력, 변형 및 균열폭을 제한하는 사용한계상태
④ 설계수명 이내에 발생할 것으로 기대되는, 통계적으로 중요하다고 규정한 하중조합에 대하여 강도와 안정성 확보를 위한 극한한계상태

14 폭 $b = 400\text{mm}$, 유효깊이 $d = 600\text{mm}$인 단철근 직사각형보에 U형 수직스터럽을 간격 $s = 250\text{mm}$로 배치하였을 때, 공칭전단강도 V_n[kN]은? (단, 보통중량콘크리트의 설계기준압축강도 $f_{ck} = 25\text{MPa}$, 전단철근의 설계기준항복강도 $f_{yt} = 400\text{MPa}$, 스터럽 한 가닥의 단면적은 125mm^2이고, 2012년도 콘크리트구조기준을 적용한다.)

① 320　② 380
③ 440　④ 640

정답 10. ③ 11. ④ 12. ③ 13. ① 14. ③

해설 $V_u = V_c + V_s$

$$V_c = \frac{1}{6}\lambda\sqrt{f_{ck}}\cdot b\cdot d$$
$$= \frac{1}{6}\times 1.0\sqrt{25}\times 400\times 600$$
$$= 200{,}000\text{N}$$
$$V_s = \frac{A_v\cdot f_{yt}\cdot d}{s} = \frac{250\times 400\times 600}{250}$$
$$= 240{,}000\text{N} \le \frac{2}{3}\times\sqrt{25}\times 400\times 600$$
$$= 800{,}000\text{N}$$
$$\therefore\ V_u = 200+240 = 440\text{kN}$$

15 현장 강도에 관한 기록자료가 없을 경우 또는 압축강도 시험횟수가 14회 이하인 경우의 배합강도를 구하기 위한 식으로, 설계기준압축강도 f_{ck}가 35MPa을 초과할 경우에 해당하는 배합강도 f_{cr}[MPa]의 계산식은? (단, 2012년도 콘크리트구조기준을 적용한다.)

① $f_{cr} = f_{ck} + 7$
② $f_{cr} = f_{ck} + 8.5$
③ $f_{cr} = f_{ck} + 10$
④ $f_{cr} = 1.1 f_{ck} + 5.0$

16 콘크리트구조기준(2012)에서 압축부재의 철근에 대한 설명으로 옳지 않은 것은?

① 현장치기 콘크리트 공사에서 압축부재의 횡철근으로 사용되는 나선철근 지름은 13mm 이상으로 하여야 한다.
② 나선철근 또는 띠철근이 배근된 압축부재에서 축방향 철근의 순간격은 40mm 이상, 또한 철근 공칭지름의 1.5배 이상으로 하여야 한다.
③ 압축부재의 횡철근으로 사용되는 나선철근의 순간격은 25mm 이상, 75mm 이하이어야 한다.
④ 압축부재의 횡철근으로 사용되는 띠철근의 수직간격은 축방향 철근 지름의 16배 이하, 띠철근 지름의 48배 이하, 또한 기둥단면의 최소치수 이하로 하여야 한다.

해설 나선철근 지름은 10mm 이상

17 철근콘크리트 직사각형보의 전단철근에 대한 설명으로 옳지 않은 것은? (단, V_s=전단철근에 의한 전단강도, λ=경량콘크리트계수, f_{ck}=콘크리트의 설계기준압축강도, b_w=직사각형보의 폭, d=직사각형보의 유효깊이이고, 2012년도 콘크리트구조기준을 적용한다.)

① $V_s \le \frac{\lambda\sqrt{f_{ck}}}{3}b_w d$일 때, 수직 전단철근의 간격은 $0.5d$ 이하이어야 하고 어느 경우이든 600mm 이하로 하여야 한다.
② $V_s \le \frac{\lambda\sqrt{f_{ck}}}{3}b_w d$일 때, 경사스터럽과 굽힘철근은 부재의 중간 높이인 $0.5d$에서 반력점 방향으로 주인장철근까지 연장된 60°선과 한 번 이상 교차되도록 배치하여야 한다.
③ $\frac{\lambda\sqrt{f_{ck}}}{3}b_w d < V_s \le \frac{2\lambda\sqrt{f_{ck}}}{3}b_w d$일 때, 수직 전단철근의 간격은 $0.25d$ 이하이어야 하고, 어느 경우이든 300mm 이하로 하여야 한다.
④ 전단철근의 설계기준항복강도 f_y는 500MPa을 초과할 수 없다. 단, 용접 이형철망을 사용할 경우 전단철근의 설계기준항복강도 f_y는 600MPa을 초과할 수 없다.

해설 주인장철근까지 연장된 45°선과 한 번 이상 교차

정답 15. ④ 16. ① 17. ②

18 철근콘크리트 캔틸레버보에 하중이 작용하여 하향 탄성처짐 20mm가 발생되었다. 이 하중이 장기하중으로 작용할 때, 5년 후의 총 처짐량[mm]은? (단, 보의 지지부에서의 인장철근비는 0.01, 압축철근비는 0.005이고, 2012년도 콘크리트구조기준을 적용한다.)

① 26.7　　② 32.0

③ 46.7　　④ 52.0

해설 장기추가처짐(f_l)=탄성처짐(f_i) ×장기추가처짐계수(λ_Δ)

$$\lambda_\Delta = \frac{\varepsilon}{1+50\rho'} = \frac{2.0}{1+(50\times 0.005)} = 1.6$$

장기처짐(f_l)=20mm×1.6=32mm

총처짐량(f)=$f_i + f_l = 20 + 32 = 52$mm

19 그림과 같이 긴장재가 포물선으로 배치된 지간 10m인 PS콘크리트보에 등분포하중(자중 포함) $w=$ 40kN/m가 작용하고 있다. 프리스트레스 힘 $P=$ 1,000kN일 때, 지간 중앙단면에서 순하향 등분포하중[kN/m]은?

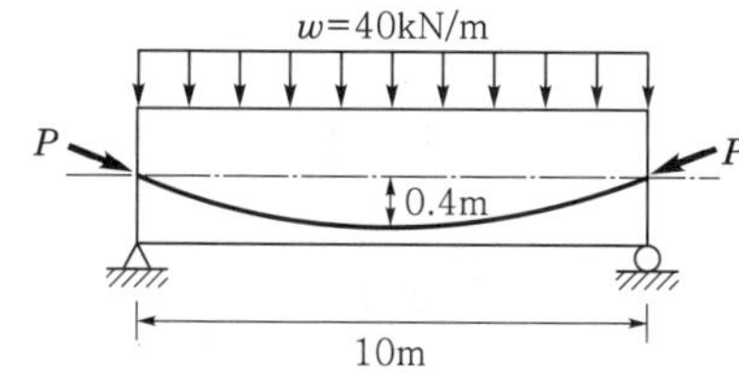

① 8　　② 16

③ 24　　④ 32

해설

$$p\cdot s = \frac{u\cdot l^2}{8} \rightarrow u = \frac{8\cdot p\cdot s}{l^2} = \frac{8\times 1,000\times 0.4}{10^2}$$

$$= 32\text{kN/m}$$

순하향 등분포하중은 $w-u = 40-32 = 8$kN/m

20 그림과 같은 정사각형 독립확대기초 저면에 계수하중에 의한 상향 지반반력 160kN/m^{2}가 작용할 때, 위험단면에서의 계수휨모멘트 [kN · m]는?

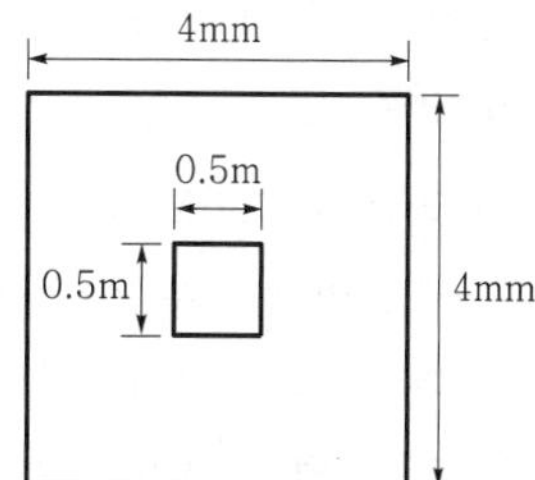

① 260　　② 420

③ 760　　④ 980

해설

$$M_u = \frac{q_u}{8}(L-t)^2\cdot B$$

$$= \frac{160}{8}\times(4-0.5)^2\times 4$$

$$= 980\text{kN}\cdot\text{m}$$

정답 18. ④ 19. ① 20. ④

과년도 출제문제(2016년 지방직 9급)

01 프리텐션 방식의 PSC보에서 발생되는 응력 손실로 옳지 않은 것은?

① 콘크리트의 크리프에 의한 손실
② 콘크리트의 탄성수축에 의한 손실
③ 긴장재 응력의 릴랙세이션에 의한 손실
④ 긴장재와 덕트 사이의 마찰에 의한 손실

해설 ④항은 포스트텐션 공법에서 발생하는 손실량이다.

02 그림 중 역T형 옹벽의 개략적인 주철근 배근으로 가장 적절한 것은?

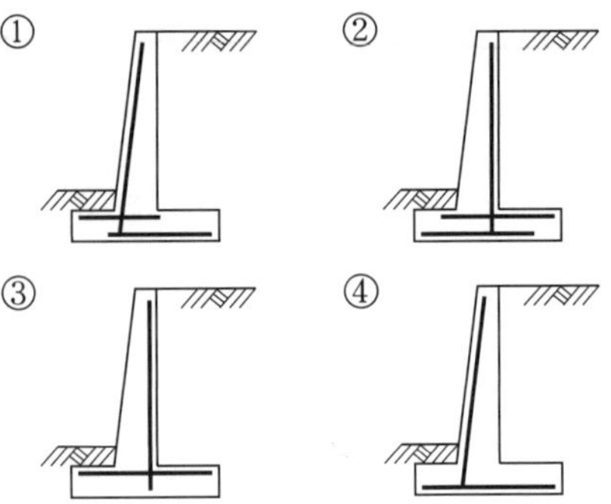

해설 ② 벽체를 벽면, 뒷굽은 상면, 앞굽은 하면이 인장면

03 콘크리트의 크리프에 대한 설명으로 옳지 않은 것은?

① 다짐이 불충분하면 크리프 변형률은 증가한다.
② 물-시멘트비가 클수록 크리프 변형률은 증가한다.
③ 단면의 치수가 클수록 크리프 변형률은 증가한다.
④ 대기 중의 습도가 감소하면 크리프 변형률은 증가한다.

해설 단면치수는 건조수축에 영향을 미치는 요인으로, 단면치수가 클수록 크리프 변형량은 감소한다.

04 그림과 같은 복철근 직사각형보의 공칭휨강도 M_n을 구하는 식으로 옳은 것은? (단, 압축철근은 항복한 것으로 가정하고, f_y는 철근의 설계기준항복강도, f_{ck}는 콘크리트의 설계기준압축강도이다.)

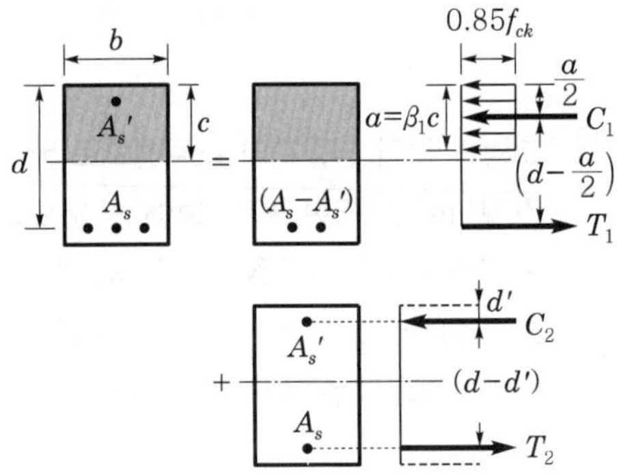

① $M_n = f_y(A_s - A_s')\left(d - \frac{a}{2}\right) + f_y A_s'(d - d')$,
$a = \frac{f_y(A_s - A_s')}{0.85 f_{ck} b}$

② $M_n = f_y(A_s - A_s')\left(d - \frac{a}{2}\right) + f_y A_s'(d - d')$,
$a = \frac{f_y A_s}{0.85 f_{ck} b}$

③ $M_n = f_y(A_s - A_s')(d - d') + f_y A_s'\left(d - \frac{a}{2}\right)$,
$a = \frac{f_y(A_s - A_s')}{0.85 f_{ck} b}$

④ $M_n = f_y(A_s - A_s')(d - d') + f_y A_s'\left(d - \frac{a}{2}\right)$,
$a = \frac{f_y A_s}{0.85 f_{ck} b}$

정답 01. ④ 02. ② 03. ③ 04. ①

05 철근콘크리트 단순보에 고정하중 30kN/m와 활하중 60kN/m만 작용할 때 강도설계법의 하중계수를 고려한 계수하중[kN/m]은? (단, 2012년도 콘크리트구조기준을 적용한다.)

① 112 ② 120
③ 132 ④ 138

해설 $U=1.2D+1.6L=(1.2\times30)+1.6\times60)=132\text{kN/m}$

06 그림과 같이 폭과 두께가 일정한 강재를 완전용입용접으로 연결하였을 때 용접부에 작용하는 응력[MPa]은? (단, $l=300\text{mm}$ $t=10\text{mm}$)

㉠

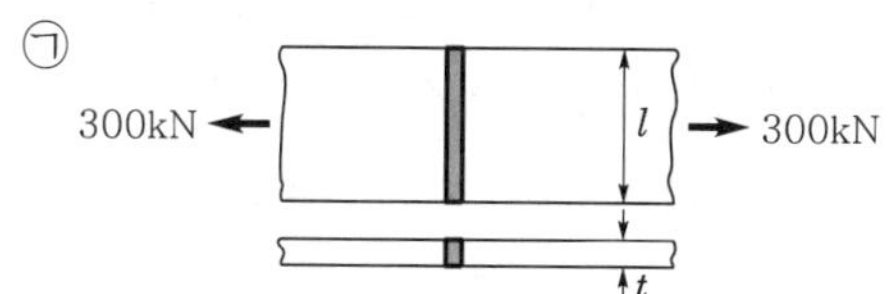

㉡

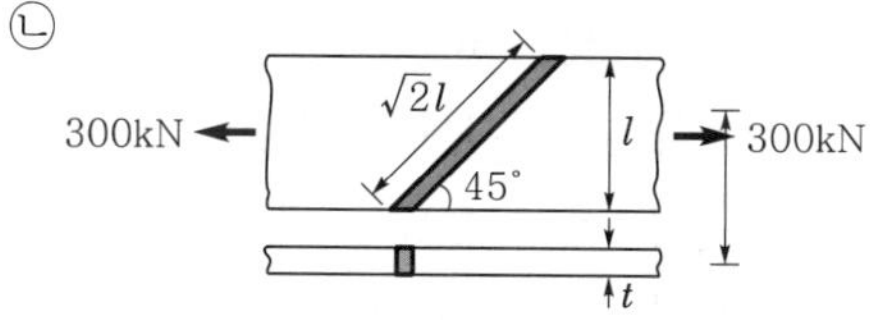

㉢

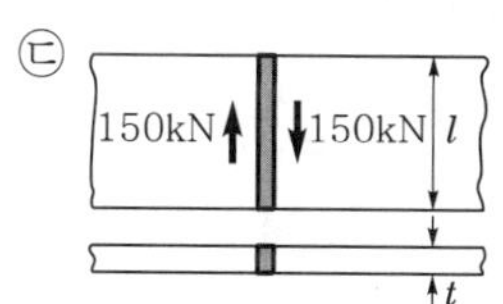

	㉠	㉡	㉢
①	100	100	100
②	100	141	100
③	100	141	50
④	100	100	50

해설

㉠ $\frac{P}{\Sigma al}=\frac{300}{(10\times300)}=0.1\text{kN/mm}^2=100\text{MPa}$

㉡ $\frac{P}{\Sigma al}=\frac{300}{(10\times300)}=0.1\text{kN/mm}^2=100\text{MPa}$

㉢ $\frac{P}{\Sigma al}=\frac{150}{(10\times300)}=0.05\text{kN/mm}^2=50\text{MPa}$

07 그림과 같이 직접 전단균열이 발생할 곳에 대하여 전단마찰이론을 적용할 경우 소요철근의 면적(A_{vf})[mm^2]은? (단, 계수전단력 $V_u=45\text{kN}$, 철근의 설계기준항복강도 $f_y=400\text{MPa}$, 콘크리트 마찰계수 $\mu=0.5$, $\sin\alpha_f=\frac{4}{5}$, $\cos\alpha_f=\frac{3}{5}$이며, 2012년도 콘크리트구조기준을 적용한다.)

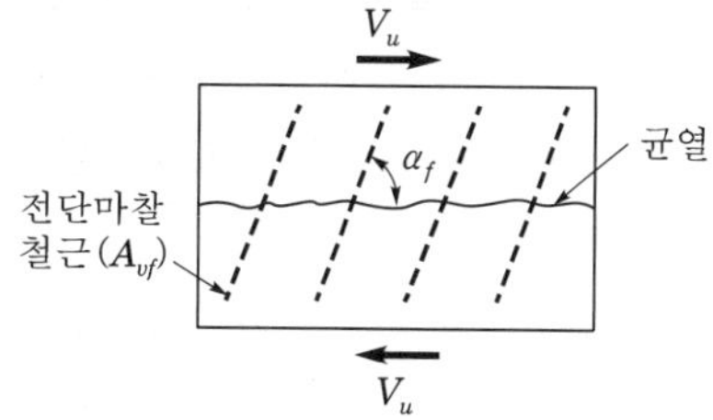

① 75 ② 150
③ 180 ④ 225

해설

$$A_{vf}=\frac{V_u}{\phi f_y(u\sin\alpha_f+\cos\alpha_f)}$$

$$=\frac{45}{0.75\times400\times\left(0.5\times\frac{4}{5}+\frac{3}{5}\right)}=150\text{mm}^2$$

08 그림과 같은 철근콘크리트 기둥의 균형상태에서 콘크리트 압축력의 크기[kN]는? (단, 단주이며, 콘크리트의 설계기준압축강도 $f_{ck}=25\text{MPa}$, 철근의 설계기준항복강도 $f_y=400\text{MPa}$, 철근의 탄성계수 $E_s=2.0\times10^5\text{MPa}$, 콘크리트 압축면적은 압축철근의 면적을 포함한다.)

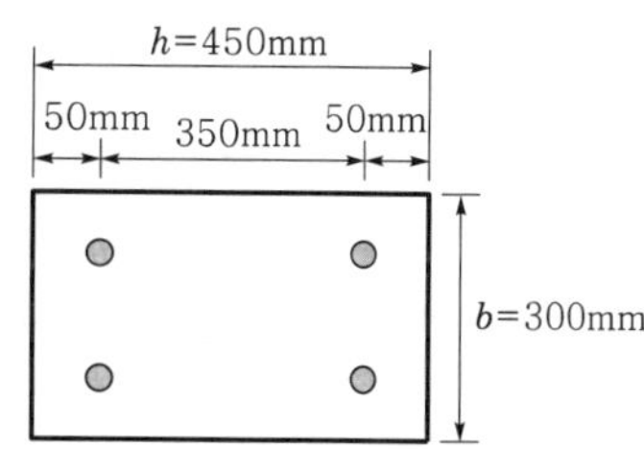

① 1200.5 ② 1300.5
③ 1400.5 ④ 1500.5

정답 05. ③ 06. ④ 07. ② 08. ②

해설 균형상태이므로

㉠ 중립축 위치

$$C_b = \frac{600}{600+f_y}d = \frac{600}{600+400}\times 400 = 240\text{mm}$$

㉡ 등가응력깊이 $a_b = \beta_1 c_b = 0.85\times 240 = 204\text{mm}$

㉢ $c_c = 0.85\times f_{ck}\times a_b \cdot b = 0.85\times 25\times 204\times 300$
$= 1300.5\text{kN}$

09 우리나라 고속도로, 자동차전용도로, 특별시도, 광역시도 또는 일반국도상 교량의 내진등급은? (단, 2010년도 도로교설계기준을 적용한다.)

① 내진Ⅰ등급　② 내진Ⅱ등급
③ 내진Ⅲ등급　④ 내진Ⅳ등급

10 구조용 강재 심부 주위를 띠철근으로 보강한 합성부재의 설계관련 내용으로 옳지 않은 것은? (단, 2012년도 콘크리트구조기준을 적용한다.)

① 콘크리트의 설계기준항복강도 f_{ck}는 21MPa 이상이어야 한다.
② 축방향 철근의 중심간격은 합성부재 단면의 최소치수의 1/2 이하가 되도록 하여야 한다.
③ 띠철근 내측에 배치되는 축방향 철근량은 전체 단면적의 0.1배 이상, 0.8배 이하로 하여야 한다.
④ 띠철근의 지름은 합성부재 단면의 가장 긴 변의 1/50배 이상이어야 하지만, D10 철근 이상이고 D16철근 이하로 하여야 한다.

해설 축방향 철근량의 0.1배 이상, 0.8배 이하는 비합성압축부재이다.

11 철근의 이음에 대한 설명으로 옳지 않은 것은? (단, 2012년도 콘크리트구조기준을 적용한다.)

① 인장철근의 겹침이음 길이는 300mm 미만이어야 한다.
② 철근의 이음에는 겹침이음, 용접이음, 기계적 이음이 있다.
③ 기계적 이음은 철근의 설계기준항복강도 f_y의 125% 이상을 발휘할 수 있는 완전 기계적 이음이어야 한다.
④ 휨부재에서 서로 직접 접촉되지 않게 겹침이음된 철근은 횡방향으로 소요겹침이음길이의 1/5 또는 150mm 중 작은 값 이상 떨어지지 않아야 한다.

해설 인장철근의 겹침이음 길이는 300mm 이상이어야 한다.

12 그림과 같이 철근콘크리트보에 균열이 발생하여 중립축 깊이(x)가 100mm일 때 균열단면의 단면2차모멘트 계산식은? (단, 탄성계수비 $n = 8$이다.)

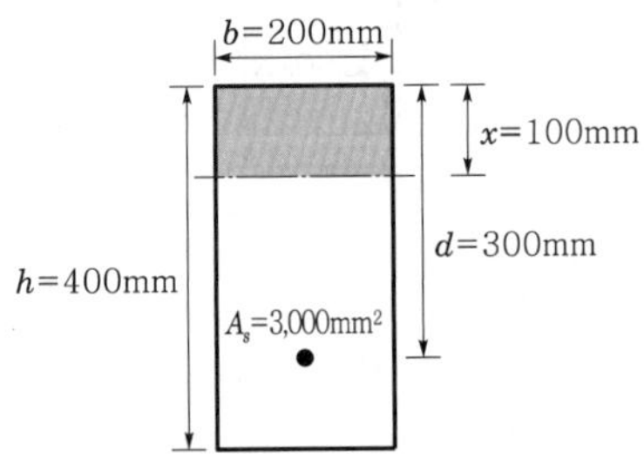

① $I_{cr} = \dfrac{(200)(100)^3}{12} + (8)(3{,}000)(300-100)^2$

② $I_{cr} = \dfrac{(200)(100)^3}{3} + \left(\dfrac{3{,}000}{8}\right)(300-100)^2$

③ $I_{cr} = \dfrac{(200)(400)^3}{12} + \left(\dfrac{3{,}000}{8}\right)(300-100)^2$

④ $I_{cr} = \dfrac{(200)(100)^3}{3} + (8)(3{,}000)(300-100)^2$

정답 09. ① 10. ③ 11. ① 12. ④

해설 균열단면에 대한 단면2차모멘트

$$I_{cr} = \frac{bx^3}{3} + n \cdot A_s \cdot (d-x)^2$$
$$= \frac{(200)(100)^3}{3} + (8) \cdot (3{,}000)(300-100)^2$$

13 1방향 철근콘크리트 슬래브의 수축·온도·철근에 대한 설명으로 옳지 않은 것은? (단, 2012년도 콘크리트구조기준을 적용한다.)

① 휨철근에 평행하게 배치하여야 한다.
② 어떤 경우에도 철근비는 0.0014 이상이어야 한다.
③ 설계기준 항복강도 f_y를 발휘할 수 있도록 정착되어야 한다.
④ 간격은 슬래브 두께의 5배 이하, 또한 450mm 이하로 하여야 한다.

해설 휨철근에 직각으로 수축·온도 철근을 배치해야 한다.

14 그림과 같이 긴장재를 포물선으로 배치한 PSC 단순보의 하중 평형개념에 의한 부재중앙에서 모멘트[kN·m]는? (단, 긴장력 $P=800\text{kN}$, 지간 $l=8\text{m}$, 지간 중앙에서 긴장재 편심 $e=0.2\text{m}$ 자중을 포함한 등분포하중 $w=25\text{kN/m}$이며, 프리스트레스 손실은 무시한다.)

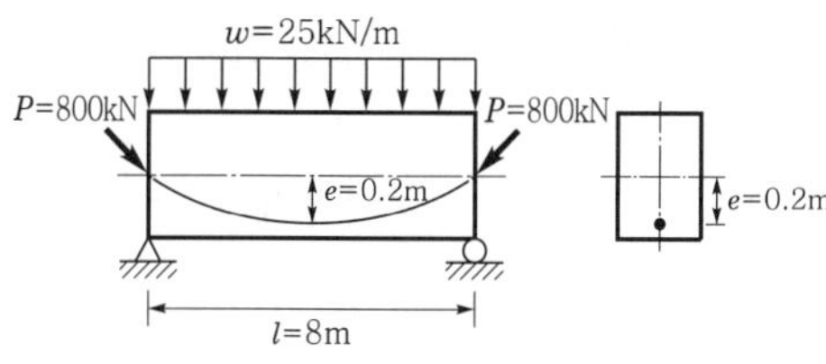

① 20 ② 40
③ 60 ④ 80

해설 ② $u = \frac{8 \cdot p \cdot s}{l^2} = \frac{8 \times 800 \times 0.2}{8^2} = 20\text{kN/m}$

$$M = \frac{(25-20) \times 8^2}{8} = 40\text{kN} \cdot \text{m}$$

15 그림과 같은 철근콘크리트 확대기초의 뚫림전단에 대한 위험단면 둘레길이는[mm]는? (단, 2012년도 콘크리트구조기준을 적용한다.)

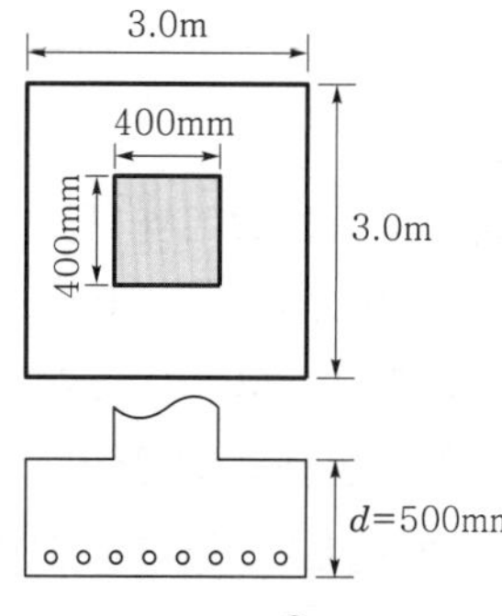

① 1,600 ② 2,000
③ 3,000 ④ 3,600

해설 펀칭전단에 대한 위험 단면은 기둥 전면에서 $0.5d$ 떨어진 위치
둘레길이=(400+250+250)×4=3,600mm

16 구조용 강재에 대한 설명으로 옳지 않은 것은?

① SS540 강재는 건축구조용 압연강재이다.
② HSB500 강재는 교량구조용 압연강재이다.
③ SM400B 강재는 용접구조용 압연강재이다.
④ SMA570W 강재는 용접구조용 내후성 열간압연강재이다.

해설 SS540은 일반구조용 강재이다.

17 단면도심에 긴장재가 직사각형 프리텐션 PSC보의 긴장재를 1,500MPa로 긴장하였다. 프리스트레스트를 도입하여 탄성수축에 의한 손실이 발생한 후 긴장재의 응력[MPa]은? (단, 직사각형보의 폭 $b=300\text{mm}$, 부재의 전체 깊이 $h=500\text{mm}$, PS 긴장재의 단면적 $A_p=600\text{mm}^2$, 탄성계수비 $n=6$이며, 콘크리트 단면적은 긴장재의 면적을 포함한다.)

① 1,460 ② 1,464
③ 1,468 ④ 1,472

정답 13. ① 14. ② 15. ④ 16. ① 17. ②

해설 탄성수축 손실량

$\Delta f_{e1} = n \cdot f_{ci} = n \cdot \dfrac{P_i}{A_c} = 6 \times \dfrac{9 \times 10^5}{(300 \times 500)} = 36\text{MPa}$

$(P_i = 1500 \times 600 = 900{,}000\text{N})$

∴ 유효긴장재응력=1,500−36=1,464MPa

18 단철근 직사각형보에서 1단으로 배치된 인장철근의 유효깊이 $d = 500\text{mm}$, 등가직사각형 응력블록의 깊이 $a = 170\text{mm}$일 때, 철근의 순인장 변형률(ε_t)은? (단, 콘크리트의 설계기준항복강도 $f_{ck} = 24\text{MPa}$이며, 2012년도 콘크리트구조기준을 적용한다.)

① 0.0035 ② 0.0040
③ 0.0045 ④ 0.0050

해설 $C = \dfrac{a}{\beta_1} = \dfrac{170}{0.85} = 200\text{mm}$,

$\varepsilon_t = 0.003\left(\dfrac{d_t - c}{c}\right) = 0.003 \times \dfrac{500 - 200}{200} = 0.0045$

19 다음 그림과 같은 경계조건을 갖는 직사각형 철근콘크리트보에 계수 등분포하중 $w_u = 40\text{kN/m}$가 작용한다. 강도설계법에 의해 전단철근을 설계할 경우 설계기준에서 규정하고 있는 최소전단철근이 적용$\left(V_u \le \phi \dfrac{V_c}{2}\right)$되는 시작점의 고정단으로부터 거리 x[m]는? (단, 직사각형보의 폭 $b = 400\text{mm}$, 유효깊이 $d = 600\text{mm}$, 지간 $l = 8\text{m}$, 보통중량 콘크리트의 설계기준항복강도 $f_{ck} = 25\text{MPa}$ 철근의 설계기준항복강도 $f_y = 400\text{MPa}$이며, 2012년도 콘크리트구조기준을 적용한다.)

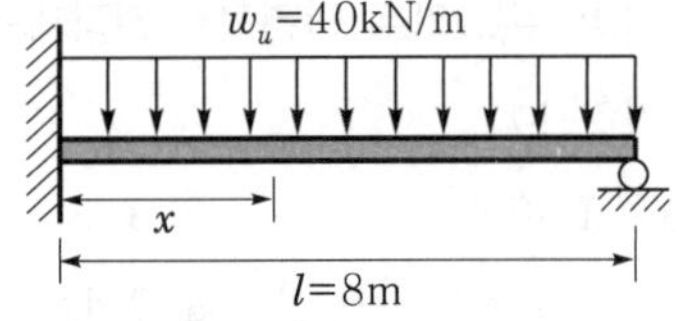

① 1.125 ② 1.875
③ 3.125 ④ 3.875

해설

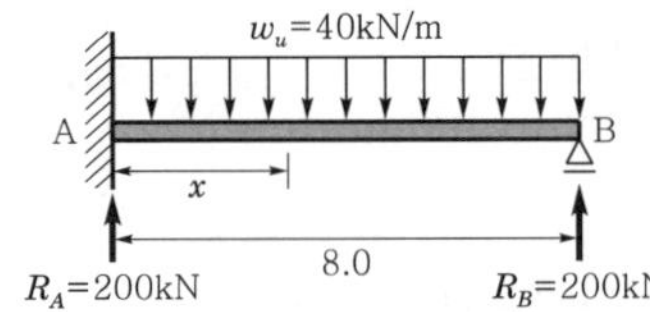

• $R_B = \dfrac{3}{8} wl = \dfrac{3}{8} \times 40 \times 8.0 = 120\text{kN}$

• $R_A = 200\text{kN}$

• $V_c = \dfrac{1}{6} \cdot \lambda \cdot \sqrt{f_{ck}} \cdot b_w \cdot d$

$= \dfrac{1}{6} \times 1.0 \times \sqrt{25} \times 400 \times 600$

$= 200\text{kN}$

• $\dfrac{1}{2}\phi V_c = \dfrac{1}{2} \times 0.75 \times 200 = 75\text{kN}$

• 계수전단력 $S_x = R_a - w \cdot x = 200 - 40x$

• $200 - 40x = 75 \rightarrow x = 3.125\text{m}$

20 철근콘크리트보의 휨파괴에 대한 설명으로 옳지 않은 것은?

① 과다철근보는 철근량이 많기 때문에 취성파괴가 발생하므로 위험예측이 가능하다.

② 과소철근보는 인장철근이 항복한 후 하중이 계속 증가하면 중립축이 압축측으로 이동한다.

③ 보의 인장철근량이 너무 적어 발생하는 취성파괴를 피하기 위하여 휨부재의 최소 철근량을 규정하고 있다.

④ 인장철근이 항복응력 f_y에 도달함과 동시에 콘크리트 압축변형률이 극한 변형률에 도달하는 상태를 균형상태라고 한다.

해설 과다철근보는 철근량이 많기 때문에 취성파괴가 발생하므로 위험예측이 불가능하다.

정답 18. ③ 19. ③ 20. ①

과년도 출제문제(2016년 서울시 9급)

01 설계기준항복강도 40MPa이고, 현장에서 배합강도 결정을 위한 연속된 시험횟수가 30회 이상인 콘크리트 배합강도는? [단, 표준공시체의 압축강도 표준편차는 5MPa이고, 콘크리트구조기준(2012)을 적용한다.]

① 46.70MPa ② 47.65MPa
③ 48.15MPa ④ 51.65MPa

해설 배합강도 $f_{cr} = f_{ck} + 1.34s$
$= 40 + (1.34 \times 5) = 46.7\text{MPa}$
$f_{cr} = 0.9f_{ck} + 2.33s$
$= (0.9 \times 40) + (2.33 \times 5) = 47.65\text{MPa}$

02 다음 그림과 같은 큰 처짐에 의하여 손상되기 쉬운 칸막이벽이나 기타 구조물을 지지 또는 부착하지 않은 연속부재에서, 처짐을 계산하지 않는 경우의 1방향 슬래브의 최소 두께는? [단, 보통중량콘크리트를 사용하고, 슬래브의 두께는 일정하며, $f_y = 400\text{MPa}$, 콘크리트구조기준(2012)을 적용한다.]

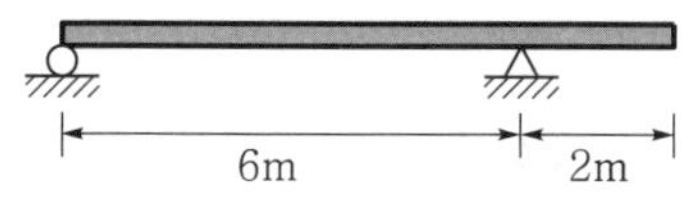

① 200mm ② 230mm
③ 250mm ④ 280mm

해설 1방향 슬래브
㉠ 캔틸레버 : $\dfrac{2.0}{10} = 0.2$
㉡ 단순지지 : $\dfrac{l}{20} = \dfrac{6.0}{20} = 0.3$

03 600mm^2의 PSC 강선을 단면 도심축에 배치한 단면 200mm×300mm인 프리텐션 PSC 부재가 있다. 초기 프리스트레스가 1,000MPa일 때 콘크리트의 탄성변형에 의한 프리스트레스 감소량은? (단, 철근과 콘크리트의 탄성계수비 $n = \dfrac{E_s}{E_c} = 6$, 긴장재의 단면적은 무시하고, 부재의 총단면적을 사용한다.)

① 40MPa ② 50MPa
③ 60MPa ④ 70MPa

해설 $\Delta f_e = n \cdot f_{ci} = 6 \times 10\text{MPa} = 60\text{MPa}$
$f_{ci} = \dfrac{1,000 \times 600}{200 \times 300} = 10\text{MPa}$

04 다음 그림과 같은 중력식 옹벽에서 전도에 대한 안전율과 활동에 대한 안전율은? (단, 옹벽의 무게 W 및 수평력 H는 단위폭당 값이고, 옹벽의 뒷판 마찰은 무시하며, 옹벽의 저판 콘크리트와 흙 사이의 마찰계수 0.4이다.)

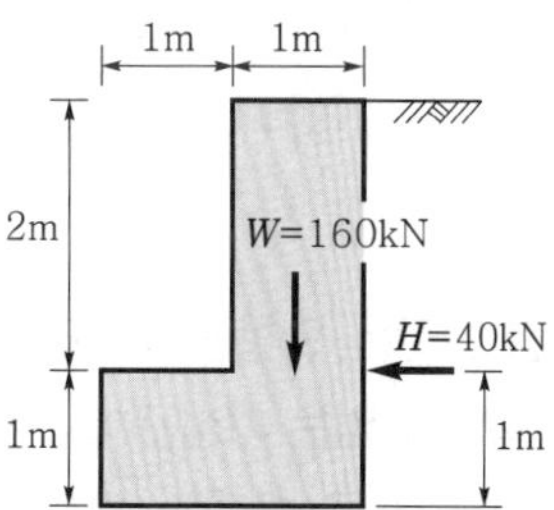

① 전도에 대한 안전율=5, 활동에 대한 안전율=1.8
② 전도에 대한 안전율=4, 활동에 대한 안전율=1.8
③ 전도에 대한 안전율=5, 활동에 대한 안전율=1.6
④ 전도에 대한 안전율=4, 활동에 대한 안전율=1.6

정답 01. ② 02. ③ 03. ③ 04. ③

해설

- 전도 FS $= \dfrac{M_r}{M_o} = \dfrac{(160\times1.25)}{(40\times1.0)} = 5.0$
- 활동 FS $= \dfrac{H_r}{H} = \dfrac{(160\times0.4)}{40} = 1.6$

05 콘크리트구조기준(2012)에서 규정된 슬래브에 대한 설명 중 옳은 것을 모두 고르면?

> ㉠ 1방향 슬래브에서는 정모멘트 철근 및 부모멘트 철근에 직각방향으로 수축 · 온도철근을 배치하여야 한다.
> ㉡ 슬래브의 단변방향 보의 상부에 부모멘트로 인해 발생하는 균열을 방지하기 위하여 슬래브의 장변방향으로 슬래브 상부에 철근을 배치하여야 한다.
> ㉢ 이형철근 및 용접철망의 수축 · 온도철근비는 어떤 경우에도 0.0014 이상이어야 한다.
> ㉣ 활하중에 의한 경간 중앙의 부모멘트는 산정된 값의 $\dfrac{1}{4}$만 취할 수 있다.
> ㉤ 2방향 슬래브의 최소두께는 지판이 없을 때는 100mm 이상, 지판이 있을 때는 120mm 이상이다.

① ㉠, ㉡, ㉢　　② ㉠, ㉡, ㉤
③ ㉡, ㉢, ㉣　　④ ㉢, ㉣, ㉤

06 그림과 같은 단철근 직사각형 철근콘크리트 보(축력이 없는 띠철근 휨부재)에 대한 설계 휨강도 M_d를 계산할 때, 강도감소계수 ϕ의 값은? [단, $f_{ck} = 27\text{MPa}$, $f_y = 400\text{MPa}$, 콘크리트구조기준(2012)을 적용한다.]

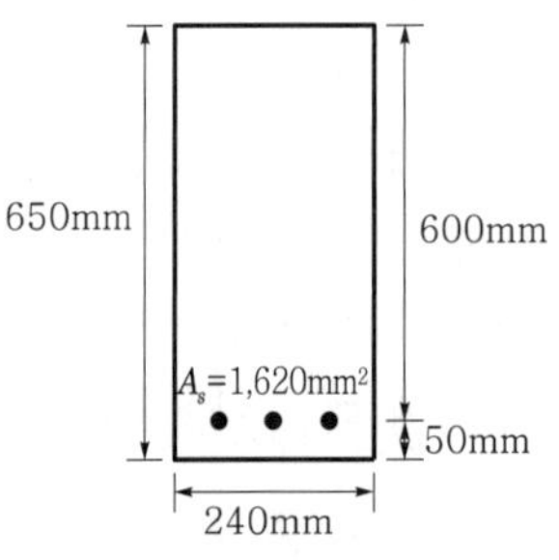

① 0.65　　② 0.70
③ 0.78　　④ 0.85

해설 ㉠ 등가압축응력깊이

$$a = \frac{f_y \cdot A_s}{0.85 \cdot f_{ck} \cdot b} = \frac{400\times1620}{0.85\times27\times240} = 117.6\text{mm}$$

㉡ 중심축 위치 $c = \dfrac{a}{\beta_1} = \dfrac{117.6}{0.85} = 138.35\text{mm}$

㉢ 순인장 변형률

$$\varepsilon_t = 0.003\times\frac{d_t - c}{c} = 0.003\times\frac{600-138.35}{138.35}$$

$= 0.010 >$ 인장지배변형률 한계 0.005

∴ 인장지배단면

07 콘크리트구조기준(2012)에서 규정된 인장지배단면에 대하여 c/d_t의 최댓값은? (단, 압축연단에서 중립축까지 거리는 c, 최외단 인장철근의 깊이는 d_t, $f_y = 400$이다.)

① 0.300　　② 0.325
③ 0.350　　④ 0.375

해설 $\dfrac{0.003}{0.003+0.005} = 0.375$

08 다음 그림과 같은 PSC 부재의 등가하중으로 옳은 것은?

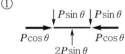

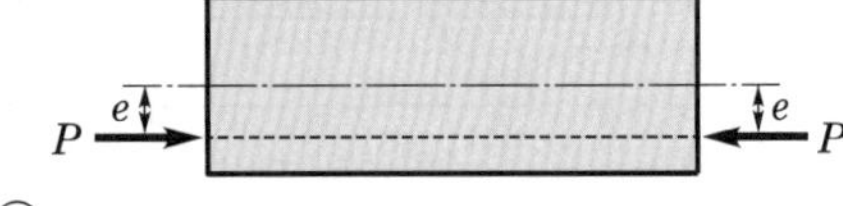

①
$P\sin\theta$　$P\sin\theta$
$P\cos\theta$　$P\cos\theta$
$2P\sin\theta$

②
$P\sin\theta$　$P\sin\theta$
$P\cos\theta$　$P\cos\theta$

③
Pe　Pe
P　P

④
Pe　Pe
P　P

해설 $M_p = P\cdot e$의 재단모멘트가 작용한다.

정답 05. ① 06. ④ 07. ④ 08. ③

09 다음 그림과 같은 경간이 7.2m인 연속 대칭 T형보에서 플랜지 유효폭은? [단, 콘크리트구조기준(2012)을 적용한다.]

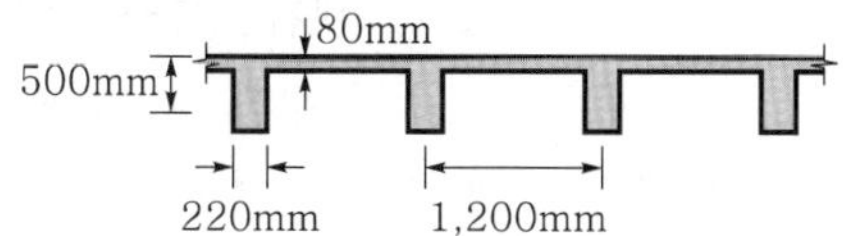

① 1,200mm ② 1,500mm
③ 1,800mm ④ 2,100mm

해설 ㉠ $16t_f+b_w=(16\times80)+220=1{,}500$mm
㉡ 슬래브 중심거리=1,200mm
㉢ 보의 경간의 $\frac{1}{4}=7.2\times\frac{1}{4}=1{,}800$mm
∴ 작은 값 1,200mm

10 다음 그림과 같은 직사각형 무근콘크리트보를 사용하여 3등분점 하중법(third-point loading)에 의해서 보가 파괴될 때까지 하중을 작용시켜서 휨강도를 측정할 때, 바닥에서의 최대 인장응력에 해당되는 파괴계수 f_r은?

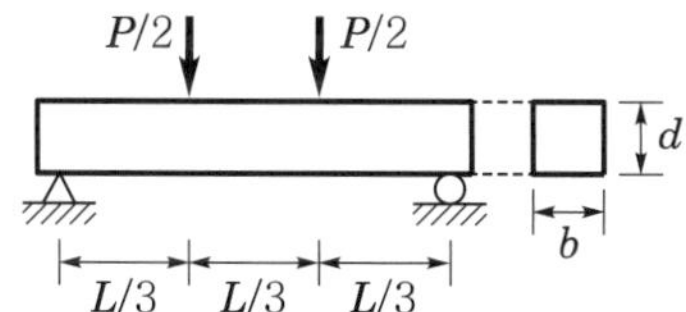

① $\dfrac{PL}{bd}$ ② $\dfrac{PL}{bd^2}$
③ $\dfrac{PL}{bd^3}$ ④ $\dfrac{PL}{bd^4}$

해설 $M=V\cdot a=\frac{P}{2}\times\frac{L}{3}=\frac{PL}{6}$

$Z=\frac{bd^2}{6}$

$f_r=\dfrac{\frac{P\cdot L}{6}}{\frac{bd^2}{6}}=\frac{PL}{bd^2}$

11 다음 그림은 지속하중을 받는 복철근보의 단면이다. 이 보의 장기처짐을 구하고자 할 때 지속하중 재하기간이 7년이라면 장기처짐계수 λ는? [단, $A_s=2{,}400\text{mm}^2$, $A_s{}'=1{,}200\text{mm}^2$, 콘크리트구조기준(2012)을 적용한다.]

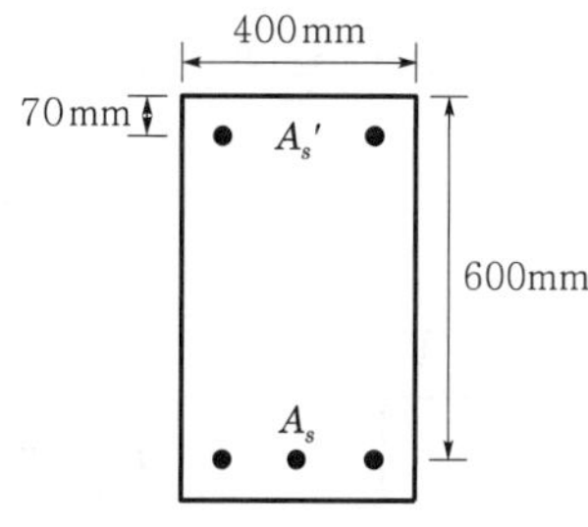

① 0.7 ② 1.0
③ 1.3 ④ 1.6

해설 $\lambda_\Delta=\dfrac{\varepsilon}{1+50\rho'}=\dfrac{2.0}{1+(50\times5\times10^{-3})}=1.6$
• $\rho'=\dfrac{A_s{}'}{b\cdot d}=\dfrac{1{,}200}{400\times600}=5\times10^{-3}$
• ε : 시간경과계수 2.0

12 도로교설계기준(2012)에 규정된 용접연결에 대한 설명 중 가장 옳지 않은 것은?

① 용접축에 평행한 압축이나 인장에 대한 필릿용접의 설계강도는 모재의 설계강도를 사용한다.
② 그루브용접과 필릿용접에는 매칭 용접금속을 사용하여야 한다.
③ 두께가 6mm 이상인 부재의 필릿용접 치수는 계약서에 용접을 전체 목두께만큼 적용하도록 명시되지 않는 한 그 부재 두께보다 2mm 큰 값으로 한다.
④ 필릿용접의 최소유효길이는 용접치수의 4배, 그리고 어떤 경우에도 40mm보다 길어야 한다.

정답 09. ① 10. ② 11. ④ 12. ③

13 다음 그림과 같은 철근콘크리트 부재에 축방향 하중 P가 작용하여 콘크리트가 받는 응력이 10MPa이다. 이때 작용하는 축방향 하중 P는? (단, 축방향 철근의 단면적 $A_{st} = 2{,}000\text{mm}^2$, 철근과 콘크리트의 탄성계수비 $n = \dfrac{E_s}{E_c} = 8$, 부재는 탄성범위 이내에서 거동한다.)

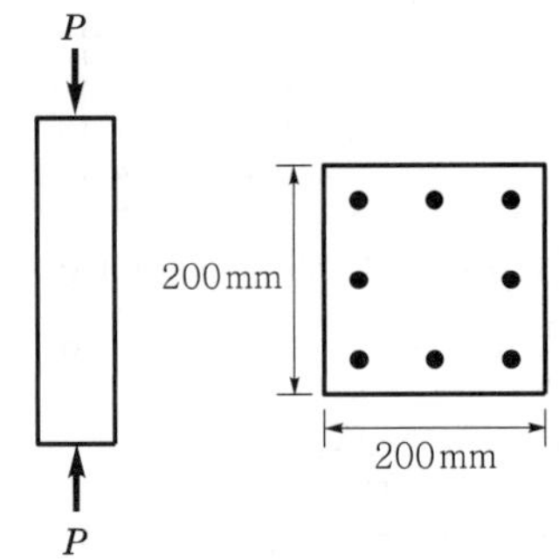

① 460kN　　② 500kN
③ 540kN　　④ 580kN

해설 합성단면에서

$$6_c = \frac{P \cdot E_c}{E_c A_c + E_s A_s} = \frac{P}{A_c + n \cdot A_s}$$

$$\therefore \frac{P}{A_c + n \cdot A_s} = 10\text{이므로}$$

$$P = 10(A_c + nA_s)$$
$$= 10 \times (38{,}000 + 8 \times 2{,}000)$$
$$= 540\text{kN}$$

14 콘크리트구조기준(2012)에서 규정된 철근콘크리트 부재의 처짐에 대한 설명 중 가장 옳지 않은 것은?

① 부재의 강성도를 엄밀한 해석방법으로 구하지 않는 한, 부재의 순간처짐은 콘크리트의 탄성계수와 유효단면2차모멘트를 이용하여 구하여야 한다.
② 연속부재인 경우에 정 및 부모멘트에 대한 위험단면의 유효단면2차모멘트를 구하고 그 평균값을 사용할 수 있다.
③ 엄밀한 해석에 의하지 않는 한, 일반 또는 경량콘크리트 휨부재의 크리프와 건조수축에 의한 추가 장기처짐은 해당 지속하중에 의해 생긴 순간처짐에 장기처짐계수를 곱하여 구할 수 있다.
④ 처짐을 계산할 때 하중의 작용에 의한 순간처짐은 부재의 상태를 비균열 탄성상태로 가정하여 탄성처짐공식을 사용하여 계산하여야 한다.

15 다음 그림과 같은 자중을 포함한 계수등분포하중 w_u을 받고 있는 단철근 직사각형 철근콘크리트 단순보에서, 지점 A로부터 최소전단철근을 포함한 전단철근이 배근되는 점까지의 거리 x는? (단, 보통중량콘크리트를 사용하고, $f_{ck} = 36\text{MPa}$, 단면의 폭 $b = 400\text{mm}$, 유효깊이 $d = 400\text{mm}$이다.)

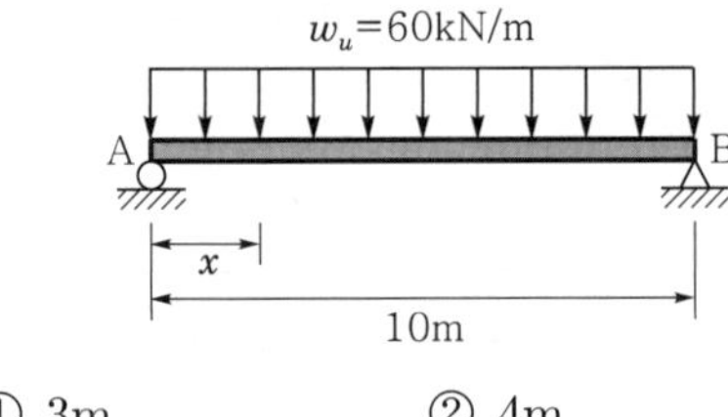

① 3m　　② 4m
③ 5m　　④ 6m

해설

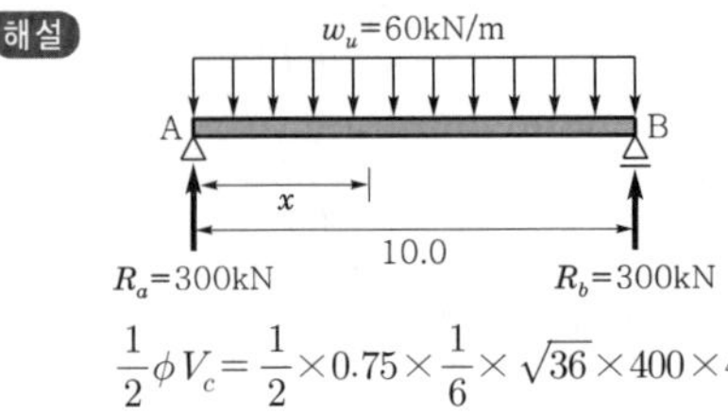

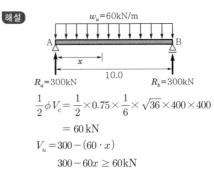

$$\frac{1}{2}\phi V_c = \frac{1}{2} \times 0.75 \times \frac{1}{6} \times \sqrt{36} \times 400 \times 400$$
$$= 60\text{kN}$$

$$V_u = 300 - (60 \cdot x)$$
$$300 - 60x \geq 60\text{kN}$$
$$x = 4.0\text{m}$$

정답 13. ③ 14. ④ 15. ②

16 다음 그림은 균형철근비를 가진 복철근보의 단면이다. 정모멘트 작용에 의한 휨 극한상태에 도달했을 때 압축철근의 변형률은? (단, $f_y = 400\text{MPa}$, $b = 300\text{mm}$, $d = 500\text{mm}$, $d' = 60\text{mm}$이다.)

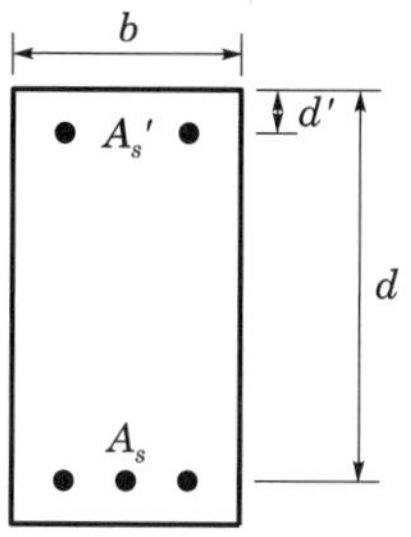

① 0.0022 ② 0.0024
③ 0.0026 ④ 0.0028

해설 $\varepsilon_c = 0.003$

$\frac{c_b}{d} = \frac{600}{600+f_y} \rightarrow \frac{c_b}{500} = \frac{600}{600+400}$

$\rightarrow c_b = 300$

$0.003 : c_b = \varepsilon_3' : (c-d')$

$0.003 : 300 = \varepsilon_3' : (300-60)$

$\varepsilon_3' = 2.4 \times 10^{-3}$

17 다음 그림과 같은 캔틸레버보에서 도막되지 않은 D25($d_b = 25\text{mm}$) 철근이 90° 표준갈고리로 종결되었을 때, 소요정착길이와 가장 가까운 값은? [단, D10 폐쇄스터럽이 갈고리 길이를 따라 배치되어 있고, 갈고리 평면에 수직방향인 측면 피복두께가 70mm이며, 보통중량콘크리트를 사용하고, $A_{s,소요}/A_{s,배근} = 0.9$, $f_{ck} = 25\text{MPa}$, $f_y = 400\text{MPa}$, 콘크리트구조기준(2012)을 적용한다.]

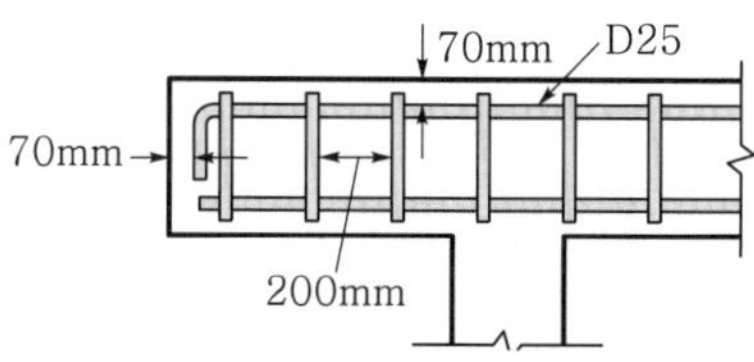

① 302mm ② 336mm
③ 432mm ④ 480mm

해설
- 기본정착길이 $l_{nb} = \frac{0.24 \cdot \beta \cdot d_b \cdot f_y}{\lambda \cdot \sqrt{f_{uc}}}$

$= \frac{0.24 \times 1.0 \times 25 \times 400}{1.0 \times \sqrt{36}}$

$= 400\text{mm}$

- 보정계수 0.7
- 정착길이는 $400 \times 0.7 = 280\text{mm}$

18 다음 그림과 같은 2방향 직사각형 기초판에서 짧은 변 방향의 전체 철근량이 10,000 mm^2라 할 때 집중구간 유효폭 b에 배근되어야 할 철근량은?

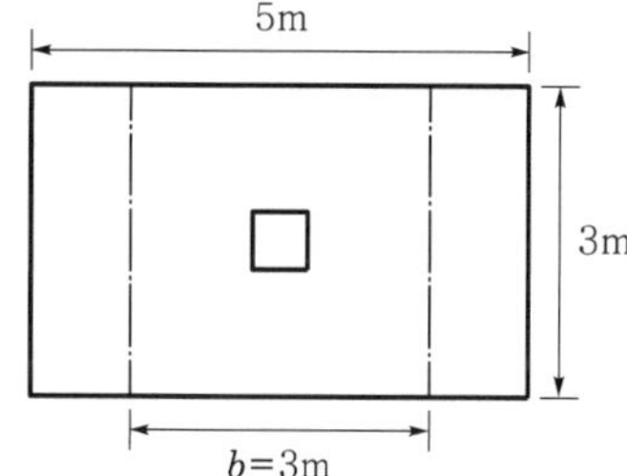

① 5,200mm^2 ② 6,000mm^2
③ 6,800mm^2 ④ 7,500mm^2

해설 ㉠ $A_{sc} = \frac{2}{\beta+1} \cdot A_{SS}$

$= \frac{2}{1.67+1} \times 10,000$

$= 7,490\text{mm}^2$

A_{SC}=중앙구간에 배치한 철근량

A_{SS}=짧은 변 방향으로 배치할 철근량

㉡ $\beta = \frac{5}{3} = 1.67$

$\beta = \frac{\text{장변의 길이}}{\text{단변의 길이}}$

19 워커빌리티를 개선하고, 동결융해에 대한 저항성을 높이기 위해서 사용하는 콘크리트 혼화재료는?

① 공기연행제 ② 고성능감수제
③ 촉진제 ④ 유동화제

정답 16. ② 17. ① 18. ④ 19. ①

20 다음 그림과 같이 정모멘트에 의한 휨을 받는 철근콘크리트보에서 단면의 상단에서 균열발생 이전 단면(비균열 단면)의 중립축까지의 거리를 x, 균열 발생 후 단면(균열단면)의 중립축까지의 거리를 y라 할 때, x와 y에 대한 식이 모두 바르게 표기된 것은? (단, 철근과 콘크리트의 탄성계수비 $n=\dfrac{E_s}{E_c}$이다.)

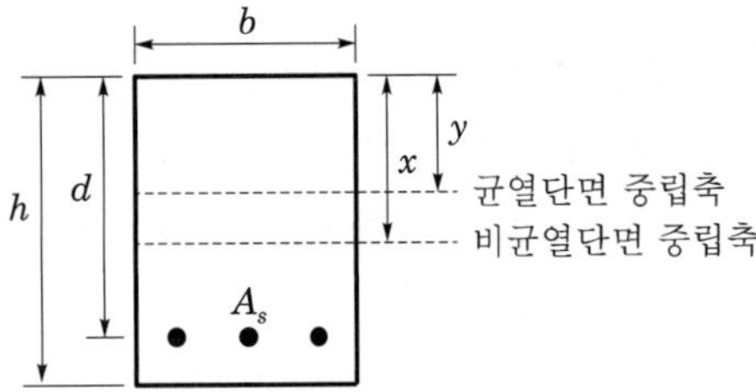

① $\{bh+nA_s\}\cdot x-\left\{\dfrac{1}{2}bh^2+nA_sd\right\}=0$, $\dfrac{1}{2}by^2-nA_s(d-y)=0$

② $\{bh+(n-1)A_s\}\cdot x-\left\{\dfrac{1}{2}bh^2+(n-1)A_sd\right\}=0$, $\dfrac{1}{2}by^2-nA_s(d-y)=0$

③ $\{bh+nA_s\}\cdot x-\left\{\dfrac{1}{2}bh^2+nA_sd\right\}=0$, $\dfrac{1}{2}by^2-(n-1)A_s(d-y)=0$

④ $\{bh+nA_s\}\cdot x-\left\{\dfrac{1}{2}bh^2+(n-1)A_sd\right\}=0$, $\dfrac{1}{2}by^2-nA_s(d-y)=0$

정답 20. ②

과년도 출제문제(2017년 국가직 9급)

01 $b=300\text{mm}$, $d=600\text{mm}$인 단철근 직사각형 보의 등가직사각형 응력블록의 깊이 $a=100\text{mm}$일 때, 철근량 $A_s[\text{mm}^2]$는? (단, $f_{ck}=20\text{MPa}$, $f_y=300\text{MPa}$이며, 2012년도 콘크리트구조기준을 적용한다.)

① 850 ② 1,550
③ 1,700 ④ 3,400

해설 단철근 직사각형 보 $C=T$에서

$0.85f_{ck}ab=A_sf_y$

$\therefore\ A_s=\dfrac{0.85f_{ck}ab}{f_y}$

$=\dfrac{0.85\times20\times100\times300}{300}=1,700\text{mm}^2$

02 단순지지된 보에 등분포고정하중이 작용하고 있다. 순간 탄성처짐이 20mm일 경우 5년 뒤의 총처짐량[mm]은? (단, 중앙 단면의 압축철근비는 0.02이며, 2012년도 콘크리트구조기준을 적용한다.)

① 20 ② 25
③ 30 ④ 40

해설 총처짐량=단기처짐+장기처짐
- 단기처짐 : 20mm
- 장기처짐 : 단기처짐$\times\lambda_\Delta=20\times1.0=20\text{mm}$
- $\lambda_\Delta=\dfrac{\xi}{1+50\rho'}=\dfrac{2.0}{1+(50\times0.02)}=1.0$
- 총처짐량$=20+20=40\text{mm}$

03 그림과 같은 철근콘크리트 단면에서 균열모멘트 $M_{cr}[\text{kN}\cdot\text{m}]$은? (단, 콘크리트는 보통 골재를 사용하고, $f_{ck}=25\text{MPa}$이며, 2012년도 콘크리트구조기준을 적용한다.)

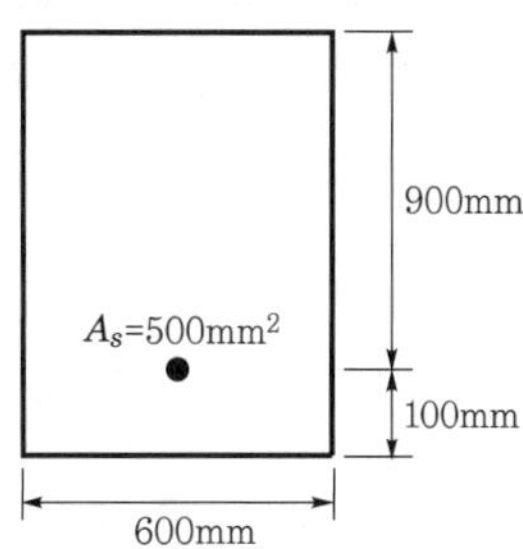

① 315 ② 420
③ 3,150 ④ 4,200

해설 $M_{cr}=\dfrac{I_g}{y_t}f_r=z_t\times f_r=\dfrac{bh^2}{6}\times(0.63\lambda\sqrt{f_{ck}})$

$=\dfrac{600\times1,000^2}{6}\times0.63\times1.0\sqrt{25}\times10^{-6}$

$=315\text{kN}\cdot\text{m}$

04 물-시멘트비(w/c) 50%, 단위수량 140kgf/m^3, 단위잔골재량 760kgf/m^3인 배합을 실시하여 콘크리트의 단위중량을 측정한 결과 $2,300\text{kgf/m}^3$일 때, 콘크리트의 단위굵은골재량$[\text{kgf/m}^3]$은? (단, 시멘트의 비중은 3.15, 잔골재의 비중은 2.60, 굵은 골재의 비중은 2.65이고, 혼화재료는 사용하지 않았다.)

① 1,120 ② 1,220
③ 1,260 ④ 1,400

해설 ㉠ 물-시멘트비(w/c) 50%, 단위수량 140kgf/m^3,

㉡ 단위시멘트량 : $w/c=0.5$

$\dfrac{140}{c}=0.5$

$c=280\text{kgf/m}^3$

㉢ 콘크리트의 단위중량 : $w+c+$단위잔골재량$+$단위굵은골재량

$2,300=140+280+760+x$

$x=1,120\text{kgf/m}^3$

정답 01. ③ 02. ④ 03. ① 04. ①

05 직사각형 철근콘크리트 단면이 전단철근 없이 계수전단력 $V_u = 75\text{kN}$을 저항할 수 있는 단면의 최소유효깊이 d[mm]는? (단, $f_{ck} = 16\text{MPa}$, 단면의 폭 $b = 400\text{mm}$이며, 2012년도 콘크리트구조기준을 적용한다.)

① 600 ② 750
③ 850 ④ 1,000

해설

$$\frac{1}{2}\phi V_c = \frac{1}{2}\times 0.75\times\frac{1}{6}\lambda\sqrt{f_{ck}}\,b_w d \geq V_u$$

$$\frac{1}{2}\times 0.75\times\frac{1}{6}\times 1.0\times\sqrt{16}\times 400\times d \geq 75\times 10^3$$

$$d = \frac{75\times 10^3}{\frac{1}{2}\times 0.75\times\frac{1}{6}\times 1.0\times\sqrt{16}\times 400} = 750\text{mm}$$

06 그림과 같은 확대기초에 계수하중 $P_u = 1{,}200\text{kN}$을 적용할 때, 전단에 대한 위험단면의 둘레길이 b_0[mm]는? (단, 2012년도 콘크리트구조기준을 적용한다.)

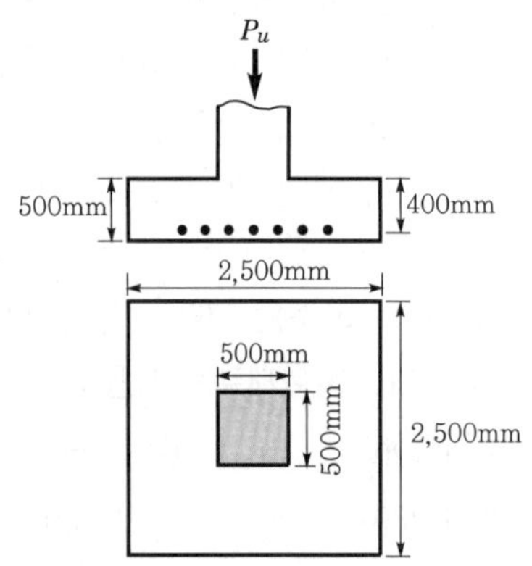

① 3,600 ② 4,000
③ 4,400 ④ 4,500

해설

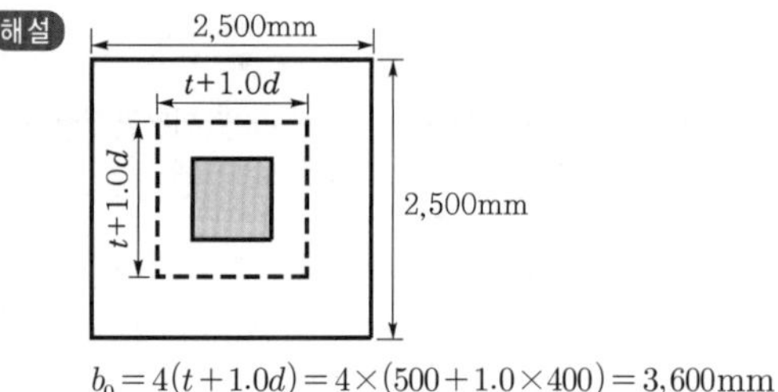

$$b_0 = 4(t+1.0d) = 4\times(500+1.0\times 400) = 3{,}600\text{mm}$$

07 그림과 같이 옹벽의 무게 $W = 90\text{kN}$이고, 옹벽에 작용하는 수평력 $H = 20\text{kN}$일 때, 전도에 대한 안전율과 활동에 대한 안전율은? (단, 옹벽의 무게 및 수평력은 단위폭당 값이며, 옹벽의 저판콘크리트와 흙 사이의 마찰계수는 0.4이고, 2012년도 콘크리트구조기준을 적용한다.)

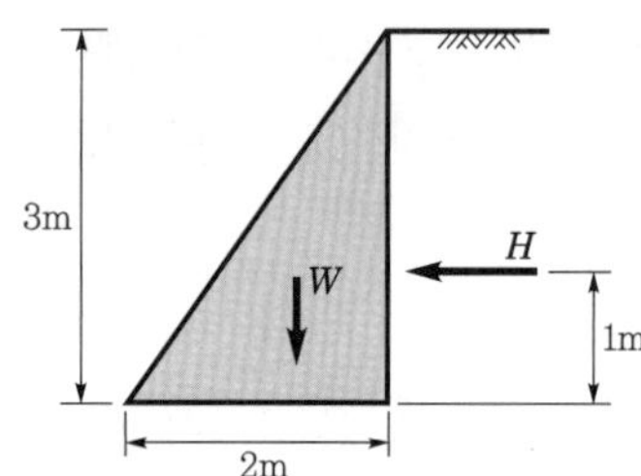

	전도에 대한 안전율	활동에 대한 안전율
①	3.0	1.5
②	3.0	1.8
③	6.0	1.5
④	6.0	1.8

해설

㉠ 전도에 대한 안전율 $= \dfrac{\text{저항모멘트}}{\text{전도모멘트}} = \dfrac{\left(90\times\frac{2}{3}\times 2.0\right)}{20\times 1.0} = 6.0$

㉡ 활동에 대한 안전율 $= \dfrac{\text{수평저항력}}{\text{수평력}} = \dfrac{90\times 0.4}{20} = 1.8$

08 그림과 같이 지간 $L = 10\text{m}$인 프리스트레스트 콘크리트 단순보에 자중을 포함한 등분포하중 $w = 40\text{kN/m}$가 작용하고 있다. 긴장재는 지간 중앙에 편심 $e = 0.4\text{m}$로 절곡 배치하였다. 긴장력 $P = 1{,}000\text{kN}$일 때, 보의 끝단에서 전단력이 작용하지 않는 지점까지의 거리 x[m]는? (단, $\sin\theta = 2e/L$로 가정하고, 프리스트레스의 손실은 무시한다.)

정답 05. ② 06. ① 07. ④ 08. ③

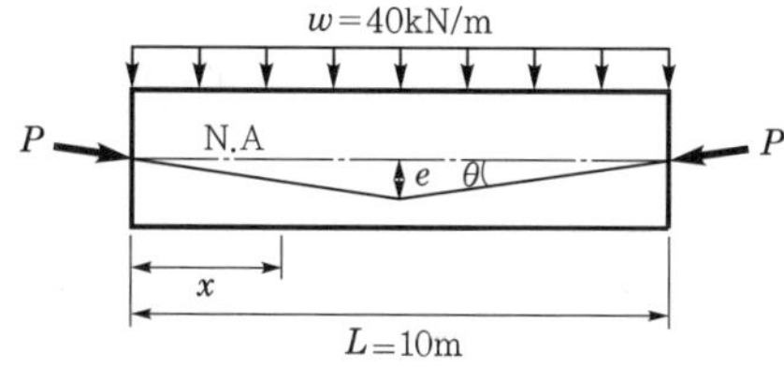

① 1　　② 2
③ 3　　④ 4

해설 P.S력에 의한 상향력

$U=2P\sin\theta=2\times1,000\times\frac{2\times0.4}{10}=160\text{kN}$

전단력 계산

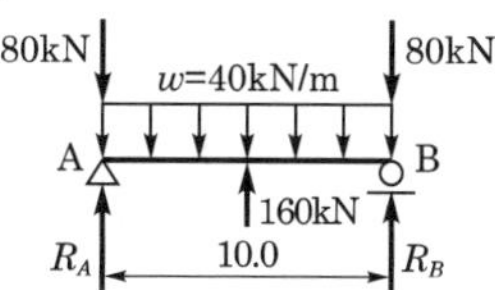

$R_A=\frac{40\times10}{2}=120\text{kN}$

$120-40x=0$

$x=3.0\text{m}$

09 그림과 같이 리벳의 직경이 20mm일 때, 이 리벳의 강도[kN]는? (단, 리벳의 허용전단응력 $v_a=130\text{MPa}$, 허용지압응력 $f_{ba}=300\text{MPa}$이다.)

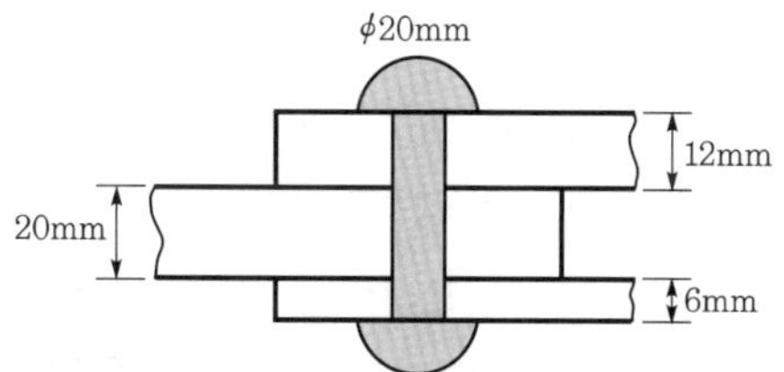

① 26π　　② 52π
③ 108　　④ 216

해설 전단강도 : $v_a=\frac{P}{2A}$

$=130\times2\times\left(\frac{\pi\times20^2}{4}\right)=26\pi[\text{kN}]$

지압강도 : $f_b=\frac{P}{A}=\frac{P}{dt}$

$=300\times20\times18=108\text{kN}$

10 길이가 2m이고, 사각형 단면(200mm×200mm)인 기둥에 연직하중 80kN이 고정하중으로 작용한다. 기둥이 옥외에 있을 때, 크리프변형률(ε_c)은? (단, 콘크리트의 탄성계수 $E_c=20,000\text{MPa}$이며, 2012년도 콘크리트구조기준을 적용한다.)

① 0.0001　　② 0.0002
③ 0.0003　　④ 0.003

해설 $f_c=\frac{80\text{kN}\times10^3}{200\times200}=2,000\text{Pa}=2\text{MPa}$

$\varepsilon_{cr}=C_u\cdot\varepsilon_e=2.0\times\frac{f_c}{E_c}=2.0\times\frac{2}{20,000}=0.0002$

11 옹벽의 안정조건에 대한 설명으로 옳지 않은 것은? (단, 2012년도 콘크리트구조기준을 적용한다.)

① 활동에 대한 저항력은 옹벽에 작용하는 수평력의 1.5배 이상이어야 한다.
② 지반에 유발되는 최대지반반력은 지반의 허용지지력을 초과할 수 없다.
③ 전도에 대한 저항휨모멘트는 횡토압에 의한 전도모멘트의 2배 이상이어야 한다.
④ 지반의 허용지지력은 지반의 극한지지력의 3배 이상이어야 한다.

해설 지반의 허용지지력은 지반의 극한지지력을 안전률 3.0으로 나눈 값이다.

12 지름이 150mm, 높이 300mm인 원주형 표준공시체에 대하여 쪼갬인장시험을 실시한 결과, 파괴 시 하중이 270,000N이었다면, 콘크리트의 쪼갬인장강도[MPa]는? (단, $\pi=3$으로 계산한다.)

① 1.5　　② 2.0
③ 3.5　　④ 4.0

정답 09. ① 10. ② 11. ④ 12. ④

해설 쪼갬인장강도$(f_{sp}) = \dfrac{2P}{\pi dL}$

$= \dfrac{2\times 270,000}{3\times 150\times 300} = 4\text{MPa}$

13 그림과 같은 철근콘크리트 독립확대기초의 지반에 발생하는 최대 및 최소 지반응력(q_{max}, q_{min} [kN/m²])은? (단, 기초의 자중은 무시하고, 응력은 단위폭당 계산한다.)

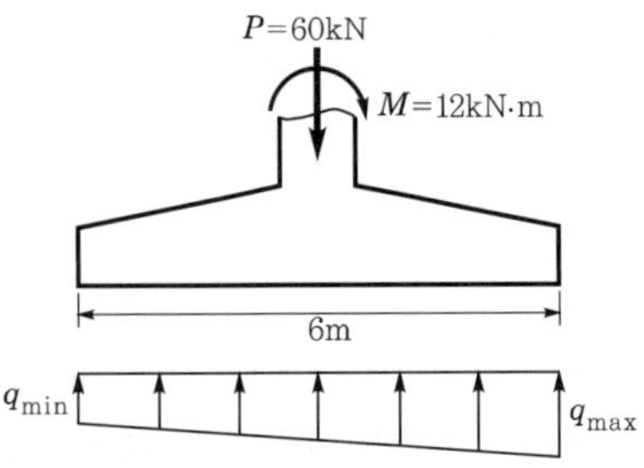

	q_{max}	q_{min}
①	10	6
②	10	8
③	12	6
④	12	8

해설 $\dfrac{q_{max}}{q_{min}} = \dfrac{V}{B}\left(1+\dfrac{6e}{13}\right),\ e = \dfrac{M}{V} = \dfrac{12}{60} = 0.2\text{m}$

$= \dfrac{60}{6}\left(1\pm\dfrac{6\times 0.2}{6}\right)$

$= 12\text{kN/m}^2,\ 8\text{kN/m}^2$

14 그림과 같이 단순지지된 슬래브의 중앙점에 집중하중 $P=76$kN이 작용할 때, ab방향에 분배되는 하중[kN]은?

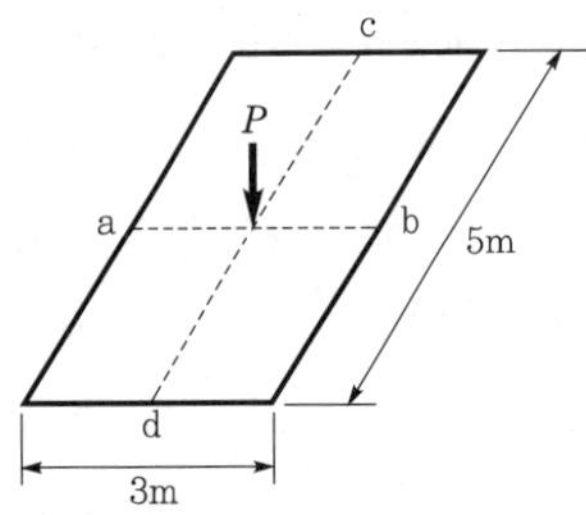

① 50 ② 60.5

③ 62.5 ④ 125

해설 $P_{ab} = \dfrac{L^3}{L^3+S^3}P = \dfrac{5^3}{5^3+3^3}\times 76 = 62.5\text{kN}$

15 그림과 같은 단철근 T형보에서 플랜지 부분에 대응하는 철근량 A_{sf}[mm²]는? (단, f_{ck} = 30MPa, f_y = 300MPa이며, 2012년도 콘크리트구조기준을 적용한다.)

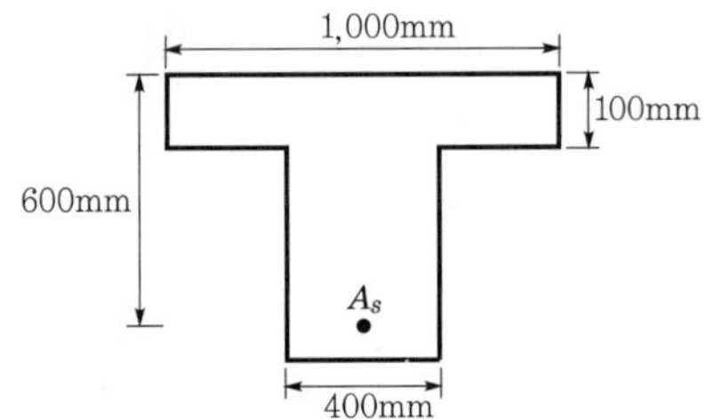

① 3,400 ② 4,000

③ 5,100 ④ 5,200

해설 $A_{sf} = \dfrac{0.85 f_{ck} t_f (b-b_w)}{f_y}$

$= \dfrac{0.85\times 30\times 100\times(1,000-400)}{300} = 5,100\text{mm}^2$

16 그림과 같이 $b=300$mm, $d=500$mm인 철근콘크리트 캔틸레버보에 자중을 포함한 계수등분포하중 $w_u = 50$kN/m가 작용하고 있다. 전단에 대한 위험단면에서 전단철근이 부담해야 할 공칭전단강도 V_s의 최솟값[kN]은? (단, 콘크리트는 보통골재를 사용하고, f_{ck} = 25MPa, f_y = 300MPa이며, 2012년도 콘크리트구조기준을 적용한다.)

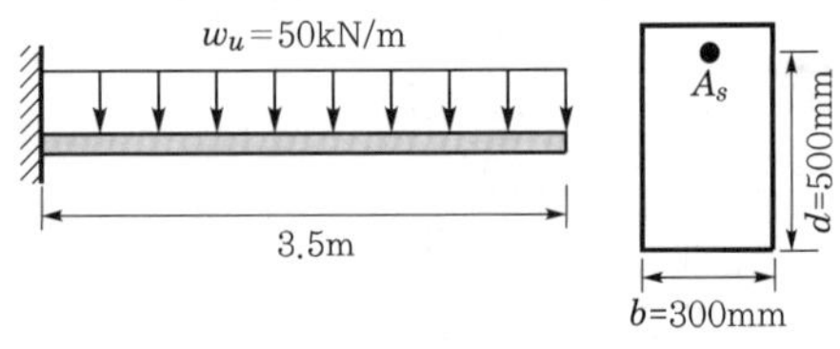

① 52 ② 66.7

③ 75 ④ 120.5

정답 13. ④ 14. ③ 15. ③ 16. ③

해설 위험단면에서 전단력 $V_u = 50\text{kN/m} \times 3.0 = 150\text{kN}$

$$\phi V_c = 0.75 \times \frac{1}{6} \times \lambda \times \sqrt{f_{ck}}\, b_w \cdot d$$

$$= 0.75 \times \frac{1}{6} \times 1.0 \times \sqrt{25} \times 300 \times 500 = 93.75\text{kN}$$

$$V_u = \phi V_c + \phi V_s$$

$$V_s = \frac{150 - 93.75}{0.75} = 75\text{kN}$$

17 단면의 폭 $b = 300\text{mm}$, 유효깊이 $d = 500\text{mm}$인 단철근 직사각형 보가 등가직사각형의 응력깊이 $a = 170\text{mm}$, $f_{ck} = 28\text{MPa}$, $f_y = 400\text{MPa}$인 경우 강도감소계수는? (단, 압축지배단면에서 강도감소계수는 0.65로 계산하며, 소수 넷째자리에서 반올림하고, 2012년도 콘크리트구조기준을 적용한다.)

① 0.817 ② 0.833
③ 0.842 ④ 0.850

해설
㉠ 중립축 위치 $c = \dfrac{a}{\beta_1} = \dfrac{170}{0.85} = 200\text{mm}$

㉡ 순인장변형률 $\varepsilon_t = 0.003 \times \dfrac{500 - 200}{200} = 0.0045$

$0.005 > \varepsilon_t > \varepsilon_y (= 0.0015)$이므로

㉢ 변화구간 단면 → 0.004 이상

$$\phi = 0.65 + 0.2 \times \frac{0.0045 - 0.0015}{0.005 - 0.0015} = 0.821$$

18 그림과 같이 프리스트레스트 콘크리트 단순보 단면의 중심에 PS강선이 배치된 부재에 자중을 포함한 등분포하중 $w = 4\text{kN/m}$가 작용한다. 이 부재에 인장응력이 발생하지 않으려면 PS강선에 도입되어야 할 최소긴장력 P[kN]는?

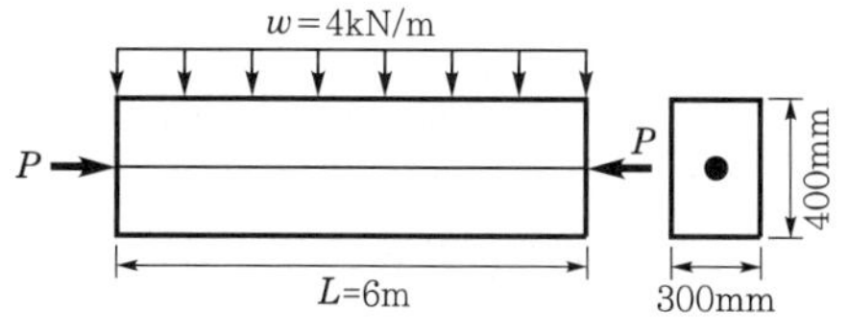

① 150 ② 270
③ 390 ④ 430

해설
$$M_{\max} = \frac{wl^2}{8} = \frac{4 \times 6^2}{8} = 18\text{kN} \cdot \text{m}$$

$$6 = \frac{P}{A} - \frac{M}{Z} = 0$$

$$P = \frac{M \cdot A}{Z} = \frac{18 \times 300 \times 400 \times 10^3}{\dfrac{300 \times 400^2}{6}} = 270\text{kN}$$

19 압축연단에서 중립축까지의 거리 $c = 120\text{mm}$인 단철근 직사각형 보의 단면이 인장지배단면이 되기 위한 인장철근의 최소유효깊이 d[mm]는? (단, 인장철근은 1단 배근되어 있고, 철근의 탄성계수 $E_s = 200{,}000\text{MPa}$, $f_y = 500\text{MPa}$이며, 2012년도 콘크리트구조기준을 적용한다.)

① 200 ② 280
③ 320 ④ 370

해설 인장지배단면에서의 등가응력깊이 한계값 a_{tcl}

$$\frac{C_{tcl}}{d_t} = \frac{0.003}{0.003 + \varepsilon_{t,tcl}} = \frac{0.003}{0.003 + 0.00625} = 0.324$$

$$\left(SD400 \text{ 초과 } \varepsilon_{t,tcl} = 2.5\varepsilon_y = 2.5 \times \frac{500}{200{,}000} = 0.00625 \right)$$

$$d_t = \frac{120}{0.324} = 370\text{mm}$$

20 그림과 같이 두께가 10mm인 강판을 리벳으로 연결한 경우 강판이 최대로 허용할 수 있는 인장력 P[kN]는? (단, 강판의 허용인장응력 $f_{ta} = 150\text{MPa}$, 리벳구멍의 지름 25mm이다.)

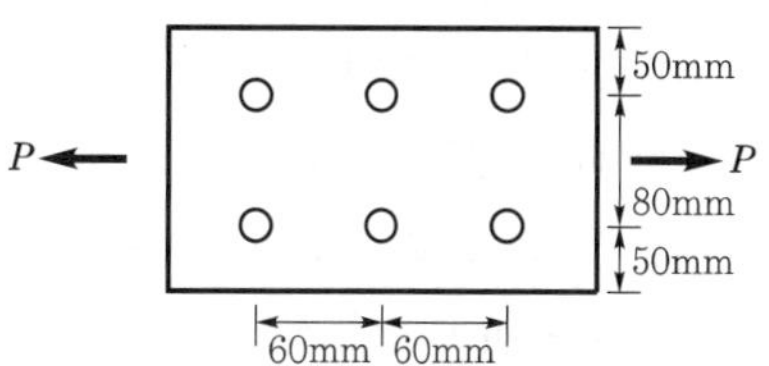

① 135 ② 155
③ 175 ④ 195

해설
$b_n = 180 - 2 \times (25) = 130\text{mm}$

$A_n = b_n \times t = 130 \times 10 = 1{,}300\text{mm}^2$

$P_a = A_n \times f_{ta} = 1{,}300 \times 150 \times 10^{-3} = 195\text{kN}$

정답 17. ① 18. ② 19. ④ 20. ④

과년도 출제문제(2017년 지방직 9급)

01 다음 설명은 2015년 도로교설계기준(한계상태설계법)에서 규정하는 어떤 한계상태에 대한 것인가?

> 교량의 설계수명 이내에 발생할 것으로 기대되는 통계적으로 중요하다고 규정한 하중조합에 대하여 국부적/전체적 강도와 안정성을 확보하는 것으로 규정한다.

① 사용한계상태
② 피로와 파단한계상태
③ 극한한계상태
④ 극단상황한계상태

해설 ① 사용한계상태 : 균열, 처짐, 피로 등의 사용성에 관한 한계상태
② 피로한계상태 : 기대응력범위의 반복 횟수에서 발생하는 단일 피로설계트럭에 의한 응력범위를 제한하는 한계상태
④ 극단상황한계상태 : 교량의 실제 수명을 초과하는 재현주기를 갖는 지진, 유빙하중차량과 선박의 충돌 등과 같은 사건과 관련한 한계상태

02 사용하중이 작용하여 인장측 콘크리트에 휨인장균열이 발생한 단철근 직사각형 보에서 압축연단의 콘크리트응력이 10MPa일 때 인장철근의 응력[MPa]은? (단, 재료는 Hooke의 법칙이 성립하고, 단면의 유효깊이 $d=$ 450mm, 압축연단에서 중립축까지의 거리 $c=150$mm, 철근의 탄성계수 $E_s=210$GPa, 콘크리트의 탄성계수 $E_c=30{,}000$MPa이다.)

① 100
② 120
③ 140
④ 160

해설

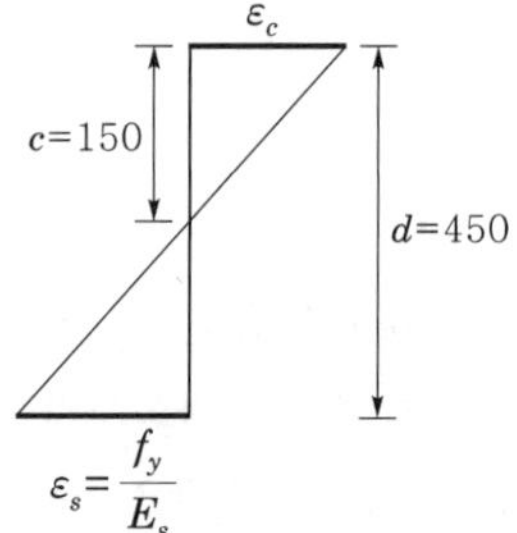

$\sigma_c=E_c\varepsilon_c$에서 $\varepsilon_c=\dfrac{10}{30{,}000}=0.0003$

$150 : 0.0003=300 : \varepsilon_s$

$\varepsilon_s=0.0006$

$f_y=E_s\varepsilon_s=210\times10^3\times0.0006=126\text{MPa}$

∴ 철근의 응력은 126MPa 이상의 근사값 적용

03 그림과 같은 T형보를 직사각형 보로 해석할 수 있는 최대철근량 A_s[mm²]는? (단, $f_{ck}=$ 20MPa, $f_y=400$MPa이며 2012년도 콘크리트구조기준을 적용한다.)

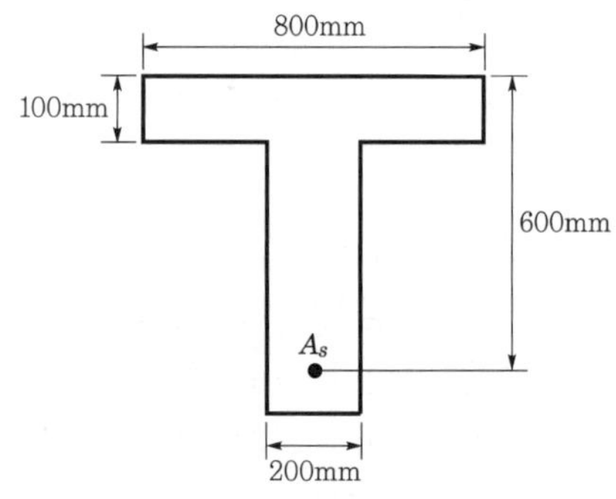

① 3,400　② 1,700
③ 340　④ 170

해설 $C=0.85f_{ck}b\cdot t_f$

$=0.85\times20\times800\times100=1{,}360{,}000\text{N}$

$T=A_sf_y=A_s\cdot400$

$C\geq T$일 경우 직사각형보로 해석

$1{,}360{,}000=A_s\cdot400$

$\rightarrow A_s=\dfrac{1{,}360{,}000}{400}=3{,}400\text{mm}^2$

정답 01. ③ 02. ③ 03. ①

04 그림과 같은 필릿용접부의 전단응력[MPa]은?

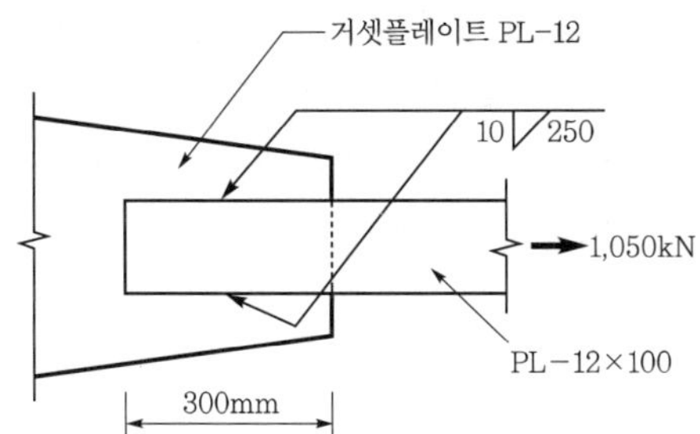

① 250 ② 300
③ 325 ④ 350

해설 용접부에 생기는 전단응력 $V=\dfrac{P}{\Sigma le \cdot a}$

$$V=\frac{1,050\times10^3}{\left(2\times250\times\frac{10}{\sqrt{2}}\right)}=296.9\fallingdotseq300\text{MPa}$$

05 정모멘트를 받는 보의 최소인장 철근량에 대한 설명으로 옳지 않은 것은? (단, f_{ck}는 콘크리트의 설계기준압축강도, f_y는 철근의 설계기준항복강도, b_w는 복부의 폭, d는 단면의 유효깊이이며, 2012년도 콘크리트구조기준을 적용한다.)

① 부재의 모든 단면에서 해석에 의해 필요한 철근량보다 1/3 이상 인장철근이 더 배치되는 경우는 최소철근량 규정을 작용하지 않을 수 있다.

② 부재의 최소철근량은 $\dfrac{0.25\sqrt{f_{ck}}\,b_wd}{f_y}$와 $\dfrac{1.4b_wd}{f_y}$ 중 큰 값 이상으로 한다.

③ 인장측 균열의 발생과 동시에 갑작스럽게 파괴되는 것을 방지하기 위해서 최소철근량을 규정한다.

④ 철근의 항복과 콘크리트의 극한변형률 도달이 동시에 발생하도록 하기 위해 최소철근량을 규정한다.

해설 ④ 철근의 먼저 항복한 후 콘크리트가 극한변형률에 도달하도록 최소철근배치

06 한 변의 길이가 300mm인 정사각형 단면을 가진 철근콘크리트 기둥에 편심이 없는 단기하중이 축방향으로 작용하고 있다. 축방향 철근의 단면적 $A_{st}=2{,}500\text{mm}^2$, 철근의 탄성계수 $E_s=200\text{GPa}$, 콘크리트의 탄성계수 $E_c=25\text{GPa}$일 때 철근이 받는 응력이 120MPa이라면 콘크리트가 받는 응력[MPa]은? (단, 콘크리트의 설계기준압축강도 $f_{ck}=40\text{MPa}$이며, 철근과 콘크리트 모두 탄성범위 이내에서 거동한다.)

① 10
② 12
③ 15
④ 18

해설 탄성계수비 : $n=\dfrac{E_s}{E_c}=\dfrac{200}{25}=8$

$$\sigma_c=\frac{\sigma_s}{n}=\frac{120}{8}=15\text{MPa}$$

07 단철근 직사각형 보에서 콘크리트의 설계기준압축강도 $f_{ck}=25\text{MPa}$, 철근의 설계기준항복강도 $f_y=300\text{MPa}$, 철근의 탄성계수 $E_s=200\text{GPa}$, 단면의 유효깊이 $d=450\text{mm}$일 때 균형단면이 되기 위한 압축연단으로부터 중립축까지의 거리[mm]는? (단, 2012년도 콘크리트구조기준을 적용한다.)

① 200
② 250
③ 300
④ 350

정답 04. ② 05. ④ 06. ③ 07. ③

해설

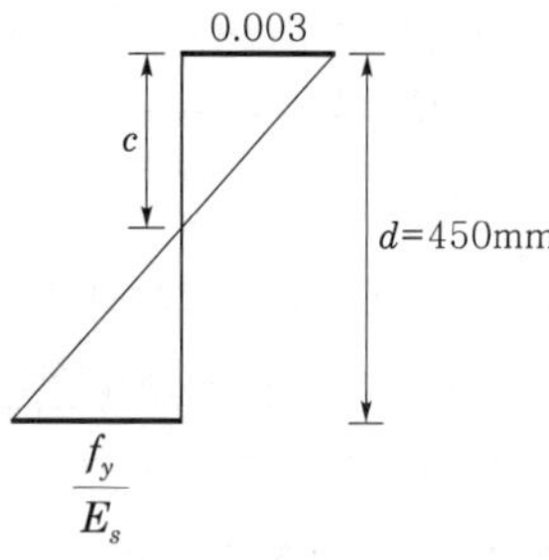

$$\varepsilon_s = \frac{f_y}{E_s} = \frac{300\text{MPa}}{200\text{GPa}} = 1.5 \times 10^{-3}$$

$c : 0.003 = (450 - c) : 1.5 \times 10^{-3}$

$(1.35 - 0.003c) = 1.5 \times 10^{-3} c$

$\therefore\ c = 300\text{mm}$

08 휨 및 압축을 받는 콘크리트 부재의 설계가정에 대한 설명으로 옳지 않은 것은? (단, 2012년도 콘크리트구조기준을 적용한다.)

① 휨모멘트 또는 휨모멘트와 축력을 동시에 받는 부재의 콘크리트 압축연단의 극한변형률은 0.003으로 가정한다.

② 철근의 응력이 설계기준항복강도 f_y 이하일 때 철근의 응력은 변형률에 탄성계수를 곱한 값으로 하고, 철근의 변형률이 f_y에 대응하는 변형률보다 큰 경우 철근의 응력은 철근의 극한강도까지 증가시킨다.

③ 깊은 보는 비선형 변형률 분포를 고려하여 설계하여야 한다. 그러나 비선형 분포를 고려하는 대신 스트럿-타이 모델을 적용할 수 있다.

④ 콘크리트 압축응력의 분포와 콘크리트 변형률 사이의 관계는 직사각형, 사다리꼴, 포물선형 또는 실험의 결과와 실질적으로 일치하는 형상으로도 가정할 수 있다.

해설 철근의 변형률이 f_y에 대응하는 변형률보다 큰 경우 철근의 응력은 철근의 항복강도(f_y)를 초과할 수 없다.

09 지름 $d = 600\text{mm}$인 철근콘크리트 원형단면 기둥을 단주로 볼 수 있는 최대높이[m]는? (단, 압축부재의 유효좌굴길이계수 $k = 1.5$, 비횡구속 골조이며, 2012년도 콘크리트구조기준을 적용한다.)

① 2.2 ② 2.5
③ 3.6 ④ 4.5

해설 비횡구속 단주 조건 $\lambda = \frac{kl}{r} \le 22$

$\gamma = 0.25t = 0.25 \times 600 = 150\text{mm}$

$$\lambda = \frac{1.5 \times l}{150} \le 22$$

$$l = \frac{22 \times 150}{1.5 \times 10^3} = 2.2\text{m}$$

10 그림과 같은 지간 $L = 10\text{m}$의 단순보에 자중을 포함한 등분포계수하중 $w_u = 60\text{kN/m}$가 작용하는 경우, 전단위험 단면에서 전단철근이 부담해야 할 설계전단력 ϕV_s[kN]는? (단, 보통중량콘크리트로서 $f_{ck} = 25\text{MPa}$이며, 2012년도 콘크리트구조기준을 적용한다.)

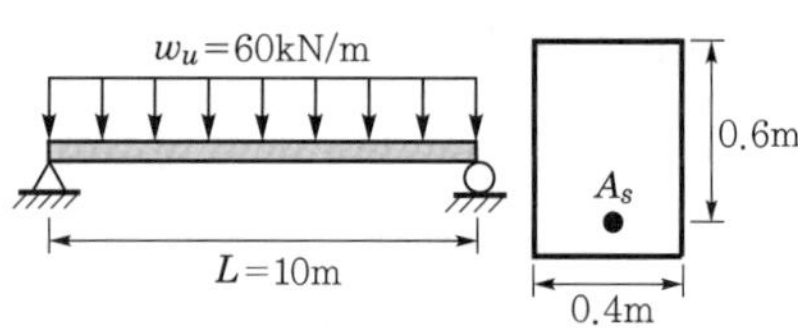

① 114 ② 135
③ 152 ④ 186

해설 ㉠ 위험단면에서 계수전단력

$V_u = R_A - w_u \cdot d$

$= \frac{60 \times 10}{2} - (60 \times 0.6)$

$= 264\text{kN}$

㉡ $\phi V_c = 0.75 \times \left(\frac{1}{6}\lambda\sqrt{f_{ck}}\right) b_w \cdot d$

$= 0.75 \times \left(\frac{1}{6} \times 1.0 \times \sqrt{25}\right) \times 400 \times 600$

$= 150{,}000\text{N} = 150\text{kN}$

㉢ $\phi V_s = V_u - \phi V_c$

$= 264 - 150 = 114\text{kN}$

정답 08. ② 09. ① 10. ①

11 유효프리스트레스 f_{pe}를 결정하기 위하여 고려해야 하는 프리스트레스 손실 원인을 모두 고른 것은?

> ㉠ 정착장치의 활동
> ㉡ 콘크리트의 건조수축
> ㉢ 포스트텐션 긴장재와 덕트 사이의 마찰
> ㉣ 콘크리트의 공칭압축강도
> ㉤ 긴장재 응력의 릴랙세이션

① ㉠, ㉡, ㉣　② ㉠, ㉢, ㉣, ㉤
③ ㉠, ㉡, ㉢, ㉤　④ ㉡, ㉢, ㉣, ㉤

해설
- 즉시 손실 : 콘크리트의 탄성변형, 정착장치의 활동, 쉬스관과의 마찰
- 시간적 손실 : 건조수축, 크리프, 긴장재의 릴랙세이션

12 그림과 같이 편심이 없는 하중 T를 받는 볼트로 연결된 판이 ABFGHIJ로 파괴되기 위한 p[mm]의 범위는? (단, 연결재 구멍의 직경은 20mm이다.)

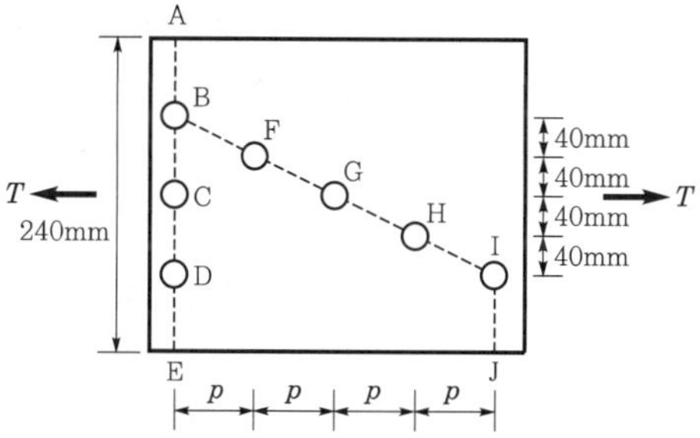

① $30 \leq p < 40$　② $40 \leq p < 50$
③ $70 \leq p < 80$　④ $80 \leq p < 100$

해설
- 일직선 배치 시 : $b_{n1} = b_g - nd_h$
- 지그재그 배치 시 : $b_{n2} = b_g - nd_h + \Sigma\frac{s^2}{4g}$
- $b_{n1} = b_g - nd_h = 240 - (3\times20) = 180\text{mm}$
- $b_{n2} = 240 - (5\times20) + \left(\frac{4P^2}{4\times40}\right)$

$b_{n1} \geq b_{n2}$이어야 함

$180 = 240 - (5\times20) + \left(\frac{4P^2}{4\times40}\right)$

$P = 40\text{mm}$ 이내

13 하중저항계수설계법을 적용한 강구조설계기준(2014)에서 기술하고 있는 강도저항계수에 대한 설명으로 옳지 않은 것은?

① 인장재의 총단면의 항복에 대한 강도저항계수 $\phi_t = 0.90$을 적용한다.

② 인장재의 유효순단면의 파괴에 대한 강도저항계수 $\phi_t = 0.85$를 적용한다.

③ 중심축 압축력을 받는 압축부재의 강도저항계수 $\phi_c = 0.90$을 적용한다.

④ 비틀림이 발생하지 않은 휨부재의 강도저항계수 $\phi_b = 0.90$을 적용한다.

해설 인장력 순단면적 적용 시 파단에 대한 저항계수 $\phi_t = 0.80$

14 복철근 콘크리트보의 탄성처짐이 10mm일 경우, 5년 이상의 지속하중에 의해 유발되는 추가 장기처짐량[mm]은? (단, 보의 압축철근비는 0.02이며, 2012년도 콘크리트구조기준을 적용한다.)

① 2.5　② 5.0
③ 7.5　④ 10.0

해설 추가 장기처짐=(순간처짐)×λ_Δ

$\lambda_\Delta = \frac{\xi}{1+50\rho'} = \frac{2.0}{1+(50\times0.02)} = 1.0$

추가 처짐=10×1.0=10mm

15 프리스트레스트 콘크리트 휨부재는 미리 압축을 가한 인장구역에서 사용하중에 의한 인장연단응력 f_t에 따라 균열등급을 구분한다. 비균열등급에 속하는 인장연단응력 f_t[MPa]는? (단, f_{ck}는 콘크리트의 설계기준압축강도이며, 2012년도 콘크리트구조기준을 적용한다.)

① $f_t \leq 0.63\sqrt{f_{ck}}$

② $0.63\sqrt{f_{ck}} < f_t \leq 1.0\sqrt{f_{ck}}$

정답 11. ③ 12. ① 13. ② 14. ④ 15. ①

③ $f_t > 1.0\sqrt{f_{ck}}$

④ $f_t > 1.15\sqrt{f_{ck}}$

해설 부분균열등급 : $0.63\sqrt{f_{ck}} < f_t \le 1.0\sqrt{f_{ck}}$

16 철근콘크리트부재의 전단철근에 대한 설명으로 옳지 않은 것은? (단, λ는 경량콘크리트계수, f_{ck}는 콘크리트의 설계기준압축강도, b_w는 복부의 폭, d는 단면의 유효깊이, V_s는 전단철근에 의한 단면의 공칭전단강도이며, 2012년도 콘크리트구조기준을 적용한다.)

① 최소전단철근은 경사균열 폭이 확대되는 것을 억제함으로써 덜 취성적인 파괴를 유도한다.

② 부재축에 직각으로 배치된 전단철근의 간격은 V_s가 $\lambda(\sqrt{f_{ck}}/3)b_w d$ 이하인 경우 $d/2$ 이하이어야 하고, 또한 600mm 이하로 하여야 한다.

③ V_s가 $\lambda(\sqrt{f_{ck}}/3)b_w d$을 초과하는 경우 V_s가 $\lambda(\sqrt{f_{ck}}/3)b_w d$ 이하일 때 적용된 최대 간격을 절반으로 감소시켜야 한다.

④ 경사스터럽과 굽힘철근은 부재의 중간 높이인 $0.5d$에서 보의 지간 중간 방향으로 주인장철근까지 연장된 45°선과 한 번 이상 수직으로 교차되도록 배치하여야 한다.

해설 $0.5d$점에서 반력점 방향으로 주인장철근까지 연장된 45°선과 한 번 이상 교차하도록 배치하여야 한다.

17 그림과 같이 정사각형 확대기초에 기둥의 자중을 포함한 고정하중 D=3,000kN과 활하중 L=2,700kN이 편심이 없이 기초판에 작용할 때 확대기초 한 변의 최소길이 l[m]은? (단, 기초지반의 허용지지력 q_a=240kN/m², 철근콘크리트의 단위중량 γ_c=24kN/m³, 토사 무게는 무시하며, 2012년도 콘크리트구조기준을 적용한다.)

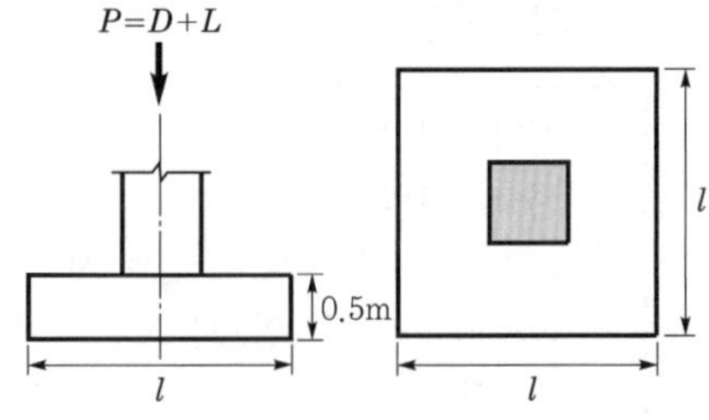

① 4 ② 5

③ 6 ④ 7

해설 고정하중$(P)=3,000+2,700=5,700$kN

기초자중$=(l\times l\times 0.5)\times 24\text{kN/m}^3 = 12\cdot l^2$kN

$$q_{\max}=\frac{P}{A}$$

$$=\frac{1}{l\times l}(5,700+12\cdot l^2)=\frac{5,700}{l^2}+12\le 240$$

$$l^2=\sqrt{\frac{5,700}{228}}$$

$l=5.0$m

18 연속보 또는 1방향 슬래브는 구조해석을 정확하게 하는 대신 콘크리트구조기준(2012)에 따라 근사해법을 적용하여 약산할 수 있다. 근사해법을 적용하기 위한 조건으로 옳지 않은 것은?

① 활하중이 고정하중의 3배를 초과하지 않는 경우

② 부재의 단면이 일정하고, 2경간 이상인 경우

③ 인접 2경간의 차이가 짧은 경간의 30% 이하인 경우

④ 등분포하중이 작용하는 경우

해설 근사해법조건

㉠ 2경간 이상

㉡ 인접 2경간 차이가 짧은 경간의 20% 이하

㉢ 등분포하중 작용

㉣ 활하중이 고정하중 3배를 초과하지 않는 경우

㉤ 부재단면크기가 일정

정답 16. ④ 17. ② 18. ③

19 그림과 같은 프리스트레스 콘크리트 단순보에 프리스트레스 힘 $P=4{,}800\text{kN}$, 자중을 포함한 등분포하중 $w=80\text{kN/m}$가 작용할 경우 지간 중앙단면의 하연응력[MPa]은? (단, 지간 중앙의 긴장재의 편심 $e=0.4\text{m}$이며, 프리스트레스 손실은 없다고 가정한다.)

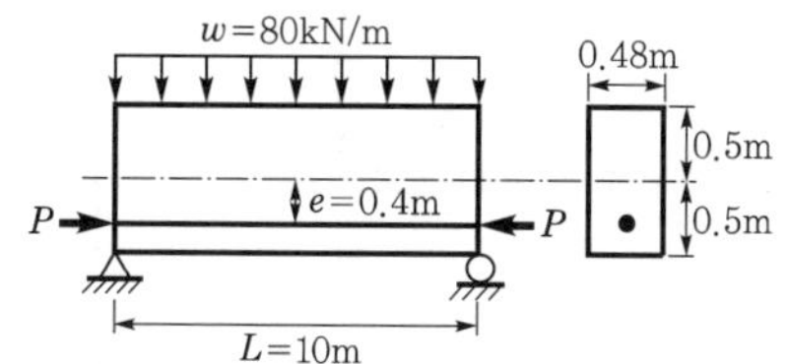

① 20.5(인장응력)
② 21.5(압축응력)
③ 22.5(인장응력)
④ 23.5(압축응력)

해설 지간중앙부 $M_{max}=\dfrac{wl^2}{8}=\dfrac{80\times10^2}{8}=1{,}000\text{kN}\cdot\text{m}$

$$\sigma_B=\frac{P}{A}-\frac{M_{max}}{z}+\frac{\rho\cdot e}{z}$$
$$=\frac{4{,}800}{(0.48\times1.0)}-\frac{1{,}000}{\left(\dfrac{0.48\times1.0^2}{6}\right)}+\frac{4{,}800\times0.4}{\left(\dfrac{0.48\times1.0^2}{6}\right)}$$
$$=10{,}000-12{,}500+24{,}000$$
$$=21.5\text{MPa}(\text{압축})$$

20 철근의 정착 및 이음에 대한 설명으로 옳은 것은? (단, l_{db}는 정착길이, d_b는 철근의 직경, f_{ck}는 콘크리트의 설계기준압축강도, f_y는 철근의 설계기준항복강도, 2012년도 콘크리트구조기준을 적용한다.)

① 갈고리에 의한 정착은 압축철근의 정착에 유효하다.
② 3개의 철근으로 구성된 다발철근의 정착길이는 개개 철근의 정착길이보다 33% 증가시켜야 한다.
③ 보통중량콘크리트에서 인장이형철근의 기본정착길이는 $l_{db}=\dfrac{0.25d_bf_y}{\sqrt{f_{ck}}}\geq300\text{mm}$이다.
④ D35를 초과하는 철근끼리는 인장부에서 겹침이음을 할 수 없다.

해설 ① 압축철근에는 갈고리가 유효하지 않다.
② 3개의 철근으로 구성된 다발철근에 대해서는 20%, 4개의 철근으로 구성된 다발철근에 대해서는 33% 증가시켜야 한다.
③ 압축 이형철근의 정착길이 $l_{db}=\dfrac{0.25d_bf_y}{\lambda\sqrt{f_{ck}}}$

정답 19. ② 20. ④

과년도 출제문제(2017년 서울시 9급)

01 무근콘크리트 옹벽이 활동에 대해 안전하기 위한 최대높이 h는? (단, 콘크리트의 단위중량은 24kN/m³, 흙의 단위중량은 20kN/m³, 토압계수는 0.4, 마찰계수는 0.5이며, 콘크리트구조기준(2012년)을 적용한다.)

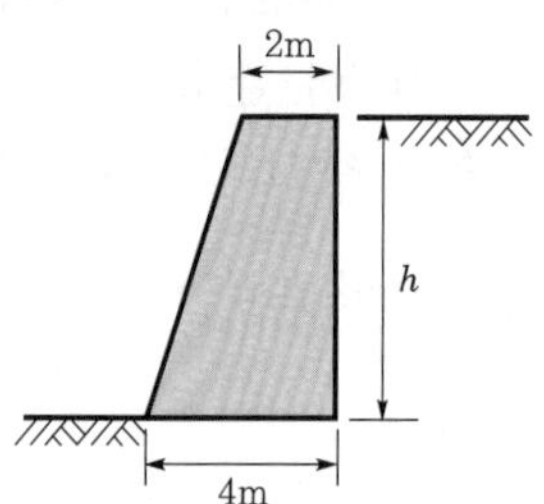

① 5.8m ② 6.0m
③ 6.2m ④ 6.4m

해설

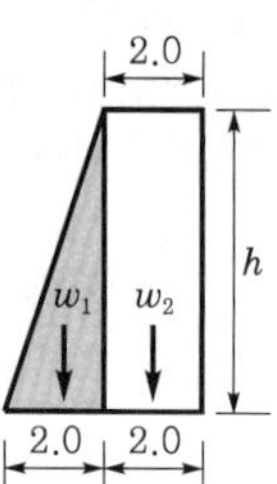

자중 : $w_1 = \left(\frac{1}{2} \times 2.0 \times h\right) \times 24\text{kN/m}^2$

$= 24h\text{kN}$

$w_2 = (2 \times h) \times 24\text{kN/m}^2 = 48h\text{kN}$

$= 24h + 48h = 762h\text{kN}$

토압 : $K_A \cdot r \cdot h = 0.4 \times 20 \times h = 8h\text{kN/m}$

$$\text{F.S} = \frac{H_r}{H} = \frac{72h \times 0.5}{\frac{1}{2} \times 8h \times h} = \frac{9}{h}$$

$$h = \frac{9}{1.5} = 6.0\text{m}$$

02 그림과 같이 하중을 받는 무근콘크리트 보의 인장응력이 콘크리트파괴계수(f_r)에 도달할 때의 하중 P는? (단, 콘크리트는 보통중량콘크리트, 설계기준압축강도 $f_{ck} = 100\text{MPa}$, 보의 길이 $L = 315\text{mm}$이고, 2012년도 콘크리트구조기준을 적용한다.)

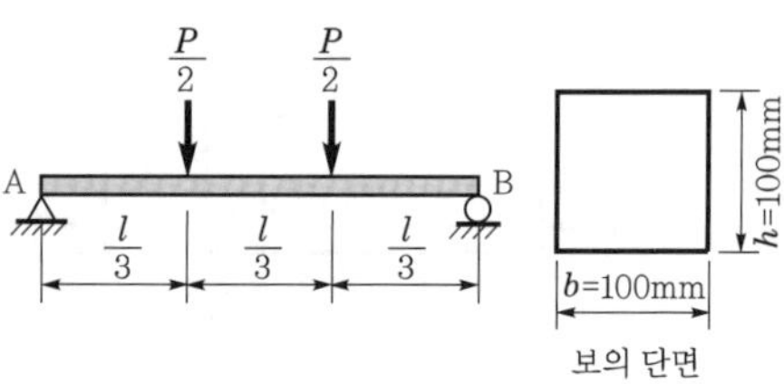

① 10kN
② 15kN
③ 20kN
④ 25kN

해설

$$M_{cr} = \frac{PL}{6}$$

$$f_r = \frac{M_{cr}}{z}$$

$$z = \frac{bh^2}{6}$$

$$f_r = 0.63\lambda\sqrt{f_{ck}}$$
$$= 0.63 \times 1.0 \times \sqrt{100} = 63\text{MPa}$$

$$63 = \frac{\frac{PL}{6}}{\frac{bh^2}{6}} = \frac{6PL}{6bh^2} = \frac{P \times 315}{100 \times 100^2}$$

$P = 20\text{kN}$

03 프리스트레스 콘크리트 포스트텐션부재에서 긴장재의 마찰손실을 계산할 때 사용되는 요소가 아닌 것은? (단, 2012년도 콘크리트구조기준을 적용한다.)

① 긴장재의 파상마찰계수
② 긴장재의 회전각 변화량
③ 곡선부의 곡률마찰계수
④ 긴장재의 설계항복강도

해설 마찰손실량 : $P_x = P_i \cdot e^{-(kl + \mu\alpha)}$

정답 01. ② 02. ③ 03. ④

04 브래킷과 내민받침의 전단설계에 대한 보기의 설명 중 옳은 내용을 모두 고른 것은? (단, 2012년도 콘크리트구조기준을 적용한다.)

> ㉠ 받침부 면의 단면은 계수전단력 V_u와 계수휨모멘트 $[V_u a_v + N_{uc}(h-d)]$ 및 계수수평인장력 N_{uc}를 동시에 견디도록 설계하여야 한다.
> ㉡ 브래킷 또는 내민받침 위에 놓이는 부재가 인장력을 피하도록 특별한 장치가 마련되어 있지 않는 한 인장력 N_{uc}를 $0.1V_u$ 이상으로 하여야 한다.
> ㉢ 인장력 N_{uc}는 인장력이 비록 크리프, 건조수축 또는 온도변화에 기인한 경우라도 고정하중으로 간주하여야 한다.
> ㉣ 주인장철근의 단면적 A_s는 $(A_f + A_n)$와 $(2A_{vf}/3 + A_n)$ 중에서 큰 값 이상이어야 한다(여기서, A_f =계수휨모멘트에 저항하는 철근의 단면적, A_n =인장력 N_{uc}에 저항하는 철근의 단면적, A_{vf} =전단마찰철근의 단면적을 의미한다).

① ㉠, ㉢ ② ㉠, ㉣
③ ㉡, ㉢ ④ ㉡, ㉣

해설 ㉡ N_{uc}는 $0.2V_u$ 이상으로 하여야 한다.
㉢ 인장력 N_{uc}는 활하중으로 간주하여야 한다.

05 부재설계 시 콘크리트 압축분포를 등가직사각형 응력블록으로 볼 때 단면의 가장자리에서 최대압축변형률이 일어나는 응력블록의 높이 $a = \beta_1 c$로 보고 계산할 경우, 이때 등가사각형 응력블록과 관계된 계수 β_1의 하한값인 0.65에 해당하는 콘크리트의 최소압축강도 f_{ck}는 얼마인가? (단, 소수점 둘째자리에서 반올림하며, 2012년도 콘크리트구조기준을 적용한다.)

① 50.8MPa ② 53.3MPa
③ 56.6MPa ④ 60.1MPa

해설 $\beta_1 = 0.85 - 0.007(f_{ck} - 28)$
$0.65 = 0.85 - 0.007(f_{ck} - 28)$
$f_{ck} = 56.6\text{MPa}$

06 콘크리트 강도평가를 위한 코어시험에 대한 설명 중 가장 옳지 않은 것은? (단, 2012년도 콘크리트구조기준을 적용한다.)

① 콘크리트 강도시험값이 f_{ck}가 35MPa 이하인 경우 f_{ck}보다 3.5MPa 이상 부족하거나, 또는 f_{ck}가 35MPa 초과인 경우 0.1 f_{ck} 이상 부족한지 여부를 알아보기 위하여 3개의 코어를 채취하여야 한다.
② 구조물의 콘크리트가 습윤된 상태에 있다면 코어는 적어도 24시간 동안 물속에 담가두어야 하며 습윤상태에서 시험하여야 한다.
③ 구조물에서 콘크리트 상태가 건조된 경우 코어는 시험 전 7일 동안 공기(온도 15~30℃, 상대습도 60% 이하)로 건조시킨 후 기건상태에서 시험하여야 한다.
④ 코어 공시체 3개의 평균값이 f_{ck}의 85%에 달하고, 각각의 코어강도가 f_{ck}의 75%보다 작지 않으면 구조적으로 적합하다고 판정할 수 있다.

해설 구조물의 콘크리트 상태가 습윤된 상태에 있다면 코어는 적어도 40시간 이상 물속에 담가두어야 한다.

07 「콘크리트구조기준(2012)」에서는 콘크리트의 건조수축변형률을 산정하기 위해서 개념건조수축계수(ε_{sho})에 건조기간에 따른 건조수축변형률 함수$[\beta_s(t-t_s)]$를 곱하도록 규정하고 있다. 개념 건조수축계수 산정 시에 고려되는 요소로 가장 옳지 않은 것은?

① 외기 습도
② 시멘트 종류
③ 재령 28일에서 콘크리트의 평균압축강도
④ 순인장변형률

정답 04. ② 05. ③ 06. ② 07. ④

해설 건조수축계수는 대기의 평균습도, 부재의 크기, 시멘트 종류, 압축강도 등을 고려해야 한다.

08 그림과 같이 독립확대기초에서 2방향 펀칭전단에 대한 위험단면의 둘레길이가 4,000mm일 때 기둥의 면적은?

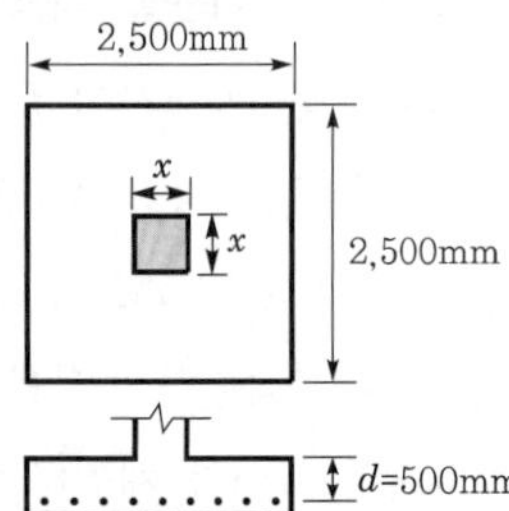

① 200,000mm^2 ② 230,000mm^2
③ 250,000mm^2 ④ 300,000mm^2

해설 전단에 대한 위험단면은 기둥 전면에서 $\frac{d}{2}=250\text{mm}$
따라서 한 변의 길이
$(x+500)\times 4=4{,}000$
$x=500\text{mm}$
∴ 기둥면적은 500×500=250,000m^2

09 포스트텐션 보의 정착구역에 대한 설명으로 옳지 않은 것은? (단, 2012년도 콘크리트구조기준을 적용한다.)

① 일반구역은 국소구역을 제외한 정착구역으로 정의한다.
② 국소구역은 정착장치의 적절한 기능수행을 위하여 필요한 위치에 국소구역 보강을 하여야 한다.
③ 국소구역은 정착장치 및 이와 일체가 되는 구속철근과 이들을 둘러싸고 있는 콘크리트 사각기둥으로 정의한다.
④ 일반구역은 정착장치에 의해 유발되는 파열력, 할렬력 및 종방향 단부인장력에 저항할 수 있도록 보강하여야 한다.

해설 일반구역은 국소구역을 포함한 정착구역으로 정의한다.

10 콘크리트의 설계기준압축강도(f_{ck})가 50MPa인 경우 콘크리트의 할선탄성계수를 구하는 식은? (단, 보통중량골재를 사용한 콘크리트의 경우임)

① $E_c=8{,}500\cdot\sqrt[3]{50}$
② $E_c=8{,}500\cdot\sqrt[3]{54}$
③ $E_c=8{,}500\cdot\sqrt[3]{55}$
④ $E_c=8{,}500\cdot\sqrt[3]{56}$

해설 $E_c=8{,}500\sqrt[3]{f_{ck}}$, $f_{cu}=f_{ck}+\Delta f$
$f_{ck}\le 40\text{MPa} : \Delta f=4\text{MPa}$
$f_{ck}\ge 60\text{MPa} : \Delta f=6\text{MPa}$
$40\text{MPa}\le f_{ck}\le 60\text{MPa}$: 직선보간법

11 제주도 지역에 위치하는 교량설계 시 적용하여야 할 지진구역계수(재현주기 500년)는? (단, 2016년도 도로교설계기준을 적용한다.)

① 0.07 ② 0.10
③ 0.11 ④ 0.15

해설 지진구역 Ⅱ에 해당하는 도는 강원도북부, 전라남도 남서부, 제주도, 지진구역계수 0.07

12 그림과 같이 콘크리트부재에 프리스트레스를 도입할 때, 프리스트레스만에 의해 발생 가능한 단면 내 응력분포 형태를 모두 고르면? [단, (+)는 압축응력, (−)는 인장응력을 나타낸다.]

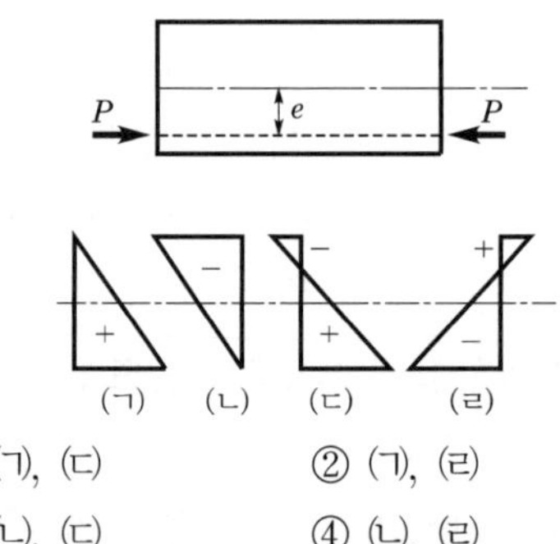

① (ㄱ), (ㄷ) ② (ㄱ), (ㄹ)
③ (ㄴ), (ㄷ) ④ (ㄴ), (ㄹ)

해설 중심축을 중심으로 하단은 압축응력 발생

정답 08. ③ 09. ① 10. ③ 11. ① 12. ①

13 구조물의 부재, 부재 간의 연결부나 부재단면의 휨모멘트, 전단력 등에 대한 설계강도를 구할 때 1보다 작은 강도감소계수 ϕ를 사용하는 목적으로 적합하지 않은 것은?

① 초과하중이나 하중조합의 영향을 고려
② 재료의 강도와 치수 등 변동에 대비
③ 구조물에서 차지하는 부재의 중요성을 반영
④ 부정확한 설계방정식에 대비해 여유를 확보

해설 초과하중이나 하중조합의 영향을 고려하기 위한 계수는 하중계수이다.

14 프리스트레스의 손실에 대한 설명 중 가장 옳지 않은 것은? (단, P_j : 재킹 힘, P_i : 도입 직후의 프리스트레스 힘, P_e : 유효 프리스트레스 힘이다.)

① 즉시손실과 시간적 손실을 합한 긴장재의 손실은 일반적으로 재킹 힘 P_j의 20~35% 범위이다.
② 도입 직후의 프리스트레스 힘(P_i)은 즉시 손실이 발생한 이후에 긴장재에 작용하는 힘이다.
③ 유효 프리스트레스 힘(P_e)은 시간적 손실이 발생한 이후에 긴장재에 작용하는 힘이다.
④ 프리스트레스 힘의 유효율(R)은 $P_e = RP_j$ 또는 $R = \dfrac{P_e}{P_j}$로 나타낸다.

해설 유효율$(R) = \dfrac{P_e}{P_i} \times 100$

15 계수전단력 $V_u = 7.5\text{kN}$이 폭 $b = 100\text{mm}$인 직사각형 단면에 작용한다. 이때, 전단철근 없이 콘크리트만으로 견딜 수 있는 단면의 최소 유효깊이 d는? (단, 콘크리트의 설계기준압축강도 $f_{ck} = 36\text{MPa}$, 보통중량콘크리트이고, 2012년도 콘크리트구조기준을 적용한다.)

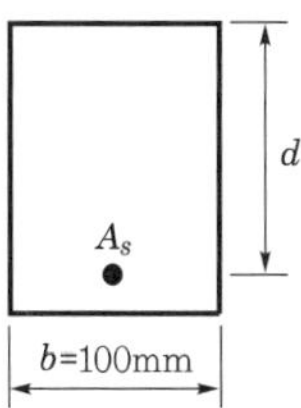

① 150mm ② 200mm
③ 250mm ④ 300mm

해설
$V_c = \dfrac{1}{6}\lambda\sqrt{f_{ck}}\,b_w d = \dfrac{1}{6} \times 1.0 \times \sqrt{36} \times 100 \times d$
$= 100d\text{N}$
$V_u \le \dfrac{1}{2}\phi V_c = \dfrac{1}{2} \times 0.75 \times 100 \times d = 37.5d$
$7.5\text{kN} \times 1,000 = 37.5d$
$d = 200\text{mm}$

16 항복강도가 400MPa인 용접용 철근을 이용하여 용접이음을 할 때 용접이음부에서 발휘해야 하는 응력의 최솟값은? (단, 2012년도 콘크리트구조기준을 적용한다.)

① 400MPa ② 450MPa
③ 500MPa ④ 550MPa

해설 용접이음부의 응력은 모재응력의 125% 이상 발휘하므로 400×125%=500MPa

17 「콘크리트구조기준(2012)」에서는 휨모멘트와 축력을 받는 철근콘크리트부재의 강도설계를 위하여 기본적인 가정을 따르도록 규정하고 있다. 강도설계법의 기본가정에 대한 설명으로 가장 옳지 않은 것은?

① 철근과 콘크리트의 응력은 중립축으로부터의 거리에 비례하는 것으로 가정한다.
② 압축연단에서의 극한변형률은 0.003으로 가정한다.
③ 휨응력 계산에서 콘크리트의 인장강도는 무시할 수 있다.
④ 극한상태에서의 압축응력의 분포와 콘크리트 변형률 사이의 관계는 실험의 결과와 실질적으로 일치하는 직사각형, 사다리꼴 등의 형상으로 가정할 수 있다.

정답 13. ① 14. ④ 15. ② 16. ③ 17. ①

해설 철근과 콘크리트의 변형률은 중립축으로부터 거리에 비례하지 않는 것으로 가정할 수 있다.

18 1방향 슬래브에 대한 다음 설명 중 가장 옳지 않은 것은? (단, 2012년도 콘크리트구조기준을 적용한다.)

① 4변에 의해 지지되는 2방향 슬래브 중 장변의 길이가 단변의 길이의 2배를 넘으면 1방향 슬래브로 해석한다.
② 철근콘크리트보와 일체로 만든 연속 슬래브에서 경간 중앙의 정모멘트는 양단 고정보로 보고 계산한 값 이하이어야 한다.
③ 철근콘크리트보와 일체로 만든 연속 슬래브에서 활하중에 의한 경간 중앙의 부모멘트는 산정된 값의 1/2만 취할 수 있다.
④ 철근콘크리트보와 일체로 만든 연속 슬래브에서 순경간이 3.0m를 초과할 때는 순경간 내면의 휨모멘트를 사용할 수 있다.

해설 경간 중앙의 정모멘트는 양단 고정보로 보고 계산한 값 이상이어야 한다.

19 내민보에 자중을 포함한 계수등분포하중(w_u) 10kN/m가 작용할 때, 위험단면에서 콘크리트가 부담하는 전단력(V_c)이 16.67kN이라면 전단보강철근이 부담해야 할 전단력(V_s)의 최솟값은? (단, 보통중량의 콘크리트를 사용하였으며 $f_{ck}=25\text{MPa}$, $f_y=280\text{MPa}$, 강도설계법을 적용한다.)

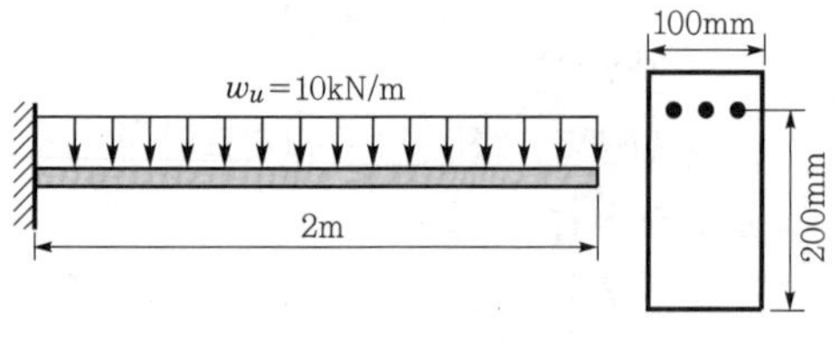

① 5.83kN ② 6.36kN
③ 7.33kN ④ 8.12kN

해설 위험단면에서의 $V_u = 10\times(2.0-0.2)=18\text{kN}$

$V_u=\phi(V_c+V_s)$, $\phi=0.75$

$$V_s=\frac{V_u-\phi V_c}{\phi}=\frac{18-(0.75\times16.67)}{0.75}=7.33\text{kN}$$

20 콘크리트의 압축강도 실험결과 설계기준강도 f_{ck}가 50MPa이고, 충분한 실험에 의해 얻어진 표준편차 s가 5MPa이라면, 「콘크리트구조기준(2012)」에 따라 배합강도 f_{cr}은 얼마로 결정해야 하는가?

① 43.3MPa ② 46.0MPa
③ 54.0MPa ④ 56.7MPa

해설 $f_{cr}=f_{ck}+1.34s$
$=50+(1.34\times5)=56.7\text{MPa}$
$f_{cr}=0.9f_{ck}+2.33s$
$=(0.9\times50)+(2.33\times5)=56.65\text{MPa}$

정답 18. ② 19. ③ 20. ④

과년도 출제문제(2018년 국가직 9급)

01 배합설계과정에서 단위수량 180kg, 단위시멘트량 315kg, 공기량 5%가 결정되었다면 골재의 절대용적(L)은? (단, 시멘트밀도는 0.00315g/mm^3이고, 혼화재는 사용하지 않는다.)

① 530 ② 600

③ 670 ④ 740

해설 골재의 절대용적

$$=1{,}000-\left(\text{단위수량}+\frac{\text{단위시멘트량}}{\text{시멘트밀도}\times1{,}000}+\text{공기량}\right)$$

$$=1{,}000-\left(180+\frac{315}{0.00315\times1{,}000}+1{,}000\times\frac{5}{100}\right)$$

$=670\text{L}$

02 폭 $b=300\text{m}$, 유효깊이 $d=500\text{mm}$인 단철근 직사각형 철근콘크리트보의 단면이 균형변형률상태에 있을 때 압축연단에서 중립축까지의 거리 c[mm]는? (단, 콘크리트의 설계기준압축강도 $f_{ck}=24\text{MPa}$, 철근의 설계기준항복강도 $f_y=400\text{MPa}$이며, 설계코드(KDS : 2016)와 2012년도 콘크리트구조기준을 적용한다.)

① 250 ② 275

③ 300 ④ 330

해설

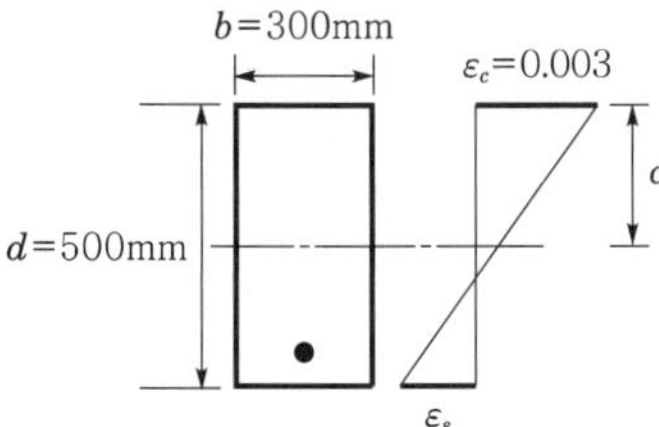

$$\varepsilon_s=\frac{f_y}{E_s}=\frac{400}{2\times10^5}=2\times10^{-3}$$

$d:(0.003+0.002)=c:0.003$

$0.005c=500\times0.003$

$\therefore\ c=300\text{mm}$

03 다음 그림과 같이 긴장재를 포물선 모양으로 배치한 PSC 단순보의 하중평형개념에 의한 부재 중앙에서 휨모멘트(kN · m)는? (단, 자중을 포함한 등분포하중 $w=10\text{kN/m}$이며, 손실이 모두 발생한 후의 긴장력은 1,200kN이다.)

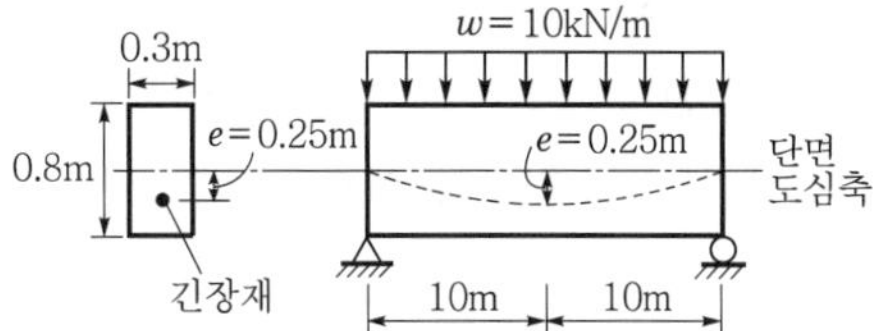

① 100 ② 200

③ 240 ④ 300

해설 등분포 상향력

$$U=\frac{8PS}{l^2}=\frac{8\times1{,}200\times0.25}{20^2}=6\text{kN/m}$$

순하향력 $=10-6=4\text{kN/m}$

부재 중앙 휨모멘트 $M_u=\dfrac{4\times20^2}{8}=200\text{kN}\cdot\text{m}$

04 중심축하중을 받는 길이 $L=10\text{m}$, 직사각형 단면의 크기 $0.1\text{m}\times0.12\text{m}$이고 양단 힌지인 기둥의 좌굴임계하중 P_{cr}[kN]은? (단, $\pi=3$으로 계산하며 기둥의 탄성계수 $E=20\text{GPa}$이고, 기둥 내의 응력이 비례한도 이하이다.)

① 9 ② 18

③ 72 ④ 103.7

해설 $K=1$

$$I=\frac{0.12\times0.1^3}{12}=1\times10^{-5}\text{m}^4$$

$E=20\text{GPa}=20\times10^9\text{N/m}^2$

$$\therefore\ P_{cr}=\frac{\pi^2EI}{(Kl)^2}=\frac{3^2\times20\times10^6\times1\times10^{-5}}{(1\times10)^2}$$

$=18\text{kN}$

정답 01. ③ 02. ③ 03. ② 04. ②

05 다음과 같은 수직전단철근배치범위에 대한 그래프에서 전단철근량 A_v 및 전단철근의 전단강도 V_s의 한계치를 옳게 표시한 것은? (단, A_v : 전단철근의 단면적, V_s : 전단철근에 의한 단면의 공칭전단강도, V_c : 콘크리트에 의한 단면의 공칭전단강도, V_u : 단면에서의 계수전단력, f_{ck} : 콘크리트의 설계기준압축강도, f_{yt} : 전단철근의 설계기준항복강도, b_w : 복부의 폭, d : 단면의 유효깊이, s : 전단철근의 간격, ϕ : 전단에 대한 강도감소계수, 설계코드(KDS : 2016)와 2012년도 콘크리트구조기준을 적용한다.)

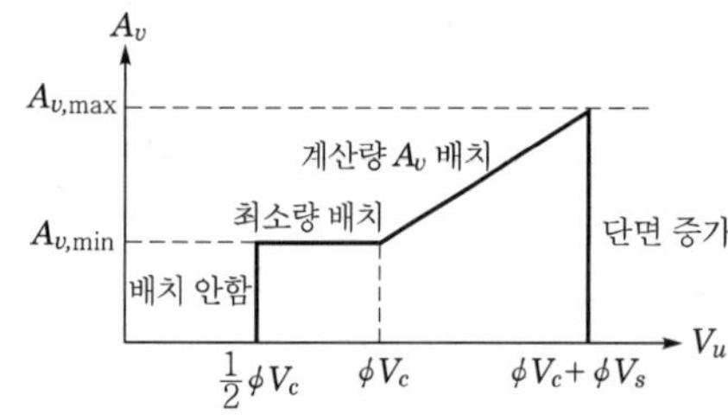

① $A_v = \dfrac{(V_u - \phi V_c)s}{\phi f_{yt} d}$,

$V_s = \dfrac{V_u - \phi V_c}{\phi} \le \dfrac{2}{3}\sqrt{f_{ck}}\, b_w d$

② $A_v = \dfrac{(\phi V_u - V_c)s}{\phi f_{yt} d}$,

$V_s = \dfrac{V_u - \phi V_c}{\phi} \le \dfrac{2}{3}\sqrt{f_{ck}}\, b_w d$

③ $A_v = \dfrac{(V_u - \phi V_c)s}{\phi f_{yt} d}$,

$V_s = \dfrac{V_u - \phi V_c}{\phi} \le \dfrac{1}{3}\sqrt{f_{ck}}\, b_w d$

④ $A_v = \dfrac{(\phi V_u - V_c)s}{\phi f_{yt} d}$,

$V_s = \dfrac{V_u - \phi V_c}{\phi} \le \dfrac{1}{3}\sqrt{f_{ck}}\, b_w d$

06 기초판의 최대 계수휨모멘트를 계산할 때 그 위험 단면에 대한 설명으로 옳지 않은 것은? (단, 설계코드(KDS : 2016)와 2012년도 콘크리트구조기준을 적용한다.)

① 강재 밑판을 갖는 기둥을 지지하는 기초판은 기둥 외측면과 강재 밑판 단부의 중간
② 콘크리트기둥, 주각 또는 벽체를 지지하는 기초판은 기둥, 주각 또는 벽체의 외면
③ 조적조벽체를 지지하는 기초판은 벽체 중심과 단부의 중간
④ 다각형 콘크리트기둥은 같은 면적 원형환산 단면의 외면

해설 다각형 콘크리트기둥은 위험 단면을 가상적인 같은 면적의 정사각형 부재의 면으로 고려할 수 있다.

07 다음 그림과 같이 장방형 무근콘크리트보에서 3등분점 하중법(KS F 2408)에 의해서 보가 파괴될 때까지 시험을 실시하였다. 하중 P가 100kN에서 시편의 지간 중앙이 파괴되었을 때의 최대 인장응력(MPa)은? (단, 거동이 탄성적이고 휨응력이 단면의 중립축에서 직선으로 분포한다고 가정한다.)

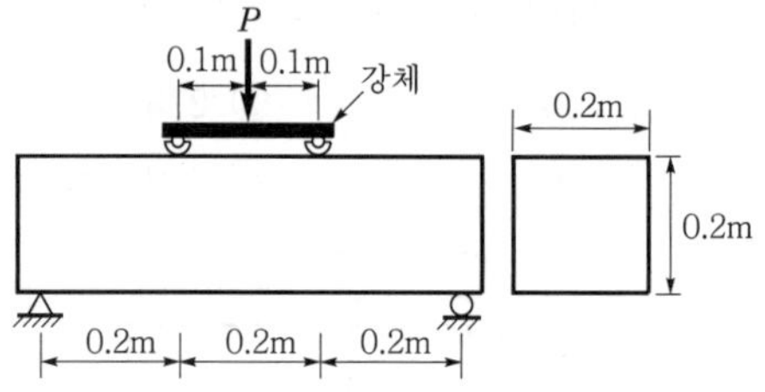

① 7.5 ② 10.0
③ 12.5 ④ 25.0

해설 3등분 재하 $M_{cr} = \dfrac{Pl}{6} = \dfrac{100\times10^3\times0.6}{6}$

$= 10{,}000\text{N}\cdot\text{m}$

$\therefore\ f_r = \dfrac{M_{cr}}{Z} = \dfrac{10{,}000\times10^3}{\dfrac{200\times200^2}{6}} = 7.5\text{MPa}$

정답 05. ① 06. ④ 07. ①

08 축방향 인장을 받는 부재 및 이음재의 설계에 대한 설명으로 옳지 않은 것은? (단, 설계코드(KDS : 2016)와 도로교설계기준(한계상태설계법) 2015를 적용한다.)

① 축방향 인장을 받는 부재의 강도는 전단면파단을 고려하여 결정한다.
② 인장부재는 세장비규정과 피로에 관한 규정을 만족해야 하며 연결부 끝부분에서 블록전단강도에 관한 검토를 해야 한다.
③ 축방향 인장력과 휨모멘트를 동시에 받아 순압축응력이 작용하는 플랜지는 국부좌굴에 대한 검토가 필요하다.
④ 아이바, 봉강, 케이블 및 판을 제외한 인장부재에서 교번응력을 받지 않는 인장주부재의 최대 세장비는 200이다.

해설 인장부재의 강도는 전단면항복과 순단면파단을 고려하여 결정한다.

09 다음 그림과 같은 복철근 직사각형 보에서 인장철근과 압축철근이 모두 항복할 때 등가직사각형 응력블록의 깊이 a[mm]는? (단, 인장철근량 $A_s = 4{,}050\text{mm}^2$, 압축철근량 $A_s{}' = 1{,}500\text{mm}^2$, 콘크리트의 설계기준압축강도 $f_{ck} = 30\text{MPa}$, 철근의 설계기준항복강도 $f_y = 300\text{MPa}$이고, 설계코드(KDS : 2016)와 2012년도 콘크리트구조기준을 적용한다.)

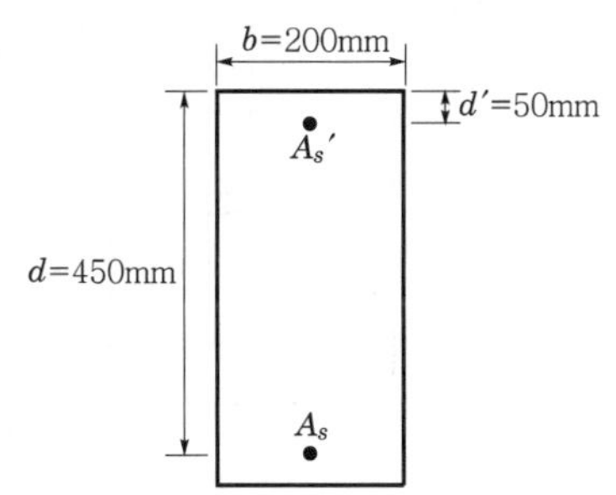

① 125　　② 150
③ 175　　④ 200

해설
$$a = \frac{(A_s - A_s{}')f_y}{0.85 f_{ck} - b}$$
$$= \frac{(4{,}050 - 1{,}500) \times 300}{0.85 \times 30 \times 200} = \frac{25{,}500}{170} = 150\text{mm}$$

10 직접설계법에 의한 2방향 슬래브의 내부경간설계에서 전체 정적계수모멘트(M_o)가 300kN·m일 때 부계수휨모멘트(kN·m)는? (단, 설계코드(KDS : 2016)와 2012년도 콘크리트구조기준을 적용한다.)

① 105　　② 150
③ 195　　④ 240

해설
$$M_o = M_s + M_c = \frac{w_u l_2 l_n^2}{12} + \frac{w_u l_2 l_n^2}{24}$$
$$= \frac{w_u l_2 l_n^2}{8} = 300$$
$$\therefore\ w_u l_2 l_n^2 = 2{,}400\text{kN}\cdot\text{m}$$
$$\therefore\ M_s = \frac{w_u l_2 l_n^2}{12} = \frac{2{,}400}{12} = 200\text{kN}\cdot\text{m}$$

11 압축연단에서 압축철근까지의 거리 $d' = 50\text{mm}$, 중립축까지의 거리 $c = 150\text{mm}$인 복철근 철근콘크리트 직사각형 보의 휨파괴 시 압축철근변형률은? (단, 압축철근은 1단 배근되어 있고, 파괴 시 압축연단콘크리트의 변형률은 0.003이고, 설계코드(KDS : 2016)와 2012년도 콘크리트구조기준을 적용한다.)

① 0.0005　　② 0.001
③ 0.0015　　④ 0.002

해설

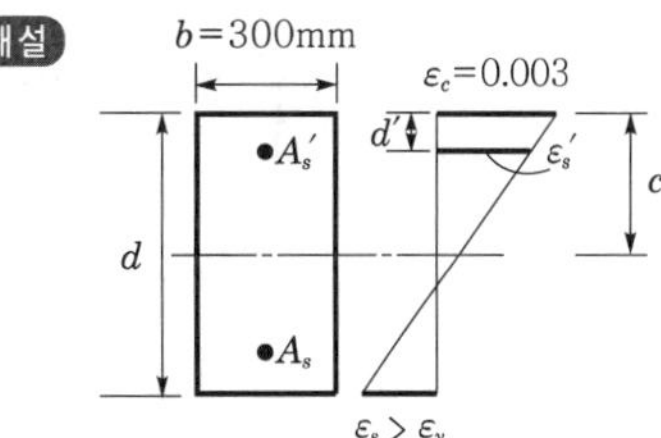

$c : \varepsilon_c = (c - d) : \varepsilon_s{}'$
$150 : 0.003 = 100 : \varepsilon_s{}'$
$\therefore\ \varepsilon_s{}' = 0.002$

정답 08. ① 09. ② 10. ③ 11. ④

12 H형강을 사용하여 길이가 4m이고 양단이 고정인 기둥을 설계할 때 유효좌굴길이에 대한 세장비(λ)는? (단, H형강의 단면적은 $1\times10^3\text{mm}^2$이고, 강축의 단면 2차 모멘트는 $1\times10^7\text{mm}^4$, 약축의 단면 2차 모멘트는 $6.4\times10^6\text{mm}^4$이다.)

① 20 ② 25
③ 40 ④ 50

해설 $l_e = Kl = 0.5\times4{,}000 = 2{,}000\text{mm}$

$$\gamma_{\min} = \sqrt{\frac{I_{\min}}{A}} = \sqrt{\frac{6.4\times10^6}{1\times10^3}} = 80\text{mm}^3$$

$$\therefore\ \lambda = \frac{l_e}{\gamma_{\min}} = \frac{2{,}000}{80} = 25$$

13 다음 그림과 같이 철근콘크리트 깊은 보를 스터럿-타이모델에 의하여 설계할 때 타이 BC에 필요한 휨인장철근면적(mm^2)은? (단, 철근의 설계기준항복강도 $f_y = 400\text{MPa}$이고, 설계코드(KDS : 2016)와 2012년도 콘크리트구조기준을 적용한다.)

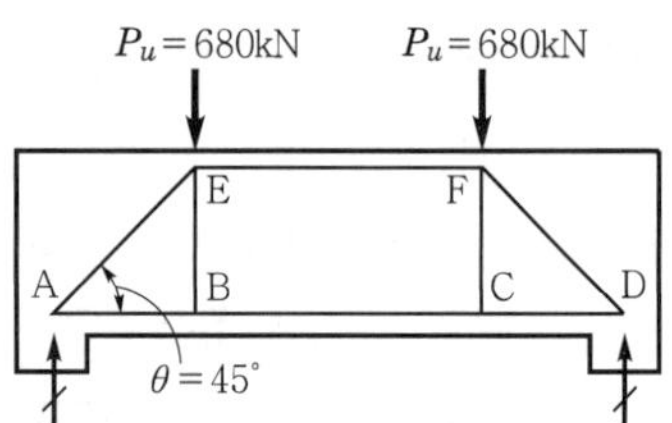

① 1,000 ② 1,500
③ 1,875 ④ 2,000

해설 $\Sigma V = 0$

$F_{AE}\times\sin45° + 680 = 0$

$$F_{AE}\times\frac{1}{\sqrt{2}} + 680 = 0$$

$\therefore\ F_{AE} = -961.665\text{kN}$

$\Sigma H = 0$

$F_{AE}\times\cos45° + F_{AB} = 0$

$$-961.665\times\frac{1}{\sqrt{2}} + F_{AB} = 0$$

$\therefore\ F_{AB} = 679.99\text{kN}$

$F_{AB} = \phi f_y A_s$

$679.99 = 0.85\times400\times A_s$

$$\therefore\ A_s = \frac{679.99\times10^3}{0.85\times400} = 2{,}000\text{mm}^2$$

14 철근의 이음에 대한 설명으로 옳지 않은 것은? (단, 설계코드(KDS : 2016)와 2012년도 콘크리트구조기준을 적용한다.)

① 압축부에서 이음길이조건을 만족하면 D41과 D51 철근은 D35 이하 철근과의 겹침이음을 할 수 있다.
② 인장력을 받는 이형철근의 겹침이음길이는 A급과 B급으로 분류하며 어느 경우에도 300mm 이상이어야 한다.
③ 다발철근의 겹침이음에서 두 다발철근은 개개 철근처럼 겹침이음을 한다.
④ 휨부재에서 서로 접촉되지 않게 겹침이음된 철근은 횡방향으로 소요겹침이음길이의 1/5 또는 150mm 중 작은 값 이상 떨어지지 않아야 한다.

해설 3개 철근의 다발인 경우 겹침이음길이는 개개 철근의 겹침이음길이에 20% 증가, 4개 다발인 경우 33% 증가한다.

15 다음 그림과 같은 2방향 확대기초에서 계수하중 $P_u = 1{,}000\text{kN}$이 작용할 때 위험 단면에 작용하는 계수전단력 $V_u[\text{kN}]$는? (단, 설계코드(KDS : 2016)와 2012년도 콘크리트구조기준을 적용한다.)

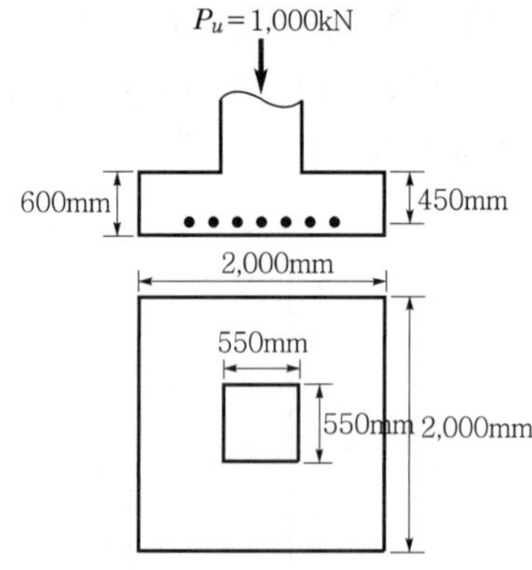

① 750 ② 800
③ 850 ④ 900

정답 12. ② 13. ④ 14. ③ 15. ①

해설

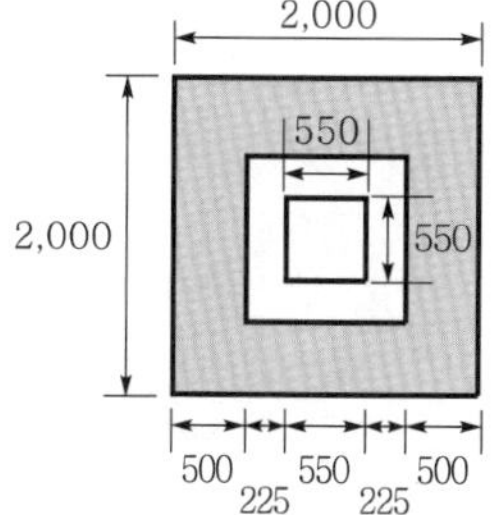

$q_u = \dfrac{1,000}{2\times2} = 250\text{kN/m}^2$

$\therefore\ V_u = 1,000 - [(0.55+0.45)^2 \times 250] = 750\text{kN}$

16 보의 경간이 8m인 단순보에 등분포활하중이 20kN/m, 자중을 포함한 등분포고정하중이 8kN/m가 작용할 때 휨부재를 설계하는 경우의 계수휨모멘트(kN · m)는? (단, KDS 24 12 11 : 2016의 극한한계상태 하중조합 Ⅰ에 따라 활하중계수는 1.8, 고정하중계수는 1.25를 적용한다.)

① 312.8 ② 315.2
③ 368.0 ④ 432.9

해설 $w = 1.2D + 1.8L = (1.25\times8) + (1.8\times20) = 46\text{kN/m}$

$\therefore\ M_u = \dfrac{wl^2}{8} = \dfrac{46\times8^2}{8} = 368\text{kN}\cdot\text{m}$

17 양단 정착하는 PSC 포스트텐션부재에서 일단 정착부활동이 4mm 발생하였을 때 PS강재와 시스의 마찰이 없는 경우에 정착부활동에 의한 프리스트레스 손실량(MPa)은? (단, PS강재의 길이 20m, 초기 프리스트레스 f_i = 1,200MPa, PS강재 탄성계수 E_{ps} = 200GPa, 콘크리트탄성계수 E_c = 28GPa이다.)

① 20 ② 40
③ 60 ④ 80

해설 $\Delta f_p = 2E_{ps}\dfrac{\Delta l}{l} = 2\times200\times10^3\times\dfrac{4}{20\times10^3} = 80\text{MPa}$

18 다음 그림과 같이 폭 0.36m, 높이 1m인 직사각형 단면에 정모멘트가 3,000kN · m, 긴장력이 3,600kN이 작용하고 있다. 긴장재의 편심거리가 0.3m일 때 응력개념에 의한 부재 상단응력의 크기(MPa)는? (단, 구조물의 거동은 선형탄성으로 가정한다.)

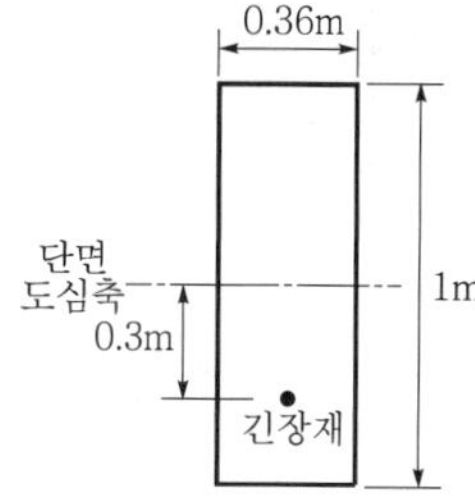

① 22 ② 32
③ 42 ④ 52

해설 $A = 0.36\times1 = 0.36\text{m}^2$

$I = \dfrac{bh^3}{12} = \dfrac{0.36\times1^3}{12} = 0.03\text{m}^4$

$\sigma_{TOP} = \dfrac{P}{A} + \dfrac{My}{I} - \dfrac{Pe}{I}y$

$= \dfrac{3,600}{0.36} + \dfrac{3,000\times0.5}{0.03} - \dfrac{3,600\times0.3}{0.03}\times0.5$

$= 10,000 + 50,000 - 18,000$

$= 42,000\text{kN/m}^2 = 42\text{MPa}$

19 연석 간의 교폭이 9m, 발주자에 의해 정해진 계획차로의 폭이 9m일 때 차량활하중의 재하를 위한 재하차로의 수 N은? (단, 설계코드(KDS : 2016)와 도로교설계기준(한계상태설계법) 2015를 적용한다.)

① 1 ② 2
③ 3 ④ 4

해설 $N = \dfrac{W_c}{W_p} = \dfrac{9}{9} = 1$(정수)

N=1이며 W_c가 6m 이상인 경우 재하차로수(N)을 2로 한다.

정답 16. ③ 17. ④ 18. ③ 19. ②

20 다음 그림과 같은 인장재 L형강의 순단면적(mm^2)은? (단, 구멍의 직경은 25mm이고, 설계코드(KDS : 2016)와 도로교설계기준(한계상태설계법) 2015를 적용한다.)

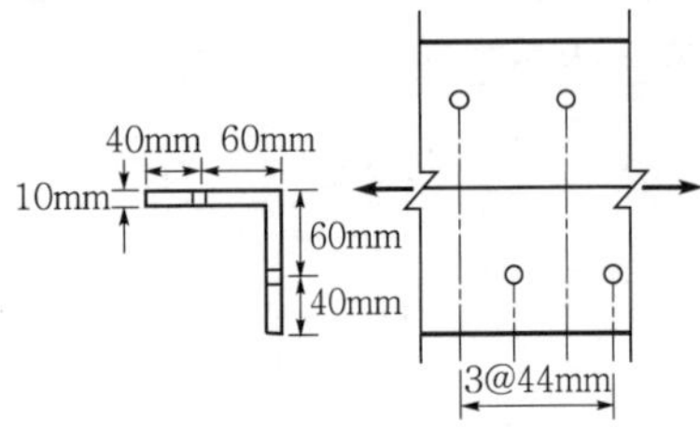

① 1,344 ② 1,444

③ 1,544 ④ 1,750

해설 $b_g = b_1 + b_2 - t = 100 + 100 - 10 = 190\text{mm}$

$g = g_1 + g_2 - t = 60 + 60 - 10 = 110\text{mm}$

$$w = d - \frac{p^2}{4g} = 25 - \frac{44^2}{4 \times 110} = 20.6$$

$b_n = b_g - d - w = 190 - 25 - 20.6 = 144.4\text{mm}$

$\therefore\ A_n = b_n t = 144.4 \times 10 = 1,444\text{mm}^2$

정답 20. ②

과년도 출제문제(2018년 지방직 9급)

01 반T형보의 플랜지유효폭을 결정하는데 고려사항이 아닌 것은? (단, t_f는 플랜지의 두께, b_w는 복부의 폭이며, 설계코드(KDS : 2016)와 2012년도 콘크리트구조기준을 적용한다.)

① 양쪽 슬래브의 중심 간 거리

② $6t_f + b_w$

③ $\left(\text{보의 경간의 } \frac{1}{12}\right) + b_w$

④ $\left(\text{인접한 보와의 내측거리의 } \frac{1}{2}\right) + b_w$

해설 양쪽 슬래브의 중심 간 거리는 대칭T형보의 플랜지 유효폭 산정 시 고려한다.

02 폭 400mm, 유효깊이 600mm인 직사각형 단면을 갖는 철근콘크리트보를 설계할 때 부재축에 직각으로 배치되는 전단철근의 최대 간격(mm)은? (단, 설계코드(KDS : 2016)와 2012년도 콘크리트구조기준을 적용한다.)

① 300　② 400

③ 500　④ 600

해설 수직스터럽의 간격은 $0.5d$ 이하, 600mm 이하
$S = 0.5 \times 600 = 300\text{mm}$

03 현장타설 콘크리트보에서 철근의 수평순간격을 결정하는데 고려사항이 아닌 것은? (단, 2010년도 도로교설계기준과 2016년도 도로교설계기준(한계상태설계법)을 적용한다.)

① 철근 공칭지름의 1.5배

② 40mm

③ 25mm

④ 굵은 골재 최대 치수의 1.5배

해설 25mm는 프리캐스트 콘크리트에서 철근의 수평간격이다.

04 보통중량콘크리트를 사용한 1방향 단순지지 슬래브의 최소 두께는? (단, 처짐을 계산하지 않는다고 가정하며, 부재의 길이는 l, 인장철근의 설계기준항복강도 $f_y = 350\text{MPa}$, 설계코드(KDS : 2016)와 2012년도 콘크리트구조기준을 적용한다.)

① $\frac{l}{13.5}$ 와 150mm 중 작은 값

② $\frac{l}{13.5}$ 와 150mm 중 큰 값

③ $\frac{l}{21.5}$ 와 100mm 중 작은 값

④ $\frac{l}{21.5}$ 와 100mm 중 큰 값

해설
$f_y < 400\text{MPa}$ 이하인 경우 $h\left(0.43 + \frac{f_y}{700}\right)$이다.

$\therefore \frac{l}{20} \times 0.93 = \frac{l}{21.5}$ 와 100mm 중 큰 값

05 다음 그림과 같이 D22인 5개의 인장철근이 배치되어 있을 때 단면의 유효깊이(mm)는?

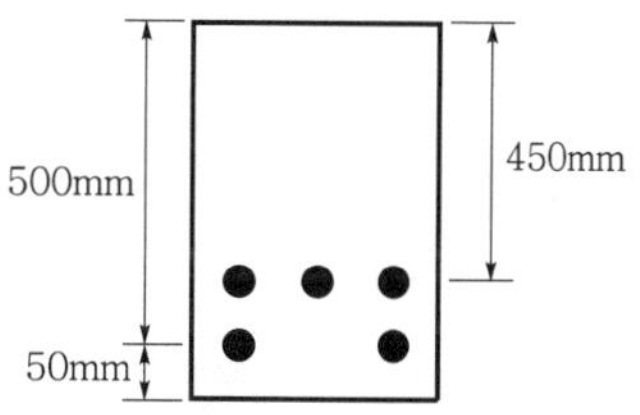

① 460　② 470

③ 480　④ 490

정답 01. ① 02. ① 03. ③ 04. ④ 05. ②

해설 철근 1개의 단면적을 $2mm^2$로 가정하고 도심을 구하면

$$d=\frac{(450\times6)+(500\times4)}{10}=470mm$$

06

길이 8m인 단순지지 기둥이 상단으로부터 3m지점에 y축방향으로 단순횡지지되어 있다. 이때 이 압축부재의 세장비는? (단, 단면2차 반경 $r_x=80mm$, $r_y=40mm$이다.)

① 75 ② 100
③ 125 ④ 200

해설 $\lambda=\frac{l}{r_y}=\frac{5,000}{40}=125$

07

다음 그림과 같이 단면적 $2.0cm^2$인 긴장재 4개가 직사각형 단면의 도심축에 균등하게 배치되었다. 프리텐션방식으로 초기 프리스트레스 1,000MPa이 긴장재에 도입될 때 콘크리트의 탄성수축으로 인한 프리스트레스 손실응력(MPa)은? (단, 프리스트레스 긴장재의 탄성계수는 2.1×10^5MPa, 콘크리트의 탄성계수는 3.0×10^4MPa이다.)

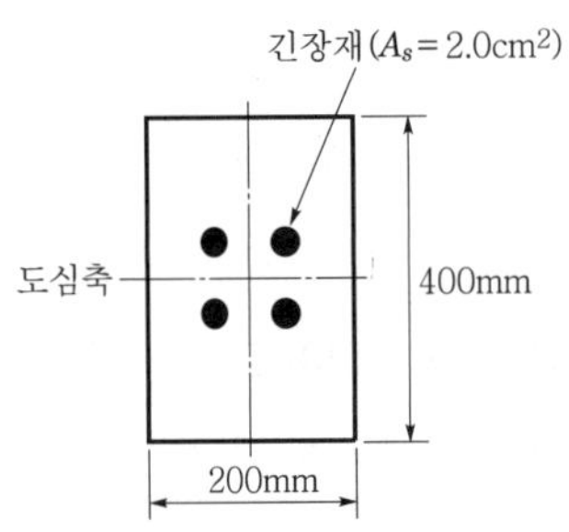

① 40 ② 50
③ 60 ④ 70

해설 프리텐션방식에 의해서

$$f_{ci}=\frac{P_i}{A}=\frac{f_{pi}A_p}{A}=\frac{1,000\times8}{20\times40}=10MPa$$

$$n=\frac{E_s}{E_c}=\frac{2.1\times10^5}{3.0\times10^4}=7$$

$$\therefore\ \Delta f_{pe}=nf_{ci}=7\times10=70MPa$$

08

다음 그림과 같이 프리스트레스트 콘크리트 보의 중앙에 집중하중 200kN이 작용될 때 지간 중앙 단면의 하연에 인장응력 12MPa이 발생하였다. 이때 프리스트레스힘 F[kN]는? (단, 보의 자중은 무시하고, 깊은 보의 비선형변형률분포는 고려하지 않는다.)

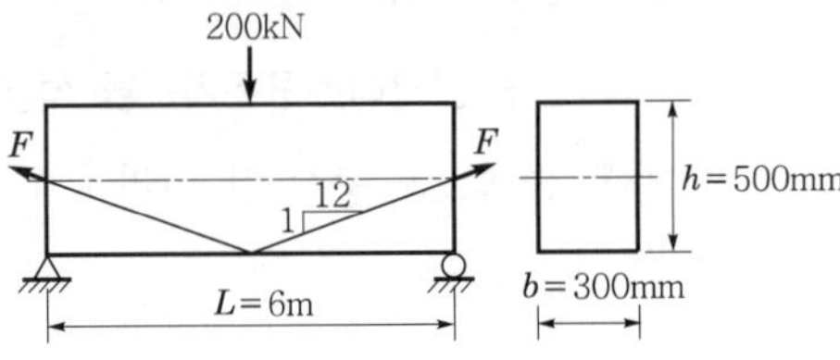

① $25\sqrt{145}$ ② $50\sqrt{145}$
③ $75\sqrt{145}$ ④ $100\sqrt{145}$

해설 $\sin\theta=\frac{1}{12.041}=0.083$

상향력 $U=2F\sin\theta=2F\times0.083=0.166F$

절곡배치에 따른 휨모멘트

$$M_{p-u}=\frac{(200-0.166F)\times6}{4}=300-0.249F\,[\text{kN}\cdot\text{m}]$$

콘크리트응력 $f=\frac{P}{A}\pm\frac{M}{I}y$

$$12=\frac{F}{500\times300}-\frac{(300-0.249F)\times10^6}{\frac{300\times500^3}{12}}$$

$$=6.67\times10^{-6}F-\frac{(300-0.249F)\times10^6}{3.13\times10^9}$$

$$=6.67\times10^{-6}F-(300-0.249F)\times3.194\times10^{-4}$$

$$=6.67\times10^{-6}F-0.096-7.953F\times10^{-5}$$

$$=(6.67\times10^{-6}-7.953\times10^{-5})F-0.096$$

$$=(7.286\times10^{-5})F-0.096$$

$$\therefore\ F=166.017kN$$

09

4변이 단순지지된 직사각형 2방향 슬래브의 중앙에 집중하중 $P=140$kN이 작용될 때 장경간 L에 분배되는 하중(kN)은? (단, 슬래브의 단경간 $S=2m$, 장경간 $L=3m$이다.)

① 16 ② 32
③ 64 ④ 108

정답 06. ③ 07. ④ 08. 정답없음 09. ②

해설 $P_L = \frac{PS^3}{L^3+S^3} = \frac{140\times 2^3}{3^3+2^3} = 32\text{kN}$

10 다음 그림과 같은 단순보에 e 만큼 편심된 프리스트레스힘 P가 작용하고 있다. 등분포하중 w가 작용할 때 보의 지간 중앙 단면에서의 하연응력은? (단, 보의 자중은 무시하고, 깊은 보의 비선형변형률분포는 고려하지 않는다)

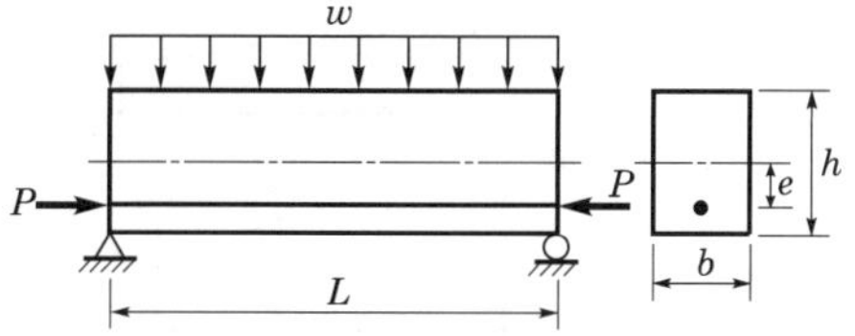

① $\frac{1}{bh}\left(P+\frac{6Pe}{h}-\frac{3wL^2}{4h}\right)$

② $\frac{1}{bh}\left(P+\frac{6Pe}{h}-\frac{4wL^2}{3h}\right)$

③ $\frac{1}{4bh}\left(P+\frac{6Pe}{h}-\frac{3wL^2}{4h}\right)$

④ $\frac{1}{4bh}\left(P+\frac{6Pe}{h}-\frac{4wL^2}{3h}\right)$

해설 $M=\frac{wL^2}{8}$

$$\sigma_B=\frac{P}{A}-\frac{M}{Z}+\frac{Pe}{Z}$$
$$=\frac{P}{bh}-\frac{M}{\frac{bh^2}{6}}+\frac{Pe}{\frac{bh^2}{6}}$$
$$=\frac{P}{bh}-\frac{6M}{bh^2}+\frac{6Pe}{bh^2}$$
$$=\frac{1}{bh}\left(P-\frac{6\times\frac{wL^2}{8}}{h}+\frac{6Pe}{h}\right)$$
$$=\frac{1}{bh}\left(P-\frac{6wL^2}{8h}+\frac{6Pe}{h}\right)$$
$$=\frac{1}{bh}\left(P-\frac{3wL^2}{4h}+\frac{6Pe}{h}\right)$$

11 다음 그림과 같이 계수축방향 하중 P_u 가 편심 없이 작용하는 독립확대기초에서 2방향 전단력은 1방향 전단력의 몇 배인가? (단, 확대기초 주철근의 유효깊이는 1m이다.)

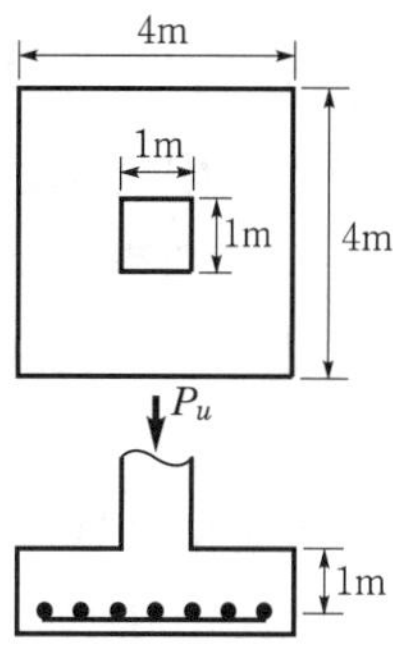

① 3 ② 4

③ 5 ④ 6

해설

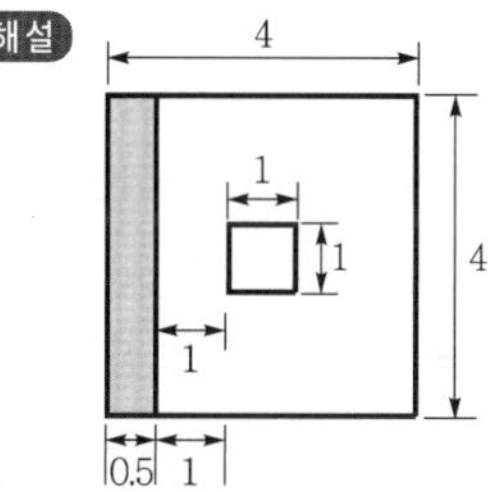

1방향 전단력 $V_1=\frac{P_u}{4\times4}\times(0.5\times4)=\frac{P_u}{8}$

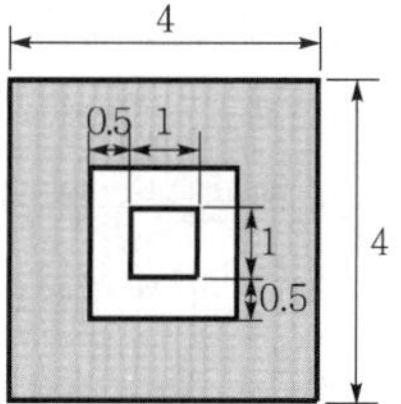

2방향 전단력 $V_2=\frac{P_u}{4\times4}\times[(4\times4)-(2\times2)]$

$$=\frac{12P_u}{16}=\frac{3P_u}{4}$$

$$\therefore \frac{V_2}{V_1}=\frac{3}{4}P_u\times\frac{8}{P_u}=6$$

정답 10. ① 11. ④

12 콘크리트구조물의 부재, 부재 간의 연결부 및 각 부재 단면에 대한 설계강도는 콘크리트설계기준의 규정과 가정에 따라 정하여야 한다. 이때 강도감소계수(ϕ)로 옳지 않은 것은? (단, 설계코드(KDS : 2016)와 2012년도 콘크리트구조기준을 적용한다.)

① 전단력과 비틀림모멘트는 0.75를 적용한다.
② 콘크리트의 지압력(포스트텐션정착부나 스트럿 - 타이모델은 제외)은 0.65를 적용한다.
③ 포스트텐션정착구역은 0.85를 적용한다.
④ 무근콘크리트의 휨모멘트, 압축력, 전단력은 0.70을 적용한다.

해설 무근콘크리트의 휨모멘트, 압축력, 전단력은 0.55를 적용한다.

13 2축휨을 받는 압축부재에 대한 설계개념으로 옳지 않은 것은? (단, 설계코드(KDS : 2016)와 2012년도 콘크리트구조기준을 적용한다.)

① 광범위한 연구 및 실험에 의해 적용성이 입증된 근사해법에 의하여 설계할 수도 있다.
② 2축휨을 받는 압축부재의 설계에 있어서 원칙적으로 계수축력과 두 축에 대한 휨모멘트의 계수합휨모멘트를 구한 후 축력과 휨모멘트의 평형조건과 변형률의 적합조건을 이용하여 압축부재를 설계한다.
③ 압축부재 단면의 편심거리는 소성 중심부터 축력작용점까지의 거리로 취하여야 한다.
④ 두 축방향의 횡하중, 인접경간의 하중불균형 등으로 인하여 압축부재에 2축휨모멘트가 작용되는 경우에는 1축휨을 받는 압축부재로 설계하여야 한다.

14 다음 그림과 같이 거셋플레이트에 항복강도 $f_y = 200\text{MPa}$, 인장강도 $f_u = 400\text{MPa}$, 두께가 10mm인 인장부재가 연결되어 있다. 하중저항계수설계법으로 계산할 때 굵은 점선을 따라 발생되는 설계블록전단파단강도(kN)는? (단, 인장응력은 균일하며, 강도저항계수는 0.75, 연결재의 볼트구멍직경은 20mm, 설계코드(KDS : 2016)와 2016년도 강구조설계기준을 적용한다.)

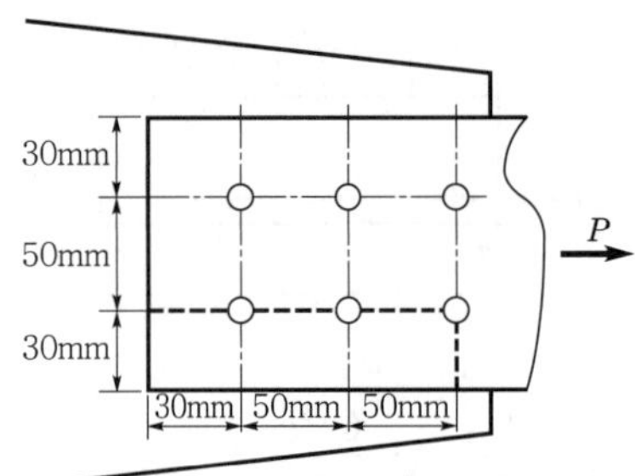

① 150　　② 177
③ 200　　④ 223

해설

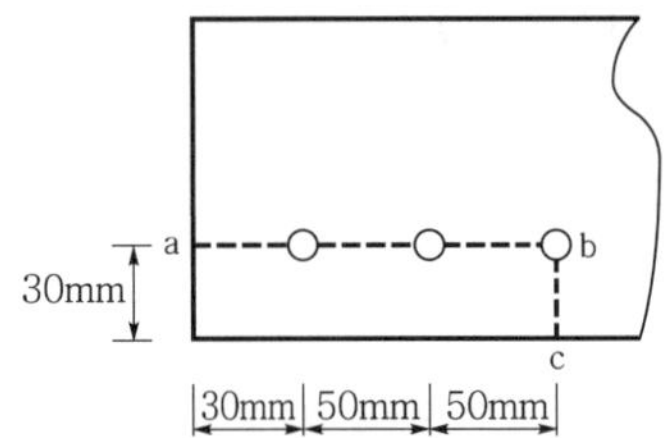

㉠ 전단영역(파단선 ab)

$A_{gv} = (30+50+50)\times 10 = 1,300\text{mm}^2$

$A_{nv} = [30+50+50-(20\times 2.5)]\times 10 = 800\text{mm}^2$

㉡ 인장영역(파단선 bc)

$A_{nt} = (30-20\times 0.5)\times 10 = 200\text{mm}^2$

㉢ $U_{bs} = 1$

$0.6F_uA_{nv} + U_{bs}F_uA_{nt}$
$= (0.6\times 400\times 800) + (1\times 400\times 200) = 272,000$

$0.6F_yA_{gv} + U_{bs}F_uA_{nt}$
$= (0.6\times 200\times 1,300) + (1\times 400\times 200) = 236,000$

272,000 > 236,000이므로

$\therefore \phi R_n = 0.75(0.6F_yA_{gv} + U_{bs}F_uA_{nt})$
$= 0.75\times 236,000$
$= 177,000\text{N} = 177\text{kN}$

정답 12. ④ 13. ④ 14. ②

15 다음 그림과 같은 단철근 T형 단면보설계에 대한 설명으로 옳은 것은? (단, 플랜지의 유효폭 $b=1{,}200$mm, 플랜지의 두께 $t_f=80$mm, 유효깊이 $d=600$mm, 복부폭 $b_w=400$mm, 인장철근 단면적 $A_s=3{,}000\text{mm}^2$, 인장철근의 설계기준항복강도 $f_y=400$MPa, 콘크리트의 설계기준압축강도 $f_{ck}=20$MPa이며, 설계코드(KDS : 2016)와 2012년도 콘크리트구조기준을 적용한다.)

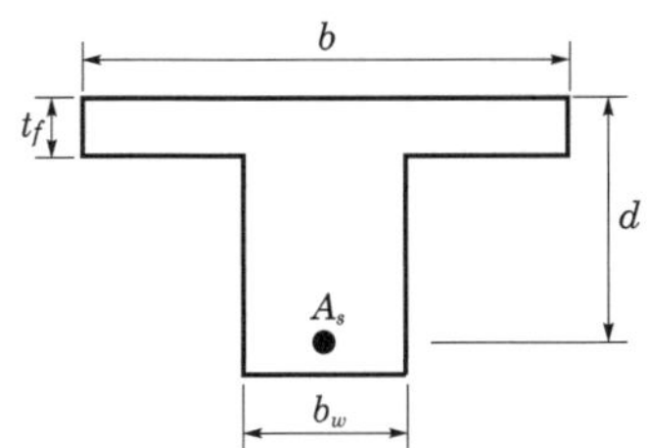

① $b=1{,}200$mm를 폭으로 하는 직사각형 단면보로 설계한다.

② $b_w=400$mm를 폭으로 하는 직사각형 단면보로 설계한다.

③ $t_f=80$mm를 등가직사각형 응력블록으로 하는 직사각형 단면보로 설계한다.

④ T형 단면보로 설계한다.

해설 $a=\dfrac{A_s f_y}{0.85 f_{ck} b}=\dfrac{3{,}000\times 400}{0.85\times 20\times 1{,}200}=58.82\text{mm}$

$\therefore$ $a<t_f$이므로 $b=1{,}200$mm인 직사각형 보로 해석한다.

16 철근의 공칭지름 $d_b=10$mm일 때 인장이형철근의 최소 표준갈고리 정착길이(mm)는? (단, 도막되지 않은 이형철근을 사용하고, 철근의 설계기준항복강도 $f_y=300$MPa, 보통중량콘크리트의 설계기준압축강도 $f_{ck}=25$MPa이며, 설계코드(KDS : 2016)와 2012년도 콘크리트구조기준을 적용한다.)

① 80 ② 144

③ 150 ④ 300

해설 $l_{hb}=\dfrac{0.24\beta d_b f_y}{\lambda\sqrt{f_{ck}}}=\dfrac{0.24\times 1\times 10\times 300}{1\times\sqrt{25}}=144\text{mm}$

$\therefore$ $8d_b=8\times 10=80$mm 이상, 150mm 이상이므로 150mm

17 아치구조물 구조해석의 일반사항에 대한 설명으로 옳지 않은 것은? (단, 설계코드(KDS : 2016)와 2012년도 콘크리트구조기준을 적용한다.)

① 아치 단면력을 산정할 때에는 콘크리트의 수축과 온도변화의 영향을 고려하여야 한다.

② 아치구조해석 시 기초의 침하가 예상되는 경우에는 그 영향을 고려하여야 한다.

③ 아치 리브에 발생하는 단면력은 축선이동의 영향을 받기 때문에 그 영향을 반드시 고려해야 한다.

④ 아치의 축선은 아치 리브의 단면도심을 연결하는 선으로 할 수 있다.

18 내진설계기준의 기본개념에 대한 설명으로 옳지 않은 것은? (단, 2010년도 도로교설계기준과 2016년도 도로교설계기준(한계상태설계법)을 적용한다.)

① 설계기준은 제주도를 제외한 남한 전역에 적용될 수 있다.

② 지진 시 교량부재들의 부분적인 피해는 허용하나 전체적인 붕괴는 방지한다.

③ 지진 시 가능한 한 교량의 기본기능은 발휘할 수 있게 한다.

④ 교량의 정상수명기간 내에 설계지진력이 발생할 가능성은 희박하다.

해설 설계기준은 제주도를 포함한 남한 전역에 적용한다.

정답 15. ① 16. ③ 17. ③ 18. ①

19 다음 그림과 같이 활동안전율 2.0을 만족시키기 위한 무근콘크리트옹벽의 최대 높이 H[m]는? (단, 콘크리트의 단위중량은 24kN/m^3, 흙의 단위중량은 20kN/m^3, 주동토압계수는 0.4, 옹벽 저판과 흙 사이의 마찰계수는 0.5이다.)

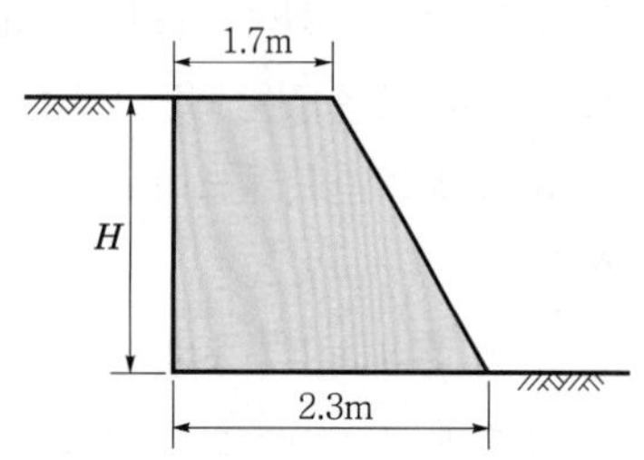

① 2.5 ② 3.0
③ 3.5 ④ 4.0

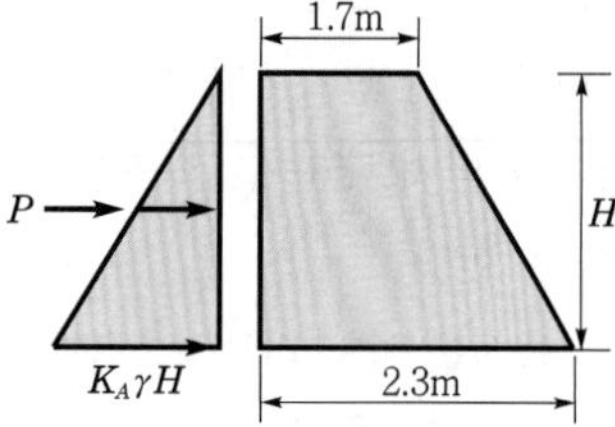

$K_A\gamma H = 0.4\times 20\times H = 8H$

토압$(P) = \dfrac{1}{2}\times 8H\times H = 4H^2$

저항수평력$=\left(\dfrac{1.7+2.3}{2}\times H\right)\times 24 = 48H$

저항력$= 48H\times 0.5 = 24H$

$F_s = \dfrac{\text{수평저항력}}{\text{수평토압}} = \dfrac{24H}{4H^2} = \dfrac{6}{H} = 2$

$\therefore\ H = 3\text{m}$

20 콘크리트의 설계기준압축강도 $f_{ck}=25$MPa에 대한 배합강도(MPa)는? (단, 표준편차는 2.0MPa이며, 시험횟수는 30회 이상이다.)

① 26.16 ② 27.16
③ 27.68 ④ 28.68

해설 ㉠ $f_{cr} = f_{ck}+1.34S = 25+(1.34\times 2) = 27.68$MPa
㉡ $f_{cr} = (f_{ck}-3.5)+2.33S = (25-3.5)+(2.33\times 2)$
$= 26.16$MPa
∴ 이 중 큰 값 $f_{cr} = 27.68$MPa 사용

정답 19. ② 20. ③

과년도 출제문제(2018년 서울시 9급)

01 다음 그림과 같은 경간 L인 단순보에 등분포하중(자중포함) $w = P/3L$가 작용하며, PS강재는 편심거리 e로 직선배치되어 프리스트레스힘 P가 작용하고 있다. 이 보의 중앙부 하단에서 휨에 의한 수직응력이 0(zero)이 되려면 편심거리 e의 크기는? (단, 경간 L은 단면높이 h의 8배이다.)

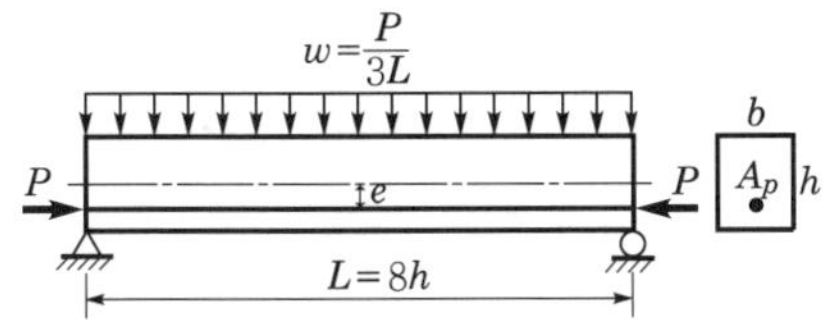

① $\dfrac{h}{6}$　② $\dfrac{h}{4}$

③ $\dfrac{h}{3}$　④ $\dfrac{h}{2}$

해설

$$M = \frac{wL^2}{8} = \frac{\frac{P}{3L}\times L^2}{8} = \frac{PL}{24}$$

$$A = bh,\ Z = \frac{bh^2}{6}$$

$$\sigma = \frac{P}{A} - \frac{M}{Z} + \frac{Pe}{Z}$$

$$= \frac{P}{bh} - \frac{\frac{PL}{24}}{\frac{bh^2}{6}} + \frac{Pe}{\frac{bh^2}{6}}$$

$$= \frac{P}{bh} - \frac{6PL}{24bh^2} + \frac{6Pe}{bh^2}$$

$$= \frac{P}{bh}\left(1 - \frac{L}{4h} + \frac{6e}{h}\right)$$

$$1 - \frac{L}{4h} + \frac{6e}{h} = 0$$

$$\frac{6e}{h} = 1$$

$$\therefore\ e = \frac{h}{6}$$

02 다음 그림과 같은 기둥 단면에서 띠철근의 최대 수직간격은? (단, 정적조건을 기준으로 하며, D13의 공칭직경은 12.7mm, D35의 공칭직경은 34.9mm이다.)

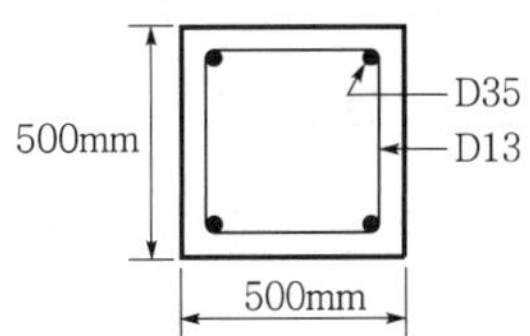

① 500mm　② 555mm

③ 609mm　④ 750mm

해설 띠철근의 수직간격

㉠ 축방향 철근지름의 16배 이하 : $34.9\times16=558.4$mm

㉡ 띠철근지름의 48배 이하 : $12.7\times48=609.6$mm

㉢ 단면 최소 치수 이하 : 500mm

03 기초설계와 관련한 내용으로 가장 옳은 것은? (단, A_g는 지지되는 부재의 기둥 단면의 총면적, d는 유효깊이이다.)

① 기초판 상단에서부터 철근까지의 깊이를 직접기초는 100mm 이상, 말뚝기초는 200mm 이상으로 한다.

② 다월철근(dowel)의 최소 면적은 $0.05A_g$이고 2개 이상이어야 한다.

③ 2방향 기초에서 전단에 대한 위험 단면의 위치는 기둥 전면으로부터 d만큼 떨어진 곳이다.

④ 전면기초 저면과 기초지반 사이에는 압축력만 작용하는 것으로 가정한다.

정답 01. ① 02. ① 03. ④

해설 ① 기초판 상단에서부터 철근까지의 깊이를 직접기초는 150mm 이상, 말뚝기초는 300mm 이상으로 한다.
② 다월철근은 기둥면적의 0.5% 사용한다.
③ 2방향 기초에서 전단에 대한 위험 단면의 위치는 기둥 전면으로부터 $d/2$만큼 떨어진 곳이다.

04 다음 그림과 같이 H형 단면압축재의 중간위치에 약축(y축)에 대한 지지대가 설치되어 있을 때 압축부재의 설계강도를 계산하기 위해 사용되는 세장비 $\frac{kl}{r}$은? (단, 부재 내 강축(x축)방향으로 중간지지(intermediate bracing)는 없고, H형 단면에 대하여 r_x=120mm, r_y=50mm이다.)

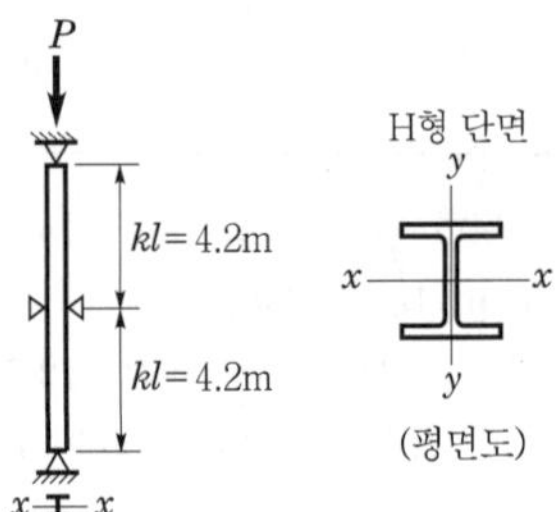

① 140 ② 70
③ 168 ④ 84

해설 $\lambda = \frac{kl}{r_y} = \frac{4.2 \times 1,000}{50} = 84$
좌굴은 약축을 기준으로 강축방향으로 발생한다.

05 콘크리트에서 발생하는 크리프(creep)와 관련한 설명으로 가장 옳지 않은 것은?

① 물시멘트비와 시멘트량이 감소할수록 크리프는 감소한다.
② 수화율이 증가할수록 크리프는 감소한다.
③ 상대습도가 클수록 크리프는 증가한다.
④ 고온증기양생한 콘크리트는 크리프가 감소한다.

해설 상대습도가 클수록 크리프는 감소한다.

06 다음 그림과 같이 철근콘크리트기둥(단주)의 중심에 집중하중 P가 작용한다. 하중과 응력의 평형을 고려할 때 탄성과 비탄성영역의 전체범위에 대해 타당하게 사용할 수 있는 식으로 알맞은 것은? (단, $f_s{}'$: 철근응력, f_c : 콘크리트응력, $n = E_s/E_c$, A_c : 콘크리트면적, $A_s{}'$: 압축철근면적, $A_g = A_c + A_s{}'$이다.)

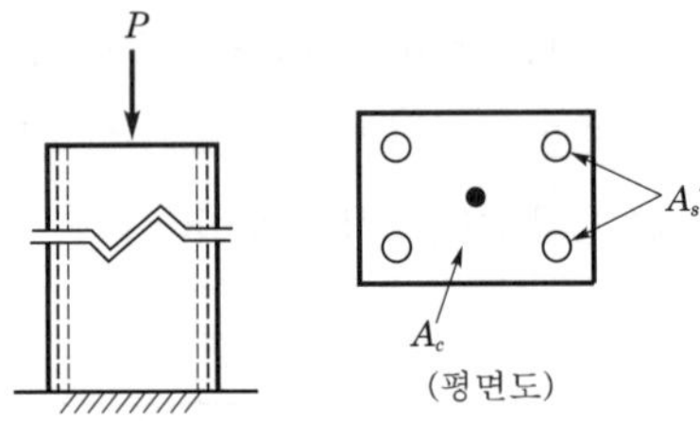

① $P = f_c(A_c + nA_s{}')$
② $P = f_c[A_g + (n-1)A_s{}']$
③ $P = f_cA_c + f_s{}'A_s{}'$
④ $P = f_s{}'\left(\frac{A_c}{n} + A_s{}'\right)$

07 옹벽의 설계와 관련한 내용 중 가장 옳지 않은 것은?

① 부벽식 옹벽의 뒷부벽은 T형보로 설계한다.
② 캔틸레버식 옹벽의 전면벽은 저판에 지지된 캔틸레버로 설계할 수 있다.
③ 활동에 대한 저항력은 옹벽에 작용하는 수평력의 1.5배 이상, 전도에 대한 저항휨모멘트는 횡토압에 의한 전도모멘트의 2.0배 이상이어야 한다.
④ 부벽식 옹벽의 전면벽은 2변지지된 1방향 슬래브로 설계할 수 있다.

해설 부벽식 옹벽의 전면벽은 3변지지된 2방향 슬래브로 설계할 수 있다.

정답 04. ④ 05. ③ 06. ③ 07. ④

08 다음 그림과 같은 옹벽에 작용하는 주동토압의 크기는? (단, 벽면마찰각과 옹벽의 연직변위는 무시한다.)

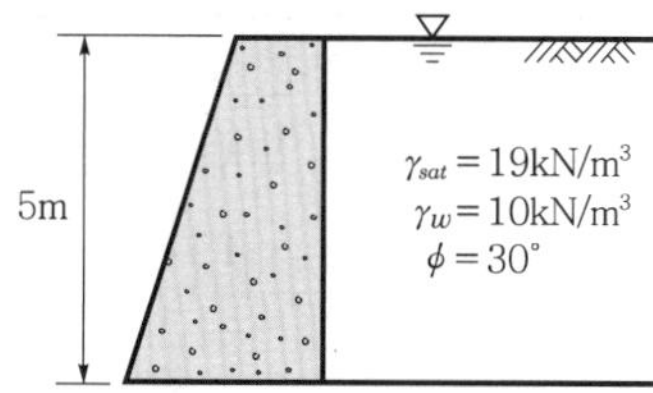

① 32.5kN/m ② 162.5kN/m
③ 287.5kN/m ④ 325kN/m

해설

$$K_A=\frac{1-\sin\phi}{1+\sin\phi}=\frac{1-\sin30°}{1+\sin30°}=0.333$$

$$P_a=\frac{1}{2}K_A\gamma H^2+\frac{1}{2}\gamma_w H^2$$

$$=\frac{1}{2}\times0.333\times(19-10)\times5^2+\frac{1}{2}\times10\times5^2$$

$$=162.46kN/m$$

09 슬래브의 설계기준에 관한 설명으로 가장 옳지 않은 것은?

① 2방향 슬래브의 위험 단면에서 주철근의 간격은 슬래브두께의 2배 이하이어야 하고, 또한 300mm 이하이어야 한다.
② 슬래브에서 주철근이 1방향으로만 배치되는 경우에는 주철근에 평행하게 건조수축철근과 온도철근을 배치해야 한다.
③ 1방향 슬래브는 최대 휨모멘트가 일어나는 단면에서 정철근과 부철근의 중심간격이 슬래브두께의 2배 이하이어야 하고, 또한 300mm 이하이어야 한다.
④ 슬래브가 네 변에서 지지되고 짧은 변에 대한 긴 변의 비가 2보다 작을 때 2방향 슬래브라고 한다.

해설 주철근의 직각방향으로 건조수축과 온도철근을 배치해야 한다.

10 이형철근의 정착과 관련한 내용 중 가장 옳지 않은 것은? (단, l_{db}는 기본정착길이, l_d는 정착길이, d_b는 철근지름, f_y는 철근의 설계기준항복강도이다.)

① 인장이형철근의 정착길이는 기본정착길이에 보정계수를 곱하여 구하며, 이때 정착길이는 300mm 이상이어야 한다.
② 압축이형철근의 기본정착길이는 $0.043d_bf_y$ 이상이어야 한다.
③ 표준갈고리를 갖는 인장이형철근의 정착길이는 150mm 이상이어야 하며, 갈고리는 압축을 받는 경우 철근정착에 유효한 것으로 보아야 한다.
④ 철근의 설계기준항복강도가 400MPa 이하인 경우 확대머리 이형철근의 정착길이는 150mm 이상이어야 한다.

해설 갈고리는 압축을 받는 경우 철근정착에 유효하지 않는 것으로 보아야 한다.

11 프리스트레스트콘크리트구조물의 프리스트레스 손실 중 포스트텐션방식에서만 고려하는 것은?

① 콘크리트의 탄성수축에 의한 손실
② 콘크리트의 크리프에 의한 손실
③ 긴장재와 덕트 사이의 마찰에 의한 손실
④ 긴장재의 릴랙세이션에 의한 손실

해설 포스트텐션방식은 긴장재와 덕트를 설치하므로 마찰손실을 고려한다.

12 브래킷, 내민받침 등에 적용하는 전단마찰철근의 설계기준항복강도의 최대값은? (단, 콘크리트구조기준(2012)을 적용한다.)

① 400MPa ② 500MPa
③ 550MPa ④ 600MPa

해설 전단마찰철근의 설계기준항복강도는 500MPa 이하이어야 한다.

정답 08. ② 09. ② 10. ③ 11. ③ 12. ②

13 다음 그림과 같은 복철근보가 휨극한상태에 도달했을 때 인장철근의 변형률이 최소 허용 변형률이었다면 압축철근에 발생하는 응력은? (단, 콘크리트구조설계기준(2012)을 적용하며 $f_y = 500\text{MPa}$이다.)

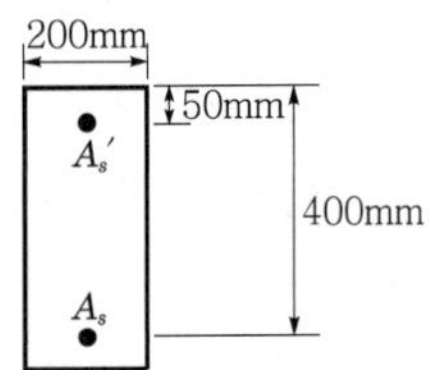

① 300MPa ② 400MPa
③ 450MPa ④ 500MPa

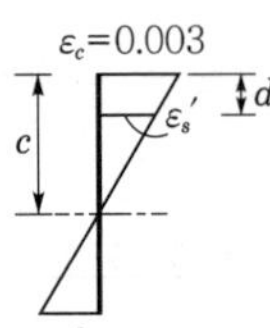

$\varepsilon_s = \dfrac{f_y}{E_s} = 0.005$(최소 허용변형률)

㉠ $c : \varepsilon_c = (d-c) : 0.005$

$c : 0.003 = (400-c) : 0.005$

$\therefore\ c = \dfrac{1.2}{0.008} = 150\text{mm}$

㉡ $150 : 0.003 = (150-50) : \varepsilon_s'$

$\therefore\ \varepsilon_s' = 0.002$

$\therefore\ \sigma_s' = E_s \varepsilon_s' = 2\times10^5 \times 0.002 = 400\text{MPa}$

14 길이 100m의 양단이 고정된 레일은 단면적 $A = 50\text{cm}^2$, 열팽창계수 $\alpha = 1.5\times10^{-6}/℃$, 탄성계수 E=200GPa이다. 이 경우 온도가 10℃ 상승할 때 레일에 발생되는 열응력의 값은? (단, 마찰은 무시한다.)

① $3{,}000\text{kN/m}^2$ ② 600kN/m^2
③ 3kN/m^2 ④ 60kN/m^2

해설 $\varepsilon_T = \alpha\Delta T = 1.5\times10^{-6}\times10 = 1.5\times10^{-5}$

$\therefore\ \sigma_T = E\varepsilon_T = 200\times1.5\times10^{-5}$

$= 200\times10^9\times1.5\times10^{-5}$

$= 3{,}000\text{kN/m}^2$

15 다음과 같이 콘크리트구조기준(2012)에서 규정된 비틀림설계에 대한 설명 중 옳은 내용을 모두 고른 것은?

> ㉠ 다음과 같은 철근콘크리트부재의 경우 비틀림의 영향을 무시할 수 있다.
>
> $T_u < \phi\left(\dfrac{\lambda\sqrt{f_{ck}}}{12}\dfrac{A_{cp}^2}{p_{cp}}\right)$
>
> ㉡ 비틀림모멘트가 작용하는 속 빈 단면부재의 단면치수는 다음을 만족하여야 한다.
>
> $\sqrt{\left(\dfrac{V_u}{b_w d}\right)^2 + \left(\dfrac{T_u p_h}{1.7A_{oh}^2}\right)^2} \le \phi\left(\dfrac{V_c}{b_w d} + \dfrac{2\sqrt{f_{ck}}}{3}\right)$
>
> ㉢ 비틀림철근의 설계기준항복강도는 550MPa를 초과할 수 없다.
>
> ㉣ 횡방향 폐쇄스터럽의 최소 면적은
>
> $A_v + 2A_t \ge 0.00625\sqrt{f_{ck}}\dfrac{b_w s}{f_{yt}}$
>
> $\ge 0.0035\dfrac{b_w s}{f_{yt}}$ 이다.
>
> ㉤ 비틀림에 요구되는 종방향 철근의 지름은 스터럽간격의 1/24 이상이어야 하며, 또한 D10 이상의 철근이어야 한다.

① ㉠, ㉤ ② ㉠, ㉣
③ ㉡, ㉢ ④ ㉣, ㉤

해설 ㉡ 속 빈 단면부재의 단면치수는 $\dfrac{V_u}{b_w d} + \dfrac{T_u p_h}{1.7A_{oh}^2} \le \phi\left(\dfrac{V_c}{b_w d} + \dfrac{2\sqrt{f_{ck}}}{3}\right)$를 만족하여야 한다.

㉢ 비틀림철근의 설계기준항복강도는 400MPa로 제한한다.

㉣ 횡방향 폐쇄스터럽의 최소 면적 $A_v + 2A_t = 0.0625\sqrt{f_{ck}}\dfrac{b_w s}{f_{yt}}$이다. 다만, $0.35 b_w s/f_{yt}$ 이상이어야 한다.

정답 13. ② 14. ① 15. ①

16 압축이형철근의 겹침이음길이에 대한 설명으로 가장 옳은 것은?

① 서로 다른 크기의 철근을 압축부에서 겹침이음하는 경우 이음길이는 크기가 큰 철근의 겹침이음길이와 크기가 작은 철근의 정착길이 중 큰 값 이상이어야 한다.

② $f_y > 400\text{MPa}$이면 $0.072 d_b f_y$ 이하, $f_y \leq 400\text{MPa}$이면 $(0.13f_y - 24)d_b$ 이하이다.

③ $f_{ck} < 24\text{MPa}$일 때 규정된 겹침이음길이를 1/3만큼 증가시켜야 한다.

④ 나선철근압축부재의 나선철근으로 둘러싸인 축방향 철근의 겹침이음길이에 계수 0.75를 곱할 수 있으나 겹침이음길이는 300mm 이상이어야 한다.

해설 ① 크기가 큰 철근의 정착길이와 크기가 작은 철근의 겹침이음길이 중 큰 값 이상이어야 한다.
② f_y가 400MPa 이하인 경우 $0.072f_y d_b$ 이상, f_y가 400MPa을 초과할 경우 $(0.13f_y - 24)d_b$ 이상이다.
③ f_{ck}가 21MPa 미만일 경우 겹침이음길이를 1/3만큼 증가시켜야 한다.

17 다음 그림과 같이 볼트의 직경이 4cm이며 mp의 길이가 5cm이고 인장하중 P=20kN을 받는 볼트의 연결부에서 볼트 $mnpq$ 부분의 지압응력값은?

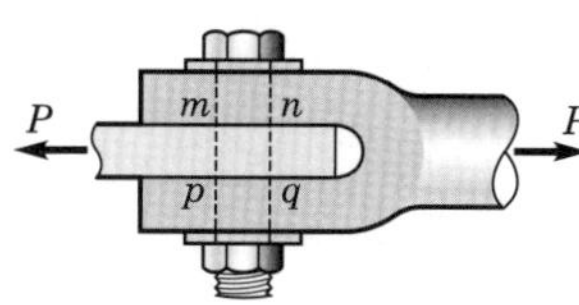

① 1.6kN/cm^2　② 2.35kN/cm^2
③ 1.25kN/cm^2　④ 1kN/cm^2

해설 지압응력$= \dfrac{P}{dt} = \dfrac{20}{4\times5} = 1\text{kN/cm}^2$

18 다음 그림과 같은 보의 단면에 10kN의 전단력이 작용하는 경우 단면의 중립축(N.A)에서 10cm 떨어진 A점에서의 전단응력값은?

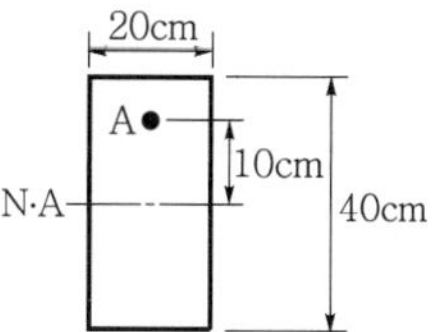

① 9.4N/cm^2　② 14N/cm^2
③ 0.2N/cm^2　④ 0.02N/cm^2

해설

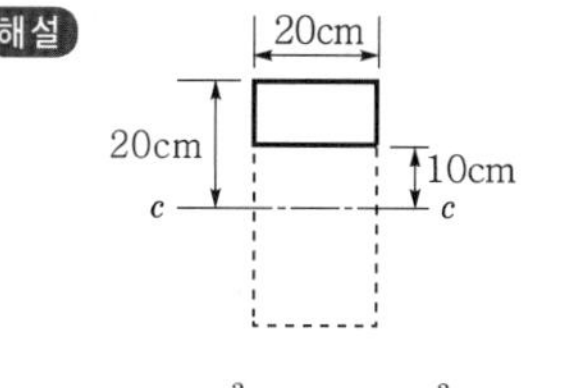

$$I = \frac{bh^3}{12} = \frac{20\times40^3}{12} = 106,666\text{cm}^4$$

$$G = 20\times10\times15 = 3,000\text{cm}^3$$

$$\therefore\ \tau = \frac{SG}{Ib} = \frac{10\times10^3\times3,000}{106,666\times20} = 14\text{N/cm}^2$$

19 다음 그림 (가)와 같이 중앙지점에 집중하중이 작용하는 단순보가 그림 (나)와 같이 6×20cm의 단면으로 이루어진 경우 최대 휨응력은?

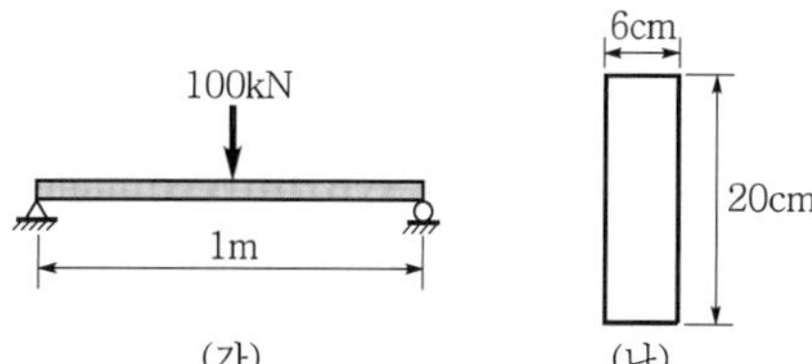

① 6.25kN/cm^2　② 12.65kN/cm^2
③ 166.75kN/cm^2　④ 833kN/cm^2

해설

$$M_{\max} = \frac{Pl}{4} = \frac{100\times1}{4} = 25\text{kN}\cdot\text{m}$$

$$Z = \frac{bh^2}{6} = \frac{6\times20^2}{6} = 400\text{cm}^3$$

$$\therefore\ \sigma_{\max} = \frac{M_{\max}}{Z} = \frac{25\times10^2}{400} = 6.25\text{kN/cm}^2$$

정답 16. ④ 17. ④ 18. ② 19. ①

20 다음 그림과 같은 응력도를 갖는 단철근 직사각형 보에서 콘크리트응력도의 응력 최대치는 $0.85f_{ck}$, f_{ck}=20MPa, f_y=400MPa일 때 공칭휨강도는?

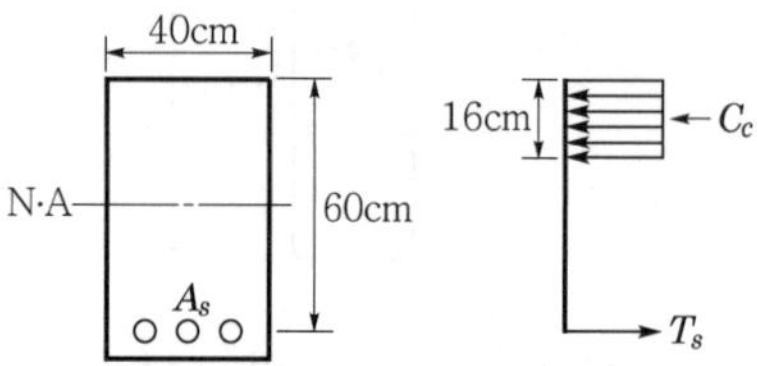

① 665kN · m ② 1.7kN · m
③ 565kN · m ④ 33kN · m

해설

$$M_n = 0.85f_{ck}\,ab\left(d-\frac{a}{2}\right)$$
$$= 0.85\times20\times10^6\times0.16\times0.4\times\left(0.6-\frac{0.16}{2}\right)$$
$$= 565.7\text{kN}\cdot\text{m}$$

정답 20. ③

과년도 출제문제(2019년 국가직 9급)

01 PSC보에서 프리스트레스 힘의 즉시손실 원인에 해당하는 것은? (단, 2012년도 콘크리트구조기준을 적용한다.)

① 콘크리트의 건조수축
② 콘크리트의 크리프
③ 강재의 릴랙세이션
④ 정착 장치의 활동

해설 콘크리트 건조수축, 크리프, 릴랙세이션 손실은 시간적 손실(장기손실)에 해당된다.

02 보통중량골재를 사용한 콘크리트의 탄성계수가 25,500MPa일 때, 설계기준압축강도 f_{ck}[MPa]는? (단, 2012년도 콘크리트구조기준을 적용한다.)

① 23　② 24
③ 25　④ 26

해설 $E_c = 8,500\sqrt[3]{f_{cu}}$ 에서

$25,500 = 8,500\sqrt[3]{f_{cu}}$, $f_{cu} = 27\text{MPa}$

$f_{cu} = f_{ck} + 4\text{MPa}$에서 $f_{ck} = 23\text{MPa}$

03 복철근 직사각형보에서 압축철근의 배치목적으로 옳지 않은 것은? [단, 보는 정모멘트(+)만을 받고 있다고 가정한다.]

① 전단철근 등 철근 조립 시 시공성 향상을 위하여
② 크리프 현상에 의한 처짐량을 감소시키기 위하여
③ 보의 연성거동을 감소시키기 위하여
④ 보의 압축에 대한 저항성을 증가시키기 위하여

해설 압축철근은 보의 연성거동을 증대시키기 위해 배치한다.

04 그림과 같이 지그재그로 볼트구멍(지름 d = 25mm)이 있고 인장력 P가 작용하는 판에서 인장응력 검토를 위한 순폭 b_n[mm]은?

(단위: mm)

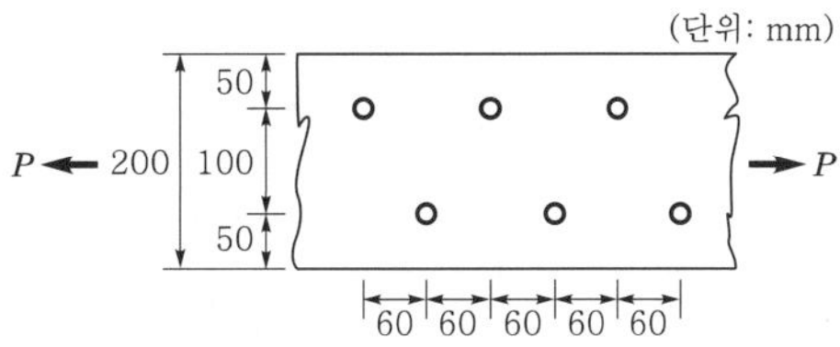

① 141　② 150
③ 159　④ 175

해설 $b_n = b_t - 2d_h + \dfrac{s^2}{4g}$

$= 200 - (2\times25) + \left(\dfrac{60^2}{4\times100}\right)$

$= 159\text{mm}$

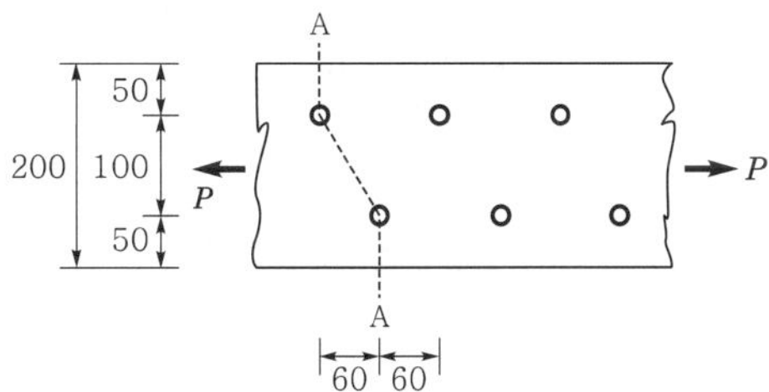

05 KS F 2405(콘크리트 압축강도시험방법)에 따라 결정된 재령 28일에 평가한 원주형 공시체의 기준압축강도 f_{ck}가 30MPa이고, 충분한 통계 자료가 없을 경우 설계에 사용할 수 있는 평균압축강도 f_{cm}[MPa]은? (단, 2015년도 도로교설계기준을 적용한다.)

① 30　② 32
③ 34　④ 36

정답 01. ④　02. ①　03. ③　04. ③　05. ③

해설 $f_{cm} = f_{ck} + \Delta f$
Δf 는 40MPa 이하에서 4MPa
$\therefore\ f_{cm} = 30 + 4 = 34\text{MPa}$

06 그림과 같은 2방향 확대기초에 자중을 포함한 계수하중 $P_u = 1{,}600\text{kN}$이 작용할 때, 위험단면의 계수전단력 $V_u[\text{kN}]$는? (단, 2012년도 콘크리트구조기준을 적용한다.)

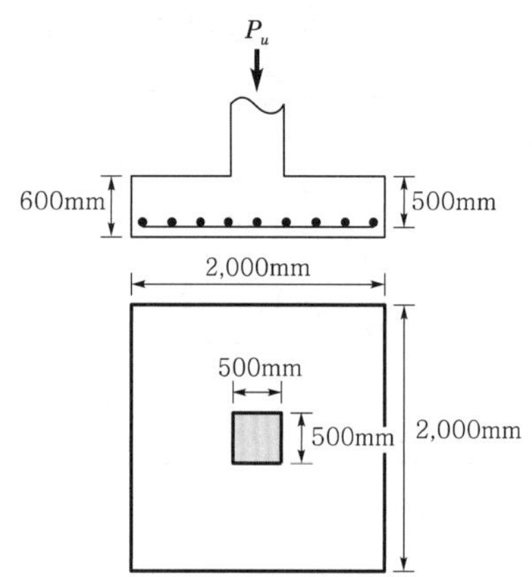

① 1,100 ② 1,200
③ 1,300 ④ 1,400

해설

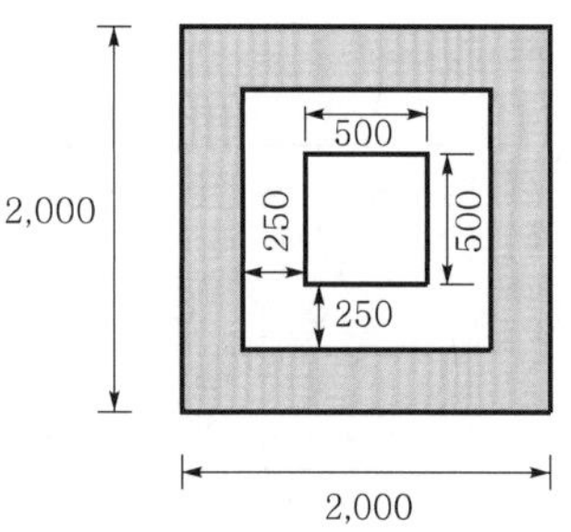

$$q_u = \frac{1{,}600}{2.0 \times 2.0} = 400\text{kN/m}^2$$

$$V_u = 1{,}600 - q_u A_o$$
$$= 1{,}600 - [400 \times \{(2-1) \times (2-1)\}]$$
$$= 1{,}200\text{kN}$$

07 그림과 같은 철근콘크리트 사각형 확대기초가 $P = 120\text{kN}$, $M = 40\text{kN} \cdot \text{m}$를 받고 있다. 이때 확대기초에 발생하는 최소응력 $q_{\min}$이 0이 되도록 하기 위한 길이 $l[\text{m}]$은? (단, 단위폭으로 고려한다.)

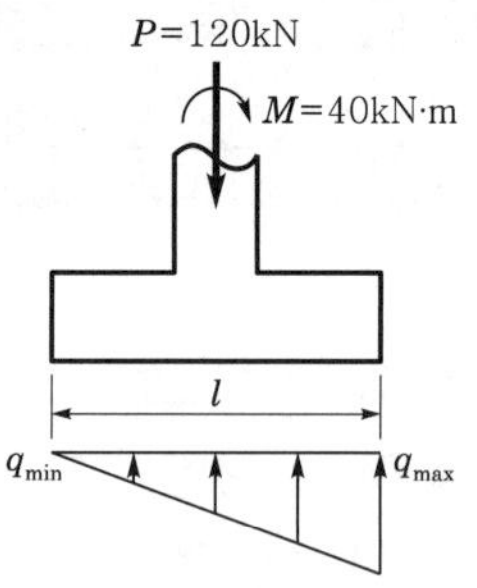

① 2 ② 3
③ 4 ④ 5

해설 $q_{\min} = \dfrac{V}{B}\left(1 - \dfrac{6e}{B}\right)$

$$0 = \frac{120}{B}\left(1 - \frac{6 \times \frac{40}{120}}{B}\right)$$
$$= \frac{120}{B}\left(1 - \frac{2}{B}\right)$$

$\therefore\ B = l = 2.0\text{m}$

08 그림과 같은 T형보에 대한 등가 응력블록의 깊이 $a[\text{mm}]$는? (단, $f_{ck} = 20\text{MPa}$, $f_y = 400\text{MPa}$)

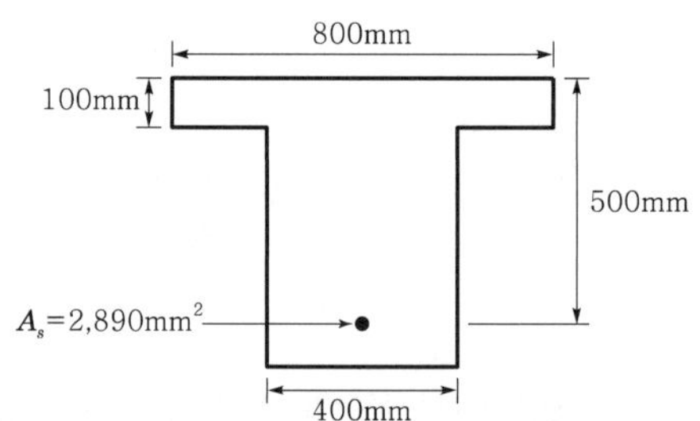

① 55 ② 65
③ 75 ④ 85

해설 $C_f = 0.85 f_{ck} b t_f$
$= 0.85 \times 20 \times 800 \times 100$
$= 1{,}360{,}000\text{N}$
$\text{T} = A_s f_y = 2{,}890 \times 400 = 1{,}156{,}000\text{N}$
$C_f > \text{T}$ → 구형보로 해석
$0.85 f_{ck} a b = A_s f_y$

$$a = \frac{A_s f_y}{0.85 f_{ck} b} = \frac{2{,}890 \times 400}{0.85 \times 20 \times 800} = 85\text{mm}$$

정답 06. ② 07. ① 08. ④

09 그림과 같이 바닥판과 기둥의 중심에 수직하중 $P=600\text{kN}$과 휨모멘트 $M=36\text{kN}\cdot\text{m}$가 작용할 때, 확대기초에 발생하는 최대 응력 $[\text{kN/m}^2]$은?

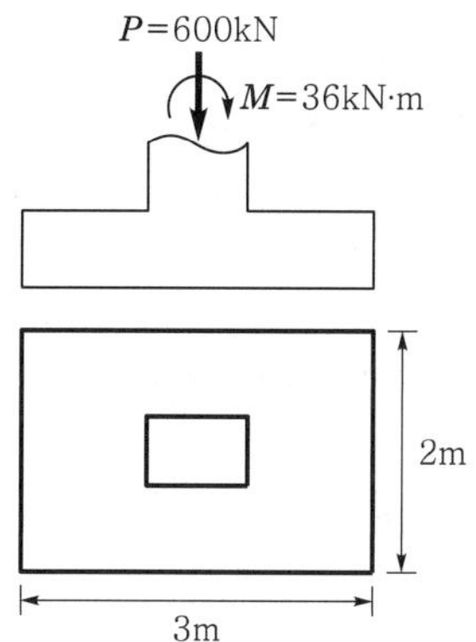

① 106 ② 112
③ 123 ④ 158

해설
$$q_{\max}=\frac{P}{A}+\frac{M}{Z}=\frac{600}{2\times3}+\frac{36}{\frac{2\times3^2}{6}}=112\text{kN/m}^2$$

10 보통중량콘크리트를 사용한 경우 전단설계에 대한 설명으로 옳지 않은 것은? (단, 2012년도 콘크리트구조기준을 적용한다.)

① $\frac{1}{2}\phi V_c < V_u \le \phi V_c$인 경우는 최소 전단철근을 배치해야 한다.
② 용접이형철망을 제외한 전단철근의 항복강도는 500MPa 이하여야 한다.
③ $V_s > \frac{2}{3}\sqrt{f_{ck}}\,b_w d$인 경우 콘크리트의 단면을 크게 해야 한다.
④ $V_s > \frac{1}{3}\sqrt{f_{ck}}\,b_w d$인 경우의 전단철근의 간격은 $V_s < \frac{1}{3}\sqrt{f_{ck}}\,b_w d$인 경우보다 2배로 늘려야 한다.

해설
④ $V_s > \frac{1}{3}\sqrt{f_{ck}}\,b_w d$인 경우 전단철근의 간격은 $\frac{1}{2}$로 한다.

11 철근콘크리트 기둥 중 장주 설계에서 모멘트 확대계수를 두는 이유는? (단, 2012년도 콘크리트구조기준을 적용한다.)

① 전단력에 의한 모멘트 증가를 고려하기 위하여
② 횡방향 변위에 의한 모멘트 증가를 고려하기 위하여
③ 모멘트와 전단력의 간섭효과를 고려하기 위하여
④ 비틀림의 효과를 고려하기 위하여

해설 횡방향 변위에 대한 모멘트 증가를 고려하여 모멘트 확대계수를 적용한다.

12 슬래브 설계에 대한 설명으로 옳지 않은 것은? (단, 2012년도 콘크리트구조기준을 적용한다.)

① 4변에 의해 지지되는 2방향 슬래브 중에서 단변에 대한 장변의 비가 2배를 넘으면 1방향 슬래브로 해석한다.
② 철근콘크리트 보와 일체로 만든 연속 슬래브의 휨모멘트 및 전단력을 구하기 위하여, 단순받침부 위에 놓인 연속보로 가정하여 탄성해석 또는 근사적인 계산방법을 사용할 수 있다.
③ 1방향 슬래브의 두께는 최소 100mm 이상으로 하여야 한다.
④ 1방향 슬래브에서는 정모멘트 철근 및 부모멘트 철근에 평행한 방향으로 수축·온도철근을 배치하여야 한다.

해설 정·부모멘트 철근에 직각방향으로 수축·온도철근을 배치하여야 한다.

정답 09. ② 10. ④ 11. ② 12. ④

13 프리텐션 프리스트레싱 강재가 보유하여야 할 재료성능으로 옳은 것은?

① 인장강도가 작아야 한다.
② 연신율이 작아야 한다.
③ 릴랙세이션이 작아야 한다.
④ 콘크리트와의 부착강도가 작아야 한다.

해설 ① 인장강도가 커야 한다.
② 연신율이 커야 한다.
④ 콘크리트와의 부착강도가 커야 한다.

14 유효길이 $L_e=20\text{m}$, 직사각형 단면의 크기 400mm×300mm인 기둥이 1단 자유, 1단 고정인 경우 최소 좌굴임계하중 P_{cr}[kN]은? (단, 기둥의 탄성계수 $E=200\text{GPa}$이다.)

① $450\pi^2$ ② 450π
③ $900\pi^2$ ④ 900π

해설

$$P_{cr}=\frac{\pi^2EI}{(KL)^2}$$
$$=\frac{\pi^2\times200\times10^9\times9\times10^{-4}}{20^2}=450,000\pi^2\text{N}$$
$$=450\pi^2\text{kN}$$

여기서, $I=\dfrac{0.4\times0.3^3}{12}=9\times10^{-4}\text{m}^4$

$E=200\times10^9\text{MPa}$

15 보통중량콘크리트에 D25철근이 매립되어 있을 때, 철근의 기능을 발휘하기 위한 최소 묻힘길이(정착길이 l_d) [mm]는? (단, 부착응력 $u=5\text{MPa}$, 철근의 항복강도 $f_y=300\text{MPa}$, 철근의 직경 $d_b=25\text{mm}$, 2012년도 콘크리트구조기준을 적용한다.)

① 250 ② 375
③ 750 ④ 1,000

해설 $l_d=\dfrac{f_yd_b}{4u}=\dfrac{300\times25}{4\times5}=375\text{mm}$

16 전단철근이 부담해야 할 전단력 $V_s=700\text{kN}$일 때, 전단철근(수직스터럽)의 간격 s[mm]는? (단, 보통중량콘크리트이며 $f_{ck}=36\text{MPa}$, $f_y=400\text{MPa}$, $b=400\text{mm}$, $d=600\text{mm}$, 전단철근의 면적 $A_v=700\text{mm}^2$이며, 2012년도 콘크리트구조기준을 적용한다.)

① 350 ② 300
③ 240 ④ 150

해설 $S=\dfrac{A_vf_{yt}d}{V_s}=\dfrac{700\times400\times600}{700\times10^3}=240\text{mm}$

$\frac{1}{3}\lambda\sqrt{f_{ck}}b_w.d<V_s<\frac{2}{3}\lambda\sqrt{f_{ck}}b_w\cdot d$ 이므로 전단철근 간격은 $0.25d$, 300mm 이하이다.

$\therefore\ 0.25\times600=150\text{mm}$

17 단철근 직사각형보의 최대철근비 $\rho_{max}=0.02$일 때, 연성파괴가 되기 위한 최대 철근량 [mm²]은? (단, $b=300$ mm, $d=600$ mm, 최소철근비 $\rho_{min}=0.003$이고, 2012년도 콘크리트구조기준을 적용한다.)

① 360 ② 540
③ 3,600 ④ 5,400

해설 최대철근량 $=\rho_{max}bd=300\times600\times0.02=3,600\text{mm}^2$

18 포스트텐션 방식의 PSC보를 시공하는 순서를 바르게 나열한 것은?

㉠ 거푸집 조립 ㉡ 콘크리트 타설 ㉢ 그라우팅 실시 ㉣ 프리스트레스 도입 ㉤ 쉬스관 설치

① ㉠ → ㉡ → ㉣ → ㉤ → ㉢
② ㉠ → ㉤ → ㉡ → ㉣ → ㉢
③ ㉤ → ㉠ → ㉡ → ㉢ → ㉣
④ ㉤ → ㉢ → ㉠ → ㉣ → ㉡

정답 13. ③ 14. ① 15. ② 16. ④ 17. ③ 18. ②

19 압축철근량 $A_s{}'=2{,}400\text{mm}^2$로 배근된 복철근 직사각형보의 탄성처짐이 10mm인 부재의 경우 하중의 재하기간이 10년이고 압축철근비가 0.02일 때, 장기처짐을 고려한 총 처짐량[mm]은? (단, 폭 $b=200\text{mm}$, 유효깊이 $d=600\text{mm}$이고, 2012년도 콘크리트구조기준을 적용한다.)

① 10　　② 15
③ 20　　④ 25

해설
장기처짐 = 순간처짐 × $\dfrac{\varepsilon}{1+50\rho'}$

$= 10\times\dfrac{2.0}{1+(50\times 0.02)} = 10\text{mm}$

총처짐량 = 순간처짐 + 장기처짐

$= 10+10 = 20\text{mm}$

20 접합부에서, 한쪽 방향으로는 인장파단, 다른 방향으로는 전단항복 혹은 전단파단이 발생하는 한계상태는? (단, 2011년도 강구조설계기준을 적용한다.)

① 전단면 파단　　② 블록전단파단
③ 순단면 항복　　④ 전단면 항복

해설 인장부재의 한 변에서 인장과 전단이 작용하여 수직으로 파단되는 현상을 블록전단이라 한다.

정답 19. ③ 20. ②

과년도 출제문제(2019년 지방직 9급)

01 그림 KDS(2016) 설계기준에서 제시된 교량 설계 원칙 중 한계상태에 대한 설명으로 옳은 것은?

① 사용한계상태는 극단적인 사용조건하에서 응력, 변형 및 균열폭을 제한하는 것으로 규정한다.

② 피로한계상태는 기대응력범위의 반복 횟수에서 발생하는 단일 피로설계트럭에 의한 응력범위를 제한하는 것으로 규정한다.

③ 극한한계상태는 지진 또는 홍수 발생 시, 또는 세굴된 상황에서 선박, 차량 또는 유빙에 의한 충돌 시 등의 상황에서 교량의 붕괴를 방지하는 것으로 규정한다.

④ 극단상황한계상태는 교량의 설계수명 이내에 발생할 것으로 기대되는, 통계적으로 중요하다고 규정한 하중조합에 대하여 국부적/전체적 강도와 안정성을 확보하는 것으로 규정한다.

해설 ① 사용한계상태는 교량의 정상운용상태에서 발생가능한 모든 하중의 표준값과 25m/s의 풍하중을 조합한 하중상태이다.
③ 극단상황한계에 대한 설명이다.
④ 극한한계상태에 대한 설명이다.

02 균열폭에 대한 설명으로 옳지 않은 것은?

① 균열폭을 작게 하기 위해서는 지름이 작은 철근을 많이 사용하는 것이 지름이 큰 철근을 적게 사용하는 것보다 유리하다.

② 하중에 의한 균열을 제어하기 위해 요구되는 철근 이외에도 필요에 따라 온도변화, 건조수축 등에 의한 균열을 제어하기 위해 추가적인 보강철근을 배근할 수 있다.

③ 균열폭은 철근의 인장응력에 선형 또는 비선형적으로 비례한다.

④ 일반적으로 피복두께가 클수록 균열폭은 작아진다.

해설 ④ 피복두께가 클수록 균열폭은 커진다.

03 KDS(2016) 설계기준에서는 휨부재의 최소 철근량으로 다음 두 가지 식으로 계산한 값 중에서 큰 값 이상을 사용한다. 이 두 가지 식을 함께 사용하는 이유는? (단, f_{ck}는 콘크리트의 설계기준 압축강도이며, f_y는 철근의 설계기준 항복강도, b_w는 단면의 폭, d는 단면의 유효높이이다.)

$$A_{s,\min} = \frac{0.25\sqrt{f_{ck}}}{f_y} b_w d, \quad A_{s,\min} = \frac{1.4}{f_y} b_w d$$

① 콘크리트 강도와 철근의 강도를 조절하여 가능한 한 균형단면에 가깝게 하기 위함이다.

② 철근의 강도가 커지면 인장철근량을 줄여 연성파괴를 유도하기 위함이다.

③ 사용 콘크리트의 압축강도가 커짐에 따라 취성이 증가하므로 이를 합리적으로 반영하기 위함이다.

④ 인장철근량을 가능한 한 줄여 휨부재의 연성파괴를 유도하기 위함이다.

해설 ③ 최소철근비는 인장측 콘크리트의 갑작스런 취성파괴를 방지하기 위한 제한이다.

04 단철근 직사각형 콘크리트 보의 설계휨모멘트를 증가시키는 방법 중에서 가장 효과가 적은 것은?

정답 01. ② 02. ④ 03. ③ 04. ④

① 인장철근량의 증가
② 인장철근 설계기준 항복강도의 상향
③ 단면 유효깊이의 증가
④ 콘크리트 설계기준 압축강도의 상향

해설 설계휨강도 $\phi M_n = \phi A_s f_y (d - \frac{a}{2})$

$\therefore\ a = \frac{A_s f_y}{0.85 f_{ck} b}$

05 압축철근비 $\rho' = 0.02$인 복철근 직사각형 콘크리트 보에 고정하중이 작용하여 15mm의 순간처짐이 발생하였다. 1년 후 크리프와 건조수축에 의하여 보에 발생하는 추가 장기처짐[mm]은? [단, 활하중은 없으며, KDS(2016) 설계기준을 적용한다.]

① 8.8　　② 10.5
③ 15.4　　④ 25.5

해설 $\lambda_{\Delta} = \frac{\xi}{1+50\rho'} = \frac{1.4}{1+(50\times 0.02)} = 0.7$

여기서, $\xi = 1.4$

$\therefore$ 추가 장기처짐=15×0.7=10.5mm

06 다발철근을 사용하여 수중에서 콘크리트를 치는 경우 최소 피복두께[mm]는? [단, KDS(2016) 설계기준을 적용한다.]

① 60　　② 80
③ 100　　④ 120

07 철근의 순간격이 80mm이고 피복두께가 40mm인 보통중량콘크리트를 사용한 부재에서 D32 인장철근의 A급 겹침이음길이[mm]는? [단, 콘크리트의 설계기준 압축강도 f_{ck} =36MPa, 철근의 설계기준 항복강도 f_y = 400MPa, 철근은 도막되지 않은 하부에 배치되는 이형철근으로 공칭지름은 32mm이고, KDS(2016) 설계기준을 적용한다.]

① 1,280　　② 1,664
③ 1,920　　④ 2,130

해설 $l_{db} = \frac{0.6 d_b f_y}{\lambda \sqrt{f_{ck}}} = \frac{0.6\times 32\times 400}{\sqrt{36}} = 1,280\text{mm}$

$\alpha = 1.0,\ \beta = 1.0$

$l_d = 1,280\times 1.0\times 1.0 = 1,280\text{mm}$

A급 겹침이음 $= 1.0 l_d = 1,280\text{mm}$

08 그림과 같은 띠철근 기둥의 순수 축하중강도 P_o[kN]는? [단, 기둥은 단주로서 콘크리트 설계기준 압축강도 f_{ck}=30MPa, 철근의 설계기준 항복강도 f_y=400MPa, 종방향 철근 총단면적 A_{st}=3,000mm^{2}이며, KDS(2016) 설계기준을 적용한다.]

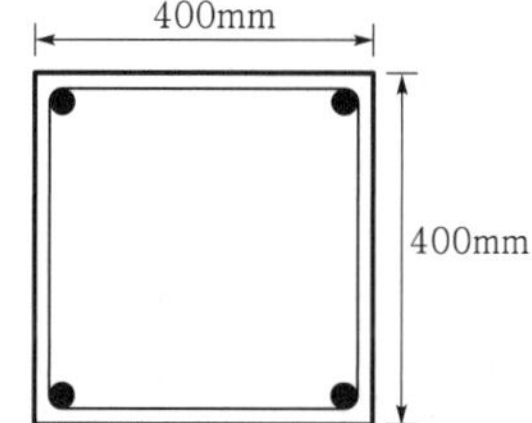

① 3499.8　　② 4522.4
③ 5203.5　　④ 6177.8

해설 $P_0 = 0.85 f_{ck}(A_g - A_{st}) + f_y A_{st}$

$= 0.85\times 30\times(160,000 - 3,000) + (400\times 3,000)$

$= 5,203,500\text{N} = 5203.5\text{kN}$

09 그림과 같은 단면의 캔틸레버 보에 자중을 포함한 등분포 계수하중 w_u = 25kN/m가 작용하고 있을 때, 전단위험단면에서 전단철근이 부담해야 할 공칭전단력 V_s [kN]는? [단, 보의 지간은 3.3m, 콘크리트의 쪼갬인장강도 f_{sp} = 1.4MPa, 콘크리트의 설계기준 압축강도 f_{ck} = 25MPa, 인장철근의 설계기준 항복강도 f_y = 350MPa이며, KDS(2016) 설계기준을 적용한다.]

정답 05. ② 06. ③ 07. ① 08. ③ 09. ③

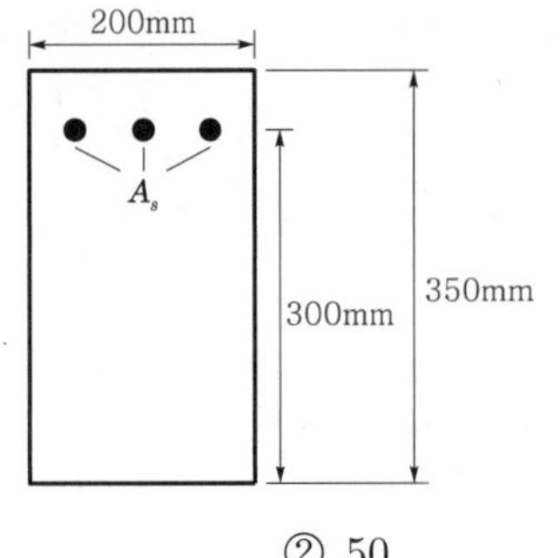

① 25　　② 50
③ 75　　④ 100

해설

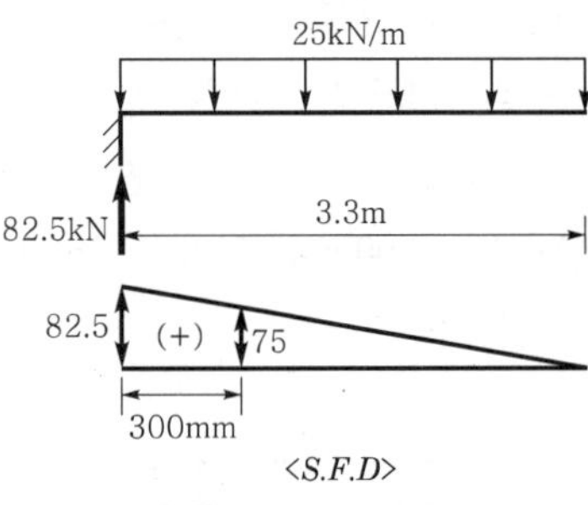

$V_u = 75.0\text{kN}$

$\lambda = \dfrac{f_{sp}}{0.56\sqrt{f_{ck}}} = \dfrac{1.4}{0.56 \times \sqrt{25}} = 0.5$

$V_c = \dfrac{1}{6}\lambda\sqrt{f_{ck}}\,b_w d = \dfrac{1}{6} \times 0.5 \times \sqrt{25} \times 200 \times 300$

$= 25,000\text{N} = 25\text{kN}$

$\phi(V_c + V_s) = V_u$

$\therefore\ V_s = \dfrac{V_u}{\phi} - V_c = \dfrac{75}{0.75} - 25 = 75\text{kN}$

10 KDS(2016) 설계기준에서 제시된 근사해법을 적용하여 1방향 슬래브를 설계할 때 그 순서를 바르게 나열한 것은?

㉠ 슬래브의 두께를 결정한다. ㉡ 단변에 배근되는 인장철근량을 산정한다. ㉢ 장변에 배근되는 온도철근량을 산정한다. ㉣ 계수하중을 계산한다. ㉤ 단변 슬래브의 계수휨모멘트를 계산한다.

① ㉠ → ㉣ → ㉤ → ㉡ → ㉢
② ㉠ → ㉣ → ㉡ → ㉢ → ㉤
③ ㉣ → ㉤ → ㉢ → ㉡ → ㉠
④ ㉣ → ㉠ → ㉡ → ㉢ → ㉤

11 KS F 2423(콘크리트의 쪼갬인장 시험 방법)에 준하여 ϕ100mm×200mm 원주형 표준공시체에 대한 쪼갬인장강도 시험을 실시한 결과, 파괴 시 하중이 75kN으로 측정된 경우 쪼갬인장강도[MPa]는? [단, π=3으로 계산하며, KDS(2016) 설계기준을 적용한다.]

① 1.5　　② 2.0
③ 2.5　　④ 5.0

해설 $f_{sp} = \dfrac{2P}{\pi d l} = \dfrac{2 \times 75}{3 \times 100 \times 200} = 2.5\text{MPa}$

12 그림과 같이 연직하중 P와 휨모멘트 M이 바닥판과 기둥의 중심에 작용하는 철근콘크리트 확대기초의 최대 지반응력[kN/m²]은? (단, 기초의 자중은 무시한다.)

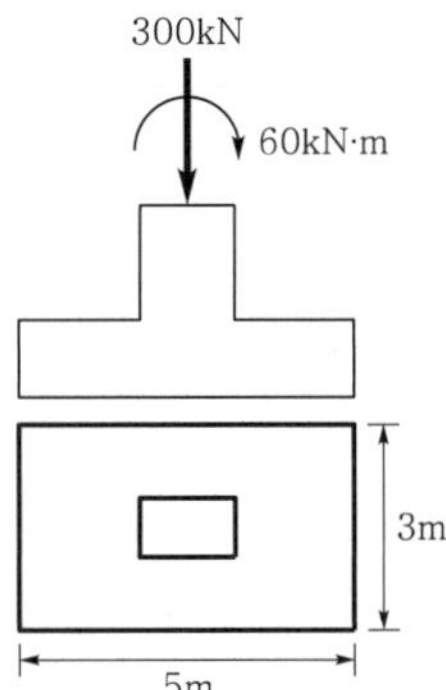

① 24.8　　② 29.2
③ 34.4　　④ 39.2

해설 $A = 3 \times 5 = 15\text{m}^2$

$Z = \dfrac{bh^2}{6} = \dfrac{3 \times 5^2}{6} = 12.5\text{m}^3$

$q_{\max} = \dfrac{300}{15} + \dfrac{60}{12.5} = 24.8\text{kN/m}^2$

13 12mm 두께의 강판과 10mm 두께의 강판을 필릿용접할 때 요구되는 최소 용접치수[mm]는? [단, KDS(2016) 설계기준을 적용한다.]

① 4　　② 6
③ 10　　④ 12

정답 10. ① 11. ③ 12. ① 13. ②

해설 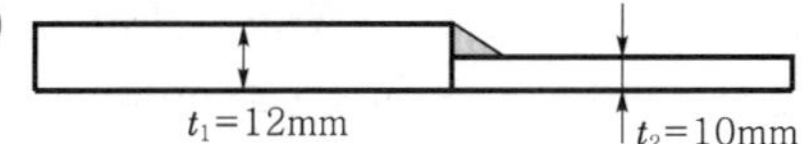

연결부의 두꺼운 부재 $t_1 \leq 20$이므로 필릿용접의 최소치수는 6mm이다.

14 그림과 같이 자중을 포함한 등분포하중 $W=$ 20kN/m가 재하된 프리스트레스트콘크리트 단순보에 긴장력 $P=2{,}000$kN이 작용할 때 보에 작용하는 순하향 하중[kN/m]은? (단, 프리스트레스의 손실은 무시한다.)

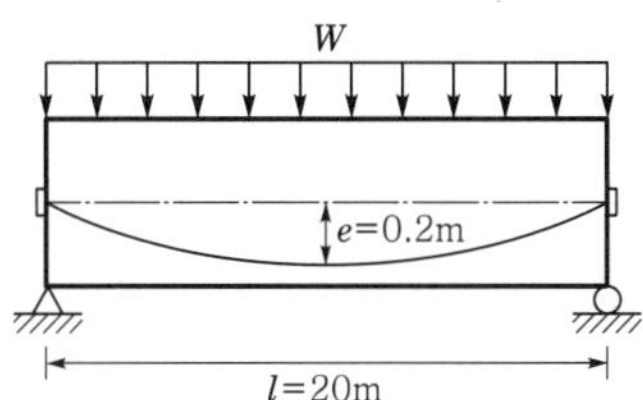

① 4 ② 8
③ 12 ④ 16

해설 $u=\dfrac{8Pe}{l^2}=\dfrac{8\times2{,}000\times0.2}{20^2}=8\text{kN/m}$

$w-u=20-8=12\text{kN/m}$

15 길이 10m의 포스트텐셔닝 콘크리트 보의 긴장재에 1,500MPa의 프리스트레스를 도입하여 일단 정착하였더니 정착부 활동이 6mm 발생하였다. 이때 프리스트레스의 손실률[%]은? (단, 긴장재는 직선으로 배치되어 긴장재와 쉬스의 마찰은 없으며, 탄성계수 $E_P=200$GPa이다.)

① 8
② 10
③ 12
④ 14

해설 $\Delta f=E_{PS}\cdot\dfrac{\Delta l}{l}=200\times10^3\times\dfrac{6}{10{,}000}=120\text{MPa}$

손실률 $=\dfrac{120}{1{,}500}\times100=8\%$

16 그림과 같은 중력식 옹벽의 전도에 대한 안전율은? [단, 콘크리트의 단위중량 $\gamma_c=25\text{kN/m}^3$, 흙의 내부마찰각 $\phi=30°$, 점착력 $c=0$, 흙의 단위중량 $\gamma_s=20\text{kN/m}^3$, 옹벽 전면에 작용하는 수동토압은 무시하며, KDS(2016) 설계기준을 적용한다.]

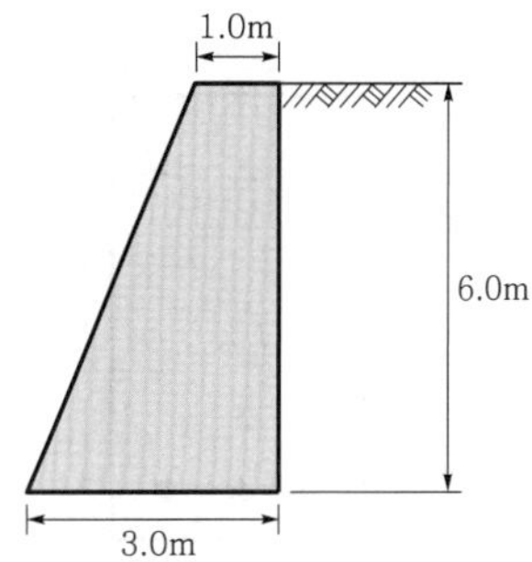

① 1.52 ② 2.08
③ 2.40 ④ 3.50

해설 $K_A=\dfrac{1-\sin\phi}{1+\sin\phi}=\dfrac{1-\sin30}{1+\sin30}=\dfrac{0.5}{1.5}=0.333$

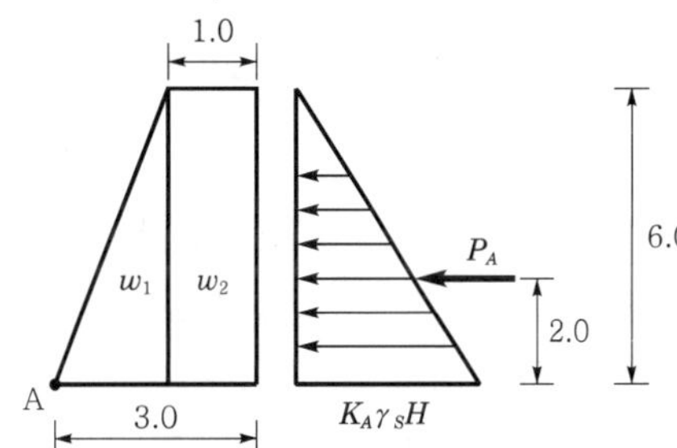

$K_A\gamma_sH=0.333\times20\times6.0=39.96\text{kN/m}^2$

$P_A=\dfrac{1}{2}\times6\times K_A\gamma_sH=\dfrac{1}{2}\times6\times39.96=119.88\text{kN}$

$M_o=119.88\times2.0=239.76\text{kN}\cdot\text{m}$

$w_1=\dfrac{1}{2}\times2\times6\times25=150\text{kN/m}$

$w_2=1\times6\times25=150\text{kN/m}$

$M_r=(150\times1.34)+(150\times2.5)=576\text{kN}\cdot\text{m}$

안전율 $F\cdot s=\dfrac{M_r}{M_o}=\dfrac{576}{239.76}=2.4$

정답 14. ③ 15. ① 16. ③

17 그림과 같은 단철근 직사각형 콘크리트 보에 사용 가능한 최대 인장철근비 ρ_{max}는? [단, 콘크리트의 설계기준 압축강도 $f_{ck}=35\text{MPa}$, 인장철근의 설계기준 항복강도 $f_y=255\text{MPa}$, $\beta_1=0.8$로 하며, KDS(2016) 설계기준을 적용한다.]

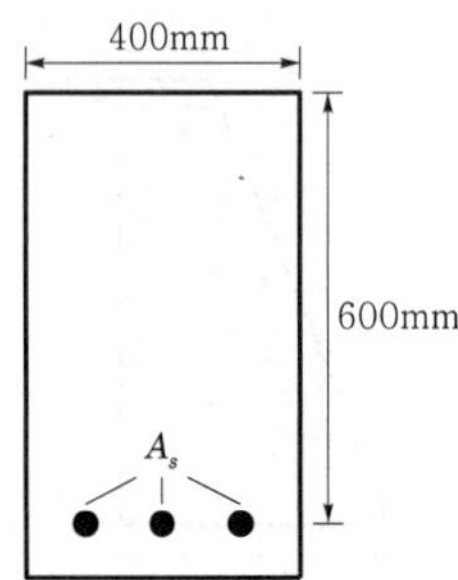

① 0.01 ② 0.02
③ 0.03 ④ 0.04

해설

$$\rho_{max}=0.85\beta_1\frac{f_{ck}}{f_y}\times\frac{0.003}{0.003+0.004}$$
$$=0.85\times0.8\times\frac{35}{255}\times\frac{0.003}{0.003+0.004}=0.04$$

18 500mm×500mm 정사각형 단면을 가진 비횡구속 띠철근 기둥의 장주효과를 무시할 수 있는 최대 비지지길이[m]는? [단, 기둥의 양단은 힌지로 지지되어 있으며, KDS(2016) 설계기준을 적용한다.]

① 3.3 ② 4.3
③ 6.8 ④ 7.9

해설

$\lambda=\frac{KL}{r}>22$ → 비횡구속조건

$$r=\sqrt{\frac{I}{A}}=\sqrt{\frac{5.21\times10^{-3}}{0.25}}=0.144$$
$$I=\frac{0.5\times0.5^3}{12}=5.21\times10^{-3}$$
$$A=0.5\times0.5=0.25$$
$$\frac{KL}{r}=\frac{1.0\times L}{0.144}=22$$
$$\therefore L=3.176\text{m}$$

19 T형 프리스트레스트콘크리트 단순보에 설계하중이 작용할 때 보의 처짐은 0이었으며, 프리스트레스 도입단계부터 보의 상연에 부착된 변형률 게이지로 측정된 콘크리트 탄성변형률 $\varepsilon_c=4.0\times10^{-4}$이었다. 이 경우 초기긴장력 P_i[kN]는? (단, 콘크리트의 탄성계수 $E_c=25\text{GPa}$, T형보의 총단면적 $A_g=170{,}000\text{mm}^2$, 프리스트레스의 유효율 $R=0.85$이다.)

① 1,400 ② 1,600
③ 1,800 ④ 2,000

해설

$$\sigma_c=E_c\varepsilon_c=25\times10^3\times4\times10^{-4}=10\text{MPa}$$
$$\sigma_c=\frac{P_e}{A_g}=\frac{P_e}{170{,}000}=10$$
$$P_e=10\times170{,}000=1{,}700{,}000\text{N}=1{,}700\text{kN}$$
$$P_i=\frac{1{,}700}{0.85}=2{,}000\text{kN}$$

20 KDS(2016) 설계기준에서 제시된 교량 내진설계에 관한 내용 중에서 옳지 않은 것은?

① 위험도계수 I는 평균재현주기가 1,000년인 지진의 유효수평지반가속도 S를 기준으로 평균재현주기가 다른 지진의 유효수평지반가속도의 상대적 비율을 의미한다.
② 교량의 지진하중을 결정하는 데 사용되는 지반계수는 지반상태가 탄성지진응답계수에 미치는 영향을 반영하기 위한 보정계수이다.
③ 교량의 내진등급은 중요도에 따라 내진특등급, 내진 I 등급, 내진II등급으로 분류하며 지방도의 교량은 내진 I 등급이다.
④ 교량이 위치할 부지에 대한 지진지반운동의 유효수평지반가속도 S는 지진구역계수 Z에 각 평균재현주기의 위험도계수 I를 곱하여 결정한다.

해설 ① 위험도계수(I)는 구조물의 중요도에 따라 등급을 분류하고, 그에 따라 평균재현주기 500년을 기준으로 고려한 것이다.

정답 17. ④ 18. ① 19. ④ 20. ①

과년도 출제문제(2019년 서울시 9급)

01 단면이 300×500mm의 직사각형인 철근콘크리트 부재가 있다. 철근은 단면 도심에 대칭으로 배치되었으며, 철근단면적 $A_s = 5{,}000\text{mm}^2$ 이다. 콘크리트의 건조수축으로 인해 철근에 발생하는 압축응력이 60MPa일 때, 건조수축에 의해 콘크리트에 발생하는 응력은? (단, 이 부재의 지점 변형은 구속되어 있지 않다.)

① 1MPa ② 2MPa
③ 3MPa ④ 4MPa

해설 $\sigma_s = 60\text{MPa}$

$P_s = \sigma_s A_s = 60 \times 5{,}000 = 300{,}000\text{N}$

$\sigma_c = \dfrac{300{,}000}{300 \times 500} = 2\text{N/mm}^2 (= \text{MPa})$

02 휨을 받는 띠철근으로 보강된 직사각형 단면에서 $\dfrac{(d-c)}{c} = \dfrac{0.0035}{0.003}$ 일 때, 강도감소계수의 값은? [단, 인장철근은 1열로 배치되어 있으며, d는 유효깊이, c는 중립축 깊이, 철근항복강도 f_y=400MPa이고, 콘크리트구조기준(2012)을 적용한다.]

① 0.65 ② 0.70
③ 0.75 ④ 0.85

해설 순인장변형률

$\varepsilon_t = 0.003\left(\dfrac{d-c}{c}\right) = 0.003 \times \dfrac{0.0035}{0.003} = 3.5 \times 10^{-3}$

$SD400 \rightarrow \varepsilon_y = 0.002 < \varepsilon_t < 2.5\varepsilon_y$

$\phi = 0.65 + (\varepsilon_t - \varepsilon_y)\left(\dfrac{0.2}{0.005 - \varepsilon_y}\right)$

$= 0.65 + (0.0035 - 0.002) \times \left(\dfrac{0.2}{0.005 - 0.002}\right)$

$= 0.65 + 0.1 = 0.75$

03 그림과 같은 정(+)의 휨모멘트가 작용하는 T형보를 설계할 때, 유효폭 b_e를 폭으로 하는 직사각형보로 해석할 수 있는 유효폭 b_e의 최솟값은? [단, $f_{ck} = 20\text{MPa}$, $f_y = 400\text{MPa}$이고, 콘크리트구조기준(2012)을 적용한다.]

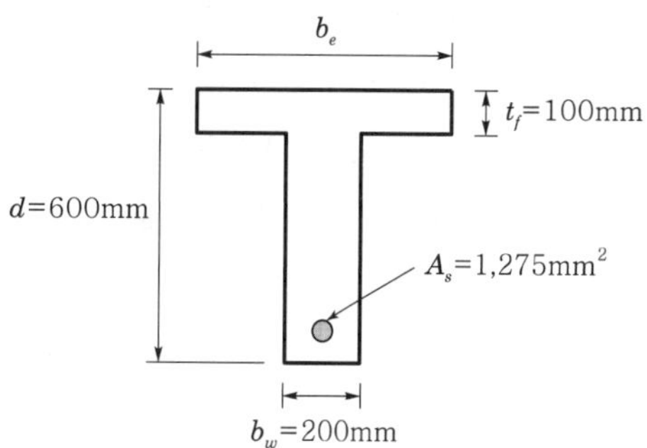

① 250mm ② 300mm
③ 350mm ④ 400mm

해설 $a = \dfrac{A_s f_y}{0.85 f_{ck} b} = \dfrac{1{,}275 \times 400}{0.85 \times 20 \times b_e} \le t_f = 100$

$b_e = \dfrac{1{,}275 \times 400}{0.85 \times 20 \times 100} = 300\text{mm}$

04 철근콘크리트 압축부재의 장주설계에 대한 설명으로 가장 옳지 않은 것은? [단, 콘크리트구조기준(2012)을 적용한다.]

① 비횡구속 골조의 압축부재의 경우, $\dfrac{kl_u}{r} \le 22$이면 장주효과를 무시할 수 있다.

② 횡구속 골조의 압축부재의 경우, $\dfrac{kl_u}{r} \le 34 - 12\left(\dfrac{M_1}{M_2}\right)$이면 장주효과를 무시할 수 있다.

③ 압축부재의 비지지길이 l_u는 바닥슬래브, 보, 기타 고려하는 방향으로 횡지지할 수 있는 부재들 사이의 순길이로 한다.

정답 01. ② 02. ③ 03. ② 04. ④

④ 기둥머리나 헌치가 있는 경우의 비지지길이는 검토하고자 하는 면이 있는 기둥머리나 헌치의 최상단까지 측정된 거리로 한다.

해설 ④ 비지지길이는 검토하고자 하는 면에 있는 기둥머리나 헌치의 최하단까지 측정된 거리로 한다.

05 큰 처짐에 의해 손상되기 쉬운 칸막이벽이나 기타 구조물을 지지하지 않는 지간 5m의 1방향 슬래브가 단순 지지되어 있다. 처짐을 계산하지 않는 경우, 슬래브의 최소 두께는? [단, 부재는 보통중량 콘크리트와 설계기준항복강도 300MPa 철근을 사용한 리브가 없는 1방향 슬래브이고, 콘크리트구조기준(2012)을 적용한다.]

① 200mm ② 215mm
③ 250mm ④ 300mm

해설 최소두께 $= \frac{l}{20} = \frac{5}{20} = 0.25\text{m}$

$f_y = 300\text{MPa}$이므로

$0.43 + \frac{f_y}{700} = 0.43 + \frac{300}{700} = 0.859$

$h = 0.25 \times 0.859 = 0.215\text{m} = 215\text{mm}$

06 RC 복철근 직사각형 단면의 보에서 인장철근의 단면적은 그대로인 상태로 압축철근의 단면적만 2배로 증가시켰을 때, 단면의 응력 및 변형률 분포에 대한 설명으로 옳지 않은 것은? (단, 두 경우 모두 인장 및 압축철근은 항복한 것으로 가정한다.)

① 콘크리트의 등가 압축응력 블록 깊이가 감소한다.
② 콘크리트와 압축철근에 의한 압축 내력의 합이 증가한다.
③ 휨모멘트의 팔길이가 증가한다.
④ 압축철근의 변형률이 감소한다.

해설 ② 콘크리트와 압축철근에 의한 압축 내력의 합은 변화가 없다.

07 프리텐션 부재에 프리스트레스를 도입하였을 때, 도입 직후 긴장재 도심 위치에서의 콘크리트 응력(f_{cs})이 7MPa로 산정되었다. 크리프 계수 C_u=2.0, 탄성계수 비 $n = E_p / E_c = 6$, 콘크리트 건조수축변형률 $\varepsilon_{sh} = 20 \times 10^{-5}$, 긴장재의 탄성계수 $E_p = 2.0 \times 105\text{MPa}$일 때, 콘크리트의 크리프와 건조수축으로 인한 프리스트레스 손실량의 합은?

① 96MPa ② 112MPa
③ 124MPa ④ 138MPa

해설 크리프에 의한 손실량

$\Delta f_{pc} = \phi n f_{cs} = 2.0 \times 6 \times 7 = 84\text{MPa}$

건조수축에 의한 손실량

$\Delta f_{psh} = E_{ps} \varepsilon_{sh} = 2 \times 10^5 \times 20 \times 10^{-5} = 40\text{MPa}$

$\therefore 84 + 40 = 124\text{MPa}$

08 2방향 슬래브 구조를 해석하기 위한 근사적 방법인 직접설계법을 적용하기 위한 제한사항으로 옳지 않은 것은? [단, 콘크리트구조기준(2012)을 적용한다.]

① 연속한 기둥 중심선을 기준으로 기둥의 어긋남은 그 방향 경간의 10% 이하이어야 한다.
② 모든 하중은 슬래브 판 전체에 걸쳐 등분포된 연직 하중이어야 하며, 활하중은 고정하중의 2배 이하이어야 한다.
③ 각 방향으로 연속한 받침부 중심간 경간 길이의 차이는 긴 경간의 1/3 이하이어야 한다.
④ 슬래브 판들은 단변 경간에 대한 장변 경간의 비가 2 이상인 직사각형이어야 한다.

해설 ④ 단변경간에 대한 장변경간의 비가 1.0 이하인 직사각형이어야 한다.

정답 05. ② 06. ② 07. ③ 08. ④

09 그림과 같은 철근콘크리트 내민보에 자중을 포함한 계수등분포하중(w_u)이 100kN/m로 작용할 때, 위험단면에서 전단보강철근이 부담해야 할 최소의 전단력(V_s)을 부담한다면 전단보강철근의 최대간격은 얼마 이하여야 하는가? [단, 보통중량 콘트리트를 사용하였으며, $f_{ck}=36\text{MPa}$, 전단철근의 단면적 $A_v=400\text{mm}^2$, $f_{yt}=300\text{MPa}$이며, 콘크리트구조기준(2012)을 적용한다.]

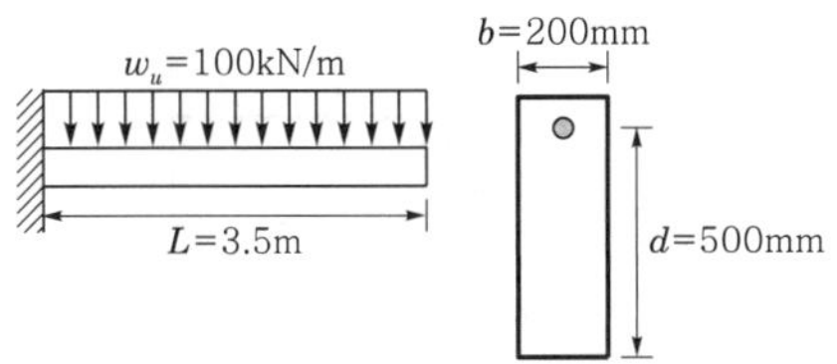

① 125mm ② 200mm
③ 250mm ④ 300mm

해설

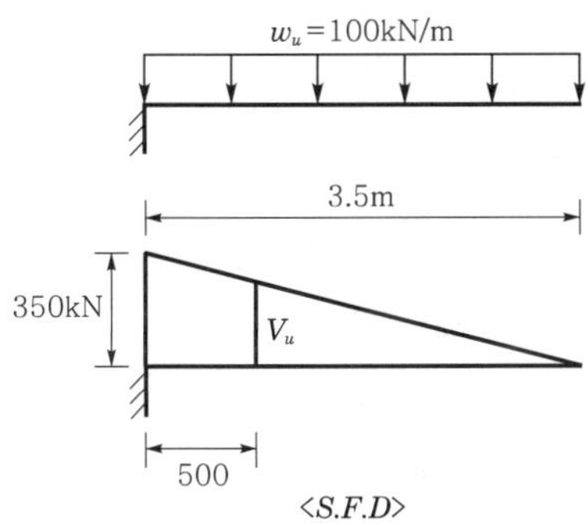

<S.F.D>

$V_u=\dfrac{3.0\times350}{3.5}=300\text{kN}$

$V_c=\dfrac{1}{6}\lambda\sqrt{f_{ck}}b_wd$

$=\dfrac{1}{6}\times1.0\times\sqrt{36}\times200\times500$

$=100\text{kN}$

$V_s=\dfrac{A_vf_{yt}d}{s}$

$200\times10^3=\dfrac{400\times300\times500}{s}$

$s=\dfrac{400\times300\times500}{200\times10^3}=300\text{mm}$

- 전단철근 간격 제한 $\dfrac{d}{2}$ 이하, $\dfrac{500}{2}=250\text{mm}$
- V_s가 $\dfrac{1}{3}\lambda\sqrt{f_{ck}}b_wd$를 초과 $\dfrac{250}{2}=125\text{mm}$

10 그림과 같이 하중을 받은 무근콘크리트 내민보의 단면에서 휨균열이 발생하는 보의 최대 높이 h는? [단, 콘크리트는 보통중량 콘크리트, 설계기준강도 $f_{ck}=36\text{MPa}$, 콘크리트구조기준(2012)을 적용한다.]

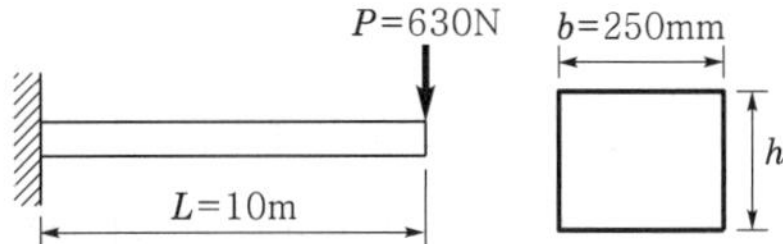

① 100mm ② 200mm
③ 300mm ④ 400mm

해설
- $M_{max}=630\times10\times10^3=6.3\times10^6\text{N}\cdot\text{mm}$
- 휨인장강도

$f_r=0.63\lambda\sqrt{f_{ck}}=0.63\times1.0\times\sqrt{36}=3.78\text{MPa}$

$\sigma=\dfrac{M}{Z}=\dfrac{6.3\times10^6\times6}{250\times h^2}=\dfrac{151,200}{h^2}$

$\dfrac{151,200}{h^2}=3.78\text{N/mm}^2$

$\therefore h=200\text{mm}$

11 인장 이형철근 및 이형철선의 정착길이 l_d는 기본정착길이 l_{db}에 보정계수를 고려하는 방법이 적용될 수 있다. 다음은 기본정착길이 l_{db}를 구하기 위한 식이다. 이 식에 적용되는 보정계수 α, β, λ에 대한 설명 중 옳지 않은 것은?

$$l_{db}=\frac{0.6d_bf_y}{\lambda\sqrt{f_{ck}}}$$

① 철근배치 위치계수인 α는 정착길이 또는 겹침이음부 아래 300mm를 초과되게 굳지 않은 콘크리트를 친 수평철근일 경우 1.3이다.
② 철근 도막계수인 β는 피복두께가 $3d_b$ 미만 또는 순간격이 $6d_b$ 미만인 에폭시 도막철근 또는 철선일 경우 1.5이다.
③ 에폭시 도막철근이 상부철근인 경우에 상부철근의 위치계수 α와 철근 도막계수 β의 곱, $\alpha\beta$가 1.8보다 클 필요는 없다.

정답 09. ① 10. ② 11. ③

④ 경량콘크리트계수인 λ는 경량콘크리트 사용에 따른 영향을 반영하기 위하여 사용하는 보정계수이며 전경량콘크리트의 경량콘크리트계수는 0.75이다.

해설 ③ $\alpha\beta$가 1.7보다 클 필요가 없다.

12 그림과 같은 정사각형 띠철근 기둥(단주)에 편심을 갖는 공칭 축하중 P_n이 작용하여 압축응력블록의 깊이 a가 255mm라면 인장철근력 T의 크기는? (단, $f_{ck}=\dfrac{20}{0.85}$MPa, $a=0.85\times300$mm, $A_s=A_s{}'=1{,}000\text{mm}^2$, $f_y=400$MPa, $E_s=2\times105$MPa이다.)

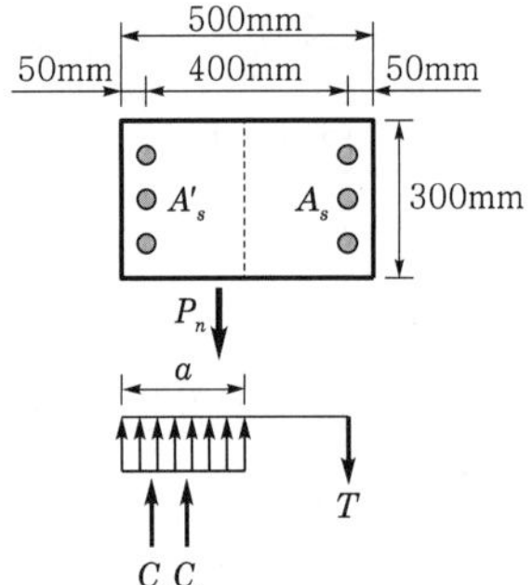

① 200kN ② 250kN
③ 300kN ④ 400kN

해설
- $C_c=0.85f_{ck}ab$
  $=0.85\times\dfrac{20}{0.85}\times255\times300=153{,}000\text{N}$
  $=1{,}530\text{kN}$
- $C_s=A_s{}'f_y=1{,}000\times400=400{,}000\text{N}=400\text{kN}$
- $C_b=\dfrac{a}{\beta_1}=\dfrac{255}{0.85}=300$
- $\varepsilon_s=0.003\times\dfrac{d-C_b}{C_b}=0.003\times\dfrac{450-300}{300}$
  $=1.5\times10^{-3}$
- $T_s=A_sf_s=A_s\varepsilon_sE_s=1{,}000\times1.5\times10^{-3}\times2\times10^5$
  $=300\text{kN}$

13 그림과 같은 긴장재를 절곡 배치한 프리스트레스 콘크리트 부재의 A−A 단면에서 프리스트레스 힘에 의해 작용하는 단면력이 옳은 것은?

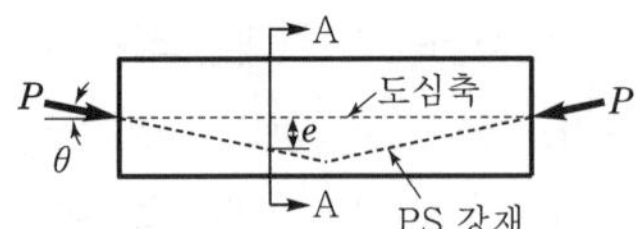

① $P\sin\theta$, $P\cos\theta$, $(P\cos\theta)e$, 도심축

② $P\sin\theta$, $P\cos\theta$, $(P\cos\theta)e$, 도심축

③ $P\sin\theta$, $P\cos\theta$, $(P\cos\theta)e$, 도심축

④ $P\sin\theta$, $P\cos\theta$, $(P\cos\theta)e$, 도심축

14 옹벽 설계에 대한 설명으로 옳지 않은 것은? [단, 콘크리트구조기준(2012)을 적용한다.]

① 옹벽은 외력에 대하여 활동, 전도 및 지반 침하에 대한 안정성을 가져야 하며, 이들 안정은 계수하중에 의하여 검토한다.
② 활동에 대한 저항력은 옹벽에 작용하는 수평력의 1.5배 이상이어야 한다.
③ 전도에 대한 저항 휨모멘트는 횡토압에 의한 전도 모멘트의 2.0배 이상이어야 한다.
④ 지반 침하에 대한 안정성 검토 시에 최대지반반력은 지반의 허용지지력 이하가 되도록 한다. 지반의 내부 마찰각, 점착력 등과 같은 특성으로부터 지반의 극한지지력을 구할 수 있다. 다만, 이 경우에 허용지지력 q_a는 $q_u/3$이어야 한다.

해설 ① 옹벽의 외력에 대한 안정은 실하중에 의하여 검토한다.

정답 12. ③ 13. ④ 14. ①

15 그림과 같은 철근콘크리트 확대기초에서 긴 변 방향의 위험단면에서 휨모멘트는? (단, 하중은 계수하중이다.)

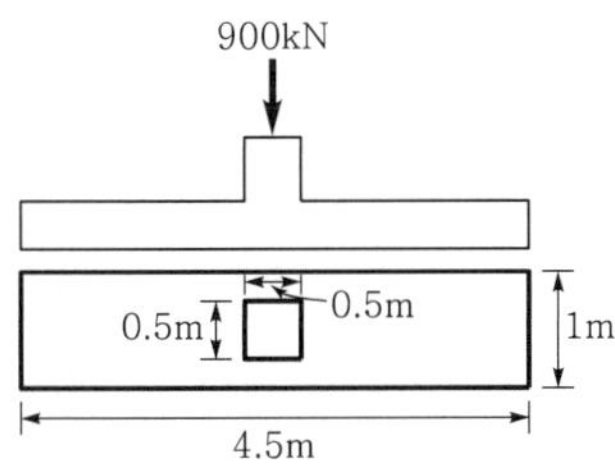

① 28kN · m ② 100kN · m
③ 400kN · m ④ 800kN · m

해설
- 지반반력$=\dfrac{900}{4.5\times1.0}=200\text{kN/m}^2$
- 휨모멘트

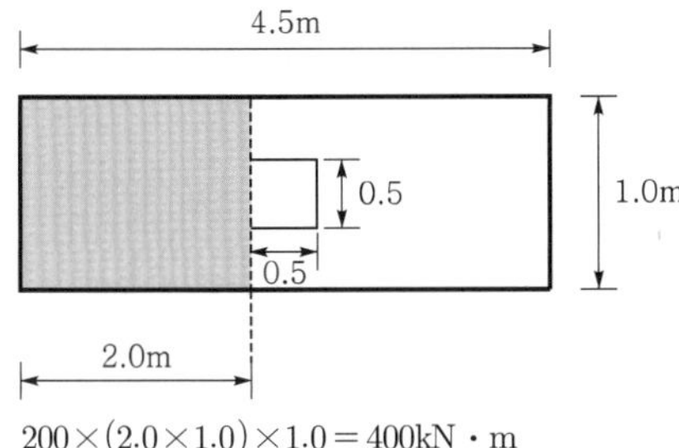

$200\times(2.0\times1.0)\times1.0=400\text{kN}\cdot\text{m}$

16 철근콘크리트 부재나 프리스트레스트 부재의 경우 다음의 식에 따라 최소 전단철근량을 산정하여야 한다. 최소 전단철근에 관한 설명 중 옳지 않은 것은?

$$A_{v,\,\min}=0.0625\frac{b_w s}{f_{yt}}$$

① 계수전단력 V_u가 콘크리트에 의한 공칭전단강도 V_c의 1/2을 초과하는 모든 철근콘크리트 및 프리스트레스트콘크리트 휨부재에 최소 전단철근을 배치하여야 한다.
② 전체 깊이가 250mm 이하이거나 I형보, T형보에서 그 깊이가 플랜지 두께의 2.5배 또는 복부폭의 1/2 중 큰 값 이하인 보는 최소 전단철근을 배치하지 않아도 된다.
③ 교대 벽체 및 날개벽, 옹벽의 벽체, 암거 등과 같이 휨이 주거동인 판부재는 최소 전단철근을 배치하지 않아도 된다.
④ 최소 전단철근량은 $0.35b_w s/f_{yt}$보다 작지 않아야 한다. 여기서, b_w와 s의 단위는 mm이다.

해설 ① 슬래브와 기초판, 콘크리트장선구조, 전체 깊이가 250mm 이하인 보 등 최소전단철근의 규정을 적용하지 않는 휨부재가 있다.

17 프리스트레스트콘크리트 설계에 관한 설명으로 옳지 않은 것은? [단, 콘크리트구조기준(2012)을 적용한다.]

① 프리스트레스를 도입할 때, 사용하중이 작용할 때, 그리고 균열하중이 작용할 때의 응력계산은 선형탄성이론을 따른다.
② 프리스트레스트콘크리트 휨부재는 미리 압축을 가한 인장구역에서 사용하중에 의한 인장연단응력 f_t에 따라 비균열등급, 부분균열등급, 완전균열등급으로 구분된다.
③ 2방향 프리스트레스트콘크리트 슬래브는 $f_t\le0.63\sqrt{f_{ck}}$를 만족하는 비균열등급 부재로 설계되어야 한다. (단, f_{ck}=콘크리트의 설계기준압축강도)
④ 휨부재의 설계휨강도 계산은 강도설계법에 따라야 하며, 이때 긴장재의 응력은 f_y 대신 f_{ps}를 사용한다. (단, f_y=10철근의 설계기준항복강도, f_{ps}=긴장재의 인장응력)

해설 ③ 2방향 프리스트레스트콘크리트 슬래브는 $f_t\le0.5\sqrt{f_{ck}}$를 만족하는 비균열등급 부재로 설계되어야 한다.

정답 15. ③ 16. ① 17. ③

18 단철근 직사각형보의 압축연단 콘크리트가 가정된 극한변형률인 0.003에 도달할 때 최외단 인장철근의 순인장변형률 ε_t가 인장지배한계변형률 한계 이상인 단면을 유지할 수 있는 최대철근비 ρ_t는 균형철근비 ρ_b의 몇 배인가? [단, $f_y=600\text{MPa}$, $f_{ck}=25\text{MPa}$, 콘크리트구조기준(2012)을 적용한다.]

① $\frac{3}{4}$　　② $\frac{4}{7}$

③ $\frac{5}{9}$　　④ $\frac{5}{7}$

해설

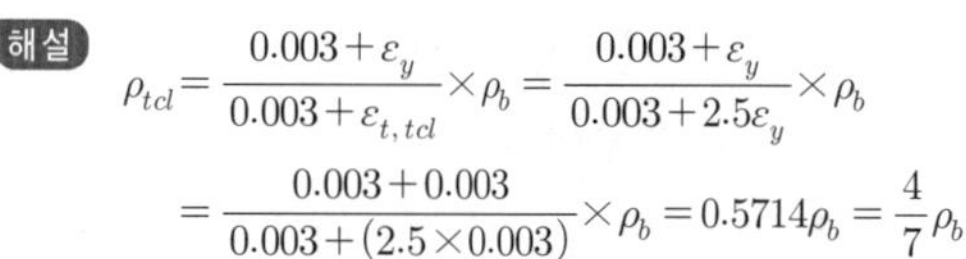

$$\rho_{tcl}=\frac{0.003+\varepsilon_y}{0.003+\varepsilon_{t,tcl}}\times\rho_b=\frac{0.003+\varepsilon_y}{0.003+2.5\varepsilon_y}\times\rho_b$$

$$=\frac{0.003+0.003}{0.003+(2.5\times0.003)}\times\rho_b=0.5714\rho_b=\frac{4}{7}\rho_b$$

19 그림과 같은 보에서 4개의 종방향 인장철근 중 2개를 절단할 수 있는 이론적인 절단점의 길이 x는? (단, 인장철근이 2개인 단면의 설계휨모멘트 $\phi M_n=100\text{kN}\cdot\text{m}$)

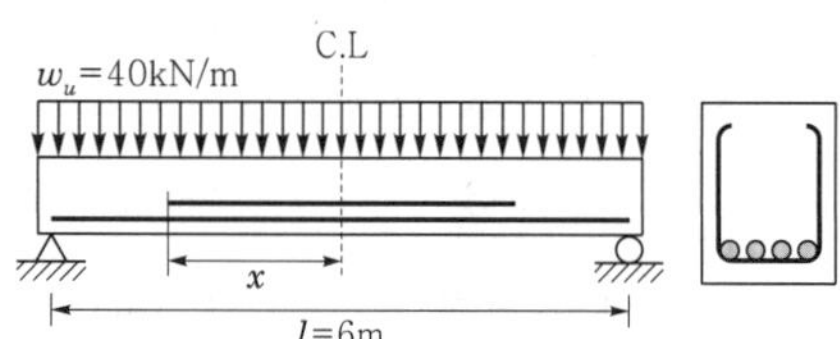

① 1,000mm　　② 1,200mm

③ 1,600mm　　④ 2,000mm

해설

$$M_u=\frac{w_u l^2}{8}=\frac{40\times6^2}{8}=180\text{kN}\cdot\text{m}$$

$$M_{x_1}=120x_1-40x_1\times\frac{x_1}{2}=120x_1-20x_1^2$$

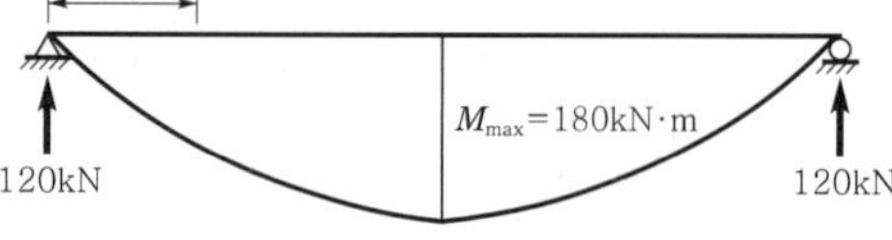

$100=120x_1-20x_1^2=x_1(120-20x_1)$에서,

$x_1=1\text{m}$

$\therefore\ x=3-x_1=3-1=2\text{m}$

20 「도로교 설계기준(2015)」에 제시된 콘크리트 교량구조의 한계상태에 대한 설명으로 가장 옳지 않은 것은?

① 사용한계상태는 사용자의 안전을 위험하게 하는 구조적 손상 또는 파괴에 관련된 것이다.

② 극한한계상태를 부재의 정역학적 평형 손실 한계상태 등에 대하여 검토한다.

③ 한계상태는 설계에서 요구하는 성능을 더 이상 발휘할 수 없는 한계이다.

④ 피로한계상태는 교량의 사용 수명 동안 작용하는 활하중에 의한 교번응력에 대하여 검토한다.

정답 18. ② 19. ④ 20. ①

과년도 출제문제(2020년 국가직 9급)

01 철근콘크리트 휨부재의 강도설계법에 대한 기본적인 요구사항을 옳게 표시한 것은? (단, M_n은 공칭휨강도, M_d는 설계휨강도, M_u는 계수휨모멘트, ϕ는 강도감소계수이며 KDS 14 20 10 및 KDS 14 20 20을 따른다.)

① $M_d \le M_u (= \phi M_n)$

② $M_d \le M_n (= \phi M_u)$

③ $M_u \le M_n (= \phi M_d)$

④ $M_u \le M_d (= \phi M_n)$

해설 극한강도 ≤ 설계휨강도(=강도감소계수×공칭휨강도)

02 그림과 같은 볼트구멍이 있는 강판에 인장력 T가 작용할 때 순단면적(mm^2)은? (단, 볼트구멍의 직경 $d=25\text{mm}$, 강판의 두께 $t=10\text{mm}$이며 KDS 14 31 10을 따른다.)

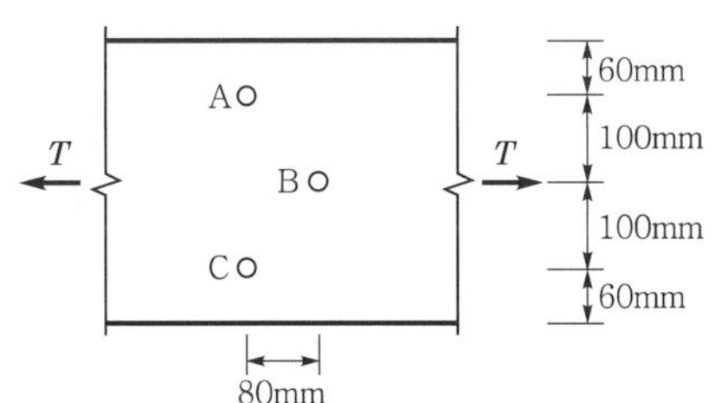

① 2,450 ② 2,700

③ 2,770 ④ 3,075

해설 ㉠ $b_n = b_g - 2d = 320 - 2\times 25 = 270\text{mm}$

㉡ $b_n = b_g - d - 2\left(d - \dfrac{p^2}{4g}\right)$

$= 320 - 25 - 2\times\left(25 - \dfrac{80^2}{4\times 100}\right)$

$= 277\text{mm}$

따라서 ㉠과 ㉡ 중 작은 값 270mm을 순폭으로 한다.

$\therefore\ A_n = b_n t = 270\times 10 = 2{,}700\text{mm}^2$

03 그림과 같은 단철근 철근콘크리트 직사각형 보가 균형변형률 상태에 있을 때 압축연단에서 중립축까지 거리 c[mm]는? (단, 콘크리트 압축연단의 극한변형률 $\varepsilon_{cu}=0.003$, 철근의 설계기준항복강도 $f_y=400\text{MPa}$, 철근의 탄성계수 $E_s=200{,}000\text{MPa}$, A_s는 인장철근 단면적이며 KDS 14 20 20을 따른다.)

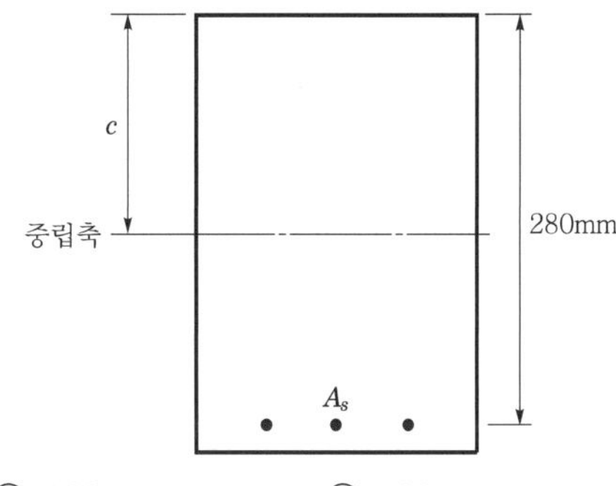

① 168 ② 180

③ 192 ④ 204

해설 $c = \left(\dfrac{600}{600+f_y}\right)d = \dfrac{600}{600+400}\times 280 = 168\text{mm}$

04 필릿용접에 대한 설명으로 옳지 않은 것은? (단, KDS 14 31 25를 따른다.)

① 유효면적은 유효길이에 유효목두께를 곱한 것으로 한다.

② 유효길이는 필릿용접의 총길이에서 용접치수의 3배를 공제한 값으로 한다.

③ 유효목두께는 용접치수의 0.7배로 한다.

④ 단속 필릿용접의 한 세그멘트길이는 용접치수의 4배 이상이며 최소 40mm이어야 한다.

해설 유효길이는 필릿용접의 총길이에서 용접치수의 2배를 공제한 값으로 한다.

정답 01. ④ 02. ② 03. ① 04. ②

05 그림과 같은 자중을 포함한 등분포하중 w가 작용하는 단순 지지된 프리스트레스트 콘크리트 보의 경간 중앙에서 단면 하단의 콘크리트 응력을 0이 되게 하는 프리스트레스 힘 P[kN]는? (단, 긴장재는 콘크리트 보의 단면도심에 배치되어 있으며, 콘크리트 보의 단면적은 긴장재를 무시한 총단면적을 사용한다.)

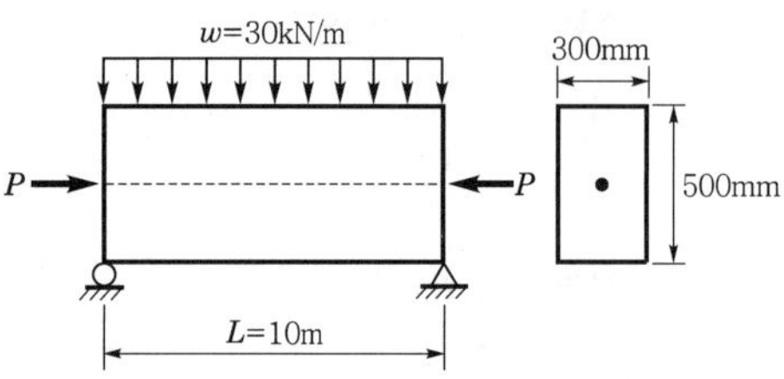

① 3,000 ② 3,500
③ 4,500 ④ 6,000

해설
$M=\frac{wl^2}{8}=\frac{30\times10^2}{8}=375\text{kN}\cdot\text{m}$

$\therefore\ P=\frac{6M}{b}=\frac{6\times375}{0.5}=4,500\text{kN}$

06 옹벽의 설계에 대한 설명으로 옳지 않은 것은? (단, KDS 14 20 72 및 KDS 14 20 74를 따른다.

① 부벽식 옹벽의 전면벽은 3변 지지된 2방향 슬래브로 설계할 수 있다.
② 저판의 뒷굽판은 뒷굽판 상부에 재하되는 모든 하중을 지지하도록 설계한다.
③ 캔틸레버식 옹벽의 전면벽은 저판에 지지된 캔틸레버로 설계할 수 있다.
④ 벽체에 배근되는 수직 및 수평철근의 간격은 벽두께의 4배와 500mm 중 큰 값으로 한다.

해설 벽체에 배근되는 수직 및 수평철근의 간격은 벽두께의 3배 이하, 450mm 이하이어야 한다.

07 철근콘크리트 기초판설계에 대한 설명으로 옳지 않은 것은? (단, KDS 14 20 70을 따른다.)

① 기초판은 계수하중과 그에 의해 발생되는 반력에 견디도록 설계하여야 한다.
② 기초판의 밑면적은 기초판에 의해 지반에 전달되는 계수하중과 지반의 극한지지력을 사용하여 산정하여야 한다.
③ 기초판에서 휨모멘트, 전단력에 대한 위험단면의 위치를 정할 경우 원형 또는 정다각형인 콘크리트 기둥은 같은 면적의 정사각형 부재로 취급할 수 있다.
④ 말뚝기초의 기초판설계에서 말뚝의 반력은 각 말뚝의 중심에 집중된다고 가정하여 휨모멘트와 전단력을 계산할 수 있다.

해설 기초판의 밑면적은 기초판에 의해 지반에 전달되는 사용하중과 지반의 허용지지력을 사용하여 산정하여야 한다.

08 1방향 철근콘크리트 슬래브의 수축·온도철근에 대한 설명으로 옳지 않은 것은? (단, KDS 14 20 50을 따른다.)

① 수축·온도철근으로 배치되는 이형철근의 철근비는 어떠한 경우에도 0.0014 이상이어야 한다.
② 수축·온도철근의 간격은 슬래브 두께의 5배 이하, 또한 450mm 이하로 하여야 한다.
③ 설계기준항복강도 f_y가 400MPa 이하인 이형철근을 사용한 슬래브의 수축·온도철근의 철근비는 $0.002\times\frac{200}{f_y}$ 이상이어야 한다.
④ 수축·온도철근은 설계기준항복강도 f_y를 발휘할 수 있도록 정착되어야 한다.

정답 05. ③ 06. ④ 07. ② 08. ③

해설 슬래브의 수축·온도철근으로 배근되는 이형철근의 철근비는 다음 값 이상이어야 한다.
㉠ $f_y \leq 400\text{MPa}$인 이형철근을 사용한 슬래브 : 0.0020
㉡ $f_y > 400\text{MPa}$인 슬래브 : $0.0020 \times \dfrac{400}{f_y}$
㉢ 어느 경우에도 0.0014 이상

09 단순 지지된 철근콘크리트 직사각형 보에 자중을 포함한 계수등분포하중 $w_u = 40\text{kN/m}$가 작용한다. 콘크리트가 부담하는 공칭전단강도 $V_c = 160\text{kN}$일 때 전단에 대한 위험단면에서 전단설계에 대한 설명으로 옳은 것은? (단, 보의 유효깊이 $d = 500\text{mm}$, 보의 받침부 내면 사이의 경간길이는 8m이며 KDS 14 20 22를 따른다.)

① 전단철근을 배치할 필요가 없다.
② 최소 전단철근을 배치해야 한다.
③ 계수전단력 $V_u = 160\text{kN}$이다.
④ 계수전단력 V_u는 콘크리트의 설계전단강도를 초과한다.

해설 ① $\phi V_c \leq V_u$인 경우 전단철근을 배치하여야 한다.
② 계산된 전단철근을 배치한다.
③ $V_u = R_A - w_{ud} = \dfrac{40\times 8}{2} - 40\times 0.5 = 140\text{kN}$
④ $\phi V_C = 0.75\times 160 = 120\text{kN}$이므로 $\phi V_c \leq V_u$이다.

10 그림과 같은 KS F 2408에 규정된 콘크리트의 휨강도시험에서 재하하중 $P = 22.5\text{kN}$일 때 콘크리트 공시체가 BC구간에서 파괴될 경우 공시체의 휨강도(MPa)는?

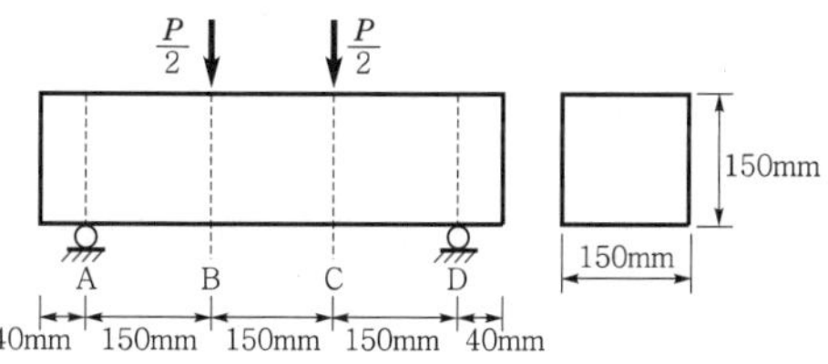

① 2 ② 3
③ 4 ④ 5

해설 $f = \dfrac{3P}{d^2} = \dfrac{3\times 22.5}{150^2} = 0.003\text{kN/mm}^2 = 3\text{MPa}$

11 그림과 같은 단철근 철근콘크리트 직사각형 보에서 인장철근의 응력 f_s[MPa]는? (단, 콘크리트의 설계기준압축강도 $f_{ck} = 21\text{MPa}$, 철근의 설계기준항복강도 $f_y = 400\text{MPa}$, 철근의 탄성계수 $E_s = 200{,}000\text{MPa}$, ε_{cu}는 콘크리트 압축연단의 극한변형률, ε_s는 인장철근의 변형률이며 KDS 14 20 20을 따른다.)

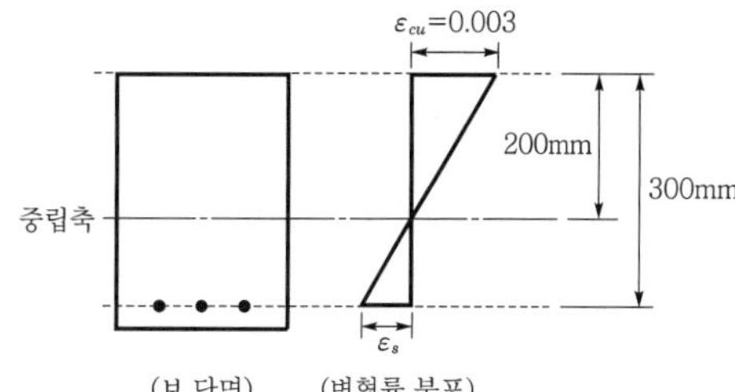

① 300 ② 350
③ 400 ④ 450

해설 $\varepsilon_s = \varepsilon_c\left(\dfrac{d-c}{c}\right) = 0.003\times\dfrac{300-200}{200} = 0.0015$
$\varepsilon_y = \dfrac{f_y}{E_s} = \dfrac{400}{200{,}000} = 0.002$
$\varepsilon_s \leq \varepsilon_y$이므로 압축지배단면이다.
$\therefore f_s = \varepsilon_s E_s = 0.0015\times 200{,}000 = 300\text{MPa}$

12 보통중량콘크리트를 사용한 철근콘크리트 직사각형 보에서 상세한 계산을 하지 않는 경우 콘크리트의 공칭전단강도 V_c[kN]는? (단, 보의 폭 $b = 400\text{mm}$, 유효깊이 $d = 600\text{mm}$, 콘크리트의 설계기준압축강도 $f_{ck} = 36\text{MPa}$이며 KDS 14 20 22를 따른다.)

① 120 ② 240
③ 360 ④ 480

해설 $V_c = \dfrac{1}{6}\lambda\sqrt{f_{ck}}\, b_w d$
$= \dfrac{1}{6}\times 1.0\times\sqrt{36}\times 400\times 600 = 240{,}000\text{N} = 240\text{kN}$

정답 09. ④ 10. ② 11. ① 12. ②

13 철근콘크리트 비횡구속골조의 압축부재에서 장주효과를 무시할 수 있는 회전반지름 r의 최소값(mm)은? (단, 압축부재의 유효좌굴길이 $kl_u = 3.3\text{m}$이며 KDS 14 20 20을 따른다.)

① 50 ② 100
③ 150 ④ 200

해설 횡방향 상대변위가 구속되지 않은 경우

$$\lambda = \frac{kl_u}{r_{\min}} = \frac{3.3\times10^3}{r_{\min}} \le 22$$

$$\therefore\ r_{\min} \ge 150\text{mm}$$

14 단철근 철근콘크리트 직사각형 보의 단면이 인장지배 단면이고 극한상태에서 단면에 발생하는 압축력이 1,190kN일 때 보의 공칭휨강도 M_n[kN · m]은? (단, 보의 폭 $b = 400\text{mm}$, 유효깊이 $d = 550\text{mm}$, 콘크리트의 설계기준압축강도 $f_{ck} = 35\text{MPa}$이며 KDS 14 20 20을 따른다.)

① 595 ② 645
③ 695 ④ 745

해설

$$a = \frac{1}{0.85}\times\frac{f_y A_s}{f_{ck} b} = \frac{1}{0.85}\times\frac{1,190\times10^3}{35\times400} = 100\text{mm}$$

$$\therefore\ M_n = A_s f_y\left(d - \frac{a}{2}\right) = 1,190\times10^3\times\left(550 - \frac{100}{2}\right)$$

$$= 595,000,000\text{N}\cdot\text{mm} = 595\text{kN}\cdot\text{m}$$

15 단철근 철근콘크리트 직사각형 보의 폭 $b = 400\text{mm}$, 유효깊이 $d = 400\text{mm}$, 콘크리트의 설계기준압축강도 $f_{ck} = 24\text{MPa}$, 철근의 설계기준항복강도 $f_y = 400\text{MPa}$, 인장철근 단면적 $A_s = 2,040\text{mm}^2$일 때 보의 공칭휨강도 M_n[kN · m]은? (단, KDS 14 20 20을 따른다.)

① 240.6 ② 264.2
③ 285.6 ④ 359.4

해설

$$a = \frac{1}{0.85}\frac{f_y A_s}{f_{ck} b}$$

$$= \frac{1}{0.85}\times\frac{2,040\times400}{24\times400}$$

$$= 100\text{mm}$$

$$\therefore\ M_n = A_s f_y\left(d - \frac{a}{2}\right) = 2,040\times400\times\left(400 - \frac{100}{2}\right)$$

$$= 285,600,000\text{N}\cdot\text{mm}$$

$$= 285.6\text{kN}\cdot\text{m}$$

16 단순 지지된 철근콘크리트 직사각형 보에서 자중을 포함한 계수등분포하중 $w_u = 48\text{kN/m}$가 작용할 때 전단에 대한 위험 단면에서 계수전단력 V_u[kN]는? (단, 보의 유효깊이 $d = 500\text{mm}$, 보의 받침부 내면 사이의 경간 길이는 6m이며 KDS 14 20 22를 따른다.)

① 108 ② 120
③ 132 ④ 144

해설

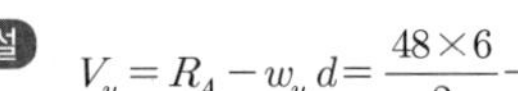

$$V_u = R_A - w_u d = \frac{48\times6}{2} - (48\times0.5) = 120\text{kN}$$

17 처짐량을 계산해보지 않아도 되는 경우에 해당하는 단순 지지된 철근콘크리트 보의 최소 두께(mm)는? (단, 보의 길이 $l = 3.2\text{m}$, 보통중량 콘크리트와 설계기준항복강도 $f_y = 350\text{MPa}$인 철근을 사용하며, 보는 큰 처짐에 의하여 손상되기 쉬운 칸막이벽이나 기타 구조물을 지지하지 않는 부재이며 KDS 14 20 30을 따른다.)

① 149 ② 160
③ 186 ④ 200

해설

$$h \ge \frac{L}{16}\left(0.43 + \frac{f_y}{700}\right) = \frac{3.2}{16}\times\left(0.43 + \frac{350}{700}\right)$$

$$= 0.186\text{m}$$

$$= 186\text{mm}$$

정답 13. ③ 14. ① 15. ③ 16. ② 17. ③

18 연속보형식의 프리스트레스트 콘크리트 교량의 공법에 대한 설명으로 옳지 않은 것은?

① 캔틸레버공법(FCM)에는 현장타설 콘크리트 공법과 프리캐스트 세그멘탈 공법을 적용할 수 있다.

② 이동식 비계공법(MSS)은 가설 중의 상부구조 중량을 이동식 비계를 통해서 지반에 직접 전달하는 공법이다.

③ 경간단위공법(SSM)은 프리캐스트 콘크리트 세그먼트를 한 경간단위로 가설을 진행하여 연속보를 완공하는 공법이다.

④ 연속압출공법(ILM)은 부재를 압출하는 방법으로 부재를 당기는 형식 또는 들고 미는 형식을 사용한다.

해설 이동식 비계공법(MSS)의 이동식 비계는 교각 위를 이동하여 경간별로 설치되며, 가설 중의 상부구조 중량은 교각을 통해 기초 및 지반으로 전달된다.

19 그림과 같은 긴장재를 편심배치한 프리스트레스트 콘크리트 보에 자중을 포함한 등분포하중 w가 작용한다. 내력개념에 기초하여 해석할 때 경간 중앙위치에서 보 단면의 도심과 단면 내 압축력 C의 작용점 사이의 거리 e'[mm] 및 하단 수직응력 f_{bot}[MPa]는? (단, 프리스트레스 힘 $P=1{,}000$kN이고, 콘크리트 보의 단면적은 긴장재를 무시한 총단면적을 사용한다.)

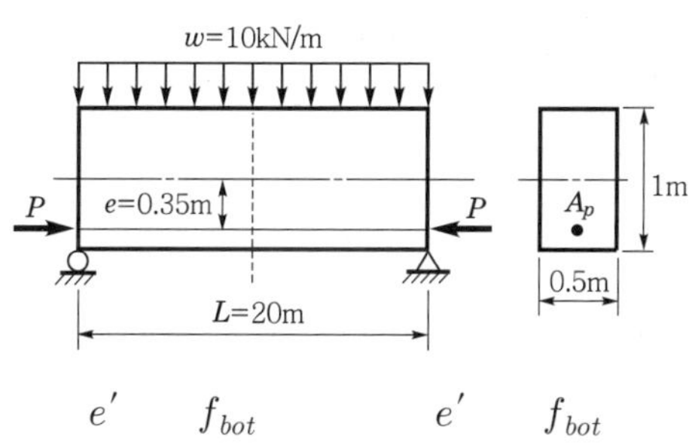

	e'	f_{bot}		e'	f_{bot}
①	150	0.2(압축)	②	150	3.8(압축)
③	350	−0.2(인장)	④	350	−3.8(인장)

해설 ㉠ $f=\frac{P_i}{A_c}\mp\frac{P_ie}{I}y\pm\frac{M}{I}y$

$=\frac{1}{A_c}\left(P_i\mp\frac{6P_ie}{h}\pm\frac{6M}{h}\right)$

$=2\mp4.2\pm6$MPa

$\therefore f_{top}=3.8$MPa(압축), $f_{bot}=0.2$MPa(압축)

㉡ $y_0=\frac{h(a+2b)}{3(a+b)}=\frac{h(f_{top}+2f_{bot})}{3(f_{top}+f_{bot})}$

$=\frac{1{,}000\times(3.8+2\times0.2)}{3\times(3.8+0.2)}$

$=350$mm

$\therefore e'=\frac{h}{2}-y_0=\frac{1{,}000}{2}-350=150$mm

20 그림과 같은 복철근 철근콘크리트 직사각형 보가 극한상태에서 인장철근과 압축철근이 모두 항복할 때 압축연단에서 중립축까지 거리 c[mm]는? (단, 철근의 설계기준항복강도 $f_y=400$MPa, 콘크리트의 설계기준압축강도 $f_{ck}=20$MPa, A_s는 인장철근 단면적, A_s'은 압축철근 단면적이며 KDS 14 20 20을 따른다.)

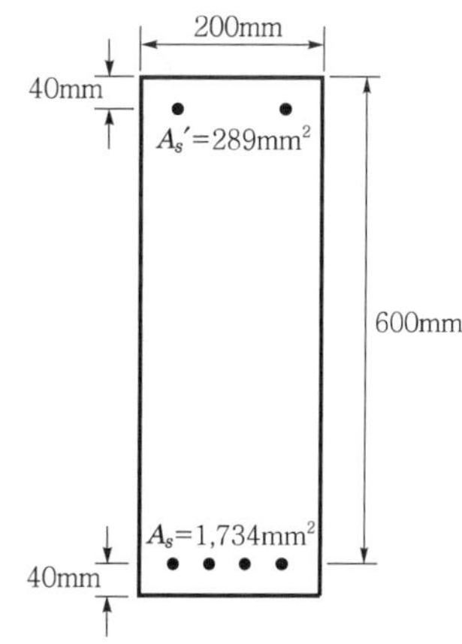

① 140 ② 160

③ 180 ④ 200

해설 $a=\frac{(A_s-A_s')f_y}{0.85f_{ck}b}=\frac{(1{,}734-289)\times400}{0.85\times20\times200}=170$mm

$\therefore c=\frac{a}{\beta_1}=\frac{170}{0.85}=200$mm

정답 18. ② 19. ① 20. ④

과년도 출제문제(2020년 지방직 9급)

01 그림과 같이 높이(h)가 800mm이고, 길이(L)가 20m인 PSC 단순보에서 긴장력(P) 8,000kN을 작용시켰을 때 긴장력에 의한 등가 등분포 상향력 U[kN/m]는? (단, 중앙부 편심(e) 300mm, 양단부 편심(e) 0mm로 2차 포물선으로 긴장재가 배치되어 있으며 자중 및 긴장력 손실은 무시한다.)

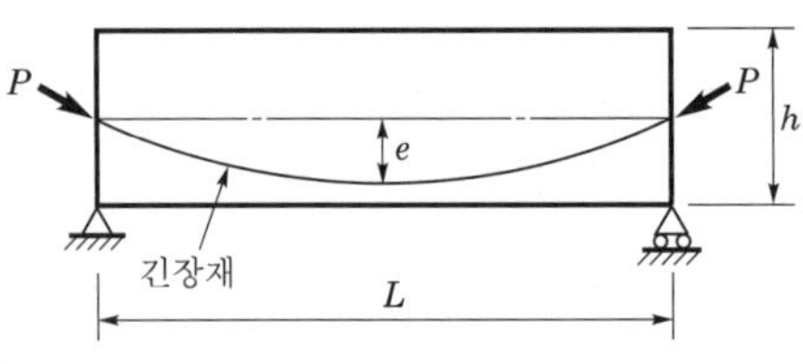

① 48　　② 34
③ 20　　④ 16

해설 $U=\frac{8Pe}{L^2}=\frac{8\times8,000\times0.3}{20^2}=48\text{kN/m}$

02 그림과 같이 기둥의 단부조건이 양단 힌지이며 비지지길이가 l_u인 기둥의 좌굴하중은? (단, E는 탄성계수, I는 단면 2차 모멘트이며 탄성 좌굴로 거동한다.)

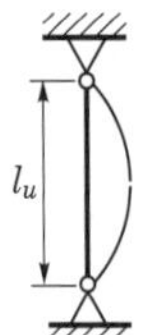

① $\frac{0.25\pi^2EI}{{l_u}^2}$　　② $\frac{\pi^2EI}{{l_u}^2}$
③ $\frac{2.04\pi^2EI}{{l_u}^2}$　　④ $\frac{4\pi^2EI}{{l_u}^2}$

해설 양단 힌지기둥($n=1$)의 좌굴하중

$P_{cr}=\frac{n\pi^2EI}{{l_u}^2}=\frac{\pi^2EI}{{l_u}^2}$

03 그림과 같은 복철근 직사각형 보의 공칭휨강도 M_n 및 등가직사각형 응력블록의 깊이 a를 구하는 식은? (단, 인장철근 및 압축철근은 항복하였고, 콘크리트 설계기준압축강도는 f_{ck}, 철근의 설계기준항복강도는 f_y이며 콘크리트구조 휨 및 압축설계기준(KDS 14 20 20 : 2016)을 따른다.)

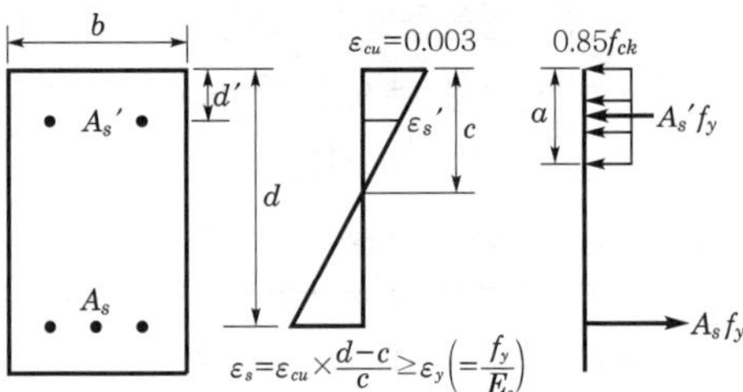

① M_n : $A_s'f_y(d-d')+(A_s-A_s')f_y\left(d-\frac{a}{2}\right)$

a : $\frac{(A_s-A_s')f_y}{0.85f_{ck}}$

② M_n : $A_s'f_y(d-d')+(A_s-A_s')f_y\left(d-\frac{a}{2}\right)$

a : $\frac{(A_s-A_s')f_{ck}}{0.85f_yb}$

③ M_n : $A_sf_y(d-c)+(A_s-A_s')f_y\left(d-\frac{a}{2}\right)$

a : $\frac{(A_s-A_s')f_y}{0.85f_{ck}b}$

④ M_n : $A_s'f_y(d-d')+(A_s-A_s')f_y\left(d-\frac{a}{2}\right)$

a : $\frac{(A_s-A_s')f_y}{0.85f_{ck}b}$

해설 ㉠ $M_n=M_{n1}+M_{n2}$

$=(A_s-A_s')f_y\left(d-\frac{a}{2}\right)+A_s'f_y(d-d')$

㉡ $a=\frac{(A_s-A_s')f_y}{0.85f_{ck}b}$

정답 01. ① 02. ② 03. ④

04 포스트텐션에 의한 프리스트레스를 도입할 때 발생 가능한 즉시손실의 원인만을 모두 고르면?

> ㉠ 정착장치의 활동
> ㉡ 콘크리트 크리프
> ㉢ 콘크리트 탄성변형
> ㉣ 콘크리트 건조수축
> ㉤ PS강재의 릴랙세이션
> ㉥ PS강재와 시스 사이의 마찰

① ㉠, ㉡, ㉤　　② ㉠, ㉢, ㉥
③ ㉡, ㉢, ㉣　　④ ㉡, ㉢, ㉥

해설

PSC의 즉시손실	PSC의 장기손실
• 콘크리트 탄성변형 • 정착장치의 활동 • PS강재와 시스 사이의 마찰	• 콘크리트 건조수축 • 콘크리트 크리프 • PS강재의 릴랙세이션

05 그림과 같이 슬래브와 보를 일체로 타설한 경간이 20m인 단순 지지된 철근콘크리트 보가 있다. 빗금 친 T형 단면에 대한 내용으로 옳은 것은? [단, 콘크리트 구조해석과 설계원칙(KDS 14 20 10: 2016)을 따른다.]

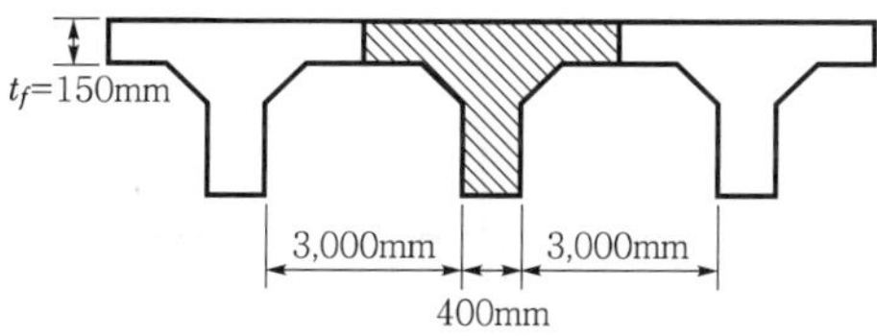

① t_f를 180mm로 증가시키면 빗금 친 T형 단면의 유효폭(b)은 증가한다.
② 경간 중앙의 T형 단면에서 종방향 휨모멘트에 의해 슬래브 콘크리트 전체 단면이 종방향 인장응력을 받는다.
③ 등가직사각형 응력블록 깊이(a)가 t_f보다 크면 직사각형 단면으로 간주하여 해석한다.
④ 빗금 친 T형 단면의 유효폭(b)은 3,000mm 이다.

해설 ① 플랜지의 유효폭은 다음 중 작은 값으로 한다.

• $16t_f + b_w = 16 \times 150 + 400 = 2{,}800$mm
• 양쪽 슬래브 중심길이=3,400mm
• 보경간의 $\frac{1}{4} = \frac{20{,}000}{4} = 5{,}000$mm

∴ 유효폭=2,800mm
∴ t_f =180mm인 경우 $16t_f + b_w = 16 \times 180 + 400 = 3{,}280$mm로 유효폭은 증가한다.

② 단순보이므로 슬래브에는 압축응력이 작용한다.
③ $a > t_f$이면 T형 단면으로 해석한다.
④ 빗금 친 T형 단면의 유효폭은 2,800mm이다.

06 편심이 없는 중심축하중만을 받는 I형 단면을 가진 강재기둥설계에 대한 설명으로 옳지 않은 것은? (단, 자중 및 국부좌굴은 고려하지 않는다.)

① 하중이 임계좌굴하중에 도달하면 기둥은 세장비가 가장 작은 주축에 대해 좌굴이 발생한다.
② 지점조건, 비지지길이, 단면적이 모두 일정할 때 단면의 회전반경이 증가하면 좌굴하중은 증가한다.
③ 탄성좌굴을 유발하는 평균압축응력은 세장비의 제곱에 반비례한다.
④ 좌굴응력이 비례한계보다 작은 경우 탄성상태에서 좌굴이 발생한다.

해설 세장비가 가장 큰 상태의 주축에 대해 좌굴이 발생한다.

07 단면이 두꺼운 매스콘크리트 교량확대기초 시공 시 온도균열의 방지나 제어를 위해 고려하는 방안으로 적절하지 않은 것은?

① 프리쿨링 또는 파이프쿨링을 적절히 적용한다.
② 1종 시멘트를 조강시멘트로 대체하여 사용한다.
③ 1회당 콘크리트 타설높이를 적절하게 나누어 시공한다.
④ 1종 시멘트 대신 중용열시멘트 또는 저발열시멘트를 사용한다.

정답 04. ② 05. ① 06. ① 07. ②

해설 조강시멘트는 콘크리트 28일 강도를 7일만의 초기강도 확보를 위해 사용하는 시멘트로 수화열이 다량 발생하여 온도균열에 유의해야 한다.

08 암거와 라멘구조물의 설계에 대한 설명으로 옳은 것은?

① 토압이 작용하는 경우 측벽에 작용하는 토압은 깊이에 따라 일정한 직사각형 분포로 고려한다.
② 상자암거설계에서 활하중을 고려하지 않는다.
③ 매설된 경우에 매설깊이는 고려할 필요가 없다.
④ 라멘구조물의 경우 일반적으로 수평부재와 연직부재가 만나는 절점부에서 모멘트에 대한 수평부재의 위험 단면은 연직부재의 전면으로 볼 수 있다.

해설 ① 암거는 토압을 사다리꼴 분포로 고려한다.
② 상자암거설계에서 활하중을 상재하중으로 고려한다.
③ 매설깊이를 고려해야 한다.

09 휨모멘트와 축력을 받는 철근콘크리트 부재의 설계를 위한 일반가정으로 옳지 않은 것은? [단, 콘크리트 구조 휨 및 압축설계기준(KDS 14 20 20: 2016)을 따른다.]

① 인장철근이 설계기준항복강도 f_y에 대응하는 변형률에 도달하고 동시에 압축연단 콘크리트가 가정된 극한변형률인 0.003에 도달할 때 그 단면이 균형변형률 상태에 있다고 본다.
② 압축연단 콘크리트가 가정된 극한변형률인 0.003에 도달할 때 최외단 인장철근의 순인장변형률 ε_t가 압축지배변형률한계 이하인 단면을 압축지배 단면이라고 한다.
③ 휨부재의 강도를 증가시키기 위하여 추가 인장철근과 이에 대응하는 압축철근을 사용할 수 있다.
④ 압축연단 콘크리트가 가정된 극한변형률인 0.003에 도달할 때 최외단 인장철근의 순인장변형률 ε_t가 0.003인 단면은 인장지배 단면으로 분류된다.

해설 강재 종류별 변형률한계

구분	강재 종류	압축지배 변형률한계	인장지배 변형률한계	휨부재의 최소 허용변형률
RC	SD400 이하	철근항복 변형률(ε_y)	0.005	0.004
	SD400 초과		$2.5\varepsilon_y$	$2.0\varepsilon_y$
PSC	PS강재	0.002	0.005	–

10 그림과 같은 단면을 가진 T형보에 정모멘트가 작용할 때 극한상태에서의 등가직사각형 응력블록의 깊이 a가 200mm라면 콘크리트에 작용하는 압축력의 크기(kN)는? [단, $f_{ck}=24\text{MPa}$, $f_y=400\text{MPa}$이며 콘크리트 구조 휨 및 압축설계기준(KDS 14 20 20: 2016)을 따른다.]

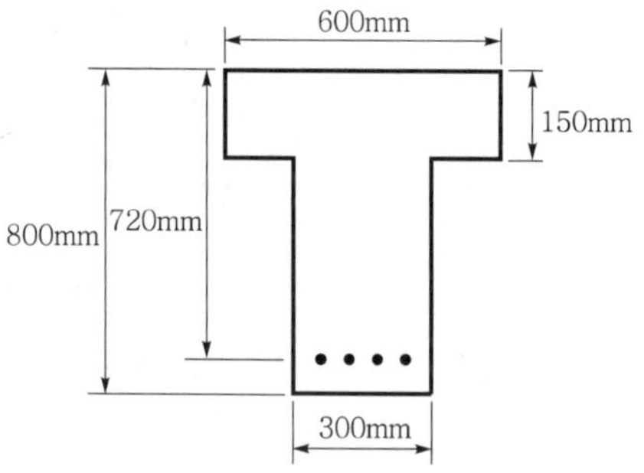

① 2,142　② 2,448
③ 2,520　④ 2,880

해설 $C=0.85f_{ck}[b_w(a-t_f)+bt_f]$
$=0.85\times24\times[300\times(200-150)+600\times150]$
$=2,142,000\text{N}=2,142\text{kN}$

정답 08. ④ 09. ④ 10. ①

11 전단철근이 부담해야 할 전단력 $V_s = 500\text{kN}$일 때 전단철근(수직스터럽)의 간격 s를 240mm로 하면 직사각형 단면에서 필요한 최소 유효깊이 d[mm]는? [단, 보통중량콘크리트이며 $f_{ck} = 36\text{MPa}$, $f_y = 400\text{MPa}$, $b = 400\text{mm}$, 전단철근의 면적 $A_v = 500\text{mm}^2$이고 콘크리트 구조 전단 및 비틀림설계기준(KDS 14 20 22: 2016)을 따른다. 또한 전단철근 최대 간격기준을 만족한다.]

① 550　　② 600
③ 650　　④ 700

해설

$$V_s = \frac{A_v f_y d}{s}$$

$$\therefore\ d = \frac{V_s s}{A_v f_y} = \frac{500 \times 10^3 \times 240}{500 \times 400} = 600\text{mm}$$

12 그림과 같이 기초에 편심하중이 작용할 때 기초저면에 생기는 응력분포형상은? (단, 단위폭으로 고려하고 $e = 100\text{mm}$, 지반조건은 균일하며, 자중은 무시한다.)

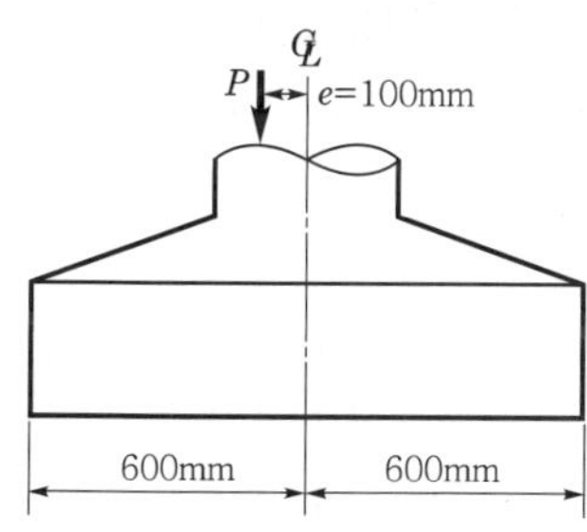

① q_{max}

② q_{max} q_{min}

③ q_{max} $q_{min}=0$

④ 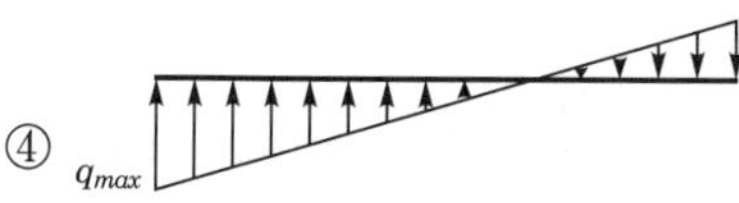

해설

$$e = 100\text{mm} < \frac{B}{6} = \frac{1,200}{6} = 200\text{mm}$$

∴ 기초저면에 사다리꼴 모양으로 응력이 분포한다.

13 그림과 같이 중립축으로부터 편심거리 e만큼 떨어진 지점에 긴장력 P를 작용시킨 프리스트레스트 콘크리트(PSC) 보의 중앙 단면에서의 응력분포로 적절한 것은? (단, PSC보의 프리스트레스만을 고려하고 자중은 무시하며, (+)는 압축응력, (−)는 인장응력으로 정의한다. 단면은 직사각형이며, 이외 다른 조건은 고려하지 않는다.)

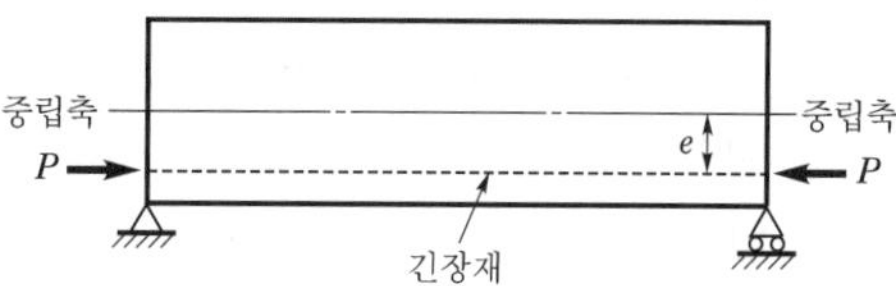

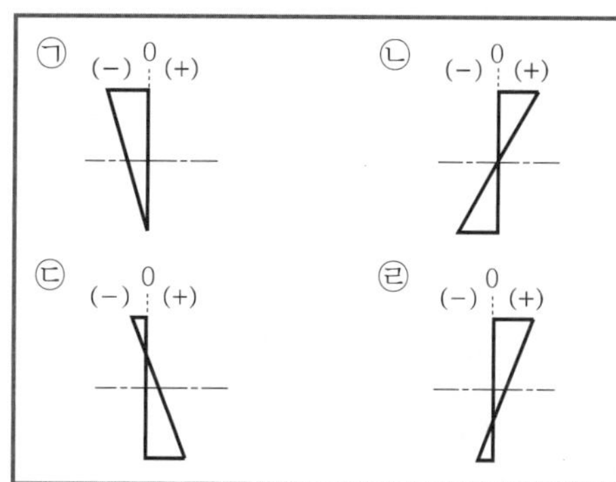

① ㉠　　② ㉡
③ ㉢　　④ ㉣

해설 프리스트레스만 고려하고 자중은 무시하므로 하연은 압축응력, 상연은 축응력과 휨응력의 크기에 따라 압축응력에서 0 또는 인장응력이 발생할 수 있다.

14 휨부재에서 $f_{ck} = 25\text{MPa}$, $f_y = 500\text{MPa}$일 때 인장이형철근(D25)의 겹침이음길이(mm)는? [단, 콘크리트 구조 정착 및 이음설계기준(KDS 14 20 52: 2016)을 따르며 $\lambda = 1.0$, $d_b = 25\text{mm}$, $\frac{\text{배근철근량}}{\text{소요철근량}} = 1.5$로 한다.]

① 1,500　　② 1,650
③ 1,800　　④ 1,950

해설 ㉠ 소요철근량에 대한 배근철근량의 비가 $1.5 < 2$이므로 B급 이음이다.

정답 11. ② 12. ② 13. ③ 14. ④

ⓛ 인장이형철근의 B급 이음 : $1.3l_d$ 이상, 최소 300mm 이상

$$\therefore\ l_l = 1.3l_d = 1.3\times\left(\frac{0.6d_b f_y}{\lambda\sqrt{f_{ck}}}\times 보정계수\right)$$
$$= 1.3\times\frac{0.6\times25\times500}{1.0\times\sqrt{25}}$$
$$= 1,950\text{mm}$$

15 그림과 같이 1방향 슬래브 단면에 주철근으로 D13 철근을 200mm 간격으로 보강하여 휨설계를 하고자 할 때 등가직사각형 응력블록의 깊이 a[mm]는? [단, D13 철근 하나의 공칭 단면적은 126mm^{2}로 하고 유효깊이 $d=$ 170mm, $f_{ck}=21$MPa, $f_y=340$MPa이며 콘크리트 구조 휨 및 압축설계기준(KDS 14 20 20 : 2016)을 따른다.]

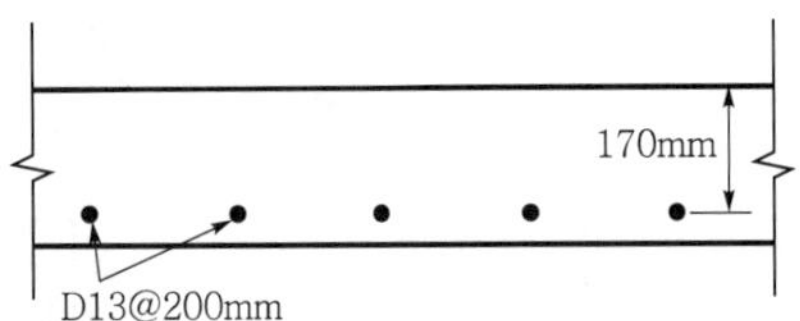

① 9.0　② 10.5
③ 12.0　④ 12.6

해설
$$a=\frac{A_s f_y}{0.85f_{ck}b}=\frac{(5\times126)\times340}{0.85\times21\times1,000}=12\text{mm}$$

16 철근콘크리트 구조물에서 부착철근의 중심간격이 $5(c_c+d_b/2)$ 이하인 경우 설계균열폭을 감소시킬 수 있는 방법으로 옳지 않은 것은? [단, c_c는 최외단 인장철근의 최소 피복두께, d_b는 철근공칭지름을 의미하며 콘크리트 구조 사용성설계기준(KDS 14 20 30: 2016)을 따른다.]

① 원형철근 대신 이형철근을 사용한다.
② 철근의 순피복두께를 크게 한다.
③ 동일한 철근비에 대해 지름이 작은 철근을 사용한다.
④ 동일한 철근지름에 대해 철근비를 크게 한다.

해설 철근의 순피복두께를 크게 하면 균열폭은 증가한다.

17 폭이 400mm, 높이가 400mm인 철근콘크리트 보에 대해 비틀림의 영향을 무시할 수 없는 계수비틀림모멘트의 최솟값(kN·m)은? (단, $f_{ck}=36$MPa인 보통중량콘크리트 보이며 콘크리트 구조 전단 및 비틀림설계기준(KDS 14 20 22 : 2016)을 따르고 비틀림모멘트만을 고려한다.)

① 4　② 6
③ 8　④ 10

해설
$$T_u \geq \phi\left(\frac{1}{12}\lambda\sqrt{f_{ck}}\right)\frac{A_{cp}^2}{P_{cp}}$$
$$=0.75\times\left(\frac{1}{12}\times1.0\times\sqrt{36}\right)\times\frac{(400\times400)^2}{4\times400}$$
$$=6,000,000\text{N}\cdot\text{mm}$$
$$=6\text{kN}\cdot\text{m}$$

18 그림과 같은 동일 재질의 강재로 만들어진 직사각형 단면에 대해 $x-x$축에 대한 소성단면계수($\times10^6$mm^3)는? (단, 좌굴은 고려하지 않는다.)

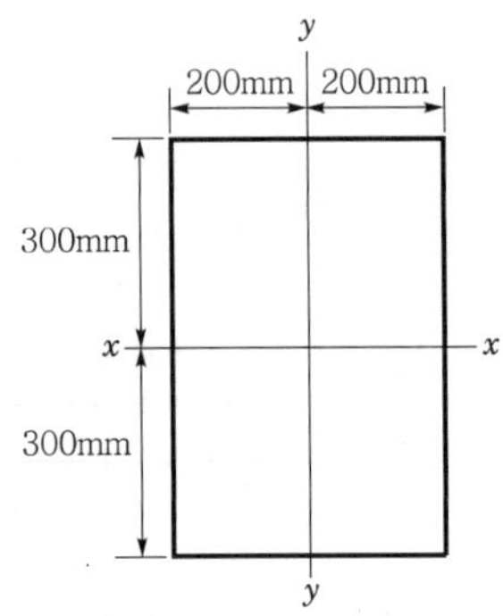

① 6　② 12
③ 24　④ 36

해설

$$Z=\frac{bh^2}{4}=\frac{400\times600^2}{4}=36,000,000\text{mm}^3$$
$$=36\times10^6\text{mm}^3$$

정답 15. ③ 16. ② 17. ② 18. ④

19 그림은 철근콘크리트 단순보에서 철근배근을 표현한 것이다. 자중의 영향만을 고려할 때 전단철근과 지간 중앙에서의 압축철근을 바르게 연결한 것은? (단, 왼쪽 하단에 지점으로 지지되어 있다.)

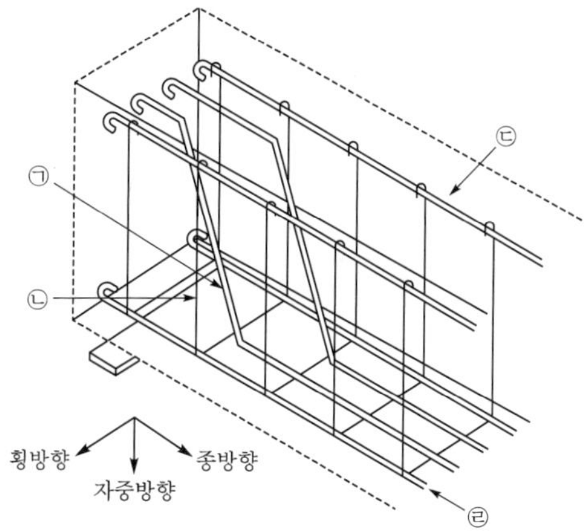

	전단철근	압축철근		전단철근	압축철근
①	㉠, ㉡	㉢	②	㉠, ㉡	㉣
③	㉡, ㉣	㉠	④	㉡, ㉣	㉢

해설 ㉠ 절곡철근, ㉡ 수직스터럽, ㉢ 압축철근, ㉣ 인장철근

20 토목 철근콘크리트 구조물의 설계방법에 대한 설명으로 옳지 않은 것은?

① 허용응력설계법은 구조물을 안전하게 설계하기 위해 하중에 의해 부재에 유발된 응력이 허용응력을 초과하였는지를 검증한다.
② 한계상태설계법은 하중과 재료에 대하여 각각 하중계수와 재료계수를 사용하여 이들의 특성을 설계에 합리적으로 반영한다.
③ 설계법은 이론, 재료, 설계 및 시공기술 등의 발전과 더불어 강도설계법 → 허용응력설계법 → 한계상태설계법 순서로 발전되었다.
④ 강도설계법은 기본적으로 부재의 파괴상태 또는 파괴에 가까운 상태에 기초를 둔 설계법이다.

해설 설계법은 허용응력설계법 → 강도설계법 → 한계상태설계법 순서로 발전되었다.

정답 19. ① 20. ③

저 자 약 력

고영주
• 공학박사
• 신성대학교 도시건설과 교수
• 한국도로공사 도로연구소

임성묵
• 토목구조기술사
• 신성대학교 도시건설과 겸임교수
• 청우엔지니어링 대표이사

토목직 토목설계

2017. 2. 17. 초 판 1쇄 발행
2021. 3. 12. 개정증보 4판 1쇄 발행

지은이 | 고영주, 임성묵
펴낸이 | 이종춘
펴낸곳 | BM (주)도서출판 성안당
주소 | 04032 서울시 마포구 양화로 127 첨단빌딩 3층(출판기획 R&D 센터)
10881 경기도 파주시 문발로 112 파주 출판 문화도시(제작 및 물류)
전화 | 02) 3142-0036
031) 950-6300
팩스 | 031) 955-0510
등록 | 1973. 2. 1. 제406-2005-000046호
출판사 홈페이지 | **www.cyber.co.kr**
ISBN | 978-89-315-6752-6 (13530)
정가 | 27,000원

이 책을 만든 사람들
기획 | 최옥현
진행 | 이희영
교정·교열 | 류지은
전산편집 | 전채영
표지 디자인 | 박원석, 임진영
홍보 | 김계향, 유미나
국제부 | 이선민, 조혜란, 김혜숙
마케팅 | 구본철, 차정욱, 나진호, 이동후, 강호묵
마케팅 지원 | 장상범, 박지연
제작 | 김유석